Strömungsmechanik

Herbert Oertel jr. · Martin Böhle ·
Thomas Reviol

Strömungsmechanik

für Ingenieure und Naturwissenschaftler

7., überarbeitete Auflage

Mit 348 Abbildungen

Herbert Oertel jr.
Institut für Strömungsmechanik
Karlsruher Institut für Technologie (KIT)
Karlsruhe, Deutschland

Martin Böhle
Lehrstuhl Strömungsmechanik und
Strömungsmaschinen
TU Kaiserslautern
Kaiserslautern, Deutschland

Thomas Reviol
Lehrstuhl Strömungsmechanik und
Strömungsmaschinen
TU Kaiserslautern
Kaiserslautern, Deutschland

ISBN 978-3-658-07785-3
ISBN 978-3-658-07786-0 (eBook)
DOI 10.1007/978-3-658-07786-0

Die Deutsche Nationalbibliothek verzeichnet diese Publikation in der Deutschen Nationalbibliografie; detaillierte bibliografische Daten sind im Internet über http://dnb.d-nb.de abrufbar.

Springer Vieweg

Lektorat: Thomas Zipsner

Gedruckt auf säurefreiem und chlorfrei gebleichtem Papier.

Springer Fachmedien Wiesbaden GmbH ist Teil der Fachverlagsgruppe Springer Science+Business Media (www.springer.com)

Vorwort

Das Strömungsmechanik Lehrbuch gibt eine Einführung in die Grundlagen, Grundgleichungen und Lösungsmethoden der Strömungsmechanik. Es führt systematisch in die Anwendung strömungsmechanischer Software ein, die der Entwicklungsingenieur in der Industrie vorfindet. Auf vielfachen Wunsch unserer Studenten haben wir in dem vorangegangenen Lehrbuch über die Methoden und Phänomene der Strömungsmechanik die strömungsmechanischen Grundlagen derart ergänzt, wie sie an der Universität Karlsruhe im 5. Semester gelesen werden. Die analytischen und numerischen Lösungsmethoden der strömungsmechanischen Grundgleichungen für turbulente Strömungen bis hin zu praktischen Beispielen der Softwarenutzung folgen in ergänzenden Vorlesungen im 6. Semester. Um Ingenieure, Naturwissenschaftler und Technomathematiker für den Lehrstoff der Strömungsmechanik zu gewinnen, wurde das einführende Kapitel über Beispiele der Strömungsmechanik in Natur und Technik ergänzt.

Die Motivation, ein weiteres Lehrbuch der Strömungsmechanik zu schreiben, kam bei der Bearbeitung der 10. Auflage des Standardwerkes *Prandtl - Führer durch die Strömungslehre.* Alle wesentlichen Gedanken und Ableitungen zu den Grundlagen der Strömungsmechanik finden sich bereits im Originaltext von *Prandtl* 1942. Wir haben den Versuch unternommen, den damaligen Lehrstoff in die heutige Sprache der Ingenieure und Naturwissenschaftler zu übertragen. Dabei wurde berücksichtigt, dass sich die Lösungsmethoden strömungsmechanischer Probleme mit der Einführung von Großrechnern und strömungsmechanischer Software verändert haben.

Das Lehrbuch wird ergänzt durch das Übungsbuch Strömungsmechanik. Darin findet der Student zu jedem Kapitel Übungsaufgaben mit ausführlichen Lösungsbeispielen für die Klausurvorbereitung. Softwarebeispiele ergänzen den Übungsstoff, um sich frühzeitig mit dem Umgang an Rechnern vertraut zu machen. Dabei ist das eigenständige Nacharbeiten des in der Vorlesung Erlernten unerlässlich für die Vertiefung des Lehrstoffes.

Das Manuskript der Strömungsmechanik wurde gemeinsam mit meinem langjährigen Assistenten und heutigen Universitätsprofessor M. Böhle ausgearbeitet. Es profitiert von zahlreichen Diskussionen und Anregungen unserer Studenten und Kollegen. Besonderer Dank gilt unseren Mitarbeitern U. Dohrmann, L. Huber, F. Sassenhausen und L. Zürcher für die Erstellung des Manuskripts und der Abbildungen. Dem Springer-Verlag danken wir für die Übertragung der Methoden und Phänomene der Strömungsmechanik. Dem Vieweg-Verlag sei für die äußerst erfreuliche und gute Zusammenarbeit gedankt.

Karlsruhe, Juli 1999

Herbert Oertel jr.

Vorwort zur 7. Auflage

Das Strömungsmechanik Lehrbuch hat sich als Standardwerk für Ingenieure, Naturwissenschaftler und Technomathematiker etabliert. Es gibt eine Einführung in die Grundlagen, Grundgleichungen und Lösungsmethoden der Strömungsmechanik und führt systematisch in die Anwendung strömungsmechanischer Software ein.

Das Lehrbuch ist so konzipiert, dass es begleitend zu den Vorlesungen zur Strömungsmechanik der TU Kaiserslautern eingesetzt werden kann. Die Kapitel zu den Grundlagen der Strömungsmechanik decken den Lehrstoff der einführenden Vorlesungen ab, während die Kapitel zu den Grundgleichungen und zu den numerischen Lösungsmethoden den Inhalt der fortführenden Vorlesungen wieder geben. Die einführenden *Strömungsbeispiele aus Natur und Technik* werden mit einem Lehrfilm ergänzt, der von der Homepage **www.prof-boehle.de** heruntergeladen werden kann.

Die Anwendung der strömungsmechanischen Software für Forschung und Entwicklung wird mit einem Einführungs- und Software-Verifikationskurs unterstützt, der als Einstieg in die Numerische Strömungsmechanik gedacht ist. Das Software-Anwendungs-Kapitel schließt mit erfolgreich durchgeführten Beispielen von Industrieprojekten ab, die in der Neuauflage aktualisiert wurden.

Die Zielgruppe des Lehrbuches sind Studierende der Fachrichtungen Maschinenbau, Chemieingenieurwesen, Verfahrenstechnik, Physik und Technomathematik an Universitäten, Technischen Hochschulen und Fachhochschulen.

Dem Springer-Verlag danken wir für die jahrelange äußerst erfolgreiche Zusammenarbeit.

Karlsruhe, Dezember 2014 Herbert Oertel jr.

Inhaltsverzeichnis

Bezeichnungen

A	$[m^2]$	Fläche
a	$[m/s^2]$	Beschleunigung
a	$[m/s]$	Schallgeschwindigkeit
a	$[m^2/s]$	Temperaturleitfähigkeit
B, b	$[m]$	Breite
C	$[\,]$	Massenkonzentration
c_{d}	$[\,]$	Druckwiderstandsbeiwert
c_{f}	$[\,]$	Reibungsbeiwert
c_{i}	$[\,]$	induzierter Widerstandsbeiwert
$c_{\mathrm{f,g}}$	$[\,]$	Reibungswiderstandsbeiwert
c_m	$[\,]$	Momentenbeiwert
c_p	$[\,]$	Druckbeiwert
c_s	$[\,]$	Wellenwiderstandsbeiwert
c_p	$[J/(kgK)]$	spezifische Wärmekapazität bei konstantem Druck
c_v	$[J/(kgK)]$	spezifische Wärmekapazität bei konstantem Volumen
c_{w}	$[\,]$	Widerstandsbeiwert
c	$[m/s]$	Geschwindigkeit in Stromfadenrichtung, Absolutgeschwindigkeit
$\vec{\boldsymbol{c}}$	$[m/s]$	Molekülgeschwindigkeit
D	$[m^2/s]$	Diffusionskoeffizient
D, d	$[m]$	Durchmesser, Länge
E	$[J]$	Gesamtenergie
e	$[J/kg]$	spezifische innere Energie
F	$[N]$	Kraft
f	$[\,]$	Verteilungsfunktion
f_0	$[\,]$	Maxwell-Gleichgewichtsverteilung
$\vec{\boldsymbol{F}}$	$[\,]$	konvektiver Fluss
f	$[1/s]$	Frequenz
F_{A}	$[N]$	Auftriebskraft
F_{D}	$[N]$	Druckkraft
F_{I}	$[N]$	Impulskraft
Fr	$[\,]$	Froude-Zahl
F_W	$[N]$	Widerstandskraft
G	$[N]$	Gewichtskraft
Gr	$[\,]$	Grashof-Zahl
$\vec{\boldsymbol{G}}$	$[\,]$	dissipativer Fluss
g	$[m/s^2]$	Erdbeschleunigung
H, h	$[m]$	Höhe
h	$[J/kg = m^2/s^2]$	spezifische Enthalpie
J	$[m^4]$	Flächenträgheitsmoment
K	$[J/kg]$	zeitlich gemittelte Turbulenzenergie
K'	$[J/kg]$	Turbulenzenergie
k_{s}	$[m]$	mittlere Sandkornrauhigkeit
Kn	$[\,]$	Knudsen-Zahl
k	$[J/K]$	Boltzmann-Konstante
L	$[W]$	Leistung
L, l	$[m]$	Länge

L_R	$[m]$	Gleitlänge
l	$[m]$	Mischungsweglänge
M	$[\,]$	Mach-Zahl
M	$[Nm]$	Moment
M_I	$[Nm]$	Impulsmoment
m	$[kg]$	Masse
$\dot{m}$	$[kg/s]$	Massenstrom
$\mathcal{M}$	$[g/mol]$	Molmasse
N_n	$[\,]$	Partikelzahl
N_t	$[\,]$	Kollisionszahl
Nu	$[\,]$	Nußelt-Zahl
n	$[m]$	Normalkoordinate
n	$[\,]$	Polytropenexponent
n	$[1/m^3]$	Teilchendichte
n	$[1/s]$	Drehzahl
$\vec{\boldsymbol{n}}$	$[\,]$	Normalenvektor
p	$[Pa]$	Druck
p_v	$[Pa]$	Dampfdruck
Pr	$[\,]$	Prandtl-Zahl
Q	$[m^2/s]$	Quellenstärke, Senkenstärke
Q	$[J]$	Wärmemenge
$\dot{Q}$	$[W]$	Heizleistung, Wärmemenge pro Zeiteinheit, Wärmestrom
q	$[W/m^2]$	Wärmemenge pro Flächen- und Zeiteinheit
R	$[J/(kgK)]$	spezifische Gaskonstante
$\mathcal{R}$	$[J/(molK)]$	allgemeine Gaskonstante
R, r	$[m]$	Radius
Re	$[\,]$	Reynolds-Zahl
Ra	$[\,]$	Rayleigh-Zahl
s	$[J/(kgK)]$	spezifische Entropie
s	$[m]$	Stromfadenkoordinate, Spaltbreite
Str	$[\,]$	Strouhal-Zahl
T	$[K]$	Temperatur
T	$[s]$	Periodendauer
t	$[s]$	Zeit
U	$[m/s]$	Geschwindigkeit eines Körpers in x-Richtung Anströmgeschwindigkeit
$\vec{\boldsymbol{U}}$	$[\,]$	Lösungsvektor
u	$[m/s]$	Geschwindigkeitskomponente in x-Richtung
V	$[m^3]$	Volumen
V	$[m/s]$	Geschwindigkeit eines Körpers in y-Richtung Anströmgeschwindigkeit
$\dot{V}$	$[m^3/s]$	Volumenstrom
v	$[m/s]$	Geschwindigkeitskomponente in y-Richtung
$\vec{\boldsymbol{v}}$	$[m/s]$	Geschwindigkeitsvektor
$\vec{\boldsymbol{v}}$	$[m/s]$	makroskopische Strömungsgeschwindigkeit
W	$[m/s]$	Geschwindigkeit eines Körpers in z-Richtung Anströmgeschwindigkeit
w	$[m/s]$	Geschwindigkeitskomponente in z-Richtung

X	[ ]	Dampfgehalt
x	$[m]$	kartesische Koordinate
y	$[m]$	kartesische Koordinate
z	$[m]$	kartesische Koordinate
α	[ ]	Winkel
α	$[1/K]$	thermischer Ausdehnungskoeffizient
Δ	$[m]$	Dicke der viskosen Unterschicht
Δa	$[J/kg]$	spezifische Arbeit
Δl	$[J/m^3]$	volumenspezifische Arbeit
$\Delta p_{\rm v}$	$[N/m^2]$	Druckverlust
δ	$[m]$	Grenzschichtdicke
δ_T	$[m]$	Temperaturgrenzschichtdicke
δ_{ij}	[ ]	Kronecker-Delta
ϵ	$[J/(m^3 s)]$	Dissipationsrate
η	[ ]	Wirkungsgrad
Γ	$[m^2/s]$	Wirbelstärke, Zirkulation
$\dot{\gamma}$	$[1/s]$	Scherrate
κ	[ ]	Verhältnis der spezifischen Wärme, Isentropenexponent
λ	[ ]	Verlustbeiwert
λ	$[W/(mK)]$	Wärmeleitfähigkeit
$\bar{\lambda}$	$[m]$	mittlere freie Weglänge
μ	$[Ns/m^2 = kg/(ms)]$	dynamische Viskosität
$\mu_{\rm t}$	$[Ns/m^2 = kg/(ms)]$	turbulente Viskosität
ν	$[m^2/s]$	kinematische Viskosität
Φ	$[m^2/s]$	Potentialfunktion
Φ	$[1/s^2]$	Dissipationsfunktion
Ψ	$[m^2/s]$	Stromfunktion
σ	$[N/m]$	Oberflächenspannung
σ	$[N/m]$	Spannungstensor
σ	[ ]	Kavitationszahl
ρ	$[kg/m^3]$	Dichte
τ	$[s]$	charakteristische Zeit
τ	$[N/m^2]$	Schubspannung
$\tau_{\rm w}$	$[N/m^2]$	Wandschubspannung
Θ	[ ]	Winkel
ω	$[1/s]$	Drehung, Winkelgeschwindigkeit
ω	$[1/s]$	Kollisionsfrequenz
ϕ	[ ]	Winkel
ξ	[ ]	Verlustkoeffizient
$\vec{\boldsymbol{\xi}}$	$[m/s]$	Geschwindigkeitsvektor
$'$		Schwankungsgröße, Störgröße
$''$		massengemittelte Schwankungsgröße
*		kritische Größe, dimensionslose Größe
$\bar{}$		zeitlich gemittelte Größe
$\tilde{}$		zeitlich massengemittelte Größe
∞		Anströmgröße

1 Einführung

Das Lehrbuch der Strömungsmechanik richtet sich an Studenten der Ingenieur- und Naturwissenschaften. Es vermittelt im Kapitel 2 die strömungsmechanischen Grundlagen, die für die Beschreibung und Analyse von Strömungen in Natur und Technik erforderlich sind. Bereits die eindimensionale Stromfadentheorie sowie der integrale Impuls- und Drehimpulssatz weisen einen ersten Weg zur Auslegung strömungstechnischer Geräte und Anlagen. Mit ihnen lässt sich z.B. die Abmessung einer Maschine in einem ersten Schritt schon recht genau ermitteln und eine Aussage über die auftretenden Strömungsverluste machen.

Allerdings versagen diese Methoden bei der Optimierung von Maschinen z. B. wenn an die zu entwickelnden Geräte besondere Anforderungen gestellt werden wie leises Betriebsverhalten, guter Wirkungsgrad, kleine Abmessungen, stark gedämpftes Schwingungsverhalten etc. Außerdem kann für die meisten Anwendungsfälle mit den einfachen strömungsmechanischen Grundlagen das Betriebsverhalten einer Maschine nicht ausreichend genug bestimmt werden, so dass dafür umfangreiche Experimente durchgeführt werden müssen, die sehr kosten- und zeitintensiv sein können.

Das Gleiche trifft auch für die Vorhersage z.B. des Wetters, des Wärmeaustausches in den Ozeanen oder des Schadstofftransportes in der Atmosphäre zu. Hier sind weiterführende Vorhersagemethoden auf der Grundlage der kontinuumsmechanischen Grundgleichungen dreidimensionaler Strömungen erforderlich. Dem wird in Kapitel 3 und 4 Rechnung getragen, die systematisch über die strömungsmechanischen Grundgleichungen und deren Lösungsmethoden zur Anwendung strömungsmechanischer Software führen.

In den letzten Jahrzehnten hat die Rechnertechnik erhebliche Fortschritte gemacht, so dass es bereits ohne allzu großen Aufwand möglich ist dreidimensionale Strömungen auf Rechnern zu simulieren. Dadurch werden allmählich aufwendige Versuche und Experimente durch die numerische Simulation von Strömungen ersetzt, wodurch die Entwicklungskosten und Entwicklungszeiten verringert werden. Mit diesem Buch sollen dem Studenten die Grundlagen dieser neueren Methoden der Strömungsmechanik vermittelt werden, die bereits in vielen Entwicklungsabteilungen Anwendung finden.

Die Vorgehensweise der Strömungsmechanik beinhaltet die analytischen, numerischen und experimentellen Methoden. Alle drei werden, auch wenn die numerischen Methoden zunehmend die experimentellen ersetzen, zur Lösung von strömungstechnischen Problemen benötigt. Das vorliegende Buch beschränkt sich auf die theoretischen, also auf die analytischen und numerischen Methoden. Sie sollen den Studenten nach dem Durcharbeiten des Buches dazu befähigen, die Grundgleichungen der Strömungsmechanik zu verstehen und die Strömungsmechanik-Software für technische Probleme anwenden zu können. Dabei werden die Grundbegriffe der analytischen und numerischen Verfahren in einem ersten Ansatz behandelt.

Der Inhalt des Buches ist teilweise sehr theoretisch. Um während der umfangreichen Herleitungen den Bezug zu den technischen Anwendungen nicht aus dem Auge zu verlieren, haben wir die Tragflügelströmung von Verkehrsflugzeugen, die Kraftfahrzeugumströmung und Strömungen in Rohrleitungen verfahrenstechnischer Anlagen als repräsentative Beispiele ausgewählt, anhand derer wir in diesem Buch die Grundlagen und Lösungsmethoden der Strömungsmechanik entwickeln.

Um zunächst dem Studenten die Vielfalt strömungsmechanischer Anwendungen vor Augen zu führen und das Bewusstsein dafür zu wecken, dass Strömungen in unserer technischen und natürlichen Umwelt allgegenwärtig sind, wollen wir in den folgenden einführenden Kapiteln ausgewählte Strömungsbeispiele beschreiben.

1.1 Strömungen in Natur und Technik

Strömungen sind verantwortlich für die meisten Transport- und Mischungsprozesse, wie sie zum Beispiel beim Transport von Schadstoffen in unserer Umwelt, bei industriellen Prozessen bis hin zu lebenden Organismen vorkommen. Die Verbrennung begrenzter fossiler Brennstoffe produziert heute den größten Teil der elektrischen Energie und Wärmeenergie. Die Optimierung von Strömungen bei diesen Verbrennungsprozessen dient der Verringerung des Öl- und Kraftstoffverbrauches bei gleichzeitiger Reduzierung der Schadstoffemissionen. Strömungen interessieren beim Antrieb von Flugzeugen, Schiffen und Kraftfahrzeugen, beim Pumpen von Öl und Gas durch Pipelines, bei der Herstellung von Materialien und deren Beschichtung. Sie ermöglichen Leben durch den Transport von Sauerstoff und Kohlendioxid im Organismus. Sie sind von Bedeutung beim Bau von widerstandsarmen Kraftfahrzeugen und Verkehrsflugzeugen, bei der Entwicklung von Trägerraketen und Raumgleitern für den Transport zur Raumstation, bei der Energie- und Umwelttechnik, bei der Verfahrens- und Prozesstechnik bis hin zur Simulation ganzer Produktionsanlagen, im Bereich des Bauingenieurwesens, in der Physik für die Geo- und Astrophysik, in der Meteorologie und Klimaforschung bis hin zur Medizin, wo Innovationen immer häufiger mit der strömungsmechanischen Optimierung von künstlichen Herzklappen, Herzen und Gefäßprothesen einhergehen.

Wir beginnen mit der Beschreibung einiger Strömungsbeispiele unserer **natürlichen Umwelt**. Die Strömungen in der **Erdatmosphäre** sind durch den Wärmeaustausch zwischen den warmen Äquatorzonen und den kalten Polen gekennzeichnet. Wir nennen diese Strömungen mit Wärmetransport Konvektionsströmungen . Am Äquator steigt die von der senkrecht stehenden Sonne aufgeheizte Luft in die Atmosphäre auf und fällt an den kalten Polen ab. Der Wärmeaustausch zwischen dem Äquator und den Polen erfolgt durch

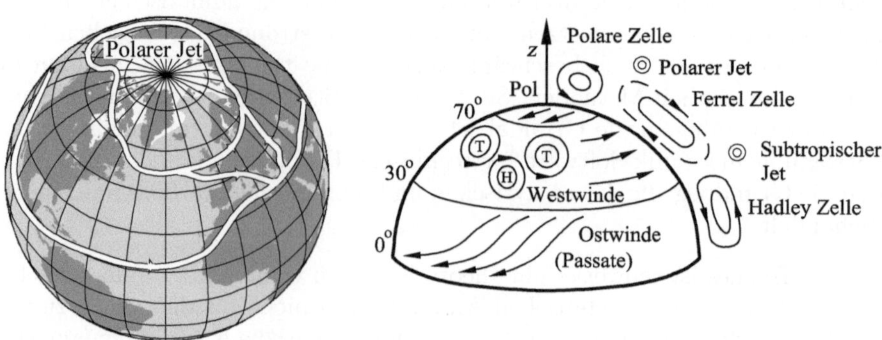

Abb. 1.1: Strömungen in der Atmosphäre

großräumige Winde. Diese globale Luftzirkulation bestimmt das großräumige Wetter auf der Nord- und Südhalbkugel der Erde.

Die kleinskaligen Winde, die unser lokales Wetter bestimmen, spielen bei dieser großräumigen Luftströmung in der Atmosphäre eine untergeordnete Rolle. Die stabilsten großräumigen Windsysteme sind die Passatwinde, die von der aufsteigenden Luft am Äquator angetrieben werden und zwei Ringwirbel um den Äquator bilden, deren meridionale Zirkulation im rechten Bild der Abbildung 1.1 *Hadley-Zelle* genannt wird.

In den mittleren Breiten variiert die Strömung mit der Zeit. Es bilden sich Hoch- und Tiefdruckgebiete, die mit der West-Ost-Luftströmung wieder zerfallen und das Wettergeschehen in der Atmosphäre bestimmen. In diesen Breiten ist der Temperaturgradient zwischen dem Äquator und den Polen am größten, so dass der Energie- und Impulsaustausch nicht durch ein einfaches Wirbelsystem bewerkstelligt werden kann, wie dies bei der Hadley-Zelle der Fall ist. Die Strömung wird instabil und der Energie- und Impulstransport erfolgt über mehrere großräumige Wirbelsysteme.

Jedoch zeigt das Jahresmittel eine mittlere meridionale Zirkulation, die als gestrichelte *Ferrel-Zelle* in Abbildung 1.1 eingezeichnet ist. An den Polen bilden sich entsprechende schwache *polare Zellen* aus. Das lokale Gleichgewicht des Drehmoments verlangt zum Ausgleich der bisher dargestellten Ostwinde die entsprechenden Westwinde, die sich als *Jetströme* in der hohen Atmosphäre ausbilden. Diese verändern ebenfalls von Tag zu Tag ihre Lage, was z.B. für die Luftfahrt von Bedeutung ist, da sie von den Verkehrsflugzeugen als Rückenwind im transatlantischen Luftverkehr genutzt werden. Das linke Bild der Abbildung 1.1 zeigt im zeitlichen Monatsmittel die Lage der polaren und subtropischen Jetströme auf der Nordhalbkugel.

Diese Jet-Winde wurden 1999 für die erste Erdumrundung mit einem Heißluftballon ausgenutzt. Der 8 Tonnen schwere und 54 Meter hohe Breitling Orbiter 3 Ballon benötigte 20 Tage für 42.000 Umrundungskilometer in 11.000 Metern Höhe.

Die Abbildung 1.2 zeigt ein Tiefdruckgebiet auf der Nordhalbkugel, dessen West-Ost-Bewegung durch den langen Wolkenschweif erkennbar ist. Es stellt sich die Frage, warum sich die Tiefdruckwirbel auf der Nordhalbkugel immer entgegen dem Uhrzeigersinn drehen.

Bei der Erklärung hilft die Prinzipskizze der Abbildung 1.2. Am Ort der Betrachtung zeigt die Druckkraft in Richtung des Zentrums des Tiefdruckwirbels. Demzufolge wird ein Luftelement in Richtung des Druckgradienten beschleunigt. Die Windrichtung ändert sich jedoch unter dem Einfluss der durch die Erdrotation $\vec{\omega}$ verursachten Coriolis-Kraft.

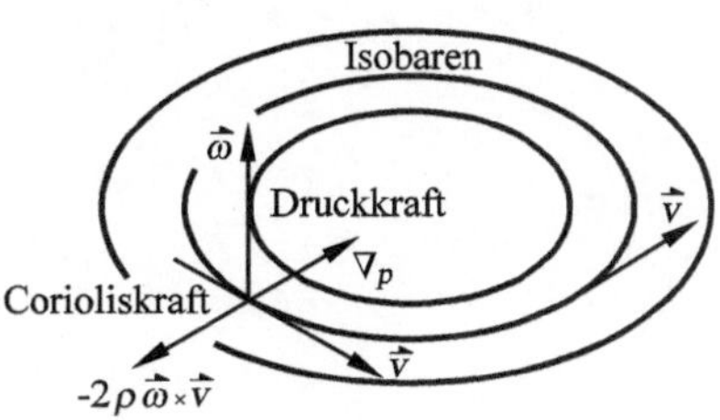

Abb. 1.2: Tiefdruckgebiet auf der nördlichen Erdhalbkugel

Dabei wird der Wind solange beschleunigt, bis sich ein Gleichgewicht zwischen Druck und Coriolis-Kraft einstellt. Daraus resultiert eine Windrichtung entlang der Isobaren des Tiefdruckgebietes. Berücksichtigen wir in unserer Betrachtung die der Coriolis-Kraft überlagerte Zentrifugalkraft, so verursacht diese eine Krümmung der Strömungsbahnen, die das typische Bild eines Zyklons entstehen lässt. Am Ort der Betrachtung sind Coriolis- und Zentrifugalkraft mit der Druckkraft im Gleichgewicht. Die entsprechende Betrachtung auf der Südhalbkugel der Erde zeigt, dass sich dort die Tiefdruckwirbel im Uhrzeigersinn drehen.

Die Abbildung 1.3 zeigt die Satellitenaufnahme der Windgeschwindigkeiten über dem Pazifischen Ozean. Die Strömungslinien zeigen die Strömungsrichtungen der Windgeschwindigkeit an. Es sind mehrere Tiefdruckgebiete auf der Nord- und Südhalbkugel zu erkennen. In entgegengesetzter Richtung drehen die dazugehörigen Hochdruckgebiete.

In den späten Sommermonaten heizt sich die Luft am Äquator derart stark auf, so dass die verstärkten Passatwinde innerhalb weniger Tage Wirbel mit einem Durchmesser von 500 bis 1000 km und einer Rotationsgeschwindigkeit von bis zu 300 km/h bilden. Diese Hurrikans bilden sich über den warmen Gewässern vor der afrikanischen Küste in der Nähe des Äquators, bewegen sich mit dem Hauptwind der Hadley-Zelle nach Westen und drehen in größeren Breiten nach Osten, wo sie als Tiefdruckgebiete Europa erreichen. Sie erscheinen jährlich am Ende des Sommers mit ihrer zerstörerischen Wirkung über den karibischen Inseln und rotieren, wie die Zyklone, aufgrund der Coriolis-Kraft auf der Nordhalbkugel entgegen dem Uhrzeigersinn. Über Land werden sie entsprechend ihrer Drehrichtung nach Osten abgelenkt und bewegen sich abgeschwächt über den Atlantik.

Abbildung 1.4 zeigt die Satellitenaufnahme des Hurrikans Ivan im Sommer 2004 und die Bahnen der Hurrikans Charley und Ivan über den Karibischen Inseln. Die Energiequelle für einen Hurrikan ist die im Meerwasser gespeicherte Wärme. In einem Wirbelsturm steigt, ähnlich wie in einer Gewitterwolke, feuchte warme Luft nach oben. Sobald sie eine kältere Luftschicht erreicht, deren Temperatur dem Taupunkt für diese Luftschicht entspricht, beginnt der Wasserdampf zu kondensieren. Dieser Vorgang hat zwei Konsequenzen. Einerseits wird Wärme frei, welche die umgebende Luft aufheizt. Die Kondensation erniedrigt gleichzeitig den Wasserdampf-Partialdruck in der Luft. Beide Vorgänge verrin-

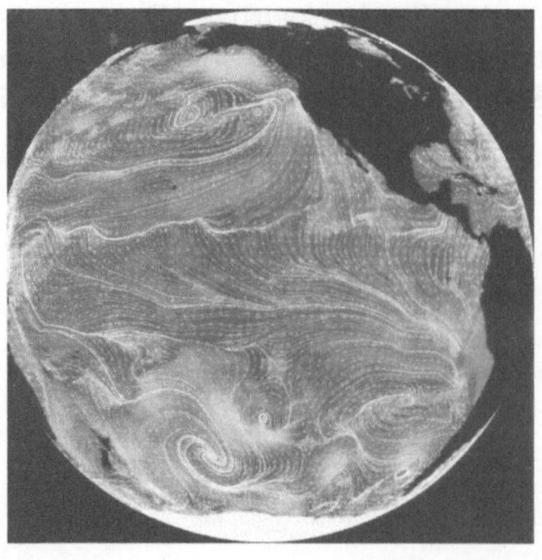

Abb. 1.3: Windgeschwindigkeiten über dem Pazifischen Ozean

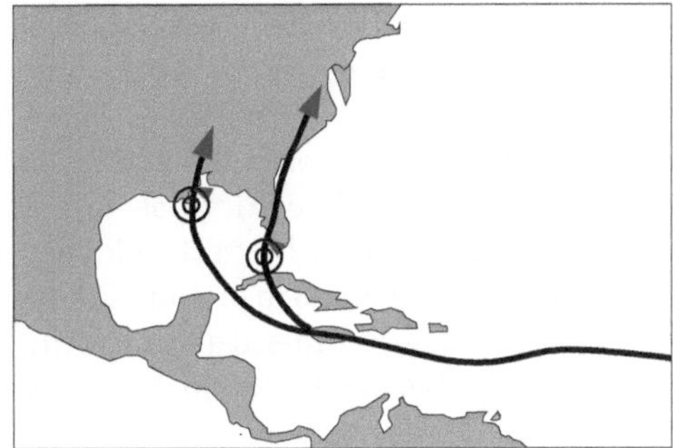

Abb. 1.4: Hurrikan Ivan und Bahnen der Hurrikans Charley und Ivan 2004

gern den Luftdruck, so dass noch mehr Meerwasser verdampfen und in große Höhen der Troposphäre aufsteigen kann. Je mehr Meerwasser verdampft, desto mehr Energie gelangt in den Hurrikan.

Auch starke Scherwinde, z.B. an Gewitterfronten oder auftriebsbedingte Winde in der Wüste, können kleinskaligere Wirbel bilden. Sie sind als Tornados oder Windhosen bekannt, haben einen Durchmesser von bis zu 500 m und eine Lebensdauer von einigen Minuten.

Ein entsprechender Wärmeaustausch zwischen dem warmen Wasser der Äquatorregionen und dem kalten Wasser der eisbedeckten Pole findet in den **Ozeanen** statt, der wiederum Auswirkungen auf das Wettergeschehen in der Atmosphäre hat. Dabei ist der Energieaustausch im Ozean neunmal größer als in der Atmosphäre. Die Strömungen in den Ozeanen werden durch die Kontinente begrenzt. Damit ist eine globale Zirkulation, wie wir sie in der Atmosphäre dargestellt haben, nicht möglich. Die Ozeanströmungen werden zum einen von den großräumigen Winden angetrieben und zum anderen entstehen sie wie in der Atmosphäre durch Konvektionsströmungen, die den Wärmeaustausch zwischen dem Äquator und den Polen bestimmen.

In Abbildung 1.5 ist wiederum im zeitlichen Mittel die Zirkulation im Nord-Atlantik dar-

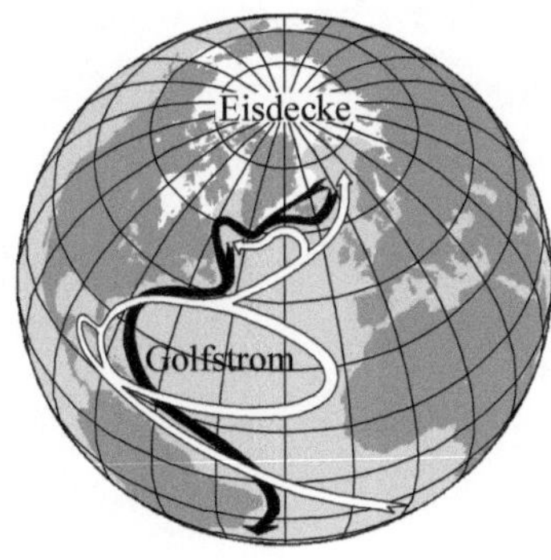

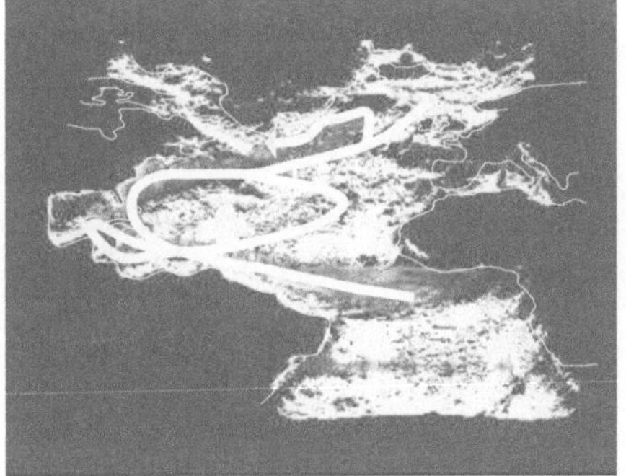

Abb. 1.5: Meeresströmungen im Atlantik

gestellt. Die von der Hadley-Zelle verursachten Ostwinde ergeben im Pazifik nördlich des Äquators eine Ostströmung, die vor Afrika umgelenkt wird und als warme Wasserströmung nach Westen strömt. Diese teilt sich vor den Westindischen Inseln auf. Ein Teil strömt in den Golf von Mexiko, der zweite Teil strömt entlang den Bahamas. Die beiden Teilströme vereinigen sich vor der Küste Floridas und strömen als warmer Golfstrom entlang der Küste Georgias. Dieser nordatlantische Golfstrom hat eine hohe Strömungsgeschwindigkeit an der Wasseroberfläche von 3 m/s und eine Ausdehnung von 100 km. Am Rande des Golfstroms steigt die Wassertemperatur um etwa 10 K an. Der Volumenstrom dieser Warmwasserröhre beträgt beträchtliche 30 Millionen m^3/s. Dieser mächtige Golfstrom verlässt die Küste Nord-Amerikas am Kap Hatteras und strömt ostwärts nach Europa, wo sein warmes Wasser für das milde Klima an der Britischen und Norwegischen Küste verantwortlich ist. Der zweite Teil des Golfstroms strömt entlang der Küste Nord-Afrikas und bildet die großräumige nord-äquatoriale Zirkulation. Die kalte Meeresströmung bewegt sich entlang der Nord- und Südamerikanischen Küste vom Nordpol zum Äquator.

Ein anderes Phänomen der Ozeane sind die Ausbreitung von Wasserwellen, die durch Erdbeben in der Tiefe des Ozeans erzeugt werden. Dabei entstehen langwellige Meereswellen, die man Tsunami nennt und deren Geschwindigkeit allein von der Wassertiefe ihrer Entstehung abhängt (siehe Abbildung 1.6). Treffen Tsunamis auf ihrem Weg durch ein Meeresbecken auf flachere Stellen, werden Sie abgebremst. Über der Tiefsee werden sie wieder beschleunigt. Auf dem offenen Meer beträgt die Wellenhöhe eines Tsunamis bis zu einem halben Meter, wo er aufgrund der großen Wellenlänge von einigen Kilometern kaum bemerkt wird. Im flachen Küstengewässer wird der Tsunami am Boden abgebremst, während der obere Teil der Welle weitgehend ungestört weiterläuft. Dies führt an der Küste zum Aufsteilen der Welle bis zu einer Höhe von 30 m.

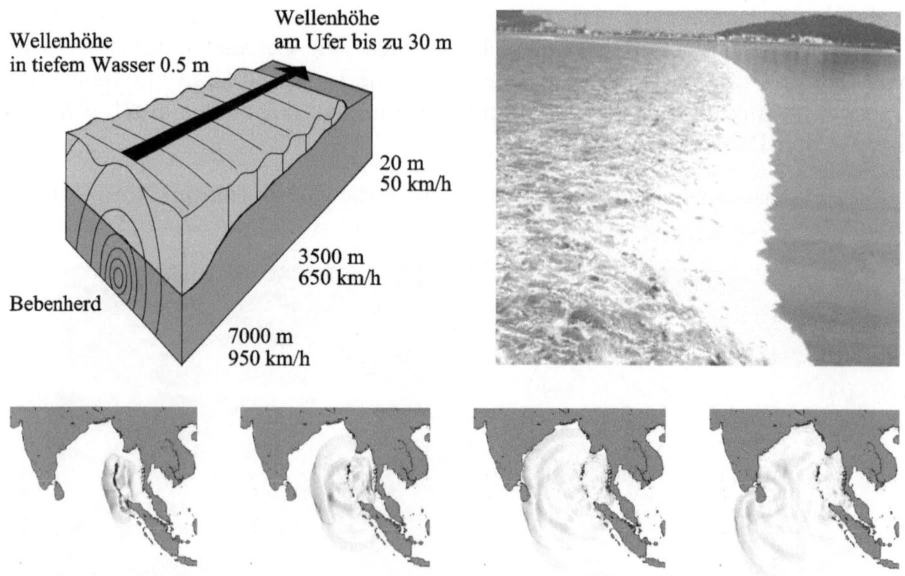

Abb. 1.6: Ausbreitung eines Tsunamis 2005

Jeder Tsunami besteht aus einem Wellenpaket, also mehreren Wellen, die im Minutenabstand an der Küste eintreffen können. In den meisten Fällen nähert sich zunächst ein Wellental. Als Folge davon zieht sich das Meer oft hunderte von Metern zurück, bevor die Wellenfront über die Küste hereinbricht.

Ein solcher Tsunami entstand 2005 durch ein Erbeben vor der indonesischen Küste in 2300 m Tiefe. Dort schob sich aufgrund der Kontinentaldrift (siehe Abbildung 1.9) die Kontinentalplatte unter die Burma Platte. Die Entspannung der Verschiebung erfolgte innerhalb von 7 Sekunden, deren Vertikalbewegung den Tsunami auslöste. Dabei wurde die Inselgruppe der Nikobaren um 6 m und der Nordpol um 2 cm verschoben, was eine Verkürzung der Erdrotation um einige μs zur Folge hatte. 15 s nach dem Tiefseebeben erreichte die Welle Indonesien. Die an der Küste von Indonesien reflektierte Tsunami-Welle erreichte dann nach 3 bis 5 Stunden die Küstengebiete von Thailand und Indien.

Ein aktuelles Thema ist der durch die Industrialisierung hervorgerufene **Klimawandel**. Unter dem Klima versteht man die über Jahrzehnte beziehungsweise Jahrtausende gemittelten strömungsmechanischen Verteilungen in der Erdatmosphäre, die über die mittlere Temperatur der Erdoberfläche registriert werden.

Betrachtet man die Abkühlung der Erde über die Jahrmillionen ihrer Entwicklung, so nahm die mittlere Temperatur in 60 Millionen Jahren von 20 °C auf 10 °C ab. Im Pliozän begann sich aufgrund der Exzentrizität der Erdrotationsachse die mittlere Sonneneinstrahlung periodisch zu verändern, so dass im Zyklus von 100000 Jahren Temperaturschwankungen von 10 °C um die mittlere Temperatur von 5 °C auftraten, die zu Eis- und Warmzeiten führten. Dem überlagert ist die periodische Veränderung des Neigungswinkels der Erdachse mit einem Zyklus von 41000 Jahren. Die Präzession der Erdrotation führt zu einer weiteren periodischen Temperaturoszillation der Erdoberfläche mit einem Zyklus von 25750 Jahren, die im Mittelalter eine kleine Eiszeit hervorgerufen hat. Kommen wir zu unseren Zeitskalen, so ist nachgewiesen, dass auch über die Jahrhunderte eine periodische Temperaturoszillation den natürlichen Temperaturschwankungen über die Jahrtausende überlagert ist. Die Abbildung 1.7 zeigt den Anstieg der Temperatur in der Erdatmosphäre im zwanzigjährigen Mittel von 1885 bis 2000 um 2 °C. Darin enthalten ist der Einfluss der Schadstoffe, die die Industrialisierung mit der Verbrennung fossiler Brennstoffe verursacht hat und seit 1980 eine zusätzliche Temperaturerhöhung von 1 °C bewirkte. Die Vorausberechnung mit den derzeit verfügbaren Klimamodellen der Atmosphäre und der Ozeane sagt bis 2050 eine weitere Temperaturerhöhung der Atmosphäre um bis zu 1 °C voraus, wobei die Fehlerschranke der Klimamodelle ± 1 °C beträgt. Insofern ist die Tendenz des Klimawandels nachgewiesen, wenngleich sich die Absolutwerte der Temperaturerhöhung im Bereich der natürlichen Temperaturschwankungen bewegen.

Die Konsequenz der nachgewiesenen Temperaturerhöhung der Atmosphäre und der Erdoberfläche ist vielschichtig. Die Eismassen der Pole und der Gletscher schmelzen ab. Damit wird leichteres Süßwasser in die salzhaltigen Ozeane eingebracht. Am Nordpol kam dadurch Ende 2004 der in Abbildung 1.5 schwarz eingezeichnete kalte Tiefenstrom des Golfstromes für ganze 10 Tage zum Erliegen. Eine 3 °C kalte Wasserschicht war um 700 m abgesackt und blockierte den Tiefenstrom über dem Meeresboden in 3000 m Tiefe im westlichen Teil des Ozeans. Eine Voraussetzung für das Versiegen des Golfstromes wäre ein gewaltiger Zufluss an Süßwasser durch das Abschmelzen der Eismassen Grönlands. Dadurch würde sich das Oberflächenwasser verdünnen und es würde wesentlich langsamer absinken, wodurch die Zirkulation des kalten und warmen Golfstroms im Atlantik abgeschwächt würde. Die Ozeane sind gewaltige Wärmespeicher. Allein in den obersten drei Metern der Meere ist soviel Wärme enthalten wie in der darüberliegenden Luftsäule bis in 100 km Höhe. Deshalb kommt den Meeren beim Klimawandel eine zentrale Rolle zu. Dennoch genügen auch die ungünstigsten Klimaszenarien bis zum Ende des Jahrhunderts nicht, um den Kollaps der Nordatlantikströme herbei zu führen. Erwärmt sich die Atmosphäre, wird zunehmend Oberflächenwasser verdunstet und das salzhaltigere Oberflächenwasser vor Grönland sinkt wieder verstärkt ab. So erwartet man, dass sich der Golfstrom wieder erholt.

Ursache für den Klimawandel sind die durch die Verbrennung fossiler Brennstoffe in die Atmosphäre eingebrachten Schadstoffe, wie Kohlendioxid, Methan, Wasser, Stickoxide und kleine Partikel sogenannte Aerosole, die die natürliche Luftchemie der Erdatmosphäre verändern. Auch hier gibt es einen natürlichen Prozess, den Ausbruch von Vulkanen. So schleuderte der Pinatubo auf den Philippienen 1991 Schwefelaerosole bis in die untere Stratosphäre in Höhen von bis zu 25 km. Dort breiteten sie sich mit den atmosphärischen Strömungen rasch um den Globus aus und waren einige Monate später über die gesamte Nordhemisphäre und sogar in Gebieten südlich des Äquators verteilt. Aerosole reflektieren einen Teil der kurzwelligen solaren Strahlung und verringern dadurch die Sonnenstrahlung auf die Erde. So kam es 2 Jahre nach dem Ausbruch des Pinatubo zu einer Erniedrigung der bodennahen Lufttemperatur in der Nordhemisphäre um etwa 0.5 °C.

Dem entgegen wirkt der Treibhauseffekt. Die langwellige Sonnenstrahlung wird von Wasser, Kohlendioxid und Ozon in der Atmosphäre absorbiert. Diese Gase strahlen entsprechend ihrer Temperatur sowohl in das Weltall aber auch als Gegenstrahlung auf die Erde.

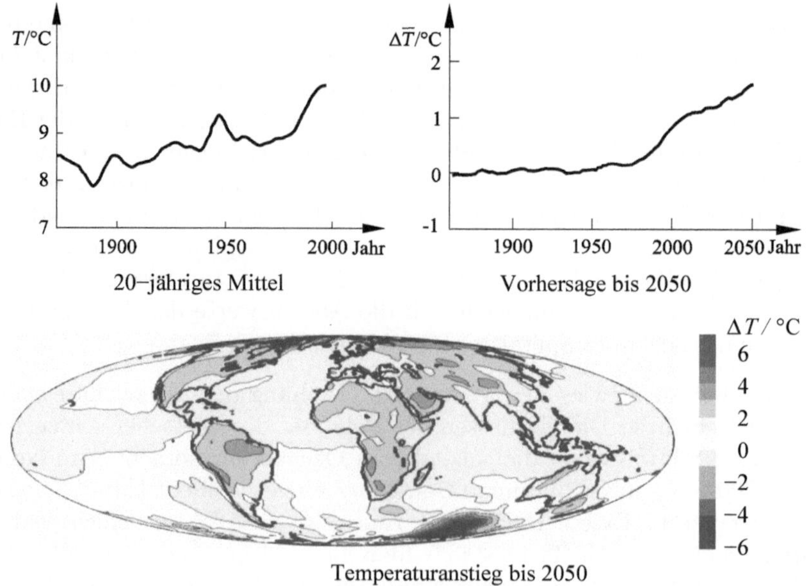

Abb. 1.7: Temperaturanstieg in der Erdatmosphäre aufgrund des Klimawandels

Sie vermindern dadurch die langwellige Abstrahlung der Erdoberfläche und erhöhen die mittlere Temperatur der Erde. Diesen Effekt nennt man Treibhauseffekt, der seit der beginnenden Industrialisierung im 19. Jahrhundet wirksam ist und sich seit 1980 auswirkt. Insbesondere das Kohlendioxid verstärkt die langwellige atmosphärische Gegenstrahlung und trägt wesentlich zur Erhöhung der mittleren Temperatur der Abbildung 1.7 bei.

Neben dem Treibhauseffekt spielt das sogenannte Ozonloch in den Wintermonaten über dem Süd- und Nordpol beim globalen Klimawandel eine Rolle. Der Ozonabbau in der polaren Stratosphäre ist ein fotochemischer Prozess, der durch anthropogene Spurenstoffe verursacht ist. Beim Übergang vom Winter in das Frühjahr ist ein deutlicher Rückgang des Ozongehaltes in Höhen zwischen 20 und 30 km über den Polen zu verzeichnen. Aufgrund der Absorptionsfähigkeit der natürlichen Ozonschicht für die kurzwellige solare UV-Strahlung schützt die Ozonschicht das Leben auf der Erde. Ozon O_3 bildet sich aus molekularem O_2 und atomarem Sauerstoff durch die Absorption ultravioletter Solarstrahlung kleiner als 242 nm. Das Ozon wiederum wird durch die solare Strahlung von Wellenlängen kleiner als 1200 nm zerstört und in molekularen und atomaren Sauerstoff aufgespaltet. Insgesamt bilden diese Reaktionen ein fotochemisches Gleichgewicht. Der Verlust von Ozon geschieht durch zusätzliche katalytische Reaktionen. Als Katalysatoren wirken die Schadstoffe wie Chlor, Wasserstoff und Stickoxide. Über die Hadley-Zirkulation der Abbildung 1.1 werden diese Stoffe mehr oder weniger gleichmäßig über die Nordhemisphäre verteilt. Lediglich in den Wintermonaten kommt es in der Atmosphäre zu einer Meridianzirkulation, die den Austausch der Toposphäre und der Stratosphäre sowie den Schadstofftransport in die Polregionen bewirkt.

Auch im **Erdinneren** sind es Konvektionsströmungen, die den Energie- und Impulstransport vom heißen Erdkern zum erstarrten Erdmantel bestimmen. Diese sind für das Erdmagnetfeld und die Drift der Kontinente auf der Erdoberfläche verantwortlich.

Die Prinzipskizze der Abbildung 1.8 zeigt nicht maßstabsgetreu den heutigen Stand der Erkenntnisse im Schnitt durch die Äquatorebene. Die Erde ist kein starrer Körper,

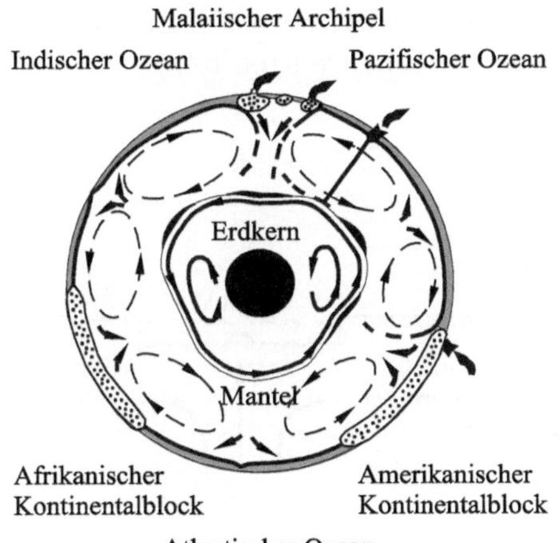

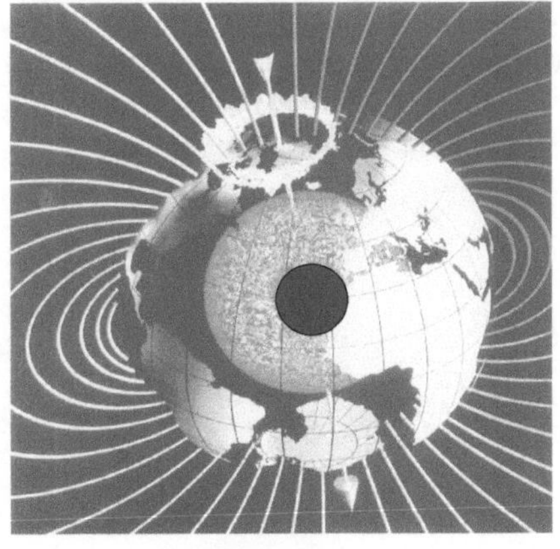

Erdmagnetfeld

Abb. 1.8: Strömungen im Erdinneren

sondern sie hat elastische, plastische und flüssige Eigenschaften. Aufgrund des hohen Druckes besteht der Erdkern aus festen Eisenlegierungen. Mit zunehmendem Abstand vom Erdmittelpunkt schließt sich eine elektrisch leitfähige Kernflüssigkeit an, deren Wirbelströmungen das Erdmagnetfeld verursachen. In etwa 3000 km Tiefe geht der flüssige Erdkern in das zähplastische Mantelmaterial über, das als Asthenosphäre bezeichnet wird. Auf den Mantelkonvektionszellen der Asthenosphäre driften etwa ein Dutzend starrer Lithosphärenplatten. Die Kontinentalblöcke sind in die Lithosphärenplatten eingebettet und werden mitgeführt. Die Strömungsgeschwindigkeiten sind dabei um Größenordnungen kleiner als in der Erdatmosphäre und in den Ozeanen.

Die Entstehungsgeschichte der Erde reicht 4.5 Milliarden Jahre zurück. Im Urzustand strömten aufgrund der radioaktiven Aufheizung geschmolzenes Eisen und Nickel in Form von Ringwirbeln zum Erdzentrum, ohne dass für diese Hypothese gesicherte wissenschaftliche Erkenntnisse vorliegen. Man stellt sich aus heutiger Sicht den weiteren Verlauf der Evolution der Erde so vor, dass Silikate vom Erdinneren an die Oberfläche transportiert wurden, wo sie aufgrund der Abkühlung erstarrten und die Erdkruste bildeten. Etwa vor 200 Millionen Jahren begannen sich die Kontinente und Ozeane auszubilden, wie wir sie heute kennen.

Gesichert ist die Erklärung der Kontinental-Drift auf der Erdoberfläche, die durch die Konvektionsströmung in der Erdmantelschicht verursacht wird. Die Abbildung 1.9 zeigt, dass etwa vor 250 Millionen Jahren Süd-Amerika und Afrika ein Kontinent bildeten. Dies wird insbesondere deutlich, wenn man die Landmassen unter Wasser mitberücksichtigt. Diese beiden Kontinente driften bis heute in den Scherschichten der in Abbildung 1.8 skizzierten Konvektionsrollen der Asthenosphäre auseinander. Die Driftgeschwindigkeit beträgt heute bis zu 5 cm pro Jahr.

In der Umgebung von Auftriebszonen der Konvektionsrollen in der Erdmantelschicht wird heißes Magma aus dem Erdinneren an die Erdoberfläche transportiert. So entstand der mittelatlantische Rücken. In den Abtriebszonen wird kaltes Erdkrustenmaterial ins Erdinnere transportiert, was den Graben im Pazifik zur Folge hat. Die Drift der südamerikanischen Kontinentalplatte bildet vor dem Graben das Anden-Gebirge. Die Größe der Konvektionsrollen in der Erdmantelschicht beträgt etwa 700 km. Dies vermutet man deshalb, da für geringere Tiefen bisher keine Erdbebenzentren lokalisiert wurden.

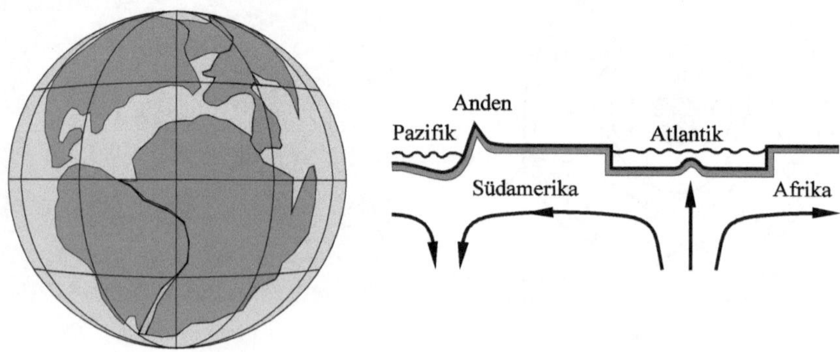

Abb. 1.9: Drift der Kontinente

Ganz entsprechende Strömungen beobachten wir auch auf und in den **Planeten** unseres Sonnensystems bei veränderter Rotationsgeschwindigkeit der Planeten und anderer Gaszusammensetzung von deren Atmosphäre. Die Strömungen in den Planetenatmosphären haben die gleiche Ursache wie die in der Erdatmosphäre. Der Energie- und Impulsaustausch zwischen dem Äquator und den Polen erfolgt ebenfalls über großräumige Konvektionsströmungen. Diese hängen von der Rotationsfrequenz und der jeweiligen Höhe der Planetenatmosphäre sowie deren Dichteschichtung und chemischen Zusammensetzung, der Bilanz der Sonneneinstrahlung und deren Reflexion auf der Planetenoberfläche ab.

Beobachten wir in Abbildung 1.10 die Jupiter-Atmosphäre, so erkennen wir ganz entsprechende zonale Zellstrukturen, wie wir sie in Abbildung 1.1 für die Erdatmosphäre beschrieben haben. Der Jupiter, der größte Planet unseres Sonnensystems, besteht aus verdichtetem Gas und rotiert 2.4 mal so schnell wie die Erde. Er emittiert nahezu doppelt so viel Energie, als er von der Sonne aufnimmt. Dabei beträgt die Temperaturdifferenz zwischen den Polen und dem Äquator lediglich 3 K, so dass der Wärmetransport zu den Polen eine untergeordnete Rolle spielt. Die Oberfläche ist in der Umgebung des Äquators in zwei Konvektionszellen hohen und niedrigen Drucks aufgeteilt. Diese bilden Bänder von Gas-Jets entgegengesetzter Richtung, an deren Scherschichten sich großräumige Wirbel ausbilden. Die Windgeschwindigkeiten betragen dabei bis zu 500 km/h. In größeren Breiten entstehen aufgrund der inneren Aufheizung ovale antizyklonische Wirbel ganz analog den Hurrikans in der Erdatmosphäre. Diese wirken in der Jet-Strömung der Jupiter-Atmosphäre wie Hindernisse, die im Nachlauf wiederum eine periodische Wirbelbildung zur Folge haben. Diese so genannten roten Flecken haben eine Ausdehnung von bis zu 22000 km und sind bemerkenswert stabil. Sie zerfallen sehr langsam, so dass ihr Durchmesser vor 100 Jahren etwa doppelt so groß war.

Die Atmosphäre des Saturns zeigt eine ganz ähnliche Struktur wie die des Jupiters, wobei die Saturnringe keine Strömungserscheinung sind, sondern im Gravitationsfeld des Saturns mitrotierende Materieringe darstellen.

Auch die Granulation der **Sonnenoberfläche** (Abbildung 1.11) ist ein Strömungsphänomen. Es sind wiederum Konvektionszellen mit einem Durchmesser von etwa 1000 km und einer Lebensdauer von einigen Minuten. Das heiße Plasma des

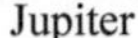

Jupiter

Saturn

Abb. 1.10: Strömungen in Planetenatmosphären

Sonnen-Fusionsreaktors strömt in den hellen Zonen an die Sonnenoberfläche und strömt in den dunklen Zellzonen nach entsprechender Abkühlung nach innen. Die Plasmaströme in den Zellen sind mit starken Magnetfeldern verbunden. Dies tritt insbesondere in der Umgebung von schwarzen Flecken in Erscheinung, wo sich in den kälteren Zonen der Sonnenoberfläche die Konvektionszellen entlang des radialen Magnetfeldes zu länglichen Konvektionsrollen den sogenannten Fibrillen formen.

Das rechte Bild der Abbildung 1.11 zeigt drei Schichten der solaren Oberfläche, die mit speziellen Filtern des Sonnenteleskopes der Universität Utrecht aufgenommen wurden. Die untere Schicht der Photosphäre, also der Oberfläche der optisch sichtbaren Sonne zeigt die bereits beschriebene Granulation der Sonnenoberfläche sowie einen schwarzen Flecken, der die Größe der Erde besitzt. Das mittlere Bild zeigt einen Bereich der unteren Chromosphäre, der sich einige hundert Kilometer darüber befindet. Das Muster ähnelt jenem in der Photospäre, aber die Helligkeitsstufen sind vertauscht. Über den hellen Granulationszellen erscheint die Chromosphäre dunkel und über den Zwischenräumen hell. Dies deutet darauf hin, dass die Konvektionszellen eine umgekehrte Strömungsrichtung besitzen. In der Umgebung des schwarzen Fleckens treten die länglichen Fibrillen auf, die sich entlang der Magnetfelder orientieren. Einige tausend Kilometer höher in der oberen Schicht der Chromosphäre haben die länglichen Konvektionsrollen der Fibrillen die Oberhand gewonnen. Dabei haben die meisten Magnetfeldlinien ihren Ursprung in der Region des Sonnenfleckens.

Wir finden auch Wirbelsysteme im **Kosmos** (Abbildung 1.12). Die Galaxien bestehen aus hunderten Billionen einzelnen Sternen. Unsere Sonne bedurfte etwa 250 Millionen Jahre, um sich einmal um das Zentrum unseres Milchstraßensystems zu bewegen, dessen Durchmesser etwa 75.000 Lichtjahre beträgt. Im Weltall gibt es Billionen solcher rotierender Galaxien, die dadurch gekennzeichnet sind, dass sie im Wirbelzentrum eine höhere stellare Konzentration aufweisen, wo neue Sterne entstehen können. Diese astrophysikalischen Beispiele gehen jedoch weit über die kontinuumsmechanische Theorie der Strömungen hinaus, mit der wir uns in diesem Lehrbuch befassen werden.

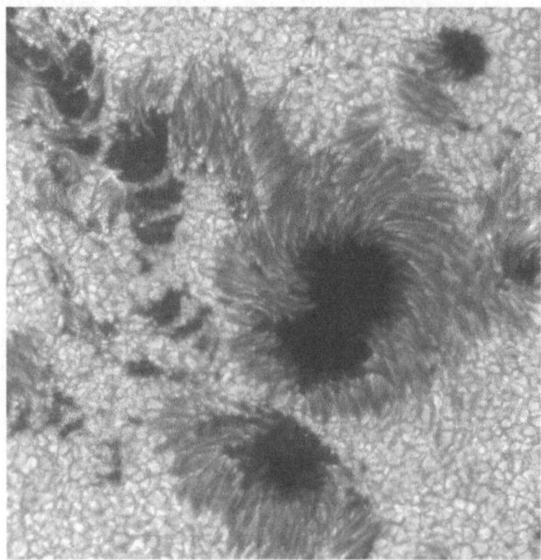

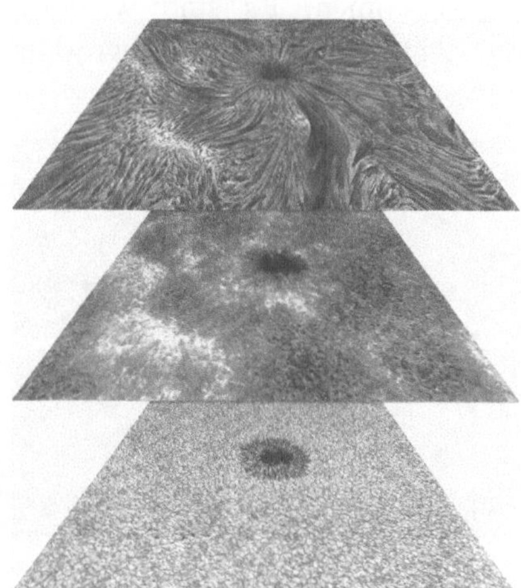

Abb. 1.11: Strömungen auf der Sonnenoberfläche

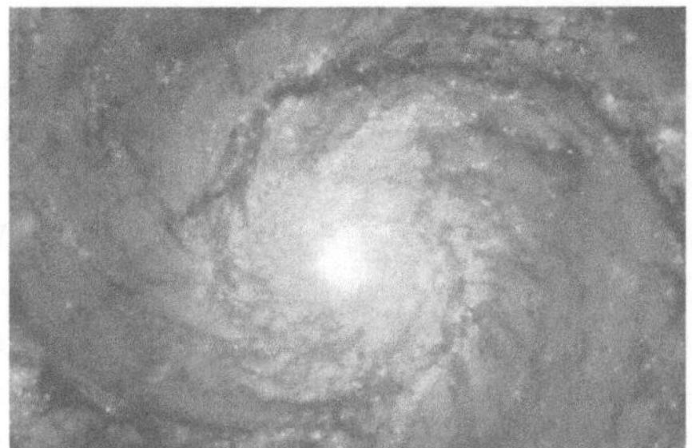

Abb. 1.12: Galaxie

Im Gegensatz zu den vorangegangenen Beispielen von Strömungen in der Natur befasst sich die **Bioströmungsmechanik** mit Strömungen, die von flexiblen biologischen Oberflächen aufgeprägt werden. Man unterscheidet die Umströmung von Lebewesen in Luft oder im Wasser, wie den Vogelflug oder das Schwimmen der Fische und Innenströmungen, wie den geschlossenen Blutkreislauf von Lebewesen.

Die Evolution hat in den vergangenen Jahrmillionen für die Fortbewegung der Lebewesen je nach Größe und Gewicht das Kriechen, Laufen, **Schwimmen**, Gleiten bzw. **Fliegen** entwickelt. Der für die Ortsveränderung notwendige Vortrieb erfordert eine angepasste Strömungskontrolle. Die Fortbewegung von Bakterien und Einzellern erfolgt bei vorherrschender Reibung mit Wimpern und Geißeln. Kaulquappen und Kraken nutzen die Trägheitskraft eines Strahlantriebs zur Fortbewegung. Aale bewegen sich wellenförmig, Wale nutzen die Wirbelablösung der Schwanzflosse zum Vortrieb. Schnell schwimmende Fische, wie die Haie (Abbildung 1.13), weisen Längsrillen auf ihren Schuppen auf, die die viskose Unterschicht der Strömungsgrenzschicht derart beeinflussen, dass der Strömungswiderstand reduziert wird. Damit erreichen Haie kurzzeitig Spitzengeschwindigkeiten von bis zu 90 km/h.

In der Technik werden derartige Riefenfolien genutzt, um den Widerstand von Verkehrsflugzeugen und Hochgeschwindigkeitszügen bzw. die Verluste in Pipelines zu verringern.

Das **Fliegen** ist in der Natur in unterschiedlicher Weise bei den Insekten, Fledermäusen und Vögeln zu beobachten. Da die Propellerrotation um eine Achse biologisch nicht

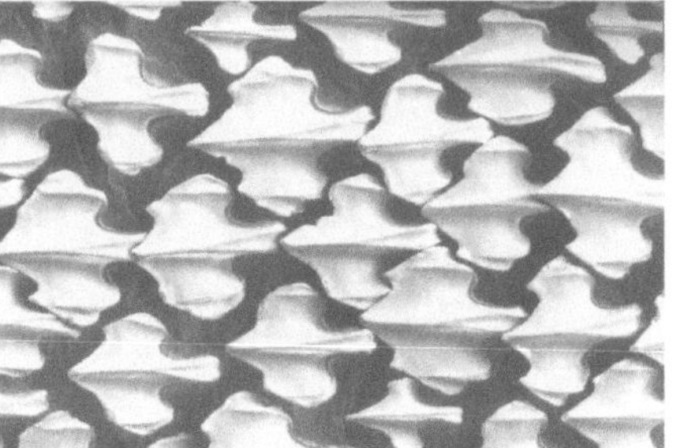

Abb. 1.13: Haifisch

möglich ist, wird der zum Fliegen erforderliche Auftrieb und Vortrieb durch die Hin- und Herbewegung eines Flügelschlages erreicht. Der Vortrieb entsteht dadurch, dass der Abwärtsschlag mit großer Kraft und der Aufwärtsschlag bei möglichst geringem Widerstand ausgeführt wird. Den größten Anteil des Vortriebes liefern beim Vogel die äußeren Teile des Flügels, die den größten Teil der Vertikalbewegung zurücklegen. Dabei wird die Anstellung verschiedener Profilschnitte des Flügels im Verlauf einer Schwingungsperiode durch die Deformation des Flügels verändert. Der innere Teil des Flügels erzeugt im Wesentlichen den Auftrieb. Damit sind die Funktionen des Tragflügels und Antriebpropellers eines Propellerflugzeuges im Vogelflügel integriert. Allerdings wird dies damit erkauft, dass sich Auftrieb und Vortrieb im Verlauf einer Schwingung ändern.

Den damit verbundenen Stabilitätsproblemen wird durch aerodynamische Kräfte der Schwanzflächen entgegengewirkt, die als horizontales Steuerruder die Schwingbewegung ausgleichen. Der größte Wandervogel Albatros erreicht bei einer Spannweite von 3.8 m eine Spitzengeschwindigkeit von bis zu 110 km/h und eine Gleitzahl, dem Verhältnis von Auftriebskraft zu Widerstandskraft, von 20.

Die erste erfolgreiche technische Umsetzung des Vogelfluges gelang *Otto Lilienthal* 1891 mit seinem manntragenden Gleitflugzeug (Abbildung 1.14). Der vogelähnliche Gleiter hatte einen starren Flügel mit integrierten vertikalen und horizontalen Flächen, die für die Stabilität sorgten. Die Flugkontrolle des Hanggleiters erfolgte durch Gewichtsverlagerung des Körpers unter dem Gleiter.

Der Wärme- und Stofftransport in Lebewesen erfolgt in Kreisläufen. Dazu gehören die Atmung, der Blut- und Lymphkreislauf sowie der Wasserhaushalt. Allen biologisch bedingten Strömungen ist gemeinsam, dass die Bewegung von äußeren bzw. inneren hochflexiblen und strukturierten Oberflächen aufgeprägt wird. Daraus resultiert eine aktiv kontrollierte Strömung, deren Verluste gering gehalten werden.

Von der Vielzahl biologischer Strömungen wählen wir die **Blutzirkulation im menschlichen Körper** aus. Herz-Kreislauf-Erkrankungen gehören mit zu den häufigsten Erkrankungen der modernen Zivilisation. Ablagerungen in Arterienverzweigungen und an

Abb. 1.14: Storch und Hangsegler

Herzklappen sowie Vernarbungen des Herzmuskels durch einen Herzinfarkt verändern das pulsierende Strömungsverhalten im Herzen und im Blutkreislauf. Überschreiten die Strömungsverluste einen lebensbedrohlichen kritischen Wert, ist eine Operation unausweichlich. Um die Strömungsverluste im erkrankten Herzen vor und nach der Operation vorhersagen zu können, wurde ein virtuelles Herz zur Strömungssimulation entwickelt.

Das **Herz** pumpt in jeder Minute etwa 5 l Blut in den Kreislauf. Die Pumpleistung kann sich bei körperlicher Belastung auf 20 bis 30 l pro Minute erhöhen. Der Blutkreislauf besteht aus zwei getrennten, über das Herz untereinander verbundenen Teilkreisläufen. Man bezeichnet den einen als Körperkreislauf und den anderen als Lungenkreislauf. Der Gesamtkreislauf sichert den Gasaustausch zwischen dem Stoffwechsel im menschlichen Körper und der Luft der Atmosphäre.

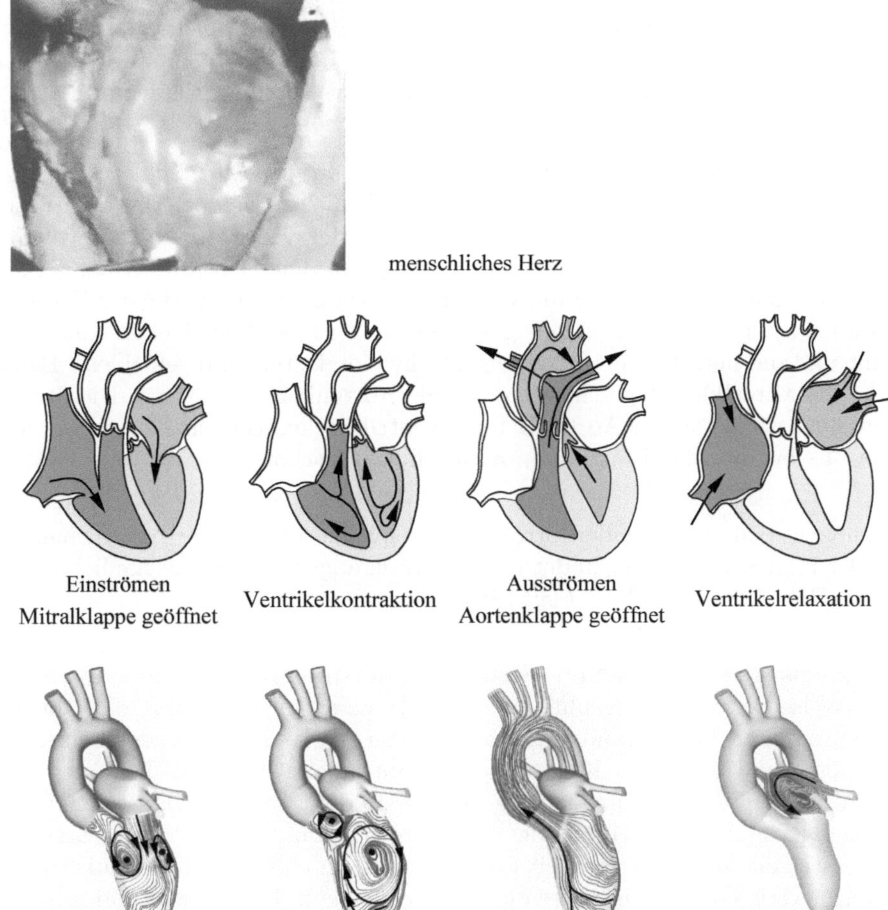

Abb. 1.15: Strömung im menschlichen Herzen während eines Herzzyklus

Das Herz besteht aus zwei getrennten Pumpkammern, dem linken und rechten Ventrikel. Der rechte Ventrikel füllt sich mit sauerstoffarmem Blut aus dem Körperkreislauf, um sich bei seiner Kontraktion in den Lungenkreislauf zu entleeren. Das in der Lunge reoxigenierte Blut wird vom linken Ventrikel in den Körperkreislauf befördert. Die vereinfachte Darstellung der Strömung während eines Herzzyklus ist in Abbildung 1.15 gezeigt. Die Vorhöfe und Ventrikel des Herzens sind durch die Atrioventrikularklappen getrennt, die das Einströmen in die Herzventrikel regulieren. Sie verhindern die Blutrückströmung während der Ventrikelkontraktion. Während der Ventrikelrelaxation verhindert die Pulmonalklappe den Blutrückstrom aus den Lungenarterien und die Aortenklappe den Rückstrom aus der Aorta in den linken Ventrikel.

Die Ventrikel durchlaufen während der Herzzyklen eine periodische Kontraktion und Relaxation, die den pulsierenden Blutstrom im Körperkreislauf sicherstellt. Dieser Pumpzyklus geht mit Änderungen des Ventrikel- und Arteriendruckes einher. Die jeweilige Druckdifferenz sorgt für das druckgesteuerte Öffnen und Schließen der Herzklappen. Beim gesunden Herzen ist die pulsierende Strömung laminar und ablösefrei. Defekte des Pumpverhaltens des Herzens und Herzinsuffizienzen führen zu turbulenten Strömungsbereichen und Rückströmungen in den Ventrikeln, die die Strömungsverluste im Herzen erhöhen.

Für die medizinische Diagnostik ist die Kenntnis des instationären dreidimensionalen Strömungsfeldes erforderlich. Die Abbildung 1.15 zeigt in vier Einzelbildern die Ergebnisse einer Computersimulation der Strömung im menschlichen Herzen. Das erste Bild zeigt die Stromlinien des Einströmvorgangs in den linken Herzventrikel. Die Mitralklappe ist geöffnet und die Aortenklappe geschlossen. Man erkennt den Einströmwirbel, der sich mit fortschreitender Zeit verzweigt und die Ventrikelspitze durchströmt. Bei der Ventrikelkontraktion sind Aorten- und Mitralklappe geschlossen. Der linke Ventrikel ist vollständig mit Blut gefüllt und die berechneten Strömungsgeschwindigkeiten sind sehr klein. Beim Ausströmen ist die Mitralklappe geschlossen und die Aortenklappe geöffnet. Die Stromlinien zeigen den Ausströmjet in die Aorta. Bei der Ventrikelrelaxation sind beide Herzklappen geschlossen. Es beginnt das Einströmen in den linken Vorhof.

Dies soll zunächst an einführenden Strömungsbeispielen aus unserer natürlichen Umwelt genügen. Der interessierte Leser findet weitere Anregungen in den anschaulichen Büchern von *M. Van Dyke* 1982 und *H. J. Lugt* 1983.

Wenden wir uns den **technischen Strömungsbeispielen** zu. Unsere Umwelt ist in vielfältiger Weise von Strömungsphänomenen gekennzeichnet. So führt die Optimierung von Strömungen zur Widerstandsverringerung von Verkehrsflugzeugen, Schienen- und Kraftfahrzeugen und damit zu Kraftstoffeinsparungen. Sie führt in den Antriebsaggregaten zur Steigerung des Wirkungsgrades und der Reduktion der Schadstoffemission. Bei der Herstellung von Materialien aus der Schmelze bestimmt sie die innere Struktur und damit die Festigkeit und Belastbarkeit des Materials. In chemischen Produktionsanlagen und Pipelines verringert die Optimierung der Strömungen die Verluste und reduziert damit die für die Herstellung und den Transport der Flüssigkeiten und Gase erforderliche Pumpleistung.

Die Entwicklung der Verkehrs- und Schienenfahrzeuge über die Jahrzehnte ist in Abbildung 1.16 dargestellt. Im Wesentlichen geht es darum, entsprechend der Transportgeschwindigkeit widerstandsarme Körperformen zu finden, um den Kraftstoffverbrauch der Triebwerke bzw. die elektrische Leistung der Antriebsmotoren möglichst gering zu halten. Die Entwicklung der Verkehrsluftfahrt begann in den dreißiger Jahren mit der legendären Ju 52. Sie transportierte 17 Passagiere mit einer Geschwindigkeit von 250 km/h und wurde von drei Kolbenmotoren angetrieben. Das Bestreben möglichst schnell von einem Ort zum anderen zu fliegen, führte zur Entwicklung der Düsentriebwerke, die es heute erlauben in einer Höhe von 10 km mit einer Geschwindigkeit von 950 km/h zu fliegen. Die Großraumjets transportieren dabei bis zu 555 Passagiere und in der nächsten Generation der Verkehrsflugzeuge bis zu 900 Passagiere. Der erste Vertreter dieser aerodynamisch neuen Generation von Verkehrsflugzeugen war die Boeing 707 (Bildmitte Abbildung 1.16). Die entscheidende aerodynamische Erfindung war dabei der Pfeilflügel der Aerodynamischen Versuchsanstalten in Göttingen in den frühen vierziger Jahren, der erst einen widerstandsarmen Flug bei den so genannten transsonischen Geschwindigkeiten möglich machte. Ein Vertreter der neuen Generation von Verkehrsflugzeugen ist der Airbus A 340. Dabei ist der Rumpf für den Transport möglichst vieler Passagiere größer geworden. Dennoch erreicht man eine erhebliche Treibstoffersparnis gegenüber der Boeing 707. Neben der verbesserten Aerodynamik des transsonischen Tragflügels sind es leichtere Materialien und verbesser-

Abb. 1.16: Entwicklung der Verkehrsflugzeuge und Schienenfahrzeuge

te Fertigungstechniken sowie neue Fan-Triebwerke und das automatisierte Zwei-Piloten-Cockpit, die zu dieser Kraftstoffeinsparung und damit zur Reduzierung der Schadstoffemission durch die Luftfahrt in der hohen Atmosphäre geführt haben. Die Fan-Triebwerke haben gegenüber den ursprünglichen Düsentriebwerken einen deutlich größeren Durchmesser. Ein Teil der vom Fan verdichteten kalten Luft wird am heißen Antriebsstrahl als Luftmantel vorbeigeführt. Dies hat den zusätzlichen Nutzeffekt, dass die Schallabstrahlung der Düsentriebwerke bei gleichzeitiger Steigerung des Wirkungsgrades drastisch reduziert werden konnte.

Die Zukunft des interkontinentalen Luftverkehrs gehört den Großraumjets. Der Airbus A 380 transportiert in der Grundausführung 555 Passagiere bis zu 14800 km. Dabei beträgt das maximale Startgewicht 560 Tonnen. Die Neukonstruktion dieses Großraumjets besitzt eine Kabinenlänge von 50 m bei einem Rumpfdurchmesser von 7 m. Die Flügelspannweite von 80 m übertrifft alle Spannweiten bisheriger Passagierflugzeuge.

Bei den **Schienenfahrzeugen** ist eine ganz entsprechende aerodynamische Entwicklung über die Jahrzehnte zu beobachten. Da der Leistungsaufwand mit der dritten Potenz der Geschwindigkeit und der Widerstand eines Fahrzeuges quadratisch mit der Geschwindigkeit wächst ergibt sich bei Reisegeschwindigkeiten über 100 km/h die Notwendigkeit, die aerodynamische Formgebung entsprechend anzupassen. So erreichten bereits 1936 herkömmliche Dampflokomotiven mit den entsprechenden aerodynamischen Stromlinien-Verkleidungen Spitzengeschwindigkeiten über 200 km/h. Darunter fallen neben den Radverkleidungen insbesondere die seitlichen Windabweiser, die den Dampf vom Führerhaus fern halten. Bei den IC-Zügen wurde eine widerstandsarme Formgebung der Lokomotive und Luftabweisern im Bereich der Räder der Fahrgastwagen in ersten Ansätzen verwirklicht. Erst beim ICE 3, der eine Reisegeschwindigkeit von bis zu 330 km/h erreicht, wurde eine konsequente aerodynamische Formgebung technisch umgesetzt, wenngleich auch hier z. B. die Stromabnehmer einer aerodynamischen Verkleidung bedürfen. Auch bei den Schienenfahrzeugen ist die strömungsmechanische Entwicklung noch nicht am Ende. Derzeit sind Projekte in Röhren mit Reisegeschwindigkeiten von bis zu 500 km/h in der Planung.

In der Vergangenheit wurde die Aerodynamik von Verkehrsflugzeugen und Schienenfahrzeugen ausschließlich im Windkanal entwickelt. Abbildung 1.17 zeigt das Windkanalmodell des Airbus A 340 in der Startphase. Dabei werden mit einer in der Halterung des Modells integrierten Waage sechs Komponenten der aerodynamischen Kräfte gemessen.

Abb. 1.17: Modell des Airbus A 340 im Windkanal und Flugerprobung

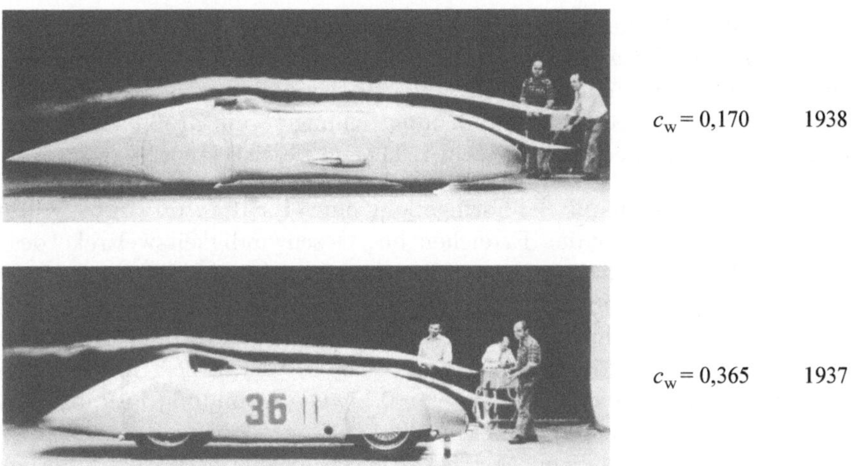

Abb. 1.18: Mercedes-Benz W125 im Windkanal

Da im Windkanal das ruhende Modell mit der dem Flug entsprechenden Windgeschwindigkeit von ca. 300 km/h angeströmt wird, muss der Boden des Windkanals mit der entsprechenden Geschwindigkeit mitbewegt werden. Dies sind sehr aufwendige Experimente, die die Entwicklungszeit eines Verkehrsflugzeuges von bis zu 8 Jahren von der Definition der Anforderung (Fluggeschwindigkeit, Nutzlast) über den Entwurf bis zur Produkteinführung entscheidend bestimmen. Diese sehr langen und damit kostenintensiven Entwicklungszeiten werden heute mit strömungsmechanischen Simulationsmethoden auf Großrechnern deutlich verringert. Die Strömungssimulation erlaubt dabei recht einfache Variationen der Geometrie und Strömungsparameter, ohne dass dafür jeweils neue Windkanalmodelle gebaut werden müssen. In den zukünftigen Projekten wird demzufolge die strömungsmechanische Software auf Großrechnern neben dem Windkanal das

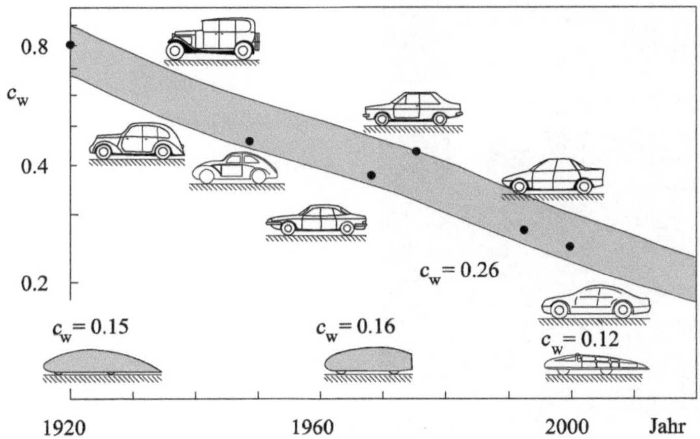

Abb. 1.19: Entwicklung des c_W-Wertes von Kraftfahrzeugen

Entwicklungswerkzeug für den Entwurfsingenieur sein. Dem Windkanalexperiment wird zunehmend die Rolle der Software-Verifikation zukommen. Die für die Produktentwicklung erforderlichen strömungsmechanischen Grundlagen sowie die mathematischen Methoden zur Lösung der strömungsmechanischen Grundgleichungen auf Großrechnern bis hin zur Handhabung der Software werden in diesem Lehrbuch bereitgestellt.

Die widerstandsarme aerodynamische Formgebung eines **Kraftfahrzeuges** wurde bereits 1938 technisch gelöst. Den für das Erreichen des Geschwindigkeitsweltrekordes auf der Straße von Mercedes-Benz 1937 gebauten Rennwagen zeigt Abbildung 1.18. Der heute geläufige Widerstandsbeiwert c_w (dimensionslose Widerstandskraft) betrug 0.365. Mit der Versenkung des Fahrers in den Rennwagen und der Verkleidung der Räder wurde ein so genannter Stromlinienkörper (siehe Kapitel 2.3.2) verwirklicht mit der drastischen Widerstandsreduzierung auf einen c_w-Wert von 0.17. Die Abbildung 1.19 macht deutlich, dass der optimal erreichbare aerodynamische Wert 0.12 beträgt. Umso beachtlicher ist die Entwicklungsleistung der damaligen Mercedes-Benz Ingenieure. Wirklich berücksichtigt wurde diese Erkenntnis bei Straßenfahrzeugen jedoch erst in den achtziger Jahren, nachdem das Bewusstsein der erforderlichen Kraftstoffeinsparung durch die Ölkrise geweckt wurde. Heute hat sich die Kraftfahrzeugindustrie auf einen Kompromiss des Widerstandsbeiwertes von etwa 0.26 eingestellt, der es gegenüber dem Stromlinienkörper erlaubt einen komfortablen Fahrgastraum mit dem erforderlichen Rundumblick zu realisieren.

Obwohl die Aerodynamik des Kraftfahrzeuges seit mehr als 60 Jahren bekannt ist, kommt es dennoch zu aerodynamischen Fehlschlägen, wie die Abbildung 1.20 eindrucksvoll demonstriert. Beim 24 Stunden Rennen von Le Mans hebt 1999 einer der Rennwagen beim Überfahren einer Kuppe ab und überschlägt sich mehrmals. Offensichtlich war der durch die Formgebung der Karosserie vorgegebene aerodynamische Anpressdruck auf die Straße zu gering.

An dieser Stelle sei unsere Einführung strömungstechnischer Beispiele mit einer Anekdote ergänzt. Der einzige für die aerodynamische Entwicklung von Kraftfahrzeugen in

Abb. 1.20: Rennwagen beim 24 Stunden Rennen in Le Mans

Deutschland betriebsbereite und mit einer entsprechenden Waage ausgerüstete Windkanal stand 1952 an *Schlichtings* Institut in Braunschweig. Es lag also nahe, dass das benachbarte Wolfsburger Werk die Volkswagentypen $VW11$ und VWX_2, der dem Stromlinienkörper sehr ähnlich war, im Braunschweiger Windkanal bezüglich des aerodynamischen Widerstandes vermessen ließ. Die Windkanalergebnisse sind in Abbildung 1.21 dargestellt. Für den Prototypen VWX_2 wurde ein beachtlich günstiger Widerstandsbeiwert von 0.22 gemessen, während der letztendlich produzierte VW-Käfer den sehr schlechten Widerstandsbeiwert von 0.4 aufweist. Über die Ignoranz seiner Ergebnisse war Schlichting derart verärgert, dass er die Ergebnisse der Abbildung 1.21 nicht gerade zur Freude der beteiligten Firma auf der nächsten internationalen Tagung vortrug.

Ein weiteres technisches Anwendungsbeispiel der **Bauwerksaerodynamik** zeigt die Abbildung 1.22. Die inzwischen für ihre unsachgemäße aerodynamische Auslegung berühmt gewordene Tacoma Narrows Brücke überspannte über eine Länge von 1810 m die Meerengen von Puget Sound im US-Bundesstaat Washington. Am 7. November 1940 wehte der Wind senkrecht zur Brücke mit einer Geschwindigkeit von ca. 68 km/h. Dabei setzte an der gegenüberliegenden Seite der Brücke eine periodische Strömungsablösung ein, die man Kármánsche Wirbelstraße nennt. Die Eigenfrequenz der Brücke entsprach unglücklicherweise der Frequenz der periodischen Strömungsablösung, so dass mechanische Eigenschwingungen angeregt wurden, die letztendlich zum Einsturz der Brücke führten.

Die Optimierung von Strömungen ist auch für die Auslegung von **Verbrennungsmoto-**

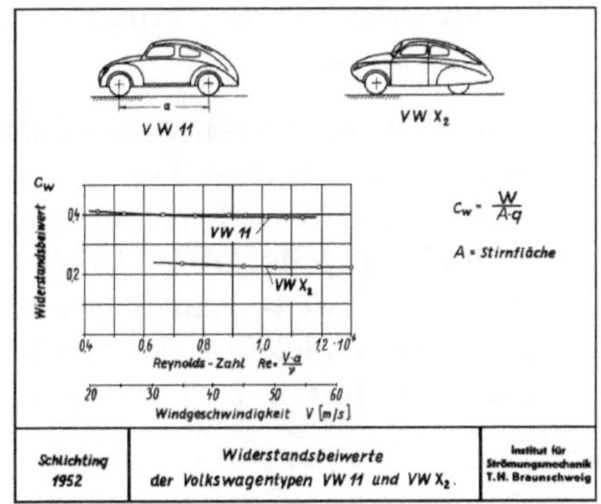

Abb. 1.21: Messung der Kraftfahrzeug-Widerstandsbeiwerte im Windkanal

Abb. 1.22: Aerodynamische Schwingungsanregung der Tacoma Brücke

ren von Bedeutung. In Abbildung 1.23 ist der bekannte Zyklus eines Otto-Motors dargestellt. Das Kraftstoff-Luft-Gemisch wird bei geöffnetem Einlassventil vom zurücklaufenden Kolben angesaugt. Um eine möglichst homogene Durchmischung zu erreichen, überlagert man eine Drallströmung, den so genannten Tumble. Im zweiten Takt wird bei geschlossenem Ventil das Treibstoff-Luft-Gemisch derart verdichtet, dass nach der Zündung der Verbrennung das expandierende heiße Gas den Kolben für den mechanischen Antrieb nach unten bewegt. Ist der Verbrennungszyklus abgeschlossen, werden im 4. Takt die Abgase durch das Auslassventil ausgestoßen. Nach mehr als 100 Jahren Entwicklung von Verbrennungsmotoren sollte man meinen, dass die Strömungsvorgänge des Ansaugens, der Verdichtung, der Verbrennung und des Austritts der heißen Abgase bereits optimiert sind. Schon die Notwendigkeit eines zusätzlichen Katalysators für die Verminderung der Schadstoffemissionen zeigt, dass dies bis heute nicht der Fall ist.

Es werden intensive Bemühungen unternommen, um die beim Dieselmotor übliche Direkteinspritzung des Treibstoffs auch beim Otto-Motor zu verwirklichen. Davon verspricht man sich eine Treibstoffersparnis von etwa 10 % bei gleichzeitiger Erhöhung des Wirkungsgrades. Die Abbildung 1.24 zeigt einen solchen direkteinspritzenden Otto-Motor. In der Kompressionsphase wird die vom Einspritzventil eingebrachte brennbare Gemischwolke über die Umlenkung in der Kolbenmulde direkt an der Zündkerze zur Zündung gebracht. Der Kraftstoff wird über eine Mehrlochdüse eingespritzt. Es bleibt jedoch die

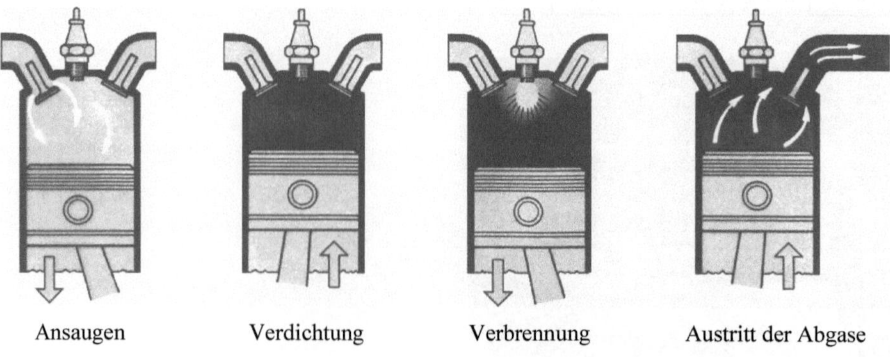

Abb. 1.23: Zyklus eines Otto-Motors

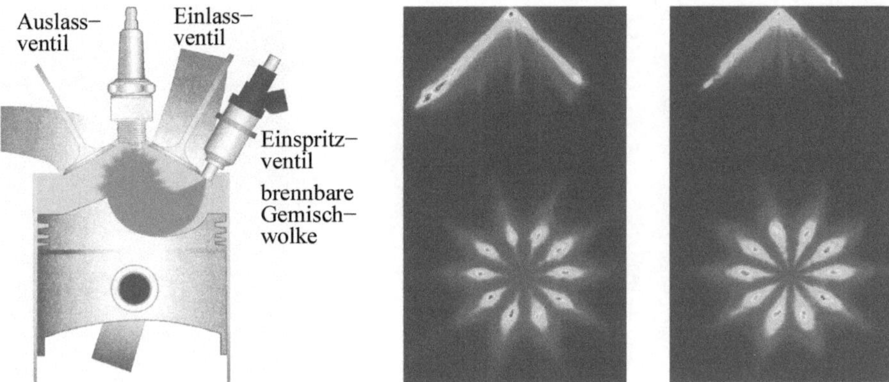

Abb. 1.24: Otto-Motor mit Direkteinspritzung (*Bosch* 1999)

strömungsmechanische Aufgabe der Optimierung der Verbrennung bezüglich der Verringerung der Schadstoffemissionen.

Strömungen mit Verbrennung werden technisch genutzt für den Antrieb von Flugzeugen, Schiffen und Kraftfahrzeugen. Die Verbrennung fossiler Brennstoffe erzeugt den größten Teil der elektrischen und Wärmeenergie (Abbildung 1.25). Die Optimierung der Strömungen bei diesen Verbrennungsprozessen ermöglicht die Verringerung des Kraftstoffverbrauches sowie die Reduzierung der Schadstoffemissionen.

Turbulente Verbrennungsprozesse sind durch ein breites Spektrum von Zeit- und Längenskalen charakterisiert. Die typischen Längenskalen der Turbulenz reichen von der Ausdehnung der Brennkammer bis hinunter zu den kleinsten Wirbeln, in denen turbulente kinetische Energie dissipiert wird. Die der Verbrennung zugrunde liegenden chemischen Reaktionen geben ein breites Spektrum von Zeitskalen vor. Abhängig vom Überlappen der turbulenten Zeitskalen mit den chemischen Zeitskalen gibt es Bereiche mit einer starken oder schwachen Wechselwirkung zwischen Chemie und turbulenter Strömung.

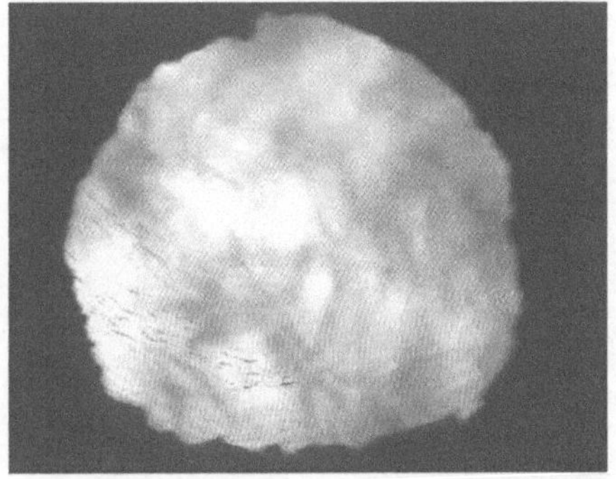

Brennkammer

Abgase

Abb. 1.25: Strömungen mit Verbrennung

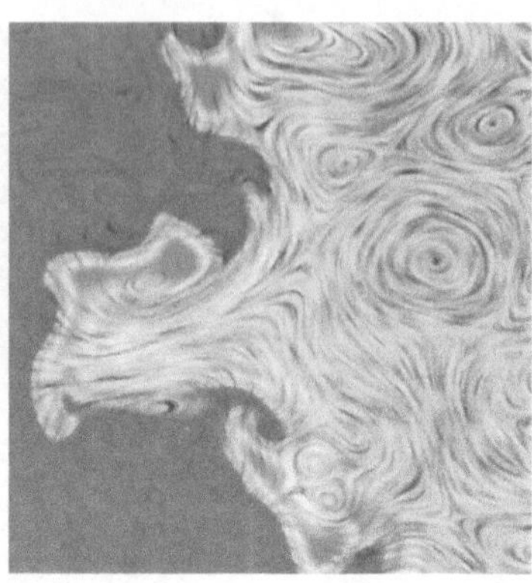

Abb. 1.26: Turbulente Flamme, (*J. Warnatz und U. Riedel* 2003)

Eine vollständige Beschreibung turbulenter Flammen muss deshalb die kleinsten und die größten Skalen auflösen. Es werden Mittelungstechniken in Form von Turbulenzmodellen eingesetzt, die die technische Anwendung im Hinblick auf Mischung, Verbrennung und Schadstoffbildung realistisch beschreiben. So zeigt die Verbrennungsfront einer Flamme in Abbildung 1.26 abgeschlossene Bereiche von Frischgas, die in das Abgas eindringen. Dieser transiente Prozess kann mittels der direkten numerischen Simulation, die in Kapitel 3.2.4 beschrieben wird, zeitlich aufgelöst untersucht werden und ist für die Bestimmung des Gültigkeitsbereiches bestehender sowie die Entwicklung neuer Modelle zur Beschreibung der turbulenten Verbrennung von Bedeutung.

In verfahrenstechnischen und chemischen **Produktionsanlagen** (Abbildung 1.27)

Abb. 1.27: Produktionsanlage in der chemischen Verfahrenstechnik

Abb. 1.28: Mehrphasenströmungen

sind es Rohrströmungen in Krümmern und Verzweigungen, die Verluste verursachen. Bei Flüssigkeitsabscheidern sind Mehrphasenströmungen mit Tropfen und Blasen zu berücksichtigen, die bei der Optimierung der Prozessabläufe eine Vielfalt strömungstechnischer Fragestellungen aufwerfen.

Die **Mehrphasenströmungen** (Abbildung 1.28) sind die am häufigsten auftretende Strömungsformen in Natur und Technik. Dabei ist der Begriff Phase im thermodynamischen Sinne als einer der Aggregatszustände fest, flüssig und gasförmig zu verstehen, die in ein- oder mehrkomponentigen Stoffsystemen simultan auftreten können. Die mit Regentropfen und Hagelkörnern driftenden Gewitterwolken, der schäumende Gebirgsbach, die abgehende Schneestaub-Lawine oder die Vulkanasche-Wolke sind eindrucksvolle Beispiele für Mehrphasenströmungen in der Natur.

In der Kraftwerks- und chemischen Verfahrenstechnik sind Mehrphasenströmungen ein entscheidendes Mittel für Wärme- und Stofftransport. Zweiphasenströmungen bestimmen das Geschehen in den Dampferzeugern, Kondensatoren und Kühltürmen von Dampfkraft-

Abb. 1.29: Nasskühlturm

werken. Der niederfallende Regen des Kühlwassers in einem Nasskühlturm ist in der Abbildung 1.29 zu sehen. Die Wassertropfen geben ihre Wärme durch Verdampfen an die sich erwärmende aufsteigende Luft ab. Mehrphasen-Mehrkomponenten-Strömungen werden bei der Gewinnung, dem Transport und der Verarbeitung von Erdöl und Erdgas eingesetzt. Bei Destillations- und Rektifikationsprozessen der chemischen Industrie sind diese Strömungsarten ebenso maßgeblich beteiligt. Sie treten auch als Kavitationserscheinungen an schnell umströmten Unterwassergleitflächen auf. Phänomene dieser Art sind in Strömungsmaschinen höchst unerwünscht, da sie zu gravierenden Materialschädigungen führen können.

Mehrphasenströmungen mit Verbrennung treten auch in **Strömungsmaschinen** auf. Als exemplarisches Beispiel sei das Fan-Triebwerk eines Verkehrsflugzeuges beschrieben.

In der Abbildung 1.30 ist das Schnittbild eines modernen Fan-Triebwerks gezeigt. Die vorderen Schaufelblätter bilden den so genannten Fan, der vornehmlich den Schub des gesamten Triebwerkes erzeugt. Der Fan wird von einer Gasturbine angetrieben, die sich im Inneren des Triebwerkes befindet (auch Core-Engine genannt). Ein geringer Anteil des Schubes wird durch den aus der Gasturbine austretenden Impuls des Abgasstrahles erzeugt. Die Blätter des Fans werden mit einer schallnahen Mach-Zahl von $M_\infty = 0.8$ angeströmt. Infolge der Rotation der Blätter ist die Relativgeschwindigkeit zwischen den Blättern und der Strömung größer als die Schallgeschwindigkeit. Die Blätter werden also

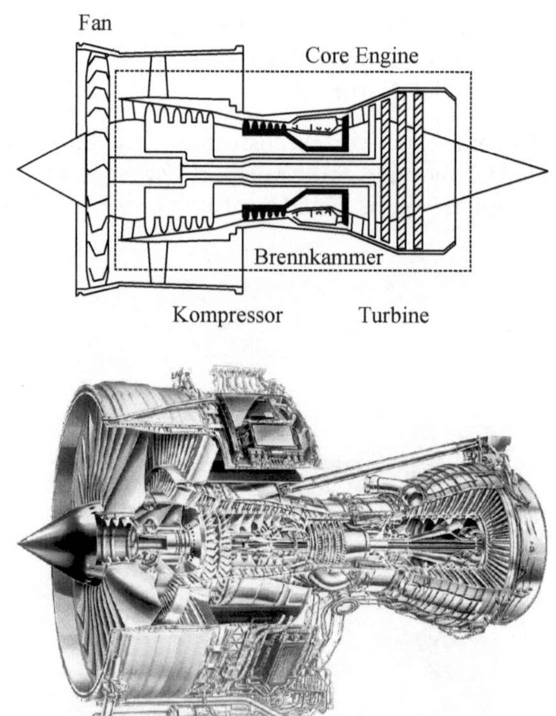

Abb. 1.30: Dreiwellen Fan-Triebwerk

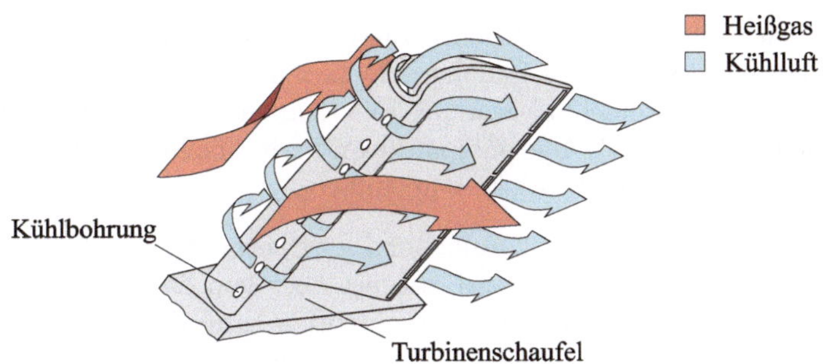

Abb. 1.31: Prinzip der Filmkühlung

insbesondere auf größeren Radien mit Überschall angeströmt und auf ihnen entstehen wie auf dem Tragflügel eines Verkehrsflugzeuges Verdichtungsstöße, die nicht nur Verluste erzeugen, sondern zusätzlich akustische Probleme verursachen.

Der Fan wird von der Core-Engine angetrieben. Diese wiederum besteht für so genannte Mehrwellentriebwerke aus einem Nieder- und Hochdruckkompressor, einer Brennkammer sowie einer Nieder- und Hochdruckturbine. Die durch die Fan-Stufe leicht vorverdichtete Luft strömt in die erste Stufe des Niederdruckverdichters. Da die Luft niedrige Temperaturen besitzt und infolgedessen die örtliche Schallgeschwindigkeit klein ist, wird bei den gängigen Drehzahlen des Kompressors der Rotor mit einer Überschallströmung beaufschlagt.

Die durch den Nieder- und Hochdruckkompressor verdichtete Luft strömt in die Brennkammer, in die Kerosin eingespritzt und verbrannt wird. Es entsteht eine Zweiphasenströmung, die aus flüssigem und gasförmigem Brennstoff sowie aus Luft besteht. Der Einspritzvorgang des Kerosins muss so gewählt werden, dass eine gute Durchmischung erzielt wird. Eine gute Durchmischung wiederum wird in einer Strömung mit hohem Turbulenzgrad erreicht. Die Güte der Durchmischung bzw. der Turbulenzgrad und die Turbulenzverteilung innerhalb der Brennkammer bestimmen auch die Schadstoffemission.

Durch die Verbrennung wird der Strömung Energie zugeführt. Die Strömung wird heiß

Abb. 1.32: Start der V-2 Rakete und des Space Shuttles

und tritt in die nachfolgende Hochdruckturbine ein, die den Hochdruckverdichter antreibt. Da das Gas heiß ist, ist die Schallgeschwindigkeit hoch, so dass die eintretende Turbinenströmung einer Unterschallströmung mit kleinen Mach-Zahlen entspricht. In der Hochdruckturbine wird das heiße Gas entspannt und tritt nachfolgend in die Niederdruckturbine ein, die den Niederdruckverdichter antreibt.

Die Temperatur, auf die die Strömung aufgeheizt wird, erhöht zwar den Energiegehalt der Strömung, die der Turbine zugeführt wird, fordert aber von den eingesetzten Materialien höhere Belastungsgrenzen. Mit neuartigen Werkstoffen kann die zulässige Wandtemperatur von Turbinenschaufeln auf bis zu 1250 °C erhöht werden, in den Turbinen moderner Verkehrsflugzeuge herrscht allerdings eine Betriebstemperatur von mehr als 1500 °C. Um die Schaufeln dennoch bei dieser Temperatur einsetzen zu können, wird ein Teil der angesaugten Kaltluft dem Verdichter-Volumenstrom entnommen und in der Turbine an der Schaufeloberfläche durch Kühlbohrungen ausgestoßen. Durch das Einströmen der kalten Luft in die heiße Gasströmung legt sich ein Film geringerer Temperatur zwischen Heißgas und Schaufel, der den Wärmeeintrag in die Schaufel reduziert, so dass die Temperatur auf der Schaufeloberfläche einen Wert unterhalb der zulässigen Wandtemperatur annimmt. Dieser Vorgang wird Filmkühlung genannt. In der Abbildung 1.31 ist der Vorgang schematisch dargestellt.

Die **Raumfahrt** hat sich mit dem Transport von Satelliten und Raumstationen in den erdnahen Orbit in den letzten Jahrzehnten etabliert. Mit dem Bau der neuen Raumstation ISS und dem größer werdenden Bedarf geostationärer Satelliten in der Erdumlaufbahn wird die Entwicklung wiederverwendbarer Orbitaltransport- und Rückkehrsysteme immer notwendiger. Die historische Entwicklung des Orbitaltransports begann 1949 mit dem Start der ersten zweistufigen V-2 Rakete. Bei der Rückkehr der zweiten Stufe in die Erdatmosphäre wurde erstmals in der Geschichte der Luft- und Raumfahrt die Mach-Zahl 5 überschritten. Ein Meilenstein der weiteren Entwicklung des Orbitaltransportes war das teilweise wiederverwendbare Orbitaltransportsystem Space-Shuttle in den siebziger Jahren, das bis heute im Einsatz ist (Abbildung 1.32). Die für den Start erforderlichen Feststoff-Raketenbooster werden wieder geborgen. Entgegen den Raumkapseln landet der Orbiter nach seiner Mission in einer erdnahen Umlaufbahn auf der Erde (Abbildung 1.33). Lediglich der Treibstofftank geht nach jedem Start verloren.

Nachdem 1949 die Raketenspitze der zweiten Stufe der V-2 bei ihrem ballistischen Wiedereintritt in die Erdatmosphäre aus 390 km Höhe verglühte, folgte 1961 der erste be-

Abb. 1.33: Landung der Wiedereintrittskapsel und des Space Shuttles

mannte Wiedereintritt in die Erdatmosphäre mit einer Wiedereintrittskapsel. Beim Abbremsen der Kapsel in der Erdatmosphäre wurden Mach-Zahlen über 25 erreicht. Das Gas vor der Kapsel wurde dabei über 10000 K heiß, so dass die Wiedereintrittskapsel vor dem Verglühen durch ein Hitzeschild geschützt werden musste. Es haben sich in der frühen Phase der Wiedereintrittstechnologie Ablationshitzeschilder aus beispielsweise faserverstärkten Kunstharzen als Hitzeschutz bewährt. Dabei wird die teilweise Zerstörung der äußeren Wandschicht durch chemische Reaktionen, Sublimation, Verdunsten oder auch Schmelzfluss für die Wärmeabfuhr genutzt. Nach jedem Wiedereintritt muss das Hitzeschild der Kapsel ersetzt werden. Erst in jüngster Zeit sind neue hitzebeständige Faserverbund-C/SiC-Materialien entwickelt worden, die mit einem entsprechenden Oxidationsschutz ein wiederverwendbares Hitzeschild möglich machen. Ein erster Ansatz eines wiederverwendbaren Hitzeschutzes wurde bereits beim Space Shuttle mit Kacheln realisiert.

Die Strömungsbeispiele aus Natur und Technik lassen sich fortsetzen. Wenn der Student bis hier dem Text gefolgt ist, wird das Interesse geweckt sein, die Grundlagen und Methoden der Strömungsmechanik lernen zu wollen, um selbst die Fähigkeit zu erlangen, strömungsmechanische Probleme der Natur- und Ingenieurwissenschaften lösen zu können. Die Zusammenfassung des einführenden Kapitels ist als Film *Faszination Strömungsmechanik* unter **www.prof-boehle.de** verfügbar.

Wir möchten am Ende der Einführung noch auf zusätzliche Literatur verweisen. Als ergänzende Literatur zum Lehrstoff der Strömungsmechanik empfehlen wir für die Vertiefung der strömungsmechanischen Grundlagen das Standardwerk *H. Oertel jr., Prandtl–Führer durch die Strömungslehre* 2008, in dem auch ergänzende Gebiete der Strömungsmechanik wie die Aerodynamik, turbulente Strömungen, strömungsmechanische Instabilitäten, Strömungen mit Wärme- und Stoffübertragung, Strömungen mit mehreren Phasen und chemischen Reaktionen, Strömungen in der Atmosphäre und im Ozean, biologische Strömungen sowie Mikroströmungen beschrieben sind. Die von technischen Problemen abgeleiteten strömungsmechanischen Phänomene finden sich in unserem Lehrbuch *H. Oertel jr. und M. Böhle* 1995, 2005. Für die Vertiefung der analytischen und numerischen Lösungsmethoden verweisen wir auf die Lehrbücher *H. Oertel jr. und E. Laurien* 1995, 2013, *H. Oertel jr. und J. Delfs* 1996, 2005, *H. Oertel jr.* 1994, 2005. Die Bioströmungsmechanik findet sich in unserem Lehrbuch *H. Oertel jr. und S.Ruck* 2012. Die analytische Beschreibung der strömungsmechanischen Grundlagen und Methoden findet man in *G. K. Batchelor* 2007, *H. Herwig* 2008, *J. H. Spurk und N. Aksel* 2010 *F. M. White* 2006 und die technische Anwendung der Grenzschichttheorie in *H. Schlichting und K. Gersten* 2006. Für die Vertiefung der mathematischen Grundlagen empfehlen wir das Buch von *K. Meyberg und P. Vachenauer* 2001.

1.2 Strömungsbereiche

Eine erste Berührung mit Strömungen kann jeder selbst z.B. am Wasserhahn erfahren. Hält man den Finger in den Wasserstrahl, so verspürt man eine Kraft $\vec{\boldsymbol{F}}$, die die Strömung auf den Finger ausübt. Diese Kraft nennen wir Widerstand, den ein Körper in einer Strömung erfährt. Dieser Widerstand ist abhängig von der Geometrie des umströmten Körpers, der Oberflächenbeschaffenheit, dem strömenden Medium und den Strömungsvariablen. Der Widerstand wird einen unterschiedlichen Wert für einen Gasstrahl bzw. für den bisher betrachteten Wasserstrahl haben. Um Gase und Flüssigkeiten nicht ständig unterscheiden zu müssen, führen wir den Sammelbegriff des **Fluids** ein. Die **Strömungsmechanik** befasst sich mit dem kinematischen und dynamischen Verhalten dieser Fluide.

Das strömende Fluid wird als **Kontinuum** betrachtet. Dies bedeutet, dass wir die molekulare Struktur des strömenden Mediums vernachlässigen, da die mittlere freie Weglänge der Moleküle $\lambda = 6.8 \cdot 10^{-8}\,\mathrm{m}$ für Luft bei Normalbedingungen klein gegen die charakteristischen makroskopischen Abmessungen des Strömungsfeldes ist. Die charakteristischen physikalischen Größen des Strömungsfeldes der Abbildung 1.34 wie der Geschwindigkeitsvektor $\vec{\boldsymbol{v}}$ mit den Komponenten in den drei Raumrichtungen u, v, w, der Druck p, die Dichte ρ und die Temperatur T werden als kontinuierliche Funktionen des Ortes $\vec{\boldsymbol{x}} = (x, y, z)$ und der Zeit t angenommen.

Der zunächst betrachtete Finger im Wasserstrahl ist in der Abbildung 1.34 durch eine horizontale Platte ersetzt. Die vom Körper ungestörte Anströmung $\boldsymbol{w}_\infty$ zeigt in vertikale Richtung und wird mit dem Index ∞ versehen. Für die Beschreibung einer Strömung müssen die drei skalaren Feldgrößen p, ρ und T sowie die drei Komponenten (u, v, w) der vektoriellen Geschwindigkeit $\vec{\boldsymbol{v}}$ als Funktionen der drei Koordinaten (x, y, z) und der Zeit t berechnet werden:

$$p(x,y,z,t) \quad , \quad \rho(x,y,z,t) \quad , \quad T(x,y,z,t) \quad , \quad \vec{\boldsymbol{v}}(x,y,z,t) = \begin{pmatrix} u(x,y,z,t) \\ v(x,y,z,t) \\ w(x,y,z,t) \end{pmatrix} \quad . \qquad (1.1)$$

Für die Berechnung dieser sechs Strömungsgrößen stehen die kontinuumsmechanischen Grundgleichungen **Masse-, Impuls- und Energieerhaltung** sowie die thermodynami-

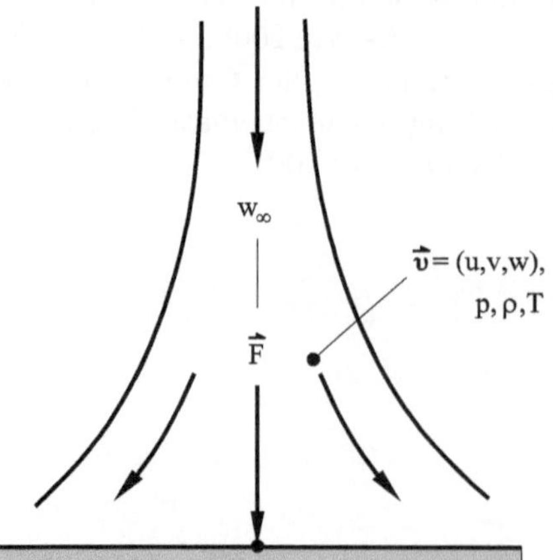

Abb. 1.34: Kraftwirkung einer Strömung

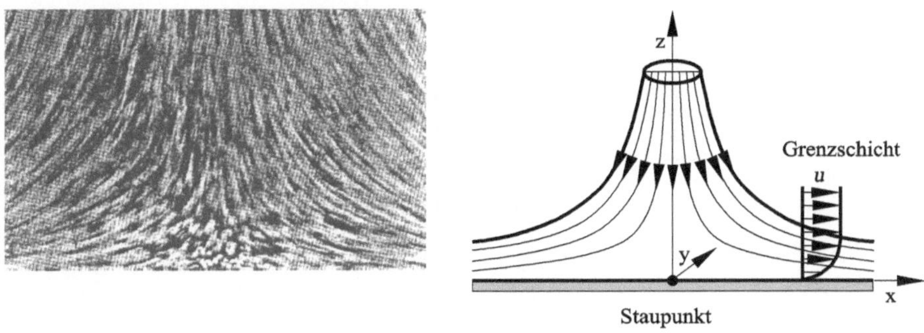

Abb. 1.35: Flüssigkeitsstrahl gegen eine horizontale Platte

schen Zustandsgleichungen zur Verfügung, die in Kapitel 3 eingehend behandelt werden.

In Abbildung 1.35 wird das Beispiel der umströmten horizontalen Platte weiter betrachtet, um einige grundlegende Begriffe der Beschreibung von Strömungen einzuführen. Im linken Bild sind die Strömungsbahnen mit Aluminiumflittern sichtbar gemacht. Es fällt in der Mitte der Platten ein ausgezeichneter Punkt auf, den wir Staupunkt nennen, in dem sich die Strömungslinien nach links und rechts verzweigen. Im Staupunkt eines Strömungsfeldes ist der Geschwindigkeitsvektor $\vec{v}$ gleich Null und man findet ein Maximum des Drucks p.

Das rechte Bild der Abbildung 1.35 zeigt die Prinzipskizze der Strömung. An der Plattenoberfläche gilt die Haftbedingung des Fluids. Es ist wiederum die Geschwindigkeit gleich Null, der Druck variiert jedoch im Allgemeinen entlang der Koordinate x. Die Geschwindigkeit senkrecht zur Platte variiert am betrachteten Ort vom Wert Null bis zur konstanten Geschwindigkeit der Außenströmung. Damit haben wir eine erste Bereichseinteilung gefunden, die das Strömungsgebiet in eine Grenzschichtströmung und eine Außenströmung aufteilt. Berücksichtigen wir die Stoffeigenschaften des Fluids, wie z.B. die Zähigkeit μ (siehe Kap. 2.1), die für die Reibung in der Strömung verantwortlich ist, so ist die Grenzschichtströmung der **reibungsbehaftete** Anteil des Strömungsfeldes und die Außenströmung der **reibungsfreie** Anteil.

Ursache für die innere Reibung sind die **intermolekularen Wechselwirkungskräfte** des Fluids. Zwei elastische Kugeln tauschen beim Stoß (Abbildung 1.36) Impuls und Energie momentan und vollständig aus und weisen die in Abbildung 1.37 skizzierte unendlich große Wechselwirkungskraft auf. Im Gegensatz dazu ist die Wechselwirkung zwischen den Molekülen des strömenden Fluids, je nach ihrem relativen Abstand r, durch eine abstoßende beziehungsweise anziehende Wechselwirkungskraft gekennzeichnet (siehe Kap. 2.1). Die-

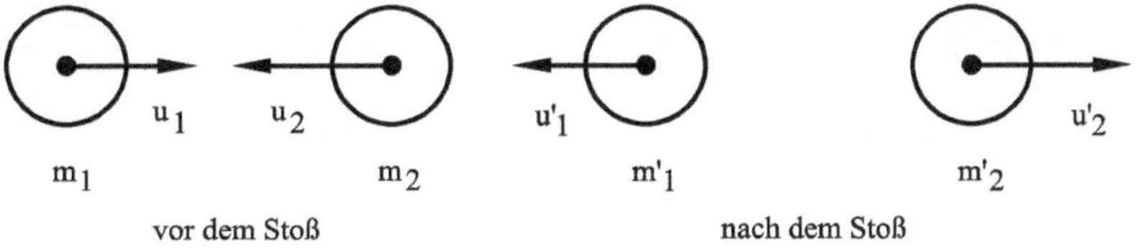

Abb. 1.36: Stoß zweier Kugeln (Punktmechanik)

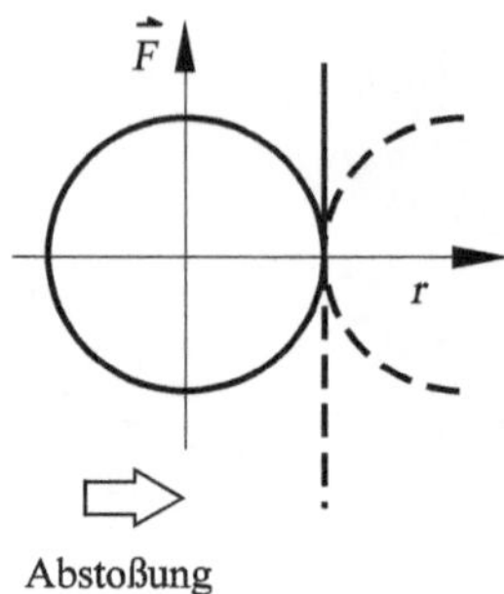

Abb. 1.37: Wechselwirkungskraft beim Stoß harter Kugeln

se Wechselwirkungskräfte zwischen den Molekülen bestimmen die Transporteigenschaften des Fluids, wie z.B. die Zähigkeit (Reibung), Wärmeleitung (Energietransport), Diffusion (Massentransport).

Für die unterschiedlichen Bereiche des strömenden Fluids gelten die entsprechenden Grundgleichungen der Kontinuumsmechanik: Masse-, Impuls- und Energieerhaltung, die sowohl für die reibungsbehaftete Grenzschichtströmung also auch für die reibungsfreie Außenströmung gelten und in Kapitel 3 behandelt werden.

Eine ganz andere Einteilung der Strömungsgebiete erlauben die Strömungsgrößen Geschwindigkeit $\vec{v}$ und Dichte ρ. Wir sprechen von einer **inkompressiblen** Strömung, wenn die Dichte ρ im Strömungsfeld bei vorgegebener Temperatur konstant ist, wie z.B. bei Wasserströmungen. Die Strömung ist **kompressibel**, wenn die Dichte, wie z.B. bei Luftströmungen, sich im Strömungsfeld verändert. Ist der Geschwindigkeitsvektor $\vec{v}$ gleich Null, so sprechen wir für das ruhende Medium von der **Hydrostatik** ($\rho = konst.$) bzw. der **Aerostatik** (ρ variabel). Entsprechend bezeichnen wir die Gebiete des strömenden

	Ruhendes Medium		**Strömung**	
	Hydrostatik	**Aerostatik**	**Hydrodynamik**	**Aerodynamik**
	inkompressibel	kompressibel	inkompressibel	kompressibel
Beispiele	stehende Wassersäule z, 0, p	ruhende Atmosphäre H, 0, T, p	strömende Flüssigkeit $\vec{F}$	strömendes Gas $\vec{F}_a$, $\vec{F}_w$, $\vec{G}$

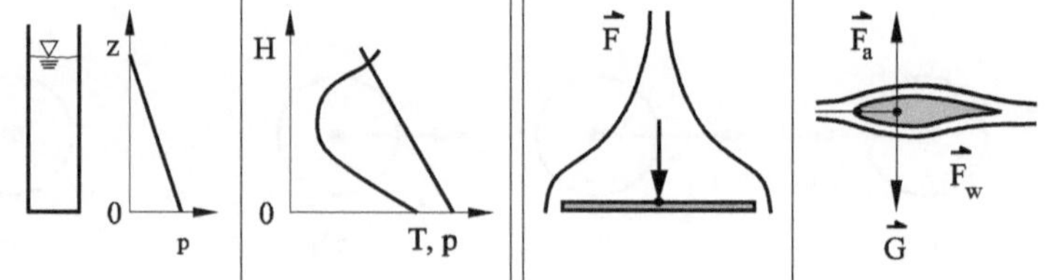

Abb. 1.38: Einteilung der Strömungsgebiete

Fluids mit **Hydrodynamik** und **Aerodynamik**.

In Abbildung 1.38 sind Beispiele ergänzt. So behandelt die Hydrostatik z.B. den linearen Druckverlauf in einer stehenden Wassersäule, die Aerostatik den Druck- und Temperatur- (bzw. Dichte-) verlauf in der ruhenden Atmosphäre, die Hydrodynamik die Wasserströmung um eine Platte und die Aerodynamik der Tragflügelumströmung.

Tragflügelumströmung

Abbildung 1.39 zeigt den Flügel des Airbus A 321. Das Flugzeug fliegt von links nach rechts. Im Windkanal wird der Tragflügel von links mit der **Mach-Zahl** $\boldsymbol{M_\infty}$ (Verhältnis der Anströmungsgeschwindigkeit u_∞ und der Schallgeschwindigkeit a_∞) angeströmt, wobei die Anströmung einer hohen Unterschall-Mach-Zahl $M_\infty \approx 0.8$ entspricht. Eine weitere dimensionslose Kennzahl charakterisiert den reibungsbehafteten Grenzschichtbereich der Flügelumströmung, die **Reynolds-Zahl** $\boldsymbol{Re_L}$, die sich mit der Anströmung u_∞, der Flügeltiefe L und der kinematischen Zähigkeit ν ($\nu = \mu/\rho$) berechnet: $Re_L = u_\infty \cdot L/\nu$. Sie beträgt für Verkehrsflugzeuge ungefähr $Re_L \approx 7 \cdot 10^7$.

Für diesen Flugzustand müssen die Strömungsverluste gering gehalten werden, damit das Verhältnis von Auftrieb und Widerstand einen möglichst großen Wert erreicht. Um dies zu erzielen, muss der Aerodynamiker die verschiedenen Strömungsphänomene kennen, um die Berechnungsmethoden gezielt und geeignet anwenden zu können.

Die Tragflügelströmung ist jedoch nicht nur für den Auslegungszustand in großen Flughöhen von Interesse. Beim Entwurf muss gleichzeitig berücksichtigt werden, dass der Tragflügel auch bei Start und Landung, also im Langsamflug mit zusätzlichen Hochauftriebsmitteln ausreichend Auftrieb erzeugt. Ebenfalls ist bei der Entwicklung eines Flugzeuges zu beachten, wie der Rumpf und die Triebwerke die Tragflügelströmung beeinflussen und wo z.B. der beste Ort für die Triebwerksanbringung ist.

Für all diese Fragen finden analytische und vornehmlich numerische Methoden ihre Anwendungen. Denn beim Entwurf ist man bestrebt, mit einigen wenigen Windkanalversuchen den Tragflügel so zu entwickeln, dass die Entwicklungskosten und Entwicklungszeiten möglichst gering gehalten werden. Außerdem ist z.B. eine Optimierung einer Airbus-Tragfläche und eine Untersuchung des Auftriebs- und Widerstandsverhaltens bei verschiedenen Anstellwinkeln und Strömungsgeschwindigkeiten ohne moderne

Abb. 1.39: Tragflügel eines Verkehrsflugzeuges

strömungsmechanische Methoden kaum denkbar.

In Abbildung 1.40 sind die Strömungsbereiche in einem Profilschnitt des Tragflügels, die dimensionslose Druckverteilung sowie die Sichtbarmachung der Strömung mit Teilchen dargestellt. Für die Diskussion benutzen wir den dimensionslosen **Druckbeiwert c_p**, der wie folgt definiert ist:

$$c_p = \frac{p - p_\infty}{\frac{1}{2} \cdot \rho_\infty \cdot u_\infty^2} \quad . \tag{1.2}$$

p ist der Druck an einer beliebigen Stelle im Strömungsfeld, wobei die Größen p_∞, ρ_∞ und u_∞ für den Druck, die Dichte bzw. für die Geschwindigkeit der Anströmung stehen. In Abbildung 1.40 ist der $-c_p$-Verlauf um den Tragflügel gezeigt, um den Unterdruck auf der Oberseite (Saugseite) und den Überdruck auf der Unterseite (Druckseite) des Tragflügels gegenüber der freien Anströmung hervorzuheben. Die freie Anströmung mit der Geschwindigkeit u_∞ wird entlang der Staulinie verzögert. Auf der Vorderkante des Tragflügels kommt die Strömung zum Stillstand und erreicht dort ihren maximalen Druckbeiwert c_p ($-c_p$ minimal). Diesen Punkt auf dem Flügel nennen wir Staupunkt.

Vom Staupunkt aus verzweigt sich die Staulinie zur Saug- und Druckseite. Wir diskutieren zunächst den $-c_p$-Verlauf entlang der Saugseite. Vom Staupunkt aus wird die Strömung entlang der Oberseite stark beschleunigt (der $-c_p$-Wert wird größer) und erreicht im vorderen Teil der Tragfläche Überschallgeschwindigkeiten. Weiter stromab wird die Strömung über einen Drucksprung, den wir **Verdichtungsstoß** nennen, wieder auf eine Unterschallgeschwindigkeit verzögert (sprunghafter Abfall des $-c_p$-Wertes). Die Strömung wird weiter zur Hinterkante hin verzögert.

Auf der Druckseite wird die Strömung ebenfalls vom Staupunkt aus beschleunigt. Die Beschleunigung ist jedoch im Nasenbereich nicht so groß wie auf der Saugseite, so dass

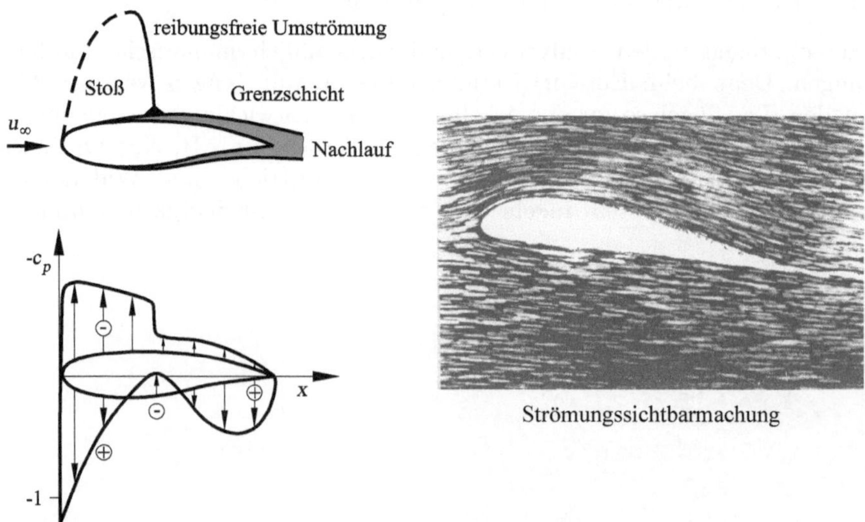

Abb. 1.40: Strömungsbereiche und Druckverteilung auf einem Tragflügel

auf der gesamten Druckseite keine Überschallgeschwindigkeiten auftreten. Ungefähr ab der Mitte der Tragfläche wird die Strömung wieder verzögert, und der $-c_p$-Wert gleicht sich stromab dem $-c_p$-Wert der Saugseite an. An der Hinterkante sind die Druckbeiwerte der Druck- und Saugseite näherungsweise gleich groß.

Auf der Saug- und Druckseite bildet sich eine dünne **Grenzschicht** aus. Die saug- und die druckseitige Grenzschicht treffen sich an der Hinterkante und bilden weiter stromab die **Nachlaufströmung**. Sowohl die Strömung in den Grenzschichten als auch die Strömung im Nachlauf ist **reibungsbehaftet**. Außerhalb der genannten Bereiche ist die Strömung nahezu **reibungsfrei**.

Aus den Eigenschaften der Strömungsbereiche resultieren für die Berechnung der jeweiligen Strömungen unterschiedliche Gleichungen. Für die Grenzschichtströmungen gelten mit guter Näherung die Grenzschichtgleichungen. Mit mehr Aufwand hingegen ist die Berechnung der Nachlaufströmung und die Strömung im Hinterkantenbereich verbunden. Für diese Bereiche müssen die Navier-Stokes-Gleichungen gelöst werden. Die reibungsfreie Strömung im Bereich vor dem Stoß ist mit der Potentialgleichung einer Berechnung zugänglich, was mit vergleichsweise wenig Aufwand verbunden ist. Die reibungsfreie Strömung hinter dem Stoß außerhalb der Grenzschicht muss mit den Euler-Gleichungen berechnet werden, da dort die Strömung drehungsbehaftet ist. All diese strömungsmechanischen Grundgleichungen, deren Namen zunächst einmal genannt sein sollen, werden ausführlich in Kapitel 3 behandelt.

In Abbildung 1.41 sind ergänzend Farbspuren der Strömungen auf dem Tragflügel im Windkanalexperiment gezeigt. Wir erkennen, dass in einem großen Bereich der Flügelspannweite die Farbspuren geraden Linien folgen. In diesen Profilschnitten gelten

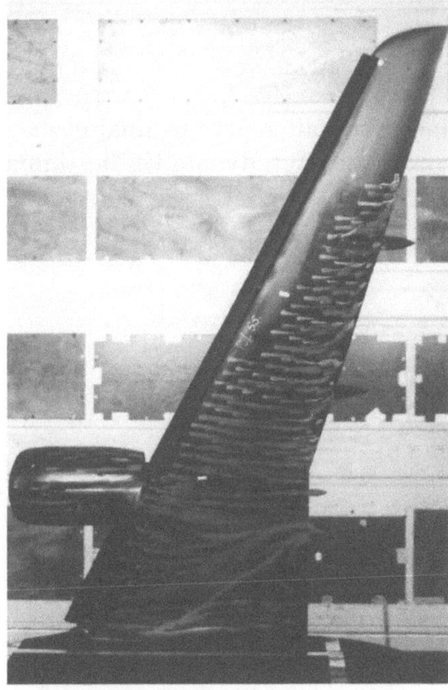

Abb. 1.41: Strömungsspuren auf der Oberfläche eines Tragflügels im Windkanal

die Aussagen, wie wir sie bisher besprochen haben. In der Umgebung des Flugzeugrumpfes weichen die Strömungslinien jedoch von der geraden Linie ab und bilden einen "Wirbel" auf der hinteren Oberfläche des Tragflügels, den wir in den folgenden Kapiteln mit dem Begriff der **Strömungsablösung** verknüpfen werden, die einen wesentlichen Einfluss auf das Flugverhalten des Flugzeuges hat.

Zum Abschluss des Tragflügelbeispiels wird noch die Frage behandelt, warum der Flügel eines Verkehrsflugzeuges im Gegensatz zu dem eines Segelflugzeuges gepfeilt ist. Dies hängt bei den hohen Flug-Mach-Zahlen von 0.8 mit der Mach-Zahlabhängigkeit des dimensionslosen Widerstandsbeiwertes c_{w} zusammen. Wir führen den **Widerstandsbeiwert c_{w}** mit

$$c_{\mathrm{w}} = \frac{F_{\mathrm{W}}}{\frac{1}{2} \cdot \rho_\infty \cdot u_\infty^2 \cdot A} \tag{1.3}$$

ein, wobei F_{W} die Widerstandskraft und A die Querschnittsfläche des Flügels ist. Der Widerstand steigt bei transsonischen Strömungen stark an. Da man mit einem Verkehrsflugzeug möglichst schnell (hohe Mach-Zahl) fliegen will, aber bei möglichst geringem Widerstand den Treibstoffverbrauch möglichst gering halten will, nutzt man die Pfeilung des Flügels von etwa $\phi = 30°$ für die Widerstandsverringerung. Die geometrische Beziehung

$$M = M_\infty \cdot \cos(\phi)$$

verringert die lokale Mach-Zahl, mit der das Profil im jeweiligen Profilschnitt des Tragflügels angeströmt wird um den Wert $\cos(\phi)$ und hält um den entsprechenden Betrag den Widerstandsbeiwert gering. Damit fliegt das Verkehrsflugzeug bei der Strömungs-Mach-Zahl $M_\infty = 0.8$ in z. B. 10 km Höhe mit einer Geschwindigkeit von 950 km/h.

Kraftfahrzeugumströmung

Einer der ersten Schritte bei der Entwicklung eines Kraftfahrzeuges beinhaltet die Festlegung der Fahrzeugkontur, die mehr vom Designer als vom Aerodynamiker bestimmt wird.

Abb. 1.42: Umströmung eines Kraftfahrzeuges

Die Grenzen der Variationsmöglichkeiten an der Kontur (Abbildung 1.42), innerhalb derer der Aerodynamiker die Außenhaut des Fahrzeuges mitbestimmt, sind gering.

Unter Berücksichtigung dieser Vorgaben optimiert der Automobil-Aerodynamiker vornehmlich die Kontur dahingehend, dass der Umströmungswiderstand möglichst klein wird. So sind in den letzten Jahren Fahrzeuge entwickelt worden, deren Widerstandsbeiwerte $c_{\rm w}$ kleiner als 0.3 sind.

Die Minimierung des Umströmungswiderstandes ist jedoch längst nicht die einzige Aufgabe, die der Aerodynamiker beim Entwurf übernimmt. Gleichzeitig müssen bei der Optimierung der Kontur alle Kräfte und Momente, die durch die Luftströmung entstehen, mitberücksichtigt werden. Dabei sind insbesondere die Auftriebskraft, die Seitenwindkraft und das Moment um die Hochachse des Fahrzeuges von Wichtigkeit, da sie am meisten die Fahrstabilität beeinflussen. Des Weiteren gehört es zu den Aufgaben des Aerodynamikers dafür Sorge zu tragen, dass die Windgeräusche minimal sind, die Verschmutzung der Scheiben bei der Fahrt gering bleibt, die Seitenspiegel im Hochgeschwindigkeitsbereich nicht vibrieren etc.

Die Umströmung eines Kraftfahrzeuges kann mit guter Näherung, im Gegensatz zur bereits betrachteten Tragflügelströmung eines Verkehrsflugzeuges als inkompressibel angenommen werden, da die Dichteänderungen klein sind. Wie beim Tragflügel unterscheiden wir in Abbildung 1.43 Strömungsbereiche der reibungsfreien Umströmung, der Grenzschichtströmung und der reibungsbehafteten Nachlaufströmung.

Die Druckkraftverteilung weist am Kühler einen Staupunkt auf, in dem die Druckkraft einen maximalen Wert hat. Auf der Kühlerhaube wird die Strömung beschleunigt, was einen Druckabfall zur Folge hat. Auf der Windschutzscheibe wird die Strömung erneut aufgestaut, was wiederum zu einem Druckanstieg führt. Nach Überschreiten des Druckminimums auf dem Dach wird die Strömung mit dem damit verbundenen Druckanstieg verzögert. Stromab des Kofferraums geht die Grenzschichtströmung in die Nachlauf-

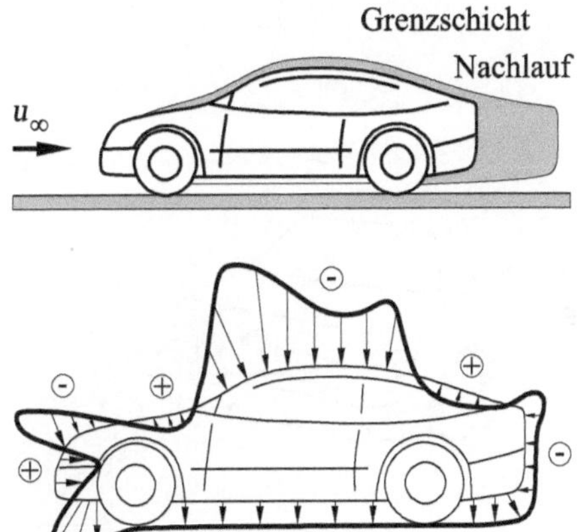

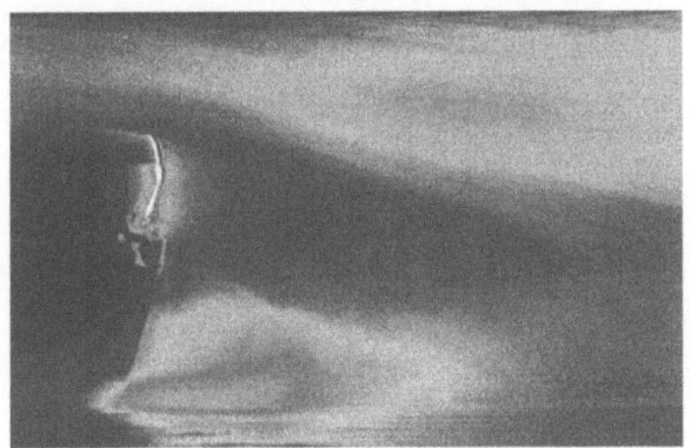

Sichtbarmachung im Nachlauf

Abb. 1.43: Strömungsbereiche und Druckkraft auf einem Fahrzeug

strömung über.

Wie die Visualisierung der Strömung mit Hilfe von Rauch im Windkanalexperiment zeigt, bildet sich stromab des Fahrzeughecks ein Rückströmgebiet aus, das durch den schwarzen Bereich gekennzeichnet ist, in den keine Strömungsanzeiger (weiße Rauchpartikel) eindringen können.

Die Unterbodenströmung zwischen Fahrzeug und Straße können wir als eine Spaltströmung auffassen, deren obere Begrenzung *rauh* ist. Der Mittelwert der *Rauhigkeitsspitzen* beträgt bei Personenkraftwagen bis zu $\approx 10\,\mathrm{cm}$, so dass wir die Strömung in der unmittelbaren Umgebung der oberen Wand als verwirbelt annehmen müssen.

Um diese Verwirbelungen zu vermeiden, werden bei vielen Personenkraftwagen Frontspoiler im unteren Bereich des Fahrzeuges vor dem Einlauf des Spaltes angeordnet. Damit wird erreicht, dass sich ein großer Teil der Strömung nicht unter dem Fahrzeug einstellt, wo infolge der Verwirbelungen eine Erhöhung des Umströmungswiderstandes hervorgerufen würde. Die dadurch erzielbaren Einsparungen sind größer als die Verluste, die durch den Widerstand der Spoiler verursacht werden.

Die negative Druckkraft auf der oberen Kontur ist in den meisten Bereichen wesentlich größer als unter dem Fahrzeug, so dass dieser Druckunterschied einen Auftrieb bewirkt. Bei der aerodynamischen Auslegung wird nun angestrebt, sowohl den Auftrieb als auch den Widerstand klein zu halten. Dazu werden, wie bereits bei der Darstellung der Unterbodenströmung erwähnt, in vielen Anwendungsfällen Konturänderungen vorgenommen und Spoiler eingesetzt, die die Strömung dahingehend umlenken, dass das Fahrzeug z.B. zusätzlichen Abtrieb erfährt.

In Abbildung 1.44 ist die Struktur der Strömung im bisher betrachteten Mittelschnitt des Kraftfahrzeuges skizziert. Wir erkennen das Rückströmgebiet mit einem Staupunkt auf der Kraftfahrzeugoberfläche sowie einem Sattelpunkt im Strömungsfeld stromab, in dem die Strömungslinien sich in die Nachlaufströmung und das Rückströmgebiet verzweigen. Im rechten Bild der Abbildung 1.44 ist die dreidimensionale Struktur der Nachlaufströmung dargestellt. Man erkennt, dass sich im oberen Bereich des Kofferraumdeckels ein so ge-

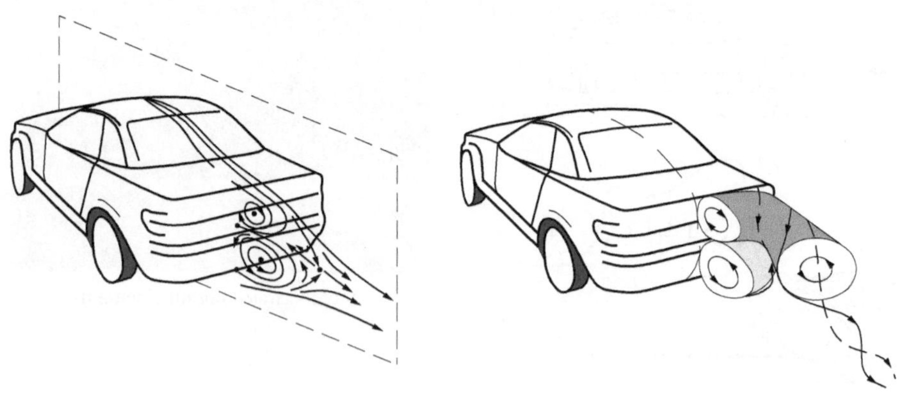

Abb. 1.44: Struktur der Nachlaufströmung eines Kraftfahrzeuges

nannter **Hufeisenwirbel** ausbildet, den man bei leichtem Schneetreiben im Heck des Fahrzeuges selbst beobachten kann.

Flüssigkeits-Dampfabscheider

Ganz andere **Strömungsbereiche** sind in **chemischen Produktionsanlagen** zu berücksichtigen. Nehmen wir das Beispiel eines Flüssigkeits-Dampfabscheiders, so sind Flüssigkeitsströmungen in Rohrleitungen von Blasenströmungen, Tropfenströmungen bzw. Dampfströmungen zu unterscheiden. Derartige Flüssigkeits-Dampfabscheider findet man z.B. in Raffinerien zur Gewinnung schwerer Kohlenwasserstoffe aus Erdölbegleitgas.

Die Abbildung 1.45 zeigt die vereinfachte Prinzipskizze eines geothermischen Kraftwerkes zur Energiegewinnung nach dem Single Flash Prinzip. Dieses Prinzip findet Anwendung, wenn eine unzureichende Menge an Dampf bei entsprechendem Druck und entsprechender Temperatur vorliegt. Die Anlage besteht aus einem Drosselventil, dem Abscheider (Demister), der Turbine zur Energiegewinnung aus dem Dampf und der Pumpe zur Druckerhöhung der Flüssigkeit, die in die Verpressbohrung zurückgeführt wird.

Im Strömungsbereich *1* liegt eine inkompressible Flüssigkeitsströmung vor, die durch ein Drosselventil in den Strömungsbereich *2*, eine Zweiphasenströmung (Flüssigkeit und Dampf) überführt wird. Bei einem adiabaten Drosselprozess wird durch ein in die Rohrströmung eingebrachtes Hindernis, z.B. ein Absperrorgan oder eine Messblende, ein Druckabfall $\Delta p = p_1 - p_2$ mit $p_2 < p_1$ erzeugt, während die Enthalpie h des strömenden Fluids konstant bleibt ($\log(p)$-h-Diagramm). Die dann vorliegende Zweiphasenströmung bei *2* wird anschließend einem Abscheider oder auch Demister zur isobaren Trennung von Flüssigkeiten und Dampf zugeführt.

Nach der Trennung im Abscheider liegt im Strömungsbereich *3* eine kompressible Dampfströmung vor und im Strömungsbereich *5* eine inkompressible Flüssigkeitsströmung. Die Vorgänge lassen sich auch im, aus der Thermodynamik bekannten $\log(p)$-h-Diagramm darstellen, in dem der Druck p logarithmisch über der Enthalpie h des strömenden Mediums aufgetragen wird.

Im Zweiphasengebiet oder auch Nassdampfgebiet liegt ein Gemisch aus Flüssigkeit und Dampf vor, das links von der unteren Grenzkurve und rechts von der oberen Grenzkurve begrenzt wird. Beide Grenzkurven treffen sich im kritischen Punkt K. Die untere Grenz-

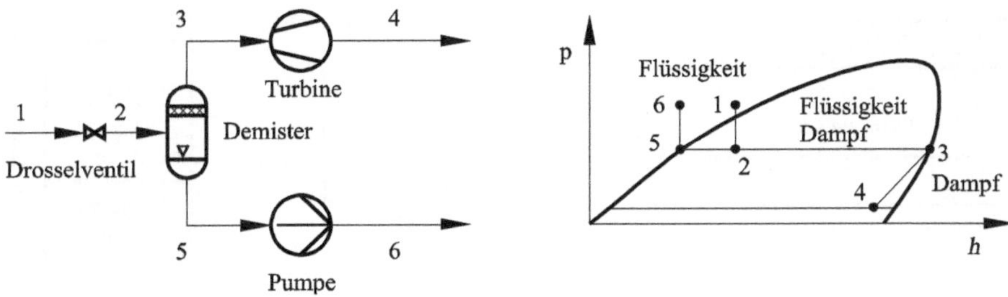

Abb. 1.45: Prinzipskizze und Druck-Enthalpiediagramm eines Flüssigkeits-Dampfabscheiders

kurve stellt die Verbindungslinie aller Punkte des Verdampfungsbeginns dar und trennt die Flüssigkeit vom Zweiphasengebiet. Die obere Grenzkurve stellt die Verbindungslinie aller Punkte des Verdampfungsendes dar und trennt das Zweiphasengebiet vom Dampf. Die Variable X bezeichnet in der Thermodynamik gewöhnlich den Dampfanteil im Nassdampf, so dass die untere Grenzkurve auch als $X = 0$ und die obere Grenzkurve als $X = 1$ bezeichnet werden kann.

Durch unterschiedliche Wahl der Druckdifferenz Δp bei der Drosselung lassen sich unterschiedliche Strömungsbereiche *2* im Zweiphasengebiet realisieren, was durch die dünnen Linien im $\log(p)$-h-Diagramm angedeutet ist. Im Strömungsbereich *3* liegt eine Dampfströmung vor. Als Dampf bezeichnet man ganz allgemein einen gasförmigen Stoff in der Nähe der Grenzkurve. Durch die Turbine wird die kompressible Dampfströmung *3* entspannt. Das führt dazu, dass der thermodynamische Zustand des strömenden Mediums nach der Turbine *4* im $\log(p)$-h-Diagramm wieder im Nassdampfgebiet liegt. Damit liegt erneut eine Zweiphasenströmung vor.

Innerhalb der Pumpe, die die inkompressible Flüssigkeitsströmung vom Strömungsbereich *5* in den Strömungsbereich *6* überführt, können durch die dort vorherrschenden Beschleunigungen der strömenden Flüssigkeiten starke Druckabsenkungen auftreten. Daher muss darauf geachtet werden, dass der minimale statische Druck $p_{\min}$ der Flüssigkeit nicht unter den Dampfdruck p_{D} absinkt, was zu materialschädlichen Kavitationserscheinungen führt, die die Pumpe zerstören können.

Der Strömungsbereich *1* sowie die Strömungsbereiche *5* und *6* sind typische Beispiele für die in technischen Anwendungen häufig vorkommenden inkompressiblen Strömungen durch gerade oder gekrümmte Rohre. Beim Durchströmen solcher Rohre sorgen Reibungs-

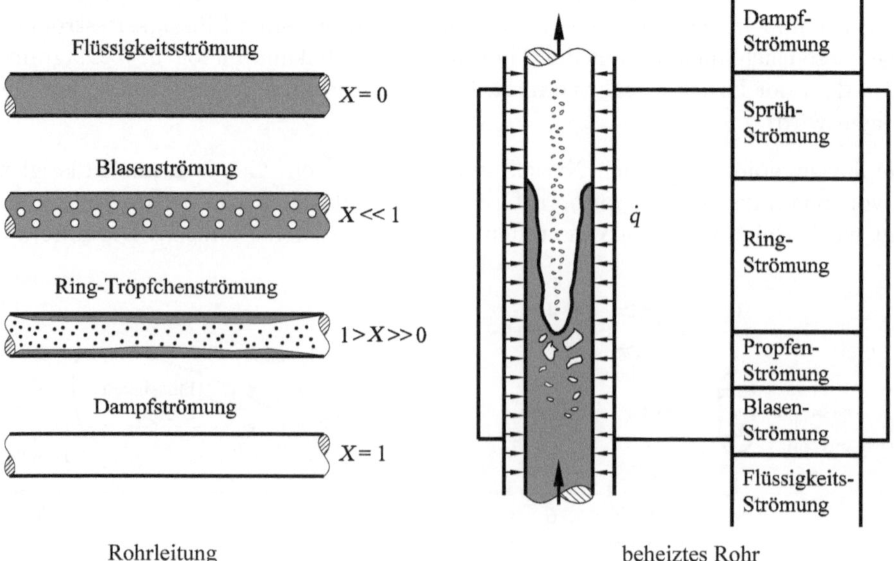

Abb. 1.46: Strömungsbereiche einer Zweiphasenströmung

einflüsse für das Auftreten von Druckverlusten Δp_V, die es zu ermitteln gilt. Die Kenntnis dieser Druckverluste ist z. B. nötig zur Auswahl geeigneter Pumpen mit entsprechender Leistung. Die Strömungsbereiche *2* und *4* der Zweiphasenströmung, bei denen das strömende Fluid in zwei Aggregatzuständen vorliegt, ist ein typisches Beispiel aus der Verfahrenstechnik. Der Strömungsbereich *3* dient als Beispiel für eine kompressible Strömung, bei der neben der Änderung des Drucks und der Geschwindigkeit zusätzlich auch die Änderung der Zustandsgrößen Dichte ρ und Temperatur T zu berücksichtigen ist.

Zur Wirkungsgradverbesserung wird in der Technik die Anlage um eine zweite Entspannungsstufe mit Drossel und Abscheider erweitert. Eine solche **Double Flash Anlage** ist z. B. in La Bouillante auf Guadeloupe in Betrieb.

In Abbildung 1.46 sind ergänzend die Strömungsbereiche der Zweiphasenströmung skizziert. Wir unterscheiden in den jeweiligen Rohrleitungssystemen des Flüssigkeits-Dampfabscheiders die Flüssigkeitsströmung mit $X = 0$, die Blasenströmung eingebettet in die Flüssigkeit mit $0 < X << 1$, die Tropfenströmung mit Flüssigkeits-Filmen an den Rohrwänden mit $0 << X < 1$ und die Dampfströmung mit $X = 1$.

Ganz ähnliche Strömungsformen treten im senkrechten **beheizten Rohr** auf. Aufgrund der Wärmezufuhr tritt in der aufsteigenden Flüssigkeit Blasensieden ein und der Bereich der Flüssigkeitsströmung wird von der Blasenströmung abgelöst. Mit größer werdenden Blasen spricht man von einer Pfropfenströmung. Weiter stromauf vollzieht sich im Ringströmungsbereich der Wärmeübergang über einen Flüssigkeitsfilm bis schließlich die Tropfenverdampfung einsetzt und sich der Bereich der Dampfströmung anschließt.

Zweiphasenströmung in einer Strömungsmaschine

Zweiphasige Strömungen treten auch in Strömungsmaschinen auf. Je nach Typ der Strömungsmaschinen ist diese mehr oder weniger gut geeignet um zweiphasige Strömungen zu fördern. Im Allgemeinen ist eine zweiphasige Strömung aber unerwünscht und kann schädliche Auswirkungen auf die Funktionalität oder die Struktur der Maschine ausüben. Als zweiphasige Strömungen lassen sich prinzipiell drei Kategorien unterscheiden. Es kann eine flüssige, eine gasförmige oder eine feste Phase in einem Fluid dispergiert sein.

Ist eine flüssige Phase in einer Flüssigkeit vollständig dispergiert, also liegt eine Emulsion vor, wird der Betrieb der Strömungsmaschine nahezu nicht beeinträchtigt. Beispiele für typische Emulsionen, die durch Strömungsmaschinen gefördert werden müssen, sind Lebensmittel wie Milch oder pharmazeutische Produkte.

Handelt es sich bei der dispergierten Phase um eine gasförmige Phase, weist die Strömung analoge Strömungsformen auf, wie zuvor für Rohrleitungssysteme beschrieben. Die Strömungsform hat einen wesentlichen Einfluss auf die Förderbarkeit von Medien. Während in einer horizontale Rohrleitungen die bereits bekannte Blasenströmung gut zu fördern ist, sinkt die Förderbarkeit für die oben erwähnte Tröpfchen-Ringströmung, ebenso für eine Pfropfenströmung. Der Charakter einer Pfropfenströmung kann der Abbildung 1.47 entnommen werden. Eine Schichtströmung und eine Wellenströmung (vgl. Abbildung 1.47) führen häufig zu einer Strömungsablösung in der Maschine und sind praktisch nicht

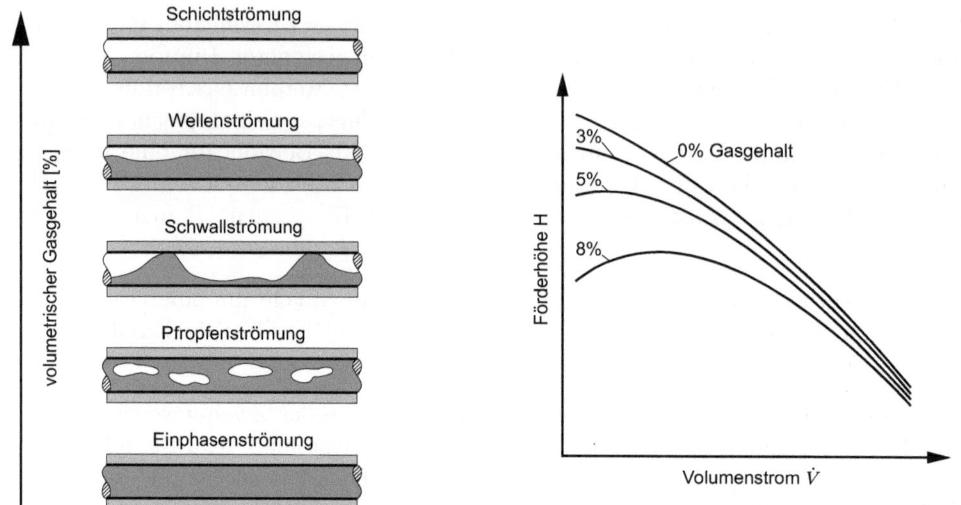

Abb. 1.47: Auswirkung des volumetrischen Gasgehalts auf den Betrieb einer rotierenden Radialmaschine

zu fördern. Die Ursachen für die Gasmitförderung können vielfältig sein. Durch Leckagen oder Luftpolster kann Gas in das System eingetragen werden. Luftpolster können sich insbesondere nach der Entleerung der Anlage, aber auch als Reaktionsprodukt bilden. Neben dem Zusammenbruch der Förderung kann sich eine unerwünschte Gasphase in der Strömung auch im Abfall der Förderhöhe äußern. Im rechten Diagramm der Abbildung 1.47 ist qualitativ die Kennlinie einer Kreiselpumpe für verschiedene Gaskonzentrationen dargestellt. Zu sehen ist, dass mit zunehmendem Gasgehalt in der Strömung die Förderhöhe stark abfällt.Weiterhin kann es bei rotierenden Maschinen an der Welle zum Trockenlauf und schließlich zum Versagen der Dichtung kommen. Es können Schwingungen entstehen, die neben einer Geräuschbildung auch Kräfte hervorrufen, die sich schädlich auf die Struktur der Maschine auswirken können.

Werden Feststoffe in der kontinuierlichen Phase dispergiert, also liegt eine Suspension vor, so bringt diese Feststoffmitförderung ein erhöhtes Maß an Verschleiß mit sich. Hierbei können verschiedene Formen des Verschleißes beobachtet werden. Die **Tribologie** befasst sich mit diesem weiten Feld des Verschleißes in Folge von Feststoffmitförderung. Hier sollen nur einige Beispiele genannt werden, die häufig in Strömungsmaschinen auftreten. Der **abrasive Gleitverschleiß** tritt auf, wenn in Folge der dispergierten Partikel eine erhöhte Reibung zwischen dem Fluid und einer Oberfläche entsteht. Der hauptsächliche Wirkmechanismus ist in diesem Fall die Abrasion. Aber auch Adhäsion und Oberflächenzerrüttung tragen zu dem Verschleiß bei. Die Wirkmechanismen werden durch gleitende Beanspruchung hervor gerufen. Der abrasive Gleitverschleiß tritt z. B. im Dichtspalt zwischen Laufrad und Gehäuse auf. Als Beispiel für eine Verschleißart der Erosion sei hier auf den **hydroabrasivem Verschleiß** hingewiesen. Dieser tritt auf, wenn die feststoffbeladene Strömung an der Bauteiloberfläche vorbei strömt und es durch einen Stoßvorgang zu einem Impulsaustausch zwischen der Strömung und der Oberfläche kommt. Die hauptsächlich auftretenden Wirkmechanismen sind die Abrasion und die Oberflächenzerrüttung.

1.3 Produktentwicklung

Während für den Naturwissenschaftler mit der mathematischen und physikalischen Beschreibung der Strömungsvorgänge und damit mit der Herleitung der kontinuumsmechanischen Grundgleichungen in Kapitel 3 sein Ziel erreicht ist, gilt es für den Ingenieur, diese naturwissenschaftlichen Erkenntnisse in neue Produkte umzusetzen. Dafür sind die in Kapitel 2 beschriebenen Grundlagen der Strömungsmechanik aber auch die analytischen und numerischen Lösungsmethoden sowie die zur Lösung der Grundgleichungen erforderliche strömungsmechanische Software notwendig. Die Systematik der Vorgehensweise bei der Entwicklung eines neuen Produktes ist dabei immer die Gleiche.

Verfolgen wir die Entwicklung des Tragflügels eines Verkehrsflugzeuges, so muss zunächst die Festlegung der **Anforderungen** erfolgen. Das Flugzeug soll bei der Flug-Mach-Zahl $M_\infty = 0.8$ z.B. 250 Passagiere in einer Flughöhe von 10 km über eine Distanz von 7500 km befördern. Aus dieser Anforderung, die z.B. der Airbus A 300 erfüllt, folgt der erforderliche Auftriebsbeiwert

$$c_\mathrm{a} = \frac{F_\mathrm{A}}{\dfrac{1}{2} \cdot \rho_\infty \cdot u_\infty^2 \cdot A_\mathrm{F}} \qquad (1.4)$$

mit der Auftriebskraft F_A, der Anströmgeschwindigkeit u_∞ und der Flügelfläche A_F, die für den Transport der Nutzlast erforderlich ist. Dabei ist zu berücksichtigen, dass das Flugzeug mit einer Geschwindigkeit von etwa 250 km/h starten und landen muss. Dies verlangt die Integration von Hochauftriebsklappen in den Flügeln, die die Flügelfläche bei Start und Landung entsprechend der verringerten Geschwindigkeit vergrößern, um den erforderlichen Auftrieb zu erreichen.

Die Aufgabe des Entwicklungsingenieurs besteht darin, einen Tragflügel zu entwerfen, der einen möglichst geringen Widerstand aufweist, um den Kraftstoffverbrauch der Triebwerke zu minimieren. Die Flug-Mach-Zahl von $M_\infty = 0.8$ führt damit zu einem Pfeilwinkel des Flügels von $\phi = 30°$. Weiterhin muss die Integration des Tragflügels in den zylindrischen Rumpf gestaltet werden und die für den Schub erforderliche Anzahl der Triebwerke festgelegt werden.

Die erste Aufgabe des Entwicklungsingenieurs ist entsprechend der Abbildung 1.48 der **Vorentwurf**. Dabei wird die Wölbung des Tragflügelprofils mit einfachen Methoden, die wir im Kapitel 2 kennen lernen, vorläufig festgelegt. Die in Abbildung 1.49 skizzierte Druckverteilung c_p muss dabei den geforderten Auftriebsbeiwert c_a erfüllen und gleichzeitig einen möglichst geringen Widerstandsbeiwert c_w aufweisen. Es folgt im zweiten Schritt die **Nachrechnung** des mit dem Profil entworfenen gepfeilten Flügels, wobei die Verwindung des Flügels und die Integration in den Rumpf mitberücksichtigt werden. Dafür benötigen wir die in Kapitel 3 hergeleiteten Grundgleichungen sowie deren Vereinfachungen in den unterschiedlichen Strömungsbereichen der Flügelumströmung. Es handelt sich dabei um ein System von partiellen Differentialgleichungen, die numerisch näherungsweise gelöst werden. Die dafür erforderlichen numerischen Lösungsmethoden und deren analytische Vorbereitung werden wir im Kapitel 4 behandeln und die Lösungssoftware in Kapitel 5 bereitstellen. Die erste Nachrechnung des Tragflügels wird im Allgemeinen nicht den geforderten Auftriebsbeiwert c_a erreichen, bzw. der berechnete Widerstandsbeiwert c_w wird noch zu groß ausfallen. Damit wird ein erneuter Iterationsschritt erforderlich, der mit den berechneten Daten einen verbesserten Vorentwurf ermöglicht. Diese Entwurfsiteration wird in 2 bis 3 Schritten durchgeführt.

Sind die geforderten aerodynamischen Beiwerte erfüllt, erfolgt der zweite Schritt des Entwurfsprozesses, die **Konstruktion** und der **Bau** des **Windkanalmodells**. Dieses besteht im Allgemeinen aus Edelstahl und weist zahlreiche Druckbohrungen auf, die die Messung der Druckverteilungen in mehreren Profilschnitten des Flügels ermöglichen.

In Kapitel 2 wird gezeigt, dass das Integral dieser Druckverteilung die Berechnung der erforderlichen Kräfte erlaubt. Das Flügelmodell wird entsprechend der Abbildung 1.49 mit Modelltriebwerken versehen, so dass das Flugzeugmodell im Windkanal der Originalausführung geometrisch ähnlich ist.

In unterschiedlichen Windkanälen werden nunmehr umfangreiche Messreihen im Auslegezustand des Flügels bei der Anström-Mach-Zahl $M_\infty = 0.8$ (950 km/h, 10 km Höhe) und bei verschiedenen Anstellwinkeln sowie in der Start- und Landephase mit ausgefahrenen Landeklappen, also vergrößerter Flügelfläche bei der reduzierten Geschwindigkeit von 250 – 300 km/h durchgeführt.

Aufgrund mathematischer und physikalischer Unzulänglichkeiten der numerischen Lösungen der Nachrechnungen, die wir eingehend in Kapitel 4 behandeln werden, aber auch aufgrund von Messfehlern und Störungen im Windkanal, werden die Ergebnisse der

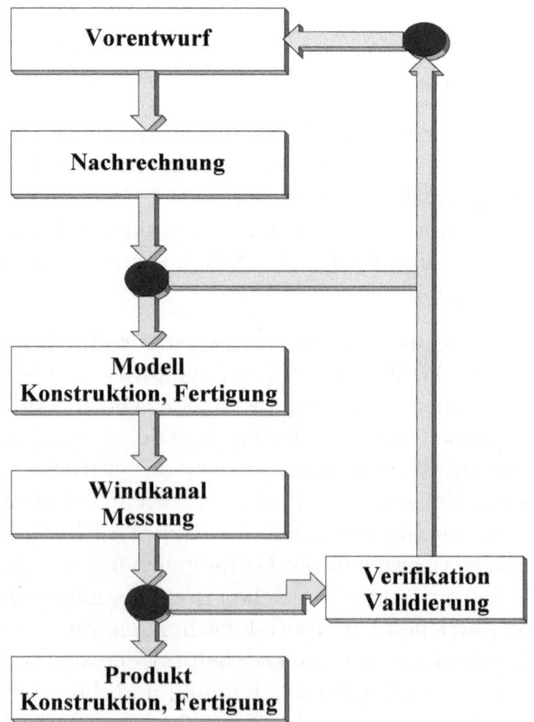

Abb. 1.48: Produktentwicklung

Nachrechnung nicht auf Anhieb mit den Windkanalergebnissen übereinstimmen.

Im Entwurfszyklus folgt der wichtige Schritt der **Verifikation** und **Validierung**, der die ganze Ingenieurskunst des Entwicklers fordert. Dabei verstehen wir unter Verifikation den Vergleich der experimentellen mit den numerischen Ergebnissen sowie die Anpassung der numerischen Lösungsverfahren und der Messtechnik im Windkanal. Die Validierung verlangt die Weiterentwicklung der physikalischen Modelle in den Grundgleichungen der unterschiedlichen Strömungsbereiche. Dies ist ein zeitraubender Prozess, der entscheidend die Entwicklungszeit eines Flugzeuges bestimmt.

In der Verifikations- und Validierungsphase wird entsprechend Abbildung 1.49 in drei bis vier Iterationsschritten die Nachrechnung verbessert bzw. der Vorentwurf korrigiert, bis die eingangs gestellten Anforderungen erfüllt sind. Bei jedem Iterationsschritt muss dabei ein neues Windkanalmodell gebaut werden und die zeitaufwendigen Messreihen in den Windkanälen wiederholt werden. Je weniger Iterationsschritte durchlaufen werden müssen, umso erfolgreicher ist der Entwurfsprozess.

Die Entwicklungsschritte eines Flugzeuges werden am Beispiel der Aerodynamik des Tragflügels beschrieben. Ganz entsprechende Entwicklungszyklen sind für die aerodynamische Integration des Tragflügels in den Rumpf, die Integration der Triebwerke und Leitwerke (Abbildung 1.50), die Struktur des Flugzeuges, die Entwicklung der Triebwerke, die Flugmechanik und die Systemintegration im Cockpit zu durchlaufen. In die einzelnen Entwurfszyklen greifen also mehrere Disziplinen ineinander. Bedenkt man, dass

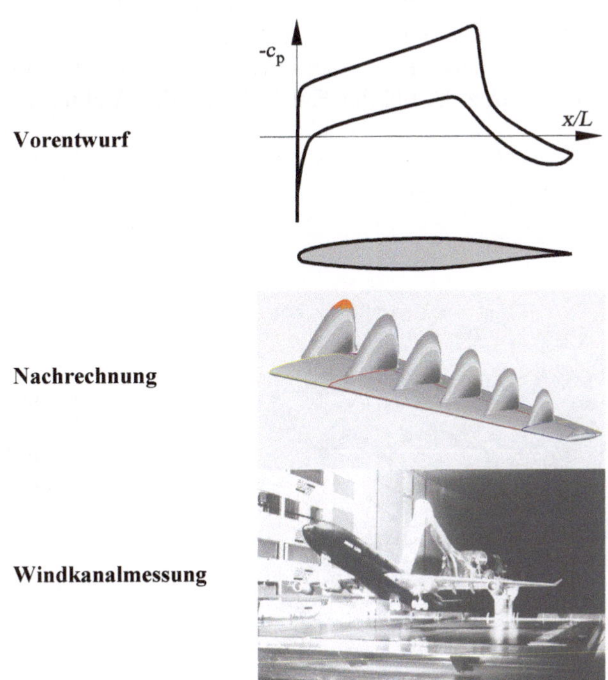

Abb. 1.49: Tragflügelentwurf: Vorentwurf, Nachrechnung, Windkanalmessung, Verifikation und Validierung

Abb. 1.50: Nachrechnung von Tragflügel-Rumpf und Triebwerksintegration

z.B. am europäischen Projekt Airbus (Abbildung 1.51) mehrere Firmen in unterschiedlichen Ländern beteiligt sind mag man ermessen, wie komplex sich die Entwicklung eines Flugzeuges gestaltet. Das Gleiche gilt für die Entwicklung eines Kraftfahrzeuges, einer Strömungsmaschine oder einer Produktionsanlage der Verfahrenstechnik. Es ist immer der am Beispiel des Tragflügels beschriebene Entwicklungszyklus für jede der beteiligten Disziplinen zu durchlaufen.

Zum Abschluss der Entwicklungsarbeit steht die **Verifikation** des **fertigen Produktes** an. Beim Flugzeug ist dies der Erstflug und die darauf folgende Zulassung. Dabei muss sich das Flugzeug in festgelegten extremen Flugzuständen beweisen. Dabei können nur noch geringfügige Änderungen am Flugzeug vorgenommen werden. Entwicklungsfehler, die beim beschriebenen Entwurfszyklus noch entdeckt wurden, können nur noch bedingt korrigiert werden. So hat man z. B. bei der Entwicklung des Airbus A 320 der Wechselwir-

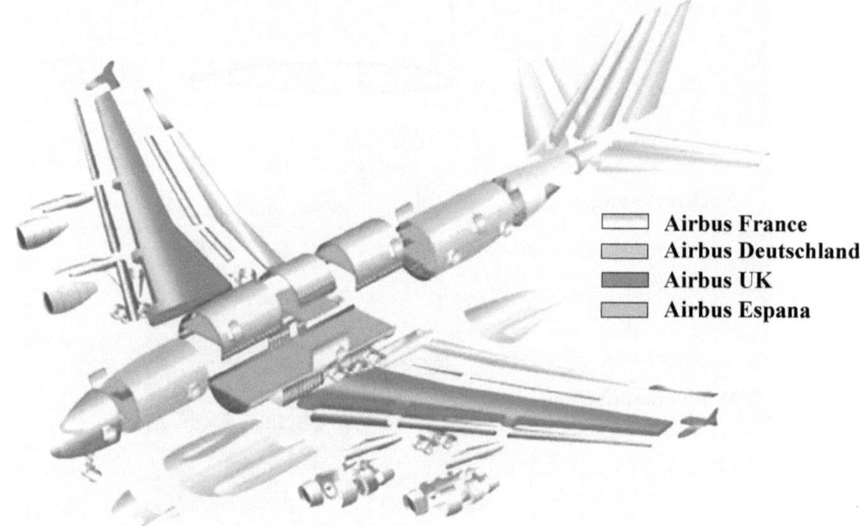

Abb. 1.51: Bauaufteilung beim Airbus A380

kung der relativ großen Triebwerke mit dem Rumpf nicht genügend Beachtung geschenkt, mit dem Ergebnis, dass beim Aufstieg ein unangenehmes Brummen im Rumpf zu hören ist. Diese Erfahrungen der abschließenden Verifikation im Freiflug fließen in die Datenbanken der Flugzeughersteller ein und können beim Vorentwurf des nächsten Projektes bereits von Beginn an berücksichtigt werden.

2 Grundlagen der Strömungsmechanik

Um die Strömungsbeispiele aus Natur und Technik des einführenden Kapitels analytisch beziehungsweise numerisch behandeln zu können, müssen zunächst die strömungsmechanischen Grundlagen bereitgestellt werden. Dazu gehören die mathematische Beschreibung der Eigenschaften der strömenden Medien, die Grundgleichungen der ruhenden Fluide, die kinematischen Grundbegriffe für die Beschreibung strömender Fluide sowie die eindimensionale Theorie der reibungsfreien und die zweidimensionale Theorie der reibungsbehafteten Strömung und deren Anwendung bei technischen Strömungsbeispielen.

2.1 Eigenschaften strömender Medien

Wir unterscheiden **kinematische Eigenschaften** des strömenden Fluids von **Transporteigenschaften** und **thermodynamischen Eigenschaften** des Fluids. Während die kinematischen Eigenschaften Geschwindigkeit $\vec{v}$, Winkelgeschwindigkeit $\vec{\omega}$, Beschleunigung $\vec{b}$, Wirbelstärke $\vec{\omega}_{\mathbf{R}}$, Eigenschaften des Strömungsfeldes und nicht des Fluids selbst sind, die wir im Kapitel 2.3.1 behandeln werden, sind die Transporteigenschaften Reibung, Wärmeleitung und Massendiffusion sowie die thermodynamischen Eigenschaften Druck p, Dichte ρ, Temperatur T, Enthalpie h, Entropie s, spezifische Wärmen c_p, c_v, Ausdehnungskoeffizient α Eigenschaften des Fluids, mit denen wir uns im Folgenden befassen werden. Dabei kommt es uns auf eine kurze Darstellung der Definition der Grundbegriffe an. Für eine ausführliche Darstellung empfehlen wir *Prandtl - Führer durch die Strömungslehre* 2008 und *Bird, Stewart, Lightfoot* 1960.

2.1.1 Transporteigenschaften

Eine Transporteigenschaft, die wir bereits kennengelernt haben, ist die **Reibung**. Sie bestimmt den **Impulstransport** in den reibungsbehafteten Strömungsbereichen, der mit dem Gradienten des Geschwindigkeitsvektors $\vec{v}$ verknüpft ist. So benötigt z.B. schweres Öl oder Teer eine lange Zeit zum Ausfließen aus einem Behälter, während leichtes Öl schneller ausfließt.

Für die Einführung der Scherrate **Schubspannung** τ behandeln wir das eindimensionale Strömungsproblem der Abbildung 2.1. Zwischen einer ruhenden unteren Platte und einer

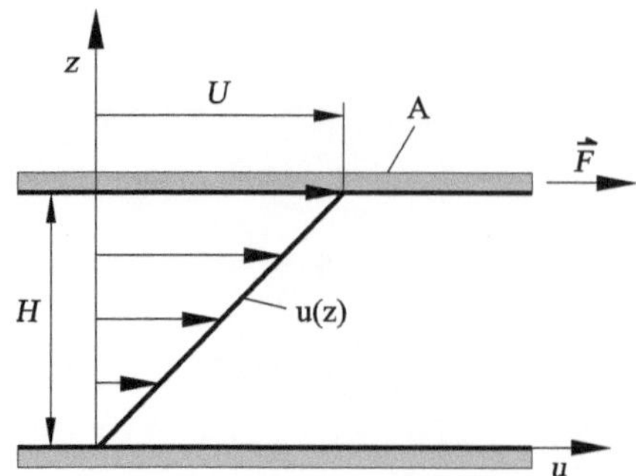

Abb. 2.1: Couette-Strömung, Definition der Schubspannung τ

mit konstanter Geschwindigkeit U bewegten oberen Platte stellt sich eine konstante Scherrate mit einem linearen Geschwindigkeitsprofil $u(z)$ ein, die man **Couette-Strömung** nennt. Dabei gilt an den Plattenoberflächen als Randbedingung die **Haftbedingung**, die an der unteren Platte zu $u = 0$ und an der oberen Platte zu $u = U$ führt. Zur Aufrechterhaltung der konstanten Geschwindigkeit U ist aufgrund der Reibung eine konstante Kraft $\vec{\boldsymbol{F}}$ erforderlich. Die aufzuwendende Kraft ist proportional der Schleppgeschwindigkeit $|\vec{\boldsymbol{F}}| \sim U$, proportional der Plattenfläche A, $|\vec{\boldsymbol{F}}| \sim A$ und umgekehrt proportional der Spalthöhe H, $|\vec{\boldsymbol{F}}| \sim 1/H$.

Daraus folgt die Kraft

$$|\vec{\boldsymbol{F}}| \sim \frac{U \cdot A}{H}$$

oder mit einer Proportionalitätskonstanten μ

$$|\vec{\boldsymbol{F}}| = \mu \cdot \frac{U \cdot A}{H} \quad .$$

μ ist eine Stoffkonstante des Fluids, die dynamische Zähigkeit (Viskosität) genannt wird. Sie hat die Dimension $[F \cdot T/L^2]$ mit der Kraft F, der charakteristischen Zeit T und der charakteristischen Länge L, bei unserem Beispiel die Spalthöhe H und die Einheit $\{Ns/m^2\}$.

Die Schubspannung τ (Scherrate) ergibt sich mit

$$\tau = \frac{|\vec{\boldsymbol{F}}|}{A} = \mu \cdot \frac{U}{H}$$

und der Einheit $\{N/m^2\}$. Für die Couette-Strömung gilt das lineare Geschwindigkeitsprofil

$$\frac{U}{H} = \frac{\mathrm{d}u}{\mathrm{d}z} \quad .$$

Daraus ergibt sich

$$\boxed{\tau = \mu \cdot \frac{\mathrm{d}u}{\mathrm{d}z}} \quad . \tag{2.1}$$

Gilt diese lineare Beziehung zwischen der Schubspannung τ und dem Geschwindigkeitsgradienten du/dz, sprechen wir von einem **Newtonschen Fluid**. Beispiele Newtonscher Medien sind Wasser, leichtflüssiges Öl und Gase.

Mit den bisher abgeleiteten Beziehungen können wir bereits eine wichtige technische Anwendung diskutieren. Luftlager zeichnen sich durch einen besonders geringen Reibungswiderstand aus. Bewegen wir z.B. eine Glasplatte auf einem 0.1 mm dicken Luftpolster mit der konstanten Geschwindigkeit von 0.1 m/s, so ergibt sich

$$\frac{\mathrm{d}u}{\mathrm{d}z} = \frac{U}{H} = 10^3 \left\{\frac{1}{s}\right\} \quad ,$$

für Luft ist bei 20 °C $\mu = 1.71 \cdot 10^{-5}\,\mathrm{N \cdot s/m^2}$, damit wird

$$\tau = \mu \cdot \frac{\mathrm{d}u}{\mathrm{d}z} = 1.71 \cdot 10^{-2} \left\{\frac{N}{m^2}\right\} \quad .$$

Mit einer Plattenfläche von $A = 0.01\,\text{m}^2$ ergibt sich die geringe Kraft

$$|\vec{F}| = \tau \cdot A = 1.71 \cdot 10^{-4}\{N\} \quad .$$

Im Allgemeinen wird die Strömung nicht, wie bisher angenommen, eindimensional sein. Dann sind es für jede Raumrichtung drei Schubspannungskomponenten, die die Reibung im dreidimensionalen Strömungsfeld charakterisieren, also insgesamt 9 Komponenten des Schubspannungstensors τ_{ij}. In dieser Terminologie, die wir im Kapitel 3.2 eingehend behandeln werden, ist für die Couette-Strömung die Schubspannungskomponente τ_{xz} für das lineare Geschwindigkeitsprofil $u(z)$ maßgebend, x die Strömungsrichtung und z die Vertikalkoordinate

$$\tau_{xz} = \mu \cdot \left(\frac{\partial u}{\partial z} + \frac{\partial w}{\partial x} \right) \quad .$$

Für die eindimensionale Theorie, die wir im Kapitel 2.3 behandeln, genügt es also, für w und $\partial w / \partial x$ gleich 0

$$\tau_{xz} = \tau = \mu \cdot \frac{\mathrm{d}u}{\mathrm{d}z}$$

zu setzen.

Im Gegensatz zu den Newtonschen Fluiden spricht man von einem **Nicht-Newtonschen Fluid**, wenn der funktionale Zusammenhang der Gleichung (2.1) nicht linear ist. Einige Beispiele Nicht-Newtonscher Fluide sind in Abbildung 2.2 dargestellt. Die Kurven für Fluide, die einer Scherrate nicht widerstehen können, müssen durch den Nullpunkt gehen. Sogenannte nachgebende Fluide zeigen eine endliche Schubspannung auch bei verschwindendem Geschwindigkeitsgradienten. Diese Fluide verhalten sich teilweise als feste Körper und teilweise als Fluide. Die Kurve für pseudoplastische Fluide wie Schmelzen oder Hochpolymere zeigt bei wachsender Schubspannung eine Abnahme der Steigung. Im Gegensatz dazu zeigen dilatante Fluide wie Suspensionen ein Anwachsen der Steigung. Das Verhalten eines idealisierten Bingham Mediums zeigen z.B. Zahnpasta oder Mörtel. Dem endlichen Wert von τ bei $\mathrm{d}u/\mathrm{d}z = 0$ folgt der lineare Verlauf eines Newtonschen Fluids. Hinzu kommt, dass einige Nicht-Newtonsche Medien eine Zeitabhängigkeit der Schubspannung

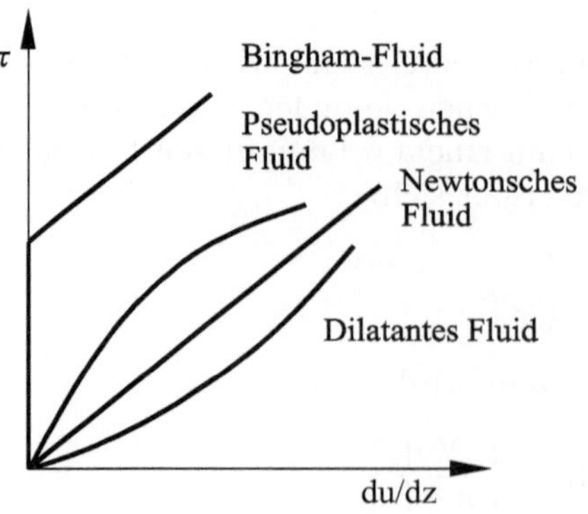

Abb. 2.2: Schubspannung τ für Newtonsche und Nicht-Newtonsche Fluide

aufweisen. Auch wenn die Scherrate konstant gehalten wird, ändert sich die Schubspannung. Ein für Nicht-Newtonsche Medien oft verwendeter Ansatz ist

$$\tau_{xz} = \mathrm{K} \cdot \left| \frac{\mathrm{d}u}{\mathrm{d}z} \right|^{\mathrm{n}} \quad , \tag{2.2}$$

wobei K und n Stoffkonstanten sind. Für $\mathrm{n} < 1$ ergibt sich das pseudoelastische Fluid, $\mathrm{n} = 1$ mit $\mathrm{K} = \mu$ ist das Newtonsche Fluid und $\mathrm{n} > 1$ das dilatante Fluid. Man beachte, dass der Ansatz 2.2 für den Nullpunkt der Abbildung 2.2 unrealistische Werte liefert.

Zahlreiche andere Gesetzmäßigkeiten werden für Nicht-Newtonsche Medien meist aus experimentellen Ergebnissen abgeleitet. Wir werden uns im Folgenden nicht weiter damit befassen und beschränken uns auf Newtonsche Fluide.

Die Viskosität μ eines Newtonschen Fluids steht in direktem Zusammenhang mit den Wechselwirkungskräften zwischen den Molekülen des strömenden Mediums. Betrachten wir die Wechselwirkungskraft zweier Moleküle der Luft (Stickstoff, Sauerstoff) in Abbildung 2.3, so ist diese bei großem Abstand r der Moleküle durch die negative Anziehung und bei geringen Molekularabständen durch die positive Abstoßung gekennzeichnet. Die Anziehungskraft zwischen den Molekülen resultiert aus der Van der Waals Wechselwirkung, deren Ursache mit den, durch die Verformung der Elektrohüllen verursachten Dipolmomenten zu erklären ist. Die nahezu exponentielle Abstoßung hat ihre Ursache in der elektrostatischen Abstoßung der gleichgeladenen Elektronenhüllen der Moleküle. Bei einem durch die Eigenbewegung der Moleküle verursachten Stoß zweier Moleküle werden diese sich zunächst anziehen und dann entsprechend der exponentiellen Abstoßungskraft stark abstoßen. Diese Wechselwirkung der 10^{23} Moleküle pro Mol der betrachteten Luft verursacht neben der Reibung auch die Wärmeleitung und Diffusion im strömenden Fluid. Da die Eigenbewegung der Moleküle und damit deren Stoßwahrscheinlichkeit von der Temperatur T und Druck p abhängen, ergibt sich damit auch eine Temperatur- und Druckabhängigkeit der Zähigkeit μ.

Die Abbildung 2.4 zeigt den qualitativen Verlauf der Temperaturabhängigkeit für Flüssigkeiten und Gase bei konstantem Druck. In Flüssigkeiten nimmt die kinematische Zähigkeit μ mit steigender Temperatur ab, während sie in Gasen zunimmt. Die Zähigkeit von Flüssigkeiten und Gasen nimmt mit wachsendem Druck zu.

An diesen kurzen Exkurs in die Molekülphysik schließt sich die Begründung für die bereits eingeführte Randbedingung an festen Wänden an. Die Haftbedingung $\vec{v} = 0$ ergibt sich

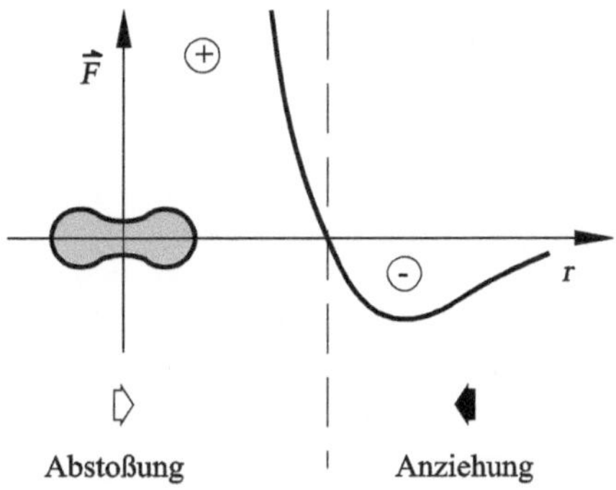

Abb. 2.3: Intermolekulare Wechselwirkungskraft $\vec{F}$

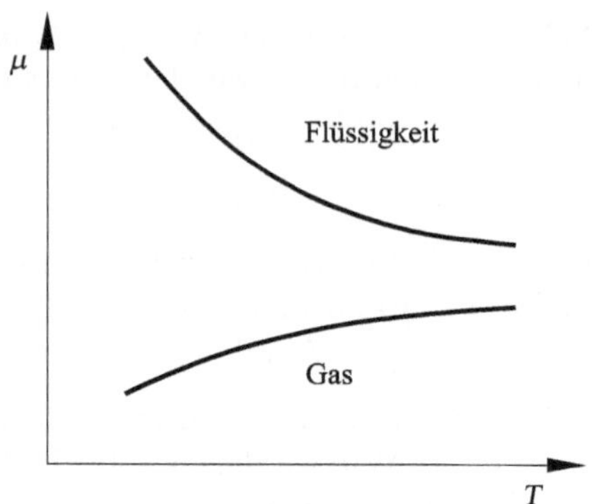

Abb. 2.4: Temperaturabhängigkeit der dynamischen Zähigkeit μ

aus dem Umstand, dass die Wechselwirkungskraft zwischen den Molekülen des Fluids und dem Kristallgitter der festen Oberfläche wesentlich größer ist als zwischen den Fluidmolekülen untereinander. Damit bleibt bei kontinuumsmechanischen Bedingungen, die wir ausschließlich in diesem Lehrbuch behandeln, jedes Fluidmolekül beim Stoß mit einer festen Wand haften.

In Analogie zur Reibung lässt sich der Energietransport durch **Wärmeleitung** entwickeln. Dem linearen Geschwindigkeitsprofil $u(z)$ der Couette-Strömung entspricht in Abbildung 2.5 das lineare Temperaturprofil $T(z)$ in einer ruhenden Fluidschicht zwischen zwei horizontalen Platten mit der Temperatur T_1 und T_2. Der Schubspannung τ entspricht der Wärmestrom $\dot{q}$, der die übertragene Wärmemenge pro Zeiteinheit $\dot{Q}$ pro Fläche A ist.

$$\tau = \frac{|\vec{\boldsymbol{F}}|}{A} = \mu \cdot \frac{\mathrm{d}u}{\mathrm{d}z} \quad , \qquad \dot{q} = \frac{\dot{Q}}{A} = -\lambda \cdot \frac{\mathrm{d}T}{\mathrm{d}z} \quad . \tag{2.3}$$

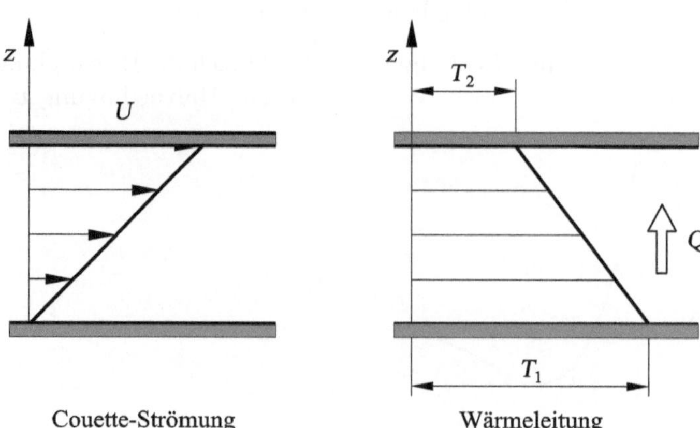

Abb. 2.5: Analogie zwischen Reibung und Wärmeleitung

Der Wärmestrom $\vec{q}$ schreibt sich nach dem Fourierschen Gesetz

$$\vec{q} = -\lambda \cdot \nabla T \quad . \tag{2.4}$$

Für den betrachteten eindimensionalen Fall entspricht $\mathrm{d}T/\mathrm{d}z$ dem Geschwindigkeitsgradienten $\mathrm{d}u/\mathrm{d}z$. Diese Analogie gilt nur für den eindimensionalen Fall. Für die dreidimensionale Strömung haben wir bereits ausgeführt, dass die Schubspannung τ_{ij} ein Tensor mit 9 Komponenten, $\vec{q}$ jedoch ein Vektor ist.

Führen wir die kinematische Zähigkeit mit

$$\nu = \frac{\mu}{\rho} \quad \left[\frac{L^2}{T}\right] \quad \left\{\frac{m^2}{s}\right\}$$

ein, so lässt sich mit der Temperaturleitfähigkeit $a = \lambda/(\rho \cdot c_p)$ die die gleiche Dimension wie ν besitzt, eine dimensionslose Kennzahl einführen

$$Pr = \frac{\nu}{a} \quad .$$

Die **Prandtl-Zahl** $\boldsymbol{Pr}$ beschreibt das Verhältnis von Impulstransport (Reibung) und Energietransport (Wärmeleitung) im betrachteten Fluid. Gase haben die Prandtl-Zahl 0.71, Wasser 6.7, Öle einige Tausend.

Ganz entsprechend lässt sich die Massendiffusion (Massentransport) im Fluid behandeln. Massendiffusion tritt ein, wenn sich zwei Medien mit den Partialdichten ρ_{i} $(\mathrm{i} = 1, 2)$ aufgrund eines Konzentrationsgradienten durchmischen. Die Konzentrationen der beiden Komponenten sind dabei $C_{\mathrm{i}} = \rho_{\mathrm{i}}/\rho$ mit der Gesamtdichte ρ des Gemisches. In Analogie zur Reibung und Wärmeleitung postulieren wir, dass der Massenfluss pro Zeiteinheit $\vec{\dot{m}}_{\mathrm{i}}$ sich für die Spezies i schreibt

$$\frac{\vec{\dot{m}}_{\mathrm{i}}}{A} = -D \cdot \nabla(\rho_{\mathrm{i}}) \quad ,$$

mit dem Diffusionskoeffizienten $D[L^2/T]\{m^2/s\}$. Das Ficksche Gesetz schreibt sich mit den Massenkonzentrationen C_{i}

$$\frac{\vec{\dot{m}}_{\mathrm{i}}}{A} = -D \cdot \nabla(\rho \cdot C_{\mathrm{i}}) \quad .$$

Entsprechend der Prandtl-Zahl lassen sich für die Massendiffusion die dimensionslose **Schmidt-Zahl** $\boldsymbol{Sc}$ und die **Lewis-Zahl** $\boldsymbol{Le}$ definieren:

$$Sc = \frac{\nu}{D} \quad , \qquad Le = \frac{D}{a} \quad .$$

Die Schmidt-Zahl beschreibt das Verhältnis Impulstransport und Massendiffusion, die Lewis-Zahl das Verhältnis Massendiffusion und Energietransport.

2.1.2 Thermodynamische Eigenschaften

Die klassische Thermodynamik, die in der Grundvorlesung vermittelt wird, kann nicht ohne weiteres auf die Strömungsmechanik angewandt werden, da sich eine reibungsbehaftete Strömung nicht im thermodynamischen Gleichgewicht befindet. Jedoch ist bei den meisten technischen Anwendungen die Abweichung vom **lokalen thermodynamischen Gleichgewicht** so gering, dass sie vernachlässigt werden kann. Es gibt zwei Ausnahmen: Strömungen mit chemischen Reaktionen und sprunghafte Änderungen der thermodynamischen Zustandsgrößen, wie sie bei starken Verdichtungsstößen vorkommen, die wir in Kapitel 2.3.3 behandeln werden.

Die wichtigsten thermodynamischen Größen sind Druck p, Dichte ρ, Temperatur T, Entropie s, Enthalpie h und die innere Energie e. Von diesen sechs Variablen genügen zwei, um einen thermodynamischen Zustand eindeutig festzulegen, sofern diese thermodynamische Zustandsgrößen sind. Die wichtigsten Beziehungen, die wir in den folgenden Kapiteln benötigen, seien kurz erläutert.

Der **erste Hauptsatz der Thermodynamik** schreibt sich

$$\mathrm{d}E = \mathrm{d}Q + \mathrm{d}W \quad , \tag{2.5}$$

mit $\mathrm{d}E$ der Gesamtenergie des betrachteten Systems, $\mathrm{d}Q$ der zugeführten Wärme und $\mathrm{d}W$ der am System geleisteten Arbeit. Für ein ruhendes Fluid schreibt sich bei infinitesimalen Änderungen

$$\mathrm{d}W = -p \cdot \mathrm{d}V \quad , \qquad \mathrm{d}Q = T \cdot \mathrm{d}S \quad ,$$

mit dem Volumen V. Damit ergibt sich für (2.5) bezogen auf die Masseneinheit

$$\mathrm{d}e = T \cdot \mathrm{d}s + \frac{p}{\rho^2} \cdot \mathrm{d}\rho \quad . \tag{2.6}$$

Mit dem totalen Differential ergibt sich für die Änderung der inneren Energie

$$\mathrm{d}e = \frac{\partial e}{\partial s} \cdot \mathrm{d}s + \frac{\partial e}{\partial \rho} \cdot \mathrm{d}\rho$$

und damit

$$T = \left. \frac{\partial e}{\partial s} \right|_{\rho} \quad , \qquad p = \rho^2 \cdot \left. \frac{\partial e}{\partial \rho} \right|_{s} \quad .$$

Die Enthalpie ist per Definition

$$h = e + \frac{p}{\rho} \quad .$$

Mit (2.6) ergibt sich der erste Hauptsatz in der Form

$$\boxed{\mathrm{d}h = T \cdot \mathrm{d}s + \frac{1}{\rho} \cdot \mathrm{d}p} \quad . \tag{2.7}$$

Die Temperatur T und $1/\rho$ berechnen sich mit

$$T = \left. \frac{\partial h}{\partial s} \right|_{p} \quad , \qquad \frac{1}{\rho} = \left. \frac{\partial h}{\partial p} \right|_{\rho} \quad .$$

Die **thermische Zustandsgleichung** für ideale Gase schreibt sich

$$\boxed{p = R \cdot \rho \cdot T} \quad , \tag{2.8}$$

mit der stoffspezifischen Gaskonstanten R. Damit ergibt sich die Schallgeschwindigkeit a

$$a^2 = \left.\frac{\partial p}{\partial \rho}\right|_s = \kappa \cdot R \cdot T \quad , \tag{2.9}$$

mit dem dimensionslosen Verhältnis der spezifischen Wärmen κ

$$\kappa = \frac{c_p}{c_v} \quad , \qquad c_p = \left.\frac{\partial h}{\partial T}\right|_p \quad , \qquad c_v = \left.\frac{\partial e}{\partial T}\right|_v \quad . \tag{2.10}$$

Für Strömungen mit Wärmetransport wird der thermische Ausdehnungskoeffizient α benötigt:

$$\alpha = -\frac{1}{\rho} \cdot \left.\frac{\partial \rho}{\partial T}\right|_p \quad . \tag{2.11}$$

Für ideale Gase ergibt sich

$$\alpha = \frac{1}{T} \quad .$$

Flüssigkeiten haben gewöhnlich thermische Ausdehnungskoeffizienten, die kleiner als $1/T$ sind. Auch negative Werte kommen vor, wie z.B. in Wasser in der Umgebung des Gefrierpunktes. Mit dem thermischen Ausdehnungskoeffizienten lässt sich die Abhängigkeit der Enthalpie vom Druck schreiben

$$\mathrm{d}h = c_p \cdot \mathrm{d}T + (1 - \alpha \cdot T) \cdot \frac{\mathrm{d}p}{\rho} \quad . \tag{2.12}$$

Für ein ideales Gas verschwindet der zweite Term und die Enthalpie hängt ausschließlich von der Temperatur ab, $h = h(T)$.

Bei Mehrphasenströmungen, die wir in Kapitel 1.2 kennengelernt haben, sind die thermodynamischen Zustände in der Umgebung des kritischen Punktes besonders zu beachten.

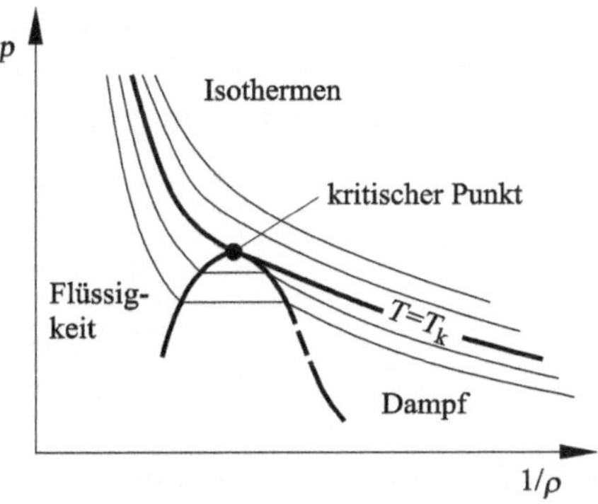

Abb. 2.6: Isothermen eines Flüssigkeits-Dampf-Gemisches

Abbildung 2.6 zeigt die Isothermen eines Flüssigkeits-Dampf-Gemisches. Das unterschiedliche thermodynamische Verhalten der Flüssigkeits- bzw. Dampfphase lässt sich mit den unterschiedlichen intermolekularen Wechselwirkungskräften erklären. Wird ein Gas isotherm komprimiert, bleibt die mittlere Translationsenergie der Moleküle konstant und der mittlere Abstand benachbarter Moleküle nimmt ab. Wird das spezifische Volumen $1/\rho$ des Gases so klein, dass der mittlere Abstand nur einige Moleküldurchmesser beträgt, werden die anziehenden Kräfte zwischen den Molekülen signifikant. Unterschreitet die Temperatur einen kritischen Wert T_k, verursacht eine weitere Verringerung des spezifischen Volumens einen instabilen Zustand, indem die Moleküle sich außerhalb des Bereiches der intermolekularen anziehenden Wechselwirkungskräfte befinden und deshalb beginnen, Molekülkluster zu bilden.

Dieser Zwischenzustand zwischen Flüssigkeits- und Gasphase ist gegen kleinste Störungen instabil. Geringfügige Erhöhung des Drucks führt entweder zur vollständigen Kondensation in die homogene Flüssigkeit mit entsprechend großer Dichte oder ein kleiner Druckabfall führt in die homogene Dampfphase mit entsprechend geringer Dichte. Den nahezu konstanten Druck in der Übergangsphase nennt man den gesättigten Dampfdruck.

Bei Temperaturen oberhalb der kritischen Temperatur T_k wird die Translationsenergie der Moleküle so groß, dass die Bildung von Molekülklustern verhindert wird. Es ergibt sich ein kontinuierlicher Übergang entlang der Isotherme von der Gasphase zur Flüssigkeitsphase bei geringer werdendem spezifischen Volumen. In diesem Temperaturbereich beschreibt die Van der Waals-Gleichung den thermodynamischen Zustand realer Gase:

$$p = \frac{R \cdot \rho \cdot T}{1 - \mathrm{b} \cdot \rho} - \mathrm{c} \cdot \rho^2 \quad , \tag{2.13}$$

wobei b und c entlang der Isothermen Konstanten sind, die das Eigenvolumen der Moleküle und die Wechselwirkungskräfte zwischen den Molekülen charakterisieren.

2.1.3 Oberflächenspannung

Eine weitere Eigenschaft der Fluide ist die **Oberflächenspannung** σ von Flüssigkeiten und die Grenzflächenspannung zwischen verschiedenen Flüssigkeiten bzw. Flüssigkeiten und Festkörpern. Die Temperaturabhängigkeit der Oberflächenspannung kann ebenfalls Strömungen verursachen. Das Auftreten der Oberflächen- und Grenzflächenspannungen erklärt sich wiederum mit den Wechselwirkungskräften zwischen den Molekülen. In Abbildung 2.7 sind die Kräfte eines Moleküls in einer Flüssigkeit und eines Moleküls an der Grenzfläche zwischen Flüssigkeit und Gas skizziert. Innerhalb der Flüssigkeit heben sich im Mittel die Kräfte auf das betrachtete Molekül auf, da es rundum von gleich

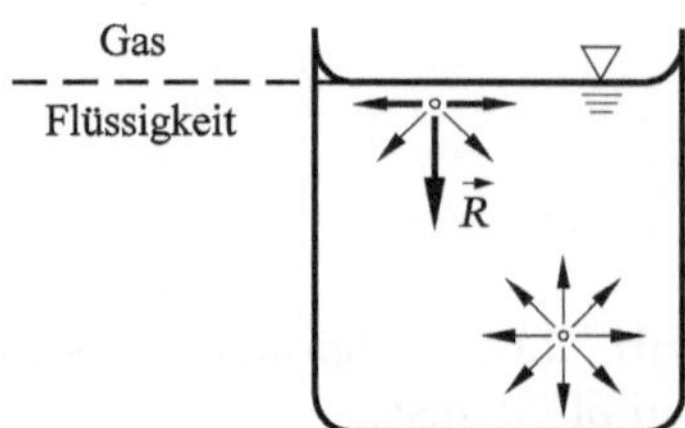

Abb. 2.7: Oberflächenspannung

vielen Partnermolekülen umgeben ist. An der Flüssigkeitsoberfläche ist die Wechselwirkung zwischen den Flüssigkeits- und Gasmolekülen wesentlich geringer als zwischen den Flüssigkeitsmolekülen. Damit ergibt sich die resultierende Kraft $\vec{R}$, die die Oberflächenspannung σ verursacht. Diese ist per Definition

$$\sigma = \frac{|\vec{F}|}{L} \quad , \tag{2.14}$$

mit der Oberflächenkraft $\vec{F}$ und der Länge der Oberfläche L. Zum Beispiel ergibt sich für die betrachtete Grenzfläche zwischen Wasser und Luft $\sigma = 7.1 \cdot 10^{-2}$ N/m bei vorgegebener Temperatur.

An einer zweifach gekrümmten Oberfläche mit den Krümmungsradien R_1 und R_2 ergibt die Kräftebilanz an der Oberfläche einen **Drucksprung**

$$\Delta p = \sigma \cdot \left(\frac{1}{R_1} + \frac{1}{R_2} \right) \quad . \tag{2.15}$$

Daraus resultiert ein höherer Druck auf der konkaven Seite der gekrümmten Oberfläche. Für eine Blase bzw. einen Tropfen ergibt sich mit $R_1 = R_2 = r$ die Druckdifferenz über die Oberfläche

$$\Delta p = \frac{2 \cdot \sigma}{r} \quad .$$

Eine Seifenblase mit einer inneren und äußeren Oberfläche besitzt im Innern der Blase den erhöhten Druck

$$\Delta p = \frac{4 \cdot \sigma}{r} \quad .$$

Diese Druckdifferenz in einem Tropfen verursacht z.B. das Auffüllen eines Loches in einer festen Oberfläche mit der Flüssigkeit. Dabei wird das Loch nur gefüllt, wenn der **Kontaktwinkel** α zwischen der Flüssigkeit und der Oberfläche kleiner als 90° ist.

Dieser Kontaktwinkel zwischen Flüssigkeit und fester Oberfläche wird durch die Energie der Grenzflächen bestimmt. Er verursacht das Heben bzw. Senken der Flüssigkeit in einer Kapillaren.

Betrachten wir in Abbildung 2.8 die Grenzflächen unterschiedlicher Flüssigkeiten z.B. auf einer Glasoberfläche, dann tritt bei einem Quecksilbertropfen keine Benetzung auf. Der

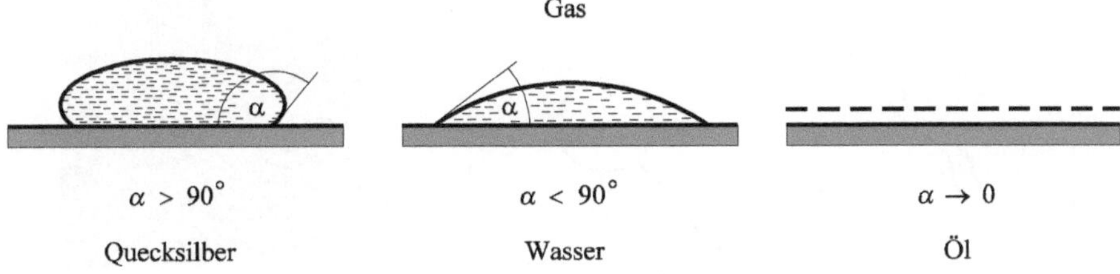

Abb. 2.8: Kontaktwinkel zwischen Festkörper, Quecksilber, Wasser, Öl und Luft

Kontaktwinkel α ist größer als 90° (etwa 150°) und die Oberflächenspannung σ des Quecksilbers ist größer als die Adhäsionskraft zwischen Quecksilber und Glas. Für einen Wassertropfen ergibt sich auf der Glasoberfläche ein Kontaktwinkel α kleiner als 90° und damit Benetzung. Die Oberflächenspannung σ des Wassers ist kleiner als die Adhäsionskraft zwischen Wasser und Glas. Bei einem Wassertropfen auf einer Wachsoberfläche tritt dagegen keine Benetzung auf und der Kontaktwinkel ist damit größer als 90°. Öl auf Glas benetzt nahezu vollständig mit $\alpha \rightarrow 0$. Die Oberflächenspannung des Öls ist verschwindend klein gegenüber der Adhäsionskraft zwischen Öl und Glas.

Die Kontaktwinkel α zwischen festen Oberflächen, Flüssigkeiten und Gas berechnen sich mit der Youngschen Gleichung

$$\sigma_{\text{fest/Gas}} = \sigma_{\text{fest/flüssig}} + \sigma_{\text{Gas/flüssig}} \cdot \cos(\alpha) \quad , \tag{2.16}$$

sofern die einzelnen Oberflächenspannungen bekannt sind.

Aufgrund der Oberflächenspannung ist die Flüssigkeit bestrebt, **Minimalflächen** zu bilden. Dies lässt sich mit dem Experiment der Abbildung 2.9 nachweisen. In eine Seifenlaugenhaut wird ein Faden mit Schlaufe eingebracht. Durchstößt man die Seifenhaut innerhalb der Schlaufe, bildet sich momentan ein Kreis aus, so dass die verbleibende Flüssigkeitsoberfläche eine minimale Fläche aufweist.

Gradienten der Oberflächenspannung $\nabla\sigma$ verursachen **Scherkräfte** in den angrenzenden Medien A und B, wie z.B. in der Grenzfläche zwischen Flüssigkeit und Gas

$$\nabla\sigma = \vec{\tau}_{\text{A}} + \vec{\tau}_{\text{B}} \quad .$$

Die Oberfläche wird sich in Richtung der höheren Oberflächenspannung bewegen und verursacht aufgrund der Schubspannungen τ_{A} und τ_{B} Strömungen in den jeweiligen Medien. Gradienten der Oberflächenspannung können durch Konzentrationsgradienten entlang der Oberfläche verursacht werden. So bewegen sich Kampferstücke auf einer Wasseroberfläche sporadisch hin und her, da die Kampfermoleküle lokal die Oberflächenspannung erniedrigen. Ein anderes Beispiel sind die *Tränen* im Wein- oder Cocktailglas. Aufgrund der Konzentrationsgradienten im Wasser-Alkohol-Gemisch steigt die Flüssigkeit am Glas auf und fließt als regelmäßige Tropfen wieder in die Flüssigkeit zurück. Dabei verursacht die Verdampfung des Alkohols eine Erniedrigung des Alkoholgehaltes und damit eine Erhöhung der Oberflächenspannung. Die Flüssigkeit wird kontinuierlich von der Mitte des Glases zum Glasrand transportiert.

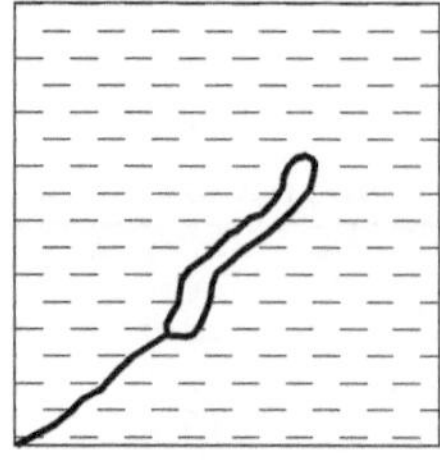
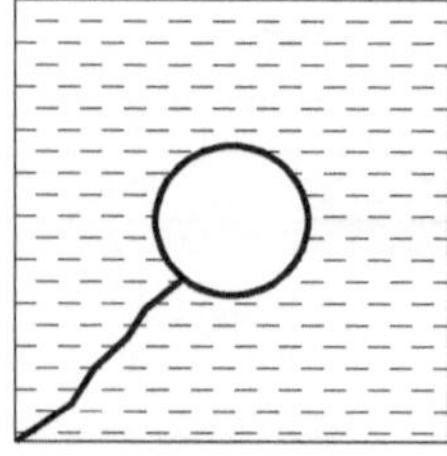
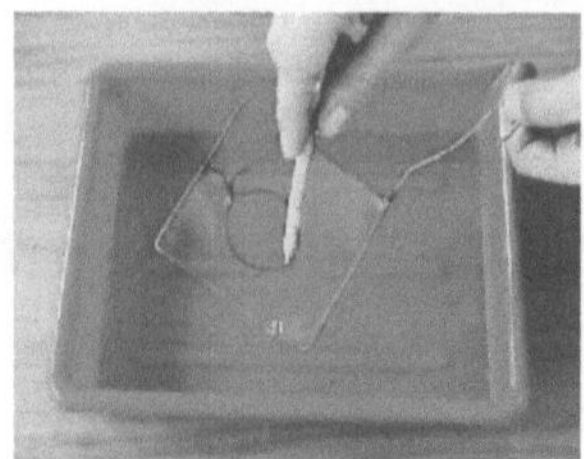

Abb. 2.9: Minimalflächen

Temperaturgradienten verursachen ebenfalls Gradienten der Oberflächenspannung, womit wir wieder zu den thermodynamischen Eigenschaften der Fluide zurückgekehrt sind. Heizt man eine mit Silikonöl benetzte dünne Metallplatte mit einem heißen Stab von unten, entsteht an der beheizten Stelle ein Loch im Ölfilm. Die Erhöhung der Temperatur führt zu einer Erniedrigung der Oberflächenspannung. Die Flüssigkeitsoberfläche bewegt sich in Richtung der kälteren Zonen mit größerer Oberflächenspannung. Ein Eisstück auf der Öloberfläche hat den entgegengesetzten Effekt. Der Flüssigkeitsfilm verursacht eine Beule in der kälteren Umgebung.

Mit dem gleichen Effekt kann man Blasen in einer Flüssigkeit transportieren, die man z.B. von einer Seite beheizt. Die kalte Seite der Blase hat eine höhere Oberflächenspannung als die warme Seite. Sie zieht deshalb Oberfläche von der warmen Blasenseite ab und bringt damit die Blase in Bewegung.

Insekten nutzen die Oberflächenspannung um sich auf der Wasseroberfläche fortzubewegen (Abbildung 2.10). Dabei profitieren sie von der fehlenden Benetzung ihrer Beine. Benetzungs- und Adhäsionskräfte spielen eine große Rolle für die Selbstreinigung von Pflanzenblättern und technischen Oberflächen. Wenn die Adhäsion eines Schmutzpartikels zur Oberfläche groß ist und Wasser dieses benetzt, so läuft das Wasser ab und der Schmutz bleibt auf der Oberfläche haften. Ist die Oberfläche wie bei vielen Pflanzenblättern durch Mikrorippen unbenetzbar, so können Schmutzpartikel von den dann abrollenden Regentropfen aufgenommen und entfernt werden. Diesen Selbstreinigungseffekt kann man z. B. bei der Auto- und Flugzeuglackierung technisch nutzen.

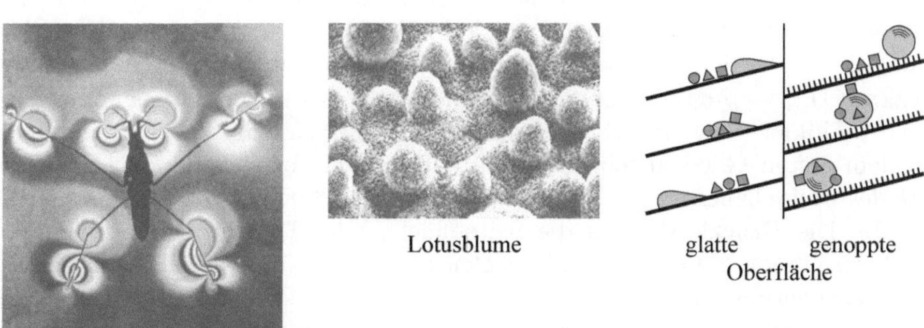

Abb. 2.10: Benetzung in Natur und Technik

2.2 Hydro- und Aerostatik

In diesem Kapitel werden die Eigenschaften und Grundgleichungen **ruhender Fluide** behandelt. Entsprechend der Einteilung in Kapitel 1.2 beschreibt die **Hydrostatik** inkompressible ruhende Fluide und die **Aerostatik** kompressible ruhende Fluide. Im Ruhezustand des Fluids treten keine Schubspannungen auf, so dass die auf ein herausgegriffenes Volumenelement wirkenden Kräfte an jeder Stelle normal zu der jeweiligen Oberfläche gerichtet sind. Damit können diese Kräfte nur Druck- oder Zugkräfte sein. In einer Flüssigkeit treten ausschließlich Druckkräfte auf. Da die Druckkraft $\vec{\boldsymbol{F}}_p$ auf ein Flächenelement A der Oberfläche mit der Größe des Flächenelements wächst. Führt man die skalare Größe Druck p als Druckkraft pro Flächeneinheit ein

$$p = \frac{|\vec{\boldsymbol{F}}_p|}{A} \quad , \text{ mit der Dimension } \quad \left[\frac{F}{L^2}\right] \quad \text{ und der Einheit } \quad \left\{\frac{N}{m^2}\right\} \quad . \tag{2.17}$$

Die Aufgabe der Hydro- und Aerostatik besteht darin, den Druck $p(x, y, z)$ an den verschiedenen Stellen des ruhenden Fluids zu bestimmen.

2.2.1 Hydrostatik

Für die Berechnung des Druckverlaufs $p(z)$ in einer ruhenden Wassersäule betrachten wir die Kräftebilanz an einem herausgegriffenen kubischen Flüssigkeitselement $\mathrm{d}V = \mathrm{d}x \cdot \mathrm{d}y \cdot \mathrm{d}z$ (Abbildung 2.11). An der Unterseite des Flüssigkeitselements herrsche der Druck p, also die Druckkraft $|\vec{\boldsymbol{F}}_p| = p \cdot \mathrm{d}x \cdot \mathrm{d}y$ auf das Flächenelement $\mathrm{d}x \cdot \mathrm{d}y$. Der Druck ändert sich über die Höhe des Fluidelements dz. Die Druckänderung lässt sich als Taylor-Reihe darstellen, die nach dem ersten Glied abgebrochen wird. Damit ergibt sich für den Druck auf der Oberseite des Fluidelements $(p + (\mathrm{d}p/\mathrm{d}z) \cdot \mathrm{d}z + \ldots)$ und für die Druckkraft $(p + (\mathrm{d}p/\mathrm{d}z) \cdot \mathrm{d}z) \cdot \mathrm{d}x \cdot \mathrm{d}y$. Die Druckkräfte auf die Seitenflächen des Fluidelements heben sich auf, da sie in horizontalen Schnitten rundum gleich groß sind und jeweils senkrecht auf die Oberflächenelemente wirken. Zusätzlich wirkt die Gravitation $|\vec{\boldsymbol{G}}| = \mathrm{d}m \cdot g = \rho \cdot \mathrm{d}V \cdot g = \rho \cdot g \cdot \mathrm{d}x \cdot \mathrm{d}y \cdot \mathrm{d}z$ auf den Massenmittelpunkt des Fluidelements.

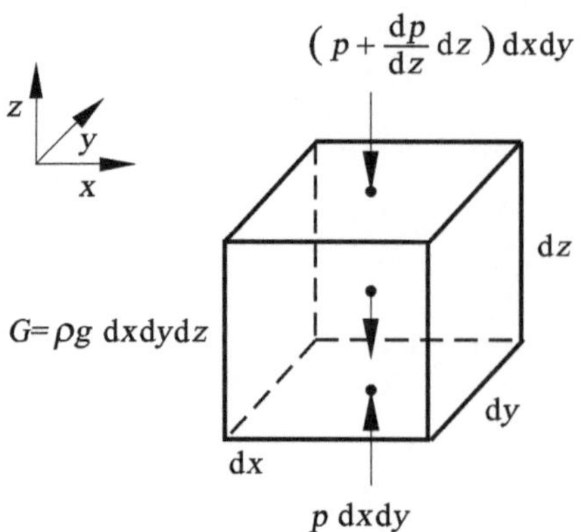

Abb. 2.11: Kräftegleichgewicht am ruhenden Fluidelement

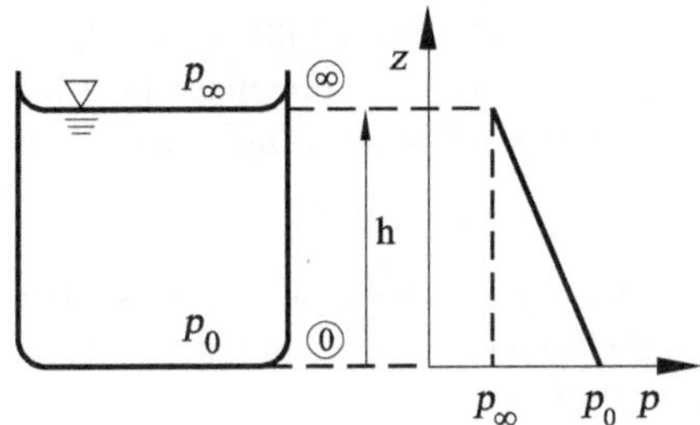

Abb. 2.12: Linearer Druckverlauf im Schwerefeld

Das Kräftegleichgewicht am ruhenden Fluidelement ergibt damit

$$p \cdot \mathrm{d}x \cdot \mathrm{d}y - (p + \frac{\mathrm{d}p}{\mathrm{d}z} \cdot \mathrm{d}z) \cdot \mathrm{d}x \cdot \mathrm{d}y - \rho \cdot g \cdot \mathrm{d}x \cdot \mathrm{d}y \cdot \mathrm{d}z = 0 \quad .$$

Dividieren wir die Gleichung durch das Fluidelement $\mathrm{d}V = \mathrm{d}x \cdot \mathrm{d}y \cdot \mathrm{d}z$ erhalten wir die **Hydrostatische Grundgleichung** für die durch die Gravitation hervorgerufene Druckänderung in einer Wassersäule

$$\boxed{\frac{\mathrm{d}p}{\mathrm{d}z} = -\rho \cdot g} \quad . \tag{2.18}$$

Dies ist eine gewöhnliche Differentialgleichung 1. Ordnung, die nach einmaligem Integrieren die lineare Druckverteilung

$$p(z) = -\rho \cdot g \cdot z + \mathrm{C}$$

liefert. Die Integrationskonstante C lässt sich mit der Randbedingung des gegebenen Problems bestimmen. Für den Flüssigkeitsbehälter der Abbildung 2.12 ergibt sich mit der Randbedingung $p(z = 0) = p_0$, $\mathrm{C} = p_0$ der lineare Druckverlauf

$$p(z) = p_0 - \rho \cdot g \cdot z \quad . \tag{2.19}$$

Aus dieser Beziehung lassen sich zwei wichtige Schlussfolgerungen ziehen. In Abbildung 2.13 sind drei Flüssigkeitsbehälter der gleichen Grundfläche und Höhe dargestellt. Der

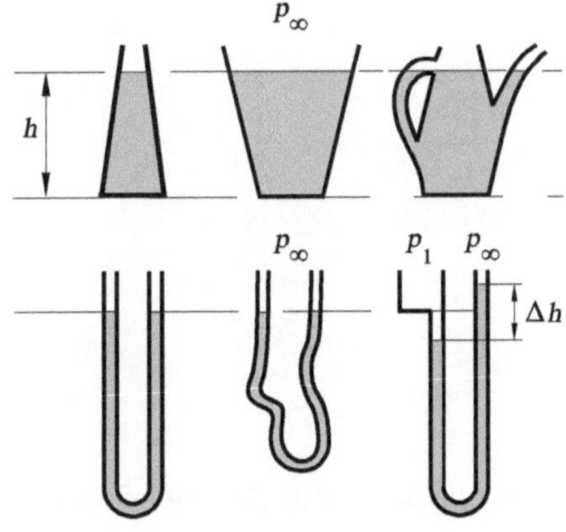

Abb. 2.13: Hydrostatisches Paradoxon, kommunizierende Röhren, U-Rohr Manometer

Druck am Boden des Behälters $p_0 = p_\infty + \rho \cdot g \cdot h$ ist in allen drei Fällen der Gleiche. Bei gleicher Bodenfläche ist auch die Druckkraft identisch, obwohl das Gewicht der Flüssigkeit in den drei Behältern verschieden ist. Diesen nach (2.19) selbstverständlichen Tatbestand nennt man das **hydrostatische Paradoxon**.

In kommunizierenden Röhren ist der Druck in beiden Schenkeln des Rohres gleich dem Außendruck p_∞. Damit müssen sich beide Flüssigkeitsspiegel auf gleicher Höhe befinden, da der Druck nach (2.19) eindeutig von der Höhe abhängt.

Ein U-Rohr kann auch als Druckmanometer benutzt werden. Schließt man im rechten Bild der Abbildung 2.13 das eine Ende des U-Rohres an einen mit Gas gefüllten Druckbehälter mit dem Überdruck p_1 an, so stellt sich in den beiden U-Rohr-Schenkeln eine Höhendifferenz Δh der beiden Flüssigkeitsspiegel ein. Da die Dichte des Gases ρ_G wesentlich kleiner als die Dichte der Flüssigkeit ρ_F ist, schreibt sich mit (2.19)

$$p_1 = p_\infty + \rho_F \cdot g \cdot \Delta h \quad . \tag{2.20}$$

Misst man Δh, kann der Überdruck p_1 im Gasbehälter mit (2.20) berechnet werden.

Aus der Lösung der hydrostatischen Grundgleichung lässt sich eine weitere Schlussfolgerung ziehen, die man das **Archimedische Prinzip** nennt. **Bei einem vollständig in eine Flüssigkeit eingetauchten Körper des Volumens V_K ist die Auftriebskraft $|\vec{F}_A|$ gleich dem Gewicht $|\vec{G}|$ der verdrängten Flüssigkeit**. Zur Ableitung dieses Satzes betrachten wir in Abbildung 2.14 ein kubisches Fluidelement der Grundfläche dA und der Höhe Δh, das vollständig in die Flüssigkeit der Dichte ρ_F eingetaucht ist.

Der Druck p_2 an der Körperunterseite ist aufgrund der hydrostatischen Druckverteilung größer als der Druck p_1 an der Körperoberseite. Aus der Differenz der zugehörigen Druckkräfte $\vec{F}_2$ und $\vec{F}_1$ resultiert eine vertikal nach oben gerichtete Auftriebskraft $\vec{F}_A$. Der Betrag dieser Auftriebskraft berechnet sich

$$d|\vec{F}_A| = |\vec{F}_2| - |\vec{F}_1| = p_2 \cdot dA - p_1 \cdot dA = (p_2 - p_1) \cdot dA \quad .$$

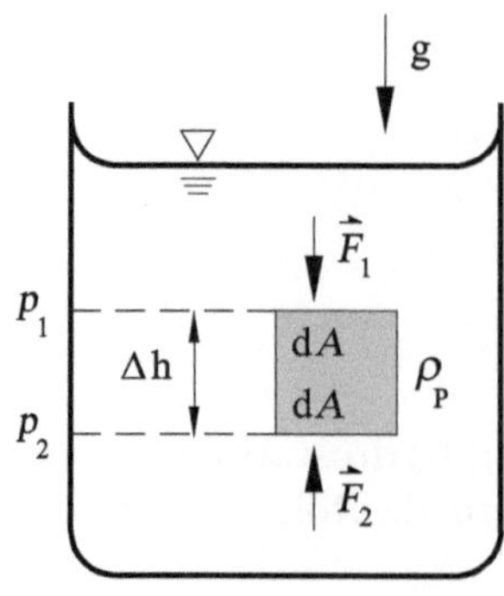

Abb. 2.14: Prinzipskizze zur Auftriebskraft

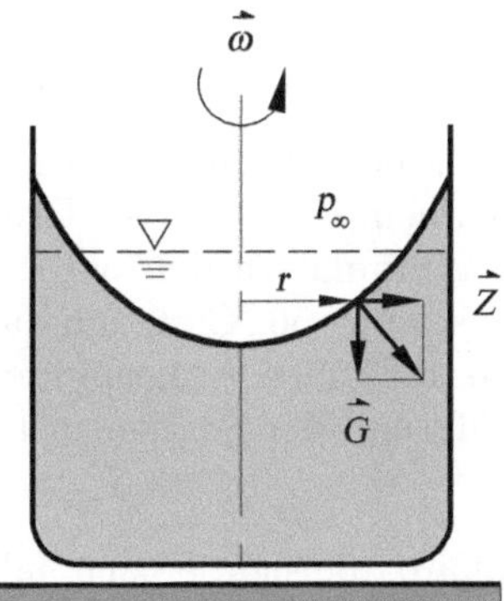

Abb. 2.15: Druck in einer rotierenden Flüssigkeit

Mit der Lösung der hydrostatischen Grundgleichung (2.19) $p_2 = p_1 + \rho_F \cdot g \cdot \Delta h$ folgt

$$d|\vec{F}_A| = \rho_F \cdot g \cdot \Delta h \cdot dA = \rho_F \cdot g \cdot dV_K \quad \Longrightarrow \quad |\vec{F}_A| = \int_{V_K} \rho_F \cdot g \cdot dV_K = \rho_F \cdot g \cdot V_K \quad ,$$

$$\boxed{\text{Auftriebskraft } |\vec{F}_A| = \rho_F \cdot g \cdot V_K} \quad . \tag{2.21}$$

In einem mit der konstanten Winkelgeschwindigkeit $\vec{\omega}$ **rotierenden Flüssigkeitsbehälter** (Abbildung 2.15) wirkt neben der Gravitation $\vec{G}$ zusätzlich die Zentrifugalkraft $\vec{Z}$. Diese hat zur Folge, dass die ohne Rotation horizontale Flüssigkeitsoberfläche sich zu einer parabolischen Oberfläche verformt. Dabei steht die Wasseroberfläche immer senkrecht auf der wirkenden resultierenden Kraft. Für einen mitrotierenden Beobachter ist die Flüssigkeit in Ruhe, so dass die hydrostatische Grundgleichung (2.18) um die radial wirkende Zentrifugalkraft $\vec{Z}$ zu ergänzen ist. Der Betrag der Zentrifugalkraft für ein Fluidelement dV ist

$$|\vec{Z}| = \rho \cdot dV \cdot \omega^2 \cdot r \quad ,$$

mit $r^2 = x^2 + z^2$. Damit ergibt die Integration der hydrostatischen Grundgleichung für die gleichmäßig rotierende Flüssigkeit

$$p = p_0 + \frac{1}{2} \cdot \rho_F \cdot \omega^2 \cdot r^2 - \rho_F \cdot g \cdot z \quad . \tag{2.22}$$

In vertikaler Richtung nimmt der Druck wie in einer nicht rotierenden Flüssigkeit linear mit der Höhe z ab. In horizontaler Richtung nimmt er quadratisch mit der Entfernung von der Drehachse zu. An der Flüssigkeitsoberfläche ergibt sich mit $p = p_0$

$$p_0 = p_0 + \frac{1}{2} \cdot \rho_F \cdot \omega^2 \cdot r^2 - \rho_F \cdot g \cdot z \quad .$$

Daraus resultiert für die Flüssigkeitsoberfläche die Gleichung eines Rotationsparaboloiden

$$z = \frac{\omega^2 \cdot r^2}{2 \cdot g} \quad .$$

2.2.2 Aerostatik

Als wichtigstes Beispiel der Aerostatik behandeln wir den Druck-, Dichte- und Temperaturverlauf in der Atmosphäre. Der Abbildung 2.16 entnehmen wir, dass der Druck p in der Erdatmosphäre mit wachsender Höhe kontinuierlich abnimmt. In den unterschiedlichen Atmosphärenschichten nimmt die Temperatur zunächst auf $-56\,^\circ$C ab, um dann aufgrund chemischer Prozesse der Luft wieder anzusteigen. In der hohen Atmosphäre nimmt die Temperatur erneut mit der Höhe ab, um schließlich aufgrund der Sonneneinstrahlung in sehr großen Höhen wieder anzusteigen.

Den unteren Bereich der Atmosphäre nennt man Troposphäre, die sich je nach Jahreszeit bis 9 bzw. 11 km Höhe ausdehnt. Mit der Temperatur- und Druckabnahme ist nach der idealen Gasgleichung der Luft (2.8) eine Abnahme der Dichte verknüpft. Damit ist kalte, schwere Luft über der warmen, leichten Luft geschichtet. Diese Luftschichtung nennt man thermisch instabil. Sie führt zum Ablauf des Wetters in der Troposphäre.

Es schließt sich die Stratosphäre in einer Höhe zwischen 11 und 47 km an, in der die Temperatur zunächst konstant bleibt und dann mit wachsender Höhe wieder ansteigt. In dieser Atmosphärenschicht bildet sich die Ozonschicht aus, die die UV-Strahlung der Sonne absorbiert und damit zu einer Temperaturzunahme führt. Die Stratosphäre ist thermisch stabil, da sich jetzt warme, leichte Luft über der kalten, schweren schichtet. Dies ist der Grund, warum Verkehrsflugzeuge unabhängig vom Wettergeschehen in der stabilen unteren Stratosphäre fliegen. Sie werden lediglich von den in Kapitel 1.1 beschriebenen Jet-Winden beeinträchtigt.

In Höhen zwischen 47 und 86 km verursacht die in der Mesosphäre dominante Luftchemie erneut eine thermisch instabile Temperaturabnahme. Damit verbunden ist eine geringere Dichteabnahme der Luft mit zunehmender Höhe. In dieser relativ größeren Luftdichte

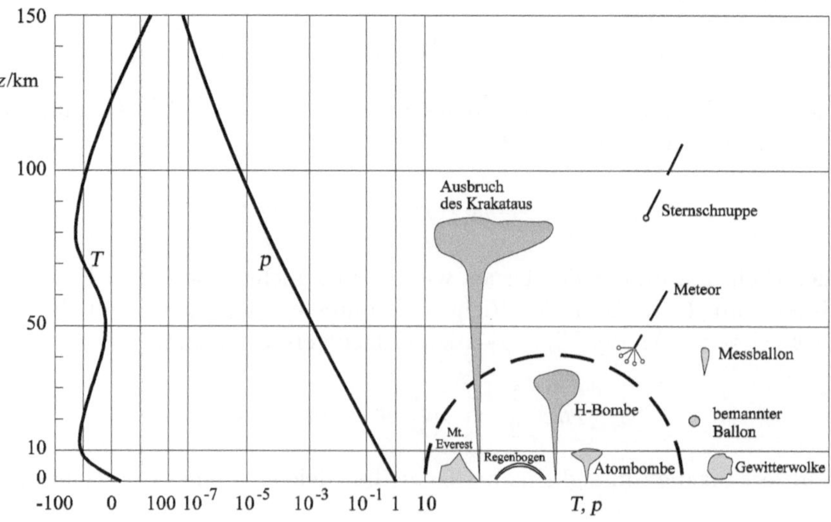

Abb. 2.16: Temperatur- und Druckverteilung in der Atmosphäre

verglühen kleine Meteore und werden als Sternschnuppen sichtbar. Auch der Staub von Vulkanausbrüchen kann bis in diese Höhen aufsteigen, wo er die Luftchemie über Jahrzehnte beeinträchtigen kann.

In Höhen größer als 87 km folgt der Übergang zur Ionosphäre, in der die hochenergetischen Sonnen- und Teilchenstrahlen zur Ionisation der Luftmoleküle führen. Dies hat wiederum eine thermisch stabile Temperaturerhöhung mit steigender Höhe zur Folge. Die stabile Temperatur- und Dichteschichtung der Ionosphäre sorgt letztendlich dafür, dass die Erdatmosphäre die Erde nicht verläßt. Die elektrisch geladenen Teilchen führen zu elektrischen Strömen in der Ionosphäre, die bekanntlich den kurzwelligen Funkverkehr beträchtlich stören können.

Wir beschränken uns in diesem Kapitel auf die untere Atmosphäre (Troposphäre und untere Stratosphäre), in der sich 99 % der Atmosphärenmasse befindet und deren Temperatur-, Dichte- und Druckverläufe als sogenannte **US-Standardatmosphäre** im Internet abgerufen werden können.

http://aero.stanford.edu/StdAtm.html

Der standardisierte Temperaturverlauf ist in Abbildung 2.17 dargestellt. In der Troposphäre nimmt die Temperatur linear ab

$$T(z) = T_0 + a \cdot (z - z_0) \quad , \tag{2.23}$$

mit $T_0 = 288.15\,\mathrm{K}$ am Erdboden $z_0 = 0$, der Konstanten $a = -6.5 \cdot 10^{-3}\,\mathrm{K/m}$ und dem Luftdruck am Erdboden $p_0 = 1.013 \cdot 10^5\,\mathrm{N/m^2}$.

In der unteren Stratosphäre wird die Temperatur als konstant angenommen

$$T = T_1 = 216.65\,\mathrm{K} = \text{konst.} \quad , \qquad \text{mit} \qquad p(z = z_1 = 11\,\mathrm{km}) = p_1 \quad . \tag{2.24}$$

Für die vorgegebene Temperaturverteilung liefert uns die **Aerostatische Grundgleichung** den dazugehörigen Druck- und Dichteverlauf $p(z)$, $\rho(z)$. Ausgangspunkt ist wiederum die hydrostatische Grundgleichung (2.18)

$$\frac{\mathrm{d}p}{\mathrm{d}z} = -\rho(z) \cdot g \quad .$$

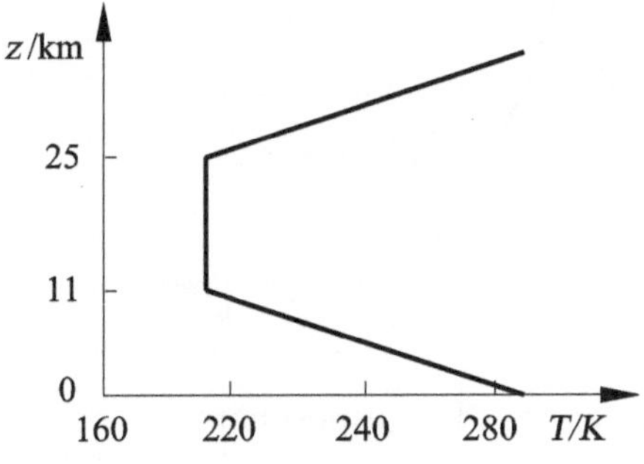

Abb. 2.17: Standardisierter Temperaturverlauf in der Troposphäre und unteren Stratosphäre (US-Standardatmosphäre)

Die Dichte ρ ist nunmehr eine Funktion der Höhenkoordinate z. Mit der thermischen Zustandsgleichung idealer Gase (2.8)

$$p = R \cdot \rho \cdot T \quad \Longrightarrow \quad \rho(z) = \frac{p(z)}{R \cdot T(z)} \quad ,$$

folgt die aerostatische Grundgleichung

$$\boxed{\frac{\mathrm{d}p}{p} = -\frac{g}{R} \cdot \frac{\mathrm{d}z}{T}} \quad . \tag{2.25}$$

Diese ist wiederum eine gewöhnliche Differentialgleichung 1. Ordnung, die mit einer Randbedingung und vorgegebener Temperaturverteilung eindeutig lösbar ist.

Für den Temperaturverlauf der Troposphäre (2.23) erhält man

$$\mathrm{d}z = \frac{1}{a} \cdot \mathrm{d}T \quad .$$

Substitution von $\mathrm{d}z$ in (2.25) und Integration der aerostatischen Grundgleichung ergibt

$$\frac{\mathrm{d}p}{p} = -\frac{g}{R \cdot a} \cdot \frac{\mathrm{d}T}{T} \Longrightarrow \int_{p_0}^{p} \frac{\mathrm{d}p}{p} = -\frac{g}{R \cdot a} \cdot \int_{T_0}^{T} \frac{\mathrm{d}T}{T} \Longrightarrow [\ln(p)]_{p_0}^{p} = -\frac{g}{R \cdot a} [\ln(T)]_{T_0}^{T} \quad ,$$

$$\ln\left(\frac{p(z)}{p_0}\right) = -\frac{g}{R \cdot a} \cdot \ln\left(\frac{T(z)}{T_0}\right) \Longrightarrow \frac{p(z)}{p_0} = \exp\left[-\frac{g}{R \cdot a} \cdot \ln\left(\frac{T(z)}{T_0}\right)\right] = \left(\frac{T(z)}{T_0}\right)^{-\frac{g}{R \cdot a}} ,$$

$$\boxed{p(z) = p_0 \cdot \left(\frac{T(z)}{T_0}\right)^{-\frac{g}{R \cdot a}}} \quad , \tag{2.26}$$

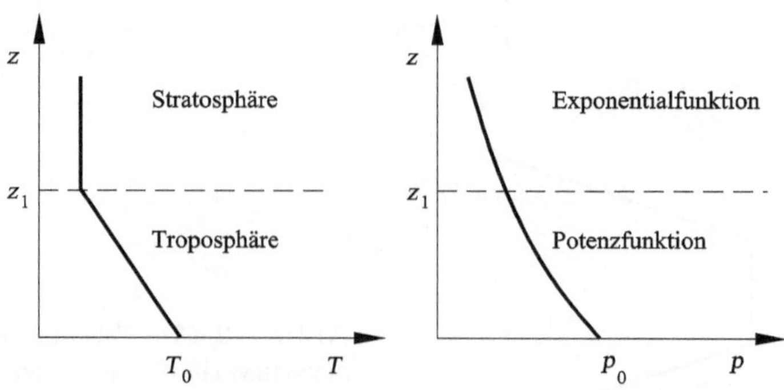

Abb. 2.18: Temperatur- und Druckverlauf in der Standardatmosphäre

$\rho(z)$ folgt aus $p(z)$ mit Hilfe der Zustandsgleichung für ideale Gase

$$R = \frac{p(z)}{\rho(z) \cdot T(z)} = \frac{p_0}{\rho_0 \cdot T_0} \Longrightarrow \frac{p(z)}{p_0} = \frac{\rho(z) \cdot T(z)}{\rho_0 \cdot T_0} \Longrightarrow \frac{\rho(z)}{\rho_0} = \frac{T_0}{T(z)} \cdot \left(\frac{T(z)}{T_0}\right)^{-\frac{g}{R \cdot a}} \quad ,$$

$$\frac{\rho(z)}{\rho_0} = \left(\frac{T(z)}{T_0}\right)^{-1} \cdot \left(\frac{T(z)}{T_0}\right)^{-\frac{g}{R \cdot a}} = \left(\frac{T(z)}{T_0}\right)^{-\frac{g}{R \cdot a}-1} \quad ,$$

$$\boxed{\rho(z) = \rho_0 \cdot \left(\frac{T(z)}{T_0}\right)^{-\left(\frac{g}{R \cdot a}+1\right)}} \quad . \qquad (2.27)$$

Druck und Dichte nehmen in der Atmosphäre für die vorgegebene lineare Temperaturverteilung mit zunehmender Höhe nach den Potenzgesetzen (2.26) und (2.27) ab.

In der unteren Stratosphäre ergibt sich für den isothermen Temperaturverlauf $T = T_1$ (2.24) eine exponentielle Abnahme des Druckes.

$$\frac{1}{p} \cdot \mathrm{d}p = -\frac{g}{R \cdot T_1} \cdot \mathrm{d}z \Longrightarrow \int\limits_{p_1}^{p} \frac{1}{p} \cdot \mathrm{d}p = -\frac{g}{R \cdot T_1} \int\limits_{z_1}^{z} \mathrm{d}z \Longrightarrow [\ln(p)]_{p_1}^{p} = -\frac{g}{R \cdot T_1} [z]_{z_1}^{z} \quad ,$$

$$\ln\left(\frac{p}{p_1}\right) = -\frac{g}{R \cdot T_1} \cdot (z - z_1) \quad \Longrightarrow \quad \frac{p}{p_1} = \exp\left(-\frac{g}{R \cdot T_1} \cdot (z - z_1)\right) \quad ,$$

$$\boxed{p(z) = p_1 \cdot \exp\left(-\frac{g}{R \cdot T_1} \cdot (z - z_1)\right)} \quad . \qquad (2.28)$$

Die Ergebnisse der Druckverläufe sind in Abbildung 2.18 dargestellt. $\rho(z)$ folgt aus $p(z)$ mit der idealen Zustandsgleichung zu $\rho(z) = p(z)/(R \cdot T_1)$,

$$\boxed{\rho(z) = \frac{p_1}{R \cdot T_1} \cdot \exp\left(-\frac{g}{R \cdot T_1} \cdot (z - z_1)\right) = \rho_1 \cdot \exp\left(-\frac{g}{R \cdot T_1} \cdot (z - z_1)\right)} \quad . \qquad (2.29)$$

2.3 Hydro- und Aerodynamik, Stromfadentheorie

2.3.1 Kinematische Grundbegriffe

Bevor wir uns der Berechnung von Strömungen im Rahmen der vereinfachten **eindimensionalen Stromfadentheorie** zuwenden, wollen wir die **kinematischen Grundbegriffe** für die mathematische Beschreibung der Strömungen bereitstellen.

Die Kinematik einer Strömung beschreibt die Bewegung des Fluids ohne Berücksichtigung der Kräfte, die diese Bewegung verursachen. Das Ziel der Kinematik ist es, den Ortsvektor $\vec{x}(t)$ eines Fluidelements und damit dessen Bewegung in Abhängigkeit der Zeit t bezüglich des gewählten Koordinatensystems $\vec{x} = (x, y, z)$ für ein vorgegebenes Geschwindigkeitsfeld $\vec{v}(u, v, w)$ zu berechnen.

Verfolgen wir in Abbildung 2.19 die Bahn eines Fluidelements bzw. die Teilchenbahn eines der Strömung beigefügten Teilchens mit fortschreitender Zeit, so wird der Ausgangsort der Teilchenbewegung zur Zeit $t = 0$ mit dem Ortsvektor $\vec{x}_0 = (x_0, y_0, z_0)$ festgelegt. Zum Zeitpunkt $t_1 > 0$ hat sich das Teilchen entlang der skizzierten Bahnkurve an den Ort $\vec{x}(t_1)$ bewegt und zum Zeitpunkt $t_2 > t_1$ zum Ort $\vec{x}(t_2)$ usw. Die momentane Position $\vec{x}$ des betrachteten Teilchens ist also eine Funktion des Ausgangsortes $\vec{x}_0$ und der Zeit t. Die **Teilchenbahn** schreibt sich damit

$$\vec{x} = \vec{f}(\vec{x}_0, t) \quad .$$

Die gewöhnliche Differentialgleichung für die Berechnung der Teilchenbahn lautet für ein vorgegebenes Geschwindigkeitsfeld $\vec{v}(u, v, w)$

$$\frac{\mathrm{d}\vec{x}}{\mathrm{d}t} = \vec{v}(\vec{x}, t) \quad . \tag{2.30}$$

Dies ist nichts anderes als die wohlbekannte Definitionsgleichung der Geschwindigkeit. Für die einzelnen Geschwindigkeitskomponenten lauten die Differentialgleichungen

$$\frac{\mathrm{d}x}{\mathrm{d}t} = u(x, y, z, t) \quad , \quad \frac{\mathrm{d}y}{\mathrm{d}t} = v(x, y, z, t) \quad , \quad \frac{\mathrm{d}z}{\mathrm{d}t} = w(x, y, z, t) \quad . \tag{2.31}$$

Es handelt sich um ein System gewöhnlicher Differentialgleichungen 1. Ordnung. Die Teilchenbahn berechnet sich durch Integration dieser Differentialgleichungen mit der Anfangsbedingung $\vec{x}_0 = \vec{x}(t = 0)$.

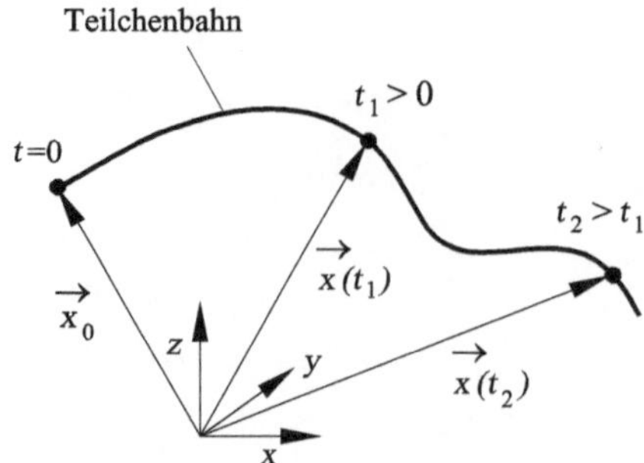

Abb. 2.19: Teilchenbahn

Für eine **stationäre Strömung** ergibt sich das Differentialgleichungssystem ohne Abhängigkeit von der Zeit t

$$\frac{\mathrm{d}\vec{x}}{\mathrm{d}t} = \vec{v}(\vec{x}) \quad . \tag{2.32}$$

Dabei ist zu beachten, dass zwar $\partial/\partial t \equiv 0$, aber das totale Differential $\mathrm{d}/\mathrm{d}t \neq 0$ ist.

Eine weitere Möglichkeit, Strömungen zu beschreiben sind **Stromlinien**. Diese zeigen zu einem bestimmten Zeitpunkt t_n das Richtungsfeld des Geschwindigkeitsvektors $\vec{v}$ an (Abbildung 2.20). Da die Tangenten an jedem Ort und zu jedem Zeitpunkt parallel zum Geschwindigkeitsvektor gerichtet sind, lautet die Bestimmungsgleichung für die Stromlinie

$$\vec{v} \times \mathrm{d}\vec{x} = 0 \quad . \tag{2.33}$$

Für die Geschwindigkeitskomponenten ergibt sich damit

$$\begin{pmatrix} u \\ v \\ w \end{pmatrix} \times \begin{pmatrix} \mathrm{d}x \\ \mathrm{d}y \\ \mathrm{d}z \end{pmatrix} = \begin{pmatrix} v \cdot \mathrm{d}z - w \cdot \mathrm{d}y \\ w \cdot \mathrm{d}x - u \cdot \mathrm{d}z \\ u \cdot \mathrm{d}y - v \cdot \mathrm{d}x \end{pmatrix} = \begin{pmatrix} 0 \\ 0 \\ 0 \end{pmatrix} \quad \Longrightarrow \quad \begin{cases} v \cdot \mathrm{d}z = w \cdot dy \\ w \cdot \mathrm{d}x = u \cdot dz \\ u \cdot \mathrm{d}y = v \cdot dx \end{cases} \quad .$$

Daraus folgt das Differentialgleichungssystem 1. Ordnung für die Stromlinie

$$\boxed{\frac{\mathrm{d}z}{\mathrm{d}y} = \frac{w(x,y,z,t)}{v(x,y,z,t)} \quad , \quad \frac{\mathrm{d}z}{\mathrm{d}x} = \frac{w(x,y,z,t)}{u(x,y,z,t)} \quad , \quad \frac{\mathrm{d}y}{\mathrm{d}x} = \frac{v(x,y,z,t)}{u(x,y,z,t)}} \quad . \tag{2.34}$$

Die Stromlinien berechnen sich wiederum durch Integration nach Trennung der Variablen. Damit sind sie Integralkurven des Richtungsfeldes des vorgegebenen Geschwindigkeitsvektors $\vec{v}$.

Im Experiment oder auch in einem berechneten Strömungsfeld lassen sich die Bahnlinien dadurch sichtbar machen, dass man ein Teilchen bzw. ein Fluidelement anfärbt. Fotografiert man das Strömungsgebiet mit langer Belichtungszeit, wird die Teilchenbahn sichtbar. Ganz entsprechend erhält man ein Bild der Stromlinien, indem man viele Teilchen markiert und das Strömungsfeld mit kurzer Belichtungszeit fotografiert. Auf dem Bild sieht man dann eine Vielzahl von kurzen Strichen, deren Richtung das Tangentenfeld des Geschwindigkeitsvektors zum Zeitpunkt der Aufnahme wiedergeben. Die Verbindungslinien der einzelnen Striche sind die Stromlinien.

Die dritte wichtige Möglichkeit der Beschreibung von Strömungen sind **Streichlinien**. Diese sind entsprechend der Abbildung 2.21 zum Zeitpunkt t_n Verbindungslinien der Orte,

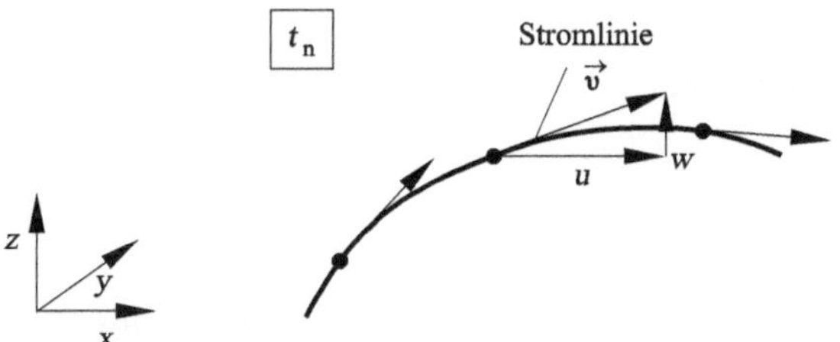

Abb. 2.20: Stromlinie

die die Teilchenbahnen aller Teilchen erreicht haben, die zu irgendeinem Zeitpunkt $t_0 < t_n$ alle den festen Ort $\vec{x}_0$ passiert haben. Gibt man am Ort $\vec{x}_0$ des Strömungsfeldes Farbe bzw. Rauch zu, so sind Momentaufnahmen der Farbfäden bzw. Rauchfahnen die Streichlinien.

Die Gleichung der Streichlinie zum Zeitpunkt t_n lautet

$$\vec{x} = \vec{x}(\vec{x}_0, t_0, t) \quad , \tag{2.35}$$

t_0 bezeichnet den Kurvenparameter und $\vec{x}_0$ den Scharparameter. Man erhält eine parameterfreie Darstellung der Streichlinie, indem man den Kurvenparameter t_0 eliminiert.

Es sei zum Beispiel aus einer Berechnung der Teilchenbahnen die folgende Gleichung bekannt:

$$\vec{x} = \vec{x}(\vec{x}_0, t_0, t) = \begin{pmatrix} (x_0 + t_0 + 1) \cdot \mathrm{e}^{(t-t_0)} - t - 1 \\ (y_0 - t_0 + 1) \cdot \mathrm{e}^{-(t-t_0)} + t - 1 \end{pmatrix} = \begin{pmatrix} x \\ y \end{pmatrix} \quad .$$

Gesucht sei die Gleichung derjenigen Streichlinie in der (x, y)-Ebene, die zum Zeitpunkt $t = 0$ durch den Punkt $(x_0, y_0) = (-1, -1)$ geht. Setzen wir den Ansatz in Gleichung (2.35) ein, ergibt sich

$$x = t_0 \cdot \mathrm{e}^{-t_0} - 1 \quad , \quad y = -t_0 \cdot \mathrm{e}^{t_0} - 1 \quad \Longrightarrow \quad x + 1 = t_0 \cdot \mathrm{e}^{-t_0} \quad , \quad y + 1 = -t_0 \cdot \mathrm{e}^{t_0} \quad ,$$

$$(x + 1) \cdot (y + 1) = -t_0^2 \quad \Longrightarrow \quad t_0 = \sqrt{-(x + 1) \cdot (y + 1)} \quad ,$$

t_0 eingesetzt in $x = t_0 \cdot \mathrm{e}^{-t_0} - 1$ ergibt eine implizite Gleichung der gesuchten Streichlinie in der (x, y)-Ebene

$$x = \sqrt{-(x + 1) \cdot (y + 1)} \cdot \mathrm{e}^{-\sqrt{(x-1) \cdot (y+1)}} - 1 \quad .$$

Für **stationäre Strömungen fallen Teilchenbahnen, Stromlinien und Streichlinien zusammen.** Bei instationären Strömungen unterscheiden sich die jeweiligen Kurven.

Kommen wir zu den Strömungsbeispielen des Einführungskapitels 1.2 zurück. Sowohl die Strömung um die waagerechte Platte als auch die Umströmung des Tragflügels und des Kraftfahrzeuges wurden als stationäre Umströmungsprobleme vorgestellt. Nun können wir

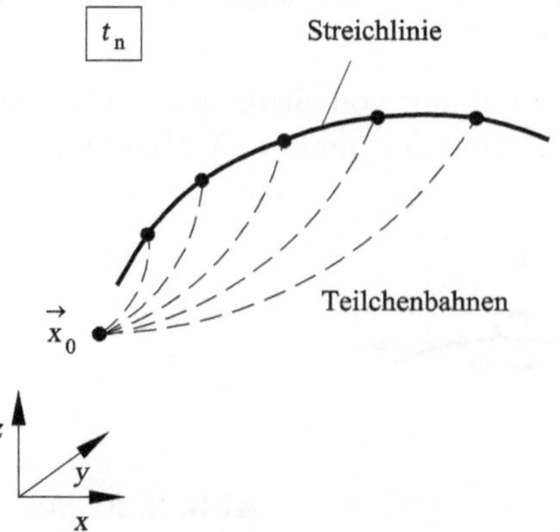

Abb. 2.21: Streichlinie

die Strömungslinien der Abbildungen 1.34, 1.39 als Teilchenbahnen bzw. Stromlinien interpretieren. Der jeweiligen Strömung im Wasserkanal werden Aluminiumflitter beigegeben, deren Momentaufnahme mit entsprechend langer Belichtungszeit die Struktur der stationären Umströmung charakterisieren. In Abbildung 1.42 wurde im Windkanal die Nachlaufströmung des Kraftfahrzeuges mit Rauch sichtbar gemacht, der in der Anströmung an einem festen Ort $\vec{x}_0$ der Strömung beigesetzt wurde. Alle Rauchteilchen haben den gleichen Ort durchlaufen, demzufolge sind Streichlinien in der Momentaufnahme visualisiert. Die Abbildung 2.22 ergänzt die Prinzipskizzen der Teilchenbahnen, Stromlinien und Streichlinien der drei Strömungsbeispiele, die für die stationären Umströmungen zusammenfallen.

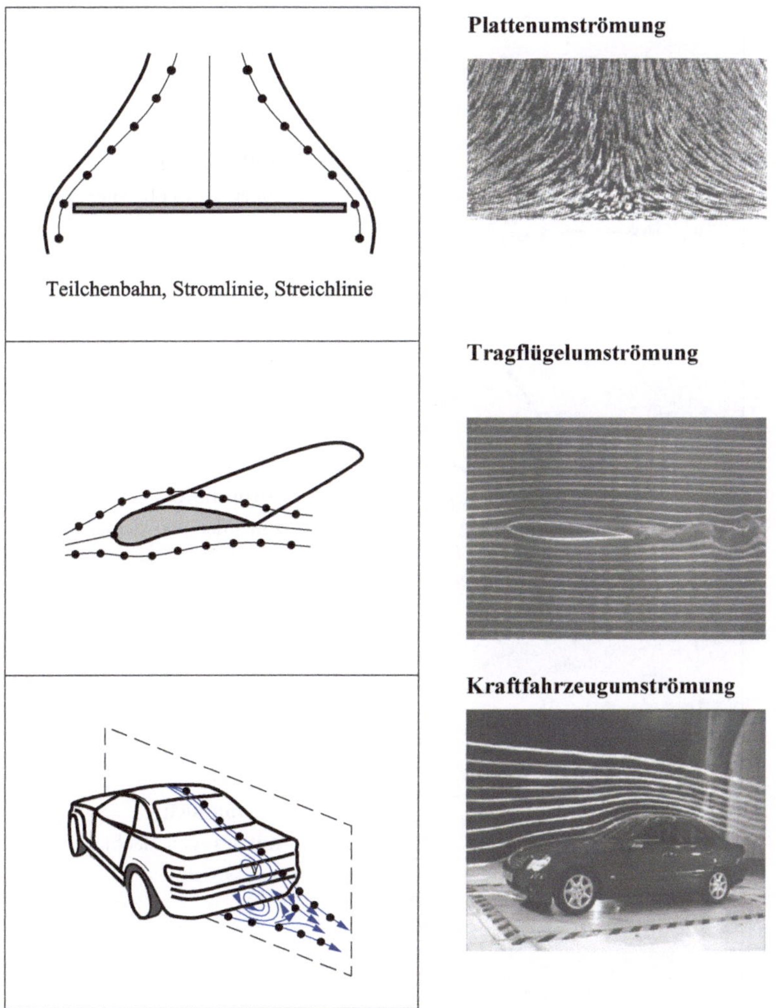

Abb. 2.22: Teilchenbahnen, Stromlinien, Streichlinien der stationären Umströmung einer senkrecht angeströmten Platte, eines Tragflügels und Kraftfahrzeuges

Für **instationäre** Strömungen unterscheiden sich die Teilchenbahnen von den Stromlinien und Streichlinien, was die Interpretation instationärer Strömungen schwierig gestaltet. Ein einfaches Strömungsbeispiel soll dies veranschaulichen. In Abbildung 2.23 bewegen wir eine Kugel mit konstanter Geschwindigkeit u_∞ durch ein ruhendes Fluid. Die Teilchenbahn durchläuft beim Vorbeibewegen der Kugel eine Schleife, während die Momentaufnahme der Stromlinien geschlossene Kurven zeigen. Dies ist das Strömungsfeld, das wir als außenstehende, ruhende Beobachter sehen. Ganz anders sieht das Stromlinienbild aus, wenn wir uns mit der Kugel mitbewegen. Wir sehen dann die konstante Anströmung u_∞ auf uns zukommen und die Strömung wird zeitunabhängig. Statt der geschlossenen Stromlinien bilden sich stationäre Stromlinien von links nach rechts verlaufend aus, die mit den Bahn- und Streichlinien zusammenfallen. Je nachdem in welchem Bezugssystem wir uns

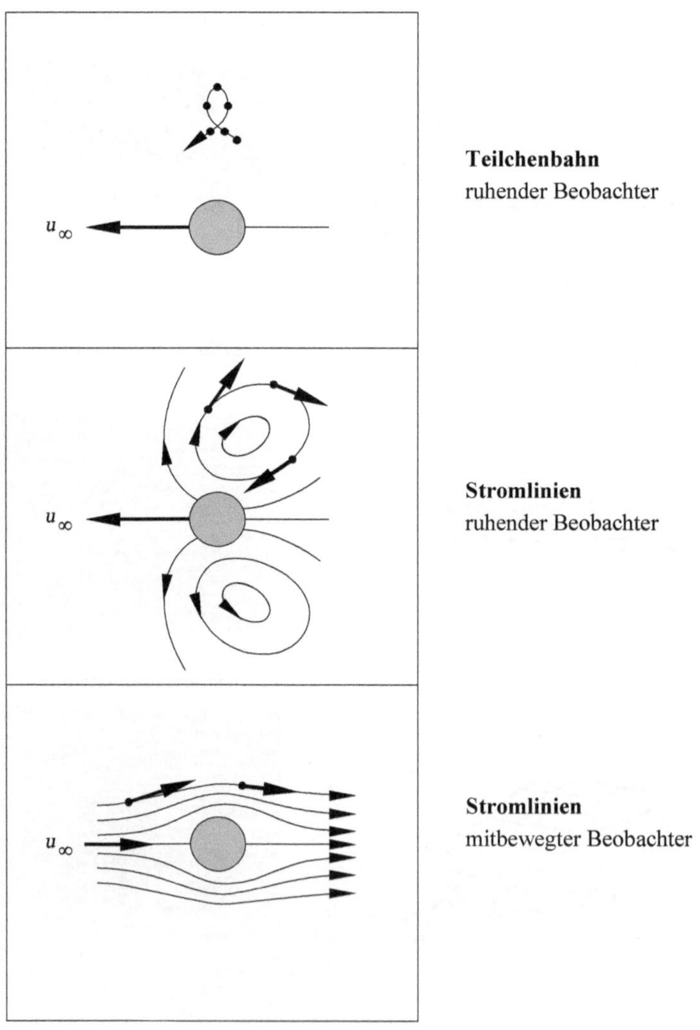

Abb. 2.23: Kugelumströmung, ruhender und mitbewegter Beobachter

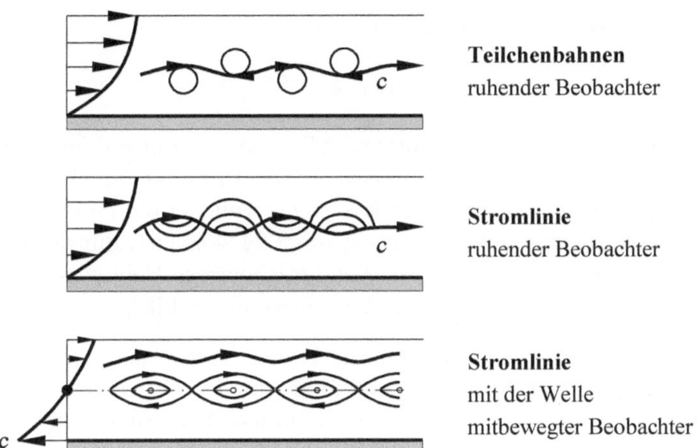

Abb. 2.24: Welle in einer Grenzschicht, ruhender und mitbewegter Beobachter

befinden, kann das Strömungsfeld also völlig anders aussehen. Physikalisch ausgedrückt heißt dies, Stromlinien und Teilchenbahnen sind **nicht invariant** beim Wechsel des **Inertialsystems** (Ortstransformation mit konstanter Translationsgeschwindigkeit).

Zwei weitere Beispiele von Scherströmungen sollen diese Erkenntnis vertiefen. Betrachten wir eine ebene **Welle** in einer Plattengrenzschichtströmung. Diese schreibt sich für die

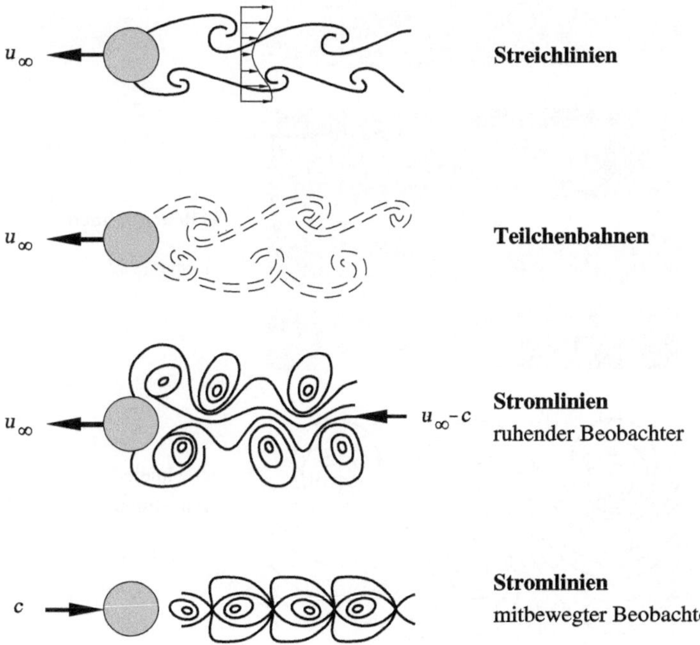

Abb. 2.25: Kármánsche Wirbelstraße, ruhender und mitbewegter Beobachter

u-Komponenten der Geschwindigkeitsauslenkung

$$u(x,z,t) = \hat{u}(z) \cdot \mathrm{e}^{\mathrm{i} \cdot (a \cdot x - w \cdot t)} \quad ,$$

mit der Amplitudenfunktion $\hat{u}(z)$, die ausschließlich eine Funktion der Vertikalkoordinate z ist, der Wellenzahl a und der Kreisfrequenz ω. Die Phasengeschwindigkeit c der Welle ist $c = \omega/a$. Der ruhende Beobachter sieht Kreise als Teilchenbahnen und Stromlinien der Welle, wie in der Momentaufnahme der Abbildung 2.24 skizziert, mit der Phasengeschwindigkeit c an sich vorbeilaufen. Der mit der Welle mitbewegte Beobachter sieht die mit der Phasengeschwindigkeit c bewegte Platte und ein Stromlinienbild, das Katzenaugen ähnelt.

Das zweite Beispiel einer Scherschichtströmung ist die Nachlaufströmung eines Zylinders, die wir bereits aus Kapitel 1.1 im Zusammenhang mit dem Einsturz der Tacoma Brücke als **Kármánsche Wirbelstraße** kennengelernt haben. Das Singen der Hochspannungsleitungen im Wind wird ebenfalls am zylindrischen Querschnitt durch die periodische Strömungsablösung der Kármánschen Wirbelstraße verursacht. Die Abbildung 2.25 zeigt zunächst die Streichlinien, Teilchenbahnen und Stromlinien des mit der konstanten Ge-

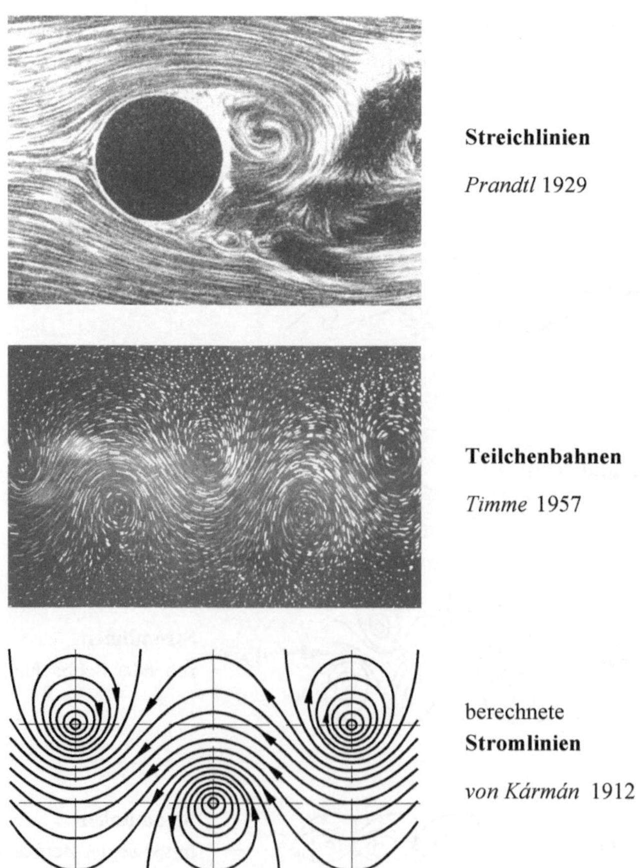

Streichlinien

Prandtl 1929

Teilchenbahnen

Timme 1957

berechnete
Stromlinien

von Kármán 1912

Abb. 2.26: Streichlinien, Teilchenbahnen, Stromlinien der Kármánschen Wirbelstraße

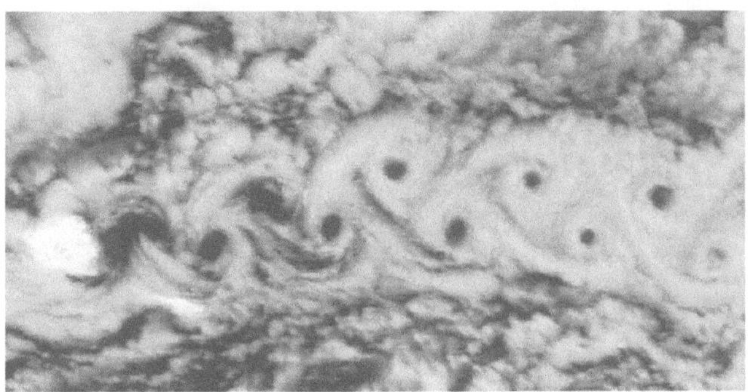

Abb. 2.27: Wolkenstraßen hinter der Insel Jan Mayen

schwindigkeit u_∞ durch das ruhende Fluid bewegten Zylinders für den ruhenden Beobachter. Der mit den periodisch stromab schwimmenden Wirbeln der Phasengeschwindigkeit c mitbewegte Beobachter sieht die Stromlinien wiederum als Katzenaugen. Die historischen Aufnahmen von *Prandtl* 1929 und *Timme* 1957 im Wasserkanal und die theoretisch berechneten Stromlinien von *von Kármán* 1912 sind in Abbildung 2.26 ergänzt. Beispiele von Streichlinien der Kármánschen Wirbelstraße zeigen die Wolkenstraßen hinter der Insel Jan Mayen in Abbildung 2.27.

Wie wir insbesondere an den Beispielen instationärer Strömungen gelernt haben, ist bereits die Beschreibung der Kinematik insbesondere instationärer Strömungen ein schwieriges Unterfangen. Es bedarf viel Übung und Erfahrung, experimentelle Ergebnisse im Windkanal bzw. Strömungssimulationen auf dem Rechner physikalisch richtig zu interpretieren. Dennoch gibt gerade die kinematische Beschreibung der Strömung einen wichtigen Einblick in die Struktur einer Strömung, deren mathematische Behandlung wir in Kapitel 4.1.3 fortsetzen werden.

Nachdem wir festgestellt haben, dass das Strömungsbild vom Bezugssystem abhängig ist, gibt es für die mathematische Beschreibung einer Strömung grundsätzlich zwei Möglichkeiten. Bei der **Eulerschen Betrachtungweise** gehen wir vom **ortsfesten** Beobachter aus. Diese Beschreibungsweise entspricht dem Vorgehen beim Einsatz eines ortsfesten Messgerätes zur Messung der lokalen Strömungsgrößen, die wir auch bei der Ableitung der strömungsmechanischen Grundgleichungen in den folgenden Kapiteln ausschließlich benutzen werden.

Die **Lagrangesche Betrachtungsweise** geht von einem teilchen- bzw. fluidelementfesten, also mitbewegten Bezugssystem aus. Der mathematische Zusammenhang beider Betrachtungsweisen ist z. B. für die Beschleunigung der Strömung $\vec{b} = \mathrm{d}\vec{v}/\mathrm{d}t = \mathrm{d}^2\vec{x}/\mathrm{d}t^2$ das **totale Differential** des Geschwindigkeitsvektors $\vec{v}(u,v,w)$. Für die u-Komponente $u(x,y,z,t)$ des Geschwindigkeitsvektors gilt:

$$\mathrm{d}u = \frac{\partial u}{\partial t} \cdot \mathrm{d}t + \frac{\partial u}{\partial x} \cdot \mathrm{d}x + \frac{\partial u}{\partial y} \cdot \mathrm{d}y + \frac{\partial u}{\partial z} \cdot \mathrm{d}z \quad .$$

Damit ergibt sich für die totale zeitliche Ableitung von u

$$\frac{\mathrm{d}u}{\mathrm{d}t} = \frac{\partial u}{\partial t} + \frac{\partial u}{\partial x} \cdot \frac{\mathrm{d}x}{\mathrm{d}t} + \frac{\partial u}{\partial y} \cdot \frac{\mathrm{d}y}{\mathrm{d}t} + \frac{\partial u}{\partial z} \cdot \frac{\mathrm{d}z}{\mathrm{d}t} \quad ,$$

mit

$$\frac{\mathrm{d}x}{\mathrm{d}t} = u \quad , \qquad \frac{\mathrm{d}y}{\mathrm{d}t} = v \quad , \qquad \frac{\mathrm{d}z}{\mathrm{d}t} = w$$

ist

$$\boxed{\underbrace{\frac{\mathrm{d}u}{\mathrm{d}t}}_{\mathbf{S}} = \underbrace{\frac{\partial u}{\partial t}}_{\mathbf{L}} + \underbrace{u \cdot \frac{\partial u}{\partial x} + v \cdot \frac{\partial u}{\partial y} + w \cdot \frac{\partial u}{\partial z}}_{\mathbf{K}}} \quad . \tag{2.36}$$

Dabei bedeuten

S Substantielle zeitliche Änderung, **Lagrangesche Betrachtung**,
L Lokale zeitliche Änderung am festen Ort,
K Konvektive räumliche Änderungen infolge von Konvektion von Ort zu Ort, Einfluss des Geschwindigkeitsfeldes $\vec{\boldsymbol{v}} = (u, v, w)$.

Die lokale zeitliche Änderung **L** und die konvektive räumliche Änderung **K** ergeben die **Eulersche Betrachtung**.

Für die Beschleunigung $\vec{\boldsymbol{b}}$ des Strömungsfeldes, die in den Bewegungsgleichungen der folgenden Kapitel benötigt werden, erhalten wir

$$\vec{\boldsymbol{b}} = \frac{\mathrm{d}\vec{\boldsymbol{v}}}{\mathrm{d}t} = \frac{\partial \vec{\boldsymbol{v}}}{\partial t} + u \cdot \frac{\partial \vec{\boldsymbol{v}}}{\partial x} + v \cdot \frac{\partial \vec{\boldsymbol{v}}}{\partial y} + w \cdot \frac{\partial \vec{\boldsymbol{v}}}{\partial z} = \frac{\partial \vec{\boldsymbol{v}}}{\partial t} + (\vec{\boldsymbol{v}} \cdot \nabla)\vec{\boldsymbol{v}} \quad , \tag{2.37}$$

mit dem Nabla-Operator $\nabla = (\partial/\partial x, \partial/\partial y, \partial/\partial z)^{\mathrm{T}}$ und $(\vec{\boldsymbol{v}} \cdot \nabla)$ dem Skalarprodukt aus dem Geschwindigkeitsvektor $\vec{\boldsymbol{v}}$ und dem Nabla-Operator ∇.

Für kartesische Koordinaten ergibt sich

$$\vec{\boldsymbol{b}} = \begin{pmatrix} b_x \\ b_y \\ b_z \end{pmatrix} = \begin{pmatrix} \dfrac{\mathrm{d}u}{\mathrm{d}t} \\ \dfrac{\mathrm{d}v}{\mathrm{d}t} \\ \dfrac{\mathrm{d}w}{\mathrm{d}t} \end{pmatrix} = \begin{pmatrix} \dfrac{\partial u}{\partial t} + u \cdot \dfrac{\partial u}{\partial x} + v \cdot \dfrac{\partial u}{\partial y} + w \cdot \dfrac{\partial u}{\partial z} \\ \dfrac{\partial v}{\partial t} + u \cdot \dfrac{\partial v}{\partial x} + v \cdot \dfrac{\partial v}{\partial y} + w \cdot \dfrac{\partial v}{\partial z} \\ \dfrac{\partial w}{\partial t} + u \cdot \dfrac{\partial w}{\partial x} + v \cdot \dfrac{\partial w}{\partial y} + w \cdot \dfrac{\partial w}{\partial z} \end{pmatrix}$$

und für $(\vec{\boldsymbol{v}} \cdot \nabla)\vec{\boldsymbol{v}}$

$$\vec{\boldsymbol{v}} \cdot \nabla = \begin{pmatrix} u \\ v \\ w \end{pmatrix} \cdot \begin{pmatrix} \dfrac{\partial}{\partial x} \\ \dfrac{\partial}{\partial y} \\ \dfrac{\partial}{\partial z} \end{pmatrix} = u \cdot \frac{\partial}{\partial x} + v \cdot \frac{\partial}{\partial y} + w \cdot \frac{\partial}{\partial z} \quad ,$$

$$(\vec{v} \cdot \nabla)\vec{v} = \left(u \cdot \frac{\partial}{\partial x} + v \cdot \frac{\partial}{\partial y} + w \cdot \frac{\partial}{\partial z}\right) \begin{pmatrix} u \\ v \\ w \end{pmatrix} = \begin{pmatrix} u \cdot \frac{\partial u}{\partial x} + v \cdot \frac{\partial u}{\partial y} + w \cdot \frac{\partial u}{\partial z} \\ u \cdot \frac{\partial v}{\partial x} + v \cdot \frac{\partial v}{\partial y} + w \cdot \frac{\partial v}{\partial z} \\ u \cdot \frac{\partial w}{\partial x} + v \cdot \frac{\partial w}{\partial y} + w \cdot \frac{\partial w}{\partial z} \end{pmatrix} \quad .$$

Im Falle einer stationären Strömung gilt, dass alle partiellen Ableitungen nach der Zeit verschwinden $\partial/\partial t = 0$, wohingegen die substantielle Ableitung nach der Zeit $\mathrm{d}/\mathrm{d}t$ durchaus ungleich Null sein kann, wenn konvektive Änderungen auftreten. Bei einer instationären Strömung gilt sowohl $\partial/\partial t \neq 0$ als auch $\mathrm{d}/\mathrm{d}t \neq 0$.

2.3.2 Inkompressible Strömungen

Bevor wir uns in Kapitel 3 mit der Ableitung der strömungsmechanischen Grundgleichungen für die in Kapitel 1.3 eingeführte Nachrechnung allgemeiner dreidimensionaler und zeitabhängiger Strömungsprobleme mit $\vec{v}(x, y, z, t)$, $p(x, y, z, t)$, $\rho(x, y, z, t)$ und $e(x, y, z, t)$ befassen, leiten wir in diesem Kapitel die **eindimensionale Stromfadentheorie** zunächst für inkompressible Strömungen ab.

Die Grundgleichungen und Methoden der eindimensionalen Stromfadentheorie werden auch heute noch in der Industrie entsprechend Kapitel 1.3 für den Vorentwurf neuer Produkte eingesetzt. Insofern lohnt es sich also, die eindimensionale Stromfadentheorie als Einstieg in die theoretische Behandlung von Strömungen abzuleiten. Die Lösungssoftware des zu behandelnden algebraischen Gleichungssystems wird in Kapitel 5.1 bereitgestellt.

Die eindimensionale Geschwindigkeitskomponente bezeichnen wir mit $c(s)$, die ausschließlich Funktion einer Koordinate s ist, die wir Stromfadenkoordinate nennen. Zur Einführung dieser eindimensionalen Stromfadenkoordinate s ist es nützlich, zunächst den Begriff der **Stromröhre** einzuführen. Bilden die Stromlinien eine geschlossene Fläche, nennt man diese Mantelfläche Stromröhre (Abbildung 2.28). Beispiele von Stromröhren sind in Abbildung 2.29 dargestellt.

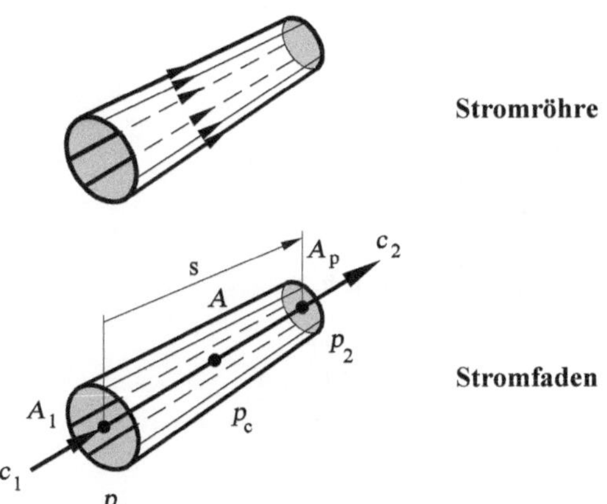

Abb. 2.28: Stromröhre und Stromfaden

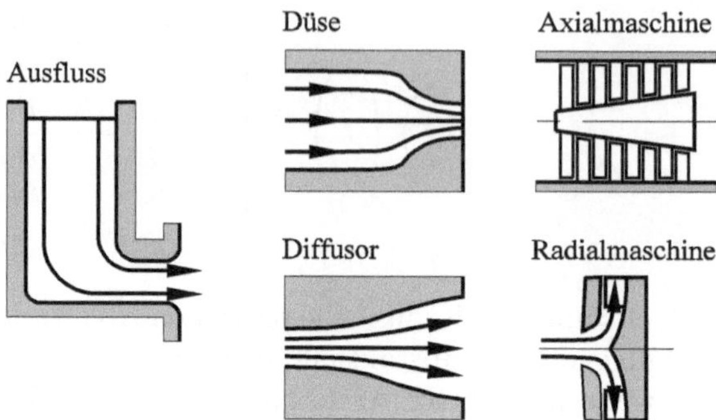

Abb. 2.29: Beispiele von Stromröhren

Da die Stromlinien per Definition die Tangenten der Geschwindigkeitsvektoren sind, tritt durch den Mantel der Stromröhre keine Fluidmasse. Das bedeutet, dass durchströmte Kanäle mit festen Wänden Stromröhren bilden. Sind die Änderungen der Strömungsgrößen über den Querschnitt der Stromröhre klein gegenüber den Änderungen längs der Stromröhre, lassen sich die näherungsweise eindimensionalen Änderungen der Strömungsgrößen entlang des abstrahierten **Stromfadens** berechnen. Die Koordinate längs des Stromfadens nennen wir Stromfadenkoordinate s. Längs eines Stromfadens gilt für die angenommene inkompressible und zunächst stationäre Strömung

$$c = c(s) \quad , \qquad p = p(s) \quad , \qquad A = A(s) \quad .$$

Alle Strömungsgrößen sowie der Querschnitt A der Stromröhre sind ausschließlich Funktionen der Stromfadenkoordinate s. Für ein Umströmungsproblem z. B. des Kraftfahrzeuges, lassen sich entsprechend der Stromröhre der Kanalströmungen **Stromflächen** festlegen. Die Abbildung 2.30 zeigt eine solche Stromfläche um das Kraftfahrzeug. Sind die Änderungen quer zur Stromfläche klein gegenüber den Änderungen längs der Stromlinien, wie dies z.B. im Mittelschnitt der Kraftfahrzeugumströmung der Fall ist, lässt sich wiederum ein Stromfaden festlegen, entlang dem sich die Strömungsgrößen näherungsweise eindimensional ändern.

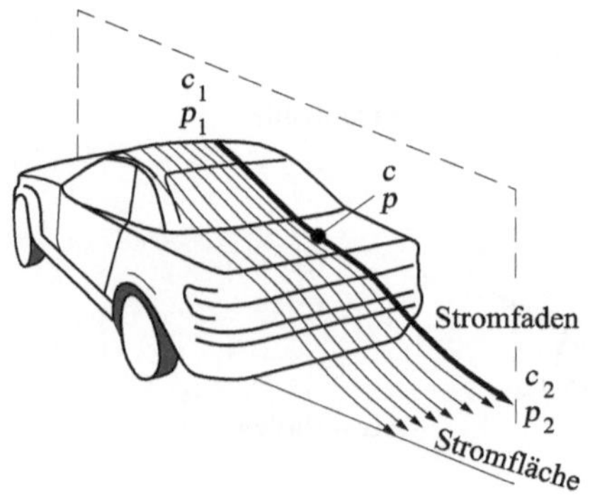

Abb. 2.30: Stromfläche und Stromfaden

Die **Grundgleichungen der eindimensionalen Stromfadentheorie** schreiben sich für die

Massenerhaltung:
Der in eine **Stromröhre eintretende Massenstrom $\dot{m}_1$ ist gleich dem aus der Stromröhre austretenden Massenstrom $\dot{m}_2$**. Mit den Volumenströmen $\dot{V}_1$ und $\dot{V}_2$ ergibt sich

$$\dot{m}_1 = \rho_1 \cdot \dot{V}_1 = \rho_1 \cdot c_1 \cdot A_1 = \rho_2 \cdot c_2 \cdot A_2 = \rho_2 \cdot \dot{V}_2 = \dot{m}_2 \quad ,$$

$$\boxed{\dot{m} = \rho \cdot c \cdot A = \text{konst.}} \quad . \tag{2.38}$$

Impulserhaltung bzw. **Bewegungsgleichung**:
Wir formulieren zunächst die Bewegungsgleichung für einen Stromfaden, der in die **reibungsfreie** Außenströmung bzw. reibungsfreie Kernströmung eines Kanals gelegt wird. Bei der Kräftebilanz entlang eines ausgewählten Stromfadenelements $\mathrm{d}V$ (Abbildung 2.31) kann in erster Näherung die Querschnittsänderung entlang des Stromfadens vernachlässigt werden. Die Bewegungsgleichung lautet **Masse · Beschleunigung = Summe aller angreifenden Kräfte**. Für das Volumenelement $\mathrm{d}V$ gilt also

$$\mathrm{d}m \cdot \vec{\boldsymbol{b}} = \sum_{\mathrm{i}} \vec{\boldsymbol{F}}_{\mathrm{i}} \quad . \tag{2.39}$$

Mit der Beschleunigung $\vec{\boldsymbol{b}}$ haben wir uns bereits in Kapitel 2.3.1 befasst. Für den eindimensionalen Stromfaden schreibt sich Gleichung (2.37)

$$b = \frac{\mathrm{d}c}{\mathrm{d}t} = \frac{\partial c}{\partial t} + c \cdot \frac{\partial c}{\partial s} \quad ,$$

für die angenommene stationäre Strömung $c \cdot (\mathrm{d}c/\mathrm{d}s)$. Die Masse des in Abbildung 2.31 betrachteten Volumenelements $\mathrm{d}V$ ist $\mathrm{d}m = \rho \cdot \mathrm{d}A \cdot \mathrm{d}s$. Die am Volumenelement angreifenden Kräfte sind die Druckkräfte und die Gravitation, deren Komponenten entlang der Stromfadenkoordinate ins Gleichgewicht gesetzt werden. Damit ergibt sich

$$\begin{aligned}\rho \cdot \mathrm{d}A \cdot \mathrm{d}s \cdot \frac{\mathrm{d}c}{\mathrm{d}t} &= \rho \cdot \mathrm{d}A \cdot \mathrm{d}s \cdot \left(\frac{\partial c}{\partial t} + c \cdot \frac{\partial c}{\partial s}\right) = \\ &= p \cdot \mathrm{d}A - \left(p + \frac{\partial p}{\partial s} \cdot \mathrm{d}s\right) \cdot \mathrm{d}A - \rho \cdot g \cdot \mathrm{d}A \cdot \mathrm{d}s \cdot \cos(\varphi) \quad ,\end{aligned}$$

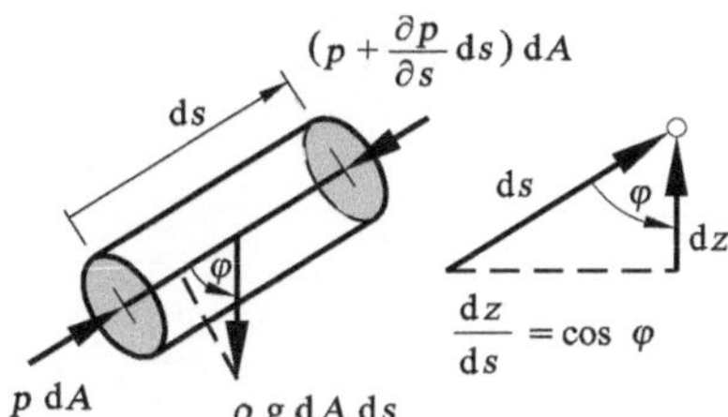

Abb. 2.31: Kräftebilanz am Stromfadenelement $\mathrm{d}V$

$\cos(\varphi) = \mathrm{d}z/\mathrm{d}s$ und Division durch $\rho \cdot \mathrm{d}A \cdot \mathrm{d}s$ liefert die **Euler-Gleichung** für den Stromfaden

$$\boxed{\frac{\mathrm{d}c}{\mathrm{d}t} = \frac{\partial c}{\partial t} + c \cdot \frac{\partial c}{\partial s} = -\frac{1}{\rho} \cdot \frac{\partial p}{\partial s} - g \cdot \frac{\mathrm{d}z}{\mathrm{d}s}} \quad . \tag{2.40}$$

Für **stationäre** Strömungen sind alle Größen nur Funktionen von s und es folgt

$$c \cdot \frac{\mathrm{d}c}{\mathrm{d}s} = \frac{\mathrm{d}}{\mathrm{d}s}\left(\frac{c^2}{2}\right) = -\frac{1}{\rho} \cdot \frac{\mathrm{d}p}{\mathrm{d}s} - g \cdot \frac{\mathrm{d}z}{\mathrm{d}s} \quad , \qquad \mathrm{d}\left(\frac{c^2}{2}\right) + \frac{1}{\rho} \cdot \mathrm{d}p + g \cdot \mathrm{d}z = 0 \quad .$$

Die Integration längs des Stromfadens s vom Ort 1 mit c_1, p_1 und s_1, z_1 zum Ort 2 mit c_2, p_2 und s_2, z_2 liefert

$$\frac{1}{2}\left(c_2^2 - c_1^2\right) + \int_{p_1}^{p_2} \frac{1}{\rho} \cdot \mathrm{d}p + g \cdot (z_2 - z_1) = 0 \quad .$$

Für die betrachtete inkompressible Strömung ist $\rho = \text{konst.}$, so dass der Faktor $1/\rho$ vor das Integral gezogen wird. Man erhält die **Bernoulli-Gleichung** für inkompressible stationäre reibungsfreie Strömungen. Die Dimension ist Energie pro Masse:

$$\boxed{\frac{c_2^2}{2} + \frac{p_2}{\rho} + g \cdot z_2 = \frac{c_1^2}{2} + \frac{p_1}{\rho} + g \cdot z_1 = \text{konst.}} \quad . \tag{2.41}$$

Alternativ dazu wird häufig auch die Bernoulli-Gleichung der Dimension Energie pro Volumen angewandt:

$$\boxed{p_2 + \frac{1}{2} \cdot \rho \cdot c_2^2 + \rho \cdot g \cdot z_2 = p_1 + \frac{1}{2} \cdot \rho \cdot c_1^2 + \rho \cdot g \cdot z_1 = \text{konst.}} \quad . \tag{2.42}$$

An einem beliebigen Ort lautet die Bernoulli-Gleichung für stationäre Strömungen

$$p + \frac{1}{2} \cdot \rho \cdot c^2 + \rho \cdot g \cdot z = \text{konst.} \quad \text{oder} \quad \frac{p}{\rho} + \frac{c^2}{2} + g \cdot z = \text{konst.} \quad . \tag{2.43}$$

Die Konstante fasst dabei die drei bekannten Terme an einem Ausgangszustand zusammen. Sie hat für alle Punkte längs s eines Stromfadens den gleichen Wert, kann sich jedoch von Stromfaden zu Stromfaden ändern. Die Bernoulli-Gleichung ist eine algebraische Gleichung und liefert den Zusammenhang zwischen Geschwindigkeit und Druck. Für **instationäre** Strömungen muss die partielle zeitliche Ableitung $\partial c/\partial t$ der Euler-Gleichung ebenfalls längs des Stromfadens s integriert werden. Dabei ist die Integration bei fester Zeit t von s_1 bis s_2 durchzuführen. Es ergibt sich die Bernoulli-Gleichung für instationäre eindimensionale Strömungen

$$\rho \cdot \int_{s_1}^{s_2} \frac{\partial c}{\partial t} \cdot \mathrm{d}s + p_2 + \frac{1}{2} \cdot \rho \cdot c_2^2 + \rho \cdot g \cdot z_2 = \text{konst.} \quad ,$$

$$\boxed{\int_{s_1}^{s_2} \frac{\partial c}{\partial t} \cdot \mathrm{d}s + \frac{p_2}{\rho} + \frac{c_2^2}{2} + g \cdot z_2 = \text{konst.}} \quad . \tag{2.44}$$

Anwendung der Bernoulli-Gleichung

Eine Vielzahl von Anwendungsbeispielen der Bernoulli-Gleichung sind im Übungsbuch zu diesem Lehrbuch erläutert. Wir wollen vier Beispiele herausgreifen, die in der Praxis angewandt werden. Mit dem **Venturi-Rohr** der Abbildung 2.32 kann man über die Messung des Drucks am engsten Querschnitt mit der Bernoulli-Gleichung (2.41) den Massenstrom bestimmen. Die Querschnittsverengung verursacht eine Beschleunigung in der Düse und entsprechend der Bernoulli-Gleichung den damit verbundenen Druckabfall (Düse). Die Querschnittserweiterung hat eine Verzögerung der Strömung mit dem entsprechenden Druckrückgewinn zur Folge. Misst man den Druck p am engsten Querschnitt A, berechnet sich bei bekanntem c_1 und p_1 die Geschwindigkeit c mit

$$\frac{c^2}{2} + \frac{p}{\rho} = \frac{c_1^2}{2} + \frac{p_1}{\rho} = \text{konst.} \quad .$$

Da bei diesem Beispiel $z_1 = z$ ist, fällt der Schwerkraftterm weg. Der gesuchte Massenstrom ermittelt sich bei bekannter Querschnittsfläche A am engsten Querschnitt

$$\dot{m} = \rho \cdot c \cdot A \quad .$$

Die Anwendung der Bernoulli-Gleichung (2.41) ermöglicht es also, aus einem gemessenen Druck p die Strömungsgeschwindigkeit c zu ermitteln. Dies nutzt man z.B. beim Flugzeug, um mit dem **Prandtl-Staurohr** die Fluggeschwindigkeit zu bestimmen. Bevor wir auf die Funktionsweise des Prandtl-Rohres eingehen, müssen wir zunächst verschiedene Druckbegriffe einführen. Betrachten wir die Bernoulli-Gleichung (2.42)

$$p + \frac{1}{2} \cdot \rho \cdot c^2 + \rho \cdot g \cdot z = \text{konst.}$$

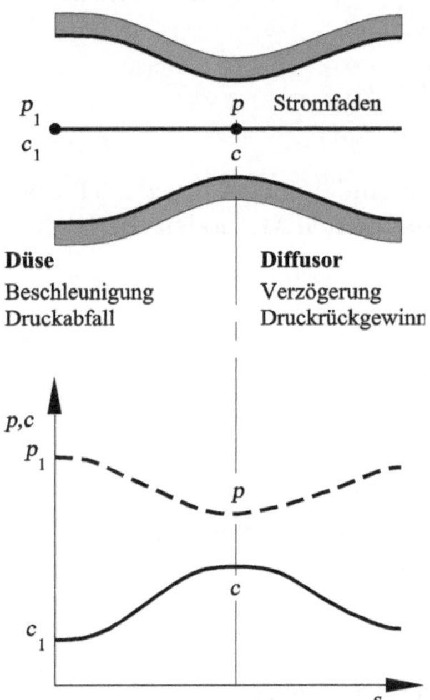

Abb. 2.32: Venturi-Rohr

bezeichnen wir $p = p_{\text{stat}}$ als statischen Druck und $(1/2) \cdot \rho \cdot c^2 = p_{\text{dyn}}$ als dynamischen Druck. Der statische Druck p_{stat} ist derjenige Druck den man misst, wenn man sich mit der Strömungsgeschwindigkeit c im Fluid mitbewegt. Er ist folglich für die Druckkraft, die auf einen umströmten Körper wirkt, verantwortlich. Der dynamische Druck p_{dyn} kann als ein Maß für die kinetische Energie pro Volumen eines mit der Geschwindigkeit c strömenden Volumenelements des Fluids betrachtet werden.

Für Schichtenströmungen, wie z. B. die Grenzschichtströmung um einen Tragflügel, ist $z_1 = z_2$. Damit fällt der Schwerkraftterm $\rho \cdot g \cdot z$ aus der Gleichung heraus. Die Konstante auf der rechten Seite der Bernoulli-Gleichung kann von Stromlinie zu Stromlinie variieren. Sie ist eine Eigenschaft der jeweils betrachteten Stromlinie und wird durch geeignete Bezugswerte bestimmt. Solche Bezugswerte können z.B. die bekannten Werte der ungestörten Anströmung wie p_∞ und c_∞ sein. Im Falle der Tragflügelumströmung kann die Konstante auf der sogenannten Staustromlinie, die von der Anströmung im Unendlichen über einen variablen Punkt 1 zum Staupunkt 0 auf dem Tragflügel führt, festgelegt werden (Abbildung 2.33).

Auf der Staustromlinie lautet die Bernoulli-Gleichung

$$p_\infty + \frac{1}{2} \cdot \rho \cdot c_\infty^2 = p_1 + \frac{1}{2} \cdot \rho \cdot c_1^2 = p_0 = \text{konst.} \quad .$$

Im Staupunkt gilt $c = 0$, daher existiert dort kein dynamischer Druckanteil. Die Variable p_0 bezeichnet den Druck im Staupunkt, für den auch die Bezeichnungen Ruhedruck oder Gesamtdruck gebräuchlich sind. Es gilt folglich

$$\boxed{p_0 = p_{\text{ges}} = p_{\text{Ruhe}} = p_{\text{stat}} + p_{\text{dyn}}} \quad . \tag{2.45}$$

Den dynamischen Druck der Anströmung $(1/2) \cdot \rho \cdot c_\infty^2$ haben wir bereits in den einführenden Kapiteln für den dimensionslosen Druckbeiwert c_p

$$c_p = \frac{p - p_\infty}{\frac{1}{2} \cdot \rho \cdot c_\infty^2}$$

benutzt. Die unterschiedlichen Druckbegriffe sind in Abbildung 2.34 zusammenfassend dargestellt. Die Drücke lassen sich mit den klassischen Methoden der Hydrostatik messen.

Messung des **statischen Druckes p_{stat}**:

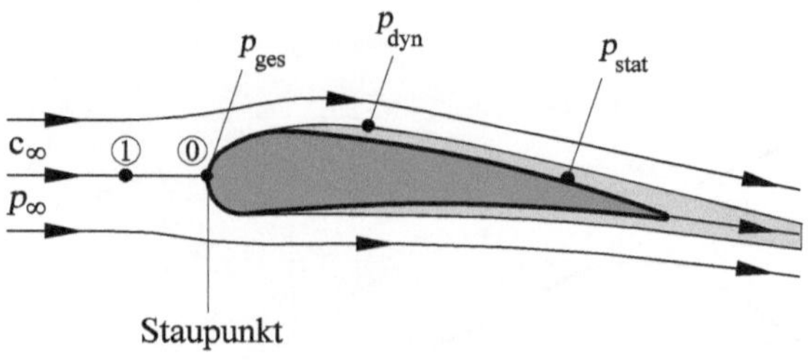

Abb. 2.33: Druckbegriffe bei der Tragflügelumströmung

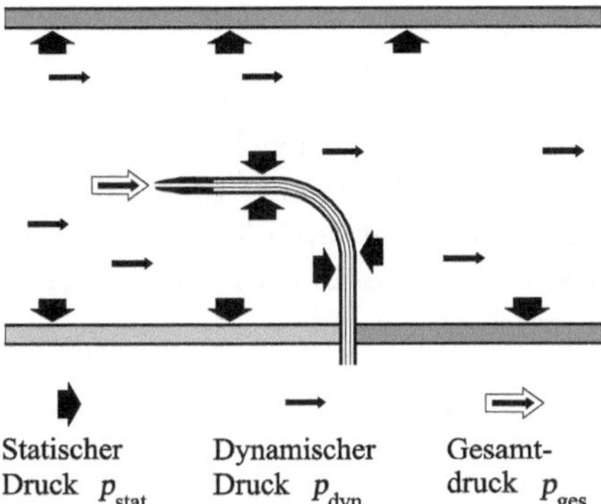

Abb. 2.34: Die verschiedenen Druckbegriffe statischer Druck p_{stat}, dynamischer Druck p_{dyn}, Gesamtdruck p_{ges}

Das einfachste Messprinzip zur Bestimmung des statischen Druckes p_{stat} besteht aus einer Wandanbohrung und dem in Kapitel 2.2.1 eingeführten U-Rohrmanometer. Der statische Druck p_{stat} der Außenströmung ist der Grenzschicht aufgeprägt, d.h. er ist innerhalb der Grenzschicht konstant in Wandnormalenrichtung. Mit einer Wandanbohrung wird folglich der statische Druck der Außenströmung gemessen. Es gelten die Zusammenhänge der Abbildung 2.35 zwischen Druckdifferenz Δp und Steighöhe Δh im Manometer mit ρ_{L} Dichte der Luft, ρ_{F} Dichte der Flüssigkeit und p_{ref} Referenzdruck.

Die Abbildung 2.36 zeigt das Windkanalmodell eines Tragflügels. Die Druckmessbohrungen, denen wir z.B. die Druckverteilung der Abbildung 1.39 entnommen haben, sind so fein, dass sie auf der Abbildung nicht zu erkennen sind. Lediglich die Druckröhrchen im Innern des Flügelmodells, die zu den Druckaufnehmern führen (heute Piezoquarz-Druckaufnehmer statt den klassischen U-Rohrmanometern), deuten deren Existenz an.

Der statische Druck p_{stat} lässt sich auch mit einer Sonde messen, die in die Strömung gehalten wird (Abbildung 2.37). Sie arbeitet nach dem gleichen Prinzip wie die Wandbohrungen, diese sind bei der Sonde in Form von Bohrlöchern zur Abnahme des statischen Druckes auf den Umfang der Sonde verteilt. Auch hier bildet sich über der Sondenspitze eine Grenzschicht aus, der der statische Druck der Außenströmung aufgeprägt ist. Um Messfehler zu minimieren, müssen die Bohrlöcher einen hinreichenden Abstand von der Sondenspitze und vom Sondenschaft besitzen, damit die dadurch hervorgerufenen Störungen abgeklungen sind und bei der Messung nicht miterfasst werden.

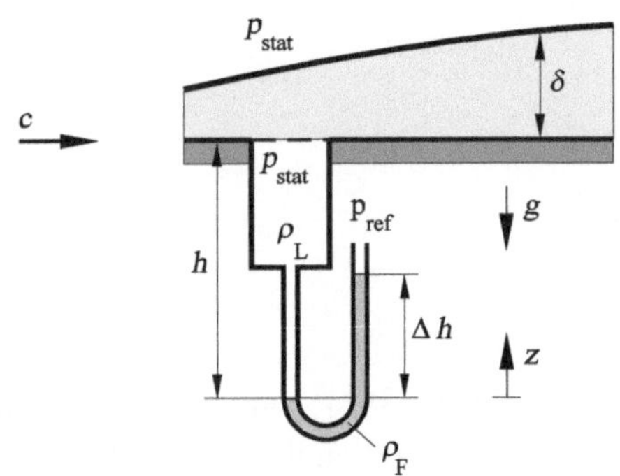

$$p_{\text{stat}} + \rho_{\text{L}} \cdot g \cdot h = p_{\text{ref}} + \rho_{\text{F}} \cdot g \cdot \Delta h$$
$$p_{\text{stat}} - p_{\text{ref}} = \rho_{\text{F}} \cdot g \cdot \Delta h - \rho_{\text{L}} \cdot g \cdot h$$
sehr häufig gilt: $\rho_{\text{L}} \cdot g \cdot h \ll \rho_{\text{F}} \cdot g \cdot \Delta h$
$$\Rightarrow \quad \Delta p = p_{\text{stat}} - p_{\text{ref}} = \rho_{\text{F}} \cdot g \cdot \Delta h$$

Abb. 2.35: Messung des statischen Druckes p_{stat}

Messung des **Gesamtdruckes p_{ges}** bzw. Ruhedruckes p_0:

Die Messung des Gesamtdruckes p_{ges} bzw. Ruhedruckes p_0 geschieht mit einem sogenannten Pitot-Rohr. Stellt man dieses in die Parallelströmung, so wird sich das Rohr für einige Momente solange mit Luft füllen, bis die Luft überall im Rohr zur Ruhe gekommen ist. Dies gilt auch für den Eintrittsquerschnitt, in dem sich der Staupunkt mit $c = 0$ einstellt. Daraus folgt, dass innerhalb des Pitot-Rohres überall der Gesamtdruck p_{ges} herrscht, der wiederum mit dem U-Rohrmanometer gemessen wird.

Messung des **dynamischen Druckes p_{dyn}**:

Zur Messung des dynamischen Druckes p_{dyn} wird eine Kombination aus statischer Sonde und Pitot-Rohr verwendet, das **Prandtlsche Staurohr**, das den dynamischen Druck als Differenzdruck aus Gesamtdruck und statischem Druck bestimmt. Damit lässt sich die Geschwindigkeit aus dem gemessenen dynamischen Druck bestimmen.

$$c = \sqrt{\frac{2 \cdot p_{dyn}}{\rho_L}} = \sqrt{\frac{2 \cdot \rho_F \cdot g \cdot \Delta h}{\rho_L}} \quad . \tag{2.46}$$

Das Beispiel eines Prandtl-Staurohres, wie man es an jedem Flugzeug beobachten kann, ist in Abbildung 2.38 gezeigt.

Mit der Bernoulli-Gleichung kann man bei vorgegebener Geometriekontur eine erste Berechnung der reibungsfreien Außenströmung eines **Modell-Kraftfahrzeuges** durchführen. Wir kommen auf dieses Berechnungsbeispiel im Softwarekapitel 5.1 zurück. Die Abbildung 2.39 zeigt den berechneten Druckbeiwert c_p stromab des Staupunktes. Auf der Kühlerhaube wird die Strömung beschleunigt, was mit einem Druckabfall einhergeht. Nach Überschreiten des Druckminimums auf dem Dach des Kraftfahrzeuges wird die Strömung verzögert. Mit der Bernoulli-Gleichung berechnet man den damit verbundenen Druckanstieg bis zur Hinterkante. Im Nachlauf des Kraftfahrzeuges versagt die reibungs-

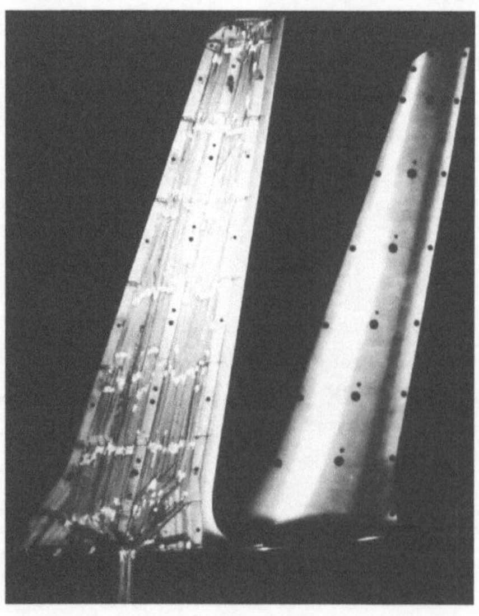

Abb. 2.36: Statische Druckmessbohrungen in einem Tragflügelmodell

freie Stromfadentheorie, da in diesem Strömungsbereich entsprechend Abbildung 1.42 die Reibung berücksichtigt werden muss.

Dem Diagramm der Abbildung 2.39 entnehmen wir, dass der Staupunkt $c_p = (p - p_\infty)/(0.5 \cdot \rho_\infty \cdot c_\infty^2) = 1$ falsch berechnet wird. Hier versagt die eindimensionale Stromfadentheorie, da die Stromlinienverzweigung im Staupunkt nur mit der zwei- bzw. dreidimensionalen Theorie berechnet werden kann. Diese wird in Kapitel 3 abgeleitet.

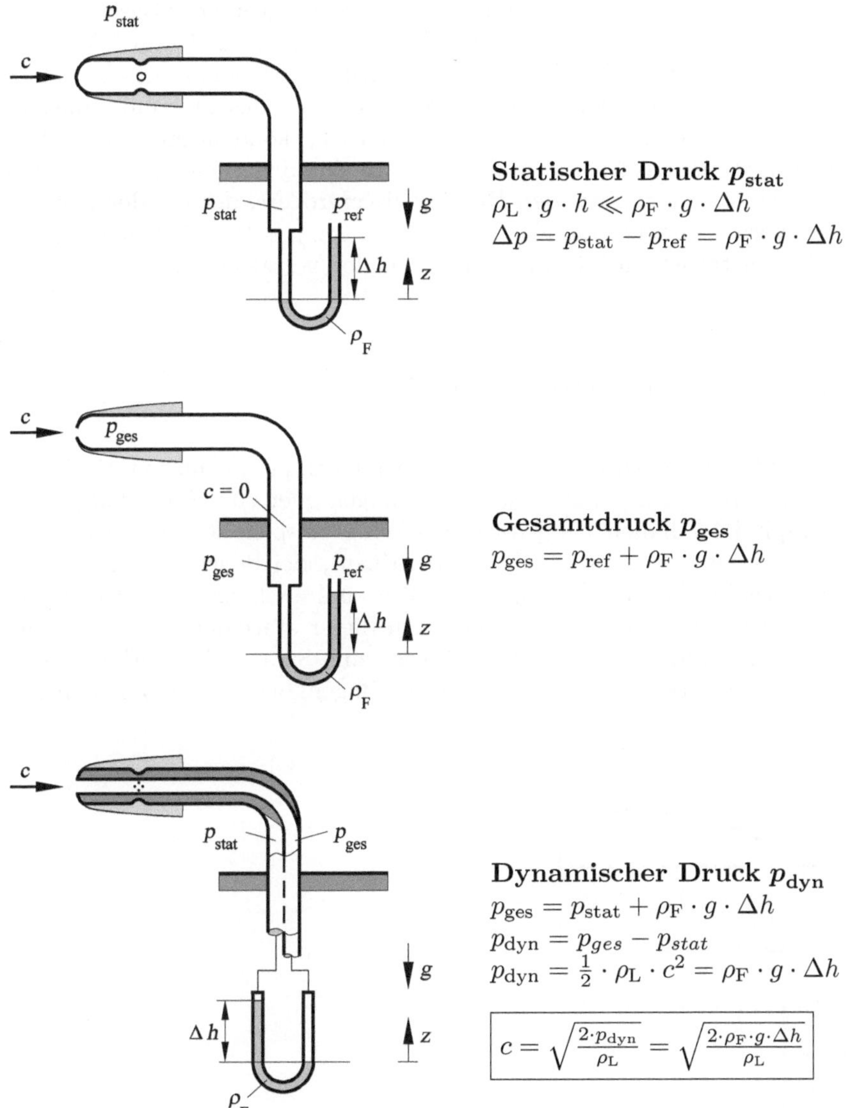

Abb. 2.37: Messung des statischen Druckes p_{stat}, des Gesamtdruckes p_{ges} und des dynamischen Druckes p_{dyn}

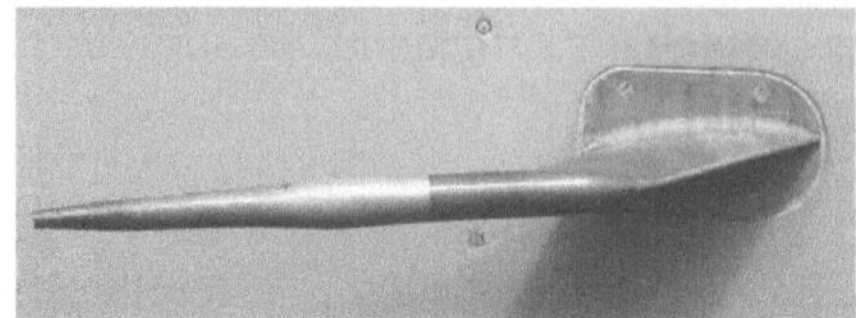

Abb. 2.38: Prandtl-Staurohr

In Bezug auf die Ergebnisse beim Venturi-Rohr lässt sich mit der Bernoulli-Gleichung das Phänomen der **Kavitation** erklären. In einer mit Flüssigkeit durchströmten Düse der Abbildung 2.40 sinkt im Bereich der Querschnittsverengung aufgrund der Beschleunigung der Strömung der Druck ab. Sinkt der Druck unterhalb des Sättigungsdruckes der Flüssigkeit entstehen Dampfblasen (siehe Abbildung 1.46). Wird die Strömungsgeschwindigkeit im weiteren Verlauf des Diffusors aufgrund der Vergrößerung des Strömungsquerschnittes wieder verrringert, verbunden mit steigendem Druck, kondensieren die Blasen bei Überschreiten des Sättigungsdruckes schlagartig. In der Strömung können sich Blasen zu größeren Blasen vereinigen, was den Druckstoß vergrößert, der bei der Kondensation entsteht. Diesen Vorgang nennt man Kavitation. Diese kann z. B. in Leitungsverengungen, Pumpen oder Wärmetauschern Störungen und Schäden verursachen.

Kräftebilanz senkrecht zum Stromfaden

Bisher haben wir Strömungsbeispiele behandelt, bei denen per Definition die Änderungen längs des Stromfadens groß gegenüber den Änderungen quer zum Stromfaden waren. Im einführenden Kapitel 1.1 haben wir jedoch Strömungsbeispiele kennengelernt (z.B. Abbildung 1.2 Tiefdruckgebiet, Abbildung 1.4 Hurrikan), bei denen die Änderungen der Strömungsgrößen senkrecht zum Stromfaden größer sind als längs des Stromfadens. Dies legt es nahe, für den reibungsfreien Außenbereich dieser stationären Wirbelströmungen die Kräftebilanz am Volumenelement $\mathrm{d}V$ senkrecht zum Stromfaden entlang der Normalenrichtung n durchzuführen. s bezeichnet jetzt die Bogenlänge des Stromfadens, r ist der

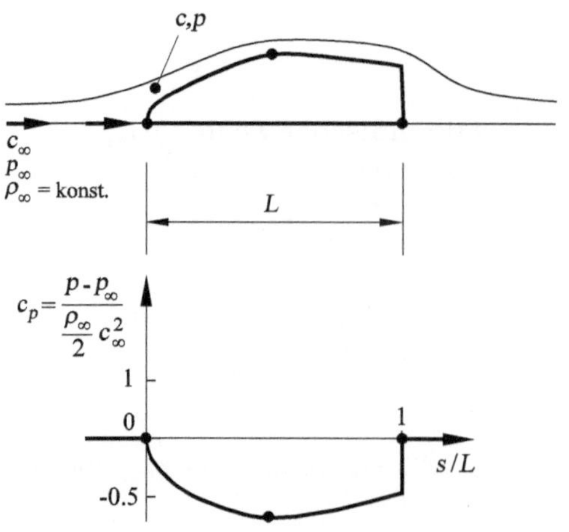

Abb. 2.39: Berechnete reibungsfreie Druckverteilung auf einem Modell-Kraftfahrzeug

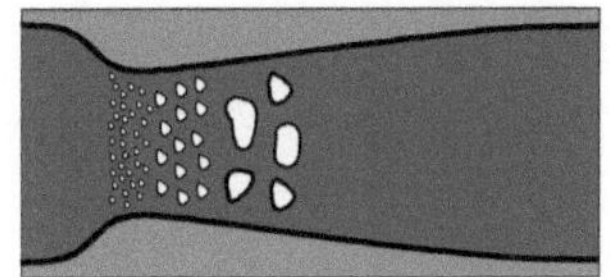

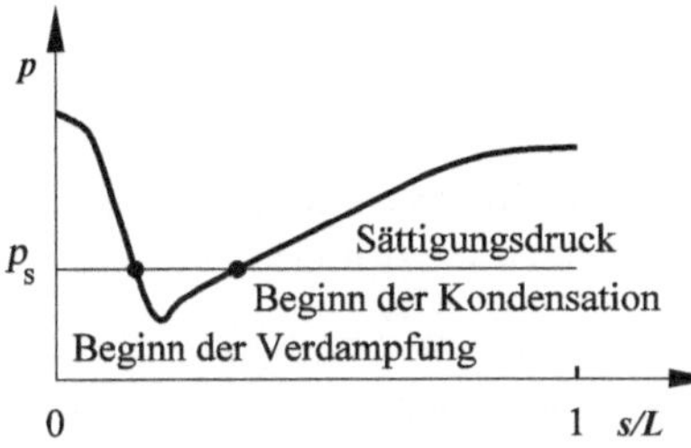

Abb. 2.40: Kavitation in einer Düsenströmung

lokale Krümmungsradius. Die Bewegungsgleichung normal zum Stromfaden lautet

$$\mathrm{d}m \cdot b_n = \sum_{\mathrm{i}} F_{\mathrm{i},n} \quad .$$

Das Massenelement $\mathrm{d}m$ berechnet sich zu $\mathrm{d}m = \rho \cdot \mathrm{d}V = \rho \cdot \mathrm{d}A \cdot \mathrm{d}n$. Bezeichnet c die Geschwindigkeit längs der Stromfadenkoordinate s, so berechnet sich der Betrag der Beschleunigung b_n aus dem Quotienten des Betrags der Zentripetalkraft $\vec{\boldsymbol{F}}_z$ und dem Massenelement $\mathrm{d}m$. Es gilt also

$$|\vec{\boldsymbol{F}}_z| = \frac{\mathrm{d}m \cdot c^2}{r} \quad , \qquad |b_n| = \frac{|\vec{\boldsymbol{F}}_z|}{\mathrm{d}m} = \frac{c^2}{r} \quad .$$

Diese Beschleunigung b_n hält das Massenelement auf der gekrümmten Bahn, ihre Richtung weist also auf den lokalen Krümmungsmittelpunkt hin, der Richtung von n entgegen. Als äußere Kräfte treten Druckkräfte sowie eine Komponente der Schwerkraft $\rho \cdot \mathrm{d}A \cdot \mathrm{d}n \cdot g$ auf (Abbildung 2.41). Damit ergibt sich für die Bewegungsgleichung

$$\mathrm{d}m \cdot b_n = \rho \cdot \mathrm{d}A \cdot \mathrm{d}n \cdot \left(-\frac{c^2}{r}\right) = p \cdot \mathrm{d}A - \left(p + \frac{\partial p}{\partial n} \cdot \mathrm{d}n\right) \cdot \mathrm{d}A + \rho \cdot \mathrm{d}A \cdot \mathrm{d}n \cdot g \cdot \sin(\varphi) \quad ,$$

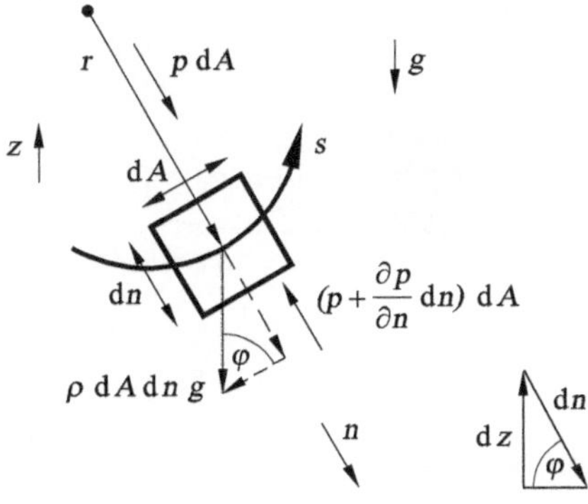

Abb. 2.41: Kräftebilanz am Volumenelement senkrecht zum Stromfaden

nach Division durch $(-\rho \cdot \mathrm{d}A \cdot \mathrm{d}n)$ und mit $\sin(\varphi) = -\mathrm{d}z/\mathrm{d}n$ folgt

$$\frac{c^2}{r} = \frac{1}{\rho} \cdot \frac{\partial p}{\partial n} + g \cdot \frac{\mathrm{d}z}{\mathrm{d}n} \quad . \tag{2.47}$$

Für eine ebene Schichtenströmung bei $z =$ konst. ergibt sich wegen $\mathrm{d}z = 0$

$$\boxed{\frac{c^2}{r} = \frac{1}{\rho} \cdot \frac{\partial p}{\partial n}} \quad . \tag{2.48}$$

In Richtung der äußeren Normalen n bzw. bei ebenen Kreisströmungen in radialer Richtung r, steigt der Druck an. Druckkraft und Zentripetalkraft halten sich das Gleichgewicht.

Wirbelbewegungen auf konzentrischen Kreisbahnen lassen sich mit der gewöhnlichen Differentialgleichung (2.48) berechnen. So lassen sich z.B. die Druck- und Geschwindigkeitsverteilung eines Tornados (Abbildung 2.42) näherungsweise mit der eindimensionalen Stromfadentheorie ermitteln. Die Stromlinien sind konzentrische Kreise. Für den Geschwindigkeitsbetrag c gilt auf Kreisbahnen $c(r) = c_r/r$ mit der Umfangsgeschwindigkeit $c(R_0) = c_0$ am festgelegten Radius R_0 und der Konstanten $c_r = c_0 \cdot R_0$. Mit $n = r$ schreibt sich Gleichung (2.48)

$$\frac{c_r^2}{r^3} = \frac{1}{\rho} \cdot \frac{\mathrm{d}p}{\mathrm{d}r} \quad . \tag{2.49}$$

Die Integration dieser gewöhnlichen Differentialgleichung 1. Ordnung ergibt mit der vorgegebenen Randbedingung an einem festgelegten Radius R_0, $p(R_0) = p_0$

$$p(r) = p_0 + \frac{\rho \cdot c_r^2}{2} \cdot \left(\frac{1}{R_0^2} - \frac{1}{r^2}\right) \quad . \tag{2.50}$$

Dies kann in der folgenden Form geschrieben werden

$$\boxed{p(r) + \frac{\rho}{2} \cdot c^2(r) = p_0 + \frac{\rho}{2} \cdot c_0^2 = \text{konst.}} \quad . \tag{2.51}$$

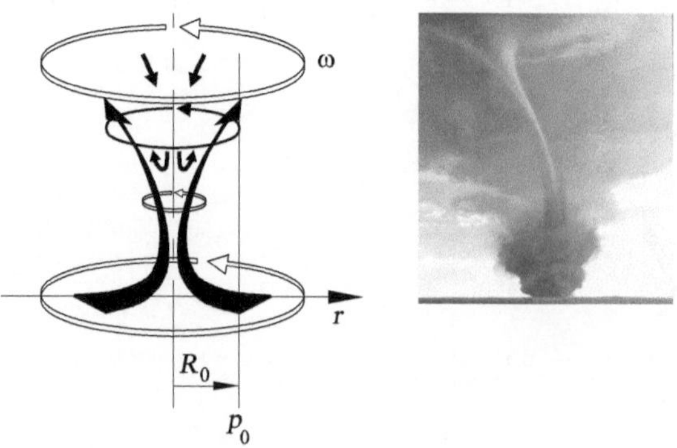

Abb. 2.42: Strömungen auf Kreisbahnen in einem Tornado

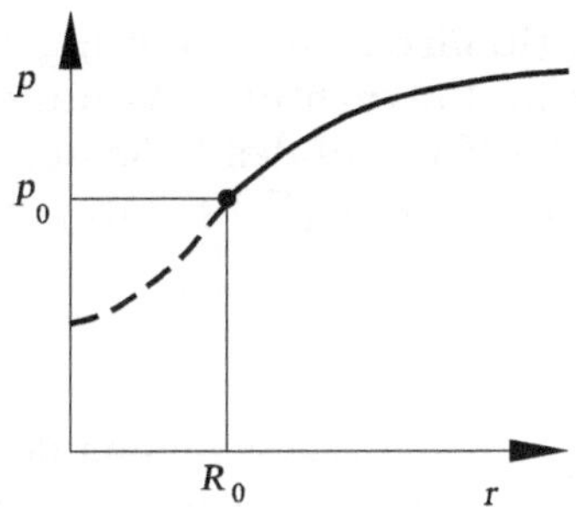

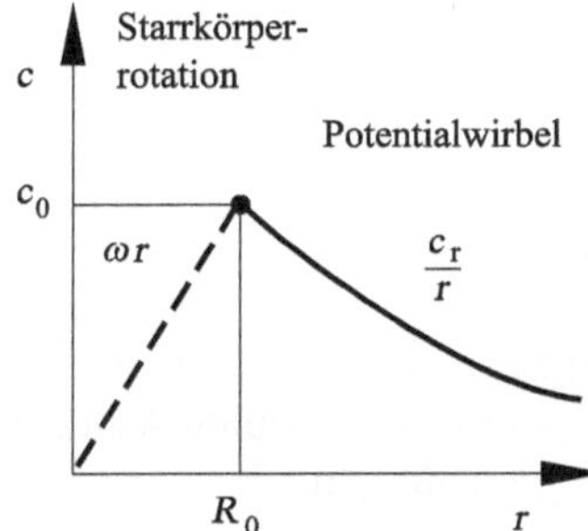

Abb. 2.43: Druck- und Geschwindigkeitsverteilung in einem Potentialwirbel

Damit haben wir die Bernoulli-Gleichung für Wirbelströmungen auf konzentrische Kreise über die Kräftebilanz senkrecht zum Stromfaden abgleitet. Man kann zeigen, dass die Strömung auf konzentrischen Kreisen wirbelfrei ist, mit $\nabla \times \vec{c} = 0$. Die Abbildung 2.43 zeigt für $r \geq R_0$ die mit Gleichung (2.50) berechnete Druckverteilung sowie die angenommene Geschwindigkeitsverteilung $c = c_r/r$.

Druck und Geschwindigkeit verhalten sich entsprechend der Bernoulli-Gleichung (2.51) mit wachsendem r gegenläufig. Für $r < R_0$ würde für den Potentialwirbel die Geschwindigkeit beliebig anwachsen. Da dies nicht der physikalischen Realität entspricht, wird für $r < R_0$ die Differentialgleichung der reibungsfreien Wirbelströmung (2.49) durch die Differentialgleichung der reibungsbehafteten Strömung abgelöst, die wir gegen Ende dieses Kapitels behandeln werden. Auch hier bestätigt sich wieder die in Kapitel 1.2 eingeführte Einteilung der Strömungsbereiche. Im Wirbelkern stellt sich die reibungsbehaftete Starrkörperrotation mit der konstanten Winkelgeschwindigkeit ω_r und der linearen Geschwindigkeitsverteilung $c = \omega_r \cdot r$ ein. Der Druck fällt für $r < R_0$ weiter ab und erreicht für das ausgewählte Beispiel des Tornados Werte zwischen 20 und 200 mbar.

Energieerhaltung

Die dritte Grundgleichung, die für die vollständige mathematische Beschreibung der Strömungen mit Wärmetransport oder bei der Berücksichtigung der Arbeitsleistung von Strömungsmaschinen zu behandeln ist, ist die Energieerhaltung. Für die Ableitung der Energiebilanz ergänzen wir die Prinzipskizze der betrachteten Stromröhre und des Stromfadens der Abbildung 2.28 um eine zusätzliche spezifische Wärmemenge q (Abbildung 2.44).

Allgemein gilt für die **Energieerhaltung einer stationären und reibungsfreien Strömung, dass die Änderung des Energiestroms im betrachteten Volumenelement dV gleich der Leistungen der angreifenden Kräfte und des Wärmestroms ist.** Damit berechnet sich der Energiestrom $\dot{E}$ in der Einheit Watt $\{W\} = \{J/s\}$ zu

$$\dot{E} = \left(e + \frac{c^2}{2}\right) \cdot \dot{m} = \left(e + \frac{c^2}{2}\right) \cdot \rho \cdot c \cdot A \quad ,$$

mit der auf das Massenelement $dm = \rho \cdot dV$ bezogenen inneren Energie e und der massenspezifischen kinetischen Energie $c^2/2$. Für die beiden Querschnitte A_1 und A_2 der betrachteten Stromröhre folgt mit der Kontinuität $\dot{m} =$ konst..

$$\dot{E}_1 = \left(e_1 + \frac{c_1^2}{2}\right) \cdot \dot{m} = \left(e_1 + \frac{c_1^2}{2}\right) \cdot \rho_1 \cdot c_1 \cdot A_1 \quad ,$$

$$\dot{E}_2 = \left(e_2 + \frac{c_2^2}{2}\right) \cdot \dot{m} = \left(e_2 + \frac{c_2^2}{2}\right) \cdot \rho_2 \cdot c_2 \cdot A_2 \quad .$$

Die Leistungen der angreifenden Kräfte (Druckkräfte und Schwerkraft) sowie der Leistung des Wärmestroms $q \cdot \dot{m}$ führen bei Vernachlässigung der Reibung zu einer Änderung des Energiestromes von 1 nach 2 gemäß der folgenden Bilanzgleichungen

$$\dot{E}_2 - \dot{E}_1 = p_1 \cdot A_1 \cdot c_1 - p_2 \cdot A_2 \cdot c_2 + g \cdot (z_1 - z_2) \cdot \dot{m} + q \cdot \dot{m} \quad ,$$

$$\left(e_2 + \frac{c_2^2}{2}\right) \cdot \dot{m} - \left(e_1 + \frac{c_1^2}{2}\right) \cdot \dot{m} = p_1 \cdot A_1 \cdot c_1 - p_2 \cdot A_2 \cdot c_2 + g \cdot (z_1 - z_2) \cdot \dot{m} + q \cdot \dot{m} \quad .$$

Nach Division durch $\dot{m} = \rho_1 \cdot c_1 \cdot A_1 = \rho_2 \cdot c_2 \cdot A_2$ folgt

$$e_2 + \frac{p_2}{\rho_2} + \frac{1}{2} \cdot c_2^2 + g \cdot z_2 = e_1 + \frac{p_1}{\rho_1} + \frac{1}{2} \cdot c_1^2 + g \cdot z_1 + q \quad .$$

Mit der Definition der massenspezifischen Enthalpie $h = e + p/\rho$ ergibt sich

$$h_2 + \frac{1}{2} \cdot c_2^2 + g \cdot z_2 = h_1 + \frac{1}{2} \cdot c_1^2 + g \cdot z_1 + q \quad .$$

Fasst man darin die drei Größen h_1, c_1 und $g \cdot z_1$ am Querschnitt A_1 als gegebene Größen nach $h_1 + (1/2) \cdot c_1^2 + g \cdot z_1 =$ konst. zu einer Konstanten zusammen und betrachtet die Größen am Querschnitt A, so erhält man

$$\boxed{h + \frac{1}{2} \cdot c^2 + g \cdot z - q = \text{konst.}} \quad . \tag{2.52}$$

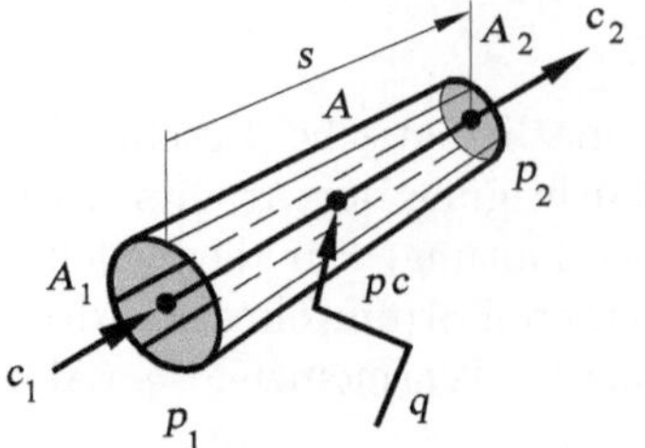

Abb. 2.44: Stromröhre und Stromfaden mit spezifischer Wärmemenge q

Wird keine Wärme zu- oder abgeführt und damit die innere Energie nicht verändert, so sind der Energiesatz und die Bernoulli-Gleichung identisch. Dies gilt ausschließlich für die in diesem Kapitel betrachtete inkompressible Strömung.

Für Strömungen mit mechanischer Energiezufuhr **(Pumpe)** oder mechanischer Energieabnahme **(Turbine)**, wie sie z.B. in einem Nachtspeicher-Kraftwerk der Abbildung 2.45 vorkommen, ergänzt man den Energiesatz (2.52) bzw. bei Vernachlässigung der Wärmeverluste in der Pumpe und Turbine um den Term der spezifischen Arbeit $\Delta l_{\mathrm{P}}/\rho$ der Pumpe. Entsprechendes gilt für die Turbine mit der spezifischen Arbeit $\Delta l_{\mathrm{T}}/\rho$ (Einheit der volumenspezifischen Arbeit Δl $\{\mathrm{J/m^3}\}$).

Beim Speicherkraftwerk strömt tagsüber zu den Zeitpunkten der Spitzenleistungen das Wasser vom Stausee der Höhe z_2 die Druckleitung hinab zum Auffangbecken der Höhe z_1 und treibt die stromerzeugende Turbine. Nachts wird bei geringer Netzbelastung das Wasser mit der nun als Pumpe wirkenden Turbine von der Höhe z_1 zur Höhe z_2 hinauf gepumpt. Bei dem Pumpeinsatz wird dem Fluid auf dem Weg von 1 nach 2 Energie zugeführt. Der Energiegehalt pro Volumen $\{\mathrm{J/m^3}\}$ des Fluids ist somit bei 2 größer als bei 1

$$p_2 + \frac{1}{2} \cdot \rho \cdot c_2^2 + \rho \cdot g \cdot z_2 > p_1 + \frac{1}{2} \cdot \rho \cdot c_1^2 + \rho \cdot g \cdot z_1 \quad .$$

Mit der volumenspezifischen Arbeit der Pumpe $\Delta l_{\mathrm{P}} > 0$ lautet die Bernoulli-Gleichung (Strömungsrichtung von $1 \rightarrow 2$)

$$\boxed{p_2 + \frac{1}{2} \cdot \rho \cdot c_2^2 + \rho \cdot g \cdot z_2 = p_1 + \frac{1}{2} \cdot \rho \cdot c_1^2 + \rho \cdot g \cdot z_1 + \Delta l_{\mathrm{P}}} \quad . \qquad (2.53)$$

Strömt das Fluid von 2 nach 1 und treibt dabei die Turbine an, so wird dem Fluid auf dem Weg von 2 nach 1 Energie entzogen. Der Energiegehalt des Fluids ist somit an der Stelle 1 kleiner als an der Stelle 2

$$p_1 + \frac{1}{2} \cdot \rho \cdot c_1^2 + \rho \cdot g \cdot z_1 < p_2 + \frac{1}{2} \cdot \rho \cdot c_2^2 + \rho \cdot g \cdot z_2 \quad .$$

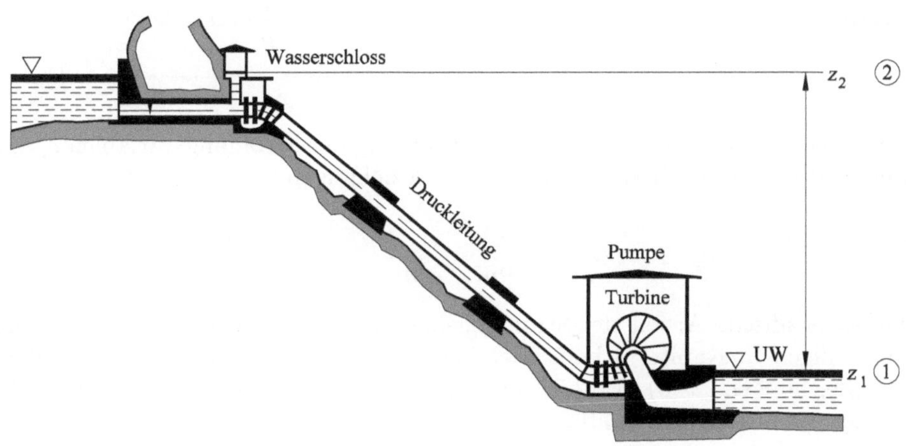

Abb. 2.45: Speicherkraftwerk

Definiert man die volumenspezifische Arbeit, die eine Turbine in elektrische Energie umwandelt ebenfalls positiv $\Delta l_T > 0$, so lautet die Bernoulli-Gleichung in diesem Fall (Strömungsrichtung von $2 \rightarrow 1$)

$$\boxed{p_1 + \frac{1}{2} \cdot \rho \cdot c_1^2 + \rho \cdot g \cdot z_1 = p_2 + \frac{1}{2} \cdot \rho \cdot c_2^2 + \rho \cdot g \cdot z_2 - \Delta l_T} \quad . \tag{2.54}$$

Man beachte, dass sich beim Übergang vom Anwendungsfall Pumpe zum Anwendungsfall Turbine die Strömungsrichtung geändert hat.

Aus den angeführten volumenspezifischen Arbeiten Δl für die Pumpe bzw. Turbine erhält man deren Leistung L in $\{W\} = \{J/s\}$ durch Multiplikation mit dem Volumenstrom $\dot{V} = A \cdot c$ zu

$$L = \Delta l \cdot \dot{V} \quad .$$

Zusammenstellung der reibungsfreien Grundgleichungen der Stromfadentheorie

Damit lassen sich die Grundgleichungen der eindimensionalen Stromfadentheorie für die inkompressible und reibungsfreie Strömung zusammenfassen:

Masseerhaltung	$\rho \cdot c \cdot A = \text{konst.}$	(2.55)
Impulserhaltung Integral der Euler-Gleichung $\Rightarrow$ Bernoulli-Gleichung	$\int^{s} \frac{\partial c}{\partial t} \cdot \mathrm{d}s + \frac{p}{\rho} + \frac{1}{2} \cdot c^2 + g \cdot z = \text{konst.}$	(2.56)
Energieerhaltung	$h + \frac{1}{2} \cdot c^2 + g \cdot z - q - \frac{1}{\rho} \cdot \Delta l = \text{konst.}$	(2.57)

Dies sind 3 algebraische Gleichungen zur Bestimmung der Strömungsvariablen c, p, h. Sie werden ergänzt durch die thermodynamischen Beziehungen

$$h = c_p \cdot T \quad , \qquad q = \frac{\dot{Q}}{\dot{m}} = \frac{A \cdot \dot{q}}{\dot{m}} = -\frac{A \cdot \lambda}{\dot{m}} \cdot \frac{\partial T}{\partial s} \quad .$$

Die volumenspezifische Arbeit der Strömungsmaschinen Δl müssen mit den allgemeinen Grundgleichungen in Kapitel 3 berechnet bzw. gemessen werden. Die Lösung der algebraischen Gleichungen (2.55) bis (2.57) erfolgt entweder mit den bekannten Methoden der Algebra oder, wenn möglich, analytisch.

Beispiele analytischer Lösungen sind im Übungsbuch Strömungsmechanik in Kapitel 2.3 zusammengestellt.

Navier-Stokes-Gleichung

Zum Abschluss dieses Kapitels über inkompressible Strömungen gilt es, die zweidimensionale Impulserhaltung bzw. Bewegungsgleichung der **reibungsbehafteten** Strömung in der Umgebung von festen Wänden zu ergänzen.

Wir legen nunmehr die Stromfläche und den Stromfaden z.B. der Abbildung 2.30 in den Bereich der Grenzschichtströmung bzw. des reibungsbehafteten Nachlaufs der Kraftfahrzeugumströmung. Wir greifen entlang des Stromfadens wiederum ein zylindrisches Volumenelement heraus und betrachten für die reibungsbehaftete Strömung die Stromröhre der Abbildung 2.46. Hierbei wird ein zylindrisches Ringelement der Länge ds und der Stirnfläche d$A = 2 \cdot \pi \cdot r \cdot \mathrm{d}r$ betrachtet. Die Geschwindigkeit c ist nicht mehr nur eine Funktion von s und gegebenenfalls von t, sondern zusätzlich von der Radialkoordinate r abhängig. Da $\partial c/\partial r \neq 0$ für $r \neq 0$ gilt, treten in der Kräftebilanz Schubspannungsanteile auf. Für die Bewegungsgleichung

$$\mathrm{d}m \cdot \vec{\boldsymbol{b}} = \sum_{\mathrm{i}} \vec{\boldsymbol{F}}_{\mathrm{i}}$$

ergibt sich mit der Masse $\mathrm{d}m = \rho \cdot \mathrm{d}A \cdot \mathrm{d}s = \rho \cdot 2 \cdot \pi \cdot r \cdot \mathrm{d}r \cdot \mathrm{d}s$, der Beschleunigung $b_s = \partial c/\partial t + c \cdot (\partial c/\partial s)$ und den angreifenden Kräften $\vec{\boldsymbol{F}}_i$, Druckkräften, Schubspannungen und der Komponente der Schwerkraft längs s

$$\begin{aligned} \mathrm{d}m \cdot \left(\frac{\partial c}{\partial t} + c \cdot \frac{\partial c}{\partial s}\right) &= \rho \cdot 2 \cdot \pi \cdot r \cdot \mathrm{d}r \cdot \mathrm{d}s \cdot \left(\frac{\partial c}{\partial t} + c \cdot \frac{\partial c}{\partial s}\right) = p \cdot 2 \cdot \pi \cdot r \cdot \mathrm{d}r - \\ &\left(p + \frac{\partial p}{\partial s} \cdot \mathrm{d}s\right) \cdot 2\pi \cdot r \cdot \mathrm{d}r - \rho \cdot g \cdot 2\pi \cdot r \cdot \mathrm{d}r \cdot \mathrm{d}s \cdot \cos(\varphi) - \tau \cdot 2 \cdot \pi \cdot r \cdot \mathrm{d}s + \\ &\left(\tau + \frac{\partial \tau}{\partial r} \cdot \mathrm{d}r\right) \cdot 2 \cdot \pi (r + \mathrm{d}r) \cdot \mathrm{d}s \quad , \end{aligned}$$

$\cos(\varphi) = \mathrm{d}z/\mathrm{d}s$ und Division durch $(\rho \cdot 2 \cdot \pi \cdot r \cdot \mathrm{d}r \cdot \mathrm{d}s)$ liefert bei Vernachlässigung von Termen der Ordnung $(\mathrm{d}r)^2$ und mit dem Ansatz $\tau = \mu \cdot (\partial c/\partial r)$ sowie $\nu = \mu/\rho$ die

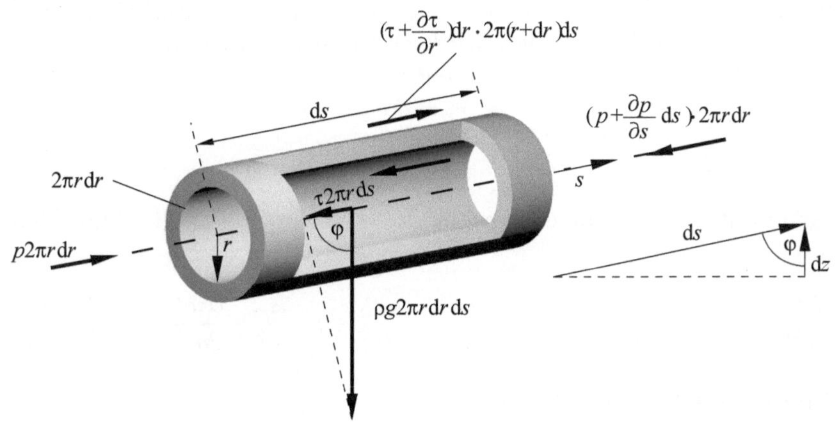

Abb. 2.46: Kräftebilanz am Stromfadenelement dV für die reibungsbehaftete Strömung

Navier-Stokes-Gleichung in Zylinderkoordinaten

$$\boxed{\frac{\partial c}{\partial t} + c \cdot \frac{\partial c}{\partial s} = -\frac{1}{\rho} \cdot \frac{\partial p}{\partial s} + \nu \cdot \left(\frac{1}{r} \cdot \frac{\partial c}{\partial r} + \frac{\partial^2 c}{\partial r^2} \right) - g \cdot \frac{\mathrm{d}z}{\mathrm{d}s}} \quad . \tag{2.58}$$

Dabei handelt es sich um eine partielle Differentialgleichung 2. Ordnung. Im Gegensatz zur Euler-Gleichung (2.40) berücksichtigt die Navier-Stokes-Gleichung zusätzlich den Reibungseinfluss durch die Änderungen der Schubspannungen, die die zweiten Ableitungen der Geschwindigkeiten verursachen. Die linke Seite der Navier-Stokes-Gleichung charakterisiert wiederum die Grundgleichung der Kinematik (2.36) für die eindimensionale Strömung, die jetzt um die Druck-, Reibungs- und Schwerkraft ergänzt wurden.

Für die Stromfadenkoordinaten s und n lautet die Navier-Stokes-Gleichung

$$\boxed{\frac{\partial c}{\partial t} + c \cdot \frac{\partial c}{\partial s} = -\frac{1}{\rho} \cdot \frac{\partial p}{\partial s} + \nu \cdot \frac{\partial^2 c}{\partial n^2} - g \cdot \frac{\mathrm{d}z}{\mathrm{d}s}} \quad . \tag{2.59}$$

Die einzelnen Terme bedeuten:

$\frac{\partial c}{\partial t} + c \cdot \frac{\partial c}{\partial s}$ Trägheitskräfte pro Masse,

$\frac{1}{\rho} \cdot \frac{\partial p}{\partial s}$ Druckkraft pro Masse,

$\nu \cdot \frac{\partial^2 c}{\partial n^2}$ Reibungskraft pro Masse,

$g \cdot \frac{dz}{ds}$ Schwerkraft pro Masse.

Wir machen die Navier-Stokes-Gleichung mit geeigneten charakteristischen Größen des Strömungsfeldes **dimensionslos**. Die dimensionslosen Größen werden mit einem hochgestellten Stern gekennzeichnet. Alle auftretenden Ortskoordinaten s, n und z werden auf eine charakteristische Länge L bezogen und die Geschwindigkeit c auf eine charakteristische Geschwindigkeit c_∞. Der Quotient L/c_∞ stellt eine charakteristische Zeit dar, mit deren Hilfe die Zeit t entdimensioniert wird. Der Druck p wird mit dem doppelten Wert des dynamischen Druckes, also mit $\rho \cdot c_\infty^2$ entdimensioniert.

$$s^* = \frac{s}{L} \quad , \quad n^* = \frac{n}{L} \quad , \quad z^* = \frac{z}{L} \quad , \quad c^* = \frac{c}{c_\infty} \quad , \quad t^* = \frac{t \cdot c_\infty}{L} \quad , \quad p^* = \frac{p}{\rho \cdot c_\infty^2} \quad .$$

Setzt man die Größen in die dimensionsbehaftete Navier-Stokes-Gleichung (2.59) ein, so erhält man

$$\frac{c_\infty^2}{L} \cdot \frac{\partial c^*}{\partial t^*} + \frac{c_\infty^2}{L} \cdot c^* \cdot \frac{\partial c^*}{\partial s^*} = -\frac{1}{\rho} \cdot \frac{\rho \cdot c_\infty^2}{L} \cdot \frac{\partial p^*}{\partial s^*} + \nu \cdot \frac{c_\infty}{L^2} \cdot \frac{\partial^2 c^*}{\partial n^{*2}} - g \cdot \frac{L}{L} \cdot \frac{\mathrm{d}z^*}{\mathrm{d}s^*} \quad .$$

Nach Multiplikation mit dem Faktor L/c_∞^2 folgt

$$\frac{\partial c^*}{\partial t^*} + c^* \cdot \frac{\partial c^*}{\partial s^*} = -\frac{\partial p^*}{\partial s^*} + \frac{\nu}{c_\infty \cdot L} \cdot \frac{\partial^2 c^*}{\partial n^{*2}} - \frac{g \cdot L}{c_\infty^2} \cdot \frac{\mathrm{d}z^*}{\mathrm{d}s^*} \quad .$$

Die vor den letzten beiden Termen stehenden Kombinationen charakteristischer Größen entsprechen jeweils dem Kehrwert der mit der charakteristischen Länge L gebildeten Reynolds-Zahl $Re_L = (c_\infty \cdot L)/\nu$ und der mit der Länge L gebildeten Froude-Zahl $Fr_L = c_\infty^2/(g \cdot L)$, die wir bereits in den einführenden Kapiteln benutzt haben. Die dimensionslose Navier-Stokes-Gleichung lautet

$$\boxed{\frac{\partial c^*}{\partial t^*} + c^* \cdot \frac{\partial c^*}{\partial s^*} = -\frac{\partial p^*}{\partial s^*} + \frac{1}{Re_L} \cdot \frac{\partial^2 c^*}{\partial n^{*2}} - \frac{1}{Fr_L} \cdot \frac{\mathrm{d}z^*}{\mathrm{d}s^*}} \quad , \tag{2.60}$$

mit den dimensionslosen Kennzahlen

$$\textbf{Froude-Zahl}: \quad \boldsymbol{Fr_L} = \frac{\text{Trägheitskraft}}{\text{Schwerkraft}} = \frac{c \cdot \dfrac{\partial c}{\partial s}}{g \cdot \dfrac{\mathrm{d}z}{\mathrm{d}s}} = \frac{c_\infty^2}{g \cdot L} \quad ,$$

$$\textbf{Reynolds-Zahl}: \quad \boldsymbol{Re_L} = \frac{\text{Trägheitskraft}}{\text{Reibungskraft}} = \frac{c \cdot \dfrac{\partial c}{\partial s}}{\nu \cdot \dfrac{\partial^2 c}{\partial n^2}} = \frac{c_\infty \cdot L}{\nu} \quad .$$

Für Fr-Zahlen $Fr_L \gg 1$ dominiert die Trägheitskraft der Strömung und die Schwerkraft kann vernachlässigt werden. Für Re-Zahlen $Re_L \gg 1$ dominiert ebenfalls die Trägheitskraft. Der Reibungseinfluss beschränkt sich auf eine dünne **wandnahe** Reibungsschicht, die wir bereits als **Grenzschicht** kennengelernt haben. Für die in Abbildung 2.47 auf die Lauflänge L bezogene Grenzschichtdichte δ gilt die Beziehung

$$\boxed{\frac{\delta}{L} \sim \frac{1}{\sqrt{Re_L}}} \quad . \tag{2.61}$$

Der statische Druck innerhalb dieser Grenzschicht entspricht dem statischen Druck der reibungsfreien Außenströmung, er wird der Grenzschicht aufgeprägt. Für Re-Zahlen $Re_L \ll 1$ dominiert die Reibungskraft im gesamten Strömungsfeld. Dies ist der Bereich der **schleichenden Strömung** (Abbildung 2.47), in der eine Bereichsaufteilung in reibungsfreie

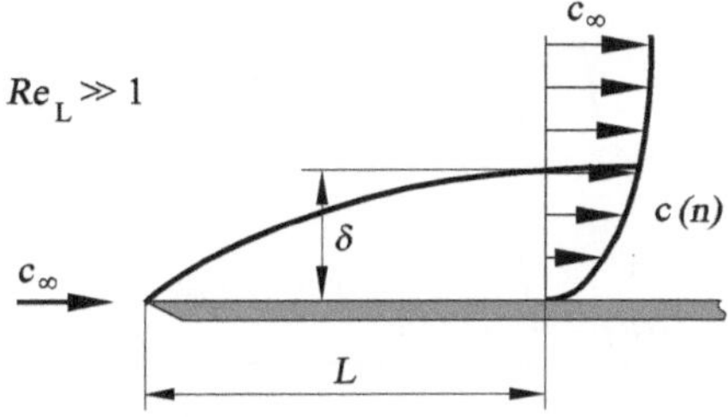

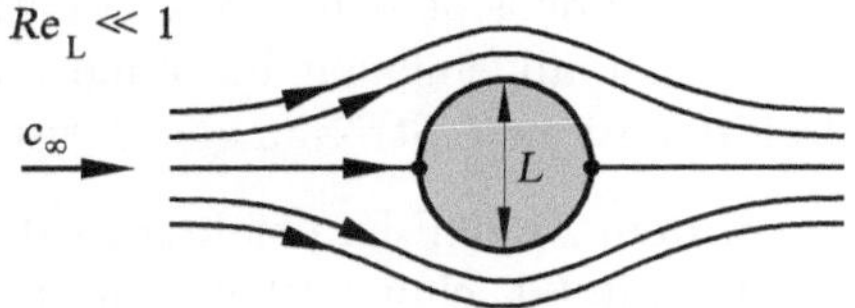

Abb. 2.47: Plattengrenzschichtströmung und schleichende Strömung um einen Zylinder

Außenströmung und wandnahe reibungsbehaftete Strömungsschicht nicht mehr möglich ist.

Die Größenordnungen der Reynolds-Zahlen, die bei Lebewesen und in der Technik auftreten, sind in der folgenden Tabelle in Bezug auf die Fortbewegungsarten zusammengestellt.

Natur	$\boldsymbol{Re_L}$	**Fortbewegung**
Bakterien	10^{-7}	**Reibung** dominiert Fortbewegung ⇒ Wimper
Einzeller (Geißeln)	10^{-4}	
Kaulquappen	10^{2}	**Trägheitskraft** dominiert ⇒ Strahlantrieb
Aal	10^{5}	wellenförmige Fortbewegung
Mensch	10^{6}	große Re_L-Zahlen **Wirbelablösung** zur Fortbewegung
Blauwahl	10^{8}	⇒ Schwanzflosse
Technik		
Kraftfahrzeug Flugzeug	10^{7}	Verbrennungskraftmaschinen
Unterseeboot	10^{9}	Schiffspropeller

Integrieren wir die dimensionslose Navier-Stokes-Gleichung 2.60 zu einem festen Zeitpunkt t längs der Stromkoordinate s, ergibt sich

$$\int^{s^*} \frac{\partial c^*}{\partial t^*} \cdot \mathrm{d}s^* + \int^{s^*} \frac{\partial}{\partial s^*} \left(\frac{c^{*2}}{2} \right) \cdot \mathrm{d}s^* =$$

$$- \int^{s^*} \frac{\partial p^*}{\partial s^*} \cdot \mathrm{d}s^* - \frac{1}{Fr_L} \cdot \int^{s^*} \frac{dz^*}{ds^*} \cdot \mathrm{d}s^* + \frac{1}{Re_L} \cdot \int^{s^*} \frac{\partial^2 c^*}{\partial n^{*2}} \cdot \mathrm{d}s^* + konst. \quad ,$$

$$\boxed{\int^{s^*} \frac{\partial c^*}{\partial t^*} \cdot \mathrm{d}s^* + \frac{1}{2} \cdot c^{*2} + p^* + \frac{1}{Fr_L} \cdot z^* - \frac{1}{Re_L} \cdot \int^{s^*} \frac{\partial^2 c^*}{\partial n^{*2}} \cdot \mathrm{d}s^* = \text{konst.}} \quad . \qquad (2.62)$$

Die Gleichung (2.62) ergänzt in der Zusammenstellung die Bernoulli-Gleichung (2.56) um den Reibungsterm $(1/Re_L) \cdot \int(\partial^2 c^* / \partial n^{*2}) \cdot \mathrm{d}s^*$, der die Berechnung der Reibungsschichten berücksichtigt. Es ist dann nicht mehr von der eindimensionalen Stromfadentheorie zu sprechen, vielmehr haben wir die Überleitung zu der allgemeinen Formulierung der strömungsmechanischen Grundgleichungen für dreidimensionale Strömungen gefunden.

Führen wir die Berechnung der Druckverteilung auf dem Modell-Kraftfahrzeug der Abbildung 2.39 in der reibungsbehafteten Grenzschicht mit Gleichung (2.62) durch, dann

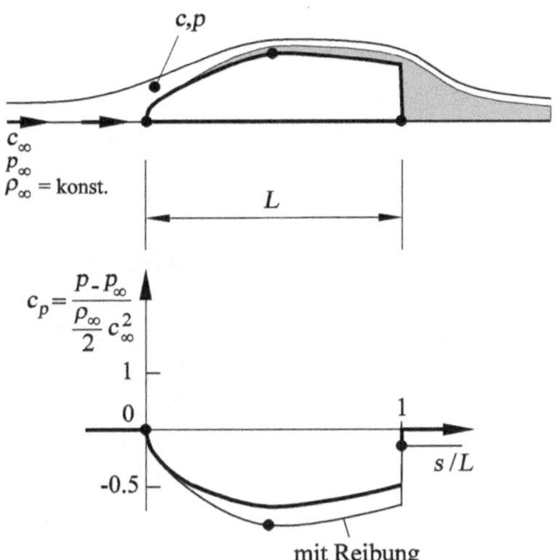

Abb. 2.48: Berechnete reibungsbehaftete Druckverteilung auf einem Modell-Kraftfahrzeug

verursacht die Reibung einen größeren Druckabfall auf dem Kraftfahrzeug (Abbildung 2.48). Die Ursache dafür kann man mit einer durch die Reibungsschicht veränderten fiktiven Geometriekontur des Kraftfahrzeuges deuten. Diese ist mit dem Begriff der **Verdrängungswirkung** der Grenzschichtströmung verknüpft. Die Grenzschicht verdrängt Masse, die eine veränderte reibungsfreie Außenströmung zur Folge hat. Die Berechnung der reibungsfreien Außenströmung der reibungsbehafteten Umströmung eines Körpers kann also derart erfolgen, dass man an jedem Ort der ursprünglichen Kontur eine Verdrängungdicke δ^* hinzufügt, die einen neuen Modellkörper definiert (Abbildung 2.49). Die Verdrängungsdicke δ^* berechnet sich aus dem ursprünglichen Grenzschichtgeschwin-

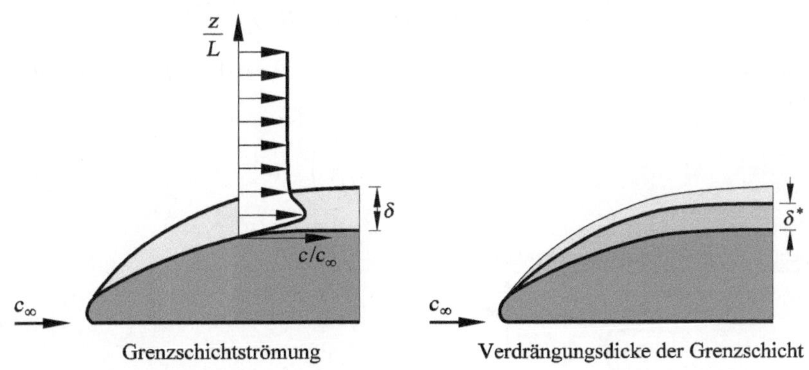

Abb. 2.49: Verdrängung der reibungsfreien Außenströmung durch die Verdrängungsdicke der Grenzschicht

digkeitsprofil c/c_∞ mit

$$\frac{\delta^*}{L} = \int_0^\infty \left(1 - \frac{c}{c_\infty}\right) \mathrm{d}\left(\frac{z}{L}\right) \quad .$$

Analytische Lösungen der Navier-Stokes-Gleichung

Es sind drei **analytische Lösungen** der **Navier-Stokes-Gleichung** angefügt. In einem Rohr mit Kreisquerschnitt des Radius R stellt sich ein parabolisches Geschwindigkeitsprofil $c(r)$ ein (Abbildung 2.50). Es handelt sich dabei um eine stationäre $\partial c/\partial t = 0$ und ausgebildete $\partial c/\partial s = 0$ **Rohrströmung**. Damit ändert sich das Geschwindigkeitsprofil entlang der Koordinate s nicht, womit $(1/\rho)\cdot\partial p/\partial s =$ konst. sein muss. Es handelt sich um eine horizontale Schichtenströmung mit $\mathrm{d}z = 0$, damit fällt die Schwerkraft $g \cdot \mathrm{d}z/\mathrm{d}s = 0$ weg. Für diese Voraussetzungen ergibt die Navier-Stokes-Gleichung in Zylinderkoordinaten (2.58)

$$\frac{1}{r} \cdot \frac{\mathrm{d}c}{\mathrm{d}r} + \frac{\mathrm{d}^2 c}{\mathrm{d}r^2} = \text{konst.} \quad , \tag{2.63}$$

wobei die konstante Zähigkeit ν dem konstanten Druckgradienten $(1/\rho) \cdot \partial p/\partial s$ zugeschlagen wurde. Da die Geschwindigkeit $c(r)$ ausschließlich eine Funktion der Radialkoordinate r ist, erhalten wir eine gewöhnliche Differentialgleichung 2. Ordnung. Mit den zwei Randbedingungen

$$r = R \quad , \qquad c(R) = 0$$

und der Nebenbedingung

$$\left.\frac{\mathrm{d}c}{\mathrm{d}r}\right|_{r=0} = 0 \quad ,$$

lässt sich die Differentialgleichung (2.63) mit einem Potenzreihenansatz für $c(r)$ lösen

$$c(r) = -\frac{R^2}{4 \cdot \nu \cdot \rho} \cdot \frac{\mathrm{d}p}{\mathrm{d}s} \cdot \left(1 - \frac{r^2}{R^2}\right) \quad .$$

Mit der maximalen Geschwindigkeit $c_{\max} = -(R^2/(4 \cdot \nu \cdot \rho)) \cdot (\mathrm{d}p/\mathrm{d}s)$ ergibt sich für die Rohrströmung

$$c(r) = c_{\max} \left(1 - \frac{r^2}{R^2}\right) \quad . \tag{2.64}$$

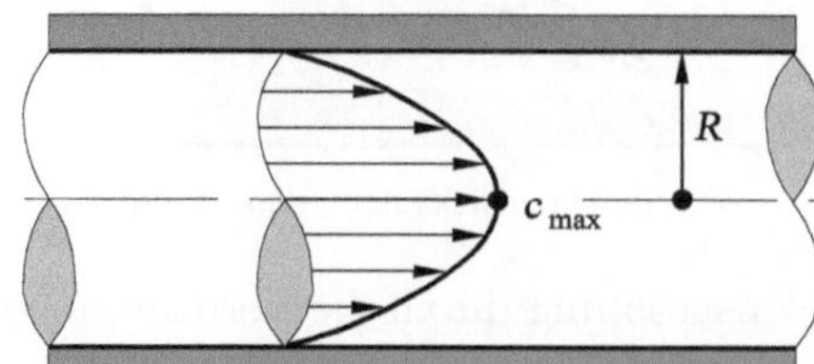

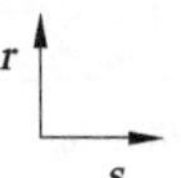

Abb. 2.50: Hagen-Poisseuille-Rohrströmung

Für die ebene stationäre Kanalströmung, die man **Poiseuille-Strömung** nennt, erhält man ebenfalls ein parabolisches Geschwindigkeitsprofil $c(n)$ (Abbildung 2.51). Die zu lösende Navier-Stokes-Gleichung (2.59) schreibt sich mit $\partial p/\partial s =$ konst. und $\mathrm{d}z = 0$ für die ausgebildete Kanalströmung $\partial c/\partial s = 0$

$$\nu \cdot \frac{\mathrm{d}^2 c}{\mathrm{d}n^2} = \text{konst.} \quad . \tag{2.65}$$

Nach zweimaliger Integration ergibt sich mit den Randbedingungen

$$n = \pm H \quad , \qquad c(\pm H) = 0$$

das parabolische Geschwindigkeitsprofil

$$c(n) = -\frac{H^2}{2 \cdot \nu \cdot \rho} \cdot \frac{\mathrm{d}p}{\mathrm{d}s} \cdot \left(1 - \frac{n^2}{H^2}\right) = c_{\max} \cdot \left(1 - \frac{n^2}{H^2}\right) \quad . \tag{2.66}$$

Die Schubspannung dieser reibungsbehafteten Kanalströmung berechnet sich mit (2.1)

$$\tau(n) = \mu \cdot \frac{\mathrm{d}c}{\mathrm{d}n} = -\frac{2 \cdot \mu \cdot c_{\max}}{H^2} \cdot n \quad .$$

Wir erhalten also die in Abbildung 2.51 gezeigte lineare Verteilung der Beträge der Schubspannungen.

Für die **Couette-Strömung** der Abbildung 2.52 ergibt sich im Kanal mit der unteren ruhenden Wand und der mit der konstanten Geschwindigkeit U bewegten oberen Wand mit der zusätzlichen Voraussetzung $\partial p/\partial s = 0$ für die Navier-Stokes-Gleichung (2.59)

$$\frac{\mathrm{d}^2 c}{\mathrm{d}n^2} = 0 \quad . \tag{2.67}$$

Nach zweimaliger Integration erhält man mit den Randbedingungen

$$n = \pm H \quad , \qquad c(-H) = 0 \quad , \qquad c(+H) = U$$

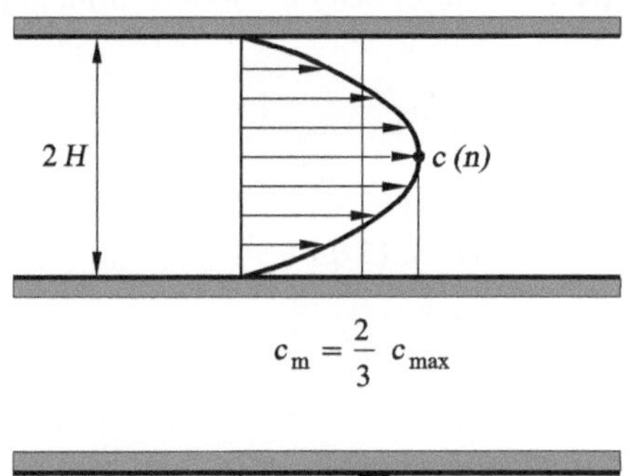

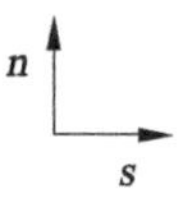

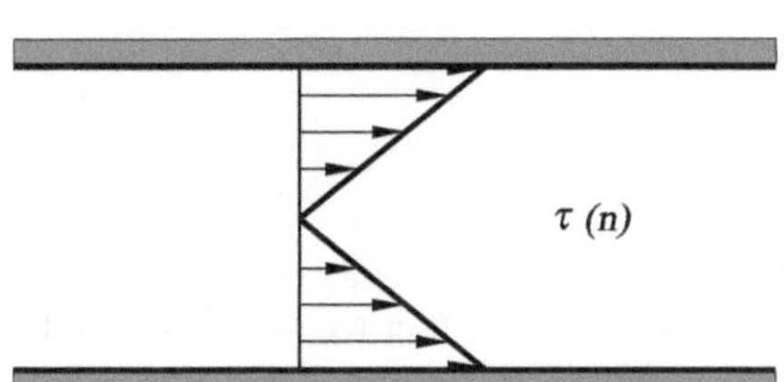

Abb. 2.51: Poiseuille-Kanalströmung

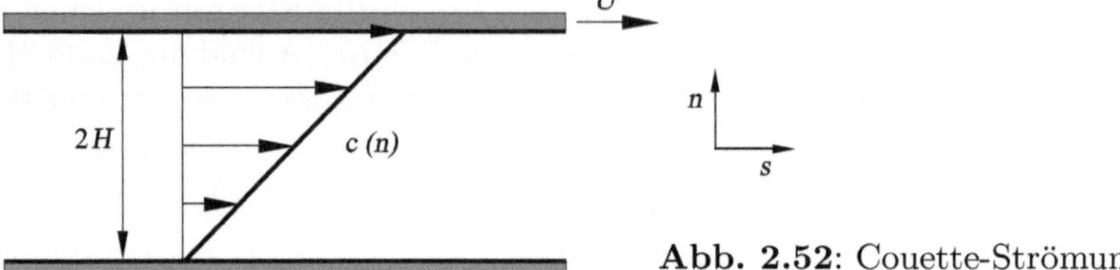

Abb. 2.52: Couette-Strömung

das lineare Geschwindigkeitsprofil

$$c(n) = \frac{U}{2} \cdot \left(1 + \frac{n}{H}\right) \quad . \tag{2.68}$$

Widerstandsbeiwerte

Nachdem wir die Grundlagen der reibungsfreien und reibungsbehafteten Strömungsbereiche bereitgestellt haben, können wir an die einführenden Beispiele in Kapitel 1.2 anknüpfen und den Widerstand umströmter Körper bestimmen.

Der **Gesamtwiderstandsbeiwert $\mathbf{c_w}$** (1.2)

$$c_\mathrm{w} = \frac{W}{\frac{1}{2} \cdot \rho_\infty \cdot c_\infty^2 \cdot A} \quad ,$$

mit der Widerstandskraft W auf den Körper, der Anströmung c_∞ und einer charakteristischen Querschnittsfläche A setzt sich entsprechend der reibungsfreien und reibungsbehafteten Bereiche des Strömungsfeldes aus zwei Anteilen zusammen:

$$\boxed{c_\mathrm{w} = c_\mathrm{d} + c_\mathrm{f,g}} \quad , \tag{2.69}$$

den durch die Druckverteilung c_p verursachten **Formwiderstand** bzw. **Druckwiderstand $\boldsymbol{F}_\mathbf{D}$** und den **Reibungswiderstand $\boldsymbol{F}_\mathbf{R}$**. Die zugehörigen Widerstandsbeiwerte schreiben sich

$$c_\mathrm{d} = \frac{F_\mathrm{D}}{\frac{1}{2} \cdot \rho_\infty \cdot c_\infty^2 \cdot A} \quad , \quad c_\mathrm{f,g} = \frac{F_\mathrm{R}}{\frac{1}{2} \cdot \rho_\infty \cdot c_\infty^2 \cdot A} \quad .$$

Die Druckkraft F_D berechnet sich aus dem Druckbeiwert c_p (1.1)

$$c_p = \frac{p - p_\infty}{\frac{1}{2} \cdot \rho_\infty \cdot c_\infty^2}$$

und die Reibungskraft F_R aus dem lokalen Reibungsbeiwert c_f

$$c_f = \frac{\tau_\mathrm{w}}{\frac{1}{2} \cdot \rho_\infty \cdot c_\infty^2} \quad ,$$

mit der Schubspannung τ_w an der Wand. Durch Integration entlang der Wandstromlinie s, ergibt sich der Gesamtwiderstand W eines umströmten Körpers der Länge L mit der

Bogenlänge der Körperoberfläche L_s:

$$W = \left(\int_0^{L_{s,\mathrm{o}}} c_{p,\mathrm{o}} \cdot \sin(\alpha_\mathrm{o}) \cdot \mathrm{d}s - \int_0^{L_{s,\mathrm{u}}} c_{p,\mathrm{u}} \cdot \sin(\alpha_\mathrm{u}) \cdot \mathrm{d}s \right.$$
$$\left. + \int_0^{L_{s,\mathrm{o}}} c_{f,\mathrm{o}} \cdot \cos(\alpha_\mathrm{o}) \cdot \mathrm{d}s + \int_0^{L_{s,\mathrm{u}}} c_{f,\mathrm{u}} \cdot \cos(\alpha_\mathrm{u}) \cdot \mathrm{d}s \right) \cdot \frac{1}{2} \cdot \rho_\infty \cdot c_\infty^2 \cdot B \quad , \qquad (2.70)$$

dabei bedeuten o und u die Oberseite bzw. Unterseite des Körpers und B eine charakteristische Tiefe mit $A = L \cdot B$. Die Integration erfolgt entlang der jeweiligen Oberflächen. Bei der Aufspaltung in Druck- und Reibungswiderstand geht man davon aus, dass zwar der Druckwiderstand stark von der Form des Körpers abhängt, dass aber der Reibungswiderstand im Wesentlichen nur von der Größe der Körperoberläche abhängt und nicht von der Form der Oberfläche.

Die Abbildung 2.53 zeigt den Druckwiderstandsbeiwert c_d und lokalen Reibungsbeiwert c_f für ein mit c_∞ angeströmtes symmetrisches Profil. Dabei ist zu beachten, dass wir entgegen dem Beispiel in Kapitel 1 jetzt von einer inkompressiblen Strömung geringer Strömungs-Mach-Zahl ausgehen, wie wir sie z. B. beim Segelflugzeug vorfinden. Die Abbildung 2.54 fasst die Widerstandsanteile umströmter Körper zusammen.

Der Grenzschicht der längs angeströmten Platte wird der Druck aufgeprägt, wie wir in Kapitel 3.4 beweisen werden. Damit ist der Druckwiderstandsbeiwert c_d gleich Null und der Gesamtwiderstandsbeiwert c_w besteht ausschließlich aus dem Reibungswiderstandbeiwert $c_{\mathrm{f,g}}$, dessen lokale Reibungsbeiwerte längs der Platte in Abbildung 2.3.2 dargestellt sind.

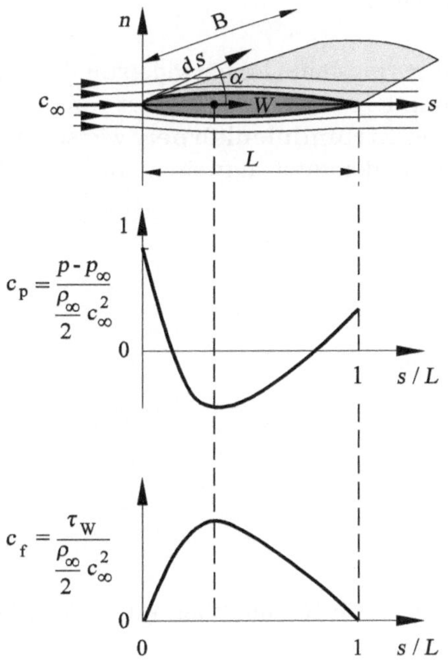

Abb. 2.53: Druckbeiwert c_p und Widerstandsbeiwert c_f der symmetrischen Profilumströmung

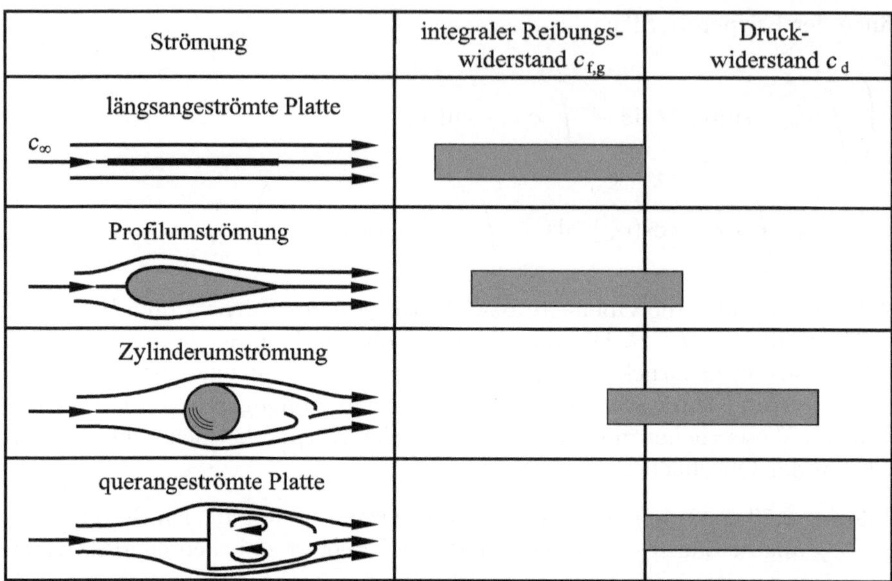

Abb. 2.54: Anteile von Druckwiderstandsbeiwert c_d und Reibungswiderstandsbeiwert $c_{f,g}$ umströmter Körper

Ein schlankes Profil hat entsprechend der kleinen Querschnittsfläche A nur einen geringen Druckwiderstand (Abbildung 2.54). Es dominiert der Reibungswiderstand. Beim umströmten Zylinder kehrt sich das Verhältnis der Widerstandsanteile um und es dominiert der Druckwiderstand. Die quer angeströmte Platte hat praktisch nur Druckwiderstand und der Reibungswiderstand ist verschwindend klein.

Kommen wir zur Fragestellung des Körpers mit geringstem Gesamtwiderstand c_w zurück. Bei der Auslegung des Rennwagens der Abbildung 1.18 mit einem c_w-Wert von 0.17 wurde die Idealgeometrie bereits 1938 gefunden. Es sind **Stromlinienkörper**, wie sie in Abbildung 2.56 dargestellt sind, die den geringsten Widerstand aufweisen. In Kapitel 2.4.5

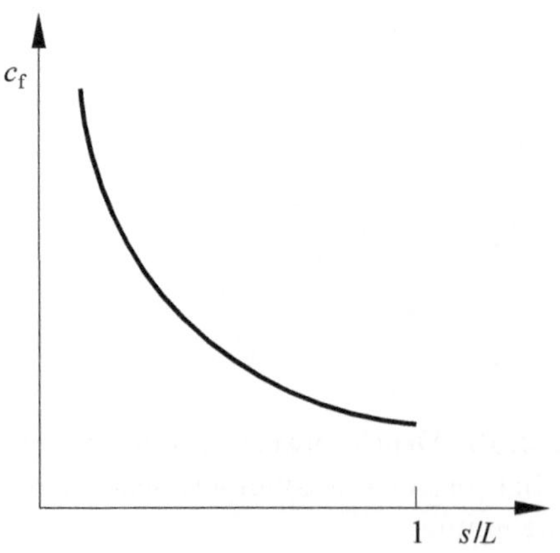

Abb. 2.55: Reibungsbeiwert c_f der Plattengrenzschicht

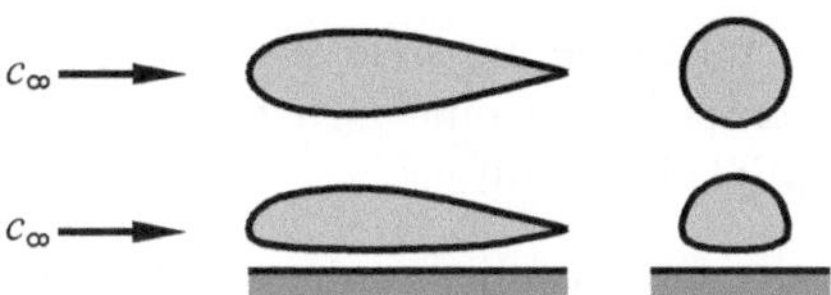

Abb. 2.56: Stromlinienkörper in freier Anströmung (Zeppelin) und in Bodennähe (Kraftfahrzeug)

werden wir jedoch sehen, dass selbst diese geringen Widerstandsbeiwerte durch geeignete Beeinflussung der Wandschubspannung τ_w noch weiter verringert werden können.

2.3.3 Kompressible Strömungen

Die kompressible Strömung wird mit der Größe der Kompressibilität K charakterisiert

$$K = \frac{\text{relative Volumenänderung}}{\text{erforderliche Druckänderung}} = -\frac{\mathrm{d}V}{V} \cdot \frac{1}{\mathrm{d}p} \quad . \tag{2.71}$$

Da die Druckänderung $\mathrm{d}p > 0$ bei gleichzeitiger Volumenänderung $\mathrm{d}V < 0$ ist, wird in der Definition von K ein Minuszeichen ergänzt, damit K selbst positive Werte annimmt. Der Zahlenwert z.B. für Wasser ist $K_{H_2O} = 5 \cdot 10^{-5}\,\mathrm{bar}^{-1}$. Für Gase gilt bei konstanter Temperatur das Boyle-Mariotte-Gesetz

$$p = \text{Konst.} \cdot \frac{m}{V} \quad , \tag{2.72}$$

$$V = \text{Konst.} \cdot \frac{m}{p} \quad \Longrightarrow \quad \frac{\mathrm{d}V}{\mathrm{d}p} = -\text{Konst.} \cdot \frac{m}{p^2} \quad ,$$

mit $(1/V) = p/(m \cdot \text{Konst.})$ folgt für K

$$K = -\frac{\mathrm{d}V}{\mathrm{d}p} \cdot \frac{1}{V} = \text{Konst.} \cdot \frac{m}{p^2} \cdot \frac{p}{m \cdot \text{Konst.}} \quad \Longrightarrow \quad K = \frac{1}{p} \quad .$$

Der Zahlenwert für Luft ist bei $p = 1\,\mathrm{bar}$, $K_{\mathrm{Luft}} = (1/p) = 1\,\mathrm{bar}^{-1}$. Ein Vergleich der Medien Luft und Wasser liefert

$$\frac{K_{\mathrm{Luft}}}{K_{H_2O}} = 20000 \quad .$$

Luft ist also etwa 20000 mal so kompressibel wie Wasser. Davon haben wir bereits früher Gebrauch gemacht, dass im Allgemeinen Wasserströmungen inkompressible Strömungen sind und Gasströmungen bei entsprechend hoher Strömungsgeschwindigkeit als kompressible Strömungen behandelt werden müssen. Ergänzend zu den charakteristischen Kennzahlen des vorangegangenen Kapitels tritt jetzt die **Mach-Zahl** M

$$M = \frac{c}{a} = \frac{\text{Strömungsgeschwindigkeit}}{\text{Schallgeschwindigkeit}} \tag{2.73}$$

als zusätzliche dimensionslose Kennzahl auf. Die **Schallgeschwindigkeit** a entspricht der Ausbreitungsgeschwindigkeit kleiner Störungen der Zustandsgrößen (z.B. Druckstörungen $\mathrm{d}p$) in einem ruhenden kompressiblen Medium (Abbildung 2.57). Die Schallgeschwindigkeit ist eine Signalgeschwindigkeit, mit der Störungen im Strömungsfeld übertragen werden. Das Gas, über das die Schallwelle hinweg gelaufen ist, weist eine Druckstörung $\mathrm{d}p$, eine Dichtestörung $\mathrm{d}\rho$ und eine Störung der Geschwindigkeit $\mathrm{d}c$ auf.

Für den mit $-a$ mitbewegten Beobachter ruht die Schallwelle, und er sieht hinter der Schallwelle die Geschwindigkeit $\mathrm{d}c - a$. Beschränken wir uns auf die **reibungsfreie** Außenströmung, lassen sich für die ruhende Schallwelle die Kontinuitätsgleichung

$$\dot{m} = \rho \cdot c \cdot A = \text{konst.} \quad \Longrightarrow \quad (\rho + \mathrm{d}\rho) \cdot (-a + \mathrm{d}c) \cdot A = -\rho \cdot a \cdot A \quad \Longrightarrow \quad \frac{\mathrm{d}\rho}{\rho} = \frac{\mathrm{d}c}{a} \quad ,$$

und die Bernoulli-Gleichung schreiben

$$\frac{c^2}{2} + \int_0^p \frac{\mathrm{d}p}{\rho} = \text{konst.} \quad , \qquad \frac{(-a + \mathrm{d}c)^2}{2} + \int_0^{p+\mathrm{d}p} \frac{\mathrm{d}p}{\rho} = \frac{(-a)^2}{2} + \int_0^p \frac{\mathrm{d}p}{\rho} \quad ,$$

$$a \cdot \mathrm{d}c = \frac{\mathrm{d}p}{\rho} \quad .$$

Die Schallgeschwindigkeit a ist folglich mit der Druck- und Dichteänderung im Medium gekoppelt. Kleine Störungen breiten sich verlustfrei, d.h. isentrop aus, daher lässt sich für das Quadrat der Schallgeschwindigkeit schreiben

$$\boxed{a^2 = \left(\frac{\partial p}{\partial \rho}\right)_s} \quad .$$

Dies entspricht der Definitionsgleichung (2.9). Mit Hilfe der Gleichung der isentropen Zustandsänderung

$$\frac{p}{p_1} = \left(\frac{\rho}{\rho_1}\right)^{\kappa} \tag{2.74}$$

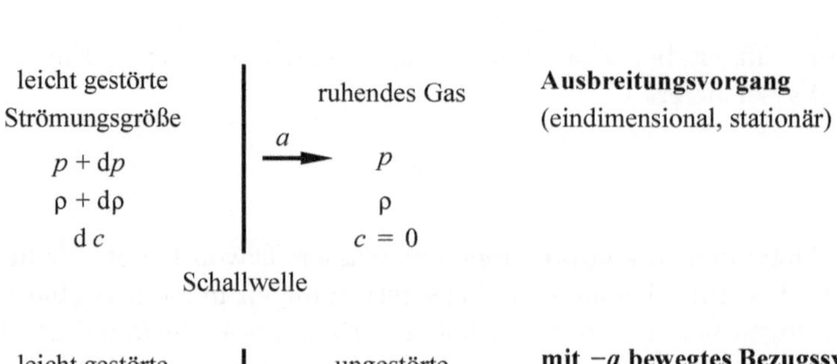

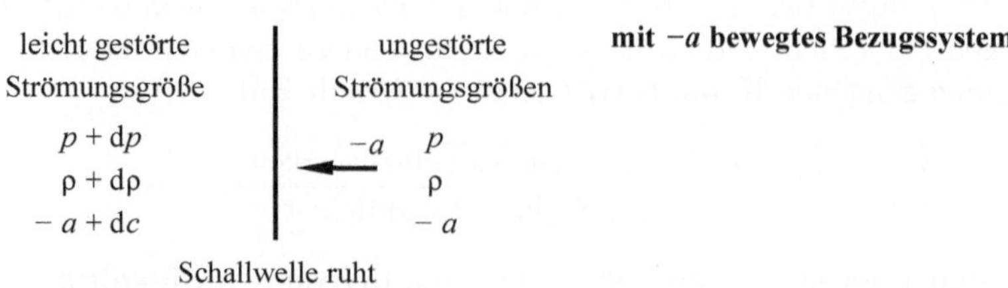

Abb. 2.57: Ausbreitung einer Schallwelle im ruhenden und mitbewegten Bezugssystem

folgt

$$\frac{\partial p}{\partial \rho} = p_1 \cdot \kappa \cdot \left(\frac{\rho}{\rho_1}\right)^{(\kappa-1)} \cdot \frac{1}{\rho_1} = \kappa \cdot \frac{p_1}{\rho_1} \cdot \frac{\left(\frac{\rho}{\rho_1}\right)^{\kappa}}{\left(\frac{\rho}{\rho_1}\right)} = \kappa \cdot \frac{p_1}{\rho} \cdot \frac{p}{p_1} = \kappa \cdot \frac{p}{\rho} \quad ,$$

und mit der idealen Gasgleichung (2.8)

$$\boxed{a^2 = \kappa \cdot \frac{p}{\rho} \quad , \qquad a^2 = \kappa \cdot R \cdot T \quad , \qquad a^2 = \kappa \cdot \frac{\mathcal{R}}{\mathcal{M}} \cdot T} \quad , \tag{2.75}$$

mit der allgemeinen Gaskonstanten $\mathcal{R} = 8.314\,\mathrm{J/(mol \cdot K)}$ und der Molmasse $\mathcal{M}$ $\{\mathrm{g/mol}\}$. Für die Schallgeschwindigkeit a ergeben sich damit die folgenden wichtigen Proportionalitäten

$$\boxed{a \sim \sqrt{T} \quad , \qquad a \sim \sqrt{\frac{1}{\mathcal{M}}}} \quad . \tag{2.76}$$

Die Zahlenwerte für Luft sind

$$\kappa = 1.4 \quad , \quad R = 287\,\frac{\mathrm{J}}{\mathrm{kg \cdot K}} \quad , \quad T = 293.15\,\mathrm{K} \quad \Longrightarrow \quad a = 343.20\,\frac{\mathrm{m}}{\mathrm{s}} = 1235.5\,\frac{\mathrm{km}}{\mathrm{h}} \quad .$$

Schallwellen sind in unserem natürlichen und technischen Umfeld allgegenwärtig. Ein eindrucksvolles Beispiel ist der Peitschenknall. In Abbildung 2.58 sind vier Momentaufnahmen des Peitschenschnurendes gezeigt. Bei 1ist das Peitschenschnurende kurz vor dem

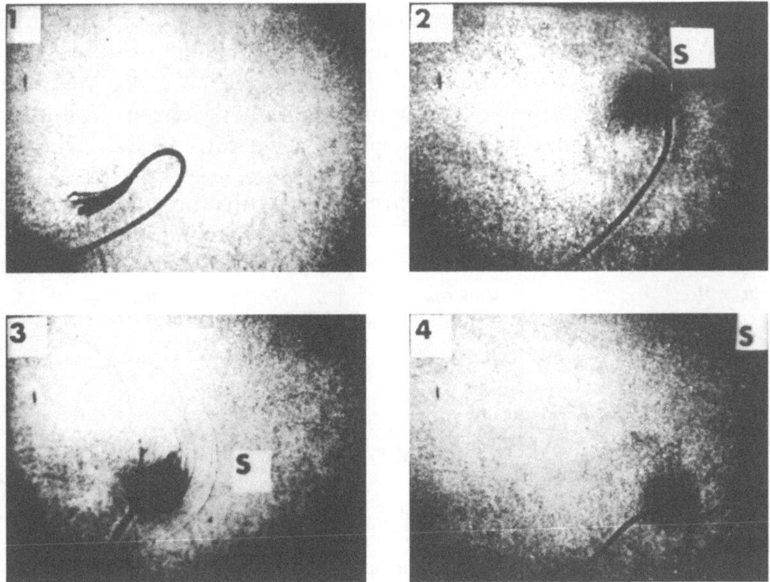

Abb. 2.58: Peitschenknall

Umkehrpunkt. Bei 2 plustert das Schnurende auf, und es entsteht dabei die Knallwelle S, die nicht mehr als kleine Störung betrachtet werden kann. Die Schallwelle steilt zu einem **Verdichtungsstoß** auf, den wir als lauten Knall hören. In den weiteren Momentaufnahmen 3 und 4 breitet sich die Knallwelle in der kompressiblen umgebenden Luft aus.

Betrachten wir in Abbildung 2.59 die Schallwellen, die von einer ruhenden bzw. bewegten Schall-Störquelle (Beispiel Peitschenknall) ausgehen. Für die ruhende Schallquelle breiten sich die Schallwellen als konzentrische Kugelwellen aus. Bewegt sich die Schallquelle mit einer Geschwindigkeit u_∞ kleiner als die Schallgeschwindigkeit $a_\infty (M_\infty < 1)$, verdichten sich stromauf die Kugelwellen. Ein außenstehender Beobachter hört zunächst eine höhere Frequenz (hoher Ton) und nach dem Vorbeibewegen der Schallquelle eine tiefere Frequenz (tiefer Ton). Bewegt sich die Schallquelle mit einer Geschwindigkeit u_∞ größer als die Schallgeschwindigkeit $a_\infty (M_\infty > 1)$, bleiben die Schallwellen innerhalb eines charakteristischen Kegels, dem sogenannten Mach-Kegel, mit dem Kegelwinkel $\sin(\alpha) = a_\infty / u_\infty$ zurück. Ist die Schallquelle ein Überschallflugzeug, so steilt sich dieser Mach-Kegel wiederum zu einem Verdichtungsstoß (Kopfwelle) auf, dessen Druckverteilung am Boden in Abbildung 2.60 skizziert ist. Der Verdichtungsstoß erzeugt am Boden den Drucksprung Δp, den wir als Knall hören. Um hinter dem Überschallflugzeug den ungestörten thermodynamischen Zustand der Luft p_∞ wieder erreichen zu können, ist ein weiterer Verdichtungsstoß erforderlich (Schwanzwelle), der die Druckerhöhung der Kopfwelle wieder rückgängig macht. Deshalb hören wir am Boden bei einem überfliegenden Überschallflugzeug immer einen Doppelknall.

Mach-Zahlbereiche

Neben der Charakterisierung reibungsbehafteter Strömungen mit der Reynolds-Zahl Re_L, Strömungen mit Wärmetransport mit der Prandtl-Zahl Pr_∞, dem Einfluss der Erdschwere mit der Froude-Zahl Fr_L, gibt uns nunmehr die Mach-Zahl M_∞ die Möglichkeit, die Bereiche inkompressibler und kompressibler Strömungen abzugrenzen. Von inkompressiblen Unterschallströmungen mit $\partial \rho / \partial s \ll \partial c / \partial s$ sprechen wir für

$$\boxed{M_\infty \ll 1 \text{ Unterschallströmung, inkompressibel (Kraftfahrzeugumströmung)}} \quad ,$$

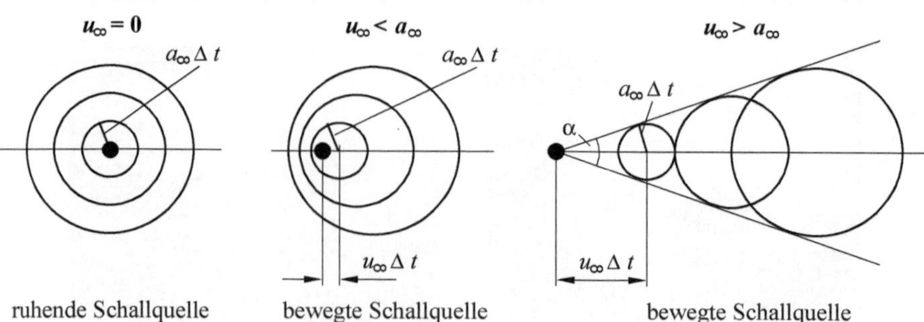

Abb. 2.59: Wellenausbreitung einer Störquelle

kompressible Unterschallströmungen mit $\partial\rho/\partial s < \partial c/\partial s$ ergeben sich im Mach-Zahlbereich

$$\boxed{0.2 < M_\infty < 1 \text{ kompressible Unterschallströmung (ICE-, TGV-Schienenfahrzeuge)}} \quad ,$$

transsonische Strömungen mit $\partial\rho/\partial s \approx \partial c/\partial s$ erhalten wir für

$$\boxed{M_\infty \lesseqgtr 1 \text{ transsonische Strömung (Verkehrsflugzeug)}} \quad ,$$

Überschallströmungen mit $\partial\rho/\partial s > \partial c/\partial s$, für

$$\boxed{M_\infty > 1 \text{ Überschallströmung (Überschallflugzeug Concorde)}} \quad ,$$

Wir sprechen von Hyperschallströmungen mit $\partial\rho/\partial s \gg \partial c/\partial s$ für

$$\boxed{M_\infty \gg 1 \text{ Hyperschallströmung (Wiedereintrittsflugzeug, Space Shuttle)}} \quad .$$

Dabei verlassen wir im Bereich der Hyperschallströmungen den Gültigkeitsbereich der thermodynamischen Zustandsgleichungen für ideale Gase. Es müssen in diesem Mach-Zahlbereich die chemischen Reaktionen heißer Luft mitberücksichtigt werden, die wir in unserem Lehrbuch Aerothermodynamik *H. Oertel jr.* 1994, 2005 behandeln. Dabei gilt z.B. für die Mach-Zahl $M_\infty = 10$

$$\frac{1}{\rho} \cdot \frac{\partial \rho}{\partial s} \sim 100 \cdot \frac{1}{c} \cdot \frac{\partial c}{\partial s}$$

und es dominiert der Einfluss der Kompressibilität.

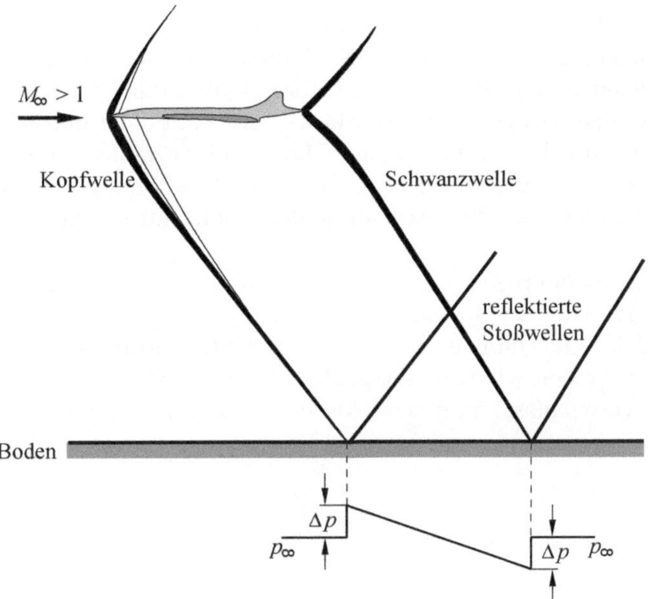

Abb. 2.60: Überschallflug und Druckverteilung am Boden

Stromfadentheorie kompressibler Strömungen

Die Ableitung der eindimensionalen Stromfadentheorie kompressibler Strömungen knüpft an die **Euler-Gleichung** (2.40) an. Wir betrachten im Folgenden eine stationäre Schichtenströmung der reibungsfreien Außenströmung bzw. der reibungsfreien Kernströmung einer Düse. Für die Schichtenströmung ist $\mathrm{d}z = 0$ und die Euler-Gleichung schreibt sich für die Stromfadenkoordinate s

$$c \cdot \frac{\mathrm{d}c}{\mathrm{d}s} = -\frac{1}{\rho} \cdot \frac{\mathrm{d}p}{\mathrm{d}s} = -\frac{1}{\rho} \cdot \frac{\mathrm{d}\rho}{\mathrm{d}\rho} \cdot \frac{\mathrm{d}p}{\mathrm{d}s} = -a^2 \frac{1}{\rho} \cdot \frac{\mathrm{d}\rho}{\mathrm{d}s} \qquad \Big| : c^2 \quad ,$$

$$\frac{1}{c} \cdot \frac{\mathrm{d}c}{\mathrm{d}s} = -\frac{1}{M_\infty^2} \cdot \frac{1}{\rho} \cdot \frac{\mathrm{d}\rho}{\mathrm{d}s} \quad ,$$

$$\boxed{\frac{1}{\rho} \cdot \frac{\mathrm{d}\rho}{\mathrm{d}s} = -M_\infty^2 \cdot \frac{1}{c} \cdot \frac{\mathrm{d}c}{\mathrm{d}s}} \quad , \tag{2.77}$$

mit $(1/\rho) \cdot (\mathrm{d}\rho/\mathrm{d}s)$ der relativen Dichteänderung und $(1/c) \cdot (\mathrm{d}c/\mathrm{d}s)$ der relativen Geschwindigkeitsänderung.

Im Unterschall gilt $M_\infty^2 \ll 1$, daher ist die relative Dichteänderung bei Unterschallströmungen sehr viel kleiner als die relative Geschwindigkeitsänderung und kann bei sehr kleinen Mach-Zahlen oftmals völlig vernachlässigt werden.

Im Überschall ist dieses Verhalten gerade umgekehrt. Wegen $M_\infty^2 \gg 1$ gilt bei Überschallströmungen, dass die relative Dichteänderung sehr viel größer ist, als die relative Geschwindigkeitsänderung. Wird eine Überschallströmung beschleunigt, $\mathrm{d}c/\mathrm{d}s > 0$, so ist diese Beschleunigung wegen des Vorfaktors $-M_\infty^2$ mit einer beträchtlichen Dichteabnahme des Mediums, $\mathrm{d}\rho/\mathrm{d}s < 0$, verbunden. Überschallströmungen benötigen also Raum. Aufgrund der Kontinuitätsgleichung muss bei einer beschleunigten Überschallströmung wegen der stärkeren relativen Dichteabnahme der Querschnitt A längs s zunehmen.

Bei transsonischen Strömungen gilt $M_\infty^2 \approx 1$ und alle Änderungen, relative Dichteänderung sowie relative Geschwindigkeitsänderung, sind von gleicher Größenordnung. Das Integral der Euler-Gleichung ergibt wiederum die **Bernoulli-Gleichung** für die kompressible Strömung. Gehen wir vom Integral entlang des Stromfadens s von der Stelle 1 zur Stelle 2 unter Vernachlässigung der Erdschwere mit $z_1 = z_2$ aus, ergibt sich

$$\frac{1}{2} \cdot (c_2^2 - c_1^2) + \int_{p_1}^{p_2} \frac{\mathrm{d}p}{\rho} = 0 \quad .$$

Für die Änderung der Zustandsgrößen gelten die Gleichungen der isentropen Zustandsänderungen (2.74) (nicht für Verdichtungsstöße!),

$$\frac{p}{p_1} = \left(\frac{\rho}{\rho_1}\right)^{\kappa} \quad \Rightarrow \quad \frac{1}{\rho} = \left(\frac{p_1}{p}\right)^{\frac{1}{\kappa}} \cdot \frac{1}{\rho_1} = \frac{p_1^{\frac{1}{\kappa}}}{\rho_1} \cdot p^{-\frac{1}{\kappa}} \quad \Longrightarrow$$

$$\int_{p_1}^{p_2} \frac{\mathrm{d}p}{\rho} = \frac{p_1^{\frac{1}{\kappa}}}{\rho_1} \cdot \int_{p_1}^{p_2} p^{-\frac{1}{\kappa}} \cdot \mathrm{d}p = \frac{p_1^{\frac{1}{\kappa}}}{\rho_1} \cdot \left[\frac{\kappa}{\kappa - 1} \cdot p^{\frac{\kappa-1}{\kappa}}\right]_{p_1}^{p_2} = \frac{p_1^{\frac{1}{\kappa}}}{\rho_1} \cdot \frac{\kappa}{\kappa - 1} \cdot \left[p_2^{\frac{\kappa-1}{\kappa}} - p_1^{\frac{\kappa-1}{\kappa}}\right] \quad ,$$

$$\int_{p_1}^{p_2} \frac{\mathrm{d}p}{\rho} = \frac{\kappa}{\kappa - 1} \cdot \left(\frac{p_2}{\rho_2} - \frac{p_1}{\rho_1}\right) \quad .$$

Damit lautet die Bernoulli-Gleichung für kompressible Strömungen

$$\boxed{\frac{1}{2} \cdot c_2^2 + \frac{\kappa}{\kappa - 1} \cdot \frac{p_2}{\rho_2} = \frac{1}{2} \cdot c_1^2 + \frac{\kappa}{\kappa - 1} \cdot \frac{p_1}{\rho_1} \quad \Longrightarrow \quad \frac{1}{2} \cdot c^2 + \frac{\kappa}{\kappa - 1} \cdot \frac{p}{\rho} = \text{konst.}} \quad . \tag{2.78}$$

Mit $a^2 = \kappa \cdot (p/\rho)$ folgt

$$\boxed{\frac{1}{2} \cdot c_2^2 + \frac{a_2^2}{\kappa - 1} = \frac{1}{2} \cdot c_1^2 + \frac{a_1^2}{\kappa - 1} \quad \Longrightarrow \quad \frac{1}{2} \cdot c^2 + \frac{a^2}{\kappa - 1} = \text{konst.}} \quad . \tag{2.79}$$

Mit Hilfe der Zustandsgleichung für ideale Gase $(p/\rho) = R \cdot T = (c_p - c_v) \cdot T$ und dem Isentropenexponent $\kappa = (c_p/c_v)$ folgt

$$\frac{\kappa}{\kappa - 1} \cdot \frac{p}{\rho} = \frac{c_p}{c_v} \cdot \frac{1}{\frac{c_p}{c_v} - 1} \cdot (c_p - c_v) \cdot T = c_p \cdot T = h \quad ,$$

$$\boxed{c_p \cdot T_2 + \frac{1}{2} \cdot c_2^2 = c_p \cdot T_1 + \frac{1}{2} \cdot c_1^2 \quad \Longrightarrow \quad c_p \cdot T + \frac{1}{2} \cdot c^2 = \text{konst.}} \quad , \tag{2.80}$$

$$\boxed{h_2 + \frac{1}{2} \cdot c_2^2 = h_1 + \frac{1}{2} \cdot c_1^2 \quad \Longrightarrow \quad h + \frac{1}{2} \cdot c^2 = \text{konst.}} \quad , \tag{2.81}$$

die ohne Berücksichtigung des Wärmestroms und der Schwerkraft der Energiegleichung (2.52) entspricht.

Die Festlegung der Konstanten der Bernoulli-Gleichung erfolgt mit den **Ruhewerten** des Gasreservoires (Kessel) oder den sogenannten **kritischen Werten**.

Für die Ruhewerte im Kessel p_0, ρ_0, a_0, T_0 gilt mit $c = 0$ Gleichung (2.79)

$$\frac{1}{2} \cdot c^2 + \frac{a^2}{\kappa - 1} = \frac{a_0^2}{\kappa - 1} \quad , \qquad a^2 \left(\frac{1}{2} \cdot M^2 + \frac{1}{\kappa - 1}\right) = \frac{a_0^2}{\kappa - 1} \quad ,$$

$$\frac{a^2}{a_0^2} = \frac{1}{1 + \frac{\kappa - 1}{2} \cdot M^2} \quad ,$$

mit $a^2 = \kappa \cdot R \cdot T$ und $a_0^2 = \kappa \cdot R \cdot T_0$ folgt

$$\frac{T}{T_0} = \frac{1}{1 + \frac{\kappa - 1}{2} \cdot M^2} \quad , \tag{2.82}$$

T ist immer kleiner als T_0, da stets gilt $M_\infty^2 > 0$. Mit der Isentropenbeziehung

$$\frac{\rho}{\rho_0} = \left(\frac{T}{T_0}\right)^{\frac{1}{\kappa-1}}$$

folgt für die Ruhedichte ρ_0

$$\frac{\rho}{\rho_0} = \frac{1}{\left(1 + \frac{\kappa - 1}{2} \cdot M^2\right)^{\frac{1}{\kappa-1}}} \quad , \tag{2.83}$$

ρ ist mit $M_\infty^2 > 0$ kleiner als ρ_0. Mit der Isentropenbeziehung

$$\frac{p}{p_0} = \left(\frac{T}{T_0}\right)^{\frac{\kappa}{\kappa-1}}$$

folgt für den Ruhedruck p_0

$$\frac{p}{p_0} = \frac{1}{\left(1 + \frac{\kappa - 1}{2} \cdot M^2\right)^{\frac{\kappa}{\kappa-1}}} \quad . \tag{2.84}$$

Mit der Gleichung (2.82) kann ebenfalls die Ruhetemperatur T_0 im Staupunkt eines Flugkörpers bestimmt werden. Gehen wir von einer Strömungstemperatur $T = 300\,\mathrm{K}$ aus, so ergibt sich im Staupunkt ($c = 0$) für eine Flug-Mach-Zahl von $M_\infty = 2$ die Staupunkttemperatur $T_0 = 540\,\mathrm{K}$. Der Staupunkt des Überschallflugzeuges Concorde heizt sich also während des Fluges auf. Bei $M_\infty = 5$ beträgt die Staupunkttemperatur bereits $T_0 = 1800\,\mathrm{K}$. Bei derart hohen Temperaturen ist jedoch die Voraussetzung der isentropen Zustandsänderung und des idealen Gasgesetzes nicht mehr gewährleistet.

Für die Bestimmung der Konstanten der Bernoulli-Gleichung kann man auch die kritischen Werte nutzen (Index $*$). Als kritische Werte bezeichnet man diejenigen Werte, die die Strömungsgrößen aufweisen, wenn gerade die Schallgeschwindigkeit $M = 1$ erreicht wird

$$p(M=1) = p^* \quad , \qquad T(M=1) = T^* \quad , \qquad \rho(M=1) = \rho^* \quad ,$$
$$a(M=1) = a^* \quad , \qquad c(M=1) = c^* = a^* \quad .$$

Es gilt also

$$\frac{1}{2} \cdot c^2 + \frac{a^2}{\kappa - 1} = \frac{1}{2} \cdot c^{*2} + \frac{a^{*2}}{\kappa - 1} = a^{*2} \cdot \left(\frac{1}{2} + \frac{1}{\kappa - 1}\right) = a^{*2} \cdot \frac{\kappa + 1}{2 \cdot (\kappa - 1)}$$

oder

$$\frac{1}{2} \cdot c^2 + c_p \cdot T = \frac{1}{2} \cdot a^{*2} + c_p \cdot T^* \quad ,$$

mit

$$a^{*2} = \kappa \cdot R \cdot T^* = \frac{c_p}{c_v} \cdot (c_p - c_v) \cdot T^* = c_p \cdot (\kappa - 1) \cdot T^* \Longrightarrow$$
$$\frac{1}{2} \cdot c^2 + c_p \cdot T = \frac{1}{2} \cdot c_p \cdot (\kappa - 1) \cdot T^* + c_p \cdot T^* =$$
$$= \frac{1}{2} \cdot c_p \cdot (\kappa - 1) \cdot T^* + \frac{2}{2} \cdot c_p \cdot T^* = c_p \cdot \frac{\kappa + 1}{2} \cdot T^* \quad .$$

Es existiert ein Zusammenhang zwischen den Ruhewerten (Index 0) und den kritischen Werten (Index $*$). Dazu muss man die Mach-Zahl M in Gleichung (2.82) und (2.84) $M = 1$ setzen, variable Größen mit einem $*$ indizieren, während die Ruhewerte unverändert bleiben. Man erhält

$$\boxed{\frac{T^*}{T_0} = \frac{2}{\kappa + 1} \quad , \quad \frac{\rho^*}{\rho_0} = \left(\frac{2}{\kappa + 1}\right)^{\frac{1}{\kappa - 1}} \quad , \quad \frac{p^*}{p_0} = \left(\frac{2}{\kappa + 1}\right)^{\frac{\kappa}{\kappa - 1}}} \quad . \tag{2.85}$$

Speziell für Luft mit dem Wert $\kappa = 1.4$ ergibt sich

$$\frac{T^*}{T_0} = 0.833 \quad , \quad \frac{\rho^*}{\rho_0} = 0.634 \quad , \quad \frac{p^*}{p_0} = 0.528 \quad .$$

Stromfadentheorie bei veränderlichem Querschnitt A(s)

Bei variablem $A(s)$ lautet die Kontinuitätsgleichung

$$\dot{m} = \rho(s) \cdot c(s) \cdot A(s) = \text{konst.} \quad .$$

Logarithmiert man die Kontinuitätsgleichung, so erhält man

$$\ln(\rho(s) \cdot c(s) \cdot A(s)) = \ln(\rho(s)) + \ln(c(s)) + \ln(A(s)) = \ln(\text{konst.}) \quad ,$$

die Differentiation $\mathrm{d}/\mathrm{d}s$ liefert

$$\frac{1}{\rho} \cdot \frac{\mathrm{d}\rho}{\mathrm{d}s} + \frac{1}{c} \cdot \frac{\mathrm{d}c}{\mathrm{d}s} + \frac{1}{A} \cdot \frac{\mathrm{d}A}{\mathrm{d}s} = 0 \quad .$$

Mit der Euler-Gleichung (2.77) lässt sich der Dichte-Term aus der logarithmierten Kontinuitätsgleichung eliminieren und man erhält

$$\frac{1}{c} \cdot \frac{\mathrm{d}c}{\mathrm{d}s} \cdot (-M^2 + 1) + \frac{1}{A} \cdot \frac{\mathrm{d}A}{\mathrm{d}s} = 0 \quad ,$$

$$\boxed{\frac{1}{c} \cdot \frac{\mathrm{d}c}{\mathrm{d}s} = \frac{1}{M^2 - 1} \cdot \frac{1}{A} \cdot \frac{\mathrm{d}A}{\mathrm{d}s}} \quad . \tag{2.86}$$

Aus Gleichung (2.86) folgt, wie der Querschnitt $A(s)$ einer Düse geformt sein muss, um das Gas kontinuierlich von Unterschall-Mach-Zahlen $M < 1$ auf Überschall-Mach-Zahlen $M > 1$ zu beschleunigen (Abbildung 2.61). Kontinuierliche Beschleunigung verlangt $\mathrm{d}c/\mathrm{d}s > 0$.

Ist die Mach-Zahl $M < 1$, erfordert dies eine Querschnittsverengung $\mathrm{d}A/\mathrm{d}s < 0$. Ist die Mach-Zahl $M > 1$, ist eine Querschnittserweiterung $\mathrm{d}A/\mathrm{d}s > 0$ für die Beschleunigung des Gases erforderlich. Für die Mach-Zahl $M = 1$ hat die Differentialgleichung (2.86) eine Singularität. Um $\mathrm{d}c/\mathrm{d}s > 0$ sicherzustellen, muss $\mathrm{d}A/\mathrm{d}s = 0$ gelten.

Will man also kontinuierlich vom Unterschall in den Überschall beschleunigen, muss die dafür erforderliche Düse zunächst eine Querschnittsverengung und stromab des engsten Querschnitts eine Querschnittserweiterung aufweisen. Die dazugehörige Düse ist in Abbildung 2.61 skizziert. Man nennt sie **Laval-Düse**.

Am engsten Querschnitt stellen sich bei der Mach-Zahl $M = 1$ die zuvor eingeführten kritischen Werte (Index *) der Gleichung (2.85) ein. Das divergente Düsenteil im Überschall kann man auch anschaulich erklären, wenn man sich vor Augen hält, dass die relative Dichteabnahme im Überschall viel stärker ist als die relative Geschwindigkeitszunahme. Aus diesem Grund muss zur Aufrechterhaltung eines konstanten Massenstromes $\dot{m} = \rho \cdot c \cdot A =$ konst., der Querschnitt $A(s)$ längs s zunehmen.

Im Folgenden wird die Differentialgleichung abgeleitet, die die relative Querschnittsänderung $(1/A) \cdot (\mathrm{d}A/\mathrm{d}s)$ mit der relativen Mach-Zahländerung $(1/M) \cdot (\mathrm{d}M/\mathrm{d}s)$ in Beziehung setzt. Der Logarithmus der Definitionsgleichung für die Mach-Zahl $c = M \cdot a$ ergibt

$$\ln(c) = \ln(M) + \ln(a) \quad .$$

Die Differentiation $\mathrm{d}/\mathrm{d}s$ führt auf

$$\frac{1}{c} \cdot \frac{\mathrm{d}c}{\mathrm{d}s} = \frac{1}{M} \cdot \frac{\mathrm{d}M}{\mathrm{d}s} + \frac{1}{a} \cdot \frac{\mathrm{d}a}{\mathrm{d}s} \quad . \tag{2.87}$$

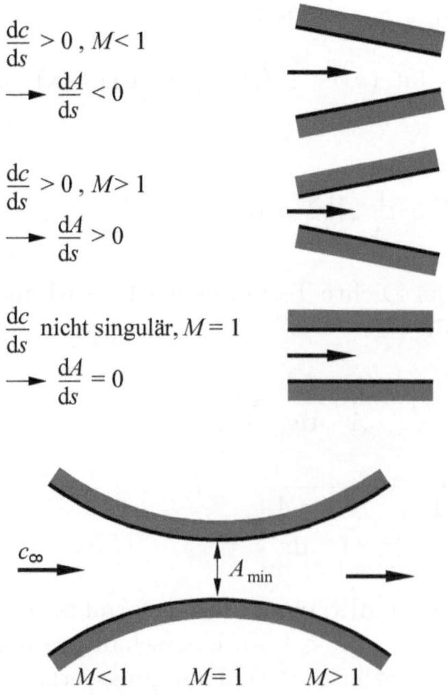

$\frac{dc}{ds} > 0$, $M < 1$ → $\frac{dA}{ds} < 0$

$\frac{dc}{ds} > 0$, $M > 1$ → $\frac{dA}{ds} > 0$

$\frac{dc}{ds}$ nicht singulär, $M = 1$ → $\frac{dA}{ds} = 0$

c_∞ A_{min}

$M < 1$ $M = 1$ $M > 1$

Abb. 2.61: Laval-Düse

Logarithmieren von $a^2 = \kappa \cdot (p/\rho)$ liefert $2 \cdot \ln(a) = \ln(\kappa) + \ln(p) - \ln(\rho)$. Differentiation $\mathrm{d}/\mathrm{d}s$ ergibt

$$\frac{2}{a} \cdot \frac{\mathrm{d}a}{\mathrm{d}s} = \frac{1}{p} \cdot \frac{\mathrm{d}p}{\mathrm{d}s} - \frac{1}{\rho} \cdot \frac{\mathrm{d}\rho}{\mathrm{d}s} \quad .$$

Im nächsten Schritt muss der Ausdruck $\mathrm{d}p/\mathrm{d}s$ auf $\mathrm{d}\rho/\mathrm{d}s$ zurückgeführt werden

$$a^2 = \frac{\mathrm{d}p}{\mathrm{d}\rho} \quad \Longrightarrow \quad \mathrm{d}p = a^2 \cdot \mathrm{d}\rho \quad , \quad \frac{\mathrm{d}p}{\mathrm{d}s} = a^2 \cdot \frac{d\rho}{ds} = \kappa \cdot \frac{p}{\rho} \cdot \frac{\mathrm{d}\rho}{\mathrm{d}s} \quad ,$$

$$\frac{1}{p} \cdot \frac{\mathrm{d}p}{\mathrm{d}s} = \frac{\kappa}{\rho} \cdot \frac{\mathrm{d}\rho}{\mathrm{d}s} \quad .$$

Man erhält

$$\frac{2}{a} \cdot \frac{\mathrm{d}a}{\mathrm{d}s} = (\kappa - 1) \cdot \frac{1}{\rho} \cdot \frac{\mathrm{d}\rho}{\mathrm{d}s} \quad ,$$

mit der Euler-Gleichung folgt

$$\frac{1}{a} \cdot \frac{\mathrm{d}a}{\mathrm{d}s} = \frac{\kappa - 1}{2} \cdot \frac{-M^2}{c} \cdot \frac{\mathrm{d}c}{\mathrm{d}s} \quad .$$

Diese Gleichung eingesetzt in Gleichung (2.87) unter Berücksichtigung von Gleichung (2.86) liefert

$$\frac{1}{M^2 - 1} \cdot \frac{1}{A} \cdot \frac{\mathrm{d}A}{\mathrm{d}s} = \frac{1}{M} \cdot \frac{\mathrm{d}M}{\mathrm{d}s} + \frac{(\kappa - 1)(-M^2)}{2} \cdot \frac{1}{M^2 - 1} \cdot \frac{1}{A} \cdot \frac{\mathrm{d}A}{\mathrm{d}s} \quad ,$$

$$\boxed{\frac{1}{A} \cdot \frac{\mathrm{d}A}{\mathrm{d}s} \cdot \left(\frac{1 + \frac{\kappa - 1}{2} \cdot M^2}{M^2 - 1} \right) = \frac{1}{M} \cdot \frac{\mathrm{d}M}{\mathrm{d}s}} \quad . \tag{2.88}$$

Dies ist eine gewöhnliche Differentialgleichung erster Ordnung zur Bestimmung von $M(s)$ bei gegebenem Querschnittsverlauf $A(s)$. Mit der Randbedingung $M = M^* = 1$ für $A = A_{\mathrm{min}} = A^*$ bei $M^* = 1$ lautet die Lösung

$$\boxed{\frac{A}{A^*} = \frac{1}{M} \cdot \left(1 + \frac{\kappa - 1}{\kappa + 1} \cdot (M^2 - 1) \right)^{\frac{\kappa + 1}{2 \cdot (\kappa - 1)}}} \quad , \tag{2.89}$$

mit Gleichung (2.89) ist die Mach-Zahl implizit als Funktion des vorgegebenen Querschnittsverlaufs $A(s)$ gegeben, wenn an der engsten Stelle A^* Schallgeschwindigkeit herrscht. In diesem Fall lässt sich der Massenstrom $\dot{m}$ durch die Düse als Funktion der kritischen Werte bestimmen

$$\dot{m} = \rho \cdot c \cdot A = \rho^* \cdot c^* \cdot A^* = \rho^* \cdot a^* \cdot A^* = \text{konst.} \quad .$$

Für die Diskussion der Lösungskurven der Gleichung (2.89), betrachtet man das Richtungsfeld der gewöhnlichen Differentialgleichung (2.88). Dazu lösen wir Gleichung (2.88) zunächst nach $\mathrm{d}M/\mathrm{d}s$ auf

$$\frac{\mathrm{d}M}{\mathrm{d}s} = M \cdot \frac{1}{A} \cdot \frac{\mathrm{d}A}{\mathrm{d}s} \cdot \left(\frac{1 + \frac{\kappa - 1}{2} \cdot M^2}{M^2 - 1} \right) \quad \Longrightarrow \quad \frac{\mathrm{d}M}{\mathrm{d}s} = M'(s) = \mathrm{f}(M, A, s) \quad .$$

Die Ableitung der Mach-Zahl $M'(s)$, ist also eine Funktion f der Mach-Zahl $M(s)$, des vorgegebenen Querschnittsverlaufs $A(s)$ und der Koordinate s. Durch die Beziehung $M'(s) = \mathrm{f}(M, A, s)$ wird jedem Punktepaar (s, M) in der (s, M)-Ebene eine Richtung zugeordnet.

Besonders ausgezeichnete Richtungselemente ergeben sich am engsten Querschnitt A_{min} der Abbildung 2.62. Für $M \neq 1$ ergibt sich mit $\mathrm{d}A/\mathrm{d}s = 0$

$$\frac{\mathrm{d}M}{\mathrm{d}s} = 0 \quad ,$$

also horizontale Tangenten. Für $M = 1$ ergeben sich, solange $\mathrm{d}A/\mathrm{d}s \neq 0$ ist, vertikale Tangenten mit

$$\frac{\mathrm{d}M}{\mathrm{d}s} = \infty \quad .$$

Der singuläre Punkt am engsten Querschnitt A_{min} mit $\mathrm{d}A/\mathrm{d}s = 0$ und bei der Mach-Zahl 1 ist ein Sattelpunkt. Der singuläre Punkt ist dadurch gekennzeichnet, dass keine eindeutig definierte Richtung vorgegeben ist. Es sind zwei Fortschreitungsrichtungen möglich. Mit diesen drei Grenzfällen lassen sich die mathematisch möglichen Lösungskurven der Gleichung (2.89) in Abbildung 2.62 eintragen.

Davon sind nicht alle Lösungskurven für die angenommene kontinuierliche Beschleunigung in der Laval-Düse physikalisch relevant. Der Bereich der Strömungsumkehr fällt weg, so

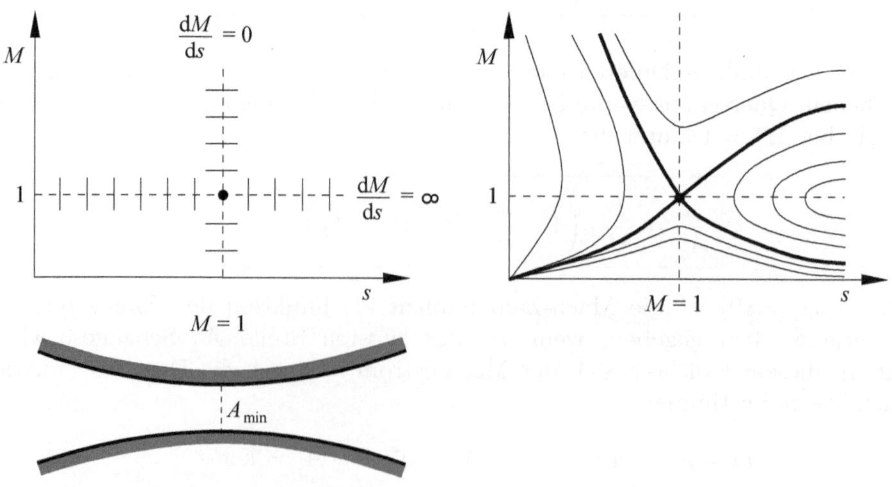

Abb. 2.62: Richtungsfeld der Laval-Düsen-Differentialgleichung

dass sich die relevanten Lösungskurven in Abbildung 2.63 darstellen. Welche Lösungskurve sich letztendlich in der Laval-Düse einstellt, hängt vom Gegendruck p_∞ am Düsenende gegenüber dem Ruhedruck p_0 im Kessel ab. Je nach Anwendungsfall, hoher Gegendruck p_{A} bzw. geringen Gegendruck p_{E}, erhalten wir unterschiedliche Strömungsformen, die im Folgenden behandelt werden.

Für einen hohen Gegendruck p_{A} erhalten wir die reine Unterschalldurchströmung $M < 1$ der Laval-Düse. Im Bereich der Querschnittsverengung wird die Strömung beschleunigt (Düse). Im Bereich der Querschnittserweiterung wird die Strömung für $M < 1$ wieder verzögert. Hier wirkt die Laval-Düse als Diffusor.

Ist der Gegendruck p_{B}, wird gerade die Mach-Zahl 1 im engsten Querschnitt erreicht und es stellen sich die kritischen Werte (Index *) ein. Im querschnitterweiternden Bereich der Laval-Düse wird wiederum eine Unterschallströmung erreicht und die Strömung wird verzögert.

Unterschreitet der Gegendruck diesen kritischen Wert p_{B}, so tritt beim Gegendruck p_{C} die Beschleunigung in den Überschall $M > 1$ ein, jedoch ist eine stetige Durchströmung der Laval-Düse nicht mehr möglich. Es stellt sich im Überschallteil ein **Verdichtungsstoß** ein, der einen Sprung der Strömungsgrößen verursacht. Die Lösungskurve springt am Ort s vom Überschall $M > 1$ in den Unterschall $M < 1$.

Erniedrigt man den Gegendruck am Düsenende auf den Wert p_{D}, wandert der Verdichtungsstoß ans Düsenende.

Erst beim Düsengegendruck p_{E} sprechen wir von einer ideal angepassten Laval-Düse. Die kontinuierliche Beschleunigung der Strömung folgt der oberen Lösungskurve in Abbildung 2.63 vom Unterschall $M < 1$ bis in den Überschall $M > 1$. Am Düsenende stellt sich der in Abbildung 2.64 skizzierte, dem Umgebungsdruck p_∞ angepasste Freistrahl ohne Verdichtungsstoß ein.

Für Gegendrücke zwischen p_{D} und p_{E} erhält man schiefe Verdichtungsstöße am Düsenende

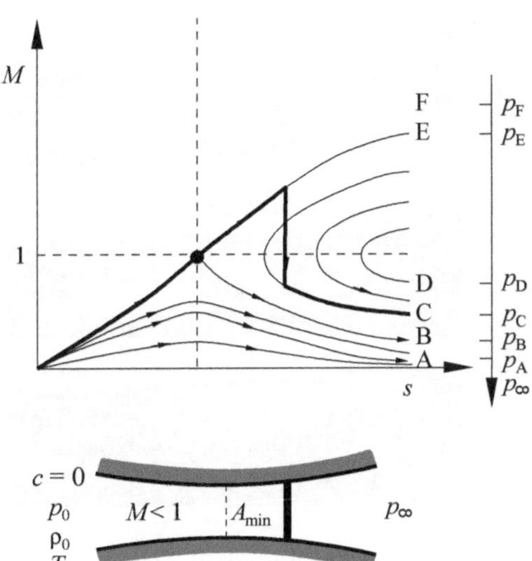

Abb. 2.63: Mach-Zahlverlauf in der Laval-Düse in Abhängigkeit des Gegendruckes p am Düsenausgang

gefolgt von sogenannten Expansionsfächern. Diese Strömungsform schiefer Verdichtungsstöße gefolgt von Expansionsfächern setzt sich im Freistrahl periodisch fort, so dass eine charakteristische Knotenstruktur entsteht. Diesen Überschallfreistrahl nutzt man z.B. beim Schneidbrenner zum Schneiden von Metall.

Senkt man den Gegendruck am Düsenende weiter auf p_F ab, verschwinden die schiefen Verdichtungsstöße. Es stellt sich eine Expansionsströmung ohne Verdichtungsstöße am Düsenende ein, die als Freistrahlglocke sichtbar wird. Diese kann z. B. beim Raketenflug in großen Höhen beobachtet werden (Abbildung 2.65).

In Abbildung 2.66 ist die Massenstromdichte in der Laval-Düse ergänzt. Die Massenstromdichte ist der Quotient aus Massenstrom $\dot{m}$ und der durchströmten Querschnittsfläche A

$$\frac{\dot{m}}{A} = \rho \cdot c \quad .$$

Für die mit Überschall durchströmte Laval-Düse ergibt sich mit den kritischen Werten am engsten Querschnitt $A^* = A_{\min}$

$$\dot{m} = \text{konst.} \quad \Longrightarrow \quad \rho \cdot c \cdot A = \rho^* \cdot c^* \cdot A^* \quad \Longrightarrow \quad \frac{\rho \cdot c}{\rho^* \cdot c^*} = \frac{A^*}{A} \quad .$$

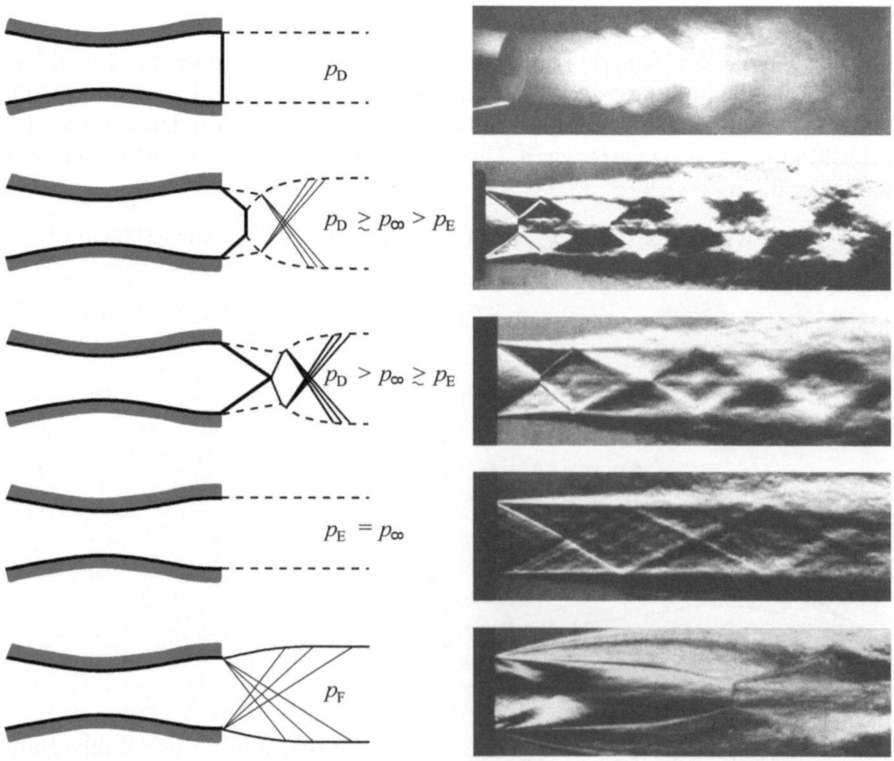

Abb. 2.64: Strömungsformen am Laval-Düsenende in Abhängigkeit des Gegendruckes p

geringe Höhe

große Höhe

Abb. 2.65: Raketenantriebsstrahl der Saturn-Rakete

Da der Querschnitt A in einer Laval-Düse bis auf den engsten Querschnitt $A_{\text{min}} = A^*$ überall größer als A^* ist, gilt

$$\frac{A^*}{A} = \frac{\rho \cdot c}{\rho^* \cdot c^*} \leq 1 \quad .$$

Die dimensionslose Massenstromdichte $(\rho \cdot c)/(\rho^* \cdot c^*)$ nimmt also am engsten Querschnitt der Laval-Düse $A_{\text{min}} = A^*$ ihren maximalen Wert $(\rho \cdot c)/(\rho^* \cdot c^*) = 1$ an.

Verdichtungsstoß

Als Verdichtungsstoß bezeichnet man ganz allgemein eine nahezu sprunghafte Änderung der Strömungsgrößen Geschwindigkeit $\vec{v}$, Druck p, Dichte ρ und Temperatur T. Diese Änderungen treten in einer extrem dünnen Schicht des Gases auf, die von der Größenordnung einige mittlere freie Weglängen des Gases betragen. Die mittlere freie Weglänge bezeichnet die Strecke, die ein Molekül bzw. Atom im statistischen Mittel zwischen zwei Zusammenstößen mit einem anderen Molekül zurücklegt. Für Luft beträgt die mittlere freie Weglänge $\overline{\lambda}$ unter Normalbedingungen $\overline{\lambda} = 10^{-7}\,\text{m}$. In diesem Größenordnungsbereich treten sehr starke Gradienten der Zustandsgrößen auf, weshalb es gestattet ist, den Verdichtungsstoß im Rahmen der Kontinuumsmechanik durch eine sprunghafte Änderung zu modellieren. Die Bezeichnung Verdichtungsstoß erklärt sich durch die sprunghafte Zunahme der Dichte ρ über den Stoßbereich. Neben der Dichte steigen auch die Temperatur T und der Druck p, während der Betrag der Geschwindigkeit $|\vec{v}|$ sinkt.

Ein Verdichtungsstoß kann sich grundsätzlich nur im Bereich einer Überschallströmung einstellen. Der Spezialfall des senkrechten Verdichtungsstoßes, bei dem Anströmrichtung und Stoßfront einen rechten Winkel bilden, führt immer von Überschall auf Unterschall.

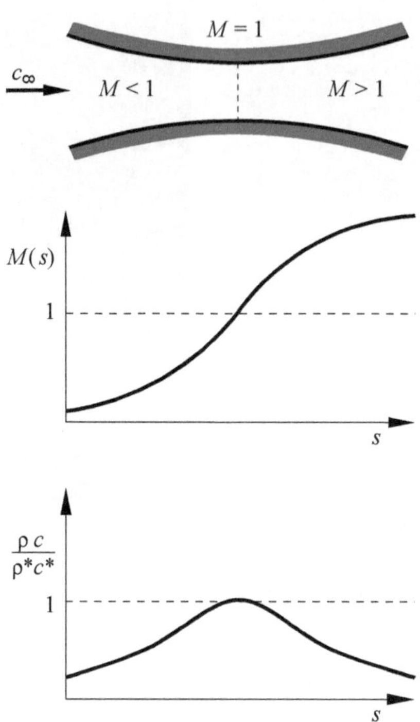

Abb. 2.66: Verlauf der Mach-Zahl und der Massenstromdichte in der Laval-Düse

Bei einem schiefen Verdichtungsstoß, der beispielsweise durch den Machschen Kegel bei der Umströmung des Überschallverkehrsflugzeuges Concorde dargestellt wird, bilden Anströmrichtung und Stoßfront den Machschen Winkel α, den wir bereits zu Beginn des Kapitels kennengelernt haben. In diesem Fall kann der Stoß auch von Überschall auf Überschall führen, wobei die Überschallgeschwindigkeit nach dem Stoß kleiner sein muss als diejenige der Anströmung vor dem Stoß.

Abbildung 2.67 zeigt auf der linken Seite die Verhältnisse schematisiert in einem Schnitt des Tragflügels. Das Überschallgebiet auf dem Tragflügel ist hier durch die Mach-Zahl $M > 1$ gekennzeichnet. Dieses Gebiet wird stromab durch den Verdichtungsstoß abgeschlossen und es herrscht Unterschallgeschwindigkeit mit $M < 1$. Der Stoß ist leicht gekrümmt und im Bereich kurz oberhalb des Aufsetzens auf die Grenzschicht nahezu senkrecht. Für einen solchen senkrechten Verdichtungsstoß schreiben wir nachfolgend die Stoßgleichungen an. Entsprechendes gilt für den Verdichtungsstoß in der Laval-Düse.

Wir gehen ganz allgemein von einer stationären, reibungsfreien Überschallanströmung aus. Diese ist gekennzeichnet durch die gegebenen Werte für c_1, ρ_1, p_1 und T_1. Mit Hilfe der Schallgeschwindigkeit (2.75) $a_1 = \sqrt{\kappa \cdot p_1/\rho_1}$ wird die Mach-Zahl der Anströmung $M_1 = c_1/a_1$ festgelegt. κ bezeichnet darin das Verhältnis der spezifischen Wärmen c_p/c_v. Beim Durchgang durch die Stoßfläche in Richtung der Flächennormalen erfahren diese Werte sprunghafte Änderungen. Wir interessieren uns für die Strömungsgrößen c_2, ρ_2, p_2 und T_2 stromab der Stoßfläche. Die Geschwindigkeit c_2 ist dann kleiner als die Anströmgeschwindigkeit c_1, während die anderen Zustandsgrößen zunehmen. In Abbildung 2.67 rechts ist dies durch einen kürzeren Geschwindigkeitsvektor für c_2 hinter dem Stoß dargestellt. Die Zustandsänderungen über den senkrechten Verdichtungsstoß können mit den Erhaltungssätzen für Masse, Impuls und Energie einer eindimensionalen, stationären und reibungsfreien Strömung vor und nach dem Stoß beschrieben werden. Wir gehen von den Gleichungen der eindimensionalen Theorie aus:

$$\text{Masse}: \quad \rho_1 \cdot c_1 = \rho_2 \cdot c_2 \quad , \tag{2.90}$$

$$\text{Impuls}: \quad p_1 + \rho_1 \cdot c_1^2 = p_2 + \rho_2 \cdot c_2^2 \quad , \tag{2.91}$$

$$\text{Energie}: \quad h_1 + \frac{1}{2} \cdot c_1^2 = h_2 + \frac{1}{2} \cdot c_2^2 \quad , \tag{2.92}$$

Für die Enthalpie h gilt die kalorische Zustandsgleichung

$$h = c_p \cdot T = e + \frac{p}{\rho} = c_v \cdot T + \frac{p}{\rho} \quad .$$

Löst man die Grundgleichungen (2.90) - (2.92) nach den vier unbekannten Größen hinter dem Verdichtungsstoß c_2, p_2, ρ_2 und T_2 auf, erhält man die **Stoßgleichungen**.

Unter Beachtung der thermischen Zustandsgleichung für ideale Gase $p/\rho = R \cdot T$ kann die Enthalpie h in Abhängigkeit der folgenden Größen geschrieben werden:

$$h = c_v \cdot \frac{1}{R} \cdot \frac{p}{\rho} + \frac{p}{\rho} = \left(\frac{c_v}{c_p - c_v} + 1 \right) \cdot \frac{p}{\rho} = \frac{\kappa}{\kappa - 1} \cdot \frac{p}{\rho} = \frac{a^2}{\kappa - 1} \quad .$$

Damit lautet der Energiesatz (2.92)

$$\frac{\kappa}{\kappa - 1} \cdot \frac{p_1}{\rho_1} + \frac{1}{2} \cdot u_1^2 = \frac{\kappa}{\kappa - 1} \cdot \frac{p_2}{\rho_2} + \frac{1}{2} \cdot u_2^2 \quad .$$

Im Zusammenhang mit den Erhaltungsgleichungen für Masse (2.90) und Impuls (2.91) erhalten wir ein System von drei algebraischen Gleichungen zur Bestimmung der drei gesuchten Größen c_2, p_2 und ρ_2 hinter dem Stoß. Die ebenfalls gesuchte Temperatur T_2 kann dann mit der thermischen Zustandsgleichung aus p_2 und ρ_2 bestimmt werden. Unter

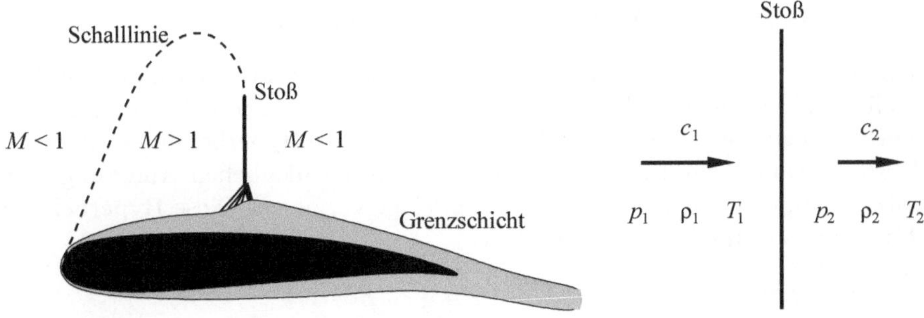

Abb. 2.67: Verdichtungsstoß auf einem transsonischen Profil und Zustandsänderungen über den senkrechten Verdichtungsstoß

Annahme gegebener Ausgangswerte c_1, p_1 und ρ_1 lässt sich das Gleichungssystem nach den gesuchten Werten auflösen. Wir erhalten

$$\frac{c_2}{c_1} = \frac{\rho_1}{\rho_2} = \begin{cases} 1 \quad , \\ 1 - \dfrac{2}{\kappa+1} \cdot \left(1 - \dfrac{\kappa \cdot p_1}{\rho_1 \cdot c_1^2}\right) \end{cases} \quad ,$$

$$\frac{p_2}{p_1} = \begin{cases} 1 \quad , \\ 1 + \dfrac{2 \cdot \kappa}{\kappa+1} \cdot \left(\dfrac{c_1^2 \cdot \rho_1}{\kappa \cdot p_1} - 1\right) \end{cases} \quad .$$

Bei vorgegebenen Anfangswerten vor dem Stoß liefert das Gleichungssystem zwei Lösungen. Die obere Lösung mit dem Wert 1 ist die Identität für den Fall, dass kein Stoß auftritt. Die untere Lösung ist hingegen die Stoßlösung, die wir gesucht haben. Mit Hilfe der Schallgeschwindigkeit $a_1 = \sqrt{\kappa \cdot p_1/\rho_1}$ und der Mach-Zahl $M_1 = c_1/a_1$ können wir die Stoßgleichungen in eine Form bringen, in der auf der rechten Seite nur die Mach-Zahl $M_1 > 1$ der Anströmung als Parameter steht

$$\frac{c_2}{c_1} = \frac{\rho_1}{\rho_2} = 1 - \frac{2}{\kappa+1} \cdot \left(1 - \frac{1}{M_1^2}\right) = \frac{1}{M_1^2} \cdot \left[1 + \frac{\kappa-1}{\kappa+1} \cdot (M_1^2 - 1)\right] \quad , \tag{2.93}$$

$$\frac{p_2}{p_1} = 1 + \frac{2 \cdot \kappa}{\kappa+1} \cdot (M_1^2 - 1) \quad , \tag{2.94}$$

$$\frac{T_2}{T_1} = \frac{a_2^2}{a_1^2} = \left[1 + \frac{2 \cdot \kappa}{\kappa+1} \cdot (M_1^2 - 1)\right] \cdot \left[1 - \frac{2}{\kappa+1} \cdot \left(1 - \frac{1}{M_1^2}\right)\right] \quad , \tag{2.95}$$

$$M_2^2 = \frac{1 + \dfrac{\kappa-1}{\kappa+1} \cdot (M_1^2 - 1)}{1 + \dfrac{2 \cdot \kappa}{\kappa+1} \cdot (M_1^2 - 1)} \quad . \tag{2.96}$$

Die Stoßgleichungen (2.93) - (2.95) liefern die Werte nach dem senkrechten Verdichtungsstoß in Abhängigkeit der Anström-Mach-Zahl. Während Druck und Temperatur nach dem Stoß mit zunehmender Anström-Mach-Zahl beliebig steigen können, strebt das Dichteverhältnis ρ_2/ρ_1 für $M_1 \to \infty$ dem Wert $(\kappa+1)/(\kappa-1)$ zu. Für Luft mit $\kappa = 1.4$ steigt die Dichte nach dem Stoß höchstens auf den 6-fachen Wert der Anströmdichte. Allerdings gilt diese Abschätzung nur unter der Annahme eines idealen Gases.

Wir wollen einen bestimmten Zusammenhang zwischen p_2 und ρ_2 nach dem Stoß bestimmen und eliminieren hierzu c_2 in den Gleichungen (2.90) - (2.92). Nach einigen Rechenschritten erhalten wir eine Beziehung, die eine gleichseitige Hyperbel in der $(\rho_1/\rho_2, p_2/p_1)$-Ebene darstellt. Damit kann man die thermodynamisch möglichen Änderungen der Zustandsgrößen p_1 und ρ_1 über den Stoß hinweg leicht verfolgen. Diese Hyperbel trägt den Namen **Hugoniot-Kurve** und sie lautet

$$\frac{p_2}{p_1} = \frac{\kappa-1}{\kappa+1} \cdot \frac{\dfrac{\kappa+1}{\kappa-1} - \dfrac{\rho_1}{\rho_2}}{\dfrac{\rho_1}{\rho_2} - \dfrac{\kappa-1}{\kappa+1}} \quad . \tag{2.97}$$

Einen weiteren Zusammenhang erhält man, wenn man eine Beziehung für p_2/p_1 als Funktion von ρ_1/ρ_2 lediglich aus Masseerhaltung (2.90) und Impulserhaltung (2.91) ableitet ohne Beachtung des Energiesatzes. Dann erhalten wir die kinematisch möglichen Zustandsänderungen, die durch eine Geradengleichung beschrieben werden. Diese Gerade heißt **Rayleigh-Gerade**

$$\frac{p_2}{p_1} - 1 = -\kappa \cdot M_1^2 \cdot \left(\frac{\rho_1}{\rho_2} - 1\right) \quad . \tag{2.98}$$

Die Rayleigh-Gerade hat die Steigung $-\kappa \cdot M_1^2$, die mit der Hugoniot-Kurve zwei Schnittpunkte aufweist, die Identität mit $p_2 = p_1$ sowie $\rho_2 = \rho_1$ und die Stoßlösung hinter dem Stoß (Abbildung 2.68).

Die Flächen im Hugoniot-Diagramm lassen sich als Energien deuten. So repräsentiert die Fläche unterhalb der Rayleigh-Geraden A' B' C D die innere Energie e des Stoßes

$$\frac{e_2 - e_1}{\frac{p_1}{\rho_1}} = \underbrace{\frac{1}{2} \cdot \left(\frac{p_2}{p_1} - 1\right) \cdot \left(1 - \frac{\rho_1}{\rho_2}\right)}_{\text{ABCD}} + \underbrace{1 \cdot \left(1 - \frac{\rho_1}{\rho_2}\right)}_{\text{A}'\text{B}'\text{CD}} \quad .$$

Die Dreieckfläche A C D oberhalb der Rayleigh-Geraden repräsentiert die kinetische Energie $c_2^2/2$

$$\frac{\frac{c_2^2}{2}}{\frac{p_1}{\rho_1}} = \underbrace{\frac{1}{2} \cdot \left(\frac{p_2}{p_1} - 1\right) \cdot \left(1 - \frac{\rho_1}{\rho_2}\right)}_{\text{ACD}} \quad ,$$

so dass die Gesamtfläche A' B' C D die Erhöhung der Gesamtenergie im Stoß darstellt.

Vor einem stumpfen Körper in einer Überschallanströmung $M_1 > 1$ stellt sich die in Abbildung 2.69 gezeigte Kopfwelle ein. In der Umgebung der Staustromlinie kann die Kopfwelle

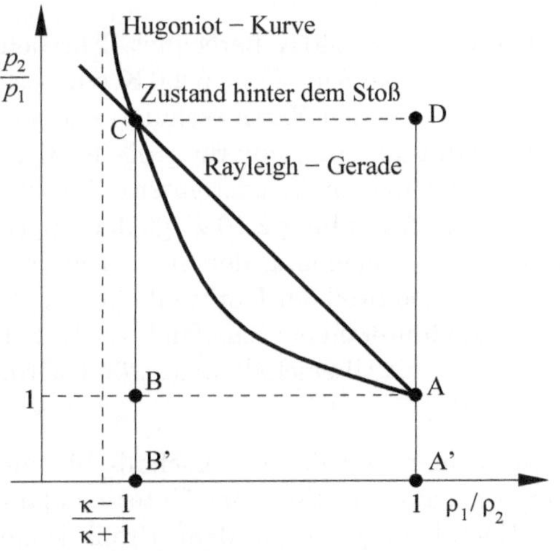

Abb. 2.68: Hugoniot-Diagramm

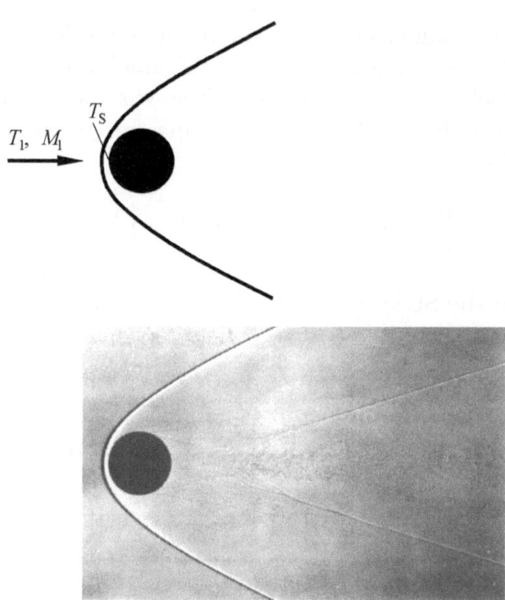

Abb. 2.69: Kugelkopfwelle

näherungsweise als senkrechter Verdichtungsstoß betrachtet werden. Die Temperatur im Staupunkt T_S berechnet sich mit der Energiegleichung (2.92) und der kalorischen Zustandsgleichung $h = c_p \cdot T$

$$c_p \cdot T_S = c_p \cdot T_1 + \frac{c_1^2}{2} \quad .$$

Mit $M_1 = c_1/a_1$, $a_1^2 = \kappa \cdot R \cdot T$, $c_p - c_v = R$ und $\kappa = c_p/c_v$ ergibt sich für die Staupunkttemperatur T_S

$$\frac{T_S}{T_1} = 1 + \frac{\kappa - 1}{2} \cdot M_1^2 \quad . \tag{2.99}$$

Für den Überschallflug mit $M_1 = 2$ haben wir bereits $T_S = 540\,\mathrm{K}$ berechnet. Für den Hyperschallflug mit $M_1 = 10$ stellt sich die Staupunkttemperatur $T_S = 6300\,\mathrm{K}$ ein, was letztendlich Hitzeschildmaterialien wie Keramik-Kacheln für den Wärmeschutz erforderlich macht. Da der Wärmeübergang vom Krümmungsradius abhängt und für große Radien, also stumpfe Körper relativ gering ist, resultiert die Auslegung von Wiedereintrittsflugzeugen wie sie z. B. beim Space Shuttle realisiert wurde. Die Abbildung 2.70 zeigt den Space Shuttle im Überschallwindkanal. Die Kopfwelle ist in der Umgebung der Staustromlinie nahezu ein senkrechter Verdichtungsstoß, der in den schiefen Stoß der Kopfwelle übergeht. Wir haben bereits erwähnt, dass die Abström-Mach-Zahl hinter einem schiefen Stoß $M > 1$ sein kann, so dass der Flügel des Space Shuttle wiederum mit Überschall angeströmt wird, was eine zweite Kopfwelle vor dem Flügel zur Folge hat.

Die Abbildung 2.71 fasst die möglichen Strömungsformen von der Unterschall- bis zur Überschallanströmung um ein Flügelprofil nochmals zusammen. Bei einer Unterschallanströmung kleiner als $M_\infty = 0.75$ erreicht die Beschleunigung auf dem Profil keine

Abb. 2.70: Kopfwellen vor dem Wiedereintrittsflugzeug Space Shuttle, $M_1 = 3$

Überschall-Mach-Zahlen $M > 1$, so dass sich eine reine Unterschallumströmung einstellt. Bei der transsonischen Mach-Zahl $M_\infty = 0.81$ erhalten wir das bereits in Kapitel 1.2 (Abbildung 1.40) diskutierte Überschallgebiet auf dem Profil, das von einem nahezu senkrechten Verdichtungsstoß abgeschlossen wird. Für die Unterschall-Mach-Zahlen größer als 0.85 tritt auch an der Unterseite des Profils ein Verdichtungsstoß auf, der für Unterschall-Mach-Zahlen nahe 1 gemeinsam mit dem oberen Stoß in die schiefen Verdichtungsstöße der Schwanzwelle übergehen. Für Überschallanström-Mach-Zahlen $M_\infty > 1$ tritt zunächst eine abgelöste Kopfwelle vor dem Profil auf. Für die Überschallflug-Mach-Zahl $M_\infty = 2$ stellt sich ein anliegender schiefer Stoß als Kopfwelle ein, der gemeinsam mit der Schwanzwelle den in Abbildung 2.60 diskutierten Doppelknall des Überschallflugzeuges zur Folge hat.

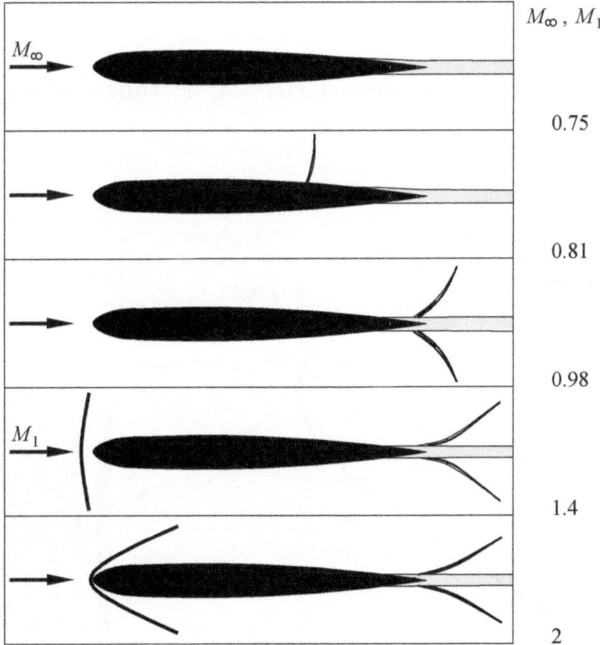

Abb. 2.71: Strömungsformen um ein Flügelprofil von Unterschall- bis Überschallanströmung

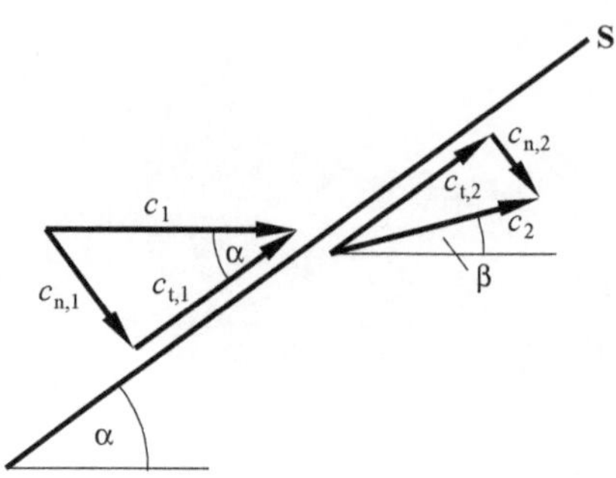

Abb. 2.72: Schiefer Verdichtungsstoß

Schiefe Verdichtungsstöße berechnen sich mit den Grundgleichungen des senkrechten Verdichtungsstoßes (2.90) - (2.92) und (2.93) - (2.96) sofern man diese auf die Normalkomponenten der Geschwindigkeiten anwendet. In Abbildung 2.72 ist die Richtungsänderung des Geschwindigkeitsvektors $\vec{c} = (c_\text{n}, c_\text{t})$ über einen schiefen Verdichtungsstoß mit den Normalkomponenten c_n und den Tangentialkomponenten c_t skizziert. Mit

$$c_{\text{n},1} = c_1 \cdot \sin(\alpha) \quad , \qquad c_{\text{t},1} = c_1 \cdot \cos(\alpha) \quad ,$$
$$c_{\text{n},2} = c_2 \cdot \sin(\alpha - \beta) \quad , \qquad c_{\text{t},2} = c_2 \cdot \cos(\alpha - \beta) \quad ,$$

schreiben sich die Grundgleichungen des schiefen Verdichtungsstoßes (2.90) - (2.92)

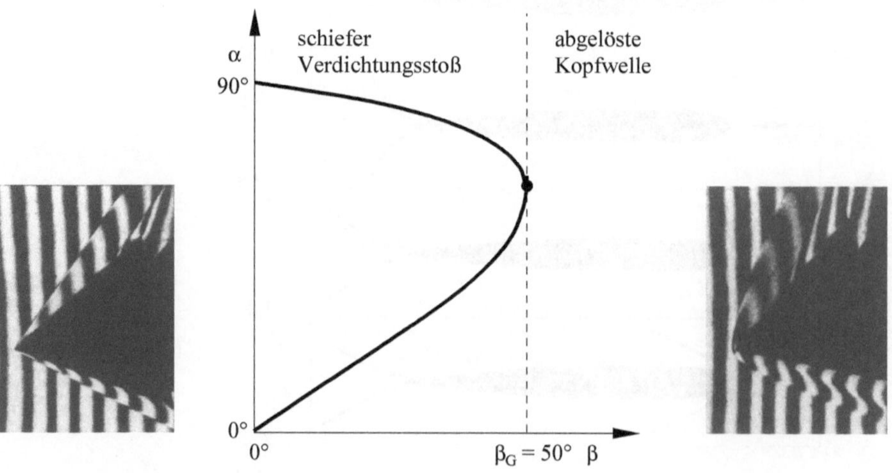

Abb. 2.73: Stoßwinkel α schiefer Verdichtungsstöße

$$\text{Masse:} \qquad \rho_1 \cdot c_{\text{n},1} = \rho_2 \cdot c_{\text{n},2} \quad , \tag{2.100}$$

$$\text{Impuls:} \qquad p_1 + \rho_1 \cdot c_{\text{n},1}^2 = p_2 + \rho_2 \cdot c_{\text{n},2}^2 \quad , \tag{2.101}$$

$$\rho_1 \cdot c_{\text{n},1} \cdot c_{\text{t},1} = p_2 + \rho_2 \cdot c_{\text{n},2} \cdot c_{\text{t},2} \quad ,$$

$$\text{Energie:} \qquad h_1 + \frac{1}{2} \cdot c_1^2 = h_2 + \frac{1}{2} \cdot c_2^2 \quad . \tag{2.102}$$

(2.100) und (2.101) ergibt für die Tangentialkomponenten

$$c_{\text{t},1} = c_{\text{t},2} \quad . \tag{2.103}$$

Gleichung (2.102) ergibt mit $c^2 = c_\text{n}^2 + c_\text{t}^2$

$$h_1 + \frac{1}{2} \cdot c_{\text{n},1}^2 = h_2 + \frac{1}{2} \cdot c_{\text{n},2}^2 \quad . \tag{2.104}$$

Es gelten also die Stoßgleichungen des senkrechten Verdichtungsstoßes für die Normalkomponenten der Geschwindigkeiten vor und nach dem Verdichtungsstoß mit der Zusatzbedingung, dass die Tangentialkomponenten $c_{\text{t},1}$ und $c_{\text{t},2}$ gleich sein müssen. Trägt man in Abbildung 2.73 für unterschiedliche Anström-Mach-Zahlen M_1 die möglichen Stoßwinkel α auf erkennt man, dass jenseits eines bestimmten Grenzwertes β_G des Abströmwinkels β kein schiefer Verdichtungsstoß mehr möglich ist. Es stellt sich für $\beta > \beta_\text{G}$ die bereits diskutierte abgelöste Kopfwelle ein.

Instationäre Verdichtungsstöße erzeugt man mit einem **Stoßrohr**. Das Stoßrohr besteht aus einem Hochdruckteil und einem Niederdruckteil, die durch eine Membran getrennt sind. Füllt man in den Hochdruckteil das Treibgas mit Überdruck bis zum Bersten der Membran ein, bewegt sich in den mit dem Testgas gefüllten Niederdruckteil des

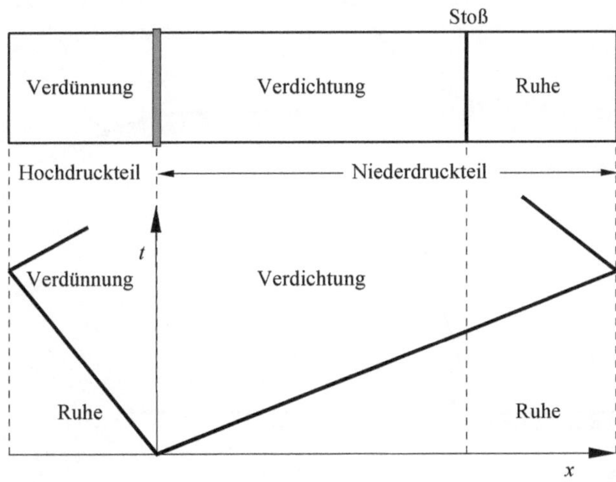

Abb. 2.74: Stoßrohr, Weg-Zeit-Diagramm des Verdichtungsstoßes und der Verdünnungswelle

Stoßrohres ein instationärer Verdichtungsstoß mit der konstanten Geschwindigkeit c_s entsprechend dem Weg-Zeit-Diagramm der Abbildung 2.74. In den Hochdruckteil läuft die entsprechende Verdünnungswelle. Bewegen wir uns mit der konstanten Stoßgeschwindigkeit c_s mit dem Verdichtungsstoß mit, können für die Berechnung der Zustandsänderungen über den instationären Stoß die Grundgleichungen (2.90) - (2.92) und (2.93) - (2.96) des senkrechten Verdichtungsstoßes mit

$$c_1 = -c_s \quad , \qquad c_2 = c_2 - c_s \quad .$$

angewendet werden.

Kompression und Expansion

Das Verhalten von Überschallströmungen an konkaven und konvexen Wänden ist verschieden. An konkaven Wänden laufen die Kompressionslinien zusammen und bilden einen Verdichtungsstoß. Bei konvexen Wänden bildet sich ein Expansionsfächer mit einem kontinuierlichen Verlauf der Strömungsgrößen. Diese kontinuierliche Expansion wird *Prandtl-Meyer-Expansion* genannt. Bei einer scharfen konkaven Ecke erhält man einen schiefen Verdichtungsstoß, der bereits in Abbildung 2.72 gezeigt wurde. Die konvexe Ecke hat wiederum einen kontinuierlichen Expansionsfächer zur Folge, wobei die Expansionswellen in der Ecke konzentriert sind (Abbildung 2.75).

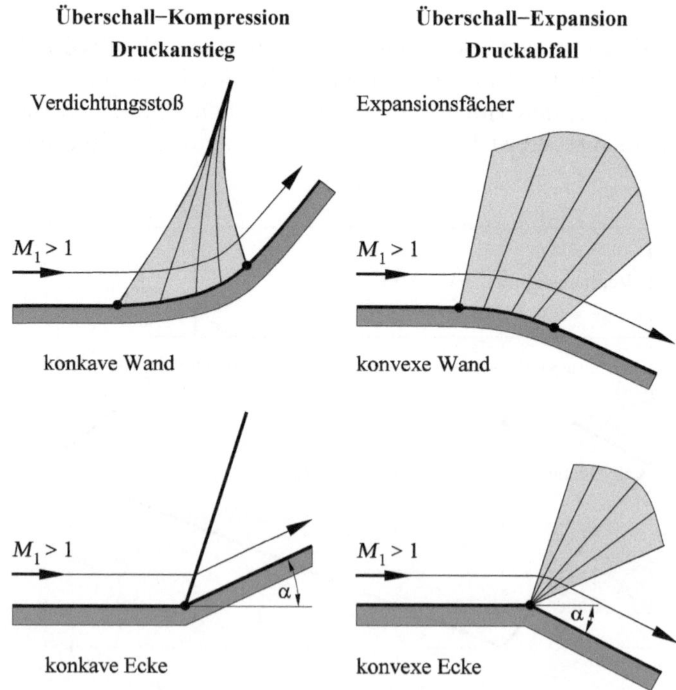

Abb. 2.75: Kompression und Expansion von Überschallströmungen

2.4 Technische Strömungen

2.4.1 Turbulente Strömungen

Die meisten in Natur und Technik vorkommenden Strömungen sind bei entsprechend großen Reynolds-Zahlen turbulent. Im Gegensatz zu den bisher behandelten laminaren Strömungen zeichnen sich turbulente Strömungen durch Schwankungen der Strömungsgrößen aus, die einen zusätzlichen Querimpuls- und Energieaustausch verursachen. Daraus resultieren völligere zeitlich gemittelte Geschwindigkeitsprofile verglichen mit den laminaren Profilen in Grenzschichten, Kanälen und Rohren.

Die Abbildung 2.76 zeigt die bereits diskutierten laminaren Geschwindigkeitsprofile im Vergleich mit den Profilen turbulenter Grenzschicht- und Rohrströmungen, die sich bei Überschreiten einer sogenannten kritischen Reynolds-Zahl Re_c einstellen. Bringen wir in Abbildung 2.77 einen Farbfaden in die Strömung ein, so erhalten wir für die stationäre laminare Strömung eine gerade Streichlinie, wie wir sie bereits in Kapitel 2.3.1 kennengelernt haben. In der turbulenten Strömung zerfleddert der Farbfaden aufgrund der überlagerten Schwankungen und dem damit verbundenen zusätzlichen Querimpulsaustausch.

Der laminar-turbulente Übergang erfolgt in einer Strömung nicht abrupt sondern über mehrere Zwischenzustände, die in Abbildung 2.78 für die Grenzschichtströmung dargestellt sind. Die Reynolds-Zahl $u_\infty \cdot \delta/\nu$ wird hier mit der Grenzschichtdicke δ und der Geschwindigkeit u_∞ außerhalb der Grenzschicht gebildet. Bei umströmten Körpern ist die Grenzschichtdicke in der Nähe der Staulinie sehr dünn. Die Strömung ist zunächst laminar und wird stromab, beim Überschreiten einer kritischen Reynolds-Zahl, turbulent.

Die Dicke der laminaren Grenzschicht der Platte wächst mit $\sqrt{x}$ an. Dabei ist x der Abstand von der Vorderkante. Die mit x gebildete kritische Reynolds-Zahl der Plattengrenzschicht beträgt:

$$Re_c = \left(\frac{u_\infty \cdot x}{\nu}\right)_c = 5 \cdot 10^5 \quad .$$

Die Berechnung der kritischen Reynolds-Zahl erfolgt mit der Stabilitätstheorie, die wir in Kapitel 4.1.3 behandeln. Die kritische Reynolds-Zahl der Rohrströmung hingegen beträgt 2300.

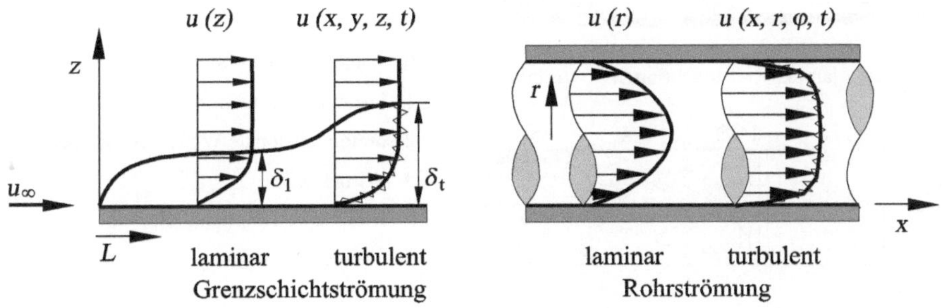

Abb. 2.76: Laminare und turbulente Geschwindigkeitsprofile in Grenzschichten und Rohrströmungen

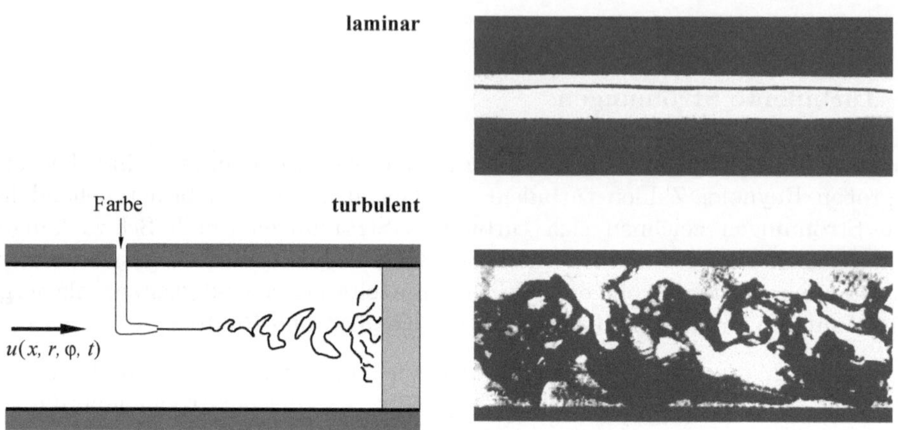

Abb. 2.77: Reynolds-Experiment: laminare und turbulente Rohrströmung, *Reynolds* 1883

Die laminare Grenzschichtströmung wird bei der kritischen Reynolds-Zahl Re_c von zweidimensionalen Störwellen überlagert, die nach *Tollmien-Schlichting* benannt sind. Weiter stromab überlagern sich dreidimensionale Störungen, die eine charakteristische Λ-Wirbelbildung mit lokalen Scherschichten in der Grenzschicht zur Folge haben. Der Zerfall der Λ-Wirbel verursacht *Turbulenzflecken*, die den Übergang zu einer turbulenten Grenzschichtströmung einleiten. Bei Re_t ist der Transitionsvorgang abgeschlossen, stromab ist die Grenzschicht turbulent.

Wie aus Abbildung 2.78 zu ersehen ist, wächst die Grenzschichtdicke beim laminar-turbulenten Übergang stark an, was mit einer Widerstandserhöhung einhergeht.

Turbulente Strömungen sind grundsätzlich dreidimensional und zeitabhängig. Damit verlassen wir den Bereich der eindimensionalen Stromfadentheorie und kehren wieder zu den Bezeichnungen der Strömungsgrößen $\vec{v}(x, y, z, t)$, $p(x, y, z, t)$, $\rho(x, y, z, t)$ zurück. Es gelten die Grundgleichungen für dreidimensionale Strömungen, die wir in Kapitel 3 behandeln

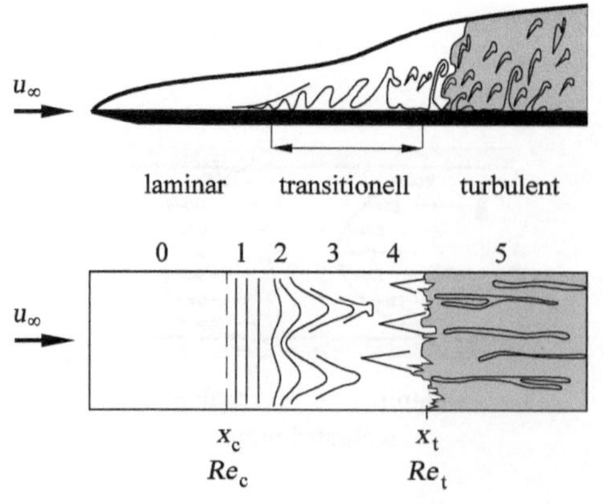

Abb. 2.78: Laminar-turbulenter Übergang in einer Grenzschicht

werden.

Die **mathematische Beschreibung** turbulenter Strömungen leitet sich von den experimentellen Erkenntnissen der Abbildung 2.77 ab. Reynolds zog aus seinem Experiment die Schlussfolgerung, dass sich die Strömungsgrößen, wie z.B. die u-Komponente der Geschwindigkeit, als Überlagerung der zeitlich gemittelten Geschwindigkeiten $\bar{u}(x,y,z)$ und der zusätzlichen Schwankungen $u'(x,y,z,t)$ darstellen lassen (Abbildung 2.79). Der **Reynolds-Ansatz** für turbulente Strömungen schreibt sich:

$$\vec{v}(x,y,z,t) = \overline{\vec{v}}(x,y,z) + \vec{v}'(x,y,z,t) \quad . \tag{2.105}$$

Die Definition des zeitlichen Mittelwertes am festen Ort lautet für das Beispiel der Geschwindigkeitskomponente u

$$\bar{u} = \frac{1}{T} \cdot \int_0^T u(x,y,z,t) \cdot \mathrm{d}t \quad . \tag{2.106}$$

T ist dabei ein geeignet großes Zeitintervall von der Form, dass eine Zunahme von T keine weitere Änderung des zeitlich gemittelten Wertes $\bar{u}$ mehr ergibt. Aus der Definition des zeitlichen Mittelwertes lässt sich ableiten, dass die zeitlichen Mittelwerte der Schwankungsgrößen verschwinden, d. h. es gilt für die Geschwindigkeitsschwankungen

$$\overline{u'} = 0 \quad , \qquad \overline{v'} = 0 \quad , \qquad \overline{w'} = 0 \quad .$$

Der Nachweis erfolgt für die u-Komponente Geschwindigkeit

$$\bar{u} = \frac{1}{T} \cdot \int_0^T u(x,y,z,t) \cdot \mathrm{d}t = \frac{1}{T} \cdot \int_0^T (\bar{u} + u') \cdot \mathrm{d}t = \frac{1}{T} \cdot \int_0^T \bar{u} \cdot \mathrm{d}t + \frac{1}{T} \cdot \int_0^T u' \cdot \mathrm{d}t \quad ,$$

$$\frac{1}{T} \cdot \int_0^T \bar{u} \cdot \mathrm{d}t = \frac{1}{T} \cdot \bar{u} \cdot \int_0^T \mathrm{d}t = \bar{u} \quad ,$$

$$\bar{u} = \bar{u} + \overline{u'} \quad \Rightarrow \quad \overline{u'} = 0 = \frac{1}{T} \cdot \int_0^T u' \cdot \mathrm{d}t \quad .$$

Zur Charakterisierung turbulenter Strömungen führt man den dimensionslosen **Turbulenzgrad** $\boldsymbol{Tu}$ ein, der im Zähler die Wurzel aus dem zeitlich gemittelten Quadrat

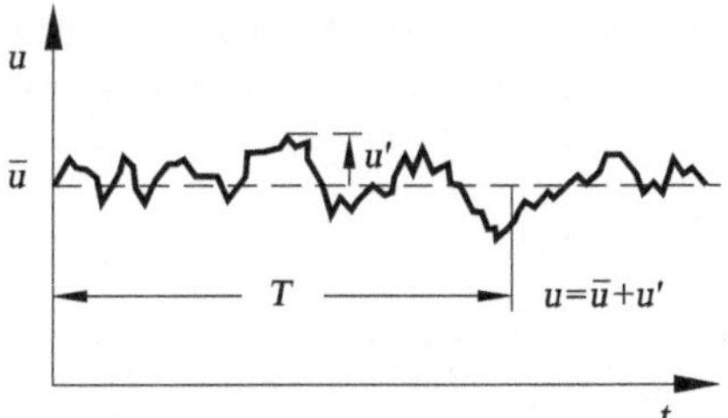

Abb. 2.79: Reynolds-Ansatz für die u-Komponente der Geschwindigkeit

der Schwankungsgrößen und im Nenner die zeitlich gemittelte Strömungsgeschwindigkeit an einer betrachteten Stelle enthält. Für die Geschwindigkeitskomponente u in Hauptströmungsrichtung x lautet der Turbulenzgrad

$$Tu = \frac{\sqrt{\overline{(u')^2}}}{\bar{u}} \quad .$$

Da turbulente Strömungen dreidimensional sind, folgt für die dreidimensionale Verallgemeinerung des Turbulenzgrades an einer betrachteten Stelle im Strömungsfeld

$$Tu = \frac{\sqrt{\frac{1}{3} \cdot \left(\overline{(u')^2} + \overline{(v')^2} + \overline{(w')^2}\right)}}{|\,\bar{\boldsymbol{v}}\,|} = \frac{\sqrt{\frac{1}{3}\left(\overline{(u')^2} + \overline{(v')^2} + \overline{(w')^2}\right)}}{\sqrt{\bar{u}^2 + \bar{v}^2 + \bar{w}^2}} \quad . \tag{2.107}$$

Aufgrund der Schwankungsbewegungen u', v' und w' in einer turbulenten Strömung kommt es zu einem **zusätzlichen Beitrag zum Strömungswiderstand**. Dieser zusätzliche Anteil hat jedoch nichts mit der molekularen Viskosität μ zu tun, sondern ist auf die zusätzlichen Quer- und Längsimpuls-Austauschprozesse zurückzuführen, die in einer turbulenten Strömung auftreten. Sie werden im Folgenden mathematisch beschrieben.

Ausgangspunkt ist die Navier-Stokes-Gleichung (2.59). Beim Übergang vom Stromfaden-Koordinatensystem s und n zu einem kartesischen (x, y, z)-Koordinatensystem wird die Geschwindigkeit c entlang des Stromfadens durch die Variable u ersetzt, s durch x und n durch z. Man erhält

$$\frac{\partial u}{\partial t} + u \cdot \frac{\partial u}{\partial x} = -\frac{1}{\rho} \cdot \frac{\partial p}{\partial x} + \nu \cdot \frac{\partial^2 u}{\partial z^2} - g \cdot \frac{\mathrm{d}z}{\mathrm{d}x} \quad .$$

Diese Gleichung gilt prinzipiell auch für turbulente Strömungen, muss jedoch um die konvektiven Beschleunigungen in y- und z-Richtung und in Kapitel 3.2.2 um die 2. und 3. Navier-Stokes-Gleichung für die v- und w-Komponenten der Geschwindigkeiten ergänzt werden. Es ergibt sich damit die erste Navier-Stokes-Gleichung

$$\frac{\partial u}{\partial t} + u \cdot \frac{\partial u}{\partial x} + v \cdot \frac{\partial u}{\partial y} + w \cdot \frac{\partial u}{\partial z} =$$
$$-\frac{1}{\rho} \cdot \frac{\partial p}{\partial x} + \nu \cdot \left(\frac{\partial^2 u}{\partial x^2} + \frac{\partial^2 u}{\partial y^2} + \frac{\partial^2 u}{\partial z^2}\right) - g \cdot \frac{\mathrm{d}z}{\mathrm{d}x} \quad . \tag{2.108}$$

Bei einer inkompressiblen Strömung mit $\rho =$ konst. handelt es sich bei den turbulenten Strömungsgrößen, die in der Gleichung (2.108) auftreten, um die Geschwindigkeitskomponenten u, v, w und um den Druck p. Unter Anwendung des Reynolds-Ansatzes (2.105) für die Geschwindigkeiten $u = \bar{u} + u'$, $v = v'$, $w = w'$ und den Druck $p = \bar{p} + p'$ entlang des Stromfadens erhält man

$$\overline{\frac{\partial(\bar{u} + u')}{\partial t}} + \overline{(\bar{u} + u') \cdot \frac{\partial(\bar{u} + u')}{\partial x}} + \overline{v' \cdot \frac{\partial(\bar{u} + u')}{\partial y}} + \overline{w' \cdot \frac{\partial(\bar{u} + u')}{\partial z}} =$$
$$\overline{-\frac{1}{\rho} \cdot \frac{\partial(\bar{p} + p')}{\partial x}} + \overline{\nu \cdot \frac{\partial^2(\bar{u} + u')}{\partial x^2}} + \overline{\nu \cdot \frac{\partial^2(\bar{u} + u')}{\partial y^2}} + \overline{\nu \cdot \frac{\partial^2(\bar{u} + u')}{\partial z^2}} - \overline{g \cdot \frac{\mathrm{d}z}{\mathrm{d}x}} \quad .$$

Unter Beachtung der Rechenregeln für die zeitliche Mittelung und einer ebenen Strömung $\bar{u} = \bar{u}(x, z)$ folgt daraus

$$\overline{(\bar{u}+u') \cdot \frac{\partial(\bar{u}+u')}{\partial x}} + \overline{v' \cdot \frac{\partial(\bar{u}+u')}{\partial y}} + \overline{w' \cdot \frac{\partial(\bar{u}+u')}{\partial z}} = -\frac{1}{\rho} \cdot \frac{\partial \bar{p}}{\partial x} + \nu \cdot \frac{\partial^2 \bar{u}}{\partial z^2} + \nu \cdot \frac{\partial^2 \bar{u}}{\partial x^2} - g \cdot \frac{dz}{dx} \quad .$$

Dabei ist zu beachten, dass $\partial(\bar{u} + u')/\partial t = 0$ nur für Strömungen gilt, die im zeitlichen Mittel stationär sind. Dafür führen wir den Begriff der quasi-stationären turbulenten Strömung ein. Die zeitliche Mittelung der nichtlinearen Trägheitsterme auf der linken Seite der Gleichung bedarf einer besonderen Betrachtung. Es gilt

$$\overline{(\bar{u}+u') \cdot \frac{\partial(\bar{u}+u')}{\partial x}} = \overline{\bar{u} \cdot \frac{\partial \bar{u}}{\partial x}} + \overline{\bar{u} \cdot \frac{\partial u'}{\partial x}} + \overline{u' \cdot \frac{\partial \bar{u}}{\partial x}} + \overline{u' \cdot \frac{\partial u'}{\partial x}} = \bar{u} \cdot \frac{\partial \bar{u}}{\partial x} + \overline{u' \cdot \frac{\partial u'}{\partial x}} \quad ,$$

$$\overline{v' \cdot \frac{\partial(\bar{u}+u')}{\partial y}} = \overline{v' \cdot \frac{\partial \bar{u}}{\partial y}} + \overline{v' \cdot \frac{\partial u'}{\partial y}} = \overline{v' \cdot \frac{\partial u'}{\partial y}} \quad ,$$

$$\overline{w' \cdot \frac{\partial(\bar{u}+u')}{\partial y}} = \overline{w' \cdot \frac{\partial \bar{u}}{\partial z}} + \overline{v' \cdot \frac{\partial u'}{\partial z}} = \overline{w' \cdot \frac{\partial u'}{\partial z}} \quad .$$

Für den Summanden $\overline{u' \cdot (\partial u'/\partial x)}$ gilt insbesondere

$$\overline{u' \cdot \frac{\partial u'}{\partial x}} = \frac{1}{T} \cdot \int_0^T u' \cdot \frac{\partial u'}{\partial x} \cdot \mathrm{d}t = \frac{1}{T} \cdot \int_0^T \frac{\partial}{\partial x} \left(\frac{(u')^2}{2} \right) \cdot \mathrm{d}t = \frac{\partial}{\partial x} \left(\frac{1}{T} \cdot \int_0^T \frac{(u')^2}{2} \cdot \mathrm{d}t \right)$$
$$= \frac{\partial}{\partial x} \left(\frac{\overline{(u')^2}}{2} \right) = \frac{\partial \overline{(u')^2}}{\partial x} - \overline{u' \cdot \frac{\partial u'}{\partial x}} \quad .$$

Entsprechend gilt für die Summanden $\overline{v' \cdot (\partial u'/\partial y)}$ und $\overline{w' \cdot (\partial u'/\partial z)}$

$$\overline{v' \cdot \frac{\partial u'}{\partial y}} = \frac{\partial(\overline{u' \cdot v'})}{\partial y} - \overline{u' \cdot \frac{\partial v'}{\partial y}} \quad , \qquad \overline{w' \cdot \frac{\partial u'}{\partial z}} = \frac{\partial(\overline{u' \cdot w'})}{\partial z} - \overline{u' \cdot \frac{\partial w'}{\partial z}} \quad .$$

Die zeitlich gemittelte Navier-Stokes-Gleichung lautet dann

$$\bar{u} \cdot \frac{\partial \bar{u}}{\partial x} + \frac{\partial \overline{(u')^2}}{\partial x} + \frac{\partial(\overline{u' \cdot v'})}{\partial y} + \frac{\partial(\overline{u' \cdot w'})}{\partial z} - \overline{u' \cdot \frac{\partial u'}{\partial x}} - \overline{u' \cdot \frac{\partial v'}{\partial y}} - \overline{u' \cdot \frac{\partial w'}{\partial z}} = -\frac{1}{\rho} \cdot \frac{\partial \bar{p}}{\partial x} + \nu \cdot \frac{\partial^2 \bar{u}}{\partial x^2} + \nu \cdot \frac{\partial^2 \bar{u}}{\partial z^2} - g \cdot \frac{\mathrm{d}z}{\mathrm{d}x} \quad .$$

Verwendet man jetzt die Kontinuitätgleichung aus Kapitel 3.1 setzt den Reynolds-Ansatz wiederum ein, multipliziert sie mit der Schwankungsgeschwindigkeit u' und mittelt sie zeitlich ergibt sich

$$\overline{u' \cdot \frac{\partial(\bar{u}+u')}{\partial x}} * \overline{u' \cdot \frac{\partial v'}{\partial y}} + \overline{u' \cdot \frac{\partial w'}{\partial z}} = \overline{u' \cdot \frac{\partial u'}{\partial x}} + \overline{u' \cdot \frac{\partial v'}{\partial y}} + \overline{u' \cdot \frac{\partial w'}{\partial z}} = 0 \quad .$$

Die zeitlich gemittelte Navier-Stokes-Gleichung lautet somit

$$\bar{u} \cdot \frac{\partial \bar{u}}{\partial x} + \frac{\partial \overline{(u')^2}}{\partial x} + \frac{\partial (\overline{u' \cdot v'})}{\partial y} + \frac{\partial (\overline{u' \cdot w'})}{\partial z} = - \frac{1}{\rho} \cdot \frac{\partial \bar{p}}{\partial x} + \nu \cdot \frac{\partial^2 \bar{u}}{\partial x^2} + \nu \cdot \frac{\partial^2 \bar{u}}{\partial z^2} - g \cdot \frac{\mathrm{d}z}{\mathrm{d}x} \quad . \tag{2.109}$$

Multipliziert man diese Gleichung mit der konstanten Dichte ρ und schreibt Druck- und Schwerkraftterm auf die linke Seite, so ergibt sich

$$\rho \cdot \bar{u} \cdot \frac{\partial \bar{u}}{\partial x} + \frac{\partial \bar{p}}{\partial x} + \rho \cdot g \cdot \frac{\mathrm{d}z}{\mathrm{d}x} = \frac{\partial}{\partial x} \underbrace{\left(\mu \cdot \frac{\partial \bar{u}}{\partial x}\right)}_{\bar{\tau}_{xx}} + \frac{\partial}{\partial z} \underbrace{\left(\mu \cdot \frac{\partial \bar{u}}{\partial z}\right)}_{\bar{\tau}_{zx}} - \frac{\partial}{\partial x} \underbrace{\left(\rho \cdot \overline{(u')^2}\right)}_{\tau'_{xx}} - \frac{\partial}{\partial y} \underbrace{\left(\rho \cdot \overline{u' \cdot v'}\right)}_{\tau'_{yx}} - \frac{\partial}{\partial z} \underbrace{\left(\rho \cdot \overline{u' \cdot w'}\right)}_{\tau'_{zx}} \quad .$$

Auf der rechten Seite der Gleichung befinden sich diejenigen Terme, die für den Widerstand der Strömung verantwortlich sind. Neben den Schubspannungen $\bar{\tau}_{xx}$ und $\bar{\tau}_{zx}$aufgrund der Reibung erhält man bei einer turbulenten Strömung zusätzliche Widerstandsanteile aufgrund der Geschwindigkeitsschwankungen, die hier mit Index $'$ als τ'_{xx}, τ'_{yx} und τ'_{zx} bezeichnet werden. Allgemein erhalten die bei turbulenten Strömungen zusätzlich auftretenden Spannungsanteile $\boldsymbol{\tau}'$ den Namen **Reynoldssche scheinbare Normal- und Schubspannungen**, da sie durch turbulenten Längs- und Querimpulsaustausch und nicht durch die molekulare Viskosität μ verursacht werden.

Für die unteren Doppelindizes an der Spannungsvariablen τ gelten die gleichen Konventionen, die auch in der Festkörpermechnik üblich sind. Der erste Index gibt die Normale des Schnittufers an und der zweite Index die Richtung, in der die zugehörige Kraft wirkt.

Im allgemeinen dreidimensionalen Fall (siehe Kapitel 3.2.2) ist $\boldsymbol{\tau}'$ ein Spannungstensor mit 9 Komponenten, bestehend aus 6 scheinbaren Schubspannungen und 3 scheinbaren Normalspannungen (Spur des Schubspannungstensors)

$$\boldsymbol{\tau}' = \begin{pmatrix} \tau'_{xx} & \tau'_{xy} & \tau'_{xz} \\ \tau'_{yx} & \tau'_{yy} & \tau'_{yz} \\ \tau'_{zx} & \tau'_{zy} & \tau'_{zz} \end{pmatrix} = \begin{pmatrix} -\rho \cdot \overline{u' \cdot u'} & -\rho \cdot \overline{v' \cdot u'} & -\rho \cdot \overline{w' \cdot u'} \\ -\rho \cdot \overline{u' \cdot v'} & -\rho \cdot \overline{v' \cdot v'} & -\rho \cdot \overline{w' \cdot v'} \\ -\rho \cdot \overline{u' \cdot w'} & -\rho \cdot \overline{v' \cdot w'} & -\rho \cdot \overline{w' \cdot w'} \end{pmatrix} \quad . \tag{2.110}$$

Im Spannungstensor gilt aufgrund des Momentengleichgewichts die Gleichheit zugeordneter Schubspannungen, d.h. es gilt zB. $\tau'_{xy} = \tau'_{yx}$ oder $-\rho \cdot \overline{u' \cdot w'} = -\rho \cdot \overline{w' \cdot u'}$ etc. Die zeitlich gemittelten Produkte der Schwankungsgrößen und mithin die Komponenten des Spannungstensors $\boldsymbol{\tau}'$ sind nicht bekannt und müssen mit Modellgleichungen beschrieben werden.

Boussinesq machte angeleitet vom Newtonschen Ansatz laminarer Strömungen die Annahme, dass die unbekannten Schwankungsterme auf die bekannten zeitlich gemittelten Größen der Grundströmung zurückzuführen sind, unter Einführung eines unbekannten Proportionalitätsfaktors μ_{t}, der als 'turbulente Viskosität' bezeichnet wird. Mit Hilfe der **Boussinesq-Annahme** ergeben sich unter anderem die folgenden Beziehungen

$$\tau'_{xx} = -\rho \cdot \overline{u' \cdot u'} = \mu_{\mathrm{t}} \cdot \left(\frac{\partial \bar{u}}{\partial x} + \frac{\partial \bar{u}}{\partial x}\right) = \mu_{\mathrm{t}} \cdot 2 \cdot \frac{\partial \bar{u}}{\partial x} \quad ,$$

$$\tau'_{zx} = -\rho \cdot \overline{u' \cdot w'} = \mu_t \cdot \left(\frac{\partial \bar{u}}{\partial z} + \frac{\partial \bar{w}}{\partial x} \right) \quad . \tag{2.111}$$

Dabei ist μ_t eine zu bestimmende Funktion und nicht wie die molekulare Viskosität μ eine Stoffkonstante.

Ein möglicher Ansatz zur Bestimmung von μ_t ist der **Prandtlsche Mischungsweganstatz.** In Abbildung 2.80 gehen wir davon aus, dass eine turbulente zweidimensionale Grenzschichtströmung in der (x, z)-Ebene vorliegt. Der Reynolds-Ansatz ergibt

$$u = \bar{u}(z) + u' \quad ,$$
$$w = w' \quad .$$

Bewegen wir ein Fluidelement mit der Schwankungsgeschwindigkeit vom Niveau z_0 zum Niveau $z_0 + l$, erhält man für die Änderung von $\bar{u}$ mit $\bar{u}(z_0 + l) > \bar{u}(z_0)$ und der Taylor-Entwicklung

$$\bar{u}(z_0) - \bar{u}(z_0 + l) = \bar{u}(z_0) - \left(\bar{u}(z_0) + \left.\frac{\mathrm{d}\bar{u}}{\mathrm{d}z}\right|_{z_0} \cdot l + \left.\frac{\mathrm{d}^2\bar{u}}{\mathrm{d}z^2}\right|_{z_0} \cdot \frac{l^2}{2} + \cdots \right) \quad .$$

Unter Vernachlässigung der Terme höherer Ordnung folgt

$$\bar{u}(z_0) - \bar{u}(z_0 + l) = -l \cdot \left.\frac{d\bar{u}}{dz}\right|_{z_0} \quad .$$

Diese Untergeschwindigkeit $-l \cdot (d\bar{u}/dz|_{z_0})$ im Niveau $z_0 + l$ fasste Prandtl als Geschwindigkeitsschwankung

$$u'(z_0 + l) = -l \cdot \left.\frac{\mathrm{d}\bar{u}}{\mathrm{d}z}\right|_{z_0}$$

im Niveau $z_0 + l$ auf. Aus Kontinuitätsgründen folgt für w':

$$w' = l \cdot \frac{\mathrm{d}\bar{u}}{\mathrm{d}z} \quad .$$

Die Mischungsweglänge l ist dabei definiert als diejenige Weglänge, die ein Strömungselement zurücklegt, bis es sich mit seiner Umgebung vollständig vermischt hat

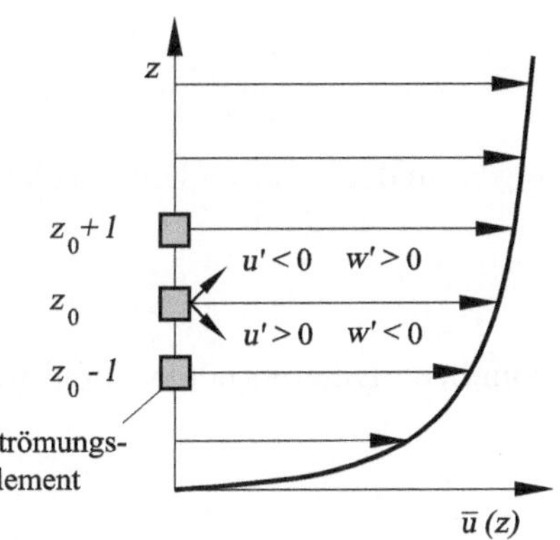

Abb. 2.80: Prinzipskizze zum Prandtlschen Mischungsweganstatz

und seine Identität verloren ging. Damit sind die Geschwindigkeitsschwankungen u' und w' auf die Mischungsweglänge l und das gemittelte Geschwindigkeitsprofil $\bar{u}(z)$ zurückgeführt und die scheinbare Schubspannung $\tau'_{zx} = -\rho \cdot \overline{u' \cdot w'}$ kann berechnet werden

$$\tau'_{zx} = -\rho \cdot \overline{u' \cdot w'} = -\rho \cdot \overline{\left(-l \cdot \frac{\mathrm{d}\bar{u}}{\mathrm{d}z}\right) \cdot l \cdot \frac{\mathrm{d}\bar{u}}{\mathrm{d}z}} = \rho \cdot l^2 \cdot \left(\frac{\mathrm{d}\bar{u}}{\mathrm{d}z}\right)^2 \quad .$$

Da eine zweidimensionale turbulente Grenzschichtströmung mit $\bar{w} = 0$ vorausgesetzt wurde, gilt auch $(\partial \bar{w}/\partial x) = 0$ und aus der Boussinesq-Annahme (2.111) folgt

$$\tau'_{zx} = \mu_\mathrm{t} \cdot \frac{\mathrm{d}\bar{u}}{\mathrm{d}z} \quad . \tag{2.112}$$

Damit erhält man eine Bestimmungsgleichung zur Ermittlung der gesuchten Größe μ_t, denn es gilt

$$\tau'_{zx} = -\rho \cdot \overline{u' \cdot w'} = \rho \cdot l^2 \cdot \left(\frac{\mathrm{d}\bar{u}}{\mathrm{d}z}\right)^2 = \mu_\mathrm{t} \cdot \frac{\mathrm{d}\bar{u}}{\mathrm{d}z}$$

und somit

$$\boxed{\mu_\mathrm{t} = \rho \cdot l^2 \cdot \frac{\mathrm{d}\bar{u}}{\mathrm{d}z}} \quad . \tag{2.113}$$

Darin ist die Mischungsweglänge l noch unbekannt. Sie muss aus Experimenten ermittelt werden, die zu empirischen Näherungsformeln für die Berechnung von l führen.

Kehren wir nach diesen grundsätzlichen Betrachtungen turbulenter Strömungen zur turbulenten Plattengrenzschichtströmung der Abbildung 2.76 zurück. Die Größenordnung der turbulenten Scheinviskosität μ_t erlaubt eine Bereichseinteilung turbulenter Plattengrenzschichten (Abbildung 2.81). In unmittelbarer Wandnähe gilt $\mu_\mathrm{t} \ll \mu$. Dies ist der Bereich der **viskosen Unterschicht**, die von besonderer technischer Bedeutung für die Widerstandsreduzierung mit sogenannten Riblets ist, die wir zum Abschluss dieses Kapitels behandeln werden.

Im Bereich der viskosen Unterschicht sind die Geschwindigkeitsschwankungen u' und w' sehr klein und für die Mischungsweglänge gilt $l \to 0$. Die gesamte Schubspannung $\bar{\tau}_\mathrm{ges}$ in der betrachteten turbulenten Strömung lautet

$$\bar{\tau}_\mathrm{ges} = \mu \cdot \frac{\mathrm{d}\bar{u}}{\mathrm{d}z} - \rho \cdot \overline{u' \cdot w'} \quad .$$

Wegen $\overline{u' \cdot w'} \approx 0$ folgt daraus für die Wandschubspannung $\bar{\tau}_\mathrm{w}$ in der viskosen Unterschicht

$$\bar{\tau}_\mathrm{w} = \mu \cdot \left(\frac{\mathrm{d}\bar{u}}{\mathrm{d}z}\right)_\mathrm{w} \quad ,$$

nach Trennung der Veränderlichen erhält man eine gewöhnliche Differentialgleichung für das gesuchte Geschwindigkeitsprofil

$$\mathrm{d}\bar{u} = \frac{1}{\mu} \cdot \bar{\tau}_\mathrm{w} \cdot \mathrm{d}z \quad .$$

Die Integration liefert zunächst

$$\int_0^{\bar{u}} \mathrm{d}\bar{u} = \frac{1}{\mu} \cdot \int_0^{z} \bar{\tau}_\mathrm{w} \cdot \mathrm{d}z \quad ,$$

also eine lineare Geschwindigkeitsverteilung $\bar{u}(z)$ bei einer konstanten Schubspannung $\bar{\tau}_\mathrm{w}$

$$\boxed{\bar{u}(z) = \frac{\bar{\tau}_\mathrm{w}}{\mu} \cdot z} \quad . \tag{2.114}$$

Eine Erweiterung mit der konstanten Dichte ρ liefert

$$\bar{u}(z) = \frac{\bar{\tau}_\mathrm{w}}{\rho} \cdot \frac{\rho}{\mu} \cdot z = \frac{\bar{\tau}_\mathrm{w}}{\rho} \cdot \frac{z}{\nu} \quad .$$

Definiert man als neue Größe die sogenannte Wandschubspannungsgeschwindigkeit u_τ zu $u_\tau = \sqrt{\bar{\tau}_\mathrm{w}/\rho}$, so erhält man

$$\boxed{\frac{\bar{u}(z)}{u_\tau} = \frac{u_\tau \cdot z}{\nu} = z^+} \quad , \tag{2.115}$$

mit der neuen dimensionslosen Koordinate $z^+ = (u_\tau \cdot z)/\nu$.

Im Bereich der Wandturbulenz außerhalb der viskosen Unterschicht, aber immer noch in Wandnähe, gilt ebenfalls noch die Konstanz der Wandschubspannung $\bar{\tau}_\mathrm{w} =$ konst.. Prandtl nahm an, dass sich die Wandschubspannung in folgender Weise mit der Mischungsweglänge $l = \mathrm{k} \cdot z$ als lineare Funktion von z ansetzen lässt (k bezeichnet darin eine Konstante)

$$\bar{\tau}_\mathrm{w} = \rho \cdot l^2 \cdot \left(\frac{\mathrm{d}\bar{u}}{\mathrm{d}z}\right)^2 = \rho \cdot \mathrm{k}^2 \cdot z^2 \cdot \left(\frac{\mathrm{d}\bar{u}}{\mathrm{d}z}\right)^2 \quad .$$

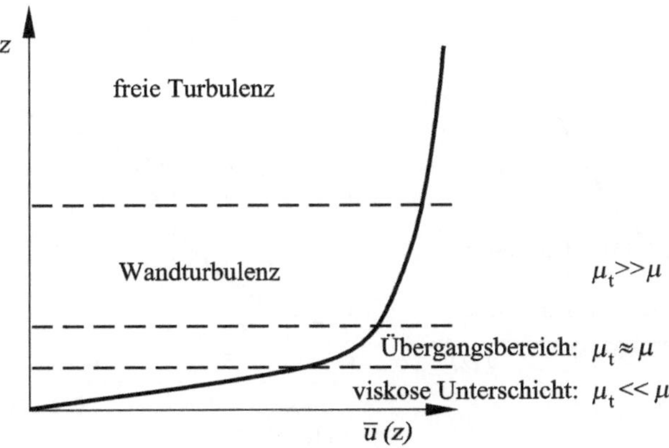

Abb. 2.81: Bereichseinteilung der turbulenten Grenzschichtströmung

Daraus folgt die Differentialgleichung zur Bestimmung von $\bar{u}(z)$ zu

$$\frac{\bar{\tau}_{\mathrm{w}}}{\rho} = u_\tau^2 = \mathrm{k}^2 \cdot z^2 \cdot \left(\frac{\mathrm{d}\bar{u}}{\mathrm{d}z}\right)^2 \quad \Rightarrow \quad \frac{\mathrm{d}\bar{u}}{\mathrm{d}z} = u_\tau \cdot \frac{1}{\mathrm{k} \cdot z} \quad \Rightarrow \quad \mathrm{d}\bar{u} = \frac{u_\tau}{\mathrm{k}} \cdot \frac{1}{z} \cdot \mathrm{d}z \quad .$$

Die unbestimmte Integration liefert

$$\bar{u}(z) = \frac{u_\tau}{\mathrm{k}} \cdot \ln(z) + \mathrm{C}_1 \quad ,$$

$$\frac{\bar{u}(z)}{u_\tau} = \frac{1}{\mathrm{k}} \cdot \ln\left(\frac{z^+ \cdot \nu}{u_\tau}\right) + \mathrm{C}_1 = \frac{1}{\mathrm{k}} \cdot \ln(z^+) + \frac{1}{\mathrm{k}} \cdot \ln \cdot \left(\frac{\nu}{u_\tau}\right) + \mathrm{C}_1 \quad .$$

Fasst man die letzten beiden Summanden zu einer neuen Integrationskonstanten C zusammen, so erhält man als Endergebnis ein logarithmisches Geschwindigkeitsprofil im Bereich der Wandturbulenz

$$\boxed{\frac{\bar{u}(z)}{u_\tau} = \frac{1}{\mathrm{k}} \cdot \ln(z^+) + \mathrm{C}} \quad . \tag{2.116}$$

Die zeitlich gemittelten Geschwindigkeitsprofile (2.114) - (2.116) in Wandnähe sind in Abbildung 2.82 dargestellt. Die viskose Unterschicht erstreckt sich über den Bereich $0 < z^+ < 5$. Es schließt sich der Übergangsbereich $5 < z^+ < 30$ bis zum logarithmischen Bereich für $30 < z^+ < 350$ an.

Charakteristische Größen der Turbulenzgradverteilung in Wandnähe sind in Abbildung 2.83 dargestellt. Der Turbulenzgrad (2.107), die turbulente kinetische Energie $K' = k'^2 = (u'^2 + v'^2 + w'^2)/2$ (3.64) und die Quadrate der Geschwindigkeitsschwankungen sind mit der Wandschubspannungsgeschwindigkeit u_τ entdimensioniert. Die größten Schwankungen weist die u'^2-Komponente auf, deren Maximum im Übergangsbereich bei $z^+ = 20$ liegt.

Der laminar-turbulente Übergang führt zu einer Erhöhung des Reibungswiderstandes c_{f}, der in Abbildung 2.84 in Abhängigkeit der mit der Lauflänge x gebildeten Reynolds-Zahl Re_x dargestellt ist. Für den lokalen Reibungsbeiwert $c_{\mathrm{f}}(x)$ gilt:

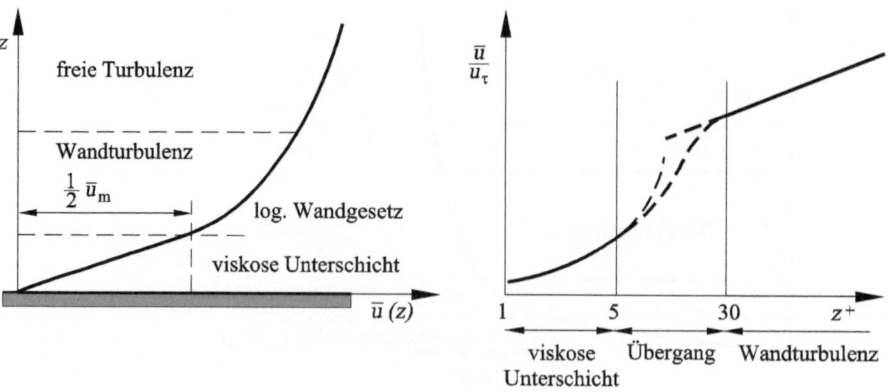

Abb. 2.82: Turbulentes Grenzschichtprofil

$$c_\mathrm{f}(x) = \frac{\tau_w(x)}{\frac{1}{2} \cdot \rho \cdot u_\infty^2} = \begin{cases} \dfrac{0.664}{\sqrt{Re_x}} & \textbf{laminare Grenzschichtströmungen} \\ \\ \dfrac{0.0609}{(Re_x)^{\frac{1}{5}}} & \textbf{turbulente Grenzschichtströmungen} \end{cases} \quad . \quad (2.117)$$

Der Übergang von der laminaren zur turbulenten Grenzschichtströmung erfolgt entsprechend Abbildung 2.78 nicht schlagartig, sondern über einen Transitionsbereich. Aus den lokalen Widerstandsbeiwerten $c_\mathrm{f}(x)$ lassen sich die dimensionslosen integralen Reibungswiderstandsbeiwerte $c_\mathrm{f,g}$ berechnen. Diese sind definiert als Wandreibungskraft $\vec{F}_R$ bezogen auf das Produkt aus dynamischem Druck und Plattenoberfläche $A = L \cdot b$, b bezeichnet dabei die Tiefe der Platte senkrecht zur Zeichenebene und x die Lauflänge:

$$\tau_\mathrm{w}(x) = \mu \cdot \left(\frac{\partial u}{\partial z}\right)_\mathrm{w} \quad , \quad c_\mathrm{f}(x) = \frac{\tau_\mathrm{w}(x)}{\frac{1}{2} \cdot \rho \cdot u_\infty^2} \quad , \quad F_\mathrm{R} = b \int\limits_0^L \tau_\mathrm{w}(x) \cdot \mathrm{d}x \quad ,$$

$$F_\mathrm{R} = b \cdot \frac{1}{2} \cdot \rho \cdot u_\infty^2 \cdot \int\limits_0^L c_\mathrm{f}(x) \cdot \mathrm{d}x \quad \Rightarrow \quad c_\mathrm{f,g} = \frac{F_\mathrm{R}}{\frac{1}{2} \cdot \rho \cdot u_\infty^2 \cdot L \cdot b} = \frac{1}{L} \cdot \int\limits_0^L c_\mathrm{f}(x) \cdot \mathrm{d}x \quad .$$

Für den integralen Reibungswiderstandsbeiwert $c_\mathrm{f,g}$ gilt im Abstand L von der Vorderkante der Platte

$$\begin{aligned} c_\mathrm{f,g} &= \frac{F_\mathrm{R}}{\frac{1}{2} \cdot \rho \cdot u_\infty^2 \cdot b \cdot L} = \frac{1}{L} \cdot \int\limits_0^L c_\mathrm{f}(x) \cdot \mathrm{d}x \\ &= \begin{cases} \dfrac{1.328}{\sqrt{Re_L}} & \textbf{laminare Grenzschichtströmungen} \\ \\ \dfrac{0.074}{(Re_L)^{\frac{1}{5}}} & \textbf{turbulente Grenzschichtströmungen} \end{cases} \end{aligned} \quad . \quad (2.118)$$

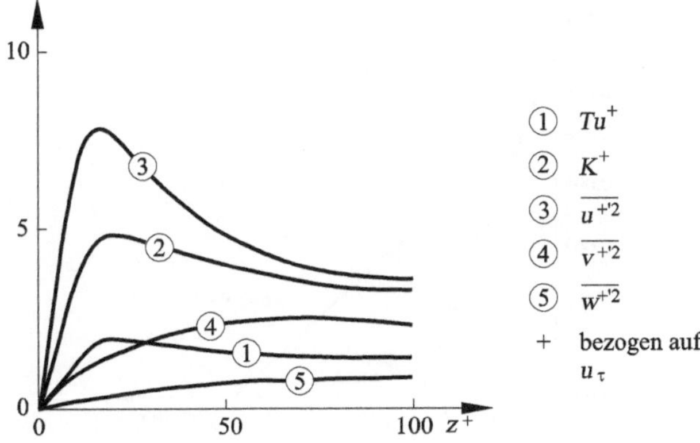

Abb. 2.83: Turbulenzgradverteilung in Wandnähe

Der Reibungswiderstand einer laminar umströmten Platte ist damit kleiner als der Reibungswiderstand einer vollständig turbulent umströmten Platte unter sonst gleichen Bedingungen, so dass gilt:

$$c_{f,g_t} > c_{f,g_l} \quad .$$

Das unterschiedliche Aufdickungsverhalten der Grenzschichtdicke δ der laminaren und einer turbulenten Grenzschichtströmung entnimmt man der Abbildung 2.85. Ausgangspunkt ist die für eine laminare Grenzschichtströmung gültige Beziehung (2.61)

$$\boxed{\frac{\delta}{L} \sim \frac{1}{\sqrt{Re_L}}} \quad .$$

Bei der laminaren Blasius-Grenzschicht lautet der Proportionalitätsfaktor 5

$$\frac{\delta}{L} = \frac{5}{\sqrt{Re_L}} \quad .$$

Multiplikation mit $\sqrt{Re_L}$ liefert

$$\frac{\delta}{L} \cdot \sqrt{Re_L} = 5 \quad \Rightarrow \quad \frac{\delta}{L} \cdot \sqrt{\frac{U_\infty \cdot L}{\nu}} = 5 \quad \Rightarrow \quad \delta \cdot \sqrt{\frac{U_\infty}{\nu \cdot L}} = 5 \quad .$$

Für eine turbulente Grenzschichtströmung gilt die Beziehung

$$\boxed{\frac{\delta}{L} \sim \frac{1}{(Re_L)^{\frac{1}{5}}}} \quad . \tag{2.119}$$

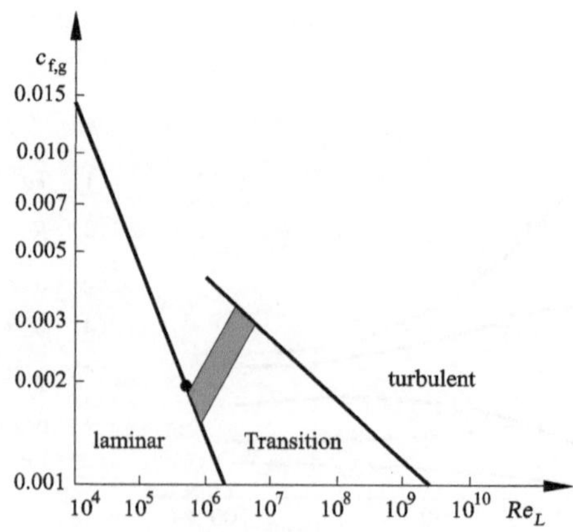

Abb. 2.84: Reibungswiderstand c_f der laminaren und turbulenten Plattengrenzschicht

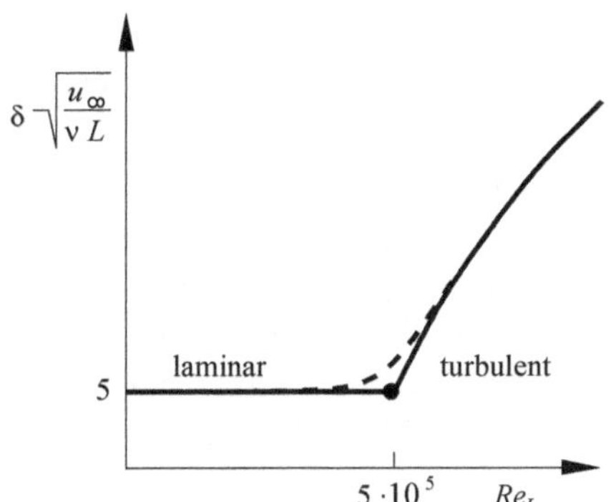

Abb. 2.85: Grenzschichtdicke δ der laminaren und turbulenten Plattengrenzschicht

Multiplikation mit $\sqrt{Re_L}$ ergibt

$$\frac{\delta}{L} \cdot \sqrt{Re_L} \sim \frac{(Re_L)^{\frac{1}{2}}}{(Re_L)^{\frac{1}{5}}} \quad \Rightarrow \quad \delta \cdot \sqrt{\frac{U_\infty}{\nu \cdot L}} \sim Re_L^{\frac{1}{2}-\frac{1}{5}} \quad \Rightarrow \quad \delta \cdot \sqrt{\frac{U_\infty}{\nu \cdot L}} \sim Re_L^{0.3} \quad .$$

Durch **Beeinflussung der turbulenten Wandschubspannung τ'_w** lässt sich der Reibungsbeiwert c_f der turbulenten Grenzschichtströmung verringern. Die Idee dafür liefert die Natur. Schnellschwimmende Haie (bis zu 90 km/h) zeigen mikroskopisch feine, in Strömungsrichtung verlaufende Rillen auf den Schuppen. Die vergrößerte Aufnahme der Abbildung 2.86 macht die Längsrillen und Stege auf den einzelnen Schuppen eines blauen Haies deutlich.

Es drängt sich die Vermutung auf, dass an Oberflächen mit Längsrillen weniger Reibung entsteht als an glatten Oberflächen. Setzt man diese Erkenntnis in die technische Nutzung um, entstehen Folien mit Längsrillen, sogenannte **Riblets**, der Höhe (2.115) $z^+ = 500$ und mit Abständen von $y^+ = 100$ (60 μm), die man auf die glatte Oberfläche aufbringt, deren Reibungswiderstand verringert werden soll.

Als Ergebnis wird die Schwankung der Querströmung v' und damit der Querimpulsaustausch in der viskosen Unterschicht der Grenzschicht verhindert. Die dunklen Bereiche

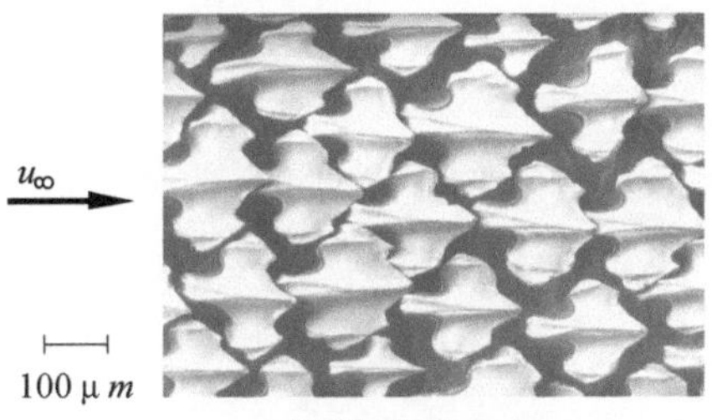

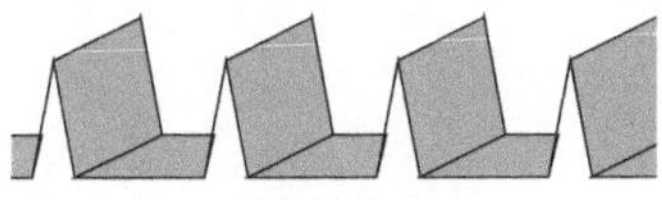

Abb. 2.86: Haifisch-Schuppen und Riblet-Folie

der Abbildung 2.87 zeigen hohe Schwankungen der Geschwindigkeit in der Umgebung der Oberfläche und die hellen Bereiche geringe Schwankungen. Das Resultat ist eine Verringerung des Reibungswiderstandsbeiwertes $c_{f,g}$ um 8 %.

Bei einem Verkehrsflugzeug beträgt der Reibungswiderstandsbeiwert $c_{f,g}$ mehr als 50 %. Da nicht alle Flugzeugteile mit der Riblet-Folie beklebt werden können, beträgt das reale Potenzial der Widerstandsreduzierung 3 %. Nachgewiesen wurden 1 % Treibstoffersparnis bei einem Airbus A 340, der zu 30 % mit Riblet-Folien überklebt wurde. Die widerstandsverringernden Folien können auch bei Schnellzügen der nächsten Generation sowie in Rohrströmungen und Pipelines zur Verringerung der Verluste eingesetzt werden.

Die Natur zeigt noch eine andere Möglichkeit der Verringerung der Wandschubspannung. Die **Schleimhäute der Delfine** dämpfen aufgrund ihrer flexiblen welligen Struktur den laminar-turbulenten Übergang in der Grenzschicht und verringern zusätzlich durch Zugabe von Polymeren an der Oberfläche der Haut den Reibungswiderstand um mehr als 50 %. Diesen Effekt hat man z. B. bei der Alaska-Pipeline genutzt und durch Zugabe von nur einigen millionstel Polymeranteil in Öl eine Reduktion der Pumpleistung von 30 % erreicht.

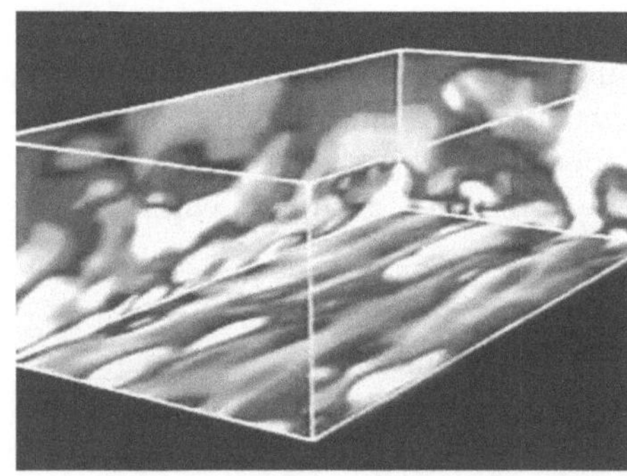

Abb. 2.87: Struktur der Schwankungsgrößen in der viskosen Unterschicht der Grenzschicht

2.4.2 Impulssatz

Der Impulssatz ist eine Bilanzaussage an einem Kontrollvolumen V und dient der direkten Bestimmung gesuchter **integraler Käfte** bei bekannten Strömungsgrößen am Rand des Kontrollvolumens V. Der Impuls $\mathrm{d}\vec{\boldsymbol{I}}$ eines Massenelementes $\mathrm{d}m = \rho \cdot \mathrm{d}V$ ist definiert als Produkt aus Massenelement und Geschwindigkeitsvektor $\vec{\boldsymbol{v}}$

$$\mathrm{d}\vec{\boldsymbol{I}} = \mathrm{d}m \cdot \vec{\boldsymbol{v}} = \rho \cdot \vec{\boldsymbol{v}} \cdot \mathrm{d}V \quad \Rightarrow \quad \mathrm{d}\vec{\boldsymbol{I}} = \begin{pmatrix} \mathrm{d}I_x \\ \mathrm{d}I_y \\ \mathrm{d}I_z \end{pmatrix} = \mathrm{d}m \cdot \begin{pmatrix} u \\ v \\ w \end{pmatrix} = \rho \cdot \begin{pmatrix} u \\ v \\ w \end{pmatrix} \cdot \mathrm{d}V \quad .$$

Da bei kompressiblen Strömungen die Dichte ρ zeitabhängig sein kann, $\rho = \rho(t)$, muss aus Gründen der Masseerhaltung $m = \rho(t) \cdot V(t) = \text{konst.}$ das betrachtete Volumen V ebenfalls zeitabhängig als $V(t)$ angesetzt werden. Der Impuls der Gesamtmasse m bzw. des betrachteten Gesamtvolumens berechnet sich aus dem differentiellen Impuls $\mathrm{d}\vec{\boldsymbol{I}}$ des Massenelementes durch Integration über das Volumen $V(t)$

$$\vec{\boldsymbol{I}} = \int\limits_{V(t)} \rho \cdot \vec{\boldsymbol{v}} \cdot \mathrm{d}V \quad \Rightarrow \quad \vec{\boldsymbol{I}} = \begin{pmatrix} I_x \\ I_y \\ I_z \end{pmatrix} = \int\limits_{V(t)} \rho \cdot \begin{pmatrix} u \\ v \\ w \end{pmatrix} \cdot \mathrm{d}V \quad .$$

Der Impulssatz besagt, dass die totale zeitliche Änderung d/dt des Impulses gleich der Resultierenden aller äußeren Kräfte ist. Als äußere Kräfte treten Massenkräfte $\vec{\boldsymbol{F}}_\mathrm{M}$ und Oberflächenkräfte $\vec{\boldsymbol{F}}_\mathrm{A}$ auf:

$$\frac{\mathrm{d}\vec{\boldsymbol{I}}}{\mathrm{d}t} = \frac{\mathrm{d}}{\mathrm{d}t} \int\limits_{V(t)} \rho \cdot \vec{\boldsymbol{v}} \cdot \mathrm{d}V = \sum \vec{\boldsymbol{F}}_\mathrm{M} + \sum \vec{\boldsymbol{F}}_\mathrm{A} \quad ,$$

$$\begin{pmatrix} \dfrac{\mathrm{d}I_x}{\mathrm{d}t} \\ \\ \dfrac{\mathrm{d}I_y}{\mathrm{d}t} \\ \\ \dfrac{\mathrm{d}I_z}{\mathrm{d}t} \end{pmatrix} = \sum \begin{pmatrix} F_{\mathrm{M},x} \\ F_{\mathrm{M},y} \\ F_{\mathrm{M},z} \end{pmatrix} + \sum \begin{pmatrix} F_{\mathrm{A},x} \\ F_{\mathrm{A},y} \\ F_{\mathrm{A},z} \end{pmatrix} \quad .$$

Im Folgenden wird die zeitliche Ableitung des Integrals näher betrachtet. Da hierbei sowohl das Integrationsgebiet V als auch der Integrand $\rho \cdot \vec{\boldsymbol{v}}$ von der Zeit abhängen, kommt man am einfachsten zum Ziel, wenn man die Ableitung $\mathrm{d}/\mathrm{d}t$ als Grenzwert des Differenzenquotienten bildet

$$\frac{\mathrm{d}}{\mathrm{d}t} \int\limits_{V(t)} \rho \cdot \vec{\boldsymbol{v}} \cdot \mathrm{d}V =$$

$$\lim_{\Delta t \to 0} \frac{1}{\Delta t} \left(\int\limits_0^{V(t+\Delta t)} \rho(t+\Delta t) \cdot \vec{\boldsymbol{v}}(t+\Delta t) \cdot \mathrm{d}V - \int\limits_0^{V(t)} \rho(t) \cdot \vec{\boldsymbol{v}}(t) \cdot \mathrm{d}V \right) \quad .$$

Für den ersten Summanden gilt die Additivität des Integrals

$$\int\limits_{0}^{V(t+\Delta t)} \rho(t+\Delta t)\cdot\vec{\boldsymbol{v}}(t+\Delta t)\cdot \mathrm{d}V =$$

$$\int\limits_{0}^{V(t)} \rho(t+\Delta t)\cdot\vec{\boldsymbol{v}}(t+\Delta t)\cdot \mathrm{d}V + \int\limits_{V(t)}^{V(t+\Delta t)} \rho(t+\Delta t)\cdot\vec{\boldsymbol{v}}(t+\Delta t)\cdot \mathrm{d}V \quad .$$

Eine Taylor-Entwicklung mit Abbruch nach dem linearen Term liefert für den Integranden

$$\rho(t+\Delta t)\cdot\vec{\boldsymbol{v}}(t+\Delta t) = \rho(t)\cdot\vec{\boldsymbol{v}}(t) + \frac{\partial(\rho\cdot\vec{\boldsymbol{v}})}{\partial t}\cdot\Delta t + \cdots \quad .$$

Setzt man die letzten beiden Gleichungen in den Differenzenquotienten ein, so erhält man

$$\frac{\mathrm{d}}{\mathrm{d}t}\int\limits_{V(t)} \rho\cdot\vec{\boldsymbol{v}}\cdot \mathrm{d}V =$$

$$\lim_{\Delta t\to 0}\frac{1}{\Delta t}\left(\int\limits_{0}^{V(t)} \frac{\partial(\rho\cdot\vec{\boldsymbol{v}})}{\partial t}\cdot\Delta t\cdot \mathrm{d}V + \int\limits_{V(t)}^{V(t+\Delta t)} \rho(t+\Delta t)\cdot\vec{\boldsymbol{v}}(t+\Delta t)\cdot \mathrm{d}V\right) \quad .$$

Im nächsten Schritt geht es darum, das Volumenintegral über die Differenz $V(t+\Delta t)-V(t)$ auf ein Integral über die Oberfläche $A(t)$ des Volumens $V(t)$ zurückzuführen. Entsprechend der eindimensionalen Stromfadentheorie gilt für den Massenstrom $\dot{m}$ die Beziehung

$$\dot{m} = \rho\cdot c\cdot A \quad \Rightarrow \quad \frac{\dot{m}}{\rho} = \dot{V} = c\cdot A \quad .$$

Bei einer Verallgemeinerung auf dreidimensionale Strömungen berechnet sich der Volumenstrom $\dot{V}$ als Oberflächenintegral über das Skalarprodukt $(\vec{\boldsymbol{v}}\cdot\vec{\boldsymbol{n}})$ aus dem Geschwindigkeitsvektor $\vec{\boldsymbol{v}} = (u, v, w)$ und dem äußeren Oberflächennormalen-Einheitsvektor $\vec{\boldsymbol{n}} = (n_x, n_y, n_z)$

$$\dot{V} = \int\limits_{A} (\vec{\boldsymbol{v}}\cdot\vec{\boldsymbol{n}})\cdot \mathrm{d}A \quad .$$

Für den Volumenstrom gilt weiterhin

$$\dot{V} = \lim_{\Delta t\to 0}\frac{V(t+\Delta t)-V(t)}{\Delta t} = \lim_{\Delta t\to 0}\frac{1}{\Delta t}\cdot\int\limits_{V(t)}^{V(t+\Delta t)} \cdot\mathrm{d}V = \int\limits_{A(t)} (\vec{\boldsymbol{v}}\cdot\vec{\boldsymbol{n}})\cdot \mathrm{d}A \quad .$$

Die totale zeitliche Ableitung des Impulses ergibt

$$\frac{\mathrm{d}}{\mathrm{d}t}\int\limits_{V(t)} \rho\cdot\vec{\boldsymbol{v}}\cdot \mathrm{d}V =$$

$$\lim_{\Delta t \to 0} \left(\frac{\Delta t}{\Delta t} \cdot \int\limits_{V(t)} \frac{\partial(\rho \cdot \vec{v})}{\partial t} \cdot \mathrm{d}V + \int\limits_{A(t)} \rho(t+\Delta t) \cdot \vec{v}(t+\Delta t) \cdot (\vec{v} \cdot \vec{n}) \cdot \mathrm{d}A \right) \quad .$$

Nach dem Grenzübergang erhält man den **Impulssatz**

$$\boxed{\frac{\mathrm{d}\vec{\boldsymbol{I}}}{\mathrm{d}t} = \frac{\mathrm{d}}{\mathrm{d}t} \int\limits_V \rho \cdot \vec{v} \cdot \mathrm{d}V = \int\limits_V \frac{\partial(\rho \cdot \vec{v})}{\partial t} \cdot \mathrm{d}V + \int\limits_A \rho \cdot \vec{v} \cdot (\vec{v} \cdot \vec{n}) \cdot \mathrm{d}A} \quad . \tag{2.120}$$

Der erste Summand beschreibt die lokale zeitliche Änderung des Impulses im Innern des betrachteten Kontrollvolumens. Um dieses Integral auswerten zu können, ist die Kenntnis der Strömungsgrößen im Innern des Kontrollvolumens erforderlich. Bei stationären Strömungen gilt $(\partial/\partial t) = 0$. Der zweite Summand beschreibt den konvektiven Impulsstrom durch die Oberfläche des Kontrollvolumens. Zur Berechnung dieses Integrals sind nur Strömungsdaten auf dem Rand des Kontrollvolumens erforderlich.

Für stationäre Strömungen lautet der Impulssatz

$$\boxed{\frac{\mathrm{d}\vec{\boldsymbol{I}}}{\mathrm{d}t} = \frac{\mathrm{d}}{\mathrm{d}t} \int\limits_V \rho \cdot \vec{v} \cdot \mathrm{d}V = \int\limits_A \rho \cdot \vec{v} \cdot (\vec{v} \cdot \vec{n}) \cdot \mathrm{d}A = \sum \vec{\boldsymbol{F}}_{\mathrm{M}} + \sum \vec{\boldsymbol{F}}_{\mathrm{A}}} \quad . \tag{2.121}$$

Mit

$$\vec{\boldsymbol{F}}_{\mathrm{I}} = -\int\limits_A \rho \cdot \vec{v} \cdot (\vec{v} \cdot \vec{n}) \cdot \mathrm{d}A \quad \Rightarrow \quad \begin{pmatrix} F_{\mathrm{I},x} \\ F_{\mathrm{I},y} \\ F_{\mathrm{I},z} \end{pmatrix} = -\int\limits_A \rho \cdot \begin{pmatrix} u \\ v \\ w \end{pmatrix} (\vec{v} \cdot \vec{n}) \cdot \mathrm{d}A$$

ergibt sich

$$\boxed{\vec{\boldsymbol{F}}_{\mathrm{I}} + \sum \vec{\boldsymbol{F}}_{\mathrm{M}} + \sum \vec{\boldsymbol{F}}_{\mathrm{A}} = 0} \quad , \tag{2.122}$$

$$\Rightarrow \quad \begin{pmatrix} F_{\mathrm{I},x} \\ F_{\mathrm{I},y} \\ F_{\mathrm{I},z} \end{pmatrix} + \sum \begin{pmatrix} F_{\mathrm{M},x} \\ F_{\mathrm{M},y} \\ F_{\mathrm{M},z} \end{pmatrix} + \sum \begin{pmatrix} F_{\mathrm{A},x} \\ F_{\mathrm{A},y} \\ F_{\mathrm{A},z} \end{pmatrix} = \begin{pmatrix} 0 \\ 0 \\ 0 \end{pmatrix} .$$

Der Impulskraftvektor $\vec{\boldsymbol{F}}_{\mathrm{I}}$ verläuft parallel zum Geschwindigkeitsvektor $\vec{v}$, die Richtung von $\vec{\boldsymbol{F}}_{\mathrm{I}}$ ist stets auf das Innere des Kontrollvolumens gerichtet. Die Druckkraft $\vec{\boldsymbol{F}}_{\mathrm{D}}$, die zu den Oberflächenkräften $\vec{\boldsymbol{F}}_{\mathrm{A}}$ zählt, ist definiert als

$$\vec{\boldsymbol{F}}_{\mathrm{D}} = -\int\limits_A p \cdot \vec{n} \cdot \mathrm{d}A \quad \Rightarrow \quad \begin{pmatrix} F_{\mathrm{D},x} \\ F_{\mathrm{D},y} \\ F_{\mathrm{D},z} \end{pmatrix} = -\int\limits_A p \cdot \begin{pmatrix} n_x \\ n_y \\ n_z \end{pmatrix} \cdot \mathrm{d}A.$$

Da der Druck p eine positive skalare Größe ist und $\vec{n}$ den äußeren Normalen-Einheitsvektor der Oberfläche darstellt, weist die Richtung der Druckkraft $\vec{\boldsymbol{F}}_{\mathrm{D}}$, wegen des Minuszeichens, ebenfalls stets auf das Innere des Kontrollvolumens.

Wenden wir im Folgenden den Impulssatz (2.122) auf die laminare **Grenzschichtströmung** an. Damit lässt sich die Funktion f bestimmen, die die Grenzschichtdichte δ/L mit der Reynolds-Zahl Re_L verknüpft (2.61)

$$\frac{\delta}{L} = \mathrm{f}(Re_L) \quad .$$

Als Kontrollvolumen wird in Abbildung 2.88 ein Quader der Länge L, der Höhe $\delta(L)$ und der Tiefe b in y-Richtung ausgewählt. Der Druck p wird der Grenzschicht von der Außenströmung aufgeprägt $(\partial p/\partial z) = 0$ und ist im Falle der Plattengrenzschicht im Außenraum konstant. Daraus folgt, dass der Druck auch in der Grenzschicht konstant ist und somit heben sich alle auftretenden Druckkräfte gegenseitig auf. An der Stelle 3 wird aus Gründen der Vereinfachung ein lineares Geschwindigkeitsprofil $u(z)$ angenommen, da es gegenüber dem Blasius-Grenzschichtprofil analytisch zu integrieren ist. Für $u(z)$ gilt dann

$$u(z) = \frac{u_\infty}{\delta(L)} \cdot z \quad .$$

Am linken Rand an der Stelle 1 wird der Querschnitt $A_1 = b \cdot \delta(L)$ mit der konstanten Geschwindigkeit u_∞ durchströmt. Die Impulskraft F_{I,x_1} lautet somit

$$\begin{aligned} F_{\mathrm{I},x_1} &= -\int\limits_{A_1} \rho \cdot u_\infty \cdot (\vec{\boldsymbol{v}} \cdot \vec{\boldsymbol{n}}) \cdot \mathrm{d}A_1 \\ &= -\rho \cdot u_\infty \begin{pmatrix} u_\infty \\ 0 \\ 0 \end{pmatrix} \cdot \begin{pmatrix} -1 \\ 0 \\ 0 \end{pmatrix} \cdot A_1 = \rho \cdot u_\infty^2 \cdot A_1 = \rho \cdot u_\infty^2 \cdot b \cdot \delta(L) \quad . \end{aligned}$$

Für die Impulskraft F_{I,x_3} folgt mit $\mathrm{d}A_3 = b \cdot \mathrm{d}z$

$$F_{\mathrm{I},x_3} = -\int\limits_{A_3} \rho \cdot u(z) \cdot (\vec{\boldsymbol{v}} \cdot \vec{\boldsymbol{n}}) \cdot \mathrm{d}A_3$$

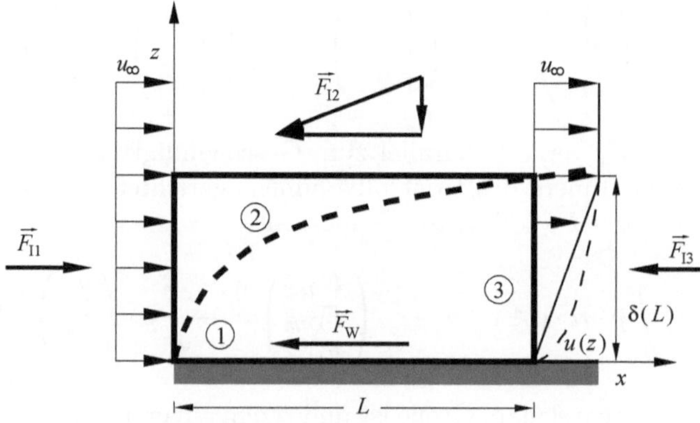

Abb. 2.88: Kräfte am Kontrollvolumen V für die laminare Plattengrenzschicht

$$= -\int\limits_{A_3} \rho \cdot u(z) \cdot \begin{pmatrix} u(z) \\ 0 \\ 0 \end{pmatrix} \cdot \begin{pmatrix} 1 \\ 0 \\ 0 \end{pmatrix} \cdot \mathrm{d}A_3 = -\rho \cdot b \cdot \int\limits_0^{\delta(L)} u^2(z) \cdot \mathrm{d}z \quad .$$

Die Impulskraft F_{I,x_1} weist somit in $+x$-Richtung und F_{I,x_3} in $-x$-Richtung. Die Berechnung des Integrals liefert für F_{I,x_3}

$$F_{\mathrm{I},x_3} = -\rho \cdot b \cdot \int\limits_0^{\delta(L)} u^2(z) \cdot \mathrm{d}z = -\rho \cdot b \cdot \int\limits_0^{\delta(L)} \frac{u_\infty^2}{\delta^2(L)} \cdot z^2 \cdot \mathrm{d}z$$

$$= -\rho \cdot b \cdot \frac{u_\infty^2}{\delta^2(L)} \cdot \left[\frac{1}{3} \cdot z^3\right]_0^{\delta(L)} = -\frac{1}{3} \cdot \rho \cdot b \cdot u_\infty^2 \cdot \delta(L) \quad .$$

Vor der Berechnung des Impulskraftvektors $\vec{\boldsymbol{F}}_{\mathrm{I}_2}$ wird zunächst die Massenerhaltung genutzt. Der durch die Fläche $A_1 = b \cdot \delta(L)$ eintretende Massenstrom $\dot{m}_1$ berechnet sich zu

$$\dot{m}_1 = \rho \cdot U_\infty \cdot A_1 = \rho \cdot U_\infty \cdot b \cdot \delta(L) \quad .$$

Für den durch die Fläche A_3 austretenden Massenstrom $\dot{m}_3$ ergibt sich

$$\dot{m}_3 = \rho \cdot \int\limits_0^{A_3} u(z) \cdot \mathrm{d}A_3 = \rho \cdot b \cdot \int\limits_0^{\delta(L)} u(z) \cdot \mathrm{d}z = \rho \cdot b \cdot \frac{u_\infty}{\delta(L)} \cdot \int\limits_0^{\delta(L)} z \cdot \mathrm{d}z$$

$$= \rho \cdot b \cdot \frac{u_\infty}{\delta(L)} \cdot \left[\frac{1}{2} \cdot z^2\right]_0^{\delta(L)} = \frac{1}{2} \cdot \rho \cdot u_\infty \cdot b \cdot \delta(L) \quad .$$

Da $\dot{m}_3 < \dot{m}_1$ und die Platte undurchlässig ist, muss durch die Fläche $A_2 = b \cdot L$ der Differenzmassenstrom $\dot{m}_2 = \dot{m}_1 - \dot{m}_3$ austreten:

$$\dot{m}_2 = \dot{m}_1 - \dot{m}_3 = \rho \cdot u_\infty \cdot b \cdot \delta(L) - \frac{1}{2} \cdot \rho \cdot u_\infty \cdot b \cdot \delta(L) = \frac{1}{2} \cdot \rho \cdot u_\infty \cdot b \cdot \delta(L) \quad .$$

Die Grenzschicht hat folglich eine Verdrängungswirkung und das Durchströmen der Fläche A_2 ruft dort eine Impulskraft $\vec{\boldsymbol{F}}_{\mathrm{I}_2}$ hervor. Für die Geschwindigkeitskomponente, mit der der Massenstrom $\dot{m}_2$ senkrecht durch die Fläche A_2 austritt, wird die zunächst unbekannte Komponente $w_2(x) > 0$ in $+z$-Richtung angenommen. Weiterhin gilt für $w_2(x)$ die Nebenbedingung $w_2 \ll u_\infty$. Die Geschwindigkeit des Fluids in x-Richtung längs der Fläche A_2 beträgt u_∞. Per Definition berechnet sich der Impulskraftvektor $\vec{\boldsymbol{F}}_{\mathrm{I}_2}$ zunächst ganz allgemein zu

$$\vec{\boldsymbol{F}}_{\mathrm{I}_2} = -\int\limits_{A_2} \rho \cdot \vec{\boldsymbol{v}} \cdot (\vec{\boldsymbol{v}} \cdot \vec{\boldsymbol{n}}) \cdot \mathrm{d}A_2 = -\int\limits_{A_2} \rho \cdot \begin{pmatrix} u_\infty \\ 0 \\ w_2(x) \end{pmatrix} \cdot \left[\begin{pmatrix} u_\infty \\ 0 \\ w_2(x) \end{pmatrix} \cdot \begin{pmatrix} 0 \\ 0 \\ 1 \end{pmatrix}\right] \cdot \mathrm{d}A_2 \quad ,$$

$$\vec{\boldsymbol{F}}_{\mathrm{I}_2} = \begin{pmatrix} F_{\mathrm{I},x_2} \\ F_{\mathrm{I},y_2} \\ F_{\mathrm{I},z_2} \end{pmatrix} = -\int\limits_{A_2} \rho \cdot \begin{pmatrix} u_\infty \\ 0 \\ w_2(x) \end{pmatrix} \cdot w_2(x) \cdot \mathrm{d}A_2 \quad .$$

Für die x-Komponente F_{I,x_2} des Impulskraftvektors $\vec{\boldsymbol{F}}_{\mathrm{I}_2}$ erhält man somit

$$F_{\mathrm{I},x_2} = -u_\infty \cdot \int_{A_2} \rho \cdot w_2(x) \cdot \mathrm{d}A_2 = -u_\infty \cdot \dot{m}_2 = -\frac{1}{2} \cdot \rho \cdot u_\infty^2 \cdot b \cdot \delta(L) \quad .$$

Die z-Komponente F_{I,z_2} ist wegen $w_2(x)$ vom Betrag her klein, weist in negative z-Richtung und spielt für den weiteren Verlauf der Betrachtung keine Rolle.

Die Wandreibungskraft $F_{\mathrm{W},x}$ ist diejenige Kraft, die die Anströmgeschwindigkeit u_∞ auf den Wert Null an der Plattenoberfläche verzögert. Sie weist daher in negative x-Richtung und es gilt wegen $\mathrm{d}u/\mathrm{d}z > 0$

$$F_{\mathrm{W},x} = -b \cdot \int_0^L \mid \tau_\mathrm{w} \mid \cdot \mathrm{d}x = -b \cdot \int_0^L \mu \cdot \left.\frac{\mathrm{d}u}{\mathrm{d}z}\right|_{z=0} \cdot \mathrm{d}x = -b \cdot \mu \cdot u_\infty \cdot \int_0^L \frac{1}{\delta(x)} \cdot \mathrm{d}x \quad .$$

Die Impulsbilanz in x-Richtung liefert

$$\mid F_{\mathrm{I},x_1} \mid - \mid F_{\mathrm{I},x_2} \mid - \mid F_{\mathrm{I},x_3} \mid - \mid F_{\mathrm{W},x} \mid = 0 \quad ,$$

$$\rho \cdot u_\infty^2 \cdot b \cdot \delta(L) - \frac{1}{2} \cdot \rho \cdot u_\infty^2 \cdot b \cdot \delta(L) - \frac{1}{3} \cdot \rho \cdot u_\infty^2 \cdot b \cdot \delta(L) - \mu \cdot b \cdot u_\infty \cdot \int_0^L \frac{1}{\delta(x)} \cdot \mathrm{d}x = 0 \quad ,$$

$$\frac{1}{6} \cdot \rho \cdot u_\infty \cdot \delta(L) = \mu \cdot \int_0^L \frac{1}{\delta(x)} \cdot \mathrm{d}x \quad \Rightarrow \quad \frac{\rho \cdot u_\infty}{6 \cdot \mu} \cdot \delta(L) = \int_0^L \frac{1}{\delta(x)} \cdot \mathrm{d}x \quad .$$

Differenziert man die letzte Gleichung auf beiden Seiten nach x und berücksichtigt die Beziehung $\nu = \mu/\rho$, so erhält man

$$\frac{u_\infty}{6 \cdot \nu} \cdot \frac{\mathrm{d}\delta(x)}{\mathrm{d}x} = \frac{1}{\delta(x)} \quad \Rightarrow \quad \delta(x) \cdot \mathrm{d}\delta = \frac{6 \cdot \nu}{u_\infty} \cdot \mathrm{d}x \quad .$$

Die Integration liefert

$$\int_0^{\delta(L)} \delta \cdot \mathrm{d}\delta = \frac{6 \cdot \nu}{u_\infty} \cdot \int_0^L \mathrm{d}x \quad \Rightarrow \quad \left[\frac{1}{2} \cdot \delta^2\right]_0^{\delta(L)} = \frac{6 \cdot \nu}{u_\infty} \cdot [x]_0^L \quad ,$$

$$\Rightarrow \quad \delta^2(L) = \frac{12 \cdot \nu \cdot L}{u_\infty} \quad \Rightarrow \quad \frac{\delta^2}{L^2} = \frac{12 \cdot \nu}{u_\infty \cdot L} = \frac{12}{\frac{u_\infty \cdot L}{\nu}} = \frac{12}{Re_L} \quad .$$

Für die ursprünglich gesuchte Funktion $\delta/L = \mathrm{f}(Re_L)$ ergibt sich

$$\frac{\delta}{L} = \sqrt{\frac{12}{Re_L}} \approx \frac{3.464}{\sqrt{Re_L}} \quad .$$

Der Faktor 3.464 ist eine Folge der vereinfachenden Annahme eines linearen Geschwindigkeitsprofils $u(z)$. Der exakte Wert unter Verwendung des realen Blasius-Profils für die Grenzschicht lautet 5, so dass gilt

$$\frac{\delta}{L} = \frac{5.0}{\sqrt{Re_L}} \quad .$$

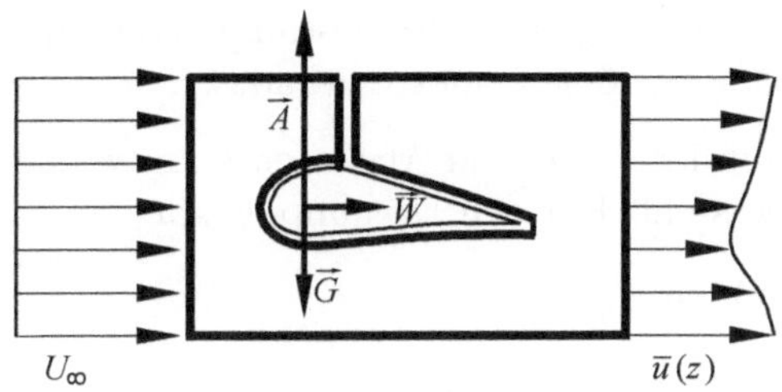

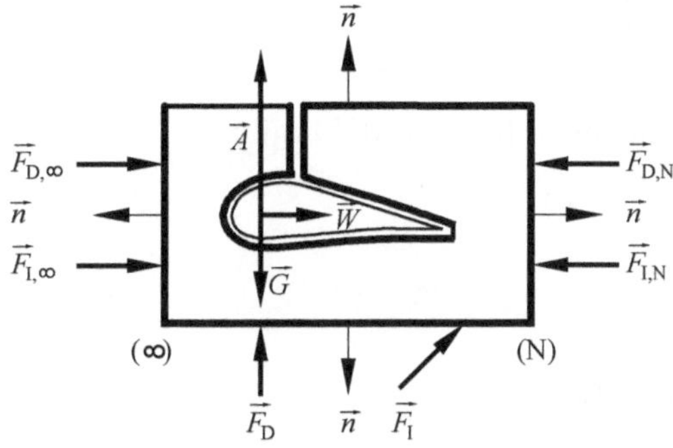

Abb. 2.89: Kräfte am Kontrollvolumen V für die Profilumströmung

Die Auftriebskraft $|\vec{A}|$ und die Widerstandskraft $|\vec{W}|$ eines Tragflügelprofils können bei bekannten zeitlich gemitteltem Nachlaufprofil $\bar{u}(z)$, $\bar{p}(z)$ ebenfalls direkt mit dem Impulssatz (2.122) bestimmt werden. Dabei werden im Windkanal die zeitlich gemittelten Geschwindigkeits- und Druckverteilungen am festgelegten Kontrollvolumen V gemessen und daraus mittels numerischer Integration die Impuls- und Druckkräfte bestimmt. Die Impulsbilanz in x-Richtung schreibt sich mit den Bezeichnungen der Abbildung 2.89 (Profil frei geschnitten)

$$|\vec{F}_{I_\infty}| - |\vec{F}_{I,N}| + F_{I,x} + |\vec{F}_{D_\infty}| - |\vec{F}_{D,N|} - |\vec{W}| = 0 \quad , \tag{2.123}$$

dabei bezeichnet der Index N die zeitlich gemittelten Profile im Nachlauf, ∞ die ungestörte Anströmung und F_I, F_D die Impuls- und Druckkräfte, die durch die Verdrängungswirkung des Tragflügelprofils verursacht werden. Das Minuszeichen vor der Widerstandskraft rührt daher, dass der Widerstand als Reaktionskraft in die Bilanzgleichung eingeht. Die Impulsbilanz in z-Richtung ergibt

$$F_{I,z} + |\vec{F}_D| - |\vec{A}| = 0 \quad . \tag{2.124}$$

Die Gleichungen (2.123) und (2.124) bieten eine in der Windkanaltechnik übliche Methode, aus den gemessenen Geschwindigkeits- und Druckprofilen die Widerstands- und Auftriebskräfte umströmter Körper ohne Lösen der strömungsmechanischen Grundgleichungen direkt zu bestimmen. Das Gewicht G muss in einer gesonderten Bilanz der Massenkräfte berücksichtigt werden.

2.4.3 Drehimpulssatz

Für viele Anwendungen, vor allem aus dem Bereich der Strömungsmaschinen, ist eine zum Impulssatz völlig analoge Aussage über die **Momente** von Bedeutung. Mit Hilfe des

Drehimpulssatzes lassen sich z.B. die Angriffspunkte der Impulskräfte bestimmen oder die abgegebene bzw. aufgenommene Leistung beim Durchströmen eines Laufrades.

Der Drehimpuls $\vec{\boldsymbol{L}}$ ist ein Vektor, der senkrecht auf der von einem Abstandsvektor $\vec{\boldsymbol{r}}$ und vom Impulsvektor $\vec{\boldsymbol{I}} = m \cdot \vec{\boldsymbol{v}}$ aufgespannten Ebene steht. Für den Drehimpuls gilt

$$\vec{\boldsymbol{L}} = \vec{\boldsymbol{r}} \times \vec{\boldsymbol{I}} = (\vec{\boldsymbol{r}} \times \vec{\boldsymbol{v}}) \cdot m \quad ,$$

$$\begin{pmatrix} L_x \\ L_y \\ L_z \end{pmatrix} = \left[\begin{pmatrix} r_x \\ r_y \\ r_z \end{pmatrix} \times \begin{pmatrix} u \\ v \\ w \end{pmatrix} \right] \cdot m = \begin{pmatrix} r_y \cdot w - r_z \cdot v \\ r_z \cdot u - r_x \cdot w \\ r_x \cdot v - r_y \cdot u \end{pmatrix} \cdot m \quad .$$

Der differentielle Drehimpuls $\mathrm{d}\vec{\boldsymbol{L}}$ eines Massenelementes $\mathrm{d}m = \rho \cdot \mathrm{d}V$ ergibt

$$\mathrm{d}\vec{\boldsymbol{L}} = (\vec{\boldsymbol{r}} \times \vec{\boldsymbol{v}}) \cdot \mathrm{d}m = \rho \cdot (\vec{\boldsymbol{r}} \times \vec{\boldsymbol{v}}) \cdot \mathrm{d}V \quad .$$

Der Drehimpuls eines Volumens $V(t)$ ist somit

$$\vec{\boldsymbol{L}} = \int\limits_0^{V(t)} \rho \cdot (\vec{\boldsymbol{r}} \times \vec{\boldsymbol{v}}) \cdot \mathrm{d}V \quad .$$

Der Drehimpulssatz sagt aus, dass die **totale zeitliche Änderung d/dt des Drehimpulses $\vec{\boldsymbol{L}}$ gleich der Summe aller angreifenden äußeren Momente $\sum \vec{\boldsymbol{M}}_{\mathrm{a}}$ ist.**

Diese äußeren Momente $\sum \vec{\boldsymbol{M}}_{\mathrm{a}}$ resultieren aus den beim Impulssatz besprochenen Massen- und Oberflächenkräften $\sum \vec{\boldsymbol{F}}_{\mathrm{M}} + \sum \vec{\boldsymbol{F}}_{\mathrm{A}}$, die hier an einem Hebelarm $\vec{\boldsymbol{r}}$ angreifen. Es gilt

$$\sum \vec{\boldsymbol{M}}_{\mathrm{a}} = \sum (\vec{\boldsymbol{r}} \times \vec{\boldsymbol{F}}_{\mathrm{M}}) + \sum (\vec{\boldsymbol{r}} \times \vec{\boldsymbol{F}}_{\mathrm{A}}) \quad .$$

Der Drehimpulssatz lautet

$$\frac{\mathrm{d}\vec{\boldsymbol{L}}}{\mathrm{d}t} = \frac{\mathrm{d}}{\mathrm{d}t} \int\limits_0^{V(t)} \rho \cdot (\vec{\boldsymbol{r}} \times \vec{\boldsymbol{v}}) \cdot \mathrm{d}V = \sum \vec{\boldsymbol{M}}_{\mathrm{a}} \quad . \tag{2.125}$$

Die Bildung der totalen zeitlichen Ableitung erfolgt völlig analog zu dem beim Impulssatz beschriebenen Vorgehen. Man erhält:

$$\begin{aligned} \frac{\mathrm{d}\vec{\boldsymbol{L}}}{\mathrm{d}t} &= \frac{\mathrm{d}}{\mathrm{d}t} \int\limits_V \rho \cdot (\vec{\boldsymbol{r}} \times \vec{\boldsymbol{v}}) \cdot \mathrm{d}V \\ &= \int\limits_V \frac{\partial(\rho \cdot (\vec{\boldsymbol{r}} \times \vec{\boldsymbol{v}}))}{\partial t} \cdot \mathrm{d}V + \int\limits_A \rho \cdot (\vec{\boldsymbol{r}} \times \vec{\boldsymbol{v}}) \cdot (\vec{\boldsymbol{v}} \cdot \vec{\boldsymbol{n}}) \cdot \mathrm{d}A = \sum \vec{\boldsymbol{M}}_{\mathrm{a}} \quad . \end{aligned}$$

Genau wie beim Impulssatz fällt auch hier bei stationären Strömungen ($\partial/\partial t = 0$) das Volumenintegral fort und man benötigt nur das Oberflächenintegral und die Strömungsdaten auf dem Rand des Kontrollbereiches

$$\int\limits_A \rho \cdot (\vec{\boldsymbol{r}} \times \vec{\boldsymbol{v}}) \cdot (\vec{\boldsymbol{v}} \cdot \vec{\boldsymbol{n}}) \cdot \mathrm{d}A = \sum \vec{\boldsymbol{M}}_{\mathrm{a}} \quad .$$

Bei einem stationär durchströmten ruhenden Kontrollvolumen in einem ruhenden Koordinatensystem ist die Voraussetzung einer stationären Strömung automatisch erfüllt.

Eine Strömungsmaschine mit einem rotierenden Laufrad in einem ruhenden Koordinatensystem erzeugt jedoch eine instationäre Strömung. Hierbei ist zunächst ein Wechsel des Bezugssystems in ein mit dem Laufrad mitrotierendes Koordinatensystem vorzunehmen, um eine stationäre Strömung zu erzeugen. Definiert man das Impulsmoment $\vec{\boldsymbol{M}}_\mathrm{I}$ analog zur Definition der Impulskraft als Trägheitsmoment zu

$$\vec{\boldsymbol{M}}_\mathrm{I} = -\int\limits_A \rho \cdot (\vec{\boldsymbol{r}} \times \vec{\boldsymbol{v}}) \cdot (\vec{\boldsymbol{v}} \cdot \vec{\boldsymbol{n}}) \cdot \mathrm{d}A \quad ,$$

so erhält man den **Drehimpulssatz**

$$\boxed{\vec{\boldsymbol{M}}_\mathrm{I} + \sum \vec{\boldsymbol{M}}_\mathrm{a} = 0 \quad , \qquad \begin{pmatrix} M_{\mathrm{I},x} \\ M_{\mathrm{I},y} \\ M_{\mathrm{I},z} \end{pmatrix} + \sum \begin{pmatrix} M_{\mathrm{a},x} \\ M_{\mathrm{a},y} \\ M_{\mathrm{a},z} \end{pmatrix} = \begin{pmatrix} 0 \\ 0 \\ 0 \end{pmatrix}} \quad . \tag{2.126}$$

Der Impulsmomentenvektor $\vec{\boldsymbol{M}}_\mathrm{I}$ liegt lokal parallel zum Vektorprodukt $(\vec{\boldsymbol{r}} \times \vec{\boldsymbol{v}})$, denn das Skalarprodukt $(\vec{\boldsymbol{v}} \cdot \vec{\boldsymbol{n}})$ liefert lediglich einen Beitrag zum Vorzeichen und zum Betrag des Impulsmomentes.

Zur Verdeutlichung des Drehimpulssatzes wird nachfolgend ein Anwendungsbeispiel betrachtet. In der Abbildung 2.90 ist ein **Rohrkrümmer** gezeigt, der an einem Rohr angeflanscht ist. Der Rohrkrümmer lenkt die Strömung von der vertikalen Strömungsrichtung in die horizontale Strömungsrichtung um. Am rechten Ende des Krümmers tritt die Strömung in die freie Umgebung aus.

Wir behandeln die Fragestellung wie groß ist das Moment $\vec{\boldsymbol{M}}_\mathrm{k}$, das von dem Rohrkrümmer auf die Flanschverbindung ausgeübt wird. Dabei wird vorausgesetzt, dass das Abmaß l (Abbildung 2.90), die Strömungsgeschwindigkeit c, die Dichte ρ des Fluids und die Querschnittsfläche A_1 bekannt sind.

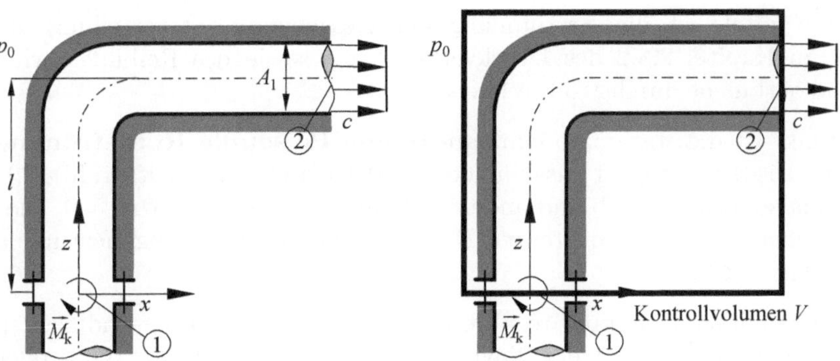

Abb. 2.90: Rohrkrümmer

Wird das Integral

$$\vec{M}_{\mathrm{I}} = -\int\limits_A \rho \cdot (\vec{r} \times \vec{v}) \cdot (\vec{v} \cdot \vec{n}) \cdot \mathrm{d}A \qquad (2.127)$$

für die in Abbildung 2.90 gezeigte Kontrollfläche ausgewertet, so erhält man für den skalaren Wert der y-Komponente des Vektors $\vec{M}_{\mathrm{I}}$

$$M_{\mathrm{I},y} = -\rho \cdot l \cdot c^2 \cdot A_1 \quad . \qquad (2.128)$$

Zur Auswertung der Gleichung (2.127) soll Folgendes angemerkt werden. An der Stelle 1 strömt das Fluid über die Berandung des Kontrollraumes. Der Ausdruck unter dem Integral in Gleichung (2.127) ist gleich dem Nullvektor für diesen Abschnitt der Kontrollfläche, da $\vec{r} \times \vec{v} = \vec{0}$ ist. Für die Stelle 2 hingegen ergibt das Kreuzprodukt einen Vektor, der in positive y-Achsenrichtung zeigt. Er zeigt in die Zeichenebene hinein. Das Skalarprodukt $\vec{v} \cdot \vec{n}$ ist postiv für die Stelle 2 und beträgt $c \cdot A_1$. Unter Berücksichtigung dieser Einzelheiten erhält man für die y-Komponente von $\vec{M}_{\mathrm{I}}$ den in Gleichung (2.128) formulierten skalaren Wert.

Ansonsten wirken auf die Kontrollfläche keine resultierenden Kräfte die ein Moment erzeugen. Der Krümmer überträgt auf das Fluid das Moment $-\vec{M}_{\mathrm{k}}$. Die Drehrichtung von $\vec{M}_{\mathrm{k}}$ wird zunächst positiv angenommen. Die endgültige Drehwirkung wird mittels der Rechnung ermittelt. Gemäß der Gleichung

$$\vec{M}_{\mathrm{I}} + \sum \vec{M}_{\mathrm{a}} = 0$$

erhält man die folgende Gleichung für $-\vec{M}_{\mathrm{k}} = \sum \vec{M}_{\mathrm{a}}$

$$-\rho \cdot l \cdot c^2 \cdot A_1 - M_{\mathrm{k},y} = 0 \quad \Rightarrow \quad M_{\mathrm{k},y} = -\rho \cdot l \cdot c^2 \cdot A_1 \quad .$$

Vom Fluid wird also ein Moment auf den Krümmer ausgeübt, das in negative Richtung wirkt.

2.4.4 Rohrhydraulik

Ziel dieses Kapitels ist die Bestimmung der Geschwindigkeitsverteilung $u(r)$ und in Ergänzung zu Kapitel 2.3.2 des Druckverlustes Δp sowie des Reibungsverlustes c_{f} für laminar und turbulent durchströmte Kreisrohre.

Ausgangspunkt ist die stationäre laminare **Hagen-Poiseuille Rohrströmung** der Abbildung 2.50. Die Strömung ist ausgebildet, d.h. das Geschwindigkeitsprofil $u(r)$ hängt nur von der Radialkoordinate r ab und ändert sich längs x nicht, $(\partial u/\partial x) = 0$. Die Strömung wird angetrieben von einer konstanten Druckdifferenz in Strömungsrichtung x, also gilt $(\mathrm{d}p/\mathrm{d}x) = konst. < 0$.

Wir kennen bereits das daraus resultierende parabolische Geschwindigkeitsprofil $u(r)$ (2.63) als analytische Lösung der Navier-Stokes-Gleichung (2.62). Wir wollen als Einstieg in das Kapitel Rohrdynamik das gleiche Ergebnis erneut mit der in Abbildung 2.91 skizzierten Kräftebilanz an einem zylindrischen Volumenelement $\mathrm{d}V = \pi \cdot r^2 \cdot \mathrm{d}x$ ermitteln.

Bei der ausgebildeten Rohrströmung treten keine resultierenden Impulskräfte auf, so dass ausschließlich Druckkräfte wirken.

Die Druckkraft an der Stelle 1 lautet ($p_1 > p_2$)

$$\mid \vec{F}_{\mathbf{D},1} \mid = p_1 \cdot \pi \cdot r^2 = p \cdot \pi \cdot r^2 \quad .$$

Die Druckkraft an der Stelle 2 ist

$$\mid \vec{F}_{\mathbf{D},2} \mid = p_2 \cdot \pi \cdot r^2 = \left(p + \frac{\mathrm{d}p}{\mathrm{d}x} \cdot \mathrm{d}x \right) \cdot \pi \cdot r^2 \quad .$$

Die Reibung lautet

$$\mid \vec{F}_{\mathbf{R}} \mid = \mid \tau \mid \cdot 2 \cdot \pi \cdot r \cdot \mathrm{d}x \quad .$$

Da die Geschwindigkeitsverteilung $u(r)$ von einem maximalen Wert in der Rohrmitte $u_{\max}$ auf den Wert Null an der Rohrwand abnimmt, gilt für $r \neq 0$ überall $(\mathrm{d}u/\mathrm{d}r) < 0$. Damit gilt für den Betrag der Schubspannung

$$\mid \tau \mid = -\mu \cdot \frac{\mathrm{d}u}{\mathrm{d}r} \quad .$$

Für das Kräftegleichgewicht folgt

$$\mid \vec{F}_{\mathbf{D},1} \mid - \mid \vec{F}_{\mathbf{D},2} \mid - \mid \vec{F}_{\mathbf{R}} \mid = 0 \quad ,$$

$$\Rightarrow \qquad p \cdot \pi \cdot r^2 - \left(p + \frac{\mathrm{d}p}{\mathrm{d}x} \cdot \mathrm{d}x \right) \cdot \pi \cdot r^2 - \mid \tau \mid \cdot 2 \cdot \pi \cdot r \cdot \mathrm{d}x = 0 \quad ,$$

$$-\frac{\mathrm{d}p}{\mathrm{d}x} \cdot \pi \cdot r^2 = \mid \tau \mid \cdot 2 \cdot \pi \cdot r \quad \Rightarrow \quad \mid \tau(r) \mid = -\frac{\mathrm{d}p}{\mathrm{d}x} \cdot \frac{r}{2} \quad \Rightarrow \quad \frac{\mathrm{d}u}{\mathrm{d}r} = \frac{1}{\mu} \cdot \frac{\mathrm{d}p}{\mathrm{d}x} \cdot \frac{r}{2} \quad .$$

Diese Gleichung entspricht der gewöhnlichen Differentialgleichung erster Ordnung (2.62) zur Bestimmung der gesuchten Geschwindigkeitsverteilung $u(r)$. Nach Trennung der Veränderlichen und unbestimmter Integration erhält man zunächst

$$u(r) = \frac{1}{4 \cdot \mu} \cdot \frac{\mathrm{d}p}{\mathrm{d}x} \cdot r^2 + \mathrm{C} \quad .$$

Die Integrationskonstante C bestimmt sich mit Hilfe der Randbedingung $u(r = R) = 0$ zu

$$\mathrm{C} = -\frac{1}{4 \cdot \mu} \cdot \frac{\mathrm{d}p}{\mathrm{d}x} \cdot R^2 \quad .$$

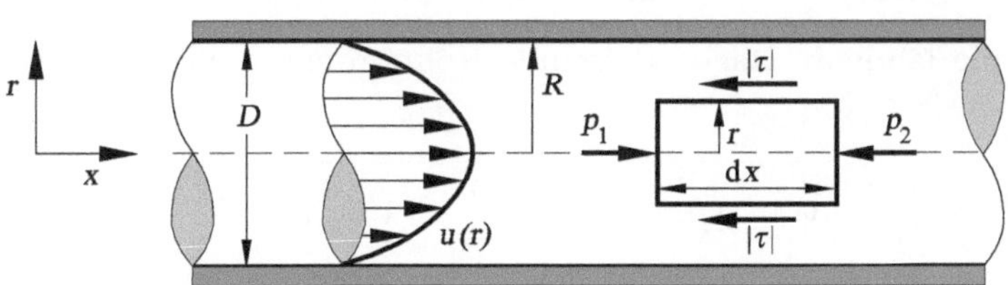

Abb. 2.91: Kräftebilanz für die Hagen-Poiseuille Rohrströmung

Für das Geschwindigkeitsprofil $u(r)$ folgt damit

$$u(r) = \frac{1}{4 \cdot \mu} \cdot \frac{\mathrm{d}p}{\mathrm{d}x} \cdot r^2 - \frac{1}{4 \cdot \mu} \cdot \frac{\mathrm{d}p}{\mathrm{d}x} \cdot R^2 = -\frac{1}{4 \cdot \mu} \cdot \frac{\mathrm{d}p}{\mathrm{d}x} \cdot (-r^2 + R^2) \quad ,$$

$$\boxed{u(r) = -\frac{1}{4 \cdot \mu} \cdot \frac{\mathrm{d}p}{\mathrm{d}x} \cdot R^2 \cdot \left(1 - \frac{r^2}{R^2}\right)} \quad . \tag{2.129}$$

Es folgt also eine parabolische Geschwindigkeitsverteilung für $u(r)$ mit der Maximalgeschwindigkeit

$$u_{\mathrm{max}} = -\frac{1}{4 \cdot \mu} \cdot \frac{\mathrm{d}p}{\mathrm{d}x} \cdot R^2 \quad .$$

Für den Volumenstrom $\dot{V}$ im Rohr folgt

$$\begin{aligned}\dot{V} = \int_A u(r) \cdot \mathrm{d}A = \int_0^R u(r) \cdot 2 \cdot \pi \cdot r \cdot \mathrm{d}r &= \int_0^R u_{\mathrm{max}} \cdot \left(1 - \frac{r^2}{R^2}\right) \cdot 2 \cdot \pi \cdot r \cdot \mathrm{d}r \\ &= 2 \cdot \pi \cdot u_{\mathrm{max}} \cdot \int_0^R \left(r - \frac{r^3}{R^2}\right) \cdot \mathrm{d}r\end{aligned}$$

$$\begin{aligned}\dot{V} &= 2 \cdot \pi \cdot u_{\mathrm{max}} \left[\frac{1}{2} \cdot r^2 - \frac{1}{4} \cdot \frac{r^4}{R^2}\right]_0^R = 2 \cdot \pi \cdot u_{\mathrm{max}} \cdot \frac{1}{4} \cdot R^2 \\ &= \frac{u_{\mathrm{max}}}{2} \cdot \pi \cdot R^2 = \frac{u_{\mathrm{max}}}{2} \cdot A = u_{\mathrm{m}} \cdot A \quad .\end{aligned}$$

Für den volumetrischen Mittelwert u_{m} der Rohrgeschwindigkeit gilt folglich

$$u_{\mathrm{m}} = \frac{1}{2} \cdot u_{\mathrm{max}} = -\frac{1}{8 \cdot \mu} \cdot \frac{\mathrm{d}p}{\mathrm{d}x} \cdot R^2 \quad .$$

Der Volumenstrom lässt sich damit in der folgenden Weise angeben

$$\boxed{\dot{V} = u_{\mathrm{m}} \cdot A = \frac{1}{2} \cdot u_{\mathrm{max}} \cdot A = -\frac{\pi}{8 \cdot \mu} \cdot \frac{\mathrm{d}p}{\mathrm{d}x} \cdot R^4} \quad . \tag{2.130}$$

Damit gilt für die laminare Hagen-Poiseuille Rohrströmung die Proportionalität an der Stelle $x = L$

$$\boxed{\dot{V} \sim \Delta p = L \cdot \frac{\mathrm{d}p}{\mathrm{d}x} \quad , \qquad \dot{V} \sim R^4} \quad .$$

(2.130) verdeutlicht die charakteristischen Abhängigkeiten des Volumenstroms. Er ist proportional zum Druckverlust $\Delta p = p_1 - p_2$ und proportional zur 4. Potenz des Radius R.

Es interessiert die Frage nach der Größe des Druckverlustes Δp bei vorgegebenem Volumenstrom. Dieser Druckverlust ist eine Folge des Reibungseinflusses. Aus (2.130)

$$\dot{V} = \frac{\pi}{8 \cdot \mu} \cdot \frac{\Delta p}{L} \cdot R^4 \quad , \qquad \Delta p = p_1 - p_2$$

folgt

$$\Delta p = \dot{V} \cdot \frac{8 \cdot \mu \cdot L}{\pi \cdot R^4} = u_\mathrm{m} \cdot \pi \cdot R^2 \cdot \frac{8 \cdot \mu \cdot L}{\pi \cdot R^4} = u_\mathrm{m} \cdot \frac{8 \cdot \mu \cdot L}{R^2} = \frac{u_\mathrm{m} \cdot 8 \cdot \rho \cdot \nu \cdot L}{R^2} \quad .$$

Im Folgenden wird der Term auf der rechten Seite von Δp in der Weise erweitert, dass charakteristische Größen der Strömung zusammengefasst werden können

$$\Delta p = \frac{1}{2} \cdot \rho \cdot u_m^2 \cdot \frac{16 \cdot \nu \cdot L}{u_\mathrm{m} \cdot R^2} = \frac{1}{2} \cdot \rho \cdot u_m^2 \cdot \frac{16 \cdot \nu \cdot L}{u_\mathrm{m} \cdot \left(\frac{D}{2}\right)^2} = \frac{1}{2} \cdot \rho \cdot u_m^2 \cdot \frac{L}{D} \cdot \frac{64}{\frac{u_\mathrm{m} \cdot D}{\nu}} \quad .$$

Definiert man die mit dem Rohrdurchmesser D gebildete Reynolds-Zahl $Re_D = (u_\mathrm{m} \cdot D)/\nu$ und fasst den Faktor $64/Re_D$ zu einem Verlustkoeffizienten λ_lam zusammen, so erhält man die folgenden Gleichungen zur Berechnung des Druckverlustes

$$\boxed{\Delta p = \frac{1}{2} \cdot \rho \cdot u_m^2 \cdot \frac{L}{D} \cdot \lambda_\mathrm{lam} \quad , \qquad \lambda_\mathrm{lam} = \frac{64}{Re_D}} \quad . \tag{2.131}$$

Diese Gleichungen gelten für laminare Rohrströmungen, d.h. für Reynolds-Zahlen kleiner als die kritische Reynolds-Zahl Re_c

$$\boxed{Re_D = \frac{u_\mathrm{m} \cdot D}{\nu} < Re_\mathrm{c} = 2300} \quad .$$

Für die ausgebildete **turbulente Rohrströmung** gilt für die zeitlich gemittelte Geschwindigkeit $(\partial \bar{u}/\partial x) = 0$, so dass wiederum im zeitlichen Mittel Impulskräfte auftreten. Wenden wir in Abbildung 2.92 den Impulssatz auf ein Kontrollvolumen $V = \pi \cdot R^2 \cdot L$ mit dem Rohrradius R an, ergibt sich für die Druckkraft an der Stelle 1 ($\bar{p}_1 > \bar{p}_2$)

$$\mid \vec{\boldsymbol{F}}_{\mathbf{D},1} \mid = \bar{p}_1 \cdot \pi \cdot R^2 \quad .$$

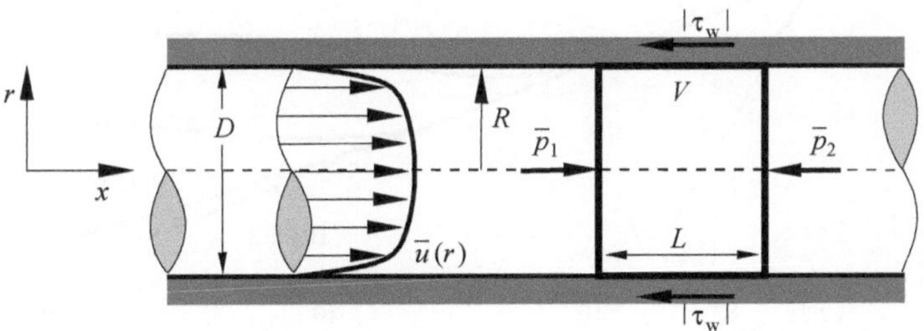

Abb. 2.92: Kräftebilanz am Kontrollvolumen V für die turbulente Rohrströmung

Die Druckkraft an der Stelle 2 lautet

$$| \vec{F}_{\mathbf{D},2} |= \bar{p}_2 \cdot \pi \cdot R^2 \quad .$$

Die Wandreibungskraft berechnet sich

$$| \vec{F}_{\mathbf{R,w}} |=| \bar{\tau}_{\mathrm{w}} | \cdot 2 \cdot \pi \cdot R \cdot L \quad .$$

Für das Kräftegleichgewicht folgt

$$| \vec{F}_{\mathbf{D},1} | - | \vec{F}_{\mathbf{D},2} | - | \vec{F}_{\mathbf{R,w}} |= 0 \quad ,$$

$$\bar{p}_1 \cdot \pi \cdot R^2 - \bar{p}_2 \cdot \pi \cdot R^2 - | \bar{\tau}_{\mathrm{w}} | \cdot 2 \cdot \pi \cdot R \cdot L = 0 \quad ,$$

$$(\bar{p}_1 - \bar{p}_2) \cdot \pi \cdot R^2 = \Delta\bar{p} \cdot \pi \cdot R^2 =| \bar{\tau}_{\mathrm{w}} | \cdot 2 \cdot \pi \cdot R \cdot L \quad \Rightarrow \quad \Delta\bar{p} =| \bar{\tau}_{\mathrm{w}} | \cdot \frac{2 \cdot L}{R} \quad .$$

Für die Wandschubspannung $| \bar{\tau}_{\mathrm{w}} |$ existiert kein theoretischer Ansatz. Man hilft sich daher durch einen empirischen Ansatz, der die Druckverlustgleichung $\Delta\bar{p}$ analog zum laminaren Fall ermittelt

$$| \bar{\tau}_{\mathrm{w}} |= \frac{1}{2} \cdot \rho \cdot \bar{u}_{\mathrm{m}}^2 \cdot \frac{\lambda_{\mathrm{t}}}{4} \quad \Rightarrow \quad \Delta\bar{p} = \frac{1}{2} \cdot \rho \cdot \bar{u}_{\mathrm{m}}^2 \cdot \frac{\lambda_{\mathrm{t}}}{4} \cdot \frac{2 \cdot L}{R} = \frac{1}{2} \cdot \rho \cdot \bar{u}_m^2 \cdot \frac{L}{2 \cdot R} \cdot \lambda_{\mathrm{t}} \quad ,$$

$$\boxed{\Delta\bar{p} = \frac{1}{2} \cdot \rho \cdot \bar{u}_{\mathrm{m}}^2 \cdot \frac{L}{D} \cdot \lambda_{\mathrm{t}} \ , \quad \lambda_{\mathrm{t}} = \lambda_{\mathrm{t}}(Re_D) \text{ aus Experimenten,} \quad Re_D = \frac{\bar{u}_{\mathrm{m}} \cdot D}{\nu}} \ . \quad (2.132)$$

Aus experimentellen Ergebnissen folgt für den Druckverlustbeiwert λ_{t} das **Blasius-Gesetz**

$$\lambda_{\mathrm{t}} = \frac{0.3164}{(Re_D)^{\frac{1}{4}}} \quad , \qquad \text{gültig für } 3 \cdot 10^3 \leq Re_D \leq 10^5 \qquad (2.133)$$

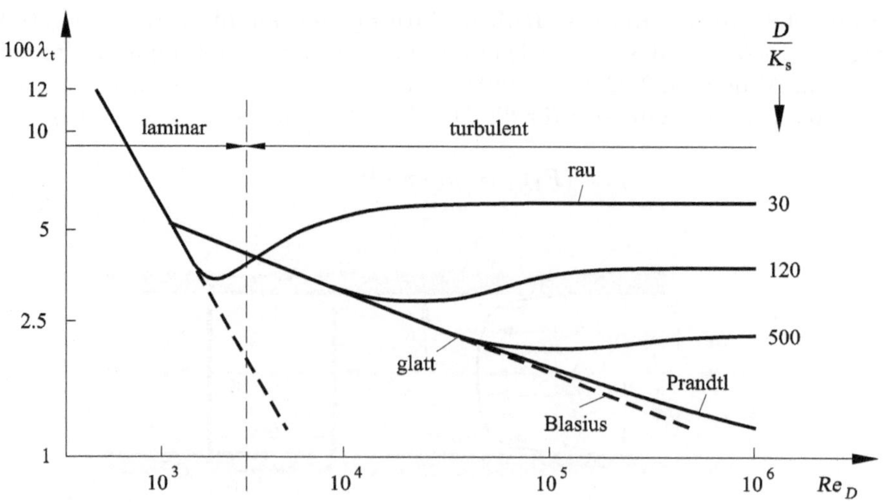

Abb. 2.93: Nikuradse-Diagramm

und die implizite **Darstellung von Prandtl**

$$\frac{1}{\sqrt{\lambda_t}} = 2 \cdot \log_{10}\left(Re_D \cdot \sqrt{\lambda_t}\right) - 0.8 \quad , \qquad \text{gültig für } Re_D \leq 10^6 \quad . \tag{2.134}$$

Bei rauhen Rohren lassen sich die Werte für λ_t aus dem **Nikuradse-Diagramm** der Abbildung 2.93 ablesen. Die Rauigkeit K_s ist dabei der räumliche Mittelwert der Oberflächenrauhigkeit der Rohrwände. Einige Werte für unterschiedliche Materialien sind in Abbildung 2.94 aufgelistet. Das Nikuradse-Diagramm folgt aus Messungen die an sandrauhen Rohren durchgeführt wurden. Für technisch rauhe Rohre sind die Werte für λ_t in dem sogenannten **Moody-Diagramm** (*L. F. Moody* 1944) über der Reynolds-Zahl Re_D aufgetragen. Der Unterschied zum Nikuradse-Diagramm besteht darin, dass der Übergang vom hydraulisch glatten Rohr bei kleinen Reynolds-Zahlen zum vollkommen rauhen Rohr bei großen Reynolds-Zahlen allmählicher verläuft.

Die aus Experimenten ermittelte Erweiterung der impliziten Gleichung (2.134) ergibt für rauhe Rohre

$$\frac{1}{\sqrt{\lambda_t}} = 2 \cdot \log_{10}\left(\frac{2.51}{Re_D \cdot \sqrt{\lambda_t}} + \frac{K_s}{3.71 \cdot D}\right) \quad . \tag{2.135}$$

Für Reynolds-Zahlen $Re_D > 10^6$ wird der Verlustbeiwert λ_t unabhängig von der Reynolds-Zahl, da dann sämtliche Rauigkeitselemente aus der viskosen Unterschicht der turbulenten Rohrgrenzschicht herausragen. Damit besteht der Rohrwiderstand im Wesentlichen aus dem Formwiderstand für den die quadratische Abhängigkeit von der Geschwindigkeit $\bar{u}_m$ gilt.

Abbildung 2.95 ergänzt λ_t für unterschiedliche runde und rechteckige Rohrquerschnitte. Für $\Lambda = 0$ entartet der Druckverlust λ_t des Rohres mit Kreisquerschnitt zum Grenzfall der ebenen Kanalströmung mit $\lambda_t \cdot Re_{D,H} = 96$. Die Kreisringgeometrie zeigt für geringe Werte von Λ, dass sich der Druckverlust nur wenig ändert. Daraus kann man schließen, dass der Krümmungseffekt des Rohres nur einen geringen Einfluss hat. Der starke Abfall der Rechteckgeometrie in der Umgebung von $\Lambda = 0$ deutet darauf hin, dass die Seitenwände

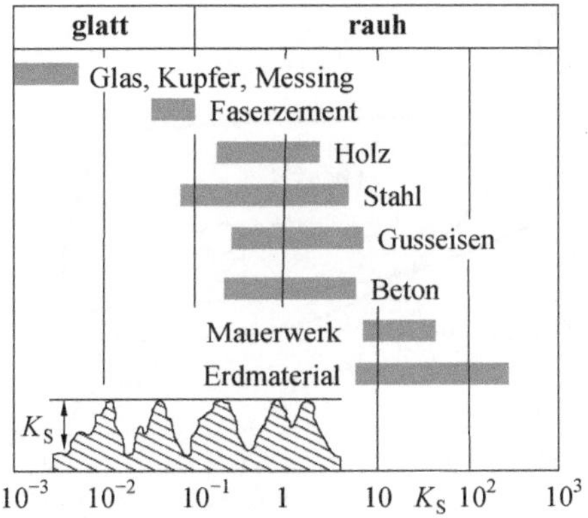

Abb. 2.94: Rauigkeiten unterschiedlicher Materialien

den Druckverlust stark beeinflussen. Für $\Lambda = 1$ liegen die Grenzfälle Kreis- bzw. quadratischer Rohrquerschnitt vor. Jetzt zeigt der Kreisringquerschnitt in der Umgebung von $\Lambda = 1$ einen starken Abfall des Druckverlustes. Dies bedeutet, dass auch ein kleines Innenrohr aufgrund der Haftbedingung einen starken Einfluss auf das Geschwindigkeitsprofil im Rohrquerschnitt hat.

Für die Berechnung des zeitlich gemittelten turbulenten Geschwindigkeitsprofils $\bar{u}(r)$ ist der Ausgangspunkt der Ansatz für die Wandschubspannung $\bar{\tau}_\mathrm{w}$

$$\mid \bar{\tau}_\mathrm{w} \mid = \frac{1}{2} \cdot \rho \cdot \bar{u}_\mathrm{m}^2 \cdot \frac{\lambda_\mathrm{t}}{4} \quad .$$

Mit Hilfe der Blasius-Gleichung (2.133)

$$\lambda_\mathrm{t} = \frac{0.3164}{(Re_D)^{\frac{1}{4}}} = \frac{0.3164}{\left(\frac{\bar{u}_\mathrm{m} \cdot D}{\nu}\right)^{\frac{1}{4}}}$$

folgt unter Beachtung der beiden Proportionalitäten $R \sim D$ und $\bar{u}_\mathrm{m} \sim \bar{u}_\mathrm{max}$ der Zusammenhang

$$\mid \bar{\tau}_\mathrm{w} \mid \sim \rho \cdot \bar{u}_\mathrm{max}^2 \cdot (\bar{u}_\mathrm{max})^{-\frac{1}{4}} \cdot R^{-\frac{1}{4}} \cdot \nu^{\frac{1}{4}} = \rho \cdot (\bar{u}_\mathrm{max})^{\frac{7}{4}} \cdot R^{-\frac{1}{4}} \cdot \nu^{\frac{1}{4}} \quad .$$

Beschränkt man sich bei der Bestimmung von $\bar{u}(r)$ zunächst auf die Wandnähe für $r \to R$ und führt die Substitution $z = R - r$ ein, so lässt sich für das Geschwindigkeitsprofil $\bar{u}(r)$ in Wandnähe ein Potenzsatz mit einem noch unbekannten Exponenten m in folgender Weise aufstellen

$$\bar{u}(r) = \bar{u}_\mathrm{max} \cdot \left(\frac{z}{R}\right)^\mathrm{m} \quad ,$$

$$\bar{u}_\mathrm{max} = \bar{u}(r) \cdot \frac{R^\mathrm{m}}{z^\mathrm{m}} \quad \Rightarrow \quad (\bar{u}_\mathrm{max})^{\frac{7}{4}} = \bar{u}^{\frac{7}{4}}(z) \cdot R^{\frac{7 \cdot \mathrm{m}}{4}} \cdot z^{-\frac{7 \cdot \mathrm{m}}{4}} \quad .$$

Für die Wandschubspannung folgt damit

$$\mid \bar{\tau}_\mathrm{w} \mid \sim \rho \cdot \bar{u}^{\frac{7 \cdot \mathrm{m}}{4}}(z) \cdot R^{\frac{7 \cdot \mathrm{m}}{4} - \frac{1}{4}} \cdot z^{-\frac{7 \cdot \mathrm{m}}{4}} \cdot \nu^{\frac{1}{4}} \quad .$$

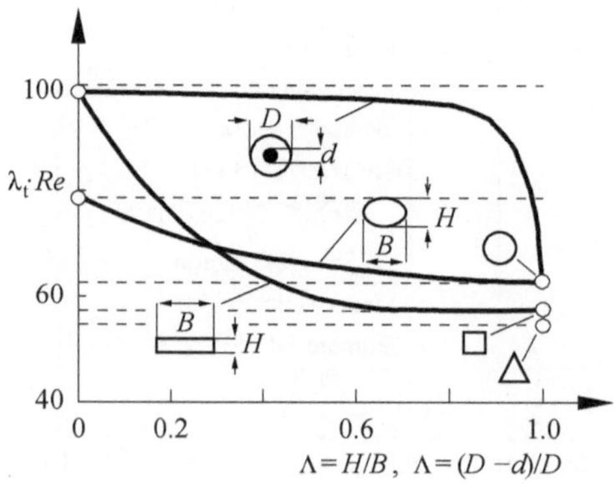

Abb. 2.95: Druckverlust λ_t bei unterschiedlichen Rohrquerschnitten

Prandtl und von Kármán haben die Hypothese aufgestellt, dass $|\bar{\tau}_{\mathrm{w}}|$ bei einer turbulenten Rohrströmung unabhängig vom Rohrradius R sein sollte, d.h. der Exponent von R soll verschwinden

$$\Rightarrow \quad \frac{7 \cdot \mathrm{m}}{4} - \frac{1}{4} = 0 \quad \Rightarrow \quad \mathrm{m} = \frac{1}{7} \quad .$$

Nach der Rücksubstitution auf r erhält man das (1/7)-Potenzgesetz der turbulenten Rohrströmung

$$\boxed{\bar{u}(r) = \bar{u}_{\max} \cdot \left(1 - \frac{r}{R}\right)^{\frac{1}{7}}} \quad . \tag{2.136}$$

Für $\mathrm{m} = (1/7)$ gilt für die mittlere Geschwindigkeit $\bar{u}_{\mathrm{m}}$ die Beziehung:

$$\bar{u}_{\mathrm{m}} = 0.816 \cdot \bar{u}_{\max} \quad .$$

Der Gültigkeitsbereich des Gesetzes ist der Gleiche wie bei der Blasius-Gleichung (2.133), $Re_D \leq 10^5$.

Zwei unphysikalische Nachteile dieses Profils seien erwähnt. An der Rohrwand ergibt sich ein unendlich steiler Geschwindigkeitsanstieg

$$\left.\frac{\mathrm{d}\bar{u}}{\mathrm{d}r}\right|_{r=R} \longrightarrow \infty \quad .$$

Dies ist jedoch unbedeutend, da das Gesetz in der viskosen Unterschicht keine Gültigkeit hat. In der Rohrmitte tritt ein Knick auf, da $(\mathrm{d}\bar{u}/\mathrm{d}r)(r = 0)$ nicht definiert ist.

Das parabolische Geschwindigkeitsprofil der laminaren Rohrströmung (2.129) sowie das zeitlich gemittelte Geschwindigkeitsprofil der turbulenten Rohrströmung (2.136) sind in Abbildung 2.96 bei gleichem Volumenstrom $\dot{V}$ gegenübergestellt.

Verbleibt zum Abschluss dieses Kapitels noch die Aufgabe, die Dicke der viskosen Unterschicht Δ zu bestimmen. Mit dem Ansatz

$$|\bar{\tau}_{\mathrm{w}}| = \frac{1}{2} \cdot \rho \cdot \bar{u}_{\mathrm{m}}^2 \cdot \frac{\lambda_{\mathrm{t}}}{4} = \mu \cdot \left(\frac{\mathrm{d}\bar{u}}{\mathrm{d}z}\right)_{\mathrm{w}}$$

erhält man innerhalb der viskosen Unterschicht Δ den linearen Anstieg der Geschwindigkeit vom Wert Null an der Wand auf den Wert $0.5 \cdot \bar{u}_m$ bei $z = \Delta$, also gilt

$$\left(\frac{\mathrm{d}\bar{u}}{\mathrm{d}z}\right)_{\mathrm{w}} = \frac{\frac{1}{2} \cdot \bar{u}_{\mathrm{m}}}{\Delta} \quad \Rightarrow \quad \mu \cdot \left(\frac{\mathrm{d}\bar{u}}{\mathrm{d}z}\right)_{\mathrm{w}} = \nu \cdot \rho \cdot \frac{\frac{1}{2} \cdot \bar{u}_{\mathrm{m}}}{\Delta} = \frac{1}{2} \cdot \rho \cdot \bar{u}_{\mathrm{m}}^2 \cdot \frac{\lambda_{\mathrm{t}}}{4} \quad .$$

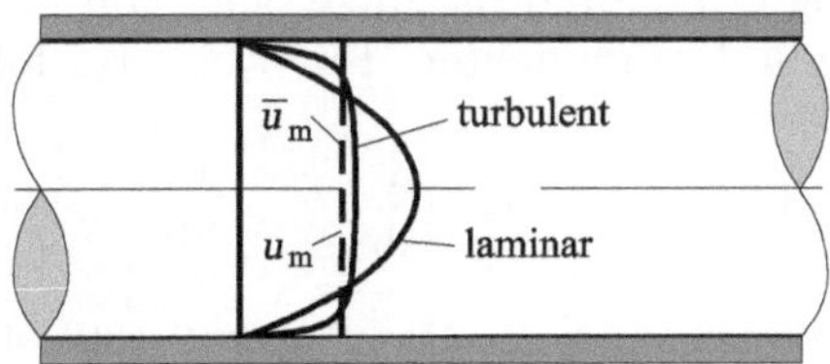

Abb. 2.96: Geschwindigkeitsprofile der laminaren und turbulenten Rohrströmung

Für die Dicke Δ der viskosen Unterschicht folgt somit

$$\Delta = \frac{4 \cdot \nu}{\bar{u}_{\mathrm{m}} \cdot \lambda_{\mathrm{t}}} \quad \Rightarrow \quad \frac{\Delta}{D} = \frac{4}{\lambda_{\mathrm{t}}} \cdot \frac{\nu}{\bar{u}_{\mathrm{m}} \cdot D} = \frac{4}{Re_D \cdot \lambda_{\mathrm{t}}} \quad .$$

Unter Beachtung des Blasius-Gesetzes (2.133)

$$\lambda_{\mathrm{t}} = \frac{0.3164}{(Re_D)^{\frac{1}{4}}}$$

folgt

$$\boxed{\frac{\Delta}{D} = \frac{12.64}{(Re_D)^{\frac{3}{4}}}} \quad . \tag{2.137}$$

2.4.5 Strömungen Nicht-Newtonscher Medien

Die Fließeigenschaften Nicht-Newtonscher Medien haben wir in Kapitel 2.1.1 eingeführt. Der Potenzansatz (2.2)

$$\tau_{xz} = \mathrm{K} \cdot \left| \frac{\mathrm{d}u}{\mathrm{d}z} \right|^{\mathrm{n}} \quad ,$$

mit den stoffspezifischen Konstanten K und n beschreibt für $\mathrm{n} < 1$ pseudoplastische und für $\mathrm{n} > 1$ dilatante Fluide. Für $\mathrm{n} = 1$ erhält man mit $\mathrm{K} = \mu$ den Grenzfall Newtonscher Medien.

Die treibende Kraft der ausgebildeten **Rohrströmung** ist die konstante Druckdifferenz Δp. Wie bei der Strömung einer Newtonschen Flüssigkeit ist der Druckgradient längs des Rohres konstant $\mathrm{d}p/\mathrm{d}x = -\Delta p/l$. Zur Bestimmung der Lösung kommt die Kontinuitätsgleichung für inkompressible Medien

$$\nabla \cdot \vec{v} = 0 \tag{2.138}$$

und die Navier-Stokes-Gleichung für stationäre Strömungen ohne Schwerefeld (2.58)

$$\rho \cdot (\vec{v} \cdot \nabla)\vec{v} = -\nabla p + \nabla \cdot \vec{\tau} \tag{2.139}$$

zur Anwendung. Mit dem Lösungsansatz in Zylinderkoordinaten r, φ und x

$$v_r = 0 \quad , \quad v_\varphi = 0 \quad , \quad v_x = u(r) \quad , \quad p = p(x) \tag{2.140}$$

ist die Kontinuitätsgleichung erfüllt und die linke Seite von (2.139) ist gleich Null. $\vec{\tau}$ hat nur zwei nicht verschwindende Komponenten. Für $\tau_{rx} = \tau_{xr}$ folgt mit (2.2):

$$\tau_{xr} = \tau_{rx} = \mathrm{K} \cdot \left| \frac{\mathrm{d}u}{\mathrm{d}r} \right|^{\mathrm{n}-1} \cdot \frac{\mathrm{d}u}{\mathrm{d}r} \quad . \tag{2.141}$$

Damit liefert allein die x-Komponente der Gleichung (2.139) einen Beitrag:

$$0 = -\frac{\mathrm{d}p}{\mathrm{d}x} + \frac{1}{r} \cdot \frac{\mathrm{d}}{\mathrm{d}r}(r \cdot \tau_{rx}) \quad . \tag{2.142}$$

Die r- und die φ-Komponente der Gleichung (2.139) sind identisch erfüllt. Aus Gleichung (2.142) erhält man durch Integration:

$$\tau_{rx} = \frac{\mathrm{d}p}{\mathrm{d}x} \cdot \frac{r}{2} + \frac{\mathrm{C}_1}{r} \quad .$$

Die Schubspannung τ_{rx} hat für $r = 0$ einen endlichen Wert. Daraus folgt, dass die Integrationskonstante C_1 gleich Null sein muss. Mit dem Ansatz (2.141) ergibt sich:

$$\mathrm{K} \cdot \left| \frac{\mathrm{d}u}{\mathrm{d}r} \right|^{\mathrm{n}-1} \cdot \frac{\mathrm{d}u}{\mathrm{d}r} = \frac{\mathrm{d}p}{\mathrm{d}x} \cdot \frac{r}{2} \quad .$$

Da der Druck in Richtung der x-Achse abnimmt, ist $\mathrm{d}p/\mathrm{d}x = -\Delta p/l$ negativ. Damit muss auch $\mathrm{d}u/\mathrm{d}r$ negativ sein:

$$\frac{\mathrm{d}u}{\mathrm{d}r} = -\left(\frac{\Delta p}{2 \cdot K \cdot l} \right)^{\frac{1}{\mathrm{n}}} \cdot r^{\frac{1}{\mathrm{n}}} \quad .$$

Durch Integration folgt:

$$u(r) = -\frac{\mathrm{n}}{\mathrm{n}+1} \cdot \left(\frac{\Delta p}{2 \cdot \mathrm{K} \cdot l} \right)^{\frac{1}{\mathrm{n}}} \cdot r^{\frac{\mathrm{n}+1}{\mathrm{n}}} + \mathrm{C}_2 \quad .$$

C_2 bestimmt sich aus der Haftbedingung an der Wand $u(R) = 0$, mit dem Rohrradius R. Es ergibt sich:

$$u(r) = -\frac{\mathrm{n}}{\mathrm{n}+1} \cdot \left[\frac{R^{\mathrm{n}+1}}{2 \cdot \mathrm{K}} \cdot \frac{\Delta p}{l} \right]^{\frac{1}{\mathrm{n}}} \cdot \left[1 - \left(\frac{r}{R} \right)^{\frac{\mathrm{n}+1}{\mathrm{n}}} \right] \quad . \tag{2.143}$$

Für $\mathrm{n} = 1$ stimmt (2.143) mit dem Geschwindigkeitsprofil einer Newtonschen Flüssigkeit überein. Für $\mathrm{n} < 1$ ergibt sich an der Wand ein steilerer Geschwindigkeitsgradient, der in Abbildung 2.97 dargestellt ist. Der Volumenstrom $\dot{V}$ berechnet sich mit (2.143) zu:

$$\dot{V} = \int_0^{2\cdot\pi} \int_0^R u(r) \cdot r \cdot \mathrm{d}r \cdot \mathrm{d}\varphi = \frac{\mathrm{n}}{3 \cdot \mathrm{n}+1} \cdot \pi \cdot R^3 \cdot \left(\frac{R}{2 \cdot \mathrm{K}} \cdot \frac{\Delta p}{l} \right)^{\frac{1}{\mathrm{n}}} \quad . \tag{2.144}$$

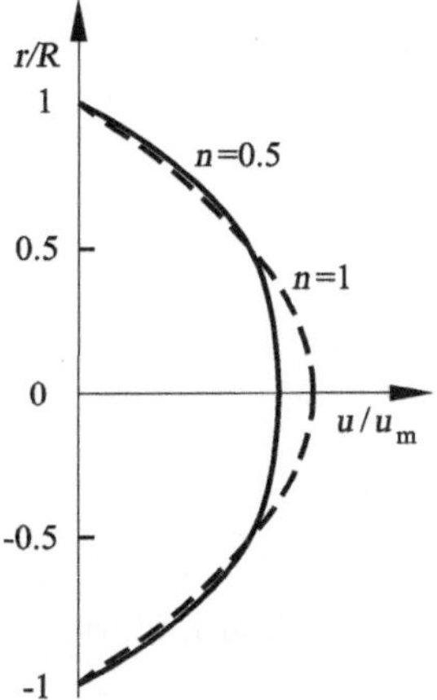

Abb. 2.97: Geschwindigkeitsverteilung einer Nicht-Newtonschen Flüssigkeit im Kreisrohr

Daraus erhält man für die mittlere Geschwindigkeit u_m:

$$u_\mathrm{m} = \frac{\dot{V}}{\pi \cdot R^2} = \frac{\mathrm{n}}{3 \cdot \mathrm{n} + 1} \cdot R \cdot \left(\frac{R}{2 \cdot \mathrm{K}} \cdot \frac{\Delta p}{l} \right)^{\frac{1}{\mathrm{n}}} \quad .$$

Für $\mathrm{n} = 1$ und $\mathrm{K} = \mu$ ergibt sich das *Hagen-Poiseuillesche* Gesetz für die Rohrströmung einer Newtonschen Flüssigkeit.

Weissenberg-Effekt

Bei Scherströmungen hoch-molekularer Flüssigkeiten treten Nicht-Newtonsche Effekte auf, die den Normalspannungen zugeordnet werden können. Als Beispiel soll der *Weissenberg-Effekt* betrachtet werden. Ein Nicht-Newtonsches Fluid bewegt sich zwischen zwei konzentrischen Zylindern mit den Radien R_1 und R_2 (Abbildung 2.98), von denen der Innere mit der konstanten Winkelgeschwindigkeit ω rotiert. Die Flüssigkeit hat eine freie Oberfläche, auf die der Umgebungsdruck wirkt. Die Höhe der Flüssigkeitssäule ist so groß, dass die Strömung am Boden des Zylinders keine Auswirkung auf die Form der freien Oberfläche hat.

Für Zylinder-Koordinaten ist allein die φ-Komponente der Geschwindigkeit $v_\varphi(r)$ von Null verschieden. Zwischen den beiden Zylindern liegt also eine Scherströmung vor. Der Druck ist nur von r abhängig. Der Spannungstensor des Nicht-Newtonschen Fluids soll die folgende Form haben:

$$\vec{\vec{\tau}} = \begin{pmatrix} 0 & \tau_{r\varphi} & 0 \\ \tau_{\varphi r} & \sigma_{\varphi\varphi} & 0 \\ 0 & 0 & 0 \end{pmatrix} \quad , \tag{2.145}$$

$\sigma_{\varphi\varphi}$ und $\tau_{r\varphi}$ sind nur von r abhängig. Aus der Navier-Stokes-Gleichung für stationäre Strömungen (2.139) folgt für die r- und φ-Komponente:

$$-\rho \cdot \frac{v_\varphi^2}{r} = -\frac{\mathrm{d}p}{\mathrm{d}r} - \frac{\sigma_{\varphi\varphi}}{r} \quad , \tag{2.146}$$

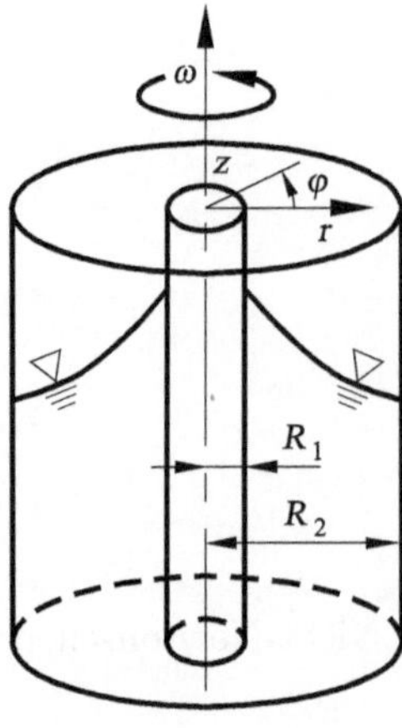

Abb. 2.98: Strömung zwischen zwei konzentrischen Zylindern, der innere Zylinder rotiert

$$0 = \frac{1}{r} \cdot \frac{\mathrm{d}}{\mathrm{d}r}(r \cdot \tau_{r\varphi}) + \frac{\tau_{r\varphi}}{r} = \frac{1}{r^2} \cdot \frac{\mathrm{d}}{\mathrm{d}r}(r^2 \cdot \tau_{r\varphi}) \quad . \tag{2.147}$$

Die z-Komponente der Gleichung (2.139) ist identisch erfüllt. Unter Verwendung des Newtonschen Ansatzes in Zylinder-Koordinaten für die Schubspannung $\tau_{r\varphi} = \mu \cdot (\mathrm{d}v_\varphi/\mathrm{d}r - v_\varphi/r)$ ergibt sich aus Gleichung (2.147):

$$0 = \mu \cdot \frac{\mathrm{d}}{\mathrm{d}r}(\frac{1}{r} \cdot \frac{\mathrm{d}}{\mathrm{d}r}(r \cdot v_\varphi)) \quad . \tag{2.148}$$

Hieraus kann durch Integration die Geschwindigkeitsverteilung bestimmt werden. Diese ist identisch mit der entsprechenden Geschwindigkeitsverteilung einer Newtonschen Flüssigkeit:

$$v_\varphi(r) = \mathrm{A} \cdot r + \mathrm{B} \cdot \frac{1}{r} \quad . \tag{2.149}$$

Mit den Randbedingungen $v_\varphi(r = R_1) = \omega \cdot R_1$ und $v_\varphi(r = R_2) = 0$ erhält man für die Konstanten:

$$\mathrm{A} = -\frac{\omega \cdot R_1^2}{R_2^2 - R_1^2} \quad \text{und} \quad \mathrm{B} = \frac{\omega \cdot R_1^2 \cdot R_2^2}{R_2^2 - R_1^2} \quad .$$

Aus Gleichung (2.146) folgt die Gleichung für den Druck:

$$\frac{\mathrm{d}p}{\mathrm{d}r} = \frac{\mathrm{d}(ln(r))}{\mathrm{d}r} \cdot \frac{\mathrm{d}p}{\mathrm{d}(ln(r))} = -\frac{\sigma_{\varphi\varphi}}{r} + \rho \cdot \frac{v_\varphi^2}{r}$$

oder

$$\frac{\mathrm{d}p}{\mathrm{d}(ln(r))} = -\sigma_{\varphi\varphi} + \rho \cdot v_\varphi^2 \quad . \tag{2.150}$$

Formal kann $\sigma_{\varphi\varphi}$ durch die Normalspannungsdifferenz $\sigma_{\varphi\varphi} - \sigma_{rr}$ ersetzt werden. Voraussetzungsgemäß wirkt auf die freie Oberfläche der konstante Außendruck. Damit ist die Änderung der Flüssigkeitshöhe h proportional zum Druckgradienten:

$$\frac{\mathrm{d}h}{\mathrm{d}r} = \frac{1}{\rho \cdot g} \cdot \frac{\mathrm{d}p}{\mathrm{d}r} \quad . \tag{2.151}$$

Bei hoch-molekularen Flüssigkeiten ist $\sigma_{\varphi\varphi} - \sigma_{rr} > 0$. Aus den Gleichungen (2.150) und (2.151) folgt für entsprechend große Werte der Differenz der Normalspannungen, dass der Flüssigkeitsspiegel h am drehenden inneren Zylinder höher ist als am ruhenden äußeren Zylinder. Dieses Hochsteigen der Flüssigkeiten am rotierenden Innenzylinder wurde von *Weissenberg* 1947 als Normalspannungseffekt beschrieben und kann bei vielen viskoelastischen Flüssigkeiten beobachtet werden.

Strahlaufweitung

Ein anderer Normalspannungseffekt tritt auf, wenn eine viskoelastische Flüssigkeit als Freistrahl aus einer Düse oder der Mündung eines zylindrischen Rohres austritt. Der aus

Abb. 2.99: Strahlaufweitung eines Flüssigkeitsstrahls

einem vertikalen Rohr (Abbildung 2.99) nach unten austretende Strahl verbreitert sich im Fall einer Nicht-Newtonschen Flüssigkeit, bevor er sich aufgrund der Schwerkraft wieder zusammenschnürt. Geht man davon aus, dass am Mündungsquerschnitt eine ausgebildete Hagen-Poiseuille-Strömung vorliegt, reduziert sich die Navier-Stokes-Gleichung in radialer Richtung auf

$$\frac{\mathrm{d}(p - \sigma_{rr})}{\mathrm{d}r} = -\frac{1}{r} \cdot (\sigma_{\varphi\varphi} - \sigma_{rr}) \quad . \tag{2.152}$$

Mit (2.152) in Verbindung mit einer Impulsbilanz im Mündungsbereich und den Normalspannungsfunktionen kann wie beim Weissenberg-Effekt die Strahlaufweitung mit den Normalspannungen des Nicht-Newtonschen Fluids in Zusammenhang gebracht werden. Die Strahlaufweitung ist dabei umso größer je kleiner der Rohrradius ist. Dies entspricht beim Weissenberg-Effekt dem Tatbestand, dass das Aufsteigen der Flüssigkeit am rotierenden Stab umso größer ist, je kleiner der Durchmesser des inneren Zylinders gewählt wird.

2.4.6 Strömungsablösung

Bei Umströmungsproblemen, in Rohrkrümmern und Rohrverzweigungen kommt es zur **Strömungsablösung**, die uns in den vorangegangenen Kapiteln bereits mehrfach begegnet ist. Je nach Größe der Reynolds-Zahl kann die Strömungsablösung stationär oder instationär erfolgen.

Betrachten wir zunächst die Umströmung einer **Kugel**. In Abbildung 2.100 ist im linken Bild zunächst die laminare, stationäre Strömungsablösung bei geringen Reynolds-Zahlen skizziert. Die Ablösung der Grenzschicht auf der Kugel führt zu einem Rückströmgebiet. Der Druck p auf der Kugeloberfläche nimmt aufgrund der Beschleunigung stromab des Staupunktes stark ab und geht im Rückströmgebiet in einen konstanten Wert über. Die Strömungsablösung der turbulenten Grenzschicht erfolgt bei entsprechend größeren Reynolds-Zahlen weiter stromab auf der Kugeloberfläche. Aufgrund der Verzögerung der Strömung steigt der Druck p jenseits des Scheitelpunktes auf der Kugeloberfläche zunächst wieder an, um dann in den konstanten Wert des turbulenten Rückströmgebietes überzugehen.

Die Strömungsablösung auf der Kugel kann man sich mit der folgenden Betrachtung plausibel machen. Die Ablösung einer Strömung von der Wand tritt dann ein, wenn das aufgrund der Haftbedingung in Wandnähe verzögerte Grenzschichtfluid ins Innere der Strömung transportiert wird. Bei einem Druckanstieg der Außenströmung stromab ist das innerhalb der Grenzschicht abgebremste Fluid wegen seiner geringen kinetischen Energie nicht mehr in der Lage, stromab in das Gebiet höheren Druckes zu strömen. Die Grenzschicht löst sich vom Körper ab und bildet ein Rückströmgebiet. Da die turbulente Grenzschichtströmung durch einen zusätzlichen Längs- und Querimpulsaustausch gekennzeichnet ist und eine höhere kinetische Energie besitzt, kann die turbulente Grenzschicht weiter stromab an der Kugeloberfläche haften. Dabei verjüngt sich das Rückströmgebiet und damit die Nachlaufströmung, so dass der Gesamtwiderstand c_{w} sich deutlich verringert.

Für die mathematische Beschreibung des **Ablösekriteriums** gehen wir von einer zweidimensionalen laminaren oder turbulenten Grenzschicht z.B. auf einem Zylinder aus. Aufgrund der Haftbedingung an der Wand $u = 0$ und $w = 0$ für $r = R$ mit dem Zylinderradius R bzw. $z = 0$ folgt aus der Navier-Stokes-Gleichung in kartesischen Koordinaten (2.65)

$$\boxed{\frac{1}{\rho} \cdot \frac{\mathrm{d}p}{\mathrm{d}x} = \nu \cdot \left. \frac{\partial^2 u}{\partial z^2} \right|_{z=0}} \quad . \tag{2.153}$$

Anhand von Gleichung (2.153) und Abbildung 2.101 können wir die Entwicklung der Grenzschichtströmung in Abhängigkeit des Druckgradienten diskutieren. Nimmt der Druck in x-Richtung ab, d.h. ist $\partial p/\partial x$ negativ, so wird die Strömung außerhalb der Grenzschicht stromab beschleunigt. Damit ist auch $(\partial^2 u/\partial z^2) < 0$, folglich ist die Krümmung des Geschwindigkeitsprofils $u(z)$ an der Wand negativ. Wegen der Beschleunigung der Strömung wächst die Geschwindigkeit am Grenzschichtrand, was dazu führt, dass $\partial u/\partial z$ mit zunehmender Stromabkoordinate x anwächst. Wegen $\tau_{\mathrm{w}} = \mu \cdot (\partial u/\partial z)_{z=0}$ steigt damit auch die Wandschubspannung τ_{w} mit zunehmendem x an, folglich gilt $(\partial \tau_{\mathrm{w}}/\partial x) > 0$.

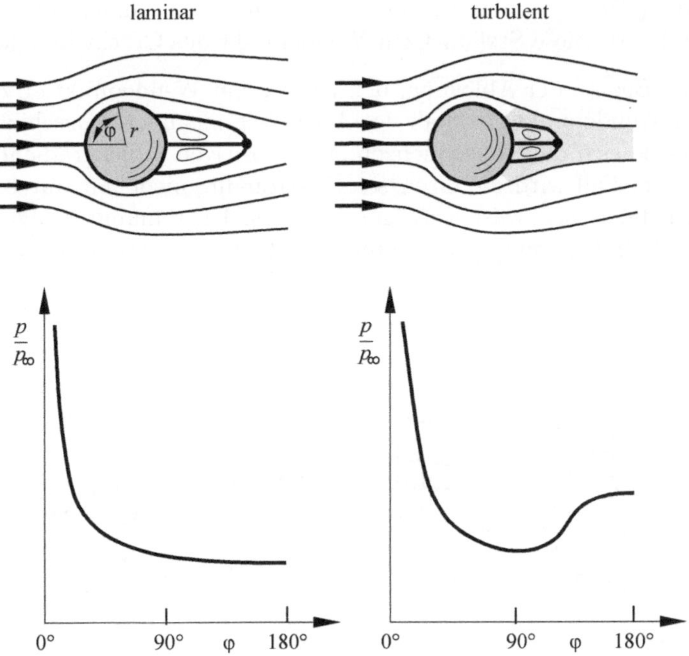

Abb. 2.100: Strömungsablösung und Druckverteilung der Kugelumströmung

Im Falle $(\partial p/\partial x) = 0$ wird mit Gleichung (2.153) auch $\partial^2 u/\partial z^2$ an der Wand Null. Das Geschwindigkeitsprofil $u(z)$ hat dann an der Wand einen Wendepunkt. Die Geschwindigkeit am Grenzschichtrand bleibt wegen des nicht vorhandenen Druckgradienten konstant. Innerhalb der Grenzschicht wird die Strömung jedoch durch die vorhandenen Reibungskräfte verzögert. In Wandnähe nimmt dadurch der Geschwindigkeitsgradient $\partial u/\partial z$ mit zunehmender Stromabkoordinate x ab. Dies führt zu einer Verringerung der Wandschubspannung τ_w in x-Richtung mit $(\partial \tau_w/\partial x) < 0$.

Die Strömungsablösung von der Körperkontur beginnt an dem Ort, an dem die stromauf positive Wandschubspannung τ_w soweit abgesunken ist, dass sie erstmals den Wert Null annimmt. Dies ergibt das Kriterium für den Beginn der Strömungsablösung

$$\boxed{\text{Ablösekriterium :} \qquad \tau_w = 0} \quad . \tag{2.154}$$

Für die turbulente Grenzschichtströmung ist der zeitlich gemittelte Wert der Wandschubspannung $\bar{\tau}_w = 0$ anzunehmen.

In Abbildung 2.101 ist die Prinzipskizze der Grenzschichtablösung für den Fall eines positiven Druckgradienten $(\partial p/\partial x) > 0$ gezeigt. Ein positiver Druckgradient führt zunächst dazu, dass die Strömung außerhalb der Grenzschicht in x-Richtung verzögert wird. In der Abbildung ist dies dadurch verdeutlicht, dass die Geschwindigkeitspfeile am Grenzschichtrand mit zunehmender x-Koordinate kürzer werden.

Wegen $(\partial p/\partial x) > 0$ gilt nach Gleichung (2.153) für die Krümmung des Geschwindigkeitsprofils an der Wand $(\partial^2 u/\partial z^2) > 0$. In größerem Wandabstand ist die Krümmung des Geschwindigkeitsprofils $u(z)$ grundsätzlich negativ. Daher muss bei positiver Krümmung an der Wand mit $(\partial^2 u/\partial z^2) > 0$ an mindestens einer Stelle innerhalb der Grenzschicht gelten, $(\partial^2 u/\partial z^2) = 0$. Diese Stelle ist ein Wendepunkt des Geschwindigkeitsprofils $u(z)$.

Im Vergleich zum Beginn der Ablösung, bei der sich der Wendepunkt an der Wand befindet, wandert der Wendepunkt stromab des Ablösebeginns ins Grenzschichtinnere. In Abbildung 2.100 lassen sich die Konsequenzen eines positiven Druckgradienten $(\partial p/\partial x) > 0$ verfolgen. In diesem Fall wird die Grenzschichtströmung nicht nur durch Reibungs- sondern auch durch die Druckkräfte verzögert und die Krümmung an der Wand ist stets positiv. Die Wandschubspannung τ_w nimmt in x-Richtung ab und bei $\tau_w = 0$ beginnt die Ablösung.

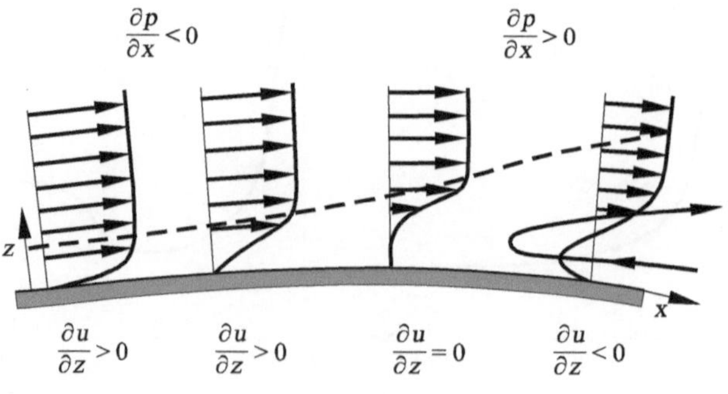

Abb. 2.101: Prinzipskizze der Grenzschichtablösung

Im zweidimensionalen Fall ist dies gleichbedeutend mit $(\partial u/\partial z) = 0$. Im weiteren Verlauf stromab wird die Wandschubspannung negativ. Dies bedeutet eine Umkehr der Strömungsrichtung in Wandnähe mit $(\partial u/\partial z) < 0$ und somit Rückströmung. Die Rückströmung führt stromab des Ablösepunktes zu einem Rezirkulationsgebiet.

Auf einer gekrümmten Oberfläche unendlicher Ausdehnung führt die Strömungsablösung zu einer zweidimensionalen **Ablöseblase** (siehe Abbildung 2.102). Die Staustromlinien verzweigen an der Ablöselinie und treffen an der Wiederanlegelinie erneut auf die Wand.

Ein ganz anderes Bild ergibt sich bei einer dreidimensionalen Strömungsablösung. In Abbildung 2.102 ist das Strömungsbild eines **Hufeisenwirbels** dargestellt, wie er bei der Umströmung eines Zylinders in Bodennähe entsteht (siehe auch Abbildung 4.39). Das Ablösegebiet ist stromab nicht begrenzt. Auch die Trennstromfläche ist stromab nicht geschlossen und deshalb auch stromauf offen. Die Ablöselinie bildet nicht mehr wie im zweidimensionalen Fall stromauf die Begrenzung des Ablösegebietes. Deshalb gilt auch nicht mehr das zweidimensionale Ablösekriterium $\tau_w = 0$. Die Ablöselinie der dreidimensionalen Strömungsablösung lässt sich mathematisch als Konvergenzlinie der Wandstromlinien beschreiben. In Kapitel 4.1.4 wird gezeigt, dass die Bedingung $\tau_w = 0$ lediglich in so genannten singulären Punkten gilt. Diese sind in Abbildung 2.102 mit S_1 und S_2 bezeichnet.

Nachdem das Ablösekriterium für die Grenzschichtströmung bekannt ist, kehren wir zur **Kugelumströmung** mit dem Kugeldurchmesser D zurück und diskutieren die Reynolds-Zahl-Abhängigkeit des Widerstandsbeiwertes $c_w = c_w(Re_D)$ (Abbildung 2.103) und der Strouhal-Zahl $Str = Str(Re_D)$ (Abbildung 2.104).

Die dimensionslose Ablösefrequenz Str ist definiert als das Verhältnis der lokalen Beschleunigung zur konvektiven Trägheit:

$$Str = \frac{\rho \cdot u_\infty / T}{\rho \cdot u_\infty^2 / D} = \frac{f \cdot D}{u_\infty} \quad . \tag{2.155}$$

mit der Ablösefrequenz $f = 1/T$, dem reziproken Wert der Schwingungsdauer T.

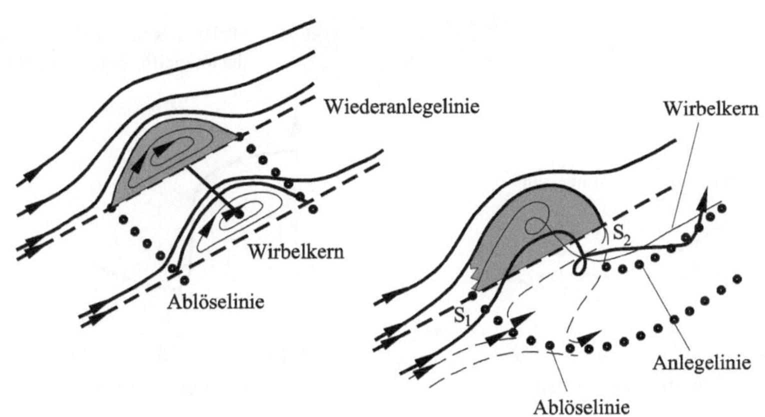

Abb. 2.102: Formen der Ablösung bei ebenen und räumlichen Strömungen

Wir beginnen die Diskussion der Reynolds-Zahl-Abhängigkeit von c_w zunächst für

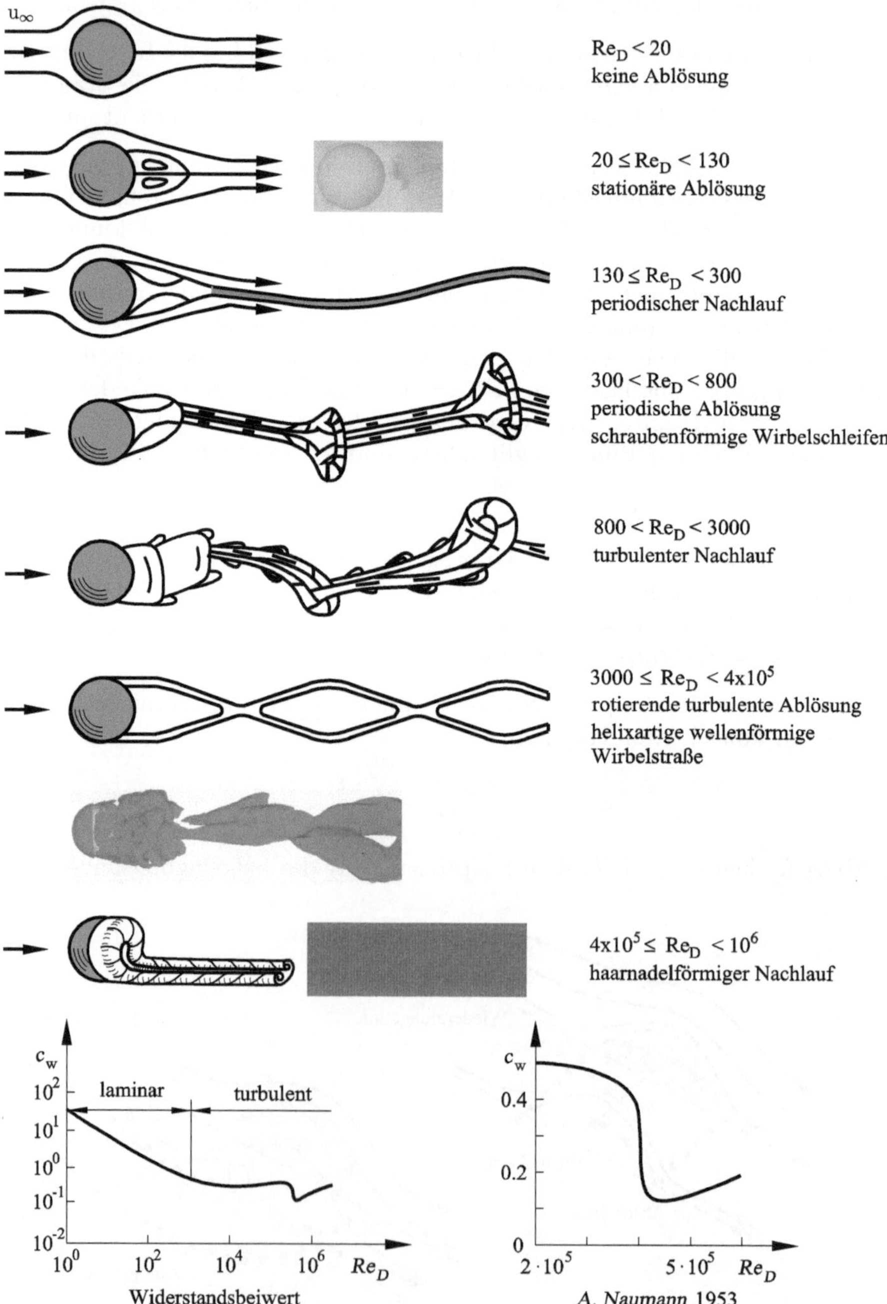

Abb. 2.103: Strömungsformen und Widerstandsbeiwert c_w der Kugelumströmung in Abhängigkeit der Reynolds-Zahl $Re_D = (u_\infty \cdot D)/\nu$

Reynolds-Zahlen $Re_D \leq 1$. Bei solchen Reynolds-Zahlen überwiegen die Reibungskräfte die Trägheitskräfte bei weitem. Es handelt sich um die schleichende Strömung, die analytisch beschrieben werden kann. Für die Widerstandskraft W einer bei $Re_D \leq 1$ stationär umströmten Kugel lautet die analytische Lösung der Navier-Stokes-Gleichung

$$W = 6 \cdot \pi \cdot \mu \cdot \frac{D}{2} \cdot u_\infty \quad . \tag{2.156}$$

Ein Drittel dieser Widerstandskraft W hat seinen Ursprung im Druckgradienten und zwei Drittel in den Reibungskräften. Bemerkenswert ist ferner, dass die Widerstandskraft W im Bereich schleichender Strömungen proportional der ersten Potenz der Anströmgeschwindigkeit u_∞ ist. Unter Berücksichtigung der Definition des c_{w}-Wertes erhalten wir aus Gleichung (1.3) eine Beziehung für $c_{\mathrm{w}} = c_{\mathrm{w}}(Re_D)$. Es gilt

$$c_{\mathrm{w}} = \frac{W}{\frac{1}{2} \cdot \rho \cdot u_\infty^2 \cdot \frac{\pi}{4} \cdot D^2} = \frac{24 \cdot \mu}{\rho \cdot u_\infty \cdot D} = \frac{24}{Re_D} \quad . \tag{2.157}$$

Die Beziehung $c_{\mathrm{w}} = (24/Re_D)$ wird auch als **Stokessches Widerstandsgesetz** bezeichnet und ist gültig im Reynolds-Zahl-Bereich $Re_D < 20$.

Bei einer Erhöhung der Reynolds-Zahl bis zu einem Wert von $Re_D = 130$ stellt sich stromab der angeströmten Kugel der Zustand stationärer Strömungsablösung ein. Die Fluidteilchen in unmittelbarer Wandnähe verlieren durch die starken Reibungskräfte derart an kinetischer Energie, dass sie nicht in der Lage sind, den Druckanstieg in der hinteren Hälfte der Kugel zu kompensieren. Die Folge ist eine Strömungsablösung stromab des Kugeläquators. Man erhält ein stationäres Rückströmgebiet im Nachlaufbereich unmittelbar hinter der Kugel. Bei der Berechnung der stationären Nachlaufströmungen können die Trägheitsterme nicht mehr vernachlässigt werden und es sind die vollständigen Navier-Stokes-Gleichungen des Kapitels 3 zu lösen.

Bei der Reynolds-Zahl $Re_D = 300$ wird die Nachlaufströmung instabil und bildet einen periodischen wellenförmigen Nachlauf. Eine weitere Steigerung der Reynolds-Zahl bis zu einem Wert von $Re_D = 800$ führt erstmals zur Bildung einer instationären periodischen Wirbelablösung der laminaren Grenzschicht auf der Kugeloberfläche mit einer laminaren Nachlaufwirbelstraße. Es bilden sich schraubenförmige Wirbelschleifen, die auch Hairpin Wirbel genannt werden und sich periodisch im Nachlauf fortsetzen. Für Reynolds-Zahlen

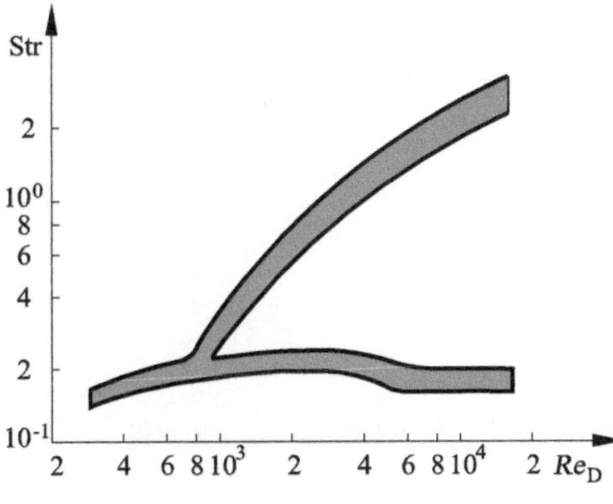

Abb. 2.104: Dimensionslose Ablösefrequenz Str der Kugelumströmung in Abhängigkeit der Reynolds-Zahl Re_D

größer $Re_D = 420$ überlagert sich der periodischen Ablösung der Wirbelschleifen eine irreguläre Oszillation der Nachlaufströmung senkrecht zur Strömungsrichtung. Die dimensionslose Ablösefrequenz beträgt $Str = 0.18 - 0.2$.

Bei Reynolds-Zahlen größer als $Re_D = 800$ erfolgt der Übergang zu einer turbulenten Nachlaufströmung. Es bilden sich zunächst transitionelle und dann turbulente periodisch ablösende Wirbelschleifen mit einer Strouhal-Zahl von $0.2 - 0.22$. Neben der Ablösefrequenz der Nachlaufströmung tritt eine zweite, höhere Frequenz auf (siehe Abbildung 2.104), die von sekundären Instabilitäten der lokalen Scherschichten in den Wirbelschleifen verursacht wird. Im Reynolds-Zahlbereich $3000 \leq Re_D < 4 \cdot 10^5$ werden die diskreten Wirbelschleifen durch die periodische Ablösung rotierender Ringwirbel abgelöst, die einen helixartigen wellenförmigen Nachlauf bilden. Dabei nimmt die Strouhal-Zahl ab, bis sie einen konstanten Wert $Str = 0.18 - 0.2$ erreicht.

Im Reynolds-Zahl-Bereich $3 \cdot 10^5 \leq Re_D \leq 4 \cdot 10^5$ wird die Grenzschichtströmung auf der Kugel turbulent. Der Ablösebereich verlagert sich auf der Kugeloberfläche stromab und hat eine Verjüngung der Nachlaufströmung zur Folge. Damit verbunden ist ein drastisches Absinken des c_w-Wertes von 0.48 auf 0.12, wie in Abbildung 2.103 gezeigt. Bei einer turbulenten Grenzschicht ist der Reibungswiderstand größer, also erfolgt der Abfall des c_w-Wertes durch die Verringerung des Druckwiderstandes. Das Strömungsbild zeigt im zeitlichen Mittel eine hufeisenförmige Ablösung einer Wirbelfläche.

Im Bereich $4 \cdot 10^5 \leq Re_D < 10^6$ wandert der laminar-turbulente Übergangsbereich auf der Kugeloberfläche nach vorne, wodurch der Reibungswiderstand ansteigt, während der Druckwiderstand weitgehend konstant bleibt. Dadurch steigt der c_w-Wert wieder an. Im Reynolds-Zahl-Bereich $Re_D > 10^6$ ist die Grenzschicht auf der Kugeloberfläche stromab des vorderen Staupunktes turbulent, wodurch die Ablösestelle festliegt und sich bei einer weiteren Steigerung der Reynolds-Zahl nicht mehr ändert. Daher wird der c_w-Wert der Kugel unabhängig von Re_D. Im turbulenten Nachlauf bildet sich ein periodisch oszillie-

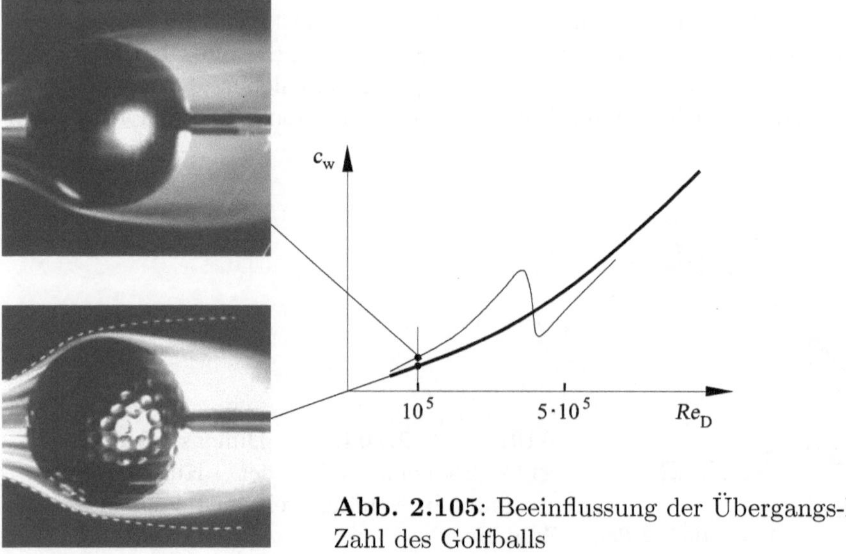

Abb. 2.105: Beeinflussung der Übergangs-Reynolds-Zahl des Golfballs

rendes und rotierendes stromlinienförmiges Wirbelpaar.

Die Abhängigkeit des Widerstandsbeiwertes von der Reynolds-Zahl nutzt man beim **Golfball** aus. Es ist das Bestreben des Golfspielers, beim Abschlag dem Golfball eine möglichst hohe Anfangsgeschwindigkeit und damit hohe Reynolds-Zahl zu verleihen um möglichst weit zu schlagen. Je geringer der Widerstand des Golfballes ist umso weiter gelingt der Abschlag. Die Diskussion des c_w-Wertes zeigt uns, dass dies besonders erfolgreich gelingt, wenn dabei eine Reynolds-Zahl größer als $4 \cdot 10^5$ erreicht werden. Dem entspricht eine Abschlagsgeschwindigkeit von mehr als 100 m/s. Da diese auch vom besten Golfspieler nicht erreicht werden, ist man bestrebt, durch geeignete Beeinflussung des laminar-turbulenten Überganges der Kugelgrenzschicht die Verjüngung der turbulenten Kugelnachlaufströmung bei kleineren Reynolds-Zahlen zu erzielen. Dies gelingt mit einer Lochverteilung (Dimple) auf der Oberfläche des Golfballes. Diese verursacht den laminar-turbulenten Übergang in der Kugelgrenzschicht bei geringeren Reynolds-Zahlen und reduziert den Strömungswiderstand. Im Windkanalexperiment (Abbildung 2.105) wird der Wert $Re_D = 10^5$ gemessen. Dem entspricht eine Abschlaggeschwindigkeit von 35 m/s, die von Spitzenspielern erreicht wird.

Den gleichen Effekt der Nachlaufverjüngung und Widerstandsreduzierung erzielt man mit einem Stördraht in der laminaren Kugelgrenzschicht. Dieser verursacht den laminar-turbulenten Übergang in der Grenzschicht bei kleineren kritischen Reynolds-Zahlen als

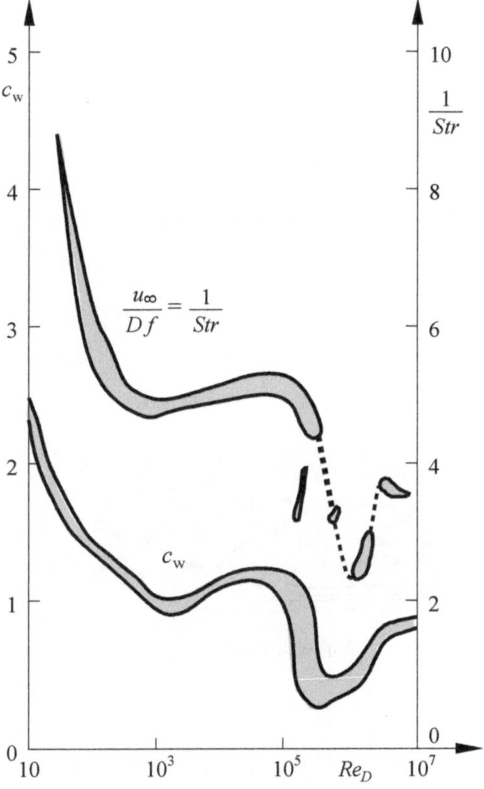

Abb. 2.106: Widerstandsbeiwert c_w und reziproke Werte der dimensionslosen Ablösefrequenz $1/Str$ für die Zylinderumströmung

diese von der Theorie vorhergesagt werden. Die Wirkung des Störeffektes in der Grenzschicht entspricht damit den Dimples beim Golfball.

Ein ganz entsprechendes Verhalten zeigt der Widerstandsbeiwert c_w in Abhängigkeit der Reynolds-Zahl Re_D für die **Zylinderumströmung**. In Abbildung 2.106 sind alle bekannten experimentellen Werte c_w mit den gemessenen reziproken Werten der dimensionslosen Ablösefrequenz $1/Str$ dargestellt. Dieses sind die Werte für die bereits in Kapitel 1.1 beschriebene Kármánsche Wirbelstraße. Die Abbildung 2.107 ergänzt die Strömungsbilder der Zylinderumströmung für den Bereich der stationären Strömungsablösung im Reynolds-Zahl-Bereich $3 \leq Re_D < 40$ und den Bereich der laminaren Kármánschen Wirbelstraße für $40 \leq Re_D \leq 200$. Bei der Reynolds-Zahl $Re_D = 73$ ist zusätzlich die Struktur der

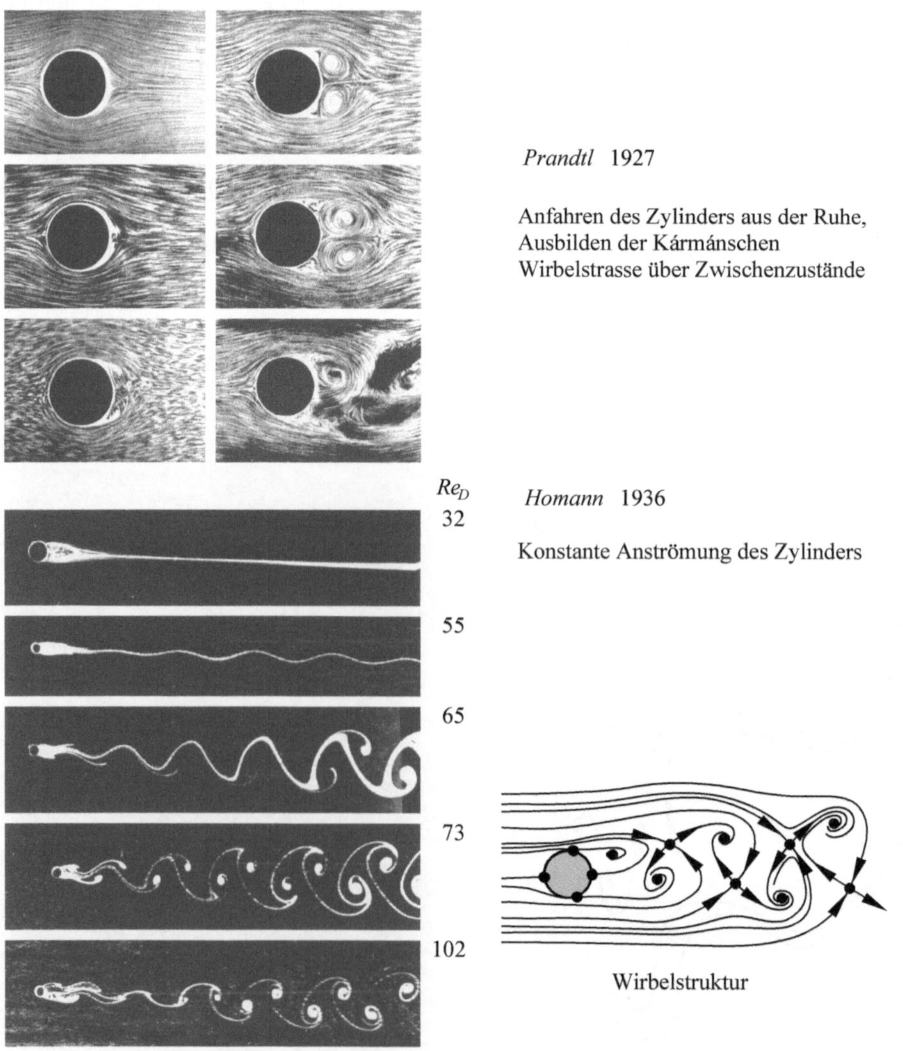

Abb. 2.107: Stationäre Zylinderumströmung und laminare Kármánsche Wirbelstraße

Kármánschen Wirbelstraße gezeichnet, sowie sie in Kapitel 4.1.4 eingeführt wird.

Die periodische Wirbelablösung der Kármánschen Wirbelstraße setzt bei der Reynolds-Zahl $Re_D = 40$ ein. Mit steigender Reynolds-Zahl fällt $1/Str$ stark ab, die Ablösefrequenz nimmt entsprechend zu, um bei Reynolds-Zahlen zwischen 10^3 und 10^5 nahezu konstante Werte von $Str = 0.21$ anzunehmen. Mit dem Übergang zu turbulenten Grenzschichtströmungen auf den Zylinder fällt $1/Str$ entsprechend dem Abfall des Widerstandsbeiwertes c_w stark ab. Für Reynolds-Zahlen größer 10^7 stellt sich in der turbulenten Nachlaufströmung bei konstantem c_w-Wert auch eine konstante Ablösefrequenz ein, da der laminar-turbulente Übergang in der Zylindergrenzschicht bis in den Staupunkt gewandert ist und sich bei weiter wachsender Reynolds-Zahl keine Veränderung der turbulen-

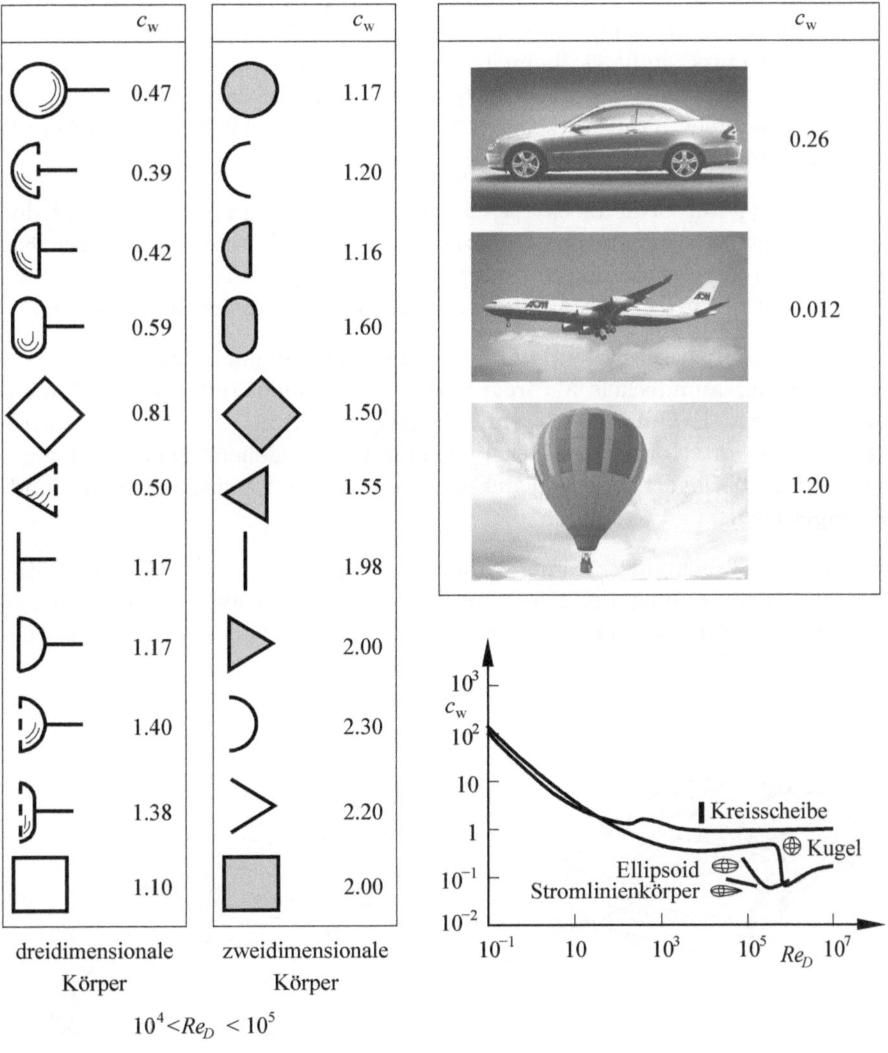

Abb. 2.108: Widerstandsbeiwert c_w stumpfer Körper

ten Strömung ergibt. Die Widerstandsbeiwerte c_w im Reynolds-Zahl-Bereich von 10^4 bis 10^5 sind in Abbildung 2.108 für unterschiedliche dreidimensionale und zweidimensionale Körperformen zusammengestellt und die Reynolds-Zahl Abhängigkeit ergänzend für unterschiedliche Rotationskörper dargestellt.

Die Kreisscheibe hat bei turbulenten Reynolds-Zahlen den größten Widerstand. Da die Strömungsablösung durch die geometrisch bedingte Abrisskante fixiert ist, tritt der Widerstandseinbruch bei der Reynolds-Zahl $4 \cdot 10^5$ nicht auf. Beim Ellipsoiden ist dieser aufgrund der Körperform zu kleineren Reynolds-Zahlen verschoben. Beim Stromlinienkörper tritt der Widerstandseinbruch ebenfalls nicht auf, da der laminar-turbulente Übergang zunächst in der Körpergrenzschicht erfolgt und sich in den Nachlauf kontinuierlich fortsetzt.

Strömungsablösung tritt auch bei der inkompressiblen **Kraftfahrzeugumströmung** auf. Während die Strömungsablösung auf dem Tragflügel zur Aufrechterhaltung des Auftriebs vermieden werden muss, stellt sie beim Kraftfahrzeug eine wesentliche Komponente bei der Widerstandsreduzierung der Kraftfahrzeugumströmung dar. Einen ersten Eindruck der Ablösebereiche einer Kraftfahrzeugumströmung hatten wir bereits im einführenden Kapitel 1.2 in Abbildung 1.43 gewonnen.

Beim Kraftfahrzeug mit Stufenheck rechnen wir mit Strömungsablösung auf der Heckscheibe und an der Abreißkante des Kofferraumdeckels. Mit unserem jetzigen Kenntnisstand können wir dieses Strömungsverhalten der Abbildung 2.109 sofort verstehen. Positive Druckgradienten $\partial p / \partial x$ führen zur Strömungsablösung und Rückströmung.

Die auf dem Fahrzeugheck ablösende Grenzschicht erzeugt nach dem Passieren der Abreißkante des Kofferraumdeckels als freie Scherschicht einen Teil der Nachlaufströmung des Kraftfahrzeuges. Es bildet sich ein Hufeisenwirbel, in dem die Randwirbel und die Rückströmung am Kofferraumdeckel ineinander übergehen. Dem wird ein zweites Rückströmgebiet überlagert, das von der Diffusorströmung zwischen Straße und Kraftfahrzeug gespeist wird.

Diese Struktur der Nachlaufströmung haben wir bereits in Kapitel 1.2 diskutiert. Die mathematische Beschreibung der Struktur dieser dreidimensional abgelösten Strömung wird uns in Kapitel 4.1.4 weiter beschäftigen. Da die Reynolds-Zahl die Größenordnung

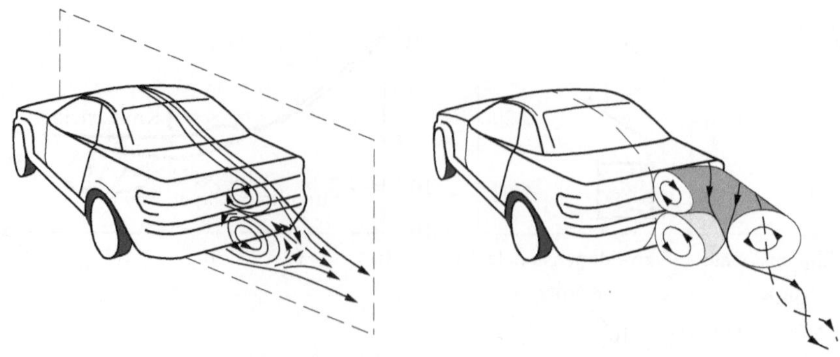

Abb. 2.109: Strömungsablösung am Kraftfahrzeugheck

10^7 hat, wissen wir inzwischen, dass die Nachlaufströmung des Kraftfahrzeuges instationär und turbulent ist und Abbildung 2.109 ein zeitlich gemitteltes Bild der Strömungsstruktur darstellt.

Auch in **Rohrleitungen** oder Diffusorströmungen kann Strömungsablösung auftreten. Wir knüpfen an das vorangegangene Kapitel 2.4.4 an und betrachten die Strömungsablösung in gekrümmten Rohrleitungen. Die Strömungsablösung verursacht auch hier zusätzliche Verluste und aufgrund der Zentrifugalkraft eine Sekundärströmung. Wir betrachten den **Krümmer** in Abbildung 2.110, der eine vertikale Strömung in eine horizontale Strömung umlenkt. Wir setzen im geraden vertikalen Rohrstück eine stationäre ausgebildete Rohrströmung voraus, in der ein treibender Druckgradient in Strömungsrichtung vorherrscht. In radialer Richtung quer zur Strömung wird konstanter Druck vorausgesetzt.

Die Bernoulli-Gleichung für gekrümmte Stromfäden liefert die Aussage, dass der Druck in radialer Richtung ansteigt, um der Fliehkraft das Gleichgewicht zu halten. Es baut sich ein Druckgradient quer zur Strömungsrichtung auf, der zu einem Druckanstieg an der Außenwand und zu einem Druckabfall an der Innenwand des Krümmers führt. Dies wirkt dem Druckabfall längs der Stromlinienkoordinate s an der Außenwand entgegen und verstärkt ihn an der Innenwand. Die Stromlinienkoordinate s bezeichnet die Bogenlänge eines betrachteten Stromfadens und wird stromab positiv gezählt.

Bei den letzten Beispielen hatten wir bereits mehrfach festgestellt, dass ein Druckanstieg in Strömungsrichtung zur Strömungsablösung führt. Daher setzt die Ablösung zuerst an der Außenwand im Punkt A ein. Beim Austritt aus dem Krümmer gleicht sich der Druck quer zur Strömungsrichtung wieder aus. Dadurch steigt der Druck an der Innenwand und fällt an der Außenwand wieder ab. Dies führt zu einem Wiederanlegen der Strömung A_w an der Außenwand und zum Beginn der Strömungsablösung im Punkt B an der Innenwand. Auch an der Innenwand legt sich die Strömung mit zunehmender Bogenlänge s in einiger Entfernung nach Passieren des Krümmers im geraden horizontalen Rohrstück B_w wieder an. Dort herrscht wieder ein negativer Druckgradient $\partial p/\partial s$, der den Reibungskräften das Gleichgewicht hält. Der Druck quer zur Strömungsrichtung ist in diesem nicht gekrümmten Teilabschnitt wieder konstant.

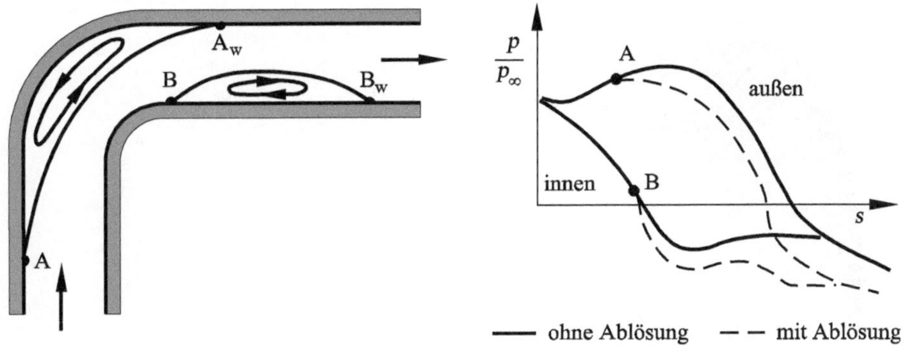

Abb. 2.110: Prinzipskizze der Strömungsablösung im Kanalkrümmer

Wir erkennen in Abbildung 2.110, dass sich stromab der Ablösepunkte A und B sowohl an der Außen- als auch an der Innenwand Rezirkulationsbereiche ausgebildet haben, die einen zusätzlichen Energieverlust der Strömung bewirken. Im zweiten Bild der Abbildung 2.110 ist der Druckverlauf im Rohr für zwei Stromlinien im Außen- und Innenwandbereich über der Stromlinienkoordinate s aufgetragen. Die fallende Gerade zeigt den linearen Druckabfall in einem geraden Rohrstück an. Die durch Reibung hervorgerufenen Energieverluste der Strömung äußern sich auch ohne Ablösung durch einen Druckverlust in Strömungsrichtung.

Oberhalb der Geraden gibt die durchgezogene Kurve den Druckverlauf einer Stromlinie im Außenwandbereich an, wie er sich ohne Ablösung einstellen würde. Unterhalb der Geraden findet sich die entsprechende Kurve für eine Stromlinie im Innenwandbereich. Die Ablösung in den Punkten A und B tritt jeweils im Bereich ansteigender Drücke auf. Der zusätzliche Strömungsverlust durch Ablösung zeigt sich im Diagramm dadurch, dass die gestrichelten Druckverläufe an der Außen- und Innenwand des Krümmers unterhalb derjenigen ohne Ablösung verlaufen.

Neben der Strömungsablösung tritt im Krümmer eine **Sekundärströmung** auf. Diese wird entsprechend der Abbildung 2.111 der Hauptströmung in Richtung der Stromlinienkoordinate s überlagert und verursacht Geschwindigkeitskomponenten senkrecht zur Hauptströmung. Ursache dieser Sekundärströmung ist die Krümmung des Rohres, sowie die Verzögerung der Strömung durch Reibungskräfte an der Wand. Die Geschwindigkeit ist an der Innenseite des Krümmers größer als an der Außenseite. Das in Wandnähe strömende Fluid hat aufgrund der Reibung eine geringere Geschwindigkeit als das Fluid in der Mitte des Krümmers. Die Zentrifugalkräfte, die in der Mitte des Krümmers größer sind als an den Seitenwänden, verursachen die Bewegung nach außen. Dies ist aber aus Gründen der Kontinuität nur möglich, wenn an den Wänden des Krümmers eine Bewegung in umgekehrter Richtung einsetzt. Es bildet sich folglich ein Doppelwirbel aus, der der Hauptströmung überlagert ist. Auch die Sekundärwirbel führen zu Strömungsverlusten.

Ein eindrucksvolles Beispiel einer Sekundärströmung im Krümmer mit Verzweigungen ist die pulsierende Blutströmung in der **menschlichen Aorta**. Wir haben im einführenden

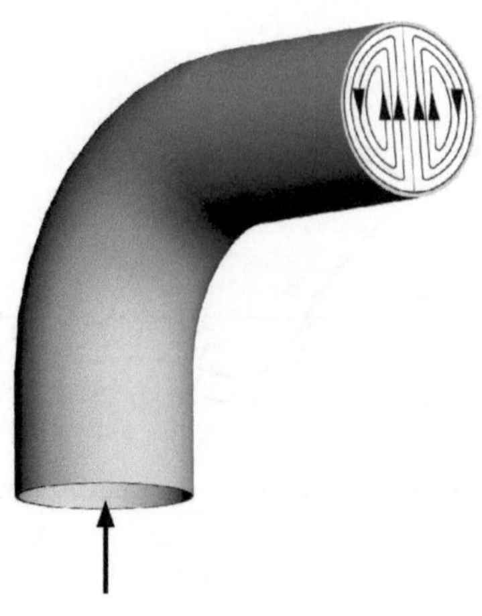

Abb. 2.111: Sekundärströmung im gekrümmten Rohr

Kapitel die Strömung im menschlichen Herzen eingeführt. Die periodische Kontraktion und Relaxation des linken Ventrikels befördert das in der Lunge reoxigenierte Blut mit dem über einen Herzzyklus erzeugten Druckpuls in den Körperkreislauf. Der Körperkreislauf beginnt mit der Aorta, die sich in die Kopf-, Bein- und Schlüsselbeinarterie aufteilt.

Die Reynolds-Zahlen der Blutströmung in den Arterien liegen zwischen einhundert bis mehreren tausend. Der Strömungspuls des Herzens verursacht in den kleineren Arterien eine periodische laminare Strömung und in den größeren Arterien eine *transitionelle Strömung*. Der Übergang zur turbulenten Arterienströmung wird dabei von temporären Wendepunktprofilen eingeleitet. Deren Instabilitäten treten während der instationären Rückströmung in der Nähe der Arterienwand in der Relaxationsphase des Herzens auf. Sie können sich jedoch während eines Herzzyklus zeitlich nicht ausbilden.

In der Aorta bilden sich aufgrund der Zentrifugalkraft, wie wir inzwischen wissen, *Sekundärströmungen* aus. Dabei entsteht eine Geschwindigkeitskomponente senkrecht zu den Stromlinien, die eine Zirkulationsströmung in Richtung der Außenwand verursacht.

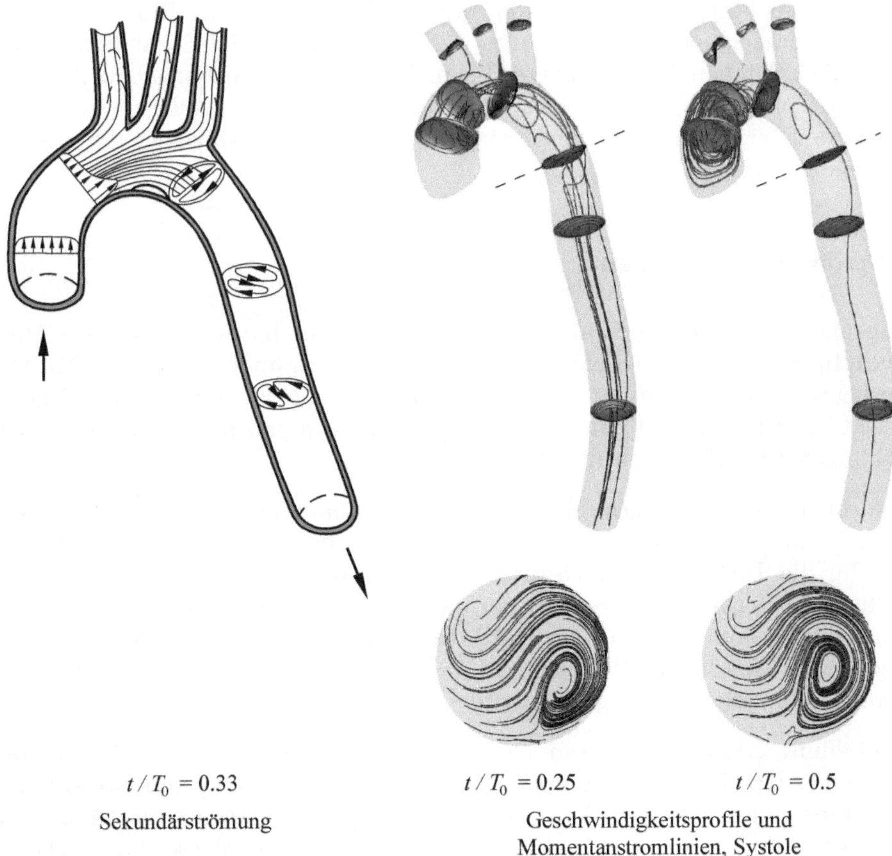

Abb. 2.112: Geschwindigkeitsprofile und Struktur der Sekundärströmung in einer menschlichen Aorta, T_0 Herzzyklus

Diese wirkt ebenfalls stabilisierend auf den Transitionsprozess. Die kritische Reynolds-Zahl des zeitlich gemittelten Geschwindigkeitsprofils wächst von 2300 für das gerade Rohr auf bis zu 6000 des gekrümmten Rohres an. Die Peak-Reynolds-Zahlen stellen sich beim gesunden Menschen so ein, dass die Sekundärströmung in der Krümmung des Aortenkanals unter stationären Bedingungen das Einsetzen der Turbulenz verhindern. In Wirklichkeit erfolgt die beschriebene instationäre transitionelle Strömung in der wandnahen Grenzschicht während der Abbremsphase des Pumpzyklus. Die auftretenden Instabilitäten werden nach kurzer Zeit durch die zeitliche Änderung des Geschwindigkeitsprofils gedämpft.

Der Druckpuls erzeugt in der elastischen Aorta eine Arterienerweiterung von etwa 2 %. Hinzu kommt eine Auslenkung der Aorta, die der Ausbildung der Sekundärströmung entgegen wirkt.

Die Abbildung 2.112 zeigt das Momentbild der Strömung in der Aorta. Zu Beginn der Kontraktionsphase des Herzens erreicht die Strömung an der Innenseite der aufsteigenden Aorta ein Maximum. Nach dem Durchlaufen des Krümmungs- und Verzweigungsbereiches verlagert sich das Geschwindigkeitsmaximum an die Außenseite des Aortenbogens. Aufgrund der Zentrifugalkraft entstehen zwei Sekundärwirbel, die bis in die Relaxationsphase des Herzens bestehen bleiben. Aufgrund des Druckpulses der Blutströmung erfolgt eine radiale Ausweichbewegung der Aorta, die die Amplitude der Sekundärströmung abschwächt und ein Drehen der Sekundärwirbel in der absteigenden Aorta bewirkt. Während der Relaxationsphase des Herzens flachen die temporären Geschwindigkeitsprofile ab und zeigen in der aufsteigenden Aorta eine erste Rückströmung bis schließlich die Aorta in ihre Ausgangslage zurückgekehrt ist.

2.4.7 Strömungsmaschinen

Strömungsmaschinen lassen sich in zwei Gruppen von Maschinen einteilen. Die **Pumpen** und **Verdichter** gehören zu der einen, die **Turbinen** zu der anderen Gruppe. Mit Pumpen bzw. Verdichtern wird dem Fluid Energie zugeführt. Turbinen entziehen dem Fluid Energie. In der Literatur werden Pumpen und Verdichter häufig auch als **Arbeitsmaschinen** und Turbinen als **Kraftmaschinen** bezeichnet.

Die Bauformen der Strömungsmaschinen sind sehr mannigfaltig und es würde den Rahmen dieser Einführung sprengen, wenn alle Bauformen beschrieben würden. Dennoch gibt es sowohl für die Turbinen als auch für die Pumpen und Verdichter zwei wesentlich unterschiedliche Bauformen. Die erste Bauform entspricht der **Axialmaschine**, die das Gegenteil von der zweiten Bauform der **Radialmaschine** ist. Beide Bauformen gibt es für druckerzeugende Maschinen (Pumpen und Verdichter) sowie für Turbinen, in denen der Druck in Strömungsrichtung abgebaut wird.

In der Abbildung 2.113 sind eine radiale und axiale Pumpe gezeigt. Die radiale Maschine entspricht einer Gliedergehäusepumpe. Sie wird z.B. in der Kraftwerkstechnik als Kesselspeisepumpe eingesetzt. Radiale Maschinen erzeugen im Vergleich zu den axialen Maschinen einen hohen Druck und setzen vergleichsweise wenig Masse durch. Die axialen Maschinen besitzen einen großen Massenstrom und erzeugen einen im Vergleich zu den radialen Maschinen geringen Druck. In der Abbildung 2.113 ist das axiale Laufrad einer Kühlwasserpumpe gezeigt, die ebenfalls in der Kraftwerkstechnik eingesetzt wird.

Funktionsweise der axialen Strömungsmaschine

In der Regel besteht eine Strömungsmaschinenstufe aus einem Laufrad (rotierende Komponente) und einem Leitrad (feststehende Komponente). Bei den druckerzeugenden Strömungsmaschinen folgt in Durchströmungsrichtung das Leitrad dem Laufrad (Abbildung 2.114). In Turbinen ist die Anordnung umgekehrt. Zunächst wird die Funktionsweise der Axialpumpe bzw. des Axialverdichters beschrieben. Der Einfachheit halber wird dabei eine inkompressible Strömung vorausgesetzt.

In der Abbildung 2.114 sind ein Seitenschnitt durch die Maschine (Meridianschnitt) und die Abwicklung des mittleren koaxialen Schnittes gezeigt. Es wird vorausgesetzt, dass der mittlere koaxiale Schnitt ein Repräsentant der gesamten Stufe ist. Relativ zum Gehäuse bewegt sich die Strömung mit den Geschwindigkeiten c, die als Absolutgeschwindigkeiten im Strömungsmaschinenbau bezeichnet werden. Die Indizes 1, 2 und 3 kennzeichnen die Ebenen vor dem Laufrad, zwischen Lauf- und Leitrad sowie hinter dem Leitrad.

Das Laufrad bewegt sich mit der Umfangsgeschwindigkeit U. Relativ zum Laufrad strömt das Fluid mit den Geschwindigkeiten w, die als Relativgeschwindigkeiten bezeichnet wer-

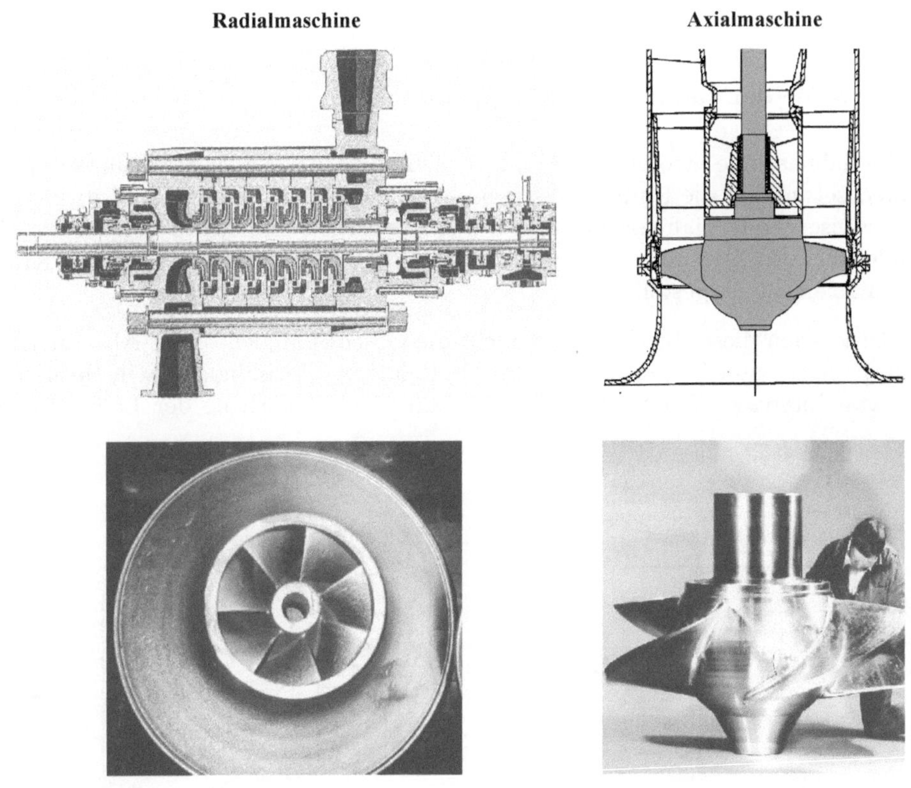

Abb. 2.113: Pumpe mit radialem und axialem Laufrad

den. Das Laufrad wird also mit der Relativgeschwindigkeit w_1 und unter dem Winkel β_1 angeströmt. Im Laufrad wird die Strömungsrichtung der Relativströmung vom Winkel β_1 auf den Winkel β_2 umgelenkt und verzögert, da die axiale Geschwindigkeitskomponente c_m der Absolut- und Relativgeschwindigkeit in den Ebenen 1, 2 und 3 gleich ist. Die axiale Geschwindigkeitskomponente, die als Meridiangeschwindigkeit bezeichnet wird, bestimmt den Massenstrom durch die Maschine.

Durch die Verzögerung der Relativgeschwindigkeit im Laufrad von w_1 auf w_2 wird ein Druckanstieg in dem Fluid bewirkt. Hinter dem Laufrad besitzt die Absolutströmung eine Umfangskomponente (Drall). Im nachfolgenden feststehenden Leitrad wird die Absolutströmung in axiale Richtung umgelenkt und dabei verzögert. Die Verzögerung bewirkt einen weiteren Druckanstieg des Fluids. Der gesamte Druckanstieg in einer Stufe der Axialpumpe bzw. des Axialverdichters wird also durch die Verzögerung der Relativströmung im Laufrad und der Absolutgeschwindigkeit im Leitrad bewirkt.

Es gibt noch eine Vielzahl von Besonderheiten der Axialmaschine, die bei der Auslegung der Maschine berücksichtigt werden müssen. Das wesentliche Funktionsmerkmal der Axialmaschine ist jedoch das Verzögern der Relativgeschwindigkeit im Laufrad und der Absolutgeschwindigkeit im Leitrad. Im Gegensatz zur Axialmaschine wird in der Radialmaschine der Druckanstieg vornehmlich durch ein anderes Funktionsprinzip bewirkt, das nachfolgend beschrieben wird.

Funktionsweise der radialen Strömungsmaschine

In der Radialmaschine strömt das Fluid vornehmlich in radialer Richtung. Infolge des Radienwechsels nimmt die Umfangsgeschwindigkeit vom Eintritt zum Austritt zu. Um die Funktionsweise der Radialmaschine zu verstehen, werden die Kräfte betrachtet, die auf ein Fluidelement in Strömungsrichtung wirken. In Abbildung 2.115 sind diese Kräfte an einem Fluidelement dargestellt.

Für die Diskussion dieser Strömung ist nicht die Geschwindigkeit c der Absolutströmung (Strömung relativ zum Gehäuse), sondern die Relativgeschwindigkeit w in Bezug auf das Laufrad von Interesse. Wir wollen zunächst nur das Wesentliche der Laufradströmung

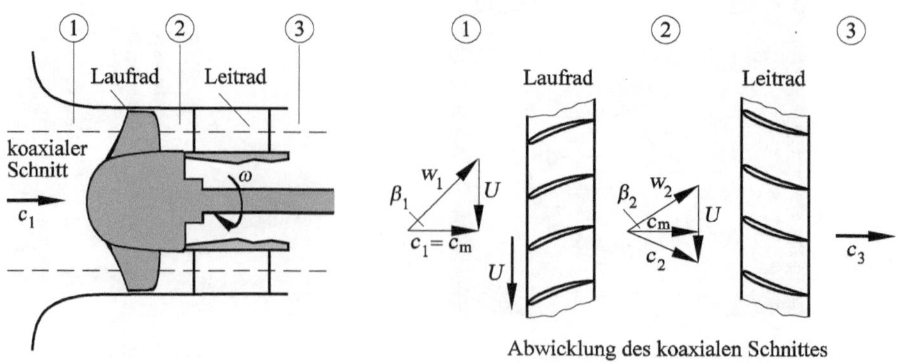

Abb. 2.114: Stufe einer Axialmaschine mit Abwicklung eines koaxialen Schnittes

verstehen und betrachten dazu ein Fluidelement auf einer Stromlinie der Relativströmung vom Eintritt bis zum Austritt eines Schaufelkanals.

Auf das Fluidelement wirken die folgenden Kräfte:

- **Trägheitskraft** $\mathrm{d}m \cdot w \cdot \mathrm{d}w/\mathrm{d}s$ infolge der Beschleunigung in Richtung des Stromfadens (nicht eingezeichnet).
- **Druckkräfte** infolge des Druckgradienten entlang bzw. senkrecht zum Stromfaden. Es sind nur die Druckkräfte eingezeichnet, die in Strömungsrichtung wirken.
- **Zentrifugalkraft** $\mathrm{d}F_\mathrm{Z} = \mathrm{d}m \cdot r \cdot \omega^2$ infolge der Rotation der gesamten Strömung um die Drehachse des Laufrades.
- **Zentrifugalkraft** $\mathrm{d}F_{\mathrm{Z}'}$ infolge der Krümmung der Stromlinie.
- **Corioliskraft** $\mathrm{d}F_\mathrm{C}$ infolge der Relativgeschwindigkeit des Teilchens und der Rotation der gesamten Strömung um die Drehachse des Laufrades.
- **Reibungskräfte**, die wegen der Übersichtlichkeit nicht eingezeichnet sind.

Aufgrund der Rotation des Kanals wirken auf das Fluidelement die Zentrifugalkraft $\mathrm{d}F_\mathrm{Z}$ und die Corioliskraft $\mathrm{d}F_\mathrm{C}$.

Wenn wir uns zunächst auf eine reibungslose Strömung beschränken, dann können wir gemäß der eingezeichneten Kräfte die **Bernoulligleichung** im **rotierenden System** herleiten. Gemäß eines Kräftegleichgewichtes in Strömungsrichtung erhalten wir die folgende Euler-Gleichung:

$$-\mathrm{d}m \cdot w \cdot \frac{\mathrm{d}w}{\mathrm{d}s} + p \cdot A - (p + \mathrm{d}p) \cdot A + \mathrm{d}m \cdot \omega^2 \cdot r \cdot \cos(\varphi) = 0 \quad . \qquad (2.158)$$

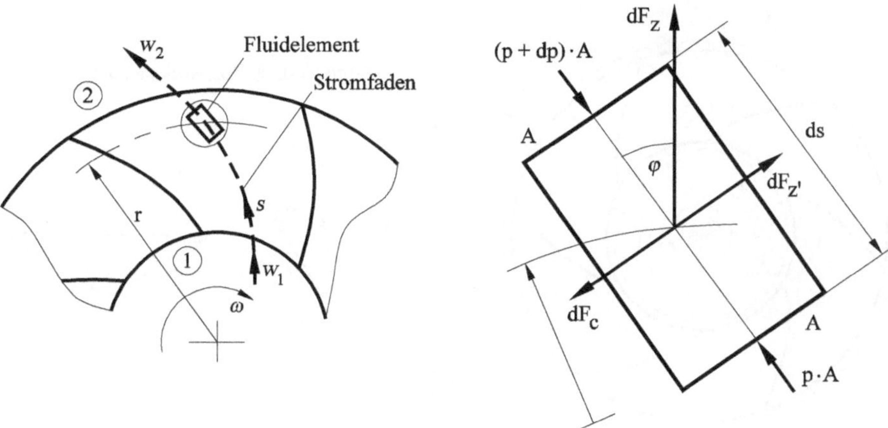

Abb. 2.115: Kräfte auf Fluidteilchen im Radiallaufrad

Mit $\mathrm{d}m = \rho \cdot A \cdot \mathrm{d}s$ und $\cos(\varphi) = \mathrm{d}r/\mathrm{d}s$ sowie der Integration der Gleichung (2.158) vom Eintritt bis zum Austritt, erhalten wir die Bernoulligleichung für die Relativströmung. $\mathrm{d}m$ steht für die Masse des Teilchens, A steht für die Querschnittsfläche des Fluidelements. Sie lautet:

$$-\frac{\rho}{2} \cdot (w_2^2 - w_1^2) - (p_2 - p_1) + \frac{\rho}{2} \cdot \omega^2 \cdot (r_2^2 - r_1^2) = 0 \quad . \tag{2.159}$$

Wenn wir Gleichung (2.159) umformen und dabei berücksichtigen, dass $U_2 = \omega \cdot r_2$ und $U_1 = \omega \cdot r_1$ gilt, erhalten wir die endgültige Gleichung

$$p_2 - p_1 = \frac{\rho}{2} \cdot (U_2^2 - U_1^2) - \frac{\rho}{2} \cdot (w_2^2 - w_1^2) \quad . \tag{2.160}$$

Die Strömung erfährt im Pumpenrad einen Druckanstieg, da U_2 größer als U_1 ist. Die Relativströmung wird in dem Schaufelkanal vom Eintrittswinkel β_1 auf den Austrittswinkel β_2 umgelenkt, wobei sich die Strömungsgeschwindigkeit w kaum ändert. Der Druckanstieg wird also vornehmlich durch den Unterschied der Umfangsgeschwindigkeiten U_1 und U_2 bewirkt und weniger durch die Verzögerung der Relativgeschwindigkeit, wie es bei der Axialmaschine der Fall ist.

Eulersche Turbinengleichung

Die **Eulersche Turbinengleichung** ist die fundamentale Gleichung des Strömungsmaschinenbaus, die wir nachfolgend herleiten. Sie basiert auf dem Drehimpulssatz, der in Kapitel 2.4.3 dieses Buches eingeführt wurde. Wir wenden den Drehimpulssatz

$$\vec{\boldsymbol{M}}_\mathrm{I} + \sum \vec{\boldsymbol{M}}_\mathrm{a} = 0 \quad ,$$
$$\vec{\boldsymbol{M}}_\mathrm{I} = -\int_A \rho \cdot (\vec{\boldsymbol{r}} \times \vec{\boldsymbol{v}}) \cdot (\vec{\boldsymbol{v}} \cdot \vec{\boldsymbol{n}}) \cdot \mathrm{d}A$$

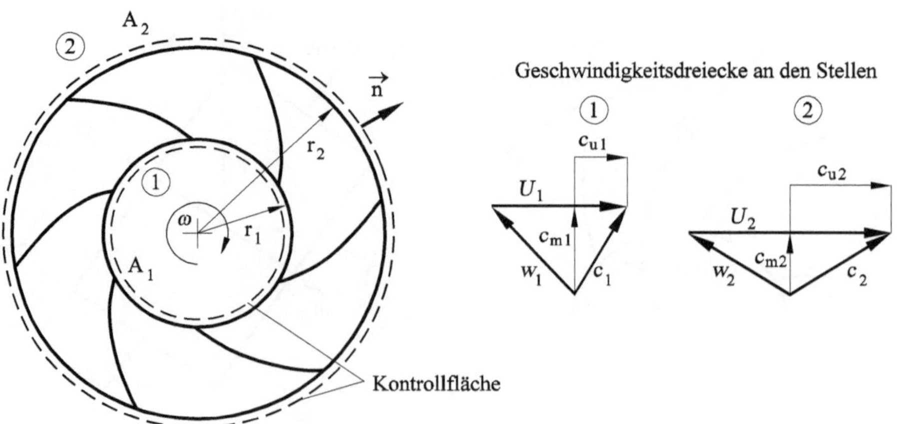

Abb. 2.116: Größen am Radiallaufrad

auf das in Abbildung 2.116 gezeigte radiale Laufrad an, so dass gilt:

$$0 = |\vec{\boldsymbol{M}}_\mathrm{I}| + \sum |\vec{\boldsymbol{M}}_\mathrm{a}| = M_{\mathrm{I},1} + M_{\mathrm{I},2} + M_\mathrm{S} \quad . \tag{2.161}$$

Die am Eintritt und Austritt auf die Kontrollfläche wirkenden Druckkräfte sind radial gerichtet und verursachen kein Moment. M_S entspricht deshalb dem Antriebsmoment mit entgegengesetztem Vorzeichen, also

$$M_\mathrm{S} = -M_\mathrm{Antrieb} \quad .$$

Für die Impulsmonente $M_{\mathrm{I},1}$ und $M_{\mathrm{I},2}$ am Eintritt bzw. Austritt gilt:

$$M_{\mathrm{I},1} = -\rho \cdot c_\mathrm{m1} \cdot A_1 \cdot r_1 \cdot c_\mathrm{u1} \quad ,$$
$$M_{\mathrm{I},2} = \rho \cdot c_\mathrm{m2} \cdot A_2 \cdot r_2 \cdot c_\mathrm{u2} \quad .$$

M_S, $M_{\mathrm{I},1}$ und $M_{\mathrm{I},2}$ eingesetzt in Gleichung (2.161) ergibt:

$$-M_\mathrm{Antrieb} - \rho \cdot c_\mathrm{m1} \cdot A_1 \cdot r_1 \cdot c_\mathrm{u1} + \rho \cdot c_\mathrm{m2} \cdot A_2 \cdot r_2 \cdot c_\mathrm{u2} = 0 \quad .$$

Berücksichtigen wir weiterhin die Kontinuitätsgleichung

$$\dot{m} = \rho \cdot c_\mathrm{m1} \cdot A_1 = \rho \cdot c_\mathrm{m2} \cdot A_2 \quad ,$$

mit dem Massenstrom $\dot{m}$ durch das Laufrad, erhalten wir die Eulersche Turbinengleichung:

$$\boxed{M_\mathrm{Antrieb} = \dot{m} \cdot (r_2 \cdot c_\mathrm{u2} - r_1 \cdot c_\mathrm{u1})} \quad . \tag{2.162}$$

Für die Antriebsleistung L des Laufrades gilt:

$$L = M_\mathrm{Antrieb} \cdot \omega = \omega \cdot \dot{m} \cdot (r_2 \cdot c_\mathrm{u2} - r_1 \cdot c_\mathrm{u1})$$

bzw.

$$L = \dot{m} \cdot (U_2 \cdot c_\mathrm{u2} - U_1 \cdot c_\mathrm{u1}) \quad .$$

Die pro Masseneinheit abgegebene Arbeit, die im Strömungsmaschinenbau auch als spezifische Arbeit $\Delta a = \Delta l / \rho$ bezeichnet wird, berechnet sich mit

$$\Delta a = \frac{L}{\dot{m}} = U_2 \cdot c_\mathrm{u2} - U_1 \cdot c_\mathrm{u1} \quad . \tag{2.163}$$

Die Herleitung der Gleichung (2.163) wurde am Beispiel einer Radialmaschine durchgeführt. Die Gleichung ist jedoch allgemeingültig für die getroffenen Vereinfachungen und gilt daher sowohl für Radial- als auch für Axialmaschinen.

Für Axialmaschinen gilt allerdings $U_1 = U_2 = U$, so dass die spezifische Arbeit auf einem koaxialen Schnitt einer Axialmaschinenbeschaufelung nur durch den Unterschied der Umfangskomponenten, d. h. durch die Änderung der Relativgeschwindigkeit w_1 zu w_2 bewirkt wird. Für den Fall einer axialen Strömungsmaschine erscheint in Gleichung (2.163) demnach nur noch die Umfangskomponente des betrachteten koaxialen Schnitts und die spezifische Arbeit für axiale Strömungsmaschinen kann wie folgt formuliert werden:

$$\Delta a_{\text{axial}} = U \cdot (c_{\text{u2}} - c_{\text{u1}}) \quad .$$

Der Unterschied zwischen Radial- und Axialmaschinen wird auch durch die Gleichung (2.160) deutlich, die aus der Kräftebilanz im rotierenden System resultiert. Es ist ersichtlich, dass für eine Umfangsgeschwindigkeit eines gewählten koaxialen Schnitts einer Axialmaschine, der Druck nur durch Verzögerung der Relativgeschwindigkeit erzeugt wird.

In Radialmaschinen wird der Unterschied der Umfangsgeschwindigkeiten ausgenutzt und die spezifische Arbeit errechnet sich zu:

$$\Delta a_{\text{radial}} = U_2 \cdot c_{\text{u2}} - U_1 \cdot c_{\text{u1}} \quad .$$

Die Eulersche Gleichung kann sowohl für Pumpen bzw. Verdichter (Arbeitsmaschinen), als auch für Turbinen (Kraftmaschinen) verwendet werden.

Bei der Herleitung der Eulerschen Gleichung wurde gefordert, dass die an Ein- und Austritt wirkenden Kräfte radial ausgerichtet sind und kein zusätzliches Moment verursachen. Dies ist in manchen Betriebszuständen nicht gegeben. Tritt starke **Teillast** oder **Überlast** ein, können sich Wirbelsysteme an den Schaufeln ausbilden, die nicht vernachlässigbare Schubspannungen auf den Kontrollraumflächen hervorrufen. Die resultierenden Kräfte stehen in diesen Fällen nicht senkrecht auf der Kontrollraumfläche und die Eulersche Gleichung verliert ihre Gültigkeit. Streng genommen würde die Eulersche Gleichung nur dann Gültigkeit besitzen, wenn die Stromlinien an Ein- und Austritt kongruent zu den Schaufeln verlaufen würden, d. h. wenn unendlich viele, unendlich dünne Schaufeln vorhanden wären. Weiterhin wurden Reibungskräfte an der benetzten Laufradoberfläche sowie der Einfluss der Erdbeschleunigung vernachlässigt. Transiente Effekte blieben ebenfalls unberücksichtigt, vgl. Gleichung (2.161). Zur Berücksichtigung kompressibler Effekte müsste die an Ein- und Austritt voneinander abweichende Dichte bekannt sein und entsprechend berücksichtigt werden. Da dies gemäß Gleichung (2.162) nicht der Fall ist, ist die uns bekannte Form der Eulerschen Gleichung nur für inkompressible Strömungen gültig.

Verschiedene halbempirische Ansätze ermöglichen die Verwendung der Eulerschen Gleichung, wenn die oben genannten Vereinfachungen nicht oder nur teilweise getroffen werden können. Insbesondere die Notwendigkeit einer begrenzten Anzahl an Schaufeln, sowie die Verwendung eines reibungsbehafteten Fluids wurden durch solche Ansätze in die analytische Berechnung der spezifischen Arbeit einer Strömungsmaschine eingearbeitet.

Liegt eine begrenzte Anzahl an Laufradschaufeln vor, d. h. sind die Stromlinien im Schaufelkanal nicht zwingend kongruent, so bildet sich ein relativer Kanalwirbel aus. In Abbildung 2.117 ist dies am Beispiel einer Arbeitsmaschine schematisch dargestellt. Durch die zusätzliche Relativbewegung verschiebt sich die Geschwindigkeit w_2 zur Geschwindigkeit w_2', wodurch eine Verminderung der theoretisch möglichen Leistung eintritt. Diese wird durch den so genannten **Minderleistungsfaktor** p berücksichtigt. Der Minderleistungsfaktor war zentraler Gegenstand vieler Untersuchungen, die verschiedene Modellvorstellungen und Berechnungsmethoden hervorbrachten. Eine detaillierte Beschreibung dieser Methoden würde den Rahmen dieser Einführung überschreiten. Zum weiteren Studium der Minderleistungstheorie wird u. a. auf die Werke von *C. Pfleiderer, H. Petermann* 2005 oder *J.F. Gülich* 2010 verwiesen.

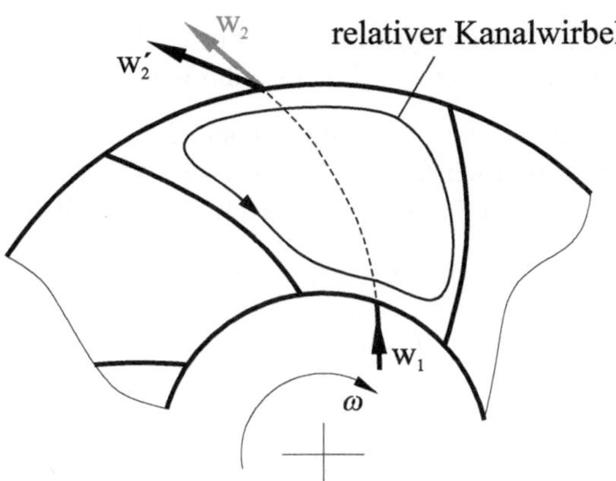

Abb. 2.117: relativer Kanalwirbel

Die Reibungsverluste, die in den Schaufelkanälen auftreten, werden in der Praxis durch den hydraulischen Wirkungsgrad η der Maschine berücksichtigt. Dieser kann zum Beispiel nach Methoden von *J.F. Gülich* 2010 abgeschätzt werden.

Durch die Einführung des Minderleistungsfaktors p und des Wirkungsgrades η kann man die Abweichung der theoretischen spezifischen Arbeit von der realen spezifischen Arbeit berücksichtigen, wenn man weiterhin davon ausgehen kann, dass die Erdbeschleunigung nur von geringem Einfluss ist und dass eine inkompressible und stationäre Strömung in der Maschine vorliegt. Je nachdem, ob es sich bei der Maschine um eine Arbeitsmaschine oder eine Kraftmaschine handelt, werden Minderleistungsfaktor und Wirkungsgrad unterschiedlich berücksichtigt. Für die Arbeitsmaschine gilt

$$\Delta a_{\mathrm{AM}} = \frac{\Delta a_{\mathrm{AM,theoret.}} \cdot (1+p)}{\eta}$$

und für die Kraftmaschine

$$\Delta a_{\mathrm{KM}} = \frac{\Delta a_{\mathrm{KM,theoret.}} \cdot \eta}{(1+p)} \quad .$$

Auswahl der Bauform mit der spezifischen Drehzahl n_{s}

Neben dem Radial- und Axiallaufrad gibt es noch zusätzlich das halbaxiale Laufrad. Diese Laufradform entspricht einer Kombination aus der radialen und axialen Bauform. Es ist in Abbildung 2.118 zusammen mit dem radialen und axialen Laufrad dargestellt. Die spezifische Drehzahl, die nachfolgend hergeleitet wird, bestimmt die Form des Laufrades.

Zur Herleitung der spezifischen Drehzahl wird ein spezielles Laufrad betrachtet, das für den Volumenstrom $\dot{V}$ und für die Förderhöhe H ausgelegt ist und das mit der Drehzahl n arbeitet. Nachfolgend wird davon ausgegangen, dass das Laufrad drallfrei angeströmt wird (also $c_{\mathrm{u},1} = 0$), dass die Strömungsverluste im Laufrad unabhängig von $\dot{V}$, $\Delta a = g \cdot H$

und n sind und, dass der Abströmungswinkel β_2 hinter dem Laufrad konstant ist. $\dot{V}$, H und n stehen für den Volumenstrom, die Förderhöhe bzw. die Drehzahl des Laufrades.

Gemäß der Gleichung (2.163) ist die spezifische Arbeit Δa und damit auch H proportional dem Quadrat der Umfangsgeschwindigkeit U_2. Mit der Vergrößerung von U_2 vergrößert sich gemäß ähnlicher Geschwindigkeitsdreiecke auch $c_{\mathrm{u},2}$. Es gilt:

$$\Delta a = g \cdot H \sim U_2^2 \sim (n \cdot D_2)^2 \quad ,$$
$$D_2 \sim \frac{\sqrt{H}}{n} \quad . \tag{2.164}$$

Wird nun die Drehzahl des Laufrades von der Auslegungsdrehzahl n auf die Drehzahl n_1 geändert, so gilt gemäß der Beziehung (2.164):

$$\frac{\sqrt{H}}{n} = \frac{\sqrt{H_1}}{n_1} \qquad \Longrightarrow \qquad n_1 = n \cdot \frac{\sqrt{H_1}}{\sqrt{H}} \quad . \tag{2.165}$$

H_1 steht für die Förderhöhe, die sich bei der Drehzahl n_1 einstellt.

Für die Herleitung der Gleichung zur Berechnung der spezifischen Drehzahl wird neben der Gleichung (2.165) eine weitere Gleichung für den Volumenstrom benötigt. Dazu gilt:

$$\dot{V} \sim D_0^2 \cdot c_{\mathrm{m},1} \sim D_0^2 \cdot D_0 \cdot n \sim D_2^3 \cdot n \quad .$$

Unter Ausnutzung der Gleichung (2.164) folgt weiter:

$$\dot{V} \sim D_2^3 \cdot \frac{\sqrt{H}}{D_2} \qquad \Longrightarrow \qquad D_2^2 \sim \frac{\dot{V}}{\sqrt{H}}$$

bzw.

$$\frac{\dot{V}}{\sqrt{H}} = \frac{\dot{V}_1}{\sqrt{H_1}} \qquad \Longrightarrow \qquad \dot{V}_1 = \dot{V} \cdot \frac{\sqrt{H_1}}{\sqrt{H}} \quad . \tag{2.166}$$

$\dot{V}_1$ und H_1 stehen für den Volumenstrom bzw. die Förderhöhe, die sich beim Drehzahlwechsel von n auf n_1 einstellen.

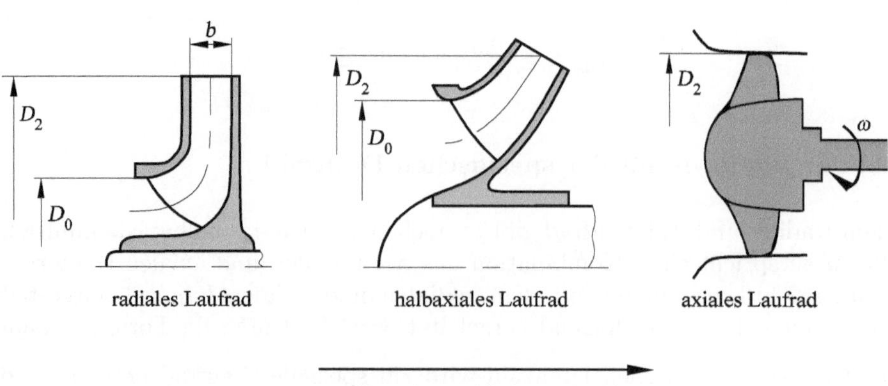

Abb. 2.118: Radiales, halbaxiales und axiales Laufrad

Unter der spezifischen Drehzahl n_s versteht man die Drehzahl, bei der eine Laufradform (radiale, halbaxiale bzw. axiale Form) einen Volumenstrom von 1 m^3/s fördert und eine Förderhöhe von 1 m erzeugt. Die absolute Größe des Laufrades ist für diese Definition nicht entscheidend. Dabei interessiert nicht, ob das Laufrad einen Durchmesser von 10 cm oder 1 m besitzt sondern die Laufradform. Es werden also geometrisch ähnliche Laufräder vorausgesetzt.

Zur Berechnung der spezifischen Drehzahl n_s

- wird zuerst die Drehzahl von n geändert, so dass das Laufrad eine Förderhöhe von $H_1 = 1\ m$ erzeugt (s. Gleichung (2.165)).
- Danach wird das Laufrad unter Beibehaltung der geometrischen Ähnlichkeit und der Förderhöhe $H_1 = 1\ m$ verkleinert bzw. vergrößert, so dass es einen Volumenstrom von 1 m^3/s fördert.

Der erste Schritt ist mit Gleichung (2.165) und (2.166) beschrieben. Wenn wir die Einheiten für die Förderhöhen und Volumenströme vernachlässigen gilt:

$$n_1 = \frac{n}{\sqrt{H}} \quad , \qquad \dot{V}_1 = \frac{\dot{V}}{\sqrt{H}} \quad . \tag{2.167}$$

Beim Durchführen des zweiten Schrittes muss berücksichtigt werden, dass sich die Abmaße (z. B. die Durchmesser) quadratisch mit dem Volumenstrom ändern. Zusätzlich müssen die Geschwindigkeitsdreiecke erhalten bleiben, d.h. bei der Verkleinerung bzw. Vergrößerung muss die Drehzahl entsprechend vergrößert bzw. verkleinert werden, damit sich die Umfangsgeschwindigkeiten nicht ändern. Es gilt deshalb:

$$\frac{\dot{V}_1}{1} = \frac{D_2^2}{D_s^2} = \frac{n_s^2}{n_1^2} \tag{2.168}$$

bzw. mit den Gleichungen (2.167)

$$n_s = n_1 \cdot \sqrt{\dot{V}_1} = \frac{n}{\sqrt{H}} \cdot \sqrt{\frac{\dot{V}}{\sqrt{H}}} \quad \Longrightarrow \quad n_s = n \cdot \frac{\sqrt{\dot{V}}}{H^{\frac{3}{4}}} \quad . \tag{2.169}$$

In die Gleichung (2.169) werden der Volumenstrom, die Förderhöhe und die Drehzahl mit den Einheiten m^3/s, m bzw. $1/min$ eingesetzt. Zusätzliche Informationen bezüglich der Verwendung von unterschiedlichen Einheiten sowie anders formulierter Radformkennzahlen findet man bei *C. Pfleiderer, H. Petermann* 2005.

In Abbildung 2.119 ist der zu erwartende Wirkungsgrad η einer Laufradform in Abhängigkeit von der spezifischen Drehzahl n_s und dem Volumenstrom $\dot{V}$ dargestellt. Zusätzlich sind die Bereiche für radiales, halbaxiales und axiales Laufrad gekennzeichnet. Die Übergänge sind fließend. Bei der Auslegung eines Laufrades sind in der Regel die Größen Volumenstrom $\dot{V}$, Förderhöhe H und die Drehzahl n vorgegeben. Der Ingenieur berechnet mit den zuletzt genannten Größen die spezifische Drehzahl und erhält damit bereits einen Eindruck von der Laufradform. Zusätzlich kann er mit der Abbildung 2.119 den Wirkungsgrad der Maschine abschätzen.

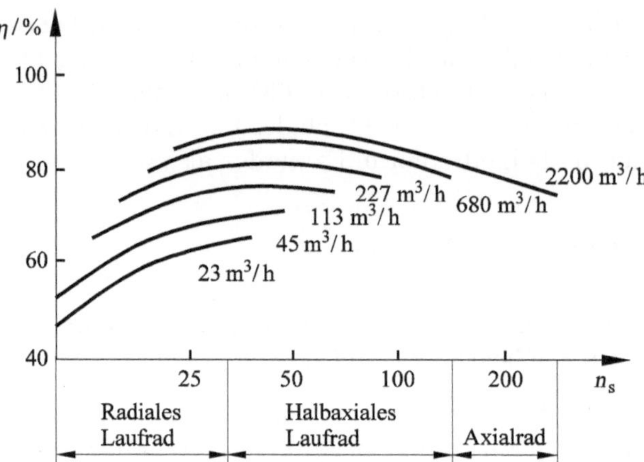

Abb. 2.119: Wirkungsgrad η in Abhängigkeit der spezifischen Drehzahl n_s und des Volumenstroms $\dot{V}$

Um die Kennlinie einer Strömungsmaschine zu erhalten, wird die Förderhöhe H in Abhängigkeit des Volumenstromes $\dot{V}$ für eine konstante Drehzahl n aufgetragen. Durch die Variation der Drehzahl erhält man das Kennfeld der Maschine. In Abbildung 2.120 ist ein solches Kennfeld schematisch dargestellt. Zusätzlich sind dort die Linien konstanten Wirkungsgrades η eingetragen. Zur Auslegung einer kompletten Anlage, trägt man in dieses Kennfeld die sogenannte Anlagenkennlinie ein. Die Schnittpunkte zwischen der Anlagenkennlinie und den Kennlinien der Strömungsmaschine ergeben die möglichen Betriebspunkte der Anlage.

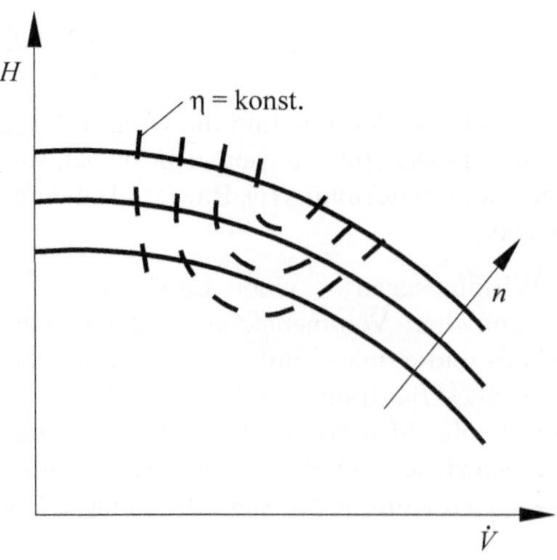

Abb. 2.120: Kennfeld einer Strömungsmaschine

2.5 Aerodynamik des Flugzeuges

Ziel der Aerodynamik ist es, die Kräfte und Momente umströmter Körper vorherzusagen. Bewegt sich ein Flugzeug mit konstanter Geschwindigkeit u_∞, so erfährt es die resultierende Luftkraft $\boldsymbol{F}_\mathrm{R}$ (Abbildung 2.121). Die Komponente dieser Kraft in Anströmrichtung ist der Widerstand $\boldsymbol{F}_\mathrm{W}$, die Komponente senkrecht dazu der Auftrieb $\boldsymbol{F}_\mathrm{A}$. Die Neigung der Resultierenden $\boldsymbol{F}_\mathrm{R}$ zur Anströmrichtung und damit das Verhältnis von Auftrieb zu Widerstand hängen im Wesentlichen von der geometrischen Form des Tragflügels und der Anströmrichtung ab. Ein großer Wert des Verhältnisses $F_\mathrm{A}/F_\mathrm{W}$ ist erwünscht. Für den stationären Gleitflug eines Segelflugzeuges muss die resultierende Luftkraft F_R entgegengesetzt gleich dem Gewicht G sein. Damit ergibt sich für den Gleitwinkel α die Beziehung:

$$\tan(\alpha) = \frac{F_\mathrm{W}}{F_\mathrm{A}} \quad . \tag{2.170}$$

Der mit dem Winkel ϕ gepfeilte Flügel der Spannweite S eines Verkehrsflugzeuges ist in Abbildung 2.121 skizziert. Die jeweiligen senkrechten Schnitte der Tiefe L durch den **Flügel** werden **Profile** genannt. Die Skelettlinie, der Mittelwert des Abstandes zwischen Ober- und Unterseite des Flügels, ist eine ausgezeichnete Profillinie, die bei der Beschreibung der reibungsfreien Theorie in Kapitel 4.1.2 benötigt wird. Die Anstellung des Profils zur ungestörten Anströmung u_∞ wird mit α bezeichnet. Die aerodynamischen Kräfte **Auftrieb** $\boldsymbol{F}_\mathrm{A}$, **Widerstand** $\boldsymbol{F}_\mathrm{W}$ sowie die **Resultierende** $\boldsymbol{F}_\mathrm{R}$ werden von der Druckverteilung und der Verteilung der Wandschubspannungen auf den Flügeloberflächen verursacht. Zusätzlich wird ein **Moment** $\boldsymbol{M}$ erzeugt, das für die Flügeldrehung verantwortlich ist. Die dimensionslosen Beiwerte sind:

$$c_\mathrm{a} = \frac{F_\mathrm{A}}{\frac{1}{2} \cdot \rho_\infty \cdot u_\infty^2 \cdot A} \quad , \quad c_\mathrm{w} = \frac{F_\mathrm{W}}{\frac{1}{2} \cdot \rho_\infty \cdot u_\infty^2 \cdot A} \quad , \quad c_\mathrm{m} = \frac{M}{\frac{1}{2} \cdot \rho_\infty \cdot u_\infty^2 \cdot A \cdot L} \quad , \tag{2.171}$$

mit der Flügelfläche A und der Profiltiefe L. Der Druck- und Reibungsbeiwert ergeben sich zu:

$$c_p = \frac{p - p_\infty}{\frac{1}{2} \cdot \rho_\infty \cdot u_\infty^2} \quad , \quad c_\mathrm{f} = \frac{\tau_\mathrm{w}}{\frac{1}{2} \cdot \rho_\infty \cdot u_\infty^2} \quad , \tag{2.172}$$

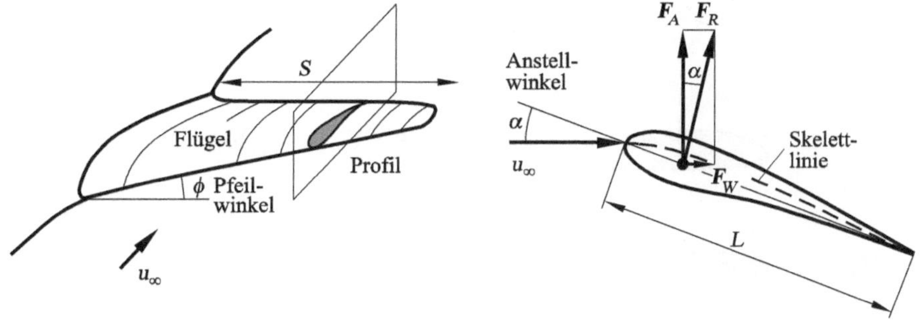

Abb. 2.121: Prinzipskizze eines Tragflügels und Profils

mit dem Druck der ungestörten Anströmung p_∞. Alle Beiwerte sind Funktionen der Anströmgeschwindigkeit u_∞, der Reynolds-Zahl Re_L, des Anstellwinkels α und des Pfeilwinkels ϕ.

2.5.1 Profilströmung

Typische Profile der inkompressiblen Unterschallströmung sind in Abbildung 2.122 skizziert. Das Vogelprofil ist auf der Ober- und Unterseite stark gewölbt, um auch bei extremen Fluglagen den erforderlichen Auftrieb zu erzeugen. Das aufgedickte Unterschallprofil eines Flugzeuges mit der Dicke $d/L = 13\,\%$ (Göttinger Profil 298) besitzt einen größeren Auftriebsbeiwert c_a bei geringerem Widerstandsbeiwert als das Vogelprofil. Verkehrsflugzeuge fliegen im transsonischen Unterschall bei der Mach-Zahl $M_\infty = 0.8$ bis 0.87 mit sogenannten superkritischen Profilen. Die superkritischen Profile für die transsonische Anströmung sind entsprechend der Abbildung 2.122 schlanker, damit sich auf dem Profil der Übergang in die Überschallströmung möglichst weit stromab vollzieht.

Die unterschiedlichen Strömungsbereiche sind in Abbildung 2.123 für transsonische Unter- und Überschall-Mach-Zahlen dargestellt. Von transsonischen Unterschall-Mach-Zahlen spricht man, wenn wie im ersten Bild die Beschleunigung auf dem Profil in den Überschall führt. Dabei wird das Überschallgebiet von einem Verdichtungsstoß abgeschlossen, der einen zusätzlichen Druckwiderstand c_s zur Folge hat, den man Wellenwiderstand nennt. Die Verdichtungsstöße sind in Abbildung 2.123 fett eingetragen und die Schalllinien $M = 1$ gestrichelt gekennzeichnet. Die Verzögerung der Strömung auf dem Profil verursacht einen Druckanstieg bis zur Hinterkante. Dort stellt sich ein Druck ein, der geringfügig über dem Druck der ungestörten Anströmung ist.

Erhöht man die transsonische Anström-Mach-Zahl auf Werte größer als 0.9 erstreckt sich im zweiten Bild der Überschallbereich über die gesamte Oberseite des Profils. Der Verdichtungsstoß wandert bis zur Hinterkante, während sich auf der Unterseite ebenfalls ein lokales Überschallgebiet mit Verdichtungsstoß einstellt. Der Stoß an der Hinterkante sorgt für den erforderlichen Druckanstieg, der in den Druck der Nachlaufströmung überführt.

Der Grenzfall der Anströmung mit der Mach-Zahl $M_\infty = 1$ ist im dritten Bild der Abbildung 2.123 skizziert. Die Verdichtungsstöße auf der Ober- und Unterseite des Profils sind

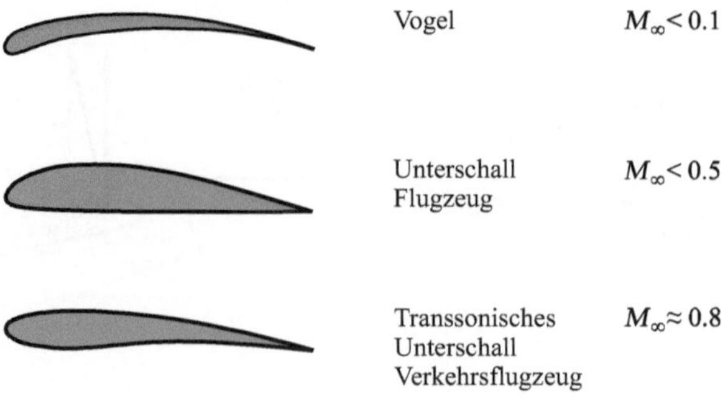

Abb. 2.122: Charakteristische Profilformen

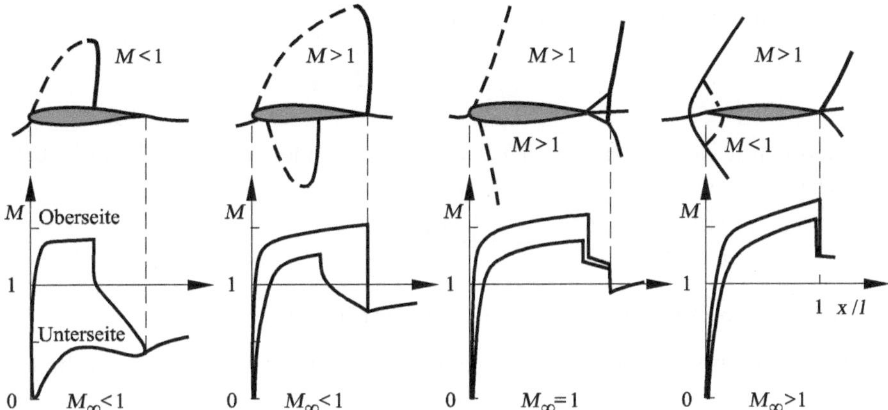

Abb. 2.123: Mach-Zahlverteilung der transsonischen Profilumströmung

bis in den Nachlauf gewandert und verzweigen sich an der Hinterkante zu zwei schiefen und einem senkrechten Verdichtungsstoß im Nachlauf. Die Schalllinie erstreckt sich über das ganze Stromfeld und nahezu das gesamte Profil wird von einer Überschallströmung umströmt. Ist die Anström-Mach-Zahl geringfügig größer als 1, bildet sich eine abgelöste Kopfwelle weit vor dem Profil aus.

Für die Überschall-Anströmung $M_\infty \geq 1$ verringert sich der Kopfwellenabstand. Es entsteht ein Unterschallgebiet zwischen Stoß und Profil. Die schiefen Verdichtungsstöße wandern aus der Nachlaufströmung an die Profilhinterkante. Erhöht man die Anström-Mach-Zahlen weiter, stellen sich an der scharfen Vorderkante der Überschallprofile anliegende schiefe Verdichtungsstöße entsprechend denen an der Hinterkante ein.

In Abbildung 2.124 ist die Abhängigkeit des Auftriebs- und Widerstandsbeiwertes von der Mach-Zahl für ein vorgegebenes Profil skizziert. Bei Unterschall-Mach-Zahlen steigt der

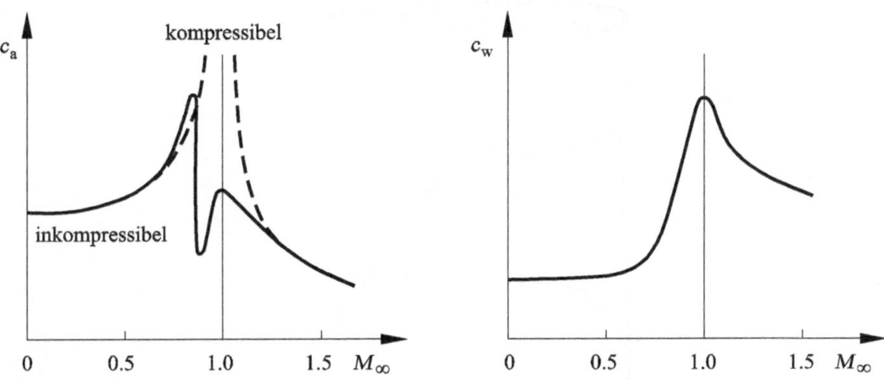

Abb. 2.124: Auftriebsbeiwert c_a und Widerstandsbeiwert c_w in Abhängigkeit der Anström-Mach-Zahl M_∞

Auftriebsbeiwert mit wachsender Mach-Zahl an:

$$c_{\mathrm{a}} = \frac{2 \cdot \pi}{\sqrt{1 - M_\infty^2}} \quad , \qquad M_\infty < 1 \quad . \tag{2.173}$$

Dazu gehört der mit der in Kapitel 4.1.2 zu behandelnden linearen Theorie berechnete Druckbeiwert des Profils:

$$c_p = \frac{c_{p0}}{\sqrt{1 - M_\infty^2}} \quad ,$$

wobei c_{p0} der Druckbeiwert der inkompressiblen Strömung ist.

Eine Abnahme des Auftriebsbeiwertes berechnet sich mit der linearen Überschall-Theorie:

$$c_{\mathrm{a}} = \frac{4}{\sqrt{M_\infty^2 - 1}} \quad , \qquad M_\infty > 1 \quad . \tag{2.174}$$

Im transsonischen Unterschallbereich durchläuft der Auftriebsbeiwert ein Maximum. Der Einbruch des Auftriebsbeiwertes erklärt sich mit dem Auftreten des Überschallbereichs und des zweiten Verdichtungsstoßes auf der Unterseite des Profils. Die Mach-Zahl-Verteilung der Abbildung 2.123 deutet an, dass sich dadurch der Auftrieb drastisch verringert, um für Mach-Zahlen größer als 0.9 wieder anzusteigen. Der erneute Anstieg des Auftriebsbeiwertes tritt dann ein, wenn die Verdichtungsstöße vom Nachlauf an die Hinterkante des Profils gewandert sind und sich aufgrund des geringen Stoßwinkels abschwächen. Erst mit dem Auftreten der Kopfwelle und dem Unterschallgebiet zwischen Verdichtungsstoß und Profil nimmt der Auftriebsbeiwert im Überschall wieder ab.

Für die Auslegung des Profils eines Verkehrsflugzeuges wird man die Flug-Mach-Zahl im transsonischen Unterschall in der Umgebung des Maximums von etwa 0.8 – 0.85 wählen.

Der Widerstandsbeiwert c_{w} verhält sich analog zum Auftriebsbeiwert c_{a}, lediglich das zweite Maximum bei transsonischen Unterschall-Mach-Zahlen tritt nicht auf. Bis zum Auftreten der Überschallgebiete auf der Oberseite des Profils bleibt der Widerstandsbeiwert mit zunehmender Anström-Mach-Zahl nahezu konstant. Mit dem Auftreten des

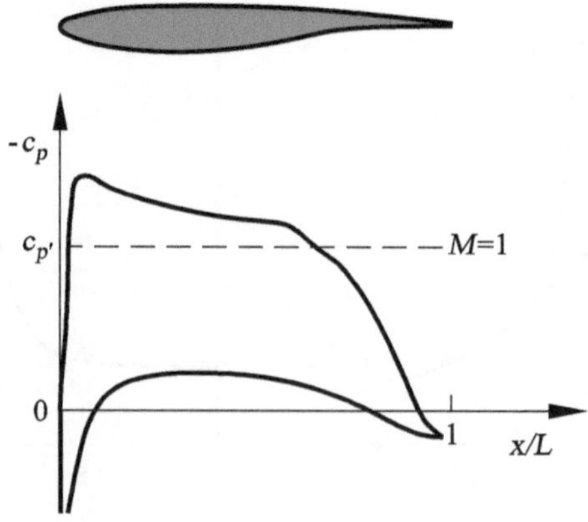

Abb. 2.125: Druckverteilung c_p eines superkritischen Profils

Verdichtungsstoßes auf der Unterseite des Profils nimmt der Widerstandsbeiwert erheblich zu. Bis zum Erreichen des Widerstands-Maximums bei der Mach-Zahl $M_\infty = 1$ können in den Überschallgebieten lokale Mach-Zahlen bis zu $M = 2$ erreicht werden. Die Verdichtungsstöße auf dem Profil werden so stark, dass der Druckanstieg Strömungsablösung verursacht und dadurch der Widerstand zusätzlich vergrößert wird.

Dies führt zur Auslegung superkritischer Profile (Abbildung 2.125) mit dem Ziel, die transsonische Flug-Mach-Zahl bei möglichst geringem Widerstand zu erhöhen. Dabei liegt das Dickenmaximum des Profils nahe der Vorderkante und das ausgedehnte Überschallgebiet auf dem Profil wird mit einem schwachen Verdichtungsstoß möglichst weit stromab abgeschlossen. Gegenüber herkömmlichen transsonischen Profilen wird die Saugspitze im vorderen Bereich des Profils vermieden.

Die Abhängigkeit des Auftriebsbeiwertes c_a vom Anstellwinkel α ist in Abbildung 2.126 für ein vorgegebenes Unterschall-Profil dargestellt. Der Auftrieb wächst mit steigendem Anstellwinkel zunächst linear an, solange die Strömung anliegt. Auch für den Anstellwinkel $\alpha = 0°$ erhält man aufgrund der Unsymmetrie des Profils einen positiven Auftriebsbeiwert. Der Auftriebsbeiwert durchläuft bei einem kritischen Anstellwinkel α_krit ein Maximum und fällt für größere Anstellwinkel stark ab.

Die Momentaufnahme der Strömung zeigt in Abbildung 2.126, dass dann die Strömung auf der gesamten Oberseite des Profils instationär ablöst. Mit dem Zusammenbruch des Auftriebsbeiwertes geht ein Anwachsen des Profilwiderstandes einher.

Um mit einem Tragflügel starten und landen zu können, wird bei verringerter Geschwindigkeit mit Vorder- und Hinterklappen die Flügelfläche vergrößert. Dies führt zu der in Abbildung 2.126 gestrichelten Auftriebskurve, die zu höheren Auftriebswerten führt.

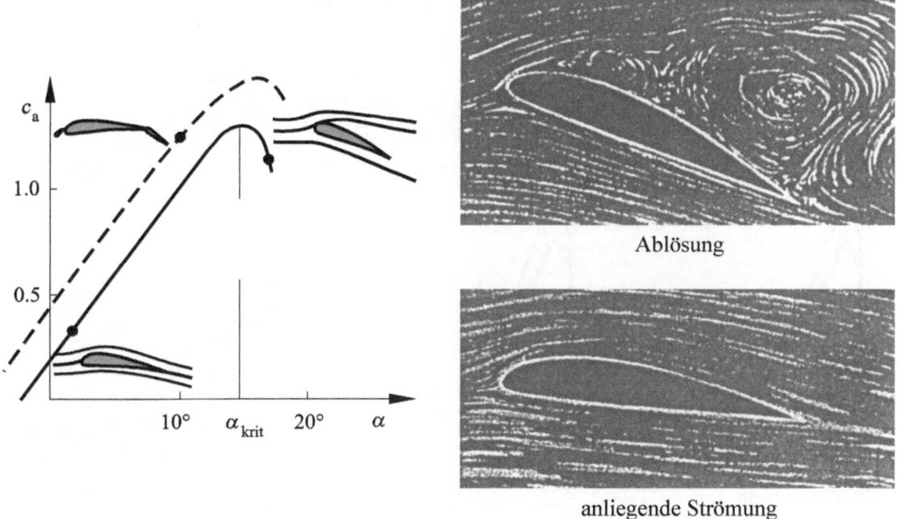

Abb. 2.126: Auftriebsbeiwert c_a und Strömungsbilder in Abhängigkeit des Anstellwinkels α

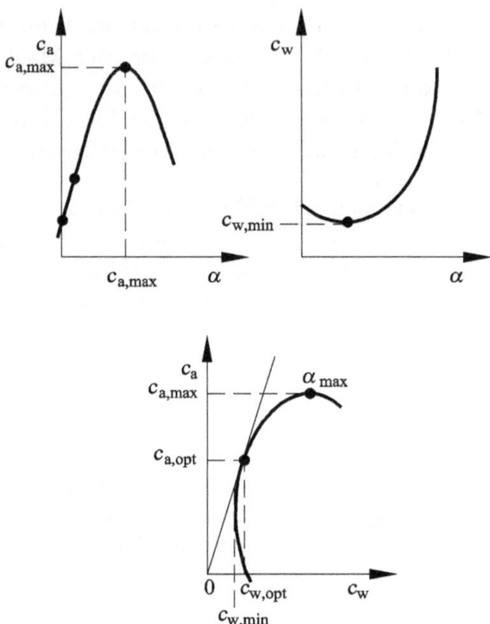

Abb. 2.127: Auftriebsbeiwert c_a und Widerstandsbeiwert c_w in Abhängigkeit des Anstellwinkels α und Konstruktion des Polarendiagramms

Ein für die Auslegung von Profilen wichtiges Diagramm ist das Polarendiagramm . Dabei wird der Auftriebsbeiwert c_a über dem Widerstandsbeiwert c_w für unterschiedliche Anstellwinkel α aufgetragen. Man spricht von einer Polaren, da man der Abbildung 2.127 direkt die am Profil wirkenden Kräfte entnehmen kann. Der Vektor vom Ursprung zu

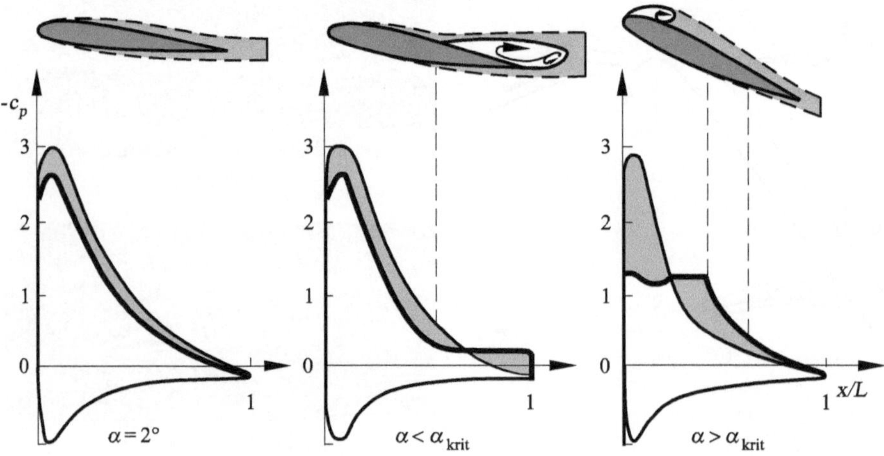

Abb. 2.128: Druckverteilungen der reibungsfreien und reibungsbehafteten Profilumströmung

einem Punkt der Polaren zeigt die resultierende Kraft $\boldsymbol{R}$ an. Für das superkritische Profil der Abbildung 2.125 ist der Anstieg des Auftriebsbeiwertes mit wachsendem Anstellwinkel groß, der Maximalwert von c_a verglichen mit Unterschall-Profilen jedoch gering. Für einen großen Bereich des Anstellwinkels bleibt der Widerstandsbeiwert gering. Die Auslegung bei der Anström-Mach-Zahl $M_\infty = 0.76$ ergibt einen Auftriebsbeiwert von $c_\mathrm{a} = 0.57$. Die Abbildung 2.127 zeigt die Prinzipskizze der Abhängigkeit des Auftriebs- c_a und Widerstandbeiwertes c_w vom Anstellwinkel α und wie sich daraus das Polarendiagramm konstruieren lässt. Das kleinste und damit günstigste Verhältnis von $c_\mathrm{a}/c_\mathrm{w}$ markiert die Tangente des Polarendiagramms. Nach Überschreiten von $c_{\mathrm{a,max}}$ nimmt c_a mit zunehmendem α bzw. c_w wieder ab.

Um den Einfluss der Reibung bei der Profilumströmung analysieren zu können, sind in Abbildung 2.128 die Druckverteilungen unterschiedlicher Ablöseformen für die reibungsfreie und reibungsbehaftete Strömung für ein angestelltes Unterschall-Profil dargestellt. Solange die Grenzschichtströmung am Profil anliegt, wird aufgrund der Verdrängungswirkung des reibungsbehafteten Anteils der Druckverteilung der Druck erhöht. Kommt es zur Strömungsablösung bildet sich auf dem Profil ein zeitlich gemitteltes Rückströmgebiet mit konstantem Druck aus. Der Auftrieb wird dadurch verringert.

Beginnt die Ablösung bereits an der Vorderkante, kann es auf dem Profil zum Wiederanlegen der Strömung kommen, so dass der Bereich konstanten Drucks im Gebiet der Saugspitze des Profils liegt und der Auftrieb demzufolge zusammenbricht. Die Strömung ist dann durch den grauen reibungsbehafteten Teil der Druckverteilung bestimmt, so dass sich die in Kapitel 4.1.2 zu behandelnde Theorie der reibungsfreien Profilumströmung auf den Bereich der reibungsfreien Außenströmung der anliegenden Profilgrenzschicht beschränkt.

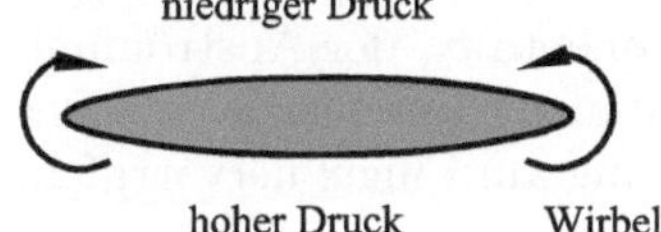

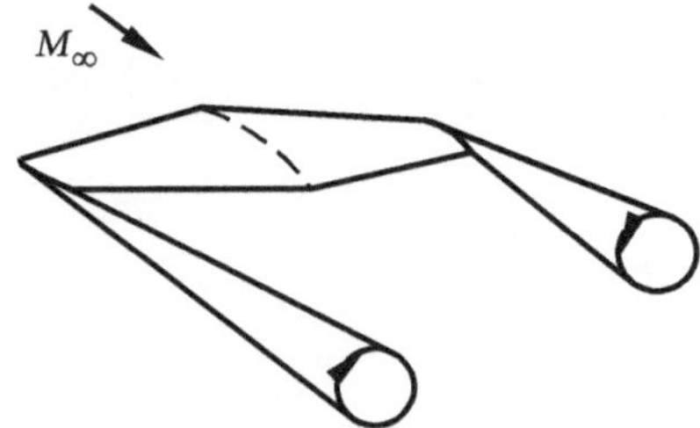

Abb. 2.129: Randwirbel eines endlichen Tragflügels

2.5.2 Tragflügelströmung

Im Folgenden werden die Erkenntnisse der Profilumströmung auf den endlichen **Tragflügel** der Abbildung 2.121 übertragen. Die Flügelumströmung ist dreidimensional.

Der zweidimensionalen Profilströmung wird eine dritte Geschwindigkeitskomponente in Spannweitenrichtung überlagert. Die Erklärung dafür findet sich in Abbildung 2.5.1. Auf der Oberseite des Flügels herrscht Unterdruck und auf der Unterseite Überdruck. Dies führt zu einer Umströmung der Flügelspitzen, die im Nachlauf jeweils einen Wirbel bilden. Diese Wirbel verursachen eine abwärts gerichtete Geschwindigkeitskomponente hinter dem Flügel. Die zusätzliche Wirbelbildung an den Flügelspitzen verändert die Druckverteilung in der Weise, dass ein zusätzlicher Druckwiderstand entsteht, den man **induzierten Widerstand** nennt. Die Widerstandsbilanz (2.69) bestehend aus Druck- und Reibungswiderstand wird also beim Tragflügel um den induzierten Druckwiderstand c_{i} ergänzt:

$$c_{\mathrm{w}} = c_{\mathrm{d}} + c_{\mathrm{f,g}} + c_{\mathrm{i}} + c_{\mathrm{s}} \quad . \tag{2.175}$$

Beim transsonischen Tragflügel kommt der Druckwiderstand des Verdichtungsstoßes auf der Oberseite des Flügels hinzu, den man **Wellenwiderstand** c_{s} nennt. Die Widerstandsanteile für einen Tragflügel mit superkritischem Profil betragen 51 % für den Reibungswiderstand c_{f}, 35 % für den induzierten Widerstand c_{i}, 10 % für den Druckwiderstand c_{d} und 4 % für den Wellenwiderstand c_{s}.

Dabei handelt es sich um einen gepfeilten transsonischen Tragflügel, der die lokale Anström-Mach-Zahl der Profilschnitte in der Weise erniedrigt, so dass der Anstieg des Widerstandes in Abbildung 2.124 zu höheren Mach-Zahlen verschoben wird. Die Tatsache, dass die effektive Profil-Mach-Zahl durch Pfeilung ϕ um $M_n = M_\infty \cdot \cos(\phi)$ verringert werden kann, wurde erstmals von *A. Betz* 1939 erkannt (Abbildung 2.130). Dabei ging er von der Überlegung aus, dass lediglich durch die Normalkomponente $\boldsymbol{v}_n$ der Anströmung Druckwiderstand erzeugt wird. Erfolgt die Anströmung tangential zur Spannweite mit der Geschwindigkeit $\boldsymbol{v}_t$, so kann diese Strömung keine Druckänderung am Flügel hervorrufen. Es entsteht lediglich Reibungswiderstand.

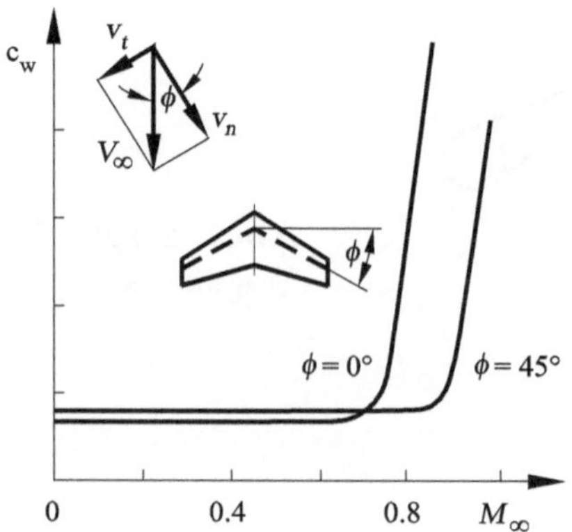

Abb. 2.130: Einfluss der Pfeilung ϕ auf den Widerstandsbeiwert c_{w}

2.6 Strömungen mit Wärmeübertragung

Im einführenden Kapitel haben wir zahlreiche Beispiele von Strömungen mit Wärmeübertragung in Natur und Technik kennengelernt. Man spricht von einer **freien Konvektionsströmung**, wenn die Strömung von Temperatur bzw. Konzentrationsgradienten verursacht wird. Die damit verbundenen Dichteunterschiede haben die Konvektionsströmungen zur Folge. Beispiele freier Konvektionsströmungen sind beheizte Zylinder und Platten.

Von **erzwungenen Konvektionsströmungen** spricht man, wenn der Strömung zusätzlich eine äußere Kraft, z.B. ein Druckgradient aufgeprägt wird. Ein Beispiel dafür sind beheizte oder gekühlte Rohrleitungen wie sie z.B. in Wärmetauschern benutzt werden.

Wärme- und Stoffaustauschvorgänge findet man z.B. im Ozean oder bei zahlreichen Prozessen der chemischen Verfahrenstechnik, wie Absorption, Adsorption, Extraktion und Destillation. Verdunstet Wasser an der Oberfläche der Ozeane, so verbleibt eine hohe Salzkonzentration und es entsteht eine instabile Dichteschichtung. Die Ausbreitung von Substanzen in Lösungsmitteln oder das Trennen von Substanzen in Zentrifugen sind weitere Beispiele. Beispiele für biologische Stoffaustauschvorgänge sind die Versorgung des Blutes mit Sauerstoff und die Nahrungsaufnahme im Körper.

2.6.1 Beheizte vertikale Platte

Als Beispiel einer freien Konvektionsströmung wird die vertikale beheizte Platte der Abbildung 2.131 behandelt. Die Wandtemperatur T_w ist größer als die Umgebungstemperatur T_∞. Die von der Platte auf das Fluid übertragene Wärme führt zu einer Temperaturerhöhung des Fluids in Wandnähe und wegen der Temperaturabhängigkeit der Dichte zu

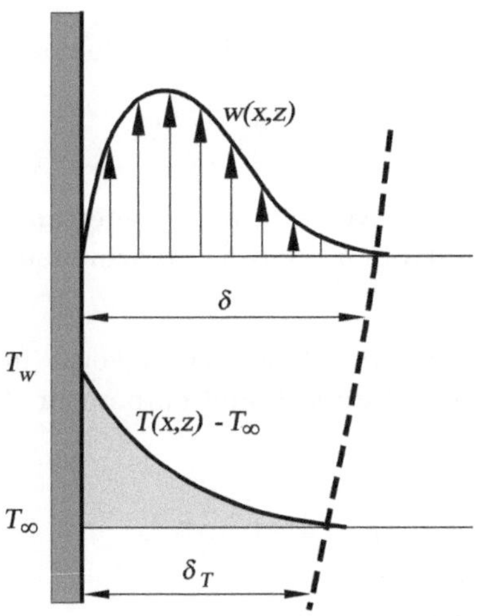

Abb. 2.131: Laminare Konvektionsströmung an der beheizten vertikalen Platte

einer Veränderung der Dichte. Nimmt die Dichte mit steigender Temperatur ab, so entstehen in Wandnähe Auftriebskräfte und wärmeres Fluid steigt längs der Platte auf. Der Einfluss der Platte bleibt auf die Wandgrenzschicht beschränkt. Das Verhältnis der Dicke der Reibungsgrenzschicht δ zur Dicke der Temperaturgrenzschicht δ_T verhält sich wie $\sqrt{Pr}$. Die Geschwindigkeits- und Temperaturprofile der laminaren Grenzschichtströmung sind in Abbildung 2.131 für Luft mit der Prandtl-Zahl 0.71 dargestellt.

Die von der Wand pro Flächeneinheit und Zeiteinheit übertragene Wärmemenge beträgt:

$$q_\mathrm{w} = h \cdot (T_\mathrm{w} - T_\infty) \quad . \tag{2.176}$$

h ist der Wärmeübergangskoeffizient, T_w die Wandtemperatur und T_∞ die ungestörte Außentemperatur. Die dimensionslose Kennzahl, die den Wärmetransport charakterisiert, ist die **Nußelt-Zahl** :

$$Nu_L = \frac{q_\mathrm{w} \cdot L}{\lambda \cdot (T_\mathrm{w} - T_\infty)} = \frac{h \cdot L}{\lambda} \quad . \tag{2.177}$$

Sie beschreibt das Verhältnis des Wärmeüberganges der Wärmeleitung und Konvektion, bezogen auf die Wärmeleitung des ruhenden Fluids.

Da für die freie Konvektionsströmung zunächst keine vorgegebene Bezugsgeschwindigkeit existiert, muss statt der Reynolds-Zahl eine für die Konvektionsströmung charakteristische Kennzahl gefunden werden. Man wählt die:

$$Gr_L = \frac{\alpha \cdot g \cdot (T_\mathrm{w} - T_\infty) \cdot L^3}{\nu^2} \quad , \tag{2.178}$$

mit dem thermischen Ausdehnungskoeffizienten α, ν der kinematischen Zähigkeit und der Lauflänge $z = L$.

Die Verknüpfung mit der Prandtl-Zahl $\sqrt{\nu/k}$ ergibt die **Rayleigh-Zahl**:

$$Ra = Pr \cdot Gr \quad . \tag{2.179}$$

Bei Vorgabe des Wärmestroms von der Wand in das Fluid schreibt sich die **Grashof-Zahl**

$$Gr_L = \frac{\alpha \cdot g \cdot q_\mathrm{w} \cdot L^4}{\nu^2 \cdot \lambda} \quad . \tag{2.180}$$

Bei der beheizten vertikalen Platte verändern sich aufgrund der Aufdickung der thermischen Grenzschicht der Wärmestrom q_w und der Wärmeübergangskoeffizient h proportional $L^{-1/4}$.

In Abbildung 2.132 sind die laminaren Geschwindigkeits- und Temperaturprofile an der vertikal beheizten Platte bei konstanter Wandtemperatur T_w über der dimensionslosen Koordinate

$$\eta = \frac{x}{z} \cdot \left(\frac{Gr_L}{4} \right)^{\frac{1}{4}}$$

gezeigt. Die charakteristische Bezugsgeschwindigkeit

$$w_0 = \sqrt{\alpha \cdot g \cdot L \cdot (T_\mathrm{w} - T_\infty)} \tag{2.181}$$

ergibt sich aus dem Vergleich der Grashof-Zahl mit dem Quadrat der Reynolds-Zahl $Re_L^2 = w_0^2 \cdot L^2/\nu^2$. Als Parameter wurde die Prandtl-Zahl des Fluids gewählt. Für $Pr \leq 1$ ist die Reibungsschicht δ und die thermische Grenzschichtdicke δ_{T} etwa gleich groß. Für $Pr \gg 1$ beschränkt sich die thermische Grenzschicht auf eine wandnahe Schicht. Der Wärmeübergang an der Wand folgt aus:

$$q_{\mathrm{w}} = -\lambda \cdot \left(\frac{\partial T}{\partial x}\right)_{\mathrm{w}} = -\lambda \cdot (T_{\mathrm{w}} - T_{\infty}) \cdot \frac{\mathrm{C}}{z^{\frac{1}{4}}} \cdot \left(\frac{\mathrm{d}T}{\mathrm{d}\eta}\right)_{\mathrm{w}} \quad , \tag{2.182}$$

mit der Konstanten C.

Die lokale Nußelt-Zahl bei konstanter Wandtemperatur T_{w}.

$$Nu_L = \frac{h \cdot L}{\lambda} = -\left(\frac{Gr_z}{4}\right)^{\frac{1}{4}} \cdot \left(\frac{\mathrm{d}T}{\mathrm{d}\eta}\right)_{\mathrm{w}} \tag{2.183}$$

ist in Abbildung 2.133 in Abhängigkeit der Prandtl-Zahl aufgetragen. Die Lösungskurve kann durch die Beziehung

$$\frac{Nu_L}{\left(\frac{Gr_L}{4}\right)^{\frac{1}{4}}} = \frac{0.676 \cdot Pr^{\frac{1}{2}}}{(0.861 + Pr)^{\frac{1}{4}}}$$

approximiert werden. Neben der lokalen Nußelt-Zahl an der Stelle $z = L$ interessiert die mittlere Nußelt-Zahl:

$$\frac{\overline{Nu_L}}{\left(\frac{\overline{Gr_L}}{4}\right)^{\frac{1}{4}}} = \frac{0.902 \cdot Pr^{\frac{1}{2}}}{(0.861 + Pr)^{\frac{1}{4}}} \quad . \tag{2.184}$$

Gibt man den *Wärmestrom* q_{w} statt der Wandtemperatur T_{w} vor, ergibt sich die veränderte Randbedingung $(\partial T/\partial x) = q_{\mathrm{w}}(z)/\lambda$. Für die Grenzschichtdicke δ ergibt sich dann $\delta \sim \nu^{2/5}$ im Vergleich zu $\delta \sim \sqrt{\nu}$ bei vorgegebener Wandtemperatur T_{w}.

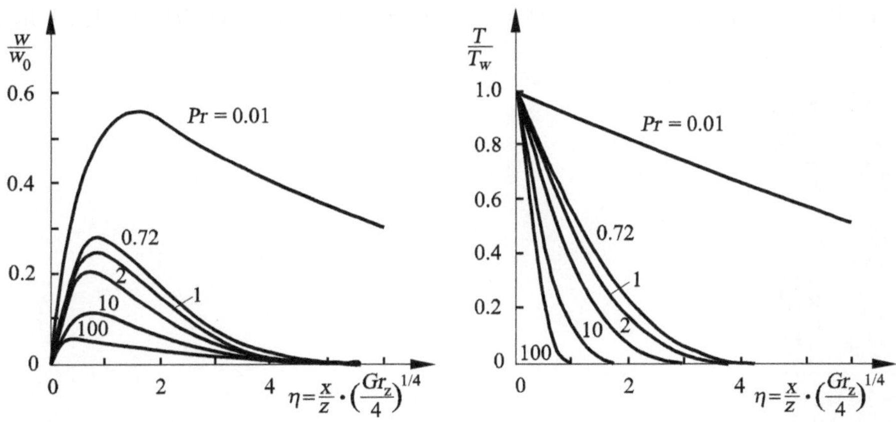

Abb. 2.132: Geschwindigkeits- und Temperaturprofile der beheizten vertikalen Platte bei konstanter Wandtemperatur T_{w}

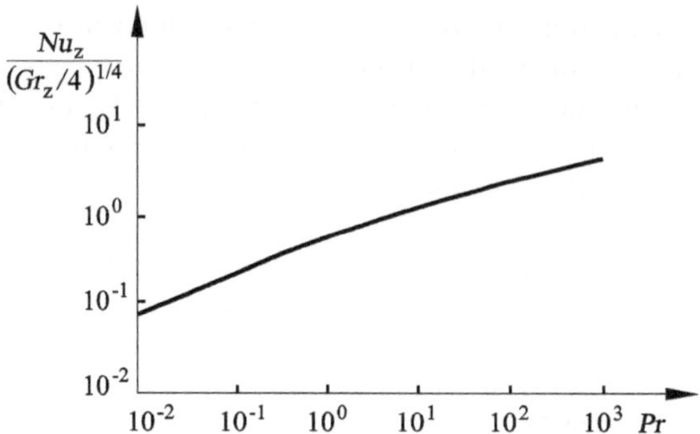

Abb. 2.133: Lokale Nußelt-Zahl an der beheizten vertikalen Platte bei konstanter Wandtemperatur T_w

Der Gültigkeitsbereich der bisher beschriebenen laminaren Grenzschichtströmung mit Wärmetransport beschränkt sich auf $10^4 < Ra_L = Gr_L \cdot Pr < 10^8$. Für Rayleigh-Zahlen kleiner 10^4 trifft die Grenzschichtapproximation nicht mehr zu und für Rayleigh-Zahlen größer 10^8 vollzieht sich der Übergang zur turbulenten freien Konvektionsströmung.

Berechnet man das Einsetzen des laminar-turbulenten Überganges mit der in Kapitel 4.1.3 beschriebenen Stabilitätstheorie erhält man die kritische Grashof-Zahl $Gr_{\text{krit}} = 3 \cdot 10^6$ für den Beginn der thermischen Instabilitäten in Luft bei der Prandtl-Zahl 0.71. Diese ist wesentlich kleiner als der im Experiment bestimmte Abschluss des Transitionsprozesses Gr_t von 10^9. Dies deutet darauf hin, dass im Experiment die Störwellen kleiner Amplituden nicht erkannt werden und lediglich stromauf der Abschluss des Transitionsprozesses gemessen wird. Die Abbildung 2.134 zeigt ein Differentialinterferogramm in Luft der laminaren Konvektionsströmung der vertikalen Platte bei konstanter Wandtemperatur T_w für die Grashof-Zahl $8 \cdot 10^6$, die im Experiment stabil ist. Die Interferenzstreifen zeigen näherungsweise Linien gleicher Temperaturgradienten.

Für Grashof-Zahlen größer als 10^9 ist die turbulente Grenzschichtströmung der beheizten vertikalen Platte vollständig ausgebildet. Das turbulente Grenzschichtprofil ist in Abbil-

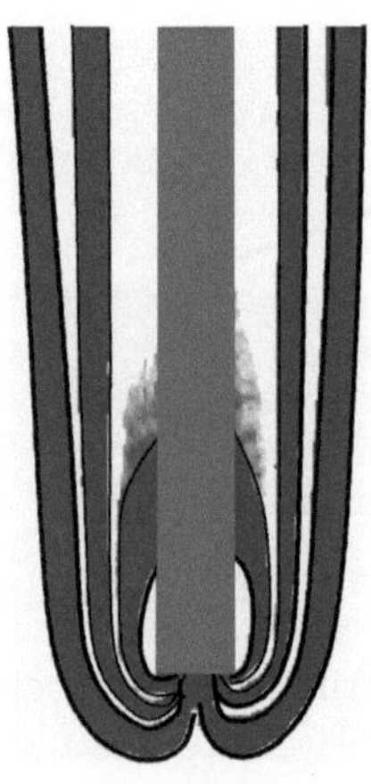

Abb. 2.134: Differentialinterferogramm der beheizten vertikalen Platte, $Gr_L = 8 \cdot 10^6$, $Pr = 0.71$

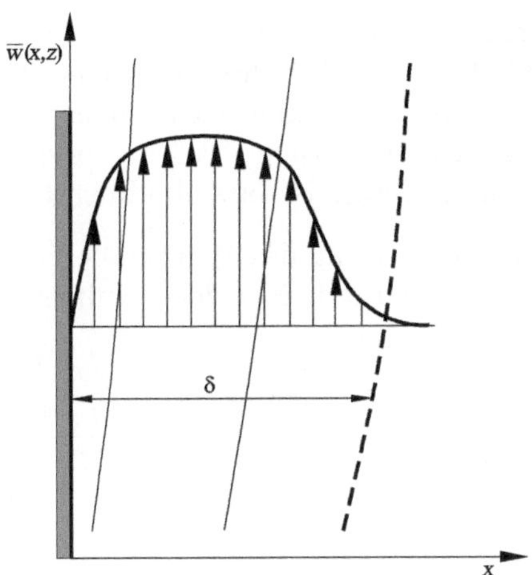

Abb. 2.135: Turbulentes Geschwindigkeitsprofil an der beheizten vertikalen Platte

dung 2.135 skizziert. Es lässt sich in drei Bereiche einteilen. In ausreichender Entfernung von der Wand findet man den Bereich ausgebildeter Turbulenz. In unmittelbarer Wandnähe ist der in Kapitel 2.4.1 eingeführte Bereich der viskosen Unterschicht. Dazwischen befindet sich ein Übergangsbereich, in dem sich die Geschwindigkeit nur wenig verändert.

Entsprechend dem Boussinesq-Ansatz berechnet sich die turbulente Wandschubspannung mit

$$\tau_{\mathrm{w}} = (\mu + \mu_t) \cdot \left(\frac{\partial \overline{w}}{\partial x}\right)_{x=0} \tag{2.185}$$

und der Wärmestrom an der Wand:

$$q_{\mathrm{w}} = (\lambda + \lambda_t) \cdot \left(\frac{\partial \overline{T}}{\partial x}\right)_{x=0} \quad . \tag{2.186}$$

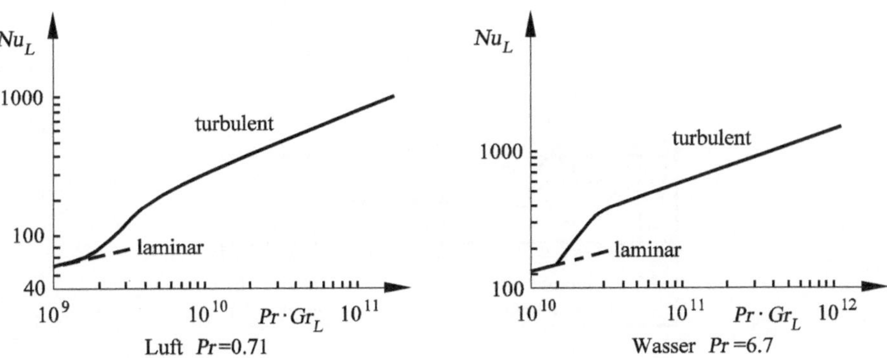

Abb. 2.136: Lokaler Wärmeübergang an der beheizten vertikalen Platte

Die auftriebsbedingte Turbulenzproduktion verursacht einen deutlich verbesserten Wärmeübergang. Dies gilt für Fluide großer Prandtl-Zahlen. Für Medien kleiner Prandtl-Zahlen wie z.B. in Luft ist die auftriebsbedingte Turbulenzproduktion näherungsweise zu vernachlässigen. Die Abhängigkeit des lokalen Wärmeübergangs vom laminaren in den turbulenten Bereich für Luft und Wasser ist in Abbildung 2.136 gezeigt.

In der Praxis haben sich zur Abschätzung des Wärmeübergangs der beheizten vertikalen Platte Interpolationsformeln eingebürgert. Für den gemittelten Wärmestrom ergibt sich im Bereich $0 < Pr \cdot Gr_L < 10^{12}$:

$$\sqrt{\overline{Nu}_L} = 0.825 + \frac{0.387 \cdot (Pr \cdot Gr_L)^{\frac{1}{6}}}{\left(1 + \left(\frac{0.492}{Pr}\right)^{\frac{9}{16}}\right)^{\frac{8}{27}}} \quad . \tag{2.187}$$

2.6.2 Rohrströmung

Erzwungene Konvektionsströmungen unterliegen neben den Auftriebskräften zusätzlich äußeren Kräften. Die Rohrströmung mit Wärmeübergang ist, ergänzend zu Kapitel 2.4.4, ein Beispiel einer erzwungenen Konvektionsströmung mit Druckgradient. Die Abbildung 2.137 zeigt die Ausbildung des parabolischen Geschwindigkeitsprofils im Einlauf der laminaren Rohrströmung sowie die Ausbildung des Temperaturprofils bei isotherm gekühlter Rohrwand.

Im Einlaufbereich hängt die Geschwindigkeits- und Temperaturverteilung von der Radialkoordinate r und von x ab. Für den viskosen Einlauf kann bei gleichmäßiger Zuströmung $L \approx 0.05 \cdot Re_D$ angenommen werden. Das Verhältnis der thermischen zur viskosen Einlauflänge hängt wiederum von der Prandtl-Zahl des Fluids ab. Bei flüssigen Metallen ist

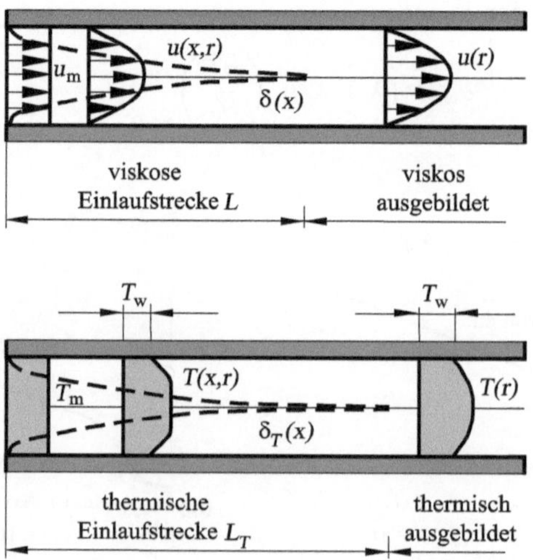

Abb. 2.137: Entwicklung des Geschwindigkeits- und Temperaturprofils der gekühlten Rohrströmung

wegen $\delta_\mathrm{T} \gg \delta$ der thermische Einlauf gegenüber dem viskosen Einlauf vernachlässigbar. Bei hochviskosen Ölen ist dies wegen $\delta_\mathrm{T} \ll \delta$ umgekehrt.

Bei der erzwungenen Konvektionsströmung entspricht die Reynolds-Zahl Re_D der Grashof-Zahl Gr_L, die die freie Konvektionsströmung charakterisiert.

Für die **ausgebildete Rohrströmung** stellt sich das parabolische Geschwindigkeitsprofil ein:

$$\frac{u}{u_\mathrm{max}} = 1 - \left(\frac{r}{R}\right)^2 \quad , \tag{2.188}$$

mit dem Rohrradius R, der Maximalgeschwindigkeit $u_\mathrm{max} = \Delta p \cdot R^2/(4 \cdot \mu \cdot L) = 2 \cdot u_\mathrm{m}$ und dem konstanten Druckgradienten $\Delta p/L$. Das thermisch ausgebildete Temperaturprofil berechnet sich mit der Energiegleichung in Zylinderkoordinaten, die in Kapitel 3.3.1 abgeleitet wird:

$$u \cdot \frac{\partial T}{\partial x} = k \cdot \frac{1}{r} \cdot \frac{\partial}{\partial r}\left(r \cdot \frac{\partial T}{\partial r}\right) \quad . \tag{2.189}$$

Die mittlere Geschwindigkeit u_m und die mittlere Temperatur T_m ergeben sich mit:

$$u_\mathrm{m} = \frac{1}{\pi \cdot R^2} \cdot \int_0^R 2 \cdot \pi \cdot r \cdot u \cdot \mathrm{d}r \quad ,$$

$$T_\mathrm{m} = \frac{1}{u_\mathrm{m} \cdot \pi \cdot R^2} \cdot \int_0^R 2 \cdot \pi \cdot r \cdot u \cdot T \cdot \mathrm{d}r \quad .$$

Für den Fall **konstanter Wärmeübertragung** $q_\mathrm{w} = h \cdot (T_\mathrm{w} - T_\mathrm{m})$ ist bei der thermisch ausgebildeten Rohrströmung der Wärmeübergangskoeffizient h konstant:

$$h = \frac{q_\mathrm{w}}{T_\mathrm{w} - T_\mathrm{m}} = \frac{\lambda}{R} \cdot \left(\frac{\partial}{\partial\left(\frac{z}{R}\right)} \cdot \left(\frac{T_\mathrm{w} - T}{T_\mathrm{w} - T_\mathrm{m}}\right)\right)_\mathrm{w} \quad . \tag{2.190}$$

$(T_\mathrm{w} - T_\mathrm{m})$ ist konstant. Daraus resultiert:

$$\frac{\partial T}{\partial x} = \frac{\mathrm{d}T_\mathrm{w}}{\mathrm{d}x} = \frac{\mathrm{d}T_\mathrm{m}}{\mathrm{d}x} \quad .$$

In die Energiegleichung (2.189) eingesetzt, ergibt sich:

$$\frac{u}{k} \cdot \frac{\mathrm{d}T_\mathrm{m}}{\mathrm{d}x} = \frac{1}{r} \cdot \frac{\partial}{\partial r} \cdot \left(r \cdot \frac{\partial T}{\partial r}\right) \quad \text{für} \quad q_\mathrm{w} = \text{konst.} \quad . \tag{2.191}$$

Den Fall konstanter Wärmestromdichte findet man bei vielen technischen Anwendungen, wie z.B. bei der elektrischen Heizung, nuklearer Heizung oder bei Wärmetauschern.

Für die thermisch ausgebildete Rohrströmung gilt bei **vorgegebener Wandtemperatur** T_w

$$\frac{\partial T}{\partial x} = \frac{T_\mathrm{w} - T}{T_\mathrm{w} - T_\mathrm{m}} \cdot \frac{\mathrm{d}T_\mathrm{m}}{\mathrm{d}x} \quad .$$

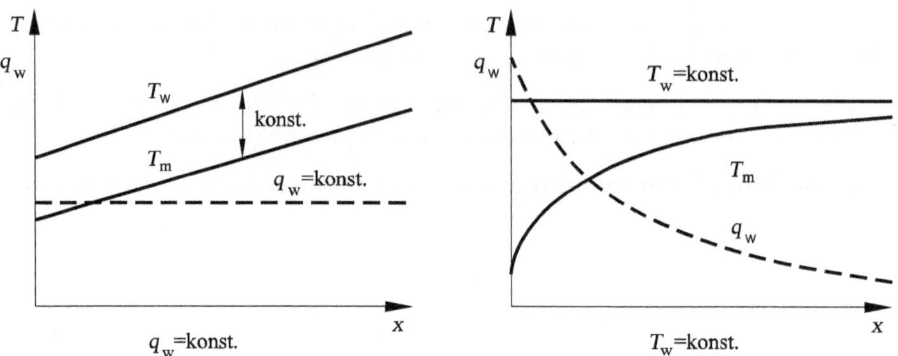

Abb. 2.138: Verlauf der mittleren T_{m} und Wandtemperatur T_{w} sowie des Wärmestroms q_{w} bei beheizter Rohrwand

Damit ergibt sich für die Energiegleichung (2.189)

$$\frac{u}{k} \cdot \left(\frac{T_{\mathrm{w}} - T}{T_{\mathrm{w}} - T_{\mathrm{m}}} \right) \cdot \frac{\mathrm{d}T_{\mathrm{m}}}{\mathrm{d}x} = \frac{1}{r} \cdot \frac{\partial}{\partial r} \cdot \left(r \cdot \frac{\partial T}{\partial r} \right) \quad \text{für} \quad T_{\mathrm{w}} = \text{konst.} \quad . \tag{2.192}$$

Abbildung 2.138 zeigt den Verlauf der Temperatur und des Wärmestroms. Im Falle $q_{\mathrm{w}} =$ konst. ist die Temperaturdifferenz $(T_{\mathrm{w}} - T_{\mathrm{m}}) =$ konst.. Im Fall $T_{\mathrm{w}} =$ konst. nimmt $(T_{\mathrm{w}} - T_{\mathrm{m}}(x))$ mit der Rohrlänge x ab, da $T_{\mathrm{m}}(x)$ aufgrund der Energiezufuhr anwächst. Für $q_{\mathrm{w}} =$ konst. ergibt sich die Nußelt-Zahl $Nu = 4.36$ und bei $T_{\mathrm{w}} =$ konst. der Wert $Nu = 3.66$.

Berücksichtigt man die Einlaufströmung der Abbildung 2.137, so erhält man die lokale Nußelt-Zahl entlang des Rohres mit dem Durchmesser $D = 2 \cdot R$. Die Abbildung 2.139 zeigt den Verlauf der lokalen Nußelt-Zahl Nu_L für $q_{\mathrm{w}} =$ konst. und $T_{\mathrm{w}} =$ konst. mit den Grenzfällen der hydrodynamischen und thermisch ausgebildeten Rohrströmung für das Medium Luft mit $Pr = 0.71$. Man erkennt, dass die thermische Einlaufstrecke L mit

$$\frac{L_{\mathrm{T}}}{D} \approx 0.05 \cdot Re_D \cdot Pr \tag{2.193}$$

angenähert werden kann. Für das Verhältnis der Einlaufstrecken gilt $L_{\mathrm{T}}/L \approx Pr$. Hochviskose Öle haben demzufolge große thermische Einlaufstrecken.

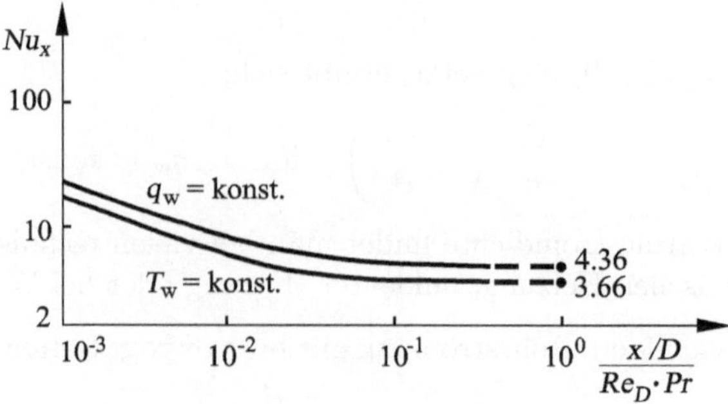

Abb. 2.139: Lokale Nußelt-Zahl in der Einlaufstrecke einer Rohrströmung, $Pr = 0.71$

Der Wärmeübergangskoeffizient ist im Einlaufbereich größer als im ausgebildeten Bereich. Dies ist verständlich, da die Grenzschicht im Einlaufbereich anwächst und demzufolge der lokale Wärmeübergang abfällt.

Der Vergleich mit Experimenten ergibt bei größeren Temperaturdifferenzen Abweichungen. Diese haben ihre Ursache in den bisher als konstant vorausgesetzten Stoffwerten. Bei großen Temperaturdifferenzen variieren die Viskosität und Wärmeleitfähigkeit über dem Rohrradius. Die Abbildung 2.140 zeigt den Einfluss veränderlicher Viskosität auf das Geschwindigkeitsprofil. Für $\mu_{\rm w} > \mu_{\rm m}$ wird aufgrund der Zunahme der Viskosität in Wandnähe bei Kühlung einer Flüssigkeit bzw. Heizung eines Gases das Geschwindigkeitsprofil schlanker. Für $\mu_{\rm w} < \mu_{\rm m}$ ist die Reibung in Wandnähe für beheizte Flüssigkeiten bzw. gekühlte Gase geringer, so dass das Geschwindigkeitsprofil völliger wird. Ein ähnliches Verhalten haben wir bereits bei der Rohrströmung Nicht-Newtonscher Fluide in Kapitel 2.4.5 kennengelernt.

Die **turbulente Rohrströmung** ohne Wärmezufuhr wurde bereits in Kapitel 2.4.4 Rohrhydraulik beschrieben. Für die rotationssymmetrische Rohrströmung konstanten Querschnitts gelten die folgenden Vereinfachungen für die turbulente Schubspannung $\tau(r)$:

$$\tau(r) = \tau_{\rm w} \cdot \frac{r}{R} = -\mu \cdot \frac{\partial \overline{u}}{\partial r} + \rho \cdot \overline{u' \cdot v'} = -(\mu + \rho \cdot \epsilon_\tau) \cdot \frac{\partial \overline{u}}{\partial r} \quad , \tag{2.194}$$

mit $\tau_{\rm w} = -({\rm d}p/{\rm d}x) \cdot R/2$ und für den Wärmestrom ergibt sich:

$$q(r) = \frac{2 \cdot q_{\rm w}}{u_{\rm m} \cdot r \cdot R} \cdot \int\limits_0^r \overline{u} \cdot r \cdot {\rm d}r = \lambda \cdot \frac{\partial \overline{T}}{\partial r} - \rho \cdot c_p \cdot \overline{T' \cdot v'} = (\lambda + \rho \cdot c_p \cdot \epsilon_{\rm q}) \cdot \frac{\partial \overline{T}}{\partial r} \quad , \tag{2.195}$$

mit den turbulenten Austauschgrößen ϵ_τ und $\epsilon_{\rm q}$.

Mit der vereinfachten Annahme vorgegebenen Wärmestroms $q_{\rm w} =$ konst. an der Rohrwand und damit der Vernachlässigung der konvektiven Terme in der Energiegleichung, benötigt man keine Information über das zeitlich gemittelte Geschwindigkeitsprofil. Es verbleibt die Lösung der vereinfachten Energiegleichung, die wir in Kapitel 3.3.2 noch genauer kennenlernen werden:

$$-(\lambda + \rho \cdot c_p \cdot \epsilon_{\rm q}) \cdot \frac{{\rm d}\overline{T}}{{\rm d}r} = -\mu \cdot c_p \cdot \left(\frac{1}{Pr} + \frac{\epsilon_\tau}{\nu \cdot Pr_{\rm t}} \right) \cdot \frac{{\rm d}\overline{T}}{{\rm d}r} \quad . \tag{2.196}$$

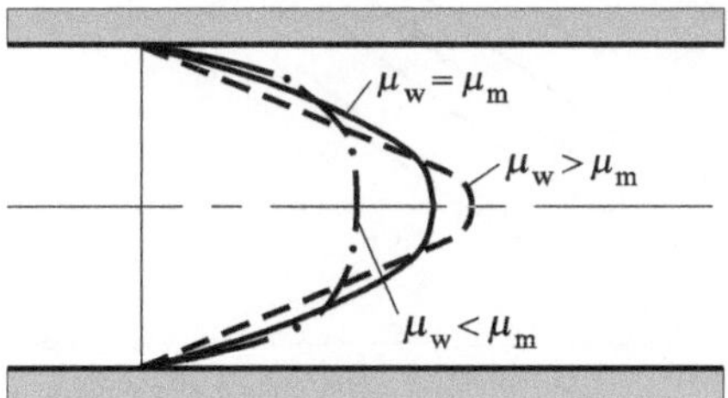

Abb. 2.140:Einfluss veränderlicher Viskosität auf das parabolische Geschwindigkeitsprofil

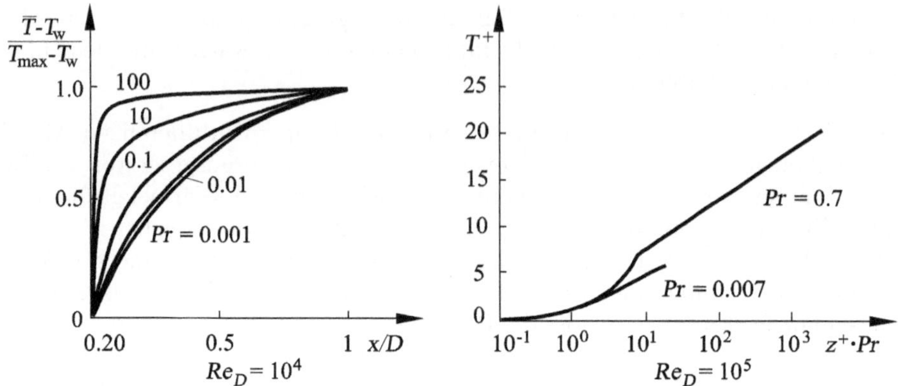

Abb. 2.141: Temperaturprofile der ausgebildeten turbulenten Rohrströmung für $q_w =$ konst.

Mit den dimensionslosen Variablen

$$z^+ = \frac{r \cdot u_\tau}{\nu} \quad , \quad T^+ = \frac{(T_w - \overline{T}) \cdot \rho \cdot c_p \cdot u_\tau}{q_w} \quad , \quad u_\tau = \sqrt{\frac{\tau_w}{\rho}} \tag{2.197}$$

und empirischen Ansätzen für Pr_t und ϵ_τ erhält man die Temperaturverteilungen der ausgebildeten Rohrströmung in Abbildung 2.141 für vorgegebenen Wärmestrom $q_w =$ konst. Im logarithmischen Bereich des zeitlich gemittelten Geschwindigkeitsprofils ist der molekulare Austausch näherungsweise gegenüber dem turbulenten Austausch vernachlässigbar. Dieser Bereich rückt mit wachsender Prandtl-Zahl immer näher an die Rohrwand. Die viskose Unterschicht wird dünner. Damit erhöht sich der Widerstand gegenüber der Wärmeleitung und die Temperaturprofile werden völliger, womit der Wärmeübergang demzufolge zunimmt. Die Abhängigkeit der gemittelten Nußelt-Zahl $Nu = (1/L) \cdot \int_0^L Nu_x \cdot dx$ von der Reynolds-Zahl Re_D und der Prandtl-Zahl Pr ist in Abbildung 2.142 dargestellt.

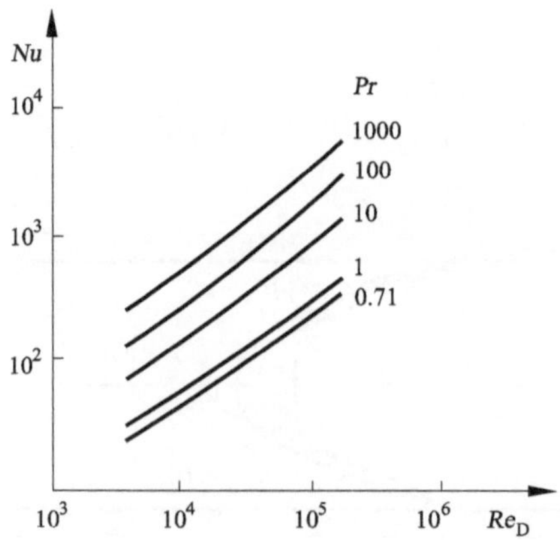

Abb. 2.142: Nußelt-Zahl der ausgebildeten turbulenten Rohrströmung für $q_w =$ konst.

In der Literatur gibt es eine Reihe von empirischen Beziehungen für die Nußelt-Zahl, die sowohl für konstanten Wärmestrom q_{w} als auch für konstante Wandtemperatur T_{w} verwendet werden. Ein Beispiel einer solchen Beziehung ist:

$$Nu = \frac{(Re_D - 1000) \cdot Pr \cdot \frac{\tau_{\mathrm{w}}}{\rho \cdot u_{\mathrm{m}}^2}}{1 + 12.7 \cdot \sqrt{\frac{\tau_{\mathrm{w}}}{\rho \cdot u_{\mathrm{m}}^2}} \cdot (Pr^{\frac{2}{3}} - 1)} \cdot \left(1 + \left(\frac{D}{l}\right)^{\frac{2}{3}}\right) \quad , \tag{2.198}$$

mit $\tau_{\mathrm{w}} = (\mathrm{d}p/\mathrm{d}x) \cdot R/2$.

3 Grundgleichungen der Strömungsmechanik

Nachdem die eindimensionale Theorie der reibungsfreien inkompressiblen und kompressiblen Strömung sowie die zweidimensionale Theorie der reibungsbehafteten Strömung und deren technische Anwendungen im vorangegangenen Kapitel behandelt wurden, gilt es in diesem Kapitel die allgemeinen Grundgleichungen der dreidimensionalen Strömung bereitzustellen. Diese bilden die Grundlage für die numerischen Lösungsmethoden im folgenden Kapitel 4, die heute in kommerzieller Strömungsmechanik Software genutzt werden. Sowohl der Naturwissenschaftler als auch der Ingenieur nutzen diese Software in der Praxis z. B. für die Wettervorhersage, die Berechnung des Erdmagnetfeldes, die Vorhersage von Erdbeben oder die Auslegung von Flugzeugen, Kraftfahrzeugen und Strömungsmaschinen.

Wir betrachten zur Ableitung der strömungsmechanischen Grundgleichungen die im vorigen Kapitel beschriebene Tragflügelströmung bzw. die Kraftfahrzeugumströmung und stellen uns ergänzend zur eindimensionalen Stromfadentheorie die Aufgabe, die Grundgleichungen aufzustellen, mit denen diese Strömungen berechnet werden können. Mit der Berechnung der Strömung sollen die drei Geschwindigkeitskomponenten u, v, w des Geschwindigkeitsvektors $\vec{v}$, die Dichte ρ, der Druck p und die Temperatur T der Strömung in Abhängigkeit von den drei kartesischen Koordinaten x, y und z ermittelt werden.

Es gelten die Erhaltungssätze für Masse, Impuls und Energie. Wir betrachten ein infinitesimal kleines Volumenelement, dessen linke vordere untere Ecke sich an einer beliebigen Stelle im Strömungsfeld mit den Koordinaten (x, y, z) befindet und dessen Kanten jeweils parallel zu den entsprechenden Koordinatenachsen sind (Abbildung 3.1). Das betrachtete Volumenelement ist raumfest, d. h. seine Begrenzungen bewegen sich nicht mit der Strömung mit.

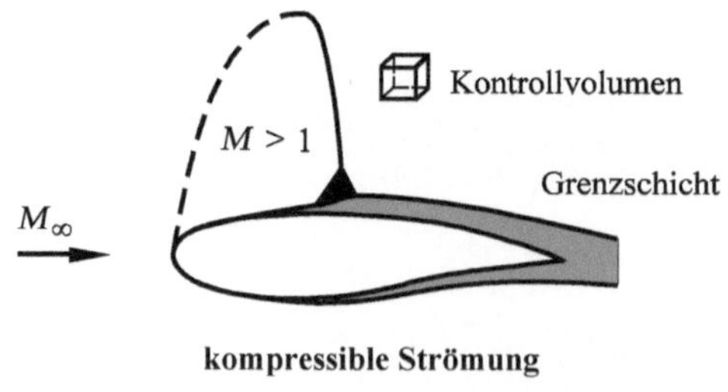

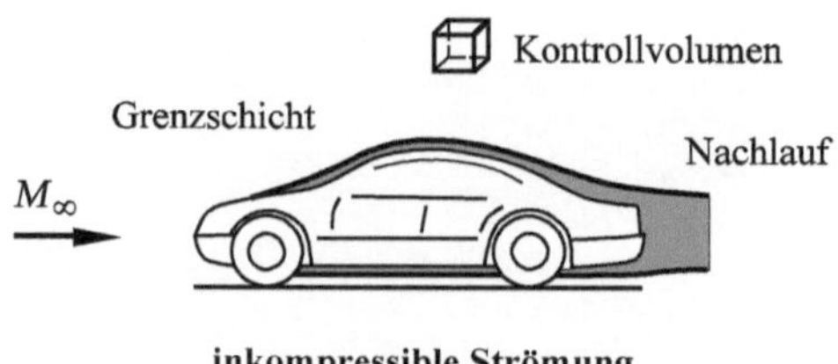

Abb. 3.1: Volumenelement in einer Tragflügel- und Kraftfahrzeugumströmung

Wir setzen voraus, dass das Fluid homogen ist, so dass es als Kontinuum behandelt werden kann.

Nacheinander werden nun die zeitlichen Änderungen von Masse, Impuls und Energie innerhalb des Volumenelements betrachtet. Wir beginnen mit der Betrachtung der zeitlichen Änderung der Masse und stellen als erste Gleichung die Kontinuitätsgleichung auf.

3.1 Kontinuitätsgleichung (Erhaltung der Masse)

Die zeitliche Änderung der Masse im Volumenelement =
$\sum$ der einströmenden Massenströme in das Volumenelement –
$\sum$ der ausströmenden Massenströme aus dem Volumenelement

In der Abbildung 3.2 ist das Volumenelement groß dargestellt. Seine Kanten besitzen die Längen $\mathrm{d}x$, $\mathrm{d}y$ und $\mathrm{d}z$. Durch die linke Oberfläche des Volumenelements mit der Fläche $\mathrm{d}y \cdot \mathrm{d}z$ tritt der Massenstrom $\rho \cdot u \cdot \mathrm{d}y \cdot \mathrm{d}z$ ein. Die Größe $\rho \cdot u$ ändert ihren Wert von der Stelle x zur Stelle $x + \mathrm{d}x$ in x-Richtung um $(\partial(\rho \cdot u)/\partial x) \cdot \mathrm{d}x$, so dass sich der durch die rechte Oberfläche $\mathrm{d}y \cdot \mathrm{d}z$ des Volumenelements austretende Massenstrom mit dem Ausdruck

$$(\rho \cdot u + \frac{\partial(\rho \cdot u)}{\partial x} \cdot \mathrm{d}x) \cdot \mathrm{d}y \cdot \mathrm{d}z$$

angeben lässt. Für die y- und z-Richtung gelten die analogen Größen auf den entsprechenden Oberflächen $\mathrm{d}x \cdot \mathrm{d}z$ und $\mathrm{d}x \cdot \mathrm{d}y$.

Die zeitliche Änderung der Masse innerhalb des betrachteten Volumenelements entspricht nach der Erhaltung der Masse der Differenz aus eintretenden und austretenden Massenströmen. Der Term

$$\frac{\partial(\rho \cdot \mathrm{d}x \cdot \mathrm{d}y \cdot \mathrm{d}z)}{\partial t} = \frac{\partial \rho}{\partial t} \cdot \mathrm{d}x \cdot \mathrm{d}y \cdot \mathrm{d}z$$

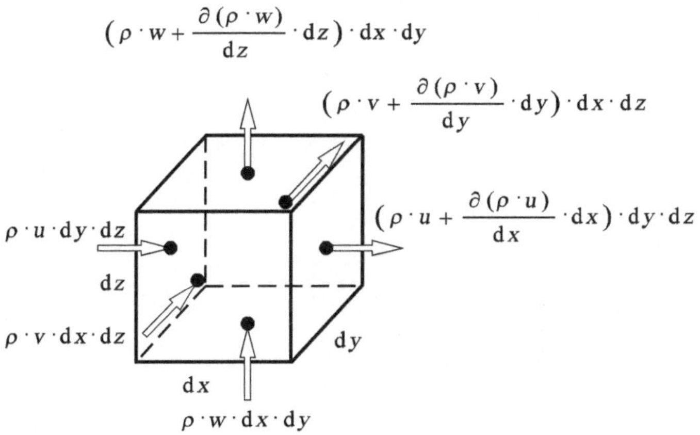

Abb. 3.2: Ein- und ausströmende Massenströme

entspricht dem mathematischen Ausdruck für die zeitliche Änderung der Masse im Volumenelement. Gemäß der vorigen Überlegungen gilt

$$\begin{aligned}\frac{\partial \rho}{\partial t} \cdot \mathrm{d}x \cdot \mathrm{d}y \cdot \mathrm{d}z = &\left(\rho \cdot u - (\rho \cdot u + \frac{\partial(\rho \cdot u)}{\partial x} \cdot \mathrm{d}x)\right) \cdot \mathrm{d}y \cdot \mathrm{d}z + \\ &\left(\rho \cdot v - (\rho \cdot v + \frac{\partial(\rho \cdot v)}{\partial y} \cdot \mathrm{d}y)\right) \cdot \mathrm{d}x \cdot \mathrm{d}z + \\ &\left(\rho \cdot w - (\rho \cdot w + \frac{\partial(\rho \cdot w)}{\partial z} \cdot \mathrm{d}z)\right) \cdot \mathrm{d}x \cdot \mathrm{d}y \quad .\end{aligned}$$

Damit erhält man die Kontinuitätsgleichung

$$\boxed{\frac{\partial \rho}{\partial t} + \frac{\partial(\rho \cdot u)}{\partial x} + \frac{\partial(\rho \cdot v)}{\partial y} + \frac{\partial(\rho \cdot w)}{\partial z} = 0} \quad . \tag{3.1}$$

Für ein inkompressibles Fluid vereinfacht sie sich zu

$$\boxed{\frac{\partial u}{\partial x} + \frac{\partial v}{\partial y} + \frac{\partial w}{\partial z} = 0} \quad . \tag{3.2}$$

In koordinatenfreier Vektorschreibweise lauten die hergeleiteten Gleichungen

$$\boxed{\frac{\partial \rho}{\partial t} + \nabla \cdot (\rho \cdot \vec{v}) = 0 \qquad \text{bzw.} \qquad \nabla \cdot \vec{v} = 0} \quad . \tag{3.3}$$

Mit dem Operator $\nabla \cdot$ ist die Divergenz des jeweiligen Vektors bezeichnet, auf den der Operator angewendet wird. Der Nabla-Operator ∇ enthält die folgenden Komponenten

$$\nabla = \left(\frac{\partial}{\partial x}, \frac{\partial}{\partial y}, \frac{\partial}{\partial z}\right)^T \quad .$$

3.2 Navier-Stokes Gleichungen (Erhaltung des Impulses)

3.2.1 Laminare Strömungen

Die zeitliche Änderung des Impulses im Volumenelement =
$\sum$ der eintretenden Impulsströme in das Volumenelement −
$\sum$ der ausströmenden Impulsströme aus dem Volumenelement +
$\sum$ der auf das Volumenelement wirkenden Scherkräfte, Normalspannungen+
$\sum$ der auf die Masse des Volumenelements wirkenden Kräfte.

Wir kommen wieder auf das in Abbildung 3.2 gezeigte Volumenelement im Strömungsfeld zurück und betrachten nun in analoger Weise zur Herleitung der Kontinuitätsgleichung die zeitliche Änderung des Impulses innerhalb des Volumenelements. Der Impuls entspricht dem Produkt aus Masse und Geschwindigkeit. Das Fluid innerhalb des Volumens besitzt also den Impuls $\rho \cdot \mathrm{d}x \cdot \mathrm{d}y \cdot \mathrm{d}z \cdot \vec{v}$, dessen zeitliche Änderung sich mit dem Ausdruck

$$\frac{\partial(\rho \cdot \mathrm{d}x \cdot \mathrm{d}y \cdot \mathrm{d}z \cdot \vec{v})}{\partial t} = \frac{\partial(\rho \cdot \vec{v})}{\partial t} \cdot \mathrm{d}x \cdot \mathrm{d}y \cdot \mathrm{d}z \tag{3.4}$$

beschreiben lässt.

Wir wollen zunächst nur eine Komponente des Impulsvektors $\rho \cdot \mathrm{d}x \cdot \mathrm{d}y \cdot \mathrm{d}z \cdot \vec{v}$ betrachten und zwar die Komponente, die in x-Richtung zeigt. Ihre zeitliche Änderung lässt sich wie folgt ausdrücken

$$\frac{\partial(\rho \cdot \mathrm{d}x \cdot \mathrm{d}y \cdot \mathrm{d}z \cdot u)}{\partial t} = \frac{\partial(\rho \cdot u)}{\partial t} \cdot \mathrm{d}x \cdot \mathrm{d}y \cdot \mathrm{d}z \quad . \tag{3.5}$$

Es stellt sich nun die Frage, wodurch sich der Impuls bzw. die Impulskomponente innerhalb des betrachteten Volumenelementes zeitlich ändert.

Ähnlich wie bei der Betrachtung der Massenströme tritt pro Zeiteinheit durch die Oberflächen des Volumenelements ein Impuls in das Volumen ein bzw. aus. Bei der Herleitung der Kontinuitätsgleichung verwendeten wir die Größe ρ (Masse pro Volumen). Nun benutzen wir die Größe $(\rho \cdot u)$ (Impuls pro Volumen) und können mit dieser Größe, analog zur Herleitung der Kontinuitätsgleichung, die ein- und ausströmenden Impulsströme angeben.

Wir betrachten dazu wieder das Volumenelement, das zusammen mit den Impulsströmen in der Abbildung 3.3 dargestellt ist. Weiterhin beschränken wir uns zunächst, wie bereits gesagt, auf die x-Richtung der zeitlichen Änderung des Impulses $\rho \cdot \mathrm{d}x \cdot \mathrm{d}y \cdot \mathrm{d}z \cdot \vec{v}$.

Durch die linke Oberfläche $\mathrm{d}y \cdot \mathrm{d}z$ des Volumenelements tritt der Impulsstrom

$$(\rho \cdot u) \cdot u \cdot \mathrm{d}y \cdot \mathrm{d}z = \rho \cdot u \cdot u \cdot \mathrm{d}y \cdot \mathrm{d}z \tag{3.6}$$

ein. Die Größe $\rho \cdot u \cdot u$ ändert ihren Wert in x-Richtung um

$$\frac{\partial(\rho \cdot u \cdot u)}{\partial x} \cdot \mathrm{d}x \quad , \tag{3.7}$$

so dass sich der auf der rechten Oberfläche $\mathrm{d}y \cdot \mathrm{d}z$ des Volumenelements austretende Impulsstrom mit dem Ausdruck

$$(\rho \cdot u \cdot u + \frac{\partial(\rho \cdot u \cdot u)}{\partial x} \cdot \mathrm{d}x) \cdot \mathrm{d}y \cdot \mathrm{d}z \tag{3.8}$$

bezeichnen lässt.

Weiterhin tritt der in x-Richtung wirkende Impuls $\rho \cdot u$ auch über die verbleibenden Oberflächen $\mathrm{d}x \cdot \mathrm{d}z$ und $\mathrm{d}x \cdot \mathrm{d}y$ ein bzw. aus, allerdings strömt er jeweils mit der Geschwindigkeitskomponente v bzw. w durch die Oberflächen.

Für die y- und z-Richtungen gelten die analogen Überlegungen, so dass sich insgesamt auf jeder Oberfläche drei Impulsströme angeben lassen (Abbildung 3.3).

Nun sind die ein- und ausströmenden Impulsströme nicht die alleinige Ursache für die zeitliche Änderung des Impulses innerhalb des Volumenelements. Der Impuls innerhalb

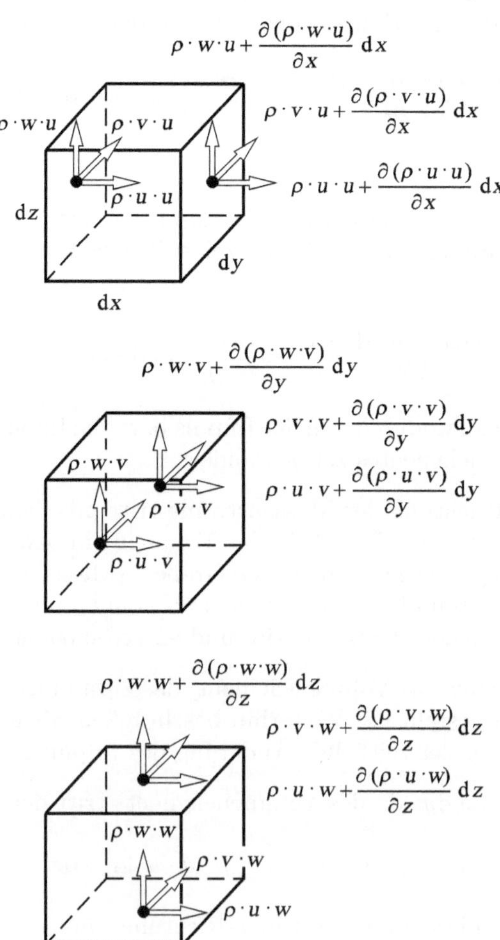

Abb. 3.3: Ein- und ausströmende Impulsströme

des Volumens wird zusätzlich durch die am Volumen angreifenden Kräfte geändert. Zu diesen Kräften gehören

- Normal- und Schubspannungen: Sie sind in Abbildung 3.4 dargestellt. Ihre Größen ändern sich in x-, y- und z-Richtung, so dass an den Stellen $x + \mathrm{d}x$, $y + \mathrm{d}y$ und $z + \mathrm{d}z$ jeweils ihre Größen plus der entsprechenden Änderungen eingezeichnet sind.

  Bezüglich der Bezeichnung und des Vorzeichens der Normal- und Schubspannungen treffen wir die folgenden Vereinbarungen: Der erste Index gibt an, auf welcher Oberfläche die Spannung wirkt. Zeigt die Normale der Oberfläche, auf der die betrachtete Spannung wirkt, z. B. in x-Richtung, so wird dies mit einem x als erstem Index gekennzeichnet. Der zweite Index gibt dann an, in welche Koordinatenrichtung die aus der Spannung resultierende Kraft wirkt (Abbildung 3.4).

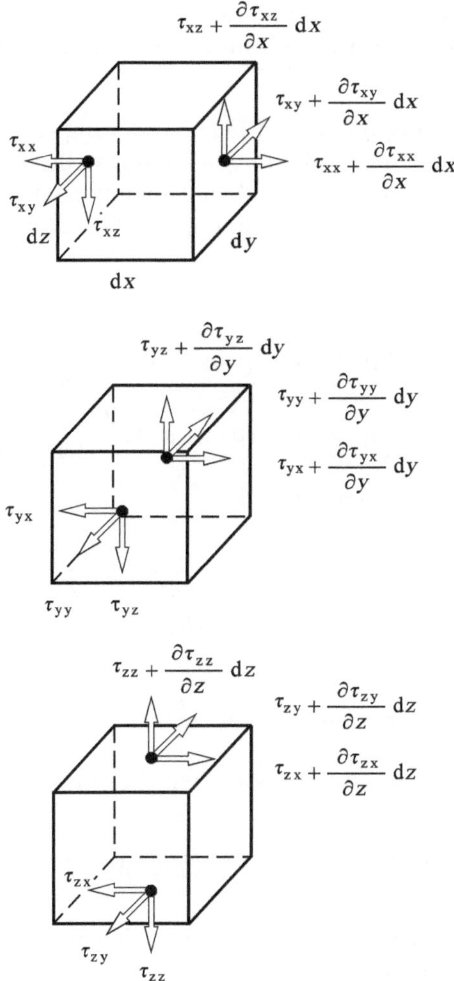

Abb. 3.4: Normal- und Schubspannungen

Eine Kraft zeigt zur Herleitung der Gleichungen in positive Koordinatenrichtung, wenn die Normale der Oberfläche in positive Koordinatenrichtung zeigt, sie zeigt in negative Richtung, wenn die Normale in negative Koordinatenrichtung weist.

- Volumenkräfte: Volumenkräfte sind die Kräfte, die auf die im Volumen befindliche Masse wirken. Zu ihnen gehört die Schwerkraft. Es können auch andere Volumenkräfte, wie z. B. elektrische und magnetische Kräfte, auf eine Strömung wirken. Wir bezeichnen sie mit $\vec{k} = (k_x, k_y, k_z)$. Die Einheit der Volumenkraft ist $\{N/m^3\}$.

Entsprechend unseres Leitsatzes gilt

Die zeitliche Änderung des Impulses im Volumenelement =
$\sum$ der eintretenden Impulsströme in das Volumenelement −
$\sum$ der ausströmenden Impulsströme aus dem Volumenelement +
$\sum$ der auf das Volumenelement wirkenden Scherkräfte, Normalspannungen+
$\sum$ der auf die Masse des Volumenelements wirkenden Kräfte.

Daraus resultiert die Gleichung für die zeitliche Änderung des u-**Impulses** auf. Gemäß des angegebenen Satzes und den in Abbildung 3.3 dargestellten Impulsströmen, sowie den in Abbildung 3.4 dargestellten Normal- und Schubspannungen, ergibt sich für die zeitliche Änderung des Impulses $\rho \cdot \mathrm{d}x \cdot \mathrm{d}y \cdot \mathrm{d}z \cdot u$ die folgende Gleichung:

$$
\begin{aligned}
\frac{\partial(\rho \cdot u)}{\partial t} \cdot \mathrm{d}x \cdot \mathrm{d}y \cdot \mathrm{d}z = & \left(\rho \cdot u \cdot u - (\rho \cdot u \cdot u + \frac{\partial(\rho \cdot u \cdot u)}{\partial x} \cdot \mathrm{d}x)\right) \cdot \mathrm{d}y \cdot \mathrm{d}z + \\
& \left(\rho \cdot u \cdot v - (\rho \cdot u \cdot v + \frac{\partial(\rho \cdot u \cdot v)}{\partial y} \cdot \mathrm{d}y)\right) \cdot \mathrm{d}x \cdot \mathrm{d}z + \\
& \left(\rho \cdot u \cdot w - (\rho \cdot u \cdot w + \frac{\partial(\rho \cdot u \cdot w)}{\partial z} \cdot \mathrm{d}z)\right) \cdot \mathrm{d}x \cdot \mathrm{d}y + \\
& k_x \cdot \mathrm{d}x \cdot \mathrm{d}y \cdot \mathrm{d}z + \\
& \left(-\tau_{xx} + (\tau_{xx} + \frac{\partial \tau_{xx}}{\partial x} \cdot \mathrm{d}x)\right) \cdot \mathrm{d}y \cdot \mathrm{d}z + \\
& \left(-\tau_{yx} + (\tau_{yx} + \frac{\partial \tau_{yx}}{\partial y} \cdot \mathrm{d}y)\right) \cdot \mathrm{d}x \cdot \mathrm{d}z + \\
& \left(-\tau_{zx} + (\tau_{zx} + \frac{\partial \tau_{zx}}{\partial z} \cdot \mathrm{d}z)\right) \cdot \mathrm{d}x \cdot \mathrm{d}y \quad . \qquad (3.9)
\end{aligned}
$$

Mit Vereinfachung der Gleichung (3.9) erhalten wir die erste vorläufige u-Impulsgleichung für die x-Richtung. Sie lautet

$$
\frac{\partial(\rho \cdot u)}{\partial t} + \frac{\partial(\rho \cdot u \cdot u)}{\partial x} + \frac{\partial(\rho \cdot u \cdot v)}{\partial y} + \frac{\partial(\rho \cdot u \cdot w)}{\partial z} = k_x + \frac{\partial \tau_{xx}}{\partial x} + \frac{\partial \tau_{yx}}{\partial y} + \frac{\partial \tau_{zx}}{\partial z} \quad . \qquad (3.10)
$$

Für die y- und z-Richtung erhalten wir mit einer analogen Rechnung die entsprechenden Gleichungen. Sie lauten wiederum

$$
\frac{\partial(\rho \cdot v)}{\partial t} + \frac{\partial(\rho \cdot v \cdot u)}{\partial x} + \frac{\partial(\rho \cdot v \cdot v)}{\partial y} + \frac{\partial(\rho \cdot v \cdot w)}{\partial z} = k_y + \frac{\partial \tau_{xy}}{\partial x} + \frac{\partial \tau_{yy}}{\partial y} + \frac{\partial \tau_{zy}}{\partial z} \quad ,
$$

$$\frac{\partial(\rho \cdot w)}{\partial t} + \frac{\partial(\rho \cdot w \cdot u)}{\partial x} + \frac{\partial(\rho \cdot w \cdot v)}{\partial y} + \frac{\partial(\rho \cdot w \cdot w)}{\partial z} = k_z + \frac{\partial \tau_{xz}}{\partial x} + \frac{\partial \tau_{yz}}{\partial y} + \frac{\partial \tau_{zz}}{\partial z} \quad .$$

Diese Gleichungen beinhalten bereits die gesamte Physik bezüglich der Änderung des Impulses im Volumenelement. Jedoch stellen sich nun noch die folgenden Fragen:

- In welchem Term finden wir die Größe des Flüssigkeitsdruckes bzw., wenn wir ein Gas betrachten, den thermodynamischen Druck wieder?
- Welcher Zusammenhang besteht zwischen den Spannungen τ und den Geschwindigkeitskomponenten u, v und w? Ein ähnlicher Zusammenhang, ist uns bereits mit dem Newtonschen Reibungsgesetz $\tau = \mu \cdot (\partial u / \partial z)$ bekannt.

Wir diskutieren zunächst die erste Frage. In einer reibungfreien Außenströmung verschwinden alle Schubspannungen und es wirken nur noch die Normalspannungen, die wiederum alle gleich sind und dem Flüssigkeitsdruck bzw. im Falle eines Gases, dem thermodynamischen Druck entsprechen. Deshalb ist es zweckmäßig, den Druck wie folgt zu definieren

$$p = -\frac{\tau_{xx} + \tau_{yy} + \tau_{zz}}{3} \quad . \tag{3.11}$$

Das Minuszeichen berücksichtigt, dass der Druck als negative Normalspannung wirkt.

Die drei Normalspannungen τ_{xx}, τ_{yy} und τ_{zz} werden jeweils in zwei Anteile aufgespalten und zwar in einen Anteil p, der als Druck bezeichnet wird und in einen weiteren Anteil, der mit den Reibungseffekten des Fluids zusammenhängt und den wir nachfolgend, entsprechend der jeweiligen Richtung, mit σ_{xx}, σ_{yy} bzw. σ_{zz} bezeichnen werden. Drücken wir dies formelmäßig aus, erhalten wir

$$\tau_{xx} = \sigma_{xx} - p \quad , \qquad \tau_{yy} = \sigma_{yy} - p \quad , \qquad \tau_{zz} = \sigma_{zz} - p \quad . \tag{3.12}$$

Setzen wir τ_{xx}, τ_{yy} und τ_{zz} gemäß der Gleichungen (3.12) in die entsprechenden Gleichungen ein, ergibt sich

$$\frac{\partial(\rho \cdot u)}{\partial t} + \frac{\partial(\rho \cdot u^2)}{\partial x} + \frac{\partial(\rho \cdot u \cdot v)}{\partial y} + \frac{\partial(\rho \cdot u \cdot w)}{\partial z} = k_x - \frac{\partial p}{\partial x} + \frac{\partial \sigma_{xx}}{\partial x} + \frac{\partial \tau_{yx}}{\partial y} + \frac{\partial \tau_{zx}}{\partial z} \quad , \tag{3.13}$$

$$\frac{\partial(\rho \cdot v)}{\partial t} + \frac{\partial(\rho \cdot v \cdot u)}{\partial x} + \frac{\partial(\rho \cdot v^2)}{\partial y} + \frac{\partial(\rho \cdot v \cdot w)}{\partial z} = k_y - \frac{\partial p}{\partial y} + \frac{\partial \tau_{xy}}{\partial x} + \frac{\partial \sigma_{yy}}{\partial y} + \frac{\partial \tau_{zy}}{\partial z} \quad , \tag{3.14}$$

$$\frac{\partial(\rho \cdot w)}{\partial t} + \frac{\partial(\rho \cdot w \cdot u)}{\partial x} + \frac{\partial(\rho \cdot w \cdot v)}{\partial y} + \frac{\partial(\rho \cdot w^2)}{\partial z} = k_z - \frac{\partial p}{\partial z} + \frac{\partial \tau_{xz}}{\partial x} + \frac{\partial \tau_{yz}}{\partial y} + \frac{\partial \sigma_{zz}}{\partial z} \quad . \tag{3.15}$$

Es bleibt nun noch übrig die zweite Frage zu beantworten. Wir suchen also den Zusammenhang zwischen den Spannungen σ bzw. τ und den Geschwindigkeitskomponenten u, v und w. Es geht um die Erweiterung des Newtonschen Reibungsgesetzes $\tau = \mu \cdot (\mathrm{d}u/\mathrm{d}z)$, das einen linearen Ansatz zwischen den Geschwindigkeitsgradienten $\mathrm{d}u/\mathrm{d}z$ und der Schubspannung τ postuliert. Der nun folgende weiterreichende und für dreidimensionale Strömungen anzuwendende Stokessche Reibungsansatz, auf den wir nicht weiter eingehen wollen, beinhaltet das Newtonsche Reibungsgesetz. Er lautet

$$\sigma_{xx} = 2 \cdot \mu \cdot \frac{\partial u}{\partial x} - \frac{2}{3} \cdot \mu \cdot \left(\frac{\partial u}{\partial x} + \frac{\partial v}{\partial y} + \frac{\partial w}{\partial z} \right) \quad ,$$

$$\sigma_{yy} = 2 \cdot \mu \cdot \frac{\partial v}{\partial y} - \frac{2}{3} \cdot \mu \cdot \left(\frac{\partial u}{\partial x} + \frac{\partial v}{\partial y} + \frac{\partial w}{\partial z} \right) \quad ,$$

$$\sigma_{zz} = 2 \cdot \mu \cdot \frac{\partial w}{\partial z} - \frac{2}{3} \cdot \mu \cdot \left(\frac{\partial u}{\partial x} + \frac{\partial v}{\partial y} + \frac{\partial w}{\partial z} \right) \quad , \tag{3.16}$$

$$\tau_{yx} = \tau_{xy} = \mu \cdot \left(\frac{\partial v}{\partial x} + \frac{\partial u}{\partial y} \right) \quad , \qquad \tau_{yz} = \tau_{zy} = \mu \cdot \left(\frac{\partial w}{\partial y} + \frac{\partial v}{\partial z} \right) \quad ,$$

$$\tau_{zx} = \tau_{xz} = \mu \cdot \left(\frac{\partial u}{\partial z} + \frac{\partial w}{\partial x} \right) \quad .$$

Der Stokessche Reibungsansatz erfüllt die folgende Symmetriebedingung

$$\tau_{yx} = \tau_{xy} \quad , \qquad \tau_{yz} = \tau_{zy} \quad , \qquad \tau_{zx} = \tau_{xz} \quad . \tag{3.17}$$

Eine Möglichkeit zum Nachweis dieser Symmetrie kann mit dem Aufstellen eines Momentengleichgewichts für die im Volumenelement enthaltene Masse erfolgen. Diese Betrachtung wird im Buch von *H. Schlichting, K. Gersten* 2006 erläutert, in dem auch der Stokessche Reibungsansatz erklärt wird.

Setzen wir die Normal- und Schubspannungen gemäß der Gleichungen (3.16) in die Impulsgleichungen (3.13), (3.14) und (3.15) ein, erhalten wir die Impulsgleichungen in Form der Navier-Stokes Gleichungen. Sie lauten

$$\frac{\partial(\rho \cdot u)}{\partial t} + \frac{\partial(\rho \cdot u^2)}{\partial x} + \frac{\partial(\rho \cdot u \cdot v)}{\partial y} + \frac{\partial(\rho \cdot u \cdot w)}{\partial z} = k_x - \frac{\partial p}{\partial x} +$$
$$\frac{\partial}{\partial x} \left[\mu \cdot \left(2 \cdot \frac{\partial u}{\partial x} - \frac{2}{3} \cdot (\nabla \cdot \vec{\boldsymbol{v}}) \right) \right] + \frac{\partial}{\partial y} \left[\mu \cdot \left(\frac{\partial u}{\partial y} + \frac{\partial v}{\partial x} \right) \right] + \frac{\partial}{\partial z} \left[\mu \cdot \left(\frac{\partial w}{\partial x} + \frac{\partial u}{\partial z} \right) \right] \quad ,$$

$$\frac{\partial(\rho \cdot v)}{\partial t} + \frac{\partial(\rho \cdot v \cdot u)}{\partial x} + \frac{\partial(\rho \cdot v^2)}{\partial y} + \frac{\partial(\rho \cdot v \cdot w)}{\partial z} = k_y - \frac{\partial p}{\partial y} +$$
$$\frac{\partial}{\partial x} \left[\mu \cdot \left(\frac{\partial u}{\partial y} + \frac{\partial v}{\partial x} \right) \right] + \frac{\partial}{\partial y} \left[\mu \cdot \left(2 \cdot \frac{\partial v}{\partial y} - \frac{2}{3} \cdot (\nabla \cdot \vec{\boldsymbol{v}}) \right) \right] + \frac{\partial}{\partial z} \left[\mu \cdot \left(\frac{\partial v}{\partial z} + \frac{\partial w}{\partial y} \right) \right] \quad ,$$

$$\frac{\partial(\rho \cdot w)}{\partial t} + \frac{\partial(\rho \cdot w \cdot u)}{\partial x} + \frac{\partial(\rho \cdot w \cdot v)}{\partial y} + \frac{\partial(\rho \cdot w^2)}{\partial z} = k_z - \frac{\partial p}{\partial z} +$$
$$\frac{\partial}{\partial x}\left[\mu \cdot \left(\frac{\partial w}{\partial x} + \frac{\partial u}{\partial z}\right)\right] + \frac{\partial}{\partial y}\left[\mu \cdot \left(\frac{\partial v}{\partial z} + \frac{\partial w}{\partial y}\right)\right] + \frac{\partial}{\partial z}\left[\mu \cdot \left(2 \cdot \frac{\partial w}{\partial z} - \frac{2}{3} \cdot (\nabla \cdot \vec{v})\right)\right] \quad .$$

Der Ausdruck $\nabla \cdot \vec{v}$ entspricht der Divergenz des Geschwindigkeitsvektors $\vec{v}$, d. h.

$$\nabla \cdot \vec{v} = \frac{\partial u}{\partial x} + \frac{\partial v}{\partial y} + \frac{\partial w}{\partial z} \quad .$$

Wir wollen nun noch mit einer einfachen Rechnung die linke Seite der ersten Navier-Stokes Gleichung anders schreiben. Auf analoge Weise lassen sich die linken Seiten der restlichen Navier-Stokes Gleichungen umschreiben. Mit der Anwendung der Produktregel erhalten wir für die linke Seite der ersten Navier-Stokes Gleichung

$$\frac{\partial(\rho \cdot u)}{\partial t} + \frac{\partial(\rho \cdot u^2)}{\partial x} + \frac{\partial(\rho \cdot u \cdot v)}{\partial y} + \frac{\partial(\rho \cdot u \cdot w)}{\partial z} =$$

$$\rho \cdot \frac{\partial u}{\partial t} + u \cdot \frac{\partial \rho}{\partial t} + u \cdot \frac{\partial(\rho \cdot u)}{\partial x} + \rho \cdot u \cdot \frac{\partial u}{\partial x} +$$

$$u \cdot \frac{\partial(\rho \cdot v)}{\partial y} + \rho \cdot v \cdot \frac{\partial u}{\partial y} + u \cdot \frac{\partial(\rho \cdot w)}{\partial z} + \rho \cdot w \cdot \frac{\partial u}{\partial z} =$$

$$\rho \cdot \left(\frac{\partial u}{\partial t} + u \cdot \frac{\partial u}{\partial x} + v \cdot \frac{\partial u}{\partial y} + w \cdot \frac{\partial u}{\partial z}\right) +$$

$$u \cdot \left(\frac{\partial \rho}{\partial t} + \frac{\partial(\rho \cdot u)}{\partial x} + \frac{\partial(\rho \cdot v)}{\partial y} + \frac{\partial(\rho \cdot w)}{\partial z}\right) \quad .$$

Der letzte Klammerausdruck verschwindet wegen der Kontinuitätsgleichung (3.1), so dass gilt

$$\frac{\partial(\rho \cdot u)}{\partial t} + \frac{\partial(\rho \cdot u^2)}{\partial x} + \frac{\partial(\rho \cdot u \cdot v)}{\partial y} + \frac{\partial(\rho \cdot u \cdot w)}{\partial z} =$$
$$\rho \cdot \left(\frac{\partial u}{\partial t} + u \cdot \frac{\partial u}{\partial x} + v \cdot \frac{\partial u}{\partial y} + w \cdot \frac{\partial u}{\partial z}\right) \quad .$$

Für die linken Seiten der restlichen Navier-Stokes Gleichungen gilt entsprechend

$$\frac{\partial(\rho \cdot v)}{\partial t} + \frac{\partial(\rho \cdot v \cdot u)}{\partial x} + \frac{\partial(\rho \cdot v^2)}{\partial y} + \frac{\partial(\rho \cdot v \cdot w)}{\partial z} =$$
$$\rho \cdot \left(\frac{\partial v}{\partial t} + u \cdot \frac{\partial v}{\partial x} + v \cdot \frac{\partial v}{\partial y} + w \cdot \frac{\partial v}{\partial z}\right) \quad ,$$

$$\frac{\partial(\rho \cdot w)}{\partial t} + \frac{\partial(\rho \cdot w \cdot u)}{\partial x} + \frac{\partial(\rho \cdot w \cdot v)}{\partial y} + \frac{\partial(\rho \cdot w^2)}{\partial z} =$$

$$\rho \cdot \left(\frac{\partial w}{\partial t} + u \cdot \frac{\partial w}{\partial x} + v \cdot \frac{\partial w}{\partial y} + w \cdot \frac{\partial w}{\partial z} \right) \quad .$$

Die Navier-Stokes Gleichungen lauten also in ihrer endgültigen Form für eine instationäre dreidimensionale und **kompressible** Strömung

$$\begin{aligned}
&\rho \cdot \left(\frac{\partial u}{\partial t} + u \cdot \frac{\partial u}{\partial x} + v \cdot \frac{\partial u}{\partial y} + w \cdot \frac{\partial u}{\partial z} \right) = k_x - \frac{\partial p}{\partial x} + \\
&\quad \frac{\partial}{\partial x} \left[\mu \cdot \left(2 \cdot \frac{\partial u}{\partial x} - \frac{2}{3} \cdot (\nabla \cdot \vec{v}) \right) \right] + \\
&\quad \frac{\partial}{\partial y} \left[\mu \cdot \left(\frac{\partial u}{\partial y} + \frac{\partial v}{\partial x} \right) \right] + \frac{\partial}{\partial z} \left[\mu \cdot \left(\frac{\partial w}{\partial x} + \frac{\partial u}{\partial z} \right) \right] \quad , \\
&\rho \cdot \left(\frac{\partial v}{\partial t} + u \cdot \frac{\partial v}{\partial x} + v \cdot \frac{\partial v}{\partial y} + w \cdot \frac{\partial v}{\partial z} \right) = k_y - \frac{\partial p}{\partial y} + \\
&\quad \frac{\partial}{\partial x} \left[\mu \cdot \left(\frac{\partial u}{\partial y} + \frac{\partial v}{\partial x} \right) \right] + \\
&\quad \frac{\partial}{\partial y} \left[\mu \cdot \left(2 \cdot \frac{\partial v}{\partial y} - \frac{2}{3} \cdot (\nabla \cdot \vec{v}) \right) \right] + \frac{\partial}{\partial z} \left[\mu \cdot \left(\frac{\partial v}{\partial z} + \frac{\partial w}{\partial y} \right) \right] \quad ,
\end{aligned} \tag{3.18}$$

$$\begin{aligned}
&\rho \cdot \left(\frac{\partial w}{\partial t} + u \cdot \frac{\partial w}{\partial x} + v \cdot \frac{\partial w}{\partial y} + w \cdot \frac{\partial w}{\partial z} \right) = k_z - \frac{\partial p}{\partial z} + \\
&\quad \frac{\partial}{\partial x} \left[\mu \cdot \left(\frac{\partial w}{\partial x} + \frac{\partial u}{\partial z} \right) \right] + \\
&\quad \frac{\partial}{\partial y} \left[\mu \cdot \left(\frac{\partial v}{\partial z} + \frac{\partial w}{\partial y} \right) \right] + \frac{\partial}{\partial z} \left[\mu \cdot \left(2 \cdot \frac{\partial w}{\partial z} - \frac{2}{3} \cdot (\nabla \cdot \vec{v}) \right) \right] \quad .
\end{aligned}$$

Die Navier-Stokes Gleichungen bilden zusammen mit der Kontinuitätsgleichung (3.1) und der Energiegleichung, die noch hergeleitet wird, die Grundgleichungen der Strömungsmechanik. Aus ihnen lassen sich weitere vereinfachte Gleichungen zur Berechnung von technisch interessierenden Strömungen ableiten, von denen die wichtigsten in diesem Lehrbuch noch beschrieben werden.

Wir beschränken uns zunächst auf Newtonsche Medien ($\mu \neq \mathrm{f}(\tau)$) und auf **inkompressible** Strömungen. Die Gleichungen (3.18) vereinfachen sich dann auf die folgenden Gleichungen (gemäß der Kontinuitätsgleichung (3.2) gilt $\nabla \cdot \vec{v} = 0$)

$$\begin{aligned}
\rho \cdot \left(\frac{\partial u}{\partial t} + u \cdot \frac{\partial u}{\partial x} + v \cdot \frac{\partial u}{\partial y} + w \cdot \frac{\partial u}{\partial z} \right) &= k_x - \frac{\partial p}{\partial x} + \mu \cdot \left(\frac{\partial^2 u}{\partial x^2} + \frac{\partial^2 u}{\partial y^2} + \frac{\partial^2 u}{\partial z^2} \right) \quad , \\
\rho \cdot \left(\frac{\partial v}{\partial t} + u \cdot \frac{\partial v}{\partial x} + v \cdot \frac{\partial v}{\partial y} + w \cdot \frac{\partial v}{\partial z} \right) &= k_y - \frac{\partial p}{\partial y} + \mu \cdot \left(\frac{\partial^2 v}{\partial x^2} + \frac{\partial^2 v}{\partial y^2} + \frac{\partial^2 v}{\partial z^2} \right) \quad , \\
\rho \cdot \left(\frac{\partial w}{\partial t} + u \cdot \frac{\partial w}{\partial x} + v \cdot \frac{\partial w}{\partial y} + w \cdot \frac{\partial w}{\partial z} \right) &= k_z - \frac{\partial p}{\partial z} + \mu \cdot \left(\frac{\partial^2 w}{\partial x^2} + \frac{\partial^2 w}{\partial y^2} + \frac{\partial^2 w}{\partial z^2} \right) \quad ,
\end{aligned} \qquad (3.19)$$

die wir in koordinatenfreier Schreibweise der Vektoranalysis wie folgt zusammenfassen können:

$$\boxed{\rho \cdot \left(\frac{\partial \vec{v}}{\partial t} + (\vec{v} \cdot \nabla)\vec{v} \right) = \vec{k} - \nabla p + \mu \cdot \Delta \vec{v}} \quad . \qquad (3.20)$$

In Gleichung (3.20) steht ∇p für den Gradienten von p und $(\vec{v} \cdot \nabla)$ für das Skalarprodukt aus Geschwindigkeitsvektor und Nabla-Operator. Dies ergibt den Konvektionsoperator, der auf jede Komponente des Geschwindigkeitsvektors $\vec{v}$ angewandt wird. $\Delta \vec{v}$ steht für den auf $\vec{v}$ angewandten Laplace-Operator. Für diese Abkürzungen gelten gemäß der Schreibweise der Vektoranalysis die folgenden Vereinbarungen

$$\begin{gathered}
\nabla p = \left(\frac{\partial p}{\partial x}, \frac{\partial p}{\partial y}, \frac{\partial p}{\partial z} \right)^T \quad , \qquad \vec{v} \cdot \nabla = u \cdot \frac{\partial}{\partial x} + v \cdot \frac{\partial}{\partial y} + w \cdot \frac{\partial}{\partial z} \quad , \\
\Delta \vec{v} = \frac{\partial^2 \vec{v}}{\partial x^2} + \frac{\partial^2 \vec{v}}{\partial y^2} + \frac{\partial^2 \vec{v}}{\partial z^2} \quad .
\end{gathered} \qquad (3.21)$$

Die Gleichungen (3.19) bilden zusammen mit der Kontinuitätsgleichung (3.2)

$$\nabla \cdot \vec{v} = 0 \qquad (3.22)$$

ein Gleichungssystem, bestehend aus **vier** skalaren partiellen nichtlinearen Differentialgleichungen von zweiter Ordnung, für die **vier** Unbekannten u, v, w und p, das für vorgegebene Anfangs- und Randbedingungen gelöst werden muss. Auf die Lösungsmethoden wird in diesem Buch später noch eingegangen.

Die Bedeutung der einzelnen Terme der Navier-Stokes-Gleichung (3.20) sowie deren Vereinfachungen für Strömungsbeispiele, die in Kapitel 2 behandelt wurden, sind in Abbildung 3.5 dargestellt. Dabei werden die Volumenkräfte $\vec{k}$ vernachlässigt. Die linke Seite der Navier-Stokes-Gleichung beschreibt die lokale und konvektive Beschleunigung, die wir bereits in Kapitel 2.3.1 kennen gelernt haben. Auch bei einer stationären Strömung mit $\partial \vec{v} / \partial t = 0$ erfährt die Strömung eine konvektive Beschleunigung aufgrund der sich mit dem Ort ändernden Strömungsgrößen. Die Ursache der Strömungsbeschleunigung sind die Druck- und Reibungskräfte. Bei einer stationären ausgebildeten Rohrströmung findet keine Beschleunigung statt. Die Druckkraft ist konstant und man erhält in Zylinderkoordinaten Gleichung (2.63). Die ebene Kanalströmung führt nach zweimaliger Integration auf das parabolische Geschwindigkeitsprofil (2.66) der Poiseuille-Strömung.

Für die stationäre Plattengrenzschichtströmung wird der Druck von außen aufgeprägt und es ergibt sich die vereinfachte Navier-Stokes-Gleichung der Blasius-Grenzschicht

$$\rho \cdot (\vec{v} \cdot \nabla)\vec{v} = \mu \cdot \Delta \vec{v} \quad .$$

Bei der stationären Zylinderströmung ist die Druckkraft zusätzlich zu berücksichtigen und es gilt die Navier-Stokes-Gleichung

$$\rho \cdot (\vec{v} \cdot \nabla)\vec{v} = -\nabla p + \mu \cdot \Delta \vec{v} \quad .$$

Für die Berechnung der periodischen Wirbelablösung der Kármánschen Wirbelstraße sowie der instationären Ablösung am Profil sind alle Terme der Navier-Stokes-Gleichung (3.20) zu berücksichtigen. Analytische Lösungen der Navier-Stokes-Gleichung existieren für die Strömungsbeispiele nicht. Man ist auf numerische Näherungslösungen angewiesen, die in Kapitel 4.2 beschrieben werden.

Betrachten wir ein Fluidelement, dann ist unmittelbar ersichtlich, dass Druckkräfte das Fluidelement in Richtung der Kraft verschieben und dabei verformen. Die Schubkräfte führen dagegen zu einer zusätzlichen Drehung des Fluidelementes. Dies ist für eine Grenzschicht in Abbildung 3.6 skizziert. In der reibungsfreien Außenströmung wird dem Fluidelement keine Drehung überlagert, während die Strömung in der reibungsbehafteten Grenzschicht drehungsbehaftet ist.

Der Drehvektor $\vec{\omega}$ berechnet sich aus dem Geschwindigkeitsvektor mit

$$\vec{\omega} = \nabla \times \vec{v} \quad ,$$

	$\frac{\partial \vec{v}}{\partial t}$ +	$\vec{v} \cdot \nabla \vec{v}$ =	$-\nabla p$ +	$\frac{1}{Re_L} \Delta \vec{v}$
Strömung	lokale Beschleunigung	konvektive Beschleunigung	Druck	Reibung
Rohrströmung			√	√
Plattengrenzschicht		√		√
Zylinderumströmung		√	√	√
Kármánsche Wirbelstraße	√	√	√	√
Profilumströmung	√	√	√	√

Abb. 3.5: Vereinfachungen der Navier-Stokes-Gleichung der inkompressiblen Strömung

mit den Komponenten in Kartesischen Koordinaten

$$\omega_x = \frac{\partial w}{\partial y} - \frac{\partial v}{\partial z} \quad ,$$
$$\omega_y = \frac{\partial u}{\partial z} - \frac{\partial w}{\partial x} \quad ,$$
$$\omega_z = \frac{\partial v}{\partial x} - \frac{\partial u}{\partial y} \quad .$$

Integriert man ω über eine vorgegebene Oberfläche O erhält man die Zirkulation der Strömung in diesem Bereich

$$\Gamma = \int\limits_O \vec{\omega} \mathrm{d}O = \oint_L \vec{v} \mathrm{d}s \quad .$$

Wird die Oberfläche ω von einer Linie L umschlossen, lässt sich das Oberflächenintegral mit dem Satz von Stokes in ein Linienintegral überführen. Die Zirkulation *Gamma* charakterisiert die Drehung im Strömungsfeld.

Betrachten wir ein **kompressibles Fluid**, so haben wir als zusätzliche Unbekannte noch die Dichte ρ zu berücksichtigen. Dazu benötigen wir dann noch eine weitere Gleichung und zwar die **Energiegleichung**, deren Herleitung noch erläutert wird.

Kompressible **Strömungen mit Wärmeübergang**, die wir in Kapitel 2.4.6 kennengelernt haben, können unter Voraussetzung der Boussinesq-Annahme mit der Navier-Stokes-Gleichung (3.20) berechnet werden. Dabei wird die Dichteänderung infolge Druckänderung vernachlässigt. Infolge der Wärmeausdehnung ändert sich die Dichte jedoch mit der Temperatur. Bei Konvektionsströmungen ist dies die Ursache für die Auftriebskraft $\rho(T) \cdot \vec{g}$.

Im Rahmen der Boussinesq-Approximation wird die Dichteänderung nur im Auftriebsterm berücksichtigt und in allen anderen Termen vernachlässigt. Dabei ist der Ansatz für die Dichte:

$$\rho(T) = \rho_0 \cdot (1 - \alpha \cdot (T - T_0)) \quad , \tag{3.23}$$

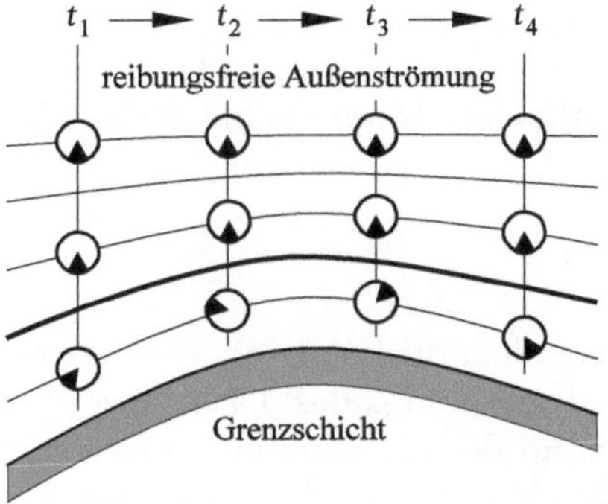

Abb. 3.6: Drehung einer Strömung in einer Grenzschicht

mit dem Wärmeausdehnungskoeffizienten α, einer Bezugsdichte ρ_0 und einer Bezugstemperatur T_0. Die Zähigkeit wird als konstant angenommen. Zusätzlich wird die Dissipation vernachlässigt. Unter diesen Voraussetzungen erhält man die Navier-Stokes-Gleichung

$$\rho \cdot \left(\frac{\partial \vec{v}}{\partial t} + (\vec{v} \cdot \nabla)\vec{v} \right) = -\nabla p + \mu \cdot \Delta \vec{v} - \rho \cdot \vec{g} \quad . \tag{3.24}$$

Hinzu kommt die Energiegleichung, die in Kapitel 3.3.1 behandelt wird.

3.2.2 Reynolds-Gleichungen für turbulente Strömungen

In den vorigen Abschnitten haben wir die Navier-Stokes Gleichungen für laminare Strömungen hergeleitet. Diese Gleichungen sind, zumindest aus der Sicht des Ingenieurs, als exakt anzusehen. Wenn wir sie mit analytischen oder numerischen Methoden für alle technischen Probleme lösen könnten, so könnten wir an dieser Stelle das Kapitel *Grundgleichungen der Strömungsmechanik* beenden und zu den Lösungsverfahren übergehen.

Die Gleichungen sind aber für die Mehrzahl der technischen Probleme nur näherungsweise lösbar und deshalb gibt es eine Reihe von modifizierten und vereinfachten Gleichungen, mit denen man das Wesentliche der Strömungsphysik erfassen und berechnen kann. Als Ingenieur muss man lernen, ein Strömungsproblem zu beurteilen um auf dieses die geeignet vereinfachten Gleichungen anzuwenden, so dass die Strömung genau berechnet bzw. mit der entsprechenden Software (Kapitel 5) auf einem Rechner simuliert werden kann.

Wir denken in diesem Zusammenhang an die in Kapitel 2 diskutierten Strömungsprobleme. Auf dem Tragflügel sind die Grenzschichten und die Nachlaufströmung für Reynolds-Zahlen größer $5 \cdot 10^5$ turbulent. Die Strömung um ein Kraftfahrzeug wird ebenfalls durch große turbulente Strömungsbereiche bestimmt und bei der Rohrströmung können wir davon ausgehen, dass die Strömung nach einer charakteristischen Lauflänge für Reynolds-Zahlen größer 2300 turbulent ist.

In diesem Abschnitt wollen wir uns mit den modifizierten Navier-Stokes Gleichungen zur Berechnung von turbulenten Strömungen auseinandersetzen. Die vereinfachten Grundgleichungen werden dann in den nachfolgenden Abschnitten hergeleitet und deren Anwendungen erläutert. Bevor wir nun die modifizierten Gleichungen zur Berechnung von turbulenten Strömungen herleiten, müssen wir uns ergänzend zu Kapitel 2.4.1 nochmals den Grundlagen turbulenter Strömungen zuwenden und ergänzend zur **Reynolds-Mittelung** die **Favre-Mittelung** für turbulente kompressible Strömungen einführen.

Kompressible Strömungen

Wir betrachten wieder die Tragflügelströmung an zwei verschiedenen Stellen (Abbildung 3.7). Die erste Stelle, sie wird mit dem Index 1 gekennzeichnet, liegt im hinteren turbulenten Teil der Grenzschicht, an der die Strömung quasi-stationär (im zeitlichen Mittel stationär) ist. Weiterhin betrachten wir die Strömung an der Stelle mit dem Index 2 im turbulenten Nachlauf, wo die Strömung ebenfalls turbulent ist und zusätzlich im zeitlichen Mittel instationär.

In der Abbildung 3.8 sind die zeitlichen Verläufe des Betrages einer Strömungsgröße f (z. B. Geschwindigkeit, Druck etc.) an den Stellen 1 und 2 dargestellt. An beiden Stellen ändert sich die Strömung mit der Zeit, also sind streng genommen beide Strömungen als instationär anzusehen. Allerdings besitzt die Strömung an der Stelle 1 einen zeitlichen Mittelwert $\bar{\mathrm{f}}$, der über die Zeit konstant ist und die betrachtete Strömungsgröße f schwankt mit nur kleinen Ausschlägen f' um diesen gemittelten Wert. Eine solche Strömung bezeichnet man als quasi-stationär. Ihren Mittelwert $\bar{\mathrm{f}}$ können wir mit der Gleichung

$$\bar{\mathrm{f}} = \lim_{T \to \infty} \left(\frac{1}{T} \cdot \int_0^T \mathrm{f} \cdot \mathrm{d}t \right) \tag{3.25}$$

berechnen. Dabei gilt weiterhin

$$\lim_{T \to \infty} \left(\frac{1}{T} \cdot \int_0^T \mathrm{f}' \cdot \mathrm{d}t \right) = 0 \quad . \tag{3.26}$$

An der Stelle 2 hingegen ändert sich der Mittelwert $\bar{\mathrm{f}}$ mit der Zeit und die Strömung wird dort als turbulent und instationär bezeichnet. Wir benutzen zur Definition wieder die bereits verwendete Gleichung

$$\bar{\mathrm{f}} = \frac{1}{T} \cdot \int_0^T \mathrm{f} \cdot \mathrm{d}t \quad . \tag{3.27}$$

Jedoch müssen wir das Mittelungsintervall $[0, T]$ geeignet groß wählen. Wird es zu groß gewählt, so wird der instationäre Verlauf herausgemittelt. Wird es zu klein gewählt, so repräsentiert der berechnete Wert nicht den tatsächlichen Mittelwert.

Die Grundgleichungen der Strömungsmechanik, die wir in den vorigen Abschnitten hergeleitet haben, beinhalten auch die Physik der Schwankungsbewegungen. Um diese allerdings für technische Probleme mit numerischen Verfahren berechnen zu können, müssten Rechner mit einer sehr großen Speicherkapazität und Rechenleistung zur Verfügung stehen, um die zeitlichen Verläufe und räumlichen Strukturen der turbulenten Schwankungen ausreichend auflösen zu können. Solche Rechner wird es auch in absehbarer Zeit nicht geben, so dass man gezwungen ist, für die Berechnung von technischen Strömungen die Schwankungsbewegungen mit sogenannten Turbulenzmodellen näherungsweise zu modellieren.

In diesem Abschnitt wollen wir nun die Grundgleichungen der Strömungsmechanik dahingehend modifizieren, dass in ihnen die Turbulenzmodelle berücksichtigt werden können.

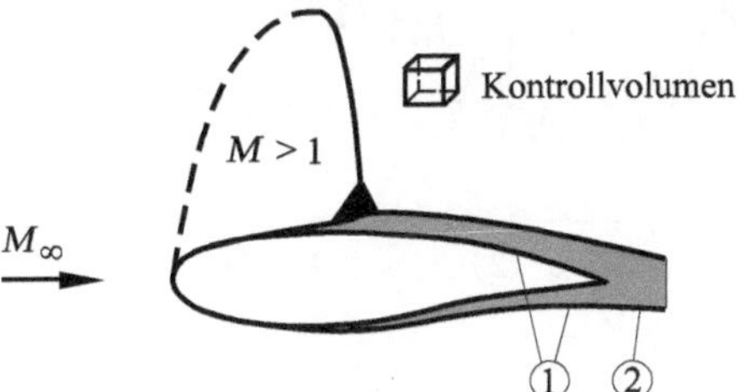

Abb. 3.7: Tragflügelströmung

Dazu werden wir die Grundgleichungen zeitlich mitteln. Die Turbulenzmodellierung, die immer noch ein Aufgabengebiet der Forschung ist, wird in einem nachfolgenden Abschnitt in ersten Ansätzen ausgeführt.

Wir führen zunächst die folgenden massengemittelten Größen ein

$$\tilde{u} = \frac{\overline{\rho \cdot u}}{\bar{\rho}} \quad , \quad \tilde{v} = \frac{\overline{\rho \cdot v}}{\bar{\rho}} \quad , \quad \tilde{w} = \frac{\overline{\rho \cdot w}}{\bar{\rho}} \quad , \quad \tilde{T} = \frac{\overline{\rho \cdot T}}{\bar{\rho}} \quad , \quad \tilde{e} = \frac{\overline{\rho \cdot e}}{\bar{\rho}} \quad . \tag{3.28}$$

Mit dem Überstreichen der Produkte, z. B. von $\overline{\rho \cdot u}$, ist gemäß der Gleichung (3.25) (bzw. gemäß Gleichung (3.27)) die zeitliche Mittelung

$$\overline{\rho \cdot u} = \lim_{T \to \infty} \left(\frac{1}{T} \cdot \int_0^T (\rho \cdot u) \cdot \mathrm{d}t \right) \tag{3.29}$$

gemeint, die man auch **Favre-Mittelung** nennt.

Die Größen u, v usw. lassen sich nun aus den zeitlichen Mittelwerten gemäß den Gleichungen (3.28) und einer Schwankungsgröße, die wir nachfolgend mit zwei Strichen kennzeichnen, zusammensetzen. Dabei werden der Druck p und die Dichte ρ (trivialerweise) nicht massengemittelt. Ihre Schwankungsgrößen werden mit nur einem Strich gekennzeichnet. Wir definieren also die folgenden Größen

$$\begin{array}{lll} \rho = \bar{\rho} + \rho' \quad , & p = \bar{p} + p' \quad , & \\ u = \tilde{u} + u'' \quad , & v = \tilde{v} + v'' \quad , & w = \tilde{w} + w'' \quad , \\ T = \tilde{T} + T'' \quad , & e = \tilde{e} + e'' \quad . & \end{array} \tag{3.30}$$

Es ist wichtig zu vermerken, dass die zeitlich gemittelten Größen von f'' (f'' steht für eine beliebige Schwankungsgröße um $\tilde{u}$, $\tilde{v}$, usw.), also $\overline{\mathrm{f}''}$, nicht Null sind. Hingegen ist die Größe $\overline{\rho \cdot \mathrm{f}''}$, wie nachfolgend gezeigt, Null. Um dies zu zeigen, betrachten wir das Produkt $\rho \cdot u$. Gemäß der eingeführten Definition gilt

$$\rho \cdot u = \rho \cdot (\tilde{u} + u'') = \rho \cdot \tilde{u} + \rho \cdot u'' \quad .$$

Durch das zeitliche Mitteln des Ausdrucks erhalten wir

$$\overline{\rho \cdot u} = \lim_{T \to \infty} \left(\frac{1}{T} \cdot \int_0^T (\rho \cdot \tilde{u} + \rho \cdot u'') \cdot \mathrm{d}t \right) =$$

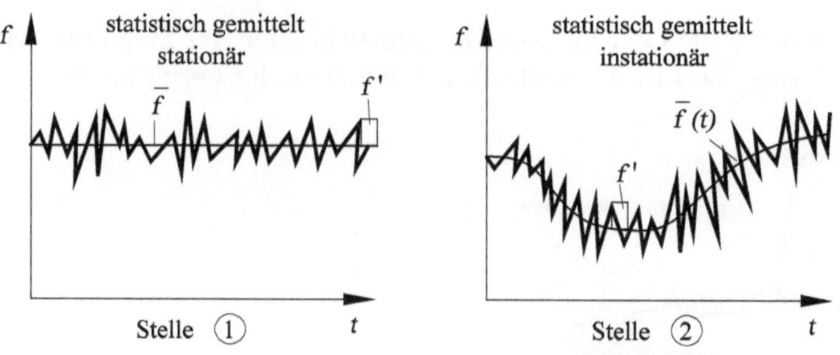

Abb. 3.8: Zeitlich gemittelte Größen

$$= \lim_{T\to\infty}\left(\frac{1}{T}\cdot\int_0^T(\rho\cdot\tilde{u})\cdot \mathrm{d}t\right)+\lim_{T\to\infty}\left(\frac{1}{T}\cdot\int_0^T(\rho\cdot u'')\cdot \mathrm{d}t\right)=$$

$$= \tilde{u}\cdot\lim_{T\to\infty}\left(\frac{1}{T}\cdot\int_0^T\rho\cdot \mathrm{d}t\right)+\overline{\rho\cdot u''}=\bar{\rho}\cdot\tilde{u}+\overline{\rho\cdot u''} \quad .$$

Also ist

$$\frac{\overline{\rho\cdot u}}{\bar{\rho}}=\tilde{u}+\frac{\overline{\rho\cdot u''}}{\bar{\rho}} \quad .$$

Vergleichen wir diese Gleichung mit der Definitionsgleichung für $\tilde{u}$, so erkennen wir, dass gilt: $\overline{\rho\cdot u''}=0$.

Weiterhin gelten die folgenden Rechenregeln für zwei beliebige Größen f und g (dem Leser wird empfohlen, die Rechenregeln selbst nachzuvollziehen)

$$\overline{\frac{\partial \mathrm{f}}{\partial s}}=\frac{\partial\bar{\mathrm{f}}}{\partial s} \quad , \qquad \overline{\mathrm{f}+\mathrm{g}}=\bar{\mathrm{f}}+\bar{\mathrm{g}} \quad , \qquad \overline{\rho'\cdot\bar{\mathrm{f}}}=0 \quad . \tag{3.31}$$

Mit den nun bekannten Rechenregeln ist es möglich, die Grundgleichungen zeitlich zu mitteln. Wir beginnen mit der zeitlichen Mittelung der Kontinuitätsgleichung, d.h wir wollen herausfinden, wie sich die Gleichung verändert, wenn wir sie nicht nur für einen Zeitpunkt betrachten, sondern für ein **Zeitintervall**. Da wir die Gleichungen für eine instationäre Strömung mitteln wollen, muss das Zeitintervall $[0,T]$, wie bereits diskutiert, geeignet groß gewählt werden (deshalb steht in den nachfolgenden Gleichungen nicht mehr $\lim_{T\to\infty}$).

Die zeitliche Mittelung schreibt sich für die Kontinuitätsgleichung wie folgt

$$\frac{1}{T}\cdot\int_0^T\left(\frac{\partial\rho}{\partial t}+\frac{\partial(\rho\cdot u)}{\partial x}+\frac{\partial(\rho\cdot v)}{\partial y}+\frac{\partial(\rho\cdot w)}{\partial z}\right)\cdot \mathrm{d}t=0$$

oder

$$\overline{\frac{\partial\rho}{\partial t}+\frac{\partial(\rho\cdot u)}{\partial x}+\frac{\partial(\rho\cdot v)}{\partial y}+\frac{\partial(\rho\cdot w)}{\partial z}}=0 \quad . \tag{3.32}$$

Setzen wir in die Gleichung (3.32) die Größen u, v und w gemäß der Gleichungen (3.30) ein, so können wir mit den Rechenregeln (3.31) und mit $\overline{\rho\cdot f''}=0$ die folgende Rechnung durchführen

$$\overline{\frac{\partial\rho}{\partial t}}+\overline{\frac{\partial[\rho\cdot(\tilde{u}+u'')]}{\partial x}}+\overline{\frac{\partial[\rho\cdot(\tilde{v}+v'')]}{\partial y}}+\overline{\frac{\partial[\rho\cdot(\tilde{w}+w'')]}{\partial z}}=0 \quad ,$$

$$\frac{\partial\bar{\rho}}{\partial t}+\frac{\partial\overline{[\rho\cdot(\tilde{u}+u'')]}}{\partial x}+\frac{\partial\overline{[\rho\cdot(\tilde{v}+v'')]}}{\partial y}+\frac{\partial\overline{[\rho\cdot(\tilde{w}+w'')]}}{\partial z}=0 \quad ,$$

$$\frac{\partial\bar{\rho}}{\partial t}+\frac{\partial\overline{[\rho\cdot(\tilde{u}_\mathrm{i}+u''_\mathrm{i})]}}{\partial x_\mathrm{i}}=0 \quad .$$

Der zweite Summand beinhaltet die abkürzende Schreibweise für die drei Koordinaten- und Geschwindigkeitsrichtungen (i = 1, ..., 3). Für ihn gilt weiterhin

$$\frac{\partial\overline{[\rho\cdot(\tilde{u}_{\mathrm{i}}+u_{\mathrm{i}}'')]}}{\partial x_{\mathrm{i}}}=\frac{\partial\overline{(\rho\cdot\tilde{u}_{\mathrm{i}})}}{\partial x_{\mathrm{i}}}+\frac{\partial\overline{(\rho\cdot u_{\mathrm{i}}'')}}{\partial x_{\mathrm{i}}}=\frac{\partial(\bar{\rho}\cdot\tilde{u}_{\mathrm{i}})}{\partial x_{\mathrm{i}}} \quad .$$

Die zeitlich gemittelte Kontinuitätsgleichung lautet also

$$\boxed{\frac{\partial\bar{\rho}}{\partial t}+\frac{\partial(\bar{\rho}\cdot\tilde{u})}{\partial x}+\frac{\partial(\bar{\rho}\cdot\tilde{v})}{\partial y}+\frac{\partial(\bar{\rho}\cdot\tilde{w})}{\partial z}=0} \quad . \tag{3.33}$$

Sie hat sich gegenüber der ursprünglichen Kontinuitätsgleichung rein äußerlich kaum verändert und enthält jetzt nicht mehr die Größen ρ und u_{i}, sondern $\bar{\rho}$ und $\tilde{u}_{\mathrm{i}}$.

Es folgt nun die zeitliche Mittelung der Navier-Stokes Gleichungen, die in analoger Weise wie die Mittelung der Kontinuitätsgleichung durchgeführt wird. Dabei beschränken wir uns wieder auf die Gleichung für die x-Richtung und schreiben (s. dazu Gleichung (3.13))

$$\overline{\frac{\partial(\rho\cdot u)}{\partial t}+\frac{\partial(\rho\cdot u^2)}{\partial x}+\frac{\partial(\rho\cdot u\cdot v)}{\partial y}+\frac{\partial(\rho\cdot u\cdot w)}{\partial z}}=\overline{k_x-\frac{\partial p}{\partial x}+\frac{\partial\sigma_{xx}}{\partial x}+\frac{\partial\tau_{yx}}{\partial y}+\frac{\partial\tau_{zx}}{\partial z}} \quad ,$$

mit

$$\sigma_{xx}=\mu\cdot\left(2\cdot\frac{\partial u}{\partial x}-\frac{2}{3}\cdot(\bigtriangledown\cdot\vec{\boldsymbol{v}})\right) \quad , \qquad \tau_{\mathrm{ij}}=\mu\cdot\left(\frac{\partial u_{\mathrm{i}}}{\partial x_{\mathrm{j}}}+\frac{\partial u_{\mathrm{j}}}{\partial x_{\mathrm{i}}}\right) \quad .$$

Mit den eingeführten Rechenregeln (3.31) erhalten wir

$$\frac{\partial\overline{(\rho\cdot u)}}{\partial t}+\frac{\partial\overline{(\rho\cdot u^2)}}{\partial x}+\frac{\partial\overline{(\rho\cdot u\cdot v)}}{\partial y}+\frac{\partial\overline{(\rho\cdot u\cdot w)}}{\partial z}=k_x-\frac{\partial\bar{p}}{\partial x}+\frac{\partial\bar{\sigma}_{xx}}{\partial x}+\frac{\partial\bar{\tau}_{yx}}{\partial y}+\frac{\partial\bar{\tau}_{zx}}{\partial z} . \tag{3.34}$$

Gemäß der Definition von $\tilde{u}$ ist $\overline{\rho\cdot u}=\bar{\rho}\cdot\tilde{u}$, so dass in der Gleichung (3.34) alle Summanden der linken und rechten Seite gemittelt bekannt sind, außer drei Summanden der linken Seite, die die räumlichen partiellen Ableitungen enthalten. Sie wollen wir nachfolgend weiter betrachten, indem wir in diese Glieder für u, v und w die entsprechenden Ausdrücke gemäß der Gleichungen (3.30) einsetzen. Wir erhalten

$$\begin{aligned}
&\frac{\partial\overline{[\rho\cdot(\tilde{u}+u'')^2]}}{\partial x}+\frac{\partial\overline{[\rho\cdot(\tilde{u}+u'')\cdot(\tilde{v}+v'')]}}{\partial y}+\frac{\partial\overline{[\rho\cdot(\tilde{u}+u'')\cdot(\tilde{w}+w'')]}}{\partial z}=\\
&\qquad\frac{\partial\overline{(\rho\cdot\tilde{u}^2)}}{\partial x}+\frac{\partial\overline{(\rho\cdot u''^2)}}{\partial x}+\frac{\partial\overline{(2\cdot\rho\cdot\tilde{u}\cdot u'')}}{\partial x}+\\
&\qquad\frac{\partial\overline{(\rho\cdot\tilde{u}\cdot\tilde{v})}}{\partial y}+\frac{\partial\overline{(\rho\cdot\tilde{u}\cdot v'')}}{\partial y}+\frac{\partial\overline{(\rho\cdot u''\cdot\tilde{v})}}{\partial y}+\frac{\partial\overline{(\rho\cdot u''\cdot v'')}}{\partial y}+\\
&\qquad\frac{\partial\overline{(\rho\cdot\tilde{u}\cdot\tilde{w})}}{\partial z}+\frac{\partial\overline{(\rho\cdot\tilde{u}\cdot w'')}}{\partial z}+\frac{\partial\overline{(\rho\cdot u''\cdot\tilde{w})}}{\partial z}+\frac{\partial\overline{(\rho\cdot u''\cdot w'')}}{\partial z}=\\
&\qquad\frac{\partial(\bar{\rho}\cdot\tilde{u}^2)}{\partial x}+\frac{\partial\overline{(\rho\cdot u''^2)}}{\partial x}+\frac{\partial(\bar{\rho}\cdot\tilde{u}\cdot\tilde{v})}{\partial y}+\frac{\partial\overline{(\rho\cdot u''\cdot v'')}}{\partial y}+
\end{aligned}$$

$$\frac{\partial(\bar{\rho} \cdot \tilde{u} \cdot \tilde{w})}{\partial z} + \frac{\partial \overline{(\rho \cdot u'' \cdot w'')}}{\partial z} \quad .$$

Setzen wir das Ergebnis der Rechnung in die Gleichung (3.34) ein, erhalten wir die Reynolds-Gleichung für die x-Richtung. Sie lautet

$$\frac{\partial(\bar{\rho} \cdot \tilde{u})}{\partial t} + \frac{\partial(\bar{\rho} \cdot \tilde{u}^2)}{\partial x} + \frac{\partial(\bar{\rho} \cdot \tilde{u} \cdot \tilde{v})}{\partial y} + \frac{\partial(\bar{\rho} \cdot \tilde{u} \cdot \tilde{w})}{\partial z} =$$

$$\overline{k_x} - \frac{\partial \bar{p}}{\partial x} + \frac{\partial \bar{\sigma}_{xx}}{\partial x} + \frac{\partial \bar{\tau}_{yx}}{\partial y} + \frac{\partial \bar{\tau}_{zx}}{\partial z} - \left(\frac{\partial \overline{(\rho \cdot u''^2)}}{\partial x} + \frac{\partial \overline{(\rho \cdot u'' \cdot v'')}}{\partial y} + \frac{\partial \overline{(\rho \cdot u'' \cdot w'')}}{\partial z} \right) . \quad (3.35)$$

Für die zeitlich gemittelten Normal- und Schubspannungen σ_{xx}, τ_{yx} und τ_{zx} erhalten wir mit einer einfachen zusätzlichen Rechnung die ergänzenden Gleichungen

$$\bar{\sigma}_{xx} = \mu \cdot \left(2 \cdot \frac{\partial \tilde{u}}{\partial x} - \frac{2}{3} \cdot (\nabla \cdot \tilde{\vec{v}}) \right) + \mu \cdot \left(2 \cdot \frac{\partial \overline{u''}}{\partial x} - \frac{2}{3} \cdot (\nabla \cdot \overline{\vec{v}''}) \right) \quad , \tag{3.36}$$

$$\bar{\tau}_{\mathrm{ij}} = \mu \cdot \left(\frac{\partial \tilde{u}_{\mathrm{i}}}{\partial x_{\mathrm{j}}} + \frac{\partial \tilde{u}_{\mathrm{j}}}{\partial x_{\mathrm{i}}} \right) + \mu \cdot \left(\frac{\partial \overline{u''_{\mathrm{i}}}}{\partial x_{\mathrm{j}}} + \frac{\partial \overline{u''_{\mathrm{j}}}}{\partial x_{\mathrm{i}}} \right) \quad . \tag{3.37}$$

Die Ausdrücke $\nabla \cdot \tilde{\vec{v}}$ und $\nabla \cdot \vec{v}''$ stehen für die Divergenzen

$$\frac{\partial \tilde{u}}{\partial x} + \frac{\partial \tilde{v}}{\partial y} + \frac{\partial \tilde{w}}{\partial z} \quad , \qquad \frac{\partial u''}{\partial x} + \frac{\partial v''}{\partial y} + \frac{\partial w''}{\partial z} \quad .$$

Die Gleichung (3.35) enthält im Vergleich zu der Navier-Stokes Gleichung auf der rechten Seite zusätzliche Glieder, mit denen die Schwankungsbewegungen der Strömung berücksichtigt werden. Diese Glieder sind Trägheitsglieder, denn sie rühren von den konvektiven nichtlinearen Termen her.

Die durch die Schwankungen verursachten Trägheitskräfte in der Strömung erwecken den Eindruck, dass in der Strömung eine zusätzliche Reibung wirksam ist. Deshalb werden diese Schwankungsterme auch als zusätzliche Reibungsglieder interpretiert, obwohl sie direkt nichts mit den Reibungseffekten gemeinsam haben. Man spricht in diesem Zusammenhang auch von turbulenter Scheinreibung.

Weiterhin haben die Schwankungsbewegungen einen Einfluss auf die zeitlich gemittelten Normal- und Schubspannungen, wie wir es jeweils an dem zweiten Summanden der Gleichungen (3.36) und (3.37) erkennen können. Diese zuletzt genannten Summanden werden jedoch bei der Berechnung von Strömungsfeldern vernachlässigt, da ihr Einfluss auf die Ergebnisse der Strömungsberechnungen bekannterweise gering ist.

Die zusätzlichen Terme in der Gleichung (3.35) müssen für turbulente Strömungen geeignet modelliert werden (für laminare Strömungen sind sie verständlicherweise Null). Dazu gibt es Turbulenzmodelle.

Nachfolgend werden nun alle drei Reynolds-Gleichungen für die x-, y- und z-Richtung angegeben. Sie lauten

$$\frac{\partial(\bar{\rho}\cdot\tilde{u})}{\partial t}+\frac{\partial(\bar{\rho}\cdot\tilde{u}^2)}{\partial x}+\frac{\partial(\bar{\rho}\cdot\tilde{u}\cdot\tilde{v})}{\partial y}+\frac{\partial(\bar{\rho}\cdot\tilde{u}\cdot\tilde{w})}{\partial z}=\tilde{k}_x-\frac{\partial\bar{p}}{\partial x}$$
$$+\frac{\partial\bar{\sigma}_{xx}}{\partial x}+\frac{\partial\bar{\tau}_{yx}}{\partial y}+\frac{\partial\bar{\tau}_{zx}}{\partial z}-\left(\frac{\partial\overline{(\rho\cdot u''^2)}}{\partial x}+\frac{\partial\overline{(\rho\cdot u''\cdot v'')}}{\partial y}+\frac{\partial\overline{(\rho\cdot u''\cdot w'')}}{\partial z}\right)\quad, \tag{3.38}$$

$$\frac{\partial(\bar{\rho}\cdot\tilde{v})}{\partial t}+\frac{\partial(\bar{\rho}\cdot\tilde{v}\cdot\tilde{u})}{\partial x}+\frac{\partial(\bar{\rho}\cdot\tilde{v}^2)}{\partial y}+\frac{\partial(\bar{\rho}\cdot\tilde{v}\cdot\tilde{w})}{\partial z}=\tilde{k}_y-\frac{\partial\bar{p}}{\partial y}$$
$$+\frac{\partial\bar{\tau}_{xy}}{\partial x}+\frac{\partial\bar{\sigma}_{yy}}{\partial y}+\frac{\partial\bar{\tau}_{zy}}{\partial z}-\left(\frac{\partial\overline{(\rho\cdot v''\cdot u'')}}{\partial x}+\frac{\partial\overline{(\rho\cdot v''^2)}}{\partial y}+\frac{\partial\overline{(\rho\cdot v''\cdot w'')}}{\partial z}\right)\quad, \tag{3.39}$$

$$\frac{\partial(\bar{\rho}\cdot\tilde{w})}{\partial t}+\frac{\partial(\bar{\rho}\cdot\tilde{w}\cdot\tilde{u})}{\partial x}+\frac{\partial(\bar{\rho}\cdot\tilde{w}\cdot\tilde{v})}{\partial y}+\frac{\partial(\bar{\rho}\cdot\tilde{w}^2)}{\partial z}=\tilde{k}_z-\frac{\partial\bar{p}}{\partial z}$$
$$+\frac{\partial\bar{\tau}_{xz}}{\partial x}+\frac{\partial\bar{\tau}_{yz}}{\partial y}+\frac{\partial\bar{\sigma}_{zz}}{\partial z}-\left(\frac{\partial\overline{(\rho\cdot w''\cdot u'')}}{\partial x}+\frac{\partial\overline{(\rho\cdot w''\cdot v'')}}{\partial y}+\frac{\partial\overline{(\rho\cdot w''^2)}}{\partial z}\right)\quad. \tag{3.40}$$

mit

$$\bar{\sigma}_{ii}=\mu\cdot\left(2\cdot\frac{\partial\tilde{u}_{\mathrm{i}}}{\partial x_{\mathrm{i}}}-\frac{2}{3}\cdot(\nabla\cdot\tilde{\bar{\boldsymbol{v}}})\right)+\mu\cdot\left(2\cdot\frac{\partial\overline{u''_{\mathrm{i}}}}{\partial x_{\mathrm{i}}}-\frac{2}{3}\cdot(\nabla\cdot\overline{\boldsymbol{\vec{v}}''})\right)\quad, \tag{3.41}$$

$$\bar{\tau}_{\mathrm{ij}}=\mu\cdot\left(\frac{\partial\tilde{u}_{\mathrm{i}}}{\partial x_{\mathrm{j}}}+\frac{\partial\tilde{u}_{\mathrm{j}}}{\partial x_{\mathrm{i}}}\right)+\mu\cdot\left(\frac{\partial\overline{u''_{\mathrm{i}}}}{\partial x_{\mathrm{j}}}+\frac{\partial\overline{u''_{\mathrm{j}}}}{\partial x_{\mathrm{i}}}\right)\quad. \tag{3.42}$$

Inkompressible Strömungen

Für inkompressible Strömungen ($\rho = konst.$) vereinfachen sich die Gleichungen (3.28) und (3.30)

$$\begin{aligned}&\tilde{u}=\bar{u}\quad, &&\tilde{v}=\bar{v}\quad, &&\tilde{w}=\bar{w}\quad, &&\\ &u=\bar{u}+u'\quad, &&v=\bar{v}+v'\quad, &&w=\bar{w}+w'\quad, &&p=\bar{p}+p'\quad.\end{aligned} \tag{3.43}$$

Die Kontinuitätsgleichung lautet

$$\frac{\partial\bar{u}}{\partial x}+\frac{\partial\bar{v}}{\partial y}+\frac{\partial\bar{w}}{\partial z}=0\quad. \tag{3.44}$$

Die zeitlich gemittelten Navier-Stokes Gleichungen lauten

$$\rho \cdot \left(\frac{\partial \bar{u}}{\partial t} + \frac{\partial \bar{u}^2}{\partial x} + \frac{\partial (\bar{u} \cdot \bar{v})}{\partial y} + \frac{\partial (\bar{u} \cdot \bar{w})}{\partial z} \right) = \bar{k}_x - \frac{\partial \bar{p}}{\partial x}$$
$$+ \frac{\partial \bar{\sigma}_{xx}}{\partial x} + \frac{\partial \bar{\tau}_{yx}}{\partial y} + \frac{\partial \bar{\tau}_{zx}}{\partial z} - \rho \cdot \left(\frac{\partial \overline{u'^2}}{\partial x} + \frac{\partial (\overline{u' \cdot v'})}{\partial y} + \frac{\partial (\overline{u' \cdot w'})}{\partial z} \right) \quad , \tag{3.45}$$

$$\rho \cdot \left(\frac{\partial \bar{v}}{\partial t} + \frac{\partial (\bar{v} \cdot \bar{u})}{\partial x} + \frac{\partial \bar{v}^2}{\partial y} + \frac{\partial (\bar{v} \cdot \bar{w})}{\partial z} \right) = \bar{k}_y - \frac{\partial \bar{p}}{\partial y}$$
$$+ \frac{\partial \bar{\tau}_{xy}}{\partial x} + \frac{\partial \bar{\sigma}_{yy}}{\partial y} + \frac{\partial \bar{\tau}_{zy}}{\partial z} - \rho \cdot \left(\frac{\partial (\overline{v' \cdot u'})}{\partial x} + \frac{\partial \overline{v'^2}}{\partial y} + \frac{\partial (\overline{v' \cdot w'})}{\partial z} \right) \quad , \tag{3.46}$$

$$\rho \cdot \left(\frac{\partial \bar{w}}{\partial t} + \frac{\partial (\bar{w} \cdot \bar{u})}{\partial x} + \frac{\partial (\bar{w} \cdot \bar{v})}{\partial y} + \frac{\partial \bar{w}^2}{\partial z} \right) = \bar{k}_z - \frac{\partial \bar{p}}{\partial z}$$
$$+ \frac{\partial \bar{\tau}_{xz}}{\partial x} + \frac{\partial \bar{\tau}_{yz}}{\partial y} + \frac{\partial \bar{\sigma}_{zz}}{\partial z} - \rho \cdot \left(\frac{\partial (\overline{w' \cdot u'})}{\partial x} + \frac{\partial (\overline{w' \cdot v'})}{\partial y} + \frac{\partial (\overline{w'^2})}{\partial z} \right) \quad . \tag{3.47}$$

3.2.3 Turbulenzmodelle

Mit dem Herleiten der Reynolds-Gleichungen haben wir erreicht, dass wir bei der Berechnung von turbulenten Strömungen die Schwankungsbewegungen berücksichtigen können, ohne sie dabei detailliert zeitlich und räumlich auflösen zu müssen. Die zusätzlichen Terme, die die Schwankungsgrößen beinhalten, werden mit Turbulenzmodellen bestimmt. In diesem Abschnitt werden wir lernen, wie wir mit zusätzlichen Modellvorstellungen die Schwankungsterme für die jeweiligen technischen Strömungsprobleme ermitteln können.

Die Gleichungen (3.38) bis (3.40) können wir mit der folgenden vektoriellen Schreibweise zusammenfassen

$$\boxed{\frac{\partial (\bar{\rho} \cdot \tilde{\vec{v}})}{\partial t} + \bar{\rho} \cdot (\tilde{\vec{v}} \cdot \bigtriangledown) \tilde{\vec{v}} = \tilde{\vec{k}} - \bigtriangledown \bar{p} + \bigtriangledown \cdot \bar{\tau} + \bigtriangledown \cdot \tau_t} \quad , \tag{3.48}$$

mit

$$\bar{\tau} = \begin{pmatrix} \bar{\sigma}_{xx} & \bar{\tau}_{yx} & \bar{\tau}_{zx} \\ \bar{\tau}_{xy} & \bar{\sigma}_{yy} & \bar{\tau}_{zy} \\ \bar{\tau}_{xz} & \bar{\tau}_{yz} & \bar{\sigma}_{zz} \end{pmatrix} \quad , \quad \tau_t = \begin{pmatrix} -\overline{\rho \cdot u''^2} & -\overline{\rho \cdot u'' \cdot v''} & -\overline{\rho \cdot u'' \cdot w''} \\ -\overline{\rho \cdot v'' \cdot u''} & -\overline{\rho \cdot v''^2} & -\overline{\rho \cdot v'' \cdot w''} \\ -\overline{\rho \cdot w'' \cdot u''} & -\overline{\rho \cdot w'' \cdot v''} & -\overline{\rho \cdot w''^2} \end{pmatrix} \quad . \tag{3.49}$$

In der Gleichung (3.48) ist auch der Ausdruck $(\vec{v} \cdot \bigtriangledown)\vec{v}$ ein Vektor.

Die meisten für technische Strömungsprobleme anwendbaren Turbulenzmodelle basieren auf der Boussinesq-Annahme, die wir bereits in Kapitel 2.4.1 kennengelernt haben. Boussinesq schlug bereits im Jahre 1877 vor, die Schwankungsgrößen im rechten Tensor (3.49) mit einem Ansatz zu modellieren, der analog zur Berechnung der Normal- und Schubspannungen des linken Tensors (3.49) gilt.

Für die Schubspannungen $\bar{\tau}_{\mathrm{ij}}$ gilt gemäß der Gleichung (3.42), wenn wir den zweiten Summanden dieser Gleichung (er ist sehr klein) vernachlässigen

$$\bar{\tau}_{\mathrm{ij}} = \mu \cdot \left(\frac{\partial \tilde{u}_{\mathrm{i}}}{\partial x_{\mathrm{j}}} + \frac{\partial \tilde{u}_{\mathrm{j}}}{\partial x_{\mathrm{i}}} \right) \quad . \tag{3.50}$$

Die Boussinesq-Annahme geht davon aus, dass die Schwankungsgrößen $-\overline{\rho \cdot u''_{\mathrm{i}} \cdot u''_{\mathrm{j}}}$ in Analogie zur Gleichung (3.50) ermittelt werden können:

$$\boxed{-\overline{\rho \cdot u''_{\mathrm{i}} \cdot u''_{\mathrm{j}}} = \mu_{\mathrm{t}} \cdot \left(\frac{\partial \tilde{u}_{\mathrm{i}}}{\partial x_{\mathrm{j}}} + \frac{\partial \tilde{u}_{\mathrm{j}}}{\partial x_{\mathrm{i}}} \right)} \quad . \tag{3.51}$$

μ_{t} wird als Austauschgröße oder als turbulente Viskosität beziehungsweise Wirbelviskosität bezeichnet. Diese steht in keinem direkten Zusammenhang mit der molekularen Zähigkeit, obwohl der Begriff 'turbulente Viskosität' darauf hindeutet. Wir haben bereits gelernt, dass die Terme des rechten Tensors (3.49) Trägheitsterme sind.

Turbulenzmodelle, die auf der Boussinesq-Annahme basieren, beschränken sich auf die Modellierung der Austauschgröße μ_{t}. Sie beinhalten Gleichungen, mit denen die Austauschgröße in Abhängigkeit von den mittleren Strömungsgrößen $\bar{\rho}$, $\tilde{u}$ usw. berechnet werden kann. Es gibt je nach Strömungsproblem vergleichsweise einfache Turbulenzmodelle, die mit algebraischen Gleichungen die Austauschgröße angeben und wiederum kompliziertere, bei deren Anwendung partielle Differentialgleichungen gelöst werden müssen.

Turbulenzmodelle werden in der Literatur gemäß der Anzahl der partiellen Differentialgleichungen, die ein Modell beinhaltet, geordnet. So spricht man bei den algebraischen Turbulenzmodellen von Null-Gleichungsmodellen. Enthält ein Turbulenzmodell zur Beschreibung der Austauschgröße eine partielle Differentialgleichung, so wird dieses als ein Ein-Gleichungsmodell bezeichnet. Ein Zwei-Gleichungsmodell besitzt demzufolge zwei partielle Differentialgleichungen und stellt bei der Anwendung auf technische Probleme bezüglich des Aufwandes eine obere Grenze dar, insbesondere dann, wenn die Turbulenz von dreidimensionalen Strömungen modelliert wird.

Bei der Auswahl eines Turbulenzmodells zur Berechnung einer turbulenten Strömung müssen immer die beiden folgenden Punkte beachtet werden:

- Ein Turbulenzmodell ist in der Regel nur für eine bestimmte Strömung anwendbar. So gibt es z. B. Turbulenzmodelle für Strömungen mit starken Druckgradienten, kleinen Reynolds-Zahlen, für freie Scherströmungen und für Strömungen an rauhen Oberflächen usw.. Vor der Anwendung muss geklärt werden, welche Art von Strömung berechnet werden soll.
- Jedes Turbulenzmodell basiert auf experimentellen Ergebnissen, die wiederum für festgelegte Reynolds- und Mach-Zahlbereiche sowie zusätzliche Parameter ermittelt wurden. Die in dem Turbulenzmodell enthaltenen Konstanten beziehen sich auf diese experimentellen Ergebnisse. Vor der Berechnung der Strömung muss also geprüft

werden, ob die im Turbulenzmodell enthaltenen Konstanten passend für die zu berechnende Strömung sind.

Wir werden nun nacheinander die einfachen (Null-Gleichungsmodelle) und die aufwendigeren (Ein- und Zwei-Gleichungsmodelle) kennenlernen. Alle basieren auf der Boussinesq-Annahme und setzen isotrope turbulente Strömungen voraus.

Einfache algebraische oder Null-Gleichungsmodelle

Zunächst beschränken wir uns auf eine zweidimensionale Grenzschichtströmung, um eine Vorstellung von der Methode der Turbulenzmodellierung zu erhalten. Eines der erfolgreichsten Turbulenzmodelle für eine Grenzschichtströmung ist von Prandtl im Jahre 1920 vorgeschlagen worden. Es beinhaltet das Mischungswegkonzept, das bereits im Kapitel 2.4.1 beschrieben wurde. Für detaillierte Ausführungen verweisen wir auf die Bücher von *L. Prandtl* – Führer durch die Strömungslehre, *H. Oertel jr.* 2008, *H. Schlichting, K. Gersten* 2006, *B. E. Launder, D. B. Spalding* 1979 und von *J. Piquet* 2001.

Daraus resultiert die Gleichung für die Berechnung der turbulenten Schubspannung μ_t

$$\boxed{\mu_t = \bar{\rho} \cdot l^2 \cdot \left| \frac{\partial \tilde{u}}{\partial z} \right|} \quad , \tag{3.52}$$

mit der Mischungsweglänge l. Sie ist eine Funktion der Wandnormalenkoordinate und wird für die unterschiedlichen Turbulenzmodelle verschieden angegeben.

Für die Berechnung der Tragflügelströmungen wählen wir das Turbulenzmodell von *B. S. Baldwin, H. Lomax* 1978 aus, das nachfolgend beschrieben wird (s. dazu auch *T. Cebeci, A. M. O. Smith* 1974). Es basiert auf der Boussinesq-Annahme und nutzt zur Modellierung der Austauschgröße μ_T im wandnahen Bereich das Prandtlsche Mischungswegkonzept.

Baldwin und Lomax teilen die turbulente Prandtl-Grenzschicht in einen inneren und äußeren Bereich ein. Die Austauschgröße μ_t wird für den inneren Bereich gemäß des Prandtlschen Mischungswegkonzeptes berechnet und im äußeren Bereich mit einer algebraischen Gleichung, die auf Ergebnissen von Grenzschichtuntersuchungen beruht. Für

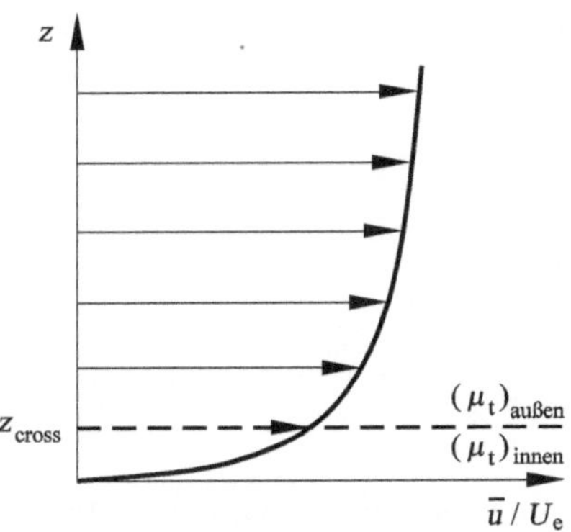

Abb. 3.9: Bereichseinteilung der turbulenten Grenzschicht

μ_t gilt also die folgende Aufspaltung der Abbildung 3.9

$$\mu_t = \begin{cases} (\mu_t)_{\text{innen}} & z < z_{\text{cross}} \\ (\mu_t)_{\text{außen}} & z > z_{\text{cross}} \end{cases} \quad . \tag{3.53}$$

z_{cross} steht für die Wandnormalenkoordinate, die die Grenze zwischen dem inneren und äußeren Bereich bildet. Baldwin und Lomax haben die Gleichung (3.52) für dreidimensionale Grenzschichtströmungen erweitert. Sie berechnen für den inneren Bereich die Austauschgröße mit der Gleichung

$$\boxed{(\mu_t)_{\text{innen}} = \bar{\rho} \cdot l^2 \cdot \mid \tilde{\omega} \mid} \quad . \tag{3.54}$$

l steht wiederum für die Mischungsweglänge und ω für die Drehung der Strömung. Die Mischungsweglänge wird mit der Prandtl-Van-Driest-Gleichung

$$l = \kappa \cdot z \cdot [1 - \exp(-\frac{z^+}{A^+})]$$

berechnet, wobei

$$z^+ = \frac{\sqrt{\bar{\rho}_w \cdot \tau_w} \cdot z}{\mu} \tag{3.55}$$

ist (Index w für Größen auf der Kontur bzw. Wand). Für die Drehung gilt (s. dazu Abbildung 3.10)

$$\mid \tilde{\omega} \mid = \sqrt{\left(\frac{\partial \tilde{u}}{\partial y} - \frac{\partial \tilde{v}}{\partial x}\right)^2 + \left(\frac{\partial \tilde{v}}{\partial z} - \frac{\partial \tilde{w}}{\partial y}\right)^2 + \left(\frac{\partial \tilde{w}}{\partial x} - \frac{\partial \tilde{u}}{\partial z}\right)^2} \quad .$$

Die Drehung ω unterscheidet sich nicht wesentlich von dem Gradienten $\partial \tilde{u}/\partial z$, da alle Gradienten im Vergleich zu $\partial \tilde{u}/\partial z$ klein sind. Für die Anwendung des Balwin-Lomax-Modells benötigt man nicht die Dicke der Grenzschicht, was wiederum bei der Anwendung anderer Turbulenzmodelle der Fall sein wird und die Durchführung von Rechnungen erschwert.

Die Gleichungen zur Berechnung der Mischungsweglänge beinhalten die Konstanten κ und A^+. Sie sind in der Tabelle 3.1 angegeben.

Die Austauschgröße $(\mu_t)_{\text{außen}}$ berechnet sich gemäß den Angaben von Baldwin und Lomax mit der algebraischen Gleichung

$$\boxed{(\mu_t)_{\text{außen}} = \bar{\rho} \cdot \text{K} \cdot \text{C}_{\text{CP}} \cdot F_{\text{WAKE}} \cdot F_{\text{KLEB}}} \quad . \tag{3.56}$$

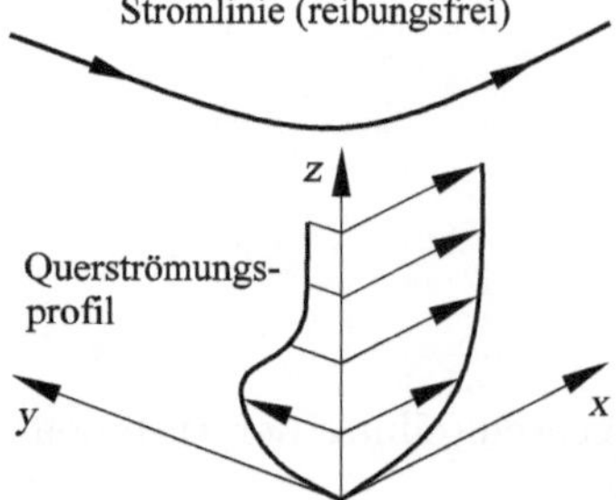

Abb. 3.10: Dreidimensionales Grenzschichtprofil

K und der Clauser-Parameter C_{CP} sind Konstanten (Tabelle 3.1). $F_{KLEB}(z)$ ist die Intermittenzfunktion von Klebanoff, die eine Funktion der Wandnormalenkoordinate z ist. Die Größe F_{WAKE} berechnet sich mit der Gleichung

$$F_{WAKE} = \min(F_1, F_2) \quad ,$$

$$F_1 = z_{max} \cdot F_{max} \quad ,$$

$$F_2 = C_{WK} \cdot z_{max} \cdot \frac{U_{DIF}^2}{F_{max}} \quad . \tag{3.57}$$

F_{max} ist das Maximum der Funktion

$$F(z) = z \cdot \mid \tilde{\omega} \mid \cdot [1 - \exp(-\frac{z^+}{A^+})] \quad , \tag{3.58}$$

das an der Stelle $z = z_{max}$ auftritt. Die Größe U_{DIF} berechnet sich mit der Gleichung

$$U_{DIF} = (\sqrt{u^2 + v^2 + w^2})_{max} - (\sqrt{u^2 + v^2 + w^2})_{min} \quad . \tag{3.59}$$

(Index max bzw. min für größten bzw. kleinsten Wert in der Grenzschicht). Der zweite Summand der Gleichung (3.59) wird für die Modellierung der Turbulenz in Grenzschichten Null gesetzt. Für die Modellierung der Turbulenz von Nachläufen muss die vollständige Gleichung (3.59) verwendet werden.

Die Intermittenzfunktion von Klebanoff F_{KLEB} lautet

$$F_{KLEB}(z) = \left[1 + 5.5 \cdot \left(\frac{C_{KLEB} \cdot z}{z_{max}} \right)^6 \right]^{-1} \quad . \tag{3.60}$$

Es bleibt noch die Frage offen, ab welcher Stelle z in der Grenzschicht von dem Wert $(\mu_t)_{innen}$ zum Wert $(\mu_t)_{außen}$ übergegangen werden muss. Die Stelle $z = z_{cross}$ ist die Stelle, wo bei zunehmenden z zum ersten Mal gilt: $(\mu_t)_{innen} = (\mu_t)_{außen}$.

Dem Leser des Buches stellt sich sicherlich die Frage, mit welchen Überlegungen sich die Konstanten und Gleichungen des Turbulenzmodells von Baldwin und Lomax begründen. Die Gleichungen und Konstanten basieren größtenteils auf experimentellen Ergebnissen. Es würde bei weitem den Rahmen dieses Lehrbuches sprengen, alle Gleichungen ausführlich zu diskutieren.

Wir haben das Turbulenzmodell von Baldwin und Lomax nur deshalb so ausführlich in diesem Buch beschrieben, da wir dem Leser einen Eindruck von der **praktischen** Anwendung eines einfachen algebraischen Turbulenzmodells geben wollen. Zudem werden

A^+	C_{CP}	C_{KLEB}	C_{WK}	κ	K	Pr	Pr_t
26	1.6	0.3	0.25	0.4	0.0168	0.72	0.9

Tab. 3.1 : Konstanten des Turbulenzmodells von Baldwin und Lomax

wir in diesem Buch noch numerische Rechnungen zur Tragflügelströmung, bei denen die Turbulenz mit dem Modell von Baldwin und Lomax berücksichtigt wurde, vorstellen.

Zur Berechnung der kompressiblen Tragflügelströmung benötigen wir nicht nur die zeitlich gemittelten Impulsgleichungen, sondern zusätzlich die zeitlich gemittelte Energiegleichung, die wir in Kapitel 3.3.2 behandeln werden. In dieser Gleichung treten auch Schwankungsgrößen auf, die entsprechend modelliert werden müssen.

In Gleichung (3.109) sind die Terme $\overline{u_{\mathrm{i}} \cdot (\partial p / \partial x_{\mathrm{j}})}$ und $\lambda \cdot \overline{(\partial T'' / \partial x_{\mathrm{i}})}$ klein im Vergleich zu den Termen $\partial(-c_p \cdot \overline{\rho \cdot T'' \cdot u_{\mathrm{j}}''}) / \partial x_{\mathrm{i}}$. Entsprechendes gilt für die Gleichung (3.110). Die Terme $\overline{\sigma_{\mathrm{kk}} \cdot (\partial u_{\mathrm{k}}'' / \partial x_{\mathrm{k}})}$ und $\overline{\tau_{\mathrm{ij}} \cdot (\partial u_{\mathrm{i}}'' / \partial x_{\mathrm{j}})}$ sind im Vergleich zu den Gliedern $\tilde{\sigma}_{\mathrm{kk}} \cdot (\partial \tilde{u}_{\mathrm{k}} / \partial x_{\mathrm{k}})$ bzw. $\tilde{\tau}_{\mathrm{ij}} \cdot (\partial \tilde{u}_{\mathrm{i}} / \partial x_{\mathrm{j}})$ zu vernachlässigen. Die Turbulenzmodellierung bezüglich der Energiegleichung beschränkt sich also auf die Glieder

$$-\frac{\partial}{\partial x_{\mathrm{i}}} (c_p \cdot \overline{\rho \cdot T'' \cdot u_{\mathrm{j}}''}) \quad , \tag{3.61}$$

die den zusätzlichen Wärmefluss infolge der turbulenten Schwankungsbewegungen beschreiben.

Für diese Glieder wird in Analogie zur Boussinesq-Annahme der folgende Wärmeleitungsansatz gemacht. Er lautet

$$-c_p \cdot \overline{\rho \cdot T'' \cdot u_{\mathrm{i}}''} = -\lambda_{\mathrm{t}} \cdot \frac{\partial \tilde{T}}{\partial x_{\mathrm{i}}} \quad . \tag{3.62}$$

λ_{t} steht für die turbulente Leitfähigkeit. Sie steht in keinem direkten Zusammenhang mit der molekularen Wärmeleitfähigkeit λ, sondern ist, wie die turbulente Viskosität μ_{t}, als eine Austauschgröße zu verstehen.

Um sie berechnen zu können, wird die turbulente Prandtlzahl eingeführt, die wie folgt definiert ist

$$\boxed{Pr_{\mathrm{t}} = \mu_{\mathrm{t}} \cdot \frac{c_p}{k_{\mathrm{t}}} \quad , \qquad k_{\mathrm{t}} = \frac{\mu_{\mathrm{t}} \cdot c_p}{Pr_{\mathrm{t}}}} \quad . \tag{3.63}$$

Verwenden wir den Ausdruck für k_{t} in Gleichung (3.62), haben wir eine Berechnungsmöglichkeit für die Schwankungsgrößen $-c_p \cdot \overline{\rho \cdot T'' \cdot u_{\mathrm{i}}''}$, vorausgesetzt wir kennen die turbulente Prandtlzahl.

Gemäß vieler gebräuchlicher Turbulenzmodelle wird die turbulente Prandtlzahl Pr_{t} mit einem Wert nicht wesentlich kleiner eins, z. B. mit $Pr_{\mathrm{t}} = 0.9$, angenommen. Experimente, die für Wandgrenzschichten durchgeführt wurden zeigen jedoch, dass die turbulente Prandtlzahl am äußeren Rand $\approx 0.6 - 0.7$ beträgt und nach innen bis auf den Wert 1.5 zunimmt.

Ein typisches Anwendungsbeispiel für das Baldwin-Lomax-Turbulenzmodell ist die Umströmung eines transsonischen Tragflügels, dessen Profilschnitt in Abbildung 3.11 gezeigt ist. Das Turbulenzmodell der kompressiblen Grenzschichtströmung wird an der Hinterkante des Profils in die Nachlaufströmung übergeführt.

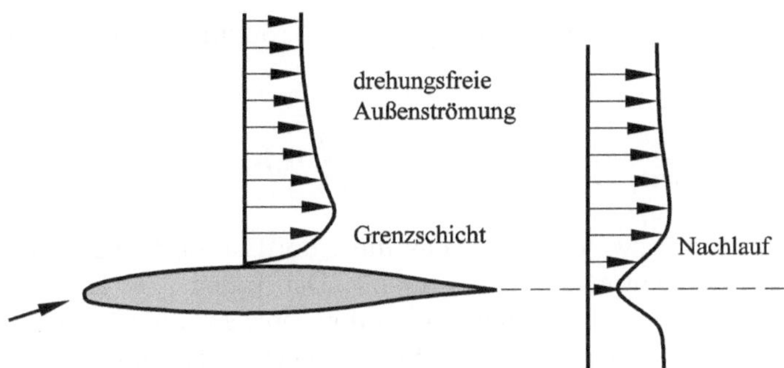

Abb. 3.11: Anwendungsbeispiel für das Baldwin-Lomax-Turbulenzmodell

Die Vorteile der algebraischen Turbulenzmodelle liegen auf der Hand. Sie sind einfach in numerische Verfahren zu integrieren und verursachen bei ihrer Anwendung wenig Rechenzeit, da nur einfache algebraische Gleichungen und keine komplizierten gewöhnlichen oder partiellen Differentialgleichungen gelöst werden müssen.

Andererseits werden die turbulenten Austauschgrößen μ_t und k_t nur in Abhängigkeit von den örtlichen Geschwindigkeitsprofilen berechnet. Bei der Berechnung wird nicht das turbulente Verhalten der Strömung stromauf oder stromab berücksichtigt. Außerdem beschreiben die algebraischen Modelle, die auf dem Prandtlschen Mischungswegkonzept basieren, die Turbulenz an Stellen mit $(\partial \tilde{u}/\partial z) = 0$ falsch. Experimente zeigen, dass z. B. in der turbulenten Rohrströmung die Turbulenz auf der Mittellinie des Rohres nicht verschwindet. Aus diesen Gründen sind kompliziertere Turbulenzmodelle entwickelt worden.

Ein-Gleichungsmodelle

Wir beschränken uns nachfolgend auf die Turbulenzmodellierung von inkompressiblen Strömungen. Die nachfolgend beschriebenen Modelle können mit Zusatztermen auf kompressible Strömungen entsprechend erweitert werden.

Ein-Gleichungsmodelle beinhalten in der Regel eine partielle Differentialgleichung für die Turbulenzenergie. Die Turbulenzenergie k' ist wie folgt definiert

$$\boxed{K' = k'^2 = \frac{1}{2} \cdot (u'^2 + v'^2 + w'^2)} \quad . \tag{3.64}$$

Wir führen noch zusätzlich die zeitlich gemittelte Turbulenzenergie ein. Die Gleichung dazu lautet

$$\boxed{K = \overline{k'^2} = \frac{1}{T} \cdot \int\limits_0^T \left(\frac{1}{2} \cdot (u'^2 + v'^2 + w'^2) \right) \cdot \mathrm{d}t = \frac{1}{2} \cdot (\overline{u'^2 + v'^2 + w'^2})} \quad . \tag{3.65}$$

Die Turbulenzenergie ist ein Maß für die Intensität der Turbulenz. Wir werden nun eine partielle Differentialgleichung für die zeitlich gemittelte Turbulenzenergie $\bar{k}$ aufstellen. Auf ihr basieren die Ein- und Zwei-Gleichungsmodelle.

Die Navier-Stokes Gleichungen für inkompressible Strömungen können wir abgekürzt wie folgt aufschreiben

$$\rho \cdot \frac{\partial u_\mathrm{i}}{\partial t} + \rho \cdot \left[u_\mathrm{j} \cdot \frac{\partial u_\mathrm{i}}{\partial x_\mathrm{j}} \right] = -\frac{\partial p}{\partial x_\mathrm{i}} + \mu \cdot \left[\frac{\partial^2 u_\mathrm{i}}{\partial x_\mathrm{j}^2} \right] \quad . \tag{3.66}$$

Mit x_i bzw. x_j sowie u_i bzw. u_j sind jeweils die Koordinatenrichtungen x, y, z bzw. die Geschwindigkeitskomponenten u, v, w gemeint. Der Index $\mathrm{i} = 1, 2, 3$ kennzeichnet die jeweilige Gleichung für die entsprechende Koordinatenrichtung. Mit dem Index $\mathrm{j} = 1, 2, 3$ ist ein Summationsindex gemeint. So ist mit den in eckigen Klammern stehenden Gliedern konkret Folgendes gemeint

$$\left[u_\mathrm{j} \cdot \frac{\partial u_\mathrm{i}}{\partial x_\mathrm{j}} \right] = \sum_{\mathrm{j}=1}^{3} u_\mathrm{j} \cdot \frac{\partial u_\mathrm{i}}{\partial x_\mathrm{j}} \quad , \qquad \left[\frac{\partial^2 u_\mathrm{i}}{\partial x_\mathrm{j}^2} \right] = \sum_{\mathrm{j}=1}^{3} \frac{\partial^2 u_\mathrm{i}}{\partial x_\mathrm{j}^2} \quad .$$

Wir behalten nachfolgend diese abkürzende Schreibweise bei, um die Herleitung übersichtlicher aufzuschreiben.

In der Gleichung (3.66) ersetzen wir die Geschwindigkeit u_i, u_j und den Druck p durch die zeitlichen Mittelwerte $\bar{u}_\mathrm{i}$, $\bar{u}_\mathrm{j}$ bzw. $\bar{p}$ plus der entsprechenden Schwankungsgröße u'_i, u'_j bzw. p' und multiplizieren sie auf beiden Seiten mit der Schwankungsgeschwindigkeit u'_i. Wir erhalten

$$\rho \cdot \frac{\partial(\bar{u}_\mathrm{i} + u'_\mathrm{i})}{\partial t} \cdot u'_\mathrm{i} + \rho \cdot \left[(\bar{u}_\mathrm{j} + u'_\mathrm{j}) \cdot \frac{\partial(\bar{u}_\mathrm{i} + u'_\mathrm{i})}{\partial x_\mathrm{j}} \right] \cdot u'_\mathrm{i} = -\frac{\partial(\bar{p} + p')}{\partial x_\mathrm{i}} \cdot u'_\mathrm{i} + \mu \cdot \left[\frac{\partial^2(\bar{u}_\mathrm{i} + u'_\mathrm{i})}{\partial x_\mathrm{j}^2} \right] \cdot u'_\mathrm{i} \quad . \tag{3.67}$$

Durch zeitliches Mitteln der Gleichung (3.67) und die anschließend durchgeführte Rechnung gemäß den Rechenregeln (3.31) erhalten wir die folgende Gleichung

$$\overline{\rho \cdot \frac{\partial(\bar{u}_\mathrm{i} + u'_\mathrm{i})}{\partial t} \cdot u'_\mathrm{i} + \rho \cdot \left[(\bar{u}_\mathrm{j} + u'_\mathrm{j}) \cdot \frac{\partial(\bar{u}_\mathrm{i} + u'_\mathrm{i})}{\partial x_\mathrm{j}} \right] \cdot u'_\mathrm{i}} = \overline{-\frac{\partial(\bar{p} + p')}{\partial x_\mathrm{i}} \cdot u'_\mathrm{i} + \mu \cdot \left[\frac{\partial^2(\bar{u}_\mathrm{i} + u'_\mathrm{i})}{\partial x_\mathrm{j}^2} \right] \cdot u'_\mathrm{i}} \quad ,$$

$$\rho \cdot \overline{\frac{\partial u'_\mathrm{i}}{\partial t} \cdot u'_\mathrm{i}} + \rho \cdot \left[\bar{u}_\mathrm{j} \cdot \overline{\frac{\partial u'_\mathrm{i}}{\partial x_\mathrm{j}} \cdot u'_\mathrm{i}} + \frac{\partial \bar{u}_\mathrm{i}}{\partial x_\mathrm{j}} \cdot \overline{u'_\mathrm{i} \cdot u'_\mathrm{j}} + \overline{u'_\mathrm{i} \cdot u'_\mathrm{j} \cdot \frac{\partial u'_\mathrm{i}}{\partial x_\mathrm{j}}} \right] = -\overline{\frac{\partial p'}{\partial x_\mathrm{i}} \cdot u'_\mathrm{i}} + \mu \cdot \left[\overline{\frac{\partial^2 u'_\mathrm{i}}{\partial x_\mathrm{j}^2} \cdot u'_\mathrm{i}} \right] \quad . \tag{3.68}$$

Beachte weiterhin, dass der Index j in der Gleichung (3.68) einen Summationsindex darstellt. Berücksichtigen wir die Identitäten

$$\frac{\partial u'_\mathrm{i}}{\partial t} \cdot u'_\mathrm{i} = \frac{\partial(\frac{1}{2} \cdot u'^2_\mathrm{i})}{\partial t} \quad ,$$

$$\frac{\partial u_i'}{\partial x_j} \cdot u_i' = \frac{\partial(\frac{1}{2} \cdot u_i'^2)}{\partial x_j} \quad ,$$
$$\frac{\partial^2 u_i'}{\partial x_j^2} \cdot u_i' = \frac{\partial}{\partial x_j} \left(\frac{\partial u_i'}{\partial x_j} \cdot u_i' \right) - \left(\frac{\partial u_i'}{\partial x_j} \right)^2 \tag{3.69}$$

in Gleichung (3.68), erhalten wir schließlich

$$\rho \cdot \frac{\partial(\frac{1}{2} \cdot \overline{u_i'^2})}{\partial t} + \rho \cdot \left[\bar{u}_j \cdot \frac{\partial \overline{\frac{1}{2} \cdot u_i'^2)}}{\partial x_j} + \frac{\partial \bar{u}_i}{\partial x_j} \cdot \overline{u_i' \cdot u_j'} + \overline{\frac{\partial(\frac{1}{2} \cdot u_i'^2)}{\partial x_j} \cdot u_j'} \right] =$$
$$- \overline{\frac{\partial p'}{\partial x_i} \cdot u_i'} + \mu \cdot \frac{\partial(\frac{1}{2} \cdot \overline{u_i'^2})}{\partial x_j} - \mu \cdot \overline{\left(\frac{\partial u_i'}{\partial x_j} \right)^2} \quad . \tag{3.70}$$

Gleichung (3.70) beinhaltet drei Gleichungen ($i = 1, 2, 3$) für die drei Koordinatenrichtungen. Wenn wir diese drei Gleichungen addieren, erhalten wir eine partielle Differentialgleichung für die zeitlich gemittelte Turbulenzenergie $\overline{k^2} = K$ (siehe Gleichung (3.65). Die Differentialgleichung lautet

$$\rho \cdot \frac{\partial K}{\partial t} + \rho \cdot \left[\bar{u}_j \cdot \frac{\partial K}{\partial x_j} \right] =$$
$$\mu \cdot \frac{\partial^2 K}{\partial x_j^2} - \overline{\frac{\partial p'}{\partial x_i} \cdot u_i'} - \rho \cdot \left[\frac{\partial \bar{u}_i}{\partial x_j} \cdot \overline{u_i' \cdot u_j'} + \overline{\frac{\partial K'}{\partial x_j} \cdot u_j'} \right] - \mu \cdot \overline{\left(\frac{\partial u_i'}{\partial x_j} \right)^2} \quad . \tag{3.71}$$

In Gleichung (3.71) sind sowohl i als auch j Summationsindizes. Es stehen also in der genannten Gleichung Doppelsummen. Berücksichtigen wir in dieser Gleichung noch die Identität

$$\overline{\frac{\partial}{\partial x_i} (f' \cdot u_i')} = \overline{\frac{\partial f'}{\partial x_i} \cdot u_i' + f' \cdot \left(\frac{\partial u'}{\partial x} + \frac{\partial v'}{\partial y} + \frac{\partial w'}{\partial z} \right)} = \overline{\frac{\partial f'}{\partial x_i} \cdot u_i'} \quad ,$$

erhalten wir die endgültige Form der Differentialgleichung für die zeitlich gemittelte Turbulenzenergie pro Masse K (die Größe f steht für p und K). Sie lautet

$$\boxed{\begin{aligned} &\rho \cdot \frac{\partial K}{\partial t} + \rho \cdot \left[\bar{u}_j \cdot \frac{\partial K}{\partial x_j} \right] = \\ &\mu \cdot \frac{\partial^2 K}{\partial x_j^2} - \frac{\partial}{\partial x_i} \left(\overline{p' \cdot u_i'} \right) - \rho \cdot \left[\frac{\partial \bar{u}_i}{\partial x_j} \cdot \overline{u_i' \cdot u_j'} + \overline{\frac{\partial K'}{\partial x_j} \cdot u_j'} \right] - \mu \cdot \overline{\left(\frac{\partial u_i'}{\partial x_j} \right)^2} \end{aligned}} \quad . \tag{3.72}$$

Da wir bereits mit der Herleitung der strömungsmechanischen Gleichungen vertraut sind, erkennen wir sofort die physikalische Bedeutung der einzelnen Terme. Auf der linken Seite der Gleichung (3.72) stehen die zeitliche Änderung der Turbulenzenergie pro Masse in dem raumfesten Kontrollvolumen $dx \cdot dy \cdot dz$ und die konvektiven Terme, mit denen die Bilanz des Transports von Turbulenzenergie in bzw. aus dem Kontrollvolumen beschrieben wird.

Auf der rechten Seite stehen Ausdrücke, die wir nur zum Teil sofort interpretieren können. Der erste und zweite Term sowie der zweite Ausdruck in der eckigen Klammer der rechten

Seite berücksichtigen die Diffusion der Turbulenzenergie. Der letzte Term der rechten Seite beschreibt die Dissipation der Turbulenzenergie. Für die Produktion der Turbulenzenergie steht der erste Ausdruck in der eckigen Klammer.

Wir kommen auf die Ermittelung der Glieder der rechten Seite der Gleichung (3.72) im Folgenden zurück. Es stellt sich nun die Frage, wie wir die Gleichung (3.72) zur Berechnung von Strömungen anwenden.

Prandtl und Kolmogorov haben 1940 die Annahme vorgeschlagen, dass die turbulente Viskosität μ_t mit der Beziehung

$$\boxed{\mu_t = \rho \cdot l_\epsilon \cdot \sqrt{K}} \tag{3.73}$$

berechnet werden sollte. l_ϵ ist ein Längenparameter, der der Mischungsweglänge ähnlich ist, jedoch nicht gleich dieser ist. Wir werden den Zusammenhang zwischen der Mischungsweglänge l und dem Längenparameter l_ϵ noch angeben. Der Ansatz von Prandtl und Kolmogorov (3.73) basiert auf der Dimensionsanalyse, auf die wir in Kapitel 4.1.1 zu sprechen kommen werden.

Bei der Berechnung von turbulenten Strömungen lösen wir zusätzlich zu den Reynolds-Gleichungen die partielle Differentialgleichung (3.72) zur Ermittelung von K und berechnen mit der Prandtl-Kolmogorov-Annahme die turbulente Viskosität μ_t.

Die Berechnung der Glieder der rechten Seite der Gleichung (3.72) basiert auf experimentellen Ergebnissen und Modellvorstellungen. Die Berechnungsformeln geben wir nachfolgend an. Alle anderen Turbulenzmodelle, auch Turbulenzmodelle, die nicht auf der Boussinesq-Annahme aufbauen, beinhalten zur Modellierung der Turbulenz experimentelle Ergebnisse. Wie sich aus den Experimenten die weiter unten angegebenen Gleichungen ableiten, sollte sich der Leser nach dem Durcharbeiten des vorliegenden Lehrstoffes mit Spezialvorlesungen und zusätzlicher Literatur aneignen. Ebenfalls kann er in weiterführenden Vorlesungen auch Turbulenzmodelle kennenlernen, die nicht auf der Boussinesq-Annahme basieren und noch zu den Forschungsaufgaben der Strömungsmechanik gehören.

Zur Modellierung der Turbulenz von Innenströmungen (Kapitel 2.4.4) können wir die Gleichung (3.72) dahingehend vereinfachen, dass wir alle Gradienten der rechten Seite in Strömungs- und Umfangsrichtung vernachlässigen, da sie im Vergleich zu den Gradienten über der Höhe des Kanals klein sind (s. dazu Abbildung 3.12). Wir gehen weiterhin davon

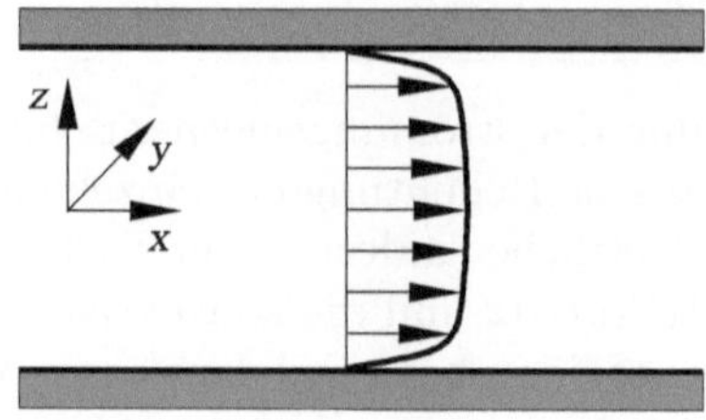

Abb. 3.12: Koordinatensystem für die Kanalströmung

Terme der Gl. (3.72)	**physikalische Bedeutung**	**Modellterme**
$\rho \cdot \frac{\partial K}{\partial t}$	zeitliche Änderung von K	
$\rho \cdot \left[\bar{u}_j \cdot \frac{\partial K}{\partial x_j}\right]$	Konvektion von K	
$\mu \frac{\partial^2 K}{\partial z^2} - \frac{\partial}{\partial z}\left(\overline{p' \cdot w'} + \rho \cdot \overline{w' \cdot K}\right)$	Diffusion von K	$\frac{\partial}{\partial z}\left[\left(\mu + \frac{\mu_t}{Pr_t}\right) \cdot \frac{\partial K}{\partial z}\right]$
$-\rho \cdot \overline{u' \cdot w'} \cdot \frac{\partial \bar{u}}{\partial z}$	Produktion von K	$\mu_t \cdot \left(\frac{\partial \bar{u}}{\partial z}\right)^2$
$\mu \cdot \overline{\left(\frac{\partial u_j'}{\partial z}\right)^2}$	Dissipation von K	$\frac{C_D \cdot \rho \cdot K^{\frac{3}{2}}}{l_\epsilon}$

Tab. 3.2 : Gleichungen zur Berechnung der rechten Seite der K-Gleichung

aus, dass auch die Gradienten

$$\frac{\partial \bar{v}}{\partial z} \quad , \quad \frac{\partial \bar{w}}{\partial z}$$

im Vergleich zu dem Gradienten $\partial \bar{u}/\partial z$ klein sind. Die getroffenen Annahmen sind ohne weiteres zulässig. Wir werden dies im nächsten Abschnitt besser verstehen können, wenn wir die Vereinfachungen zur Herleitung der Grenzschichtgleichungen diskutieren werden. Die Gleichung (3.72) vereinfacht sich also auf die Gleichung

$$\rho\left(\frac{\partial K}{\partial t} + \bar{u} \cdot \frac{\partial K}{\partial x} + \bar{v} \cdot \frac{\partial K}{\partial y} + \bar{w} \cdot \frac{\partial K}{\partial z}\right) = \mu \cdot \frac{\partial^2 K}{\partial z^2} - \frac{\partial}{\partial z}\left(\overline{p' \cdot w'} + \rho \cdot \overline{w' \cdot K'}\right) - \rho \cdot \overline{u' \cdot w'} \cdot \frac{\partial \bar{u}}{\partial z} - \mu \cdot \left[\overline{\left(\frac{\partial u'}{\partial z}\right)^2} + \overline{\left(\frac{\partial v'}{\partial z}\right)^2} + \overline{\left(\frac{\partial w'}{\partial z}\right)^2}\right] \quad . \tag{3.74}$$

Die Summanden der rechten Seite, von denen jeder einen physikalischen Vorgang zur zeitlichen Änderung der Turbulenzenergie pro Masse beschreibt, werden mit Ausdrücken berechnet, die auf zusätzlichen Modellvorstellungen und Messungen basieren. Sie sind in der Tabelle 3.2 angegeben. Die endgültige Gleichung zur Simulation der Turbulenzenergie lautet demnach

$$\boxed{\begin{aligned}&\rho\left(\frac{\partial K}{\partial t}+\bar{u}\cdot\frac{\partial K}{\partial x}+\bar{v}\cdot\frac{\partial K}{\partial y}+\bar{w}\cdot\frac{\partial K}{\partial z}\right)=\\&\frac{\partial}{\partial z}\left[\left(\mu+\frac{\mu_\mathrm{t}}{Pr_\mathrm{t}}\right)\cdot\frac{\partial K}{\partial z}\right]+\mu_\mathrm{t}\cdot\left(\frac{\partial\bar{u}}{\partial z}\right)^2-\frac{\mathrm{C_D}\cdot\rho\cdot K^{\frac{3}{2}}}{l_\epsilon}\end{aligned}} \quad . \tag{3.75}$$

$\mathrm{C_D}$ ist eine weitere Konstante. Sie besitzt den Wert $\mathrm{C_D} = 0.08\ldots0.09$.

Gleichung (3.75) gilt nicht für den wandnahen Bereich, sondern nur für den räumlich wesentlich größeren voll turbulenten Bereich (Abbildung 3.13). Für den wandnahen Bereich $z^+ < 30$ (s. Gleichung (3.55)) muss die Turbulenz weiterhin mit dem Prandtlschen Mischungsweganstaz berechnet werden. Die Gleichung (3.75) geht für den wandnahen Bereich unmittelbar in den Ansatz des Prandtlschen Mischungsweges über, wie wir nachfolgend zeigen werden.

Experimentelle Ergebnisse zeigen, dass in unmittelbarer Wandnähe die konvektiven und diffusiven Glieder der Gleichung (3.75) verschwinden. Wenn wir diese experimentelle Kenntnis auf die Gleichung (3.75) anwenden, also die konvektiven und diffusiven Glieder vernachlässigen, erhalten wir die nachfolgende Gleichung die zum Ausdruck bringt, dass im wandnahen Bereich die Dissipation gleich der Produktion der Turbulenzenergie ist. Die Gleichung lautet

$$\mu_\mathrm{t}\cdot\left(\frac{\partial\bar{u}}{\partial z}\right)^2=\frac{\mathrm{C_D}\cdot\rho\cdot K^{\frac{3}{2}}}{l_\epsilon} \quad . \tag{3.76}$$

Ersetzen wir auf der rechten Seite K mit der Prandtl-Kolmogorov-Annahme, erhalten wir die Gleichung

$$\mu_\mathrm{t}\cdot\left(\frac{\partial\bar{u}}{\partial z}\right)^2=\frac{\mathrm{C_D}\cdot\rho}{l_\epsilon}\cdot\left(\frac{\mu_\mathrm{t}}{\rho\cdot l_\epsilon}\right)^3 \quad , \quad \mu_\mathrm{t}=\left(\frac{1}{\mathrm{C_D}}\right)^{\frac{1}{2}}\cdot\rho\cdot l_\epsilon^2\cdot\left(\frac{\partial\bar{u}}{\partial z}\right) \quad . \tag{3.77}$$

Wenn wir Gleichung (3.77) mit Gleichung (3.52) vergleichen, erkennen wir, dass gilt

$$\left(\frac{1}{C_D}\right)^{\frac{1}{2}}\cdot l_\epsilon^2=l^2 \quad , \quad l_\epsilon=l\cdot\sqrt[4]{\mathrm{C_D}} \quad . \tag{3.78}$$

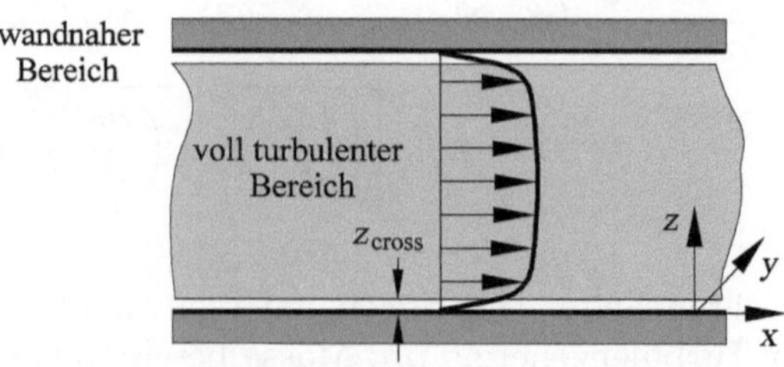

Abb. 3.13: Bereichseinteilung der turbulenten Innenströmung

Wir benötigen für die Anwendung der Differentialgleichung (3.75) noch geeignete Randbedingungen. Gemäß der Boussinesq-Annahme gilt $\tau_t = \mu_t \cdot (\partial \bar{u}/\partial z)$. Berücksichtigen wir diese Annahme in der Gleichung (3.77), erhalten wir für K die folgende Gleichung:

$$\mu_t^2 = \left(\frac{1}{C_D}\right)^{\frac{1}{2}} \cdot \rho \cdot l_\epsilon^2 \cdot \tau_t \quad . \tag{3.79}$$

Ersetzen wir weiterhin μ_t auf der linken Seite gemäß der Prandtl-Kolmogorov Annahme, erhalten wir die folgende Gleichung

$$\rho^2 \cdot l_\epsilon^2 \cdot K = \left(\frac{1}{C_D}\right)^{\frac{1}{2}} \cdot \rho \cdot l_\epsilon^2 \cdot \tau_t \quad , \qquad K(x,y,z) = \frac{\tau_t}{\rho \cdot \sqrt{C_D}} \quad . \tag{3.80}$$

Mit Gleichung (3.80) können wir die Randbedingung für K berechnen. Ab der Stelle $z = z_{\text{cross}}$ sind die konvektiven und diffusiven Glieder nicht mehr vernachlässigbar. Für $z < z_{\text{cross}}$ gilt das Prandtlsche Mischungsweggesetz und für $z > z_{\text{cross}}$ wird μ_t gemäß der partiellen Differentialgleichung (3.75) berechnet. τ_t in Gleichung (3.80) wird mit dem Prandtlschen Mischungsweganstz berechnet.

Mit der partiellen Differentialgleichung (3.75) für die Turbulenzenergie haben wir erreicht, dass wir bei der Berechnung der Turbulenz an einer festen Stelle im Strömungsfeld den Einfluss der Turbulenz stromauf und stromab mitberücksichtigen können. Allerdings ist die partielle Differentialgleichung immer noch abhängig von einer örtlichen algebraischen Gleichung für die Länge l_ϵ.

Es ist jedoch davon auszugehen, dass die Turbulenzdissipation $\epsilon = \mu \cdot \overline{(\partial u_j'/\partial z)^2}$, ähnlich wie die Turbulenzenergie K, von dem turbulenten Verhalten der Strömung an Stellen stromauf und stromab abhängig ist. Um die Turbulenzmodellierung bezüglich dieser physikalischen Vorstellung zu vervollständigen, sind die Ein-Gleichungsmodelle auf die Zwei-Gleichungsmodelle erweitert worden.

Zwei-Gleichungsmodelle

Eines der bekanntesten Zwei-Gleichungsmodelle, das häufig in numerische Verfahren implementiert ist, ist das K-ϵ-Modell. Es besteht aus der partiellen Differentialgleichung (3.75) und einer weiteren Differentialgleichung, die die Turbulenzdissipation beschreibt.

Wir nehmen wieder Bezug auf die Gleichung (3.74) und führen die vereinfachte Komponentenschreibweise u_i, x_i bzw. u_j, x_j mit $i, j = 1, 2, 3$ für u, v, w und x, y, z ein:

$$\rho \cdot \frac{\partial K}{\partial t} + \rho \cdot \left[\bar{u}_j \cdot \frac{\partial K}{\partial x_j}\right] =$$

$$= \mu \cdot \frac{\partial^2 K}{\partial x_j^2} - \frac{\partial}{\partial x_i}\left(\overline{p' \cdot u_i'}\right) - \rho \cdot \left[\frac{\partial \bar{u}_i}{\partial x_j} \cdot \overline{u_i' \cdot u_j'} + \overline{\frac{\partial K'}{\partial x_j} \cdot u_j'}\right] - \mu \cdot \overline{\left(\frac{\partial u_i'}{\partial x_j}\right)^2} \quad . \tag{3.81}$$

Wir interessieren uns zunächst für den letzten Term auf der rechten Seite. Gemäß der vorausgegangenen physikalischen Interpretation steht er für die Dissipation der Turbulenzenergie K. Man beachte, dass sowohl der Index i als auch der Index j der Gleichung einem Summationsindex entspricht.

Im vorangegangenen Abschnitt ist dieser Term mit einer algebraischen Gleichung modelliert worden. Nachfolgend wollen wir eine **zweite partielle Differentialgleichung** für die Dissipation der Turbulenzenergie entwickeln. Diese Gleichung beschreibt ausführlicher die **Dissipation** als die bisher betrachtete algebraische Gleichung. Sie ermöglicht damit eine weiterführende Modellierung der turbulenten Schwankungsgrößen.

Die Dissipation ϵ ist wie folgt definiert:

$$\epsilon = \sum_{i=1}^{3} \left(\sum_{j=1}^{3} \mu \cdot \overline{\left(\frac{\partial u_i'}{\partial x_j} \right)^2} \right) \quad . \tag{3.82}$$

Im Folgenden werden die Summenzeichen weggelassen. Zunächst entwickeln wir die Gleichung für die Schwankungsgrößen. Dazu ersetzen wir in der Navier-Stokes-Gleichung wieder die Geschwindigkeiten u_i durch einen Mittelwert $\bar{u}_i$ und eine Schwankungsgröße u_i'. Es gilt:

$$u_i = \bar{u}_i + u_i' \quad . \tag{3.83}$$

i steht wieder für die jeweilige Raumrichtung ($i = 1, 2, 3$). Setzt man die Gleichung (3.83) in die Navier-Stokes-Gleichung, erhält man:

$$\rho \cdot \frac{\partial(\bar{u}_i + u_i')}{\partial t} + \rho \cdot \left[(\bar{u}_j + u_j') \cdot \frac{\partial(\bar{u}_i + u_i')}{\partial x_j} \right] = -\frac{\partial(\bar{p} + p')}{\partial x_i} + \mu \cdot \left[\frac{\partial^2(\bar{u}_i + u_i')}{\partial x_j^2} \right] \quad . \tag{3.84}$$

Der Index j entspricht einem Summationsindex und i kennzeichnet die jeweilige Navier-Stokes-Gleichung für die entsprechende Raumrichtung. Durch einfaches Ausmultiplizieren und Umstellen der Gleichung erhält man:

$$\rho \cdot \frac{\partial \bar{u}_i}{\partial t} + \rho \cdot \left[\bar{u}_j \cdot \frac{\partial \bar{u}_i}{\partial x_j} \right] + \rho \cdot \left[\frac{\partial u_i'}{\partial t} + \bar{u}_j \cdot \frac{\partial u_i'}{\partial x_j} + u_j' \cdot \frac{\partial \bar{u}_i}{\partial x_j} + u_j' \cdot \frac{\partial u_i'}{\partial x_j} \right] = - \frac{\partial \bar{p}}{\partial x_i} + \mu \cdot \frac{\partial^2 \bar{u}_i}{\partial x_j^2} - \frac{\partial p'}{\partial x_i} + \mu \cdot \frac{\partial^2 u_i'}{\partial x_j^2} \quad . \tag{3.85}$$

Subtrahiert man von dieser Gleichung die zeitlich gemittelte i-te Navier-Stokes-Gleichung, erhält man die folgende Gleichung für die Schwankungsgrößen:

$$\rho \cdot \left[\frac{\partial u_i'}{\partial t} + \bar{u}_j \cdot \frac{\partial u_i'}{\partial x_j} + u_j' \cdot \frac{\partial \bar{u}_i}{\partial x_j} + u_j' \cdot \frac{\partial u_i'}{\partial x_j} \right] = -\frac{\partial p'}{\partial x_i} + \mu \cdot \frac{\partial^2 u_i'}{\partial x_j^2} + \frac{\partial(\rho \cdot u_i' \cdot u_j')}{\partial x_j} \quad . \tag{3.86}$$

Die Gleichung (3.86) entspricht einer Transportgleichung für die Turbulenzmodellierung. Eine Gleichung für die Dissipation der Turbulenzenergie erhält man, indem die folgenden Schritte auf die Gleichung (3.86) angewendet werden:

- Anwendung des Operators $\partial / \partial x_j$ auf die i-te Gleichung.
- Multiplikation mit $\partial u_i / \partial x_j$.
- Zeitliche Mittelung der resultierenden Gleichung.

Mit der Durchführung dieser Schritte erhalten wir die gesuchte partielle Differentialgleichung für die Dissipation ϵ:

$$\rho \cdot \left(\frac{\partial \epsilon}{\partial t} + \bar{u}_{\mathrm{j}} \cdot \frac{\partial \epsilon}{\partial x_{\mathrm{j}}} \right) = \frac{\partial}{\partial x_{\mathrm{j}}} \left(-\rho \cdot \overline{\epsilon' \cdot u'_{\mathrm{j}}} - \frac{2 \cdot \mu}{\rho} \cdot \overline{\frac{\partial u'_{\mathrm{j}}}{\partial x_{\mathrm{l}}} \cdot \frac{\partial p'}{\partial x_{\mathrm{l}}}} + \mu \cdot \frac{\partial \epsilon}{\partial x_{\mathrm{j}}} \right)$$

$$-2 \cdot \mu \cdot \overline{u'_{\mathrm{j}} \cdot \frac{\partial u'_{\mathrm{i}}}{\partial x_{\mathrm{l}}}} \cdot \frac{\partial^2 \bar{u}_{\mathrm{i}}}{\partial x_{\mathrm{j}} \cdot \partial x_{\mathrm{l}}} - 2 \cdot \mu \cdot \frac{\partial \bar{u}_{\mathrm{i}}}{\partial x_{\mathrm{l}}} \cdot \left(\overline{\frac{\partial u'_{\mathrm{j}}}{\partial x_{\mathrm{i}}} \cdot \frac{\partial u'_{\mathrm{j}}}{\partial x_{\mathrm{l}}}} + \overline{\frac{\partial u'_{\mathrm{i}}}{\partial x_{\mathrm{j}}} \cdot \frac{\partial u'_{\mathrm{l}}}{\partial x_{\mathrm{j}}}} \right)$$

$$-2 \cdot \mu \cdot \overline{\frac{\partial u'_{\mathrm{i}}}{\partial x_{\mathrm{l}}} \cdot \frac{\partial u'_{\mathrm{i}}}{\partial x_{\mathrm{j}}} \cdot \frac{\partial u'_{\mathrm{l}}}{\partial x_{\mathrm{j}}}} - 2 \cdot \overline{\left(\mu \cdot \frac{\partial^2 u'_{\mathrm{i}}}{\partial x_{\mathrm{j}} \cdot \partial x_{\mathrm{j}}} \right)^2} \quad , \tag{3.87}$$

$$\mathrm{j} = 1,2,3 \quad , \qquad \mathrm{l} = 1,2,3 \quad .$$

Die Größe ϵ' steht für

$$\epsilon' = \mu \cdot \frac{\partial u'_{\mathrm{i}}}{\partial x_{\mathrm{j}}} \cdot \frac{\partial u'_{\mathrm{i}}}{\partial x_{\mathrm{j}}} \quad .$$

Die Gleichung (3.87) entspricht der exakten Gleichung für die Dissipation ϵ. Es ist zu erkennen, dass sie nicht direkt gelöst werden kann, da die zeitlichen Mittelwerte der rechten Seite nicht bekannt sind. Man ist also wieder darauf angewiesen, die rechte Seite durch passende Vereinfachungen zu modellieren.

Das erste und zweite Glied in der ersten runden Klammer auf der rechten Seite beschreibt die turbulente Diffusion von ϵ. Die molekulare Diffussion von ϵ wird durch das letzte Glied in der ersten Klammer ausgedrückt. In der zweiten Zeile der Gleichung (3.87) stehen die Glieder für die Produktion der Dissipation und in der letzen Zeile die Glieder für den Abbau der Größe ϵ.

Die turbulente Diffusion von ϵ (gemeint sind die ersten beiden Terme innerhalb der ersten runden Klammer auf der rechten Seite) wird in der Regel durch den Ausdruck

$$\mathrm{C}_{\epsilon} \cdot \frac{K^2}{\epsilon} \cdot \frac{\partial \epsilon}{\partial x_{\mathrm{j}}} \tag{3.88}$$

modelliert, so dass gilt:

$$-\rho \cdot \overline{\epsilon' \cdot u'_{\mathrm{j}}} - \frac{2 \cdot \mu}{\rho} \cdot \overline{\frac{\partial u'_{\mathrm{j}}}{\partial x_{\mathrm{j}}} \cdot \frac{\partial p'}{\partial x_{\mathrm{j}}}} = \mathrm{C}_{\epsilon} \cdot \frac{K^2}{\epsilon} \cdot \frac{\partial \epsilon}{\partial x_{\mathrm{i}}} \quad . \tag{3.89}$$

Die Produktionsterme und Terme für die Vernichtung von ϵ werden entsprechend der Fachliteratur mit

$$-\mathrm{C}_{\epsilon 1} \cdot \frac{\epsilon}{K} \cdot \overline{u'_{\mathrm{i}} \cdot u'_{\mathrm{j}}} \cdot \frac{\partial \bar{u}_{\mathrm{i}}}{\partial x_{\mathrm{j}}}$$

bzw. mit

$$-\mathrm{C}_{\epsilon 2} \cdot \frac{\epsilon^2}{K}$$

angegeben, so dass die Gleichung (3.87) in vielen Fällen durch die Gleichung

$$\rho \cdot \left(\frac{\partial \epsilon}{\partial t} + \bar{u}_{\mathrm{j}} \cdot \frac{\partial \epsilon}{\partial x_{\mathrm{j}}} \right) =$$

$$\frac{\partial}{\partial x_{\mathrm{j}}} \left(\rho^2 \cdot \mathrm{C}_\epsilon \cdot \frac{K^2}{\epsilon} \cdot \frac{\partial \epsilon}{\partial x_{\mathrm{j}}} + \mu \cdot \frac{\partial \epsilon}{\partial x_{\mathrm{j}}} \right) - \rho \cdot \mathrm{C}_{\epsilon 1} \cdot \frac{\epsilon}{K} \cdot \overline{u'_{\mathrm{i}} \cdot u'_{\mathrm{j}}} \cdot \frac{\partial \bar{u}_{\mathrm{i}}}{\partial x_{\mathrm{j}}} - \mathrm{C}_{\epsilon 2} \cdot \frac{\epsilon^2}{K} \quad , \qquad (3.90)$$

mit $\mathrm{j} = 1, 2, 3$ modelliert wird.

C_ϵ, $\mathrm{C}_{\epsilon 1}$ und $\mathrm{C}_{\epsilon 2}$ basieren auf experimentellen Untersuchungen. Sie haben folgende Werte:

$$\mathrm{C}_\epsilon = 0.07...0.09 \quad , \qquad \mathrm{C}_{\epsilon 1} = 1.41...1.45 \quad , \qquad \mathrm{C}_{\epsilon 2} = 1.90...1.92 \quad .$$

Die Herleitung der Gleichung (3.87) basiert auf den Navier-Stokes-Gleichungen. Durch die Modellierung der rechten Seite durch einfachere Ausdrücke verliert die Gleichung ihren Bezug zu den Navier-Stokes-Gleichungen und entspricht nur noch einer Gleichung der Turbulenzmodellierung bzw. der Modellierung der Dissipation ϵ. Der Leser stellt sich sicherlich die Frage, auf welchen Überlegungen die Ausdrücke der rechten Seite der Gleichung (3.90) basieren. Diese Fragestellung gehört zu dem weiterführenden Thema Turbulenzmodellierung und ist Gegenstand der Fachliteratur (siehe z. B. *J. Piquet* 2003).

Im einführenden Software-Kapitel 5.1 wird als Strömungsbeispiel der Rohrkrümmer gewählt. Wir greifen den numerischen Lösungsverfahren in Kapitel 4 voraus und zeigen in Abbildung 3.14 die mit dem K-ϵ-Turbulenzmodell berechneten Turbulenzgrößen. Die turbulente kinetische Energie wird im Bereich der starken Scherung der Umlenkung erzeugt und stromab transportiert, wo sie aufgrund der Diffusion und Dissipation abklingt. Die Dissipation besitzt ein Maximum im Inneren des Krümmers.

Die Wirbelviskosität ist mehrere Größenordnungen größer als die molekulare Viskosität mit $\mu = 3 \cdot 10^{-3}\ Ns/m^2$ und dominiert damit gegenüber der physikalischen Reibung.

Die Wahl der Randbedingungen für die Geschwindigkeit an der Wand kann auf unterschiedliche Weise vorgenommen werden.

Mit Vorgabe der physikalischen Randbedingungen

$$\bar{\vec{v}} = 0 \quad , \qquad K = 0 \quad , \qquad \frac{\partial \epsilon}{\partial n} = 0 \quad . \qquad (3.91)$$

an der Wand wird das Modell als **Niedrig-Reynolds-Zahl K-ϵ-Modell** bezeichnet. Hier müssen sowohl die viskose Unterschicht als auch die wandnahe Schicht numerisch aufgelöst werden. Der Wandabstand der wandnächsten Gitterpunkte sollte etwa $z^+ \approx 1$ betragen, damit genügend Rechennetzpunkte für die Auflösung der viskosen Unterschicht vorhanden sind. Diese Variante des K-ϵ-Modells erfordert noch Korrekturen in der K-Gleichung, um die physikalischen Effekte bei niedrigen Reynolds-Zahlen besser abzubilden.

Bei großen Reynolds-Zahlen ist das logarithmische Wandgesetz des Kapitels 2.4.1 hinreichend genau, um die wandnahe Schicht zu approximieren. Anstelle der Haftbedingung wird für die zeitlich gemittelte Geschwindigkeit $\bar{u}$ die Bedingung (2.116)

$$u^+ = \frac{1}{0.41} \cdot \ln(z^+) + 5.5 \quad , \tag{3.92}$$

mit

$$z^+ = \frac{z \cdot u_\tau}{\nu} \ , \quad u_\tau = \sqrt{\frac{\tau_w}{\rho}} \ , \quad u^+ = \frac{\bar{u}}{u_\tau}$$

als Randbedingung berücksichtigt, welche die Wandschubspannung τ_w als zusätzliche Variable implizit enthält. Die Gleichung (3.92) stellt eine Bedingung zwischen der Geschwindigkeit am wandnächsten Punkt und der Wandschubspannung dar. Sie kann nur iterativ erfüllt werden. Das logarithmische Wandgesetz wird in diesem Zusammenhang oft als Wandfunktion bezeichnet. Das numerische Rechennetz in Wandnähe darf verglichen mit der ersten Variante relativ grob sein, da die Wandfunktion die sehr hohen Gradienten im Zwischenraum zwischen dem ersten wandnächsten Gitterpunkt und der Wand überbrückt. Diese Variante des Modells wird als **Standard K-ϵ-Modell** bezeichnet, da sie wegen des deutlich geringeren Aufwandes die bevorzugte Variante ist. Gleichung (3.92) ist nur im Bereich des logarithmischen Wandgesetzes aber nicht innerhalb der viskosen Unterschicht gültig. Daher ist bei der Anwendung darauf zu achten, dass z^+ deutlich größer als 30 gewählt wird. Strömungen mit Ablösung oder mit Staupunkten können mit Wandfunktionen nur ungenau approximiert werden.

Das Standard K-ϵ-Modell zählt zu den am häufigsten verwendeten Turbulenzmodellen, da es sich mit moderatem Rechenaufwand für viele Strömungsprobleme als hinreichend

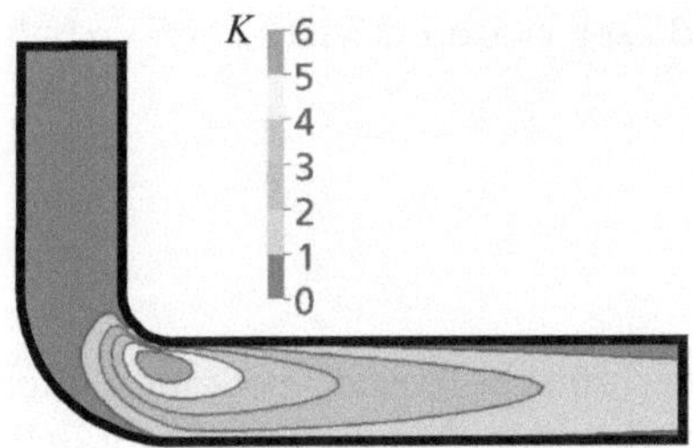

Turbulente kinetische Energie

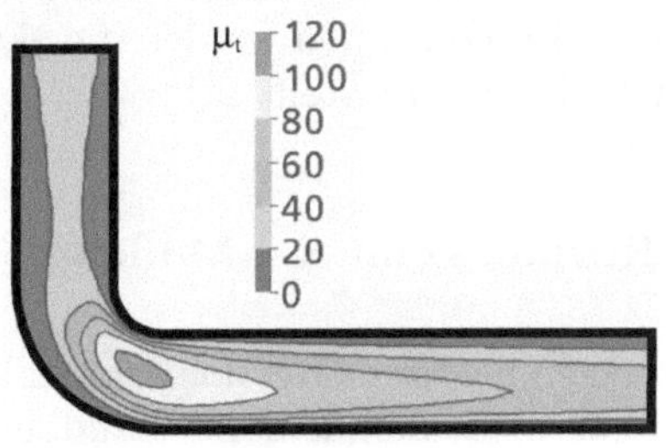

Wirbelviskosität

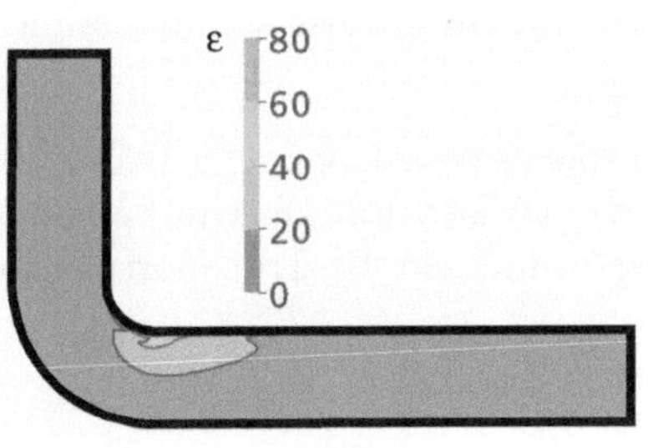

Dissipation von K

Abb. 3.14: Turbulente kinetische Energie K, Dissipation ϵ und Wirbelviskosität μ_t im Mittelschnitt eines Rohrkrümmers, $Re_D = 7.3 \cdot 10^7$

genau erwiesen hat. Der numerische Aufwand ist gegenüber dem Niedrig-Reynolds-Zahl Modell gerade bei großen Reynolds-Zahlen erheblich reduziert.

Anstelle der Dissipation ϵ wird oft die Größe $\omega = K/\epsilon$ verwendet. Dies führt zum **K-ω - Turbulenzmodell**, welches besonders in Wandnähe Vorteile aufweist. Eine Kombination dieser beiden Zweigleichungsmodelle ist das **SST-Scherspannungsmodell** , das sich in der industriellen Praxis durchgesetzt hat.

Weiterentwickelte Wirbelviskositätsmodelle

Mit einfachen Zweigleichungsmodellen, wie dem K-ϵ-Modell, können für einfache Strömungen und manche abgelöste Strömungen gute Ergebnisse erzielt werden. Für komplexere Strömungen versagen die einfachen Modelle jedoch:

- Strömungen mit niedriger Reynoldszahl
- Anisotropie in den Reynoldsspannungen
- Starke, entgegen der Strömungsrichtung wirkende Druckgradienten und Ablösegebiete.

Gegenüber der Grobstruktursimulationen des folgenden Kapitels, bietet der Reynoldsansatz jedoch den großen Vorteil, dass Strömungen, die im Mittel stationär sind (quasistationäre Strömungen), stationär berechnet werden können, da der turbulente, instationäre Anteil modelliert werden kann. Dies reduziert den numerischen Aufwand um ein bis zwei Größenordnungen. Daher wurden die Wirbelviskositätsmodelle konsequent weiterentwickelt. Im Folgenden werden die aktuellsten dieser weiterentwickelten Wirbelviskositätsmodelle kurz vorgestellt.

Niedrig-Reynoldszahl K-ϵ-Modell

Bei Strömungen niedriger Reynoldszahl gilt das logarithmische Wandgesetz nicht mehr. Es ist daher nicht mehr möglich, die Wandbedingungen über das Wandgesetz zu modellieren. Daher muss für diese Fälle die Grenzschicht bis zur Wand aufgelöst werden. Die hohen Gradienten für K und ϵ beim Übergang zur viskosen Unterschicht erfordern eine sehr hohe Auflösung bis in die viskose Unterschicht hinein. Der dimensionslose Wandabstand muss hierbei $z^+ < 1$ sein.

Wie bereits dargestellt, nimmt mit Annäherung an die viskose Unterschicht der Einfluss der turbulenten Viskosität im Vergleich zur molekularen Viskosität zu. Um bei Auflösung der Grenzschicht diesem Umstand Rechnung zu tragen, müssen die Transportgleichungen für K und ϵ umgeschrieben werden:

$$\mu_t = \rho \cdot C_\mu \cdot f_\mu \frac{K^2}{\epsilon} \quad , \tag{3.93}$$

$$\frac{\partial(\rho \cdot K)}{\partial t} + \frac{\partial}{\partial x_j}(\rho \cdot K \cdot \overline{u}_i) = \frac{\partial}{\partial x_j}\left(\left(\mu + \frac{\mu_t}{\sigma_\epsilon}\right)\frac{\partial}{\partial x_i} \cdot \epsilon\right) \quad , \tag{3.94}$$

$$\begin{aligned}\frac{\rho\epsilon}{\partial t} + \frac{\partial}{\partial x_j}(\rho \cdot \epsilon \cdot \overline{u}_i) =& \frac{\partial}{\partial x_j}\left(\left(\mu + \frac{\mu_t}{\sigma_\epsilon}\right)\frac{\partial}{\partial x_i}\epsilon\right) \\ &+ C_1 f_1 \frac{\epsilon}{K} \cdot 2 \cdot \mu_t \cdot S_{ij} \cdot S_{ij} - C_{2\epsilon} \cdot f_2 \cdot \rho \cdot \frac{\epsilon^2}{K} .\end{aligned} \tag{3.95}$$

Die auffälligste Änderung ist die, dass in den Diffusionstermen die molekulare Viskosität enthalten ist. Außerdem werden die Konstanten C_μ, $C_{1\epsilon}$ und $C_{2\epsilon}$, die aus dem Standard K-ϵ-Modell bekannt sind, mit den entsprechenden Wanddämpfungsfunktionen f_μ, $f_{1\epsilon}$ bzw. $f_{2\epsilon}$ multipliziert. σ_K und σ_ϵ sind ebenfalls empirische Konstanten, die dem Strömungsproblem angepasst werden müssen. Die Wanddämpfungsfunktionen sind Funktionen der turbulenten Reynoldszahl $Re_t = \overline{u} \cdot l/\nu = K^2/(\epsilon \cdot \nu)$ und $Re_z = K^{1/2} \cdot z/\nu$. Eine mögliche Formulierung ist:

$$f_\mu = (1 - exp(-0.0165 Re_z))^2 \left(1 + \frac{20.5}{Re_t}\right) \quad , \tag{3.96}$$

$$f_{1\epsilon} = \left(a + \frac{0.05}{f_\mu}\right)^3 \quad , \qquad f_{2\epsilon} = 1 - exp\left(-Re_t^2\right) \quad . \tag{3.97}$$

Gleichungen (3.93) - (3.95) sowie die Reynolds gemittelten Navier-Stokes-Gleichungen (3.33), (3.38), (3.40) und (3.113) müssen bis zur Wand integriert werden.

Während die Wandrandbedingung für K trivial ist, bereitet die Randbedingung für ϵ Probleme. Experimentelle Ergebnisse zeigen einen starken Anstieg von ϵ auf einen konstanten Wert direkt an der Wand, allerdings konnte der Wert von ϵ direkt an der Wand nicht bestimmt werden. Eine mögliche Randbedingung an der Wand ist daher $\partial\epsilon/\partial z = 0$. Andere Modelle benutzen eine modifizierte Dissipationsrate an der Wand $\tilde{\epsilon} = \epsilon - 2 \cdot \nu \left(\partial\sqrt{K}/\partial n\right)^2$ und die Wandrandbedingung $\tilde{\epsilon} = 0$.

Es sei an dieser Stelle angemerkt, dass das Gleichungssystem durch die hohen Gradienten und die Einführung der Dämpfungsfunktion numerisch steif wird und das K-ϵ-Modell in Niedrig-Reynoldszahl-Formulierung häufig Konvergenzprobleme hat.

Zwei-Schichten-Modell

Die Zwei-Schichten-Modelle verfolgen dieselbe Zielsetzung wie die Niedrig-Reynoldszahl-Modelle, die Wandgrenzschicht bis zur viskosen Unterschicht aufzulösen. Die numerischen Probleme, die durch die nichtlineare Dämpfungsfunktion der Niedrig-Reynoldszahl-Formulierung entstehen, werden durch Aufteilung der Grenzschicht in zwei Schichten vermieden.

- Turbulenter Bereich ($Re_z = z\,\sqrt{K}/\nu \geq 200$), in dem die Standard-Formulierung des K-ϵ-Modells Anwendung findet. Die turbulente Viskosität wird mit der Gleichung $\mu_{t,t} = C_\mu \cdot \rho \cdot K^2/\epsilon$ berechnet.
- Viskoser Bereich ($Re_z < 200$), in dem nur die K-Gleichung gelöst wird. Die Dissipationsrate wird mit der Längenskala $l = K \cdot z\,(1 - exp\,(-Re_z/A))$ als $\epsilon = C_\mu^{3/4}\,K^{3/2}/l$, mit $A = 2 \cdot \kappa \cdot C_\mu^{-2/4}$, berechnet. Die turbulente Viskosität im viskosen Bereich wird modelliert mit $\mu_{t,w} = C_\mu^{1/4} \cdot \rho \cdot \sqrt{K \cdot l}$ und $A = 70$.

Die Formulierung der Mischungsweglänge im wandnahen, viskosen Bereich entspricht damit der im Prandtlschen Mischungswegansatz oder dem Ein-Gleichungsmodell verwendeten Mischungsweglänge für die wandnahe Grenzschicht.

Zur Glättung des Übergangsbereichs zwischen viskosem und turbulentem Bereich und damit zwischen $\mu_{t,w}$ und $\mu_{t,t}$ bei $Re \approx 200$ wird eine Übergangsfunktion F_μ benutzt, so dass sich die turbulente Viskosität ergibt:

$$\mu_t = F_\mu\,\mu_{t,t} + (1 - F_\mu)\,\mu_{t,w} \quad . \tag{3.98}$$

Die Übergangsfunktion $F_\mu = F_\mu\,(Re_z)$ ist gleich null an der Wand, strebt im voll turbulenten Bereich ($Re_z >> 200$) gegen 1 und bildet einen sanften Übergang für $Re_z \approx 200$.

Das Zweischichtmodell ist weniger von Rechennetzen abhängig und numerisch stabiler als der Niedrig-Reynoldsansatz und findet breite Verwendung in komplexen Strömungssimulationen, wenn eine Auflösung der Wandgrenzschicht notwendig ist.

K-ω-Modelle

Insbesondere in der Luftfahrt sind die klassischen Turbulenzmodelle problematisch. Die Probleme sind typischerweise charakterisiert durch komplexe Geometrie und einen weiten Bereich an Längenskalen. Auf der großen Längenskala ist die Strömung weitgehend reibungsfrei (Außenströmung), wobei jedoch durch extrem kleinskalige Vorgänge in den turbulenten Grenzschichten eine komplette Umstrukturierung des gesamten Strömungsfeldes möglich ist (Ablösung). Es ist daher schwierig, eine einheitliche Längenskala für die Turbulenzmodellierung zu finden. Der Einsatz des K-ω-Modells scheitert häufig an dessen mangelnder Genauigkeit im direkten Wandbereich und den daraus resultierenden Problemen bei der Vorhersage der druckgetriebenen Ablösung.

Die beiden offensichtlichen Mängel des K-ω-Modells sind:

- Überschätzung des turbulenten Austauschs bei entgegen der Strömungsrichtung wirkenden Druckgradienten, z. B. in gekrümmten Grenz- oder Scherschichten. Dies führt zur Unterschätzung der Ablöseneigung von verzögerten Grenzschichten und zur numerischen Unterdrückung der Ablösung bzw. der Verlagerung der Ablöselinie stromab.

- Der Einsatz der im nächsten Kapitel beschriebenen Grobstruktursimulation oder auch Reynolds-Spannungen-Transportgleichungsmodellen verbietet sich bei technischen Anwendungen aufgrund des damit verbundenen erhöhten Aufwandes. Daher wurden für diese Anwendungen Zwei- und Mehrgleichungsmodelle entwickelt, von denen im Folgenden zwei typische Vertreter beschrieben werden.

Wilcox-K-ω-Modell

Im K-ϵ-Modell wird die turbulente Längenskala zur Bestimmung der turbulenten Viskosität durch $l = K^{2/3}/\epsilon$ bestimmt. Die Dissipationsrate ϵ ist jedoch nicht die einzige denkbare Variable zur Bestimmung von l. Es wurden unzählige Zwei-Gleichungsmodelle vorgeschlagen, die auf anderen Längenskalen basieren. Die am weitesten verbreitete, alternative Größe zur Bestimmung von l ist die turbulente Frequenz $\omega = \epsilon/K$. Die Langenskala ergibt sich zu $l = \sqrt{K}/\omega$. Die turbulente Viskosität lässt sich als

$$\mu_t = \frac{\rho \cdot K}{\omega} \tag{3.99}$$

darstellen.

Die Transportgleichungen für K und ω lauten:

$$\begin{aligned} \frac{\partial(\rho \cdot K)}{\partial t} + \frac{\partial}{\partial x_j}(\rho \cdot K \cdot \overline{u}_i) =& \frac{\partial}{\partial x_j}\left(\left(\mu + \frac{\mu_t}{\sigma_k}\right)\frac{\partial K}{\partial x_i}\right) \\ &+ \left(2 \cdot \rho \cdot S_{ij} \cdot S_{ij} - \frac{2}{3} \cdot \rho \cdot K \cdot \frac{\partial u_i}{\partial x_j}\delta_{ij}\right) \\ &- \beta^* \cdot \rho \cdot K \cdot \omega \quad , \end{aligned} \tag{3.100}$$

$$\begin{aligned} \frac{\partial(\rho \cdot \omega)}{\partial t} + \frac{\partial}{\partial x_j}(\rho \cdot \omega \cdot \overline{u}_i) =& \frac{\partial}{\partial x_j}\left(\left(\mu + \frac{\mu_t}{\sigma_w}\right)\frac{\partial}{\partial x_i}\right) \\ &+ \gamma_1\left(2 \cdot \rho \cdot S_{ij} \cdot Sij - \frac{2}{3} \cdot \rho \cdot \omega \cdot \frac{\partial u_i}{\partial x_j}\delta_{ij}\right) \\ &- \beta_1 \cdot \rho \cdot \omega^2 \quad , \end{aligned} \tag{3.101}$$

mit den Modell-Konstanten:

$$\sigma_k = 2.0, \quad \sigma_w = 2.0, \quad \gamma_1 = 0.553, \quad \beta_1 = 0.075, \quad \beta_* = 2.0.$$

Die Formulierung des Diffusionsterms entspricht der des Niedrig-Reynoldszahl-K-ϵ-Modells. Die Formulierung in ω erlaubt jedoch den Verzicht auf die nichtlinearen Dämpfungsterme. Die Wandrandbedingungen sind ebenfalls einfacher. Die Wandrandbedingung für K ist wiederum trivial. Für ω ergibt sich damit eine Polstelle an der Wand. In der praktischen Anwendung lässt sich der Anstieg von ω ins Unendliche jedoch durch Vorgabe eines sehr hohen Wertes oder eine hyperbolische Variation $\omega_P = 6 \cdot \nu / \left(\beta_1 \cdot z_p^2\right)$ annähern, ohne dass die Ergebnisse stark sensitiv von der genauen Behandlung abhängen.

Für den Eintrittsrand müssen die Werte für K und ω vorgegeben werden. Am Austrittsrand kommt eine Gradientenrandbedingung zum Einsatz. Die Fernfeldrandbedingung $K \to 0$ und $\omega \to 0$ bereitet aufgrund der Singularität für $\omega = 0$ in Gleichung (3.99) Probleme. Es muss daher aus mathematischen Gründen am Fernfeldrand ein sehr kleiner Wert für ω vorgegeben werden. Unerfreulicherweise zeigt sich, dass die Ergebnisse sehr sensitiv auf kleine Variationen dieses Randwerts reagieren, was das Modell für den Einsatz in der Luftfahrtanwendung, in denen typischerweise Fernfeldrandbedingungen benötigt werden, problematisch macht.

Menter-K-ω-SST-Modell

Es zeigt sich ,dass die Ergebnisse des K-ϵ-Modells deutlich weniger sensitiv auf die willkürliche Festlegung der Fernfeldrandwerte der Dissipation sind, als die des K-ω-Modells. Andererseits liefert das K-ω-Modell deutlich bessere Ergebnisse für Wandgrenzschichten mit Druckgradienten. Dies legt eine Kombination der Stärken beider Modelle nahe.

Das K-ω-SST Modell besteht aus:

- einer Transformation des K-ϵ-Modells in ein K-ω-Modell in Wandnähe und
- dem Standard K-ϵ-Modell im wandfernen, turbulenten Außenbereich.

Die turbulente Viskosität berechnet sich wie im Wilcox-K-ω-Modell aus

$$\mu_t = \frac{\rho \cdot K}{\omega} \quad . \tag{3.102}$$

Die Transportgleichung für K ist ebenfalls identisch zu Gleichung (3.100). Die Gleichung für den Transport von ω ergibt sich durch direkte Transformation der ϵ-Gleichung (3.95) mit $\epsilon = K/\omega$ zu

$$\begin{aligned}\frac{\partial(\rho \cdot \omega)}{\partial t} + \frac{\partial}{\partial x_j}(\rho \cdot \omega \cdot \overline{u}_i) =& \frac{\partial}{\partial x_j}\left(\left(\mu + \frac{\mu_t}{\sigma_{\omega,1}}\right)\frac{\partial}{\partial x_i}\omega\right) \\ &+ \gamma_2\left(2 \cdot \rho \cdot S_{ij} \cdot S_{ij} - \frac{2}{3}\rho \cdot \omega \cdot \frac{\partial u_i}{\partial x_j}\delta_{ij}\right) - \beta_2 \cdot \rho \cdot \omega^2 \\ &+ 2 \cdot \frac{\rho}{\sigma_{\omega,2}} \cdot \frac{\partial K}{\partial x_k} \cdot \frac{\partial \omega}{\partial x_k}.\end{aligned} \tag{3.103}$$

Diese Gleichung unterscheidet sich von Gleichung (3.101) durch den letzten Term auf der rechten Seite, den so genannten Quer-Diffusionsterm, der bei der Transformation $\epsilon = K/\omega$ entsteht.

Die geänderten Modellkonstanten sind:

$$\sigma_k = 1.0, \quad \sigma_{\omega,1} = 2.0, \quad \sigma_{\omega,2} = 1.17, \quad \gamma_2 = 0.44, \quad \beta_2 = 0.083, \quad \beta_* = 0.09.$$

Zur Vermeidung von numerischen Instabilitäten durch mögliche Unstetigkeiten beim Übergangsbereich zwischen K-ω- und K-ϵ-Modell werden analog zum Zweischichten-Modell Übergangsfunktionen für den Quer-Diffusionsterm, sowie die Modellkonstanten C_1 und C_2 verwendet.

Auch das K-ω-SST-Modell zeigt die oben für das K-ϵ-Modell dargelegten Probleme in Bereichen starker Umlenkung wie z. B. in Staupunkten. Um diese zu mindern, werden typischerweise so genannte Limiter eingesetzt. Diese limitieren

- die turbulente Viskosität in Bereichen mit gegen die Strömungsrichtung wirkenden Druckgradienten
- die Produktion von turbulenter Energie in Staupunkten.

Nicht-lineare-K-ϵ-Modelle

Allen bisher behandelten Zwei-Gleichungs-Modellen ist gemein, dass sie die Effekte der Anisotropie der Turbulenz nicht berücksichtigen können, da die Boussinesq-Approximation diese nichtlinearen Effekte vernachlässigt. Neben den Reynolds-Spannungs-Modellen, die für jede turbulente Spannung eine eigene Transportgleichung lösen, dadurch jedoch einen deutlich erhöhten Rechenaufwand fordern und häufig Konvergenzprobleme aufweisen, wurde das K-ϵ-Modell um nichtlineare Terme erweitert, die die Sensitivität für anisotrope Effekte der Turbulenz in die Modelle integrieren sollen.

Die linearen Zwei-Gleichungs-Modelle basieren auf dem Boussinesq-Ansatz

$$-\rho \cdot \overline{u_i' u_j'} = \tau_{ij} = \tau_{ij} \left(S_{ij},\, K,\, \epsilon,\, \rho\right) \quad , \tag{3.104}$$

wobei τ_{ij} nur von den lokalen Bedingungen abhängt. Die turbulenten Spannungen und damit die Turbulenz an sich muss sich instantan an die lokalen Zustände anpassen, während sie konvektiv durch das Feld transportiert werden. Analog zu den Betrachtungen bei den algebraischen Turbulenzmodellen, die zu den Transportgleichungsmodellen führen, kann argumentiert werden, dass diese instantane Anpassung nicht physikalisch ist und daher die turbulenten Spannungen auch von Änderungen der Scherung dS_{ij}/dt abhängen muss.

Ausgehend von dieser Idee wurden verschiedene Ansätze für nichtlineare K-ϵ-Modelle vorgeschlagen. Ein möglicher Ansatz geht von einer asymptotischen Erweiterung aus, die unter Berücksichtigung der quadratischen Terme auf

$$\tau_{ij} = -\rho \cdot \overline{u_i' u_j'} = -\tfrac{2}{3} \cdot \rho \cdot K \cdot \delta_{ij} + \rho \cdot C_\mu \cdot \frac{K^2}{\epsilon} \cdot 2 \cdot S_{ij}$$
$$-4 \cdot C_D \cdot C_\mu^2 \cdot \tfrac{K^3}{\epsilon^2} \Big(\quad S_{im} \cdot S_{mj} - \frac{1}{3} \cdot S_{mn} \cdot S_{mn} \cdot \delta_{ij}$$
$$+\dot{S}_{ij} - \frac{1}{3} \cdot \dot{S}_{ij} \cdot \delta_{ij} \quad \Big) \quad , \tag{3.105}$$

mit

$$\dot{S}_{ij} = \frac{\partial S_{ij}}{\partial t} + \overline{u}_i \cdot \frac{\partial}{\partial x_i} \left(S_{ij} - \left(\frac{\partial \overline{u}_i}{\partial x_m} \cdot S_{mj} + \frac{\partial \overline{u}_j}{\partial x_m} \cdot S_{mi} \right) \right) \tag{3.106}$$

und der zu kalibrierenden Konstanten

$$C_D = 1.68 \tag{3.107}$$

führt.

Die Standardformulierung der turbulenten Spannungen mit dem Boussinesq-Ansatz kann als Sonderfall der Gleichung (3.105) für geringe Deformationsraten verstanden werden.

Ein Ansatz zur Sensitivierung des K-ϵ-Modells, basierend auf den Erkenntnissen aus den Reynolds-Spannungs-Modellen, hat als Grundlage eine generalisierte Formulierung der Wirbelviskositätshypothese auf Grundlage einer Potenzreihe von Tensorprodukten der mittleren Scherrate:

$$S_{ij} = \frac{1}{2} \left(\frac{\partial \overline{u}_i}{\partial x_j} + \frac{\partial \overline{u}_j}{\partial x_i} \right)$$

und der mittleren Wirbelstärke

$$\Omega_{ij} = \frac{1}{2} \left(\frac{\partial \overline{u}_i}{\partial x_j} + \frac{\partial \overline{u}_j}{\partial x_i} \right) .$$

Dies führt auf die quadratische Formulierung:

$$\begin{aligned}
\tau_{ij} = &- \rho \cdot \overline{u_i' u_j'} = 2 \mu_t S_{ij} - \frac{2}{3} \cdot \rho \cdot K \cdot \delta_{ij} \\
&- C_1 \cdot \mu_t \frac{K}{\epsilon} \left(S_{ik} \cdot S_{jk} - \frac{1}{3} \cdot S_{kl} \cdot S_{kl} \cdot \delta_{ij} \right) \\
&- C_2 \cdot \mu_t \frac{K}{\epsilon} \left(S_{ik} \cdot \Omega_{jk} + S_{jk} \cdot \Omega_{ik} \right) \\
&- C_3 \cdot \mu_t \frac{K}{\epsilon} \left(\Omega_{ik} \cdot \Omega_{jk} - \frac{1}{3} \cdot \Omega_{kl} \cdot \Omega_{kl} \cdot \delta_{ij} \right) .
\end{aligned} \tag{3.108}$$

Durch die Einführung von drei quadratischen Termen, die durch Anpassung der drei zusätzlichen Modellkonstanten gewichtet werden, können die drei Reynolds-Hauptspannungen unterschiedliche Werte annehmen, was die Erfassung von Anisotropieeffekten der turbulenten Strömung ermöglicht.

Analog zu der hier dargestellten quadratischen Erweiterung wird häufig eine kubische Erweiterung des K-ϵ-Modells eingesetzt, auf deren detaillierte Darstellung verzichtet wird. Durch die Berücksichtigung dieser nichtlinearen Terme sind mit dem K-ϵ-Modell Vorhersagequalitäten erreichbar, die denen der vollen Reynoldsspannungsmodelle entsprechen.

Wir beenden an dieser Stelle die Einführung in die Turbulenzmodellierung. In diesem Abschnitt des Buches sollte der Leser einen ersten Eindruck von der Denkweise der Turbulenzmodellierung vermittelt bekommen. Wir haben gelernt, dass Turbulenzmodelle auf einfachen empirischen Vorstellungen und umfangreichen Experimenten beruhen. Die weitere Vertiefung dieser Kenntnisse insbesondere im Hinblick auf die direkte Strömungssimulation mit der so genannten Large-Eddy-Simulationsmethode ist Gegenstand des folgenden Kapitels (siehe auch *E. Laurien, H. Oertel jr.* 2013).

3.2.4 Grobstruktursimulation

Die bisher beschriebenen Turbulenzmodelle gehen weitgehend von einer Strömung isotroper Turbulenz aus. Darunter versteht man, dass die homogene turbulente Strömung keine Vorzugsrichtung oder Orientierung aufweist. Im Gegensatz dazu zeigt die Momentaufnahme der inhomogenen **anisotropen turbulenten Strömung** der Abbildung 3.15 mehrere miteinander gekoppelte Längenskalen, die gleichzeitig angeregt sind. Das Bild eines turbulenten Wasserjets illustriert Wirbelstrukturen unterschiedlicher Größenordnungen mit zunehmender Komplexität. Derartige turbulente Strömungen lassen sich mit den bisher beschriebenen Turbulenzmodellen nicht berechnen. Auch ist der Reynolds-Ansatz (3.30)

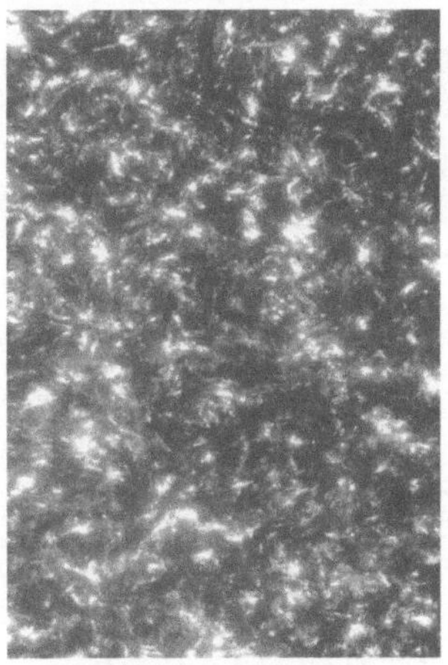

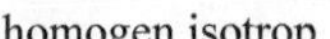

Abb. 3.15: Turbulente Strömungen

nicht mehr gültig.

Dies führt zur **direkten Simulation** turbulenter Strömungen, die das vollständige Spektrum turbulenter Strömungsstrukturen numerisch auch ohne Turbulenzmodell simulieren. Dabei werden die Navier-Stokes-Gleichungen (3.18) bzw. (3.20) ohne Turbulenzmodell gelöst. Jedoch wird dies auch in Zukunft nur für einfache Geometrien und niedrige Reynolds-Zahlen möglich sein. Daher scheidet diese Methode zur Durchführung von praxisorientierten Berechnungen von Strömungen großer Reynolds-Zahlen aus. Sie kann lediglich zur Entwicklung und Überprüfung von Turbulenzmodellen beitragen.

Die Abbildung 3.16 zeigt das Ergebnis der direkten Simulation der turbulenten Rohrströmung bei der Reynolds-Zahl $Re_D = 5600$. Die Isolinien der Stromabgeschwindigkeit u und deren turbulenten Schwankungen u' machen die räumliche Turbulenzstruktur in Wandnähe deutlich, die sich mit fortschreitender Zeit ändert. Die Geschwindigkeitsschwankungen in Radial- und Umfangsrichtung sind dabei wesentlich kleiner als die stromabwärtigen Schwankungen. Im zeitlichen und räumlichen Mittel berechnet man das in Abbildung 2.82 gezeigte lineare Geschwindigkeitsprofil der viskosen Unterschicht und das logarithmische Wandgesetz im Bereich der Wandturbulenz.

Unterteilt man die turbulenten Strukturen von Strömungen hoher Reynolds-Zahlen in zwei Anteile, die großräumigen und die feinskaligen, so kommt man zu einer anderen Berechnungsmethodik. Die großräumigen Strukturen einer turbulenten Strömung werden in ihrer zeitlichen und räumlichen Entwicklung direkt simuliert und nur die feinskaligen Strukturen werden modelliert. Diese Methode wird als **Grobstruktursimulation** (Large-Eddy-Simulation, LES) bezeichnet. Sie ist stets instationär und erfordert daher zeitgenaue Berechnungsmethoden, die in Kapitel 4.2 behandelt werden.

Die räumliche Diskretisierung des Rechengebietes sowie die zeitliche Auflösung müssen

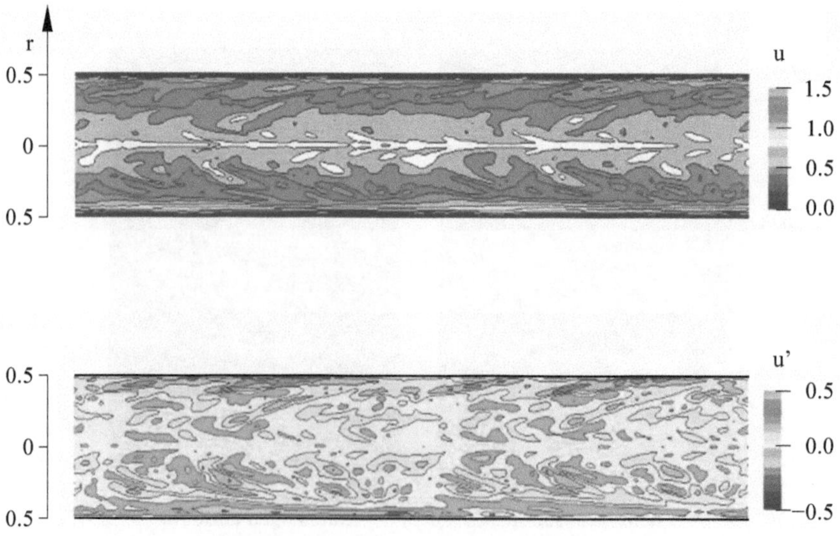

Abb. 3.16: Direkte Simulation der turbulenten Rohrströmung, $Re_D = 5600$

genügend fein gewählt werden, so dass die Wirbelstrukturen aufgelöst werden können. Man kann davon ausgehen, dass die größten Strukturen im Stadium ihrer Entstehung etwa den charakteristischen Abmessungen des Strömungsgebietes entsprechen und im Verlauf ihrer Weiterentwicklung zunehmend kleinere Strukturen erzeugen, welche in noch kleinere zerfallen. Die Bedeutung der großräumigen Strukturen für den turbulenten Austausch bleibt dabei erhalten.

Misst man die Geschwindigkeitsfluktuationen in einer turbulenten Strömung an einem festen Ort mit hoher zeitlicher Auflösung, so enthält das Signal die unterschiedlichen charakteristischen Zeitskalen aller in der Turbulenz enthaltenen Wirbel. Dieses Signal kann mit Hilfe einer Fourieranalyse in seine einzelnen Frequenzanteile aufgespalten werden (Abbildung 3.17). Bei dem so definierten Energiespektrum ist auf der horizontalen Achse die Frequenz f und auf der vertikalen Achse der zugehörige Energieinhalt aufgetragen. Die Frequenz f kann auch durch eine Wellenzahl a (Anzahl der Wellen oder Wirbel pro Längeneinheit) ersetzt werden, da die hochfrequenten Schwankungen von kleinen und die niederfrequenten Schwankungen von großen Wirbeln erzeugt werden. Damit ist eine Grundlage für die Aufteilung in große und kleine Wirbel gegeben.

Ein typisches Turbulenzspektrum bei hohen Reynolds-Zahlen wird in Abbildung 3.17 in verschiedene Bereiche unterteilt. Der Bereich niedriger Frequenzen oder Wellenzahlen wird durch die großräumigen energietragenden Wirbel hervorgerufen. Hier findet die Erzeugung der Turbulenz statt. Diese Strukturen beinhalten auch die stärkste Anisotropie, da sie im Stadium ihrer Entstehung eng mit der Geometrie des Strömungsgebietes verbunden sind. Diese Strukturen werden bei der Grobstruktursimulation direkt, also ohne Turbulenzmodell, simuliert.

Der Bereich mittlerer Frequenzen oder Wellenzahlen wird als der Trägheitsbereich bezeichnet. Hier findet der weitere Zerfall in immer kleinere Strukturen statt. Man kann

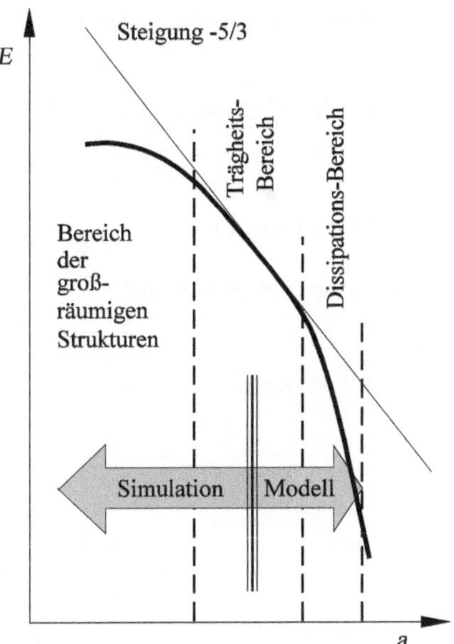

Abb. 3.17: Energiespektrum der Turbulenz

zeigen, dass dafür die nichtlinearen Trägheitsterme verantwortlich sind. Die Reibung ist dabei von untergeordneter Bedeutung. Während des Zerfalls wird die Turbulenz mehr und mehr isotrop und die Geometrie des Strömungsgebietes tritt in den Hintergrund. Die Theorie isotroper Turbulenz besagt, dass die Energie E mit der Wellenzahl a wie $E \sim a^{-5/3}$ abnimmt. Dies ist für zahlreiche Strömungen experimentell bestätigt worden. Der Trägheitsbereich ist umso ausgedehnter, je größer die Reynolds-Zahl ist. In diesem Bereich befindet sich die Grenze zwischen großräumigen und feinskaligen Strukturen im Sinne einer Grobstruktursimulation.

Im Bereich hoher Frequenzen oder Wellenzahlen geht der Trägheitsbereich allmählich in den Dissipationsbereich über, in dem der Abfall der Energie mit der Wellenzahl auf $E \sim a^{-7/3}$ vom Betrag her zunimmt. Hier findet der Zerfall weiterhin statt. Zusätzlich spielt die turbulente Dissipation eine Rolle, da mit abnehmender Wirbelgröße die Reibungseinflüsse gegenüber den Trägheitseinflüssen mehr und mehr hervortreten. Dieser Größenbereich wird nicht numerisch aufgelöst sondern hinsichtlich seiner Auswirkungen auf die großräumigen Strukturen mit Hilfe eines Feinstruktur-Turbulenzmodells modelliert.

Eine Grobstruktur-Simulation beginnt, ausgehend von einer Anfangsbedingung, mit einer zeitlichen Phase der Strömungsausbildung in der großräumige Strukturen im Strömungsfeld instationär gebildet werden und dieses nach und nach ausfüllen. Danach wird die Strömung statistisch stationär. Das bedeutet, dass die zeitlichen Mittelwerte der Strömungsgrößen an jedem Ort im Strömungsfeld nicht mehr von der Größe des Mittelungsintervalls abhängen. Das Ergebnis kann zeitlich gemittelt werden.

Vergleicht man in Abbildung 3.18 die Grobstruktur-Turbulenz mit der Feinstruktur-Turbulenz, so erkennt man, warum die Simulation der ersten und die Modellierung der zweiten methodisch günstig ist. Die Schwierigkeit die geometrieabhängigen, inhomogenen und anisotropen Grobstrukturen zu modellieren wird durch ihre Simulation umgangen. Das Feinstrukturmodell ist einfacher und genauer als ein Turbulenzmodell, welches das gesamte Turbulenzspektrum modelliert. Die Feinstrukturturbulenz kann als universell homogen und isotrop sowie kurzlebig angesehen werden.

Für die Beschreibung der Methode betrachtet man die räumliche Verteilung eines Mess-

GROBSTRUKTUR-TURBULENZ	FEINSTRUKTUR-TURBULENZ
wird von der mittleren Strömung erzeugt	wird von der Grobstruktur-Turbulenz erzeugt
abhängig von Strömungsfeldgeometrie	universell
geordnet	stochastisch
erfordert deterministische Beschreibung	kann statistisch modelliert werden
inhomogen	homogen
anisotrop	isotrop
langlebig	kurzlebig
diffusiv	dissipativ
schwierig zu modellieren	einfacher zu modellieren

Abb. 3.18: Eigenschaften der Grobstruktur- und der Feinstrukturturbulenz

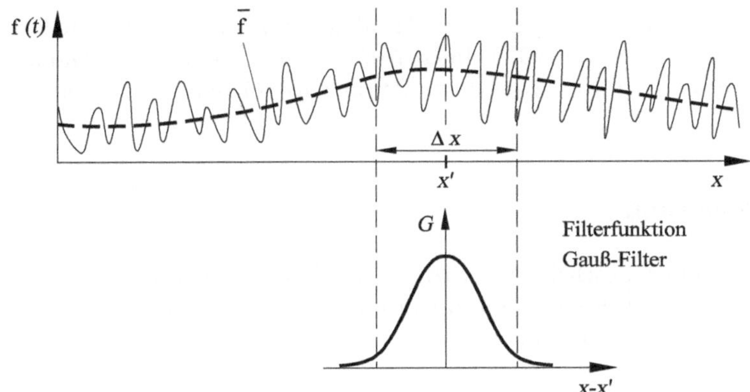

Abb. 3.19: Filterung einer Strömungsgröße

signals f(t) entlang einer Koordinate x (Abbildung 3.19). Die Skizze lässt erkennen, dass sowohl großräumige als auch feinskalige Strukturen vorhanden sind. Zur Trennung dieser Strukturen nehmen wir eine mathematische Filterung vor. Diese bedeutet, dass an jeder Stelle x die Strömungsgröße f mit einer Filterfunktion G(x') multipliziert und anschließend über Δx integriert wird:

$$\overline{\mathrm{f}}(x,t) = \frac{1}{\Delta x} \cdot \int\limits_{-\frac{\Delta x}{2}}^{\frac{\Delta x}{2}} \mathrm{f}(x - x', t) \cdot \mathrm{G}(x - x') \cdot \mathrm{d}x' \quad . \tag{3.109}$$

Dabei ist x' die zugehörige Integrationsvariable. Das gefilterte Signal entspricht der gestrichelten Linie. Es handelt sich nicht um eine stationäre Größe, wie bei der Reynolds-Mittelung, sondern der gefilterte Wert ist selbst eine Funktion der Zeit. Die feinskaligen Schwankungen wurden jedoch herausgefiltert. Es sind unterschiedliche Filterfunktionen vorgeschlagen worden, von denen hier nur der Gauß-Filter betrachtet werden soll (andere Filterfunktionen führen auf entsprechende Ergebnisse). Die Filterung wird in allen drei Raumrichtungen vorgenommen und die Filterfunktionen müssen bestimmten Anforderungen genügen. Der Unterschied zur Mittelung besteht darin, dass vor der Integration noch mit der Filterfunktion multipliziert wird.

Wie bei der Reynolds-Mittelung (3.30) wird nun jede lokale Strömungsgröße als Summe von gefiltertem Wert und Schwankungswert aufgefasst. Z. B. erhält man für die Geschwindigkeitskomponenten:

$$u_{\mathrm{m}}(x,t) = \overline{u}_{\mathrm{m}}(x,t) + u'_{\mathrm{m}}(x,t) \quad , \tag{3.110}$$

wobei der gefilterte Wert überstrichen dargestellt ist. Im Unterschied zur Mittelung verschwindet die gefilterte Fluktuation nicht:

$$\overline{u'}_{\mathrm{m}} \neq 0 \quad .$$

Unter Beachtung dieses Unterschiedes, kann die Herleitung der Grundgleichungen der Grobstruktursimulation nun analog zur Herleitung der Reynolds-Gleichungen durchgeführt werden.

Das Ergebnis der gefilterten Grundgleichungen sowie Ansätze der Feinstrukturmodellierung finden sich in unserem weiterführenden Lehrbuch *Numerische Strömungsmechanik*. Eine Einführung in die Theorie der Grobstruktursimulation wird in dem Buch von *P. Sagaut* 2006 gegeben.

3.2.5 Feinstrukturmodellierung

Wie im vorangegangenen Abschnitt beschrieben, wird bei der Grobstruktursimulationen LES das Strömungsfeld mittels einer Filteroperation in einem Grob- sowie einen Feinstrukturanteil zerlegt, wobei der Feinstrukturanteil

$$\tau_{ij} = \overline{u_i \, u_j} - \overline{u_i} \, \overline{u_j} \tag{3.111}$$

und dessen Einfluss auf den Grobstrukturanteil durch ein Feinstrukturmodell modelliert wird. Da die Dissipation der turbulenten Störungen in diesen kleinen Skalen stattfindet, besteht die Hauptaufgabe des verwendeten Feinstrukturmodells darin, die Dissipation geeignet wiederzugeben, also der Strömung das richtige Maß an Energie zu entziehen.

Einige dieser Modelle sind an die im vorangegangenen Abschnitt beschrieben Turbulenzmodelle angelehnt. Verbreitet ist das algebraische Smagorinsky-Modell. Desweiteren lassen sich Ähnlichkeits- und dynamische Modelle finden, die die Wechselwirkung zwischen den kleinsten aufgelösten und den größten nicht-aufgelösten Skalen zu beschreiben versuchen. Typischerweise wird bei einer Grobstruktursimulation versucht, ca. 80% der turbulenten Energie direkt aufzulösen. Ist die Filterweite gröber, so sind aufwändigere Feinstrukturmodelle anzuwenden. Wird ein wesentlicher Teil der turbulenten kinetischen Energie modelliert, wird von einer *Very Large Eddy Simulation* (VLES) gesprochen.

Das **Smagorinsky-Feinstrukturen-Modell** basiert auf dem Boussinesq-Ansatz (2.111). Es gilt:

$$\tau_{ij}^{turb} - \frac{1}{3} \cdot \delta_{ij} \, \tau_{kk} = -\nu_t \cdot \frac{\partial \overline{u}}{\partial y} = -2 \cdot \nu_t \cdot \overline{S_{ij}} = \tau_{ij}^{SM} \quad , \tag{3.112}$$

Wobei $\overline{S_{ij}}$ der gefilterte Deformationstensor ist. Dieser Term beschreibt den turbulenzbedingten Impulstransport. Der zweite Term auf der linken Seite ist als turbulenter Druck zu verstehen, als die Spur des Tensors. Er wird zum Druckterm der gefilterten Gleichungen zugerechnet und daher im Folgenden nicht weiter betrachtet. Analog zum Prandtlschen Mischungswegmodell wird der Ansatz verwendet, dass die turbulente Wirbelviskosität proportional zu einer charakteristischen Länge und einer charakteristischen Geschwindigkeit ist, also $\tau_t = l_c \, u_c$. Desweiteren ist $u_c = l_c \left|\overline{S_{ij}}\right|$, wobei $\left|\overline{\mathbf{S}}\right| = \sqrt{2 \cdot S_{ij} \cdot S_{ij}}$. Es liegt nahe, die charakteristische Länge l_c über die Gitterweite Δ zu definieren. Dies führt mit einer Modellkonstanten C_s auf die Feinstrukturlänge

$$l_c = C_s \cdot \Delta \tag{3.113}$$

und somit auf

$$\tau_{ij}^{SM} = -2 \cdot (C_s \cdot \Delta)^2 \left|\overline{\mathbf{S}}\right| \overline{S_{ij}} \quad . \tag{3.114}$$

Als Δ wird meist $\Delta = (\Delta x \cdot \Delta y \cdot \Delta z)^{1/3}$ herangezogen, es sind aber auch andere Formulierungen möglich. Im Gegensatz zum Prandtlschen Mischungswegkonzept besteht hier nicht mehr das Problem, eine charakteristische Länge zu definieren zu müssen, da diese bereits durch die Gitterweite gegeben ist. Die Smagorinsky-Konstante C_s ist hingegen abhängig vom Strömungsproblem. Ein durch die Theorie isotroper Turbulenz bestimmter Wert liegt bei etwa $C_s = 0.17$. Für praktische Anwendungen hat sich ein Wert von $C_s = 0.1$ als sinnvoll erwiesen.

Beim Smagorinsky-Modell handelt es sich um ein rein dissipatives Modell, das so genannte Backscatter-Effekte, bei denen lokal Energie von den kleinen zu den großen Wirbeln übertragen wird, nicht abbilden kann. Desweiteren verschwindet wegen $|S| > 0$ die Wirbelviskosität ν_t in laminaren Strömungen nicht. Ebenfalls von Nachteil ist die isotrope Dissipation, die der Strömung in allen Richtungen in gleichem Maße Energie entzieht. Von Vorteil ist seine Einfachheit und seine Robustheit.

Ein Problem der LES ist die Tatsache, dass die Größe der turbulenten Skalen sich in Wandnähe stark verändern. Dies gilt insbesondere für hohe Reynoldszahlen, da die Grenzschichtdicke mit steigender Reynoldszahl abnimmt. Außerdem findet im Gegensatz zur Außenströmung in Wandnähe eine turbulente Produktion in den kleinen Skalen statt. Es existieren zwei Ansätze, zum einen die Auflösung der Grenzschicht durch ein entsprechend feines Gitter oder zum anderen die Modellierung der wandnahen Strömung mit einer Wandfunktion. Die Verwendung einer Wandfunktion benötigt einen geringeren Diskretisierungsaufwand, allerdings kann so keine Kenntnis über die wandnahe Strömung gewonnen werden und sie ist für von Wand- und Ablöseeffekten geprägten Strömung kein adäquater Ansatz.

Diese Umstände haben zur Entwicklung der **Detached Eddy Simulation** (DES) geführt. Ziel der DES ist es, abgelöste Strömungen bei hohen Reynoldszahlen zu simulieren, ohne den hohen Aufwand einer Grobstruktursimulation mit Wandauflösung betreiben zu müssen. Die wandnahe Strömung ist durch starke Scherschichten gekennzeichnet, die bereits mit einfachen Turbulenzmodellen gut modelliert werden können. Die DES macht

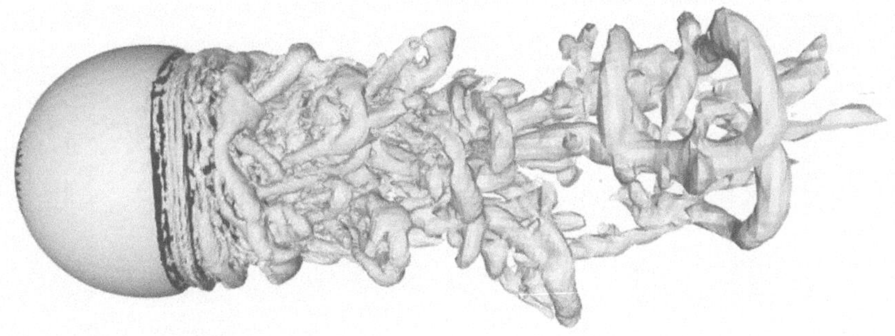

Abb. 3.20: DES der Kugelumströmung, $Re_D = 1 \cdot 10^5$

sich die Tatsache zunutze, dass die wandnahe Strömung mit einer klassischen Turbulenzmodellierung (Kapitel 3.2.3) durchgeführt werden kann und in der freien Strömung die Grobstruktursimulation angewandt wird. Da im wandfernen Bereich ein Gitter vorliegen muss, das dem Anspruch einer Grobstruktursimulation in diesem Bereich genügt, ist der Rechenaufwand zwar deutlich größer, als bei einer Reynoldsgemittelten Simulation, aber deutlich geringer als bei einer Grobstruktursimulation mit aufgelöster Grenzschicht. Die Abbildung 3.20 zeigt das Beispiel einer solchen Detached Eddy Simulation der Kugelumströmung bei einer Reynoldszahl $Re_d = 1 \cdot 10^5$. Deutlich sind die in der Abbildung 2.103 dargestellten rotierenden Wirbelschleifen im Nachlauf der Kugel aber mit einer wesentlich besseren Detailaufösung zu erkennen.

3.3 Energiegleichungen (Erhaltung der Energie)

3.3.1 Laminare Strömung

Die zeitliche Änderung der inneren und kinetischen Energie im Volumenelement =
$\sum$ der durch die Strömung ein- und ausfließenden Energieströme +
$\sum$ der durch Wärmeleitung ein- und ausfließenden Energieströme +
$\sum$ der durch die Druck-, Normalspannungs- und Schubspannungskräfte am Volumenelement geleisteten Arbeiten pro Zeit +
der Energiezufuhr von außen +
Arbeit pro Zeit, die durch das Wirken der Volumenkräfte verursacht wird.

Wir leiten nun die Energiegleichung her. Dazu betrachten wir die zeitliche Änderung der Gesamtenergie E in dem infinitesimal kleinen Volumenelement. Die im Volumenelement befindliche Energie setzt sich aus der inneren Energie $\rho \cdot e \cdot \mathrm{d}x \cdot \mathrm{d}y \cdot \mathrm{d}z$ $(e\{J/kg\})$ und der kinetischen Energie $\rho \cdot (V^2/2) \cdot \mathrm{d}x \cdot \mathrm{d}y \cdot \mathrm{d}z = (1/2) \cdot \rho \cdot (u^2 + v^2 + w^2) \cdot \mathrm{d}x \cdot \mathrm{d}y \cdot \mathrm{d}z$ des Gases zusammen ($\vec{\boldsymbol{v}} \cdot \vec{\boldsymbol{v}} =: V^2$). Die zeitliche Änderung der im Volumenelement befindlichen Energie lässt sich wie folgt ausdrücken:

$$\frac{\partial \left[\rho \cdot \left(e + \frac{V^2}{2} \right) \cdot \mathrm{d}x \cdot \mathrm{d}y \cdot \mathrm{d}z \right]}{\partial t} = \frac{\partial \left[\rho \cdot \left(e + \frac{V^2}{2} \right) \right]}{\partial t} \cdot \mathrm{d}x \cdot \mathrm{d}y \cdot \mathrm{d}z \quad . \tag{3.115}$$

Die im Volumenelement befindliche Gesamtenergie wird durch die nachfolgend aufgelisteten Vorgänge geändert:

- Durch die mit der Strömung in das Volumenelement hinein- und heraustransportierte innere und kinetische Energie pro Zeit. Wir bezeichnen diesen Anteil der Änderung nachfolgend mit $\mathrm{d}\dot{E}$.
- Durch den Transport von Energie, die pro Zeiteinheit durch Wärmeleitung in das Volumen ein- bzw. austritt. Diesen Anteil der Änderung bezeichnen wir nachfolgend mit $\mathrm{d}\dot{Q}$.
- Durch die am Volumenelement durch die Druck-, Normalspannungs- und Schubspannungskräfte geleistete Arbeit pro Zeit. Wir bezeichnen diesen Anteil der Änderung nachfolgend mit $\mathrm{d}\dot{A}$.
- Durch Energie pro Zeit, die von außen dem im Volumenelement befindlichen Gas zugeführt wird. Dies kann z. B. durch Strahlung und/oder durch im Gas ablaufende Verbrennungsprozesse erfolgen. Wir bezeichnen diesen Anteil bzw. diese Anteile bezogen auf die im Volumenelement befindliche Masse zusammenfassend mit $\dot{q}_{\mathrm{s}}\{J/(kg \cdot s)\}$.
- Durch die Arbeit, die am Volumenelement durch das Wirken der Volumenkraft $\vec{\boldsymbol{k}}\{N/m^3\}$ pro Zeit geleistet wird. Zu den Volumenkräften zählen die Schwerkraft sowie magnetische und elektrische Kräfte, die ggf. auf die Strömung wirken. Die zeitliche Änderung der Energie des im Volumenelement befindlichen Gases, die durch die Kraft $\vec{\boldsymbol{k}} \cdot \mathrm{d}x \cdot \mathrm{d}y \cdot \mathrm{d}z$ bewirkt wird, entspricht der Leistung $(\vec{\boldsymbol{k}} \cdot \vec{\boldsymbol{v}}) \cdot \mathrm{d}x \cdot \mathrm{d}y \cdot \mathrm{d}z$.

Wir beginnen mit der Betrachtung von $\mathrm{d}\dot{E}$. In der Abbildung 3.21 sind die ein- und ausfließenden Energieströme dargestellt. Mit einer analogen Betrachtung wie bei der Herleitung der Navier-Stokes Gleichungen erhalten wir für den Term $\mathrm{d}\dot{E}$

$$\mathrm{d}\dot{E} = \left[\rho\cdot\left(e+\frac{V^2}{2}\right)\cdot u - \left(\rho\cdot\left(e+\frac{V^2}{2}\right)\cdot u + \frac{\partial(\rho\cdot\left(e+\frac{V^2}{2}\right)\cdot u)}{\partial x}\cdot\mathrm{d}x\right)\right]\cdot\mathrm{d}y\cdot\mathrm{d}z +$$
$$\left[\rho\cdot\left(e+\frac{V^2}{2}\right)\cdot v - \left(\rho\cdot\left(e+\frac{V^2}{2}\right)\cdot v + \frac{\partial(\rho\cdot\left(e+\frac{V^2}{2}\right)\cdot v)}{\partial y}\cdot\mathrm{d}y\right)\right]\cdot\mathrm{d}x\cdot\mathrm{d}z +$$
$$\left[\rho\cdot\left(e+\frac{V^2}{2}\right)\cdot w - \left(\rho\cdot\left(e+\frac{V^2}{2}\right)\cdot w + \frac{\partial\left(\rho\cdot(e+\frac{V^2}{2}\right)\cdot w)}{\partial z}\cdot\mathrm{d}z\right)\right]\cdot\mathrm{d}x\cdot\mathrm{d}y \quad .$$

$E_{z,\mathrm{d}z}$ $E_{y,\mathrm{d}y}$ E_x $E_{x,\mathrm{d}x}$ E_y $\mathrm{d}z$ $\mathrm{d}y$ $\mathrm{d}x$ E_z

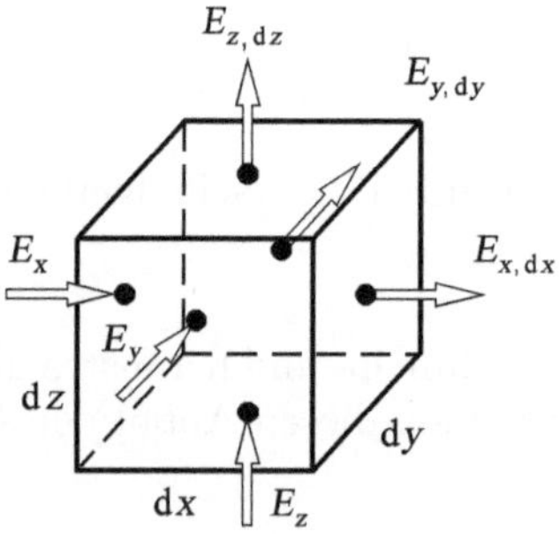

$$E_x = \rho\cdot\left(e+\frac{V^2}{2}\right)\cdot u\cdot\mathrm{d}y\cdot\mathrm{d}z$$

$$E_y = \rho\cdot\left(e+\frac{V^2}{2}\right)\cdot v\cdot\mathrm{d}x\cdot\mathrm{d}z$$

$$E_z = \rho\cdot\left(e+\frac{V^2}{2}\right)\cdot w\cdot\mathrm{d}x\cdot\mathrm{d}y$$

$$E_{x,\mathrm{d}x} = \left(\rho\cdot\left(e+\frac{V^2}{2}\right)\cdot u + \frac{\partial(\rho\cdot\left(e+\frac{V^2}{2}\right)\cdot u)}{\partial x}\cdot\mathrm{d}x\right)\cdot\mathrm{d}y\cdot\mathrm{d}z$$

$$E_{y,\mathrm{d}y} = \left(\rho\cdot\left(e+\frac{V^2}{2}\right)\cdot v + \frac{\partial(\rho\cdot\left(e+\frac{V^2}{2}\right)\cdot v)}{\partial y}\cdot\mathrm{d}y\right)\cdot\mathrm{d}x\cdot\mathrm{d}z$$

$$E_{z,\mathrm{d}z} = \left(\rho\cdot\left(e+\frac{V^2}{2}\right)\cdot w + \frac{\partial(\rho\cdot\left(e+\frac{V^2}{2}\right)\cdot w)}{\partial z}\cdot\mathrm{d}z\right)\cdot\mathrm{d}x\cdot\mathrm{d}y$$

Abb. 3.21: Konvektive Energieströme

Durch Vereinfachung erhält man

$$\mathrm{d}\dot{E} = -\left(\frac{\partial\left(\rho \cdot \left(e + \frac{V^2}{2}\right) \cdot u\right)}{\partial x} + \frac{\partial\left(\rho \cdot \left(e + \frac{V^2}{2}\right) \cdot v\right)}{\partial y} + \frac{\partial\left(\rho \cdot \left(e + \frac{V^2}{2}\right) \cdot w\right)}{\partial z}\right) \cdot \mathrm{d}x \cdot \mathrm{d}y \cdot \mathrm{d}z \quad . \tag{3.116}$$

Wir stellen nun die Gleichung für den Anteil $\mathrm{d}\dot{Q}$ auf. Gemäß des Fourierschen Wärmeleitungsgesetzes fließt die Wärmeenergie in Richtung abnehmender Temperaturen. Z. B. gilt für ein eindimensionales Wärmeleitungsproblem die Gleichung $\dot{q} = -\lambda \cdot (\mathrm{d}T/\mathrm{d}x)$. $\dot{q}$ steht für den Wärmefluss pro Fläche $\{W/m^2\}$ und λ für die Wärmeleitfähigkeit $\{W/(m \cdot K)\}$, die im Allgemeinen von dem jeweiligen Fluid, dem Druck und der Temperatur abhängig ist. Wenden wir das Fouriersche Wärmeleitungsgesetz zur Berechnung des Anteils $d\dot{Q}$ an, so erhalten wir für den gesamten Energiefluss durch Wärmeleitung in bzw. aus dem Volumenelement den nachfolgenden Ausdruck

$$\begin{aligned}\mathrm{d}\dot{Q} = &\left(-\lambda \cdot \frac{\partial T}{\partial x} - \left[-\lambda \cdot \frac{\partial T}{\partial x} + \frac{\partial}{\partial x}\left(-\lambda \cdot \frac{\partial T}{\partial x}\right) \cdot \mathrm{d}x\right]\right) \cdot \mathrm{d}y \cdot \mathrm{d}z + \\ &\left(-\lambda \cdot \frac{\partial T}{\partial y} - \left[-\lambda \cdot \frac{\partial T}{\partial y} + \frac{\partial}{\partial y}\left(-\lambda \cdot \frac{\partial T}{\partial y}\right) \cdot \mathrm{d}y\right]\right) \cdot \mathrm{d}x \cdot \mathrm{d}z + \\ &\left(-\lambda \cdot \frac{\partial T}{\partial z} - \left[-\lambda \cdot \frac{\partial T}{\partial z} + \frac{\partial}{\partial z}\left(-\lambda \cdot \frac{\partial T}{\partial z}\right) \cdot \mathrm{d}z\right]\right) \cdot \mathrm{d}x \cdot \mathrm{d}y \quad .\end{aligned} \tag{3.117}$$

Durch Vereinfachung erhält man

$$\mathrm{d}\dot{Q} = \left(\frac{\partial}{\partial x}\left(\lambda \cdot \frac{\partial T}{\partial x}\right) + \frac{\partial}{\partial y}\left(\lambda \cdot \frac{\partial T}{\partial y}\right) + \frac{\partial}{\partial z}\left(\lambda \cdot \frac{\partial T}{\partial z}\right)\right) \cdot \mathrm{d}x \cdot \mathrm{d}y \cdot \mathrm{d}z \quad . \tag{3.118}$$

Nachfolgend werden wir nun die Beziehungen für die durch die Druck-, Normalspannungs- und Schubspannungskräfte am Volumenelement geleisteten Arbeiten aufstellen. Auf jeder Oberfläche des Volumenelements wirken drei Spannungen, die auf die Reibung zurückzuführen sind und der statische Druck. Die durch den Druck und die Spannungen resultierenden Kräfte leisten Arbeit an dem Volumenelement. Die Arbeit pro Zeit, die wir auch als Leistung bezeichnen, ergibt sich jeweils aus dem Produkt der Geschwindigkeit und der Kraft, die in Richtung der jeweiligen Geschwindigkeitskomponente wirkt. Eine Arbeit pro Zeit wird mit einem positiven Vorzeichen berücksichtigt, wenn die Geschwindigkeitskomponente in Richtung der Druck-, Normalspannungs- bzw. Schubspannungskraft zeigt. Trifft dies nicht zu, wird die Arbeit pro Zeit mit einem negativen Vorzeichen versehen.

Wir wollen uns zunächst nur auf die Leistung $\mathrm{d}\dot{A}_x$ beschränken, die dem Volumenelement über die beiden Oberflächen mit dem Flächeninhalt $\mathrm{d}y \cdot \mathrm{d}z$ zu- bzw. abgeführt wird. Für die verbleibenden Leistungen $\mathrm{d}\dot{A}_y$ und $\mathrm{d}\dot{A}_z$ erhalten wir analoge Ausdrücke (s. Abbildung 3.4). Wir erhalten für $\mathrm{d}\dot{A}_x$ gemäß der folgenden Rechnung den Ausdruck

$$\mathrm{d}\dot{A}_x = p \cdot \mathrm{d}y \cdot \mathrm{d}z \cdot u - \left(p \cdot \mathrm{d}y \cdot \mathrm{d}z \cdot u + \frac{\partial(p \cdot \mathrm{d}y \cdot \mathrm{d}z \cdot u)}{\partial x} \cdot \mathrm{d}x\right) -$$

$$\sigma_{xx} \cdot \mathrm{d}y \cdot \mathrm{d}z \cdot u + \left(\sigma_{xx} \cdot \mathrm{d}y \cdot \mathrm{d}z \cdot u + \frac{\partial(\sigma_{xx} \cdot \mathrm{d}y \cdot \mathrm{d}z \cdot u)}{\partial x} \cdot \mathrm{d}x \right) -$$
$$\tau_{xy} \cdot \mathrm{d}y \cdot \mathrm{d}z \cdot v + \left(\tau_{xy} \cdot \mathrm{d}y \cdot \mathrm{d}z \cdot v + \frac{\partial(\tau_{xy} \cdot \mathrm{d}y \cdot \mathrm{d}z \cdot v)}{\partial x} \cdot \mathrm{d}x \right) -$$
$$\tau_{xz} \cdot \mathrm{d}y \cdot \mathrm{d}z \cdot w + \left(\tau_{xz} \cdot \mathrm{d}y \cdot \mathrm{d}z \cdot w + \frac{\partial(\tau_{xz} \cdot \mathrm{d}y \cdot \mathrm{d}z \cdot w)}{\partial x} \cdot \mathrm{d}x \right) \quad . \quad (3.119)$$

Durch Vereinfachung erhält man

$$\mathrm{d}\dot{A}_x = \left(-\frac{\partial(p \cdot u)}{\partial x} + \frac{\partial(\sigma_{xx} \cdot u)}{\partial x} + \frac{\partial(\tau_{xy} \cdot v)}{\partial x} + \frac{\partial(\tau_{xz} \cdot w)}{\partial x} \right) \cdot \mathrm{d}x \cdot \mathrm{d}y \cdot \mathrm{d}z \quad . \quad (3.120)$$

Für die y- und z-Richtung erhalten wir entsprechende Ausdrücke für $d\dot{A}_y$ und $d\dot{A}_z$. Sie lauten

$$\mathrm{d}\dot{A}_y = \left(-\frac{\partial(p \cdot v)}{\partial y} + \frac{\partial(\tau_{yx} \cdot u)}{\partial y} + \frac{\partial(\sigma_{yy} \cdot v)}{\partial y} + \frac{\partial(\tau_{yz} \cdot w)}{\partial y} \right) \cdot \mathrm{d}x \cdot \mathrm{d}y \cdot \mathrm{d}z \quad , \quad (3.121)$$

$$\mathrm{d}\dot{A}_z = \left(-\frac{\partial(p \cdot w)}{\partial z} + \frac{\partial(\tau_{zx} \cdot u)}{\partial z} + \frac{\partial(\tau_{zy} \cdot v)}{\partial z} + \frac{\partial(\sigma_{zz} \cdot w)}{\partial z} \right) \cdot \mathrm{d}x \cdot \mathrm{d}y \cdot \mathrm{d}z \quad . \quad (3.122)$$

$\mathrm{d}\dot{A}$ ergibt sich nun aus der Summe von $\mathrm{d}\dot{A}_x$, $\mathrm{d}\dot{A}_y$ und $\mathrm{d}\dot{A}_z$.

Wir können nun die Energiegleichung in ihrer vorläufigen Form aufstellen. Der Leitsatz dazu lautet

Die zeitliche Änderung der inneren und kinetischen Energie im Volumenelement =
$\sum$ der durch die Strömung ein- und ausfließenden Energieströme +
$\sum$ der durch Wärmeleitung ein- und ausfließenden Energieströme +
$\sum$ der durch die Druck-, Normalspannungs- und Schubspannungskräfte am Volumenelement geleisteten Arbeiten pro Zeit +
der Energiezufuhr von außen +
Arbeit pro Zeit, die durch das Wirken der Volumenkräfte verursacht wird.

Gemäß des Leitsatzes und den Gleichungen (3.115), (3.116), (3.118), (3.120), (3.121), (3.122) sowie den Ausdrücken $(\rho \cdot \dot{q}_\mathrm{s}) \cdot \mathrm{d}x \cdot \mathrm{d}y \cdot \mathrm{d}z$ und $(\vec{\boldsymbol{k}} \cdot \vec{\boldsymbol{v}}) \cdot \mathrm{d}x \cdot \mathrm{d}y \cdot \mathrm{d}z$ lautet der Energiesatz in seiner vorläufigen Form (der Term $\mathrm{d}x \cdot \mathrm{d}y \cdot \mathrm{d}z$ kürzt sich auf beiden Seiten heraus)

$$\frac{\partial(\rho \cdot \left[e + \frac{V^2}{2}\right])}{\partial t} =$$
$$-\left(\frac{\partial(\rho \cdot \left[e + \frac{V^2}{2}\right] \cdot u)}{\partial x} + \frac{\partial(\rho \cdot \left[[e + \frac{V^2}{2}\right] \cdot v)}{\partial y} + \frac{\partial(\rho \cdot \left[e + \frac{V^2}{2}\right] \cdot w)}{\partial z} \right) +$$

$$\left(\frac{\partial}{\partial x}\left[\lambda \cdot \frac{\partial T}{\partial x}\right] + \frac{\partial}{\partial y}\left[\lambda \cdot \frac{\partial T}{\partial y}\right] + \frac{\partial}{\partial z}\left[\lambda \cdot \frac{\partial T}{\partial z}\right]\right) +$$
$$\left(-\frac{\partial(p \cdot u)}{\partial x} + \frac{\partial(\sigma_{xx} \cdot u)}{\partial x} + \frac{\partial(\tau_{xy} \cdot v)}{\partial x} + \frac{\partial(\tau_{xz} \cdot w)}{\partial x}\right) +$$
$$\left(-\frac{\partial(p \cdot v)}{\partial y} + \frac{\partial(\tau_{yx} \cdot u)}{\partial y} + \frac{\partial(\sigma_{yy} \cdot v)}{\partial y} + \frac{\partial(\tau_{yz} \cdot w)}{\partial y}\right) +$$
$$\left(-\frac{\partial(p \cdot w)}{\partial z} + \frac{\partial(\tau_{zx} \cdot u)}{\partial z} + \frac{\partial(\tau_{zy} \cdot v)}{\partial z} + \frac{\partial(\sigma_{zz} \cdot w)}{\partial z}\right) + \vec{k} \cdot \vec{v} + \rho \cdot \dot{q}_s \quad . \tag{3.123}$$

Die Gleichung (3.123) beinhaltet bereits die vollständige Physik und es bleibt nun die Aufgabe übrig, die Energiegleichung in eine für das weitere Arbeiten geeignetere Form zu überführen und für die Normal- und Schubspannungen die entsprechenden Ausdrücke gemäß des Stokesschen Reibungsgesetzes (3.16) einzusetzen. Zuerst werden wir die Gleichung (3.123) in eine andere Form bringen. Durch Umformen und Differenzieren erhalten wir die folgende Gleichung

$$\left(e + \frac{V^2}{2}\right) \cdot \left(\frac{\partial \rho}{\partial t} + \frac{\partial(\rho \cdot u)}{\partial x} + \frac{\partial(\rho \cdot v)}{\partial y} + \frac{\partial(\rho \cdot w)}{\partial z}\right) +$$
$$\rho \cdot \left(\frac{\partial e}{\partial t} + u \cdot \frac{\partial e}{\partial x} + v \cdot \frac{\partial e}{\partial y} + w \cdot \frac{\partial e}{\partial z}\right) +$$
$$\rho \cdot \left(\frac{\partial\left(\frac{V^2}{2}\right)}{\partial t} + u \cdot \frac{\partial\left(\frac{V^2}{2}\right)}{\partial x} + v \cdot \frac{\partial\left(\frac{V^2}{2}\right)}{\partial y} + w \cdot \frac{\partial\left(\frac{V^2}{2}\right)}{\partial z}\right) =$$
$$\left(\frac{\partial}{\partial x}\left[\lambda \cdot \frac{\partial T}{\partial x}\right] + \frac{\partial}{\partial y}\left[\lambda \cdot \frac{\partial T}{\partial y}\right] + \frac{\partial}{\partial z}\left[\lambda \cdot \frac{\partial T}{\partial z}\right]\right) -$$
$$p \cdot (\nabla \cdot \vec{v}) - \left(u \cdot \frac{\partial p}{\partial x} + v \cdot \frac{\partial p}{\partial y} + w \cdot \frac{\partial p}{\partial z}\right) +$$
$$u \cdot \left(\frac{\partial \sigma_{xx}}{\partial x} + \frac{\partial \tau_{yx}}{\partial y} + \frac{\partial \tau_{zx}}{\partial z}\right) + v \cdot \left(\frac{\partial \tau_{xy}}{\partial x} + \frac{\partial \sigma_{yy}}{\partial y} + \frac{\partial \tau_{zy}}{\partial z}\right) +$$
$$w \cdot \left(\frac{\partial \tau_{xz}}{\partial x} + \frac{\partial \tau_{yz}}{\partial y} + \frac{\partial \sigma_{zz}}{\partial z}\right) + \sigma_{xx} \cdot \frac{\partial u}{\partial x} + \tau_{yx} \cdot \frac{\partial u}{\partial y} + \tau_{zx} \cdot \frac{\partial u}{\partial z} +$$
$$\tau_{xy} \cdot \frac{\partial v}{\partial x} + \sigma_{yy} \cdot \frac{\partial v}{\partial y} + \tau_{zy} \cdot \frac{\partial v}{\partial z} + \tau_{xz} \cdot \frac{\partial w}{\partial x} + \tau_{yz} \cdot \frac{\partial w}{\partial y} + \sigma_{zz} \cdot \frac{\partial w}{\partial z} +$$
$$\vec{k} \cdot \vec{v} + \rho \cdot \dot{q}_s \quad . \tag{3.124}$$

Der erste Summand in der Gleichung (3.124) ist wegen der Kontinuitätsgleichung (3.1) gleich Null. Ebenfalls können wir den dritten Summanden der linken Seite der Gleichung (3.124) und die Terme

$$u \cdot \frac{\partial p}{\partial x} + v \cdot \frac{\partial p}{\partial y} + w \cdot \frac{\partial p}{\partial z} \quad , \qquad u \cdot \left(\frac{\partial \sigma_{xx}}{\partial x} + \frac{\partial \tau_{yx}}{\partial y} + \frac{\partial \tau_{zx}}{\partial z}\right) \quad ,$$
$$v \cdot \left(\frac{\partial \tau_{xy}}{\partial x} + \frac{\partial \sigma_{yy}}{\partial y} + \frac{\partial \tau_{zy}}{\partial z}\right) \quad , \qquad w \cdot \left(\frac{\partial \tau_{xz}}{\partial x} + \frac{\partial \tau_{yz}}{\partial y} + \frac{\partial \sigma_{zz}}{\partial z}\right) \quad , \qquad \vec{k} \cdot \vec{v}$$

herausstreichen. Die für diese Vereinfachung dazugehörige Rechnung soll hier nicht vorgeführt werden. Sie wird nachfolgend nur kurz beschrieben.

- Man multipliziert die erste Gleichung (3.13) mit u, die zweite Gleichung (3.14) mit v und die dritte Gleichung (3.15) mit w.
- Danach addiert man die so erhaltenen Gleichungen und erhält eine resultierende Gleichung, die man von der Gleichung (3.124) wiederum subtrahiert. Dabei fällt der Term $\vec{\boldsymbol{k}} \cdot \vec{\boldsymbol{v}}$ heraus.

Wenn wir die genannte Rechnung mit Gleichung (3.124) durchführen, erhalten wir die folgende Energiegleichung

$$\begin{aligned}
&\rho \cdot \left(\frac{\partial e}{\partial t} + u \cdot \frac{\partial e}{\partial x} + v \cdot \frac{\partial e}{\partial y} + w \cdot \frac{\partial e}{\partial z} \right) = \\
&\left(\frac{\partial}{\partial x} \left[\lambda \cdot \frac{\partial T}{\partial x} \right] + \frac{\partial}{\partial y} \left[\lambda \cdot \frac{\partial T}{\partial y} \right] + \frac{\partial}{\partial z} \left[\lambda \cdot \frac{\partial T}{\partial z} \right] \right) - p \cdot (\nabla \cdot \vec{\boldsymbol{v}}) + \rho \cdot \dot{q}_{\mathrm{s}} + \\
&\sigma_{xx} \cdot \frac{\partial u}{\partial x} + \tau_{yx} \cdot \frac{\partial u}{\partial y} + \tau_{zx} \cdot \frac{\partial u}{\partial z} + \tau_{xy} \cdot \frac{\partial v}{\partial x} + \sigma_{yy} \cdot \frac{\partial v}{\partial y} + \tau_{zy} \cdot \frac{\partial v}{\partial z} + \\
&\tau_{zy} \cdot \frac{\partial v}{\partial z} + \tau_{xz} \cdot \frac{\partial w}{\partial x} + \tau_{yz} \cdot \frac{\partial w}{\partial y} + \sigma_{zz} \cdot \frac{\partial w}{\partial z} \quad .
\end{aligned} \tag{3.125}$$

Es bleibt nun nur noch übrig, in die Gleichung (3.125) die Normal- und Schubspannungsterme gemäß des Stokesschen Reibungsgesetzes (3.16) einzusetzen. Mit einer weiteren einfachen Rechnung erhält man dann die Energiegleichung in der endgültigen Form. Sie lautet

$$\boxed{\begin{aligned}
&\rho \cdot \left(\frac{\partial e}{\partial t} + u \cdot \frac{\partial e}{\partial x} + v \cdot \frac{\partial e}{\partial y} + w \cdot \frac{\partial e}{\partial z} \right) = \\
&\left(\frac{\partial}{\partial x} \left[\lambda \cdot \frac{\partial T}{\partial x} \right] + \frac{\partial}{\partial y} \left[\lambda \cdot \frac{\partial T}{\partial y} \right] + \frac{\partial}{\partial z} \left[\lambda \cdot \frac{\partial T}{\partial z} \right] \right) - p \cdot (\nabla \cdot \vec{\boldsymbol{v}}) + \rho \cdot \dot{q}_{\mathrm{s}} + \mu \cdot \Phi
\end{aligned}} \quad , \tag{3.126}$$

mit der Dissipationsfunktion Φ

$$\boxed{\begin{aligned}
&\Phi = 2 \cdot \left[\left(\frac{\partial u}{\partial x} \right)^2 + \left(\frac{\partial v}{\partial y} \right)^2 + \left(\frac{\partial w}{\partial z} \right)^2 \right] + \left(\frac{\partial v}{\partial x} + \frac{\partial u}{\partial y} \right)^2 + \left(\frac{\partial w}{\partial y} + \frac{\partial v}{\partial z} \right)^2 + \\
&\left(\frac{\partial u}{\partial z} + \frac{\partial w}{\partial x} \right)^2 - \frac{2}{3} \cdot \left(\frac{\partial u}{\partial x} + \frac{\partial v}{\partial y} + \frac{\partial w}{\partial z} \right)^2
\end{aligned}} \quad . \tag{3.127}$$

Diese enthält nur quadratische Glieder und ist deshalb an jeder Stelle im Strömungsfeld größer als Null. Sie bedeutet physikalisch die Umwandlung von Reibungsverlusten in Wärmeenergie, die aufgrund der quadratischen Terme irreversibel ist.

Bei der Herleitung der Energiegleichung haben wir bis jetzt noch keine Einschränkungen gemacht. Sie gilt noch vollkommen allgemein und beschreibt den Energiehaushalt in einem kleinen Volumenelement auch für Strömungen, in denen z. B. chemische Prozesse ablaufen oder, was gleichbedeutend ist, Verbrennungsprozesse stattfinden. Wir haben nur vorausgesetzt, dass die Strömung homogen ist (es dürfen also z. B. keine Rußpartikel in der Strömung vorhanden sein) und, dass das Fluid ein Newtonsches Medium ist. Nachfolgend werden wir nun die Energiegleichung speziell für kalorisch perfekte Gase aufstellen.

Für ein kalorisch perfektes Gas sind die spezifischen Wärmekapazitäten c_p und c_v keine Funktion der Temperatur und es gelten die folgenden thermodynamischen Beziehungen

$$e = c_v \cdot T \quad , \qquad h = e + \frac{p}{\rho} = c_p \cdot T$$

oder

$$e = c_p \cdot T - \frac{p}{\rho} \quad . \tag{3.128}$$

Mit Gleichung (3.126) und (3.128) erhält man nach einer kleineren Rechnung unter Ausnutzung der Kontinuitätsgleichung (3.1) die Energiegleichung für ein kalorisch perfektes Gas

$$\begin{aligned} &\rho \cdot c_p \cdot \left(\frac{\partial T}{\partial t} + u \cdot \frac{\partial T}{\partial x} + v \cdot \frac{\partial T}{\partial y} + w \cdot \frac{\partial T}{\partial z} \right) = \\ &\left(\frac{\partial p}{\partial t} + u \cdot \frac{\partial p}{\partial x} + v \cdot \frac{\partial p}{\partial y} + w \cdot \frac{\partial p}{\partial z} \right) + \\ &\left(\frac{\partial}{\partial x} \left[\lambda \cdot \frac{\partial T}{\partial x} \right] + \frac{\partial}{\partial y} \left[\lambda \cdot \frac{\partial T}{\partial y} \right] + \frac{\partial}{\partial z} \left[\lambda \cdot \frac{\partial T}{\partial z} \right] \right) + \rho \cdot \dot{q}_{\mathrm{s}} + \mu \cdot \Phi \quad . \end{aligned} \tag{3.129}$$

Mit der Boussinesq-Approximation, die wir für Strömungen mit Wärmetransport in Abschnitt 3.2.1 eingeführt haben, erhält man die Energiegleichung in der folgenden Form:

$$\rho \cdot c_p \cdot \left(\frac{\partial T}{\partial t} + \vec{v} \cdot \nabla T \right) = \lambda \cdot \Delta T \quad . \tag{3.130}$$

3.3.2 Turbulente Strömungen

Als Nächstes wollen wir nun die Energiegleichung zeitlich mitteln. Dabei beschränken wir uns auf kalorisch perfekte Gase und kommen wieder auf die Gleichung (3.129) zurück. Bevor sie zeitlich gemittelt wird, werden wir ihre rechte Seite noch modifizieren. Durch Erweitern der linken Seite der Gleichung (3.129) durch die linke Seite der Kontinuitätsgleichung (3.1) und die anschließende Zusammenfassung erhalten wir (der Index i steht wieder für die drei Raum- bzw. Geschwindigkeitsrichtungen)

$$\rho \cdot c_p \cdot \left(\frac{\partial T}{\partial t} + u_{\mathrm{i}} \cdot \frac{\partial T}{\partial x_{\mathrm{i}}} \right) = \rho \cdot c_p \cdot \left(\frac{\partial T}{\partial t} + u_{\mathrm{i}} \cdot \frac{\partial T}{\partial x_{\mathrm{i}}} \right) + T \cdot c_p \cdot \left(\frac{\partial \rho}{\partial t} + \frac{\partial (\rho \cdot u_{\mathrm{i}})}{\partial x_{\mathrm{i}}} \right) =$$

$$\frac{\partial(\rho \cdot c_p \cdot T)}{\partial t} + \frac{\partial(\rho \cdot c_p \cdot T \cdot u_{\mathrm{i}})}{\partial x_{\mathrm{i}}} \quad .$$

Die Energiegleichung kann also wie folgt geschrieben werden

$$\frac{\partial(\rho \cdot c_p \cdot T)}{\partial t} + \frac{\partial(\rho \cdot c_p \cdot T \cdot u)}{\partial x} + \frac{\partial(\rho \cdot c_p \cdot T \cdot v)}{\partial y} + \frac{\partial(\rho \cdot c_p \cdot T \cdot w)}{\partial z} =$$
$$\left(\frac{\partial p}{\partial t} + u \cdot \frac{\partial p}{\partial x} + v \cdot \frac{\partial p}{\partial y} + w \cdot \frac{\partial p}{\partial z}\right) +$$
$$\left(\frac{\partial}{\partial x}\left[\lambda \cdot \frac{\partial T}{\partial x}\right] + \frac{\partial}{\partial y}\left[\lambda \cdot \frac{\partial T}{\partial y}\right] + \frac{\partial}{\partial z}\left[\lambda \cdot \frac{\partial T}{\partial z}\right]\right) + \rho \cdot \dot{q}_{\mathrm{s}} + \Psi \quad . \tag{3.131}$$

Ψ ist die Summe der folgenden Produkte (vgl. dazu (3.125))

$$\Psi = \sigma_{xx} \cdot \frac{\partial u}{\partial x} + \tau_{yx} \cdot \frac{\partial u}{\partial y} + \tau_{zx} \cdot \frac{\partial u}{\partial z} + \tau_{xy} \cdot \frac{\partial v}{\partial x} + \sigma_{yy} \cdot \frac{\partial v}{\partial y} + \tau_{zy} \cdot \frac{\partial v}{\partial z} +$$
$$\tau_{xz} \cdot \frac{\partial w}{\partial x} + \tau_{yz} \cdot \frac{\partial w}{\partial y} + \sigma_{zz} \cdot \frac{\partial w}{\partial z} \quad .$$

Wir mitteln nun die Energiegleichung und setzen dafür in die Energiegleichung die Größen u, v, w, p und T gemäß den Gleichungen (3.30) ein. Dadurch erhalten wir die folgende Gleichung (wir verwenden wieder die abkürzende Schreibweise)

$$\overline{\frac{\partial(\rho \cdot c_p \cdot (\tilde{T} + T''))}{\partial t} + \frac{\partial(\rho \cdot c_p \cdot (\tilde{T} + T'') \cdot (\tilde{u}_{\mathrm{i}} + u''_{\mathrm{i}}))}{\partial x_{\mathrm{i}}}} =$$
$$\overline{\left(\frac{\partial(\bar{p} + p')}{\partial t} + (\tilde{u}_{\mathrm{i}} + u''_{\mathrm{i}}) \cdot \frac{\partial(\bar{p} + p')}{\partial x_{\mathrm{i}}}\right) + \left(\frac{\partial}{\partial x_{\mathrm{i}}}\left[\lambda \cdot \frac{\partial(\tilde{T} + T'')}{\partial x_{\mathrm{i}}}\right]\right) + (\bar{\rho} + \rho') \cdot \dot{q}_{\mathrm{s}} + \Psi}. \tag{3.132}$$

Mit der Anwendung der bereits bekannten Rechenregeln erhalten wir die zeitlich gemittelte Energiegleichung für kalorisch perfekte Gase

$$\boxed{\begin{aligned}
&\frac{\partial(\bar{\rho} \cdot c_p \cdot \tilde{T})}{\partial t} + \frac{\partial(\bar{\rho} \cdot c_p \cdot \tilde{T} \cdot \tilde{u})}{\partial x} + \frac{\partial(\bar{\rho} \cdot c_p \cdot \tilde{T} \cdot \tilde{v})}{\partial y} + \frac{\partial(\bar{\rho} \cdot c_p \cdot \tilde{T} \cdot \tilde{w})}{\partial z} = \\
&\frac{\partial \bar{p}}{\partial t} + \tilde{u} \cdot \frac{\partial \bar{p}}{\partial x} + \tilde{v} \cdot \frac{\partial \bar{p}}{\partial y} + \tilde{w} \cdot \frac{\partial \bar{p}}{\partial z} + \overline{u'' \cdot \frac{\partial p}{\partial x}} + \overline{v'' \cdot \frac{\partial p}{\partial y}} + \overline{w'' \cdot \frac{\partial p}{\partial z}} + \\
&\frac{\partial}{\partial x}\left(\lambda \cdot \frac{\partial \tilde{T}}{\partial x} + \lambda \cdot \overline{\frac{\partial T''}{\partial x}} - c_p \cdot \overline{\rho \cdot T'' \cdot u''}\right) + \\
&\frac{\partial}{\partial y}\left(\lambda \cdot \frac{\partial \tilde{T}}{\partial y} + \lambda \cdot \overline{\frac{\partial T''}{\partial y}} - c_p \cdot \overline{\rho \cdot T'' \cdot v''}\right) + \\
&\frac{\partial}{\partial z}\left(\lambda \cdot \frac{\partial \tilde{T}}{\partial z} + \lambda \cdot \overline{\frac{\partial T''}{\partial z}} - c_p \cdot \overline{\rho \cdot T'' \cdot w''}\right) + \bar{\rho} \cdot \dot{q}_{\mathrm{s}} + \bar{\Psi}
\end{aligned}} \quad , \tag{3.133}$$

mit

$$\bar{\Psi} = \sigma_{\mathrm{kk}} \cdot \frac{\partial u_{\mathrm{k}}}{\partial x_{\mathrm{k}}} + \tau_{\mathrm{ij}} \cdot \frac{\partial u_{\mathrm{i}}}{\partial x_{\mathrm{j}}} = \bar{\sigma}_{\mathrm{kk}} \cdot \frac{\partial \tilde{u}_{\mathrm{k}}}{\partial x_{\mathrm{k}}} + \overline{\sigma_{\mathrm{kk}} \cdot \frac{\partial u''_{\mathrm{k}}}{\partial x_{\mathrm{k}}}} + \bar{\tau}_{\mathrm{ij}} \cdot \frac{\partial \tilde{u}_{\mathrm{i}}}{\partial x_{\mathrm{j}}} + \overline{\tau_{\mathrm{ij}} \cdot \frac{\partial u''_{\mathrm{i}}}{\partial x_{\mathrm{j}}}} \quad . \tag{3.134}$$

Für die zeitlich gemittelten Normal- und Schubspannungen $\bar{\sigma}_{\mathrm{kk}}$ bzw. $\bar{\tau}_{\mathrm{ij}}$ gelten die Gleichungen (3.41) und (3.42).

Die Gleichung (3.133) enthält auf der rechten Seite drei zusätzliche Terme. Weiterhin hat sich die Anzahl der Glieder von $\bar{\Psi}$ im Vergleich zu Ψ verdoppelt. Es ist nicht schwer, die Herkunft der zusätzlichen Ausdrücke nachzuvollziehen. Der Term $\partial(c_p \cdot \overline{\rho \cdot T'' \cdot u''_{\mathrm{j}}})/\partial x_{\mathrm{j}}$ rührt wieder von den nichtlinearen, konvektiven Gliedern her. Er beschreibt in der Energiegleichung den zusätzlichen Energietransport, der durch die turbulenten Schwankungsbewegungen hervorgerufen wird.

Bevor wir diesen Abschnitt beenden, wollen wir noch die zeitlich gemittelte Energiegleichung für inkompressible Strömungen angeben. Zur Berechnung der Strömungsgrößen $\bar{u}$, $\bar{v}$, $\bar{w}$ und des Druckes $\bar{p}$ reichen die Gleichungen (3.44) bis (3.47) vollständig aus. Ist jedoch darüberhinaus die Temperaturverteilung im Strömungsfeld von Interesse, so muss zusätzlich die Energiegleichung gelöst werden.

Bei der Berechnung von inkompressiblen Strömungen ist die Energiegleichung von der Kontinuitätsgleichung und den Impulsgleichungen entkoppelt, d. h. man kann zuerst die Gleichungen (3.44) bis (3.47) lösen und benutzt anschließend mit der Kenntnis von $\bar{u}$, $\bar{v}$, $\bar{w}$ und $\bar{p}$ die Energiegleichung zur Bestimmung des Temperaturfeldes.

Die Energiegleichung für ein inkompressibles Medium lautet mit $c = c_v$

$$\begin{aligned} &\rho \cdot c \cdot \left(\frac{\partial \bar{T}}{\partial t} + \frac{\partial (\bar{T} \cdot \bar{u})}{\partial x} + \frac{\partial (\bar{T} \cdot \bar{v})}{\partial y} + \frac{\partial (\bar{T} \cdot \bar{w})}{\partial z} \right) = \\ &\frac{\partial}{\partial x} \left(\lambda \cdot \frac{\partial \bar{T}}{\partial x} - \rho \cdot c \cdot \overline{T' \cdot u'} \right) + \frac{\partial}{\partial y} \left(\lambda \cdot \frac{\partial \bar{T}}{\partial y} - \rho \cdot c \cdot \overline{T' \cdot v'} \right) + \\ &\frac{\partial}{\partial z} \left(\lambda \cdot \frac{\partial \bar{T}}{\partial z} - \rho \cdot c \cdot \overline{T' \cdot w'} \right) + \rho \cdot \dot{q}_{\mathrm{s}} + \bar{\Psi} \end{aligned} \quad . \tag{3.135}$$

Wir kommen nun auf unser ursprüngliches Problem zurück, das wir uns am Anfang dieses Kapitels gestellt haben. Es sollten die Gleichungen zur Berechnung der inkompressiblen Fahrzeugströmung sowie der kompressiblen Tragflügelströmung aufgestellt werden. Nachfolgend wollen wir die Anwendungen der Gleichungen auf die genannten Probleme erläutern.

- **Die inkompressible Fahrzeugumströmung**
  Mit der Kontinuitätsgleichung (3.2) und den Navier-Stokes Gleichungen (3.19) haben wir **vier** Gleichungen für die **vier** Unbekannten u, v, w und p zur Verfügung. Die Zähigkeit μ setzen wir als bekannt und nicht abhängig von der Temperatur voraus.

Die Navier-Stokes Gleichungen (3.19) sind nichtlinear und von zweiter Ordnung. Die Lösungsverfahren dieses Systems partieller Differentialgleichungen werden in Kapitel 4. erläutert.

- **Die kompressible Tragflügelströmung**
  Bei der Berechnung von kompressiblen Strömungen muss neben den Größen u, v, w und p noch die Dichte ρ in Abhängigkeit von den drei Koordinaten x, y und z berechnet werden. Mit der Kontinuitätsgleichung (3.1), den Navier-Stokes Gleichungen (3.18) und der Energiegleichung (3.109) haben wir **fünf Gleichungen** für die **fünf Unbekannten** u, v, w, p und T zur Verfügung. Die Dichte können wir nach der Berechnung der zuletzt genannten Größen mit der thermischen Gasgleichung

  $$p = \rho \cdot R \cdot T$$

  berechnen.

  Auch diese Gleichungen sind, wie die Gleichungen für inkompressible Strömungen, nichtlinear und können in der Regel für technische Probleme nur mit numerischen Verfahren auf leistungsfähigen Rechnern gelöst werden. Die Lösungsmethoden werden wiederum in Kapitel 4. behandelt.

  Insbesondere bei der Berechnung von kompressiblen Strömungsfeldern muss die Strömungsphysik mitberücksichtigt werden. So wissen wir bereits, dass in kompressiblen Strömungen Verdichtungsstöße auftreten können, über die sich die Strömungsgrößen unstetig ändern. Jedoch sind unsere aufgestellten Differentialgleichungen an der Stelle solcher Unstetigkeiten nicht gültig, so dass sich nun die Frage stellt, wie man an diesen Stellen die Strömung berechnen kann. Es gibt in der numerischen Strömungsmechanik geeignete Techniken, Unstetigkeiten im Strömungsfeld zu berücksichtigen. Diese Techniken werden später einführend vorgestellt.

- **Die heiße kompressible Strömung**
  Das Gas der kompressiblen Tragflügelströmung kann als kalorisch ideales Gas angenommen werden. Wird jedoch die Zuström-Mach-Zahl groß ($M_\infty > 2$) oder sogar sehr groß ($M_\infty > 5$), so verhält sich das Gas nicht mehr kalorisch perfekt. Diese Fälle treten z. B. bei der Umströmung von Überschallflugzeugen (z.B Concorde) und Raumfahrtfluggeräten (z. B. Space Shuttle) auf, die die Erdatmosphäre verlassen oder wiedereintreten. In solchen Fällen kann die Energiegleichung (3.129) für kalorisch perfekte Gase nicht mehr angewendet werden. Es muss dann die allgemeingültigere Energiegleichung (3.126) zur Lösung des Problems herangezogen werden. Weitere Beziehungen für die innere Energie e sowie für die Werte der Zähigkeit μ und der Wärmeleitfähigkeit λ müssen der Thermodynamik entnommen werden. Hier beginnt das interessante Gebiet der Aerothermodynamik, das die Strömungsmechanik idealer Gase mit der Chemie heißer Gase verknüpft. Für viele Probleme der Aerothermodynamik reichen die hier aufgestellten Gleichungen wegen der Hochtemperatureffekte nicht mehr aus und sie müssen deshalb für die Aufgaben und Fragestellungen der Aerothermodynamik erweitert werden (s. dazu *H. Oertel jr.* 1994, 2005).

- **Strömungen mit Wärmeübertragung**
  Für die freie und erzwungene Konvektionsströmung, die wir in Kapitel 2.6 eingeführt haben, kann die Boussinesq-Approximation angewendet werden. Sie besagt,

dass die Stoffgrößen als konstant vorausgesetzt werden und lediglich die Temperaturabhängigkeit der Dichte (3.23)

$$\rho(T) = \rho_0 \cdot [1 - \alpha \cdot (T - T_0)]$$

im Auftriebsterm berücksichtigt wird. Daraus resultieren wiederum fünf vereinfachte nichtlineare Differentialgleichungen für die fünf unbekannten u, v, w, p und T.

3.4 Grenzschichtgleichungen

Ludwig Prandtl hat im Jahre 1904 in seiner berühmten achtseitigen Arbeit (vgl. *L. Prandtl* 1961) nachgewiesen, dass sich bei der Umströmung von Körpern bei großen Reynolds-Zahlen ($Re_L > 10^4$) die Reibungseffekte auf eine sehr dünne Schicht um den Körper beschränken. Außerhalb dieser Schicht, die wir Grenzschicht nennen, kann die Strömung als reibungsfrei angenommen werden.

Die Dicke der Grenzschicht ist abhängig von der Reynolds-Zahl. Bei der Profilumströmung besitzt sie z. B. bei einer Reynolds-Zahl von $Re_L = \rho \cdot u_\infty \cdot L/\mu \approx 10^5 - 10^6$ an der Hinterkante eine Dicke von ungefähr 5% der Profillänge L vorausgesetzt, dass die Grenzschichtströmung turbulent ist. Eine laminare Grenzschicht ist wesentlich dünner.

Für die Strömung außerhalb der Grenzschicht vereinfachen sich die Navier-Stokes-Gleichungen auf die Euler-Gleichungen, da die Reibungsglieder für diesen Teil der Strömung verschwinden. Die Navier-Stokes Gleichungen lassen sich ebenfalls für die Grenzschichtströmung vereinfachen. Wie wir nachfolgend sehen werden, können wir für die Grenzschichtströmung in den Navier-Stokes-Gleichungen gewisse Terme vernachlässigen, da sie im Vergleich zu den übrigen Gliedern der Gleichungen eine Größenordnung kleiner sind.

3.4.1 Inkompressible Strömungen

Um die Grenzschichtgleichungen aus den Navier-Stokes-Gleichungen ableiten zu können, führen wir eine Größenordnungsabschätzung der einzelnen Glieder der dimensionslosen Navier-Stokes-Gleichungen durch. Wir wollen uns zunächst mit der Größenordnungsabschätzung vertraut machen und betrachten dazu die horizontale Geschwindigkeitskomponente $u^* = u/u_\infty$ der Plattengrenzschichtströmung (Abbildung 3.22).

Wir gehen zunächst davon aus, dass die Grenzschichtströmung zweidimensional, inkompressibel und stationär sei. Später betrachten wir dann das komplexere dreidimensionale Strömungsproblem. Die dimensionslosen Strömungsgrößen u^*, w^* und p^* erfüllen zusammen die nachfolgenden dimensionslosen Navier-Stokes-Gleichungen und die Kontinuitätsgleichung (s. Gleichung (3.198)). Die Gleichungen lauten unter Vernachlässigung

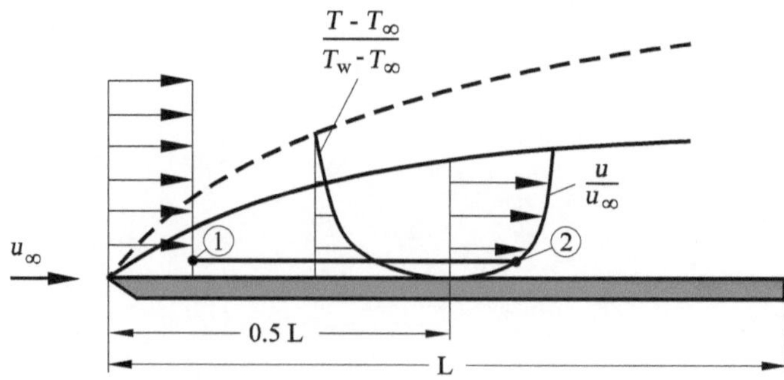

Abb. 3.22: Plattengrenzschichtströmung

der Volumenkräfte k_i

$$\frac{\partial u^*}{\partial x^*} + \frac{\partial w^*}{\partial z^*} = 0 \quad , \tag{3.136}$$

$$u^* \cdot \frac{\partial u^*}{\partial x^*} + w^* \cdot \frac{\partial u^*}{\partial z^*} = -\frac{\partial p^*}{\partial x^*} + \frac{1}{Re_L} \cdot \left(\frac{\partial^2 u^*}{\partial x^{*2}} + \frac{\partial^2 u^*}{\partial z^{*2}} \right) \quad , \tag{3.137}$$

$$u^* \cdot \frac{\partial w^*}{\partial x^*} + w^* \cdot \frac{\partial w^*}{\partial z^*} = -\frac{\partial p^*}{\partial z^*} + \frac{1}{Re_L} \cdot \left(\frac{\partial^2 w^*}{\partial x^{*2}} + \frac{\partial^2 w^*}{\partial z^{*2}} \right) \quad , \tag{3.138}$$

mit

$$x^* = \frac{x}{L} \quad , \quad z^* = \frac{z}{L} \quad , \quad Re_L = \frac{\rho \cdot u_\infty \cdot L}{\mu} \quad ,$$
$$u^* = \frac{u}{u_\infty} \quad , \quad w^* = \frac{w}{u_\infty} \quad , \quad p^* = \frac{p}{\rho \cdot u_\infty^2} \quad .$$

L entspricht der Länge der Platte und u_∞ steht für die Anströmgeschwindigkeit.

Bei der Durchführung der Größenordnungsabschätzung interessiert uns nicht, ob die einzelnen Glieder sich durch einen Faktor von drei, vier etc. unterscheiden. Wir wollen die Unterschiede in den Größenordnungen (Faktor zehn oder mehr) der einzelnen Glieder herausfinden.

Um mit der Größenordnungsabschätzung vertraut zu werden, betrachten wir den Differentialquotienten $\partial u^*/\partial x^*$, der in den Gleichungen (3.136) und (3.137) steht. Betrachten wir z. B. die Stellen 1 und 2 in Abbildung 3.22, an denen die Größe u^* ungefähr 1.0 (Stelle 1) bzw. 0.1 (Stelle 2) ist, so lässt sich der Differentialquotient $\partial u^*/\partial x^*$ wie nachfolgend gezeigt abschätzen

$$\left| \frac{\partial u^*}{\partial x^*} \right| \approx \left| \frac{0.1 - 1}{0.5 - 0} \right| = 1.8 \quad .$$

Die Größe $\partial u^*/\partial x^*$ nimmt also im dimensionslosen Rechengebiet Zahlenwerte zwischen 1 und 10 an. Sie ist also von der Größenordnung Eins.

Bei unserer weiteren Abschätzung gehen wir davon aus, dass die Grenzschichtdicke δ klein und von der Größenordnung ϵ ist, wobei ϵ für eine kleine Größenordnung steht. Diese Annahme ist insofern richtig, als wir im Experiment beobachten können, dass bei großen Reynolds-Zahlen $Re > 10^4$ die Grenzschichtdicke δ sehr viel kleiner als z. B. die Profillänge L ist.

Mit dieser Kenntnis können wir nun den zweiten Differentialquotienten $\partial w^*/\partial z^*$ in der Kontinuitätsgleichung abschätzen. Die Größe z^* kann in der Grenzschicht nur Werte der Größenordnung ϵ annehmen. Da $\partial u^*/\partial x^*$ die Größenordnung Eins besitzt und deshalb auch $\partial w^*/\partial z^*$ von der Größenordnung Eins sein muss (sonst kann die Kontinuitätsgleichung nicht erfüllt sein), muss auch die Größe w^* von der Größenordnung ϵ sein. Wir erhalten also die folgende Abschätzung

$$\frac{\partial u^*}{\partial x^*} + \frac{\partial w^*}{\partial z^*} = 0 \quad .$$

$$1 \qquad \frac{\epsilon}{\epsilon}$$

Die Geschwindigkeitskomponente w^* ist also sehr klein und die Kontinuitätsgleichung bleibt für die Grenzschichtströmung weiterhin unverändert bestehen.

Wir können nun dazu übergehen, die Glieder der Navier-Stokes Gleichungen abzuschätzen. Gemäß unserer vorigen Überlegungen erhalten wir die folgende Abschätzung (unter den Gleichungen sind jeweils die Größenordnungen der einzelnen Glieder angegeben)

$$\begin{array}{ccccc} u^* \cdot \dfrac{\partial u^*}{\partial x^*} + w^* \cdot \dfrac{\partial u^*}{\partial z^*} = -\dfrac{\partial p^*}{\partial x^*} + \dfrac{1}{Re_L} \cdot \left(\dfrac{\partial^2 u^*}{\partial x^{*2}} + \dfrac{\partial^2 u^*}{\partial z^{*2}} \right) \quad , \\ 1 \cdot 1 \qquad \epsilon \cdot \dfrac{1}{\epsilon} \quad = \quad 1 \qquad \epsilon^2 \cdot \left(\dfrac{1}{1} \qquad \dfrac{1}{\epsilon^2} \right) \quad . \end{array} \tag{3.139}$$

$$\begin{array}{ccccc} u^* \cdot \dfrac{\partial w^*}{\partial x^*} + w^* \cdot \dfrac{\partial w^*}{\partial z^*} = -\dfrac{\partial p^*}{\partial z^*} + \dfrac{1}{Re_L} \cdot \left(\dfrac{\partial^2 w^*}{\partial x^{*2}} + \dfrac{\partial^2 w^*}{\partial z^{*2}} \right) \quad . \\ 1 \cdot \dfrac{\epsilon}{1} \qquad \epsilon \cdot \dfrac{\epsilon}{\epsilon} \quad = \quad \epsilon \qquad \epsilon^2 \cdot \left(\dfrac{\epsilon}{1} \qquad \dfrac{\epsilon}{\epsilon^2} \right) \end{array} \tag{3.140}$$

Bezüglich der Abschätzung ist Folgendes zu ergänzen:

- Wir setzen voraus, dass die Reynolds-Zahl so groß ist, dass der Ausdruck $1/Re_L$ mindestens von der Größenordnung ϵ^2 klein ist.
- In der Gleichung (3.140) besitzt der Druckgradient $\partial p^*/\partial z^*$ die Größenordnung ϵ, da alle anderen Glieder in der Gleichung von dieser Größenordnung sind.
- Wir können also Gleichung (3.140) bei der Berechnung der Grenzschichtströmung streichen und davon ausgehen, dass sich der Druck p in z-Richtung kaum ändert. Es gilt also für die Berechnung $p \neq \mathrm{f}(z)$.
- Der Druckgradient $(\partial p^*/\partial x^*) = (\mathrm{d}p^*/\mathrm{d}x^*)$ besitzt die Größenordnung Eins. Betrachten wir die Gleichung (3.139) für den Bereich des Grenzschichtrandes, wo die reibungsbehaftete Strömung in die reibungslose Strömung übergeht, so können wir die Reibungsglieder vernachlässigen. Da die Gleichung (3.139) auch am Grenzschichtrand erfüllt ist und die linke Seite die Größenordnung Eins besitzt, ist auch der Druckgradient $\mathrm{d}p^*/\mathrm{d}x^*$ von der Größenordnung Eins.
- Aus der Größenordnungsabschätzung für die Gleichung (3.139) geht hervor, dass die zweite Ableitung in x^*-Richtung sehr klein ist und in der Gleichung vernachlässigt werden kann.

Wir gehen wieder zu den dimensionsbehafteten Größen über und nutzen die Kenntnisse der Größenordnungsabschätzung zur Formulierung der Grenzschichtgleichungen. Sie lauten für eine zweidimensionale, inkompressible und stationäre Grenzschichtströmung (Abbildung 3.23)

$$\frac{\partial u}{\partial x} + \frac{\partial w}{\partial z} = 0 \quad , \tag{3.141}$$

$$\rho \cdot \left(u \cdot \frac{\partial u}{\partial x} + w \cdot \frac{\partial u}{\partial z} \right) = -\frac{\mathrm{d}p}{\mathrm{d}x} + \mu \cdot \frac{\partial^2 u}{\partial z^2} \quad , \tag{3.142}$$

$$\frac{\partial p}{\partial z} = 0 \quad . \tag{3.143}$$

Der Druckgradient $\mathrm{d}p/\mathrm{d}x$ kann in der Gleichung (3.142) als bekannt vorausgesetzt werden. Weiter unten wird beschrieben, wie er ermittelt werden kann. Die Grenzschichtgleichungen (3.141) und (3.142) sind also **zwei Gleichungen** für die **zwei Unbekannten** u und w, wenn wir die Gleichung (3.143) nicht mitberücksichtigen.

Um den Druckgradienten $\mathrm{d}p/\mathrm{d}x$ zu ermitteln, betrachten wir eine Stromlinie entlang des Grenzschichtrandes einer Profilumströmung (Abbildung 3.23). Da auf dem Grenzschichtrand die Reibungseffekte verschwinden, gilt in einer gewissen Umgebung die eindimensionale Euler-Gleichung. Sie lautet entsprechend Kapitel 2.3.3

$$\rho \cdot U_\mathrm{e} \cdot \frac{\mathrm{d}U_\mathrm{e}}{\mathrm{d}x} = -\frac{\mathrm{d}p}{\mathrm{d}x} \quad . \tag{3.144}$$

$U_\mathrm{e} = u(\delta)$ steht für die Geschwindigkeit am Grenzschichtrand. Sie berechnet sich mit der Theorie der reibungsfreien Außenströmung, auf die wir im nachfolgenden Abschnitt zu sprechen kommen.

Zur Berechnung der Grenzschichtströmung benötigen wir noch geeignete Randbedingungen für die partiellen Differentialgleichungen (3.141) und (3.142). Auf der Kontur, also für $z = 0$, gilt die Haftbedingung $u(z = 0) = 0$ und $w(z = 0) = 0$. Am Grenzschichtrand nimmt die u-Geschwindigkeitskomponente den Wert U_e an die, wie bereits erwähnt, mit der Theorie für reibungslose Strömungen berechnet wird. Die Grenzschichtdicke δ ist schwer definierbar, da sich die Größe u bekanntlich asymptotisch in z-Richtung dem Wert U_e annähert. Deshalb wird bezüglich dieser Randbedingung des öfteren in der Literatur die mathematische Formulierung

$$\lim_{z \to \infty} u(x, z) = U_\mathrm{e}(x)$$

verwendet.

Mit den Gleichungen (3.141) und (3.142) können wir das Strömungsproblem vollständig

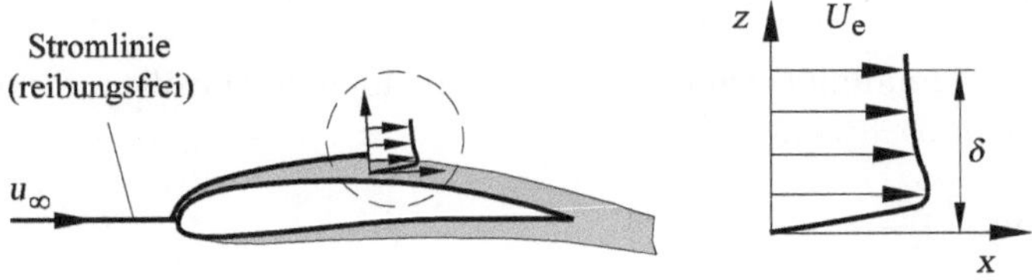

Abb. 3.23: Zweidimensionale, inkompressible Grenzschicht

lösen. Für die Berechnung der **Temperaturgrenzschicht** benötigen wir jedoch noch eine weitere Grenzschichtgleichung, die wir wiederum durch eine Größenordnungsabschätzung der einzelnen Glieder der Energiegleichung (3.135) erhalten. Da wir weiterhin eine zweidimensionale inkompressible und stationäre Grenzschicht betrachten, vereinfacht sich die Gleichung entsprechend. Wir vernachlässigen wieder die Volumenkräfte k_{i} und den Wärmestrom q.

Um die Größenordnungsabschätzung durchführen zu können, überführen wir die Gleichung (3.135) in die nachfolgende dimensionslose Form. Dazu führen wir die zusätzliche dimensionslose Größe θ ein, die wie folgt definiert ist

$$\theta = \frac{T - T_{\infty}}{T_{\mathrm{w}} - T_{\infty}} \quad .$$

T_{w} und T_{∞} stehen für die Temperatur der Platte bzw. für die Temperatur der Anströmung. Die entsprechende dimensionslose Form der Energiegleichung lautet (der Leser sollte die entsprechende Rechnung dazu selbst durchführen)

$$u^* \cdot \frac{\partial \theta}{\partial x^*} + w^* \cdot \frac{\partial \theta}{\partial z^*} =$$

$$Ec \cdot \left(u^* \cdot \frac{\partial p^*}{\partial x^*} + w^* \cdot \frac{\partial p^*}{\partial z^*} \right) + \frac{1}{Re_L \cdot Pr_{\infty}} \cdot \left(\frac{\partial^2 \theta}{\partial x^{*2}} + \frac{\partial^2 \theta}{\partial z^{*2}} \right) + \frac{Ec}{Re_L} \cdot \Phi^* \quad . \tag{3.145}$$

Die Größen Re, Pr und Ec stehen der Reihe nach für die Reynolds-, Prandtl- und Eckert-Zahl. Sie sind wie folgt definiert

$$Re_L = \frac{\rho \cdot u_{\infty} \cdot L}{\mu} \quad , \qquad Pr_{\infty} = \frac{c_p \cdot \mu}{\lambda} \quad , \qquad Ec = 2 \cdot \frac{T_0 - T_{\infty}}{T_{\mathrm{w}} - T_{\infty}} \quad .$$

In der Gleichung zur Definition der Eckert-Zahl Ec steht T_0 für die Gesamttemperatur. Beachte beim Durchführen der Rechnung zur Überführung der Energiegleichung in die dimensionslose Form, dass gemäß des Energiesatzes der Thermodynamik die Gleichung

$$\frac{u_{\infty}^2}{T_{\mathrm{w}} - T_{\infty}} = Ec \cdot c_p$$

gilt. Φ^* ist die dimensionslose Dissipationsfunktion. Sie lautet entsprechend

$$\Phi^* = 2 \cdot \left(\frac{\partial u^*}{\partial x^*} \right)^2 + 2 \cdot \left(\frac{\partial w^*}{\partial z^*} \right)^2 + \left(\frac{\partial w^*}{\partial x^*} + \frac{\partial u^*}{\partial z^*} \right)^2 \quad .$$

Bei der Größenordnungsabschätzung gehen wir wieder davon aus, dass $1/Re_L$ von der Größenordnung ϵ^2 ist und, dass die Prandtl- und Eckert-Zahl von der Größenordnung Eins sind. Es gibt Anwendungen, bei denen die Prandtl- oder Eckert-Zahl eine Größenordnung größer oder kleiner als Eins sein können. In der Mehrzahl der Anwendungen treffen unsere Annahmen jedoch zu.

Mit den getroffenen Annahmen erhalten wir nun die folgende Größenordnungsabschätzung für die Energiegleichung (3.145)

$$u^* \cdot \frac{\partial \theta}{\partial x^*} + w^* \cdot \frac{\partial \theta}{\partial z^*} =$$

$$1 \;\cdot\; 1 \qquad \epsilon \;\cdot\; \frac{1}{\epsilon} \;=$$

$$Ec \cdot \left(\quad u^* \cdot \frac{\partial p^*}{\partial x^*} + w^* \cdot \frac{\partial p^*}{\partial z^*} \quad \right) + \frac{1}{Re_L \cdot Pr_\infty} \cdot \left(\quad \frac{\partial^2 \theta}{\partial x^{*2}} + \frac{\partial^2 \theta}{\partial z^{*2}} \quad \right) + \frac{Ec}{Re_L} \cdot \Phi^* \quad .$$

$$1 \quad \cdot \left(\quad 1 \quad \cdot \quad 1 \qquad \epsilon \quad \cdot \quad \epsilon \quad \right) \qquad \epsilon^2 \qquad \cdot \left(\quad 1 \qquad \frac{1}{\epsilon^2} \quad \right)$$

Für den letzten Summanden der rechten Seite erhalten wir die nachfolgende Größenordnungsabschätzung

$$\frac{Ec}{Re_L} \cdot \Phi^* = \frac{Ec}{Re_L} \cdot \left[\; 2 \cdot \left(\frac{\partial u^*}{\partial x^*} \right)^2 + 2 \cdot \left(\frac{\partial w^*}{\partial z^*} \right)^2 + \left(\frac{\partial w^*}{\partial x^*} \right)^2 + 2 \cdot \frac{\partial w^*}{\partial x^*} \cdot \frac{\partial u^*}{\partial z^*} + \left(\frac{\partial u^*}{\partial z^*} \right)^2 \; \right] .$$

$$\epsilon^2 \quad \cdot \left[\qquad 1 \qquad\qquad 1 \qquad\qquad \epsilon^2 \qquad\qquad \epsilon \quad \cdot \quad \frac{1}{\epsilon} \qquad\quad \frac{1}{\epsilon^2} \qquad \right]$$

Die Größenordnungsabschätzung für den Differentialquotienten $\partial\theta/\partial x^*$ erfolgt in analoger Weise zur Abschätzung von $\partial u^*/\partial x^*$. θ besitzt auf der Kontur den Wert 1 und am Grenzschichtrand für die Plattenströmung den Wert 0.

Gemäß der Größenordnungsabschätzung erhalten wir aus der Energiegleichung für die Temperaturgrenzschicht die nachfolgende Gleichung. Sie schreibt sich mit den dimensionsbehafteten Größen wie folgt

$$\boxed{\rho \cdot c_p \cdot \left(u \cdot \frac{\partial T}{\partial x} + w \cdot \frac{\partial T}{\partial z} \right) = u \cdot \frac{\partial p}{\partial x} + \lambda \cdot \frac{\partial^2 T}{\partial z^2} + \mu \cdot \left(\frac{\partial u}{\partial z} \right)^2} \quad . \qquad (3.146)$$

Für die Gleichung (3.146) benötigen wir noch zwei Randbedingungen für die Größe T. Betrachten wir eine Kontur mit einer bekannten Temperatur T_w, so lauten die beiden Randbedingungen

$$T(x, z = 0) = T_\mathrm{w} \quad , \qquad \lim_{z \to \infty} T(x, z) = T_\mathrm{e} \quad .$$

Betrachten wir hingegen eine Kontur, in die ein bekannter Wärmestrom q fließt, so lauten die Randbedingungen entsprechend

$$\left. \frac{\partial T}{\partial z} \right|_{z=0} = \frac{q(x)}{\lambda} \quad , \qquad \lim_{z \to \infty} T(x, z) = T_\mathrm{e} \quad .$$

Die Temperatur T_e am Grenzschichtrand wird mit der reibungslosen Theorie ermittelt, auf die wir im nachfolgenden Kapitel eingehen werden.

Von den Grenzschichtgleichungen der **Strömungen mit Wärmeübertragung** haben wir bereits in Kapitel 2.6 Gebrauch gemacht. Für die freie Konvektionsströmung der beheizten vertikalen Platte führt man die Grenzschichttransformation ein:

$$x^* = \frac{x}{L} \cdot Gr_L^{\frac{1}{4}} \quad , \qquad z^* = \frac{z}{L} \quad ,$$

$$u^* = \frac{u}{\sqrt{g \cdot \alpha \cdot L \cdot (T_\mathrm{m} - T_\infty)}} \cdot Gr_L^{\frac{1}{4}} \quad , \qquad w^* = \frac{w}{\sqrt{g \cdot \alpha \cdot L \cdot (T_\mathrm{m} - T_\infty)}} \quad ,$$

$$T^* = \frac{T - T_\infty}{T_\mathrm{m} - T_\infty} \quad .$$

Damit werden die Grenzschichtgleichungen unabhängig von der Rayleigh- bzw. Grashof-Zahl. Es ergibt sich mit der Boussinesq-Approximation und unter Vernachlässigung der Dissipation das Gleichungssystem:

$$\frac{\partial u^*}{\partial x^*} + \frac{\partial w^*}{\partial z^*} = 0 \quad ,$$
$$u^* \cdot \frac{\partial w^*}{\partial x^*} + w^* \cdot \frac{\partial w^*}{\partial z^*} = \frac{\partial^2 w^*}{\partial x^{*2}} + T^* \quad ,$$
$$u^* \cdot \frac{\partial T^*}{\partial x^*} + w^* \cdot \frac{\partial T^*}{\partial z^*} = \frac{1}{Pr_\infty} \cdot \frac{\partial^2 T^*}{\partial x^{*2}} \quad .$$

Der Energie- und Impulsausgleich ist über die Temperatur T^* im Auftriebsterm gekoppelt. Die Temperaturverteilung der freien Konvektionsströmung erzeugt demzufolge die Geschwindigkeitsverteilung.

Für die erzwungene Konvektionsströmung der beheizten längs angeströmten Platte der Abbildung 3.22 vereinfachen sich die Grenzschichtgleichungen (3.143) und (3.146) unter der Voraussetzung der Boussinesq-Approximation und Vernachlässigung der Dissipation:

$$\frac{\partial u^*}{\partial x^*} + \frac{\partial w^*}{\partial z^*} = 0 \quad ,$$
$$u^* \cdot \frac{\partial u^*}{\partial x^*} + w^* \cdot \frac{\partial u^*}{\partial z^*} = -\frac{\mathrm{d}p^*}{\mathrm{d}x^*} + \frac{1}{Re_L} \cdot \frac{\partial^2 u^*}{\partial z^{*2}} \quad ,$$
$$u^* \cdot \frac{\partial T^*}{\partial x^*} + w^* \cdot \frac{\partial T^*}{\partial z^*} = \frac{1}{Pr_\infty \cdot Re_L} \cdot \frac{\partial^2 T^*}{\partial z^{*2}} \quad .$$

Statt der Grashof-Zahl charakterisiert bei der erzwungenen Konvektionsströmung die Reynolds-Zahl die Grenzschichtströmung mit Wärmeübertragung. Für die Gültigkeit der Grenzschichtgleichungen muss zusätzlich zu $Re_L \gg 1$, $Re_L \cdot Pr_\infty \gg 1$ gefordert werden. Die Kontinuitäts- und Impulsgleichungen sind jetzt von der Energiegleichung entkoppelt. Damit kann die Strömungsgrenzschicht unabhängig von der Temperaturgrenzschicht berechnet werden.

Bis jetzt haben sich unsere Betrachtungen auf zweidimensionale laminare Grenzschichten beschränkt. Nachfolgend werden wir die entsprechenden Erweiterungen der Gleichungen auf turbulente zweidimensionale Grenzschichten diskutieren.

Um die Gleichungen zur Berechnung einer **turbulenten Grenzschicht** aufzustellen, müssen wir eine Größenordnungsabschätzung für die einzelnen Terme der Reynolds-Gleichungen durchführen. Diese lauten für eine zweidimensionale Grenzschicht unter Vernachlässigung der Volumenkräfte in dimensionsloser Form (Gleichungen (3.44) bis (3.47))

$$\frac{\partial u^*}{\partial x^*} + \frac{\partial w^*}{\partial z^*} = 0 \quad , \tag{3.147}$$

$$u^* \cdot \frac{\partial u^*}{\partial x^*} + w^* \cdot \frac{\partial u^*}{\partial z^*} =$$
$$-\frac{\partial p^*}{\partial x^*} + \frac{1}{Re_L} \cdot \left(\frac{\partial^2 u^*}{\partial x^{*2}} + \frac{\partial^2 u^*}{\partial z^{*2}} \right) - \frac{\partial(\overline{u^{*\prime 2}})}{\partial x^*} - \frac{\partial(\overline{u^{*\prime} \cdot w^{*\prime}})}{\partial z^*} \quad , \tag{3.148}$$

$$u^* \cdot \frac{\partial w^*}{\partial x^*} + w^* \cdot \frac{\partial w^*}{\partial z^*} =$$

$$-\frac{\partial p^*}{\partial z^*} + \frac{1}{Re_L} \cdot \left(\frac{\partial^2 w^*}{\partial x^{*2}} + \frac{\partial^2 w^*}{\partial z^{*2}} \right) - \frac{\partial(\overline{u^{*\prime} \cdot w^{*\prime}})}{\partial x^*} - \frac{\partial(\overline{w^{*\prime 2}})}{\partial z^*} \quad . \tag{3.149}$$

u^*, w^* und p^* in den Gleichungen (3.147) bis (3.149) sind dimensionslose und **zeitlich gemittelte** Größen. Alle Geschwindigkeiten, einschließlich der Schwankungsgeschwindigkeiten, sind mit der Zuströmgeschwindigkeit u_∞ dimensionslos gemacht worden. Die Größe p^* steht für $p/(\rho \cdot u_\infty^2)$.

Die Kontinuitätsgleichung (3.147) bleibt, wie im laminaren Fall, gemäß der Größenordnungsabschätzung unverändert. Damit wir die zeitlich gemittelten Navier-Stokes-Gleichungen abschätzen können ist es unumgänglich, experimentelle Ergebnisse für die Größen $\overline{u^{*\prime 2}}$ und $\overline{u^{*\prime} \cdot w^{*\prime}}$ heranzuziehen.

In der Abbildung 3.24 sind diese Größen über der Koordinate normal zur Oberfläche dargestellt (siehe auch Abbildung 2.83). Wie wir der genannten Abbildung entnehmen können, verschwinden die Schwankungsgrößen am Grenzschichtrand und infolge der Haftbedingung ebenfalls auf der Oberfläche. Die Schwankungsgrößen $\overline{u^{*\prime 2}}$ und $\overline{u^{*\prime} \cdot w^{*\prime}}$ unterscheiden sich innerhalb der Grenzschicht um einen Faktor der nicht größer als zehn ist, d. h. sie sind von gleicher Größenordnung. Die Größenordnung dieser Glieder beträgt ϵ.

Mit dieser Kenntnis können wir nun die Größenordnung der Terme der Schwankungsgrößen abschätzen. Wir beginnen mit der Größenordnungsabschätzung für die Schwankungsgrößen der Gleichung (3.148). Diese ergibt

$$-\left(\frac{\partial(\overline{u^{*\prime 2}})}{\partial x^*} + \frac{\partial(\overline{u^{*\prime} \cdot w^{*\prime}})}{\partial z^*} \right) \quad .$$

$$\qquad \frac{\epsilon}{1} \qquad\qquad \frac{\epsilon}{\epsilon}$$

Wir erkennen, dass nur der zweite Summand von der Größenordnung Eins ist und deshalb in der Gleichung (3.148) erhalten bleibt.

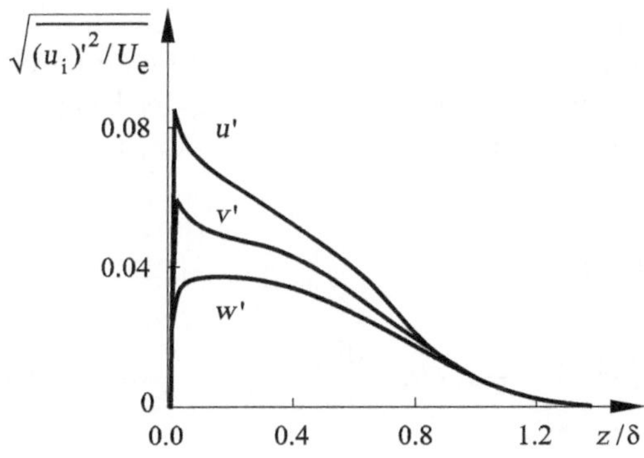

Abb. 3.24: Schwankungsgrößen in der turbulenten Grenzschicht

Abschließend müssen noch die Größenordnungen der Ausdrücke der Gleichung (3.149) bestimmt werden. Die nachfolgende Größenordnungsabschätzung ergibt

$$u^* \cdot \frac{\partial w^*}{\partial x^*} + w^* \cdot \frac{\partial w^*}{\partial z^*} = -\frac{\partial p^*}{\partial z^*} + \frac{1}{Re_L} \cdot \left(\frac{\partial^2 w^*}{\partial x^{*2}} + \frac{\partial^2 w^*}{\partial z^{*2}} \right) - \frac{\partial(\overline{u^{*\prime} \cdot w^{*\prime}})}{\partial x^*} - \frac{\partial(\overline{w^{*\prime 2}})}{\partial z^*} \quad .$$

$$1 \cdot \frac{\epsilon}{1} \qquad \epsilon \cdot \frac{\epsilon}{\epsilon} \quad = \quad 1 \qquad \epsilon^2 \cdot \left(\frac{\epsilon}{1} \qquad \frac{\epsilon}{\epsilon^2} \right) \qquad \frac{\epsilon}{1} \qquad \frac{\epsilon}{\epsilon}$$

Alle Glieder der Größenordnung Eins bleiben erhalten. Der Druckgradient $\partial p^* / \partial z^*$ ist also im Gegensatz zur laminaren Grenzschicht von der Größenordnung Eins. Die entsprechende dimensionsbehaftete Grenzschichtgleichung für die z-Richtung lautet also

$$\frac{\partial \bar{p}}{\partial z} = -\rho \cdot \frac{\partial \overline{w'^2}}{\partial z} \quad . \tag{3.150}$$

Für die Berechnung der Grenzschicht können wir die Gleichung (3.150) allerdings vernachlässigen, da der Druck vom Grenzschichtrand bis zur Oberfläche nur um einen Wert der Größenordnung ϵ variiert.

Nach der Herleitung der Grenzschichtgleichungen mittels einer Größenordnungsabschätzung durch dimensionslose Kennzahlen gehen wir nun wieder zu dimensionsbehafteten Gleichungen über. Die Gleichungen für eine stationäre, zweidimensionale und turbulente Grenzschichtströmung können wir also wie folgt aufschreiben, wenn wir den Druckgradienten $\partial \bar{p} / \partial x$, wie bereits beschrieben, gemäß der eindimensionalen Eulergleichung berücksichtigen

$$\frac{\partial \bar{u}}{\partial x} + \frac{\partial \bar{w}}{\partial z} = 0 \quad , \tag{3.151}$$

$$\rho \cdot \left(\bar{u} \cdot \frac{\partial \bar{u}}{\partial x} + \bar{w} \cdot \frac{\partial \bar{u}}{\partial z} \right) = U_\mathrm{e} \cdot \frac{\mathrm{d}U_\mathrm{e}}{\mathrm{d}x} + \mu \cdot \frac{\partial^2 \bar{u}}{\partial z^2} - \rho \cdot \frac{\partial(\overline{u' \cdot w'})}{\partial z} \quad . \tag{3.152}$$

Das Überstreichen der einzelnen Größen soll auf die zeitlich gemittelten Größen hinweisen.

Für die Berechnung der turbulenten inkompressiblen Temperaturgrenzschicht benötigen wir die gemäß einer Größenordnungsabschätzung vereinfachte Energiegleichung. Da wir das Wesentliche zur Herleitung der Grenzschichtgleichungen bereits diskutiert haben und da sich auch bei der Vorgehensweise zur Vereinfachung der Energiegleichung nichts ändert, geben wir diese Gleichung ohne Herleitung wie folgt an. Sie lautet

$$\begin{aligned} &\rho \cdot c \left(\bar{u} \cdot \frac{\partial \bar{T}}{\partial x} + \bar{w} \cdot \frac{\partial \bar{T}}{\partial z} \right) = \\ &\lambda \cdot \frac{\partial^2 \bar{T}}{\partial z^2} - \rho \cdot c \cdot \frac{\partial}{\partial z} \left(\overline{w' \cdot T'} \right) - \bar{u} \cdot U_\mathrm{e} \cdot \frac{\mathrm{d}U_\mathrm{e}}{\mathrm{d}x} + \left(\mu \cdot \frac{\partial \bar{u}}{\partial z} - \rho \cdot \overline{w' \cdot u'} \right) \cdot \frac{\partial \bar{u}}{\partial z} \quad . \end{aligned} \tag{3.153}$$

Die Gleichungen für eine turbulente Grenzschichtströmung besitzen auf der rechten Seite für die Schwankungsgrößen nur Differentialquotienten bezüglich der z-Richtung. Die entsprechenden Differentialquotienten in Hauptströmungsrichtung (x-Richtung) sind vernachlässigbar klein. Die in den Grenzschichtgleichungen stehenden Schwankungsgrößen müssen mit geeigneten Turbulenzmodellen, auf die wir im vorigen Abschnitt eingegangen sind, entsprechend modelliert werden.

Im verbleibenden Teil dieses Abschnittes wollen wir die aufgestellten Gleichungen auf dreidimensionale Grenzschichten erweitern. Eine dreidimensionale Grenzschichtströmung, so wie sie z. B. bei der Kraftfahrzeugumströmung auftritt, ist in Abbildung 3.25 dargestellt. Die Gleichungen für eine inkompressible und turbulente Grenzschichtströmung sind nachfolgend angegeben. Sie basieren, wie die Gleichungen für die zweidimensionalen Grenzschichtströmungen, auf einer Größenordnungsabschätzung der Reynolds-Gleichungen und beinhalten deshalb bezüglich ihrer Herleitung nichts wesentlich Neues. Auf den dreidimensionalen Strömungszustand kommen wir noch zu sprechen.

Die Gleichungen lauten

$$\frac{\partial \overline{u}}{\partial x} + \frac{\partial \overline{v}}{\partial y} + \frac{\partial \overline{w}}{\partial z} = 0 \quad , \tag{3.154}$$

$$\rho \cdot \left(\overline{u} \cdot \frac{\partial \overline{u}}{\partial x} + \overline{v} \cdot \frac{\partial \overline{u}}{\partial y} + \overline{w} \cdot \frac{\partial \overline{u}}{\partial z} \right) = - \frac{\partial \overline{p}}{\partial x} + \mu \cdot \frac{\partial^2 \overline{u}}{\partial z^2} - \rho \cdot \frac{\partial \overline{u' \cdot w'}}{\partial z} \quad , \tag{3.155}$$

$$\rho \cdot \left(\overline{u} \cdot \frac{\partial \overline{v}}{\partial x} + \overline{v} \cdot \frac{\partial \overline{v}}{\partial y} + \overline{w} \cdot \frac{\partial \overline{v}}{\partial z} \right) = - \frac{\partial \overline{p}}{\partial y} + \mu \cdot \frac{\partial^2 \overline{v}}{\partial z^2} - \rho \cdot \frac{\partial \overline{v' \cdot w'}}{\partial z} \quad . \tag{3.156}$$

Die Druckgradienten $\partial \overline{p}/\partial x$ und $\partial \overline{p}/\partial y$ lassen sich mit der Theorie der reibungslosen Strömungen berechnen, die wir im nächsten Abschnitt kennenlernen werden. Für die Berechnung von laminaren Grenzschichten entfallen die Schwankungsglieder auf der rechten Seite der Gleichungen (3.155) und (3.156). Die Größen $\overline{u}$, $\overline{v}$, $\overline{w}$ und $\overline{p}$ sind dann nicht als zeitlich gemittelte Größen aufzufassen. Es ergeben sich die bereits abgeleiteten Gleichungen (3.141) bis (3.143) für laminare Grenzschichten.

Die Randbedingungen für die Gleichungen (3.154) bis (3.156) lauten gemäß der Haftbedingung der Strömung auf der Wand und der freien Außenströmung wie folgt:

$$\overline{u}(z=0) = 0 \quad , \qquad \overline{v}(z=0) = 0 \quad , \qquad \overline{w}(z=0) = 0 \quad ,$$
$$\lim_{z \to \infty} \overline{u} = U_\mathrm{e} \quad , \qquad \lim_{z \to \infty} \overline{v} = V_\mathrm{e} \quad .$$

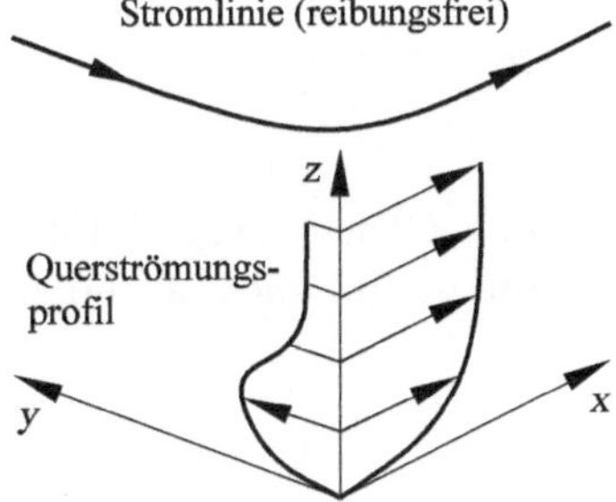

Abb. 3.25: Dreidimensionale Grenzschichtströmung

3.4.2 Kompressible Strömungen

Die Herleitung der Gleichungen für eine dreidimensionale kompressible Grenzschichtströmung basiert auf analogen Überlegungen, die wir bereits bei der Herleitung der übrigen Grenzschichtgleichungen kennengelernt haben. Allerdings ist ihr Umfang wesentlich größer, so dass wir die Gleichungen abschließend ohne Herleitung angeben werden.

Die nachfolgenden Grenzschichtgleichungen beinhalten im Gegensatz zur Favre-Mittelung Strömungsgrößen, die einfach zeitlich gemittelt sind (s. dazu Gleichung (3.25)). Für eine dreidimensionale kompressible Grenzschichtströmung lauten diese Gleichungen

$$\frac{\partial(\bar{\rho} \cdot \bar{u})}{\partial x} + \frac{\partial(\bar{\rho} \cdot \bar{v})}{\partial y} + \frac{\partial(\bar{\rho} \cdot \tilde{w})}{\partial z} = 0 \quad , \tag{3.157}$$

$$\bar{\rho} \cdot \left(\bar{u} \cdot \frac{\partial \bar{u}}{\partial x} + \bar{v} \cdot \frac{\partial \bar{u}}{\partial y} + \tilde{w} \cdot \frac{\partial \bar{u}}{\partial z} \right) = - \frac{\partial \bar{p}}{\partial x} + \mu \cdot \frac{\partial^2 \bar{u}}{\partial z^2} - \frac{\partial(\bar{\rho} \cdot \overline{u' \cdot w'})}{\partial z} \quad , \tag{3.158}$$

$$\bar{\rho} \cdot \left(\bar{u} \cdot \frac{\partial \bar{v}}{\partial x} + \bar{v} \cdot \frac{\partial \bar{v}}{\partial y} + \tilde{w} \cdot \frac{\partial \bar{v}}{\partial z} \right) = - \frac{\partial \bar{p}}{\partial y} + \mu \cdot \frac{\partial^2 \bar{v}}{\partial z^2} - \frac{\partial(\bar{\rho} \cdot \overline{v' \cdot w'})}{\partial z} \quad . \tag{3.159}$$

Mit der Größe $\tilde{w}$ ist die Größe

$$\tilde{w} = \frac{\overline{\rho \cdot w}}{\bar{\rho}}$$

gemeint. Die vereinfachte Energiegleichung lautet für die dreidimensionale Grenzschichtströmung wie folgt:

$$\begin{aligned} \bar{\rho} \cdot \left(\bar{u} \cdot \frac{\partial h_0}{\partial x} + \bar{v} \cdot \frac{\partial h_0}{\partial y} + \tilde{w} \cdot \frac{\partial h_0}{\partial z} \right) = \frac{\partial}{\partial z} \Bigg[\frac{\mu}{Pr_\infty} \cdot \frac{\partial h_0}{\partial z} - \bar{\rho} \cdot c_p \cdot \overline{w' \cdot T'} + \\ \mu \cdot \left(1 - \frac{1}{Pr_\infty} \right) \cdot \left(\bar{u} \cdot \frac{\partial \bar{u}}{\partial z} + \bar{v} \cdot \frac{\partial \bar{v}}{\partial z} \right) - \bar{\rho} \cdot \bar{u} \cdot \overline{w' \cdot u'} - \bar{\rho} \cdot \bar{v} \cdot \overline{v' \cdot w'} \Bigg] \end{aligned} \quad . \tag{3.160}$$

h_0 steht für die Gesamtenthalpie pro Masse, die sich mit der Gleichung

$$h_0 = c_p \cdot T + \frac{\bar{u}^2}{2} + \frac{\bar{v}^2}{2}$$

berechnet. Die Randbedingungen für die Grenzschichtgleichungen lauten entsprechend

$$\begin{aligned} &\bar{u}(x, y, z = 0) = 0 \quad , \qquad \bar{v}(x, y, z = 0) = 0 \quad , \qquad \tilde{w}(x, y, z = 0) = 0 \quad , \\ &\bar{\rho}(x, y, z = \delta) = \bar{\rho}_\mathrm{e} \quad , \qquad h_0(x, y, z = \delta) = h_{0,\mathrm{e}} \quad . \end{aligned}$$

Die Größen am Grenzschichtrand und die Druckgradienten in den Gleichungen (3.158) und (3.159) werden mit der reibungslosen Theorie ermittelt, auf die wir im nachfolgenden Abschnitt eingehen werden.

3.5 Potentialgleichungen

Im vorigen Abschnitt haben wir die Grenzschichtgleichungen kennen gelernt, für deren Anwendung wir die Strömungsgrößen am äußeren Grenzschichtrand kennen müssen. Wenn wir die Strömungsgrößen am Grenzschichtrand kennen dann wissen wir auch, welche Druckverteilung auf die Kontur wirkt, denn beim Herleiten der Grenzschichtgleichungen haben wir gelernt, dass innerhalb der Grenzschicht für den Druck die Bedingung $(\partial p/\partial z) \approx 0$ gilt.

Die Kenntnis der Druckverteilung auf der Kontur ist eine notwendige Voraussetzung zur Beantwortung vieler technischer Fragen. So können z. B. Festigkeitsrechnungen am Flugzeug nicht ohne diese Kenntnis durchgeführt werden. Dies gilt ebenfalls für die Ermittlung von Verstellkräften bei Tragflügelklappensystemen. In diesem Abschnitt werden wir die Gleichungen zur Ermittlung der Druckverteilung herleiten.

Wir betrachten den Grenzschichtrand, der für große Reynolds-Zahlen Re_L näherungsweise mit der Kontur übereinstimmt.

In Abbildung 3.26 ist ein Tragflügelprofil dargestellt, das von links mit der Geschwindigkeit u_∞ angeströmt wird. Wie bereits im vorangegangenen Kapitel erläutert gehen wir davon aus, dass die Strömung außerhalb der Grenzschicht nahezu reibungsfrei ist.

Für die Berechnung der in Abbildung 3.26 gezeigten Strömung eignen sich die Kontinuitätsgleichung und die Euler-Gleichungen, die den bereits bekannten Navier-Stokes Gleichungen ohne Reibungsglieder entsprechen. Die Gleichungen lauten also, wenn wir wieder die Volumenkräfte vernachlässigen und davon ausgehen, dass die Strömung stationär ist

$$\frac{\partial(\rho \cdot u)}{\partial x} + \frac{\partial(\rho \cdot v)}{\partial y} + \frac{\partial(\rho \cdot w)}{\partial z} = 0 \quad , \tag{3.161}$$

$$\rho \cdot \left(u \cdot \frac{\partial u}{\partial x} + v \cdot \frac{\partial u}{\partial y} + w \cdot \frac{\partial u}{\partial z}\right) = -\frac{\partial p}{\partial x} \quad , \tag{3.162}$$

$$\rho \cdot \left(u \cdot \frac{\partial v}{\partial x} + v \cdot \frac{\partial v}{\partial y} + w \cdot \frac{\partial v}{\partial z}\right) = -\frac{\partial p}{\partial y} \quad , \tag{3.163}$$

$$\rho \cdot \left(u \cdot \frac{\partial w}{\partial x} + v \cdot \frac{\partial w}{\partial y} + w \cdot \frac{\partial w}{\partial z}\right) = -\frac{\partial p}{\partial z} \quad . \tag{3.164}$$

Die in Abbildung 3.26 gezeigte Strömung beinhaltet neben der geringen Reibung noch eine weitere Eigenschaft, die die Berechnung vereinfacht. Wie wir unmittelbar einsehen werden, ist die Anströmung drehungsfrei. Nun kann mit dem bekannten Croccoschen Wirbelsatz (wir gehen auf ihn nicht gesondert ein) gezeigt werden, dass die Strömung auch

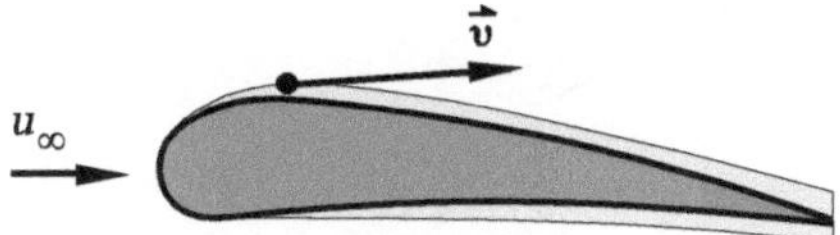

Abb. 3.26: Profilumströmung

weiter stromab drehungsfrei bleibt, wenn im Strömungsfeld keine Entropie- und Gesamtenthalpiegradienten auftreten. Da wir eine isentrope Strömung ohne Energiezufuhr bzw. -abfuhr betrachten, bleibt auch die in Abbildung 3.26 gezeigte Strömung weiter stromab drehungsfrei.

Die Drehungsfreiheit ist für Strömungen ohne Energiezufuhr und -abfuhr nur dann nicht erfüllt, wenn die Strömung reibungsbehaftet ist (z. B. Grenzschichtströmung) oder wenn im Strömungsfeld ein gekrümmter Verdichtungsstoß auftritt, wie es z. B. bei einem stumpfen Körper in Überschallanströmung der Fall ist (Abbildung 3.27). Zur Berechnung der Strömung des zuletzt genannten Strömungsproblems müssen die Gleichungen (3.161) bis (3.164) angewandt werden. Detaillierte Kenntnisse über diese Zusammenhänge kann der Leser in *Prandtl* – Führer durch die Strömungslehre, *H. Oertel jr.* 2008 erwerben.

Wir wollen nachfolgend voraussetzen, dass die Strömung reibungs- und drehungsfrei ist. Unter diesen Voraussetzungen lässt sich das Gleichungssystem mit den Gleichungen (3.161) bis (3.164) auf ein einfacheres Gleichungssystem vereinfachen, das im Wesentlichen nur eine partielle Differentialgleichung beinhaltet. Diese Differentialgleichung wird als **Potentialgleichung** bezeichnet. Die Motivation für diese Namensgebung werden wir nachfolgend kennen lernen.

Wenn wir davon ausgehen, dass die Strömung drehungsfrei ist, dann gilt für das Strömungsfeld die Bedingung

$$\mathrm{rot}\vec{v} = \nabla \times \vec{v} = \begin{vmatrix} \vec{i} & \vec{j} & \vec{k} \\ \frac{\partial}{\partial x} & \frac{\partial}{\partial y} & \frac{\partial}{\partial z} \\ u & v & w \end{vmatrix} = 0 \quad . \tag{3.165}$$

Anders geschrieben lautet die Bedingung (3.165)

$$\vec{i} \cdot \left(\frac{\partial w}{\partial y} - \frac{\partial v}{\partial z} \right) + \vec{j} \cdot \left(\frac{\partial u}{\partial z} - \frac{\partial w}{\partial x} \right) + \vec{k} \cdot \left(\frac{\partial v}{\partial x} - \frac{\partial u}{\partial y} \right) = 0 \quad , \tag{3.166}$$

so dass für das drehungsfreie Strömungsfeld an jeder Stelle die Gleichungen

$$\frac{\partial w}{\partial y} = \frac{\partial v}{\partial z} \quad , \qquad \frac{\partial u}{\partial z} = \frac{\partial w}{\partial x} \quad , \qquad \frac{\partial v}{\partial x} = \frac{\partial u}{\partial y} \tag{3.167}$$

gelten.

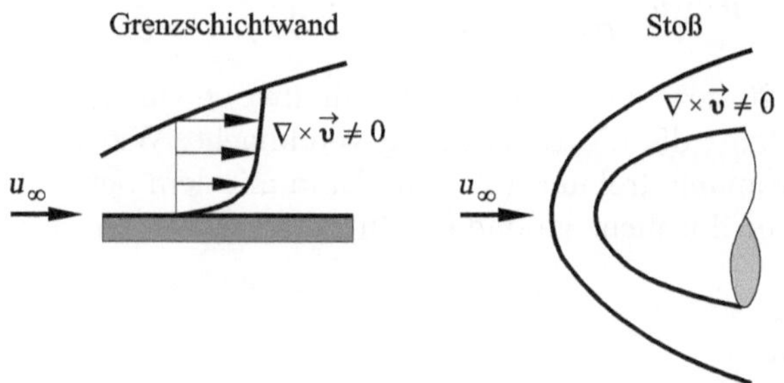

Abb. 3.27: Drehungsbehaftete Strömungen

Die Bedingungen für die Drehungsfreiheit (3.167) kombinieren wir zunächst mit den Euler-Gleichungen (3.162) - (3.164). Wir betrachten dazu die Gleichung (3.162), die wir mit dem Differential dx multiplizieren. Wir erhalten

$$\rho \cdot \left(u \cdot \frac{\partial u}{\partial x} \cdot \mathrm{d}x + v \cdot \frac{\partial u}{\partial y} \cdot \mathrm{d}x + w \cdot \frac{\partial u}{\partial z} \cdot \mathrm{d}x \right) = -\frac{\partial p}{\partial x} \cdot \mathrm{d}x \quad . \tag{3.168}$$

Nun gelten gemäß der Drehungsfreiheit der Strömung die Gleichungen

$$\frac{\partial u}{\partial y} = \frac{\partial v}{\partial x} \quad , \qquad \frac{\partial u}{\partial z} = \frac{\partial w}{\partial x} \quad . \tag{3.169}$$

Setzen wir diese in die Gleichung (3.168) ein, erhalten wir die folgende Gleichung

$$\rho \cdot \left(u \cdot \frac{\partial u}{\partial x} \cdot \mathrm{d}x + v \cdot \frac{\partial v}{\partial x} \cdot \mathrm{d}x + w \cdot \frac{\partial w}{\partial x} \cdot \mathrm{d}x \right) = -\frac{\partial p}{\partial x} \cdot \mathrm{d}x$$

oder

$$\rho \cdot \left(\frac{\partial}{\partial x} \frac{u^2}{2} \cdot \mathrm{d}x + \frac{\partial}{\partial x} \frac{v^2}{2} \cdot \mathrm{d}x + \frac{\partial}{\partial x} \frac{w^2}{2} \cdot \mathrm{d}x \right) = -\frac{\partial p}{\partial x} \cdot \mathrm{d}x \quad . \tag{3.170}$$

Mit einer analogen Rechnung bezüglich der Euler-Gleichungen (3.163) und (3.164) erhalten wir die nachfolgenden Gleichungen für die y- und z-Richtung. Diese lauten

$$\rho \cdot \left(\frac{\partial}{\partial y} \frac{u^2}{2} \cdot \mathrm{d}y + \frac{\partial}{\partial y} \frac{v^2}{2} \cdot \mathrm{d}y + \frac{\partial}{\partial y} \frac{w^2}{2} \cdot \mathrm{d}y \right) = -\frac{\partial p}{\partial y} \cdot \mathrm{d}y \quad , \tag{3.171}$$

$$\rho \cdot \left(\frac{\partial}{\partial z} \frac{u^2}{2} \cdot \mathrm{d}z + \frac{\partial}{\partial z} \frac{v^2}{2} \cdot \mathrm{d}z + \frac{\partial}{\partial z} \frac{w^2}{2} \cdot \mathrm{d}z \right) = -\frac{\partial p}{\partial z} \cdot \mathrm{d}z \quad . \tag{3.172}$$

Durch die Addition der drei Gleichungen (3.170) bis (3.172) ergibt sich die Gleichung

$$\rho \cdot \left(\frac{\partial}{\partial x} \frac{V^2}{2} \cdot \mathrm{d}x + \frac{\partial}{\partial y} \frac{V^2}{2} \cdot \mathrm{d}y + \frac{\partial}{\partial z} \frac{V^2}{2} \cdot \mathrm{d}z \right) = -\left(\frac{\partial p}{\partial x} \cdot \mathrm{d}x + \frac{\partial p}{\partial y} \cdot \mathrm{d}y + \frac{\partial p}{\partial z} \cdot \mathrm{d}z \right) , \tag{3.173}$$

mit $V^2 = u^2 + v^2 + w^2$. Die Gleichung (3.173) enthält auf der linken Seite das vollständige Differential für das Geschwindigkeitsfeld und auf der rechten Seite das vollständige Differential für das Druckfeld, so dass wir die Gleichung (3.173) auch wie folgt schreiben können

$$\boxed{\frac{1}{2} \cdot \rho \cdot \mathrm{d}(V^2) = -\mathrm{d}p \quad \text{bzw.} \qquad \rho \cdot V \cdot \mathrm{d}V = -\mathrm{d}p} \quad . \tag{3.174}$$

Mit der Gleichung (3.174) sind wir bereits aus der Stromfadentheorie vertraut. Jedoch lernten wir, dass diese Gleichung nur entlang eines Stromfadens gültig ist. Diese Einschränkung haben wir nun bei ihrer Herleitung nicht getroffen, d. h. sie gilt für ein drehungsfreies Strömungsfeld nicht nur entlang eines Stromfadens, sondern auch in jeder beliebigen Richtung im Strömungsfeld. Die Gleichung (3.174) benötigen wir für die weitere Herleitung der Potentialgleichung.

Zur Herleitung der Potentialgleichung benutzen wir die folgende Aussage der Vektoranalysis. Für eine differenzierbare skalare Funktion F gilt

$$\nabla \times \nabla \mathrm{F} = 0 \quad . \tag{3.175}$$

Es bleibt dem Leser überlassen, diese Aussage auf ihre Richtigkeit zu untersuchen, was mit wenig Aufwand durchführbar ist.

Da wir davon ausgehen, dass das Strömungsfeld drehungsfrei ist (es gilt also $\nabla \times \vec{v} = 0$), können wir den Geschwindigkeitsvektor $\vec{v}$ über eine skalare Funktion Φ angeben, so dass gilt

$$\boxed{\vec{v} = \mathrm{grad}\Phi = \nabla\Phi} \quad . \tag{3.176}$$

Mit der Funktion Φ, die als Potentialfunktion bezeichnet wird, können wir die Geschwindigkeitskomponenten u, v und w wie folgt angeben

$$u = \frac{\partial \Phi}{\partial x} \quad , \qquad v = \frac{\partial \Phi}{\partial y} \quad , \qquad w = \frac{\partial \Phi}{\partial z} \quad . \tag{3.177}$$

Als nächstes Ziel wollen wir eine Bestimmungsgleichung für die Potentialfunktion Φ aufstellen. Wenn wir Φ ermittelt haben, können wir unmittelbar mit den Gleichungen (3.177) den Geschwindigkeitsvektor $\vec{v}$ berechnen und mit der Bernoulli-Gleichung den Druck.

Um die Gleichung aufzustellen, betrachten wir die Kontinuitätsgleichung (3.161). Wir ersetzen die Geschwindigkeitskomponenten gemäß den Gleichungen (3.177). Durch Einsetzen und Differenzieren erhalten wir

$$\frac{\partial}{\partial x}\left(\rho \cdot \frac{\partial \Phi}{\partial x}\right) + \frac{\partial}{\partial y}\left(\rho \cdot \frac{\partial \Phi}{\partial y}\right) + \frac{\partial}{\partial z}\left(\rho \cdot \frac{\partial \Phi}{\partial z}\right) = 0 \quad ,$$

$$\rho \cdot \left(\frac{\partial^2 \Phi}{\partial x^2} + \frac{\partial^2 \Phi}{\partial y^2} + \frac{\partial^2 \Phi}{\partial z^2}\right) + \frac{\partial \Phi}{\partial x} \cdot \frac{\partial \rho}{\partial x} + \frac{\partial \Phi}{\partial y} \cdot \frac{\partial \rho}{\partial y} + \frac{\partial \Phi}{\partial z} \cdot \frac{\partial \rho}{\partial z} = 0 \quad . \tag{3.178}$$

Die Gleichung (3.178) lassen wir zunächst in ihrer jetzigen Form stehen. Als nächsten Schritt werden wir Ausdrücke für die Differentialquotienten $\partial\rho/\partial x$, $\partial\rho/\partial y$ und $\partial\rho/\partial z$ aufstellen, die wir anschließend in die Gleichung (3.178) einsetzen. Damit erreichen wir die Eliminierung der Größe ρ aus der Gleichung (3.178).

Wir kommen nun auf die Gleichung (3.174) zurück und ersetzen die Größe V^2 mit den Gleichungen (3.177) zu

$$V^2 = u^2 + v^2 + w^2 = \left(\frac{\partial \Phi}{\partial x}\right)^2 + \left(\frac{\partial \Phi}{\partial y}\right)^2 + \left(\frac{\partial \Phi}{\partial z}\right)^2 \quad .$$

Wir erhalten dann mit der Gleichung (3.174) die folgende Gleichung

$$\mathrm{d}p = -\frac{1}{2} \cdot \rho \cdot \mathrm{d}\left[\left(\frac{\partial \Phi}{\partial x}\right)^2 + \left(\frac{\partial \Phi}{\partial y}\right)^2 + \left(\frac{\partial \Phi}{\partial z}\right)^2\right] \quad . \tag{3.179}$$

Da wir ein isentropes Strömungsfeld betrachten ($s =$ konst.), gilt weiterhin für die Schallgeschwindigkeit a^2

$$\left(\frac{\partial p}{\partial \rho}\right)_s = \frac{\mathrm{d}p}{\mathrm{d}\rho} = a^2 \quad , \qquad \mathrm{d}\rho = \frac{\mathrm{d}p}{a^2} \quad . \tag{3.180}$$

Wir ersetzen in der Gleichung (3.180) das Differential dp durch die Gleichung (3.179) und erhalten die Gleichung

$$\mathrm{d}\rho = -\frac{1}{2} \cdot \frac{\rho}{a^2} \cdot \mathrm{d}\left[\left(\frac{\partial \Phi}{\partial x}\right)^2 + \left(\frac{\partial \Phi}{\partial y}\right)^2 + \left(\frac{\partial \Phi}{\partial z}\right)^2\right] \quad . \tag{3.181}$$

Diese Gleichung können wir speziell für die x-Richtung des Strömungsfeldes formulieren. Die Gleichung lautet dann

$$\frac{\partial \rho}{\partial x} = -\frac{1}{2} \cdot \frac{\rho}{a^2} \cdot \frac{\partial}{\partial x}\left[\left(\frac{\partial \Phi}{\partial x}\right)^2 + \left(\frac{\partial \Phi}{\partial y}\right)^2 + \left(\frac{\partial \Phi}{\partial z}\right)^2\right]$$

oder, wenn wir auf der rechten Seite differenzieren

$$\frac{\partial \rho}{\partial x} = -\frac{\rho}{a^2}\left(\frac{\partial \Phi}{\partial x} \cdot \frac{\partial^2 \Phi}{\partial x^2} + \frac{\partial \Phi}{\partial y} \cdot \frac{\partial^2 \Phi}{\partial y \partial x} + \frac{\partial \Phi}{\partial z} \cdot \frac{\partial^2 \Phi}{\partial z \partial x}\right) \quad . \tag{3.182}$$

Für die y- und z-Richtung erhalten wir die entsprechenden Gleichungen. Sie lauten

$$\frac{\partial \rho}{\partial y} = -\frac{\rho}{a^2}\left(\frac{\partial \Phi}{\partial x} \cdot \frac{\partial^2 \Phi}{\partial x \partial y} + \frac{\partial \Phi}{\partial y} \cdot \frac{\partial^2 \Phi}{\partial y^2} + \frac{\partial \Phi}{\partial z} \cdot \frac{\partial^2 \Phi}{\partial z \partial y}\right) \quad , \tag{3.183}$$

$$\frac{\partial \rho}{\partial z} = -\frac{\rho}{a^2}\left(\frac{\partial \Phi}{\partial x} \cdot \frac{\partial^2 \Phi}{\partial x \partial z} + \frac{\partial \Phi}{\partial y} \cdot \frac{\partial^2 \Phi}{\partial y \partial z} + \frac{\partial \Phi}{\partial z} \cdot \frac{\partial^2 \Phi}{\partial z^2}\right) \quad . \tag{3.184}$$

Wenn wir nun in der Gleichung (3.178) die Differentialquotienten $\partial\rho/\partial x$, $\partial\rho/\partial y$ und $\partial\rho/\partial z$ gemäß den Gleichungen (3.182) - (3.184) einsetzen, erhalten wir die Potentialgleichung für eine dreidimensionale reibungs- und drehungsfreie Strömung. Sie lautet

$$\boxed{\begin{aligned}&\left[a^2 - \left(\frac{\partial \Phi}{\partial x}\right)^2\right] \cdot \frac{\partial^2 \Phi}{\partial x^2} + \left[a^2 - \left(\frac{\partial \Phi}{\partial y}\right)^2\right] \cdot \frac{\partial^2 \Phi}{\partial y^2} + \left[a^2 - \left(\frac{\partial \Phi}{\partial z}\right)^2\right] \cdot \frac{\partial^2 \Phi}{\partial z^2} - \\ &2 \cdot \frac{\partial \Phi}{\partial x} \cdot \frac{\partial \Phi}{\partial y} \cdot \frac{\partial^2 \Phi}{\partial x \partial y} - 2 \cdot \frac{\partial \Phi}{\partial x} \cdot \frac{\partial \Phi}{\partial z} \cdot \frac{\partial^2 \Phi}{\partial x \partial z} - 2 \cdot \frac{\partial \Phi}{\partial y} \cdot \frac{\partial \Phi}{\partial z} \cdot \frac{\partial^2 \Phi}{\partial y \partial z} = 0\end{aligned}} \quad . \tag{3.185}$$

Die Potentialgleichung (3.185) ist eine nichtlineare Differentialgleichung zweiter Ordnung. Sie enthält als Unbekannte die Potentialfunktion Φ und die Schallgeschwindigkeit a. Für die Schallgeschwindigkeit gilt die Bernoulli-Gleichung (siehe Kapitel 2.3.3)

$$\boxed{\begin{aligned}a^2 &= a_0^2 - \frac{\kappa - 1}{2} \cdot (u^2 + v^2 + w^2) = \\ &a_0^2 - \frac{\kappa - 1}{2} \cdot \left[\left(\frac{\partial \Phi}{\partial x}\right)^2 + \left(\frac{\partial \Phi}{\partial y}\right)^2 + \left(\frac{\partial \Phi}{\partial z}\right)^2\right]\end{aligned}} \quad . \tag{3.186}$$

a_0 steht für die Schallgeschwindigkeit der Gesamt- oder Ruhegrößen ($a_0 = \sqrt{\kappa \cdot R \cdot T_0}$, T_0 = Gesamt- bzw. Ruhetemperatur). Sie ist für die Berechnung des Strömungsfeldes als bekannt vorauszusetzen. Mit κ ist der Isentropenexponent des Gases gemeint.

Die Berechnung des Strömungsfeldes wird mit den Gleichungen (3.185) und (3.186) wie folgt durchgeführt:

- Es werden die Gleichungen (3.185) und (3.186) unter Einhaltung von Randbedingungen gelöst. Man erhält Φ und a.
- Mit den Gleichungen (3.177) werden die Geschwindigkeiten berechnet.
- Danach wird die Mach-Zahl $M = (\sqrt{u^2 + v^2 + w^2}/a)$ berechnet.
- Der Druck, die Temperatur und die Dichte berechnen sich mit den Gleichungen (Kapitel 2.3.3)

$$\frac{T}{T_0} = \frac{1}{1 + \frac{\kappa - 1}{2} \cdot M^2} \quad ,$$

$$\frac{p}{p_0} = \frac{1}{\left(1 + \frac{\kappa - 1}{2} \cdot M^2\right)^{\frac{\kappa}{\kappa - 1}}} \quad ,$$

$$\frac{\rho}{\rho_0} = \frac{1}{\left(1 + \frac{\kappa - 1}{2} \cdot M^2\right)^{\frac{1}{\kappa - 1}}} \quad .$$

T_0, p_0 und ρ_0 sind die Gesamt- bzw. Ruhegrößen des Strömungsfeldes, die für die Berechnung bekannt sind.

Die nichtlineare Differentialgleichung (3.185) lässt sich zusammen mit der Gleichung (3.186) für technische Probleme nur numerisch lösen. Allerdings kann man sie für die Umströmung von schlanken Profilen linearisieren. Die linearisierte Form besitzt für Überschallanströmungen eine analytische Lösung. Wir kommen in dem Abschnitt 4.1.2 Linearisierung auf die Herleitung ausführlich zu sprechen.

Abschließend wollen wir noch den Grenzfall der inkompressiblen Strömungen betrachten. Für eine inkompressible Strömung gilt $a \to \infty$. Dividieren wir die Gleichung (3.185) auf beiden Seiten durch a^2 und betrachten anschließend den Fall $a \to \infty$, erhalten wir die Potentialgleichung für eine inkompressible Strömung. Sie lautet

$$\boxed{\frac{\partial^2 \Phi}{\partial x^2} + \frac{\partial^2 \Phi}{\partial y^2} + \frac{\partial^2 \Phi}{\partial z^2} = 0} \quad . \tag{3.187}$$

Die Differentialgleichung (3.187) entspricht der Laplace-Gleichung. Sie ist linear und von zweiter Ordnung.

3.6 Grundgleichungen in Erhaltungsform

Bevor wir uns mit den kontinuumsmechanischen Grundgleichungen in Erhaltungsform befassen, wollen wir zunächst die in den vorangegangenen Kapiteln abgeleiteten Modellgleichungen der Strömungsmechanik in einer Hierarchie ihrer Ableitung zusammenfassen (Abbildung 3.28).

Die allgemeinste Form der mathematischen Beschreibung einer Strömung bietet die Gaskinetik, von der wir im einführenden Kapitel 1.2 Gebrauch gemacht haben. Im Gegensatz zur Kontinuumstheorie wird hier die molekulare Struktur der Strömung betrachtet. In der kinetischen Gastheorie wird der Zustand des Systems durch die Angabe des Ortes und der Geschwindigkeiten aller Moleküle beschrieben. Die Molekülpositionen werden im dreidimensionalen kartesischen Koordinatensystem festgelegt. Dieser Raum wird physikalischer Raum genannt. Die Geschwindigkeiten der Moleküle, die sich im Volumenelement $\mathrm{d}V = \mathrm{d}x \cdot \mathrm{d}y \cdot \mathrm{d}z$ befinden unterscheiden sich im Allgemeinen durch Größe und Richtung. Zur Kennzeichnung der Geschwindigkeiten wird zusätzlich ein Geschwindigkeitsraum eingeführt. Beide Räume sind in Abbildung 3.29 dargestellt. Sie werden zu einem sechsdimensionalen Raum zusammengefasst. Ein Punkt in diesem Raum ist durch die Angabe der kartesischen Koordinaten $\vec{x} = (x, y, z)$ und den Geschwindigkeiten $\vec{c} = (c_x, c_y, c_z)$ festgelegt und repräsentiert ein Molekül.

Ein Fluid mit N Teilchen wird demnach durch N Punkte im sechsdimensionalen Raum repräsentiert. Ein Mol eines Gases besitzt also $6 \cdot 10^{23}$ Bildpunkte. Wegen dieser hohen Partikelzahl empfiehlt sich die Einführung einer stetigen Funktion zur Beschreibung der Teilchendichte im sechsdimensionalen Raum. Die Verteilungsdichtefunktion in diesem Raum wird durch

$$f(\vec{x}, \vec{c}) = \frac{\mathrm{d}N}{\mathrm{d}\vec{x} \cdot \mathrm{d}\vec{c}} \tag{3.188}$$

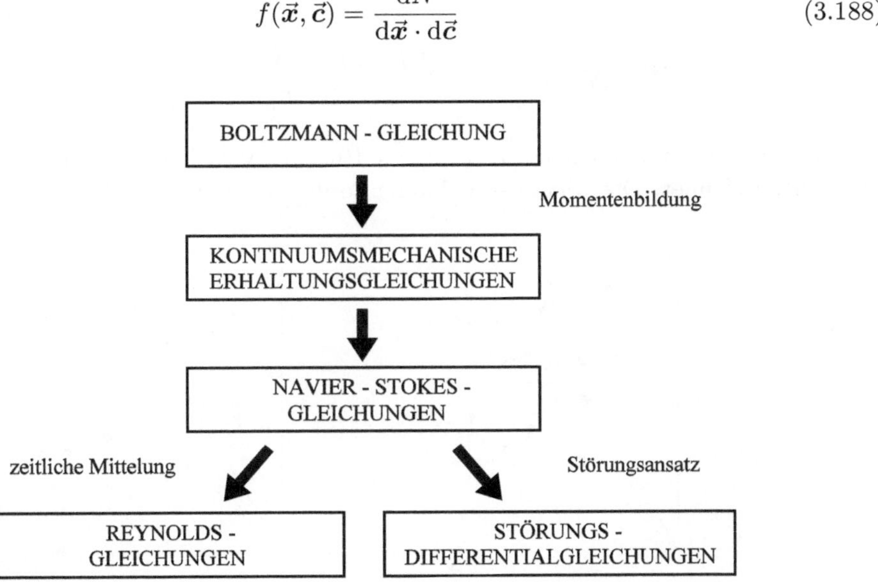

Abb. 3.28: Hierarchie der strömungsmechanischen Grundgleichungen

definiert. Sie beschreibt die statistische Verteilung der Partikel auf den physikalischen und den Geschwindigkeitsraum. Dabei ist $\mathrm{d}N$ die Anzahl der Bildpunkte im Volumenelement $\mathrm{d}x \cdot \mathrm{d}y \cdot \mathrm{d}z \cdot \mathrm{d}c_x \cdot \mathrm{d}c_y \cdot \mathrm{d}c_z$ an der Stelle $\vec{x}, \vec{c}$ und $\mathrm{d}\vec{c} = \mathrm{d}c_x \cdot \mathrm{d}c_y \cdot \mathrm{d}c_z$. Aus der Integration der Verteilungsfunktion über alle Geschwindigkeits- und Ortskoordinaten ergibt sich als Summe aller Bildpunkte die Gesamtzahl der Teilchen

$$N = \int_{\vec{c}} \int_{\vec{x}} f(\vec{x}, \vec{c}, t) \cdot \mathrm{d}\vec{x} \cdot \mathrm{d}\vec{c} \quad . \tag{3.189}$$

Aus der Kenntnis der mikroskopischen Struktur der Strömung in der Form der skalaren Verteilungsfunktion $f(\vec{x}, \vec{c}, t)$, können alle Fluideigenschaften in Abhängigkeit der Zeit abgeleitet werden. Im Geschwindigkeitsraum kann eine Verteilungsfunktion über die Beziehung

$$\mathrm{d}N = N \cdot f(\vec{c}) \cdot \mathrm{d}\vec{c} \tag{3.190}$$

definiert werden.

Makroskopische Größen werden zu einem bestimmten Zeitpunkt als Mittelwerte molekularer Eigenschaften aufgefasst. Die makroskopischen Größen ergeben sich durch Mittelung der molekularen Größen Q gewichtet mit der Verteilungsfunktion $f(\vec{c})$:

$$\bar{Q} = \frac{1}{N} \cdot \int_N Q \cdot \mathrm{d}N$$

und mit Gleichung (3.190):

$$\bar{Q} = \frac{1}{N} \cdot \int_{-\infty}^{+\infty} Q \cdot N \cdot f(\vec{c}) \cdot \mathrm{d}\vec{c} = \int_{-\infty}^{+\infty} Q \cdot f(\vec{c}) \cdot \mathrm{d}\vec{c} \quad . \tag{3.191}$$

Die beschriebene Vorgehensweise wird als Bildung von **Momenten** der Verteilungsfunktion bezeichnet. Die wichtigsten Momente der Verteilungsfunktion sind die mittlere

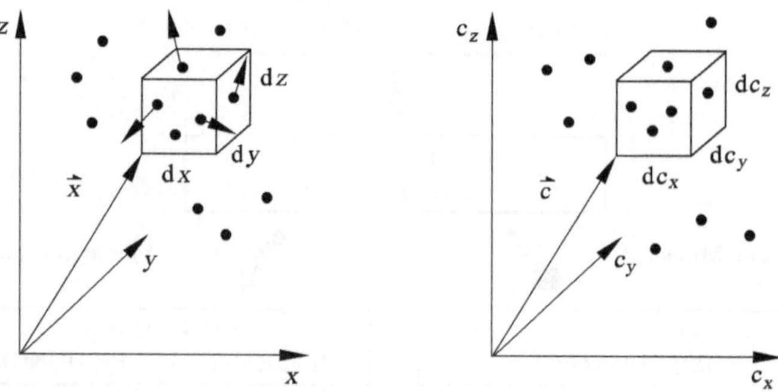

Abb. 3.29: Physikalischer Raum und Geschwindigkeitsraum

Strömungsgeschwindigkeit

$$\overline{\vec{c}} = \int_{-\infty}^{+\infty} \vec{c} \cdot f(\vec{c}) \cdot \mathrm{d}\vec{c} \quad , \tag{3.192}$$

der Druck p

$$p = \int_{-\infty}^{+\infty} \frac{m}{3} \cdot c^2 \cdot f(\vec{c}) \cdot \mathrm{d}\vec{c} \tag{3.193}$$

und Temperatur T

$$T = \frac{2}{3 \cdot n \cdot k} \cdot \int_{-\infty}^{+\infty} \frac{m}{2} \cdot c^2 \cdot f(\vec{c}) \cdot \mathrm{d}\vec{c} \quad , \tag{3.194}$$

mit der Teilchendichte n (Anzahl der Teilchen pro Volumen), der Teilchenmasse m und der Boltzmann-Konstanten k. Mit den Gleichungen (3.191) - (3.194) ist die Verknüpfung der mikroskopischen mit der makroskopischen Betrachtungsweise hergestellt.

Für die Verteilungsfunktion f lässt sich eine Transportgleichung formulieren, die die statistische Verteilung der Partikel im physikalischen und Geschwindigkeitsraum beschreibt. Diese gaskinetische Grundgleichung nennt man **Boltzmann-Gleichung**:

$$\boxed{\frac{\partial f}{\partial t} + \vec{c} \cdot \frac{\partial f}{\partial \vec{x}} + \frac{\vec{F}}{m} \cdot \frac{\partial f}{\partial \vec{c}} = \left(\frac{\partial f}{\partial t}\right)_{\text{coll}}} \quad . \tag{3.195}$$

Die linke Seite der Boltzmann-Gleichung stellt die substantielle Ableitung der Verteilungsfunktion f nach der Zeit im sechsdimensionalen Phasenraum dar, wobei der Term $(\vec{F}/m) \cdot (\partial f / \partial \vec{c})$ die Änderung der Verteilungsfunktion durch die Beschleunigung der Partikel aufgrund äußerer Kraftfelder $\vec{F}$ beschreibt. Die rechte Seite repräsentiert die Änderung der Verteilungsfunktion als Folge der Kollisionen der Partikel. Dieser Term ist ein Integralausdruck in dem die Verteilungsfunktion quadratisch erscheint:

$$\left(\frac{\partial f}{\partial t}\right)_{\text{coll}} = \int \int \int (f' \cdot f_1' - f \cdot f_1) \cdot c_r \cdot b \cdot \mathrm{d}b \cdot \mathrm{d}\epsilon \cdot \mathrm{d}c_1 \quad , \tag{3.196}$$

dabei bezeichnet c_r die Relativgeschwindigkeit der Partikel und b den Stoßparameter.

Nachdem die Boltzmann-Gleichung eingeführt ist kommen wir zur Hierarchie der strömungsmechanischen Grundgleichungen der Abbildung 3.28 zurück. Die **kontinuumsmechanischen Erhaltungsgleichungen** für Masse, Impuls und Energie ergeben sich mit der Momentenbildung aus der Boltzmann-Gleichung. Für Newtonsche Medien erhält man mit der Stokes-Annahme die **Navier-Stokes-Gleichungen** für kompressible und inkompressible Fluide. Die zeitliche Mittelung führt zu den **Reynolds-Gleichungen** turbulenter Strömungen. Die Berechnung kleiner Störungen im Strömungsfeld erfolgt über einen Störansatz mit den **Störungsdifferentialgleichungen**, die in Kapitel 4.1.3 benutzt werden.

Aus den Navier-Stokes-Gleichungen leiten sich die in Abbildung 3.30 dargestellten vereinfachten Modellgleichungen ab. Für reibungsfreie Strömungen ergibt sich die **Euler-Gleichung**. Ist die Strömung zusätzlich drehungsfrei gilt die **Potentialgleichung**. Strömungen bei geringen Mach-Zahlen führen zu den **Navier-Stokes-Gleichungen** inkompressibler Fluide. Ist die Dichte des Fluids nur von der Temperatur und nicht vom Druck abhängig, ergibt sich unter Berücksichtigung des hydrodynamischen Auftriebs die **Boussinesq-Gleichung**. Für Strömungen bei großen Reynolds-Zahlen ist die Dicke der wandnahen Grenzschicht klein gegenüber den geometrischen Abmessungen, daher können einzelne Terme innerhalb der Grenzschicht vernachlässigt werden. Dies führt zu den **parabolisierten Navier-Stokes-Gleichungen** und den **Grenzschichtgleichungen**.

Für die numerische Berechnung von Strömungen ist es von Vorteil die kontinuumsmechanischen Grundgleichungen für Masse (3.1), Impuls (3.13), (3.14), (3.15) und Energie (3.123) der vorangegangenen Kapitel in **Erhaltungsform** umzuschreiben. Dies bedeutet, dass in den Grundgleichungen die Erhaltungsgrößen Masse, Impuls und Energie als Divergenz dieser Größen dargestellt werden. So enthält die Kontinuitätsgleichung als Divergenz den Ausdruck $\nabla \cdot (\rho \cdot \vec{v})$, die Impulsgleichungen als Divergenz den Ausdruck $\nabla \cdot (\rho \cdot \vec{v} \cdot \vec{v})$ mit dem Tensorprodukt $\vec{v} \cdot \vec{v} = u_\mathrm{l} \cdot u_\mathrm{m}, \mathrm{l} = 1,2,3, \mathrm{m} = 1,2,3$ und letztlich die Energiegleichung als Divergenz den Ausdruck $\nabla \cdot (\rho \cdot E \cdot \vec{v})$ mit der Gesamtenergie pro Masse $E = e + (V^2/2)$. Führt man dimensionslose Größen ein (Index $*$) ergibt sich für die dimensionslosen kartesischen Koordinaten

$$x_\mathrm{m}^* = \frac{x_\mathrm{m}}{L} \quad , \qquad \mathrm{m} = 1,2,3 \quad ,$$

mit einer für das gesamte Strömungsfeld charakteristischen **Bezugslänge** L. Dabei steht x_m^* für

$$\vec{x}^* = \begin{pmatrix} x_1^* \\ x_2^* \\ x_3^* \end{pmatrix} = \begin{pmatrix} x^* \\ y^* \\ z^* \end{pmatrix} \quad .$$

Die dimensionslose Zeit ist

$$t^* = \frac{t \cdot u_\infty}{L} \quad ,$$

mit einer für das gesamte Strömungsfeld charakteristischen **Bezugsgeschwindigkeit** u_∞.

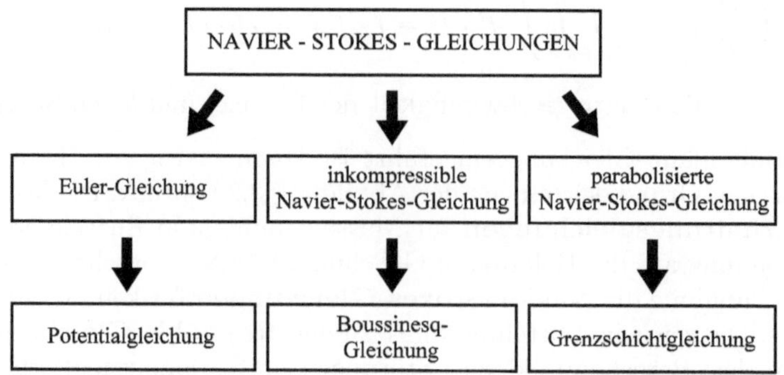

Abb. 3.30: Vereinfachte Modellgleichungen

Für die dimensionslosen Geschwindigkeiten ergibt sich

$$u_{\mathrm{m}}^* = \frac{u_{\mathrm{m}}}{u_\infty} \quad , \qquad \mathrm{m} = 1, 2, 3 \quad .$$

Dabei steht u_{m}^* für

$$\vec{v}^* = \begin{pmatrix} u_1^* \\ u_2^* \\ u_3^* \end{pmatrix} = \begin{pmatrix} u^* \\ v^* \\ w^* \end{pmatrix} \quad .$$

Die dimensionslosen Zustandsgrößen für Dichte ρ^*, Druck p^*, Temperatur T^* und innere Energie e^* berechnen sich aus

$$\rho^* = \frac{\rho}{\rho_\infty} \quad , \qquad p^* = \frac{p}{\rho_\infty \cdot u_\infty^2} \quad , \qquad T^* = \frac{T}{T_\infty} \quad , \qquad e^* = \frac{e}{u_\infty^2} \quad ,$$

mit für das gesamte Strömungsfeld charakteristischen Bezugsgrößen ρ_∞ und T_∞. Schließlich werden die dynamische Zähigkeit μ und die Wärmeleitfähigkeit λ mit wiederum für das gesamte Strömungsfeld charakteristischen Stoffgrößen μ_∞ und λ_∞ dimensionslos gemacht

$$\mu^* = \frac{\mu}{\mu_\infty} \quad , \qquad \lambda^* = \frac{\lambda}{\lambda_\infty} \quad .$$

Die Größen x_{m}^* und t^* sind die vier **unabhängigen Variablen** in denen die Differentialgleichungen formuliert sind. Die **abhängigen Variablen** sind im **Lösungsvektor** zusammengefasst

$$\boldsymbol{U}^*(x_{\mathrm{m}}^*, t^*) = \begin{pmatrix} \rho^* \\ \rho^* \cdot u_1^* \\ \rho^* \cdot u_2^* \\ \rho^* \cdot u_3^* \\ \rho^* \cdot E^* \end{pmatrix} \quad , \tag{3.197}$$

mit den Komponenten $\rho^* \cdot u_{\mathrm{m}}^*$ des dimensionslosen **Impulsvektors** pro Volumen

$$\rho^* \cdot \vec{v}^* = \frac{\rho \cdot \vec{v}}{\rho_\infty \cdot u_\infty} = \begin{pmatrix} \rho^* \cdot u_1^* \\ \rho^* \cdot u_2^* \\ \rho^* \cdot u_3^* \end{pmatrix}$$

und der dimensionslosen spezifischen **Gesamtenergie** pro Volumen

$$\rho^* \cdot E^* = \frac{\rho \cdot E}{\rho_\infty \cdot u_\infty^2}$$

des Fluids. Die Größe E bezeichnet die Gesamtenergie pro Masse (innere Energie e + kinetische Energie $(1/2) \cdot V^2$).

Die dimensionslosen **Erhaltungsgleichungen** für ein kompressibles laminares Fluid lauten in **Erhaltungsform** (Masse-, Impuls- und Energieerhaltung)

$$\boxed{\frac{\partial \boldsymbol{U}^*}{\partial t^*} + \sum_{\mathrm{m}=1}^{3} \frac{\partial \boldsymbol{F}_{\mathrm{m}}^*}{\partial x_{\mathrm{m}}^*} - \frac{1}{Re_{\mathrm{L}}} \cdot \sum_{\mathrm{m}=1}^{3} \frac{\partial \boldsymbol{G}_{\mathrm{m}}^*}{\partial x_{\mathrm{m}}^*} = 0} \quad . \tag{3.198}$$

Man spricht von Erhaltungsform oder **konservativer** Form, da das Differentialgleichungssystem (3.198) an einem raumfesten Kontrollvolumen hergeleitet wurde, so dass jede Gleichung direkt die Massen-, Impuls- oder Energieerhaltung ausdrückt. Der Lösungsvektor (3.197) enthält in jeder Zeile die zu erhaltenden Variablen (**konservative Variablen**), bezogen auf das Volumen, also Masse pro Volumen ρ^*, Impuls pro Volumen $\rho^* \cdot \vec{\boldsymbol{v}}$ und Gesamtenergie pro Volumen $\rho^* \cdot E^*$. Im Gegensatz zu den konservativen Variablen stehen die **primitiven Variablen** Geschwindigkeit, Druck und Temperatur, die in den vorangegangenen Kapiteln benutzt wurden.

Unter Vernachlässigung der Volumenkräfte $\vec{\boldsymbol{k}}$ und der Energiezufuhr q_s ist in (3.198) $\boldsymbol{F}^*_m$ der Vektor der **konservativen Flüsse** in Richtung m

$$\boldsymbol{F}^*_m = \begin{pmatrix} \rho^* \cdot u^*_m \\ \rho^* \cdot u^*_m \cdot u^*_1 + \delta_{1m} \cdot p^* \\ \rho^* \cdot u^*_m \cdot u^*_2 + \delta_{2m} \cdot p^* \\ \rho^* \cdot u^*_m \cdot u^*_3 + \delta_{3m} \cdot p^* \\ u^*_m \cdot (\rho^* \cdot E^* + p^*) \end{pmatrix} \quad , \tag{3.199}$$

($\delta_{ij} = 1$ für $i = j$; $\delta_{ij} = 0$ für $i \neq j$) und $\boldsymbol{G}^*_m$ der Vektor der **dissipativen Flüsse** in Koordinatenrichtung m

$$\boldsymbol{G}^*_m = \begin{pmatrix} 0 \\ \tau^*_{m1} \\ \tau^*_{m2} \\ \tau^*_{m3} \\ \sum\limits_{l=1}^{3} u^*_l \cdot \tau^*_{lm} + q^*_m \end{pmatrix} \quad , \tag{3.200}$$

mit der dimensionslosen **inneren Energie**

$$e^* = E^* - \frac{1}{2} \cdot \sum_{m=1}^{3} u^{*2}_m = \frac{e}{u^2_\infty} \quad ,$$

dem dimensionslosen **Druck**

$$p^* = (\kappa - 1) \cdot \rho^* \cdot e^* = \frac{p}{\rho_\infty \cdot u^2_\infty} \quad ,$$

der dimensionslosen **Temperatur**

$$T^* = (\kappa - 1) \cdot \kappa \cdot M^2_\infty \cdot e^* = \frac{T}{T_\infty} \quad ,$$

den dimensionslosen **Spannung**

$$\tau^*_{ij} = \mu^* \cdot \left(\frac{\partial u^*_i}{\partial x^*_j} + \frac{\partial u^*_j}{\partial x^*_i} \right) - \frac{2}{3} \cdot \mu^* \cdot \sum_{k=1}^{3} \frac{\partial u^*_k}{\partial x^*_k} \cdot \delta_{ij}$$

und dem dimensionslosen **Wärmestrom** in Richtung m

$$q^*_m = \frac{\lambda^*}{(\kappa - 1) \cdot M^2_\infty \cdot Pr_\infty} \cdot \frac{\partial T^*}{\partial x^*_m} = \frac{\lambda^* \cdot \kappa}{Pr_\infty} \cdot \frac{\partial e^*}{\partial x^*_m} \quad .$$

Diese Gleichungen enthalten die **Stoffeigenschaften** $Pr_\infty = (c_p \cdot \mu_\infty)/\lambda_\infty$ Prandtl-Zahl, $\kappa = (c_p/c_v)$ Verhältnis der spezifischen Wärmekapazitäten, μ^* dimensionslose dynamische Zähigkeit, welche für Luft unter atmosphärischen Bedingungen mit $Pr_\infty = 0.71$, $\kappa = 1.4$ und der **Sutherland-Gleichung** in dimensionsloser Form

$$\mu^* = (T^*)^{\frac{3}{2}} \cdot \frac{1 + \mathrm{S}^*}{T^* + \mathrm{S}^*} \quad , \qquad \mathrm{S}^* = \frac{110.4K}{T_\infty}$$

im Temperaturbereich von 170 K bis 1900 K gegeben sind. Die folgenden **dimensionslosen Kennzahlen** charakterisieren das Strömungsfeld

$$M_\infty = \frac{u_\infty}{a_\infty} \qquad \text{Mach} - \text{Zahl} \quad ,$$

$$Re_\mathrm{L} = \frac{\rho_\infty \cdot u_\infty \cdot L}{\mu_\infty} \quad \text{Reynolds} - \text{Zahl} \quad ,$$

$$Pr_\infty = \frac{c_p \cdot \mu_\infty}{\lambda_\infty} \qquad \text{Prandtl} - \text{Zahl} \quad .$$

Darin ist $a_\infty = \sqrt{\kappa \cdot R \cdot T_\infty}$ eine charakteristische Schallgeschwindigkeit.

Es handelt sich bei den Erhaltungsgleichungen um ein System von fünf gekoppelten nichtlinearen partiellen Differentialgleichungen zweiter Ordnung. Da die Zeit als unabhängige Variable enthalten ist und räumlich gerichtete Transportmechanismen vorherrschen, sind die Gleichungen parabolisch.

Sind stationäre Strömungen von Interesse, so werden die Zeitableitungen weggelassen. Die Gleichungen sind dann elliptisch in Unterschallgebieten und hyperbolisch in Überschallgebieten. Man bezeichnet sie daher auch als von **gemischtem Typ**.

Die folgenden **Randbedingungen** sind zu berücksichtigen:

An einer **festen Wand** gilt die **Haftbedingung**

$$\vec{v}^* = 0 \tag{3.201}$$

sowie entweder die Temperatur-Randbedingung der **isothermen Wand**

$$T^* = T^*_\mathrm{w} \quad , \tag{3.202}$$

mit der vorgeschriebenen dimensionslosen Wandtemperatur T^*_w oder der Temperatur-Randbedingung der **adiabaten Wand**

$$\frac{\partial T^*}{\partial n^*} = 0 \tag{3.203}$$

mit der dimensionslosen Koordinate n^* in Wandnormalenrichtung.

Ein weiterer Rand ist der **Fernfeldrand**, welcher das Rechengebiet bei Umströmungsproblemen nach außen hin begrenzt. Ist der Fernfeldrand weit genug vom umströmten Körper entfernt, herrscht dort die ungestörte Außenströmung u_∞, bzw. die Randbedingung der reibungsfreien Strömung.

Falls es nicht möglich ist, den Fernfeldrand so festzulegen, dass Reibung keine Rolle spielt, beispielsweise wenn eine Grenzschicht, eine Ablöseblase oder eine Nachlaufströmung das Integrationsgebiet verlässt, so kann keine mathematisch exakte Randbedingung angegeben werden. In diesem Fall behilft man sich mit der Extrapolation von Strömungsgrößen im Strömungsfeld auf den Rand.

Der Lösungsvektor bei $t = t_0 = 0$ wird durch die **Anfangsbedingung** (3.204) festgelegt.

$$\boldsymbol{U}^*(x_\mathrm{i}^*, 0) = \boldsymbol{U}_0^*(x_\mathrm{i}^*) \tag{3.204}$$

Das Anfangs-Randwertproblem der reibungsbehafteten Erhaltungsgleichungen besteht aus den Differentialgleichungen (3.198)–(3.200), den Randbedingungen (3.201)–(3.203) und der Anfangsbedingung (3.204).

Für die Berechnung von turbulenten Strömungen gelten die zeitlich gemittelten Grundgleichungen für Masse (3.33), Impuls (3.38) - (3.40) mit (3.41) und (3.42) und Energie (3.133) mit (3.134). Wir wollen diese Gleichungen ebenfalls in Erhaltungsform darstellen. Um diese Grundgleichungen dimensionslos zu machen, verwenden wir für die mit der Favre-Mittelung zeitlich gemittelten Größen und für die Schwankungsgrößen die gleichen Bezugswerte wie für die Strömungsgrößen. Es gilt damit für eine dimensionslose Größe f^*

$$\mathrm{f}^* = \tilde{\mathrm{f}^*} + \mathrm{f}^{*\prime\prime} \quad .$$

Der zeitlich gemittelte Lösungsvektor der **abhängigen Variablen** ist

$$\overline{\boldsymbol{U}^*}(x_\mathrm{m}^*, t^*) = \begin{pmatrix} \overline{\rho^*} \\ \overline{\rho^*} \cdot \widetilde{u^*}_1 \\ \overline{\rho^*} \cdot \widetilde{u^*}_2 \\ \overline{\rho^*} \cdot \widetilde{u^*}_3 \\ \overline{\rho^*} \cdot \widetilde{E^*} \end{pmatrix} \quad . \tag{3.205}$$

Die dimensionslosen **Erhaltungsgleichungen** für ein kompressibles turbulentes Fluid lauten damit in **Erhaltungsform** (Masse-, Impuls- und Energieerhaltung)

$$\boxed{\frac{\partial \overline{\boldsymbol{U}^*}}{\partial t^*} + \sum_{\mathrm{m}=1}^{3} \frac{\partial \overline{\boldsymbol{F}^*}_\mathrm{m}}{\partial x_\mathrm{m}^*} - \frac{1}{Re_L} \cdot \sum_{\mathrm{m}=1}^{3} \frac{\partial \overline{\boldsymbol{G}^*}_\mathrm{m}}{\partial x_\mathrm{m}^*} + \sum_{\mathrm{m}=1}^{3} \frac{\partial \boldsymbol{R}_\mathrm{m}^*}{\partial x_\mathrm{m}^*} = 0} \quad . \tag{3.206}$$

Diese Gleichung (3.206) besitzt eine zu der Erhaltungsgleichung für laminare Strömungen (3.198) analoge Form. An die Stelle der konservativen Variablen treten zeitlich gemittelte Variablen und alle Terme der Gleichung sind zeitlich gemittelt zu verstehen. Als Folge der Mittelung ist der Term $\boldsymbol{R}^*$ hinzugekommen

Die in Gleichung (3.206) unter Vernachlässigung der Volumenkräfte $\vec{\boldsymbol{k}}$ und der Energiezufuhr q_s vorkommenden Terme sind $\overline{\boldsymbol{F}^*}_\mathrm{m}$ der Vektor der zeitlich **gemittelten konvektiven Flüsse** in Koordinatenrichtung m

$$\overline{\boldsymbol{F}^*}_\mathrm{m} = \begin{pmatrix} \overline{\rho^*} \cdot \widetilde{u^*}_\mathrm{m} \\ \overline{\rho^*} \cdot \widetilde{u^*}_\mathrm{m} \cdot \widetilde{u^*}_1 + \delta_{1\mathrm{m}} \cdot \overline{p^*} \\ \overline{\rho^*} \cdot \widetilde{u^*}_\mathrm{m} \cdot \widetilde{u^*}_2 + \delta_{2\mathrm{m}} \cdot \overline{p^*} \\ \overline{\rho^*} \cdot \widetilde{u^*}_\mathrm{m} \cdot \widetilde{u^*}_3 + \delta_{3\mathrm{m}} \cdot \overline{p^*} \\ \widetilde{u_\mathrm{m}^*} \cdot (\overline{\rho^*} \cdot \widetilde{E^*} + \overline{p^*}) \end{pmatrix} \quad , \tag{3.207}$$

($\delta_{ij} = 1$ für $i = j$; $\delta_{ij} = 0$ für $i \neq j$), $\overline{\boldsymbol{G}^*}_m$ der Vektor der **gemittelten dissipativen Flüsse** in Koordinatenrichtung m

$$\overline{\boldsymbol{G}^*}_m = \begin{pmatrix} 0 \\ \overline{\tau^*}_{m1} \\ \overline{\tau^*}_{m2} \\ \overline{\tau^*}_{m3} \\ \sum\limits_{l=1}^{3} \widetilde{u^*}_l \cdot \overline{\tau^*}_{lm} + \overline{q^*}_m \end{pmatrix} \tag{3.208}$$

und der hinzugekommene Vektor für das algebraische Turbulenzmodell

$$\overline{\boldsymbol{R}^*}_m = \begin{pmatrix} 0 \\ \overline{\rho^*} \cdot \widetilde{u^{*\prime\prime}_1 \cdot u^{*\prime\prime}_m} \\ \overline{\rho^*} \cdot \widetilde{u^{*\prime\prime}_1 \cdot u^{*\prime\prime}_m} \\ \overline{\rho^*} \cdot \widetilde{u^{*\prime\prime}_1 \cdot u^{*\prime\prime}_m} \\ \overline{\rho^*}\widetilde{h^{*\prime\prime} u^{*\prime\prime}_m} + \sum\limits_{l=1}^{3} \widetilde{u^{*\prime\prime}_m} \overline{\rho^*} \widetilde{u^{*\prime\prime}_l u^{*\prime\prime}_m} + \frac{\overline{\rho^*}}{2} \sum\limits_{l=1}^{3} u^{*\prime\prime}_l \widetilde{u^{*\prime\prime}_l u^{*\prime\prime}_m} - \sum\limits_{l=1}^{3} \widetilde{u^{*\prime\prime}_l \overline{\tau^*}_{lm}} \end{pmatrix} , \tag{3.209}$$

mit der Enthalpie $h^* = e^* + (p^*/\rho^*)$ und

$$\widetilde{E^*} = \widetilde{e^*} + \sum_{m=1}^{3} \frac{\widetilde{u^{*2}_m}}{2} + \widetilde{k^*}^2 \quad , \tag{3.210}$$

$$\widetilde{k^*}^2 = \sum_{m=1}^{3} \frac{\widetilde{u^{*\prime\prime}_m \cdot u^{*\prime\prime}_m}}{2} \quad . \tag{3.211}$$

Darin wird $\widetilde{k^*}$ die zeitlich gemittelte Turbulenzenergie genannt.

Die in dem zusätzlichen Term $\boldsymbol{R}^*$ vorkommenden Schwankungsgrößen sind unbekannt, ebenso wie die zeitlich gemittelten abhängigen Variablen des Lösungsvektors, deren Berechnung unser Ziel ist. Das Gleichungssystem hat wie bereits besprochen mehr Unbekannte als Gleichungen. Es ist also **nicht geschlossen**. Es ist die Aufgabe der Turbulenzmodellierung (s. Kapitel 3.2.3), dieses System durch empirische Annahmen über die Größe dieses zusätzlichen Terms $\boldsymbol{R}^*$ für das jeweilige Strömungsproblem zu schließen.

Durch Vernachlässigung der Reibung, also von $\boldsymbol{G}^*$ in Gleichung (3.198) erhält man die **Erhaltungsform** der dimensionslosen **reibungsfreien Grundgleichungen**

$$\boxed{\frac{\partial \boldsymbol{U}^*}{\partial t^*} + \sum_{m=1}^{3} \frac{\partial \boldsymbol{F}^*_m}{\partial x^*_m} = 0} \quad . \tag{3.212}$$

Gegenüber den reibungsbehafteten Grundgleichungen in Erhaltungsform (3.198) und (3.206) haben die reibungsfreien Erhaltungsgleichungen den Vorteil, dass sie unter erheblich geringerem Aufwand numerisch gelöst werden können. Die Berechnung von zweiten Ableitungen entfällt, da diese nicht mehr in den Gleichungen enthalten sind.

4 Numerische Lösungsmethoden

In diesem Kapitel werden wir die Methoden zur Lösung der in Kapitel 3 hergeleiteten Grundgleichungen kennenlernen. Sie lassen sich in analytische und numerische Methoden einteilen (Abbildung 4.1). Die analytischen Methoden sind bereits Anfang des letzten Jahrhunderts entwickelt worden als es noch keine Rechner mit großer Speicherkapazität und hoher Rechengeschwindigkeit gab und dienen heute der analytischen Vorbereitung numerischer Lösungen.

Es gibt analytische Berechnungen die z. B. beinhalten, dass ein Tragflügel die Zuströmung nur geringfügig stört (diese Vereinfachung werden wir in Kapitel 4.1.2 kennenlernen), dass ein Schaufelprofil eine geringe Dicke besitzt oder auch, wie wir es bereits bei der Herleitung der Grenzschichtgleichungen kennenlernten, dass Glieder kleinerer Größenordnung vernachlässigt werden können. Dies führt zur Linearisierung der Grundgleichungen und damit zu einer Vereinfachung der numerischen Lösung.

Mit den numerischen Verfahren hingegen ist man bestrebt, die in Kapitel 3 hergeleiteten Gleichungen für ein Strömungsproblem unter Einhaltung von Rand- und Anfangsbedingungen möglichst genau näherungsweise zu lösen, ohne dass man irgendwelche gravierenden Vereinfachungen oder Annahmen treffen muss. Für die Berechnung von technischen Strömungen (z. B. Tragflügelströmung, Kraftfahrzeugumströmung) können diese Methoden in der Regel für komplexe und beliebige Geometrien angewandt werden.

Für ihre Anwendung sind Rechenanlagen mit umfangreichen Programmen und Auswertesoftware erforderlich, die heute verfügbar sind. Ein großer Nachteil der numerischen Verfahren ist allerdings, dass mit ihnen die Abhängigkeit des Ergebnisses von einer eingehenden Größe nur mit aufeinander folgenden Rechnungen bestimmt werden kann, wobei von Rechnung zu Rechnung die eingehenden Größen passend variiert werden müssen.

In den folgenden Kapiteln werden wir lernen, dass die numerischen Methoden durch die analytischen Methoden ergänzt werden. Dies gilt insbesondere dann, wenn wir herausfinden wollen, wie gut die Genauigkeit eines numerischen Verfahrens ist. Zur analytischen Vorbereitung gehört grundsätzlich die Dimensionsanalyse des vorgegebenen Strömungsproblems, um sich einen ersten Überblick über die eingehenden Parameter zu verschaffen. Die Auswertung der umfangreichen numerischen Daten dreidimensiona-

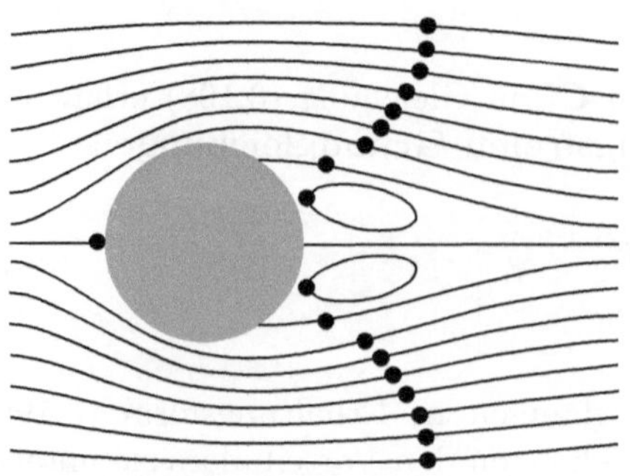

Abb. 4.1: Analytische und numerische Lösungsmethoden

ler Strömungsprobleme verlangt zusätzlich eine Strukturanalyse (Kapitel 4.1.4) des berechneten Strömungsfeldes, um eine physikalische Interpretation des Strömungsfeldes zu ermöglichen.

Die Vorgehensweise zur Berechnung einer Strömung ist in Abbildung 4.2 zusammengefasst. Man beginnt mit der Problemdefinition. Im nächsten Schritt werden die dem Problem angepassten Grundgleichungen und Modelle ausgewählt. Es folgt die Auswahl der den Grundgleichungen angepassten Lösungsmethoden bis hin zur Auswertung und Bewertung der numerischen Näherungslösung. Diese Prozedur der numerischen Strömungssimulation bedarf bezüglich der Auswahl der Grundgleichungen und Lösungsmethoden umfangreicher

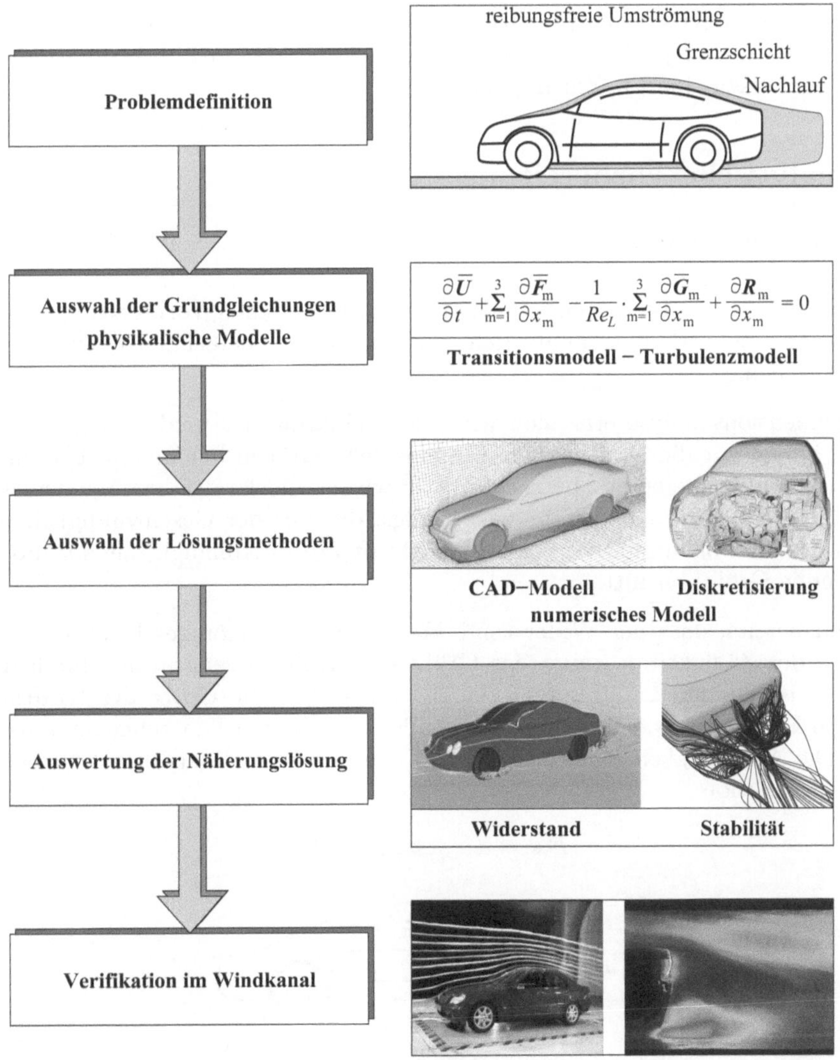

Abb. 4.2: Berechnung einer Strömung und deren Verifikation im Windkanal

Ingenieurerfahrung, die an zahlreichen Strömungsbeispielen erworben werden muss.

Jede numerische Lösung ist fehlerbehaftet. Zum einen sind es numerische Fehler, die durch die mathematische Diskretisierung und Rundungsfehler auf der Rechenanlage entstehen, zum anderen sind es Fehler der verwendeten physikalischen Modelle. Die Problematik der Auswahl von Turbulenzmodellen haben wir bereits in Kapitel 3.2.3 beschrieben. Aus diesem Grund muss für jede behandelte Geometrieklasse die numerische Lösung im Experiment oder sofern möglich mit analytischen Lösungen verifiziert werden, um sie dann für Parametervariationen in der ausgewählten Geometrieklasse (Kraftfahrzeug, Flugzeug, Strömungsmaschine etc.) nutzen zu können. Wir kommen auf diese zu erlernende Ingenieurkunst im Softwarekapitel 5.2 zurück.

In weiterführenden Vorlesungen über die numerische Strömungsmechanik wird auch erläutert, wie die analytischen Ergebnisse in die numerischen Verfahren einfließen (siehe *E. Laurien, H. Oertel jr.* Numerische Strömungsmechanik, 2013). In dem vorliegenden Lehrbuch wird dazu eine Einführung gegeben.

4.1 Analytische Vorbereitung

4.1.1 Dimensionsanalyse

Die Dimensionsanalyse ist der erste Schritt einer analytischen Vorbereitung, unabhängig davon ob wir eine Strömung analytisch bzw. numerisch berechnen oder experimentell ausmessen wollen.

Mit der Dimensionsanalyse erreichen wir eine Reduktion der unabhängigen Größen des Problems, indem wir die Dimensionen der einzelnen Größen behandeln. Um zu verdeutlichen was damit gemeint ist, betrachten wir wieder die Kraftfahrzeugumströmung. In der Abbildung 4.3 ist ein Kraftfahrzeug gezeigt, das mit der Geschwindigkeit u_∞ angeströmt wird. Wir wollen nun die Widerstandskraft F_W in Abhängigkeit der das Problem bestimmenden Größen ermitteln.

Wir wissen bereits, dass der Widerstand F_W von der Anströmgeschwindigkeit u_∞, der Dichte ρ_∞, der Zähigkeit μ_∞ und der Größe des Kraftfahrzeuges, die durch die Länge L festgelegt ist, abhängt. Wir setzen dabei voraus, dass die Größe des Kraftfahrzeuges variiert, die Form sich jedoch nicht ändert (alle betrachteten Fahrzeuge sind geometrisch ähnlich). Die Abhängigkeit der Zielgröße F_W von den zuletzt genannten Größen können wir mit der Funktion

$$F_\mathrm{W} = \mathrm{f}(u_\infty, \rho_\infty, \mu_\infty, L) \tag{4.1}$$

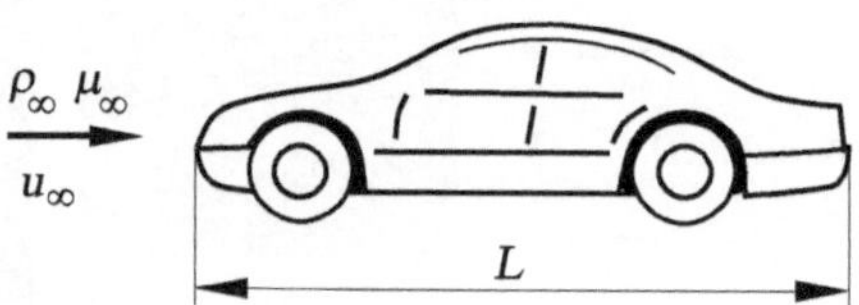

Abb. 4.3: Kraftfahrzeugumströmung

angeben. Mit der Anwendung der Dimensionsanalyse vereinfacht sich der funktionale Zusammenhang (4.1) auf eine andere Funktion $\bar{\text{f}}$, die nur noch eine Veränderliche beinhaltet. Diese lautet:

$$c_{\text{W}} = \bar{\text{f}}(Re_L) \quad , \quad c_{\text{W}} = \frac{F_{\text{W}}}{\frac{\rho_\infty}{2} \cdot u_\infty^2 \cdot L^2} \quad , \quad Re_L = \frac{\rho_\infty \cdot u_\infty \cdot L}{\mu_\infty} \quad . \tag{4.2}$$

Sowohl der funktionale Zusammenhang f als auch $\bar{\text{f}}$ sind unbekannt und müssen durch numerische Rechnungen bzw. Messungen oder aus einer Kombination der genannten zwei Möglichkeiten ermittelt werden. Wird der Zusammenhang z.B. experimentell herausgefunden, so benötigt man zur Ermittelung von $\bar{\text{f}}$ nur eine Messreihe und kann für alle Kombinationen von u_∞, ρ_∞, μ_∞ und L die Widerstandskraft F_{W} angeben. Zur Ermittelung des funktionalen Zusammenhangs (4.1) hingegen sind erheblich mehr Messungen durchzuführen.

Es stellt sich nun die Frage, wie wir den funktionalen Zusammenhang (4.1) auf die Form (4.2) vereinfachen und womit sich diese Vereinfachung begründet. Wie bereits angedeutet, werden dazu die Dimensionen der Größen, die das Problem bestimmen, betrachtet.

Jede physikalische Größe wird durch eine Maßzahl und eine Einheit angegeben. Weiterhin kann jeder physikalischen Größe eine Dimension und eine Einheit zugeordnet werden. So kann z.B. der Druck p in einem Behälter 50 N/m^2 betragen. In diesem Fall wäre die Zahl 50 die Maßzahl und N/m^2 die für den Druck entsprechende Einheit.

Die Dimension gibt an, wie mit den Maßzahlen der Grundgrößen die Maßzahl der abgeleiteten Größe bestimmt wird. Betrachten wir dazu weiterhin den Druck p als Größe, so wird zur Bestimmung seiner Maßzahl die Maßzahl einer Kraft durch die Maßzahl einer Fläche dividiert. Die Dimension des Druckes, wir bezeichnen sie mit $[p]$, schreibt sich also

$$[p] = \frac{F}{L^2} \quad . \tag{4.3}$$

F und L stehen für die Grundgrößen Kraft bzw. Länge.

Wir unterscheiden zwischen dem technischen und dem physikalischen System. Beim technischen System setzen sich die Dimensionen aller physikalischen Größen der Mechanik aus den Grundgrößen Kraft, Länge und Zeit (F, L, T) zusammen. Im physikalischen System werden alle Dimensionen mit den Grundgrößen Masse, Länge und Zeit (M, L, T) angegeben. In beiden Fällen haben wir drei Grundgrößen zur Verfügung, mit denen wir die Dimensionen der das Strömungsproblem beschreibenden Größen ausdrücken können. Wenn wir Strömungsprobleme mit Temperatureinfluss betrachten, z.B. ein strömendes Gas (Tragflügelströmung), dann ist es notwendig, zusätzlich die Temperatur als vierte Grundgröße miteinzubeziehen.

Wir werden nun nachfolgend zeigen, dass wir die Dimension jeder mechanischen Größe x mit der folgenden Potenzschreibweise darstellen können. Diese lautet, wenn wir als Grundgrößen das physikalische System wählen:

$$[\text{x}] = M^{\alpha_1} \cdot L^{\alpha_2} \cdot T^{\alpha_3} \quad . \tag{4.4}$$

Der Zusammenhang (4.4) ist uns nicht unbekannt. Alle uns bekannten mechanischen Größen, wie z. B. die Geschwindigkeit $|\vec{v}_1|$, setzen sich aus den Grundgrößen M, L und T

gemäß der Gleichung (4.4) zusammen. Für die Dimension Länge dividiert durch Zeit der abgeleiteten mechanischen Größe $|\vec{v}_1|$ nehmen in der Gleichung (4.4) die Exponenten α_1, α_2 und α_3 die folgenden Werte an: $\alpha_1 = 0$, $\alpha_2 = 1$ und $\alpha_3 = -1$.

Wir kommen auf den Zusammenhang (4.4) später zurück. Um mit der Dimensionsanalyse vertraut zu werden, betrachten wir den nachfolgenden funktionalen Zusammenhang F, der die Abhängigkeit der Maßzahl x einer abgeleiteten Größe von den übrigen Maßzahlen $\mathrm{x}_1, \ldots, \mathrm{x}_\mathrm{n}$ eines strömungsmechanischen Problems angibt. Er lautet

$$\mathrm{x} = \mathrm{F}(\mathrm{x}_1, \ldots, \mathrm{x}_\mathrm{n}) \quad . \tag{4.5}$$

Um ihn besser verstehen zu können, nehmen wir wieder Bezug auf die bereits betrachtete Kraftfahrzeugumströmung (siehe dazu Abbildung 4.4 links). Für das Beispiel der Kraftfahrzeugumströmung ist die Zahl x die Maßzahl der Widerstandskraft F_W, die auf der linken Seite der Gleichung

$$F_\mathrm{W} = \mathrm{f}(u_\infty, \rho_\infty, \mu_\infty, L)$$

steht. Die übrigen Maßzahlen entsprechen demzufolge in der Gleichung (4.1) den Maßzahlen der Geschwindigkeit u_∞, der Dichte ρ_∞, der Zähigkeit μ_∞ und der Länge L. Unsere Maßzahlen gelten in Verbindung mit den Einheiten N für die Kraft F_W, m/s für die Geschwindigkeit u_∞, kg/m^3 für die Dichte ρ_∞, m für die Länge L und $N \cdot s/m^2$ für die Zähigkeit μ_∞.

Zusätzlich betrachten wir eine weitere Kraftfahrzeugumströmung. Das umströmte Kraftfahrzeug ist dem Kraftfahrzeug der zuerst betrachteten Umströmung geometrisch ähnlich (siehe Abbildung 4.4 rechts). Es ist allerdings nicht gleich groß. Weiterhin wird es mit einem anderen Fluid angeströmt, das sich in seiner Dichte $\rho_{\infty 2}$ und seiner Zähigkeit $\mu_{\infty 2}$ von dem Fluid des ersten Beispiels unterscheidet. Die Zuströmgeschwindigkeiten der beiden Umströmungen $u_{\infty 1}$ und $u_{\infty 2}$ sind ebenfalls verschieden.

Für die zweite Umströmung gilt auch der funktionale Zusammenhang (4.5). Nur stehen in ihm nicht die Maßzahlen $\mathrm{x}_1, \ldots, \mathrm{x}_\mathrm{n}$, sondern die Maßzahlen für die zuletzt betrachtete Kraftfahrzeugumströmung. Diese Maßzahlen bezeichnen wir mit y bzw. $\mathrm{y}_1, \ldots, \mathrm{y}_\mathrm{n}$. Auch y und $\mathrm{y}_1, \ldots, \mathrm{y}_\mathrm{n}$ gelten in Verbindung mit den Einheiten, die wir bereits für das zuerst beschriebene Umströmungsproblem erwähnten. Der funktionale Zusammenhang lautet also

$$\mathrm{y} = \mathrm{F}(\mathrm{y}_1, \ldots, \mathrm{y}_\mathrm{n}) \quad . \tag{4.6}$$

Wenn wir nun in unseren beiden Beispielen die Einheiten wechseln (z.B. die Länge nicht mehr in Meter m, sondern in Kilometer km angeben) und dabei die physikalischen Größen nicht ändern, so verändern sich unsere Maßzahlen von den Werten $\mathrm{x}_1, \ldots, \mathrm{x}_\mathrm{n}$ auf $\mathrm{x}'_1, \ldots, \mathrm{x}'_\mathrm{n}$

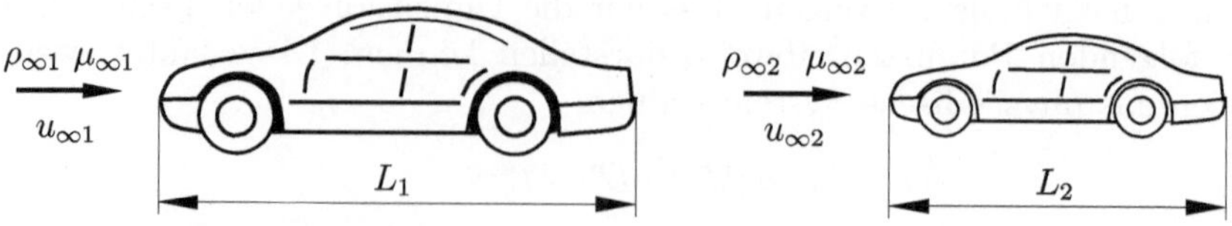

Abb. 4.4: Zwei verschiedene Kraftfahrzeugumströmungen

bzw. von $y_1, \ldots, y_n$ auf $y'_1, \ldots, y'_n$. Ebenfalls verändern sich die Maßzahlen der abgeleiteten Größen von x auf x′ bzw. von y auf y′.

Zwischen den Größen x_i und x'_i $(i = 1, \ldots, n)$ sowie y_i und y'_i $(i = 1, \ldots, n)$ gelten die Zusammenhänge

$$x'_i = c_i \cdot x_i \quad , \qquad y'_i = c_i \cdot y_i \quad , \tag{4.7}$$

wobei $c_1, \ldots, c_n$ den Zahlenwerten entsprechen, mit denen die Maßzahlen den neuen Einheiten angepasst werden.

Wir haben nur die Einheiten geändert und nicht die physikalischen Größen. Die physikalischen Größen sind unabhängig von dem verwendeten Maßsystem und deshalb bleibt das Verhältnis von den abgeleiteten Größen beim Wechseln der Einheiten erhalten. Bezeichnen wir X und Y als die zu den Maßzahlen x und y zugehörigen physikalischen Größen, so gilt

$$\frac{X}{Y} = \frac{x}{y} = \frac{x'}{y'}$$

oder unter Ausnutzung der Gleichung (4.5) und (4.6)

$$\frac{F(x_1, \ldots, x_n)}{F(y_1, \ldots, y_n)} = \frac{F(x'_1, \ldots, x'_n)}{F(y'_1, \ldots, y'_n)} \quad . \tag{4.8}$$

Ersetzen wir in der Gleichung (4.8) die Werte x'_i und y'_i durch die entsprechenden rechten Seiten der Gleichungen (4.7), erhalten wir

$$\frac{F(x_1, \ldots, x_n)}{F(y_1, \ldots, y_n)} = \frac{F(c_1 \cdot x_1, \ldots, c_n \cdot x_n)}{F(c_1 \cdot y_1, \ldots, c_n \cdot y_n)} \quad ,$$

$$F(c_1 \cdot x_1, \ldots, c_n \cdot x_n) = F(c_1 \cdot y_1, \ldots, c_n \cdot y_n) \cdot \frac{F(x_1, \ldots, x_n)}{F(y_1, \ldots, y_n)} \quad . \tag{4.9}$$

Mit der Gleichung (4.9) führen wir nun den nachfolgenden mathematischen Formalismus durch. Durch partielles Differenzieren der Gleichung (4.9) nach c_1 unter Anwendung der Kettenregel erhalten wir

$$x_1 \cdot \frac{\partial F(c_1 \cdot x_1, \ldots, c_n \cdot x_n)}{\partial(c_1 \cdot x_1)} = y_1 \cdot \frac{\partial F(c_1 \cdot y_1, \ldots, c_n \cdot y_n)}{\partial(c_1 \cdot y_1)} \cdot \frac{F(x_1, \ldots, x_n)}{F(y_1, \ldots, y_n)} \quad . \tag{4.10}$$

Betrachten wir nun weiterhin den Sonderfall $c_i = 1$ $(i = 1, \ldots, n)$, dann gilt

$$\frac{x_1}{F(x_1, \ldots, x_n)} \cdot \frac{\partial F(x_1, \ldots, x_n)}{\partial x_1} = \frac{y_1}{F(y_1, \ldots, y_n)} \cdot \frac{\partial F(y_1, \ldots, y_n)}{\partial y_1} \quad . \tag{4.11}$$

Da die linke Seite nur von $x_1, \ldots, x_n$ und die rechte Seite nur von $y_1, \ldots, y_n$ abhängig ist, sind sowohl die linke als auch die rechte Seite gleich einer Konstanten, die wir mit α_1 bezeichnen. Es gilt also

$$\frac{x_1}{F(x_1, \ldots, x_n)} \cdot \frac{\partial F}{\partial x_1} = \alpha_1 \quad . \tag{4.12}$$

Durch partielles Integrieren über x_1 erhalten wir

$$F(x_1, \ldots, x_n) = C_1(x_2, \ldots, x_n) \cdot x_1^{\alpha_1} \quad . \tag{4.13}$$

$C_1(x_2, \ldots, x_n)$ ist eine weitere Funktion, die wir zunächst nicht kennen. Wir können die gezeigte Rechnung auch für eine beliebige Maßzahl x_i durchführen. Dann erhalten wir als Ergebnis

$$F(x_1, \ldots, x_n) = C_i(x_1, \ldots, x_{i-1}, x_{i+1}, \ldots, x_n) \cdot x_i^{\alpha_i} \quad . \tag{4.14}$$

Wenn wir alle n Lösungen miteinander kombinieren, dann lautet die Gesamtlösung

$$x = F(x_1, \ldots, x_n) = C \cdot x_1^{\alpha_1} \cdot x_2^{\alpha_2} \cdots x_n^{\alpha_n} \quad , \tag{4.15}$$

wobei C nun keine Funktion von irgendeiner Maßzahl ist. C ist eine Konstante, die wir ohne Einschränkung der Allgemeinheit $C = 1$ setzen können indem wir fordern, dass $x = 1$ ist, wenn alle $x_i = 1$ $(i = 1, \ldots, n)$ sind. Für den Zusammenhang zwischen der Maßzahl einer abgeleiteten Größe und den Maßzahlen der Grundgrößen gilt also

$$\boxed{x = x_1^{\alpha_1} \cdot x_2^{\alpha_2} \cdots x_n^{\alpha_n}} \quad . \tag{4.16}$$

Mit der Gleichung (4.16) begründet sich auch die Dimensionsformel (4.4), denn die Dimension einer abgeleiteten physikalischen Größe ist so definiert, dass sie angibt wie die Maßzahlen der Grundgrößen miteinander kombiniert werden, um die Maßzahl der abgeleiteten Größe zu berechnen. Gleichung (4.16) zeigt uns wie die Maßzahlen kombiniert werden.

Wir gehen nun davon aus, dass eine funktionale Beziehung von n physikalischen dimensionsbehafteten Größen $Q_1, \ldots, Q_n$ existiert. Diese können wir mit der impliziten Schreibweise wie folgt angeben

$$F(Q_1, \ldots, Q_n) = 0 \quad . \tag{4.17}$$

Der funktionale Zusammenhang (4.17) könnte z.B. der Beziehung (4.1) entsprechen. Wenn die Gleichung (4.17) für ein mechanisches Problem steht, dann gilt für alle Dimensionen der physikalischen Größen $Q_1, \ldots, Q_n$ die Dimensionsgleichung

$$[Q_i] = M^{\alpha_{1,i}} \cdot L^{\alpha_{2,i}} \cdot T^{\alpha_{3,i}} \tag{4.18}$$

oder, wenn wir zu den Basisgrößen Kraft, Länge, Zeit (F, L, T) übergehen,

$$[Q_i] = F^{\alpha_{1,i}} \cdot L^{\alpha_{2,i}} \cdot T^{\alpha_{3,i}} \quad . \tag{4.19}$$

Weiterhin kann jede Maßzahl der physikalischen Größen $Q_1, \ldots, Q_n$ mit der Gleichung (4.16) ausgedrückt werden.

Es kann gezeigt werden, dass sich der funktionale Zusammenhang (4.17) auf $n - m$ dimensionslose Größen vereinfacht. m ist in der Regel die Anzahl der Grundgrößen, die für mechanische Probleme mit M, L, T bzw. mit F, L, T $m = 3$ ist. Bei der Betrachtung von Strömungen mit Temperatureinfluss ist die Temperatur eine weitere Grundgröße und m ist in diesem Fall $m = 4$.

Dieser Zusammenhang ist als das **Π-Theorem von Buckingham** bekannt, das wir in diesem Buch nicht beweisen wollen. Seine Richtigkeit ist z.B. sehr ausführlich in dem Buch von *P. W. Bridgman* 1932 erklärt, das dem interessierten Leser als vertiefende Lektüre zu empfehlen ist. Wir wollen nachfolgend lernen, wie wir das Π-Theorem zur Vereinfachung von funktionalen Zusammenhängen anwenden können.

Zusammenfassend lautet das Π-Theorem von Buckingham

Gegeben ist der funktionale Zusammenhang

$$\mathrm{F}(\mathrm{Q}_1,\ldots,\mathrm{Q}_\mathrm{n}) = 0 \tag{4.20}$$

mit n-dimensionsbehafteten physikalischen Größen $\mathrm{Q}_1,\ldots,\mathrm{Q}_\mathrm{n}$ und m Grundgrößen (z.B. M, L, T bzw. F, L, T). Dann gibt es einen weiteren funktionalen Zusammenhang

$$\bar{\mathrm{F}}(\Pi_1,\ldots,\Pi_{\mathrm{n-r}}) = 0 \tag{4.21}$$

mit $\mathrm{n-r}$ dimensionslosen Größen $\Pi_1\ldots\Pi_{\mathrm{n-r}}$. Für r gilt in der Regel $\mathrm{r=m}$. Der Zusammenhang (4.21) beschreibt vollständig die Lösung des Problems.

Es stellt sich nun die Frage, wie die $\mathrm{n-r}$ dimensionslosen Größen gebildet werden. Dazu betrachten wir die Dimensionen der n physikalischen Größen, die wir mit den m Grundgrößen $\mathrm{A}_1,\ldots,\mathrm{A}_\mathrm{m}$ wie folgt ausdrücken können

$$\begin{aligned}
[\mathrm{Q}_1] &= \mathrm{A}_1^{\alpha_{1,1}}\cdot\mathrm{A}_2^{\alpha_{2,1}}\ldots\mathrm{A}_\mathrm{m}^{\alpha_{\mathrm{m},1}}\\
\vdots \quad & \qquad\qquad \vdots\\
[\mathrm{Q}_\mathrm{n}] &= \mathrm{A}_1^{\alpha_{1,\mathrm{n}}}\cdot\mathrm{A}_2^{\alpha_{2,\mathrm{n}}}\ldots\mathrm{A}_\mathrm{m}^{\alpha_{\mathrm{m},\mathrm{n}}} \quad .
\end{aligned} \tag{4.22}$$

Die dimensionslosen Größen $\Pi_\mathrm{i}(\mathrm{i}=1,\ldots,\mathrm{n-r})$ können wir wie folgt angeben

$$\Pi_\mathrm{i} = \mathrm{A}_1^0\cdot\mathrm{A}_2^0\cdots\mathrm{A}_\mathrm{m}^0 = [\mathrm{Q}_1]^{\mathrm{k}_1}\cdot[\mathrm{Q}_2]^{\mathrm{k}_2}\cdots[\mathrm{Q}_\mathrm{n}]^{\mathrm{k}_\mathrm{n}} \quad . \tag{4.23}$$

Setzen wir in die Gleichungen (4.23) für $[\mathrm{Q}_1],\ldots,[\mathrm{Q}_\mathrm{n}]$ die entsprechenden Ausdrücke gemäß der Gleichungen (4.22) ein, erhalten wir

$$\begin{gathered}
\mathrm{A}_1^0\cdot\mathrm{A}_2^0\cdots\mathrm{A}_\mathrm{m}^0 = \\
[\mathrm{A}_1^{\alpha_{1,1}}\cdot\mathrm{A}_2^{\alpha_{2,1}}\cdots\mathrm{A}_\mathrm{m}^{\alpha_{\mathrm{m},1}}]^{\mathrm{k}_1}\cdot[\mathrm{A}_1^{\alpha_{1,2}}\cdot\mathrm{A}_2^{\alpha_{2,2}}\cdots\mathrm{A}_\mathrm{m}^{\alpha_{\mathrm{m},2}}]^{\mathrm{k}_2}\cdots[\mathrm{A}_1^{\alpha_{1,\mathrm{n}}}\cdot\mathrm{A}_2^{\alpha_{2,\mathrm{n}}}\cdots\mathrm{A}_m^{\alpha_{\mathrm{m},\mathrm{n}}}]^{\mathrm{k}_\mathrm{n}} \quad .
\end{gathered} \tag{4.24}$$

Durch einen Vergleich der Exponenten der linken und rechten Seite der Gleichung (4.24) erhalten wir das folgende Gleichungssystem. Es lautet

$$\begin{aligned}
\alpha_{1,1}\cdot\mathrm{k}_1 + \alpha_{1,2}\cdot\mathrm{k}_2 + \cdots + \alpha_{1,\mathrm{n}}\cdot\mathrm{k}_\mathrm{n} &= 0\\
\vdots \qquad\qquad\qquad\qquad & \vdots \quad \vdots\\
\alpha_{\mathrm{m},1}\cdot\mathrm{k}_1 + \alpha_{\mathrm{m},2}\cdot\mathrm{k}_2 + \cdots + \alpha_{\mathrm{m},\mathrm{n}}\cdot\mathrm{k}_\mathrm{n} &= 0 \quad .
\end{aligned} \tag{4.25}$$

	F_W	u_∞	ρ_∞	L	μ_∞
F	1	0	1	0	1
L	0	1	−4	1	−2
T	0	−1	2	0	1

Tabelle 4.1 : Dimensionstabelle

Die Gleichungen (4.25) bilden ein homogenes Gleichungssystem bestehend aus m Gleichungen für die n Unbekannten $\mathrm{k}_1, \ldots, \mathrm{k}_\mathrm{n}$ $(\mathrm{m} \leq \mathrm{n})$.

Aus der linearen Algebra ist bekannt, dass ein homogenes Gleichungssystem genau r linear unabhängige Lösungen besitzt, wobei r der Rang der Koeffizientenmatrix

$$\begin{pmatrix} \alpha_{1,1} & \cdots & \alpha_{1,\mathrm{n}} \\ \vdots & \ddots & \vdots \\ \alpha_{\mathrm{m},1} & \cdots & \alpha_{\mathrm{m},\mathrm{n}} \end{pmatrix} \tag{4.26}$$

des Gleichungssystems (4.25) ist. Der Rang r der Matrix (4.26) entspricht der Anzahl der Zeilen und Spalten der Determinante mit der größten Zeilen- und Spaltenanzahl, deren zugehörige Matrix in (4.26) als Teilmatrix enthalten und deren Determinante von Null verschieden ist.

In der Mehrzahl der Fälle ist bei der Anwendung der Dimensionsanalyse der Rang r der Matrix (4.26) gleich der Zeilenanzahl m, die der Anzahl der Grundgrößen entspricht. Die Bestimmung der dimensionslosen Koeffizienten $\Pi_1 \ldots \Pi_{\mathrm{n-r}}$ erfolgt nun entsprechend der nachfolgenden Vorgehensweise:

- Bestimmung der n physikalischen Größen der funktionalen Beziehung (4.20).
- Festlegung der Grundgrößen (für mechanische Probleme F, L, T bzw. M, L, T).
- Aufstellen der Koeffizientenmatrix (4.26) und Ermittlung ihres Ranges.
- Berechnung der $\mathrm{n} - \mathrm{r}$ linear unabhängigen Größen und der mit ihnen korrespondierenden dimensionslosen Größen $\Pi_1 \ldots \Pi_{\mathrm{n-r}}$ (in den meisten Fällen ist $\mathrm{r} = \mathrm{m}$).
- Aufstellen des neuen funktionalen Zusammenhangs $\bar{\mathrm{F}}(\Pi_1 \ldots \Pi_{\mathrm{n-r}})$.

Wir kommen auf das Beispiel der Kraftfahrzeugumströmung zurück. Den ersten Schritt unserer Vorgehensweise haben wir bereits zu Beginn dieses Abschnittes durchgeführt als wir die Beziehung (4.1) aufstellten. Der zweite Schritt erscheint uns bereits trivial. Wir wählen als Grundgrößen die Größen F, L, T aus. Mit den ausgewählten Grundgrößen können wir die Koeffizientenmatrix (4.26) aufstellen, die wir gemäß der Tabelle 4.1 aufschreiben.

Eine Teilmatrix, deren zugehörige Determinante von Null verschieden ist, ist z.B. die Matrix

$$\begin{pmatrix} 0 & 1 & 0 \\ 1 & -4 & 1 \\ -1 & 2 & 0 \end{pmatrix} \quad , \tag{4.27}$$

so dass wir gemäß dieser Teilmatrix die Größen u_∞, ρ_∞ und L als neue Grundgrößen auffassen und mit ihren Dimensionen die Dimensionen der verbleibenden Größen F_W und μ_∞ entsprechend des Potenzansatzes ausdrücken können. Es gilt also

$$[F_W] = [u_\infty]^{k_1} \cdot [\rho_\infty]^{k_2} \cdot [L]^{k_3} \tag{4.28}$$

oder

$$F^1 \cdot L^0 \cdot T^0 = (F^0 \cdot L^1 \cdot T^{-1})^{k_1} \cdot (F^1 \cdot L^{-4} \cdot T^2)^{k_2} \cdot (F^0 \cdot L^1 \cdot T^0)^{k_3} \quad . \tag{4.29}$$

Durch einen Vergleich der Exponenten der linken und rechten Seite der Gleichung (4.29) erhält man das folgende Gleichungssystem für die Unbekannten k_1, k_2 und k_3. Es lautet

$$\begin{aligned} F: \quad & 1 = k_2 \quad , \\ L: \quad & 0 = k_1 - 4 \cdot k_2 + k_3 \quad , \\ T: \quad & 0 = -k_1 + 2 \cdot k_2 \quad . \end{aligned}$$

Die Lösung des Gleichungssystems ergibt: $k_1 = 2$, $k_2 = 1$, $k_3 = 2$, so dass die erste dimensionslose Größe Π_1 entsprechend der Gleichung (4.28)

$$\Pi_1 = \frac{F_W}{\rho_\infty \cdot u_\infty^2 \cdot L^2} \tag{4.30}$$

lautet. Die zweite dimensionslose Größe Π_2 berechnet sich analog, indem die Dimension der Größe μ_∞ mit den Dimensionen der neuen Grundgrößen u_∞, ρ_∞ und L ausgedrückt wird. Man erhält als zweite dimensionslose Größe

$$\Pi_2 = \frac{\mu_\infty}{\rho_\infty \cdot u_\infty \cdot L} = \frac{1}{Re_L} \quad , \tag{4.31}$$

so dass der neue funktionale Zusammenhang wie folgt lautet

$$\frac{F_W}{\rho_\infty \cdot u_\infty^2 \cdot L^2} = \bar{\mathrm{f}}(\Pi_2)$$

oder

$$c_W = \frac{F_W}{\frac{\rho_\infty}{2} \cdot u_\infty^2 \cdot L^2} = \bar{\mathrm{f}}(Re_L) \quad ,$$

so wie wir es bereits zu Anfang dieses Abschnittes kennenlernten.

Um das Verständnis für die Dimensionsanalyse abzurunden, wollen wir abschließend noch die Frage diskutieren, wie wir überhaupt die Einflussgrößen für den funktionalen Zusammenhang (4.20) ermitteln können. Dazu ist zu sagen, dass es keine Vorgehensweise gibt, mit der man die für das technische Problem relevanten Größen bestimmen kann. In der Regel setzt der erste Schritt der Dimensionsanalyse eine gewisse Erfahrung bezüglich des technischen Problems voraus.

So könnten wir z. B. bezüglich der Kraftfahrzeugumströmung der Meinung sein, dass der Luftdruck p_0 einen Einfluss auf den Widerstand F_W hat. Würden wir ihn mit in die Beziehung (4.1) aufnehmen und anschließend die Dimensionsanalyse gemäß unserer gelernten Vorgehensweise durchführen, dann würden wir die weitere dimensionslose Größe $\Pi_3 = p_0/(\rho_\infty \cdot u_\infty^2)$ erhalten. Der vereinfachte funktionale Zusammenhang würde dann

$$c_W = \bar{f}(Re_L, \frac{p_0}{\rho_\infty \cdot u_\infty^2}) \tag{4.32}$$

lauten.

Wenn wir anschließend z.B. mit Windkanalversuchen den funktionalen Zusammenhang (4.32) ermitteln, werden wir feststellen, dass die Größe F_W unabhängig von der Größe $p_0/(\rho_\infty \cdot u_\infty^2)$ ist. In diesem Fall würden wir die Größe $p_0/(\rho_\infty \cdot u_\infty^2)$ wieder aus der Beziehung (4.32) streichen.

Wie bereits gesagt, ist die Dimensionsanalyse der erste Schritt zur Lösung eines strömungsmechanischen Problems. Wenn man mit der Strömungsmechanik gut vertraut ist, dann wird das Bestimmen der wesentlichen Einflussgrößen keine Schwierigkeiten bereiten. Dazu ist jedoch anfänglich viel Übung erforderlich.

4.1.2 Linearisierung

Die in Kapitel 3 hergeleiteten Differentialgleichungen sind nichtlineare Gleichungen und können im Allgemeinen nur numerisch gelöst werden. Ein lohnender Zwischenschritt kann es sein, die das Problem beschreibenden Differentialgleichungen zu linearisieren und anschließend zu lösen.

Wir werden uns in diesem Abschnitt mit der Linearisierung der Gleichung (3.185) auseinandersetzen. Die Vorgehensweise, die wir dabei lernen, ist auf viele andere Strömungsprobleme übertragbar. Die Anwendungen der linearisierten Gleichung (3.185) zur Berechnung von technisch interessierenden Strömungen werden als linearisierte Theorie und als **Theorie kleiner Störungen** bezeichnet. Diese Bezeichnungen werden uns bei der Herleitung der linearisierten Gleichungen verständlich werden.

Wir betrachten wieder die Tragflügelströmung und setzen voraus, dass die Reynolds-Zahl der Zuströmung $Re = u_\infty \cdot (L/\nu_\infty)$ sehr groß ist. Die Grenzschichten auf dem Tragflügel sind also dünn und wir beschränken uns auf die Berechnung der reibungsfreien Außenströmung, wie wir das bereits in Kapitel 3 bei der Diskussion der Potentialgleichung (3.185) getan haben.

Wir werden nun weiterhin annehmen, dass das Tragflügelprofil schlank ist und dass es deshalb die ungestörte Zuströmung mit der Geschwindigkeit u_∞ nur geringfügig stört (siehe Abbildung 4.5). Die Zuströmung ist parallel zur x-Achse. Den Geschwindigkeitsvektor $\vec{v}_1$

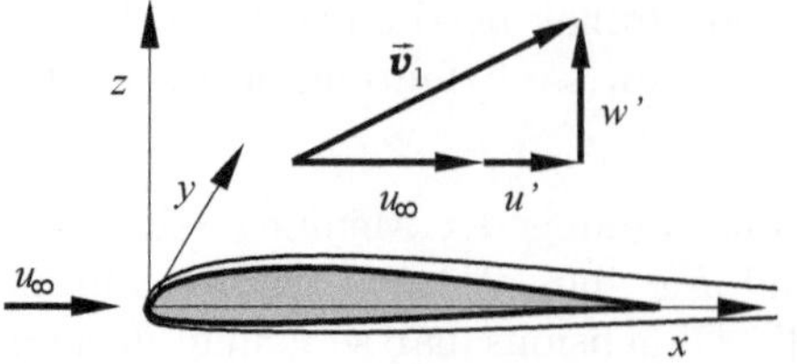

Abb. 4.5: Strömung um einen schlanken Flügel

können wir in zwei Anteile zerlegen, wobei der erste Anteil der ungestörten Zuströmung entspricht und der zweite Anteil gleich einem Störanteil ist, der durch das schlanke Tragflügelprofil hervorgerufen wird. $\vec{v}_1$ schreibt sich also wie folgt

$$\vec{v}_1 = \begin{pmatrix} u_\infty \\ 0 \\ 0 \end{pmatrix} + \begin{pmatrix} u' \\ v' \\ w' \end{pmatrix} \quad . \tag{4.33}$$

Die Geschwindigkeitskomponenten u', v' und w' fassen wir als Störgrößen auf, die im Vergleich zur ungestörten Zuströmgeschwindigkeit u_∞ klein sind. Diese sind nicht zu verwechseln mit den Schwankungsgrößen turbulenter Strömungen. Den Geschwindigkeitsvektor $\vec{v}_1$ können wir mit der Potentialfunktion

$$\Phi = u_\infty \cdot x + \varphi \tag{4.34}$$

angeben, mit der wir durch Differenzieren nach x, y und z die Geschwindigkeitskomponenten u, v und w berechnen können. In Gleichung (4.34) steht φ für ein unbekanntes Störpotential, das wir später mittels der linearisierten Gleichung (3.185) bestimmen wollen.

Durch Differenzieren der Gleichung (4.34) nach x, y bzw. z erhalten wir gemäß der Gleichung (3.177) die entsprechenden Geschwindigkeitskomponenten u, v und w. Sie lauten

$$\begin{aligned} u &= \frac{\partial \Phi}{\partial x} = u_\infty + \frac{\partial \varphi}{\partial x} = u_\infty + u' \quad , \\ v &= \frac{\partial \Phi}{\partial y} = \frac{\partial \varphi}{\partial y} = v' \quad , \\ w &= \frac{\partial \Phi}{\partial z} = \frac{\partial \varphi}{\partial z} = w' \quad . \end{aligned} \tag{4.35}$$

Wir benötigen weiterhin für die Gleichung (3.185) die zweiten Ableitungen von Φ nach x, y und z. Diese lauten

$$\frac{\partial^2 \Phi}{\partial x^2} = \frac{\partial^2 \varphi}{\partial x^2} = \frac{\partial u'}{\partial x} \quad , \qquad \frac{\partial^2 \Phi}{\partial y^2} = \frac{\partial^2 \varphi}{\partial y^2} = \frac{\partial v'}{\partial y} \quad , \qquad \frac{\partial^2 \Phi}{\partial z^2} = \frac{\partial^2 \varphi}{\partial z^2} = \frac{\partial w'}{\partial z} \quad . \tag{4.36}$$

Durch Einsetzen der ersten und zweiten Ableitungen von Φ gemäß der Gleichungen (4.36) und (4.36) in die Gleichung (3.185) erhalten wir

$$\begin{aligned} (a^2 - u_\infty^2 - 2 \cdot u_\infty \cdot u' - u'^2) \cdot \frac{\partial u'}{\partial x} + (a^2 - v'^2) \cdot \frac{\partial v'}{\partial y} + (a^2 - w'^2) \cdot \frac{\partial w'}{\partial z} - \\ 2 \cdot (u_\infty + u') \cdot v' \cdot \frac{\partial u'}{\partial y} - 2 \cdot (u_\infty + u') \cdot w' \cdot \frac{\partial u'}{\partial z} - 2 \cdot v' \cdot w' \cdot \frac{\partial v'}{\partial z} = 0 \quad . \end{aligned} \tag{4.37}$$

Weiterhin gilt für das Strömungsfeld die Bernoullische Gleichung. Wenden wir sie entlang eines Stromfadens von der ungestörten Zuströmung bis zu einer beliebigen Stelle im Strömungsfeld an, so gilt entsprechend Kapitel 2.3.3

$$\frac{a_\infty^2}{\kappa - 1} + \frac{u_\infty^2}{2} = \frac{a^2}{\kappa - 1} + \frac{(u_\infty + u')^2 + v'^2 + w'^2}{2}$$

oder umgeformt

$$a^2 = a_\infty^2 - \frac{\kappa - 1}{2} \cdot (2 \cdot u_\infty \cdot u' + u'^2 + v'^2 + w'^2) \quad . \tag{4.38}$$

a_∞ steht für die Schallgeschwindigkeit in der freien Zuströmung.

Ersetzen wir in der Gleichung (4.37) a^2 durch die rechte Seite der Gleichung (4.38) und dividieren anschließend die resultierende Gleichung durch a_∞^2, erhalten wir die folgende Gleichung

$$\begin{aligned}
&\left[1 - \frac{\kappa - 1}{2} \cdot M_\infty^2 \cdot \left(2 \cdot \frac{u'}{u_\infty} + \frac{u'^2 + v'^2 + w'^2}{u_\infty^2}\right) - \right. \\
&\qquad\qquad \left. M_\infty^2 - 2 \cdot M_\infty^2 \cdot \frac{u'}{u_\infty} - M_\infty^2 \cdot \frac{u'^2}{u_\infty^2}\right] \cdot \frac{\partial u'}{\partial x} + \\
&\left[1 - \frac{\kappa - 1}{2} \cdot M_\infty^2 \cdot \left(2 \cdot \frac{u'}{u_\infty} + \frac{u'^2 + v'^2 + w'^2}{u_\infty^2}\right) - M_\infty^2 \cdot \frac{v'^2}{u_\infty^2}\right] \cdot \frac{\partial v'}{\partial y} + \\
&\left[1 - \frac{\kappa - 1}{2} \cdot M_\infty^2 \cdot \left(2 \cdot \frac{u'}{u_\infty} + \frac{u'^2 + v'^2 + w'^2}{u_\infty}\right) - M_\infty^2 \cdot \frac{w'^2}{u_\infty^2}\right] \cdot \frac{\partial w'}{\partial z} - \\
&2 \cdot M_\infty^2 \cdot \frac{v'}{u_\infty} \cdot \frac{\partial u'}{\partial y} - 2 \cdot M_\infty^2 \cdot \frac{u' \cdot v'}{u_\infty^2} \cdot \frac{\partial u'}{\partial y} - \\
&2 \cdot M_\infty^2 \cdot \frac{w'}{u_\infty} \cdot \frac{\partial u'}{\partial z} - 2 \cdot M_\infty^2 \cdot \frac{u' \cdot w'}{u_\infty^2} \cdot \frac{\partial u'}{\partial z} - \\
&2 \cdot M_\infty^2 \cdot \frac{v' \cdot w'}{u_\infty^2} \cdot \frac{\partial v'}{\partial z} = 0 \quad .
\end{aligned} \tag{4.39}$$

$M_\infty = u_\infty / a_\infty$ steht für die Anström-Mach-Zahl.

Die Gleichung (4.39) enthält keine Vereinfachungen. Sie gilt für jede drehungsfreie isentrope Strömung. Wir haben in unseren Gleichungen auch noch nicht mit einfließen lassen, dass wir eine Strömung betrachten wollen, die durch das Tragflügelprofil nur schwach gestört wird. Gleichung (4.39) gilt deshalb sowohl für große als auch kleine Störgeschwindigkeiten u', v' und w'.

Mit einer einfachen Umformung können wir die Gleichung (4.39) wie folgt schreiben

$$
\begin{aligned}
&(1 - M_\infty^2) \cdot \frac{\partial u'}{\partial x} + \frac{\partial v'}{\partial y} + \frac{\partial w'}{\partial z} = \\
&M_\infty^2 \cdot \left[(\kappa + 1) \cdot \frac{u'}{u_\infty} + \left(\frac{\kappa+1}{2}\right) \cdot \frac{u'^2}{U_\infty^2} + \left(\frac{\kappa-1}{2}\right) \cdot \left(\frac{v'^2 + w'^2}{u_\infty^2}\right)\right] \cdot \frac{\partial u'}{\partial x} + \\
&M_\infty^2 \cdot \left[(\kappa - 1) \cdot \frac{u'}{U_\infty} + \left(\frac{\kappa+1}{2}\right) \cdot \frac{v'^2}{U_\infty^2} + \left(\frac{\kappa-1}{2}\right) \cdot \left(\frac{u'^2 + w'^2}{u_\infty^2}\right)\right] \cdot \frac{\partial v'}{\partial y} + \\
&M_\infty^2 \cdot \left[(\kappa - 1) \cdot \frac{u'}{u_\infty} + \left(\frac{\kappa+1}{2}\right) \cdot \frac{w'^2}{u_\infty^2} + \left(\frac{\kappa-1}{2}\right) \cdot \left(\frac{u'^2 + v'^2}{u_\infty^2}\right)\right] \cdot \frac{\partial w'}{\partial z} + \\
&M_\infty^2 \cdot \left[\frac{v'}{u_\infty} \cdot \left(1 + \frac{u'}{u_\infty}\right) \cdot \left(\frac{\partial u'}{\partial y} + \frac{\partial v'}{\partial x}\right) + \frac{w'}{u_\infty} \cdot \left(1 + \frac{u'}{u_\infty}\right) \cdot \left(\frac{\partial u'}{\partial z} + \frac{\partial w'}{\partial x}\right) + \right. \\
&\left. \frac{v' \cdot w'}{u_\infty^2} \cdot \left(\frac{\partial w'}{\partial y} + \frac{\partial v'}{\partial z}\right)\right] \quad . \qquad (4.40)
\end{aligned}
$$

Bei der Umformung von Gleichung (4.39) auf Gleichung (4.40) haben wir dabei die Beziehungen

$$
\frac{\partial v'}{\partial z} = \frac{\partial w'}{\partial y} \quad , \qquad \frac{\partial u'}{\partial y} = \frac{\partial v'}{\partial x} \quad , \qquad \frac{\partial u'}{\partial z} = \frac{\partial w'}{\partial x}
$$

ausgenutzt, die durch die Voraussetzung der Drehungsfreiheit der Potentialströmung geliefert werden.

Die linke Seite der Gleichung (4.40) ist linear hinsichtlich der Störungsgeschwindigkeitskomponenten u', v', w' und ihren Ortsableitungen. Hingegen enthält ihre rechte Seite nur nichtlineare Terme, da hier Produkte der Störungsterme untereinander auftreten. Wir beschränken uns auf den Fall, dass der Tragflügel die Zuströmung nur geringfügig stört. Es gilt also

$$
\frac{u'}{u_\infty} \ll 1 \quad , \qquad \frac{v'}{u_\infty} \ll 1 \quad , \qquad \frac{w'}{u_\infty} \ll 1 \quad . \qquad (4.41)
$$

Wenn wir nun den ersten Summanden der linken Seite der Gleichung (4.40)

$$
(1 - M_\infty^2) \cdot \frac{\partial u'}{\partial x}
$$

mit dem ersten Summanden der rechten Seite

$$
M_\infty^2 \cdot \left[(\kappa + 1) \cdot \frac{u'}{u_\infty} + \left(\frac{\kappa+1}{2}\right) \cdot \frac{u'^2}{u_\infty^2} + \left(\frac{\kappa-1}{2}\right) \cdot \left(\frac{v'^2 + w'^2}{u_\infty^2}\right)\right] \cdot \frac{\partial u'}{\partial x}
$$

vergleichen so stellen wir fest, dass der Betrag des letzteren für Unterschallströmungen bei einer Zuström-Mach-Zahl M_∞ im Bereich von $0 \leq M_\infty <\approx 0.5$ wesentlich kleiner als der Betrag des zuerst genannten Summanden der linken Seite ist. Dieses trifft auch für Überschallanströmungen zu vorausgesetzt, dass die Zuström-Mach-Zahl sich von $M_\infty = 1$ unterscheidet ($M_\infty >\approx 1.2$).

Wir können weiterhin auf der rechten Seite von Gleichung (4.40) den zweiten, dritten und vierten Summanden vernachlässigen, wenn die Bedingungen (4.41) erfüllt sind. Allerdings ist dies nur dann möglich, wenn die Mach-Zahl nicht zu groß wird. Für Zuström-Mach-Zahlen $M_\infty >\approx 5$ nimmt die rechte Seite der Gleichung (4.40) allmählich Werte an, die verglichen mit den Werten der linken Seite von gleicher Größenordnung sind. Nach Durchführung der Linearisierungsschritte und Abschätzungen bleibt somit nur die linke Seite von Gleichung (4.40) erhalten, während die rechte Seite den Wert Null annimmt. Wir erhalten als Ergebnis eine lineare Gleichung, in der die Störungsgeschwindigkeiten nur in der ersten Potenz vorkommen.

Unter Beachtung von Gleichung (4.36) können wir Gleichung (4.40) in einer Form darstellen, die als einzige Unbekannte nur noch das Störpotential φ enthält. Die Gleichung (4.40) lässt sich also auf die linearisierte Potentialgleichung

$$\boxed{(1 - M_\infty^2) \cdot \frac{\partial^2 \varphi}{\partial x^2} + \frac{\partial^2 \varphi}{\partial y^2} + \frac{\partial^2 \varphi}{\partial z^2} = 0} \qquad (4.42)$$

vereinfachen (beachte die Gleichungen (4.36)), wenn

- der Tragflügel schlank ist und deshalb die Bedingungen (4.41) gelten.
- die Zuström-Mach-Zahl $M_\infty <\approx 5$ ist und sich von $M_\infty = 1$ deutlich unterscheidet, d.h. Gleichung (4.42) gilt **nicht für den Bereich** $\approx 0.5 < M_\infty <\approx 1.2$.

Die Randbedingungen für die lineare Differentialgleichung (4.42) werden für die ungestörte Zuströmung im Unendlichen und für die gestörte Strömung am Grenzschichtrand formuliert. In der ungestörten Zuströmung verschwinden die Störgeschwindigkeiten u', v' und w'. Es gilt also

$$x \to -\infty : \qquad u' = \frac{\partial \varphi}{\partial x} = 0 \quad , \qquad v' = \frac{\partial \varphi}{\partial y} = 0 \quad , \qquad w' = \frac{\partial \varphi}{\partial z} = 0 \quad . \qquad (4.43)$$

Am Grenzschichtrand des Profils zeigt der Geschwindigkeitsvektor in tangentiale Richtung (siehe Abbildung 4.6) und besitzt folglich an jedem Ort der Tragflügeloberfläche die gleiche Steigung wie die Grenzschichtkontur. Es gilt also an jeder beliebigen Stelle x_δ, y_δ und z_δ der Grenzschichtberandung ($z_\delta = z_\delta(x, y)$ steht für die Fläche der Grenzschicht) die Randbedingung:

$$x = x_\delta \quad , \qquad y = y_\delta \quad , \qquad z = z_\delta : \qquad \frac{\partial z_\delta}{\partial x} = \frac{w'}{u_\infty + u'} \quad , \qquad \frac{\partial z_\delta}{\partial y} = \frac{w'}{v'} \quad . \qquad (4.44)$$

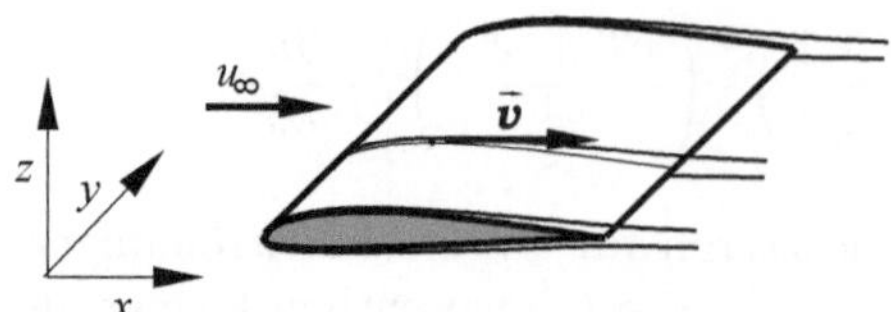

Abb. 4.6: Randbedingungen für einen schlanken Flügel am Grenzschichtrand

In der ersten Gleichung der Randbedingungen (4.44) berücksichtigen wir die Linearisierungsvoraussetzung $u_\infty \gg u'$ und zusätzlich die Gleichungen (4.36). Wir erhalten dann die endgültigen Randbedingungen. Sie lauten

$$x = x_\delta \quad , \qquad y = y_\delta \quad , \qquad z = z_\delta : \qquad \frac{\partial z_\delta}{\partial x} = \frac{1}{u_\infty} \cdot \frac{\partial \varphi}{\partial z} \quad , \qquad \frac{\partial z_\delta}{\partial y} = \frac{\frac{\partial \varphi}{\partial z}}{\frac{\partial \varphi}{\partial y}} \quad . \tag{4.45}$$

Der Gültigkeitsbereich der linearisierten Differentialgleichung (4.42) unterliegt wesentlich restriktiveren Bedingungen als der für Gleichung (3.185), wie wir bereits lernen konnten. Weiterhin gilt die Differentialgleichung nicht für den Staupunktbereich, da dort die Störungsgeschwindigkeiten von gleicher Größenordnung wie die Anströmgeschwindigkeit u_∞ sind.

Trotz dieser Einschränkungen haben die Anwendungen der Differentialgleichung (4.42) in der Aerodynamik eine weite Verbreitung gefunden. Für Überschallströmungen ($M_\infty < 5$) kann die Differentialgleichung analytisch gelöst werden. Die Herleitung dieser analytischen Lösung wird im Folgenden beschrieben.

Weiterhin basieren auf der Gleichung (4.42) für Unterschallströmungen Korrekturformeln zur Berücksichtigung des Kompressibilitätseinflusses. Darunter ist Folgendes zu verstehen: Eine mögliche Vorgehensweise zur Berechnung der Druckverteilung auf einem Tragflügel in einer kompressiblen Strömung besteht aus der Berechnung der inkompressiblen Druckverteilung auf dem Tragflügel mit einer anschließenden Korrektur für den Kompressibilitätseffekt. Zu den bekanntesten Korrekturen zählt die **Prandtl-Glauert-Regel** (siehe *H. Oertel jr.*, 2012).

In Abbildung 4.7 ist der dimensionslose Druckbeiwert

$$c_p = \frac{p - p_\infty}{\frac{1}{2} \cdot \rho_\infty \cdot u_\infty^2}$$

über der Länge des ausgewählten NACA0012-Tragflügelprofils entsprechend der Ergebnisse mehrerer Strömungsberechnungen aufgetragen. Die erste Teilabbildung 1 zeigt einen Vergleich zwischen der Druckverteilung, die gemäß der nichtlinearen Potentialgleichung (3.185) berechnet wurde und der Verteilung, die man unter Anwendung der linearisierten Potentialgleichung (4.42) erhält. Die Zuström-Mach-Zahl beträgt $M_\infty = 0.4$. Obwohl im vorderen und hinteren Staupunktbereich die Störgeschwindigkeit u' von gleicher Größenordnung wie die Zuströmgeschwindigkeit u_∞ ist, stimmen beide Lösungen gut überein. Damit ist gezeigt, dass die linearisierte Potentialgleichung das Strömungsfeld für den Fall der von uns gewählten Unterschallanströmung mit $M_\infty = 0.4$ in guter Näherung beschreibt.

Da wir voraussetzen, dass die Grenzschichtdicken bei den vorherrschenden hohen Flug-Reynolds-Zahlen gering sind, ist der Einfluss der Grenzschichten auf die gesamte Druckverteilung gering, wenn wir den Hinterkantenbereich bei unserer Betrachtung nicht mitberücksichtigen. Die so berechneten Druckverteilungen stimmen folglich bereits recht genau mit den realen Druckverteilungen der Außenströmung überein. Sie können deshalb zur Bestimmung des Auftriebs herangezogen werden.

In Teilabbildung 2 ist das Ergebnis der linearisierten Potentialgleichung im Vergleich mit einer Berechnung gemäß der Reynolds-Gleichungen für die transsonische Flug-Mach-Zahl $M = 0.82$ von Verkehrsflugzeugen dargestellt. Zur Ermittlung des zuletzt genannten Ergebnisses wurde eine numerische Lösungsmethode angewandt, die wir in Kapitel 4.2.4 vorstellen werden. Dieses Ergebnis repräsentiert am Genauesten die reale Druckverteilung. Die Lösung gemäß der linearisierten Potentialgleichung hat nahezu überhaupt keine Gemeinsamkeit mit der Lösung der Reynolds-Gleichungen, womit die Gültigkeitsgrenze $M \approx 0.5$ der Gleichung (4.42) verständlich wird.

In Teilabbildung 3 sind die numerischen Lösungen der Reynolds-Gleichungen (vgl. Kapitel 4.2.4) und der nichtlinearen Potentialgleichung (3.185) im Vergleich dargestellt. Die zuerst genannte Lösung repräsentiert wieder am Genauesten die reale Druckverteilung. Sie unterscheidet sich immer noch deutlich von der Lösung der nichtlinearen Potentialgleichung, obwohl diese bereits realistischere Werte liefert als die linearisierte Potentialgleichung. Ein gravierender Unterschied ist in der Lage der Stöße auf der Saug- und Druckseite erkennbar.

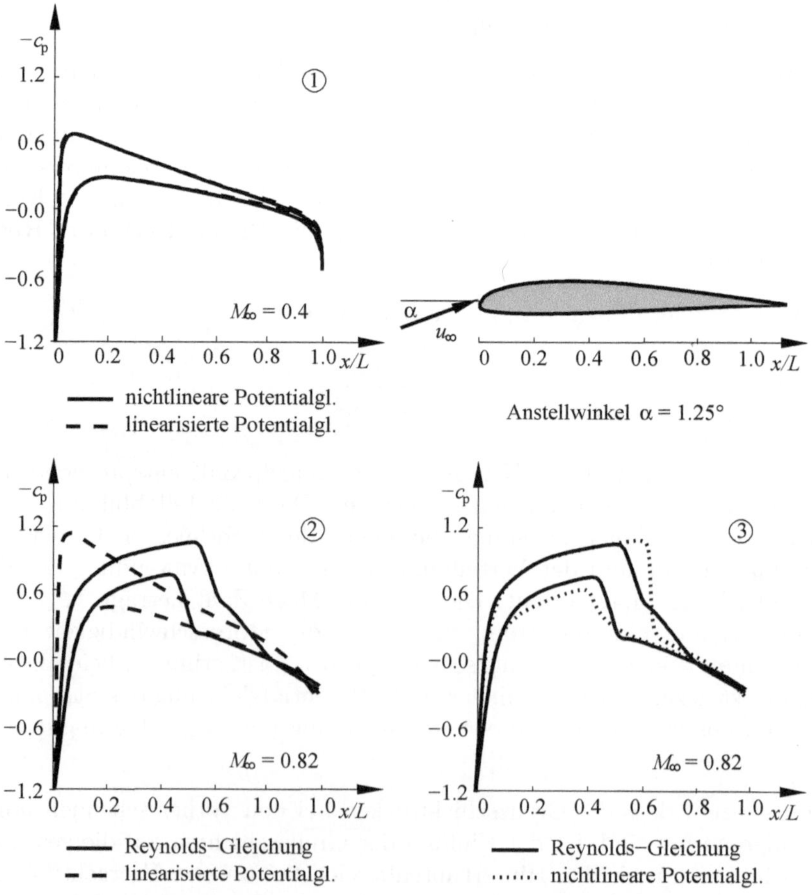

Abb. 4.7: Lösung der Reynolds-Gleichungen (Kapitel 4.2.4), der nichtlinearen Potentialgleichung und der linearisierten Potentialgleichung für das NACA 0012 Profil

Würden wir die Druckverteilung gemäß der Lösung der nichtlinearen Potentialgleichung als Grundlage zur Berechnung des Auftriebs verwenden, wäre der berechnete Auftrieb fehlerbehaftet. Allerdings ist dieser Fehler nicht so groß, dass der so ermittelte Auftrieb nicht als Abschätzung dienen könnte (der Fehler beträgt ungefähr 10%). Zur Berechnung des Widerstandes eines Profils ist ein solches Vorgehen jedoch unzulässig, da aufgrund fehlender Reibungsterme in den Potentialgleichungen eine Widerstandsberechnung grundsätzlich nicht möglich ist.

Bevor wir auf die Herleitung analytischer Lösungen für Überschallströmungen eingehen, wollen wir noch den unterschiedlichen Charakter der Differentialgleichung (4.42) für Unter- und Überschallströmungen diskutieren. Für Strömungen mit einer Anström-Mach-Zahl $M_\infty < 1$ nennen wir die Differentialgleichung elliptisch, für Anström-Mach-Zahlen $M_\infty > 1$ hyperbolisch.

Aus der Mathematik ist bekannt, dass elliptische Differentialgleichungen einen gänzlich anderen Charakter besitzen als hyperbolische Differentialgleichungen und, dass sich die Verfahren zur Lösung elliptischer und hyperbolischer Gleichungen unterscheiden. Der Übergang von einer Unter- in eine Überschallströmung korrespondiert mit einem Wechsel der Eigenschaft der Differentialgleichung (4.42) von elliptisch auf hyperbolisch und ist in dem unterschiedlichen strömungsphysikalischen Verhalten von Störungen in einer Unter- und Überschallströmung begründet.

In einer Unterschallströmung beeinflusst eine an einer beliebigen Stelle im Strömungsfeld eingebrachte Störung das gesamte Strömungsfeld, da sich z.B. die Ausbreitung von Druckstörungen mit Schallgeschwindigkeit vollzieht, die größer ist als die Strömungsgeschwindigkeit. Bei einer Überschallströmung hingegen können die eingebrachten Störungen das Strömungsfeld nur stromab und nicht stromauf beeinflussen, da alle Störungen mit der Strömung schneller stromab transportiert werden als die Ausbreitung der Störungen im Medium mit Schallgeschwindigkeit stromauf geschieht. Zur Berechnung schallnaher Strömungen mit $M_\infty \approx 1$ können wir die Gleichung (4.40) nicht in der Weise vereinfachen, wie wir es zur Herleitung der Gleichung (4.42) bereits durchgeführt haben. Wenn wir nochmals die Vorfaktoren für $\partial u'/\partial x$ auf der linken und rechten Seite der Gleichung (4.40) miteinander vergleichen (diese Gleichung beschreibt exakt alle isentropen drehungsfreien Strömungen), so können wir für Anström-Mach-Zahlen im Bereich von $\approx 0.5 < M_\infty <\approx 1.2$ nur die quadratischen Glieder der Störgeschwindigkeiten vernachlässigen und müssen die linearen Glieder der Störgeschwindigkeiten stehen lassen.

Wir erhalten zur Berechnung von Strömungen mit Anström-Mach-Zahlen im Bereich von $\approx 0.5 < M_\infty <\approx 1.2$ die folgende Gleichung

$$\boxed{\left(1 - M_\infty^2 \cdot \left[1 - (\kappa+1) \cdot \frac{1}{u_\infty} \cdot \frac{\partial \varphi}{\partial x}\right]\right) \cdot \frac{\partial^2 \varphi}{\partial x^2} + \frac{\partial^2 \varphi}{\partial y^2} + \frac{\partial^2 \varphi}{\partial z^2} = 0} \quad . \tag{4.46}$$

Die Gleichung (4.46) ist eine nichtlineare Differentialgleichung, mit der wir reibungsfreie transsonische Tragflügelströmungen berechnen können. Sie basiert ebenfalls auf der Theorie kleiner Störungen und kann deshalb nur für Strömungen um schlanke Tragflügel angewandt werden.

Im verbleibenden Teil dieses Abschnittes werden wir noch die analytische Lösung der Gleichung (4.42) für Überschallanströmungen mit $M_\infty > 1$ herleiten. Wir setzen dabei

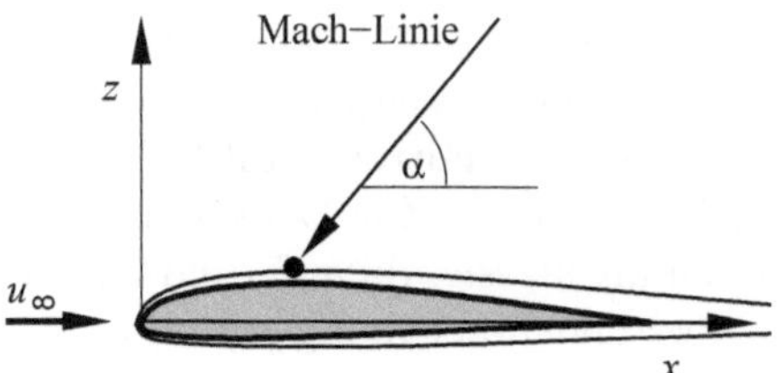

Abb. 4.8: Strömung um einen schlanken Flügel

voraus, dass die Strömung überall parallel zur x, z-Ebene verläuft, so dass wir nur eine ebene Strömung betrachten müssen. Wir suchen also eine Lösung für die Differentialgleichung

$$\lambda^2 \cdot \frac{\partial^2 \varphi}{\partial x^2} - \frac{\partial^2 \varphi}{\partial z^2} = 0 \quad , \qquad \lambda = \sqrt{M_\infty^2 - 1} \quad , \qquad M_\infty > 1 \quad . \tag{4.47}$$

Die Differentialgleichung (4.47) entspricht dem Typ der Wellengleichung, für die die allgemeine Lösung

$$\varphi = \mathrm{f}(x - \lambda \cdot z) + \mathrm{g}(x + \lambda \cdot z) \tag{4.48}$$

gilt. f und g stehen jeweils für eine Funktion, die von dem Argument $x - \lambda \cdot z$ bzw. $x + \lambda \cdot z$ abhängig sind. Die Richtigkeit der allgemeinen Lösung (4.48) kann durch Einsetzen der Ableitungen in die Gleichung (4.47) überprüft werden (siehe dazu Übungsbuch Strömungsmechanik *H. Oertel jr., M. Böhle, U. Dohrmann* 2008).

Wir betrachten zunächst den Sonderfall g = 0. Aus der allgemeinen Lösung (4.48) geht hervor, dass auf Linien $x - \lambda \cdot z =$ konst. der Strömungszustand konstant ist (Abbildung 4.8), d. h. eine Störung, die an der Stelle 1 eingebracht wird, breitet sich entlang dieser Linie aus. Die Linie, für die $x - \lambda \cdot z =$ konst. gilt, wird als Mach-Linie oder auch als Charakteristik bezeichnet.

Um ihre physikalische Bedeutung verstehen zu lernen, denken wir uns eine kleine Störquelle, die sich mit einer Geschwindigkeit u_s schneller als die örtliche Schallgeschwindigkeit a_s durch ein Gas bewegt (Abbildung 4.9). Die Störungen, die sie während ihrer Bewegung verursacht, breiten sich mit der Schallgeschwindigkeit a_s aus und beeinflussen nur den Bereich innerhalb des in Abbildung 4.9 gekennzeichneten Kegels. Wie wir bereits aus Kapitel 2.3.3 wissen, wird dieser Kegel Mach-Kegel genannt. Den Winkel α' zwischen der Horizontalen und der Kegelbegrenzung können wir wie folgt angeben (Abbildung 4.9):

$$\alpha' = \arcsin\left(\frac{a_\mathrm{s}}{U_\mathrm{s}}\right) = \arcsin\left(\frac{1}{M_\mathrm{s}}\right) \quad . \tag{4.49}$$

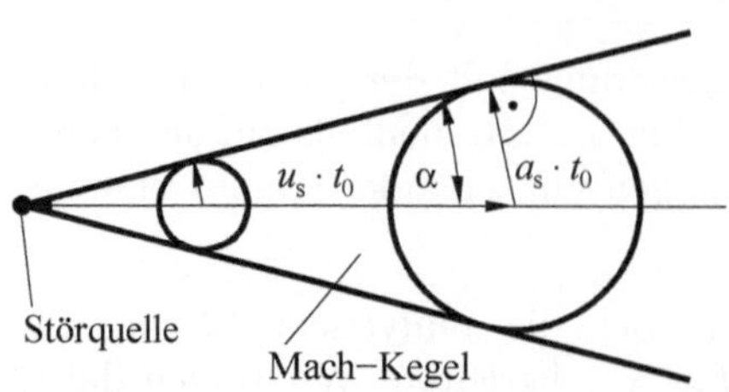

Abb. 4.9: Mach-Kegel

Wir wollen nun wieder den Winkel α zwischen der Mach-Linie und der Horizontalen in Abbildung 4.8 betrachten. Für die Steigung $\mathrm{d}z/\mathrm{d}x$ der Linie gilt

$$\frac{\mathrm{d}z}{\mathrm{d}x} = \frac{1}{\lambda} = \frac{1}{\sqrt{M_\infty^2 - 1}} = \tan(\alpha) \quad .$$

Für den Winkel α zwischen der Horizontalen und der Linie ergibt sich damit:

$$\alpha = \arctan\left(\frac{1}{\sqrt{M_\infty^2 - 1}}\right) = \arcsin\left(\frac{1}{M_\infty}\right) \quad . \tag{4.50}$$

Durch einen Vergleich der Gleichungen (4.49) und (4.50) sowie der beiden zuvor diskutierten Sachverhalte erkennen wir die physikalische Bedeutung der Mach-Linie.

Wir kommen nun zurück auf die analytische Lösung der Gleichung (4.47) und beschränken uns weiterhin auf den Sonderfall $\mathrm{g} = 0$. Durch Differenzieren der Gleichung (4.48) und unter Berücksichtigung $\mathrm{g} = 0$ erhalten wir für die Störgeschwindigkeiten u' und w' die folgenden Gleichungen. Sie lauten

$$u' = \frac{\partial \varphi}{\partial x} = \mathrm{f}' \quad , \qquad w' = \frac{\partial \varphi}{\partial z} = -\lambda \cdot \mathrm{f}' \quad . \tag{4.51}$$

f' steht für die Ableitung von f nach dem Argument $x - \lambda \cdot z$. Aus den beiden Gleichungen (4.51) folgt unmittelbar, dass zwischen u' und w' der Zusammenhang

$$w' = -\lambda \cdot u' \tag{4.52}$$

besteht.

Als nächsten Schritt berücksichtigen wir die Gleichung (4.52) in der kinematischen Strömungsbedingung. Diese lautet

$$\tan(\Theta) = \frac{w'}{u_\infty + u'} \quad , \tag{4.53}$$

wenn Θ der Winkel zwischen der Tangente an der oberen Grenzschichtseite und der Horizontalen ist (Abbildung 4.10).

Berücksichtigen wir weiterhin, dass das Profil schlank ist, so können wir mit guter Näherung annehmen, dass gilt:

$$\tan(\Theta) \approx \Theta \quad , \qquad u' \ll u_\infty \quad ,$$

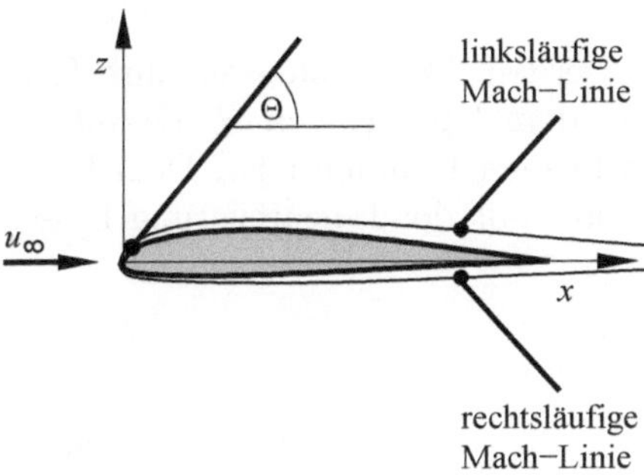

Abb. 4.10: Links- und rechtläufige Mach-Linie

so dass sich die Gleichung (4.53) auf die Gleichung

$$\Theta = \frac{w'}{u_\infty} \qquad (4.54)$$

vereinfacht. Setzen wir in die Gleichung (4.54) für w' die rechte Seite der Gleichung (4.52) ein, erhalten wir

$$\Theta = -\lambda \cdot \frac{u'}{u_\infty} \quad , \qquad u' = -\frac{u_\infty \cdot \Theta}{\lambda} \quad . \qquad (4.55)$$

Mit der Gleichung (4.55) können wir die Störgeschwindigkeit u' auf der Kontur in Abhängigkeit von dem Konturwinkel Θ berechnen. Mit der Gleichung (4.52) erhalten wir dann die Störgeschwindigkeit w'. Damit ist uns der Geschwindigkeitsvektor am Grenzschichtrand vollständig bekannt. Den Druck können wir anschließend mit der Bernoulli-Gleichung für kompressible Strömungen ermitteln.

Die Herleitung der Gleichung (4.55) basiert auf dem Spezialfall g = 0 (Gleichung (4.48)) d. h., dass die Gleichung (4.55) nur für linksläufige Mach-Linien gültig ist. Die Begriffe links- und rechtsläufige Mach-Linien sind in der Abbildung 4.10 erklärt.

Wir können die Herleitung auch für den Spezialfall f = 0 durchführen. In diesem Fall würden wir die Störgeschwindigkeiten an den Stellen des Grenzschichtrandes berechnen, von denen eine rechtsläufige Mach-Linie ins Strömungsfeld hineinläuft. Bei der Tragflügelströmung liegen diese Stellen auf der Unterseite. Die Gleichung für u' lautet dann

$$u' = \frac{u_\infty \cdot \Theta}{\lambda} \quad , \qquad (4.56)$$

so dass wir zusammenfassend für die Störgeschwindigkeit u' die folgende Gleichung angeben können:

$$\boxed{u' = \mp \frac{u_\infty \cdot \Theta}{\lambda}} \quad . \qquad (4.57)$$

Das Pluszeichen steht für die rechtsläufigen, das Minuszeichen für die linksläufigen Mach-Linien. Gleichzeitig müssen wir berücksichtigen, dass auch Θ positive und negative Werte annehmen kann. Winkel in Drehrichtung gegen den Uhrzeigersinn sind positiv.

Für den dimensionslosen Druckbeiwert

$$c_p = \frac{p - p_\infty}{\frac{1}{2} \cdot \rho_\infty \cdot u_\infty^2}$$

kann ebenfalls eine linearisierte Gleichung aufgestellt werden. Wir wollen auf ihre Herleitung in dem vorliegenden Buch verzichten, da sie in dem Übungsbuch *H. Oertel jr., M. Böhle, U. Dohrmann* 2008 als Übungsaufgabe mit Lösung formuliert ist. Dem Leser wird empfohlen, diese Übungsaufgabe selbst zu lösen, um mit der Linearisierung besser vertraut zu werden.

Für c_p erhält man gemäß der genannten Übungsaufgabe

$$c_p = -2 \cdot \frac{u'}{u_\infty} \quad . \qquad (4.58)$$

Setzen wir die rechte Seite der Gleichung (4.57) für u' in die Gleichung (4.58) ein, erhalten wir für c_p die endgültige und einfach anzuwendende Gleichung

$$\boxed{c_p = \pm\frac{2\cdot\Theta}{\lambda} = \pm\frac{2\cdot\Theta}{\sqrt{M_\infty^2 - 1}}} \quad . \tag{4.59}$$

Wie wir lernen konnten, können wir mit der Theorie kleiner Störungen einfache Differentialgleichungen aufstellen, deren Anwendung uns die Berechnung von Druckverteilungen auf schlanken Profilen bei Unter- und Überschallzuströmungen mit moderaten Mach-Zahlen ermöglichen. Allerdings bleibt diese Theorie auch auf diese Anwendungen beschränkt. Verdichtungsstöße, die in jeder Überschallumströmung auftreten, werden bei der Anwendung der linearisierten Theorie vernachlässigt. Die Ergebnisse beschränken sich auf die reibungsfreie Außenströmung der Tragflügel-Profilumströmung.

Profil- und Tragflügeltheorie

Wir knüpfen an Kapitel 2.5 an und stellen in diesem Abschnitt die Lösungsmethoden der linearisierten Potentialgleichung (3.187) und (4.42) für die Unterschallumströmung von Profilen und Tragflügeln bereit.

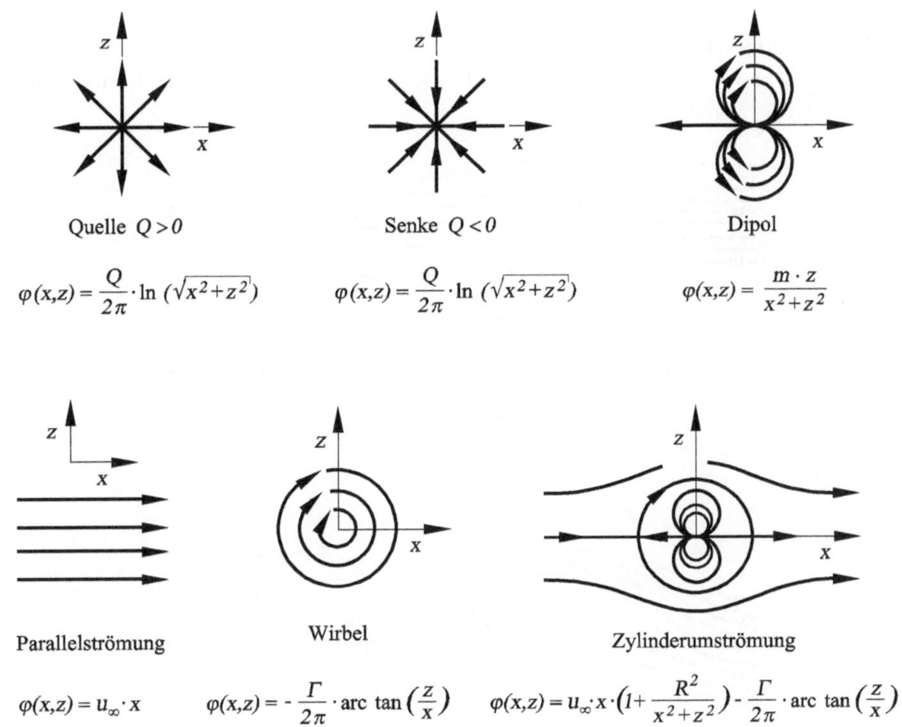

Abb. 4.11: Elementarlösungen der Potentialgleichung

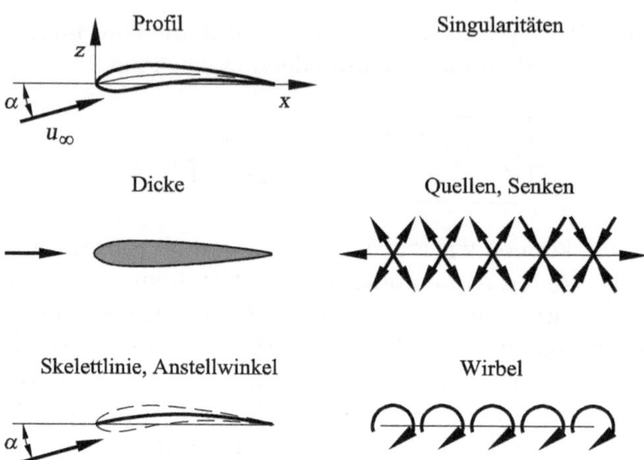

Abb. 4.12: Singularitätenverteilung eines angestellten Profils endlicher Dicke

Grundlage von Prandtls Tragflügeltheorie ist die Erkenntnis, dass der aerodynamische Auftrieb durch die Zirkulationsverteilung um den Tragflügel verursacht wird. Dabei geht man davon aus, dass für große Reynolds-Zahlen die Druck- und Zirkulationsverteilung des Tragflügels mit der linearisierten Potentialgleichung der reibungsfreien Außenströmung näherungsweise berechnet werden kann.

Für die Berechnung der reibungsfreien Profilumströmung gibt es zwei unterschiedliche mathematische Methoden, die Methode der konformen Abbildung und die Singu-

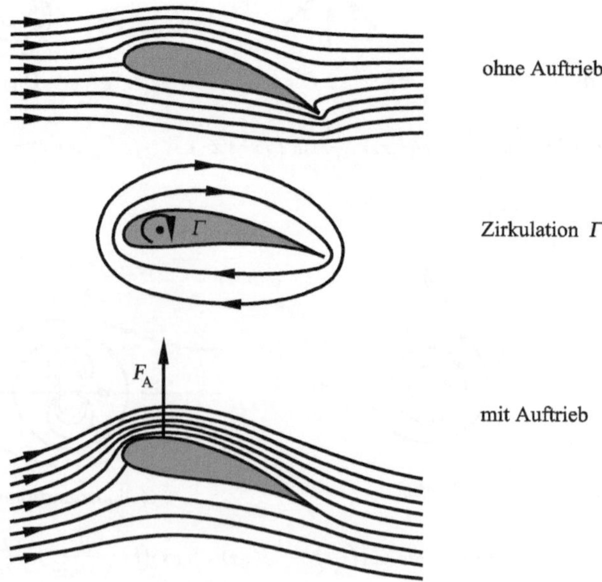

Abb. 4.13: Auftriebserzeugung an einem Tragflügelprofil

laritätenmethode. Im Folgenden wird insbesondere im Hinblick auf die Berechnung der dreidimensionalen Tragflügelströmung die Singularitätenmethode beschrieben.

Dabei geht man von den Partikulärlösungen der linearen Potentialgleichung der Abbildung 4.11 aus, die zum jeweiligen Strömungsbild der Profil- beziehungsweise Tragflügelströmung linear superponiert werden. Die Strömung um ein gewölbtes Profil endlicher Dicke mit dem Anstellwinkel α lässt sich entsprechend der Abbildung 4.12 mit der linearen Superposition von Quellen, Senken (Dicke), Wirbeln (Anstellung) und der Überlagerung einer Translationsgeschwindigkeit (Anströmung) berechnen.

Die lineare Superposition von Einzellösungen führt in Abbildung 4.13 mit der **Kutta-Joukowski-Bedingung** an der Hinterkante auch bei reibungsfreier Profilumströmung zu einer Auftriebskraft pro Längeneinheit F_A, die mit der Zirkulation

$$\Gamma = \oint \boldsymbol{v} \cdot \mathrm{d}\boldsymbol{s} \tag{4.60}$$

berechnet werden kann:

$$\boxed{F_\mathrm{A} = \rho \cdot \Gamma \cdot u_\infty} \quad . \tag{4.61}$$

Die Zirkulation besitzt die Dimension L^2/T. Die Entstehung der Zirkulation am Tragflügel kann man mit Abbildung 4.14 erklären. Beim Start des Flügels entsteht an der Hinterkante ein Anfahrwirbel mit negativer Zirkulation $-\Gamma$. Da die Zirkulation erhalten bleiben muss, entsteht um den Flügel die gleiche Zirkulation aber mit positiven Vorzeichen, die man gebundenen Wirbel nennt. Verknüpft man den gebundenen Wirbel, den Anfahrwirbel und die Randwirbel an den Flügelspitzen, entsteht das geschlossene Wirbelsystem der Abbildung 4.15, da kein Wirbel in der freien Strömung enden kann. Der Auftrieb des gebundenen Wirbels ist mit dem induzierten Widerstand c_i der Gleichung (2.175) verknüpft.

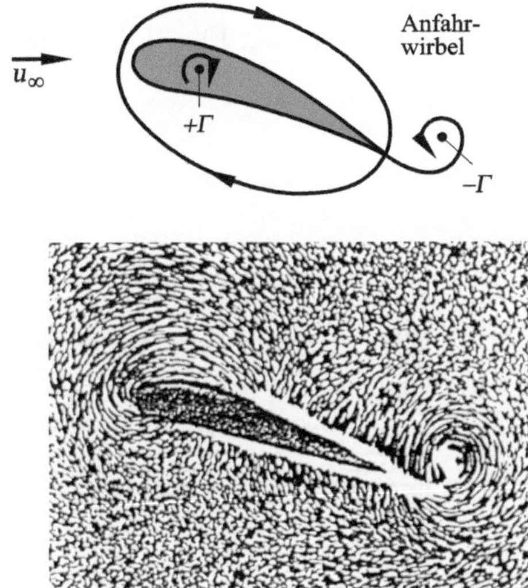

Abb. 4.14: Anfahrwirbel und gebundener Wirbel eines Tragflügelprofils, L. Prandtl und O. G. Tietjens 1934

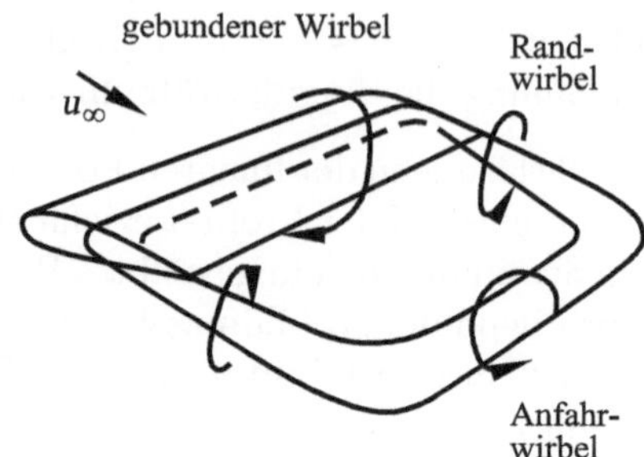

Abb. 4.15: Wirbelsystem um einen Tragflügel

Der theoretische Ansatz von *L. Prandtl* 1920 für die **Tragflügeltheorie** geht davon aus, dass zur Berechnung des Auftriebs eines schlanken Flügels dieser durch eine Auftriebslinie (Skelettlinie) der Abbildung 4.12 mit überlagerter Zirkulationsverteilung ersetzt wird.

Das einfachste Wirbelsystem eines endlichen Tragflügels besteht aus dem gebundenen Wirbel der Wirbelstärke Γ und den zwei Randwirbeln gleicher Wirbelstärke. Da die Auftriebsverteilung zu den Flügelspitzen hin abnimmt, kann man diese näherungsweise mit einem Wirbelsystem infinitesimaler Wirbelstärke über die Spannweite S des Flügels darstellen. Für das Wirbelsystem der Abbildung 4.16 ergibt sich in der Mitte des Tragflügels ein nach vorne und hinten unendlich ausgedehnter Wirbel der Stärke Γ. Im Abstand d erhält man die abwärts gerichtete Geschwindigkeit $w = \Gamma/(2 \cdot \pi \cdot d)$. Ein von der Schnittebene durch den Flügel nur nach hinten erstreckender Wirbel hat aus Symmetriegründen die Hälfte der Geschwindigkeit $\Gamma/(4 \cdot \pi \cdot d)$. In der Mitte des Tragflügels $d = S/2$ kommen die zwei Beträge der Geschwindigkeit von dem rechten und linken Wirbel zusammen. Dies ergibt:

$$w_0 = 2 \cdot \frac{\Gamma}{4 \cdot \pi \cdot \dfrac{S}{2}} = \frac{\Gamma}{\pi \cdot S} \quad . \tag{4.62}$$

Mit der Kutta-Joukowski-Bedingung $\Gamma = F_\mathrm{A}/(\rho \cdot S \cdot u_\infty)$ für den Flügel der Spannweite S wird

$$w_0 = \frac{F_\mathrm{A}}{\pi \cdot \rho \cdot u_\infty \cdot S^2} \quad . \tag{4.63}$$

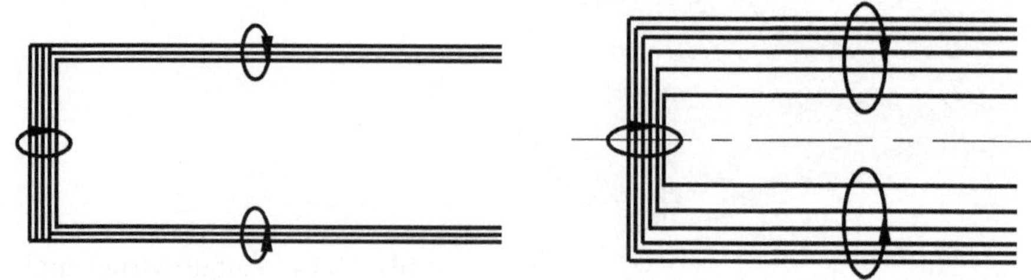

Abb. 4.16: Vereinfachtes Wirbelsystem eines Tragflügels

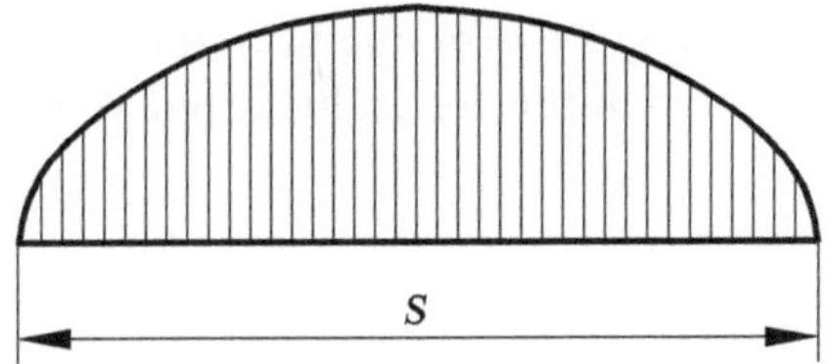

Abb. 4.17: Elliptische Auftriebsverteilung

In der Umgebung der Flügelmitte ergeben sich größere Geschwindigkeiten, die in der Nähe der Flügelenden gegen Unendlich gehen. Dies bedeutet, dass die Annahme eines bis zum Flügelende konstanten Auftriebs unzulässig ist. Setzt man die in Abbildung 4.17 dargestellte elliptische Auftriebsverteilung voraus, erhält man über den Flügel die konstante Vertikalgeschwindigkeit w. In der Mitte ist die Zirkulation um $4/\pi$ mal größer als der Mittelwert. Damit liegen die einzelnen Wirbelfäden im Durchschnitt näher an der Mitte und w wird größer als w_0. Die Integration über alle Wirbelfäden ergibt:

$$w = 2 \cdot w_0 = \frac{2 \cdot F_A}{\pi \cdot \rho \cdot u_\infty \cdot S^2} \quad . \tag{4.64}$$

Damit wird

$$\tan(\alpha) = \frac{w}{u_\infty} = \frac{2 \cdot F_A}{\pi \cdot \rho \cdot u_\infty^2 \cdot S^2} = \frac{F_A}{\pi \cdot p_s \cdot S^2} \quad , \tag{4.65}$$

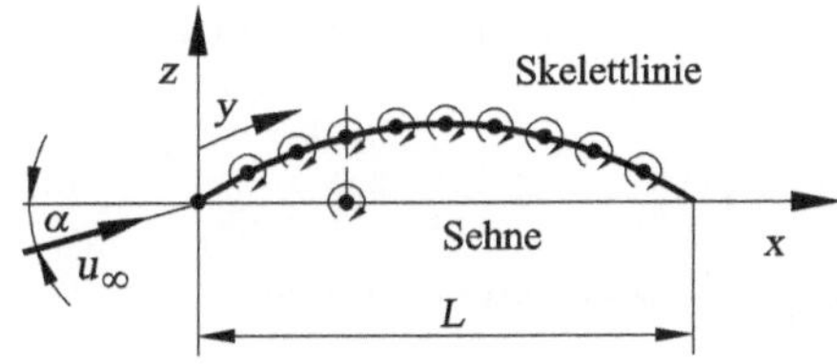

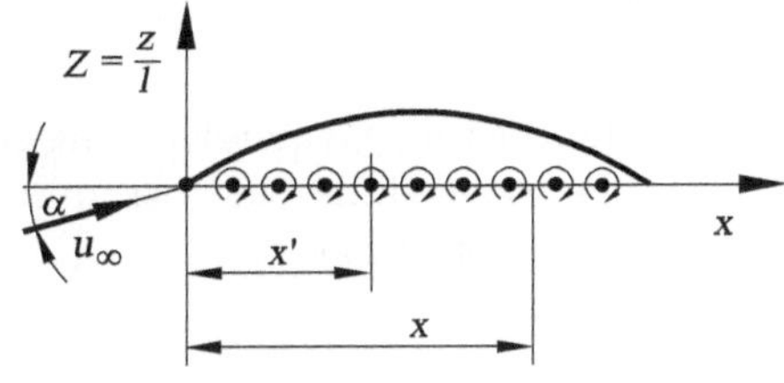

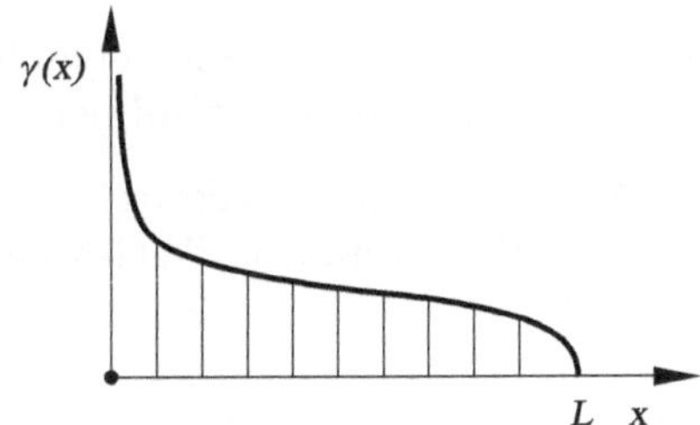

Abb. 4.18: Verteilung der Wirbelstärke entlang der Skelettlinie und Profilsehne eines schlanken Profils

mit dem Staudruck p_s. Da w bei einer elliptischen Auftriebsverteilung über die Spannweite S konstant ist, ist auch $\tan(\alpha)$ konstant. Damit ergibt sich für den induzierten Widerstand $F_{\mathrm{W,i}} = F_\mathrm{A} \cdot \tan(\alpha)$:

$$F_{\mathrm{W,i}} = \frac{F_\mathrm{A}^2}{\pi \cdot p_\mathrm{s} \cdot S^2} \quad . \tag{4.66}$$

Die Gleichung (4.66) zeigt, dass der induzierte Widerstand umso kleiner wird, je größer die Spannweite S ist, auf der der Auftrieb verteilt wird. Dies führt bei Flugzeugen zu Flügeln großer Spannweite. Die Flügeltiefe L kommt in Gleichung (4.66) nicht vor. Es kommt also lediglich auf den Strömungszustand hinter dem Flügel an und nicht auf die Verteilung der Zirkulation über die Tiefe des Flügels.

Die Verteilung der Wirbelstärke auf der Skelettlinie eines schlanken Profils ergibt sich aus der kinematischen Bedingung, dass die Skelettlinie eine Stromlinie sein muss. Dabei wird der Wirbelverteilung die Translationsgeschwindigkeit u_∞ überlagert, die mit der Profilsehne den Anstellwinkel α bildet (Abbildung 4.18). Für eine Stromlinie gilt, dass in jedem Punkt die Vertikalgeschwindigkeitskomponente verschwindet. Für ein schlankes Profil kann man näherungsweise die Skelettlinie durch die Profilsehne ersetzen, so dass in erster Näherung gilt:

$$u_\infty \cdot \left(\alpha - \frac{\mathrm{d}z}{\mathrm{d}x}\right) + w(x) = 0 \quad . \tag{4.67}$$

$\gamma(x)$ ist die Wirbelstärke pro Längeneinheit (Wirbeldichte). Ein infinitesimales Wirbelelement der Stärke $\gamma(x') \cdot \mathrm{d}x'$ am Ort x' erzeugt die infinitesimale Geschwindigkeit

$$\mathrm{d}w = -\frac{\gamma(x') \cdot \mathrm{d}x'}{4 \cdot \pi \cdot (x - x')} \quad . \tag{4.68}$$

Die Integration über die Flügeltiefe L ergibt die Vertikalgeschwindigkeit

$$w(x) = -\frac{1}{4 \cdot \pi} \cdot \int\limits_0^L \frac{\gamma(x') \cdot \mathrm{d}x'}{x - x'} \quad . \tag{4.69}$$

Die Gleichung (4.67) mit der Vertikalgeschwindigkeit (4.69) ist die Grundgleichung schlanker Profile, die sich aus der Forderung ergibt, dass die Skelettlinie eine Stromlinie ist. Damit berechnet man unter anderem die Steigung des Auftriebsbeiwertes c_a in Abbildung 2.126:

$$\frac{\mathrm{d}c_\mathrm{a}}{\mathrm{d}\alpha} = 2 \cdot \pi \quad . \tag{4.70}$$

Die Übertragung auf den Tragflügel knüpft an die Wirbelfilamente, die gebundenen und freien Randwirbel der Abbildung 4.16 an, die man auch **Hufeisenwirbel** nennt.

Ein nach beiden Seiten ins Unendliche reichende Wirbelfilament erzeugt entsprechend der Abbildung 4.19 für jedes infinitesimale Wirbelelement $\mathrm{d}\boldsymbol{l}$ am Punkt P die Geschwindigkeit

$$\boxed{\mathrm{d}\boldsymbol{v} = \frac{\Gamma}{4 \cdot \pi} \cdot \frac{\mathrm{d}\boldsymbol{l} \times \boldsymbol{r}}{|\boldsymbol{r}^3|}} \quad . \tag{4.71}$$

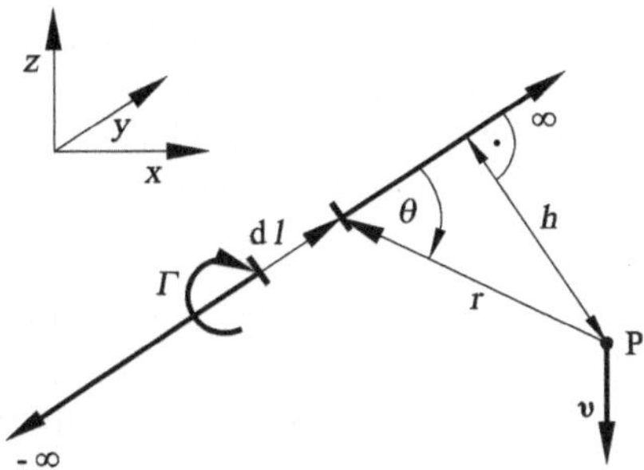

Abb. 4.19: Geschwindigkeit $\boldsymbol{v}$ im Punkt P eines geraden Wirbelfilaments

Diese Beziehung wird **Biot-Savart-Gesetz** genannt. Die Integration entlang des Wirbelfilaments ergibt:

$$\boldsymbol{v} = \int_{-\infty}^{\infty} \frac{\Gamma}{4 \cdot \pi} \cdot \frac{\mathrm{d}\boldsymbol{l} \times \boldsymbol{r}}{|\boldsymbol{r}^3|} \quad . \tag{4.72}$$

Mit der Definition des Vektorprodukts erhält man die Richtung des Geschwindigkeitsvektors $w = |\boldsymbol{v}|$, die nach unten zeigt:

$$w = \frac{\Gamma}{4 \cdot \pi} \cdot \int_{-\infty}^{\infty} \frac{\sin(\Theta)}{\boldsymbol{r}^2} \cdot \mathrm{d}l \quad . \tag{4.73}$$

Mit dem senkrechten Abstand h zum Wirbelelement $\mathrm{d}l$ ergibt die Integration für ein halbunendliches Wirbelfilament:

$$w = \frac{\Gamma}{4 \cdot \pi \cdot h} \quad . \tag{4.74}$$

Das Konzept der Wirbelfilamente wurde erstmals von *H. L. F. von Helmholtz* für die Berechnung reibungsfreier inkompressibler Strömungen eingeführt. Die **Helmholtzschen Wirbelsätze** sagen aus, dass die Wirbelstärke Γ entlang des Wirbelfilaments konstant ist und dass ein Wirbelfilament nicht im Strömungsfeld enden kann. Dabei kann die Begrenzung des Wirbelfilaments durchaus im Unendlichen liegen, wo die Schließung mit dem

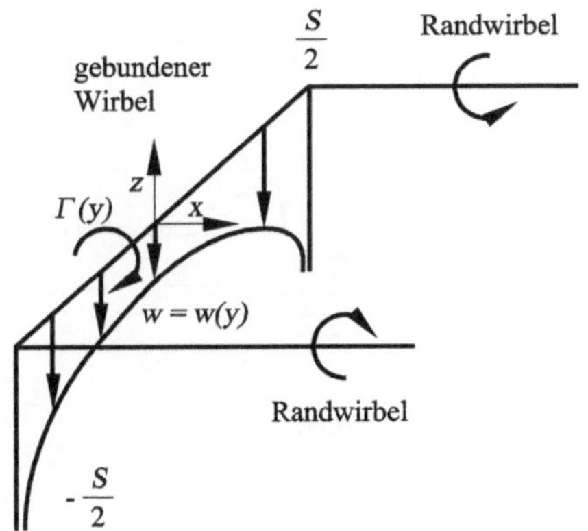

Abb. 4.20: Verteilung der Vertikalgeschwindigkeit $w(y)$ für einen einzelnen Hufeisenwirbel

Anfahrwirbel (Abbildung 4.15) vorgenommen wird. Wie bereits dargelegt, hat *L. Prandtl* das Konzept des Hufeisenwirbels mit dem gebundenen Wirbel und zwei ins Unendliche reichenden Randwirbeln für die Berechnung des induzierten Auftriebs eines Tragflügels erweitert, wobei die Zirkulationsverteilung über dem endlichen Tragflügel berücksichtigt wird.

Betrachtet man den einzelnen Hufeisenwirbel der Abbildung 4.20 erkennt man, dass der gebundene Wirbel der Spannweite S keine Geschwindigkeitskomponente entlang des Wirbelfilaments verursacht. Es entsteht die Vertikalkomponente $w(y)$. Die Randwirbel überlagern ebenfalls eine Vertikalkomponente der Geschwindigkeit. Mit Gleichung (4.74) erhält man den Beitrag der halbunendlichen Randwirbel:

$$w = -\frac{\Gamma}{4 \cdot \pi \cdot \left(\dfrac{S}{2} + y\right)} - \frac{\Gamma}{4 \cdot \pi \cdot \left(\dfrac{S}{2} - y\right)} = -\frac{\Gamma}{4 \cdot \pi} \cdot \frac{S}{\dfrac{S^2}{4} - y^2} \quad . \tag{4.75}$$

Man beachte, dass w an den Flügelenden $\pm S/2$ gegen $-\infty$ geht. Dies führte dazu, dass *L. Prandtl* nicht einen einzigen Hufeisenwirbel auf dem Flügel betrachtete, sondern eine große Anzahl von Hufeisenwirbeln unterschiedlicher Länge des gebundenen Wirbels. Diese werden entlang einer Linie angeordnet, die man Auftriebslinie nennt. Abbildung 4.21 zeigt zunächst die Superposition von drei Hufeisenwirbeln. Der erste Hufeisenwirbel der Wirbelstärke $\mathrm{d}\Gamma_1$ umspannt den gesamten gebundenen Wirbel vom Punkt A ($y = -S/2$), bis zum Punkt F ($y = +S/2$). Dem überlagert wird der zweite Hufeisenwirbel der Wirbelstärke $\mathrm{d}\Gamma_2$ von B bis E, der nur einen Teil des gebundenen Wirbels überdeckt. Der dritte Hufeisenwirbel $\mathrm{d}\Gamma_3$ wird von C bis D überlagert. Daraus resultiert, dass die Wirbelstärke $\Gamma(y)$ sich entlang des gebundenen Wirbels (Auftriebslinie) verändert. Sie beträgt entlang $\overline{AB}$ und $\overline{EF}$ $\mathrm{d}\Gamma_1$, entlang $\overline{BC}$ und $\overline{DE}$ $\mathrm{d}\Gamma_1 + \mathrm{d}\Gamma_2$ und entlang $\overline{CD}$ $\mathrm{d}\Gamma_1 + \mathrm{d}\Gamma_2 + \mathrm{d}\Gamma_3$. Jedem Wirbelelement entlang der Auftriebslinie sind zwei Randwirbel zugeordnet. Die Wirbelstärke eines jeden Randwirbels ist gleich der Änderung der Zirkulation entlang der Auftriebslinie.

Extrapoliert man die Superposition auf unendlich viele Hufeisenwirbel der infinitesimalen Wirbelstärke $\mathrm{d}\Gamma$ erhält man eine kontinuierliche Verteilung der Wirbelstärke $\Gamma(y)$ über die Spannweite des Flügels. Der Maximalwert der Zirkulation ist Γ_0. Aus der endlichen Anzahl von Hufeisenwirbeln ist eine kontinuierliche Wirbelstraße parallel zur Anströmung

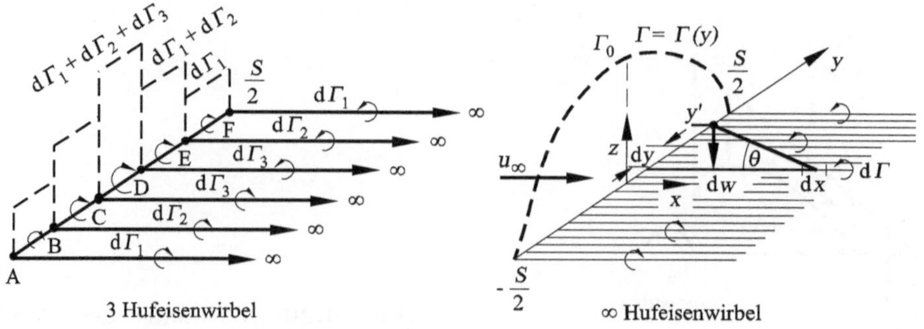

Abb. 4.21: Superposition von Hufeisenwirbeln entlang der Auftriebslinie

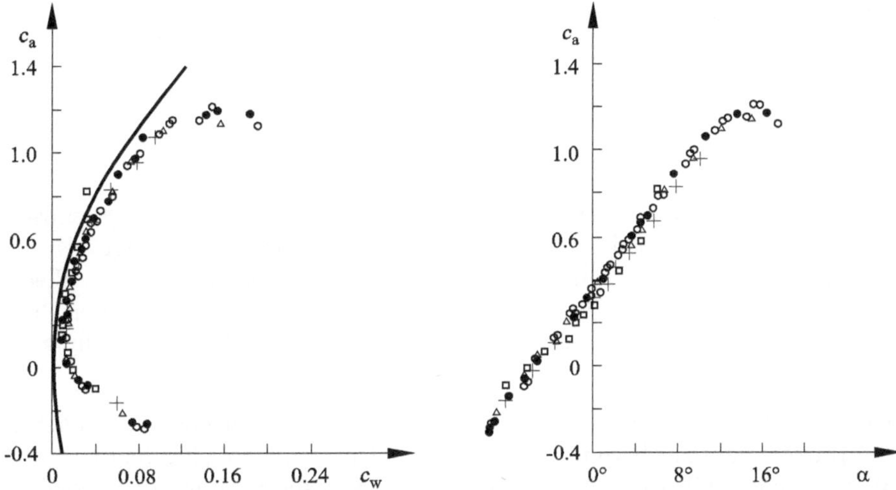

Abb. 4.22: Polaren- und Auftriebsbeiwerte von Rechteckflügeln der Seitenverhältnisse $S/L = 1$ bis 7, L. Prandtl 1915

u_∞ geworden. Die Integration der Wirbelstärke quer zur Wirbelstraße ergibt Null, da die Randwirbel jeweils paarweise gleiche Wirbelstärke entgegengesetzten Vorzeichens haben.

Betrachtet man ein infinitesimales Element $\mathrm{d}y$ der Auftriebslinie mit der Wirbelstärke $\Gamma(y)$, beträgt die Änderung über das Element $\mathrm{d}\Gamma = (\mathrm{d}\Gamma/\mathrm{d}y) \cdot \mathrm{d}y$. Die Wirbelstärke des Randwirbels am Ort y ist gleich der Änderung der Wirbelstärke $\mathrm{d}\Gamma$. An der Stelle y' verursacht jedes Element $\mathrm{d}x$ des Randwirbels entsprechend dem Biot-Savart-Gesetz (4.71) die Vertikalgeschwindigkeit

$$\mathrm{d}w = \frac{\dfrac{\mathrm{d}\Gamma}{\mathrm{d}y} \cdot \mathrm{d}y}{4 \cdot \pi \cdot (y' - y)} \quad . \tag{4.76}$$

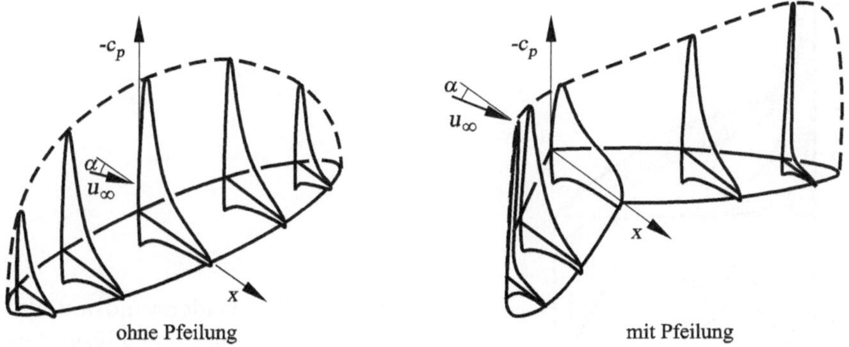

Abb. 4.23: Druckverteilungen eines Flügels großer Streckung, D. Küchemann 1978

Die Integration über alle Randwirbel ergibt:

$$w(y') = \frac{1}{4 \cdot \pi} \cdot \int_{-\frac{S}{2}}^{\frac{S}{2}} \frac{\frac{\mathrm{d}\Gamma}{\mathrm{d}y}}{y' - y} \cdot \mathrm{d}y \quad . \tag{4.77}$$

Mit der Prandtlschen Tragflügeltheorie können alle reibungsfreien aerodynamischen Eigenschaften eines vorgegebenen Tragflügels berechnet werden. Dabei zeigt sich, dass der Flügel mit einer elliptischen Grundfläche zu einem minimalen induzierten Wiederstand führt. Da elliptische Flügel jedoch schwierig zu fertigen sind, hat man in der Praxis den Trapezflügel bevorzugt, der näherungsweise eine elliptische Auftriebsverteilung verwirklicht.

Ein wichtiges Ergebnis der Tragflügeltheorie ist, dass der induzierte Wiederstand sich umgekehrt proportional zur Spannweite S verhält. Um beim Tragflügelentwurf den induzierten Widerstand möglichst gering zu halten, muss also die Spannweite S möglichst groß gewählt werden. Dies hat *L. Prandtl* 1915 experimentell an Rechteckflügeln der Seitenverhältnisse S/L von 1 bis 7 bestätigt. Die Ergebnisse sind in Abbildung 4.22 zusammengefasst. Dabei wurden die Auftriebs- und Widerstandsbeiwerte auf den Rechteckflügel mit dem Seitenverhältnis $S/L = 5$ skaliert.

Mit der Erweiterung von Prandtls Tragflügeltheorie auf Tragflügel endlicher Dicke lassen sich die Druckverteilungen auf der Flügelober- und unterseite berechnen. Die Abbildung 4.23 zeigt typische Druckverteilungen über der Fläche von Unterschall-Tragflügeln. Die nahezu elliptische Spannweitenverteilung entspricht dem zuvor diskutierten Sachverhalt. Die starke Beschleunigung stromab der Vorderkante des Flügels führt auf den Ober- und

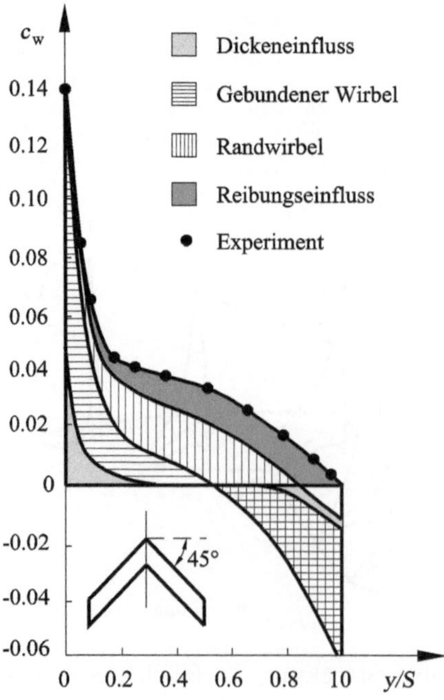

Abb. 4.24: Widerstandsanteile über die Spannweite eines gepfeilten Unterschall-Flügels, $Re_L = 1.7 \cdot 10^6$, D. Küchemann 1978

Unterseiten zu unterschiedlichen Druckspitzen, die letztendlich den Auftrieb des Flügels verursachen. Für den gepfeilten Unterschall-Flügel ändert sich die Druckverteilung über die Spannweite beträchtlich. Die Druckspitzen sind an den Flügelenden mehr ausgeprägt, was für den Flügelentwurf unerwünscht ist.

Bisher wurde ausschließlich die reibungsfreie Tragflügeltheorie behandelt. Von Gleichung (2.175) weiß man, dass der Gesamtwiderstand c_{w} und der Auftrieb c_{a} neben den Druck- und induzierten Anteilen c_{d} und c_{i} einen Reibungsanteil $c_{\text{f,g}}$ enthält. Die Abbildung 4.24 gibt einen Überblick über die entsprechenden Anteile entlang der Spannweite eines gepfeilten Unterschall-Flügels bei der Reynolds-Zahl $Re_L = 1.7 \cdot 10^6$ und einem vorgegebenen Auftriebsbeiwert $c_{\text{a}} = 0.56$ eines Verkehrsflugzeuges.

Die Berechnung der reibungsbehafteten Strömung eines Tragflügels wird in Kapitel 4.2 behandelt.

4.1.3 Stabilitätsanalyse

Nachdem wir in Kapitel 4.1.2 die Methode der Linearisierung kennen gelernt haben, wollen wir in diesem Abschnitt über die Methode der Stabilitätsanalyse eine Anwendung der Störungsberechnung behandeln. Entsprechend ihrer Namensgebung liegt die Aufgabe der Stabilitätsanalyse darin, die zeitliche oder räumliche Entwicklung von Störungen zu bestimmen, die einer gegebenen Laminarströmung überlagert sind. Die entscheidende Frage dabei ist, ob die aufgebrachten Störungen anwachsen oder abklingen. Klingen die Störungen ab, so bezeichnen wir die gegebene laminare Grundströmung als stabil. Wachsen die Störungen jedoch an, so setzt ein Transitionsprozess ein und wir nennen die Grundströmung instabil. Ziel der in diesem Abschnitt vorgestellten stabilitätsanalytischen Methoden ist die Berechnung einer mit der Lauflänge x gebildeten kritischen Reynolds-Zahl Re_{c}, oberhalb derer eine gegebene Laminarströmung instabil wird und in den turbulenten Strömungszustand übergeht.

Um die mathematische Methode der Stabilitätsanalyse ableiten zu können, knüpfen wir an Kapitel 2.4.1 an und behandeln den laminar-turbulenten Übergang in einer Grenzschichtströmung (Abbildung 4.25). Bei einer Grenzschichtströmung vollzieht sich der Übergang von einem laminaren in einen turbulenten Strömungszustand unter Ablauf eines sogenannten Transitionsprozesses, der sich als Folge einer strömungsmechanischen Instabilität einstellt. Von den Transitionsvorgängen in der dreidimensionalen Tragflügel-Grenzschicht untersuchen wir in einem ausgewählten Volumenelement den laminar-turbulenten Übergang, der stromab mit Tollmien-Schlichting-Wellen (TS) einsetzt. Auf die ebenfalls dargestellte Querströmungsinstabilität (QS) gehen wir hier nicht näher ein, sondern wir verweisen auf unser Lehrbuch über die strömungsmechanischen Instabilitäten, *H. Oertel jr.*, *J. Delfs* 1995, 2005.

Wir beginnen die Stabilitätsanalyse, indem wir aus dem in Abbildung 4.25 gezeigten Strömungsfeld im Bereich der Tollmien-Schlichting-Wellen (TS) ein lokales Volumenelement herausgreifen, in welchem wir den laminar-turbulenten Übergang erwarten und machen die folgenden vereinfachenden Annahmen: Zunächst vernachlässigen wir die Krümmung des Tragflügels stromab und gehen davon aus, dass sich die Grenzschichtdicke über dem betrachteten Volumenelement nur geringfügig ändert. Dies ist die Aussage der **Parallelströmungsannahme**. Damit haben wir das Stabilitätsproblem der Tragflügel-Grenzschicht auf die Transition in einer Plattengrenzschicht reduziert, die wir zur weiteren Vereinfachung als inkompressibel annehmen wollen (vgl. Abbildung 4.26). Den stationären, zweidimensionalen laminaren Grundströmungszustand, den wir auf Stabilität untersuchen wollen, kennzeichnen wir im Folgenden durch einen tiefgestellten Index 0. Diese Laminarströmung steht dabei unter der Einwirkung kleiner Störungen in den Geschwindigkeitskomponenten u und w sowie des Druckes p, die z.B. durch Wandrauhigkeiten oder auch vorhandene Unregelmäßigkeiten im Anströmzustand verursacht werden können. Die Störungsgrößen werden mit einem an der jeweiligen Variablen angebrachten Strich gekennzeichnet. Abbildung 4.26 deutet den Fall an, dass eine vorhandene harmonische Störungsgeschwindigkeit w' (eine TS-Welle) am gleichen Ort in ihrer Amplitude zeitlich anwächst.

Jede physikalisch mögliche Strömung, ob gestört oder ungestört, muss zunächst notwendigerweise die Kontinuitätsgleichung und die Navier-Stokes-Gleichungen erfüllen, die wir zu Beginn der mathematischen Analyse für eine zweidimensionale inkompressible Strömung gemäß Gleichung (3.20) in koordinatenfreier Vektorschreibweise schreiben

$$\nabla \cdot \vec{v} = 0 \quad , \tag{4.78}$$

$$\frac{\partial \vec{v}}{\partial t} + (\vec{v} \cdot \nabla)\vec{v} = -\frac{1}{\rho} \nabla p + \nu \cdot \Delta \vec{v} \quad . \tag{4.79}$$

Die stationäre inkompressible Grundströmung, die wir auf Stabilität untersuchen wollen, setzen wir in gewohnter Schreibweise, lediglich mit einem tiefgestellten Index 0 versehen, in der Form

$$\vec{v}_0 = (u_0(z), 0, 0)_{x=X} \quad , \qquad (\nabla p_0)_{x=X} = \text{konst.} \tag{4.80}$$

als bekannt voraus. u_0 bezeichnet dabei die Geschwindigkeitskomponente in Stromabrichtung x und der Index $x = X$ bedeutet, dass wir das gegebene Geschwindigkeitsprofil $\vec{v}_0$

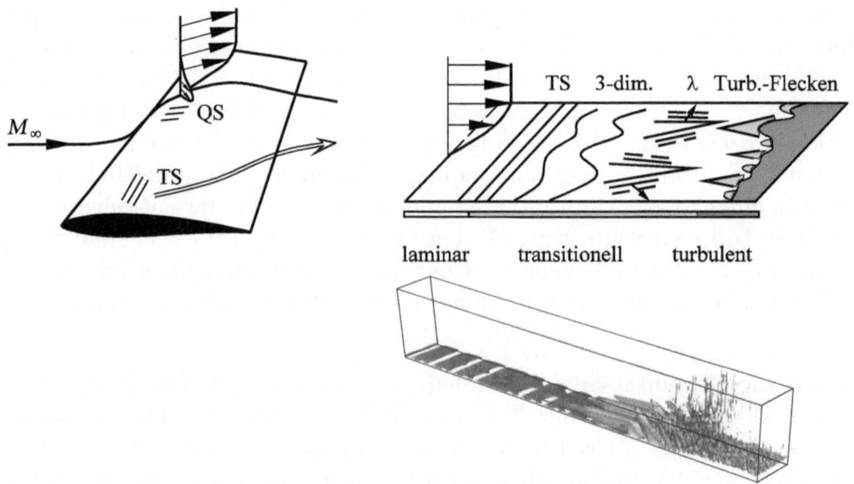

Abb. 4.25: Laminar-turbulenter Übergang in einer Tragflügel-Grenzschicht

und den ebenfalls bekannten Druckgradienten $\bigtriangledown p_0$ an einer fest vorgegebenen Position $x = X$ in Stromabrichtung auswerten und somit eine lokale Analyse der Grundströmung betreiben. Mit der Voraussetzung, dass u_0 ausschließlich von der Wandnormalenkoordinate z abhängt und, dass die beiden anderen Geschwindigkeitskomponenten verschwinden, haben wir die Parallelströmungsannahme angewandt. Dieser bekannten Grundströmung $\vec{\boldsymbol{v}}_0$, $\bigtriangledown p_0$ werden Störungen $\vec{\boldsymbol{v}}' = (u', 0, w')$, $\bigtriangledown p' = (\partial p'/\partial x, 0, \partial p'/\partial z)$ überlagert, deren Entwicklung wir untersuchen wollen. u' und w' bezeichnen Störungsgeschwindigkeiten in x- bzw. z-Richtung und p' die Druckstörung. Der Ausdruck physikalisch möglich bedeutet hierbei, dass die aus Grundströmung und Störströmung zusammengesetzte Gesamtströmung

$$\vec{\boldsymbol{v}} = \vec{\boldsymbol{v}}_0 + \vec{\boldsymbol{v}}' = \begin{pmatrix} u_0 + u' \\ 0 \\ w' \end{pmatrix} \quad , \quad \bigtriangledown p = \bigtriangledown p_0 + \bigtriangledown p' = \begin{pmatrix} \dfrac{\partial p_0}{\partial x} + \dfrac{\partial p'}{\partial x} \\ 0 \\ \dfrac{\partial p_0}{\partial z} + \dfrac{\partial p'}{\partial z} \end{pmatrix} \tag{4.81}$$

ebenfalls die Navier-Stokes-Gleichungen zu erfüllen hat. Die Störungsgrößen nehmen wir als zweidimensional und zeitabhängig an, sie haben folglich die Gestalt

$$u'(x, z, t) \quad , \quad w'(x, z, t) \quad , \quad p'(x, z, t) \quad . \tag{4.82}$$

Die Störungsgrößen nach Gleichung (4.82) sind als infinitesimal klein anzunehmen. Daher werden wir im weiteren Verlauf unserer Überlegungen lineare Störungsdifferentialgleichungen erhalten, da wir quadratische Glieder der Störungsbewegungen gegenüber den linearen Gliedern vernachlässigen können. Wir setzen nun die aus Grundströmung und Störanteilen zusammengesetzte Gesamtströmung gemäß Gleichung (4.81) in die Kontinuitätsgleichung (4.78) und die Navier-Stokes-Gleichungen (4.79) ein. Wir erhalten also der Reihe nach zunächst aus der Kontinuitätsgleichung

$$\frac{\partial u'}{\partial x} + \frac{\partial w'}{\partial z} = 0 \quad . \tag{4.83}$$

In den folgenden Navier-Stokes-Gleichungen schreiben wir die Terme, die ausschließlich Grundströmungsanteile mit dem tiefgestellten Index 0 enthalten, auf die rechte Seite und vernachlässigen des Weiteren die in den Störungsgliedern quadratischen Terme, so dass

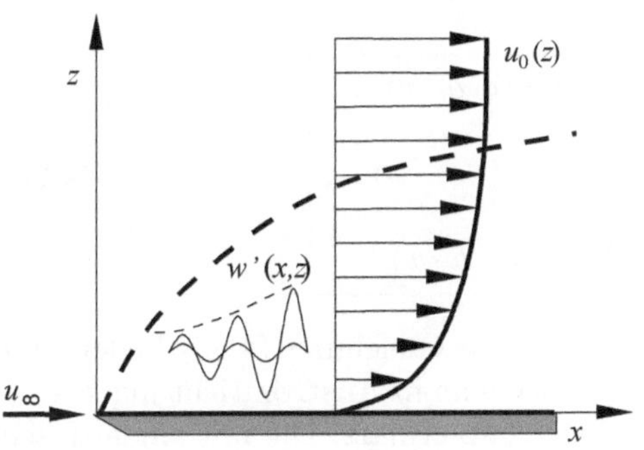

Abb. 4.26: Laminar-turbulenter Übergang in der Plattengrenzschicht

folgt

$$\frac{\partial u'}{\partial t} + u_0 \cdot \frac{\partial u'}{\partial x} + w' \cdot \frac{\mathrm{d}u_0}{\mathrm{d}z} + \frac{1}{\rho} \cdot \frac{\partial p'}{\partial x} - \nu \cdot \left(\frac{\partial^2 u'}{\partial x^2} + \frac{\partial^2 u'}{\partial z^2} \right) = -\frac{1}{\rho} \cdot \frac{\partial p_0}{\partial x} + \nu \cdot \frac{\partial^2 u_0}{\partial z^2} \quad , \tag{4.84}$$

$$\frac{\partial w'}{\partial t} + u_0 \cdot \frac{\partial w'}{\partial x} + \frac{1}{\rho} \cdot \frac{\partial p'}{\partial z} - \nu \cdot \left(\frac{\partial^2 w'}{\partial x^2} + \frac{\partial^2 w'}{\partial z^2} \right) = -\frac{1}{\rho} \cdot \frac{\partial p_0}{\partial z} \quad . \tag{4.85}$$

Da die stationäre Grundströmung aus Gleichung (4.80) für sich alleine die Navier-Stokes-Gleichungen erfüllt, werden die rechten Seiten der Gleichungen (4.84) und (4.85) identisch zu Null. Somit verbleiben drei lineare Differentialgleichungen zur Ermittlung der drei Störungsgrößen u', w' und p' in der Form des Stördifferentialgleichungssystems:

$$\boxed{\begin{aligned} &\frac{\partial u'}{\partial x} + \frac{\partial w'}{\partial z} = 0 \quad , \\ &\frac{\partial u'}{\partial t} + u_0 \cdot \frac{\partial u'}{\partial x} + w' \cdot \frac{\mathrm{d}u_0}{\mathrm{d}z} = -\frac{1}{\rho} \cdot \frac{\partial p'}{\partial x} + \nu \cdot \left(\frac{\partial^2 u'}{\partial x^2} + \frac{\partial^2 u'}{\partial z^2} \right) \quad , \\ &\frac{\partial w'}{\partial t} + u_0 \cdot \frac{\partial w'}{\partial x} = -\frac{1}{\rho} \cdot \frac{\partial p'}{\partial z} + \nu \cdot \left(\frac{\partial^2 w'}{\partial x^2} + \frac{\partial^2 w'}{\partial z^2} \right) \quad . \end{aligned}} \tag{4.86}$$

Die Störungsgrößen müssen weiterhin bestimmte Randbedingungen erfüllen, um aus der Mannigfaltigkeit der möglichen Lösungen des Störungsdifferentialgleichungssystems diejenigen Lösungen zu bestimmen, die unser Stabilitätsproblem eindeutig charakterisieren. Im Falle einer festen Wand mit der Koordinate $z = z_\mathrm{w}$ bedeutet dies, dass alle Störungsgeschwindigkeiten aufgrund der Haftbedingung an der Wand verschwinden

$$u'(x, z = z_\mathrm{w}, t) = 0 \quad , \qquad w'(x, z = z_\mathrm{w}, t) = 0 \tag{4.87}$$

und, dass bei einer Strömung mit Grenzschichtcharakter die Störung nicht bis ins Unendliche wirkt

$$\vec{v}'(x, z \to \infty, t) = 0 \quad , \qquad p'(x, z \to \infty, t) = 0 \quad . \tag{4.88}$$

Die nach Gleichung (4.82) als zweidimensional und zeitabhängig vorausgesetzten Störungsgrößen werden durch den Exponentialansatz

$$\boxed{\begin{aligned} u'(x, z, t) &= \hat{u}(z) \cdot \exp(-\mathrm{i} \cdot \omega \cdot t) \cdot \exp(\mathrm{i} \cdot a \cdot x) \quad , \\ w'(x, z, t) &= \hat{w}(z) \cdot \exp(-\mathrm{i} \cdot \omega \cdot t) \cdot \exp(\mathrm{i} \cdot a \cdot x) \quad , \\ p'(x, z, t) &= \hat{p}(z) \cdot \exp(-\mathrm{i} \cdot \omega \cdot t) \cdot \exp(\mathrm{i} \cdot a \cdot x) \end{aligned}} \tag{4.89}$$

modelliert, der auch als **Wellenansatz** bezeichnet wird. In Gleichung (4.89) bedeutet i die imaginäre Einheit und somit stellt jede Störungsgröße eine in Anströmrichtung x fortschreitende Welle dar, wodurch sich der Name Wellenansatz erklärt. Die mit einem Dach gekennzeichneten Größen bezeichnen die Amplitudenfunktionen der jeweiligen Wellen, die nur von der Wandnormalenkoordinate z abhängen. Dieser Ansatz für die Amplituden erklärt sich dadurch, dass auch die Grundströmung u_0 ebenfalls nur von z abhängt.

ω steht für die Kreisfrequenz der Welle wohingegen a die Wellenzahl in Fortschreitungsrichtung x darstellt. Diese Wellenzahl a berechnet sich mit der Wellenlänge λ mit $a = 2 \cdot \pi/\lambda$. Im Rahmen einer Einführung in die Stabilitätstheorie setzen wir die Wellenzahl a als reelle Größe voraus was bedeutet, dass die Störungsgrößen räumlich periodische Wellen darstellen. Die Kreisfrequenz ω hingegen ist eine komplexe Größe, die wir in Real- und Imaginärteil zerlegen, so dass für ω gilt: $\omega = \omega_\mathrm{r} + \mathrm{i} \cdot \omega_\mathrm{i}$. Dieses Vorgehen wird sofort verständlich, wenn wir im Wellenansatz für die Störgrößen das Additionstheorem der Exponentialfunktion anwenden. Betrachten wir beispielsweise in Gleichung (4.89) den Faktor $\hat{u}(z) \cdot \exp(-\mathrm{i} \cdot \omega \cdot t)$ und berücksichtigen außerdem die Euler-Darstellung der e-Funktion so folgt

$$\begin{aligned} \hat{u}(z) \cdot \exp(-\mathrm{i} \cdot \omega \cdot t) &= \hat{u}(z) \cdot \exp\left(-\mathrm{i} \cdot (\omega_\mathrm{r} + \mathrm{i} \cdot \omega_\mathrm{i}) \cdot t\right) = \\ \hat{u}(z) \cdot \exp(\omega_\mathrm{i} \cdot t) \cdot \exp(-\mathrm{i} \cdot \omega_\mathrm{r} \cdot t) &= \hat{u}(z) \cdot \exp(\omega_\mathrm{i} \cdot t) \cdot (\cos(\omega_\mathrm{r} \cdot t) - \mathrm{i} \cdot \sin(\omega_\mathrm{r} \cdot t)) \quad . \end{aligned} \tag{4.90}$$

Anhand der letzten Darstellung von Gleichung (4.90) können wir nun sofort eine Aussage über die zeitliche Entwicklung einer aufgebrachten Wellenstörung mit vorgegebener Wellenzahl a machen. Wir betreiben somit eine zeitliche Stabilitätsanalyse. Wenn für den Imaginärteil ω_i der Kreisfrequenz die Beziehung $\omega_\mathrm{i} > 0$ erfüllt ist, so wachsen die mit einem Dach gekennzeichneten Störungsamplituden exponentiell mit der Zeit an und die zu untersuchende Strömung ist instabil. Für Werte $\omega_\mathrm{i} < 0$ wird der Exponent negativ was dazu führt, dass die Störungsamplituden zeitlich gedämpft werden und abklingen. In diesem Falle ist die auf Stabilität zu untersuchende Grundströmung stabil gegenüber aufgebrachten Störungen. Der Grenzfall $\omega_\mathrm{i} = 0$ bedeutet neutrale indifferente Störungen, die ihren ursprünglichen Amplitudenwert zeitlich nicht verändern.

Nun können wir den Wellenansatz aus Gleichung (4.89) in die Störungsdifferentialgleichungen (4.86) einsetzen und anschließend die beiden Exponentialfaktoren $\exp(-\mathrm{i} \cdot \omega \cdot t) \cdot \exp(\mathrm{i} \cdot a \cdot x)$ kürzen. Wir erhalten

$$\begin{aligned} a \cdot \hat{u} &= \mathrm{i} \cdot \frac{\mathrm{d}\hat{w}}{\mathrm{d}z} \quad , \\ (a \cdot u_0 - \omega) \cdot \hat{u} - \mathrm{i} \cdot \frac{\mathrm{d}u_0}{\mathrm{d}z} \cdot \hat{w} &= -\frac{1}{\rho} \cdot a \cdot \hat{p} + \mathrm{i} \cdot \nu \cdot \left(a^2 \cdot \hat{u} - \frac{\mathrm{d}^2\hat{u}}{\mathrm{d}z^2} \right) \quad , \\ (a \cdot u_0 - \omega) \cdot \hat{w} &= \mathrm{i} \cdot \frac{1}{\rho} \cdot \frac{\mathrm{d}\hat{p}}{\mathrm{d}z} + \mathrm{i} \cdot \nu \cdot \left(a^2 \cdot \hat{w} - \frac{\mathrm{d}^2\hat{w}}{\mathrm{d}z^2} \right) \quad . \end{aligned} \tag{4.91}$$

Die zugehörigen Randbedingungen aus den Gleichungen (4.87) und (4.88) nehmen nach Kürzen des Exponentialfaktors die Form

$$\begin{aligned} \hat{u}(z = z_\mathrm{w}) = 0 \quad &, \quad \hat{w}(z = z_\mathrm{w}) = 0 \quad , \\ \hat{\boldsymbol{v}}(z \to \infty) = 0 \quad &, \quad \hat{p}(z \to \infty) = 0 \end{aligned} \tag{4.92}$$

an. Die Gleichungen (4.91) beschreiben gemeinsam mit den Randbedingungen (4.92) ein vollständiges Differentialgleichungssystem, das sich zu einer einzigen Differentialgleichung zusammenfassen lässt.

Wir beginnen, indem wir den Störterm $\hat{u}$ eliminieren. Dazu formen wir die erste Gleichung aus (4.91) nach $\hat{u}$ um, setzen das Ergebnis in die zweite Gleichung aus (4.91) ein. Wir erhalten mit

$$\mathrm{i} \cdot \left[(a \cdot u_0 - \omega) \cdot \frac{\mathrm{d}\hat{w}}{\mathrm{d}z} - a \cdot \hat{w} \cdot \frac{\mathrm{d}u_0}{\mathrm{d}z}\right] = \frac{-a^2}{\rho} \cdot \hat{p} - \nu \cdot \left(a^2 \cdot \frac{\mathrm{d}\hat{w}}{\mathrm{d}z} - \frac{\mathrm{d}^3\hat{w}}{\mathrm{d}z^3}\right) \qquad (4.93)$$

eine Gleichung, in der nur noch die Störungsgrößen $\hat{w}$ und $\hat{p}$ vorhanden sind. Die gleichen Störungsgrößen befinden sich auch in der dritten Gleichung aus (4.91), so dass es sich anbietet, aus diesen beiden verbliebenen Gleichungen die Druckstörung $\hat{p}$ zu eliminieren. Dazu leiten wir Gleichung (4.93) zunächst nach z ab und erhalten

$$\mathrm{i} \cdot \left[(a \cdot u_0 - \omega) \cdot \frac{\mathrm{d}^2\hat{w}}{\mathrm{d}z^2} - a \cdot \hat{w} \cdot \frac{\mathrm{d}^2u_0}{\mathrm{d}z^2}\right] = \frac{-a^2}{\rho} \cdot \frac{\mathrm{d}\hat{p}}{\mathrm{d}z} - \nu \cdot \left(a^2 \cdot \frac{\mathrm{d}^2\hat{w}}{\mathrm{d}z^2} - \frac{\mathrm{d}^4\hat{w}}{\mathrm{d}z^4}\right) \quad . \qquad (4.94)$$

Um den Druck vollständig zu eliminieren, müssen wir jetzt noch die dritte Gleichung aus (4.91) mit dem Faktor $(-\mathrm{i} \cdot a^2)$ multiplizieren und anschließend zu Gleichung (4.94) hinzuaddieren. Nach einer zusätzlichen Erweiterung mit der imaginären Einheit i ergibt sich

$$(a \cdot u_0 - \omega) \cdot \frac{\mathrm{d}^2\hat{w}}{\mathrm{d}z^2} + \left(a^2 \cdot \omega - a^3 \cdot u_0 - a \cdot \frac{\mathrm{d}^2u_0}{\mathrm{d}z^2}\right) \cdot \hat{w} + \mathrm{i} \cdot \nu \left(\frac{\mathrm{d}^4\hat{w}}{\mathrm{d}z^4} - 2 \cdot a^2 \cdot \frac{\mathrm{d}^2\hat{w}}{\mathrm{d}z^2} + a^4 \cdot \hat{w}\right) = 0 \quad . \qquad (4.95)$$

In der resultierenden Gleichung (4.95) finden wir als einzige verbliebene Störungsgröße die Amplitude $\hat{w}$ der Störungsgeschwindigkeit w'. Zu Beginn dieses Kapitels, im Abschnitt 4.1.1 über die Dimensionsanalyse konnten wir lernen, wie es durch die Einführung dimensionsloser Kennzahlen gelingt zu einer wesentlichen Reduktion der Einflussparamter zu kommen, welche ein Problem charakterisieren. Daher werden wir in Gleichung (4.95) unter Verwendung einer charakteristischen Geschwindigkeit U_δ und einer charakteristischen Länge d dimensionslose Größen einführen. Als charakteristische Geschwindigkeit U_δ wählen wir zweckmäßigerweise die Strömungsgeschwindigkeit am oberen Rand der Grenzschicht an der zu untersuchenden Stelle $x = X$ in Stromabrichtung. Die charakteristische Länge L steht mit der Lauflänge $x = X$ im Zusammenhang: $\mathrm{d} = \sqrt{\nu \cdot X/U_\delta}$. Alle Größen mit der Dimension einer Länge werden mit der charakteristischen Länge d gemäß Abschnitt 3.4 entdimensioniert und alle Geschwindigkeiten mit der charakteristischen Geschwindigkeit U_δ. Die Kreisfrequenz ω, welche die Dimension Zeit^{-1} besitzt, wird mit dem Quotienten d/U_δ entdimensioniert.

Unter Beibehaltung der bisherigen Bezeichnungen für die einzelnen physikalischen Größen erhalten wir somit eine einzige dimensionslose Differentialgleichung 4. Ordnung, welche die Wellenzahl a, die Kreisfrequenz ω und die Reynolds-Zahl $Re_d = U_\delta \cdot d/\nu$ als Parameter enthält. Dies ist Gleichung (4.96), die in der Literatur unter dem Namen **Orr-Sommerfeld-Gleichung** bekannt ist.

$$\boxed{(a \cdot u_0 - \omega) \cdot \frac{\mathrm{d}^2\hat{w}}{\mathrm{d}z^2} + a \cdot \left(a \cdot \omega - a^2 \cdot u_0 - \frac{\mathrm{d}^2u_0}{\mathrm{d}z^2}\right) \cdot \hat{w} + \mathrm{i} \cdot \frac{1}{Re_d} \cdot \left(\frac{\mathrm{d}^4\hat{w}}{\mathrm{d}z^4} - 2 \cdot a^2 \cdot \frac{\mathrm{d}^2\hat{w}}{\mathrm{d}z^2} + a^4 \cdot \hat{w}\right) = 0} \quad . \qquad (4.96)$$

Da die Orr-Sommerfeld-Gleichung die Störungsamplitude $\hat{w}$ in der vierten Ableitung enthält, müssen wir zur eindeutigen Bestimmung vier Randbedingungen für $\hat{w}$ erfüllen. Zwei Randbedingungen können wir unmittelbar aus den Gleichungen (4.92) übernehmen indem wir fordern, dass die Störung $\hat{w}$ an der Wand und im Unendlichen verschwunden ist. Um die beiden anderen Randbedingungen zu erhalten, betrachten wir die erste Zeile der Gleichungen (4.91). Wir wissen bereits, dass auch die andere Störungskomponente $\hat{u}$ an der Wand zu Null wird. Das bedeutet aber, dass die Ableitung $\mathrm{d}\hat{w}/\mathrm{d}z$ auf der rechten Seite der Gleichung ebenfalls an der Wand den Wert Null hat. Völlig analoge Überlegungen führen uns zur vierten Randbedingung wenn wir bedenken, dass nach Gleichung (4.92) die Störkomponente $\hat{u}$ im Unendlichen ebenfalls zu Null wird. Wir können nun die Randbedingungen für $\hat{w}$ wie folgt zusammenfassen:

$$\hat{w} = 0 \quad , \quad \frac{\mathrm{d}\hat{w}}{\mathrm{d}z} = 0 \quad \text{für} \quad z = z_\mathrm{w} \quad \text{und} \quad \hat{w} = 0 \quad , \quad \frac{\mathrm{d}\hat{w}}{\mathrm{d}z} = 0 \quad \text{für} \quad z \to \infty \quad . \tag{4.97}$$

Damit ist es uns gelungen, die lokale zeitliche Stabilitätsanalyse des von uns vorausgesetzten Grundströmungsprofils in ein Eigenwertproblem der Differentialgleichung (4.96) und der Randbedingungen (4.97) zu überführen. Wir hatten bereits festgestellt, dass die Frage nach Stabilität oder Instabilität der Grundströmung vom Verhalten des Vorzeichens des Imaginärteils ω_i der komplexen Kreisfrequenz $\omega = \omega_\mathrm{r} + \mathrm{i} \cdot \omega_\mathrm{i}$ beantwortet wird, wobei $\omega_\mathrm{i} < 0$ Stabilität und $\omega_\mathrm{i} > 0$ Instabilität bedeutet. Die komplexe Kreisfrequenz ω stellt den Eigenwert des Eigenwertproblems dar und die Störungsamplitudenfunktion $\hat{w}(z)$ die zugehörige Eigenfunktion. Um eine lokale zeitliche Stabilitätsanalyse durchführen zu können, benötigen wir als gegebene Größen das Profil der Grundströmung $u_0(z)$, die Reynolds-Zahl Re_d und die Wellenzahl a der Störungen. Das sich ergebende Eigenwertproblem, das numerisch gelöst werden muss, liefert dann einen komplexen Eigenwert ω und eine Eigenfunktion $\hat{w}(z)$.

Als numerische Lösungsmethode für das Eigenwertproblem wird ein Spektralverfahren eingesetzt, welches eine Funktion durch einen Reihenansatz approximiert. Aus den bekannten Spektralverfahren wählen wir die Tschebyscheff-Spektralmethode aus, da mit ihrer Hilfe auch nichtperiodische Funktionen durch einen Polynom-Ansatz mit Tschebyscheff-Polynomen approximiert werden können. Besonders geeignet zur Lösung des Eigenwertproblems ist die Tschebyscheff-Matrixmethode, die eine Variante der Tschebyscheff-Spektralmethode darstellt. Wir kommen in Kapitel 4.2.1 darauf zurück.

Die Lösungen des Eigenwertproblems werden in Form von Stabilitätsdiagrammen dargestellt. Das Stabilitätsdiagramm wird erstellt, indem die Wellenzahl a über der Reynolds-

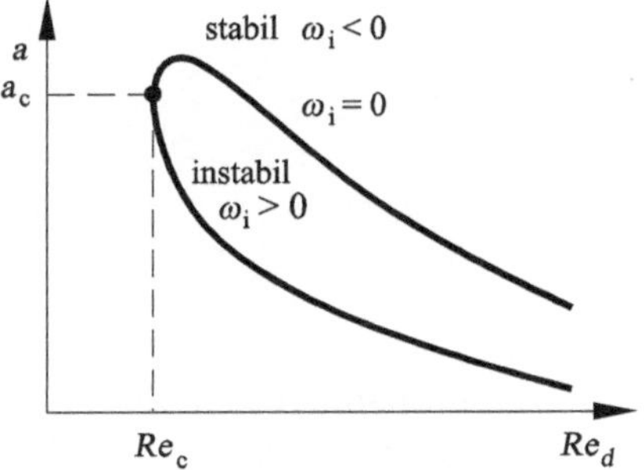

Abb. 4.27: Stabilitätsdiagramm

Zahl Re_d aufgetragen wird. Für ein jeweils gegebenes Wertepaar (Re_d, a) wird die Nullstelle des Imaginärteils $\omega_\mathrm{i} = 0$ des komplexen Eigenwertes ω im Diagramm eingetragen. Diese Neutralkurve trennt die stabilen von den instabilen Störungen. Sie wird auch Indifferenzkurve genannt, da im Falle $\omega_\mathrm{i} = 0$ die Störungsamplituden ihren ursprünglichen Wert beibehalten. Im Gebiet innerhalb der Indifferenzkurve gilt $\omega_\mathrm{i} > 0$, was Instabilität bedeutet. Im Bereich außerhalb der Indifferenzkurve nimmt ω_i negative Werte an und die zu untersuchende Grundströmung ist somit bei der betrachteten Reynolds-Zahl stabil gegenüber aufgebrachten Störungen mit der links an der Ordinate abzulesenden Wellenzahl.

Somit sind wir in der Lage eine kritische Reynolds-Zahl Re_c anzugeben, oberhalb derer eine gegebene Laminarströmung instabil wird und in den turbulenten Srömungszustand übergeht. Dazu müssen wir in Abbildung 4.27 eine Parallele zur a-Achse legen und diese Parallele, beginnend bei $Re_d = 0$ soweit nach rechts verschieben, bis sie tangential an der Indifferenzkurve anliegt. Der Schnittpunkt dieser Tangente mit der Abszisse gibt den Wert der gesuchten **kritischen Reynolds-Zahl** Re_c an. Für eine Blasius-Grenzschicht beträgt der mit der Lauflänge L gebildete Wert der kritischen Reynolds-Zahl

$$Re_\mathrm{c} = \left(\frac{U_\delta \cdot L}{\nu}\right)_\mathrm{c} = 5 \cdot 10^5 \quad . \tag{4.98}$$

Mit der kritischen Reynolds-Zahl $Re_\mathrm{c} = 5 \cdot 10^5$ korrespondiert die kritische Wellenzahl a_c, die in diesem Fall den Wert $a_\mathrm{c} = 0.31$ annimmt. Dividieren wir die dimensionslose Wellenzahl a_c durch die ebenfalls mit der Lauflänge x gebildete charakteristische Länge $d = \sqrt{\nu \cdot x / U_\delta}$, so erhalten wir die dimensionsbehaftete Wellenzahl $a = 2 \cdot \pi / \lambda_\mathrm{c}$, aus der sich sofort die kritische Wellenlänge λ_c der aufgebrachten Störungen berechnen lässt. Physikalisch bedeutet dies, dass die laminare Grundströmung für Reynolds-Zahlen kleiner Re_c gegenüber Störungen beliebiger Wellenlänge stabil ist, da in diesem Reynolds-Zahlbereich $\omega_\mathrm{i} < 0$ gilt, für alle möglichen Wellenzahlen a. Bilden wir die kritische Reynolds-Zahl mit der charakteristischen Länge d ergibt sich der Wert

$$Re_\mathrm{c} = \left(\frac{U_\delta \cdot d}{\nu}\right)_\mathrm{c} = 302 \quad . \tag{4.99}$$

Diese Bildung ist sinnvoll, wenn man mit der Instabilität kompressibler Grenzschicht vergleichen will (Abbildung 4.28). So ergibt sich für das Einsetzen der Tollmien-Schlichting Welle in einer kompressiblen Grenzschichtströmung bei adiabater Wand ebenfalls $Re_\mathrm{c} = 302$. Unterschiede ergeben sich erst bei isothermen Berandungen. So berechnet man bei der Mach-Zahl $M_\infty = 0.8$ die kritische Rayleigh-Zahl 500.

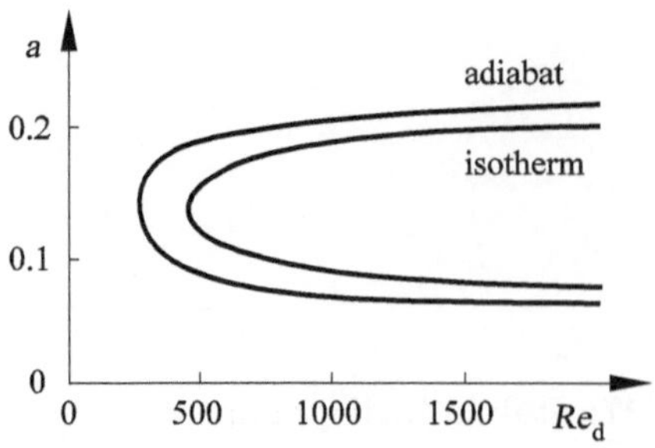

Abb. 4.28: Stabilitätsdiagramm der kompressiblen Plattengrenzschicht, $M_\infty = 0.8$

Für ein tieferes Verständnis der Stabilitätstheorie sowie für ergänzende Beispiele strömungsmechanischer Instabilitäten empfehlen wir das Buch von *D. D. Joseph* 1976 und das Lehrbuch von *H. Oertel jr., J. Delfs* 1996, 2005 sowie *H. Oertel jr.* 2012 in denen verschiedene Anwendungen der Stabilitätsanalyse ausführlich beschrieben werden.

4.1.4 Strukturanalyse

Die Strukturanalyse geht von einem vorgegebenen Geschwindigkeitsfeld aus

$$\begin{aligned} \frac{\mathrm{d}x}{\mathrm{d}t} &= u = u(x,y,z,t) \quad , \\ \frac{\mathrm{d}y}{\mathrm{d}t} &= v = v(x,y,z,t) \quad , \\ \frac{\mathrm{d}z}{\mathrm{d}t} &= w = w(x,y,z,t) \quad . \end{aligned} \tag{4.100}$$

Mit den kinematischen Grundgleichungen (4.100) bestimmen wir die Struktur der Strömung. Dabei verstehen wir unter der Struktur das Aufsuchen und die Klassifizierung sogenannter kritischer Punkte des Geschwindigkeits-Vektorfeldes sowie deren Beziehungen untereinander. Davon haben wir bereits in Kapitel 2.3 bei der Beschreibung von Strömungen Gebrauch gemacht. In diesem Kapitel sollen nunmehr die theoretischen Grundlagen für die Bestimmung der kritischen Punkte wie Sattelpunkt, Knoten, Fokus usw. für ein vorgegebenes Strömungsfeld gegeben werden. Dies führt zu der Aufgabenstellung die Eigenwerte und Eigenfunktionen zu bestimmen. Darüber hinaus können auch das Wirbelstärkefeld oder das Gradientenfeld der kinematischen Grundgleichungen (4.100) des Druckes einer solchen Strukturanalyse unterzogen werden.

Die **Theorie der kritischen Punkte** $(\mathbf{x_0}, \mathbf{y_0}, \mathbf{z_0})$ geht von dem dreidimensionalen Geschwindigkeits-Vektorfeld $\vec{v}(x,y,z) = (u,v,w)^T$ aus. Es wird vorausgesetzt, dass dieses stetig und zweimal differenzierbar ist. Die Integralkurven (Stromlinien) des Vektorfeldes sind entsprechend Kapitel 2.3.1 so definiert, dass ihr Linienelement überall dem momentanen Geschwindigkeitsvektor gleich gerichtet ist. Daraus folgt die Definitionsgleichung der Stromlinie

$$\frac{\mathrm{d}z}{\mathrm{d}y} = \frac{w}{v} \ , \quad \frac{\mathrm{d}z}{\mathrm{d}x} = \frac{w}{u} \ , \quad \frac{\mathrm{d}y}{\mathrm{d}x} = \frac{v}{u} \quad . \tag{4.101}$$

Ein kritischer Punkt zeichnet sich dadurch aus, dass in ihm das Richtungsfeld der betrachteten vektoriellen Größe unbestimmt ist. Betrachten wir im Folgenden den Geschwindigkeitsvektor $\vec{v}$ so bedeutet dies, dass in einem kritischen Punkt der Betrag der Geschwindigkeit verschwindet und, dass den Integralkurven (Stromlinien) gemäß Gleichung (4.101) in diesen Punkten keine Richtung zugeordnet ist. Eine nähere Untersuchung der unmittelbaren Umgebung eines kritischen Punktes ist jedoch möglich, wenn das Vektorfeld durch die Reihenentwicklung (4.102) um den Punkt (x_0, y_0, z_0) angenähert wird. Dabei wird im Folgenden ohne Beschränkung der Allgemeinheit angenommen: $(x_0, y_0, z_0) = (0,0,0)$. In den kritischen Punkten sind die Komponenten des Geschwindigkeitsvektors $\vec{v}$ analytische

Funktionen der Ortskoordinaten

$$\begin{aligned}\dot{x} = u &= \sum_{i=0}^{N}\sum_{j=0}^{N-i}\sum_{k=0}^{N-i-j} U_{i,j,k}\cdot x^i\cdot y^j\cdot z^k + O_1(N+1) \quad ,\\ \dot{y} = v &= \sum_{i=0}^{N}\sum_{j=0}^{N-i}\sum_{k=0}^{N-i-j} V_{i,j,k}\cdot x^i\cdot y^j\cdot z^k + O_2(N+1) \quad ,\\ \dot{z} = w &= \sum_{i=0}^{N}\sum_{j=0}^{N-i}\sum_{k=0}^{N-i-j} W_{i,j,k}\cdot x^i\cdot y^j\cdot z^k + O_3(N+1) \quad ,\end{aligned} \tag{4.102}$$

mit

$$U_{i,j,k} = \frac{1}{i!\cdot j!\cdot k!}\cdot\frac{\partial^{i+j+k}u}{\partial x^i\cdot\partial y^j\cdot\partial z^k} \quad , \qquad V_{i,j,k} = \frac{1}{i!\cdot j!\cdot k!}\cdot\frac{\partial^{i+j+k}v}{\partial x^i\cdot\partial y^j\cdot\partial z^k} \quad ,$$

$$W_{i,j,k} = \frac{1}{i!\cdot j!\cdot k!}\cdot\frac{\partial^{i+j+k}w}{\partial x^i\cdot\partial y^j\cdot\partial z^k} \quad .$$

O_i sind dabei Fehlerfunktionen, die durch Terme der Ordnung $N + 1$ bestimmt sind.

Zunächst wird der Fall eines kritischen Punktes in der **freien Strömung** betrachtet. Hier genügt es, die Reihenentwicklung aus Gleichung (4.102) bis zur Ordnung $N = 1$ vorzunehmen. Dies führt auf das Differentialgleichungssystem erster Ordnung

$$\dot{\vec{x}} = \boldsymbol{A}\cdot\vec{x} \quad ,$$

$$\begin{pmatrix}\dot{x}_1\\ \dot{x}_2\\ \dot{x}_3\end{pmatrix} = \begin{pmatrix}a_{11} & a_{12} & a_{13}\\ a_{21} & a_{22} & a_{23}\\ a_{31} & a_{32} & a_{33}\end{pmatrix}\cdot\begin{pmatrix}x_1\\ x_2\\ x_3\end{pmatrix} \quad . \tag{4.103}$$

Die Koeffizienten a_{ij} sind dabei die Komponenten der Gradienten des Geschwindigkeitsvektors $\partial\dot{x}_i/\partial x_j$, $x_{i,j} = (x, y, z)$. Die Trajektorien des Gleichungssystems (4.103) sind im allgemeinen Fall die Bahnlinien des Stromfeldes, welches im stationären Fall mit den Stromlinien identisch ist.

Zur Betrachtung von kritischen Punkten auf **festen Wänden** wird im Folgenden angenommen, dass die Geschwindigkeit $\vec{v}$ in wandnormalen Koordinaten mit z als wandnormale Richtung vorliegt. Im Gegensatz zu Punkten in der freien Strömung ist die Bedingung $\vec{v} = 0$ auf einer festen Wand kein hinreichendes Kriterium für die Existenz eines kritischen Punktes, weil diese dort aufgrund der Haftbedingung $\vec{v} = 0$ identisch erfüllt ist. Zur Identifikation eines kritischen Punktes ist jedoch die Unbestimmtheit der Richtung der Integralkurven des Vektorfeldes entscheidend. Da das Richtungsfeld der Geschwindigkeit im Grenzfalle verschwindenden Abstandes z zur Wand in das Richtungsfeld des Wandschubspannungsvektors $\vec{\tau}_w$ übergeht, ist also $\vec{\tau}_w$ nunmehr die maßgebliche Größe. Kritische Punkte auf der Wand erfordern also das Verschwinden der Wandschubspannung $\vec{\tau}_w$.

Aus der Haftbedingung folgt, dass die Größe $\vec{v}/z$ mit $z \to 0$ einem konstanten Wert zustrebt und, dass das Vektorfeld dieser Größe dieselben Integralkurven besitzt wie das Feld der Wandschubspannung. Nach dem Satz von L'Hospital gilt

$$\lim_{z\to 0}\frac{\vec{v}}{z} = \lim_{z\to 0}\frac{\partial\vec{v}}{\partial z} \sim \vec{\tau}_w \quad .$$

Es ist deshalb zweckmäßig den kritischen Charakter der Fläche $z = 0$ zu umgehen und nunmehr die Taylorentwicklung der Größe $\vec{v}/z$ zu betrachten. Mit $x'_\mathrm{i} = \dot{x}_\mathrm{i}/z$ führt Gleichung (4.103) mit N = 2 auf folgende Reihenentwicklung

$$\begin{aligned} x' &= u/z = U_{1,0,1} \cdot x + U_{0,1,1} \cdot y + U_{0,0,2} \cdot z + \mathrm{O}_1(\mathrm{N}+1) \quad , \\ y' &= v/z = V_{1,0,1} \cdot x + V_{0,1,1} \cdot y + V_{0,0,2} \cdot z + \mathrm{O}_1(\mathrm{N}+1) \quad , \\ z' &= w/z = W_{0,0,2} \cdot z + \mathrm{O}_1(\mathrm{N}+1) \quad . \end{aligned} \tag{4.104}$$

Die Haftbedingung ist hierbei aufgrund der Beziehung $U_{\mathrm{i,j,0}} = V_{\mathrm{i,j,0}} = W_{\mathrm{i,j,0}} = 0$ berücksichtigt. Im Gegensatz zu Gleichung (4.103) gehen nunmehr auch Ableitungen zweiter Ordnung des Geschwindigkeitsfeldes ein. Beschränkt man sich in Gleichung (4.104) auf die linearen Terme in den Raumrichtungen $x_\mathrm{i} = (x, y, z)$, erhält man in völliger Analogie zum Falle der freien Strömung wiederum ein Differentialgleichungssystem erster Ordnung mit allerdings veränderter Koeffizientenmatrix $\boldsymbol{A}$

$$\vec{x}' = \boldsymbol{A} \cdot \vec{x} \quad ,$$

$$\begin{pmatrix} x' \\ y' \\ z' \end{pmatrix} = \begin{pmatrix} \frac{\dot{x}}{z} \\ \frac{\dot{y}}{z} \\ \frac{\dot{z}}{z} \end{pmatrix} \cdot \begin{pmatrix} a_{11} & a_{12} & a_{13} \\ a_{21} & a_{22} & a_{23} \\ a_{31} & a_{32} & a_{33} \end{pmatrix} \cdot \begin{pmatrix} x \\ y \\ z \end{pmatrix} \quad . \tag{4.105}$$

Mit dem Wirbelstärkenvektor $\vec{\omega} = (\omega_1, \omega_2, \omega_3)^T$ und unter Berücksichtigung der Navier-Stokes-Gleichung lassen sich die Koeffizienten a_ij wie folgt bestimmen:

$$\begin{aligned} a_{11} &= \frac{\partial \omega_2}{\partial x} \quad , \quad a_{12} = \frac{\partial \omega_2}{\partial y} \quad , \quad a_{13} = \frac{1}{2} \cdot \frac{\partial p}{\partial x} \quad , \\ a_{21} &= -\frac{\partial \omega_1}{\partial x} \quad , a_{22} = -\frac{\partial \omega_1}{\partial y} \quad , a_{23} = \frac{1}{2} \cdot \frac{\partial p}{\partial y} \quad , \\ a_{31} &= 0 \quad , \qquad a_{32} = 0 \quad , \qquad a_{33} = \frac{1}{2} \cdot \left(\frac{\partial \omega_1}{\partial y} - \frac{\partial \omega_2}{\partial x} \right) \quad . \end{aligned} \tag{4.106}$$

Die Gleichungen (4.106) gelten in den kritischen Punkten auf einer festen Wand, d.h. in Punkten mit $\tau_\mathrm{w} = 0$. Sie wurden erstmals von *Oswatitsch* 1974 angegeben. Bei ihrer

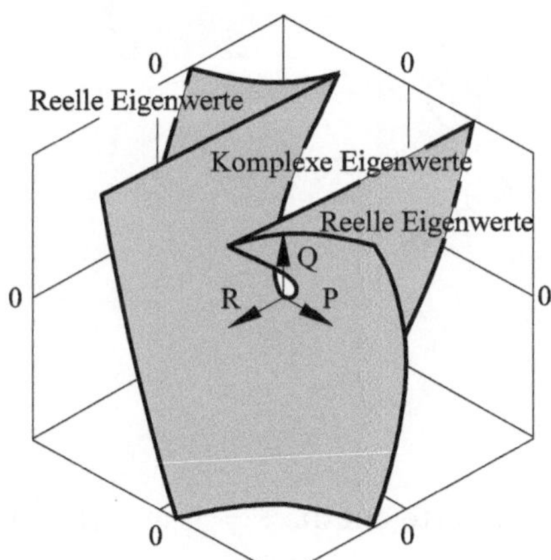

Abb. 4.29: Reelle und komplexe Eigenwerte des charakteristischen Polynoms (4.107)

Herleitung wird nur vorausgesetzt, dass die dynamische Zähigkeit allein eine Funktion der Temperatur $T(x, y, z)$ ist, wie dies bei idealen Gasen und den meisten Flüssigkeiten der Fall ist. Sie gelten demnach gleichermaßen für kompressible und inkompressible Strömungen.

Die Klassifizierung kritischer Punkte im vorgegebenen Strömungsfeld ist damit auf die Untersuchung singulärer Punkte gewöhnlicher Differentialgleichungen mit konstanten Koeffizienten zurückgeführt, deren mathematische Theorie entwickelt ist. Der Unterschied kritischer Punkte in der freien Strömung zu solchen auf festen Wänden liegt einzig in der zu untersuchenden Koeffizientenmatrix $\boldsymbol{A}$ (Gleichung (4.103) bzw. (4.105)).

Die Berechnung der Eigenwerte dieser Matrix gemäß $\det[\boldsymbol{A} - \lambda \boldsymbol{I}] = 0$ führt auf das charakteristische Polynom

$$\lambda^3 + \mathrm{P} \cdot \lambda^2 + \mathrm{Q} \cdot \lambda + \mathrm{R} = 0 \quad , \tag{4.107}$$

mit den drei reellwertigen Invarianten der Matrix

$$\mathrm{P} = -\mathrm{Spur}(\boldsymbol{A}) = -(\lambda_1 + \lambda_2 + \lambda_3) \quad , \tag{4.108}$$

$$\mathrm{Q} = \frac{1}{2} \cdot \left[\mathrm{P}^2 - \mathrm{Spur}(\boldsymbol{A}^2)\right] = \lambda_1 \cdot \lambda_2 + \lambda_2 \cdot \lambda_3 + \lambda_3 \cdot \lambda_1 \quad , \tag{4.109}$$

$$\mathrm{R} = -\det(\boldsymbol{A}) = -\lambda_1 \cdot \lambda_2 \cdot \lambda_3 \quad . \tag{4.110}$$

Die Lösungen der kubischen Gleichung (4.107) lassen sich zunächst anhand der Determinante D einteilen, mit

$$\mathrm{D} = 27 \cdot \mathrm{R}^2 + (4 \cdot \mathrm{P}^3 - 18 \cdot \mathrm{P} \cdot \mathrm{Q}) \cdot R + (4 \cdot \mathrm{Q}^3 - \mathrm{P}^2 \cdot \mathrm{Q}^2) \quad . \tag{4.111}$$

Für $\mathrm{D} > 0$ erhält man einen reellwertigen sowie ein Paar konjugiert-komplexer Eigenwerte, für $\mathrm{D} < 0$ drei reelle Eigenwerte die in Abbildung 4.29 dargestellt sind. Die Fläche $\mathrm{D} = 0$ teilt den durch die drei Invarianten P, Q und R aufgespannten Raum in zwei Halbräume.

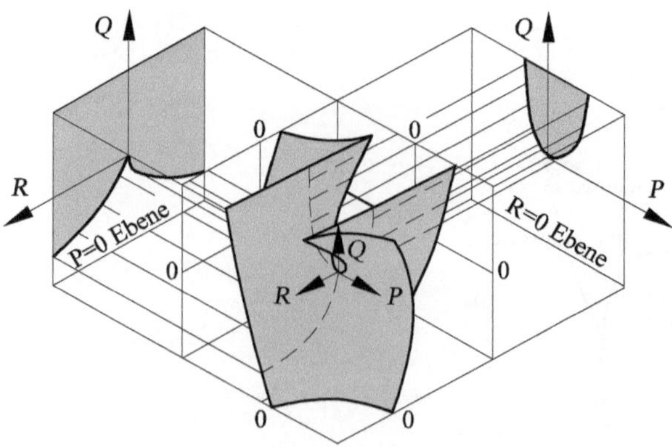

Abb. 4.30: Projektionen der reellen und komplexen Eigenwerte auf die $\mathrm{P} = 0$ und $\mathrm{R} = 0$ Ebenen (zweidimensionale Strömung)

Einen ersten Überblick über das Strömungsverhalten in der Umgebung kritischer Punkte erhält man über die Betrachtung der Eigenvektoren für die **zweidimensionale Strömung** in der Ebene R = 0 (siehe Abbildung 4.30). Die zugehörige charakteristische Gleichung $\lambda^2 + \mathrm{P} \cdot \lambda + \mathrm{Q}$ führt auf die vereinfachte Diskriminante $\Delta = 4 \cdot \mathrm{Q} - \mathrm{P}^2$. Diese trennt in der P-Q-Ebene das Gebiet komplexer Eigenwerte in Form einer Parabel und zeigt in Abbildung 4.31 in der P-Q-Ebene die den kritischen Punkten zugeordneten Eigenvektoren.

Die zu den jeweiligen Eigenwerten zugehörigen Eigenvektoren bestimmen die Richtung der Tangenten an die in den kritischen Punkten ein- bzw. auslaufenden Stromlinien. Bei negativem Vorzeichen der reellen Eigenwerte bzw. des Realteils der komplexen Eigenwerte laufen die Trajektorien auf den kritischen Punkt zu, bei positivem Vorzeichen von ihm weg.

Liegen zwei reelle Eigenwerte mit unterschiedlichem Vorzeichen vor ($Q < 0$), so münden zwei Tangenten der Eigenvektoren in den kritischen Punkten ein und zwei laufen aus ihm heraus. Es handelt sich also um einen **Sattelpunkt**. Bei positivem Q liegt für $\Delta > 0$ ein zweitangentiger **Knoten** mit zwei reellen Eigenwerten gleichen Vorzeichens vor. Für $\Delta < 0$ erhält man einen Strudelpunkt oder **Fokus** mit zwei konjugierten komplexen Eigenwerten.

Auf den Grenzlinien der verschiedenen Bereiche, d.h. den Achsen P = 0 oder Q = 0 sowie der Parabel $\mathrm{P}^2 = 4 \cdot \mathrm{Q}$ finden sich entartete Fälle, wie zum Beispiel **Wirbel**, **Senken** und **Quellen** (entartete Knoten). So sind für P = 0 nur Sattelpunkte (Q < 0) oder Wirbelpunkte (Q > 0) kinematisch möglich. Für P = 0 und Q = 0 ist der kritische Punkt degeneriert, so dass für seine Beschreibung weitere Terme der Entwicklung (4.104) herangezogen werden.

Für die **dreidimensionale Strömung** sind den Eigenwerten der Abbildung 4.30 ebenfalls Strömungszustände zuzuordnen. Die Abbildung 4.32 zeigt einige ausgewählte Beispiele. So sind Kombinationen von Knoten, Sattel und Foki, sowie Knoten einer dreidimensionalen

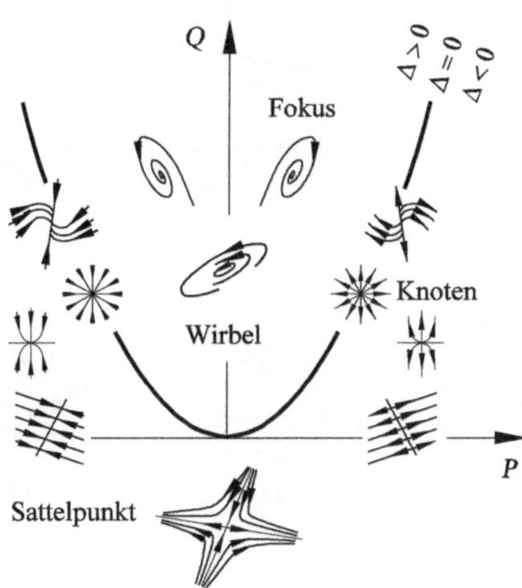

Abb. 4.31: Eigenvektoren der kritischen Punkte für die R = 0 Ebene (zweidimensionale Strömung)

Senken- bzw. Quellenströmung dargestellt. Ein instabiler Wirbel ergänzt die Vielfalt der kinematisch möglichen Strömungsstrukturen.

Liegen drei unterschiedliche **reelle Eigenwerte** vor, so existieren drei Ebenen, welche durch die Eigenvektoren der Matrix $\boldsymbol{A}$ aufgespannt werden. Diese Ebenen sind gegenüber allen anderen möglichen Ebenen dadurch ausgezeichnet, dass sie als Einzige in der Umgebung des kritischen Punktes Lösungskurven des Differentialgleichungssystems (4.103) bzw. (4.105) enthalten. Alle anderen Lösungskurven nähern sich diesen Ebenen asymptotisch an. Die drei durch die Eigenvektoren aufgespannten Ebenen enthalten entweder Sattel- oder Knotenpunkte. In jeder dieser Ebenen finden sich also Verhältnisse, wie sie in Abbildung 4.31 für den zweidimensionalen Fall dargestellt sind. Ein kritischer Punkt im dreidimensionalen Fall mit rein reellen Eigenwerten ist also durch eine Dreier-Kombination von Sattel- Knotenpunkten gekennzeichnet. Möglich ist dabei die Kombination dreier Knotenpunkte oder zweier Sattelpunkte und eines Knotenpunktes.

Im Falle eines reellen und eines Paares **konjugiert komplexer Eigenwerte** existiert nur eine Ebene, welche in der Nähe des singulären Punktes Lösungstrajektorien enthält. Diese bilden in dieser Ebene einen Strudel- oder Wirbelpunkt. Bei positivem Vorzeichen des reellen Eigenwertes laufen die Trajektorien auf den kritischen Punkt zu, bei negativem von ihm weg.

Im allgemeinen Fall einer instationären, kompressiblen Strömung sind zunächst alle Kombinationen von P, Q und R kinematisch möglich. Beschränkt man sich jedoch auf inkompressible Strömungen, so fordert die Kontinuitätsgleichung $\nabla \cdot \vec{v} = 0$. Dies ergibt im Falle eines kritischen Punktes in der freien Strömung gemäß Gleichung (4.103) und Gleichung (4.108)

$$a_{11} + a_{22} + a_{33} = 0 \rightarrow \mathrm{P} = 0 \quad .$$

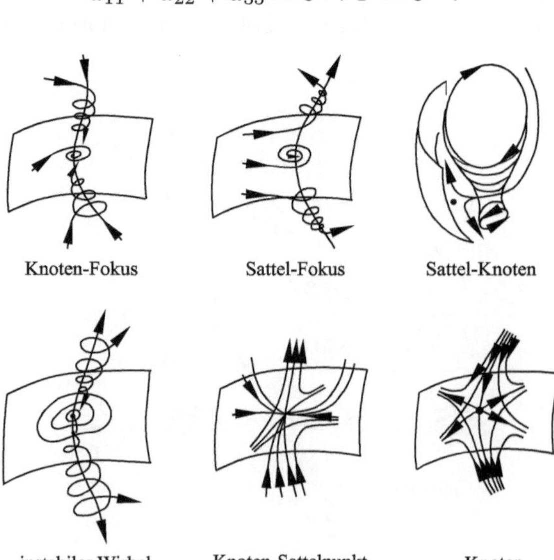

Abb. 4.32: Beispiele der Struktur dreidimensionaler Strömungen

Die Tatsache, dass das Vektorfeld der Geschwindigkeiten die Kontinuitätsgleichung erfüllen muss, schränkt also die Lage der kinematisch möglichen singulären Punkte im P-Q-R-Raum erheblich ein.

Die Diskussion dreidimensionaler kritischer Punkte erfolgt daher sinnvoller Weise nicht anhand der in Abbildung 4.29 gezeigten Fläche $\mathrm{R} = 0$ sondern besser anhand der Fläche $\mathrm{P} = 0$, wie sie in Abbildung 4.33 gezeigt ist. Auch hier teilt eine charakteristische Linie die Q-R-Ebene in Gebiete mit unterschiedlichem Charakter der kritischen Punkte. In diesem Fall ist dies die Kurve $27 \cdot \mathrm{R}^2 + 4 \cdot \mathrm{Q}^3 = 0$ gemäß Gleichung (4.111) mit $\mathrm{P} = 0$. Für $27 \cdot \mathrm{R}^2 + 4 \cdot \mathrm{Q}^3 > 0$ erhält man Strudel- oder Wirbelpunkte, sonst Sattel-Knoten-Kombinationen. Im Einzelnen lassen sich die folgenden Kombinationen identifizieren:

Sattel-Knoten-Kombinationen
1a stabiler Knoten / Sattel / Sattel,
1b instabiler Knoten / Sattel / Sattel,
1c stabiler Knoten-Sattel / instabiler Knoten-Sattel (Staupunkt)
2a stabiler Sternknoten / Sattel / Sattel,
2b instabiler Sternknoten / Sattel / Sattel.

Foki (Strudelpunkte)
3a stabiler Strudelpunkt,
3b instabiler Strudelpunkt,
3c Wirbelpunkt.

Im Falle eines kritischen Punktes auf einer festen Wand führt die Einschränkung $\nabla \cdot \vec{v} = 0$ aufgrund der Koeffizientenmatrix $\boldsymbol{A}$ aus Gleichung (4.106) zu den folgenden Beziehungen

$$a_{33} = -\frac{a_{11} + a_{22}}{2} \quad ,$$
$$a_{31} = a_{32} = 0 \quad .$$

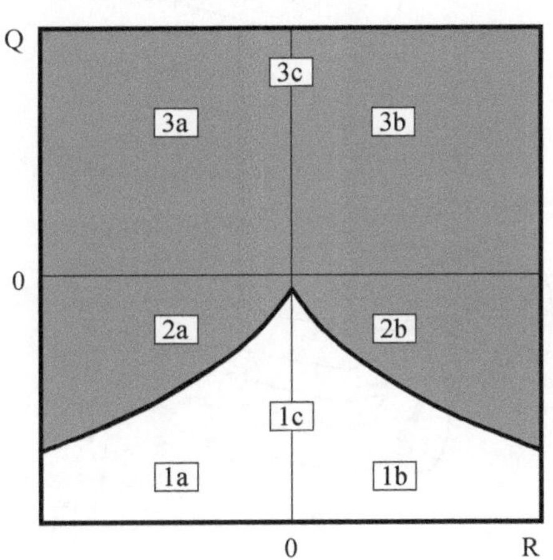

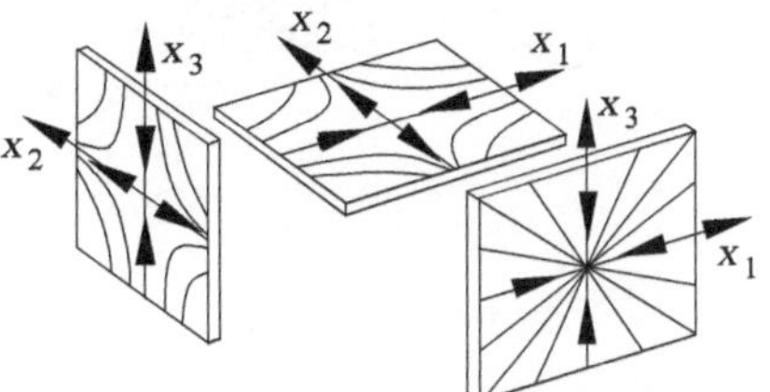

2a stabiler Sternknoten / Sattel / Sattel

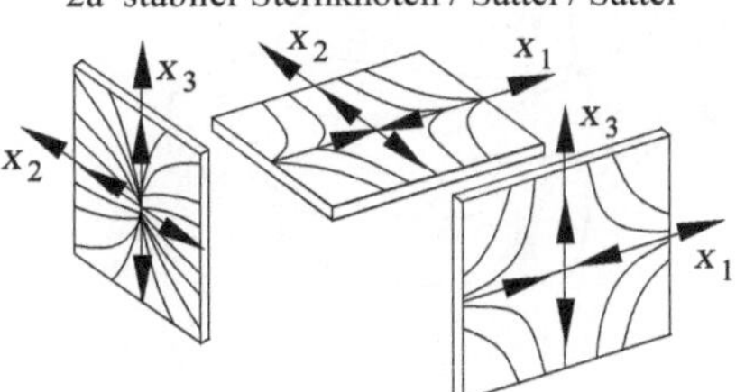

1b instabiler Knoten / Sattel / Sattel

Abb. 4.33: Ebene $\mathrm{P} = 0$ im P-Q-R-Raum

Damit gilt für kritische Punkte auf einer festen Wand für die Invarianten P, Q und R

$$\mathrm{P} \cdot \mathrm{Q} + 2 \cdot \mathrm{P}^3 + \mathrm{R} = 0 \quad .$$

Nach dieser analytischen Vorbereitung auf der Basis der kinematischen Grundgleichungen (4.100, 4.101), die die Elemente einer Strömungsbeschreibung bereitstellen, ist die **Struktur eines Strömungsfeldes** festgelegt.

Im Folgenden werden zur Veranschaulichung Strömungsbeispiele des einführenden Kapitels 1 bezüglich der Strömungsstruktur analysiert.

Kraftfahrzeugumströmung

Wie wir bereits kennen gelernt haben, beeinflusst die Nachlaufströmung in starkem Maße die aerodynamische Güte eines Kraftfahrzeuges (Widerstand, Auftrieb, Seitenwindempfindlichkeit). Dieser Effekt kann gut bei Autorennen beobachtet werden. Fährt ein Fahrzeug in den Windschatten eines vorfahrenden Wagens, so verringert sich die Geschwindigkeit des vorausfahrenden Wagens und der hintere Wagen nutzt die geringere Anströmung zur Beschleunigung. Anscheinend hat also eine Strömungsbeeinflussung hinter dem Fahrzeug eine signifikante Auswirkung auf die Struktur der Nachlaufströmung. Die folgende

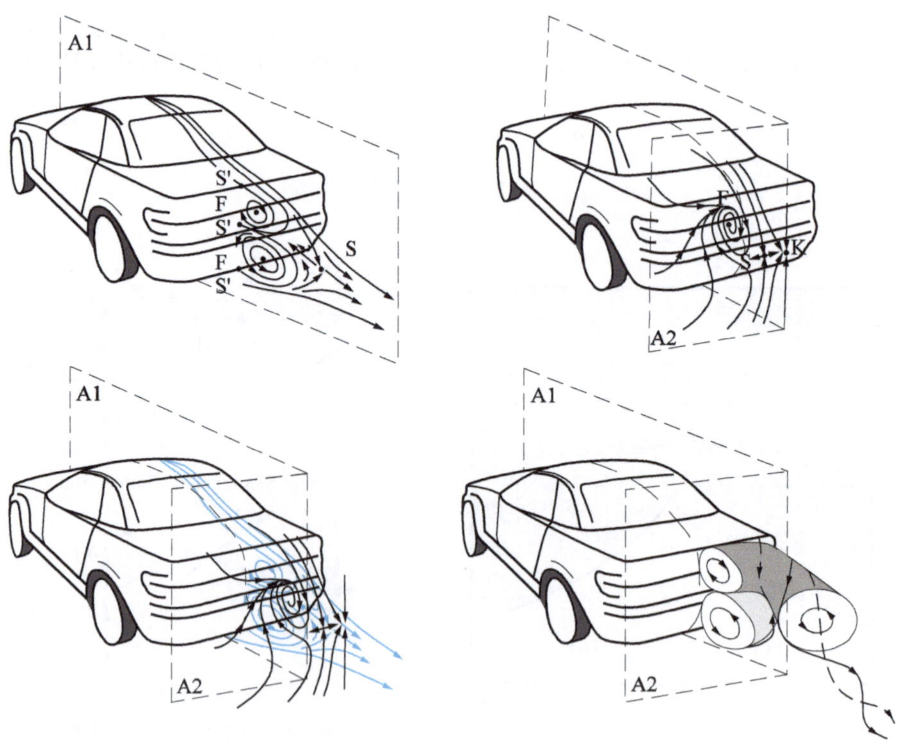

Abb. 4.34: Struktur der Nachlaufströmung eines Kraftfahrzeuges

Abb. 4.35: Topologie der Kraftfahrzeugumströmung im Mittelschnitt

Strukturanalyse basiert auf experimentellen Ergebnissen im Windkanal. Die Auswertung der Nachlaufstruktur aus numerischen Ergebnissen wird in Kapitel 4.2.4 (Abbildung 4.61) ergänzt. Beide Vorgehensweisen liefern bezüglich der Struktur der **Nachlaufströmung** das gleiche Ergebnis.

Im Mittelschnitt A1 der Abbildung 4.34 identifiziert man im Nachlauf des Kraftfahrzeuges drei Halbsattel S' (Ablöselinien und Staulinien am Heck) sowie einen Sattelpunkt S im Strömungsfeld. Das Strömungsfeld ist durch zwei Foki F gekennzeichnet. Legt man die Schnittfläche A2 senkrecht zu A1 in den Nachlauf des Kraftfahrzeuges erkennt man einen Fokus F, einen Sattelpunkt S und einen Knoten K. Die dreidimensionale Struktur der Nachlaufströmung erhält man durch Überlagerung von A1 und A2. Das Bild sieht zunächst sehr verwirrend aus und man benötigt einige Erfahrung um die charakteristischen Stromflächen zu erkennen, die letztendlich die dreidimensionale Struktur der Nachlaufströmung charakterisieren. Die abschließende Interpretation der dreidimensionalen Struktur nimmt auch nicht das auf der Strukturanalyse basierende Softwarepaket ab, das lediglich die singulären Punkte im Strömungsfeld liefert.

Die abschließende Interpretation der Nachlaufstruktur ist im vierten Bild der Abbildung 4.34 skizziert. Am Kofferraumdeckel des Kraftfahrzeuges bildet sich ein Hufeisenwirbel aus, der sich in die Nachlaufströmung fortsetzt und sich weiter stromab zu einer Wirbelschleppe vereint. Die Scherschicht zwischen Straße und Unterboden des Kraftfahrzeuges bildet den Bereich der Rückströmung, der stromab durch den Sattelpunkt S im Strömungsfeld (Schnittfläche A1) begrenzt wird.

Für das Aufsuchen der Singularitäten bzw. zur Kontrolle der Auswertung kann die folgende topologische Regel nützlich sein. Betrachten wir erneut den Mittelschnitt des Kraftfahrzeuges in Abbildung 4.35 und summieren die Anzahl der Sattelpunkte S (Halbsattel S'), dann gilt

$$\left(\sum \mathrm{K} + \frac{1}{2} \cdot \sum \mathrm{K}'\right) - \left(\sum \mathrm{S} + \frac{1}{2} \cdot \sum \mathrm{S}'\right) = -1 \quad . \tag{4.112}$$

Diese topologische Regel lässt sich in Abbildung 4.35 durch Abzählen der singulären Punkte auf der Kraftfahrzeugoberfläche und im Nachlauf nachvollziehen.

$$\left(\sum \mathrm{F} + \frac{1}{2} \cdot \sum \mathrm{F}'\right) - \left(\sum \mathrm{S} + \frac{1}{2} \cdot \sum \mathrm{S}'\right) = -1$$

$$\left(\quad 2 \quad\right) - \left(\quad 1 \quad + \quad \frac{4}{2} \quad\right)$$

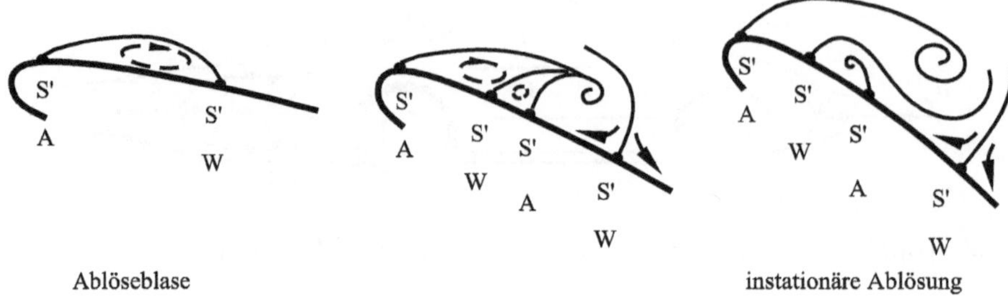

Abb. 4.36: Strömungsablösung auf dem Profil in Abhängigkeit steigenden Anstellwinkels

Profilumströmung

In Kapitel 2.5.1 wurde bereits ausgeführt, dass oberhalb eines kritischen Anstellwinkels α_{krit} die Strömung auf dem Flügel eines Flugzeuges ablöst (Abbildung 2.126). Dies führt aufgrund der vergrößerten Verdrängung zu einer Erhöhung des Druck- und Reibungswiderstandes bei gleichzeitigem Abfall des Auftriebes. Mit wachsendem Anstellwinkel α setzt die Strömungsablösung auf dem Profil zunächst mit einer im zeitlichen Mittel stationären Ablöseblase ein. Die Ablöselinie A und die Wiederanlegelinie W sind Halbsattel S′ (Abbildung 4.36). Mit steigendem Anstellwinkel kommt es zur Sekundärablösung die zu zwei weiteren Halbsatteln führt. Im vorderen Teil des Profils bleibt die Ablösung im zeitlichen Mittel zunächst stationär. Es bildet sich jedoch stromab eine offene Stromfläche, die zu einer instationären dreidimensionalen Strömungsablösung führt. Im dritten Bild der Abbildung 4.36 zeigen alle Stromflächen ins Strömungsfeld. Die Ablöseflächen rollen auf und bilden eine Wirbelstraße. Die Sekundärablösung führt jetzt zu einer zweiten Wirbelstraße, da die Strömung in Wandnähe nicht mehr gegen den Druckgradienten anlaufen kann, den die primäre Wirbelablösung verursacht.

Die Abbildung 4.37 zeigt zwei Möglichkeiten der dreidimensionalen Ablösung. Das erste Bild zeigt die dreidimensionale Ablöseblase und das zweite Bild die Ausbildung einer freien

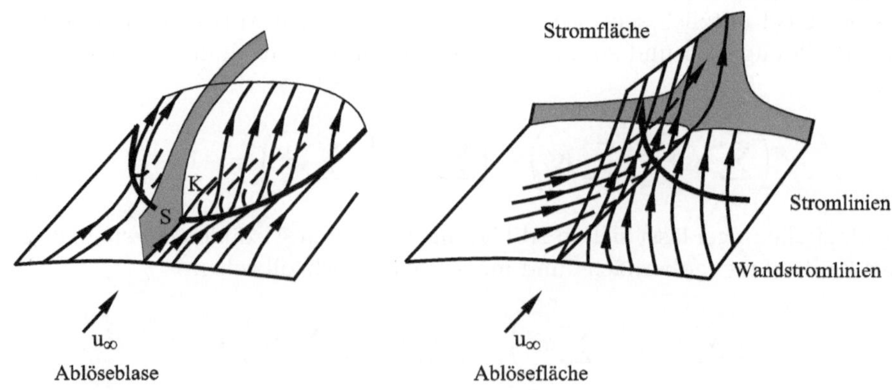

Abb. 4.37: Dreidimensionale Strömungsablösung

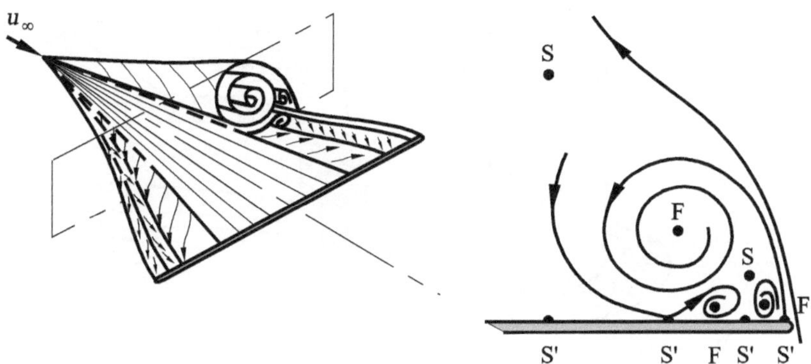

Abb. 4.38: Wandstromlinien und Struktur der Umströmung eines angestellten Deltaflügels

Scherfläche, die zu einer Wirbelstraße führt. Bei der Ablöseblase ist die Rückströmung in der Blase durch eine dreidimensionale Scherschicht von der Hauptströmung getrennt. Die freie Scherfläche des zweiten Bildes führt zu einer Stromflächenverzweigungslinie auf der Wand und der Ablösefläche, die stromab entsprechend Abbildung 4.36 aufrollt und eine instationäre Wirbelstraße bildet.

Tragflügelumströmung

Das zweite Beispiel beschreibt die **Strömungsstruktur eines angestellten Deltaflügels**, den man bei Überschallflugzeugen vorfindet. Der aerodynamische Auftrieb wird im Wesentlichen durch den Unterdruck im Kern der an der Vorderkante des Flügels abgelösten Wirbel erzeugt. Die Abbildung 4.38 zeigt die primäre Wirbelablösung (Foki) sowie die Wiederanlegelinien auf dem Flügel, die durch die Konvergenz der Wandstromlinien sichtbar werden. Stromab der primären Vorderkantenablösung entsteht aufgrund der dreidimensionalen Querströmung auf dem Flügel eine Sekundärablösung, die auf jeder Flügelhälfte zu zwei weiteren Foki F und einem Sattel S führt. Die Struktur der Strömung weist also auf der Oberseite jedes Halbflügels insgesamt drei Foki, einen Sattel und die Halbsattel der Ablöse- und Wiederanlegelinien auf. Die Abströmung über dem Deltaflügel verursacht einen weiteren Sattelpunkt S. Die Wirbelstärke der Sekundärablösung ist jedoch gering gegenüber den Primärwirbeln, so dass von diesen die aerodynamischen Eigenschaften des Deltaflügels im Wesentlichen bestimmt werden.

Zylinderumströmung

Ein Beispiel der Gebäudeaerodynamik soll das Kapitel der Strukturanalyse abschließen. Die Struktur der Umströmung eines runden Gebäudes in Bodennähe idealisiert als **Zylinderumströmung** ist in Abbildung 4.39 dargestellt (siehe auch Abbildung 2.107). In Bodennähe bildet sich aufgrund der Haftbedingung an der Wand ein Hufeisenwirbel aus, der sich entlang der Mittellinie am Boden als Sattelpunkt S, Knoten K und vor dem Zylinder erneut als Sattelpunkt S und Halbsattel S′ im Staupunkt darstellen lässt. Dieser

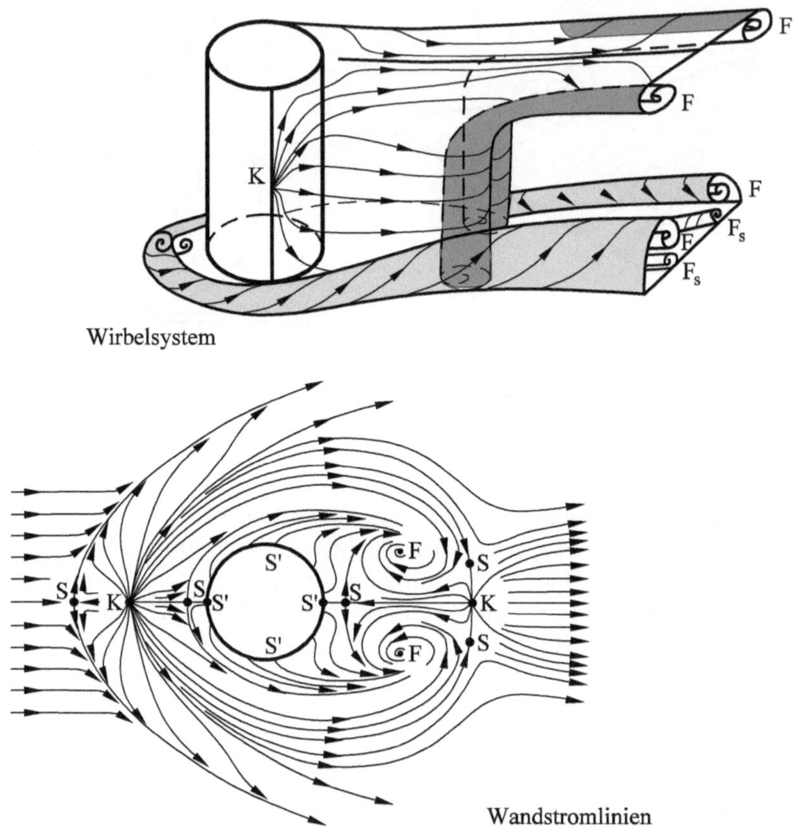

Abb. 4.39: Umströmung eines Zylinders in Bodennähe

Hufeisenwirbel geht im Nachlauf in zwei Foki F über. Im unmittelbaren Nachlauf des Zylinders bilden sich am Boden ein Sattelpunkt S, zwei Foki F, ein Knoten und zwei weitere Sattelpunkte S aus. Diese führen zu den Sekundärwirbeln F_S. Die dreidimensionale Strömungsablösung auf dem Zylinder wird durch zwei Knoten eingeleitet, die in die vier Foki F der Nachlaufströmung überführen. Je nach Reynolds-Zahl ist entsprechend der Ausführungen in Kapitel 2.4.6 das Wirbelsystem stationär oder instationär.

Die Strömungsstruktur der instationären Wirbelablösung in freier Anströmung ohne Einfluss eines Bodens haben wir bereits als Kármánsche Wirbelstraße in Abbildung 2.107 kennengelernt. Im Strömungsfeld wechseln sich Sattelpunkte und Foki periodisch ab.

Strömung im menschlichen Ventrikel

Ein anderes Beispiel einer instationären periodischen Strömung ist die pulsierende Strömung im menschlichen Herzventrikel, die wir im einführenden Kapitel in Abbildung 1.15 beschrieben haben. Die Abbildung 4.40 zeigt zwei Momentaufnahmen eines Herzzyklus. Beim Einströmen in den linken Herzventrikel durch die Mitralklappe ent-

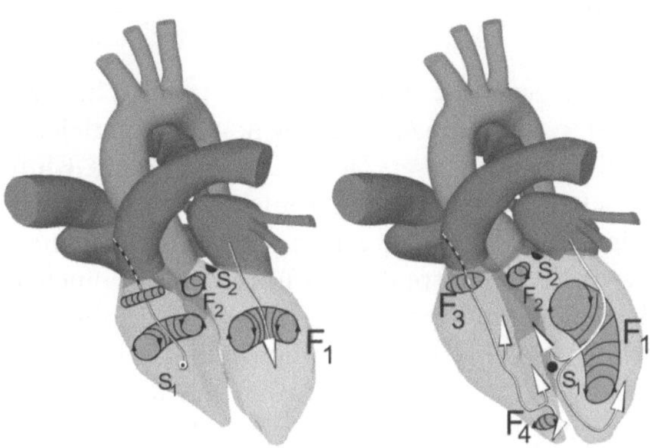

Abb. 4.40: Strömung im menschlichen Ventrikel während eines Herzzyklus

steht ein Einströmjet, der von einem Ringwirbel F1 begleitet wird. Dieser äußert sich im Längsachsenschnitt durch den Ventrikel durch zwei Foki. Aufgrund der Ventrikelbewegung während der Füllphase wird der Ringwirbel asymmetrisch verformt und es entsteht ein Sattelpunkt mit zwei Halbsatteln im oberen Bereich des Ventrikels. Mit fortschreitendem Füllvorgang verzweigt sich im Längsachsenschnitt der asymmetrische Ringwirbel und die Durchströmung der Ventrikelspitze wird eingeleitet. Dabei bildet sich im Längsachsenschnitt ein weiterer Fokus verknüpft mit einem weiteren Sattelpunkt und zwei Halbsatteln. Das dreidimensionale Strömungsbild zeigt entsprechend dem Sattel-Knoten Bild der Abbildung 4.32, dass sich der dreidimensionale Ringwirbel F in die Ventrikelspitze eindreht. Im rechten Herzventrikel ergibt sich ein entsprechendes Strömungsbild. Der Ausströmvorgang in die Aorta bei geöffneter Aortenklappe sorgt für ein Ausspülen des asymmetrischen Ringwirbels aus dem Herzventrikel in wohl geordneter zeitlicher Abfolge.

4.2 Diskretisierung

In diesem Abschnitt wollen wir die Grundlagen numerischer Lösungsmethoden zur näherungsweisen Lösung der strömungsmechanischen Grundgleichungen erarbeiten, die wir in Kapitel 3 vorgestellt haben. Unser Ziel ist es, eine erste Einführung in die Vorgehensweise bei der numerischen Lösung eines strömungsmechanischen Problems zu geben. Dabei werden wir wichtige Begriffe aus der numerischen Mathematik im Rahmen unserer Lehrbuchreihe an dieser Stelle erstmalig einführen, sowie einen Überblick über die in der Strömungsmechanik gängigsten numerischen Lösungsverfahren geben. Wir verzichten bewusst auf die ausführliche Beschreibung der mathematischen Details der numerischen Algorithmen und der linearen Algebra. Dem an den mathematischen Einzelheiten interessierten Leser empfehlen wir z.B. die Lehrbücher von *E. Stiefel* 1970 und *L. Lapidus, G. F. Pinder* 1999. Bezüglich einer detaillierten Beschreibung numerischer Methoden in der Strömungsmechanik und ihrer Anwendungen bei praktischen Strömungsproblemen verweisen wir auf unser Lehrbuch *E. Laurien, H. Oertel jr.* 2013 und auf das Fachbuch von *J. H. Ferziger, M. Peric* 2008.

Grundsätzlich existieren zwei unterschiedliche Klassen numerischer Lösungsmethoden, die sich in der praktischen Anwendung ergänzen. In der einen Klasse wird bereits vor der Durchführung der Näherungsrechnung von einem Lösungsansatz für eine gesuchte Größe ausgegangen. Diese Größe wird dabei in Form einer endlichen Reihe approximiert, wobei der Reihenansatz nach einer bestimmten Anzahl von Reihengliedern entsprechend der gewünschten Genauigkeit abgebrochen wird. Zu dieser Klasse von Lösungsmethoden gehören z.B. das Galerkin- und das Spektralverfahren mit dem besonderen Vorteil, dass die einzelnen Ansatzfunktionen die Randbedingungen des zu lösenden Strömungsproblems exakt erfüllen. Der Nachteil dieser ansonsten sehr genauen Lösungsmethoden liegt darin, dass z.B. für eine vorgegebene Kraftfahrzeug- oder Flugzeugkonfiguration keine geeigneten Ansatzfunktionen gefunden werden können.

Deshalb haben sich für die erwähnten Strömungsprobleme diejenigen numerischen

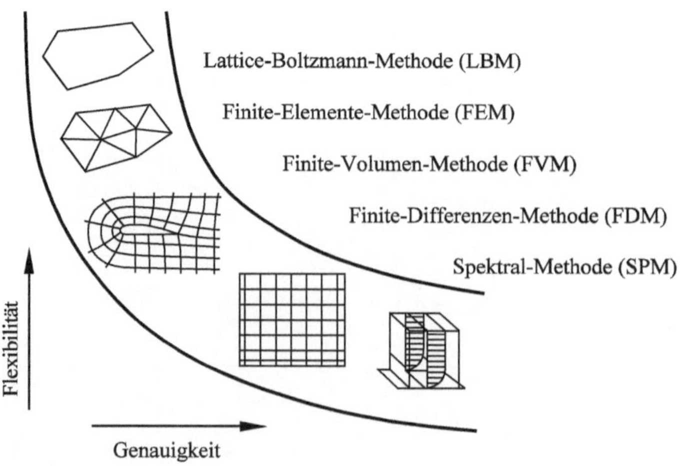

Abb. 4.41: Genauigkeit und Flexibilität numerischer Lösungsmethoden

Lösungsmethoden durchgesetzt, die nach einer Diskretisierung des Integrationsgebietes direkt die partiellen Differentialgleichungen näherungsweise lösen und dabei ohne vorher auszuwählende Ansatzfunktionen auskommen. Je nachdem wie die Diskretisierung des Strömungsfeldes erfolgt (in strukturierte bzw. in unstrukturierte Gitter) und wie die Erhaltungssätze für die jeweiligen Volumenelemente erfüllt werden, lassen sich eine Vielzahl numerischer Lösungsalgorithmen ableiten, von denen wir lediglich die wichtigsten auf die von uns in Kapitel 1 ausgewählten Strömungsprobleme anwenden werden.

Abbildung 4.41 fasst die in den folgenden Abschnitten beschriebenen numerischen Lösungsmethoden bezüglich ihrer Genauigkeit und Flexibilität zusammen. Die Galerkin- und Spektralverfahren (SPM) sind entsprechend der gewählten Ansatzfunktionen und je nach Anzahl der Reihenglieder sehr genau, lassen sich jedoch nicht auf komplexe Geometrien anwenden. Spektralverfahren beruhen auf global definierten Funktionensystemen, die jedoch nur für sehr einfache Geometrien bekannt sind. Aber z.B. der Transitionsprozess in der Tragflügelgrenzschicht lässt sich in einem ausgewählten Volumenelement mit Hilfe des Spektralverfahrens sehr genau berechnen. Die Finite-Differenzen-Methode (FDM) diskretisiert das Strömungsfeld in orthogonale Gitter und ersetzt die Differentialquotienten der Grundgleichungen durch die entsprechenden Differenzenquotienten. Für die Berechnung der Strömung um ein Kraftfahrzeug bzw. der Tragflügelströmung ist vor der Anwendung des Differenzenverfahrens jeweils eine aufwendige Transformation der komplexen Konfiguration auf ein Rechteckgebiet erforderlich. Diese Transformation erspart man sich bei den Finite-Volumen-Methoden (FVM) und bei den Finite-Elemente-Methoden (FEM), die sich inzwischen in der Praxis durchgesetzt haben. Die Finite-Volumen-Methode erfüllt die diskretisierten Erhaltungssätze über jedes Volumenelement im Strömungsfeld während bei den Finite-Elemente-Methoden der numerische Fehler mit geeigneten Ansatzfunktionen und der Formulierung eines Variationsproblems in jedem Volumenelement minimiert wird. Finite-Elemente-Methoden besitzen eine hohe Flexibilität, da sie auf sehr flexiblen unstrukturierten Netzen aufbauen. Die höchste Flexibilität bezüglich der Rechennetze weist die Lattice-Boltzmann-Methode (LBM) auf. Es werden keinerlei Anforderungen an das Rechennetz gestellt. In beliebig vorgegebenen Volumenelementen werden die Bewegungen und Stöße einer vorgegebenen Anzahl von Modellpartikeln simuliert. Die makroskopischen Strömungsgrößen erhält man dann durch den in Kapitel 3.6 vorgegebenen Mittelungsprozess. Die Lattice-Boltzmann-Methode wird aus Gründen der Vollständigkeit angesprochen, aber in den folgenden Kapiteln nicht weiter behandelt.

4.2.1 Galerkin-Methode

Wir beginnen ganz formal mit der Einführung einer gesuchten Funktion $\mathrm{g}(x, y, z)$, die von den drei Raumkoordinaten x, y und z abhängt. Diese Funktion g steht stellvertretend für eine jeweils gesuchte Größe aus den Navier-Stokes-Gleichungen (3.19) für ein vorgegebenes stationäres Strömungsproblem mit den dortigen Bezeichnungen $\vec{v} = (u, v, w), p, \rho$ und T. Gegeben ist ein Differentialoperator L der Gestalt

$$\mathrm{L}(x, y, z, \mathrm{g}, \mathrm{g}', \mathrm{g}'') = 0 \quad . \tag{4.113}$$

Gleichung (4.113) bedeutet, dass zwischen den drei unabhängigen Koordinaten x, y, z der abhängigen Größe g, sowie ihrer ersten Ableitung g' und ihrer zweiten Ableitung g''

nach den unabhängigen Variablen eine Beziehung besteht, in der alle abhängigen und unabhängigen Variablen auf die linke Seite der Gleichung geschrieben werden können, so dass die rechte Seite zu Null wird. Es handelt sich also lediglich um eine formalisierte Schreibweise für eine Differentialgleichung. Wir betrachten beispielsweise die Navier-Stokes-Gleichung in x-Richtung zur Bestimmung der Geschwindigkeitskomponenten $u(x, y, z)$ für den Fall, dass alle anderen Größen bekannt sind und schreiben alle Größen auf die linke Seite

$$u \cdot \frac{\partial u}{\partial x} + v \cdot \frac{\partial u}{\partial y} + w \cdot \frac{\partial u}{\partial z} + \frac{1}{\rho} \cdot \frac{\partial p}{\partial x} - \nu \cdot \left(\frac{\partial^2 u}{\partial x^2} + \frac{\partial^2 u}{\partial y^2} + \frac{\partial^2 u}{\partial z^2} \right) = 0 \quad . \tag{4.114}$$

In formalisierter Schreibweise mit einem Differentialoperator L gemäß Gleichung (4.113) lautet Gleichung (4.114)

$$\mathrm{L} \left(x, y, z, u, \frac{\partial u}{\partial x}, \frac{\partial u}{\partial y}, \frac{\partial u}{\partial z}, \frac{\partial^2 u}{\partial x^2}, \frac{\partial^2 u}{\partial y^2}, \frac{\partial^2 u}{\partial z^2} \right) = 0 \quad . \tag{4.115}$$

Für gekoppelte partielle Differentialgleichungen 2. Ordnung, wie z. B. die vollständigen Navier-Stokes-Gleichungen, bezeichnet L einen Matrixoperator.

Das Prinzip des Galerkin-Verfahrens besteht darin, für die gesuchte Funktion $\mathrm{g}(x, y, z)$ einen Lösungsansatz in Form einer endlichen Reihe zu finden, der die Randbedingungen des Problems exakt erfüllt

$$\mathrm{g}(x, y, z) \approx \sum_{\mathrm{i}=1}^{\mathrm{N}} \mathrm{c_i} \cdot \mathrm{F_i}(x, y, z) = \mathrm{c_1} \cdot \mathrm{F_1}(x, y, z) + \cdots + \mathrm{c_N} \cdot \mathrm{F_N}(x, y, z) \quad . \tag{4.116}$$

N bezeichnet die Anzahl der Reihenglieder, $\mathrm{c_i}$ sind die zu bestimmenden konstanten Koeffizienten und $\mathrm{F_i}$ die ausgewählten Ansatzfunktionen. Das Ungefährzeichen $\approx$ erklärt sich dadurch, dass die gesuchte Funktion $\mathrm{g}(x, y, z)$ nur im Falle $\mathrm{N} \to \infty$ exakt durch ein vollständiges, orthogonales Funktionensystem $\mathrm{F_i}$ wiedergegeben wird. Da wir nach einer endlichen Zahl N von Reihengliedern abbrechen, wird $\mathrm{g}(x, y, z)$ je nach der Größe von N beliebig genau approximiert aber nicht exakt erreicht. Setzen wir den Ansatz (4.116) in die Differentialgleichung (4.113) ein, so erhalten wir

$$\mathrm{L} \left(x, y, z, \sum_{\mathrm{i}=1}^{\mathrm{N}} \mathrm{c_i} \cdot \mathrm{F_i}(x, y, z), \sum_{\mathrm{i}=1}^{\mathrm{N}} \mathrm{c_i} \cdot \mathrm{F'_i}(x, y, z), \sum_{\mathrm{i}=1}^{\mathrm{N}} \mathrm{c_i} \cdot \mathrm{F''_i}(x, y, z) \right) = \mathrm{R} \neq 0 \quad . \tag{4.117}$$

In Gleichung (4.117) steht R für das Residuum, also einen Fehler der dadurch entsteht, dass für die Funktion $g(x, y, z)$ ein Näherungsansatz eingesetzt wurde. Je kleiner das Residuum R ist, umso genauer entspricht der Näherungsansatz aus (4.117) der Lösung der Differentialgleichung (4.113). Die gesuchten Koeffizienten c_i müssen so bestimmt werden, dass das Residuum möglichst klein wird. Wir erreichen dieses Ziel, indem wir das Residuum R mit Gewichtungsfunktionen $\mathrm{G_j}$ multiplizieren und anschließend fordern, dass das über den Definitionsbereich gemittelte gewichtete Residuum verschwindet. Das Residuum muss hierzu linear unabhängig und orthogonal zu jeder der N Gewichtsfunktionen $\mathrm{G_j}$ sein. Grundsätzlich ist es möglich, verschiedene Arten von Funktionen als Gewichtsfunktionen $\mathrm{G_j}$ einzusetzen. Das Charakteristikum eines Galerkin-Verfahrens besteht darin, dass als Gewichtsfunktionen $\mathrm{G_j}$ die jeweiligen Ansatzfunktionen $\mathrm{F_j}$ verwendet werden, d.h. beim

Galerkin-Verfahren gilt $\mathrm{G_j} = \mathrm{F_j}$. In Formeln lauten diese Forderungen, die zur Minimierung des Fehlers R führen

$$\int_V \mathrm{R} \cdot \mathrm{F_j} \cdot \mathrm{d}V = 0 \quad . \tag{4.118}$$

Wenn wir noch das Residuum R durch Gleichung (4.117) ersetzen, so erhalten wir die **Galerkinschen Gleichungen** zur Minimierung des Fehlers

$$\int_V \mathrm{L}\left(x, y, z, \sum_{\mathrm{i}=1}^{\mathrm{N}} \mathrm{c_i} \cdot \mathrm{F_i}(x,y,z), \sum_{\mathrm{i}=1}^{\mathrm{N}} \mathrm{c_i} \cdot \mathrm{F_i'}(x,y,z), \sum_{\mathrm{i}=1}^{\mathrm{N}} \mathrm{c_i} \cdot \mathrm{F_i''}(x,y,z)\right) \cdot \mathrm{F_j} \cdot \mathrm{d}V = 0 \quad . \tag{4.119}$$

Gleichung (4.119) stellt ein System von N algebraischen Gleichungen zur Bestimmung der N Unbekannten $\mathrm{c_i}$ dar, die mit den Methoden der linearen Algebra ermittelt werden. Die auf diese Weise erhaltenen Koeffizienten $\mathrm{c_i}$ ergeben, eingesetzt in Gleichung (4.116), eine Näherungslösung für die gesuchte Funktion $\mathrm{g}(x,y,z)$.

Wir sind bisher noch nicht auf die Auswahl der Ansatzfunktionen $\mathrm{F_i}$ eingegangen, da die Ansatzfunktionen entsprechend der unterschiedlichen Strömungsprobleme jeweils problemangepasst ausgewählt werden müssen. Hierzu bedarf es einer gewissen Erfahrung. Bei der Auswahl der Ansatzfunktionen ist zu beachten, dass die Randbedingungen des Problems exakt erfüllt werden. Des weiteren müssen auch höhere Ableitungen von $\mathrm{g}(x,y,z)$ durch die ausgewählten Ansatzfunktionen dargestellt werden können. Im Falle der Navier-Stokes-Gleichungen wird von den Ansatzfunktionen gefordert, Ableitungen zweiter Ordnung problemlos zu modellieren. In unserem Übungsbuch haben wir für die Berechnung der ebenen Kanalströmung trigonometrische Ansatzfunktionen gewählt, die an den Kanalberandungen die Haftbedingung erfüllen.

Als Anwendungsbeispiel der Galerkin-Methode haben wir die **freie Konvektionsströmung** in einem unten beheizten **kubischen Behälter** mit isothermen Berandungen gewählt. Dabei wird im Rahmen der **Boussinesq-Approximation** die Dichteänderung lediglich im Auftriebsterm der Navier-Stokes-Gleichung berücksichtigt und in allen anderen Termen vernachlässigt (siehe auch Kapitel 3.2.1 und 3.3.1). Der Ansatz für die Dichte ergibt

$$\rho(T) = \rho_0 \cdot [1 - \alpha \cdot (T - T_0)] \quad ,$$

mit dem *Wärmeausdehnungskoeffizienten* α, einer Bezugsdichte ρ_0 und einer Bezugstemperatur T_0. Die Zähigkeit wird als konstant angenommen. Zusätzlich wird die Dissipation vernachlässigt. Berücksichtigt man die dem Wärmetransportproblem angepassten dimensionslosen Größen

$$x_\mathrm{m}^* = \frac{x_\mathrm{m}}{L} \quad , \qquad t^* = \frac{k_\infty \cdot t}{L^2} \quad , \qquad \vec{v}^* = \frac{L}{k_\infty} \cdot \vec{v} \quad ,$$

$$T^* = \frac{T - T_\infty}{T_\mathrm{W} - T_\infty} \quad , \qquad p^* = (p + \rho_\infty \cdot g \cdot x_3) \cdot \frac{L^2}{\rho_\infty \cdot \nu_\infty \cdot k_\infty} \quad ,$$

dann erhält man mit (3.24) und (3.150) die dimensionslosen *Boussinesq-Gleichungen*:

$$\nabla \cdot \vec{v}^* = 0 \quad ,$$

$$\frac{1}{Pr_\infty} \cdot \left(\frac{\partial \vec{v}^*}{\partial t^*} + (\vec{v}^* \cdot \nabla) \vec{v}^* \right) = Ra_\infty \cdot T^* \cdot \begin{pmatrix} 0 \\ 0 \\ 1 \end{pmatrix} - \nabla p^* + \Delta \vec{v}^* \quad , \tag{4.120}$$

$$\frac{\partial T^*}{\partial t^*} + \vec{v}^* \cdot \nabla T^* = \Delta T^* \quad ,$$

mit der dimensionslosen Rayleigh-Zahl:

$$Ra_\infty = \frac{g \cdot L^3}{k_\infty \cdot \nu_\infty} \cdot \alpha \cdot (T - T_\infty) \quad .$$

Der Zusammenhang mit der in Kapitel 2.6 eingeführten Grashof-Zahl ist durch die Beziehung $Ra_\infty = Pr_\infty \cdot Gr_L$ gegeben. Die charakteristische Länge L ist der Höhe des Konvektionsbehälters h gleichzusetzen. Je nach Größe der Prandtl-Zahl Pr_∞ ist ein unterschiedliches stationäres oder instationäres Verhalten der Strömung zu erwarten. Ist Pr_∞ klein (z. B. 0.71 für Luft, 10^{-2} für flüssige Metalle), so ist die Strömung instationär. Ist Pr_∞ groß (7 für Wasser, 10^3 für Öl), so erhält man eine stationäre Strömung in Form von Konvektionsrollen. Der instationäre Term besitzt in diesem Fall nur einen geringen Einfluss, da er mit einem kleinen Faktor $1/Pr_\infty$ multipliziert wird.

Zunächst berechnen wir das Einsetzen der stationären Konvektionsströmung im kubischen Behälter (Abbildung 4.42) mit der in Kapitel 4.1.3 eingeführten Methode der Stabilitätsanalyse. Dazu werden mit der Galerkin-Methode die linearisierten Störungs-Differentialgleichungen gelöst. Der Grundzustand ist der Wärmeleitungszustand

$$T_0(z) = -z \quad , \qquad \vec{v} = 0 \quad . \tag{4.121}$$

Die Strömungsgrößen werden nach dem Grundzustand entwickelt:

$$T = T_0 + T' \quad , \qquad p = p_0 + p' \quad , \qquad \vec{v} = \vec{v}' \quad . \tag{4.122}$$

Damit ergibt sich für den Differentialoperator L der Gleichung (4.113):

$$\begin{aligned} \nabla \cdot \vec{v}' &= 0 \quad , \\ 0 &= -\nabla p' + \Delta \vec{v}' + Ra_\infty \cdot T' \cdot \vec{e}_z \quad , \\ -w' &= \Delta T' \quad , \end{aligned} \tag{4.123}$$

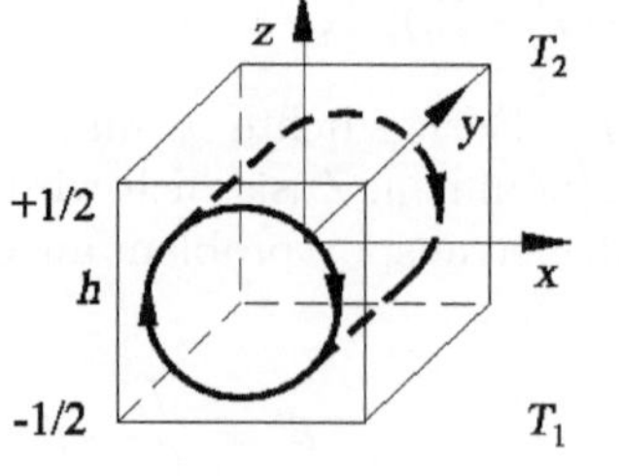

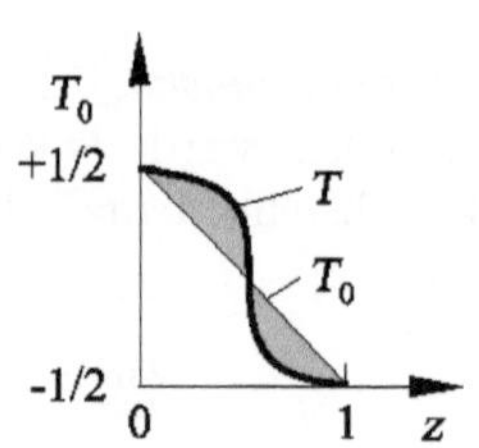

Abb. 4.42: Thermische Konvektion im kubischen Behälter

mit dem Einheitsvektor $\vec{e}_z = (0, 0, 1)^T$ und den Randbedingungen:

$$\vec{v}' = 0 \quad , \qquad T' = 0 \quad . \tag{4.124}$$

Die linearisierten Störungs-Differentialgleichungen sind unabhängig von der Prandtl-Zahl und damit unabhängig vom Medium.

Von den Ansatzfunktionen

$$\vec{v}' = \sum_{\mathrm{i}=1}^{\mathrm{N}} \mathrm{a_i} \cdot \vec{v}'_{\mathrm{i}} \quad , \qquad T' = \sum_{\mathrm{j}=1}^{\mathrm{N}} \mathrm{b_j} \cdot T'_{\mathrm{j}} \tag{4.125}$$

wird gefordert, dass sie die Kontinuitätsgleichung und die Randbedingungen erfüllen. Sie sind als $\nabla \mathrm{x}$ des Funktionensystems darstellbar, so dass der Druckterm aus der Navier-Stokes-Gleichung eliminiert werden kann.

Mit den Ansatzfunktionen (4.125) erhalten wir die Galerkinschen Gleichungen (4.119):

$$\begin{aligned}
&\sum_{\mathrm{i}=1}^{\mathrm{N}} \mathrm{A_{ki}} \cdot \mathrm{a_i} + Ra_\infty \cdot \sum_{\mathrm{j}=1}^{\mathrm{M}} \mathrm{C_{kj}} \cdot \mathrm{b_j} = 0 \quad , \qquad \mathrm{k} = 1, 2, \cdots, \mathrm{N} \quad , \\
&\sum_{\mathrm{i}=1}^{\mathrm{N}} \mathrm{C_{il}} \cdot \mathrm{a_i} + \qquad\quad \sum_{\mathrm{j}=1}^{\mathrm{M}} \mathrm{B_{lj}} \cdot \mathrm{b_j} = 0 \quad , \qquad \mathrm{l} = 1, 2, \cdots, \mathrm{M} \quad ,
\end{aligned} \tag{4.126}$$

mit den Integralen

$$\begin{aligned}
\mathrm{A_{ki}} &= \int \vec{v}'_{\mathrm{k}} \cdot \Delta \vec{v}'_{\mathrm{i}} \cdot \mathrm{d}x \cdot \mathrm{d}y \cdot \mathrm{d}z \quad , \\
\mathrm{C_{kj}} &= \int (\vec{v}'_{\mathrm{k}} \cdot \vec{e}_z) \cdot T'_{\mathrm{j}} \cdot \mathrm{d}x \cdot \mathrm{d}y \cdot \mathrm{d}z \quad , \\
\mathrm{C_{il}} &= \int (\vec{v}'_{\mathrm{i}} \cdot \vec{e}_z) \cdot T'_{\mathrm{l}} \cdot \mathrm{d}x \cdot \mathrm{d}y \cdot \mathrm{d}z \quad , \\
\mathrm{B_{lj}} &= \int (T_{\mathrm{l}} \cdot \Delta T_{\mathrm{j}} \cdot \mathrm{d}x \cdot \mathrm{d}y \cdot \mathrm{d}z \quad .
\end{aligned}$$

Damit erhält man ein System von $\mathrm{M} + \mathrm{N}$ homogenen linearen algebraischen Gleichungen für die Koeffizienten $\mathrm{a_i}$, $\mathrm{B_j}$. Als Parameter tritt die Rayleigh-Zahl auf.

Für die Berechnung des Einsetzens der Konvektionsströmung im kubischen Behälter versuchen wir es zunächst einmal mit jeweils einer Ansatzfunktion:

$$\vec{v}'_1 = \begin{pmatrix} z \cdot (\frac{1}{4} - x^2)^2 \cdot (\frac{1}{4} - y^2) \cdot (\frac{1}{4} - z^2) \\ 0 \\ -x \cdot (\frac{1}{4} - x^2) \cdot (\frac{1}{4} - y^2) \cdot (\frac{1}{4} - z^2)^2 \end{pmatrix} \quad . \tag{4.127}$$

T' soll die gleiche Symmetrie wie w' besitzen:

$$T' = -\mathrm{a}_1 \cdot x \cdot (\frac{1}{4} - x^2) \cdot (\frac{1}{4} - y^2) \cdot (\frac{1}{4} - z^2)^2 \quad .$$

Damit sind die Randbedingungen $\vec{v}' = 0$ und für die isotherme Berandung $T' = 0$ erfüllt. Mit $\nabla \cdot \vec{v}_1' = 0$ fällt der Druckterm aus der Navier-Stokes-Gleichung heraus. Mit den Galerkinschen Gleichungen (4.126) berechnet man $\mathrm{a}_1 = -12/217$. Die Nullstelle der Determinante von (4.128) liefert die kritische Rayleigh-Zahl $Ra_c = 7700$.

Löst man das Eigenwertproblem mit mehreren Ansatzfunktionen N, so zeigt die Abbildung 4.43, dass bereits mit einer Ansatzfunktion die kritische Rayleigh-Zahl Ra_c auf 10% genau berechnet wird. Sechs Ansatzfunktionen liefern die kritische Rayleigh-Zahl und die Eigenfunktionen bereits mit einer Genauigkeit im Promille Bereich.

Mit der Galerkin-Methode lassen sich auch **instationäre Konvektionsströmungen** berechnen. Die Koeffizienten der Ansatzfunktionen (4.120) sind dann zeitabhängig:

$$\vec{v}' = \sum_{\mathrm{i}=1}^{\mathrm{N}} \mathrm{a_i}(t) \cdot \vec{v}_\mathrm{i}' \quad , \qquad T' = \sum_{\mathrm{j}=1}^{\mathrm{N}} \mathrm{b_j}(t) \cdot T_\mathrm{j}' \quad . \tag{4.128}$$

Damit ergeben die Galerkinschen Gleichungen ein System nichtlinearer gewöhnlicher Differentialgleichungen:

$$\begin{aligned}
&\sum_{\mathrm{i}=1}^{\mathrm{N}} \mathrm{A_{ki}} \cdot \mathrm{a_i}(t) + Ra_\infty \cdot \sum_{\mathrm{j}=1}^{\mathrm{M}} \mathrm{C_{kj}} \cdot \mathrm{b_j}(t) - \frac{1}{Pr_\infty} \cdot \sum_{\mathrm{i}=1}^{\mathrm{N}} \mathrm{D_{ki}} \cdot \frac{\partial \mathrm{a_i}(t)}{\partial t} = 0 \, , \quad \mathrm{k} = 1,2,\cdots,\mathrm{N} \quad , \\
&\sum_{\mathrm{i}=1}^{\mathrm{N}} \mathrm{E_{il}} \cdot \mathrm{a_i}(t) + \sum_{\mathrm{j}=1}^{\mathrm{M}} \mathrm{B_{lj}} \cdot \mathrm{b_j}(t) - \sum_{\mathrm{j}=1}^{\mathrm{M}} \mathrm{F_{lj}} \cdot \frac{\partial \mathrm{b_j}(t)}{\partial t} = 0 \quad , \quad \mathrm{l} = 1,2,\cdots,\mathrm{M} \, ,
\end{aligned} \tag{4.129}$$

mit den zusätzlichen Integralen

$$\begin{aligned}
\mathrm{D_{ki}} &= \int \vec{v}_\mathrm{k} \cdot \vec{v}_\mathrm{i} \cdot \mathrm{d}V \quad , \\
\mathrm{F_{lj}} &= \int (T_\mathrm{l} \cdot T_\mathrm{j} \cdot \mathrm{d}V \quad , \\
\mathrm{E_{il}} &= -\int (\vec{v}_\mathrm{i} \cdot \vec{e}_z) \cdot T_\mathrm{l} \cdot \frac{\partial T_0}{\partial z} \cdot \mathrm{d}V \quad .
\end{aligned}$$

Die Lösung des Systems gewöhnlicher Differentialgleichungen kann z. B. mit dem Runge-Kutta-Verfahren 4. Ordnung erfolgen, das in Kapitel 4.2.4 ebenfalls zur Lösung instationärer Strömungsprobleme genutzt wird.

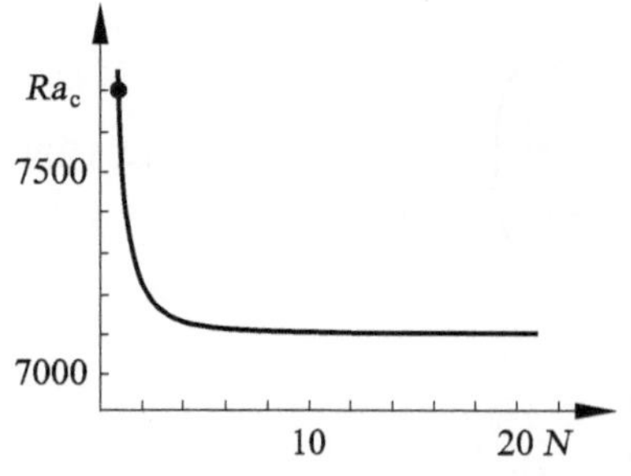

Abb. 4.43: Kritische Rayleigh-Zahl Ra_c in Abhängigkeit der Ansatzfunktionen N

Weitere Beispiele zur Galerkin-Methode aus dem Bereich der Strömungsmechanik finden sich in unserem Übungsbuch *H. Oertel jr., M. Böhle* 2014. Eine Vertiefung der Anwendung der Galerkin-Methode findet sich z. B. in dem Buch von *C. A. J. Fletcher* 1984.

Spektralmethode

In Zusammenhang mit dem Galerkin-Verfahren gehen wir noch auf das Spektralverfahren ein, welches sich direkt aus dem Galerkin-Verfahren ableitet. Zur Minimierung des numerischen Fehlers wird jetzt ein Variationsproblem formuliert, bei dem als Ansatz- und Gewichtsfunktionen solche Funktionen $\mathrm{F_k}$ eingeführt werden, die beliebig oft differenzierbar sind. Auch hier wird das Problem der Fehler-Minimierung zurückgeführt auf ein algebraisches Gleichungssystem zur Bestimmung der unbekannten Koeffizienten $\hat{u}_\mathrm{k}$. Beim Spektralverfahren benutzt man als Zählvariable k, um Verwechselungen mit der hierbei häufig benötigten imaginären Einheit $\mathrm{i} = \sqrt{-1}$ zu vermeiden. Ganz analog zum Ansatz aus Gleichung (4.116) des Galerkin-Verfahrens wird eine gesuchte Funktion, beispielsweise eine Geschwindigkeit $u(x, y, t)$, durch Funktionensysteme mit Hilfe eines Reihenansatzes approximiert

$$u(x,y,t) \approx \sum_{\mathrm{k}=0}^{\mathrm{N}} \hat{u}_\mathrm{k}(y,t) \cdot \mathrm{F_k}(x) = \hat{u}_0(y,t) \cdot \mathrm{F_0}(x) + \cdots \hat{u}_\mathrm{N}(y,t) \cdot \mathrm{F_N}(x) \quad . \tag{4.130}$$

Der Index '^' auf den Koeffizienten soll darauf hindeuten, dass es sich im Falle periodischer Ansatzfunktionen $\mathrm{F_k}$ bei den $\hat{u}_\mathrm{k}$ um Fourier-Koeffizienten, also Wellenamplituden, handelt. Beliebig oft differenzierbare Funktionen $\mathrm{F_k}$, sind beispielsweise Sinus- und Cosinusfunktionen. In Gleichung (4.131) führen die Ansatzfunktionen $\exp(\mathrm{i} \cdot \mathrm{k} \cdot a \cdot x)$ auf die sogenannten Fourier-Spektralmethoden

$$u(x,y,t) \approx \sum_{\mathrm{k}=0}^{\mathrm{N}} \hat{u}_\mathrm{k}(y,t) \cdot \exp(\mathrm{i} \cdot \mathrm{k} \cdot a \cdot x) \quad . \tag{4.131}$$

Die Variable a steht für die Wellenzahl $a = 2 \cdot \pi/\lambda$. Die Ansatzfunktionen stellen gemäß $\exp(\mathrm{i} \cdot \mathrm{k} \cdot a \cdot x) = \cos(\mathrm{k} \cdot a \cdot x) + \mathrm{i} \cdot \sin(\mathrm{k} \cdot a \cdot x)$ Sinus- und Cosinusfunktionen dar. Die gesuchte Funktion $u(x, y, t)$ wird dadurch in eine Fourier-Reihe in x-Richtung entwickelt. Die x-Abhängigkeit von $u(x, y, t)$ wird dabei in die Ansatzfunktionen übernommen, während $\hat{u}_\mathrm{k}(y, t)$ die zugehörigen zu bestimmenden Fourier-Koeffizienten sind. Sie werden auch als Spektrum oder Wellenzahlenspektrum bezeichnet.

Spektralverfahren konvergieren besonders schnell und sind sehr genau. Sie werden in der Strömungsmechanik insbesondere bei Strömungsproblemen mit periodischen Randbedingungen eingesetzt. Der Vorteil eines Spektralverfahrens macht sich vor allem bei der Approximation höherer Ableitungen bemerkbar. Die p-te Ableitung der Fourier-Reihe aus Gleichung (4.131) ist ebenfalls wieder eine Fourier-Reihe

$$\frac{\partial^\mathrm{p} u(x,y,t)}{\partial x^\mathrm{p}} \approx \sum_{\mathrm{k}=0}^{\mathrm{N}} \mathrm{i}^\mathrm{p} \cdot \mathrm{k}^\mathrm{p} \cdot a^\mathrm{p} \cdot \hat{u}_\mathrm{k}(y,t) \cdot \exp(\mathrm{i} \cdot \mathrm{k} \cdot a \cdot x) \quad . \tag{4.132}$$

Beim Programmieren eines numerischen Rechenverfahrens werden typischerweise nur die Koeffizienten $\hat{u}_\mathrm{k}$ anstelle der gesamten Funktionen im Rechner gespeichert. Nach Ende der Rechnung werden die gesuchten Funktionen durch Anwendung der Reihenentwicklung (4.130) aus den Spektral-Koeffizienten $\hat{u}_{\mathrm{k}}$ berechnet. Man spricht daher auch vom spektralen Raum $(\mathrm{k}_1, \mathrm{k}_2, \mathrm{k}_3)$ im Gegensatz zum physikalischen Raum (x, y, z), wobei wir den eindimensionalen Ansatz mit $\mathrm{k}_1 = \mathrm{k}$ und x vorgestellt haben.

Soll eine nichtperiodische Funktion, z.B die Geschwindigkeitsverteilung einer Kanalströmung $u(z)$ mit dem Spektralverfahren approximiert werden, so sind Fourier-Ansätze nicht geeignet. u steht für die Geschwindigkeit in Stromabrichtung und z für die Kanalhöhe. Legt man die Koordinate $z = 0$ in die Symmetrieebene des Kanals und normiert die Kanalhöhe auf das Intervall $-1 \leq z \leq 1$, so lassen sich als Ansatzfunktionen Tschebyscheff-Polynome verwenden, die genau auf diesem Intervall definiert sind. Tschebyscheff-Polynome sind nach der Gleichung

$$T_{\mathrm{k}}(z) = \cos\left(\mathrm{k} \cdot \arccos(z)\right) \qquad (4.133)$$

definiert. Die ersten vier Tschebyscheff-Polynome, die in Abbildung 4.44 dargestellt sind, berechnen sich für $\mathrm{k} = 0, 1, 2, 3$ nach den Gleichungen

$$\begin{aligned} k = 0: &\quad T_0(z) = 1 \quad, &\quad k = 1: &\quad T_1(z) = z \\ k = 2: &\quad T_2(z) = 2 \cdot z^2 - 1 \quad, &\quad k = 3: &\quad T_3(z) = 4 \cdot z^3 - 3 \cdot z \quad . \end{aligned} \qquad (4.134)$$

Die weiteren Tschebyscheff-Polynome für $\mathrm{k} \geq 4$ berechnen sich nach der Rekursionsformel

$$T_{\mathrm{k}}(z) = 2 \cdot z \cdot T_{\mathrm{k}-1} - T_{\mathrm{k}-2} \quad . \qquad (4.135)$$

Die gesuchte Geschwindigkeitsfunktion $u(z)$ wird dann approximiert durch die endliche Reihe

$$u(z) \approx \sum_{\mathrm{k}=0}^{\mathrm{N}} u_{\mathrm{k}} \cdot T_{\mathrm{k}}(z) \quad . \qquad (4.136)$$

Als Anwendungsbeispiel des Spektralverfahrens behandeln wir die numerische Berechnung des Transitionsprozesses in einer kompressiblen Grenzschichtströmung (siehe Abbildung 4.25), und ergänzen damit unsere stabilitätstheoretischen Überlegungen in Kapitel 4.1.4.

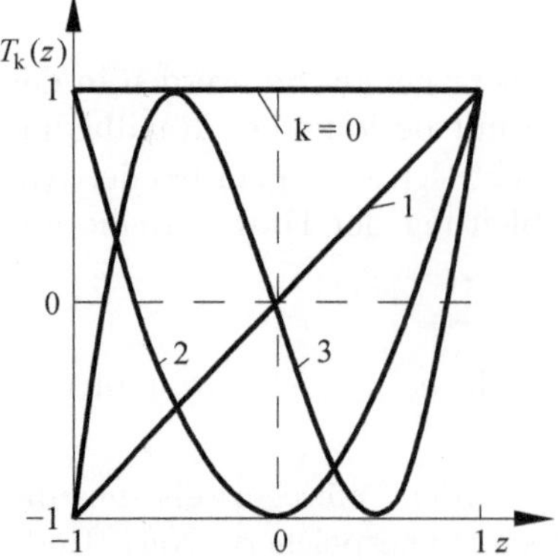

Abb. 4.44: Die ersten vier Tschebyscheff-Polynome

Wir verwenden das räumlich-periodische Modell, das den Transitionsprozess in der Grenzschicht auf eine zeitliche Entwicklung der Störwellen reduziert. Wir bewegen uns also mit dem betrachteten Volumenelement in der Grenzschicht stromab und berechnen ausgehend von den Tollmien-Schlichting-Wellen die zeitliche Entwicklung der λ-Wirbelbildung und deren Zerfall bis hin zur turbulenten Grenzschichtströmung. Dabei benutzen wir räumlich periodische Randbedingungen $u(x) = u(x + L_x)$ und $u(y) = u(y + L_y)$. Darin sind L_x und L_y die Längen des Transitionsbereiches in x- und y-Richtung, für den die Simulationsrechnung durchgeführt wird. Nur mit den periodischen Randbedingungen lässt sich das Transitionsproblem mit dem Spektralverfahren berechnen. Wir hatten bereits in Abbildung 4.25 eine schematische Darstellung des Transitionsvorganges gezeigt. Dort waren λ-Strukturen aufgeführt, auf die wir im Folgenden näher eingehen.

Solche λ-Strukturen sind in Abbildung 4.45 für die Plattengrenzschichtströmung und in Abbildung 4.46 für die dreidimensionale Flügelgrenzschicht in ihrer räumlichen Anordnung dargestellt. Die Flügelebene ist ein Teil der x, y-Ebene, wobei die x-Richtung mit der durch einen Pfeil angedeuteten Anströmrichtung zusammenfällt und die y-Achse mit der Spannweitenrichtung des Flügels. Die Wandnormalenkoordinate z steht senkrecht auf der Flügeloberfläche. Die λ-Strukturen bilden sich im Verlauf der fortschreitenden Instabilität als stromabweisende pfeilspitzenartige Strukturen aus, die in der räumlichen Verteilung bestimmter Strömungsgrößen, wie z.B. des Betrags gleicher Drehung, sichtbar gemacht werden können. In Abbildung 4.46 sind die Isoflächen der Drehung $\omega =$ konst. der λ-Strukturen im Volumenelement eingezeichnet. Die Abbildung zeigt Simulationsergebnisse für die charakteristischen Kennzahlen Mach-Zahl $M_\infty = 0.62$ und Reynolds-Zahl $Re_L = 26 \cdot 10^6$.

λ-Strukturen sind Bereiche lokaler Scherung und Übergeschwindigkeit in der Spitze. Da-

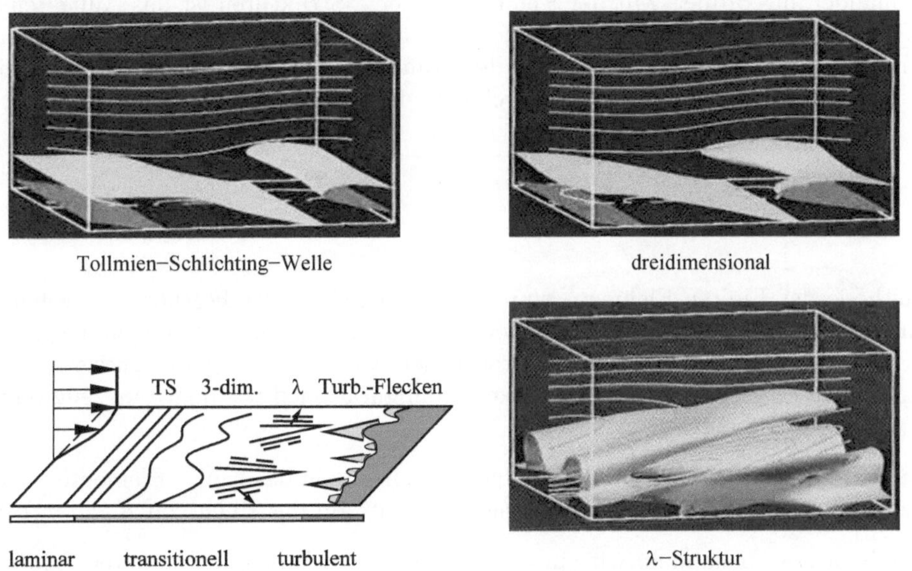

Abb. 4.45: Laminar-turbulenter Übergang in der Plattengrenzschichtströmung

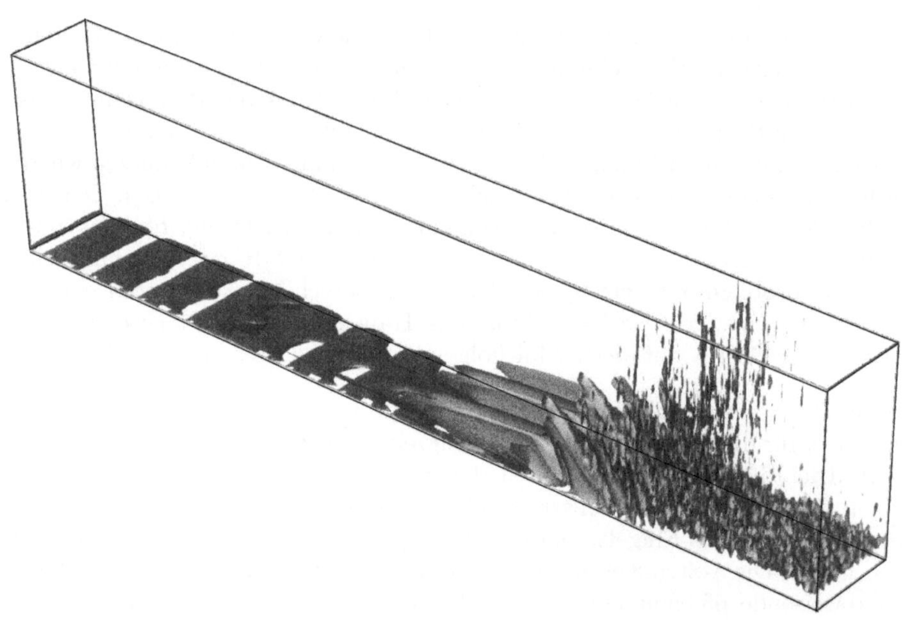

Abb. 4.46: Laminar-turbulenter Übergang in einer kompressiblen Flügelgrenzschichtströmung, $Re_L = 26 \cdot 10^6$

durch wird das letzte Stadium der Transition zur ausgebildeten Turbulenz eingeleitet.

Die λ-Strukturen sind grundsätzlich spannweitig periodisch aufgereiht. Beim sogenannten fundamentalen Transitionstyp sind mehrere solcher Reihen von λ-Strukturen periodisch hintereinander angeordnet. Mit der Entstehung der λ-Strukturen ist das Auftreten hoher freier Scherschichten verbunden. Dies sind weit von der Wand abgehobene lokale Maxima der Schubspannung. Im weiteren Verlauf der Transition zerfallen die hohen Scherschichten in zunehmend kleinere Strukturen wodurch schließlich der turbulente Endzustand erreicht wird.

4.2.2 Finite-Elemente-Methode

Die Methode der Finiten-Elemente wurde ursprünglich in der Festkörper-Mechanik zur Berechnung von Strukturproblemen entwickelt. Ihre Anwendung bei Strömungsproblemen wurde in Zusammenhang mit der erforderlichen Diskretisierung des Integrationsfeldes mit unstrukturierten Netzen bei komplexen Konfigurationen wie dem Flugzeug oder dem Kraftfahrzeug attraktiv.

Wir geben in diesem Kapitel eine vorläufige Einführung in das Finite-Elemente-Verfahren und verweisen bezüglich der mathematischen Details auf das Buch von *E. Stein* 1988.

Zur Vereinfachung behandeln wir ein zweidimensionales Problem. Im ersten Schritt wird das Integrationsgebiet in der x, z-Ebene, das den Definitionsbereich einer gesuchten Funktion $u(x, z)$ darstellt, in sich nicht überlappende geometrische Elemente gleicher Art unterteilt. Im zweidimensionalen Fall handelt es sich dabei meist um Dreiecke, bzw. im dreidimensionalen Fall um Tetraeder. Die Eckpunkte dieser Elemente heißen Knoten. Die Gesamtheit der Elemente und Knoten bildet ein Netz, welches das Integrationsgebiet diskretisiert (siehe auch Abbildung 4.50).

Abbildung 4.47 zeigt die Diskretisierung eines Teils der x, z-Ebene in Dreieckelemente, die ein unstrukturiertes Netz bilden. Bei unstrukturierten Netzen kann ohne Rücksicht auf die Netzstruktur, lokalen Erfordernissen entsprechend, eine Netzverfeinerung vorgenommen werden. Im Vergleich zu strukturierten Netzen in der Ebene, bei der die Knoten und die Elemente durch ein Indexpaar definiert sind, werden die Knoten und Elemente bei unstrukturierten Netzen mehr oder weniger beliebig durchnummeriert. Das auf diese Weise diskretisierte Integrationsgebiet der Funktion $u(x, z)$ bezeichnen wir als Rechengebiet Ω. An die Stelle der kontinuierlichen Funktion $u(x, z)$ treten nach der Diskretisierung als gesuchte Größen die Werte von u in den Knotenpunkten von Ω. Eine sogenannte Zuordnungsmatrix stellt den Zusammenhang zwischen Knoten und Elementen her. Jedem Dreieckelement mit den lokalen Knotennummern A, B und C (im mathematisch positiven Drehsinn angeordnet) werden darin die globalen Elementnummern in der x, z-Ebene zugeordnet. Die Zuordnungsmatrix ist ebenfalls in Abbildung 4.47 gezeigt. In Abbildung 4.48 betrachten wir ein Dreieckelement mit den drei Knoten A, B und C. Die drei Knoten haben die bekannten Koordinaten $(x_A, z_A), (x_B, z_B)$ und (x_C, z_C). Wir gehen nun dazu über, innerhalb eines jeden Elements lokale Koordinaten einzuführen, die unabhängig von der tatsächlichen geometrischen Form des Elementes sind. Wir wählen unter den verschiedenen Möglichkeiten für lokale Koordinaten die sogenannten Lagrange Flächenkoordinaten aus und betrachten erneut Abbildung 4.48. Durch einen beliebigen Punkt innerhalb des Dreiecks (A,B,C) wird der Flächeninhalt des vollständigen Dreiecks unterteilt in drei Teilflächen F_1, F_2 und F_3, deren Summe wieder den Gesamtflächeninhalt F_{ABC} des Dreieckelementes ergeben muss. Die Lagrange Flächenkoordinaten ξ_j lassen sich interpretieren als das Verhältnis der Fläche des j-ten Teildreiecks F_j zur Gesamtfläche des Dreiecks (A,B,C) und sind somit definiert als

$$\xi_j = \frac{F_j}{\sum_{j=1}^{3} F_j} = \frac{F_j}{F_1 + F_2 + F_3} = \frac{F_j}{F_{ABC}} \quad . \tag{4.137}$$

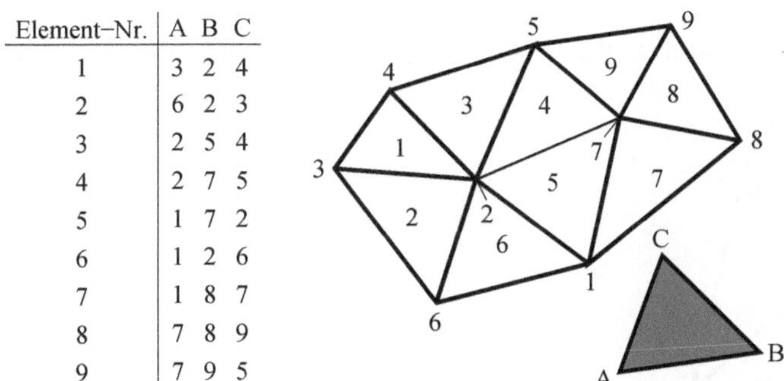

Element–Nr.	A	B	C
1	3	2	4
2	6	2	3
3	2	5	4
4	2	7	5
5	1	7	2
6	1	2	6
7	1	8	7
8	7	8	9
9	7	9	5

Abb. 4.47: Unstrukturiertes Finite-Elemente Netz

Jeweils zwei Koordinaten verschwinden auf den Knoten des Dreiecks und jeweils eine auf den Seiten. Wandert der Punkt innerhalb des Dreiecks (A,B,C) aus Abbildung 4.48 beispielsweise in die Ecke A, so wird $\xi_1 = \mathrm{F}_1/\mathrm{F}_{\mathrm{ABC}} = 1$, während F_2 und F_3 zu Null werden und somit ξ_2 und ξ_3 verschwinden. Der Wert der Koordinaten ξ_j liegt folglich zwischen Null und Eins und die Summe aller drei Koordinaten beträgt immer Eins.

Jeder Punkt innerhalb eines bestimmten Dreieckelementes (A,B,C) ist durch Angabe seiner Lagrange Flächenkoordinaten (ξ_1, ξ_2, ξ_3) im lokalen Koordinatensystem eindeutig bestimmt. Zwischen diesen lokalen Koordinaten und den Koordinaten des gleichen Punktes im globalen (x, z)-Koordinatensystem besteht der folgende Zusammenhang

$$\begin{aligned} x &= x_\mathrm{A} \cdot \xi_1 + x_\mathrm{B} \cdot \xi_2 + x_\mathrm{C} \cdot \xi_3 \quad , \\ z &= z_\mathrm{A} \cdot \xi_1 + z_\mathrm{B} \cdot \xi_2 + z_\mathrm{C} \cdot \xi_3 \quad , \\ 1 &= \quad \xi_1 \quad + \quad \xi_2 \quad + \quad \xi_3 \quad , \end{aligned} \tag{4.138}$$

oder in Matrizenschreibweise

$$\begin{pmatrix} x \\ z \\ 1 \end{pmatrix} = \begin{pmatrix} x_\mathrm{A} & x_\mathrm{B} & x_\mathrm{C} \\ z_\mathrm{A} & z_\mathrm{B} & z_\mathrm{C} \\ 1 & 1 & 1 \end{pmatrix} \cdot \begin{pmatrix} \xi_1 \\ \xi_2 \\ \xi_3 \end{pmatrix} \quad . \tag{4.139}$$

Die Wertepaare $(x_\mathrm{A}, z_\mathrm{A})$ etc. bezeichnen darin wieder die globalen Koordinaten der Knoten des jeweiligen Dreiecks (A, B, C) im Integrationsgebiet Ω.

Durch Einführung der Finiten Elemente, in unserem Fall Dreieckelemente, wird das globale Integrationsgebiet Ω der gesuchten Funktion $u(x, z)$ in n einzelne lokale Integrationsgebiete Ω_e unterteilt. Ω_e entspricht dabei dem Gebiet eines Dreieckelementes, wobei der Index e die Zählvariable für die Anzahl n der Elemente darstellt.

Im zweiten Schritt der Finite-Elemente-Methode werden auf diesen Elementgebieten Ω_e in Abhängigkeit lokaler Koordinaten ξ_j sogenannte Formfunktionen $\mathrm{N}_\mathrm{j}(\xi_1, \xi_2, \xi_3)$ definiert, die zur endgültigen Diskretisierung des Problems führen. Diese Formfunktionen N_j bei der Finite-Elemente-Methode sind völlig analog zu den Ansatzfunktionen beim Galerkin-Verfahren. Der Index j bei N_j bezeichnet die Zählvariable für die Anzahl der Knoten eines Elementes. In unserem Beispiel mit Dreieckelementen läuft j von 1 bis 3. Die Formfunktion N_j besitzt die Eigenschaft, dass sie an einem Knoten j eines jeweils betrachteten Elementes e den Wert Eins besitzt und an allen anderen Knoten desselben Elementes den Wert Null.

Damit kann eine Zustandsgröße $u_\mathrm{e}(\xi_1, \xi_2, \xi_3)$ an den Knoten eines Elementes e approxi-

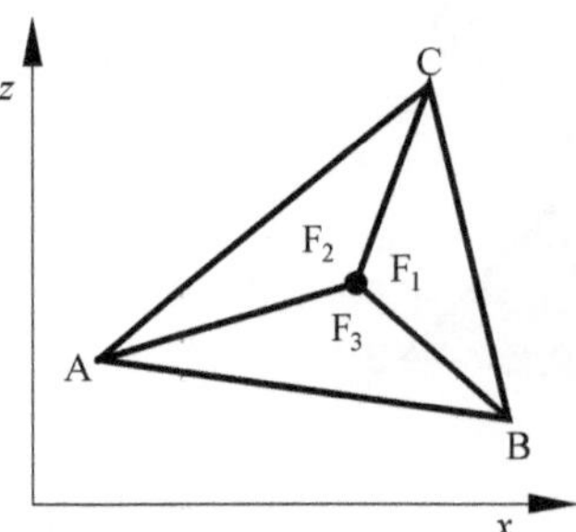

Abb. 4.48: Lokale Koordinaten im Dreieckelement

miert werden durch die Gleichung

$$u_e(\xi_1, \xi_2, \xi_3) = \sum_{j=1}^{3} u_{e,j} \cdot N_j(\xi_1, \xi_2, \xi_3) = u_{e,1} \cdot N_1 + u_{e,2} \cdot N_2 + u_{e,3} \cdot N_3 \quad . \qquad (4.140)$$

Auch hier wird die Analogie zum Approximationsansatz des Galerkin-Verfahrens aus Gleichung (4.116) deutlich. Wir erkennen aber gleichzeitig die Unterschiede zum Galerkin-Verfahren. In Gleichung (4.140) gilt der Reihenansatz mit den gesuchten Koeffizienten $u_{e,j}$ und den Formfunktionen N_j nur für ein jeweils diskretes Element aus dem Integrationsbereich, während das Galerkin-Verfahren ohne Diskretisierung des Integrationsbereichs in einzelne Elemente auskommt.

Wegen der Ausblendeigenschaft der Formfunktion N_j ($N_j = 1$ im Knoten j, in den anderen Knoten $N_j = 0$) sind die Ansatzkoeffizienten $u_{e,j}$ in Gleichung (4.140) auch gleichzeitig die Werte der Funktion $u_e(\xi_1, \xi_2, \xi_3)$ an den Knoten j.

Es gibt verschiedene Möglichkeiten, Formfunktion N_j mit den geforderten Eigenschaften auszuwählen. Beim häufig eingesetzten Taylor-Galerkin-Finite-Elemente-Verfahren (siehe auch *H. Oertel jr.*, Aerothermodynamik, 1994, 2005), welches nicht identisch ist mit dem Galerkin-Verfahren aus Abschnitt 4.2.1, arbeitet man mit linearen Formfunktionen, auf die wir näher eingehen wollen.

In Abbildung 4.49 sind die linearen Formfunktionen im Dreieckelement dargestellt. Die Formfunktion nimmt linear ab vom Wert Eins im betrachteten Knoten des Elementes auf den Wert Null in den anderen beiden Knoten desselben Elementes. Die linearen Formfunktionen N_j berechnen sich somit in Abhängigkeit der Lagrange Flächenkoordinaten nach den Gleichungen

$$N_1 = N_A = \xi_1 \quad , \qquad N_2 = N_B = \xi_2 \quad , \qquad N_3 = N_C = \xi_3 \quad . \qquad (4.141)$$

Durch Summation über alle Elemente erhalten wir dann eine Approximation für die ursprünglich gesuchte Funktion $u(x, z)$

$$\boxed{u(x, z) \approx \sum_{e=1}^{n} \sum_{j=1}^{3} u_{e,j} \cdot N_j = \sum_{e=1}^{n} (u_{e,1} \cdot N_1 + u_{e,2} \cdot N_2 + u_{e,3} \cdot N_3) \quad .} \qquad (4.142)$$

In Gleichung (4.142) bezeichnet der Summationsindex j die Summe über alle Knoten eines Elementes Ω_e. Im Falle der von uns behandelten Dreieckelemente läuft j von 1 bis 3. Der

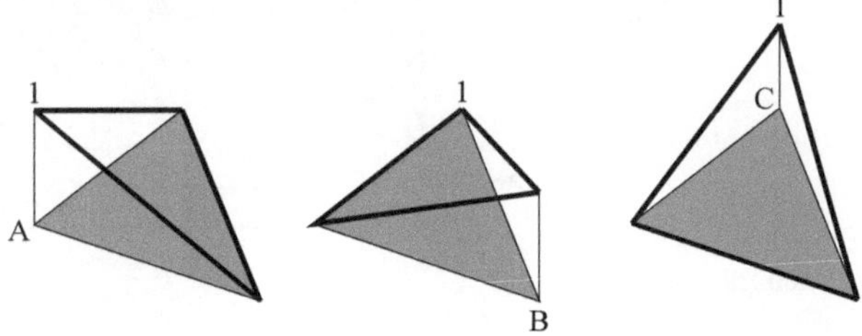

Abb. 4.49: Lineare Formfunktionen im Dreieckelement

Index e bezeichnet die Summation über alle n Elemente Ω_e, in die der Integrationsbereich Ω der gesuchten Funktion $u(x, z)$ diskretisiert wurde.

Die Bestimmung der unbekannten Koeffizienten $u_{e,j}$ geschieht über die Formulierung eines Variationsproblems, wie wir es beim Galerkin-Verfahren im letzten Abschnitt bereits kennen gelernt haben. Der Approximationsansatz aus Gleichung (4.142) wird in die zu lösende Differentialgleichung eingesetzt. Dadurch erhält man, wie bereits in Gleichung (4.117) gezeigt, ein Residuum R aus der Differenz zwischen der exakten Lösung $u(x, z)$ und der Näherungslösung für $u(x, z)$. Beim Taylor-Galerkin-Finite-Elemente-Verfahren wird das Residuum R mit Gewichtsfunktionen N_k multipliziert und anschließend gefordert, dass das Skalarprodukt aus Residuum R und Gewichtungsfunktionen N_k, integriert über den Integrationsbereich, verschwindet. Der Index k läuft dabei über die Anzahl der Knoten eines Elementes. Wegen der Diskretisierung in einzelne Elemente wird dieses Integral aufgesplittet in eine Summe von Integralen über die Elemente. Als Bestimmungsgleichungen für die Koeffizienten $u_{e,j}$ erhalten wir

$$\boxed{\int_{\Omega} (\mathrm{R} \cdot \mathrm{N_k}) \cdot \mathrm{d}\Omega = \sum_{e=1}^{n} \int_{\Omega_e} (\mathrm{R} \cdot \mathrm{N_k}) \cdot \mathrm{d}\Omega = 0 \quad .} \tag{4.143}$$

Die Gleichungen (4.143) sind wiederum ein lineares Gleichungssystem zur Bestimmung der gesuchten Koeffizienten. In unserem Übungsbuch Strömungsmechanik finden sich zwei Beispielaufgaben zur Kanalströmung, die einmal mit dem Galerkin-Verfahren nach Kapitel 4.2.1 und einmal mit dem Galerkin-Finite-Elemente-Verfahren gelöst werden. Desweiteren sind in den Musterlösungen für diese Aufgaben die einzelnen Lösungsschritte vom approximierten Lösungsansatz bis zur Formulierung des linearen Gleichungssystems ausführlich beschrieben.

Bei der Anwendung der Finiten-Elemente-Methode kommen wir auf die Tragflügelströmung zurück und zeigen in Abbildung 4.50 ein Rechennetz und eine numerische

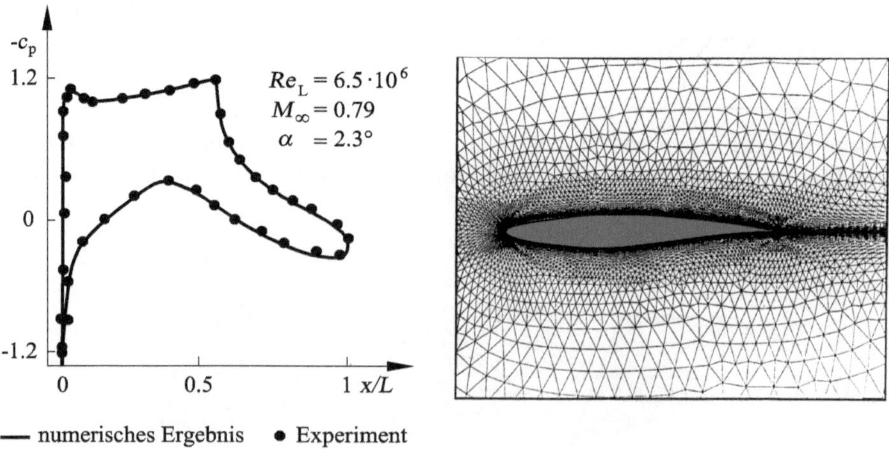

Abb. 4.50: Rechennetz und berechnete Druckverteilung auf der Ober- und Unterseite eines Tragflügelprofils, (NASA Langley Research Center 1990)

Lösung für das Tragflügelprofil. Das Rechennetz besteht aus unstrukturierten Dreieckelementen. Am Rand der Kontur und im Nachlaufbereich hinter dem Tragflügel sind die Dreieckelemente erheblich dichter angeordnet als in einiger Entfernung vom Tragflügelprofil. Dies ist notwendig, um die Grenzschicht und die Nachlaufströmung mit ausreichender Genauigkeit auflösen zu können. Bei der Auswahl geeigneter Netze ist ein Verständnis der Strömungsphänomene erforderlich, um eine geeignete lokale Verfeinerung der Netze vornehmen zu können. Wir kommen in Kapitel 5 auf die Strömungsphänomene zurück. So muss im Bereich eines Verdichtungsstoßes entsprechend dem lokalen Drucksprung das Netz verfeinert werden, um den Stoß numerisch auflösen zu können. Dazu verwendet man sogenannte adaptive Netze, für die unstrukturierte Elemente besonders geeignet sind. Unter der Netzadaption versteht man die Anpassung des Netzes an das Strömungsproblem. Die numerische Auflösung ist dort groß, wo starke Gradienten der Strömungsgrößen vorhanden sind und dort gering, wo die Strömungsgrößen konstant sind oder sich nur schwach ändern. Treten während einer numerischen Berechnung starke Gradienten auf, so werden in diesen Gebieten zusätzliche Knoten eingefügt, was zu einer Netzverfeinerung durch kleinere Elemente führt. Für eine eingehende Beschreibung der Netzgenerierung und Netzadaption verweisen wir auf unser Lehrbuch 'Numerische Strömungsmechanik', *E. Laurien, H. Oertel jr.* 2008.

Die Abbildung 4.50 zeigt eine mit Finite-Elementen auf unstrukturierten Netzen berechnete Druckverteilung auf dem Profil im Vergleich mit einer experimentell gewonnenen Druckverteilung. Die Mach-Zahl beträgt $M_\infty = 0.79$, die Reynolds-Zahl $Re_L = 6.5 \cdot 10^6$ und der Anstellwinkel des Profils $\alpha = 2.3°$. Die obere Kurve zeigt die Druckverteilung auf der Oberseite des Tragflügels und die untere Kurve die Druckverteilung auf der Unterseite.

Die durch den Verdichtungsstoß verursachte Druckerhöhung erscheint im $-c_p$-Diagramm für die obere Tragflügelhälfte als sprunghafte Abnahme des $-c_p$-Wertes. Die Netzverfeinerung im Grenzschicht- und im Nachlaufbereich des Profils ist deutlich zu sehen. Es wurden die Favre-gemittelten Reynolds-Gleichungen aus Kapitel 3.5.1 mit dem Baldwin-Lomax-Turbulenzmodell aus Kapitel 3.5.3 gelöst. Die Übereinstimmung mit den Messwerten ist in beiden Fällen sehr gut.

4.2.3 Finite-Differenzen-Methode

Die Finite-Differenzen-Methode geht ebenso wie die Finite-Elemente-Methode im ersten Schritt von einer Diskretisierung des Integrationsbereiches aus. Im zweiten Schritt werden die partiellen Differentialgleichungen jedoch ohne jeglichen Lösungsansatz in den diskreten Gitterpunkten in Differenzengleichungen überführt. Dies setzt ein orthogonales Rechennetz voraus.

Wir beginnen mit der **zeitlichen Diskretisierung** eines instationären Strömungsproblems für eine gesuchte Größe $u(t, x, y, z)$. Abbildung 4.51 zeigt die kontinuierliche Zeitachse t beginnend bei $t = 0$, die in eine bestimmte Anzahl von diskreten Gitterpunkten unterteilt wird, an denen die Funktionswerte $u(t, x, y, z)$ näherungsweise berechnet werden sollen. Die kontinuierliche Zeit t wird also in äquidistante Zeitintervalle Δt unterteilt, an deren Intervallgrenzen die gesuchten Funktionswerte zu bestimmen sind.

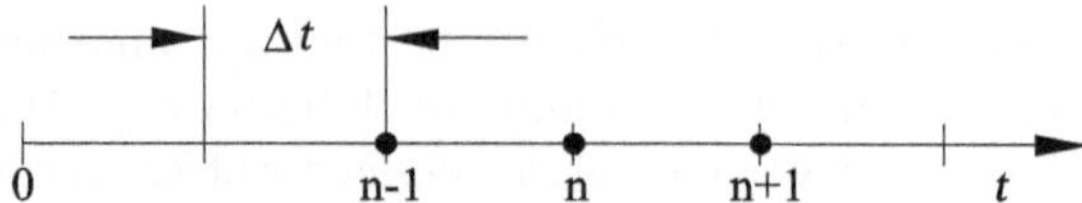

Abb. 4.51: Prinzipskizze der zeitlichen Diskretisierung

Ein beliebiger diskreter Zeitpunkt t^{n} auf der Zeitachse ist dann bestimmt durch

$$t^{\mathrm{n}} = \mathrm{n} \cdot \Delta t \quad , \qquad \text{mit} \qquad \mathrm{n} = 0, 1, 2, 3, \cdots \quad . \tag{4.144}$$

Dabei ist n der Zählindex für die Zeit. Δt bezeichnet das vorgegebene Zeitintervall und wird Zeitschrittweite genannt. t^{n} steht damit für den n-ten diskreten Zeitpunkt, an dem der Funktionswert $u(t^{\mathrm{n}})$ berechnet wird. Für diesen Funktionswert $u(t^{\mathrm{n}})$ wird die abkürzende Schreibweise $u(t^{\mathrm{n}}) = u^{\mathrm{n}}$ eingeführt. Die kontinuierliche Anfangsbedingung $u(t = 0) =$ konst. eines Anfangswertproblems schreibt sich in der diskretisierten Notation in der Form $u(t^0 = 0) = u^0 =$ konst.. Die Bezeichnung u^{n} stellt den augenblicklichen Funktionswert zum Zeitpunkt t^{n} dar, $u^{\mathrm{n}-1}, u^{\mathrm{n}-2}$, etc. bekannte Funktionswerte zu früheren, vergangenen Zeitpunkten und $u^{\mathrm{n}+1}$ den Funktionswert, der für einen zukünftigen Zeitpunkt $t^{\mathrm{n}+1}$ zu bestimmen ist.

Nach der Diskretisierung des Integrationsbereiches erfolgt mit der Approximation der Differentialquotienten durch Differenzenquotienten der zweite Schritt bei der Anwendung einer Finite-Differenzen-Methode. Wir beginnen die Approximation der Differentialquotienten durch Differenzenquotienten mit einer Taylor-Entwicklung in der Zeit t für einen Funktionswert $u(t_0 + \Delta t)$. Es gilt

$$\begin{aligned} u(t_0 + \Delta t) &= u(t_0) + \Delta t \cdot \frac{\partial u}{\partial t}|_{t=t_0} + \frac{\Delta t^2}{2!} \cdot \frac{\partial^2 u}{\partial t^2}|_{t=t_0} + \cdots \\ u(t_0 + \Delta t) &= u(t_0) + \Delta t \cdot \frac{\partial u}{\partial t}|_{t=t_0} + \mathrm{O}(\Delta t^2) \quad . \end{aligned} \tag{4.145}$$

Der Ausdruck $\mathrm{O}(\Delta t^2)$ macht eine Aussage über die Ordnung des Fehlers, wenn man die Taylor-Entwicklung für $u(t_0 + \Delta t)$ nach dem dritten Summanden abbricht. In diesem Fall machen wir einen Fehler 2. Ordnung, da die Größe des Fehlers für $\Delta t \rightarrow 0$ von der Größe von $(\Delta t)^2$ bestimmt wird. Lösen wir Gleichung (4.145) nach dem Differentialquotienten auf, den wir approximieren wollen, so ergibt sich

$$\frac{\partial u}{\partial t}|_{t=t_0} = \frac{u(t_0 + \Delta t) - u(t_0)}{\Delta t} - \mathrm{O}(\Delta t) \quad . \tag{4.146}$$

Schreiben wir Gleichung (4.146) für einen beliebigen Zeitpunkt t^{n} auf und benutzen die folgende abkürzende Schreibweise, so erhalten wir

Vorwärtsdifferenz: $$\frac{\partial u(t^{\mathrm{n}})}{\partial t} = \frac{u(t^{\mathrm{n}+1}) - u(t^{\mathrm{n}})}{\Delta t} - \mathrm{O}(\Delta t) \quad ,$$

$$\frac{\partial u^{\mathrm{n}}}{\partial t} = \frac{u^{\mathrm{n}+1} - u^{\mathrm{n}}}{\Delta t} - \mathrm{O}(\Delta t) \quad . \tag{4.147}$$

Gleichung (4.147) nennt man einen Vorwärts-Differenzenquotienten, da die Ableitung an der Stelle $t = t^{\mathrm{n}}$ mit einem Wert $u^{\mathrm{n}+1}$ an einem zukünftigen Zeitpunkt $t^{\mathrm{n}+1}$ approximiert wird. Umgekehrt führt der Vorwärts-Differenzenquotient bei bekannter Ableitung an der Stelle $t = t^{\mathrm{n}}$ auf eine **explizite** Finite-Differenzen-Methode, da es gelingt, Gleichung (4.147) explizit nach dem unbekannten Wert $u^{\mathrm{n}+1}$ aufzulösen

$$u^{\mathrm{n}+1} = u^{\mathrm{n}} + \Delta t \cdot \frac{\partial u^{\mathrm{n}}}{\partial t} \quad . \tag{4.148}$$

Von einer **impliziten Differenzen-Methode** spricht man, wenn die rechte Seite der Differenzen-Approximation die unbekannten Werte $u^{\mathrm{n}+1}$ enthält:

$$u^{\mathrm{n}+1} = u^{\mathrm{n}} + \Delta t \cdot \frac{\partial u^{\mathrm{n}+1}}{\partial t} \quad . \tag{4.149}$$

Entsprechend der Abbildung 4.52 bedeutet dies grafisch, dass die exakte Funktion $u(t)$ an der Stelle $(t^{\mathrm{n}}, u^{\mathrm{n}})$ durch die Tangente des Kurvenverlaufs $u(t)$ im Punkt $(t^{\mathrm{n}+1}, u^{\mathrm{n}+1})$ angenähert wird und (4.149) nicht nach $u^{\mathrm{n}+1}$ aufgelöst werden kann. Beim expliziten Verfahren wird die Tangente an den Punkt $(t^{\mathrm{n}}, u^{\mathrm{n}})$ angelegt. Die beschriebene Zeitdiskretisierung wird Euler-Methode genannt.

Ableitungen nach der Zeit werden in der Strömungsmechanik in der Regel mit Hilfe von Differenzenverfahren approximiert auch dann, wenn die räumlichen Ableitungen mittels anderer Verfahren diskretisiert werden, wie beispielsweise bei den Finite-Elemente oder den noch zu besprechenden Finite-Volumen-Methoden. Dies liegt darin begründet, dass Differenzen-Methoden sehr effizient auf Transportvorgänge, die nur in eine Richtung wirken, angewandt werden können. Bei Zeitableitungen ist das der Fall, da Informationen nur in einer Richtung entlang der positiven Zeitkoordinate t von der Vergangenheit in die Zukunft transportiert werden. Im Raum, in dem Transportmechanismen in allen Richtungen möglich sind, eignen sich neben der Vorwärtsdifferenz auch andere Differenzenquotienten, die wir daher am Beispiel der Ortsableitungen erklären wollen.

Wir kommen jetzt zur **Raumdiskretisierung**, die genau wie die zeitliche ebenfalls auf einer Unterteilung der kontinuierlichen Koordinaten in äquidistante Gitterpunkte beruht.

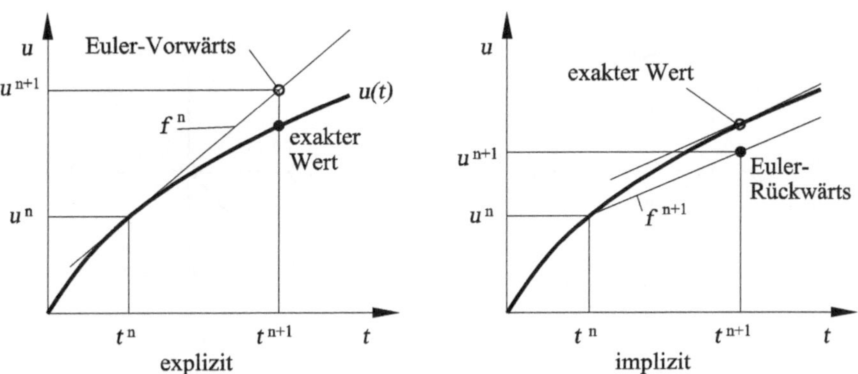

Abb. 4.52: Grafische Interpretation der expliziten und impliziten Euler-Methode

Die Abstände der Gitterpunkte, an denen die Funktionswerte gesucht sind, werden in räumlichen kartesischen Koordinaten x, y und z mit $\Delta x, \Delta y$ und Δz, bezeichnet. Die Zählindizes entlang der Koordinatenrichtungen x, y und z lauten i, j und k. Die diskreten unabhängigen Ortsvariablen lauten somit

$$x_{\mathrm{i}} = \mathrm{i} \cdot \Delta x \quad \text{mit} \quad \mathrm{i} = 0, 1, 2, 3 \cdots \quad ,$$
$$y_{\mathrm{j}} = \mathrm{j} \cdot \Delta y \quad \text{mit} \quad \mathrm{j} = 0, 1, 2, 3 \cdots \quad ,$$
$$z_{\mathrm{k}} = \mathrm{k} \cdot \Delta z \quad \text{mit} \quad \mathrm{k} = 0, 1, 2, 3 \cdots \quad .$$

Die Abbildung 4.53 zeigt auf der linken Seite einen Ausschnitt aus einem zweidimensionalen Netz zur Diskretisierung der x, z-Ebene. Auf der rechten Seite ist die Diskretisierung im Raum dargestellt. Auch hier gilt die abkürzende Schreibweise, die bereits bei der Zeitdiskretisierung verwendet wurde. Eine instationäre dreidimensionale Größe $u(t, x, y, z)$, die in Raum und Zeit diskretisiert wurde, lautet in diskreter Notation

$$u(\mathrm{n} \cdot \Delta t, \mathrm{i} \cdot \Delta x, \mathrm{j} \cdot \Delta y, \mathrm{k} \cdot \Delta z) = u(t^{\mathrm{n}}, x_{\mathrm{i}}, y_{\mathrm{j}}, z_{\mathrm{k}}) = u^{\mathrm{n}}_{\mathrm{i,j,k}} \quad . \tag{4.150}$$

Zur Herleitung der weiteren Differenzenquotienten bedienen wir uns wieder einer Taylor-Entwicklung. Einen Rückwärts-Differenzenquotient zur Approximation einer räumlichen Ableitung in x-Richtung erhalten wir durch eine Taylor-Entwicklung von $u(x_0 - \Delta x, y_0, z_0)$

$$u(x_0 - \Delta x, y_0, z_0) = u(x_0, y_0, z_0) - \Delta x \cdot \frac{\partial u}{\partial x}|_{x=x_0} + \mathrm{O}(\Delta x^2) \quad . \tag{4.151}$$

Nach Umformung und Überführung in die diskretisierte Schreibweise folgt für den Rückwärts-Differenzenquotient zur Approximation der ersten Ableitung in x-Richtung (vgl. Abbildung 4.53)

$$\text{Rückwärtsdifferenz:} \qquad \frac{\partial u_{\mathrm{i,j,k}}}{\partial x} = \frac{u_{\mathrm{i,j,k}} - u_{\mathrm{i-1,j,k}}}{\Delta x} - \mathrm{O}(\Delta x) \quad . \tag{4.152}$$

Auch beim Rückwärts-Differenzenquotient ist der Fehler von 1. Ordnung. Rückwärts-Differenzen werden benötigt zur Erfüllung der Randbedingungen am Ende des Integrati-

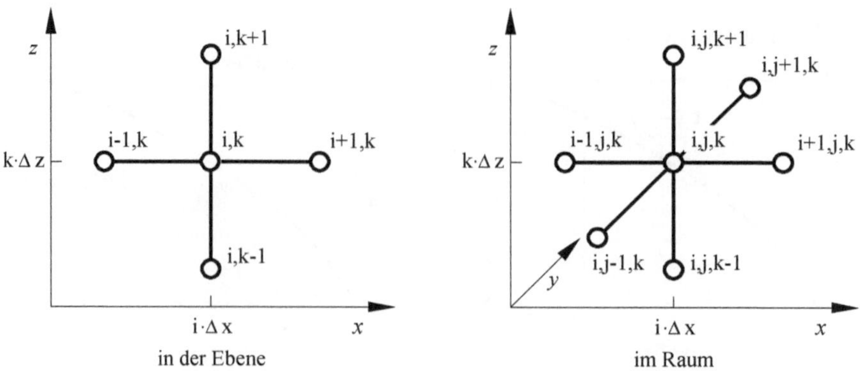

Abb. 4.53: Prinzipskizze der ebenen und räumlichen Diskretisierung

onsbereiches. Ist beispielsweise der i-te Funktionswert $u_{\mathrm{i,j,k}}$ eine vorgeschriebene Randbedingung, so lässt sich der Wert $u_{\mathrm{i-1,j,k}}$ berechnen, indem entgegen der positiven x-Achse vom rechten Rand aus rückwärts in das Integrationsgebiet gerechnet wird.

Neben dem Vorwärts- und Rückwärts-Differenzenquotient existiert noch der zentrale Differenzenquotient zur Approximation der ersten Ableitung. Dabei wird die Ableitung von $u_{\mathrm{i,j,k}}$ in Abhängigkeit der Funktionswerte unmittelbar diesseits und jenseits des betrachteten Punktes gebildet. Man bildet den zentralen Differenzenquotienten, indem man die Taylor-Entwicklung für $u(x_0-\Delta x, y_0, z_0)$ von derjenigen für $u(x_0+\Delta x, y_0, z_0)$ subtrahiert. Die Glieder mit Ableitungen geradzahliger Ordnung heben sich dann gegenseitig auf und wir erhalten

$$u(x_0+\Delta x, y_0, z_0) - u(x_0-\Delta x, y_0, z_0) = 2 \cdot \Delta x \cdot \frac{\partial u}{\partial x}|_{x=x_0} + \frac{(\Delta x)^3}{3} \cdot \frac{\partial^3 u}{\partial x^3}|_{x=x_0} + \cdots \tag{4.153}$$

Gleichung (4.153) nach der ersten Ableitung aufgelöst und auf die diskretisierte Schreibweise gebracht ergibt (vgl. Abbildung 4.49)

$$\boxed{\text{Zentrale Differenz:} \qquad \frac{\partial u_{\mathrm{i,j,k}}}{\partial x} = \frac{u_{\mathrm{i+1,j,k}} - u_{\mathrm{i-1,j,k}}}{2 \cdot \Delta x} - \mathrm{O}(\Delta x)^2} \ . \tag{4.154}$$

Beim zentralen Differenzenquotienten ist der Fehler also von 2. Ordnung klein. Der Differentialquotient der ersten Ableitung wird mit einem zentralen Differenzenquotienten folglich genauer approximiert als mit denjenigen aus Gleichung (4.147) und (4.152).

Den Differenzenquotienten für die zweite Ableitung erhalten wir, indem wir die Taylor-Entwicklungen für $u(x_0+\Delta x, y_0, z_0)$ und $u(x_0-\Delta x, y_0, z_0)$ addieren. Jetzt heben sich alle Ableitungen ungeradzahliger Ordnung gegenseitig auf und nach Umformung bleibt übrig:

$$\frac{\partial^2 u}{\partial x^2}|_{x=x_0} = \frac{u(x_0+\Delta x, y_0, z_0) - 2 \cdot u(x_0, y_0, z_0) + u(x_0-\Delta x, y_0, z_0)}{(\Delta x)^2} - \mathrm{O}(\Delta x)^2 \ .$$

In diskretisierter Schreibweise folgt für den Differenzenquotienten zur Approximation der zweiten Ableitung

$$\boxed{\text{Differenz 2. Ableitung:} \qquad \frac{\partial^2 u_{\mathrm{i,j,k}}}{\partial x^2} = \frac{u_{\mathrm{i+1,j,k}} - 2 \cdot u_{\mathrm{i,j,k}} + u_{\mathrm{i-1,j,k}}}{(\Delta x)^2} - \mathrm{O}(\Delta x)^2} \ . \tag{4.155}$$

Der Fehler ist bei Approximation der zweiten Ableitung ebenfalls von 2. Ordnung klein.

Wir haben somit alle Differenzenquotienten hergeleitet, die zur Diskretisierung der strömungsmechanischen Grundgleichungen benötigt werden. Ableitungen nach den Variablen y bzw. z ergeben sich ganz analog zu den für die x-Richtung angegebenen durch Vertauschen des jeweiligen Laufindexes.

Wie bereits zu Beginn des Kapitels erläutert wurde, existieren unterschiedliche Finite-Differenzen-Methoden, deren Bezeichnung sich daran orientiert, welche Methode benutzt wird, um einen unbekannten Wert $u^{\mathrm{n}+1}$ zu einem zukünftigen Zeitpunkt $t^{\mathrm{n}+1}$ zu berechnen, wenn u^{n} zum gegenwärtigen Zeitpunkt t^{n} bekannt ist. Das explizite Finite-Differenzen-Verfahren aus Gleichung (4.148) trägt auch den Namen **explizites Euler-Verfahren** oder Euler-Vorwärtsverfahren. Im Vergleich dazu erhält man ein Euler-Rückwärtsverfahren, wenn man die zeitliche Ableitung zum Zeitpunkt $t = t^{\mathrm{n}+1}$ mit einem Wert u^{n} des aktuellen Zeitpunktes t^{n} approximiert. Dies ergibt folglich einen zeitlichen Rückwärts-Differenzenquotienten

$$\frac{\partial u(t^{\mathrm{n}+1})}{\partial t} = \frac{u(t^{\mathrm{n}+1}) - u(t^{\mathrm{n}})}{\Delta t} \quad \text{oder auch} \quad \frac{\partial u^{\mathrm{n}+1}}{\partial t} = \frac{u^{\mathrm{n}+1} - u^{\mathrm{n}}}{\Delta t} \quad . \tag{4.156}$$

Gleichung (4.156) führt auf ein implizites Finite-Differenzen-Verfahren oder auch **implizites Euler-Verfahren**. Bei bekanntem Wert u^{n} zum aktuellen Zeitpunkt t^{n} gelingt es nicht, Gleichung (4.156) explizit nach den Werten $u^{\mathrm{n}+1}$ zum zukünftigen Zeitpunkt $t^{\mathrm{n}+1}$ aufzulösen. Ein implizites Finite-Differenzen-Verfahren resultiert bei einem Anfangs-Randwert-Problem in einem algebraischen Gleichungssystem. Gleichung (4.156) ist dann für jeden diskreten Punkt i der Ortsdiskretisierung aufzustellen, so dass man i Gleichungen für die i Unbekannten $u^{\mathrm{n}+1}$ an den i Ortspunkten erhält. Dieses Verfahren erfordert folglich einen höheren Programmieraufwand als ein explizites Verfahren. Die Genauigkeit entspricht derjenigen eines expliziten Verfahrens, jedoch sind die Stabilitätseigenschaften, auf die wir am Ende des Kapitels zu sprechen kommen erheblich günstiger, d. h. ein numerischer Fehler verstärkt sich nicht, sondern wird abgeschwächt.

Ein **implizites Verfahren**, bei dem die Genauigkeit und vor allem die Stabilität erhöht wird, ist das **Crank-Nicholson-Verfahren**. Dieses Verfahren setzt sich aus den Gleichungen (4.147) und (4.156) zusammen, indem zur Bestimmung des unbekannten Wertes $u^{\mathrm{n}+1}$ der arithmetische Mittelwert der jeweiligen linken Seiten der beiden Gleichungen eingesetzt wird. Es ergibt sich

$$\frac{1}{2} \cdot \left(\frac{\partial u^{\mathrm{n}+1}}{\partial t} + \frac{\partial u^{\mathrm{n}}}{\partial t} \right) = \frac{u^{\mathrm{n}+1} - u^{\mathrm{n}}}{\Delta t} \quad . \tag{4.157}$$

Ein erstes Anwendungsbeispiel zur Finite-Differenzen-Methode findet sich bezüglich der numerischen Berechnung einer Kanalströmung in unserem Übungsbuch Strömungsmechanik.

Wir wollen abschließend noch einige Bemerkungen zum Begriff der **numerischen Stabilität** machen. Ein numerisches Lösungsverfahren für partielle Differentialgleichungen wird prinzipiell von zwei verschiedenen Fehlerquellen beeinflusst:

- Rundungsfehler ϵ_{R}: Der Rundungsfehler entsteht im Rechner selbst, da Gleitkommazahlen nur mit endlicher Genauigkeit abgespeichert werden. Beispielsweise der Bruch 1/3 wird bei einer Zahlendarstellung im Rechner nach einer endlichen Anzahl von 3 Ziffern nach dem Komma abgebrochen. Die Differenz dieser Zahl zum exakten Wert 1/3 ergibt den Rundungsfehler ϵ_{R}.
- Diskretisierungsfehler ϵ_{D}: Die Differenz zwischen der exakten analytischen Lösung einer Differentialgleichung und der rundungsfehlerfreien numerischen Lösung der

zugehörigen Differenzengleichung wird als Diskretisierungsfehler bezeichnet. Er entsteht folglich nicht im Rechner, sondern dadurch, dass bei einer Taylor-Entwicklung nach einer endlichen Anzahl von Summengliedern abgebrochen wird.

Ein numerisches Verfahren wird als stabil bezeichnet, wenn ein vorhandener Fehler ϵ bei der Berechnung der gesuchten Werte zum Zeitpunkt $t^{\mathrm{n+1}}$ aus zum Zeitpunkt t^{n} bekannten Werten nicht anwächst. Für Stabilität muss folglich gelten

$$\frac{\epsilon^{\mathrm{n+1}}}{\epsilon^{\mathrm{n}}} \leq 1 \quad . \tag{4.158}$$

Vor allem wenn bei der Auswahl der Zeitschrittweite Δt in Kombination mit der Raumschrittweite z.B Δx bestimmte Bedingungen verletzt werden, stellen sich numerische Instabilitäten ein. Zur Verdeutlichung dieser Aussage betrachten wir Abbildung 4.54. Gezeigt ist ein Weg-Zeit-Diagramm, wobei x für eine Raumrichtung steht und t die Zeit bezeichnet. Bei einem expliziten Verfahren lässt sich an jedem räumlichen Punkt x_{i} ein gesuchter Funktionswert $u_{\mathrm{i}}^{\mathrm{n+1}}$ zum folgenden Zeitpunkt $t^{\mathrm{n+1}}$ ausrechnen. Dazu werden im gezeigten Fall bekannte Funktionswerte zum Zeitpunkt t^{n} in den Punkten $x_{\mathrm{i-1}}$, x_{i} und $x_{\mathrm{i+1}}$ verwendet. Die beiden Geraden, die in Abbildung 4.54 zum Punkt $(x_{\mathrm{i}}, t^{\mathrm{n+1}})$ führen, schließen einen Sektor ein und haben die konstanten Steigungen $1/c$ bzw. $-1/c$. Es gelten also die Beziehungen:

$$\Delta t = \frac{1}{c} \cdot \Delta x \quad \text{für} \qquad x \leq x_{\mathrm{i}} \quad , \qquad \Delta t = -\frac{1}{c} \cdot \Delta x \quad \text{für} \qquad x \geq x_{\mathrm{i}} \quad . \tag{4.159}$$

Dieser Sektor bildet den Einflussbereich des physikalischen Informationstransportes. Als notwendige Bedingung für die Stabilität eines numerischen Verfahrens muss gewährleistet sein, dass der Einflussbereich des numerischen Informationstransportes den physikalischen Einflussbereich als Teilmenge enthält. Dies ist dann erfüllt, wenn die Geraden, die den Sektor des numerischen Einflussbereiches bilden und zum Punkt $(x_{\mathrm{i}}, t^{\mathrm{n+1}})$ führen, eine geringere Steigung haben als $1/c$ bzw. $-1/c$. Für die Wahl des Zeitschrittes muss also gelten

$$\Delta t \leq \frac{1}{c} \cdot \Delta x \quad \text{bzw.} \qquad c \cdot \frac{\Delta t}{\Delta x} = \text{CFL} \leq 1 \quad . \tag{4.160}$$

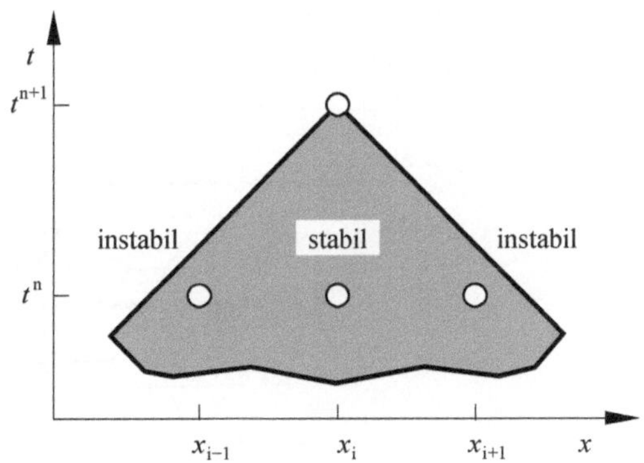

Abb. 4.54: Zum Begriff der numerischen Stabilität

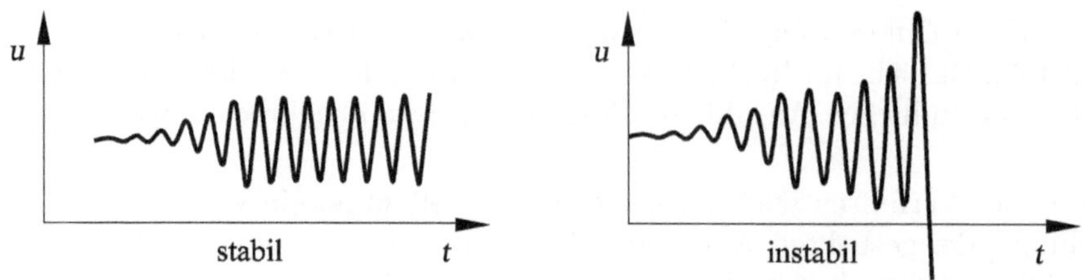

Abb. 4.55: Stabile und instabile Lösung der Kármánschen Wirbelstraße, $Re_D = 100$

Der Ausdruck $c \cdot (\Delta t / \Delta x)$ wird nach Courant, Friedrichs und Lewy als **CFL-Zahl** bezeichnet und bildet ein wichtiges Stabilitätskriterium.

Anhand der in Kapitel 2.3 vorgestellten Kármánschen Wirbelstraße wird gezeigt, dass eine Verletzung der CFL-Bedingung (4.160) zu unphysikalischen Ergebnissen führt. In Abbildung 4.55 ist der zeitliche Verlauf der u-Komponente der Geschwindigkeit im Nachlaufgebiet eines mit der Reynolds-Zahl $Re_D = 100$ angeströmten Zylinders dargestellt. Erfüllt der gewählte Zeitschritt die CFL-Bedingung stellt sich die oszillatorische Schwankung der Kármánschen Wirbelstraße ein und die Amplitude der Geschwindigkeitsschwankung erreicht nach einer Einlaufzeit einen konstanten Wert. Wird ein zu großer Zeitschritt gewählt, ist die CFL-Bedingung verletzt und das Verfahren wird instabil.

Weitere Einzelheiten zur Finite-Differenzen-Methode und zum Stabilitätsverhalten numerischer Verfahren finden sich in den Büchern von *R. Peyret, T. D. Taylor* 1990 und *D. P. Telionis* 1981.

4.2.4 Finite-Volumen-Methode

Ähnlich wie bei der Finite-Differenzen-Methode wird auch bei der Finite-Volumen-Methode das Integrationsgebiet mit Hilfe eines numerischen Netzes diskretisiert. Ab-

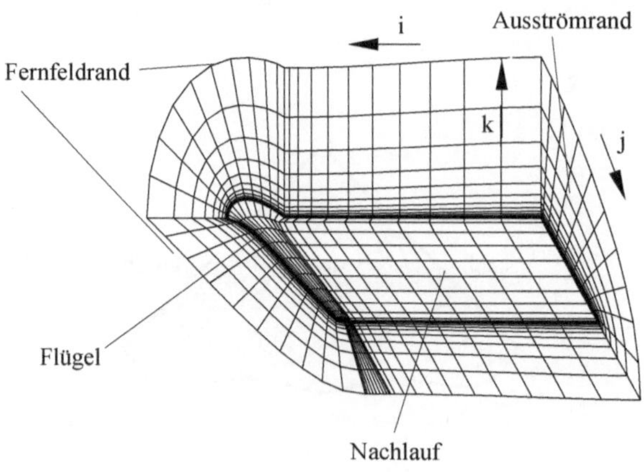

Abb. 4.56: Räumliche Diskretisierung der Tragflügelumströmung in Finite-Volumen

bildung 4.56 zeigt die räumliche Diskretisierung des Integrationsgebietes um ein Tragflügelprofil in Finite-Volumen. Im Unterschied zu der Finite-Differenzen-Methode werden hier jedoch nicht die Differentialquotienten in den Grundgleichungen durch Differenzenquotienten approximiert. Bei der Finite-Volumen-Methode werden die Erhaltungsgleichungen über das jeweilige Volumenelement in integraler Form erfüllt. Die Grundgleichungen werden also in integraler Form diskretisiert. Bei der Finite-Volumen-Methode wird der Ausdruck Zelle benutzt, im Unterschied zu dem Ausdruck Element bei der Finite-Elemente-Methode. Diese Zellen besitzen im Zweidimensionalen die Form allgemeiner Vierecke mit vier Seitenflächen bzw. im Dreidimensionalen die Form allgemeiner Körper mit sechs Seitenflächen, sogenannte Hexaeder.

Wir behandeln hier das Zellmittelpunkt-Schema, bei welchem die Diskretisierung in den Zellmittelpunkten vorgenommen wird und die Kontrollvolumina um die Zellmittelpunkte gelegt werden. In Abbildung 4.56 sind die jeweiligen Kontrollvolumenzellen gezeigt. Jeder Zellmittelpunkt besitzt die diskretisierten Koordinaten i, j und k, wobei i den Zellenindex in x-Richtung, j denjenigen in y-Richtung und k den Zellenindex in z-Richtung bezeichnet.

Durch die Integration der Grundgleichungen über die einzelnen Kontrollvolumina entstehen Bilanzgleichungen, die eine konservative Diskretisierung gewährleisten.

Die konservative Form der Grundgleichungen erhält man bekanntlich immer dann, wenn von einem raumfesten Kontrollvolumen ausgegangen wird, das sich nicht mit der Strömung mitbewegt. Wir knüpfen an die Grundgleichungen in Erhaltungsform aus Gleichung (3.198) an, mit dem Lösungsvektor $\bar{\boldsymbol{U}}^*$, den zeitlich gemittelten konvektiven Flüssen $\bar{\boldsymbol{F}}^*$, den dissipativen Flüssen $\bar{\boldsymbol{G}}^*$ und dem Vektor des algebraischen Turbulenzmodells $\bar{\boldsymbol{R}}_{\mathrm{m}}^*$, der mit $\bar{\boldsymbol{G}}_{\mathrm{m}}^*$ zu $\bar{\boldsymbol{G}}_{\mathrm{m}}^{*\mathrm{alg}}$ vereint wird:

$$\frac{\partial \bar{\boldsymbol{U}}^*}{\partial t^*} + \sum_{\mathrm{m}=1}^{3} \frac{\partial \bar{\boldsymbol{F}}_{\mathrm{m}}^*}{\partial x_{\mathrm{m}}^*} - \frac{1}{Re_L} \cdot \sum_{\mathrm{m}=1}^{3} \frac{\partial \bar{\boldsymbol{G}}_{\mathrm{m}}^{*\mathrm{alg}}}{\partial x_{\mathrm{m}}^*} = 0 \quad . \tag{4.161}$$

Dies ist die differentielle Formulierung der **kompressiblen** turbulenten und dreidimensionalen Grundgleichungen in Erhaltungsform. Da die Finite-Volumen-Methode von einer Diskretisierung des räumlichen Integrationsgebietes V ausgehen, müssen wir Gleichung (4.161) zunächst in die entsprechende Integralform der Grundgleichungen bringen. Wir integrieren daher über das gesamte Volumen V des Strömungsfeldes und erhalten

$$\int_V \frac{\partial \bar{\boldsymbol{U}}^*}{\partial t^*} \cdot \mathrm{d}V + \int_V \left(\sum_{\mathrm{m}=1}^{3} \frac{\partial \bar{\boldsymbol{F}}_{\mathrm{m}}^*}{\partial x_{\mathrm{m}}^*} - \frac{1}{Re_L} \cdot \sum_{\mathrm{m}=1}^{3} \frac{\partial \bar{\boldsymbol{G}}_{\mathrm{m}}^{*\mathrm{alg}}}{\partial x_{\mathrm{m}}^*} \right) \cdot \mathrm{d}V = 0 \quad . \tag{4.162}$$

Zur weiteren Umformung von Gleichung (4.162) benötigen wir den Gaußschen Integralsatz, der für eine beliebige Vektorfunktion $\vec{\mathrm{f}}$ lautet

$$\int_V \mathrm{div}\, \vec{\mathrm{f}} \cdot \mathrm{d}V = \int_V \nabla \cdot \vec{\mathrm{f}} \cdot \mathrm{d}V = \int_O \vec{\mathrm{f}} \cdot \vec{\boldsymbol{n}} \cdot \mathrm{d}O \quad . \tag{4.163}$$

Dieser Satz besagt, dass das Volumenintegral der Divergenz einer Vektorfunktion $\vec{\mathrm{f}}$ gleich ist dem Oberflächenintegral des Skalarproduktes aus der Vektorfunktion $\vec{\mathrm{f}}$ und dem äußeren Oberflächennormalenvektor $\vec{\boldsymbol{n}}$ der Oberfläche O, also die durch die Oberfläche des Volumens hindurchfließenden Flüsse. O ist die Oberfläche des Berechnungsvolumens und $\vec{n} = (n_1, n_2, n_3)$ der nach außen weisende Normalenvektor

$$\int_V \frac{\partial \boldsymbol{U}}{\partial t} \cdot \mathrm{d}V + \int_O \left(\sum_{\mathrm{m}=1}^{3} \bar{\boldsymbol{F}}_{\mathrm{m}} + \frac{1}{Re_L} \cdot \sum_{\mathrm{m}=1}^{3} \bar{\boldsymbol{G}}_{\mathrm{m}}^{*\mathrm{alg}} \right) \cdot \vec{n} \cdot \mathrm{d}O = 0 \quad . \tag{4.164}$$

Da die Grundgleichungen in Erhaltungsform für ein raumfestes Kontrollvolumen aufgestellt wurden, ist das Integrationsgebiet V nicht von der Zeit abhängig. Dies bedeutet, dass die Zeitableitung in Gleichung (4.164) vor das Integral gezogen werden kann. Es folgt

$$\frac{\partial}{\partial t} \int_V \boldsymbol{U} \cdot \mathrm{d}V + \int_O \left(\sum_{\mathrm{m}=1}^{3} \bar{\boldsymbol{F}}_{\mathrm{m}} + \frac{1}{Re_L} \cdot \sum_{\mathrm{m}=1}^{3} \bar{\boldsymbol{G}}_{\mathrm{m}}^{*\mathrm{alg}} \right) \cdot \vec{n} \cdot \mathrm{d}O = 0 \quad . \tag{4.165}$$

Der erste Schritt der Diskretisierung des kontinuierlichen Integrationsgebietes V besteht in der Unterteilung von V in einzelne diskrete Volumenzellen V_{ijk} mit jeweils sechs Oberflächen $O_{\mathrm{l}} \cdot \vec{n}_{\mathrm{l}}$, wobei $\mathrm{l} = 1, \cdots, 6$ den Zählindex für die Oberflächen darstellt. O_{l} bezeichnet den Betrag des Flächeninhaltes der l-ten Oberfläche und $\vec{n}_{\mathrm{l}} = (n_{\mathrm{l}x}, n_{\mathrm{l}y}, n_{\mathrm{l}z})$ die zugehörigen äußeren Normalen-Einheitsvektoren.

Abbildung 4.57 zeigt ein diskretes Volumenelement V_{ijk} mit den sechs Normalen-Einheitsvektoren.

Gesucht sind die Werte der Strömungsgrößen $\boldsymbol{U}_{\mathrm{ijk}}$ in den Mittelpunkten der jeweiligen Volumenzellen V_{ijk}. Der nächste Schritt besteht folglich in der Approximation der Grundgleichungen (4.165) für jede einzelne Volumenzelle V_{ijk}. Wir erhalten

$$\boxed{\frac{\mathrm{d}}{\mathrm{d}t} \boldsymbol{U}_{\mathrm{ijk}} \cdot V_{\mathrm{ijk}} + \sum_{\mathrm{m}=1}^{3} \sum_{\mathrm{l}=1}^{6} (\boldsymbol{F}_{\mathrm{ml}} \cdot O_{\mathrm{ml}})_{\mathrm{ijk}} - \frac{1}{Re_\infty} \sum_{\mathrm{m}=1}^{3} \sum_{\mathrm{l}=1}^{6} \left(\boldsymbol{G}_{\mathrm{ml}}^{\mathrm{alg}} \cdot O_{\mathrm{ml}} \right)_{\mathrm{ijk}} = \boldsymbol{0} \quad .} \tag{4.166}$$

Die Flüsse $\boldsymbol{F}_{\mathrm{il}}$ und $\boldsymbol{G}_{\mathrm{il}}^{\mathrm{alg}}$ werden nun im Mittelpunkt jeder Seitenfläche approximiert. Zu ihrer Berechnung werden die konservativen Variablen zwischen den beiden an eine Fläche angrenzenden Zellen gemittelt, z. B. für eine beliebige Variable Φ

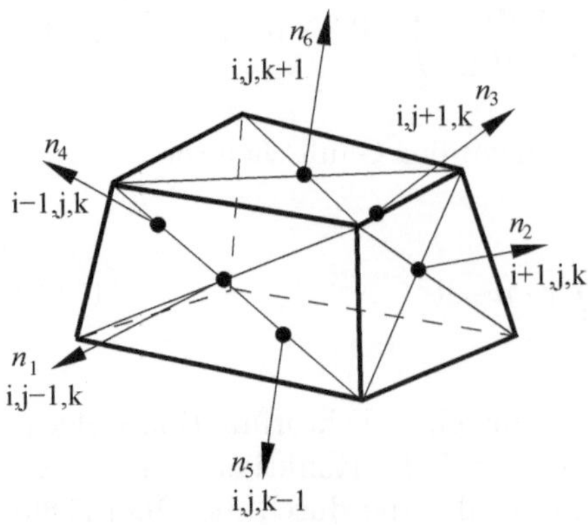

Abb. 4.57: Volumenzelle und Normaleneinheitsvektoren

$$
\begin{aligned}
(\Phi_{\mathrm{l=1}})_{\mathrm{i,j,k}} &= \frac{1}{2}\cdot(\Phi_{\mathrm{i,j,k}}+\Phi_{\mathrm{i-1,j,k}}) \quad , & (\Phi_{\mathrm{l=2}})_{\mathrm{i,j,k}} &= \frac{1}{2}\cdot(\Phi_{\mathrm{i+1,j,k}}+\Phi_{\mathrm{i,j,k}}) \quad , \\
(\Phi_{\mathrm{l=3}})_{\mathrm{i,j,k}} &= \frac{1}{2}\cdot(\Phi_{\mathrm{i,j,k}}+\Phi_{\mathrm{i,j-1,k}}) \quad , & (\Phi_{\mathrm{l=4}})_{\mathrm{i,j,k}} &= \frac{1}{2}\cdot(\Phi_{\mathrm{i,j+1,k}}+\Phi_{\mathrm{i,j,k}}) \quad , \\
(\Phi_{\mathrm{l=5}})_{\mathrm{i,j,k}} &= \frac{1}{2}\cdot(\Phi_{\mathrm{i,j,k}}+\Phi_{\mathrm{i,j,k-1}}) \quad , & (\Phi_{\mathrm{l=6}})_{\mathrm{i,j,k}} &= \frac{1}{2}\cdot(\Phi_{\mathrm{i,j,k+1}}+\Phi_{\mathrm{i,j,k}}) \quad .
\end{aligned}
\tag{4.167}
$$

Bei Variablen, welche als Ableitungen vorkommen, z. B. bei der Berechnung der Schubspannungen und des Wärmestroms in $\boldsymbol{G}_{\mathrm{ml}}^{\mathrm{alg}}$, muss eine *lokale Transformation* für jede Seitenfläche l vorgenommen werden. Die Richtungen der Gitterlinien mit konstanten Indizes i, j, k werden mit ξ, η und ζ bezeichnet.

Das totale Differential einer beliebigen Variablen Φ ergibt dann

$$
\begin{pmatrix} \dfrac{\partial\Phi}{\partial\xi} \\[2ex] \dfrac{\partial\Phi}{\partial\eta} \\[2ex] \dfrac{\partial\Phi}{\partial\zeta} \end{pmatrix}_{\mathrm{l}} = \begin{pmatrix} \dfrac{\partial x}{\partial\xi} & \dfrac{\partial y}{\partial\xi} & \dfrac{\partial z}{\partial\xi} \\[2ex] \dfrac{\partial x}{\partial\eta} & \dfrac{\partial y}{\partial\eta} & \dfrac{\partial z}{\partial\eta} \\[2ex] \dfrac{\partial x}{\partial\zeta} & \dfrac{\partial y}{\partial\zeta} & \dfrac{\partial z}{\partial\zeta} \end{pmatrix}_{\mathrm{l}} \cdot \begin{pmatrix} \dfrac{\partial\Phi}{\partial x} \\[2ex] \dfrac{\partial\Phi}{\partial y} \\[2ex] \dfrac{\partial\Phi}{\partial z} \end{pmatrix}_{\mathrm{l}} \quad , \tag{4.168}
$$

wobei die darin vorkommende Matrix mit $\boldsymbol{T}_{\mathrm{l}}$ bezeichnet wird (*Transformationsmatrix*). Die Invertierung dieser Gleichung liefert

$$
\begin{pmatrix} \dfrac{\partial\Phi}{\partial x} \\[2ex] \dfrac{\partial\Phi}{\partial y} \\[2ex] \dfrac{\partial\Phi}{\partial z} \end{pmatrix}_{\mathrm{l}} = \mathbf{T}_{\mathrm{l}}^{-1} \cdot \begin{pmatrix} \dfrac{\partial\Phi}{\partial\xi} \\[2ex] \dfrac{\partial\Phi}{\partial\eta} \\[2ex] \dfrac{\partial\Phi}{\partial\zeta} \end{pmatrix}_{\mathrm{l}} \quad . \tag{4.169}
$$

Die darin vorkommenden Differentialquotienten werden durch Differenzen der Lösungsvariablen oder der Zellenmittelpunkte entlang der lokalen Richtungen ξ, η und ζ ausgedrückt, z. B. für die Fläche $\mathrm{l} = 1$:

$$
\begin{aligned}
\left(\frac{\partial\Phi}{\partial\xi}\bigg|_{\mathrm{l=1}}\right)_{\mathrm{ijk}} &= \Phi_{\mathrm{i,j,k}} - \Phi_{\mathrm{i-1,j,k}} \quad , \\
\left(\frac{\partial\Phi}{\partial\eta}\bigg|_{\mathrm{l=1}}\right)_{\mathrm{ijk}} &= \frac{1}{2}\cdot\left[\frac{1}{2}\cdot(\Phi_{\mathrm{i,j+1,k}}+\Phi_{\mathrm{i-1,j+1,k}}) - \frac{1}{2}\cdot(\Phi_{\mathrm{i,j-1,k}}+\Phi_{\mathrm{i-1,j-1,k}})\right] \quad , \\
\left(\frac{\partial\Phi}{\partial\zeta}\bigg|_{\mathrm{l=1}}\right)_{\mathrm{ijk}} &= \frac{1}{2}\cdot\left[\frac{1}{2}\cdot(\Phi_{\mathrm{i,j,k+1}}+\Phi_{\mathrm{i-1,j,k+1}}) - \frac{1}{2}\cdot(\Phi_{\mathrm{i,j,k-1}}+\Phi_{\mathrm{i-1,j,k-1}})\right] \quad .
\end{aligned}
\tag{4.170}
$$

Darin kann Φ entweder eine Lösungsvariable oder eine Koordinate (x, y, z) sein. Als Endergebnis der Ortsdiskretisierung liegt ein System von gekoppelten gewöhnlichen Differentialgleichungen für jede Zelle i, j, k vor

$$
\boxed{\frac{\mathrm{d}}{\mathrm{d}t}\boldsymbol{U}_{\mathrm{i,j,k}} + \boldsymbol{Q}(\boldsymbol{U}_{\mathrm{i,j,k}}, \boldsymbol{U}_{\mathrm{i\pm1,j\pm1,k\pm1}}) = \mathbf{0} \quad ,} \tag{4.171}
$$

mit dem räumlichen Diskretisierungsoperator $\boldsymbol{Q}(\boldsymbol{U})$, der die Koppelung enthält. Die Gleichung (4.171) ist nichts anderes als Gleichung (4.166) dividiert durch das Volumen der Zelle V_{ijk}.

Dieses System muss nach der Zeit integriert werden. Dazu wählt man das klassische explizite **Runge-Kutta Verfahren.** Dieses lautet mit $\boldsymbol{U}^{(0)} = \boldsymbol{U}^{\mathrm{n}}$ für jede Zelle i, j, k (Zellenindizes weggelassen)

$$\begin{aligned}
\boldsymbol{U}^{(1)} &= \boldsymbol{U}^{(0)} - \frac{\Delta t}{2} \cdot \boldsymbol{Q}(\boldsymbol{U}^{(0)}) + \frac{\Delta t}{2} \cdot \boldsymbol{D}(\boldsymbol{U}^{(0)}) \quad , \\
\boldsymbol{U}^{(2)} &= \boldsymbol{U}^{(0)} - \frac{\Delta t}{2} \cdot \boldsymbol{Q}(\boldsymbol{U}^{(1)}) + \frac{\Delta t}{2} \cdot \boldsymbol{D}(\boldsymbol{U}^{(0)}) \quad , \\
\boldsymbol{U}^{(3)} &= \boldsymbol{U}^{(0)} - \Delta t \cdot \boldsymbol{Q}(\boldsymbol{U}^{(2)}) + \Delta t \cdot \boldsymbol{D}(\boldsymbol{U}^{(0)}) \quad , \\
\boldsymbol{U}^{(4)} &= \boldsymbol{U}^{(0)} - \frac{\Delta t}{6} \cdot \Big(\boldsymbol{Q}(\boldsymbol{U}^{(0)}) + 2 \cdot \boldsymbol{Q}(\boldsymbol{U}^{(1)}) + 2 \cdot \boldsymbol{Q}(\boldsymbol{U}^{(2)}) + \boldsymbol{Q}(\boldsymbol{U}^{(3)})\Big) \\
&\quad + \Delta t \cdot \boldsymbol{D}(\boldsymbol{U}^{(0)}) \quad .
\end{aligned} \tag{4.172}$$

Die Lösung zum neuen Zeitschritt ist dann $\boldsymbol{U}^{\mathrm{n}+1} = \boldsymbol{U}^{(4)}$. Dabei wird ein zusätzlicher Term $\boldsymbol{D}(\boldsymbol{U}^{(0)})$ hinzugefügt, die **zusätzliche numerische Dissipation.**

Die Einführung einer zusätzlichen numerischen Dissipation hat folgende Gründe:

- Die Runge-Kutta Finite-Volumen Methode besitzt nicht genügend *verfahrenseigene numerische Dissipation.* Sie wäre ohne den Zusatzterm $\boldsymbol{D}(\boldsymbol{U}^{(0)})$ numerisch instabil. Diese Instabilität äußert sich durch Oszillationen der Strömungsgrößen mit der Gitterweite (*hochfrequente Oszillationen*). Der Erfahrung nach erreichen diese Oszillationen nur eine Amplitude von einigen Prozent und wachsen dann nicht weiter. Die Instabilität ist also nur sehr schwach, dennoch muss sie mit Hilfe der Terms $\boldsymbol{D}$ gedämpft werden.

- In der Nähe von Verdichtungsstößen (Abbildung 4.58) treten sehr starke Oszillationen auf, die bei genügender Stoßstärke zum Abbruch der Rechnung führen (overflow). Durch einen zusätzlichen *Glättungsoperator* in $\boldsymbol{D}$ wird der Stoß über eine bestimmte Anzahl von Zellen *verschmiert,* d. h. die Diskontinuität des Stoßes wird durch einen glatten Übergang mit starken Gradienten ersetzt. Diese Glättung wird nur dann eingeschaltet wenn sie notwendig ist, um nicht die Lösung im gesamten Strömungsfeld zu verfälschen. Dies bezeichnet man als *numerische Dissipation 2. Ordnung.*

Der Operator $\boldsymbol{D}_{\mathrm{l}}$ (für die Seitenfläche l) besteht aus fünf gleichlautenden Komponenten $\mathrm{d_l} = \mathrm{d_{li}}$ entsprechend den fünf konservativen Variablen $U_{\mathrm{i}}, \mathrm{i} = 1 \dots 5$.

Er lautet angewendet auf eine beliebige Variable Φ z. B. für die Seitenfläche $\mathrm{l} = 1$

$$\begin{aligned}
\mathrm{d_l} = \frac{1}{\Delta t} \cdot [\ & \epsilon_{\mathrm{l}}^{(2)} \ (\Phi_{\mathrm{i,j,k}} - \Phi_{\mathrm{i-1,j,k}}) \\
& - \epsilon_{\mathrm{l}}^{(4)} \ (-\Phi_{\mathrm{i+1,j,k}} + 3 \cdot \Phi_{\mathrm{i,j,k}} - 3 \cdot \Phi_{\mathrm{i-1,j,k}} - \Phi_{\mathrm{i-2,j,k}})]
\end{aligned} \tag{4.173}$$

und für die Seitenfläche l = 2:

$$d_l = \frac{1}{\Delta t} \cdot [\ \epsilon_l^{(2)}\ (\Phi_{i+1,j,k} - \Phi_{i,j,k})$$
$$- \epsilon_l^{(4)}\ (\Phi_{i+2,j,k} - 3 \cdot \Phi_{i+1,j,k} + 3 \cdot \Phi_{i,j,k} + \Phi_{i-1,j,k})] \quad . \tag{4.174}$$

Dieser Operator wirkt wie eine Glättung. Man bezeichnet ihn als *numerische Dissipation 4. Ordnung*. Er wird für die Seiten $l = 1, 2$ in i-Richtung, für $l = 3, 4$ in j-Richtung und für $l = 5, 6$ in k-Richtung angewendet. Darin ist

$$\epsilon_l^{(2)} = 0.25 \cdot \max(\nu_{i-1,j,k}, \nu_{i,j,k}) \tag{4.175}$$

der Vorfaktor der numerischen Dissipation zweiter Ordnung, welcher sich aus dem geeignet normierten Betrag der zweiten Ableitung des Druckes in den an die Seitenfläche l angrenzenden Zellen $i-1, j, k$ und i, j, k bestimmt

$$\nu_{i,j,k} = \frac{|p_{i+1,j,k} - 2 \cdot p_{i,j,k} + p_{i-1,j,k}|}{|p_{i+1,j,k}| + 2 \cdot |p_{i,j,k}| + |p_{i-1,j,k}|} \quad . \tag{4.176}$$

Der Verdichtungsstoß wird also durch die zweite Ableitung des Druckes detektiert. Dies ist sinnvoll, da der Druck diejenige Größe ist, die sich über einen Stoß hinweg am stärksten ändert. Weiterhin ist in Gleichung (4.174)

$$\epsilon_l^{(4)} = 0.25 \cdot \max(0, \frac{1}{256} - \epsilon_l^{(2)}) \quad . \tag{4.177}$$

Diese Größe ist also immer positiv und gleich dem Wert 1/256, wenn $\epsilon_l^{(2)} = 0$ ist, also fernab von Stößen. Wenn $\epsilon_l^{(2)}$ jedoch eine nennenswerte Größe annimmt, also in der Nähe eines Stoßes, wird die numerische Dissipation vierter Ordnung ausgeschaltet. Dies ist notwendig, da ihr Operator in der Nähe eines starken Gradienten (Stoß) wieder neue Oszillationen hervorrufen würde. Die Auswirkung der zusätzlichen numerischen Dissipation in der Nähe eines Stoßes ist in Abbildung 4.58 schematisch gezeigt. Die Isolinien der Dissipation 2. und 4. Ordnung für die transsonische Tragflügelumströmung sind in Abbildung 4.59 dargestellt.

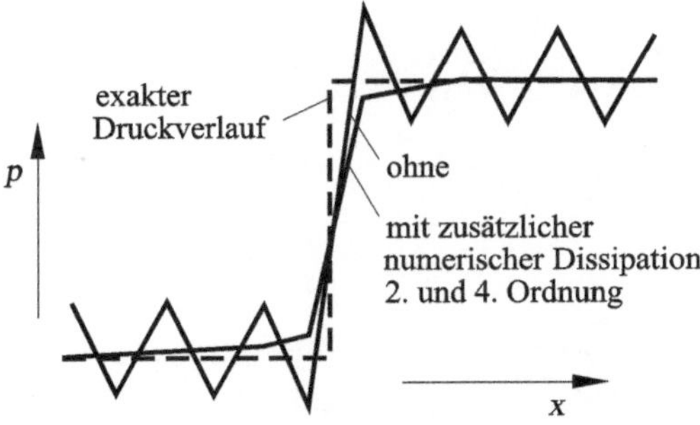

Abb. 4.58: Oszillation in der Nähe eines Verdichtungsstoßes bei der Finite-Volumen Runge-Kutta Methode

Die Technik der numerischen Dissipation 2. und 4. Ordnung kann nicht streng mathematisch begründet werden, sondern hat sich durch *numerisches Experimentieren* als geeignet herausgestellt, siehe dazu *A. Jameson, W. Schmidt und E. Turkel* 1981. Sie hat sich seither in der Praxis bestens bewährt.

Bei der Berechnung **inkompressibler** Strömungen tritt die prinzipielle Schwierigkeit auf, dass das Druckfeld nicht bekannt ist. Es treten lediglich die Druckgradienten in den Quelltermen der Navier-Stokes-Gleichungen auf. Zur Berechnung von konsistenten Druck- und Geschwindigkeitsfeldern sind derzeit zwei prinzipiell unterschiedliche Vorgehensweisen üblich.

In der ersten Methode wird die Kontinuitätsgleichung zur Bestimmung einer künstlich eingeführten Dichte benutzt. Anhand einer Zustandsgleichung (z. B. der Zustandsgleichung für ideale Gase) kann dann wiederum der Druck bestimmt werden. Diese Vorgehensweise erlaubt es, dass alle bisher abgeleiteten Algorithmen für kompressible Strömungen auf inkompressible Strömungen übertragen werden können. Die mathematischen Details sind in Kapitel 5 der Strömungsmechanik, *H. Oertel jr., M. Böhle* 1999 aufgeführt. Bei dieser *Methode der künstlichen Kompressibilität* wird zwischen Druck und Dichte eine willkürlich schwache Kopplung angesetzt.

Eine andere Methode zur Ermittlung des Geschwindigkeits- und Druckfeldes inkompressibler Strömungen ist eine auf den Druck bezogene Methode. Hierbei wird zum Abgleich von Impulsbilanz und Kontinuität der Druck aus einer separaten Gleichung bestimmt, die aus der Navier-Stokes- und der Kontinuitätsgleichung resultiert. Bei diesen auf den Druck bezogenen Methoden sind unterschiedliche Lösungsalgorithmen entwickelt. Im Folgenden wird das sogenannte *Druckkorrekturverfahren* und daraus resultierend der *SIMPLE-Algorithmus* beschrieben.

Es wird zunächst ein vorläufiges Druckfeld p^* geschätzt. Mit Hilfe dieses geschätzten Druckfeldes können die Navier-Stokes-Gleichungen diskretisiert und gelöst werden. Zur Diskretisierung der Navier-Stokes-Gleichungen (3.20) wird die in diesem Kapitel beschriebene *Finite-Volumen Methode* benutzt. Es resultiert ein algebraisches Gleichungssystem für die unbekannten Geschwindigkeitskomponenten u_i^*, v_i^* und w_i^* in den Knotenpunkten

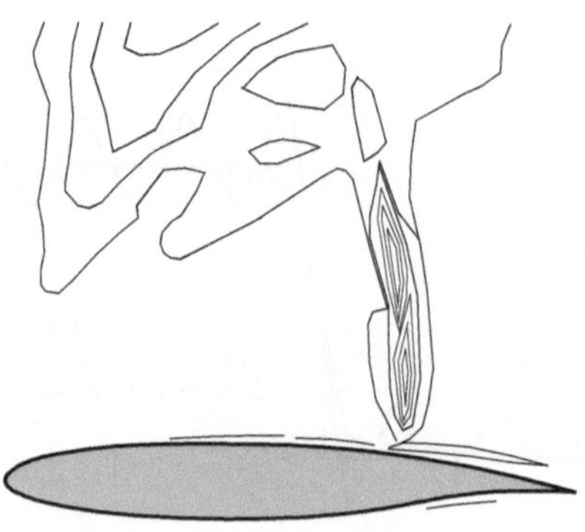

Abb. 4.59: Numerische Dissipation 2. und 4. Ordnung im Strömungsfeld eines transsonischen Profils, $M_\infty = 0.8$, $Re_L = 10^7$

des Finite-Volumen-Netzes

$$\mathrm{a}_\mathrm{i}^u \cdot u_\mathrm{i}^* = \sum_{\mathrm{nb}}^{3} \mathrm{a}_{\mathrm{nb}}^u \cdot u_{\mathrm{nb}} + \mathrm{b}^u + (p_{\mathrm{i}+1}^* - p_{\mathrm{i}-1}^*) \cdot \mathrm{A_i} \quad ,$$

$$\mathrm{a}_\mathrm{i}^v \cdot v_\mathrm{i}^* = \sum_{\mathrm{nb}}^{3} \mathrm{a}_{\mathrm{nb}}^v \cdot v_{\mathrm{nb}} + \mathrm{b}^v + (p_{\mathrm{j}+1}^* - p_{\mathrm{j}-1}^*) \cdot \mathrm{A_j} \quad , \tag{4.178}$$

$$\mathrm{a}_\mathrm{i}^w \cdot w_\mathrm{i}^* = \sum_{\mathrm{nb}}^{3} \mathrm{a}_{\mathrm{nb}}^w \cdot w_{\mathrm{nb}} + \mathrm{b}^w + (p_{\mathrm{k}+1}^* - p_{\mathrm{k}-1}^*) \cdot \mathrm{A_k} \quad .$$

In diesen Gleichungen sind die aus der Diskretisierung der konvektiven und dissipativen Terme resultierenden Koeffizienten a_i^u, a_i^v und a_i^w bzw. $\mathrm{a}_{\mathrm{nb}}^u$, $\mathrm{a}_{\mathrm{nb}}^v$ und $\mathrm{a}_{\mathrm{nb}}^w$ nach dem gerade betrachteten Knoten i des Finite-Volumen-Netzes bzw. den umliegenden Knoten sortiert und zusammengefasst. In den Koeffizienten b^u, b^v und b^w sind alle Quellterme enthalten. Der Druckgradient wird durch die Druckdifferenzen in x-, y- bzw. z-Richtung multipliziert mit den entsprechenden Seitenflächen $\mathrm{A_j}$, $\mathrm{A_j}$, $\mathrm{A_k}$ abgebildet. Die Summation $\sum_{nb}$ erfolgt über die umliegenden Knoten des betrachteten Knotens i. Das resultierende Geschwindigkeitsfeld $\vec{v}$ wird im Allgemeinen die Kontinuitätsgleichung nicht erfüllen. Ziel der weiteren Vorgehensweise ist daher die Verbesserung der Druckschätzung p^*, so dass das Geschwindigkeitsfeld $\vec{v}$ die Kontinuitätsgleichung erfüllt. Dazu werden zunächst die Druck- und Geschwindigkeitskorrekturen p' und u', v' und w' (nicht zu verwechseln mit Stör- bzw. Schwankungsgrößen) eingeführt. Wird das korrekte Druckfeld p

$$p = p^* + p' \tag{4.179}$$

angenommen, dann ist zu untersuchen wie sich die Geschwindigkeitskomponenten u, v und w

$$u = u^* + u' \quad , \qquad v = v^* + v' \quad , \qquad w = w^* + w' \tag{4.180}$$

mit der Druckkorrektur p' verändern. Wird von der diskretisierten Navier-Stokes-Gleichung für die exakte Geschwindigkeit u die diskretisierte Navier-Stokes-Gleichung für das vorläufige Geschwindigkeitsfeld (Gleichung (4.178)) subtrahiert, ergeben sich Terme der Form $u = u^* - \mathrm{d}^u(p_{\mathrm{i}+1}' - p_{\mathrm{i}-1}')$, die als Geschwindigkeitskorrekturgleichungen bezeichnet werden. Abschließend bleibt aus der Kontinuitätsgleichung eine Gleichung für die Druckkorrekturen p' herzuleiten. Die auftretenden Geschwindigkeiten werden ebenfalls durch die Geschwindigkeitskorrekturgleichungen ersetzt und die entstehenden Terme schließlich nach den unbekannten Druckkorrekturen p' aufgelöst. Damit sind alle Gleichungen aufgestellt, die zur Berechnung einer inkompressiblen Strömung benötigt werden. Der Algorithmus zur Lösung dieser Gleichungen wurde bereits 1972 entwickelt und ist in der Literatur als SIMPLE-Algorithmus (**S**emi-**I**mplicit-**M**ethod for **P**ressure-**L**inked **E**quations, *S. V. Patankar* 1980) bekannt. Die einzelnen Schritte des SIMPLE-Algorithmus sind:

- Schätzen des vorläufigen Druckfeldes p^*.
- Lösen der diskretisierten Impulsgleichungen für u^*, v^* und w^*.
- Lösen der Druckkorrekturgleichung für p'.

- Korrigieren von Druck- und Geschwindigkeitsfeldern $p = p^* + p'$, $u = u^* + u'$, $v = v^* + v'$ und $w = w^* + w'$.
- Lösen der Gleichungen für andere Variablen wie Temperatur, Turbulenzgrößen, etc. sofern diese das Strömungsfeld beeinflussen.
- Iterieren dieser Schritte bis eine konvergente Lösung erreicht ist.

Dieser Algorithmus ist in verschiedenen Formen in nahezu allen kommerziellen Software-Paketen enthalten und hat seit seiner Entwicklung zahlreiche Verbesserungen bzgl. seiner Konvergenzrate erfahren.

Die Finite-Volumen-Methoden sind auf zahlreiche Strömungsprobleme angewandt worden. Bereits in Kapitel 4.1.2 hatten wir von einer Finite-Volumen-Lösung der Reynolds-gemittelten Navier-Stokes-Gleichungen Gebrauch gemacht. Die Abbildung 4.6 zeigt den Vergleich der Finite-Volumen-Lösung einer Profilumströmung bei der Anström-Mach-Zahl $M_\infty = 0.82$ mit der Lösung der nichtlinearen Potentialgleichung. In den vorausgegangenen Kapiteln haben wir mehrfach dargestellt, dass die Lösung der Navier-Stokes-Gleichungen die Druckverteilung um ein transsonisches Tragflügelprofil am genauesten wiedergibt. Wir ergänzen in diesem Kapitel Finite-Volumen-Lösungen für die transsonische Tragflügel- und Kraftfahrzeugumströmung, für eine Strömungsmaschine und für die Strömung im menschlichen Herzen.

Als erstes Beispiel ist in Abbildung 4.60 die Finite-Volumen Lösung eines **transsonischen Tragflügels** eines Verkehrsflugzeuges gezeigt.

Zunächst ist die mit einem Finite-Volumen-Netz diskretisierte Geometrie des umströmten Tragflügels dargestellt. Deutlich zu erkennen ist die verfeinerte Auflösung im Bereich der Staulinie und im Nachlauf des Flügels sowie im Bereich des Verdichtungsstoßes. Das Ergebnis der Finite-Volumen-Rechnung für die Mach-Zahl $M_\infty = 0.78$, die Reynolds-Zahl $Re_L = 26.6 \cdot 10^6$ und dem Pfeilwinkel $\phi = 20°$ ist in Form von Isotachen, also Linien gleicher Mach-Zahl, dargestellt. Die Berechnung erfolgt mit der zuvor beschriebenen Finite-Volumen Methode und dem Baldwin-Lomax Turbulenzmodell von Kapitel 3.2.3. Die numerische Lösung zeigt das Überschallfeld und den Verdichtungsstoß, der dieses stromab abschließt. Für den vorgegebenen Auftriebsbeiwert $c_\mathrm{a} = 0.0506$ eines Modellflügels des AIRBUS A 320 berechnen wir einen Widerstandsbeiwert $c_\mathrm{w} = 0.0184$. Dies ist der Wert, den man erreichen kann, sofern es gelingt einen sogenannten transsonischen Laminarflügel zu realisieren.

Wir folgen unserem zweiten Anwendungsbeispiel in Kapitel 1.2 und zeigen numerische Ergebnisse einer **Kraftfahrzeugumströmung**, die mit Finite-Volumen-Verfahren gewonnen wurden. Hier ist es das Ziel, den Strömungswiderstand, den Auftrieb, das Seitenwind-Moment und die Struktur der Nachlaufströmung numerisch zu berechnen. Während beim Tragflügelbeispiel die Favre-gemittelten kompressiblen Grundgleichungen numerisch gelöst wurden, werden jetzt die Reynolds-gemittelten Gleichungen benutzt. Als Turbulenzmodell wurde das K-ϵ-Modell aus Kapitel 3.2.3 eingesetzt. In den c_p-Diagrammen der Abbildung 4.61 sind die dimensionslosen Druckverteilungen auf der Ober- und Unterseite des Kraftfahrzeuges für die Reynolds-Zahl $Re_L = 8 \cdot 10^6$ ($U_\infty = 130\ km/h$) im Vergleich mit experimentellen Ergebnissen im Windkanal dargestellt. Im mittleren Teil der Abbildung

4.61 ist wiederum die Geometrie und Diskretisierung des umströmten Kraftfahrzeuges gezeigt.

Im Vergleich zur Flugzeugumströmung des vorherigen Beispiels muss bei der Berechnung einer Kraftfahrzeugumströmung zusätzlich die Fahrbahn berücksichtigt werden. Die Berechnung wird dann nach einem Wechsel des Bezugssystems vom bewegten Fahrzeug in ruhender Luft zum stehenden Fahrzeug in einer Anströmung durchgeführt. Daher muss die Fahrbahn ebenfalls diskretisiert werden, um Grenzschichteffekte zwischen Fahrzeugunterboden und der Fahrbahn in die Rechnung mit aufzunehmen. Als Randbedingung für die Fahrbahn ist dann die Geschwindigkeit der Anströmung vorzugeben, während am Fahrzeugunterboden $\vec{v} = 0$ zu fordern ist. Die Bedingung der bewegten Fahrbahn ist im Windkanal schwer zu realisieren, weshalb häufig auf ein vereinfachtes Prinzipexperiment im Windkanal mit ruhender Fahrbahn und ruhendem Kraftfahrzeug in einer Anströmung zurückgegriffen wird. Daher wurden die Berechnungen im gezeigten Fall ebenfalls mit ruhender Fahrbahn und ruhendem Kraftfahrzeug durchgeführt. In Abbildung 4.61 erkennt man, dass die gemessenen und berechneten Druckverteilungen sehr gut übereinstimmen. Die numerische Lösung zeigt auch, dass die Struktur der Nachlaufströmung richtig wiedergegeben wird. Dazu werden die in Kapitel 4.1.4 beschriebenen singulären Punkte im Strömungsfeld analysiert und sichtbar gemacht. Der Vergleich mit Abbildung 4.34 zeigt ergänzend, dass der Hufeisenwirbel stromab des Kofferraums zum einen von der Scher-

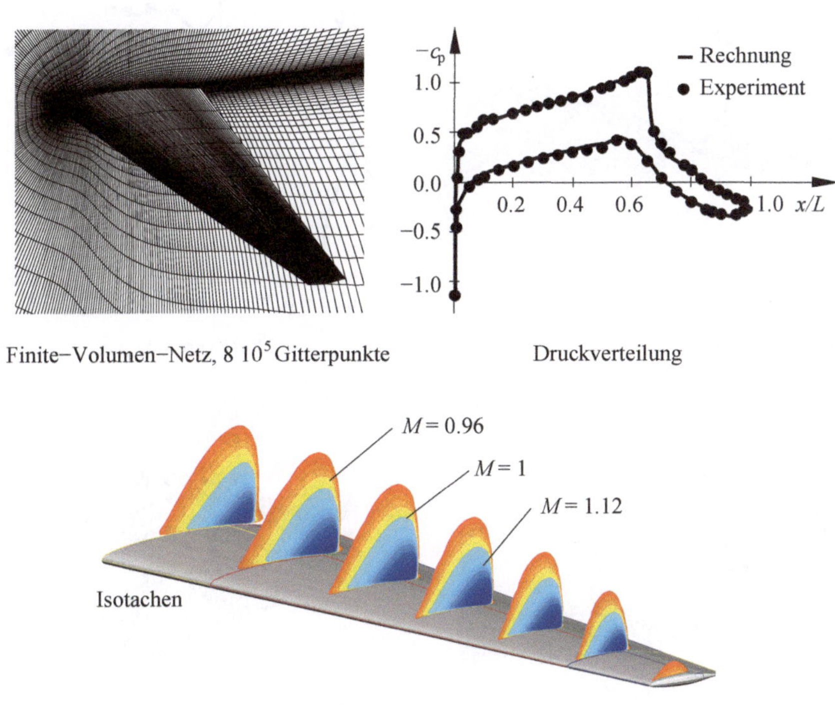

Abb. 4.60: Finite-Volumen-Diskretisierung, Druck- und Mach-Zahlverteilung eines transsonischen Tragflügels

schicht an der Kofferraum-Abrisskante und zum anderen von der Diffusorströmung zwischen Kraftfahrzeugunterboden und der Straße gespeist wird.

Ein weiteres Beispiel der Anwendung der Finite-Volumen-Methode ist die Nachrechnung der in Abbildung 4.62 gezeigten **Axialpumpe**. Dabei ist insbesondere der Wirkungsgrad η und die Förderhöhe H von Interesse. Die Axialpumpe soll eine Förderhöhe von 10 m erreichen. Die Geometrie der Beschaufelung wurde mit verschiedenen Auslegungsprogrammen entsprechend Kapitel 1.3 ermittelt und es bleibt durch die Nachrechnung zu überprüfen, ob die Schaufelgeometrie die gestellten Anforderungen erfüllt. Die Geometrie und das Rechennetz der Beschaufelung sind in Abbildung 4.62 dargestellt.

Die Berechnung erfolgt im mitbewegten rotierenden Bezugssystem. Damit steht das Laufrad und das Gehäuse rotiert. Dies hat den Vorteil, dass die Rechnung stationär durchgeführt werden kann. In diesem Bezugssystem wird das Fluid beim Durchlaufen des Schaufelkanals umgelenkt und erfährt dadurch eine Druckerhöhung, die als Förderhöhe

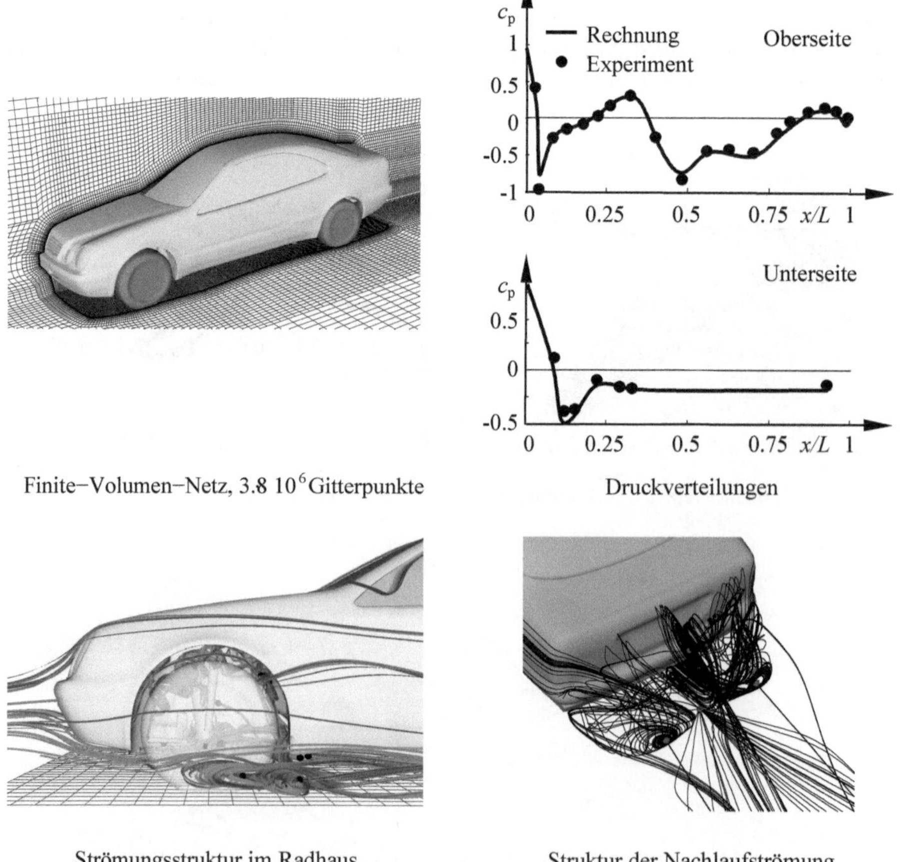

Abb. 4.61: Finite-Volumen-Diskretisierung einer Kraftfahrzeugumströmung und Druckverteilungen in der Symmetrieebene, (Daimler 2001), $u_\infty = 130\ km/h$, $Re_L = 8 \cdot 10^6$

der Pumpe bezeichnet wird. Bei der numerischen Lösung der Reynolds-Gleichungen sind dabei zusätzlich die Zentrifugal- und Coriolis-Kraft zu berücksichtigen.

Die Auswertung der numerischen Rechnung zeigt, dass die Axialpumpe im Auslegungspunkt eine Förderhöhe von $H = 9.8\ m$ erreicht, was der geforderten Förderhöhe von $H = 10\ m$ sehr nahe kommt. Durch wiederholte Berechnung der Strömung mit verschiedenen Randbedingungen kann nach Auswertung der Ergebnisse eine Kennlinie der Strömungsmaschine ermittelt werden. Dabei wird jeweils über dem Volumenstrom $\dot{V}$ der Wirkungsgrad η aufgetragen. Durch die Geometrie der Beschaufelung wird das Fluid zunächst beschleunigt, wodurch der statische Druck abfällt. Anschließend wird wieder verzögert, was mit einem Druckanstieg verbunden ist. Bei dem angesprochenen Druckabfall kann es unter Umständen dazu kommen, dass der Dampfdruck des Fluids unterschritten wird. Das Fluid kann also kurzzeitig verdampfen bevor es bei der anschließenden Druckerhöhung wieder verflüssigt wird. Dieses Phänomen wird als Kavitation bezeichnet

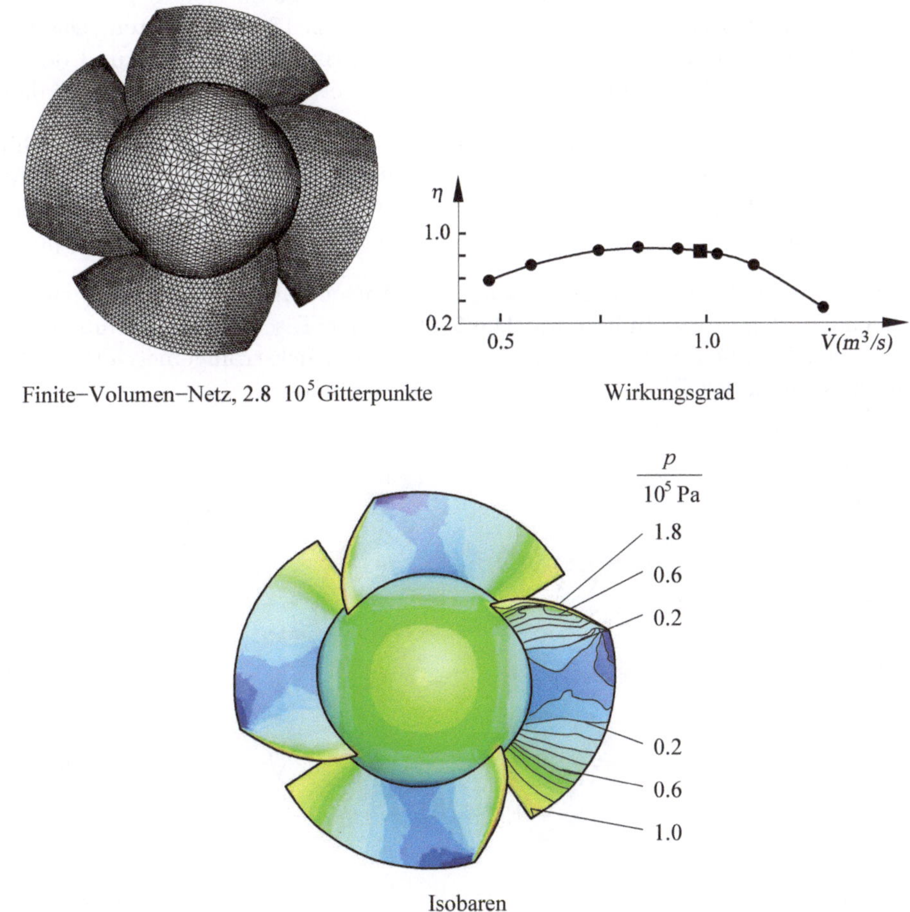

Abb. 4.62: Finite-Volumen-Diskretisierung einer Axialpumpe und Isobaren der Druckverteilung auf dem Laufrad, $Re_D = 1.4 \cdot 10^7$

und sollte vermieden werden, da es zur Beschädigung der Beschaufelung führt.

Herrscht vor der Axialpumpe ein genügend großer Druck ist keine Kavitation zu erwarten. Der dafür erforderliche Druck bzw. die damit gleichzusetzende erforderliche Zulaufhöhe der Axialpumpe beträgt für die gewählten Bedingungen etwa 2.5 m.

Ein Beispiel einer instationären Strömung veränderlicher Geometrie und bewegter Rechennetze haben wir mit dem **virtuellen Herzen** in Kapitel 1.1 kennen gelernt. Die Erweiterung der Finite-Volumen-Methode auf bewegte Rechennetze haben wir zwar in diesem Kapitel nicht behandelt, dennoch wollen wir die Ergebnisse der Strömungssimulation der pulsierenden Blutströmung im menschlichen Herzen zeigen, um einen Anreiz für zukünftige Strömungsberechnungen in der Bioströmungsmechanik zu geben.

Zunächst benötigt man ein zeitabhängiges Geometriemodell für einen zeitlich gemittelten Herzzyklus. Das Geometriemodell wird mit Bilderkennungs-Software von Bilddaten des gesunden menschlichen Herzens eines Magnet-Spin-Resonanz-Tomographen (MRT) abgleitet. Das Geometriemodell wird zu jedem Zeitpunkt aus 26 horizontalen und vertikalen Schnittebenen konstruiert. Ein Herzzyklus T_0 besteht aus 18 Zeitschritten. Das Geometriemodell der linken Herzhälfte besteht aus dem Ventrikel, dem Vorhof und der Aorta. Die druckgesteuerte Aorten- und Mitralklappe müssen ergänzend modelliert werden.

Die Aortenklappe besteht aus drei halbmondförmigen Bindegewebstaschen. Sie verhindert während der Relaxationsphase des Herzens die Blutrückströmung aus der Aorta. Wegen des hohen Druckes, dem die Aortenklappe während der Kontraktionsphase ausgesetzt ist, sind die Klappentaschen wesentlich stabiler gebaut als die Segel der Mitralklappe.

Im geöffneten Zustand legen sich die Taschen der Aortenklappe trotz des hohen Aortendruckes nicht an den Aortenbulbus an. Die Spitzen der Taschen werden umströmt und bilden zwischen Klappentasche und Aortenbulbus ein Rückströmgebiet, dessen Gegendruck das Ausbeulen der Taschen und das Anlegen verhindert.

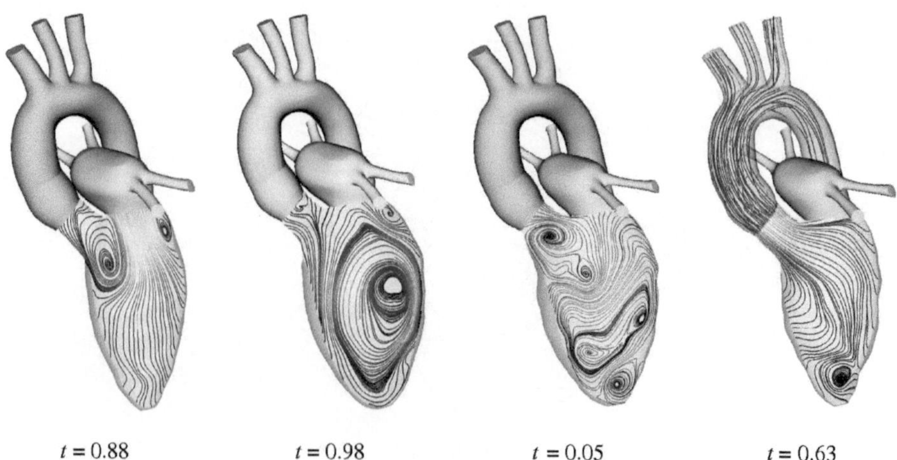

Abb. 4.63: Finite-Volumen-Berechnung des linken Herzventrikels und der Aorta, $Re_D = 3470, T_0 = 1.0\ s$

Die Abbildung 4.63 zeigt das Ergebnis der Strömungsberechnung mit der Finite-Volumen-Methode und bewegten Tetraeder bzw. Hexaeder Netzen von $2 \cdot 10^5$ Gitterpunkten. Die mit dem Durchmesser der Aorta gebildete Reynolds-Zahl beträgt $Re_D = 3470$ für die systolische Ausströmphase des Herzens. Die pulsierende Blutströmung ist laminar.

Das erste Bild zeigt den Einströmvorgang in den linken Ventrikel bei geöffneter Mitralklappe. Es bildet sich ein Ringwirbel , dessen Drehrichtung bereits das Ausströmen durch die Aortenklappe vorbereitet. Im Laufe des Einströmvorgangs verzweigt sich der Ringwirbel im Längsschnitt entsprechend der Abbildung 4.40, so dass auch die Ventrikelspitze durchströmt wird. Auch hier entspricht die Drehrichtung des eingedrehten dreidimensionalen Ringwirbels dem folgenden Ausströmvorgang. Überschreitet der Blutdruck im Ventrikel einen bestimmten Wert, öffnet sich die Aortenklappe und das Blut strömt als Jet in die Aorta. Am Ende der Kontraktionsphase ist bei vollständig geöffneter Aortenklappe die Jet-Strömung ebenfalls vollständig ausgebildet. In der Aorta verzweigt die Strömung in die einzelnen Arterien. Dabei vergrößert die Aorta ihren Durchmesser, so dass sie zum einen das Volumenreservoir für den Kreislauf bildet und zum anderen die Sekundärströmung in der Aortenkrümmung abbaut. Dieser Effekt wird durch ein Auslenken der absteigenden Aorta unterstützt. Bei der anschließenden Ventrikelrelaxation sind beide Herzklappen geschlossen und der Herzzyklus beginnt von neuem.

Für die Auswertung der numerischen Ergebnisse ist die im Kapitel 4.1.4 durchgeführte Analyse der Strömungsstruktur (siehe Abbildung 4.40) eine wesentliche Hilfe. Die Auswertung der dreidimensionalen Strömungsstruktur im Herzen ist in Abbildung 4.64 dargestellt.

Beim Öffnen der Herzklappen zum Zeitpunkt $t = 0.76$ stellen sich im linken und rechten Ventrikel während des Füllvorganges zunächst die bereits beschriebenen Einströmjets ein, die nach einem Viertel des Herzzyklus jeweils von einem Ringwirbel (dreidimensionaler Fokus F1) begleitet werden. Diese entstehen als Ausgleichsbewegung für die im ruhenden Fluid abgebremsten Einströmjets. Im weiteren Verlauf nehmen aufgrund der Bewegung des Myokards die asymmetrischen Ringwirbel an Größe zu. Dabei erfolgt die Ausdehnung der Wirbel in axialer Richtung gleichmäßig, in radialer Richtung wird jedoch im linken Ventrikel die linke Seite verstärkt. Beim Eindringen in die Ventrikel verringern sich die Geschwindigkeiten der Wirbel. Die Ventrikelspitzen werden zu diesem Zeitpunkt nicht

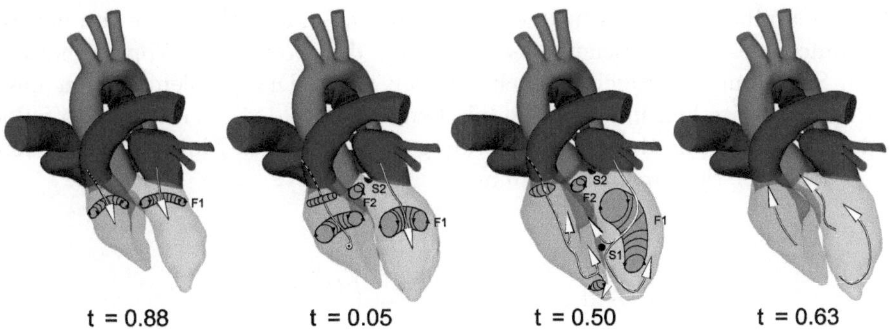

Abb. 4.64: Dreidimensionale Strömung im Herzen

durchströmt. Im weiteren Verlauf des Einströmvorganges kommt es im linken Ventrikel aufgrund der starken Deformation zu einer Neigung des Ringwirbels in Richtung der Ventrikelspitze und zur Ausbildung der Sattelfläche S1 an der Myokardwand, die ein effizientes Ausströmen während der Systole vorbereitet. Dabei verringert sich die Geschwindigkeit der dreidimensionalen Strömung, bis schließlich der Einströmvorgang abgeschlossen ist und die Mitralklappe schließt. Die weitere Deformation der Wirbelstruktur wird durch die Trägheit der Strömung bestimmt. Parallel induziert der obere Teil des Ringwirbels einen Sekundärwirbel im Aortenkanal F2 mit dem Sattelpunkt S2 an der Wand des Aortenkanals.

Aufgrund der komplexeren Geometrie des rechten Ventrikels ist der Einströmringwirbel entlang der Ventrikelkontur verformt. Dies führt dazu, dass sich während des Einfüllvorganges beim Drehen des Ringwirbels in Richtung der Ventrikelspitze die Wirbelachse gegen die Außenwand des Myokards neigt und dort eine Sattelfläche S1 erzeugt. Die Strömungsberechnung zeigt, dass deshalb der Ringwirbel vor Beginn des Ausströmens zerfällt und eine Sekundärströmung in der Ventrikelspitze F3 entsprechend der Sekundärströmung im Pulmonalarterienkanal F2 verursacht. Insofern ist die Interpretation der dreidimensionalen Strömungsstruktur im rechten Ventrikel nicht so eindeutig wie im linken Ventrikel.

Zum Zeitpunkt $t = 0.41$ öffnet die Aortenklappe und der Ausströmvorgang in die Aorta beginnt. Dabei wird die Bewegungsrichtung der Wirbel fortgesetzt. Es wird zunächst der Wirbel F2 und dann in zeitlicher Abfolge der Ringwirbel F1 ausgespült. Das Geschwindigkeitsmaximum des Ausströmvorganges wird im zentralen Bereich der Aortenklappe erreicht und zum Zeitpunkt $t = 0.63$ ist der Strömungspuls in der Aorta ausgebildet. Am Ende des Ausströmvorganges hat sich die Wirbelstruktur im linken und rechten Ventrikel vollständig aufgelöst. Dabei werden vom gesunden menschlichen Herzen etwa 63 % des linken Ventikelvolumens ausgestoßen.

4.2.5 Molekulardynamische Simulationsmethoden

Eine ganz andere numerische Lösungsmethode der strömungsmechanischen Grundgleichungen ist die molekulardynamische Simulationen der Verteilungsfunktion f der in Kapitel 3.6 eingeführten Boltzmann-Gleichung (3.195). Die Boltzmann-Gleichung beeinhaltet alle bisher beschriebenen Lösungen der kontinuumsmechanischen Navier-Stokes-Gleichungen sowohl für die laminare als auch für die turbulente Strömung, ohne dass von der Stokesschen Annahme eines Newtonschen Mediums oder der Boussinesq-Approximation einer turbulenten Strömung Gebrauch gemacht werden muss. Die Problematik der gaskinetischen, beziehungsweise kontinuumsmechanischen Modellbildung verlagert sich jedoch auf die erforderliche Kenntnis der Wechselwirkungspotentiale der Fluide im Kollisionsterm der rechten Seite der Boltzmann-Gleichung:

$$\frac{\partial f}{\partial t} + \vec{c} \cdot \frac{\partial f}{\partial \vec{x}} + \frac{\vec{\boldsymbol{F}}}{m} \cdot \frac{\partial f}{\partial \vec{c}} = \left(\frac{\partial f}{\partial t}\right)_{coll} \tag{4.181}$$

Die Boltzmann-Gleichung ist entsprechend unseren Ausführungen in Kapitel 3.6 die Transportgleichung der Verteilungsfunktion f. Diese beschreibt die Verteilung der mikroskopischen Molekülparameter im Geschwindigkeitsraum $\vec{c}=c_m$ und im physikalischen Raum $\vec{x}=x_m$ mit m=1,2,3. Die Boltzmann-Gleichung ist aufgrund des Kollisionsterms eine Integrodifferentialgleichung, wobei die Verteilungsfunktion f von allen 6 Variablen $\vec{c}$, $\vec{x}$ und der Zeit t abhängt.

Die Modellierung des Kollisionsterms der rechten Seite der Boltzmann-Gleichung (4.181) für Gase und Flüssigkeiten unterscheiden sich wesentlich durch den mittleren Abstand ihrer Moleküle. Bei Gasen ist die Bindung zu Nachbarmolekülen gering und der große Molekülabstand erlaubt eine freie Bewegung der Moleküle, unterbrochen durch Stöße mit anderen Molekülen. Bei Gasen ist deshalb die mittlere freie Weglänge $\bar{\lambda}$ maßgebend. Die theoretische Behandlung von Gasen im Rahmen der kinetischen Gastheorie ist relativ weit entwickelt.

In Flüssigkeiten hingegen ist der Abstand der Moleküle deutlich kleiner, so dass die Moleküle in ständiger Wechselwirkung mit den Nachbarmolekülen stehen. Dies macht die molekulare Behandlung von Flüssigkeiten schwierig. Da die Gültigkeit der Kontinuumsmodelle wesentlich von den molekularen Gegebenheiten bestimmt ist, werden die entsprechenden Kriterien in den folgenden Abschnitten separat für Gase und Flüssigkeiten diskutiert.

Die mittlere freie Weglänge in einem Gas ist verknüpft mit der Häufigkeit von Stößen. Für ein ideales Gas mit sphärischen Molekülen hängt die mittlere freie Weglänge gemäß

$$\bar{\lambda} = \frac{k_{\mathrm{B}} \cdot T}{\sqrt{2} \cdot \pi \cdot p \cdot \sigma^2} \tag{4.182}$$

mit den Zustandsgrößen Druck p und Temperatur T zusammen. k_{B} ist die Boltzmann-Konstante ($k_{\mathrm{B}} = 1,38 \cdot 10^{-23}\ J/K$) und σ der Streuquerschnitt, der bei elastischen Kugeln dem Moleküldurchmesser gleich kommt. Die Längenskala L, über welche Gradienten der makroskopischen Strömungsgrößen wie Druck, Dichte, Geschwindigkeit oder Temperatur vorliegen, ergibt sich aus dem Geschwindigkeitsprofil $u(z)$ z. B. in einer ebenen Scherströmung:

$$L \sim \frac{u}{|\frac{\mathrm{d}u}{\mathrm{d}z}|} \quad . \tag{4.183}$$

Den Quotient aus mittlerer freier Weglänge $\bar{\lambda}$ und Längenskala L der Strömung bezeichnet man als Knudsen-Zahl:

$$Kn = \frac{\bar{\lambda}}{L} \quad . \tag{4.184}$$

Für $Kn \ll 1$ gelten die Kontinuumsmodelle. Die mittlere freie Weglänge charakterisiert die Anzahl der Moleküle pro Mittelungsvolumen, welche für eine kontinuumsmechanische Beschreibung zur Verfügung stehen. Eine große Anzahl von Molekülen pro Mittelungsvolumen kann durch eine kleine mittlere freie Weglänge sichergestellt werden.

Die Definition der Knudsen-Zahl macht deutlich, dass Abweichungen von $Kn \ll 1$ sowohl für große mittlere freie Weglängen als auch für kleine Längenskalen der Strömung auftreten können. Große $\bar{\lambda}$ treten bei Strömungen verdünnter Gase auf, kleine L finden wir in

Mikrokanälen. Die Strömung verdünnter Gase und die Gasströmung in und um kleine Geometrien sind deshalb ähnlich bezüglich der Knudsen-Zahl.

$Kn \to 0$ ($Re_L \to \infty$)	Euler-Gleichungen
$Kn \leq 10^{-2}$	Navier-Stokes-Gleichungen mit Haftbedingung
$10^{-2} < Kn \leq 10^{-1}$	Navier-Stokes-Gleichungen mit Gleitbedingung
$10^{-1} < Kn \leq 10$	Übergangsbereich
$10 < Kn$	freie molekulare Strömung

Für Knudsen-Zahlen $Kn \leq 10^{-2}$ können die kontinuumsmechanischen Gleichungen und die Haftbedingung als Randbedingungen verwendet werden. Die Erhöhung der Knudsen-Zahl macht eine Korrektur der kinematischen und thermischen Randbedingungen notwendig. Es treten Unstetigkeiten der Geschwindigkeit und der Temperatur an der Wand auf. Für $10^{-1} < Kn \leq 10$ wird der Übergangsbereich erreicht. Der Bereich $Kn > 10$ ist schließlich durch die freie molekulare Strömung gekennzeichnet.

An einem konkreten Beispiel werden die Bereiche der Knudsen-Zahl verdeutlicht. Bei Luft unter Normalbedingungen (288 K, 1 bar), erhält man eine mittlere freie Weglänge von $\bar{\lambda} = 65$ nm. Eine Strömung im Mikrokanal von $L = 1$ μm Weite, hat dann die Knudsen-Zahl $Kn = 0.065$ zur Folge. Dies ist bereits eine Strömung, bei der die Gleitbedingung des Gases an der Wand zu berücksichtigen ist. Im gleichen Kanal bei einem Druck von 0.1 bar ergibt sich $\bar{\lambda} = 650$ nm und wegen $Kn = 0.65$ erhält man eine Strömung, die nicht mehr mit Kontinuumsmodellen beschrieben werden kann.

Technische Beispiele der Knudsen-Zahlen sind im Folgenden aufgeführt.

	$\bar{\lambda}$	L	Kn
Umgebungsbedingungen	10^{-7} m	1 m	10^{-7}
Vakuumtechnik	10^{-2} m	0.1 m	0.1
Satellitentechnik	0.1 m	10 m	0.01
Mikrochip-Herstellung	10^{-7} m	10^{-6} m	0.1

Während für Gase mit der kinetischen Gastheorie ein etabliertes molekulares Modell zur Verfügung steht, welches die Grenzen der kontinuumsmechanischen Behandlung zu charakterisieren erlaubt, sind die Grenzen der kontinuumsmechanischen Behandlung von Flüssigkeiten deutlich schwieriger zu fassen. Das Konzept der mittleren freien Weglänge und die Knudsen-Zahl sind für Flüssigkeiten nicht hilfreich, da die Moleküle einer Flüssigkeit in ständiger Wechselwirkung mit den Nachbarmolekülen stehen.

Aus Experimenten mit extrem dünnen Flüssigkeitsfilmen zwischen molekular glatten Platten geht hervor, dass erst bei Filmdicken unter etwa 10 Moleküllagen (~ 5 nm) die Flüssigkeit nicht mehr als Kontinuum aufgefasst werden kann. Man beobachtet dann nichtglatte Veränderungen der Normal- und Schubspannungen. Dies ist ein Hinweise darauf, dass die Anzahl der Moleküllagen Einfluss auf das Verhalten der Flüssigkeit nimmt. Weiterhin zeigen diese Experimente bereits für Flüssigkeitsfilme unter 100 Moleküllagen

($\sim 50\ nm$) Änderungen der Viskosität. Dies bedeutet, dass die Flüssigkeit kein Newtonsches Verhalten mehr aufweist. Für Scherraten

$$\dot{\gamma} \geq 1.4 \cdot \sqrt{\frac{\varepsilon}{\sigma^2 \cdot m}} \tag{4.185}$$

erhält man sprunghaftes Verhalten der Strömungsgrößen über die Scherschicht, während für kleine Scherraten ein kontinuierliches Verhalten beobachtet wird. Die Scherrate eines ebenen Problems ist gemäß $\dot{\gamma} = du/dz$ mit dem Gradienten der Geschwindigkeit verknüpft. ε ist die Bindungsenergie, m die Masse und σ der Durchmesser der Moleküle. Für Wassermoleküle bei Normalbedingungen erhält man eine Bindungsenergie von $\varepsilon \sim 3.5 \cdot 10^{-21}\ J$, eine Molekülmasse von $m \sim 3 \cdot 10^{-26}\ kg$ und einen Moleküldurchmesser von $\sigma \sim 3 \cdot 10^{-10}\ m$. Die Abschätzung gemäß Gleichung (4.185) ergibt deshalb $\dot{\gamma} \geq 1.6 \cdot 10^{12}\ s^{-1}$. Die Scherraten erscheinen für einfache Moleküle mit kleiner Molekülmasse und kleinem Moleküldurchmesser extrem groß. Komplexe, schwere und große Moleküle liefern gemäß Gleichung (4.185) kleinere kritische Scherraten, welche in technischen Systemen durchaus erreicht werden können.

Es stellt sich analog zu den Gasen die Frage, ob an der Wand ($z = 0$) Unstetigkeiten der Geschwindigkeit oder der Temperatur auftreten können. Hierfür ist es hilfreich das sogenannte Navier-Gleitgesetz in der Form

$$u(z = 0) - u_{\mathrm{w}} = L_{\mathrm{R}} \cdot \dot{\gamma}(z = 0) \tag{4.186}$$

zu formulieren. In Gleichung (4.186) ist der Sprung der wandtangentialen Geschwindigkeit proportional zur Scherrate. Die Proportionalitätskonstante L_{R} hat die Dimension einer Länge und wird als Gleitlänge bezeichnet. Eine verschwindende Gleitlänge ($L_{\mathrm{R}} \to 0$) führt zur Haftbedingung. In einer isothermen Couette-Scherströmung werden für einfache sphärische Flüssigkeitsmoleküle für Scherraten kleiner einem kritischen Wert $\dot{\gamma}_{\mathrm{k}}$ eine konstante Gleitlänge von $L_{\mathrm{R}} \leq 17 \cdot \sigma$ gefunden. Für Wasser sind somit Gleitlängen bis $L_{\mathrm{R}} \sim 5\ nm$ zu erwarten. Der Wert hängt im Einzelnen von der Wechselwirkung und Kompatibilität der Wand- und Flüssigkeitsmoleküle ab. Für $\dot{\gamma} < \dot{\gamma}_{\mathrm{k}}$ wird somit das Navier-Gleitgesetz bestätigt. Die kritische Scherrate $\dot{\gamma}_{\mathrm{k}}$ liegt im Bereich

$$\dot{\gamma}_{\mathrm{k}} = 0.025 \ldots 0.4 \cdot \sqrt{\frac{\varepsilon}{\sigma^2 \cdot m}} \quad , \tag{4.187}$$

wobei wiederum eine Abhängigkeit von der Wechselwirkung und Kompatibilität von Wand- und Flüssigkeitsmolekülen auftritt. Für Wassermoleküle führt dies mit den oben diskutierten Einschränkungen zu Scherraten von $\dot{\gamma}_{\mathrm{k}} = 0.3 \ldots 4.5 \cdot 10^{11}\ s^{-1}$. Solch große Scherraten sind in technischen Systemen kaum zu erwarten. Auch hier ist darauf hinzuweisen, dass schwere und große Flüssigkeitsmoleküle kleinere kritische Scherraten $\dot{\gamma}$ erwarten lassen. Für $\dot{\gamma} > \dot{\gamma}_{\mathrm{k}}$ wächst die Gleitlänge deutlich an, was auf freies Gleiten der Moleküle schließen lässt. In diesem Bereich ist die Navier-Gleitbedingung nicht mehr gültig.

Grundlagen molekularer Modelle

Im Hinblick auf die Berechnungsverfahren, die eine direkte numerische Simulation der Verteilungsfunktion f durchführen, werden die gaskinetischen Gleichungen der einzelnen

Partikelstöße behandelt. In verdünnten Gasen finden im wesentlichen Zusammenstöße je zweier Moleküle statt. Für die gaskinetische Betrachtung reicht es daher im Allgemeinen aus, ausschließlich Zweierkollisionen zu berücksichtigen. Die Beschreibung des Prozesses besteht in der Berechnung der Geschwindigkeitsvektoren $\boldsymbol{c}_1'$ und $\boldsymbol{c}_2'$ und der inneren Energien $\varepsilon_{\mathrm{i},1}'$ und $\varepsilon_{\mathrm{i},2}'$ nach dem Stoß der beiden einzelnen Partikel.

Der einfachste Fall eines Partikelstoßes ist der elastische Stoß. Hier werden zwischen den Molekülen nur translatorische Energien ausgetauscht. Ein Austausch zwischen translatorischer Energie und den inneren Energien der Moleküle erfolgt nicht. Man kann daher diesen Stoß mit den klassischen Erhaltungsgleichungen der Mechanik behandeln.

In Abbildung 4.65 sowie in den folgenden Gleichungen bezeichnen die Indizes 1 und 2 die beiden Stoßpartner. Variablen nach dem Partikelstoß werden mit einem Strich gekennzeichnet. Es gilt die Massenerhaltung

$$m_1 + m_2 = m_1' + m_2' \quad . \tag{4.188}$$

Die Impulserhaltung ergibt

$$m_1 \cdot \boldsymbol{c}_1 + m_2 \cdot \boldsymbol{c}_2 = m_1 \cdot \boldsymbol{c}_1' + m_2 \cdot \boldsymbol{c}_2' = (m_1 + m_2) \cdot \boldsymbol{c}_\mathrm{m} \quad , \tag{4.189}$$

mit der Schwerpunktgeschwindigkeit $\boldsymbol{c}_\mathrm{m}$. Die Energieerhaltung schreibt sich

$$m_1 \cdot c_1^2 + m_2 \cdot c_2^2 = m_1 \cdot {c_1'}^2 + m_2 \cdot {c_2'}^2 \quad . \tag{4.190}$$

Definiert man die Relativgeschwindigkeiten

$$\boldsymbol{c}_\mathrm{r} = \boldsymbol{c}_1 - \boldsymbol{c}_2 \quad \text{und} \qquad \boldsymbol{c}_\mathrm{r}' = \boldsymbol{c}_1' - \boldsymbol{c}_2' \quad , \tag{4.191}$$

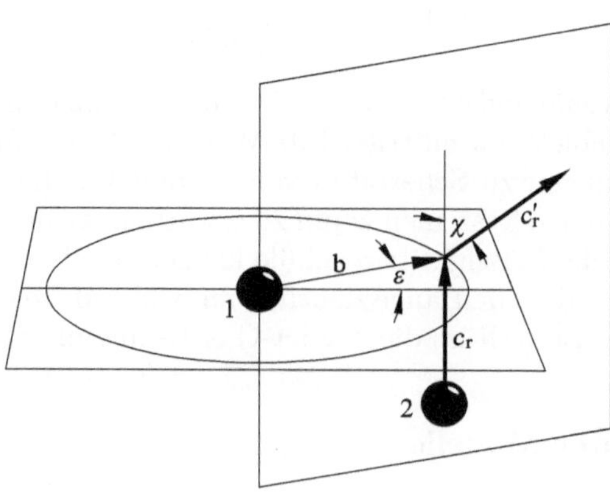

Abb. 4.65: Geometrie der Zweierkollisionen im Massenschwerpunktssystem

so folgt aus der Impuls- und Energieerhaltung

$$\begin{aligned} \boldsymbol{c}_1 &= \boldsymbol{c}_\mathrm{m} + \frac{m_2}{m_1 + m_2} \cdot \boldsymbol{c}_\mathrm{r} \quad , \\ \boldsymbol{c}_2 &= \boldsymbol{c}_\mathrm{m} - \frac{m_1}{m_1 + m_2} \cdot \boldsymbol{c}_\mathrm{r} \quad , \\ \boldsymbol{c}_1' &= \boldsymbol{c}_\mathrm{m} + \frac{m_2}{m_1 + m_2} \cdot \boldsymbol{c}_\mathrm{r}' \quad , \\ \boldsymbol{c}_2' &= \boldsymbol{c}_\mathrm{m} - \frac{m_1}{m_1 + m_2} \cdot \boldsymbol{c}_\mathrm{r}' \quad . \end{aligned} \tag{4.192}$$

Führt man diese Beziehungen in die Erhaltungsgleichungen ein, ergeben sich mit der reduzierten Masse

$$m_\mathrm{r} = \frac{m_1 \cdot m_2}{m_1 + m_2} \tag{4.193}$$

die Gleichungen

$$\begin{aligned} m_1 \cdot \boldsymbol{c}_1^2 + m_2 \cdot \boldsymbol{c}_2^2 &= (m_1 + m_2) \cdot \boldsymbol{c}_\mathrm{m}^2 + m_\mathrm{r} \cdot \boldsymbol{c}_\mathrm{r}^2 \quad , \\ m_1 \cdot \boldsymbol{c}_1'^2 + m_2 \cdot \boldsymbol{c}_2'^2 &= (m_1 + m_2) \cdot \boldsymbol{c}_\mathrm{m}^2 + m_\mathrm{r} \cdot \boldsymbol{c}_\mathrm{r}'^2 \quad , \end{aligned} \tag{4.194}$$

aus denen sofort folgt, dass sich der Betrag der Relativgeschwindigkeit über die Kollision nicht ändert.

Die Richtung der Relativgeschwindigkeiten nach dem Stoß ist durch die zwei Stoßparameter χ und ε festgelegt. Man betrachtet dazu zwei Partikel und führt eine Stoßebene ein, die durch den Mittelpunkt von Partikel 1 geht und senkrecht auf dem Relativgeschwindigkeitsvektor $\boldsymbol{c}_\mathrm{r}$ vor dem Stoß steht (siehe Abbildung 4.65). Durch die Polarkoordinaten b und ε ist die Position des Auftreffpunktes von Partikel 2 auf Partikel 1 gekennzeichnet. Mit χ bezeichnet man den Ablenkwinkel, der in der Ebene liegt, die durch die Vektoren $\boldsymbol{c}_\mathrm{r}$ und $\boldsymbol{c}_\mathrm{r}'$ aufgespannt wird.

Die Beschreibung der Transporteigenschaften eines Gases, wie z. B. der Zähigkeit μ oder der Wärmeleitfähigkeit λ, wird entscheidend durch das verwendete Wechselwirkungspo-

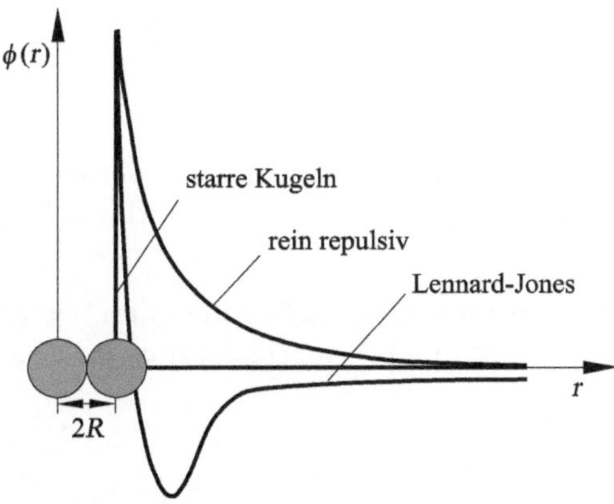

Abb. 4.66: Wechselwirkungspotentiale

tential zwischen den Partikeln bestimmt. In Abbildung 4.66 sind verschiedene Modelle der Wechselwirkungspotentiale dargestellt.

Das klassische Wechselwirkungspotential der Gaskinetik ist das der starren elastischen Kugeln, bei dem eine Wechselwirkung zwischen den Molekülen nur dann stattfindet, wenn sich diese berühren. Dieses Modell liefert als Temperaturabhängigkeit der dynamischen Zähigkeit und der Wärmeleitfähigkeit das Ergebnis

$$\mu(T) \sim T^{0.5} \quad \text{und} \quad \lambda(T) \sim T^{0.5} \quad . \tag{4.195}$$

Dieses Ergebnis ist unabhängig von der Gassorte. Weitere Wechselwirkungspotentiale sind das rein repulsive Wechselwirkungspotential und das Lennard-Jones-Potential. Das rein repulsive Wechselwirkungspotential berücksichtigt die elektrostatische Abstoßung der elektrisch gleichgeladenen Partikelkerne. Dabei ist die Wechselwirkungspotentialkraft $\boldsymbol{K} = -\nabla\boldsymbol{\Phi}$ definiert. Das Lennard-Jones-Potential berücksichtigt neben der elektrostatischen Abstoßung bei kleinen Relativabständen r der stoßenden Partikel die anziehende Van-der-Waals-Multipolwechselwirkung, die aufgrund der Deformation der Elektronenhüllen der stoßenden Moleküle bzw. Atome bei größeren Relativabständen dominiert. Für unsere Anwendungen sind die Wechselwirkungsenergien so hoch ($> 1\ eV$), dass für die Beschreibung der Transportvorgänge das Modell der sogenannten Variablen Harten Kugeln (VHS), welches aus dem Harte-Kugel-Modell entwickelt wurde, eine gute Näherung darstellt. In dem Modell der Variablen Harten Kugeln wird der totale Streuquerschnitt als Funktion der relativen kinetischen Energie in der Form

$$\sigma_{\mathrm{T}} \sim \left(\frac{1}{2} \cdot m_{\mathrm{r}} \cdot c_{\mathrm{r}}^2\right)^{-\omega} \tag{4.196}$$

angesetzt. Der Exponent ω stellt eine gasspezifische Größe dar. Damit beschreibt das VHS-Modell für die Spezialfälle $\omega = 0$ das Starrkugelmodell und für $\omega = 0.5$ die sogenannten Maxwell-Moleküle. Die Kollisionswahrscheinlichkeit der Maxwell-Moleküle ist unabhängig von der Relativgeschwindigkeit der Moleküle. Im folgenden Abschnitt wird ausschließlich von diesem vereinfachten Wechselwirkungsmodell Gebrauch gemacht. Für Luft wird typischerweise ($\omega = 0.25$) verwendet.

Monte-Carlo-Simulation

Es wird konkret der zeitliche Verlauf der Bewegung und der elastischen bzw. inelastischen Kollisionen von einigen hunderttausend Gas-Modellpartikeln in einem vorgegebenen Simulationsgebiet verfolgt.

Den Zugang zur gaskinetischen Simulation liefert die mit $x^* = x/L$, $\boldsymbol{c}^* = \boldsymbol{c}/\bar{c}$, $f^* \cdot \mathrm{d}c_{\mathrm{i}}^* = f \cdot \mathrm{d}c_{\mathrm{i}}/n$, $b^* \cdot \mathrm{d}b^* = b \cdot \mathrm{d}b/(\sqrt{2}\, pi \cdot d^2)$ und $t^* = t/(L/\bar{c})$ dimensionslos gemachte Boltzmann-Gleichung:

$$\left(\frac{\partial}{\partial t^*} + \boldsymbol{c}^* \cdot \frac{\partial}{\partial \boldsymbol{r}^*}\right) f^* = \frac{1}{Kn} \cdot \int\int\int (f'^* \cdot f_1'^* - f^* \cdot f_1^*) \cdot c_{\mathrm{rel}}^* \cdot b^* \cdot \mathrm{d}b^* \cdot \mathrm{d}\varepsilon \cdot \mathrm{d}c_1^* \ . \tag{4.197}$$

Die dimensionslose Boltzmann-Gleichung liefert identische Lösungen für Probleme mit der gleichen Knudsen-Zahl

$$Kn = \frac{\bar{\lambda}}{L} = \frac{1}{n \cdot \frac{\overline{\sigma \cdot c_r}}{\bar{c}} \cdot L} \quad ,$$

das heißt bei vorgegebener charakteristischer Länge L muss das Produkt aus Streuquerschnitt und Teilchendichte $\sigma \cdot n$ konstant gehalten werden, um eine identische Lösung zu erhalten. Damit kann man die reale Zahl von Molekülen in einer Strömung durch einige zehntausend Modellpartikel mit künstlich vergrößertem Streuquerschnitt ersetzen. Für die lokale Mittlung der makroskopischen Größen müssen jedoch genügend Modellteilchen zur Verfügung stehen.

Von der Vielzahl der numerischen Simulationsmethoden werden die direkte Monte-Carlo-Simulationsmethode (DSMC) und die Molecular-Dynamics-Methode (MD) ausgewählt. Bei der DSMC-Methode werden die Teilchen freimolekular bewegt und die Kollisionspartner statistisch ausgewählt. Im Gegensatz dazu werden bei der MD-Methode die Trajektorien der Teilchen exakt in der Zeit verfolgt. Bei Gasen findet eine Kollision nur statt, wenn sich zwei Teilchen bis auf ihren Streuquerschnitt angenähert haben. Bei Flüssigkeiten liegt eine permanente Wechselwirkung mit den Nachbarteilchen vor. Wegen des relativ hohen Rechenaufwandes der MD-Methode empfiehlt sich für Gase die heuristische DSMC-Methode.

Die direkte Monte-Carlo-Simulationsmethode (DSMC) wurde von *G. A. Bird* 1976 entwickelt und stellt ein leistungsfähiges, heuristisches Verfahren zur Untersuchung verdünnter Gasströmungen dar. Der entscheidende Unterschied zur Molecular-Dynamics-Methode (MD) besteht in der entkoppelten statistischen Behandlung der Bewegung und Kollisionen der Modellpartikel.

Bei diesem Verfahren werden die real im Strömungsfeld vorhandenen Moleküle durch Modellpartikel ersetzt. Es werden mehrere hunderttausend Modellpartikel verwendet. Der Anfangszustand wird, wie bei der Molecular Dynamics Methode, zufällig festgelegt (Abbildung 4.67) und ändert sich durch die Bewegung und Kollisionen der Partikel mit der

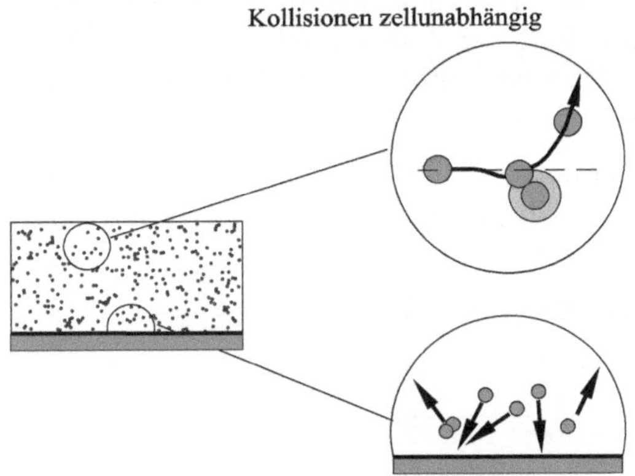

Abb. 4.67: Rechenablauf der DMSC-Methode

Simulationszeit. Das Strömungsfeld wird zur Ermittlung makroskopischer Größen und zur Gewährleistung korrekter lokaler Kollisionsraten in Zellen unterteilt. Dieses Gitter kann entweder an den Körper angepasst oder rechteckig sein (Abbildung 4.68).

Der zentrale Iterationsschritt des Monte-Carlo-Simulationsverfahrens sieht folgendermaßen aus (siehe Abbildung 4.67). Die Partikel werden entsprechend einem vorgegebenen Zeitschritt Δt_m bewegt. Partikel, die das Rechengebiet verlassen, werden entfernt und Kollisionen der Partikel mit der Oberfläche der Wand berechnet. Hier müssen die beschriebenen Wandwechselwirkungsmodelle an der Wandoberfläche berücksichtigt werden. An den Rändern des Strömungsfeldes werden aus Kontinuitätsgründen neue Partikel generiert. Es wird bestimmt, in welche Zelle jedes Partikel gehört. Umgekehrt wird nun für jede Zelle bestimmt, welche Partikel sich in ihr befinden. Für jede Zelle wird eine auf den Zeitschritt Δt_m abgestimmte Anzahl von Kollisionen durchgeführt. Die Positionen der Partikel bleiben dabei unverändert.

Nach *G. A. Bird* 1976 ergibt sich die Anzahl der Kollisionen pro Zelle über den Zeitschritt Δt_m zu

$$N_\mathrm{t} = \frac{1}{2} \cdot N_\mathrm{m} \cdot n \cdot \Delta t_\mathrm{m} \cdot \overline{\sigma \cdot c_\mathrm{r}} \quad , \tag{4.198}$$

mit der Partikelzahl N_m pro Zelle, der Teilchendichte n, der Relativgeschwindigkeit c_r und dem Stoßquerschnitt σ der Stoßpartner.

Die Berechnung des Produktes $\overline{\sigma \cdot c_\mathrm{r}}$ ist sehr aufwendig, da alle möglichen Partikelkombinationen in einer Zelle zur Bildung des Mittelwertes herangezogen werden müssen. *G. A. Bird* 1976 führte deshalb einen Kollisionszeitzähler t_C ein, welcher nach jeder Kollision unter Verwendung des Stoßquerschnittes σ und der Relativgeschwindigkeit c_r der jeweiligen Stoßpartner um

$$\Delta t_\mathrm{C} = \frac{2}{N_\mathrm{r} \cdot n \cdot \sigma \cdot c_\mathrm{r}} \tag{4.199}$$

erhöht wird, bis dieser Zähler gleich der Simulationszeit ist. Dadurch wird im Mittel die nach Gleichung (4.198) geforderte Kollisionszahl N_t im Zeitschritt Δt_m erreicht. Die Kollisionspartner werden innerhalb der Zellen zufällig gewählt. Hieraus ergibt sich, dass eine Kollision zwischen zwei Partikeln umso wahrscheinlicher wird, je größer ihr Stoßquerschnitt und ihre Relativgeschwindigkeit wird.

Ist ein geeignetes Paar gefunden, so werden die sechs unbekannten Geschwindigkeitskomponenten der ausgewählten Stoßpartner berechnet. Dazu stehen die Impuls- und Ener-

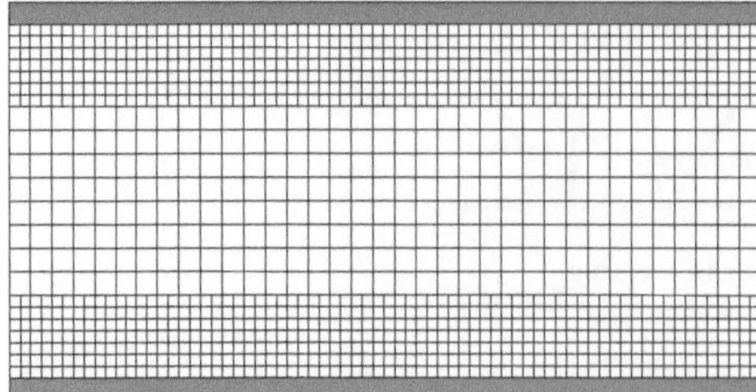

Abb. 4.68: Gitter für die Monte-Carlo-Simulation

gieerhaltungsgleichungen (4.189) und (4.190) zur Verfügung. Die Richtung des Relativgeschwindigkeitsvektors nach dem Stoß wird durch Zufallszahlen bestimmt, das Verfahren ist also im Gegensatz zur direkten Simulationsmethode nicht deterministisch.

Die Erhaltung des Drehimpulses ist bei den in diesem Abschnitt vorgestellten Verfahren nicht von vornherein sichergestellt. An Beispielen wurde jedoch nachgewiesen, dass der Drehimpuls erhalten bleibt, wenn genügend Partikel in einer Zelle vorhanden sind.

Molekulardynamische Simulation

Die Molecular-Dynamics-Methode ist dadurch gekennzeichnet, dass ausschließlich der Anfangszustand durch statistische Methoden festgelegt wird. Das weitere Vorgehen ist streng deterministisch, d. h. zu jedem späteren Zeitpunkt kann vom Zustand des Systems auf den Anfangszustand geschlossen werden. Zu Beginn der Rechnung wird eine vorgegebene Anzahl Modellteilchen im Rechenraum unter der Berücksichtigung der geometrischen Randbedingungen positioniert. Jedem Partikel werden darauf die thermischen Geschwindigkeitskomponenten zugeordnet. Nach Überlagerung der makroskopischen Geschwindigkeit ist dann der Anfangszustand des Strömungsfeldes festgelegt. Diese Modellpartikel werden nun mit der zugeordneten Geschwindigkeit bewegt.

Molekulardynamische Simulationen sind bevorzugt dann einzusetzen, wenn eine andauernde nicht stoßförmige Wechselwirkung zwischen den Molekülen vorliegt. Dies ist in der Regel bei Flüssigkeiten und dichten Gasen der Fall. Eine molekulardynamische Simulation berechnet explizit die Bewegung einer großen Zahl von Fluidmolekülen, welche gegebenenfalls in Wechselwirkung mit ihren Nachbarmolekülen bzw. einem Festkörper stehen. Es müssen demnach die Kräfte zwischen gleichen und unterschiedlichen Fluidmolekülen, sowie zwischen Fluid- und Festkörpermolekülen formuliert werden. Dies geschieht etwa mit Hilfe des Lennard-Jones-Potentials, welches die Wechselwirkung inerter, nicht ionisierter, nicht polarer, sphärischer Atome beschreibt. Für das Wechselwirkungspotential gilt die Näherung:

$$\phi(r) \simeq -\frac{\mathrm{C}_1}{r^6} + \frac{\mathrm{C}_2}{r^{12}} \quad . \tag{4.200}$$

Für große Abstände dominieren die anziehende Kräfte ($\phi \sim r^{-6}$), welche durch die gegenseitige Polarisierung der Atome zustande kommen (van-der-Waals-Kräfte). Für kleine Abstände werden abstoßende Kräfte bestimmend ($\phi \sim r^{-12}$), welche auf der Wechselwirkung der Elektronenhüllen beruhen. Die Konstanten C_1 und C_2 sind für viele Atome nach der Methode von *J. E. Lennard-Jones* 1931 bestimmt worden. Die Wechselwirkung komplexer Fluidmoleküle, wie beispielsweise Dipolmoleküle oder Kettenmoleküle, kann durch die elastische Verbindung mehrerer Atome realisiert werden. Dies führt auf ähnliche komplexere Potentiale für ihre Wechselwirkungen.

Bei der Wechselwirkung zwischen Flüssigkeitsatomen und den Festkörperatomen der Wand ist zu berücksichtigen, dass die Festkörperatome in ein elastisches Gitter eingebunden sind. Durch Integration der elastischen Kräfte ergibt sich im einfachsten Fall ein Potential der Form:

$$\phi(r) \simeq -\frac{\mathrm{C}_3}{r^4} + \frac{\mathrm{C}_4}{r^{10}} \quad . \tag{4.201}$$

Auch hier sind realistische Modelle für Moleküle in der Literatur zu finden. Die Ableitung $\partial\phi/\partial r$ des Potentials ist mit der Kraft auf die Moleküle verknüpft. In der Praxis beschränkt man sich darauf, nur die näheren Nachbarmoleküle zu berücksichtigen. Bei bekannter Kraft auf das Einzelmolekül kann mithilfe des Newtonschen Gesetzes die Molekülposition durch Zeitintegration aus der Beschleunigung numerisch ermittelt und verfolgt werden. Die Vorgabe kinematischer Randbedingungen entfällt. Auf molekularer Ebene ist die Wirkung fester Ränder auf das Fluid durch die Wechselwirkung der Festkörper- und Fluidmoleküle vollständig beschrieben. Thermische Randbedingungen werden durch die Vorgabe definierter Brownscher Molekularbewegung etwa der Festkörpermoleküle des Randes realisiert. Das kinematische und thermische Verhalten der Fluidmoleküle nahe der Rändern erlaubt umgekehrt Rückschlüsse auf die makroskopischen Randbedingungen.

Es gelingt, bei erheblichem numerischem Aufwand, die Bewegung der Fluidmoleküle, gegebenenfalls mit Übergängen zwischen flüssiger und gasförmiger Phase, sowie bei Wechselwirkung mit Festkörpern oder anderen Fluiden im Detail zu simulieren. Ist die Bewegung der Einzelmoleküle bekannt, wird das Verhalten makroskopischer Fluidportionen zugänglich. Die Bewegung des Kontinuums wird somit durch Mittelung über eine große Anzahl von Molekülen erhalten, wobei die Anzahl die räumliche Auflösung festlegt. Eine weitere Mittelung in der Zeit eliminiert die thermisch bedingte statistische Bewegung der Moleküle. Begrenzt durch den Rechenzeitbedarf solcher Simulationen sind Molekülzahlen von einigen hunderttausend Molekülen sowie eine zeitliche Begrenzung der Simulationen zwingend. Es werden Gebiete von der Abmessung einiger hundert Angström für einige Nanosekunden simuliert. Die molekulardynamischen Simulation eignet sich damit besonders, den Grenzbereich zwischen molekularen Vorgängen und der kontinuumsmechanischen Betrachtung zu studieren. Dies ist besonderes von Interesse an festen Wänden oder an bewegten Phasengrenzen.

Lattice-Boltzmann-Methode

Wir kommen zu unseren kontinuumsmechanischen Beispielen der Tragflügel- und Kraftfahrzeugumströmung der vorangegangenen Kapitel zurück. Auch im kontinuumsmechanischen Bereich für $\mathrm{Kn} \leq 10^{-2}$ kann man auf der Basis der Boltzmann-Gleichung (4.181) zu Näherungslösungen kommen, sofern man die Verteilungsfunktion f als Ensemble vieler Moleküle in jeder Zelle des Rechengitters formuliert und die Wechselwirkung lediglich über die Ränder der Zellen stattfindet. Die Fortbewegung und Kollision eines Ensembles von Partikelverteilungsfunktionen führt zur **Lattice-Boltzmann-Lösungsmethode**.

Die makroskopischen Größen ergeben sich aus den entsprechenden Momenten der Verteilungsfunktion als Mittelwerte der molekularen Eigenschaften:

$$\rho(\vec{x},t) = \int_{-\infty}^{\infty} f(\vec{x},\vec{c},t)\, d\vec{\xi} \quad , \tag{4.202}$$

$$\rho(\vec{x},t)\cdot\vec{u}(t,\vec{x}) = \int_{-\infty}^{\infty} \vec{\xi} f(\vec{x},\vec{c},t)\, d\vec{\xi} \quad , \tag{4.203}$$

$$D_{\alpha\beta}(t,\vec{x}) = \int_{-\infty}^{\infty} c_\alpha \cdot c_\beta f(\vec{x},\vec{c},t)\, d\vec{\xi} \quad , \tag{4.204}$$

$$\Pi_{\alpha\beta}(\vec{x},t) = \int_{-\infty}^{\infty} \xi_\alpha \cdot \xi_\beta f(\vec{x},\vec{c},t)\, d\vec{\xi} = \rho\, u_\alpha\, u_\beta + D_{\alpha\beta} \quad , \tag{4.205}$$

mit dem Drucktensor $D_{\alpha\beta}$, dem Impulsstromtensor $\Pi_{\alpha\beta}$ und der Geschwindigkeit der Teilchen: $\vec{\xi} = \vec{v} + \vec{c}$. Dabei steht $\vec{v}$ für die Summe der makroskopischen Strömungsgeschwindigkeiten und $\vec{c}$ für die Molekülgeschwindigkeit.

Analog dazu ergeben sich die Momente der Boltzmann-Gleichung (3.195) durch Multiplikation mit einer geschwindigkeitsabhängigen Funktion $\Phi\left(\vec{\xi}\right)$ und anschließender Integration über den Geschwindigkeitsraum. Durch entsprechende Umformulierung erhält man die **Maxwellschen Transportgleichungen**:

$$\begin{aligned}\frac{\partial}{\partial t}\int_\xi \Phi \cdot f\, d\vec{\xi} + \frac{\partial}{\partial x_i}\int_\xi \Phi \cdot \xi_i\, f\, d\vec{\xi} \\ = \frac{1}{2}\int_\xi\int_{\xi_1}\int_{A_C} \left(\Phi' + \Phi_1' - \Phi - \Phi_1\right) f \cdot f_1 \cdot c_r \cdot b \cdot db\, d\vec{\xi_1}\, d\vec{\xi}\end{aligned} \tag{4.206}$$

mit der Relationsgeschwindigkeit der Moleküle c_r und dem Stoßquerschnitt $b \cdot db$.

Für die Betrachtung der Momente und der Stoßinvarianten Masse, Impuls und Energie entfällt das Kollisionsintegral. Als Ergebnis erhält man die makroskopischen Erhaltungsgleichungen für Masse, Impuls und Energie:

$$\frac{\partial \rho}{\partial t} + \frac{\partial}{\partial x_i}\left(\rho \cdot u_i\right) = 0 \quad , \tag{4.207}$$

$$\frac{\partial \rho}{\partial t}\left(\rho \cdot u_j\right) + \frac{\partial}{\partial x_i}\left(\rho \cdot u_i\, u_j + p \cdot \delta_{ij}\right) = \frac{\partial}{\partial x_i}\sigma_{ij} \quad , \tag{4.208}$$

$$\frac{\partial \rho}{\partial t}\left(\rho \cdot E\right) + \frac{\partial}{\partial x_i}\left(\rho \cdot u_i \cdot E + u_i \cdot p\right) = \frac{\partial}{\partial x_i}\left(u_j \cdot \sigma_{ij} + q_i\right) \quad . \tag{4.209}$$

Diese Gleichungen enthalten noch keinen Ausdruck für den Spannungstensor und die Wärmeleitfähigkeit. Für eine geschlossene Lösung sind Angaben über das Kollisionsverhalten und die Verteilungsfunktion erforderlich.

Thermodynamisches Gleichgewicht

Die Boltzmann-Gleichung (3.195) stellt eine nichtlineare Integro-Differentialgleichung dar, die nur für Sonderfälle eine analytische Lösung erlaubt. Unter der Annahme $Kn \to 0$ verschwindet die linke Seite der Gleichung. Die Bestimmung des Kollisionsintegrals liefert die **Maxwell-Verteilung** für ein System im thermodynamischen Gleichgewicht, ohne Annahme über die intermolekularen Kräfte:

$$f_0 = \frac{n}{(2 \cdot \pi \cdot k \cdot T/m)^{3/2}} \exp \left(\frac{-m \cdot \left(\vec{\boldsymbol{\xi}} - \vec{\boldsymbol{v}} \right)^2}{2 \cdot k \cdot T} \right) \quad , \tag{4.210}$$

mit der makroskopischen Strömungsgeschwindigkeit $\vec{\boldsymbol{v}}$, der Teilchendichte n, der Molekülmasse m, der Temperatur T und der Boltzmann-Konstante k.

Der Kollisionsterm (3.196) kann durch einen mathematisch einfacheren Term ersetzt werden, der die Abweichung einer Verteilungsfunktion zur Maxwell-Verteilung (4.210) beschreibt. Diese Form der Boltzmann-Gleichung nennt man **BGK-Modell**:

$$\frac{\partial f}{\partial t} + \vec{\boldsymbol{\xi}} \cdot \frac{\partial f}{\partial \vec{\boldsymbol{x}}} + \frac{\vec{\boldsymbol{F}}}{m} \cdot \frac{\partial f}{\partial \vec{\boldsymbol{\xi}}} = \omega \cdot (f_0 - f) \quad , \tag{4.211}$$

mit der lokalen Geschwindigkeitsverteilung $f_0 = f(\rho, u, T)$ und der Kollisionsfrequenz $\omega = \omega(\rho, T)$.

Chapman-Enskog-Entwicklung

Für die Bestimmung von f_0 wird die Boltzmann-Gleichung für den Sonderfall thermodynamischen Gleichgewichts gelöst. Für kleine Abweichungen vom thermodynamischen Gleichgewicht ($Kn << 1$) kann über eine Chapman-Enskog-Entwicklung (Multi-Skalen-Analyse) eine Nichtgleichgewichtsverteilung bestimmt werden.

Mit dieser Verteilungsfunktion lassen sich anschließend aus den Maxwellschen Transportgleichungen (4.206) die makroskopischen Erhaltungsgleichungen und die molekularen Transportgrößen (Viskosität und Wärmeleitfähigkeit) bestimmen, die durch Nichtgleichgewichtseffekte hervorgerufen werden und daher die Informationen des Kollisionsterms erfordern.

Ausgangspunkt ist die BGK-Formulierung der Boltzmann-Gleichung in dimensionsloser Form. Der Einfluss äußerer Kräfte $\vec{\boldsymbol{F}}$ wird vernachlässigt.

$$Kn \cdot \frac{Df}{Dt} = \omega \cdot (f_0 - f) \, . \tag{4.212}$$

Die gesuchte Nichtgleichgewichtsfunktion f wird als Potenzreihe für kleine Knudsen-Zahlen, also für geringe Abweichungen vom thermodynamischen Gleichgewicht, entwickelt:

$$f = f^{(0)} + Kn\, f^{(1)} + Kn^2\, f^{(2)} + \ldots + Kn^n\, f^{(n)} \quad . \tag{4.213}$$

Eingesetzt in Gleichung (4.212), lassen sich durch eine asymptotische Betrachtung für $Kn \rightarrow 0$ die Näherungslösungen n-ter Ordnung bestimmen. Die Lösung nullter Ordnung liefert die bekannte Maxwell-Verteilung. Hieraus erhält man anschließend über die entsprechende Maxwell-Transportgleichungen die Euler-Gleichungen (3.212).

Aus der BGK-Gleichung erster Ordnung lässt sich unter Verwendung der Näherung nullter Ordnung die Verteilungsfunktion erster Ordnung bestimmen:

$$f = f_0 \left(1 - \frac{1}{\omega}\left[\left(\frac{c^2}{2 \cdot R \cdot T} - \frac{5}{2}\right)\frac{c_i}{T} \cdot \frac{\partial T}{\partial x_i} + \frac{q}{R \cdot T} c_i\, c_j : S_{ji}\right]\right) \quad , \tag{4.214}$$

mit dem Verformungstensor S_{ij} eines inkompressiblen Fluids

$$S_{ij} = S_{ji} = \frac{1}{2} \cdot \left(\frac{\partial u_i}{\partial x_j} + \frac{\partial u_j}{\partial x_i} - \frac{2}{3} \cdot \frac{\partial u_k}{\partial x_k}\delta_{ij}\right) \quad . \tag{4.215}$$

Diese Lösung ist für kleine Abweichungen vom thermodynamischen Gleichgewicht gültig. Dies setzt unter anderem voraus, dass sich die Kollisionsprozesse innerhalb des Gases deutlich schneller vollziehen, als die Änderungen der makroskopischen Größen. Die weitere Auswertung der Näherungslösungen erster Ordnung (4.214) führt auf die bekannten Navier-Stokes-Gleichungen (3.20). Dabei lassen sich mittels dieser Nichtgleichgewichtsverteilung die molekularen Transportterme über die entsprechenden Momente bestimmen.

Der Spannungstensor p_{ij} ist wie folgt definiert:

$$p_{ij} = p \cdot \delta_{ij} - \sigma_{ij} = m \int c_i\, c_j\, f\, d\vec{c} \quad . \tag{4.216}$$

Die Momentenbetrachtung des Spannungstensors p_{ij} führt mit der Nichtgleichgewichtsverteilung (4.214) auf folgende Darstellung des Reibungsspannungstensors σ_{ij}:

$$\sigma_{ij} = 2 \cdot \frac{n \cdot k \cdot T}{\omega} \cdot S_{ij} = \frac{n \cdot k \cdot T}{\omega}\left(\frac{\partial u_i}{\partial x_j} + \frac{\partial u_j}{\partial x_i} - \frac{2}{3} \cdot \frac{\partial u_k}{\partial x_k}\delta_{ij}\right) \quad . \tag{4.217}$$

Das Moment für die Bestimmung des Wärmestroms q liefert

$$q_i = m \int c_i \cdot c^2 \cdot f\, d\vec{c} \quad , \tag{4.218}$$

$$q_i = -\frac{5}{2}\frac{k}{m}\frac{n \cdot k \cdot T}{\omega} \cdot \frac{\partial T}{\partial x_i} \quad . \tag{4.219}$$

Vergleicht man diesen Spannungstensor (4.217) mit (3.16) kann der Zusammenhang zwischen der mikroskopischen und der makroskopischen Betrachtungsweise hergestellt werden:

$$\mu = 2\frac{n \cdot k \cdot T}{\omega} \quad . \tag{4.220}$$

Analog liefert der Vergleich mit dem Fourierschen Wärmeleitungsansatz

$$q_i = \lambda \cdot \frac{\partial T}{\partial x_i} \tag{4.221}$$

den Zusammenhang für λ:

$$\lambda = \frac{5}{2}\frac{k}{m}\frac{n \cdot k \cdot T}{\omega} \quad . \tag{4.222}$$

Somit ergeben sich aus den Gleichungen der Maxwell-Transportgleichungen (4.206) unter Verwendung der beiden Gleichungen für die Transportgrößen (4.221) und (4.222) die Navier-Stokes-Gleichungen (3.20).

Die BGK-Boltzmann-Gleichung (4.211) kann auf einem festen räumlichen Gitter, dem so genannten Lattice, z. B. mit Differenzenmethoden des Kapitels 4.2.3 zeitlich und räumlich diskretisiert werden. Dabei werden der Transport der Verteilungsfunktion f und die Änderung der Verteilungsfunktion durch Kollisionen der Partikel voneinander getrennt in zwei aufeinanderfolgenden Verfahrensschritten explizit behandelt. Das Ergebnis ist eine diskrete Phasenfunktion, die zur Bestimmung diskreter Strömungsgrößen mit den Gleichungen (4.202) - (4.205) verwendet werden kann.

Es können ohne größeren Rechenaufwand extrem feine Rechennetze verwendet werden, die insbesondere die Grenzschichten und Gebiete der Strömungsablösung auflösen. Anstelle von körperangepassten Rechennetzen verwendet man stufenförmige Approximationen der Randkonturen. Die Abbildung 4.69 zeigt ergänzend zur Abbildung 4.68 das Rechennetz der inkompressiblen Kraftfahrzeugumströmung.

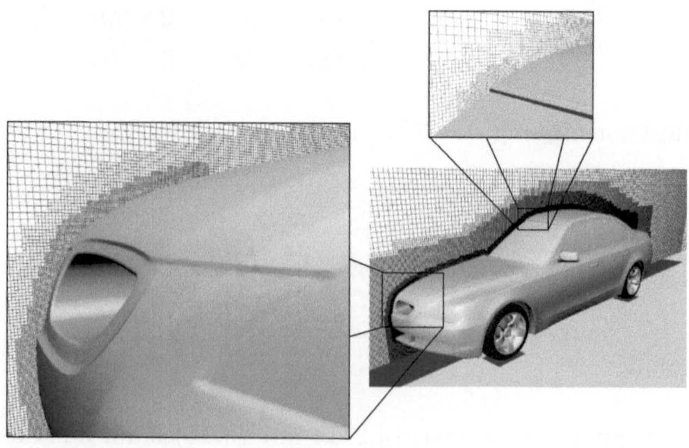

Abb. 4.69: Lattice-Boltzmann-Rechennetz um ein Kraftfahrzeug

Die Anwendung der Lattice-Boltzmann-Gleichung setzt schwach kompressible Strömungen mit kleinen Mach- und Knudsenzahlen voraus, wie später gezeigt wird. Der Phasenraum liegt in diskreter Form, der so genannten Lattice vor. Für den zweidimensionalen Fall haben sich zwei Konzepte etabliert, ein hexagonales Gitter, oder ein quasi-kartesisches Gitter, das um die Diagonalen erweitert wurde (siehe Abbildung 4.70). Die Drehungsinvarianz des Druck- und Spannungstensors erfordert mehr als nur die kartesischen Richtungen. Dreidimensionale Ortsräume werden bevorzugt als kubische Gitter diskretisiert, wodurch sich in allen Raumrichtungen identische Abstände zwischen den Gitterpunkten ergeben.

$$dx = dy = dz = konst.$$

Durch diese Gitterstrukturen ist gleichzeitig die Diskretisierung des Geschwindigkeitsraums vorgegeben. Die Moleküle können sich entsprechend ihrer diskreten Geschwindigkeit $\vec{\xi}_i$ von einem Knoten zum anderen, benachbarten Knoten bewegen. Zusätzlich wird zur korrekten Erfassung des Drucktensors eine Nullgeschwindigkeit eingeführt. Die Geschwindigkeit in Koordinatenrichtung ξ_0 wird so gewählt, dass die Moleküle in einem Zeitschritt dt gerade die Entfernung dx zwischen den Gitterpunkten zurücklegen können. Es existieren jedoch auch Lattice-Formulierungen, bei denen in einem Zeitschritt Bewegungen zum übernächsten Knoten möglich sind.

Über die diskrete Verteilungsfunktion $f_i\,(\vec{x},\, t)$ wird die Aufenthaltswahrscheinlichkeit von Teilchen mit der Geschwindigkeit $\vec{\xi}_i$ an der Stelle $\vec{x}$ zum Zeitpunkt t beschrieben. Damit ergibt sich die Lattice-BGK-Gleichung zu:

$$f_i\left(\vec{x} + \vec{\xi}_i\, dt,\ t + dt\right) = f_i\,(\vec{x},\, t) + \omega\, dt\,\left(f_i^0\,(\vec{x},\, t) - f_i\,(\vec{x},\, t)\right) \quad . \tag{4.223}$$

Der Lattice-Boltzmann-Algorithmus besteht pro Zeitschritt aus zwei Teilschritten. Zunächst wird die Verteilungsfunktion im Ortsraum in Richtung der jeweiligen Geschwindigkeit transportiert (Propagationsschritt). Anschließend wird die kollisionsbedingte Änderung der Verteilungsfunktion bestimmt (Kollisionsschritt).

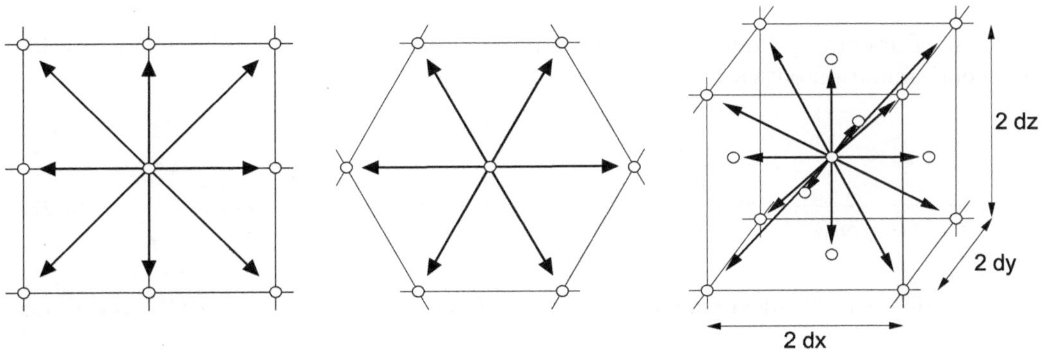

Abb. 4.70: Diskrete Phasenräume in kartesischer, hexagonaler bzw. kubischer Anordnung

Die makroskopischen Größen ergeben sich im diskreten Fall als Summation der einzelnen Momente der Verteilungsfunktion über alle Geschwindigkeiten.

$$\rho \cdot (\vec{x},\, t) = \sum f_i\,(\vec{x},\, t) = \sum f_i^0\,(\vec{x},\, t) \quad , \tag{4.224}$$

$$\rho \cdot \vec{u}\,(\vec{x},\, t) = \sum f_i \cdot \vec{\xi_i}\,(\vec{x},\, t) = \sum f_i^0\,\vec{\xi_i}\,(\vec{x},\, t) \quad , \tag{4.225}$$

$$\rho \cdot u_\alpha u_\beta + p \cdot \delta_\alpha u_\beta + \sigma_\alpha u_\beta = \sum f_i \cdot \vec{\xi_{i,\alpha}} \cdot \vec{\xi_{i,\beta}}\,(\vec{x},\, t) \quad , \tag{4.226}$$

$$\rho \cdot u_\alpha u_\beta + p \cdot \delta_\alpha u_\beta = \sum f_i^0 \cdot \vec{\xi_{i,\alpha}} \cdot \vec{\xi_{i,\beta}}\,(\vec{x},\, t) \quad , \tag{4.227}$$

$$\sigma_\alpha u_\beta = \sum \left(f_i^0 - f_i\right)\,\vec{\xi_{i,\alpha}} \cdot \vec{\xi_{i,\beta}}\,(\vec{x},\, t) \quad . \tag{4.228}$$

Der Ausdruck in Gleichung (4.226) formuliert den Impuls- und Spannungstensor. Die Reibungsspannungen lassen sich wieder als Abweichung von der Gleichgewichtsverteilung darstellen (4.228).

Der Kollisionsterm erfordert eine diskrete Formulierung der Maxwell-Verteilung (4.210). Unter der Annahme kleiner Mach-Zahlen M kann diese als Taylorreihe entwickelt und nach dem Term zweiter Ordnung abgebrochen werden. Als Referenzgeschwindigkeit für eine Größenordnungsabschätzung wird die isotherme Schallgeschwindigkeit $a_\infty = \sqrt{RT}$ definiert.

$$M_\infty = \frac{|u_\alpha|}{c_s} << 1 \quad \text{und} \quad \frac{|\xi_\alpha|}{c_s} = O\,(1) \quad , \tag{4.229}$$

mit der Geschwindigkeit des Gesamtsystems u_α.

Der Term in der Exponentialfunktion der Maxwell-Verteilung lässt sich nun wie folgt abschätzen:

$$-\frac{(\xi_\alpha - v_\alpha)^2}{2\,c_s^2} = \underbrace{-\frac{\xi_\alpha^2}{2\,c_s^2}}_{O(1)} + \underbrace{\frac{\xi_\alpha\,v_\alpha}{c_s^2}}_{O(M_\infty)} + \underbrace{\frac{v_\alpha\,v_\alpha}{2\,c_s^2}}_{O(M_\infty^2)} \quad . \tag{4.230}$$

Mit dieser Darstellung kann die Maxwell-Gleichung umgeschrieben und nach der zweiten Exponentialfunktion entwickelt werden.

$$f^0 = \frac{n}{\left(2 \cdot \pi \cdot c_s^2/m\right)^{3/2}} \cdot \exp\left(-m \cdot \frac{\vec{\xi^2}}{2 \cdot c_s^2}\right) \cdot \exp\left(-m \cdot \frac{\left(2 \cdot \vec{\xi_\alpha}\vec{v_\alpha} - \vec{v_\alpha}\,\vec{v_\alpha}\right)}{2 \cdot c_s^2}\right) \quad . \tag{4.231}$$

Daraus ergibt sich die allgemeine Gleichgewichtsfunktion f^0 des Lattice-BGK-Verfahrens:

$$f^0\,(x_\alpha,\, t,\, \xi_\alpha) = \rho\, t_p \cdot \left(1 + \frac{v_\alpha\,\xi_\alpha}{c_s^2} + \frac{v_\alpha\,v_\beta}{2 \cdot c_s^2}\left(\frac{\xi_\alpha\,\xi_\beta}{c_s^2} - \delta_{\alpha\beta}\right)\right) \quad , \tag{4.232}$$

mit dem Wichtungsfaktor $t_p = c_s^{-3} \cdot (2 \cdot \pi)^{-3/2} \cdot \exp\left(-1/2 \cdot \left(\xi_\alpha^2 / c_s^2\right)\right)$.

Die Wichtungsfaktoren sind in Abhängigkeit von der Diskretisierung des Phasenraums so zu bestimmen, dass die Maxwell-Verteilung f_i^0 die Momente der Stoßinvarianten Masse, Impuls und Energie des Impuls- und Spannungstensors (4.226) erfüllt.

Die Verteilungsfunktion der Lattice-BGK-Gleichung (4.223) wird für kleine Werte von dx und dt der Größenordnung ϵ bis zur zweiten Ordnung entwickelt. Der Parameter ϵ kann als Knudsen-Zahl der Lattice-BGK-Methode interpretiert werden:

$$\frac{\partial f_i}{\partial t} + \xi_{i,\alpha} \cdot \nabla f_i + \epsilon \left(\frac{1}{2} \cdot \xi_{i,\alpha} \cdot \xi_{i,\alpha} : \nabla\nabla f_i + \xi_{i,\alpha} \cdot \nabla \frac{\partial f_i}{\partial t} + \frac{1}{2} \cdot \frac{\partial^2 f_i}{\partial t^2} \right) = \frac{\Omega_i}{\epsilon} \quad . \tag{4.233}$$

Aus der Multiskalenbetrachtung

$$\frac{\partial}{\partial t} = \epsilon \frac{\partial}{\partial t_1} + \epsilon^2 \frac{\partial}{\partial t_2} \quad , \qquad \frac{\partial}{\partial x} = \epsilon \cdot \frac{\partial}{\partial x_1}$$

folgt, dass die diffusive Zeitskala deutlich langsamer ist, als die konvektive. Somit lässt sich die Verteilungsfunktion f_i um das lokale Gleichgewicht f^0 entwickeln.

$$f_i = f_i^0 + \epsilon \cdot f_i^{n0} \quad , \tag{4.234}$$

mit der Nichtgleichgewichts-Störverteilung $f_i^{n0} = f_i^{(1)} + \epsilon \cdot f_i^{(2)} + O\left(\epsilon^2\right)$.

Der Chapman-Enskog-Ansatz wird in die entwickelte Lattice-BGK-Gleichung (4.233) eingesetzt und nach Größenordnungen sortiert.

$$\frac{\partial f_i^0}{\partial t_1} + \xi_i \cdot \nabla_1 f_i^0 = -\frac{f_i^{(1)}}{\tau} \quad , \tag{4.235}$$

$$\begin{aligned} \frac{\partial}{\partial t_1} f_i^{(1)} + \frac{\partial}{\partial t_2} f_i^0 + \xi_{i\alpha} \cdot \nabla f_i^{(1)} + \frac{1}{2} \xi_{i\alpha} \xi_{i\alpha} : \nabla\nabla f_i^0 \\ + \xi_{i\alpha} \cdot \nabla \frac{\partial}{\partial t_1} f_i^0 + \frac{1}{2} \cdot \frac{\partial^2}{\partial t_1^2} f_i^0 = \frac{f_i^{(2)}}{\tau} \quad . \end{aligned} \tag{4.236}$$

Mit Hilfe von Gleichung (4.235) lässt sich Gleichung (4.236) umschreiben zu

$$\frac{f_i^{(1)}}{\partial t_2} + \left(1 - \frac{2}{\tau}\right) \left(\frac{\partial f_i^{(1)}}{\partial t_1} + \xi_i \cdot \nabla_1 f_i^{(1)} \right) = -\frac{f_i^{(2)}}{\tau} \quad . \tag{4.237}$$

Aus Gleichung (4.235) und (4.237) ergeben sich die Massen- und Impulsgleichung:

$$\frac{\partial \rho}{\partial t} + \nabla \cdot \rho \cdot \vec{u} = 0 \quad , \tag{4.238}$$

$$\frac{\partial \rho \cdot \vec{u}}{\partial t} + \nabla \cdot \Pi = 0 \quad , \tag{4.239}$$

mit der allgemeinen Form von

$$\Pi_{\alpha,\beta} = \sum \left(\vec{\xi_i}\right)_\alpha \left(\vec{\xi_i}\right)_\beta \left[f_i^0 + \left(1 - \frac{1}{2 \cdot \tau}\right) f_i^{(1)}\right] \quad . \tag{4.240}$$

Mit der entsprechend gewählten diskreten Verteilungsfunktion ergeben sich hieraus für geringe Dichteänderungen $\delta\rho$ die Navier-Stokes-Gleichungen:

$$\rho\left(\frac{\partial \vec{u_\alpha}}{\partial t} + \nabla_\beta \cdot \vec{u_\alpha}\vec{u_\beta}\right) = -\nabla_\alpha P + \nu \nabla_\beta \cdot (\nabla_\alpha \cdot \rho \cdot \vec{u_\beta} + \nabla_\beta \cdot \rho \cdot \vec{u_\alpha}) \quad . \tag{4.241}$$

Zur Lösung der Transportgleichungen werden diese zunächst in eine advektive-diffusive Form gebracht.

$$\frac{\partial A}{\partial t} + \tilde{u_j}\frac{\partial A}{\partial x_j} = D_A \frac{\partial^2 A}{\partial x_j^2} + S_A \quad , \tag{4.242}$$

mit

$$\begin{aligned} A &: \text{eine der Turbulenzgrößen } K \text{ bzw. } \epsilon \quad , \\ D_A = \nu_0/\sigma_{A_0} + \nu_T/\sigma_{AT} &: \text{Gesamtviskosität} \quad , \\ \tilde{u_j} = \vec{u} - \partial D_A/\partial x_j &: \text{effektive Geschwindigkeit} \quad , \\ S_A &: \text{Quelle der Größe } A \quad . \end{aligned}$$

Diese Gleichung wird mit einem Lax-Wandroff-Schema (siehe *E. Laurien, H. Oertel jr.*, 2013) auf dem Ortsraum des Lattice-Boltzmann-Gitters diskretisiert. Zur Bestimmung der Größen K und ϵ müssen zunächst die makroskopischen Größen aus der Verteilungsfunktion bestimmt werden. Anschließend wird die turbulente Viskosität berechnet und damit die Kollisionsfrequenz für den nächsten Zeitschritt ermittelt.

Turbulentes Wandmodell

Die numerische Simulation des wandnahen Bereichs würde auf Grund der großen Gradienten eine sehr hohe räumliche Auflösung erfordern. Durch die Implementierung eines algebraischen Wandmodells lässt sich diese Anforderung umgehen. Als Wandmodell kann ein Drei-Schicht-Modell gemäß Abbildung 2.82 verwendet werden.

Turbulenzmodellierung

Die Einbindung eines Turbulenzmodells erfolgt über einen geänderten Ansatz zur Beschreibung der Kollisionsfrequenz ω. Die kinematische Viskosität ν lässt sich wie folgt formulieren:

$$\nu = \left(\frac{1}{\omega} - \frac{1}{2}\right) T = \nu_T + \nu_0 = \frac{1}{\omega_T} \cdot T + \left(\frac{1}{\omega_0} - \frac{1}{2}\right) T \quad . \tag{4.243}$$

Die Wirbelviskosität μ_T wird über ein Zwei-Gleichungsmodell (RNG-K-ϵ-Modell) bestimmt.

$$\frac{\mu_T}{\rho} = \nu_T = C_\mu \cdot \frac{2}{\epsilon} \quad . \tag{4.244}$$

Für die turbulente kinetische Energie K und die turbulente Dissipation ϵ werden folgende Transportgleichungen verwendet:

$$\rho \frac{\partial K}{\partial t} + \rho \vec{v} \cdot \nabla K = \frac{\partial}{\partial x_j} \left[\left(\frac{\mu_0}{\sigma_{k0}} + \frac{\mu_T}{\sigma_{kT}} \right) \frac{\partial K}{\partial x_j} \right] + \tau_{ij}\, S_{ij} - \rho \cdot \epsilon \quad , \tag{4.245}$$

$$\rho \cdot \frac{\partial \epsilon}{\partial t} + \rho \cdot \vec{v} \cdot \nabla \epsilon = \frac{\partial}{\partial x_j} \left[\left(\frac{\mu_0}{\sigma_{\epsilon 0}} + \frac{\mu_T}{\sigma_{\epsilon T}} \right) \frac{\partial \epsilon}{\partial x_j} \right] + C_{\epsilon 1} \frac{\epsilon}{k} \tau_{ij}\, S_{ij} - \left[C_{\epsilon 2} + C_\mu \frac{\eta^3 \left(1 - \eta/\eta_0\right)}{1 + \beta \cdot \eta^3} \right] \rho \frac{\epsilon^2}{K} \quad , \tag{4.246}$$

mit den Konstanten

C_ν	$C_{\epsilon 1}$	$C_{\epsilon 2}$	σ_{k0}	σ_{kT}	$\sigma_{\epsilon 0}$	$\sigma_{\epsilon T}$	η_0	β
0.085	1.42	1.68	0.719	0.719	0.719	0.719	4.38	0.012

.

Das Turbulenzmodell wird zusätzlich um ein Wirbelmodell erweitert.

$$\eta = f \left(|S| \frac{K}{\epsilon}, |\Omega| \frac{K}{\epsilon}, |H| \frac{K}{\epsilon} \right) \quad ,$$

mit

$$\Omega_{ij} = \frac{1}{2} \cdot \left(\frac{\partial u_i}{\partial x_j} - \frac{\partial u_j}{\partial x_i} \right) \qquad \text{und} \qquad H = \frac{\vec{u} \cdot \vec{w}}{\left|\vec{O}\right|} \quad ,$$

$$
\begin{array}{llll}
u^+ = z^+ & \text{für} \quad 0 < z^+ < 5 & \text{(viskose Unterschicht)} & , \\
u^+ = \frac{1}{\lambda} \ln(z^+) + \alpha & \text{für} \quad 5 < z^+ < 30 & \text{(Übergangsbereich)} & , \\
u^+ = \frac{1}{\kappa} \ln(z^+) + B & \text{für} \quad 30 < z^+ & \text{(Wandturbulenz)} & ,
\end{array}
$$

mit

$$
\begin{aligned}
u^+ = u/u_\tau &: \text{dimensionslose Geschwindigkeit} \quad , \\
z^+ = (z \cdot u_\tau)/\nu &: \text{dimensionsloser Wandabstand} \quad , \\
u_\tau &: \text{Wandschubspannungsgeschwindigkeit} \quad , \\
\tau_w = \rho\, u_\tau^2 &: \text{mittlere Wandschubspannung} \quad .
\end{aligned}
$$

Die empirischen Konstanten ergeben sich zu $\kappa = 0{,}41$ und $B = 5$, λ und α werden so gewählt, dass sich an den Bereichsgrenzen tangentenseitige Übergänge ergeben.

Der Einfluss eines horizontalen Druckgradienten auf das Ablöseverhalten der Grenzschicht wird über einen Skalierungsfaktor δ_p berücksichtigt.

$$
z^+_{mod} = \frac{z^+}{\delta_p} \quad , \quad \text{mit} \qquad \delta_p = f\left(\frac{\partial p}{\partial s},\, \rho,\, k\right) \quad .
$$

Anstatt an der reibungsbehafteten Wand die Haftbedingung zu erzwingen, startet die Berechnung an der ersten Zelle oberhalb der Wand, wo eine von null verschiedene Geschwindigkeit U_s vorliegt. Die Gültigkeit des Wandgesetzes an dieser Stelle z_s vorausgesetzt, lässt sich die Wandschubspannung τ_w mit dem lokalen Wandschubspannungskoeffizienten C_f wie folgt definieren:

$$
\tau_w \equiv \rho \cdot u_\tau^2 = \frac{1}{2} \cdot C_f \cdot \rho \cdot U_s^2 \quad . \tag{4.247}
$$

Aus Gleichung (4.247) und der für $z^+ = (z_s \cdot u_\tau)/\nu$ gültigen Gleichung des Wandmodells lassen sich die beiden Größen C_f und u_τ bestimmen. Über eine entsprechende Implementierung werden die kinetischen Randbedingungen so beeinflusst, dass sich die korrekte Wandschubspannung τ_w einstellt.

Die Abbildung 4.71 zeigt den Vergleich der Lattice Boltzmannn-Näherungslösung mit der in Kapitel 4.2.4 eingeführten Finite-Volumen-Lösung für die Kraftfahrzeugumströmung, die mit dem quadratischen K-ϵ-Turbulenzmodell und der Niedrig-Reynolds-Zahl Wandformulierung erzielt wurde. Das Stromlinienbild im Nachlauf des Kraftfahrzeuges zeigt, dass die Abrisskante am Kofferraumdeckel eine starke Scherschicht erzeugt, die von der Lattice-Boltzmann-Lösung nicht aufgelöst wird.

Auch im Totaldruck zeigen sich Unterschiede. Die Lattice-Boltzmann-Lösung überbetont die Wirbelbildung an der so genannten A-Säule der Windschutzscheibe und zeigt eine

Strömungsablösung beim Übergang der Heckscheibe zum Kofferraum. Dies sind Folgen der vereinfachten isotropen Turbulenzmodellierung. Dennoch stimmen die berechneten c_W-Werte mit c_W=0.25 überein. Die Auftriebsbeiwerte zeigen jedoch deutliche Abweichungen.

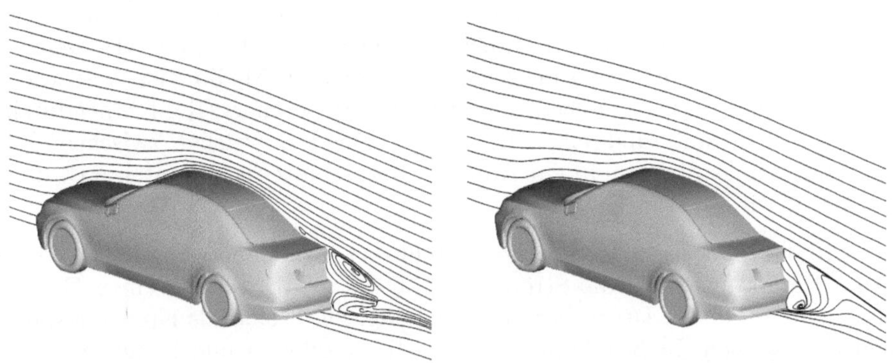

Stromlinien im Mittelschnitt

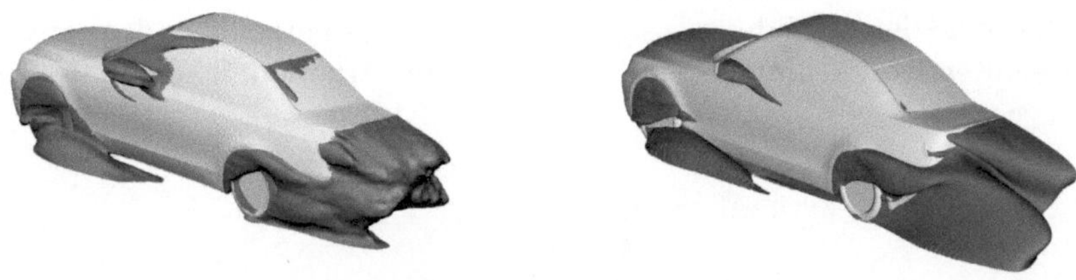

Isoflächen des Totaldruckes

Lattice–Boltzmann–Berechnung Finite–Volumen–Berechnung

Abb. 4.71: Umströmung eines Kraftfahrzeuges, $Re_L = 1.26 \cdot 10^7$

5 Strömungsmechanik Software

Die Einführung in die kommerzielle Software zur Lösung von strömungsmechanischen Problemen erfolgt anhand von **Industrieprojekten**, entsprechend zu unserem Lehrbuch der numerischen Strömungsmechanik *E. Laurien, H. Oertel jr.* 2013.

Um in die Vorgehensweise der Numerischen Strömungsberechnung einzuführen, wird die turbulente Strömung durch einen 90°-Rohrkrümmer behandelt. Die CAD-Geometrie des Strömungsfeldes ist in Abbildung 5.1 gezeigt. Das strömende Medium ist Wasser, beispielsweise in Kühlkreisläufen. Die Durchströmung des Rohrkrümmers (Rohr-Innendurchmesser $D = 0.7\,\mathrm{m}$) erfolgt aufgrund eines Druckunterschiedes, welcher zwischen dem Einströmquerschnitt links oben und dem Ausströmquerschnitt rechts unten z.B. durch eine Pumpe angelegt wird.

Zunächst wird das numerische Rechennetz erstellt. Das Rechennetz besteht aus denjenigen Punkten im Raum, an denen die Strömungsgrößen wie z.B. die einzelnen Geschwindigkeitskomponenten und der Druck berechnet werden. Diese sind als Kreuzungspunkte der Netzlinien zu erkennen. In Abbildung 5.1 sind die Netzlinien und Kreuzungspunkte auf der Oberfläche gezeigt. Im Detailausschnitt sieht man das Netz im Ausströmquerschnitt.

Die berechnete Druckverteilung und die Stromlinien entsprechen unseren Ausführungen in Kapitel 2.4.6. Die Zentrifugalkraft im Krümmer verursacht eine Sekundärströmung, die in der unteren Bildreihe der Abbildung 5.1 gezeigt ist. Es ist zu erkennen, dass die Stromlinien nicht im gesamten Rohrkrümmer parallel zueinander verlaufen. Stromab des Krümmers

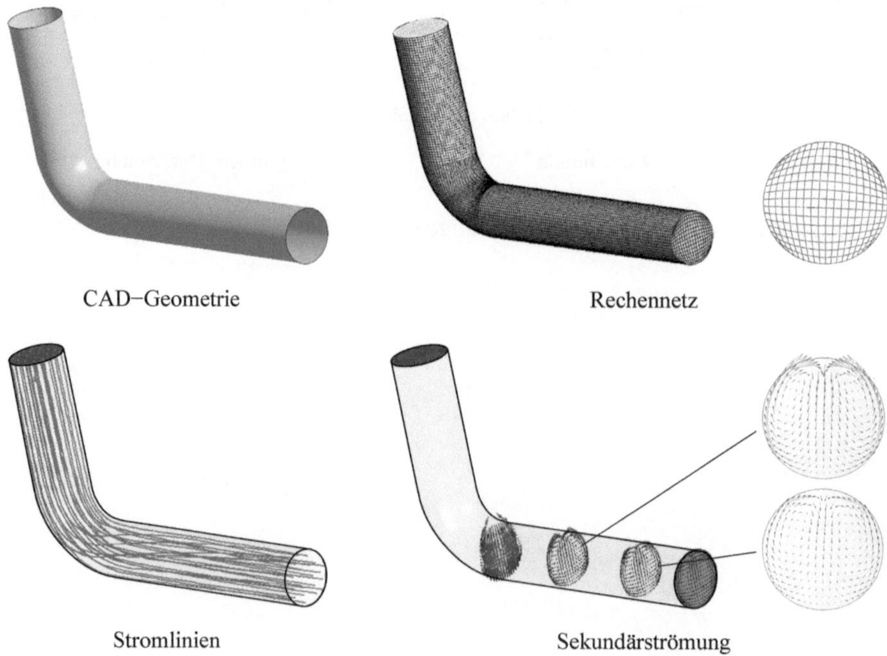

Abb. 5.1: Strömung in einem Rohrkrümmer, $Re_D = 7.3 \cdot 10^7$

bildet sich die Sekundärströmung aus. Sie kann durch die Darstellung von Geschwindigkeitspfeilen des auf Schnittebenen projizierten Geschwindigkeitsvektors oder projizierten Stromlinien sichtbar gemacht werden. Die relevanten Turbulenzgrößen im Rohrkrümmer haben wir bereits in Abbildung 3.14 beschrieben.

5.1 Software Verifikation und Validierung

Mit den Einführungsbeispielen werden die Grundlagen des Umganges mit strömungsmechanischer Software erarbeitet. Es folgen Beispiele der Softwareverifikation und Validierung für Studenten der höheren Semester, die die Voraussetzung für die Bearbeitung von Industrieprojekten bereitstellen. Bei der praktischen Anwendung der Strömungsmechanik-Software lernt man zuallererst, dass das Rechennetz und die anzuwendenden Turbulenzmodelle sowie die Randbedingungen für jede Geometrieklasse

Umströmungen	**Innenströmungen**
stationäre Umströmungen	stationäre Innenströmungen
laminare Plattengrenzschicht	laminare Rohrströmung
turbulente Plattengrenzschicht (Turbulenzmodelle)	turbulente Rohrströmung (Turbulenzmodelle)
transsonisches Profil (RAE 2822)	rückwärts geneigte Stufe (Turbulenzmodelle)
transsonischer Tragflügel (ONERA M6)	Profil eines Axialverdichters
SAE–Kraftfahrzeugkörper	Radialpumpe
Prallstrahl mit Wärmeübergang	Konvektionsströmung
Kavitation	MHD–Strömung
instationäre Umströmungen	instationäre Innenströmungen
Rayleigh–Stokes–Problem	pulsierende Rohrströmung
Kármánsche Wirbelstraße	elastische Rohrströmung
Flügelschlagmodell	Ventrikelströmung
Kugelumströmung	Staukörper
Aeroakustik Kugelumströmung	Aeroakustik Rohrströmung

Abb. 5.2: Verifikationsbeispiele für stationäre und instationäre Strömungen

neu zu erstellen sind bzw. neu angepasst werden müssen. Diese erste Phase der Softwareanpassung nennen wir **Softwareverifikation** und **Modellvalidierung**, die eine hoch entwickelte Ingenieurskunst verlangt und meist nur unter fachkundiger Anleitung zu leisten ist. Dazu gehört der numerische Nachweis, dass die Näherungslösungen für jede vorgegebene Geometrieklasse bezüglich der zeitlichen und räumlichen Diskretisierung unabhängig vom gewählten Rechennetz ist. Für turbulente Strömungen gilt es zusätzlich die jeweiligen Turbulenzmodelle für das Anwendungsbeispiel mit experimentellen Ergebnissen zu **validieren**. Bevor man mit der Bearbeitung des eigentlichen Industrieprojektes beginnt, durchläuft man mit dem Softwarepaket ausgewählte Verifikations- und Validierungsbeispiele der Abbildung 5.2, die der jeweiligen Geometrieklasse angepasst sind. Dabei muss man zunächst festlegen, ob ein Umströmungsproblem oder ein Innenströmungsproblem zu bearbeiten ist. Die weitere Untergliederung erfolgt in stationäre und instationäre Verifikations- und Validierungsbeispiele.

Stationäre Umströmungen

Laminare Plattengrenzschicht

In diesem ersten Verifikationsbeispiel wird die zweidimensionale laminare Plattengrenzschicht ohne Druckgradient betrachtet. Die Reynolds-Zahl, die mit der Plattenlänge L und der ungestörten Anströmung u_∞ gebildet wird, beträgt $Re_L = 10^5$. Die Temperatur der freien Anströmung beträgt $T_\infty = 293\ K$. Verglichen werden die numerischen Ergebnisse mit der analytischen Lösung von Blasius

$$c_\mathrm{f}(x) = \frac{0.664}{\sqrt{Re(x)}}$$

für unterschiedliche *räumliche Diskretisierungen*. Dabei ist $Re(x) = \rho \cdot u_\infty \cdot x/\mu$ die mit x gebildete lokale Reynolds-Zahl. Die Abbildung 5.3 zeigt den Verlauf der dimensionslosen Wandschubspannung $c_\mathrm{f} = \tau_\mathrm{w}/((1/2) \cdot \rho \cdot u_\infty^2)$. Für alle getesteten Diskretisierungsschemata ergibt sich eine sehr gute Übereinstimmung der numerischen Ergebnisse mit der analytischen Lösung der Blasius-Grenzschicht.

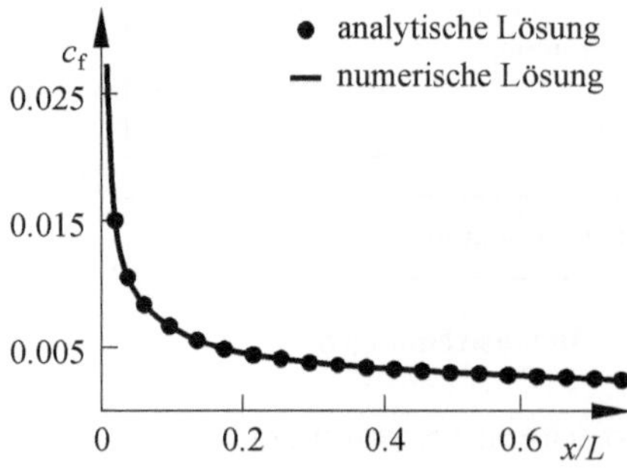

Abb. 5.3: Lokaler Reibungsbeiwert c_f der laminaren Plattengrenzschicht, $Re_L = 1 \cdot 10^5$

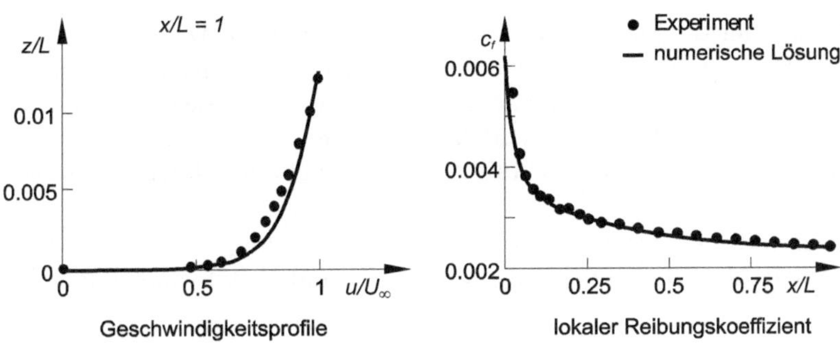

Abb. 5.4: Turbulente Plattengrenzschicht, $Re_L = 2 \cdot 10^6$

Turbulente Plattengrenzschicht

Die zweidimensionale turbulente Plattengrenzschicht ohne Druckgradient ist ein wichtiges Verifikations- und Validierungsbeispiel für die Anpassung von *Turbulenzmodellen*. Durch ein entsprechend feines Rechennetz kann der Einfluss des Diskretisierungsfehlers auf die numerische Lösung sehr klein gehalten werden. Die Reynolds-Zahl beträgt $Re_L = 2 \cdot 10^6$ und die Temperatur der freien Anströmung $T_\infty = 293\ K$. Der Turbulenzgrad ist mit $Tu_\infty = 0.5\%$ vorgegeben. Die Transition wird bei einer mit der Impulsverlustdicke gebildeten Reynolds-Zahl von $Re_\delta = 770$ fixiert. Für diese Parameter werden das mittlere Geschwindigkeitsprofil an der Stelle $x/L = 1$ und der Verlauf des Reibungsbeiwertes c_f entlang der Platte in Abbildung 5.4 mit den experimentellen Daten verglichen.

Die mit dem Standard K-ϵ-Turbulenzmodell und dem quadratischen K-ϵ-Modell berechneten zeitlich gemittelten Geschwindigkeitsprofile sind geringfügig fülliger als die gemessenen Profile. Dies hat jedoch keinen Einfluss auf den berechneten Reibungsbeiwert c_f.

Transsonisches Tragflügelprofil (RAE 2822)

Dieser Verifikationsfall für die Umströmung eines RAE 2822-Profils dient unter anderem der Verifikation der räumlichen Diskretisierung und des Fernfeldrandeinflusses auf die

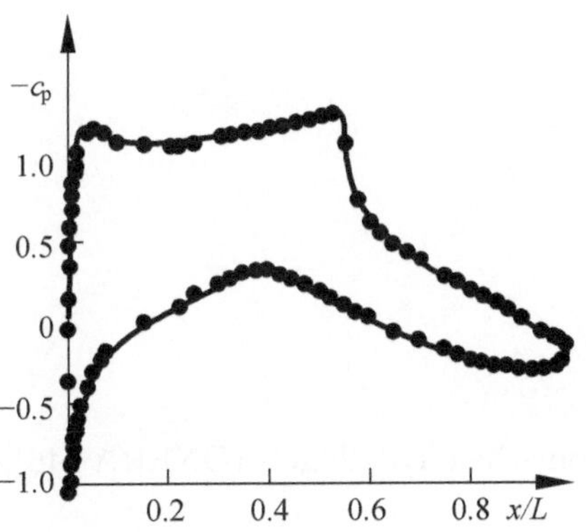

Abb. 5.5: Druckverteilung c_p des transsonischen Tragflügelprofils (RAE 2822), $Re_L = 6.5 \cdot 10^6$, $M_\infty = 0.73$

numerischen Ergebnisse. Für die Anströmdaten Mach-Zahl $M_\infty = 0.73$, $T_\infty = 300\ K$, Reynolds-Zahl $Re_L = 6 \cdot 10^6$ und für den Anstellwinkel $\alpha = 3°$ liegen experimentelle Daten vor. Unter Vorgabe dieser Parameter, einer Fixierung der Transition bei $x/L = 0.05$ und mit dem Baldwin-Lomax Turbulenzmodell werden die berechneten Druckverteilungen auf der Ober- und Unterseite des Profils mit den experimentellen Ergebnissen verglichen.

Der Turbulenzgrad der freien Anströmung beträgt $Tu_\infty = 0.3\%$. Die turbulente Längenskala wird über die molekulare Viskosität und den Prandtlschen Mischungswegansatz mit

$$l_\mathrm{t} \sim \frac{\mu}{\rho \cdot \sqrt{k_\infty}} \quad \text{, mit} \qquad k_\infty = Tu_\infty \cdot u_\infty$$

abgeschätzt. Die Druckverteilungen der Abbildung 5.5 und die berechnete Stoßlage stimmen sehr gut mit den experimentellen Werten überein. Der berechnete Auftriebsbeiwert $c_\mathrm{a} = 0.795$ und der Widerstandsbeiwert $c_\mathrm{w} = 1.7 \cdot 10^{-2}$ sind ebenfalls in Übereinstimmung mit dem Experiment.

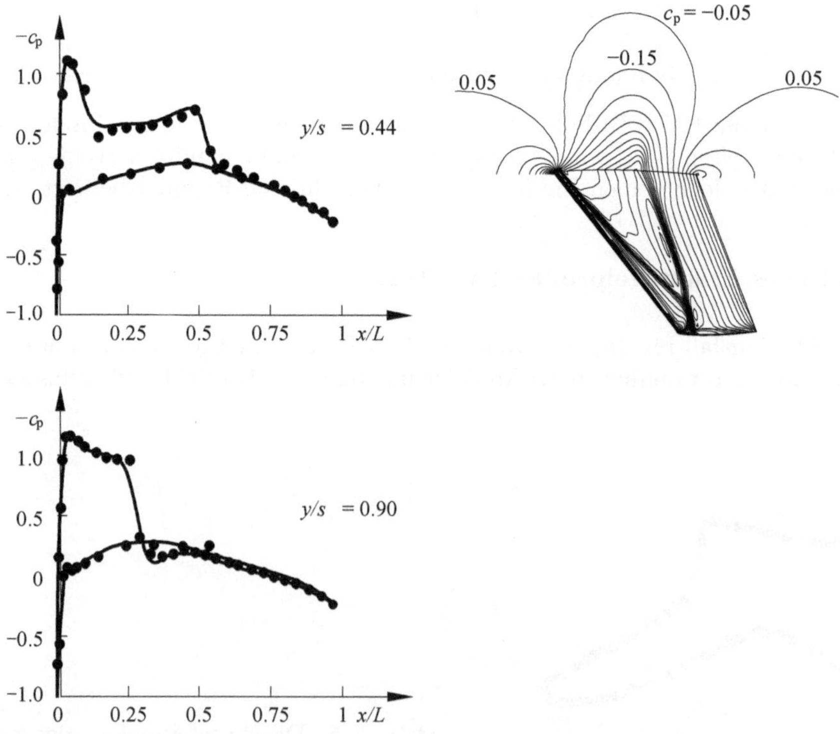

Abb. 5.6: Druckverteilungen und Isobaren des transsonischen Tragflügels (ONERA M6), $Re_L = 1.17 \cdot 10^7$, $M_\infty = 0.84$

Transsonischer Tragflügel (ONERA M6)

Für die dreidimensionale stationäre Strömung wird als Verifikationsbeispiel die transsonische Tragflügelumströmung des Testflügels ONERA M6 ausgewählt. Der Tragflügel weist einen Doppelstoß auf der Saugseite auf, der sich zur Flügelspitze hin zu einem Stoß vereint. Im Verifikationsfall werden für die Anströmung $M_\infty = 0.84$, Temperatur $T_\infty = 293\ K$, Reynolds-Zahl $Re_L = 11.7 \cdot 10^6$ und der Anstellwinkel $\alpha = 3.06°$ gewählt. Die numerische Rechnung wird mit dem Baldwin-Lomax Turbulenzmodell durchgeführt. Der Turbulenzgrad wird mit $Tu_\infty = 0.3\%$ vorgegeben. Zur Bewertung der Lösung werden die Ergebnisse mit experimentellen Daten in verschiedenen Schnitten des Tragflügels in Spannweitenrichtung verglichen.

In beiden Schnitten ist die Verschmierung der Verdichtungsstöße durch das verwendete Rechennetz deutlich zu erkennen (Abbildung 5.6). Aufgrund des zu groben Finite-Volumengitters wird die Stoßvereinigung zu früh auf dem Flügel erreicht. Im Bereich der Flügelspitze $y/s = 0.9$ wird im Vergleich mit dem Experiment bis auf eine geringfügige Stoßverschmierung die Druckverteilung gut wiedergegeben.

SAE-Kraftfahrzeugkörper

Die Verifikation der Software für eine inkompressible Kraftfahrzeugumströmung erfolgt mit dem SAE-Modellkörper (Society of Automotive Engineering), auf den sich die Kraftfahrzeugindustrie geeinigt hat. Dabei kann der Einfluss des Rechennetzes und der unterschiedlichen Turbulenzmodelle auf den Auftriebs- und Widerstandsbeiwert systematisch

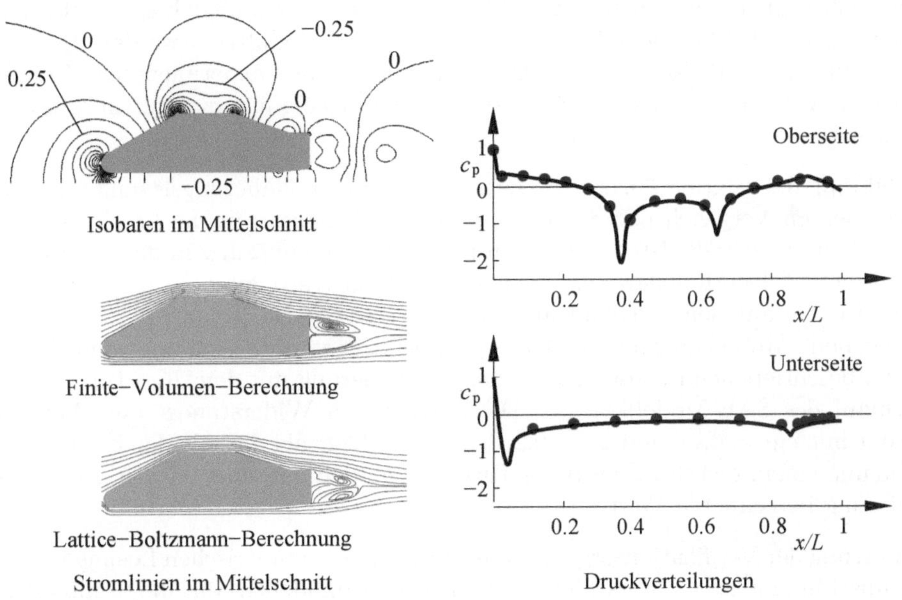

Abb. 5.7: SAE-Kraftfahrzeugkörper, $Re_L = 1 \cdot 10^7$

untersucht werden. Die mit der Lauflänge gebildete Reynolds-Zahl beträgt $Re_L = 1. \cdot 10^7$, was einer ungestörten Anströmgeschwindigkeit von 36 m/s bzw. 130 km/h und einer Länge des Modellkörpers von $L = 4.2\ m$ entspricht. Die Turbulenzgrößen der verwendeten K-ϵ-Turbulenzmodelle werden mit 1% vorgegeben. Das logarithmische Wandgesetz wird in die viskose Unterschicht der Grenzschicht fortgesetzt und entsprechend angepasst, so dass in einem ersten Ansatz die Berechnung der integralen Beiwerte auch ohne Auflösung der viskosen Unterschicht möglich wird. Eine Verbesserung insbesondere des berechneten Auftriebsbeiwertes erzielt man mit einem Zweischichten-Turbulenzmodell, das die viskose Unterschicht berücksichtigt.

Die Abbildung 5.7 zeigt die berechneten Isobaren und Druckverteilungen des Modellkörpers auf der Ober- und Unterseite jeweils im Mittelschnitt. Ausgehend vom Staupunkt ($c_p = 1$) beschleunigt die Strömung auf der Oberseite bis zum Erreichen der vorderen Dachkante ($c_p = -2$). Anschließend verzögert die Strömung und beschleunigt dann wieder zur Dachhinterkante. Schließlich verzögert das Fluid Richtung Kofferraumdeckel. Auf der Unterseite beschleunigt die Strömung ausgehend vom Staupunkt und verzögert im Anschluss entlang des Unterbodens. Den Beginn des Diffusors erkennt man deutlich anhand der kleinen Saugspitze. Die Berechnungen mit unterschiedlichen Rechennetzen zeigen, dass sich die geforderte Unabhängigkeit vom Finite-Volumen-Rechengitter bei etwa 4 Millionen Zellen einstellt und die berechneten Druckverteilungen mit den experimentellen Werten übereinstimmen, sofern die Windkanalgeometrie in der Rechnung berücksichtigt und mit etwa 4.8 Millionen Zellen diskretisiert wird.

Die in Kapitel 3.2.3 behandelten Zweigleichungs-Turbulenzmodelle ergeben bei optimiertem Rechennetz nur geringfügige Abweichungen der berechneten Auftriebs- und Widerstandsbeiwerte. Der berechnete Widerstandsbeiwert im Windkanal beträgt $c_{\mathrm{w}} = 0.169$ im Vergleich zu dem experimentellen Wert $c_{\mathrm{w}} = 0.165$. Beim Auftriebsbeiwert sind die Abweichungen größer. Dem berechneten Wert für den Vorderachsenauftrieb $c_{\mathrm{a}} = -0.116$ stehen gemessene $c_{\mathrm{a}} = -0.136$ gegenüber. Für den Hinterachsenauftrieb werden $c_{\mathrm{a}} = -0.036$ berechnet und $c_{\mathrm{a}} = -0.051$ gemessen. Dabei wurden bei den experimentellen Ergebnissen die üblichen Windkanalkorrekturen wie Grenzschichtabsaugung und laufendes Band nicht berücksichtigt.

Die Abbildung 5.7 zeigt ergänzend die Lattice-Boltzmann Näherungslösung für den SAE-Modellkörper im Vergleich mit der Finite-Volumen-Lösung. Für die Lattice-Boltzmann-Berechnungen werden $28 \cdot 10^6$ Gitterzellen mit einer Feinauflösung in den Grenzschichten und im Nachlauf des Modellkörpers benutzt. Die Druckverteilung auf der Ober- und Unterseite wird bis auf den Nachlauf auch von der Lattice-Boltzmann-Berechnung richtig wiedergegeben. Abweichungen der Strömungsstruktur ergeben sich aufgrund der im Kapitel 4.2.5 beschriebenen isotropen Turbulenzmodellierung mit dem K-ϵ-Turbulenzmodell im Nachlauf des SAE-Modellkörpers. Die berechneten Widerstands- und Auftriebsbeiwerte sind mit $c_W = 0.21$ und $c_a = 0.2$ deutlich größer, als die mit der Finite-Volumen-Methode und einem nichtlinearen $K - \epsilon$ Turbulenzmodell mit einer Niedrig-Reynolds-Zahl Formulierung berechneten Werte.

Die Bewertung der Verifikationsergebnisse ergibt, dass die numerischen Lösungen der SAE-Körperumströmung mit unterschiedlichen Turbulenzmodellen für die Finite-Volumen-Berechnung konsistent sind. Die Experimente im Windkanal sind aufgrund unterschiedlicher Windkanaleinflüsse als experimentelle Verifikationsdatenbasis nur geeignet, wenn mit dem SAE-Modellkörper der Windkanal mit berechnet wird. Die Übereinstimmung der Finite-Volumen-Lösung mit den experimentellen Werten gilt nur für den scharfkantigen SAE-Modellkörper. Bei abgerundeten Kanten ist eine weitere Anpassung des logarithmischen Wandgesetzes erforderlich. Die Lattice-Boltzmann-Berechnung hat das Defizit der isotropen Turbulenzmodellierung, das die Details der Strömungsstruktur im Nachlauf nicht richtig wiedergeben kann.

Prallstrahl mit Wärmeübergang

Ein Beispiel einer Luftströmung mit Wärmeübergang ist der auf eine horizontale beheizte Platte auftreffende runde Freistrahl. Der turbulente Freistrahl tritt aus einem Rohr der Länge $L/D = 10$ in einem Abstand von $2 \cdot D$ von der horizontalen Platte mit einer Reynolds-Zahl $Re_D = 2.3 \cdot 10^4$ aus. Die Umgebungstemperatur der Luft ist $T_\infty = 293\ K$. Die horizontale Platte wird mit einem konstanten Wärmefluss von $200\ W$ beheizt. Die Wand wird als adiabat vorausgesetzt.

Dieses Verifikationsbeispiel ist ein besonders kritischer Testfall für die Auswahl der Turbulenzmodelle. So berechnet man mit dem Standard K-ϵ-Turbulenzmodell von Kapitel 3.2.3 einen zu geringen Wärmestrom. Im Vergleich mit den experimentellen dimensionslosen Wärmeströmen der Abbildung 5.8 ist die Berechnung des Wärmestroms mit dem quadratischen Niedrig-Reynolds-Zahl K-ϵ-Turbulenzmodell erfolgt, wobei eine sorgfältige Netzanpassung in den betrachteten zwei Schichten der Plattengrenzschicht insbesondere in der Umgebung des Staupunktes erforderlich ist.

Der Vergleich mit den experimentellen Ergebnissen zeigt, dass für große Abstände R die gemessenen und berechneten lokalen Wärmeströme sehr gut übereinstimmen. Lediglich in der Umgebung des Staupunktes sind Abweichungen zu erkennen, die zum einen von der Unzulänglichkeit des nichtlinearen Turbulenzmodells bzw. der Rechennetzanpassung oder zum anderen von der Abweichung der adiabaten Randbedingung im Experiment verursacht werden. Werden die Experimente mit einer isothermen horizontalen beheizten Wand durchgeführt, stimmen die berechneten und gemessenen Wärmeströme im Staupunkt überein.

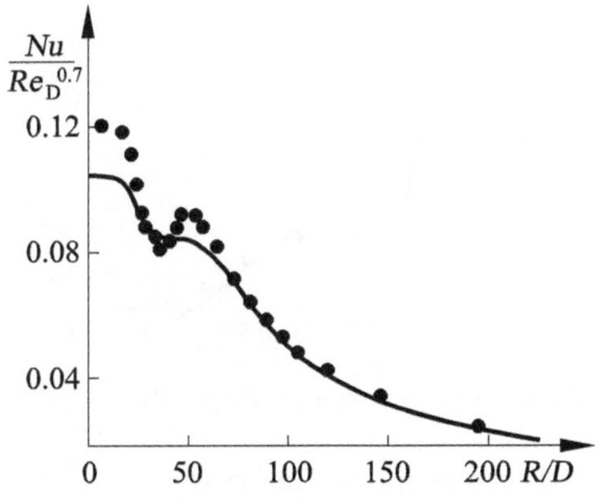

Abb. 5.8: Dimensionsloser Wärmestrom der horizontalen Platte mit Wärmeübergang, $Re_D = 2.3 \cdot 10^4$

Kavitation

Die Berechnung von kavitierenden Strömungen stellt aufgrund des hohen Dichtegradienten zwischen den auftretenden Phasen eine besondere Herausforderung an die numerische Strömungsberechnung. Ein verbreitetes Modell stammt von *A. K. Singhal et al.* 2002, welches anhand der Umströmung eines Tragflügels in Wasser validiert worden ist. Bei den Untersuchungen spielt neben der Reynoldszahl Re_L die Kavitationszahl σ eine wichtige Rolle. Die Kavitationszahl ist das Verhältnis der Differenz von Umgebungsdruck p_∞ zu Dampfdruck p_v zum dynamischen Druck der ungestörten Anströmung mit der Dichte des Fluids ρ_l und der Anströmgeschwindigkeit u_∞.

$$\sigma = \frac{p_\infty - p_v}{\frac{1}{2} \cdot \rho_l \cdot u_\infty}$$

Bei dem Verifikationsbeispiel der Umströmung eines Profils in Wasser werden die Effekte der Kavitation an der Profilvorderkante und Profilmitte untersucht. Dafür stehen Experimente an einem NACA 66 Flügelprofil im Wasserkanal zum Vergleich zur Verfügung.

Zur Verifikation der Software und Validierung des Kavitationsmodells werden zweidimensionale Berechnungen mit einem Anteil von nicht kondensiertem Gas von $f_g = 1\ ppm$, durchgeführt. Bei der Untersuchung der Kavitation an der Anströmkante wird die Reynolds-Zahl von $Re_L = 2 \cdot 10^6$ und der Anstellwinkel von 4° gewählt. Durch Variation des Druckes am Ausgang werden verschiedene Kavitationszahlen realisiert. Bei der Untersuchung der Kavitation in der Mitte des Profils wird die Reynolds-Zahl von $Re_L = 3 \cdot 10^6$ und der Anstellwinkel von 1° gewählt. Bei der Berechnung wird Wasser bei 300 K benutzt. Als Turbulenzmodell dient das Standard K - ϵ-Modell. Das blockstrukturierte Rechennetz um den Tragflügel wird zur Tragflügeloberfläche und zur Hinterkante hin verfeinert.

Die Ergebnisse sind in Abbildung 5.9 gezeigt. Man sieht, dass die Berechnungen sehr gut mit den experimentellen Daten übereinstimmen. Die Software ist damit für die Profilumströmung in Wasser verifiziert und das Kavitationsmodell validiert.

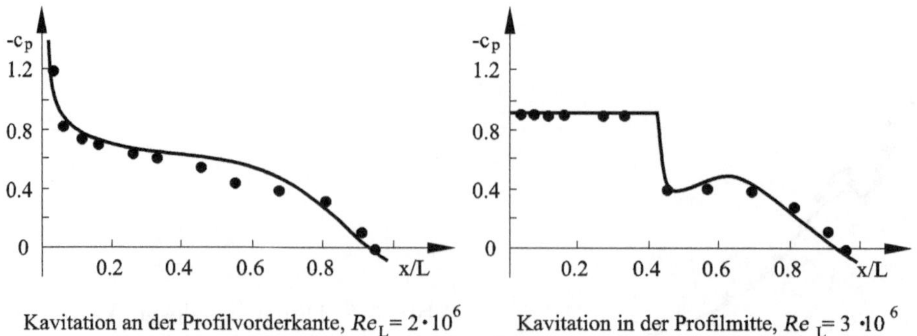

Abb. 5.9: Druckbeiwert c_p auf der Saugseite eines Tragflügelprofils in Wasser

Instationäre Umströmungen

Rayleigh-Stokes-Problem

Zur Verifikation der Berechnung von instationären laminaren Strömungen wird als Beispiel das *Erste Stokessche Problem* für die ebene Platte herangezogen. Zum Zeitpunkt $t = 0$ wird eine ruhende ebene Platte, die mit der (x, y)-Ebene zusammenfällt und oberhalb derer sich in wandnormalen-Richtung z ein ruhendes Fluid befindet schlagartig auf die konstante Geschwindigkeit u_∞ gebracht. Durch den Reibungseinfluss wird das über der Platte befindliche Fluid mit fortschreitender Zeit in Bewegung versetzt. Die Verifikationsziele sind die korrekte Ermittelung des Ausbreitungsgesetzes der Grenzschichtdicke in Form einer Ähnlichkeitslösung für die Geschwindigkeitsverteilung und die damit verbundene Zeitechtheit. Die Ergebnisse der numerischen Berechnung werden mit der Ähnlichkeitslösung in Abbildung 5.10 (Übungsbuch Strömungsmechanik Kapitel 3.4, Abbildung 3.4.3 c, 2014) verglichen.

Die Plattengeschwindigkeit zum Zeitpunkt $t = 0$ beträgt $u_\infty = 20\ m/s$. Das berechnete dimensionslose Geschwindigkeitsprofil stimmt mit der analytischen Lösung überein. Damit ist die Zeitgenauigkeit der Software nachgewiesen.

Kármánsche Wirbelstraße

Die Analyse der Zeitgenauigkeit der Software wird ergänzend mit der laminaren Zylinderumströmung verifiziert. Dabei wird für die laminare Strömung eine mit dem Zylinderdurchmesser gebildete Reynolds-Zahl von $Re_D = 500$ vorgegeben. Das Medium ist Luft mit der Temperatur $T_\infty = 293\ K$.

Die Abbildung 5.11 zeigt die Momentaufnahme der Geschwindigkeitsverteilung und den zeitlichen Verlauf der u-Komponente der Geschwindigkeit für die laminare Kármánsche Wirbelstraße im Vergleich zu der turbulenten Kármánschen Wirbelstraße bei der Reynolds-Zahl $Re_D = 1.4 \cdot 10^4$. Die berechnete Strouhal-Zahl $Str = f \cdot D/u_\infty = 0.22$ stimmt mit dem experimentellen Wert $Str = 0.20 - 0.22$ für die laminare Kármánsche Wirbelstraße überein. Der Widerstandsbeiwert berechnet sich in Übereinstimmung mit dem Experiment zu $c_w = 1.3$. Damit ist der Nachweis der Zeitgenauigkeit der Software sowie der Widerstandsberechnung für die instationäre Umströmung des Zylinders erbracht.

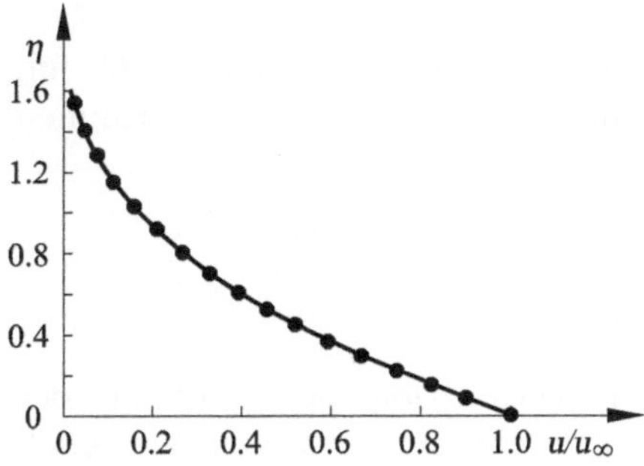

Abb. 5.10: Geschwindigkeitsprofil der instationären Plattengrenzschicht

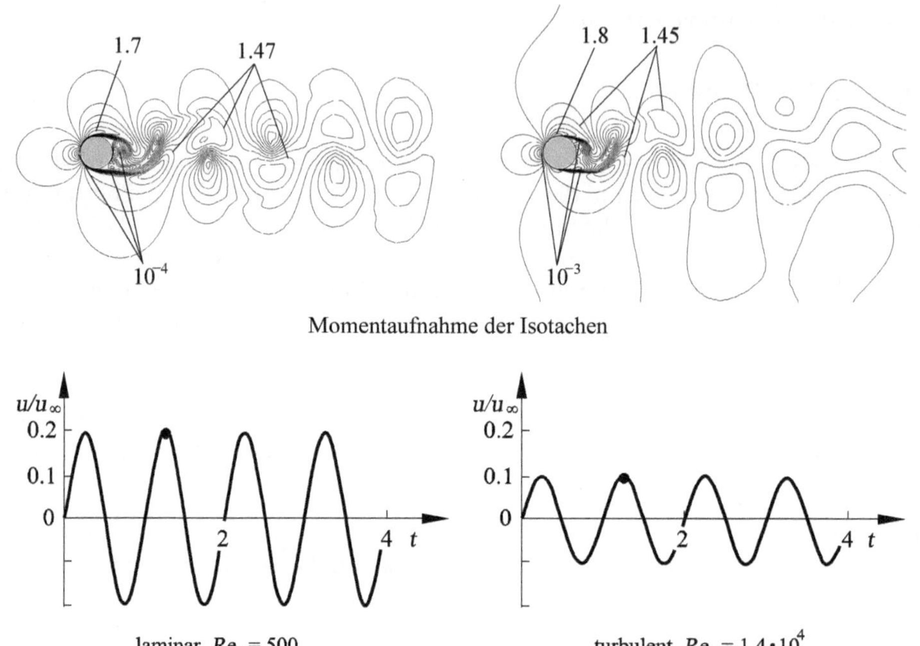

Abb. 5.11: Laminare und turbulente Kármánsche Wirbelstraße

Mit der turbulenten Zylinderumströmung wird der Einfluss unterschiedlicher Turbulenzmodelle für instationäre Strömungen aufgezeigt. Dabei wird eine Reynolds-Zahl von $Re_D = 1.4 \cdot 10^4$ vorgegeben. Es werden verschiedene Zweigleichungs-Turbulenzmodelle für die instationäre turbulente Strömung erprobt.

Es zeigt sich, dass das Standard K-ϵ-Turbulenzmodell aufgrund der vorausgesetzten Isotropie für die Berechnung der turbulenten Wirbelablösung nicht geeignet ist. Aus diesem Grund wird das quadratische K-ϵ-Turbulenzmodell verwendet. Für den Turbulenzgrad wird $Tu_\infty = 0.5$ % und für das turbulente Längenmaß $l_\infty = 0.01$ vorgegeben. Der berechnete Widerstandsbeiwert von $c_w = 1.3$ ist in Übereinstimmung mit dem Experiment. Die berechnete Strouhal-Zahl $Str = 0.235$ ist 10 % größer als der experimentelle Wert $Str = 0.2$. Das liegt darin begründet, dass der Übergang von der laminaren Grenzschicht auf der Zylinderoberfläche (siehe Kapitel 2.4.6) in den turbulenten Nachlauf vom quadratischen Turbulenzmodell nicht richtig modelliert wird.

Die Berechnung der Wirbelstraße bei der Reynolds-Zahl $Re_D = 5.25 \cdot 10^5$ im Übergangsbereich zur turbulenten Grenzschicht auf dem Zylinder ergibt übereinstimmen der Werte der Strouhal-Zahl von $Str = 0.21$.

Flügelschlag

Die komplexe Kinematik des Vogelfluges wird zur Verifikation der Software der Strömungsmechnaik in einem geometrisch vereinfachten zeitabhängigen Geometriemodell abgebildet. Das Flügelschlagmodell besteht aus einem steifen Modellkörper und einem elastischen Flügelpaar. In Abbildung 5.12 sind das Geometriemodell und der Vergleich der gemessenen und berechneten Strömungsstruktur in einer Ebene im Nachlauf bei zwei aufeinanderfolgenden Zeitpunkten dargestellt. Die Finite-Volumen Strömungsberechnung wird mit dem SST K-*omega* Turbulenzmodell und die Strukturberechnung mit der Finite-Elemente Methode durchgeführt. Die Flug-Reynoldszahl beträgt $Re = 1.64 \cdot 10^4$ und die Schlagfrequenz der Modellflügel 8 Hz.

Für die Generierung der Stromlinienbilder aus den experimentellen Daten werden intervallgemittelte Geschwindigkeitsfelder der Geschwindigkeitskomponente u abzüglich der jeweiligen räumlichen Mittelwerte gebildet. Der Flügelaufschlag erzeugt zum Zeitpunkt t_1 einen entgegen dem Uhrzeigersinn drehenden Wirbel F_1. Er bewegt sich aufgrund der Anströmgeschwindigkeit von links nach rechts durch den Messbereich und wird zum Zeitpunkt t_2 anhand der nach unten gerichteten Stromlinien am rechten Teil des Messbereiches angedeutet. Ein weiterer Wirbel mit entgegengesetzter Drehrichtung ist am linken Rand des Messbereiches zu erkennen.

Die Wirbel F_1 und F_2 repräsentieren den Start- und Stoppwirbel, die aufgrund der Flügelschlagbewegung periodisch in den Nachlauf abschwimmen und in Längs- und Querrichtung miteinander verbunden sind.

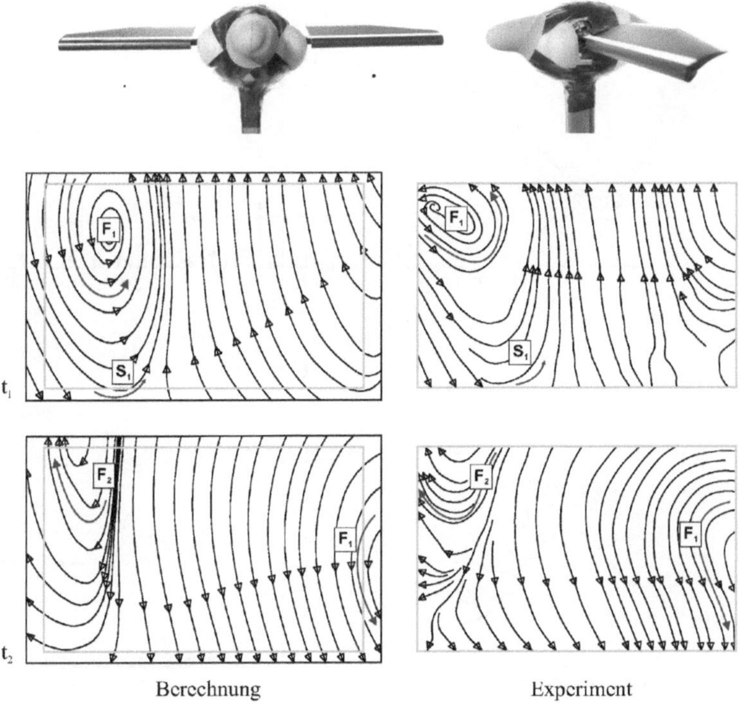

Abb. 5.12: Flügelschlagmodell und Stromlinienbilder im Nachlauf

Die quantitative Validierung der Strömung-Struktur gekoppelten Berechnung und des Turbulenzmodells für die dreidimensionale periodisch abgelöste Strömung erfolgt anhand des Vergleichs der experimentell und numerisch ermittelten Geschwindigkeitsverläufe an zwei Messpunkten im Nachlauf. In Abbildung 5.13 ist die zeitliche Änderung des intervallgemittelten Geschwindigkeitsbetrages für einen Schlagzyklus an den zwei Messpunkten dargestellt sowie die korrespondierenden Amplitudenspektren abzüglich ihres Gleichanteils. Die gemittelten Messwerte sind durch das 5 % Fehlerintervall für jeden Zeitschritt sowie durch den 10 % Fehlerbereich der numerischen Ergebnisse ergänzt. Die zeitliche Entwicklung des Geschwindigleitsbetrages zeigt eine gute Übereinstimmung zwischen dem Experiment und der Berechnung. Die Abweichung der Werte entlang der Zeitachse liegt im Rahmen der Mess- und Berechungsfehler. Auftretende lokale Schwankungen des experimentellen Geschwindigkeitsbetrages sind auf das kontinuierliche Entstehen kleinskaliger Wirbelstrukturen in den Scherschichten der Wirbel zurückzuführen, die von der numerischen Strömungsberechnung nicht aufgelöst werden. Die Grundfrequenz der Amplitudenspektren entspricht der Flügelschlagfrequenz des Modells. Diese entsteht aufgrund der Flügelbewegung durch das Auftreten der entgegengesetzt drehenden Wirbelstrukturen im Nachlauf. Die weiteren gekennzeichneten Amplituden sind die Harmonischen der Grundschwingung. Deren Werte fallen mit steigender Frequenz, wobei eine vergleichbare relative Abnahme zu erkennen ist.

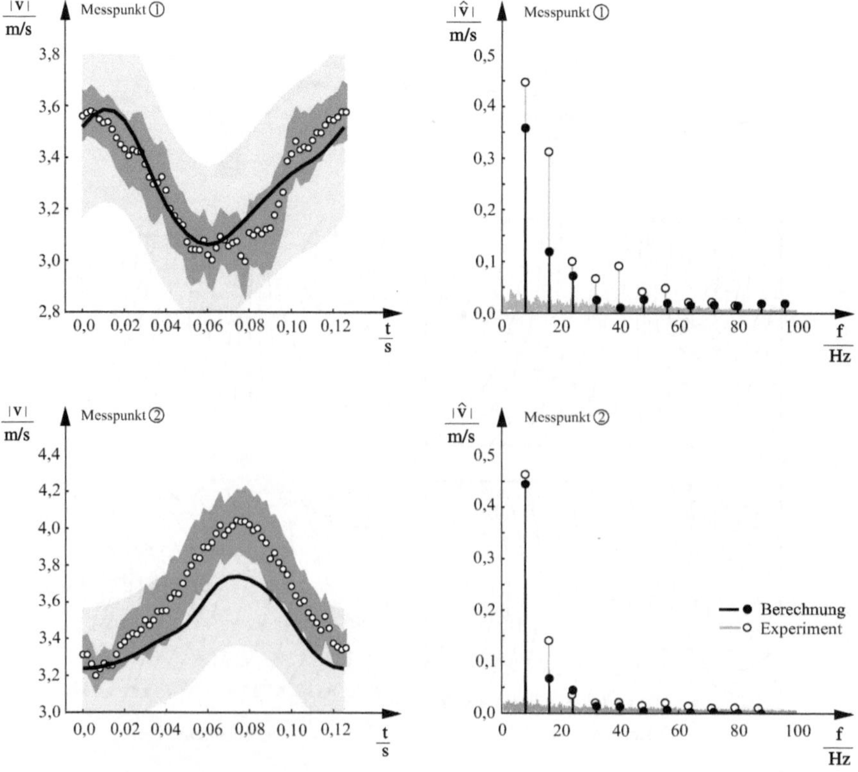

Abb. 5.13: Geschwindigkeitsverläufe im Nachlauf des Flügelschlagmodells

Trotz der hohen Komplexität der Experimente und der numerischen Berechnung zeigen die ermittelten Geschwindigkeitsverläufe und Strömungsstrukturen über weite Bereiche eine sehr gute Übereinstimmung. Die von der Flügelschlagbewegung induzierten Wirbelstrukturen stimmen hinsichtlich ihrer zeitlichen und räumlichen Entwicklung überein.

Kugelumströmung

Eine weitere Verifikation der Software für die instationäre Umströmung dreidimensionaler Körper erfolgt am Beispiel der Kugelumströmung, die in Kapitel 2.4.6 beschrieben ist. Bei der gewählten Reynolds-Zahl von $Re_D = 5.25 \cdot 10^5$ löst die Grenzschicht auf der Kugel transitionell ab und geht über einen Transitionsprozess in den turbulenten Nachlauf über. Deshalb bietet es sich an, die laminare Umströmung der Kugel bis zur Ablöselinie mit den Navier-Stokes-Gleichungen und der Finite-Volumen-Methode zu berechnen und im turbulenten Nachlauf die in Kapitel 3.2.4 beschriebene Grobstruktursimulation der periodisch ablösenden turbulenten Ringwirbel , die stromab in einen Hufeisenwirbel übergehen, anzuschließen.

Eine andere Möglichkeit der Berechnung bietet das zeitgenaue Lösen der Reynolds-Gleichungen und die Anpassung eines geeigneten Turbulenzmodells. Für die Berechnung der Kugelumströmung werden das nichtlineare Niedrig-Reynolds-Zahl K-ϵ- und K-ω-Turbulenzmodell ausgewählt. Im laminaren Bereich der Grenzschichtströmung auf der Kugel wird bei der Reynolds-gemittelten Simulationsrechnung der vorgegebene Turbulenzgrad $Tu_\infty = 1$ % und die charakteristische Turbulenzlänge $l_\infty = 0.1$ beibehalten. Das Rechennetz besteht aus $2.9 \cdot 10^6$ Gitterpunkten.

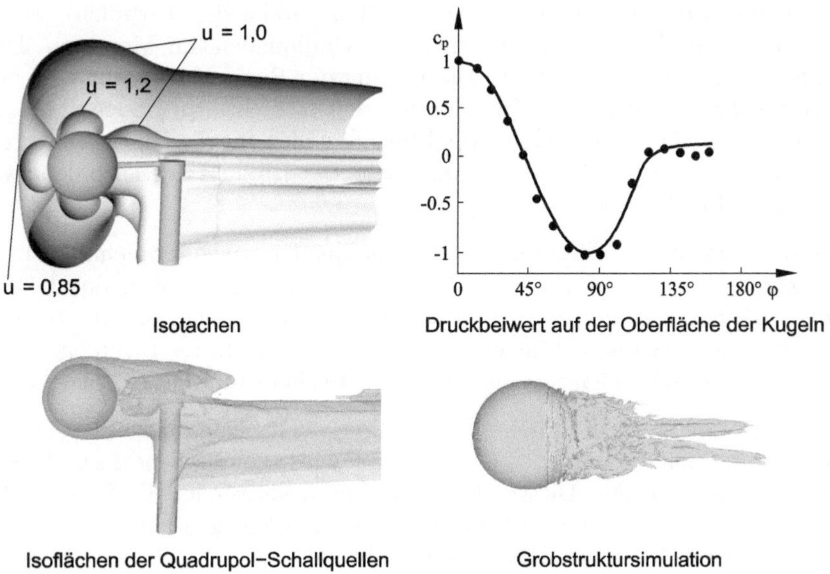

Abb. 5.14: Kugelumströmung, $Re_D = 5.25 \cdot 10^5$

Die Abbildung 5.14 zeigt die berechnete Druckverteilung in azimutaler Richtung auf der Kugel in Übereinstimmung mit experimentellen Werten sowie die berechneten Isotachen und das Ergebnis der Grobstruktursimulation. Im Windkanalexperiment wird die Kugel mit einem Stab im Nachlauf gehalten. Die Simulationsergebnisse zeigen, dass die Strömungsablösung auf der Kugel vom quadratischen K-ϵ-Turbulenzmodell zu spät und vom K-ω-Turbulenzmodell zu früh vorhergesagt werden. Dies führt zu Abweichungen der Druckverteilung auf der Rückseite der Kugel.

Ist man lediglich an den integralen Beiwerten der instationären Kugelumströmung interessiert, besteht auch die Möglichkeit ohne zeitgenaue Auflösung direkt die quasistationäre Lösung zu ermitteln. Diese Ergebnisse sind in der Abbildung 5.14 dargestellt. Ergänzend sind die aus der quasistationären Lösung ausgewerteten Isoflächen der Quadrupol-Schallquellen gezeigt.

Insofern können je nach Aufgabenstellung für die Berechnung der Umströmung dreidimensionaler Körper die beschriebenen drei unterschiedlichen numerischen Modelle angewandt werden.

Aeroakustik der Kugelumströmung

Das Schallfeld umströmter Körper kann sowohl aus der quasistationären Lösung als auch aus der instationären Lösung der Reynolds-Gleichungen ausgewertet werden. Die Auswertung der Schallquellen basiert auf akustischen Modellgleichungen, die in diesem Lehrbuch nicht behandelt werden. Bei der Berechnung aeroakustischer Schallquellen wird eine Formulierung gewählt, die zwischen der Störungsausbreitung und den aeroakustischen Schallquellen unterscheidet. Die Quellterme der akustischen Modellgleichungen zeigen Anteile der zeitlich gemittelten Strömung, die Fluktuationsanteile der Turbulenz sowie Mischterme der beiden Anteile. Dabei lassen sich die Schallquellen auf Monopol-, Dipol- und Quadrupol-Schallquellen zurückführen. Die Lösung der Reynolds-Gleichungen ermöglicht die Auswertung der Quadrupolquellen, die den Scherschichtlärm beschreiben. In Abbildung 5.14 sind die Isoflächen der Quadrupol-Schallquellen für die Umströmung der Kugel bei der Reynolds-Zahl $Re_D = 5.25 \cdot 10^5$ dargestellt. Der Einfluss der Turbulenz wird dabei mit statistischen Modellen berücksichtigt.

Um jedoch die Wirkung der Monopol- bzw. Dipolquellen sowie die Schallausbreitung zu berücksichtigen, ist eine direkte Simulation der Schwankungsgrößen der Lösungen der Navier-Stokes-Gleichungen erforderlich. Eine direkte numerische Simulation (DNS) liefert hierfür zwar den gesamten Längen- bzw. Energiebereich der turbulenten Kugelumströmung, allerdings verbunden mit einem großen Rechen- und Diskretisierungsaufwand.

Da das akustische Feld jedoch ohnehin durch die großen Skalen der Wirbelablösung der Kugelumströmung (siehe Kapitel 2.4.6) bestimmt wird, kommt eine Detached Eddy Simulation (DES) zum Einsatz. Dieses Hybridverfahren verwendet die Grobstruktursimulation von Kapitel 3.2.4 auch Large Eddy Simulation (LES) genannt, in der eine direkte Berechnung der großen Turbulenzskalen stattfindet, während die kleinen Turbulenzskalen modelliert werden. Davon wird im folgenden Abschnitt der Aeroakustik der Rohrströmung Gebrauch gemacht.

Stationäre Innenströmungen

Laminare Rohrströmung

In diesem Verifikationsbeispiel wird die laminare Rohrströmung in einem Rohr mit der Länge $L/D = 50$ und dem Durchmesser D betrachtet. Das Rohr ist hydraulisch glatt. Die Reynolds-Zahl, die mit der mittleren Geschwindigkeit und dem Rohrdurchmesser gebildet wird, beträgt $Re_D = 660$. Das Medium ist Luft mit der Temperatur $T_\infty = 293\ K$. Verglichen wird mit der analytischen Lösung der Hagen-Poiseuille Strömung.

Die Abbildung 5.15 zeigt die Übereinstimmung der numerisch berechneten und analytisch vorhergesagten Geschwindigkeitsprofile.

Turbulente Rohrströmung

Wie bei der laminaren Rohrströmung wird ein hydraulisch glattes Rohr mit der Länge $L/D = 50$ betrachtet. Die Reynolds-Zahl wird mit der mittleren Geschwindigkeit und dem Rohrdurchmesser gebildet und beträgt $Re_D = 1 \cdot 10^5$. Als Medium wird Luft mit der Temperatur $T_\infty = 293\ K$ verwendet. Der Turbulenzgrad der Anströmung beträgt 1 %. Zur Bewertung der numerischen Ergebnisse werden die Geschwindigkeitsprofile mit dem Prandtlschen logarithmischen Wandgesetz verglichen.

Die Abbildung 5.15 zeigt wiederum eine Übereinstimmung der numerisch berechneten und analytisch zeitlich gemittelten Geschwindigkeitsprofile der turbulenten Rohrströmung. Das Standard K-ϵ-Turbulenzmodell ist für die Berechnung der Rohrströmung ausreichend.

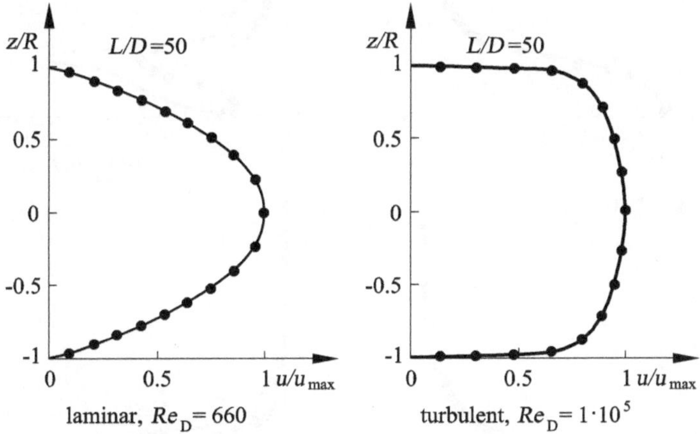

Abb. 5.15: Laminare und turbulente Rohrströmung

Rückwärts geneigte Stufe

Das Wiederanlegen von abgelösten turbulenten Strömungen bei negativen Druckgradienten spielt bei vielen strömungsmechanischen Vorgängen mit Strömungsablösung eine wichtige Rolle und ist ein besonders kritischer Testfall für die Gültigkeit der Turbulenzmodelle. Die rückwärts geneigte Stufe ist eine der einfachsten Geometrien, die die Untersuchung des Wiederanlegens der turbulenten Strömung zulässt. Die mit der Stufenhöhe H gebildete Reynolds-Zahl beträgt $Re_H = 3.7 \cdot 10^4$ bei der Temperatur $T_\infty = 293\ K$.

Die berechneten zeitlich gemittelten Geschwindigkeitsprofile stimmen entsprechend der Abbildung 5.16 sehr gut mit den experimentellen Werten überein. Auch hat die Variation des logarithmischen Wandgesetzes keinen nennenswerten Einfluss. Dennoch variiert der berechnete Wiederanlegepunkt zwischen $x/H = 5.4$ und 6.1, je nachdem welches Turbulenzmodell verwendet wird. Dabei macht es kaum einen Unterschied ob das Standard- oder nichtlineare quadratische K-ϵ-Turbulenzmodell verwendet wird. Die Zweigleichungs-Turbulenzmodelle basieren auf der Boussinesq-Annahme und der Isotropie der turbulenten Viskosität. In abgelösten Strömungen ist diese Isotropieannahme jedoch verletzt. Einen Hinweis auf die Weiterentwicklung der Turbulenzmodelle für anisotrope turbulente Strömungen gibt das Kapitel 3.2.3.

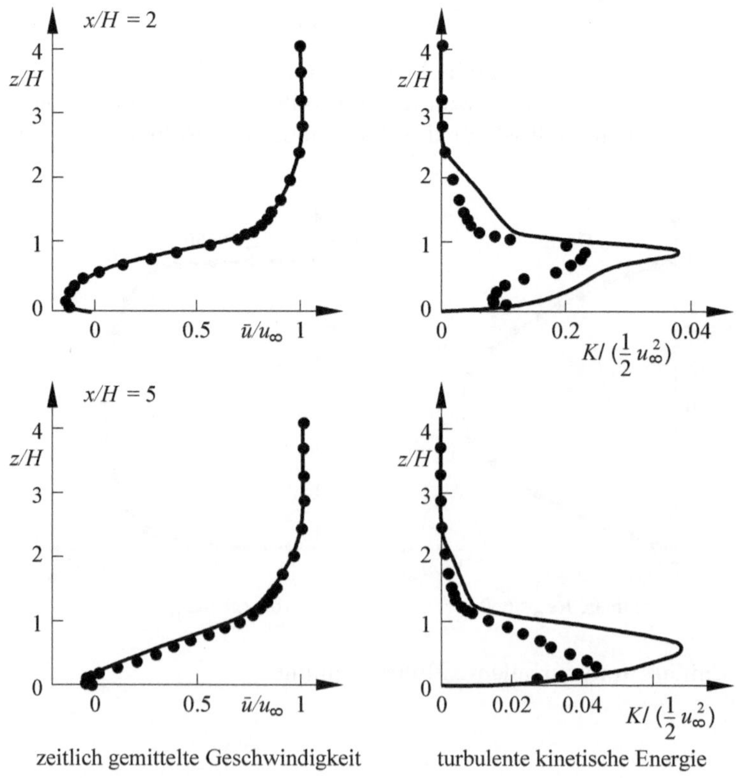

Abb. 5.16: Turbulente Strömungsablösung hinter einer rückwärts geneigten Stufe, $Re_H = 3.7 \cdot 10^4$

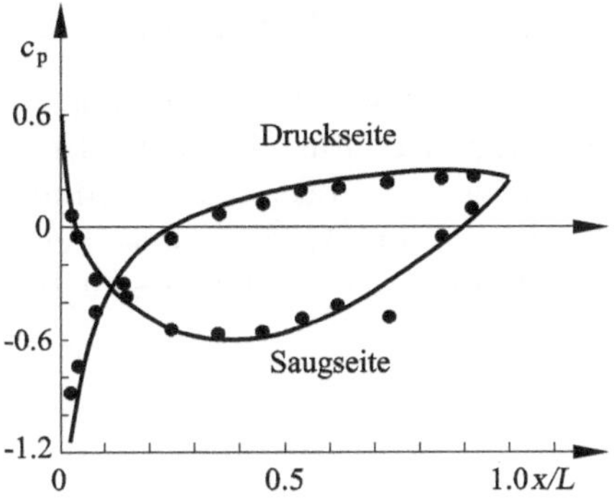

Abb. 5.17: Druckverteilung eines Axialverdichter-Profils, $Re_L = 3.5 \cdot 10^5$

Axialverdichter

Die Auslegung einer Verdichterschaufel erfolgt im Allgemeinen in einem Gitterkanal in dem die Schaufelprofile optimiert werden. Ein solches Axialverdichter-Profil dient als Verifikationsbeispiel für die Auslegung und Nachrechnung von Einzelkomponenten einer Strömungsmaschine. Die Reynolds-Zahl beträgt $Re_L = 3.5 \cdot 10^5$. Der Anströmwinkel des Profils wird $\beta_1 = 44°$ gewählt. Eine kritische Verifikationsgröße ist der mit dem Standard-K-ϵ-Turbulenzmodell berechnete Abströmwinkel β_2 des Profils. Die Auslegung wurde mit einem Abströmwinkel $\beta_2 = 32.8°$ durchgeführt. Berechnet wird in guter Übereinstimmung mit dem Experiment $\beta_2 = 33.12°$. Die Abbildung 5.17 zeigt darüber hinaus, dass die berechneten und gemessenen Druckverteilungen auf der Ober- und Unterseite des Profils übereinstimmen.

Radialpumpe

Die Verifikation der Software im rotierenden System einer Strömungsmaschine erfolgt für das Laufrad einer Radialpumpe. Das Laufrad in einem Segment der mehrstufigen Radialpumpe hat sieben Schaufeln, das nachfolgende Laufrad 11 Schaufeln. Der Volumenstrom im Auslegepunkt beträgt $\dot{V} = 9.2 \cdot 10^{-2}\ m^3/s$ bei einer Auslegungsdrehzahl von $n = 49.2\ s^{-1}$. Die mit der Umfangsgeschwindigkeit am Austrittsradius und dem Außendurchmesser gebildete Reynolds-Zahl beträgt $Re_D = 1.4 \cdot 10^6$. Im Übergang zwischen Laufrad und Leitrad werden die Eingangs-Strömungsgrößen von den Strömungsgrößen am Laufrad-

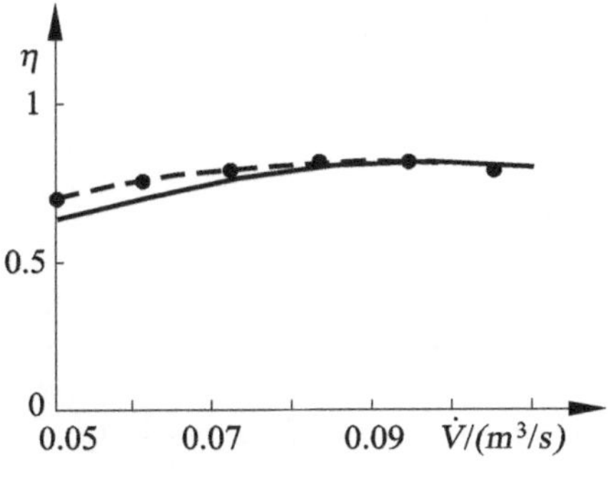

Abb. 5.18: Wirkungsgrad einer Radialpumpe, $Re_D = 1.4 \cdot 10^6$

austritt übernommen. Die Berechnung erfolgt mit dem Standard-K-ϵ-Turbulenzmodell.

Der Vergleich mit experimentellen Ergebnissen zeigt, dass das vereinfachte Übergangsmodell zwischen Laufrad und Leitrad berechtigt ist. Für die Bewertung der Radialpumpe ist der integrale Wirkungsgrad die entscheidende Größe. Die Abbildung 5.18 zeigt, dass der berechnete und gemessene Wirkungsgrad im Auslegepunkt beim Volumenstrom $\dot{V} = 9.2 \cdot 10^{-2}\ m^3/s$ übereinstimmen. Abweichungen ergeben sich bei geringeren Volumenströmen.

Konvektionsströmung

Die thermische Zellularkonvektion in einem von unten beheizten rechteckigen Behälter dient als Verifikationsbeispiel einer laminaren Innenströmung mit Wärmeübergang. Die charakteristische dimensionslose Kennzahl ist die Rayleigh-Zahl. Sie beträgt $Ra_L = 5400$, die Prandtl-Zahl des Fluids $Pr_\infty = 1000$ und die geometrische Ausdehnung des rechteckigen Behälters $x/y/z = 10/4/1$.

Die Abbildung 5.19 zeigt die berechnete periodische dimensionslose Temperaturverteilung im Mittelschnitt des kubischen Behälters im Vergleich mit den experimentellen Ergebnissen. Die Anzahl der Konvektionszellen wird von der numerischen Berechnung richtig wiedergegeben. Die Abweichungen in der Temperaturverteilung werden eher der Genauigkeit des Experiments zugeordnet und bewegen sich insbesondere in der Nähe der Behälterwand innerhalb der tomografischen Messgenauigkeit.

Zusätzlich ist bei der numerischen Berechnung zu beachten, dass bei gleicher Rayleigh- und Prandtl-Zahl unterschiedliche Verzweigungslösungen existieren die zwar mathematisch möglich sind, sich aber im Experiment bei konstanter Anlaufbedingung nicht einstellen. Hier ist zu empfehlen, dass man bei der Berechnung der dreidimensionalen Zellularkonvektion von einer zweidimensionalen Anfangsverteilung ausgeht um die Temperaturverteilung der Abbildung 5.19 zu erhalten.

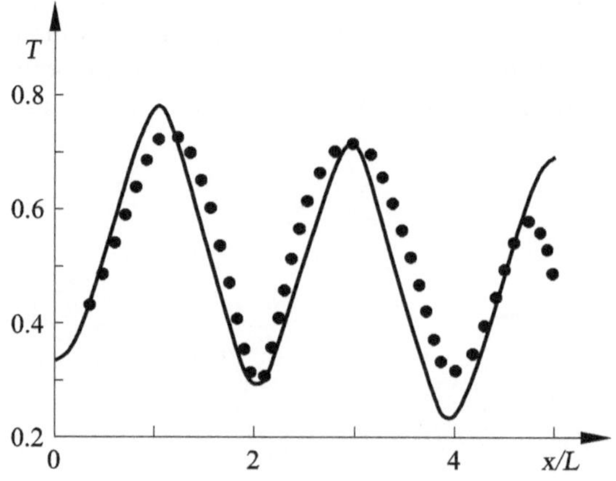

Abb. 5.19: Temperaturverteilung der thermischen Zellularkonvektion, $Ra_L = 5400$

MHD-Strömung

Magnetohydrodynamische MHD-Strömungen , die durch die Wechselwirkung elektrisch leitender Fluide wie z. B. flüssige Metalle mit einem Magnetfeld B gekennzeichnet sind, spielen bei vielen metallurgischen Prozessen eine wichtige Rolle. Die Kenntnis von magnetohydrodynamischen Strömungen ist auch für die Entwicklung eines Fusionsreaktors von entscheidender Bedeutung, wo das Reaktorplasma von einem starken Magnetfeld gehalten wird und flüssige Metalle für die Produktion von Tritium benutzt werden.

Ein Verifikationsbeispiel ist die ausgebildete MHD-Strömung im Rechteckkanal der dimensionslosen Tiefe 2 und der Höhe 0.5. Die dimensionslose Kennzahl ist die Hartmann-Zahl $Ha = L \cdot B \cdot \sqrt{\sigma/(\rho \cdot \nu)}$, mit der charakteristischen Länge $L = 1$, dem Magnetfeld B und der elektrischen Leitfähigkeit des Fluides σ. Sie beschreibt den Einfluss des Magnetfeldes auf die Kanalströmung. Für große Hartmann-Zahlen bildet sich eine elektromagnetische Grenzschicht an den Kanalwänden aus, deren Ausdehnung in Abbildung 5.20 skizziert ist. Es gilt wie bei der Reibungsgrenzschicht das Rechennetz in der Hartmann-Grenzschicht entsprechend zu verfeinern.

Das berechnete Geschwindigkeitsprofil zeigt im Vergleich mit der analytischen Lösung, dass sich an der Seitenwand aufgrund der Hartmann-Grenzschicht ein Maximum der Geschwindigkeit einstellt. In der Kernströmung bildet sich eine reibungsfreie Strömung aus, in der sich die elektromagnetischen Kräfte und die Druckkraft im Gleichgewicht befinden. Die Rechnung zeigt, dass die Geschwindigkeit u_0 im Kernbereich konstant ist und sich nicht entlang der Magnetfeldlinien ändert. Mit 25 bis 30 Gitterpunkten in den Hartmann-Grenzschichten erhält man eine sehr gute Übereinstimmung zwischen der analytischen und numerisch berechneten Lösung.

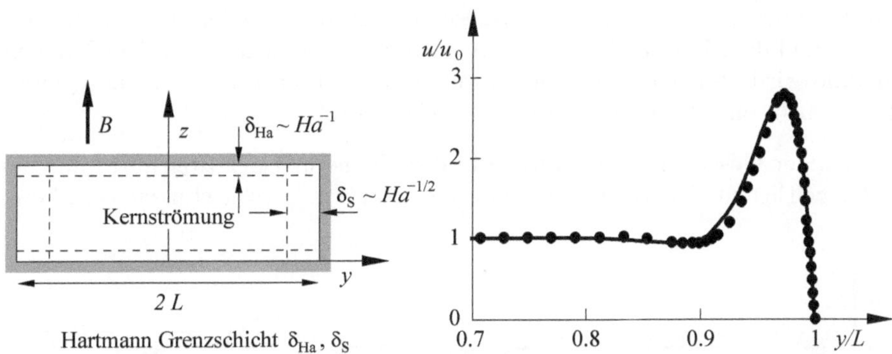

Abb. 5.20: MHD-Strömung in einem Rechteckkanal, $Ha = 500$

Instationäre Innenströmungen

Pulsierende Rohrströmung

Die Verifikation der Software für die Berechnung der pulsierenden laminaren Strömung z. B. in Adern oder der Aorta erfolgt mit der ausgebildeten pulsierenden Rohrströmung mit dem Durchmesser der Aorta $D = 2.2 \cdot 10^{-2}\ m$. Dabei wird der analytischen Hagen-Poiseuille-Strömung eine Sinusschwingung überlagert. Die mittlere Reynolds-Zahl beträgt $Re_D = 3600$ und die Schwingungsfrequenz $\omega = 8.3\ s^{-1}$, die einem Pulsschlag von 80 pro Minute angepasst ist. Für die pulsierende Blutströmung wird eine effektive Zähigkeit von $\mu_{\text{eff}} = 5.5 \cdot 10^{-3}\ kg/(ms)$ angenommen.

Die Abbildung 5.21 zeigt den periodischen Anteil einer Periode der berechneten momentanen Geschwindigkeitsprofile im Rohr ohne den stationären Anteil der Hagen-Poiseuille-Strömung, der mit der analytischen Lösung übereinstimmt.

Elastische Rohrströmung

Die Adernwände verformen sich elastisch mit dem Einfluss des periodischen Strömungspulses. Deshalb muss das Verifikationsbeispiel der pulsierenden Rohrströmung um die Strömungs-Struktur-Kopplung mit bewegten Rechennetzen ergänzt werden. Für die pulsierende elastische Rohrströmung der Wandstärke d wird zusätzlich die Bewegungsgleichung der Strukturmechanik (siehe *H. Oertel jr. und S. Ruck Bioströmungsmechanik* 2012) gelöst. Die elastische Rohrwand, die entgegen dem starren Rohr an beiden Enden fest eingespannt ist, wird als dünn $d/D \ll 1$ vorausgesetzt und mit einer periodischen Sinus-Störung überlagert. Es wird vorausgesetzt, dass die radialen und axialen Verschiebungen klein und die Materialeigenschaften isotrop und homogen sind. Die Trägheitskraft der Rohrwand wird vernachlässigt. Die Wandstärke beträgt $d/R = 0.1$, die Querkontraktionszahl $\nu = 0.49$ und der Elastizitätsmodul $E = 2 \cdot 10^6$.

Der Vergleich der Geschwindigkeitsprofile in der Umgebung der Rohrmitte mit dem entsprechenden zeitlichen Verlauf der Druckprofile zeigt wie bei der starren Wand eine Pha-

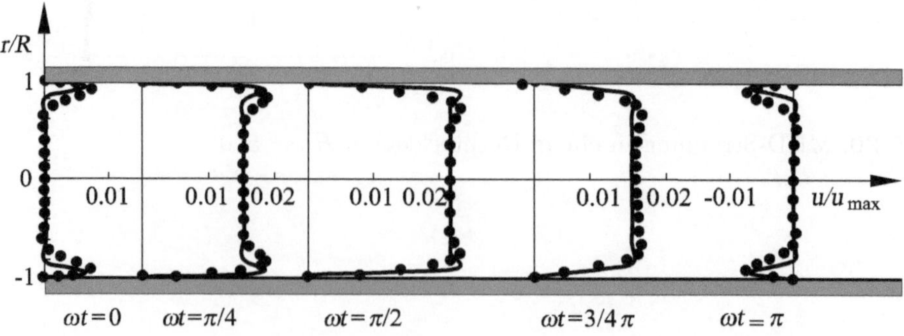

Abb. 5.21: Periodischer Anteil der Geschwindigkeitsprofile der pulsierenden Rohrströmung, $Re_D = 3600$, $\omega = 8.3\,\text{s}^{-1}$

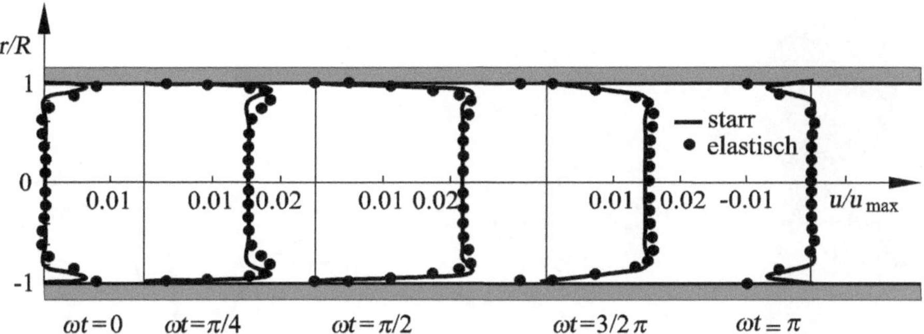

Abb. 5.22: Periodischer Anteil der Geschwindigkeitsprofile der pulsierenden elastischen Rohrströmung, $Re_D = 3600$, $\omega = 8.3\,\mathrm{s}^{-1}$

senverschiebung. Die Abbildung 5.22 macht deutlich, dass Unterschiede zwischen den starren und elastischen Lösungen lediglich in Wandnähe auftreten.

Das Modell der Strömung-Struktur-Kopplung lässt sich mit der *Moens-Korteweg-Ausbreitungsgeschwindigkeit* des Druckpulses im elastischen Rohr $c = (E \cdot d/D \cdot \rho)^{1/2}$ validieren. In Übereinstimmung mit der analytischen Lösung wird $c = 10.6\,\mathrm{m/s}$ berechnet.

Ventrikelströmung

Die Berechnung der pulsierenden Strömung in den Ventrikeln des menschlichen Herzens der Abbildung 4.63 wird mit der Messung der lokalen Geschwindigkeiten in einem Modellventrikel verifiziert. Der Modellventrikel wird in Silikon in der Weise nachgebildet, dass die Elastizität und Volumenzunahme dem menschlichen Ventrikel entspricht. Die zeitabhängige Ventrikel-Kontraktion und Relaxation wird über einen Herzzyklus für die Strömungsberechnung vorgegeben beziehungsweise mit einer gekoppelten Strömungsstrukturberechnung ermittelt. Die mit dem Durchmesser D und der mittleren Geschwindigkeit u_m der Strömung im Aortenkanal gebildete Reynolds-Zahl beträgt $Re_D = 1900$ und der Herzzyklus $T_0 = 1\ s$. Für das strömende Blut wird die effektive Zähigkeit $\mu_{\text{eff}} = 5.5 \cdot 10^{-3}\ kg/(ms)$ angenommen.

Die Abbildung 5.23 zeigt die Stromlinien im Längsschnitt und die Geschwindigkeitsverteilung u/u_m im Horizontalschnitt des Ventrikels normiert mit der mittleren Geschwindigkeit im Aortenkanal u_m für zwei Zeitpunkte des Herzzyklus im Vergleich mit den experimentellen Werten. Zu erkennen ist der Ringwirbel zu Beginn des Einströmvorgangs und der Ausströmjet aus der Aortenklappe in der Kontraktionsphase. Die beim Einströmen in den Ventrikel auftretenden Unterschiede an der Herzaußenwand resultieren aus einem etwas stärker ausgeprägten Ringwirbel der Berechnung, der durch das verwendete Klappenmodell entsteht. Dennoch zeigen sowohl der qualitative Vergleich der Strömungsbilder als auch der quantitative Vergleich der Geschwindigkeitsprofile eine gute Übereinstimmung. Die Abweichungen lassen sich auf Messungenauigkeiten, Segmentierungsungenauigkeiten bei der Erstellung des Geometriemodells insbesonders im Klappen- und Vorhofbereich und auf modellbedingte Vereinfachungen des Klappenmodells und des Vorhofes zurückführen.

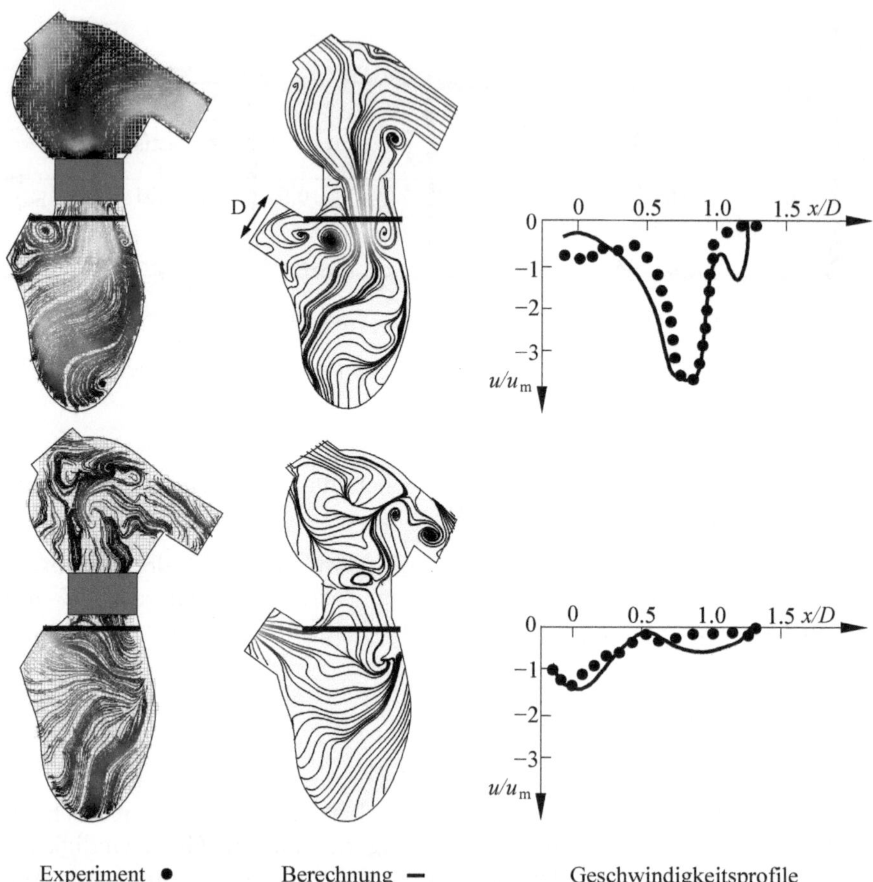

Abb. 5.23: Strömung im Modellventrikel des menschlichen Herzens, $Re_D = 1900, T_0 = 1\ s$

Mit der Übereinstimmung der Simulationsergebnisse und ergänzenden Flussmessungen im MRT-Tomografen gilt das im einführenden Kapitel beschriebene virtuelle menschliche Herzmodell als validiert.

Staukörper

Als Verifikationsbeispiel für eine turbulente instationäre Innenströmung wird die dreidimensionale Umströmung eines Staukörpers in der Rohrströmung gewählt. Der Staukörper der Abbildung 5.24 wird von einer ausgebildeten turbulenten Rohrströmung angeströmt. Das Durchmesserverhältnis von Rohr zu Staukörper beträgt $D/d = 3.6$. An der Rohrwand bildet sich um den Staukörper ein Hufeisenwirbel, der in die periodische Wirbelablösung im Nachlauf des Staukörpers übergeht.

Die Strömungsberechnung wird mit dem nichtlinearen Niedrig-Reynolds-Zahl K-ϵ-Turbulenzmodell mit hybridem Wandgesetz und einer entsprechenden Netzverfeinerung

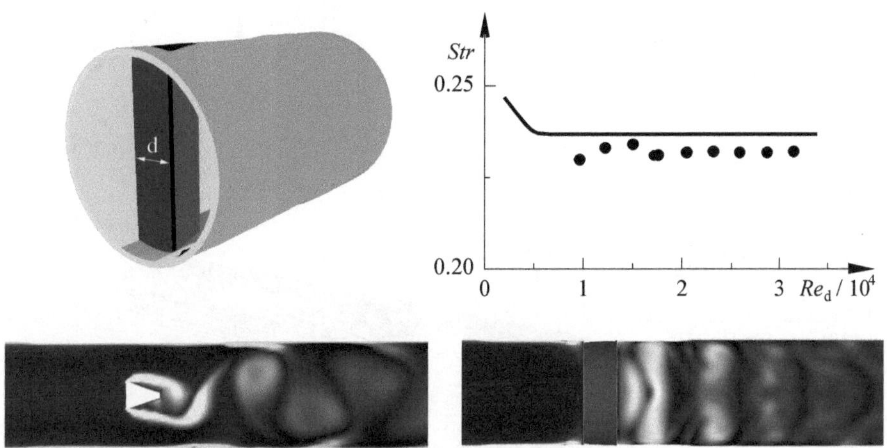

Momentanlinien der Wirbelstärke

Abb. 5.24: Staukörper in der Rohrströmung

in den Wandgrenzschichten durchgeführt. Es wird in der ausgebildeten Rohrströmung ein Turbulenzgrad von $Tu_\infty = 5$ % und die Turbulenzlänge $l = 0.01$ m vorgegeben. Die Abbildung 5.24 zeigt die Momentanlinien der Wirbelstärke und den konstanten Wert der Strouhal-Zahl von $Str = 0.237$ in Abhängigkeit der Reynolds-Zahl. Die geringfügige systematische Abweichung zwischen Simulationsrechnung und Experiment liegen innerhalb der Messfehlertoleranz von 5 %.

Aeroakustik der Rohrströmung mit Blenden

Die Kenntnis der Entstehung und Ausbreitung strömungsmechanisch erzeugten Schalls in Rohrleitungssystemen ist bei der Auslegung der Klimatisierung von Gebäuden, Kraftfahrzeugen und Flugzeugen ein entscheidendes Entwicklungsziel im Hinblick auf die Reduzierung aeroakustischer Schallquellen. Die Rohrströmung mit zwei Blenden wird als Verifikationsbeispiel der kommerziellen Software und der Lokalisierung der Schallquellen gewählt.

In Abbildung 5.25 ist die geometrische Anordnung sowie das Ergebnis der Grobstruktursimulation (siehe Kapitel 3.2.4) dargestellt. Das durchströmte Rohr hat einen Durchmesser von $D = 5 \cdot 10^{-2}$ m mit der Reynolds-Zahl $Re_D = 1.7 \cdot 10^4$ bei der mittleren Geschwindigkeit $u_\mathrm{m} = 5$ m/s. Der Innendurchmesser der Blenden beträgt $D_\mathrm{B} = 2.8 \cdot 10^{-2}$ m. Die Blenden erzeugen jeweils eine periodische Wirbelablösung, die die gezeigten Frequenzspektren der Schallausbreitung verursachen. Das Geschwindigkeitsprofil und die turbulente kinetische Energie werden über ein ausgebildetes Geschwindigkeitsprofil vorgegeben. Spezielle Formulierungen der Randbedingungen vermeiden die Reflexion der Schallwellen an den freien Enden des Strömungsgebietes.

In Abhängigkeit des Abstandes L der beiden Lochblenden stellt sich nach dem Ablösen der Strömung an der ersten Lochblende eine charakteristische Interaktion und Reflexion

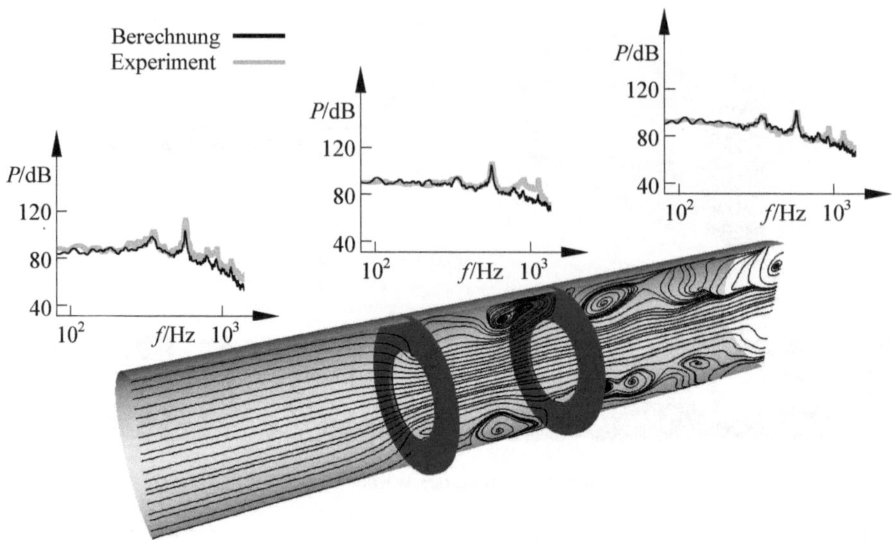

Abb. 5.25: Aeroakustik der Rohrströmung mit Blenden

mit der zweiten Lochblende ein. Neben dem klassischen Quadrupol-Rauschen der Scherströmung kommt hierbei auch eine tonale Komponente zum Vorschein. Abbildung 5.25 zeigt für $L = D$ eine Momentaufnahme der Stromlinien im Rohrmittelschnitt. Zur weiteren aeroakustischen Auswertung wird an drei charakteristischen Stellen ein Frequenzspektrum des Druckes gezeigt. Ein Auswertungsort befindet sich dabei zwischen den Lochblenden. Die beiden anderen Auswertungsorte befinden sich im Abstand D vor der ersten bzw. nach der zweiten Querschnittsverengung. Die mit der Grobstruktursimulation ausgewerteten Frequenzspektren sind in Übereinstimmung mit den im Experiment gemessenen Spektren.

5.2 Anwendungsbeispiele

Zum Abschluss beschreiben wir Anwendungsbeispiele von Berechnungen mit kommerzieller Strömungsmechanik Software, die bei der Durchführung von Industrieprojekten zum Einsatz kommt. Entsprechend der durchlaufenen Verifikationsbeispiele behandeln wir zunächst praktische Anwendungsbeispiele von **Umströmungen**.

Transsonischer Tragflügel mit Bump

Bereits in Abbildung 4.60 haben wir eine Finite-Volumen-Lösung der Favre-gemittelten Grundgleichungen für den transsonischen Tragflügel gezeigt. Wie wir im Kapitel 1 ausgeführt haben, ist das Entwicklungsziel beim Tragflügel eines Verkehrsflugzeuges bei einem vorgegebenen Auftriebsbeiwert c_a einen möglichst geringen Widerstandsbeiwert c_w zu erzielen. Zunächst denkt man daran, die laminare Lauflänge der Grenzschicht auf dem Flügel zu vergrößern. Dies führt zu transsonischen Laminarflügeln mit einem maximalen Pfeilwinkel von etwa $\Phi = 20°$. Die Stabilitätsanalyse (siehe *H. Oertel jr., J. Delfs* 1996, 2005) zeigt jedoch, dass bei realistischen Pfeilwinkeln der Verkehrsflugzeuge von etwa $\Phi = 30°$ der Laminarisierungseffekt aufgrund des Auftretens so genannter Querströmungsinstabilitäten in den dreidimensionalen Grenzschichten verloren geht. Insofern ist man gezwungen nach anderen Maßnahmen der Widerstandsreduzierung zu suchen. Eine Möglichkeit ist der so genannte adaptive Flügel, der sich dem jeweiligen Flugzu-

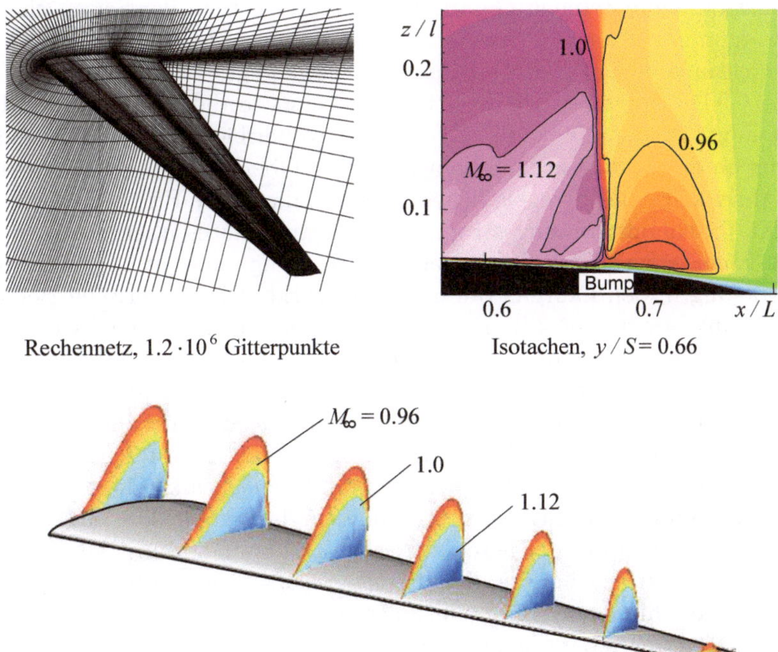

Abb. 5.26: Transsonischer Tragflügel mit Konturänderung (Bump)

stand optimal anpasst. Eine andere Möglichkeit ist die *Bump*, eine Konturveränderung der Flügeloberfläche im Stoßbereich, die die Stoß-Grenzschicht-Wechselwirkung auf dem Flügel derart beeinflusst, dass eine Widerstandsreduzierung bis zu 9 % möglich wird.

Die Abbildung 5.26 zeigt die Wirkungsweise einer solchen Konturveränderung auf dem Flügel. Zunächst ist das Rechennetz um einen Airbus A 320 Modellflügel mit $1.2 \cdot 10^6$ Netzpunkten gezeigt. Die Anström-Mach-Zahl beträgt $M_\infty = 0.78$, die Reynolds-Zahl $Re_L = 26.6 \cdot 10^6$, der Anstellwinkel $\alpha = 2°$ und der Pfeilwinkel $\Phi = 20°$. Die Lösung ohne Konturveränderung entspricht den Ergebnissen der Abbildung 4.60. Mit Konturveränderung zeigt der Ausschnitt der Lösung im Stoß-Grenzschicht-Wechselwirkungsbereich, dass der Stoß auffächert und sich das grau schattierte Nachexpansionsgebiet einstellt. Dabei wird die Kontur im Bereich des Verdichtungsstoßes derart verändert, dass die Aufwölbung der Stromlinien der Beeinflussung mit einer Druck-Ausgleichskammer vor und hinter dem Stoß entsprechen. Durch die Konturveränderung im Stoßbereich wird aufgrund der Nachexpansion die Ablösetendenz verringert. Die Grenzschichtdicke wird reduziert und aufgrund der Auffächerung des Stoßes gleichzeitig der Wellenwiderstand verringert. Insgesamt erhält man die gewünschte Widerstandsreduzierung.

Kraftfahrzeugumströmung

Eine Basislösung der inkompressiblen Kraftfahrzeugumströmung wurde bereits in Abbildung 4.61 ohne Berücksichtigung von Anbauten wie z. B. dem Spiegel gezeigt. Der Spiegel ist jedoch von Interesse, wenn es um die Aeroakustik des Kraftfahrzeuges geht. Aufgrund der Spiegelumströmung entstehen Geräuschanteile, die sich an der Seitenscheibe konzentrieren. Sie werden zum einen in das Fernfeld und zum anderen über die Seitenscheibe, und die Türdichtung in den Fahrgastraum des Fahrzeuges übertragen. Die Abbildung 5.27 zeigt die CAD-Geometrie des Kraftfahrzeuges sowie die Prinzipskizze der Spiegel-Nachlaufströmung. In der Nähe der Kraftfahrzeugoberfläche bildet sich aufgrund der Haftbedingung an der Wand ein Hufeisenwirbel aus. Oberhalb des Hufeisenwirbels erhält man an der Abrisskante des Spiegels Scherschichten, die in die Rückströmung hinter dem Spiegel und die Nachlaufströmung stromab des Sattelpunktes übergehen. In den Scherschichten des Hufeisenwirbels und der Nachlaufströmung entsteht ein hoher Schallpegel, dessen Übertragung in den Fahrgastraum störend wirkt. Die numerische Berechnung der Spiegelumströmung erfolgt mit $3.2 \cdot 10^6$ Gitterpunkten, der Anströmgeschwindigkeit von 140 km/h und der Reynolds-Zahl $Re_D = 5 \cdot 10^5$. Von der Zylinderumströmung weiß man, dass bei der Reynolds-Zahl von $5 \cdot 10^5$ keine dominante Ablösefrequenz der Kármánschen Wirbelstraße auftritt. Die numerische Rechnung und die Experimente bestätigen diesen Sachverhalt für den Spiegel-Halbzylinder. In Abbildung 5.27 sind die aus der numerischen Rechnung ausgewerteten lokalen Schallpegel in zwei Ebenen senkrecht und horizontal zum Spiegel im Vergleich mit experimentellen Ergebnissen dargestellt. Die Messung der lokalen Schallquellen erfolgt dabei mit der aeroakustischen Holografie. Man erkennt deutlich, dass die hohen Schallpegel in den bereits diskutierten Scherschichten und als Quellanteile der Gestaltänderung der mittleren Strömung auftreten, die insbesondere im Sattelpunktbereich der Nachlaufströmung zu erkennen sind.

Verfügt man über die numerische Lösung der Kraftfahrzeugströmung für die Außen- und Innenströmung können aus den Detaillösungen z. B. im Radkasten, an Spoilern bzw. im

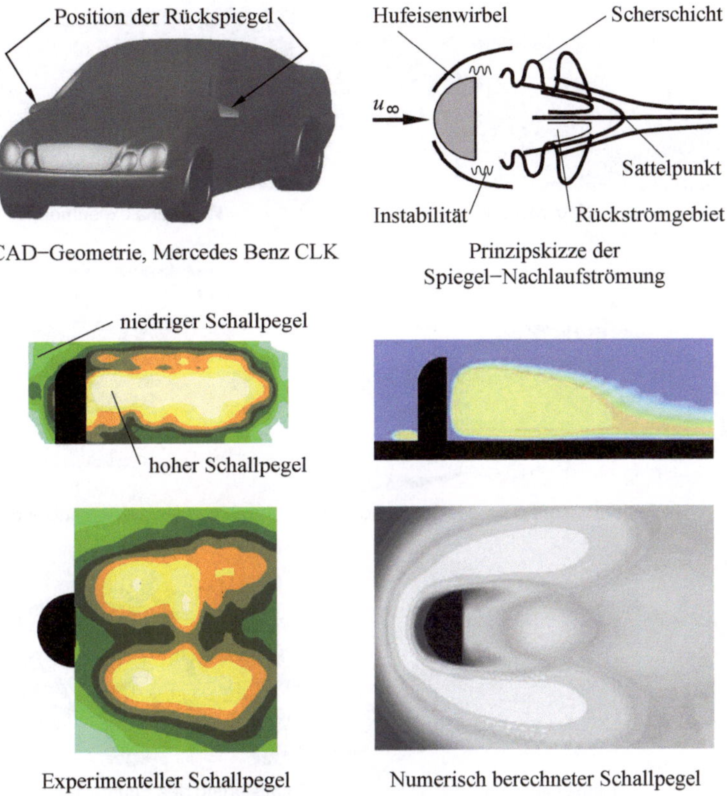

Abb. 5.27: Aeroakustik eines Kraftfahrzeug-Spiegels

Fahrgastraum lokale Schallquellen ausgewertet werden, die den akustischen und klimatischen Komfort mitbestimmen. Die Kenntnis der Strömungsstruktur im Nachlauf des Kraftfahrzeuges ermöglicht die Vorhersage der Verschmutzung des Kraftfahrzeughecks (siehe Abbildung 5.28). Dabei werden für die Berechnung der aerodynamischen Beiwerte von Serienfahrzeugen Rechennetze mit bis zu 45 Millionen Gitterpunkten benutzt.

Helmaerodynamik

Die Berechnung der Umströmung eines Motorradfahrers mit Helm (siehe Abbildung 5.29) erfordert einen hohen Detaillierungsgrad der Erstellung der Rechennetze. Insbesondere die Auflösung der Umströmung der Kopf- und Halspartie des Fahrers fordern die automatisierten Rechennetzgeneratoren der kommerziellen Software heraus, die für dieses Anwendungsbeispiel eine manuelle Überarbeitung erfordern.

Im Nachlauf des Motorradfahrers bildet sich ein Hufeisenwirbel im Bereich zwischen Hals und Helm, der das Nachlaufgebiet zwischen Helm und Fahrer unterteilt. Helmspoiler haben den Vorteil der fixierten Ablösung. Damit bildet der Helm auch in Grenzbereichen eine fixierte Nachlaufstruktur aus. Berechnet man den Helm ohne Spoiler

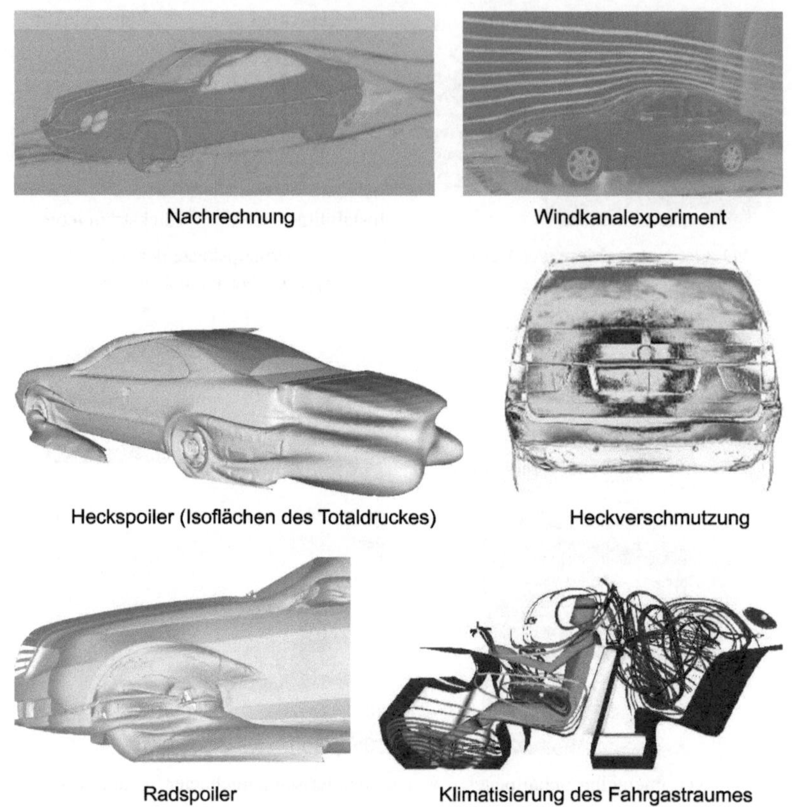

Abb. 5.28: Detaillösungen der Kraftfahrzeugströmung

zeigen die Ergebnisse, dass unterschiedliche Turbulenzmodelle bei glatten Helmkonturen unterschiedliche Positionen der Ablöselinie hervorrufen. Das nichtlineare K-ω-Turbulenzmodell in Niedrig-Reynolds-Zahl-Formulierung wird entsprechend des Verifikationsbeispiels der Kugelumströmung immer zu einer konservativen Aussage, also zu einer früheren Ablösung führen. Das K-ϵ-Modell berechnet eine spätere Ablösung. Mit Helmspoiler ist die Strömungsablösung fixiert und die unterschiedlichen nichtlinearen Turbulenzmodelle führen zu der gleichen fixierten Ablöselinie. Lediglich bei der falschen Wahl der Spoilergeometrie kommt es zum Wiederanlegen der Strömung auf dem Helm, was entsprechend dem Verifikationsbeispiel der rückwärts geneigten Stufe zu unterschiedlichen Anlegelinien führt.

Das Anwendungsbeispiel der Motorradhelmaerodynamik macht dem Nutzer kommerzieller Strömungsmechanik-Software besonders anschaulich deutlich, welchen Einfluss die Generierung der Rechennetze und die Auswahl der Turbulenzmodelle auf die Strömungsstruktur des Nachlaufs und die Berechnung der integralen aerodynamischen Beiwerte haben.

Es folgen Anwendungsbeispiele von **Innenströmungen**, die erfahrungsgemäß mit einem größeren Aufwand zu berechnen sind, sofern die Behandlung bewegter Rechennetze im rotierenden System erforderlich werden.

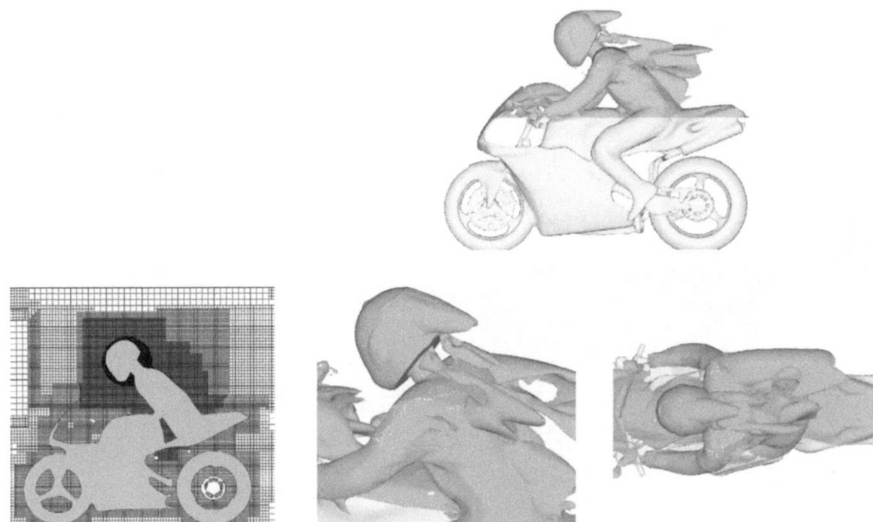

Rechennetz, $3.6 \cdot 10^6$ Gitterpunkte Isoflächen des Totaldruckes

Abb. 5.29: Motorradumströmung mit Fahrer und Helm

Spritzdüse einer Scheibenwaschanlage

Zur Reinigung der Windschutzscheibe von Kraftfahrzeugen werden neben klassischen Kegelstrahldüsen hydrodynamische Fächerstrahldüsen eingesetzt. Dabei wird eine flächige Wasserverteilung auf der Scheibe durch einen selbsttätig oszillierenden Punktstrahl erreicht. Die Bewegung des Strahles wird einzig durch die geeignete Gestaltung der Düsengeometie erzielt, so dass keinerlei aktiv bewegte Komponenten erforderlich sind.

In der Praxis zeigt sich, dass bei der Verwendung von Fächerstrahldüsen eine stark inhomogene Verteilung des Reinigungsmittels auf der Frontscheibe auftritt. Ziel ist es daher die Düsengeometrie hinsichtlich einer homogeneren Wasserverteilung zu optimieren.

Ausgehend von der CAD-Geometrie der Düse wird ein Negativmodell erzeugt, um den durchströmten Fluidbereich abzubilden. Zur Untersuchung des oszillierenden Wasserstrahles nach dem Verlassen der Düse wird zusätzlich ein quaderförmiges Volumen am Auslass der Düse modelliert. Die Vernetzung der dreidimensionalen Geometrie des Fluidraumes und des Ausströmvolumens erfolgt mit einem blockstrukturierten Netz aus Hexaederzellen. Das verwendete Rechennetz besteht aus insgesamt $7.5 \cdot 10^5$ Zellen, wobei $2.5 \cdot 10^5$ auf die Spritzdüse und die restlichen $5 \cdot 10^5$ auf das Ausströmvolumen entfallen. Abbildung 5.30 zeigt das blockstrukturierte Rechennetz der Düse und des angrenzenden Volumens.

Am Einlass der Düse wird ein Relativdruck von 1 *bar* vorgegeben. Am Auslass herrscht Umgebungsdruck. Für die Berechnung der turbulenten Strömung wird ein nichtlineares K-ϵ-Turbulenzmodell mit Wandfunktion verwendet. Bei der Modellierung der freien Oberfläches des Wasserstrahles wird angenommen, dass im gesamten Strömungbereich lediglich ein Medium vorhanden ist, dessen Stoffwerte zeitlich und räumlich von der Zusammensetzung aus Luft und Wasser abhängen. Zur Bestimmung der Konzentration wird eine

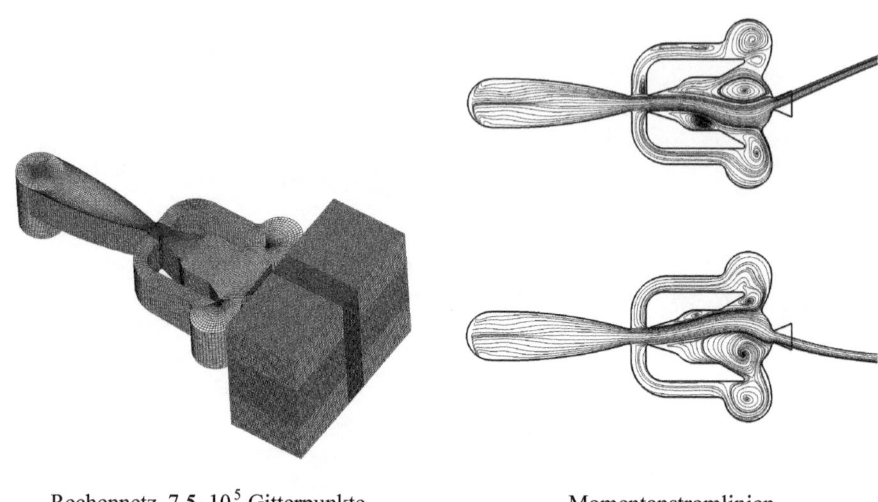

Rechennetz, $7.5 \cdot 10^5$ Gitterpunkte Momentanstromlinien

Abb. 5.30: Oszillierende Spritzdüse einer Kraftfahrzeug-Scheibenwaschanlage

zusätzliche Transportgleichung gelöst.

Die auf einem Schnitt durch die Fächerstrahldüse projizierten Momentanstromlinen der Abbildung 5.30 zeigen zwei unterschiedliche Zeitpunkte einer Strahlschwingung. Die Funktion der Düse beruht auf einer wechselseitigen Ablösung des Strahles an der Kante der Hauptkammer unter der Bildung von Wirbeln. Diese Wirbel wandern abwechselnd in den vorderen Bereich der Düse. Hierdurch wird der Hauptstrahl abgelenkt und ein Teil des Strahles wird über die seitlichen Kammern an der Vorderseite der Düse und den angrenzenden Kanälen zurückgeleitet. Dadurch erfolgt eine Rückwirkung auf den Hauptstrahl mit Ablösung und Wirbelbildung auf der gegenüberliegenden Seite.

Die Optimierung dieses Resonators erfolgt durch eine Erhöhung der Resonatorfrequenz, die eine gleichmäßigere Verteilung des Reinigungsmittels auf der Windschutzscheibe zur Folge hat.

Kraftfahrzeug Batterie

In Kraftfahrzeugen und Lastkraftwagen kommen Batterien zum Einsatz, die aus mehreren mit Flüssigkeit (verdünnte Schwefelsäure H_2SO_4) gefüllten Zellen besteht. Bei längeren Standzeiten der Fahrzeuge und damit der Batterie kommt es zu einer Entmischung der Flüssigkeit. Die schwere Säure setzt sich dabei im unteren Teil des Behälters ab, während das Wasser eine Schicht im oberen Teil des Behälters einnimmt. Da die Funktionsweise der Batterie durch den beschriebenen Vorgang beeinträchtigt wird, ist eine Durchmischung der Batterieflüssigkeit anzustreben. Eine Möglichkeit, dies ohne Einsatz einer zusätzlichen Pumpe oder ähnlichem umzusetzen, besteht in der Ausnutzung der durch Beschleunigungs- bzw. Bremsvorgänge des Fahrzeugs bereitgestellten Volumenkräfte, die auf das gesamte System wirken. Die Brems- und Beschleunigungsvorgänge in horizontaler Richtung bewirken in Addition mit der nach unten zeigenden Erdbeschleunigung einen resultierenden Beschleunigungsvektor.

Durch einen, an der rechten Behälterwand angebrachten Kanal in Kombination mit der Blockierung der restlichen Flüssigkeitsoberfläche (siehe Abbildung 5.31) kann ein Volumenstrom vom unteren Teil des Behälters in den oberen Teil des Behälters erzwungen werden. Durch Rückführung der so geförderten Flüssigkeit auf die Flüssigkeitsoberfläche kann die angestrebte Durchmischung erreicht werden.

Es wird das dynamische Schwappverhalten der Flüssigkeit in der Batterie für den Fall berechnet, dass der Behälter für eine Dauer von einer Sekunde mit $4\,m/s^2$ beschleunigt bzw. abgebremst wird.

Die Polyedervernetzung mit der Verfeinerung in Wandnähe und in den Bereichen der Flüssigkeitsoberflächen ist in der Abbildung 5.31 dargestellt. Dabei wurden Prismenzellschichten in Wandnähe zur korrekten Berechnung der in der Strömungsgrenzschicht auftretenden Scherspannungen verwendet.

Das Ergebnis der Rechnung zum Ende der Beschleunigungsphase zeigt deutlich das Hochschwappen der Batterieflüssigkeit. Nach Beendigung der Krafteinwirkung sackt das hochgeschwappte Fluid herunter, läuft über die hierfür konzipierte Bridge zum Loch in der Mitte zurück, wo es sich mit den oberen Lagen der Batterieflüssigkeit vermischt.

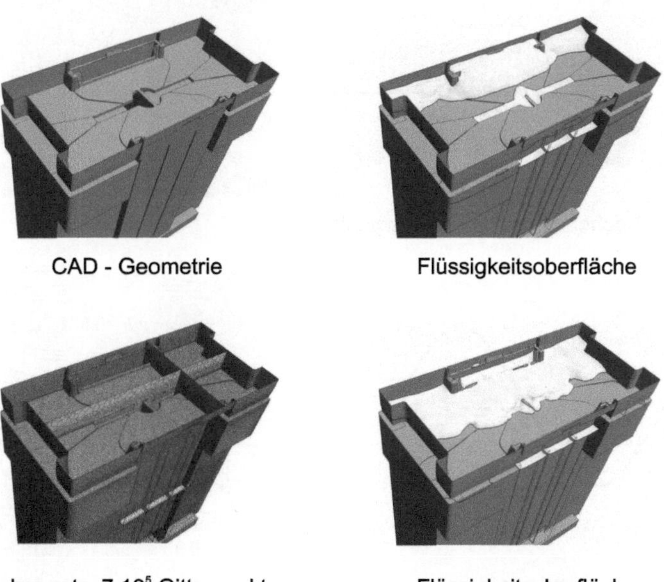

Abb. 5.31: Durchmischung einer Batterieflüssigkeit

Coriolis-Drehratensensor

Um in der Kraftfahrzeugtechnik Kippbewegungen von Kraftfahrzeugen ausgleichen zu können, wird die Messung der Coriolis-Kraft mit Mikro-Bewegungssensoren in ESP-Systemen genutzt. Der Sensor besteht aus einem abgeschlossenen Behälter der Höhe 240 μm, in dem Finger im Mikrometerbereich gegeneinander mit der Frequenz f oszillieren. Dabei entsteht eine instationäre Spaltströmung deren Strömungsverluste möglichst gering gehalten werden sollen. Also wird der Umgebungsdruck der periodisch oszillierenden Finger bis in den gaskinetischen Bereich abgesenkt. Die mit der Spalthöhe H gebildete Re_H ist so gering, dass sich dennoch die Haftbedingung an der Fingerwand einstellt.

Im Verlauf der Nutzungsdauer des Bewegungssensors wird aufgrund der Ausgasungen der Druck im abgeschlossenen Sensorbehälter kontinuierlich ansteigen und sich die Dämpfungscharakteristik des Bewegungssensors verschlechtern.

Die Abbildung 5.32 zeigt die Momentaufnahme der Geometrie und des bewegten Finite-Volumen-Rechennetzes mit $8.5 \cdot 10^5$ Gitterpunkten für einen Ausschnitt des Bewegungssensors. Die Spalthöhe zwischen den oszillierenden und ruhenden Fingern beträgt $H = 2.7\ \mu m$. Bei der Oszillationsfrequenz $f = 1450\ s^{-1}$ ergibt sich die Reynolds-Zahl der Spaltströmung $Re_H = 0.01$ bei einem Druck $p = 0.01\ bar$. In Abbildung 5.32 sind die Isotachen in zwei Schnitten um die Vorder- und Hinterkante des mittleren oszillierenden Fingers zu einem vorgegebenen Zeitpunkt dargestellt. Man erkennt die dreidimensionale Umströmung der Vorderkante. In den Spalten zwischen den ruhenden und bewegten Fingern stellt sich die bekannte Spaltströmung ein. Die Dämpfungskraft D setzt sich aus

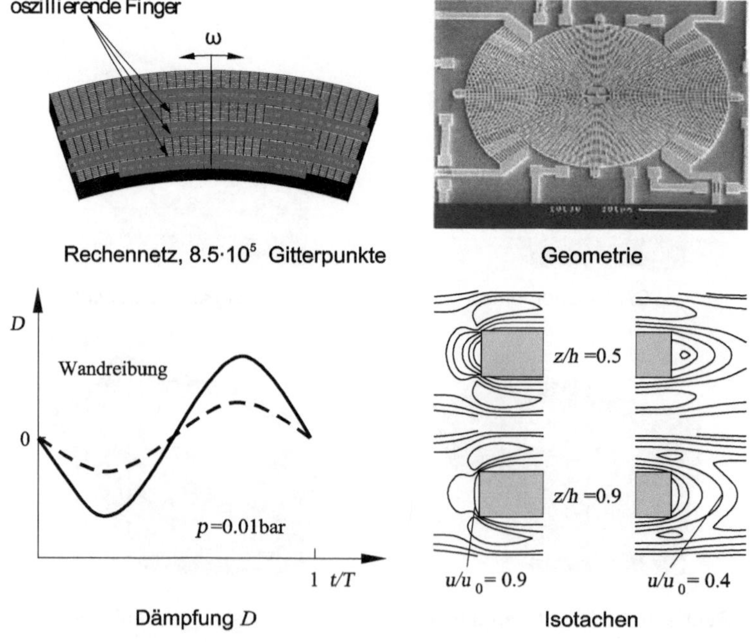

Abb. 5.32: Spaltströmungen eines oszillierenden Coriolis-Drehratensensors

den bekannten Anteilen der Druck- und Reibungskraft zusammen, die für eine Periode T dargestellt sind.

Drehschieberpumpe

Die Funktionsweise einer Drehschieberpumpe beruht darauf, dass während der Drehbewegung die Lage des Schiebekolbens so verändert wird, dass die einzelnen mit Fluid gefüllten Kammern ihr Volumen von 0° bis 180° Drehwinkel beim Überstreichen der Einlassschlitze kontinuierlich vergrößern und nach Durchlaufen des Einlassschlitzes das Volumen kontinuierlich verkleinern bis das komprimierte Medium am Auslassschlitz austritt. Beim Durchlaufen des Kompressionsspaltes erhöht sich der Druck und die Temperatur des zu fördernden Fluids.

Die Abbildung 5.33 zeigt die vereinfachte Geometrie der Drehschieberpumpe sowie das Rechennetz der Spaltströmung. Es besteht aus einem Einlassring über den gesamten Winkelbereich und dem dazugehörigen Auslasselement mit den entsprechenden Winkeln. Das erste Segment hat die angezeigte Startposition, wobei die Zellen, welche über den Einlass ragen anfangs ausgeschaltet sind und im Verlauf der Rotation sukzessive zugeschaltet werden. Bei dieser Art der Berechnung wird der Interaktionseffekt durch Nachbarzellen in der Ansaug- und Ausstoßphase nicht berücksichtigt. Die Netzbewegung wird beginnend mit einer Zellreihe am Einlass um je ein Grad pro Zeitschritt aufgeprägt. In den ersten Schritten werden sukzessive die Zellschichten aktiviert, bis das ganze Segment in Kontakt mit dem Einlass steht. Im Weiteren bewegt sich das Segment im Uhrzeigersinn bis die eine Zellreihe den Auslassrand erreicht. An diesem Zeitpunkt beginnend werden die Zellschichten sukzessive deaktiviert. In Abbildung 5.33 sind die Temperaturverteilungen bei drei ver-

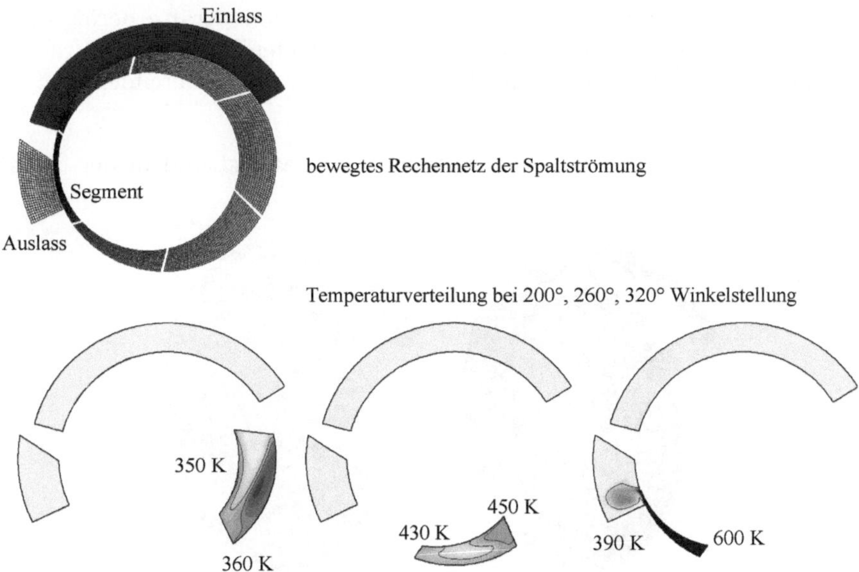

Abb. 5.33: Spaltströmung in einer Drehschieberpumpe

schiedenen Winkelstellungen des Schiebekolbens dargestellt. Die Einlasstemperatur des Fluids beträgt 293 K und die Wandtemperatur der Pumpe 333 K. Im Einlassbereich erfolgt die Wirbelbildung bei der Umströmung des Schiebers. Im Auslassbereich ergibt sich eine jetartige Expansionsströmung in die Kammer. Die Temperatur der komprimierten Strömung im Spalt erhöht sich auf Werte bis zu 600 K und fällt im Expansionsbereich der Auslasskammer wieder stark ab.

Laubgebläse

Bei der Auslegung eines Laubgebläses geht es um die aeroakustische Optimierung des Laubgebläses bei gleichzeitiger Optimierung des Volumenstroms.

Es wird bei der Neuauslegung eine Schallreduktion um 10 dB bei gleichzeitiger Steigerung des Volumenstroms angestrebt. Dies führt zu einer Neuauslegung des Lüfterrades und der Luftführung in der so genannten Spirale (Abbildung 5.34).

Für die Nachrechnung des Entwurfs wird das rotierende Netz des Laufrades in das ruhende Netz der Luftführung implementiert. Dabei ist die Geometrie derart komplex, dass die Netzgenerierung sinnvollerweise in Teilnetze von Einzelgeometrien aufgeteilt wird. Die Abbildung 5.35 zeigt die Teilnetze für das Gebläse, die Schaufelzuströmung, die Schaufeln des Laufrades und die Spirale. Die Netzbewegung des rotierenden Laufrades kann auf zweierlei Weise erfolgen. Zum einen unterteilt man stehende und rotierende Bereiche. In den rotierenden Bereichen werden im mitbewegten Bezugssystem die Zentrifugal- und Coriolis-Kräfte berücksichtigt. Das rotierende Bezugssystem (Laufrad) wird mit dem ruhenden Bezugssystem (Spirale) über die Randbedingungen an den Schnittstellen gekoppelt. Eine andere Möglichkeit besteht darin, dass das rotierende Netz des Laufrades im ruhenden Netz der Spirale direkt berücksichtigt wird. Damit werden ohne Änderung des Bezugssystems der Einfluss der Zentrifugal- und Coriolis-Kräfte berücksichtigt. Die Nachrechnung des Laubgebläses erfolgt mit dem rotierenden Netz des Laufrades und geeignet gewählten Randbedingungen an den Gleitflächen der rotierenden und ruhenden Rechennetze.

Als Ergebnis erhält man z.B. die Druckverteilung im Laufrad und in der Spirale sowie

Abb. 5.34: Entwurf des Laufrades und der Spirale des Laubgebläses

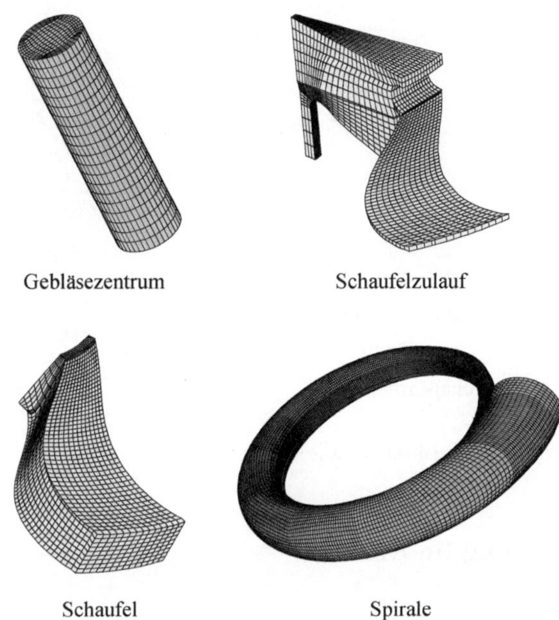

Abb. 5.35: Teilnetze der Einzelgeometrien des Laubgebläses

die Reibungsverluste (Abbildung 5.36). Zusätzlich kann man anhand der numerischen Ergebnisse lokale Scherschichten identifizieren, die letztendlich Mitursache für die lokale Schallentstehung sind.

Das Ergebnis der Nachrechnung ist, dass zwar der Volumenstrom von 120 m^3/h auf 180 m^3/h gesteigert werden konnte, dass aber die Schallreduzierung von 10 dB nur mit einer Absenkung der Drehzahl des Motors zu erreichen ist (Abbildung 5.37). Dies führt zu einer Neuauslegung des Laufrades mit der Zielvorgabe den Volumenstrom der geförderten Luft bei der reduzierten Drehzahl erneut um 10 % zu steigern.

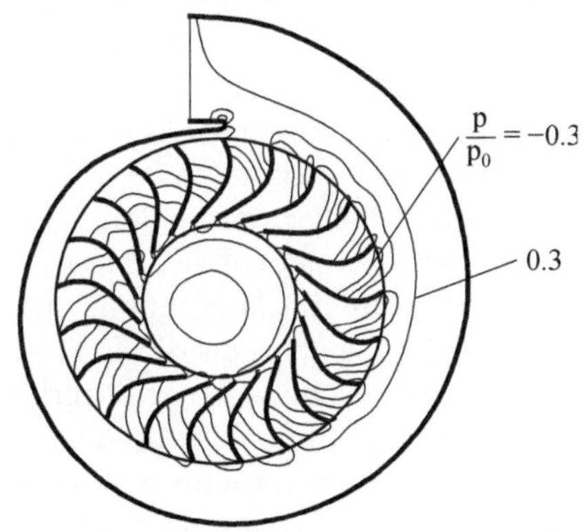

Abb. 5.36: Isobaren im Laufrad und der Spirale des Laubgebläses

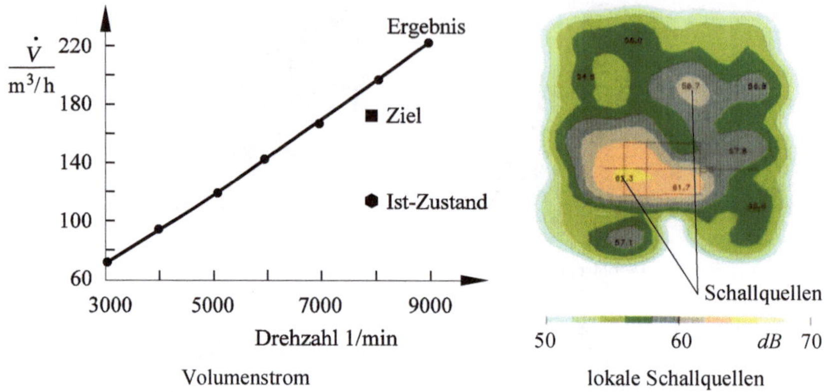

Abb. 5.37: Ergebnis der Gebläseentwicklung

Zylinderinnenströmung im Motor

Ein anderes Anwendungsbeispiel der Kraftfahrzeugtechnik ist die Motor-Innenströmung im Zylinder. Für die Berechnung der Motorinnenströmung ist es also erforderlich, in der Ansaugphase die Durchmischung des Luft-Kraftstoff Gemisches, in der Kompressionsphase die Produktion der hohen turbulenten kinetischen Energie, nach der Zündung die Verbrennung und die Expansionsphase und schließlich das Ausstoßen der Verbrennungsprodukte physikalisch richtig zu modellieren. Das Problem ist dabei die Isotropieannahme der in den Softwarepaketen eingesetzten Turbulenzmodelle. Diese Voraussetzung ist jedoch im gesamten Zyklus der Zylinderinnenströmung zu keinem Zeitpunkt erfüllt. Letztendlich hilft hier nur die Large-Eddy-Simulation von Kapitel 3.2. Dabei werden die großen Turbulenzstrukturen direkt berechnet und die turbulente Feinstruktur einschließlich der Verbrennung modelliert. Eine Einführung gibt das Kapitel Strömungen mit chemischen Reaktionen im *Prandtl – Führer durch die Strömungslehre, H. Oertel jr.* 2012.

Wir berechnen zunächst den Teilbereich der Ansaugphase eines 4 Ventil-Otto Motors. Dabei geht es um die Fragestellung, inwieweit die in der kommerziellen Software implementierten Turbulenzmodelle die Durchmischung des Luft-Kraftstoff Gemisches richtig wiedergeben. Die Abbildung 5.38 zeigt das Momentbild des Rechennetzes zu einem bestimmten Zeitpunkt der Kolbenbewegung in der Ansaugphase des Motors. Dabei gehen wir von einem mechanisch geschleppten Motor bei geöffneten Ventilen aus. Das Rechennetz wird entsprechend der Kolbenbewegung mit größer werdendem Zylindervolumen kontinuierlich vergrößert. Es wird Symmetrie in der Mittelebene des Motors vorausgesetzt, so dass zwei Einlassventile berücksichtigt werden. Für die Berechnung der Einlassphase und des Ladungswechsels der Zylinderinnenströmung wurden die Favre-gemittelten Erhaltungsgleichungen und die turbulenten Transportgleichungen der Standard-K-ϵ-Modellierung numerisch gelöst. Die Ergebnisse zeigen die für die Saugrohreinspritzung typischen kohärenten Wirbelstrukturen wie Drall- und Tumble-Strömung während der Ansaugphase bis weit in die Kompressionsphase hinein. Die in Abbildung 5.38 gezeigte turbulente Durchmischung der Einlassströmungen beider Ventile (dunkel und hell dargestellt) zeigt jedoch keine Übereinstimmung mit den experimentellen Ergebnissen. Der Antrieb für den turbu-

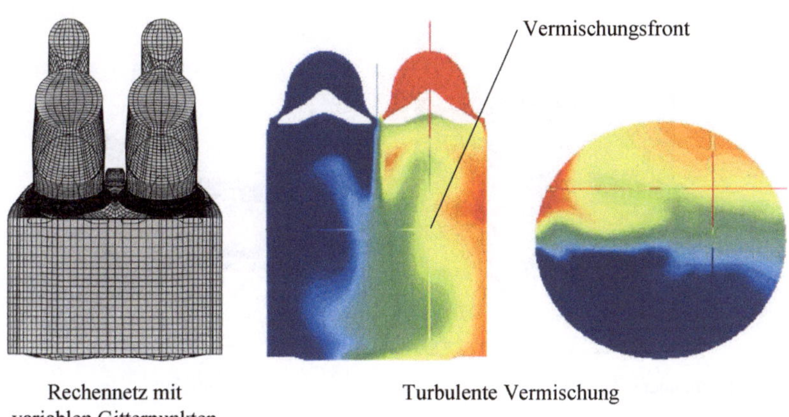

Abb. 5.38: Turbulente Vermischung in der Ansaugphase eines 4-Ventil-Otto Motors

lenten Impulsaustausch über die mittleren Geschwindigkeitsgradienten der Scherschichten wird in der Berechnung nicht genau genug erfasst. Die Umverteilung der turbulenten kinetischen Energie durch turbulente Diffusion aufgrund von Geschwindigkeits- und Konzentrationsgradienten einerseits und der Wirbelstärkekonzentration in den Hauptwirbeln andererseits wurde numerisch zu gering vorausgesagt. Bis weit in die Kompressionsphase hinein zeigt die numerische Simulation keine wesentliche Vermischung zwischen Frisch- und Altgas. Dies sind die Auswirkungen der im K-ϵ-Turbulenzmodell vorausgesetzten Isotropie, die für die drallbehaftete Einlass- und Kompressionsphase nicht gegeben ist. Für die genauere Berechnung der turbulenten Vermischung ist eine Large-Eddy-Simulation erforderlich.

Ventilströmung

Die strömungsmechanischen Bauelemente eines ABS-Bremssystems sind neben Hydraulik-Rohrleitungen die Pumpe und das Steuerventil, die die periodische Stotter-Bremskraft eines Kraftfahrzeuges bewirken. Wir behandeln im Folgenden die stationäre dreidimensionale Strömung im Ventil bei einer vorgegebenen Ventilstellung. Dabei ist die numerische Berechnung der Kraft auf den Ventilkopf für die Dimensionierung der Rückstellkraft von Interesse.

Die Geometrie und das Rechennetz des Hydraulikventils sind in Abbildung 5.39 dargestellt. Die Zuströmung des Hydraulikfluides kommt von links über eine Drosselstelle hinweg durch einen Ringspalt, der durch den beweglichen Teil des Ventils (Schließkörper) und den feststehenden Ventilsitz gebildet wird. Bis zu dieser Stelle ist die Konfiguration rotationssymmetrisch bezüglich der Achse der Zuströmbohrung. Aufgrund der nach oben weisenden Abströmbohrung des Ventils, wird die Strömung in diese Richtung hin umgelenkt, so dass im Ventilraum eine dreidimensionale abgelöste Strömung erzwungen wird.

Die berechneten Stromlinien und die aus den numerischen Ergebnissen ausgewerteten kri-

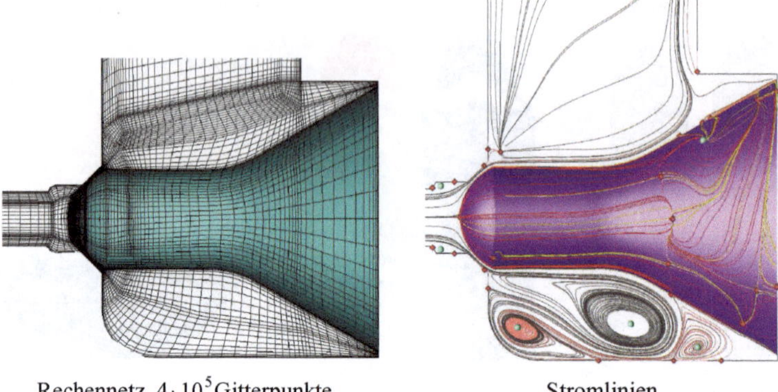

Abb. 5.39: Struktur der Strömung in einem Hydraulikventil

tischen Punkte zeigen die dreidimensionale Struktur der Ventilströmung. Im Ventilraum bildet sich ein Wirbel um den Ventilkopf, der in das Abströmrohr führt. Im vorderen Bereich des Ventilraumes erhält man einen Sekundärwirbel und einen zusätzlichen Strudelpunkt im hinteren Bereich des Ventils, der mit einer diagonal verlaufenden Ablöselinie auf dem Schließkörper verbunden ist. Beginnt man die Rechnung mit einem groben Gitter, so erhält man beim Übergang auf das nächst feinere Rechengitter eine Umkehr der Orientierung dieses Strudelpunktes. In dem der Abströmbohrung abgewandten Seite entsteht also ein System aus insgesamt drei Strudelpunkten mit den entsprechenden Sattelpunkten an der festen Berandung. Die Ablösestelle in Form eines Fokus, welche auch auf dem gröbsten Gitter zu verzeichnen ist, wandert mit zunehmender Auflösung des Rechengitters stromab. Über die zuvor erwähnte diagonal verlaufende Ablöselinie entwickelt sich im gezeigten feinsten Rechengitter ein System aus Sattel- und Knotenpunkten, welches nach vorne scharf begrenzt ist und den hinteren Teil des Schließkörpers einnimmt.

Sowohl die drei Strudelpunkte im Bereich des Ventilraumes, als auch der Verlauf der Stromlinien im Abströmbereich legen den Schluss nahe, dass hier kein stationärer Strömungszustand vorliegt. Die Lösung auf dem feinsten Gitter lässt eine gegenseitige Beeinflussung der Wirbelstrukturen erwarten, so dass statt einer stationären Strömung eher mit einem periodisch variierenden Strömungszustand zu rechnen ist, was sich auch im Konvergenzverhalten der numerischen Lösung widerspiegelt. Hier sind also die Grenzen der Interpretation der Struktur einer stationären Strömung erreicht.

Zunächst stellen wir fest, dass die berechnete Struktur der Strömung vom gewählten Rechennetz abhängt. Selbst bei gleichem Netz führen unterschiedliche Turbulenzmodelle zu unterschiedlichen Strukturen der Strömung. Das verwendete Standard-K-ϵ-Turbulenzmodell setzt die Isotropie der turbulenten Strömung voraus, die bei unserem Strömungsbeispiel nicht gegeben ist. Hinzu kommt, dass es auch für die Berechnung der integralen Kräfte (Rückstellkraft des Ventils) nicht ausreicht bei einem instationären Strömungsproblem, die quasistationäre Lösung zu erstellen. Vielmehr muss aus einer zeitgenauen Berechnung der zeitliche Mittelwert gebildet werden.

Volumenstrom Messsonde

Mit der periodischen Ablösefrequenz der Wirbel hinter einem stumpfen Körper kann man in einer Rohrströmung den Volumenstrom von Flüssigkeiten, Gasen und Dämpfen messen. Die Volumenstrommessung beruht auf der Proportionalität zwischen der Strömungsgeschwindigkeit und der Ablösefrequenz des Staukörpers, die beim Verifikationsbeispiel im vorangegangenen Kapitel nachgewiesen wurde. Der Staukörper mit dem Durchmesser d im Rohr des Durchmessers D ist in Abbildung 5.40 dargestellt. Das Durchmesserverhältnis beträgt $D/d = 4.3$. Die Reynolds-Zahl wird auf die zeitlich gemittelten Anströmbedingungen der turbulenten Rohrströmung bezogen und hat den Wert $Re_d = 6000$.

Die Finite-Volumen Rechnung wird zeitgenau mit einem Rechennetz von $2.3 \cdot 10^6$ Gitterpunkten und dem nichtlinearen Niedrig-Reynolds-Zahl K-τ-Turbulenzmodell mit hybridem Wandgesetz durchgeführt. Die Abbildung 5.40 zeigt im horizontalen und vertikalen Schnitt sowie die dreidimensionale Ansicht des Wirbelstärkevektors. In den Momentaufnahmen der periodisch ablösenden Wirbel sowie in den turbulenten Grenzschichten an der Rohrwand treten hohe Wirbelstärken auf. Im horizontalen Schnitt ist wiederum die hohe Wirbelstärke der ankommenden Wandgrenzschicht zu erkennen, die aufgrund der Haftbedingung an der Wand in einen stationären Hufeisenwirbel um den Zylinder übergeht. Der Einfluss der Wandintegration in das Rohr äußert sich im Nachlauf des Zylinders durch einen charakteristischen Ausbreitungsbereich hoher Wirbelstärke. Stromab des Staukörpers bildet sich eine komplexe periodische Strömungsstruktur aus. Die berechnete Strouhal-Zahl von $Str = 0.21$ stimmt mit dem experimentellen Wert überein.

Das gleiche Ergebnis erhält man mit der wesentlich aufwändigeren direkten numerischen

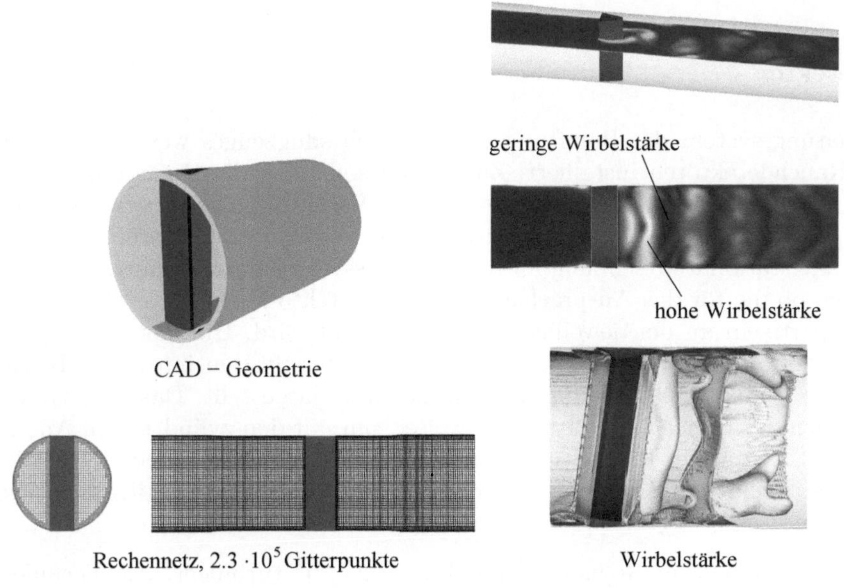

Abb. 5.40: Staukörper in der Rohrströmung

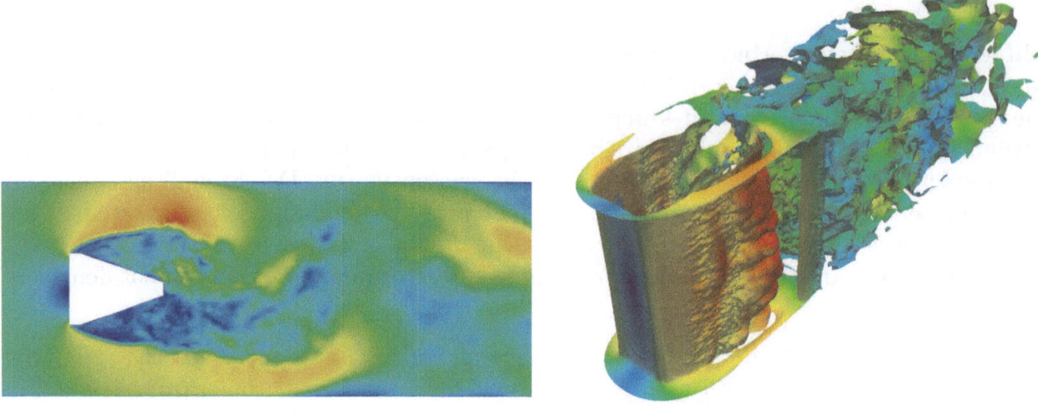

Abb. 5.41: Direkte numerische Simulation DNS der Staukörper Nachlaufströmung

Simulationsmethode DNS (siehe Kapitel 3.2.4). Die Abbildung 5.41 zeigt die berechnete Geschwindigkeitsverteilung im mittleren Horizontalschnitt sowie die dreidimensionale Wirbelstärke der periodisch ablösenden Wirbel im Nachlauf des Staukörpers zu einem Zeitpunkt. Ergänzend zur Reynolds-gemittelten Berechnung werden jetzt die kleinskaligen Turbulenzstrukturen aufgelöst, die zum Beispiel für eine aeroakustische Auswertung erforderlich sind. Für die Bestimmung der Grundfrequenz der periodisch ablösenden dreidimensionalen Wirbel ist jedoch die Reynolds-gemittelte Berechnung völlig ausreichend.

Die Simulationsrechnungen geben einen Hinweis, an welchem Ort des Staukörpers die für die Frequenzmessung erforderliche Drucksonde am Besten angeordnet werden kann.

Rauchdetektor

Im Rohrleitungssystem der Belüftung eines Verkehrsflugzeuges werden aus Sicherheitsgründen Rauchdetektoren installiert. Zum einen sollen sie die Besatzung bei Rauch im Flugzeug warnen, zum anderen ein selbsttätiges Ventil aktivieren, so dass Rauch abgesaugt werden kann. Um die richtige Positionierung der Rauchdetektoren festzulegen, wird zunächst eine stationäre Rechnung im Rohrleitungssystem durchgeführt. Dann soll ermittelt werden, ob die für das Ansprechen des Rauchdetektors benötigte Sättigung der Luft mit Rauchpartikeln an den jeweiligen Stellen erreicht wird. Um das System sicher auszulegen, werden in Redundanz zwei Detektoren in das System integriert. In Abbildung 5.42 sind die Einbauorte sowie das Oberflächennetz dargestellt. Das Rohrsystem wurde an den Stellen der Rauchdetektoren aufgeweitet, um mit den zylindrischen Aussparungen keine Versperrung in der Rohrleitung zu erzeugen. Das Oberflächennetz zeigt die Vernetzung um die Detektoren. Über den Detektorbereich hinaus wurde in das Rechengebiet ein Absaugrohr mit einbezogen.

Die Strömung ist bei der Reynolds-Zahl $Re_D = 2 \cdot 10^4$ turbulent. Als Turbulenzmodell kommt das Standard K-ϵ-Turbulenzmodell zur Anwendung. Die Turbulenzgrößen werden mit $l = 0.001\ m$ und $Tu_\infty = 5\ \%$ am Eintritt in das Rechengebiet vorgegeben. Die Fluidei-

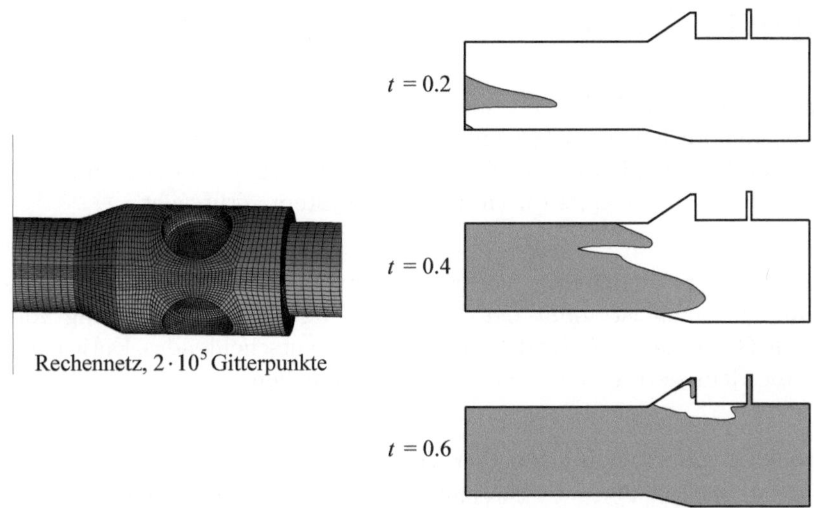

Abb. 5.42: Konzentrationsfronten im Bereich der Rauchdetektoren

genschaften wurden denen der Kabinenluft in 11.2 km Höhe angepasst. Als Randbedingungen wurden ein fester Volumenzufluss von 120 l/s und am Auslass die Masseerhaltung vorgegeben.

Das Ziel der numerischen Simulationsrechnung ist es, aus der stationären Strömungsberechnung den geeigneten Ort der Rauchdetektoren im Rohrleitungssystem festzulegen und an diesem Auslegungsort eine genügend hohe Rauchkonzentration für das sichere Ansprechen des Detektors sicherzustellen. Die Rauchverteilung wird mit einem passiven Skalar berechnet. Der Transport eines inerten, masselosen Rauches wird auf der Grundlage der stationären Lösung dargestellt. Dazu werden Stromlinien integriert die bei den masselosen schlupffreien Rauchteilchen den Teilchenbahnen entsprechen.

Die Abbildung 5.42 zeigt die Momentaufnahmen der Rauchverteilung in der Umgebung des Detektors. Das Ergebnis der Simulationsrechnung ist, dass der Rauchdetektor innerhalb einer Sekunde anspricht.

Klimatisierung eines Flugzeugcockpits

Eine Klimaanlage in Flugzeugen besitzt neben der Temperaturregelung zwei weitere wichtige Aufgaben. So ist sie zum einen für die ausreichende Versorgung mit Sauerstoff durch die Gewährleistung des Luftaustauschs verantwortlich und zum anderen sorgt sie für die Aufrechterhaltung des Drucks innerhalb des Flugzeuges.

Ein mögliches Rohrleitungssystem zur Klimatisierung eines Cockpits ist in der Abbildung 5.43 dargestellt. Um eine gleichmäßige Verteilung des Luftstroms innerhalb des Cockpits zu erreichen, verzweigt sich die Zuleitung stromab in einen rechten und linken Ast sowie einen oberen und unteren Teil. Die Luft wird dann durch eine Vielzahl unterschiedlicher Auslassgeometrien wie beispielsweise Deckendiffusoren, Bodendiffusoren oder über individuell einstellbare Lüftungsauslässe in das Cockpit geleitet.

Der Massenstrom der durch die einzelnen Auslässe in das Cockpit strömt, wird hierbei durch Kreisblenden für jeden Auslass individuell eingestellt. Durch den maßgeblichen Einfluss der eingesetzten Blenden auf die Geräuschentwicklung wird der Hauptteil des Lärms innerhalb eines Flugzeugcockpits durch das Klimasystem verursacht.

Die Kenntnis der Entstehung und Ausbreitung strömungsmechanisch erzeugten Schalls in Rohrleitungssystemen ist somit bei der Auslegung der Klimatisierung von Flugzeugen, aber auch Gebäuden und Kraftfahrzeugen, ein entscheidendes Entwicklungsziel im Hinblick auf die Reduzierung aeroakustischer Schallquellen.

Die Rohrströmung mit zwei Rohrblenden wurde bereits in Abbildung 5.25 als Verifikationsbeispiel zur Lokalisierung der Schallquellen beschrieben. Hierzu wurde das Rohr um eine einfache Diffusorgeometrie mit Gitter am Auslass erweitert, wobei Rohrdurchmesser und Strömungsgeschwindigkeit konstant bleiben. In Abbildung 5.44 sind neben einer Momentaufnahme der Stromlinien im Rohrmittelschnitt die Frequenzspektren des Drucks an vier Positionen dargestellt. Die ersten beiden Auswertepositionen befinden sich wie beim oben untersuchten Fall zwischen den Blenden sowie im Abstand D vor der ersten Blende. Die dritte Auswerteposition befindet sich nun im Diffusor. Zusätzlich wurde der Druck an einer vierten Auswerteposition stromab des Gitters gemessen. Auch hier fällt die bereits beim Verifikationsbeispiel beschriebene Überlagerung von breitbandigem Rauschen und tonalen Komponenten auf. Der Vergleich zwischen Berechnung und Experiment liefert wieder sehr gute Übereinstimmung.

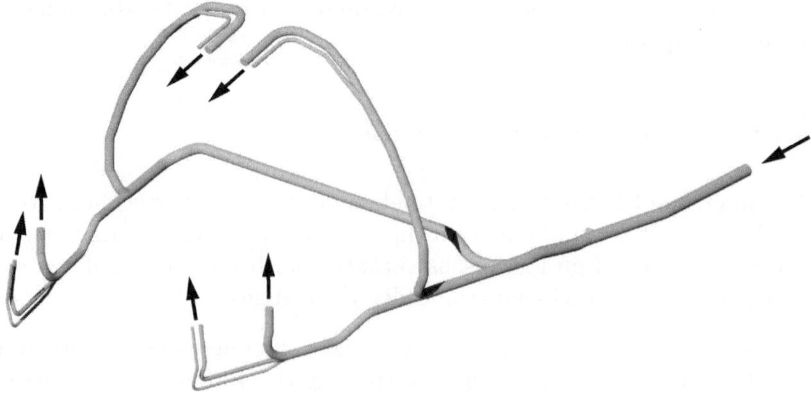

Abb. 5.43: Rohrleitungssystem zur Klimatisierung des Cockpits

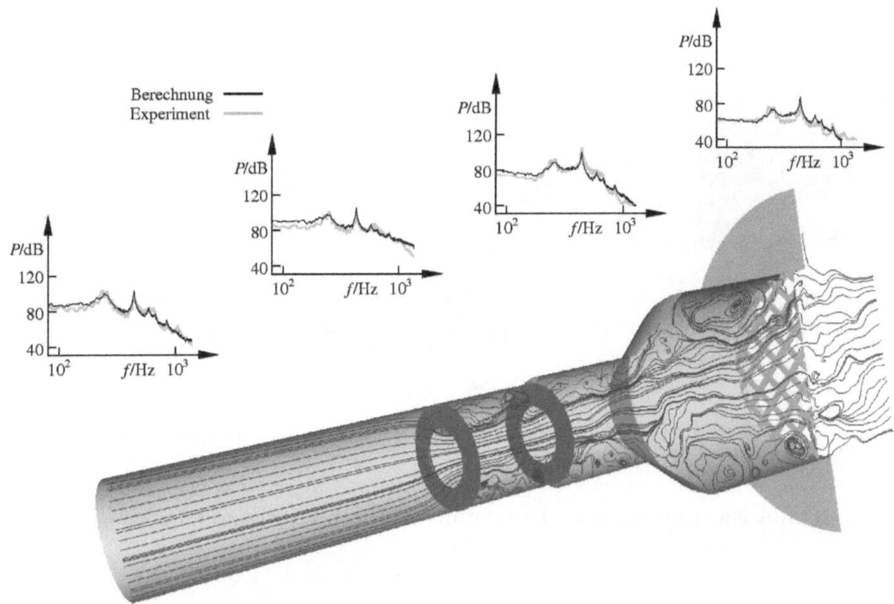

Rechennetz, $3.3 \cdot 10^6$ Gitterpunkte

Abb. 5.44: Aeroakustik der Rohrströmung mit Blenden und Diffusor

Klimatisierung einer Lithographieanlage

Zur Vorbehandlung von technischen Oberflächen, wie Platinen oder Flachbildschirmen werden moderne lithographische Verfahren angewendet. Hierbei wird zunächst eine photoempfindliche Oberfläche mit einem Laser behandelt, der auf einem sich in zwei Raumrichtungen bewegenden Prozesskopf angebracht ist. Die genaue Positionierung des Prozesskopfes und damit des Lasers bei dem zu behandelnden Substrat muss mit einer Genauigkeit im Nanometerbereich stattfinden. Dies kann durch die Verwendung eines Michelson Interferometers zur Entfernungsmessung geschehen.

Hierbei werden von unterschiedlichen Stellen der beweglichen Brücke sowie des Prozesskopfes selbst Laserstrahlen in die relevanten Bewegungsrichtungen ausgesendet, die von Spiegeln reflektiert werden. Der Gangunterschied der reflektierten Strahlen kann nun detektiert und auf diese Weise sehr genau die Entfernung zum Spiegel berechnet werden.

Dieses Verfahren setzt allerdings konstante atmosphärische Bedingungen im Reinraum und vor allem in der Ebene der Laserstrahlengänge voraus. Jegliche Veränderungen der Luftdichte können zu Messungenauigkeiten und Positionierungsproblemen führen. So verursacht bereits eine Temperaturänderung von $\Delta T = 1/10\,\mathrm{K}$ eine Beeinflussung der Dichte derart, dass die daraus resultierende Ungenauigkeit nicht mehr innerhalb der erforderlichen Toleranz liegt.

Erhöhte Temperaturen entstehen besonders in der Umgebung der für die Bewegung er-

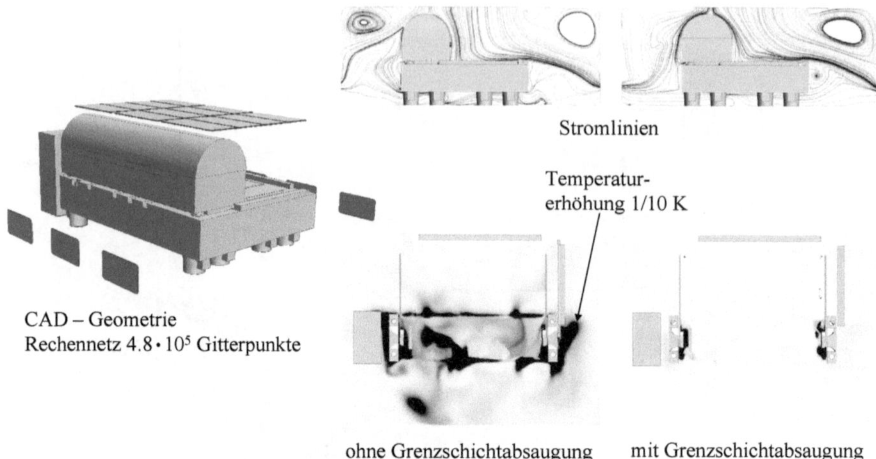

Abb. 5.45: Klimatisierung einer Lithographieanlage mit Grenzschichtabsaugung

forderlichen Linearmotoren. Diese erwärmen sowohl die Brückenhaube als auch die Luft unterhalb der Brücke. Bei der Klimatisierung des Reinraums ist daher unbedingt eine ablösefreie Umströmung der Haube zu gewährleisten, da ansonsten von der Brücke wegtransportierte Wärme die Strahlengangebene kontaminieren kann.

Das Anliegen der Strömung kann durch eine geeignete Grenzschichtabsaugung erreicht werden. Die Abbildung 5.45 zeigt links das Stromlinienbild einer abgelösten Strömung und darunter das stark kontaminierte Temperaturfeld in der Strahlengangebene. Im Vergleich dazu kann das Temperaturfeld rechts dank einer ablösefreien Umströmung der Haube frei von erhöhten Temperaturen gehalten werden.

Die Rechennetze für die Berechnung werden mit so genannten Polyederzellen erzeugt, die typischerweise ein großes Verhältnis zwischen der Anzahl der Flächen, über die die Flüsse berechnet werden und der Anzahl der Zellen aufweisen. Das numerische Rechennetz besteht aus $4.8 \cdot 10^5$ Zellen und ca. $2.6 \cdot 10^6$ Zellflächen

Mähgerät

In einem Mähgerät für Straßenrandstreifen entstehen durch die hohe Rotationsgeschwindigkeit der Messerwelle Strömungen, die das Schnittgut mit sich reißen. Durch eine nicht strömungsoptimierte Auslegung zeigt das Mähgerät im Betrieb ein inhomogenes Auswurfbild. Außerdem wird die Durchströmung des Gerätes durch die Strömungsablösung im Inneren behindert.

Zur Optimierung der Strömungsverhältnisse im Gerät wird zunächst eine Nachrechnung des Istzustandes durchgeführt. Basierend auf den Ergebnissen der Istzustandssimulation werden Maßnahmen erarbeitet, die dann ins geometrische Modell integriert und ebenfalls nachgerechnet werden.

Aufgrund der starken Asymmetrie der Messerwelle muss die Strömung dreidimensional betrachtet werden. Da die Geometrie sehr komplex ist, wird ein dreidimensionales, unstrukturiertes Tetraedernetz mit $2 \cdot 10^6$ Zellen erzeugt.

Die Rotation der Messerwelle wird durch ein rotierendes Bezugssystem berücksichtigt. Das innere, die Messerwelle umschließende Netz wird im mitrotierenden System unter Berücksichtigung der auftretenden Zentrifugal- und Corioliskräfte berechnet, während das Gehäuse in einem stehenden Bezugssystem simuliert wird. Der so genannte *multi reference frame*-Ansatz erlaubt die Übergabe der Strömungsgrößen an der Gleitfläche zwischen den Bezugssystemen.

Die Rotationsgeschwindigkeit der Messerwelle beträgt 2000 min^{-1}. Die Rechnung wird quasi-stationär durchgeführt. Als Turbulenzmodell wird das Standard K-ϵ-Modell mit logarithmischer Wandfunktion gewählt.

Die Abbildung 5.46 zeigt die Ergebnisse der Simulationsrechnung für die optimierte Geometrie als projizierte Stromlinien im Vertikalmittelschnitt sowie die dreidimensionalen Stromlinien durch das Gerät.

Bei der Optimierung des Mähgerätes konnte nur die innere Geometrie des Gehäuses geändert werden. Die äußeren Abmessungen sowie die Messerwelle mussten unverändert bleiben. Zur Vermeidung des vorlaufenden Wirbels unterhalb der Gehäusenase, der den Einlaufquerschnitt versperrt, wird eine Verkleidung an der Nase des Gehäuses angebracht. Am Auswurf werden die seitlichen Verkleidungen geschlossen. Die Messerwelle erhält mitrotierende Endscheiben, um die Strömungsverluste zwischen den rotierenden Messern und der Gehäusewand zu reduzieren.

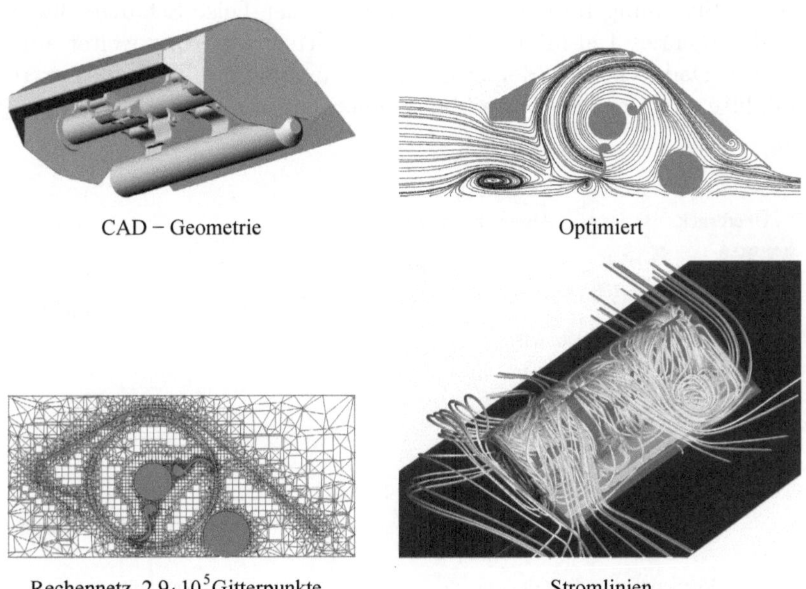

Abb. 5.46: Mähgerät

Der Vergleich mit dem ursprünglichen Mähgerät zeigt eine deutliche Verbesserung der Strömung im vorderen Bereich des Gerätes. Der vor dem Einlauf stehende Wirbel kann fast vollständig unterdrückt werden, wodurch der vor dem Gerät entstehende Wirbel auf ein Minimum reduziert wird. Der Auswurf im hinteren Bereich wird homogenisiert.

Zur Verifikation der Ergebnisse wurde eine Pilotanlage mit der optimierten Geometrie gebaut und die Ergebnisse des Mähversuches mit der numerischen Lösung verglichen. Die experimentellen Ergebnisse zeigen eine sehr gute Übereinstimmung mit den numerischen Berechnungen.

Ejektor

In vielen Unternehmen ist die Produktion weitestgehend automatisiert. Im Bereich des Material-Handlings und des Materialflusses müssen Produkte und Zubehör transportiert und gehandhabt werden. Besitzt das Produkt bzw. das Hilfsmittel ebene Flächen, können hierfür Vakuum-Flächengreifsysteme zum Einsatz kommen. Sie bestehen aus einer Saugplatte und einem Vakuum-Erzeuger. Der Vakuum-Erzeuger dient dazu einen hohen Unterdruck zu erzeugen, mit dem es in Verbindung mit der Saugplatte dann möglich ist entsprechende Lasten zu heben.

Zur Erzeugung des Unterdrucks kann unter anderem ein so genannter Ejektor verwendet werden. Er hat den großen Vorteil, dass er ohne mechanische Teile auskommt und damit wartungs- und verschleißfrei ist. Im Ejektor wird der Unterdruck rein pneumatisch nach dem Prinzip einer Laval-Düse erzeugt. Durch eine Treibdüse die aus einer Querschnittsverengung und einer anschließenden Querschnittserweiterung besteht, wird ein Druckluftstrom mit einem bestimmten Überdruck gepresst. Der Überdruck wird so gewählt, dass die Strömung im engsten Querschnitt der Düse Schallgeschwindigkeit erreicht und im divergenten Teil infolge der Querschnittserweiterung weiter auf Überschall beschleunigt wird. Dadurch sinkt der Druck bis zum Ende der Treibdüse extrem ab. Am Ende der Treibdüse tritt der Luftstrom über einen Spalt mit einer seitlich angeschlossenen

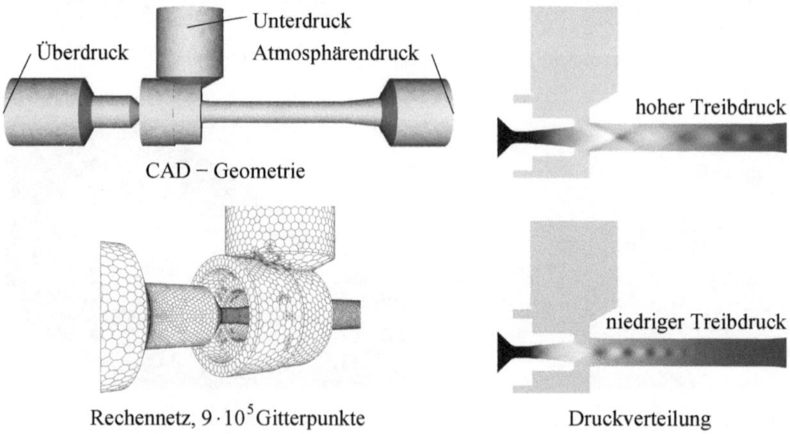

Abb. 5.47: Ejektor eines Handhabungsroboters

Kammer in eine Empfängerdüse ein, aus der die Luft dann in die Umgebung austritt. Im Spalt und in der Kammer entsteht der durch die Beschleunigung erzeugte Unterdruck am Ende der Treibdüse. Die Kammer wird schließlich mit der Saugplatte verbunden, wodurch dort der Unterdruck erzeugt wird. In Abbildung 5.47 ist der Ejektor mit der Treib-, der Empfängerdüse und der Kammer als CAD-Geometrie gezeigt.

Für die numerische Simulation der Strömung in einem Ejektor wurde ein hybrides Rechennetz mit Polyedern im Strömungsfeld und Zellschichten in der Grenzschicht mit insgesamt $9 \cdot 10^5$ Gitterpunkten verwendet. Als Turbulenzmodell kam das Standard K-ϵ-Turbulenzmodell zur Anwendung. In Abbildung 5.47 sind die berechneten Druckverteilungen für einen hohen Treibdruck von 6 bar und einen niedrigeren Treibdruck von 3 bar gezeigt. Der Umgebungsdruck am Ende der Empfängerdüse wurde mit 0.956 bar vorgegeben. Beim hohen Treibdruck kommt es nach dem Austritt aus der Treibdüse zu einer weiteren Expansion der Strömung, die für eine zusätzliche Beschleunigung und damit zu einer weiteren Druckabsenkung führt. In der Kammer entsteht somit ein Unterdruck von ca. $1.8 \cdot 10^{-1}$ bar. Am Eintritt in die Empfängerdüse wird eine maximale Mach-Zahl von $M = 3.9$ erreicht. Man erkennt, dass der Strahl sich derart aufweitet, dass die Empfängerdüse durch ihn komplett ausgefüllt wird. An den Eintrittskanten der Empfängerdüse entstehen schiefe Stöße, die an den Wänden reflektiert werden und sich durch die gesamte Düse fortsetzen. Dabei wird der Druck wieder erhöht bis schließlich am Austritt der Atmosphärendruck erreicht wird.

Beim niedrigeren Treibdruck kommt es nach dem Austritt aus der Treibdüse direkt zu schiefen Verdichtungsstößen die zu einer Verzögerung der Strömung und damit zu einem Druckanstieg führen. In der Kammer wird damit nur ein Unterdruck von ca. $2.4 \cdot 10^{-1}$ bar erzielt. Die maximale Mach-Zahl von $M = 2.9$ wird deshalb schon im Bereich des Luftaustritts aus der Treibdüse erreicht. Der Strahl füllt jetzt nicht mehr die ganze Empfängerdüse aus. Die schiefen Stöße am Austritt der Treibdüse werden am Strahlrand reflektiert und setzen sich in der Empfängerdüse fort bis schließlich eine Unterschallströmung entsteht und am Austritt der Atmosphärendruck erreicht wird.

Der Vergleich der erzielten Unterdrücke mit Experimenten stimmt gut überein. Mit den Berechnungen lässt sich untersuchen, wie die Geometrie des Düsenaustritts der Treibdüse bzw. der Empfängerdüse gewählt werden muss, um einen möglichst hohen Unterdruck zu erzeugen.

Stabbündelströmung

Eine Alternative zur bisherigen Endlagerung hochradioaktiver Resstoffe ist deren Umwandlung in kurzlebigere oder stabile Nuklide, um die langzeitigen radiotoxischen Elemente zu veringern. Dabei werden mittels neutroneninduzierter Spaltung die langlebigen Elemente in weniger langlebige Isotope umgewandelt. Die bei der Kernspaltung entstehende Wärme wird mit einer konvektiven Kühlung der Brennstäbe abgeführt. Dabei kommt als Kühlflüssigkeit Bleiwismut-Flüssigmetall zum Einsatz, das eine hohe Wärmestromdichte aufweist und gleichzeitig als Neutronenquelle für die Kernreaktion dient.

Das derzeitige Konzept einer solchen Transmutationsanlage besteht aus einem Stabbündel von Brennelementen (Abbildung 5.48). Die Wärmeabfuhr erfolgt durch die Konvektionsströmung des Flüssigmetalls in den Spalten zwischen den Brennelementen. Für die technische Auslegung des Kühlsystems werden Simulationsrechnungen der turbulenten Spaltströmung mit einem Reynoldsspannungs-Turbulenzmodell sowie der LES Grobstruktursimulation durchgeführt.

Die Simulation der anisotropen konvektiven Sekundärströmung in den Spalten erfordert die Modellierung sowohl der Reynoldsspannungen der Impulsgleichung als auch der turbulenten Wärmeströme der Energiegleichung sowie die Auflösung der viskosen thermischen Grenzschichten. Dafür wird ein für anisotrope Strömungen erweitertes Zwei-Gleichungs-K-ω Turbulenzmodell verwendet.

Die Abbildung 5.48 zeigt das Ergebnis der Simulationsrechnung im Horizontalschnitt eines 60° Segmentes des Stabbündels für die ausgebildete Spaltströmung der mit der Spaltweite D gebildeten Reynoldszahl $Re = 3.5 \cdot 10^4$. Für die Simulation mit dem erweiterten Turbulenzmodell wird ein Rechennetz von 2.4 Millionen Gitterpunkten und für die LES Grobstruktursimulation 11.5 Millionen Gitterpunkte verwendet. Entlang der Brennstäbe wird ein konstanter Wärmefluss und adiabate Kanalwände angenommen. Die dimensionslose Geschwindigkeitskomponente u* in Strömungsrichtung zeigt in den Ecken der Kanalwände sehr geringe Geschwindigkeiten, die zu einer verringerten turbulenten Diffusion und demzufolge zu einem geringeren konvektiven Wärmetransport in diesen Bereichen der Knalströmung führen. Dies hat zur Konsequenz, dass sich in den Kanalecken die höchste dimensionslose Temperatur T* ergibt. Diese ist zweimal so groß wie im mittleren Bereich des Stabbündels.

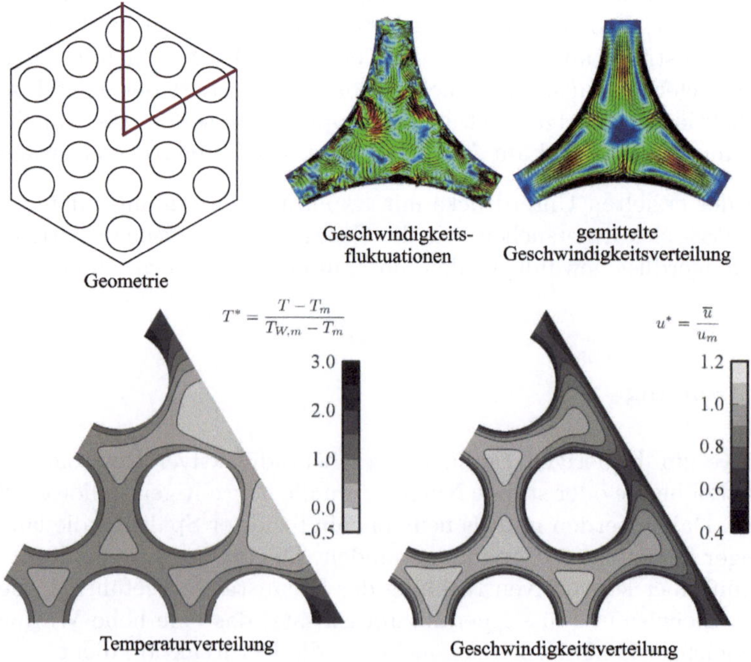

Abb. 5.48: Stabbündelströmung flüssigen Metalls

Die Ergebnisse der LES Grobstruktursimulation zeigen bei der Reynoldszahl $Re = 2 \cdot 10^4$ in einem mittleren Spaltsegment die Geschwindigkeitsschwankungen und das zeitlich gemittelte Geschwindigkeitsprofil der Sekundärströmung, das den mit dem Turbulenzmodell erzielten Ergebnissen entspricht. Die zeitlich gemittelte Geschwindigkeit ist zwar eine Größenordnung kleiner als die Geschwindigkeitsfluktuation, jedoch bestimmt die symmetrische Sekundärströmung die Temperaturverteilung der Stabbündelströmung. Dieser Sachverhalt muss bei der Auslegung des Kühlsystems einer Transmutationsanlage berücksichtigt werden.

Reinluftversorgung im Operationssaal

In modernen Operationssälen kommen Reinluftdecken zum Einsatz, wie man sie z. B. von Reinräumen kennt. Eine laminare Vertikalströmung sorgt dafür, dass dem Operationsbereich von oben ständig keimfreie Luft zugeführt wird und eingebrachte Verunreinigungen vom Operationstisch entfernt werden. Hierzu wird über dem Operationsbereich gekühlte Reinluft eingebracht, die unterhalb zur Seite abgesaugt wird. Die kältere Luft sinkt mit geringer Strömungsgeschwindigkeit nach unten. Das führt zum einen zur Ausbildung einer Scherschicht zwischen der normalen Raumluft und der keimfreien Reinluft und zum anderen zu einem Wegschwemmen im Operationsbereich eingebrachter Verunreinigungen. Die maßgebliche Größe zur Beurteilung der Wirksamkeit ist die Reinluftkonzentration auf dem Operationstisch.

Aufgrund der starken Asymmetrie der Strömung durch die Anordnung der Operationsleuchten und Leuchtenhalterungen sowie der Luftabsaugung wird ein dreidimensionales Netz des gesamten Operationssaales mit Operationstisch, Leuchten und Halterungen generiert. Da die Geometrie der Leuchtenhalterungen sehr komplex ist, wird ein unstrukturiertes Tetraedernetz mit $7.5 \cdot 10^5$ Zellen erzeugt. Die Reinluft wird mit der Reynolds-Zahl $Re_D = 6100$ und einer Temperatur von 291 K zugeführt. Die Raumtemperatur beträgt 293 K.

Die heißen Oberflächen der Operationsleuchten werden als isotherme Wände modelliert, deren Temperaturverteilung im Experiment ermittelt wurde. Die Temperaturausbreitung wird als konvektiver Wärmetransport berechnet.

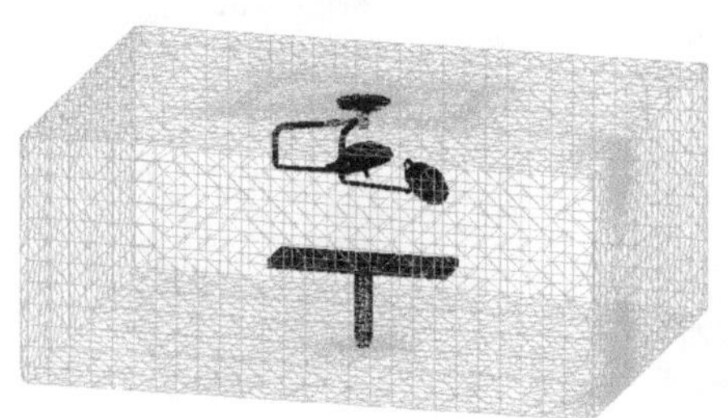

Rechennetz, $7.5 \cdot 10^5$ Gitterpunkte

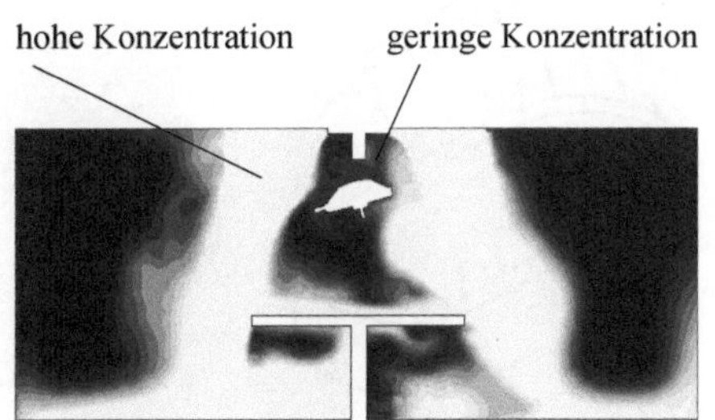

Reinluftkonzentration im Längsschnitt

Abb. 5.49: Reinluftkonzentration im Operationssaal

Nach der Berechnung der stationären Lösung wird eine transiente Ausbreitungsrechnung für die Konzentration der keimfreien Luft analog dem Beispiel des Rauchdetektors durchgeführt. Die Abbildung 5.49 zeigt die Reinluftkonzentration im Längsschnitt des Operationssaales 30 s nach Beaufschlagung des Einlasses mit keimfreier Luft. Gebiete hoher Reinluftkonzentration sind hell, solche unreiner Luft dunkel dargestellt. Das Ergebnis der Simulationsrechnung zeigt, dass die Oberfläche des Operationstisches zwar ausreichend mit Reinluft versorgt wird, die Strömungsbeeinflussung durch die Operationsleuchten aber nicht zu vernachlässigen ist.

Inkubator

Für die Versorgung von Frühgeborenen werden Brutkästen, sogenannte Inkubatoren, eingesetzt. In einem Inkubator wird ein Mikroklima mit definierter Temperatur, Feuchte und Sauerstoff erzeugt. In üblichen Inkubatoren wird das Mikroklima durch eine Haube geschützt, die durch mehrere verschließbare Öffnungen den Zugang zum Patienten ermöglicht. Um den freien Zugang zum Patienten auch ohne Abdeckhaube zu gewährleisten, wurde ein frei zugänglicher Scherschichtvorhang entwickelt, der das Mikroklima aufrecht erhält. Der Scherschichtvorhang wird durch umlaufende Düsen erzeugt, durch die warme und kalte Luft austritt (Abbildung 5.50). Die Luftstrahlen vereinigen sich über der Liegefläche und sorgen so entsprechend den Luftvorhängen an Kaufhaustüren für eine Trennung zwischen Innen- und Außenbereich. Gleichzeitig wird durch die Scherschichtstrahlen die Erzeugung des Mikroklimas realisiert.

Die Strömung stellt eine Herausforderung an die verwendeten physikalischen Modelle dar, da ein instabiler Scherschichtstrahl mit einer Austritts-Reynolds-Zahl von $Re_L = 250$ auf ein ruhendes Medium trifft. Es muss von einer instabilen Scherschichtströmung ausgegangen werden.. Zur Behandlung dieser Strömung ist daher ein Turbulenzmodell erforderlich, das ausgehend von einem niedrigen Turbulenzgrad ein Wachstum der turbulenten Energie zulässt, wobei in Bereichen niedriger Scherraten die Turbulenz durch Dissipation unterdrückt wird. Als Turbulenzmodell wird das quadratische K-ϵ-Modell gewählt.

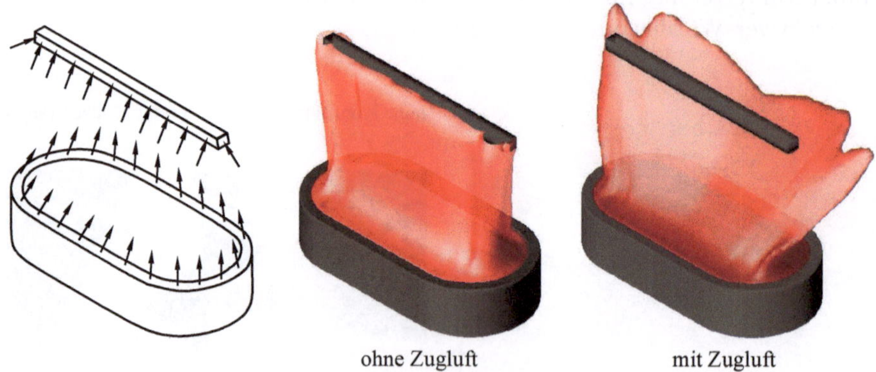

Abb. 5.50: Scherschichtvorhang eines Inkubators

Das Rechennetz umschließt neben dem eigentlichen Inkubator die Umgebung des Geräts in einem Bereich bis zu 5 Bettlängen. Das Netz wird im Bereich der Scherschichten verfeinert, um dort entstehende Kelvin-Helmholtz-Instabilitäten auflösen zu können, deren Anfachung die Zerstörung der Scherflächen zur Folge hätte. Es wird eine Zeitdiskretisierung zweiter Ordnung verwendet. Die zeitliche Auflösung wird so gewählt, dass sich eine Courant-Zahl von ungefähr 1 ergibt.

In Abbildung 5.50 sind die Scherschichtflächen des Inkubatorvorhangs dargestellt. Es zeigt sich, dass auch bei einer Störung durch einen Windstoß ein stabiles Mikroklima sich innerhalb von Sekunden zurückbildet. Der Scherschichtvorhang erspart eine Abdeckhaube des Inkubators und ermöglicht den freien Zugang zum Patienten.

Künstliche Beatmung

Bei der künstlichen Beatmung muss über einen Beatmungszyklus ein vorgegebener Über- und Unterdruck aufrecht erhalten werden. Dies erfolgt mit einem elektrisch angetriebenen dynamischen Verdichter, der über einen großen Bereich der Drehzahl den Volumenstrom der natürlichen Beatmung bereitstellen muss. Dies stellt hohe Anforderungen an die Auslegung des Verdichterlaufrades sowie der Luft- Zu und Abströmung.

Bei der Auslegung und Nachrechnung des dynamischen Verdichterlaufrades profitieren wir von der Nachrechnung des Laufrades und der Spirale des Laubgebläses. Das dynamisch rotierende Rechennetz des Laufrades wird in das ruhende Netz der Luftführung integriert. Die Kopplung der Randbedingungen zwischen dem rotierenden System des Laufrades und dem ruhenden System der Luftführung erfolgt wie beim Laubgebläse.

Das Ziel der Neuauslegung der künstlichen Beatmung besteht in der Vermeidung der Strömungsablösung im Laufrad und in der Spirale in einem weiten Bereich des Beatmungszyklus. Die Abbildung 5.51 zeigt die Momentaufnahme der berechneten Stromlinien, die eine ablösefreie Strömung anzeigen.

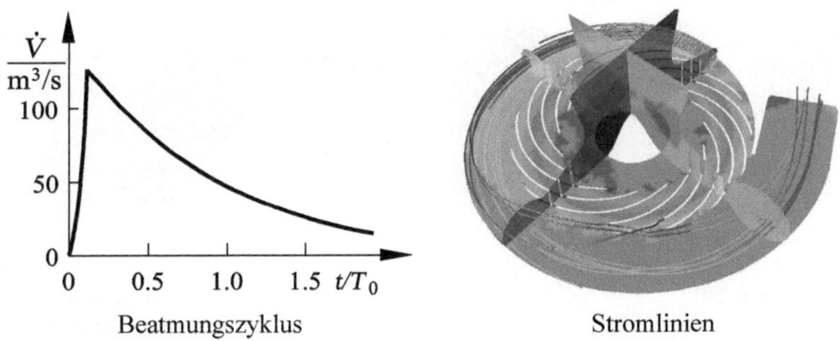

Abb. 5.51: Verdichterlaufrad der künstlichen Beatmung

Therapieplanung von Herzoperationen

Bei der Erkrankung der Herzkranzgefäße wird ein Teil des Herzmuskels nicht mehr ausreichend durchblutet und kann absterben. Je nach Dauer und Schwere wird das Herz soweit geschädigt, dass ein chirurgischer Eingriff unausweichlich ist. Zu den wenigen Therapieoptionen bei solch einer terminalen Herzinsuffiziens gehört neben der Herztransplantation die ventrikulare Herzoperation. Dabei wird das abgestorbene Muskelgewebe entfernt und das Herz wieder in seine ursprüngliche Größe und Form gebracht. Hinsichtlich Indikation, Operationstechnik und klinischem Erfolg liegen jedoch teilweise kontroverse Ergebnisse vor.

Um die Strömungsverhältnisse in gesunden und erkrankten Herzen besser untersuchen zu können, wurde das im einführenden Kapitel beschriebene virtuelle Herz KAHMO entwickelt. Da nur unzulängliche in vivo Strukturdaten des menschlichen Herzen verfügbar sind, wird beim Herzmodell die zeitabhängige Bewegung der Herzventrikel aus dem MRT-Tomografen gewonnen und bei der Berechnung vorgegeben. Dies erfordert die Erstellung topologisch identischer Volumen-Rechennetze mit einer Zellanzahl von $1 \cdot 10^5$ für jeden Zeitschritt. Um reale Randbedingung zu erhalten, werden die anliegend Drücke mit einem Kreislaufmodell ermittelt.

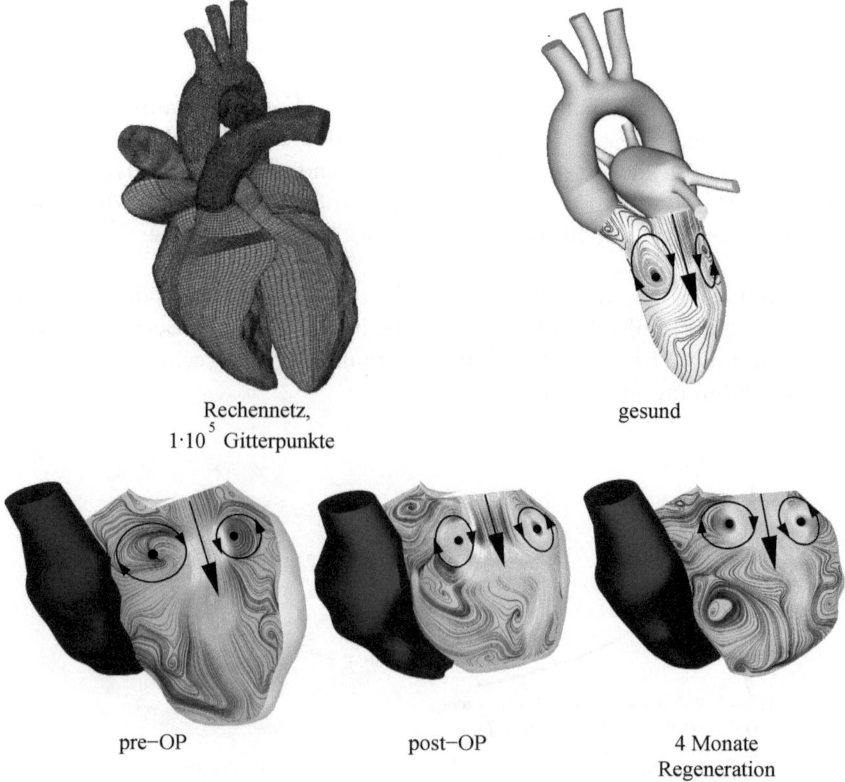

Abb. 5.52: Gesunde und erkrankte menschliche Herzen vor und nach einer Operation

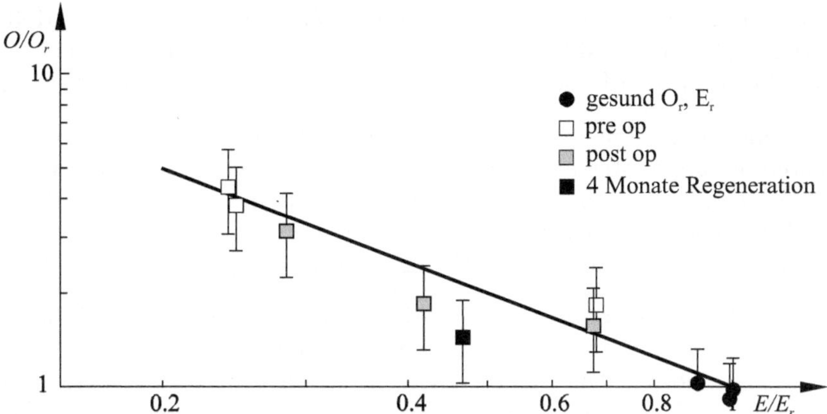

Abb. 5.53: Dimensionslose Pumparbeit O in Abhängigkeit der Ejektionsfraktion E des menschlichen Herzens, Referenzwerte $O_r = 3.4 \cdot 10^6$, $E_r = 62\%$

In Abbildung 5.52 sind neben dem Geometriemodell die Ergebnisse der Simulationsrechnung entsprechend der Abbildung 4.64 für ein gesundes Herz und ein krankes linkes Herz vor (pre-OP), direkt nach (post-OP) und 4 Monate nach der Operation zu Beginn des Einströmvorganges dargestellt. Das gesunde Herz verdeutlicht den Größenunterschied vor und nach dem chirurgischen Eingriff.

Zur Ermittlung der Effektivität der Herzen werden physiologische und strömungsmechanische Zusammenhänge mit Hilfe der Dimensionsanalyse des Kapitels 4.1.1 ermittelt. Die dimensionslose Pumparbeit $O = \frac{A_p \cdot t_b}{\mu_{eff} \cdot V_s}$ und die Ejektiosfraktion $E = \frac{V_s}{V_d}$ sind geeignete Größen, die Herzen hinsichtlich ihres Gesundheitszustands zu charakterisieren.

Die Pumparbeit A_p des Herzens berechnet sich aus dem p-V-Diagramm. Die Verweilzeit t_b beschreibt diejenige Zeit, die das Herz braucht, um 80% des Blutes im Ventrikel zu erneuern. Die mittlere effektive Viskosität μ_{eff} des Blutes wird aus der Berechnung ermittelt. Die Volumenangaben V_s und V_d kennzeichen das Schlagvolumen beziehungsweise das Volumen am Ende des Einströmvorgangs.

In Abbildung 5.53 sind die dimensionslose Pumparbeit O/O_r mit dem gesunden Referenzwert O_r und die Ejektionsfraktion doppeltlogarithmisch aufgetragen. Der Zusammenhang lässt sich mit dem linearen Potenzgesetz der Form $\frac{O}{O_r} = (E/E_r)^{-1}$ mit $a = 51$ und $b = -0.95$ darstellen. Damit ist es möglich, die Erkrankung eines Ventrikels und den Erfolg einer Operation zu quantifizieren.

Herzunterstützungssysteme

Wie der vorangegangene Abschnitt zeigt, kann unter Einsatz numerischer Methoden eine patientenspezifische Therapieplanung von Herzoperationen erfolgen.

Ist bei Vorliegen einer schweren Herzinsuffizienz aus medizinischer Sicht eine ventrikuloplastische Operation nicht mehr möglich, bleibt dem Patienten nur noch die Hoffnung auf ein Spenderherz. Da die Anzahl der verfügbaren Spenderorgane den Bedarf bei weitem nicht deckt, können für den Patienten Wartezeiten von bis zu zwei Jahren entstehen.

Um diesen überlebenskritischen Zeitraum bis zur Transplantation zu überbrücken, kommen Herzunterstützungssysteme zum Einsatz. Das Ziel solcher VADs (Ventricular Assist Devices) ist es, den Kreislauf mechanisch zu unterstützen und dabei gleichzeitig den kranken Herzmuskel zu entlasten. Bei weniger stark fortgeschrittener Insuffizienz ist durch diese Entlastung sogar eine Regeneration des Herzmuskels mit einem Heilungserfolg möglich.

Das Prinzip der Herzunterstützung ist in Abbildung 5.54 dargestellt. Dabei wird eine Blutpumpe einlassseitig an die Spitze des erkrankten linken Ventrikels und auslassseitig an die Aorta angeschlossen. Die Pumpe agiert also als hydraulische Energie zuführender Bypass zum nativen Herzen und führt dadurch direkt zu einer Absenkung der Myokardspannungen.

Trotz bereits guter Therapieerfolge fügen viele der heute im Einsatz befindlichen Plutpumpen den im Blut enthaltenen Zellen Schäden zu. So kann es bei der Passage von roten Blutkörperchen durch Bereiche hoher Scherspannungen zu deren Zerstörung kommen. Unphysiologische Scherungen können auch zu einer Aktivierung des Gerinnungssystems und damit zur Thrombenbildung führen. Insbesondere mit mehreren tausend Umdrehungen pro Minute betriebenen Axialpumpen sowie künstliche Ventile und Klappen von Verdrängerpumpen stehen im Verdacht, große Kräfte auf die Blutteilchen auszuüben. Um die mit dem Bauprinzip von Verdränger- und Kreiselpumpen verbundenen Restriktion bezüglich deren Optimierung zu umgehen, wird nach einer neuen Art und Weise des Pumpens bzw. des Bluttransports gesucht.

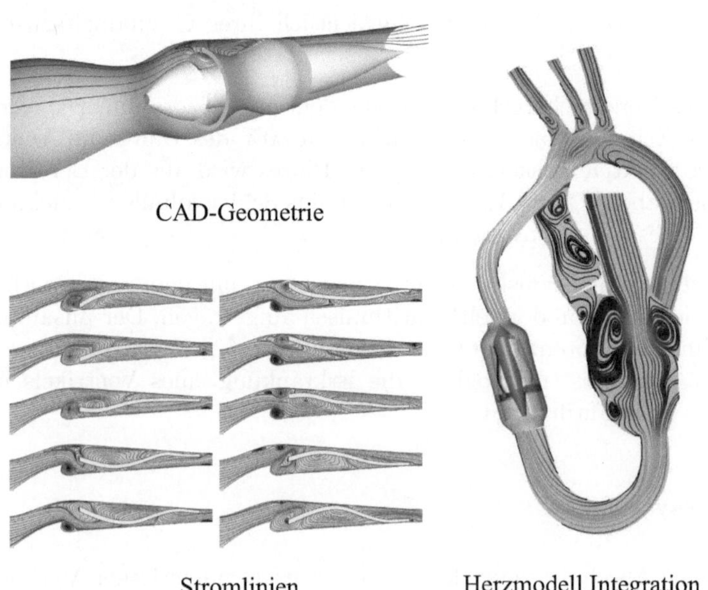

Abb. 5.54: Schlauchwellenpumpe

Ein hierfür in Frage kommendes System stellt die Schlauchwellenpumpe dar. Sie ist eine mit den Methoden der numerischen Strömung-Struktur-Kopplung durchgeführte Weiterentwicklung einer Wellenpumpe in Scheibenform. Ein auf die Anwendung als Herzunterstützungssystem ausgelegter und optimierter Prototyp ist in Abbildung 5.54 dargestellt und erfüllt bei relativ kleiner Baugröße die an ihn gestellten hydraulischen Anforderungen einer Blutpumpe.

Um zu Therapieplanungszwecken die Interaktion eines kranken Ventrikels und des Kreislaufs mit der Schlauchwellenpumpe vorhersagen zu können, wird das Herzmodell erweitert, so dass die Integration beliebiger Herzunterstützungssysteme möglich wird. Abbildung 5.54 zeigt das Simulationsergebnis eines mechanisch unterstützten linken Ventrikels. Die Schlauchwellenpumpe saugt das durch die Mitralklappe einströmende Blut direkt durch die Ventrikelspitze ab und verhindert so gleichzeitig eine Thrombenbildung in diesem Bereich. Der durch die Absaugung vergrößerte Ringwirbel sorgt dabei für eine gute Durchspülung des Ventrikels.

Ausgewählte Literatur

J. D. Anderson jr.:
Introduction to Flight, McGraw-Hill, New York, 2012

B. S. Baldwin, H. Lomax:
Thin Layer Approximation and Algebraic Model for Separated Turbulent Flows, AIAA 78-257 (1978)

G. K. Batchelor:
An Introduction to Fluid Dynamics, Cambridge Univ. Press, 2007

G. A. Bird:
Molecular Gas Dynamics, Clarendon Press, Oxford, 1976

R. B. Bird, W. E. Stewart, E. N. Lightfoot:
Transport Phenomena, Wiley & Sons, New York, 2007

P. W. Bridgmann:
Theorie der physikalischen Dimensionen, Teubner Verlag, Berlin, 1932

A. V. Boiko, G. R. Grek, A. V. Dovgal, V. V. Kozlov:
The Origin of Turbulence in Near-Wall Flows, Springer Verlag, Berlin, Heidelberg, 2002

C. Canuto, M. Y. Hussaini, A.Quarteroni, T. A. Zang:
Spectral Methods in Fluid Dynamics, Springer Verlag, Berlin, Heidelberg, 2007

T. Cebeci:
Analysis of Turbulent Flows, Elsevier, Amsterdam, 2004

C. T. Crowe:
Engineering Fluid Mechanics, John Wiley & Sons, New York, 2009

M. van Dyke:
An Album of Fluid Motion, The Parabolic Press, Stanford, 2002

J. H. Ferziger, M. Peric:
Numerische Strömungsmechanik, Springer Verlag, Berlin, Heidelberg, 2008

C. A. J. Fletcher:
Computational Galerkin Methods, Springer Series in Computational Physics, Springer Verlag, Berlin, Heidelberg, 1984

J. F. Gülich:
Kreiselpumpen, Handbuch für Entwicklung Anlagenbau und Betrieb, Springer Verlag, Heidelberg, New York, 2014

H. Herwig:
Strömungsmechanik, Springer Verlag, Berlin, Heidelberg, 2008

D. D. Joseph:
Stability of Fluid Motions I, Springer Verlag, Berlin, Heidelberg, 1976

D. K. Küchemann:
The Aerodynamic Design of Aircraft, Pergamon Press, Oxford, 1978

L. D. Landau, E. M. Lifshitz:
Fluid Mechanics, Pergamon Press, London, 1987

B. E. Launder, D. B. Spalding:
Lectures in Mathematical Models of Turbulence, Acad. Press, London, 1979

E. Laurien, H. Oertel jr.:
Numerische Strömungsmechanik, 5. Auflage, Springer Vieweg Verlag, Wiesbaden, 2013

R. Legendre, H. Werlé:
Toward the Elucidation of Three-Dimensional Separation, Ann. Rev. Fluid Mech. 33, 129-154, 2001

H. Lomax, T. Pulliam, D. W. Zingg:
Fundamentals of Computational Fluid Dynamics, Springer Verlag, Berlin, Heidelberg, 2001

H. J. Lugt:
Vortex Flow in Nature and Technology, Krieger, Malabar, Fla., 1995

K. Meyberg, P. Vachenauer:
Höhere Mathematik, Springer Verlag, Berlin, Heidelberg, 2001

A. Naumann:
Luftwiderstand von Kugeln bei hohen Unterschallgeschwindigkeiten, Allgem. Wärmetechnik, 4, 217, 1953

H. Oertel jr., M. Böhle:
Strömungsmechanik: Methoden und Phänomene, Springer Verlag, Berlin, Heidelberg, 1995
Universitätsverlag, Karlsruhe, 2005

H. Oertel jr.:
Introduction to Fluid Mechanics, Vieweg Verlag, Wiesbaden, 2001
Universitätsverlag, Karlsruhe, 2005

H. Oertel jr., M. Böhle, T. Reviol:
Übungsbuch Strömungsmechanik, 8. Auflage, Springer Vieweg Verlag, Wiesbaden, 2012

H. Oertel jr.:
Aerothermodynamik, Springer Verlag, Berlin, Heidelberg, 1994
Universitätsverlag, Karlsruhe, 2005

H. Oertel jr., J. Delfs:
Strömungsmechanische Instabilitäten, Springer Verlag, Berlin, Heidelberg, 1996
Universitätsverlag, Karlsruhe, 2005

H. Oertel jr., E. Laurien:
Numerische Strömungsmechanik, Springer Verlag, Berlin, Heidelberg, 1995

H. Oertel jr., S. Ruck:
Bioströmungsmechanik, 2. Auflage, Vieweg+Teubner Verlag, Wiesbaden, 2012

H. Oertel jr.:
Bereiche der reibungsbehafteten Strömung, 37. Ludwig Prandtl Gedächtnisvorlesung, GAMM Jahrestagung 1994, TU Braunschweig, ZFW (1995)

H. Oertel jr., J. Delfs:
Mathematische Analyse der Bereiche reibungsbehafteter Strömungen, Zeitschrift für Angewandte Mathematik und Mechanik, ZAMM, (1995)

H. Oertel jr.:
Flow Control, KIT Scientific Publishing, Karlsruhe, 2010

R. Peyret, T. D. Taylor:
Computational Methods for Fluid Flow, Springer Series in Computational Physics, Springer Verlag, 1990

J. Piquet:
Turbulent Flows, Springer Verlag, Berlin, Heidelberg, 2003

L. Prandtl:
Führer durch die Strömungslehre, 1. Auflage, Vieweg Verlag, Braunschweig, 1942

L. Prandtl:
Gesammelte Abhandlungen, Zweiter Teil, Über Flüssigkeitsbewegung bei sehr kleiner Reibung (1904), Springer Verlag, Berlin, Heidelberg, 1961

H. Oertel jr. (ed.):
Prandtl-Führer durch die Strömungslehre, 13. Auflage, Springer Vieweg Verlag, Wiesbaden, 2012

H. Oertel jr. (ed.):
Prandtl - Essentials of Fluid Mechanics, 3rd edition, Springer Verlag, Berlin, Heidelberg, New York, 2010

C. Pfleiderer, H. Petermann:
Strömungsmaschinen, Springer Verlag, Berlin, Heidelberg, 2005

P. Sagaut:
Large Eddy Simulations for Incompressible Flows, Springer Verlag, Berlin, Heidelberg, 2006

H. Schlichting:
Grenzschichttheorie, 1. Auflage, Braun Verlag, Karlsruhe, 1951

H. Schlichting, K. Gersten:
Grenzschichttheorie, Springer Verlag, Berlin, Heidelberg, 2006

H. Schlichting, K. Gersten:
Boundary Layer Theory, Springer Verlag, Berlin, Heidelberg, 2003

J. H. Spurk, N. Aksel:
Strömungslehre, Springer Verlag, Berlin, Heidelberg, 2010

J. H. Spurk, N. Aksel:
Fluid Mechanics, Springer Verlag, Berlin, Heidelberg, 2008

F. M. White:
Viscous Fluid Flow, McGraw-Hill, New York, 2006

Sachwortverzeichnis

Herbert Oertel jr.
Martin Böhle
Thomas Reviol

Strömungs-mechanik

Grundlagen
Grundgleichungen
Lösungsmethoden
Softwarebeispiele

7. Auflage

Das Lehrbuch Strömungsmechanik führt anschaulich in die Grundlagen, Grundgleichungen und Lösungsmethoden der Strömungsmechanik ein und hat sich zu einem Standardwerk der Strömungsmechanikausbildung entwickelt. Es behandelt systematisch die Einführung strömungsmechanischer Software, die der Entwicklungsingenieur in der Industrie vorfindet. Der Naturwissenschaftler findet die strömungsphysikalischen Grundlagen, deren Kenntnisse insbesondere für die Meteorologie und Geophysik erforderlich sind.
In dieser Auflage wurde das Kapitel Turbulenzmodellierung und das Software-Kapitel überarbeitet und aktualisiert. Die Kapitel Aerodynamik und molekulardynamische Methoden zur Lösung der Boltzmann-Gleichung wurden neu aufgenommen.

Der Inhalt

- Grundlagen der Strömungsmechanik
- Grundgleichungen der Strömungsmechanik
- Analytische und numerische Lösungsmethoden
- Strömungsmechanik-Software

Die Zielgruppe
Studierende der Fachrichtungen Maschinenbau, Chemieingenieurwesen, Verfahrenstechnik, Physik und Technomathematik an Universitäten, Technischen Hochschulen und Fachhochschulen.

Die Autoren
Prof. Prof. e.h. Dr.-Ing. habil. *Herbert Oertel jr.* ist Ordinarius am Institut für Strömungslehre am Karlsruher Institut für Technologie. Prof. Dr.-Ing. *Martin Böhle* ist Universitätsprofessor an der Technischen Universität Kaiserslautern. Dr.-Ing. *Thomas Reviol* ist Akademischer Rat an der Technischen Universität Kaiserslautern

Studium www.springervieweg.de